D1728205

Lehrbuch der Speziellen Zoologie

Band I: Wirbellose Tiere
2. Teil

Lehrbuch der Speziellen Zoologie

Begründet von Alfred Kaestner

Band I: Wirbellose Tiere

Herausgegeben von Hans-Eckhard Gruner

Wirbellose Tiere

Herausgegeben von Hans-Eckhard Gruner

2. Teil: Cnidaria, Ctenophora, Mesozoa, Plathelminthes, Nemertini, Entoprocta, Nemathelminthes, Priapulida

Bearbeitet von G. Hartwich, E. F. Kilian, K. Odening und B. Werner

Fünfte Auflage
Mit 348 Abbildungen und 8 Tafeln

Gustav Fischer Verlag Jena · Stuttgart · New York 1993

1. Auflage 1954–1956
2. Auflage 1965
3. Auflage 1969
4. Auflage 1984

Die Deutsche Bibliothek – CIP-Einheitsaufnahme
Lehrbuch der speziellen Zoologie / begr. von Alfred Kaestner.
– Jena ; Stuttgart ; New York : G. Fischer.

ISBN 3-334-00339-6
NE: Kaestner, Alfred [Begr.]

Bd. 1. Wirbellose Tiere / hrsg. von Hans-Eckhard Gruner.
Teil 2. Cnidaria, Ctenophora, Mesozoa, Plathelminthes, Nemertini, Entoprocta, Nemathelminthes, Priapulida / bearb. von G. Hartwich ... – 5. Aufl. – 1993
ISBN 3-334-60474-8
NE: Gruner, Hans-Eckhard [Hrsg.]; Hartwich, Gerhard

Printed in Germany
ISBN 3-334-60474-8
ISBN 3-334-00339-6 (Gesamtwerk)

Mitarbeiterverzeichnis von Teil 2

HARTWICH, Gerhard, Dr. rer. nat., Museum für Naturkunde der Humboldt-Universität, Berlin

† KILIAN, Ernst F., Professor Dr. rer. nat., ehem. I. Zoologisches Institut der Justus-Liebig-Universität, Gießen

ODENING, Klaus, Professor Dr. sc. nat., Institut für Zoo- und Wildtierforschung im Forschungsverbund Berlin e.V., Berlin

† WERNER, Bernhard, Dr. phil., ehem. Biologische Anstalt Helgoland, Hamburg

Hinweise für die Benutzer des Buches

1. In den Abschnitten „System“ sind im allgemeinen alle Kategorien bis herab zur Ordnung vollständig aufgeführt. Wenn von den niedrigeren Kategorien nicht alle aufgezählt werden konnten, dann ist in der Regel zumindest die Anzahl der bisher bekannten Familien erwähnt.

2. Gattungen und Arten, die in Mitteleuropa einschließlich der angrenzenden Teile der Nord- und Ostsee vorkommen, sind durch ein * gekennzeichnet.

3. Die Autorennamen von Gattungen und Arten sind im Text und in den Abbildungslegenden weggelassen. Sie sind jedoch im Register der Tiernamen in nomenklatorisch exakter Form zitiert.

4. Das Register wurde geteilt. Im Register der Tiernamen findet der Benutzer alle im Text auftretenden Tiernamen vom Stamm bis zur Art, einschließlich der angeführten Synonyme (in Klammern). Auch die Vulgärnamen wurden aufgenommen. — Das Sachregister enthält alle wichtigen morphologischen, biologischen usw. Begriffe, u. a. auch alle Larvenformen.

5. Das Literaturverzeichnis befindet sich am Ende des Buches vor den Registern. Es ist nach Stämmen gegliedert. Innerhalb jedes Stammes ist das Verzeichnis alphabetisch nach Autoren geordnet und von 1 bis n durchnumeriert. Bei Hinweisen auf die Literatur erscheint diese Zahl im Text in eckigen Klammern. Bei den umfangreicheren Stämmen ist das Verzeichnis nochmals nach Klassen untergliedert, es ist aber auch dann für den gesamten Stamm durchnumeriert. — Die Titel der Zeitschriftenartikel mußten aus Platzgründen weggelassen werden. Dafür ist der Inhalt jeder Arbeit stichwortartig gekennzeichnet.

Inhaltsverzeichnis

4. Stamm Cnidaria, Nesseltiere

Etwa 7700 Arten. Größe sehr unterschiedlich: solitäre Formen weniger als 1 mm bis 2,25 m, Stöcke von wenigen Millimetern bis mehreren Metern.

Diagnose

Solitäre oder stockbildende, festsitzende oder freibewegliche, nackte oder mit Ecto- oder Endoskelett versehene Metazoa von sackförmiger und radialsymmetrischer Grundgestalt. Körper aus zwei aufeinanderliegenden begeißelten Epithelien aufgebaut, der Epidermis (Ectoderm) und der Gastrodermis (Entoderm), dazwischen eine primär zellfreie Stützschicht, die Mesogloea. Als Hohlraum nur den Magen (Gastrocoel) enthaltend, der durch Längsfalten der Wand in radiale Taschen aufgegliedert sein kann und sich bei Stöcken in ein verzweigtes Kanalsystem fortsetzt. Gastralraum mit der Außenwelt nur durch eine Öffnung in Verbindung stehend, die gleichzeitig als Mund und als After dient. Mit subepithelialen Nervennetzen und mit Epithelmuskelzellen. Echte Organsysteme fehlen (bis auf Sinnesorgane). Als kennzeichnendes Bauelement die Nesselzellen, die dem Beutefang, der Abwehr und der Anheftung dienende Nesselkapseln enthalten. Ursprünglich mit pelago-benthonischem Lebenszyklus. Mit Planula-Larven. Die larvale Hauptachse ist identisch mit der Hauptkörperachse des erwachsenen Tieres. Überwiegend im Meer, selten im Süßwasser auftretend.

Die Cnidaria wurden seit Leuckart (1848) mit den Ctenophora (S. 306) als besondere Subdivision des Tierreichs, als Coelenterata (Hohltiere), zusammengefaßt. Beide Gruppen unterscheiden sich durch Bau und Entwicklung aber so grundlegend, daß nur ihre Einordnung in zwei getrennte Stämme den Tatsachen gerecht wird. Die Herkunft von gemeinsamen Vorfahren ist zwar wahrscheinlich, sie liegt aber so weit zurück, daß die Aufspaltung in zwei verschiedene Entwicklungslinien stattgefunden haben muß, ehe die zunächst benthonisch-vagile, dann sessile Ursprungsform der rezenten Cnidaria entstanden war (vgl. Teil 1, S. 142). Beide Stämme sind blind endende Seitenzweige des phylogenetischen Stammbaumes. Höhere Gruppen lassen sich von ihnen nicht ableiten.

Die von uns vertretene Systematik der Cnidaria mit der Reihenfolge der Klassen **Scyphozoa, Cubozoa, Hydrozoa** und **Anthozoa** gründet sich auf ältere und neuere Untersuchungen, welche die Scyphozoa als Basisgruppe der rezenten Nesseltiere ausgewiesen haben. Den Hydrozoa kommt diese Stellung nicht zu, weil in dieser Klasse eine progressive Evolution zu einer sekundären Vereinfachung geführt hat (S. 53); der einfache Bau der Hydroidpolypen ist daher kein primitives Merkmal.

Eidonomie

Die Cnidaria gehören durch ihren einfachen Bauplan zu den ursprünglichsten Metazoa. Die Körperstrukturen sind entlang einer Hauptachse polar und symmetrisch orientiert; es fehlen ihnen aber Kopf und echte Organe, der Mehrzahl auch übergeordnete Koordinationszentren des Nervensystems. Die Vertreter der verschiedenen Gruppen haben durch solitäre oder koloniale, durch sessile oder freibewegliche Lebensweise, durch Fehlen oder Auftreten von Skelettbildungen sehr vielgestaltige Körperformen.

Sie alle lassen sich jedoch von der allgemeinen Grundgestalt eines aufrechtstehenden, becher-, kegel-, flaschen- oder zylinderförmigen Sackes ableiten, dessen geschlossene Basis als Haftscheibe ausgebildet und am Substrat befestigt ist. Am gegenüberliegenden, oberen Pol befindet sich der Mund, der gleichzeitig als After dient und der von einem Kranz von Fangarmen (Tentakeln) umgeben ist (Abb. 2, 3). Die Körpergrundgestalt der Cnidaria ist die des Polypen.

Die Tiere behalten zeitlebens die Hauptachse ihrer Entwicklungsstadien vom Ei bis zur Planula bei (Abb. 1). Der Urdarm wird zum Magen, der Urmund zur Mundöffnung. Die Hauptachse geht durch den Mund, der am primären Hinterende (vegetativen Pol) liegt, während die Basis der sessilen oder das Bewegungsvorderende der freibeweglichen Formen dem animalen Pol des Eies und dem Vorderende (Aboralpol) der Planula entspricht.

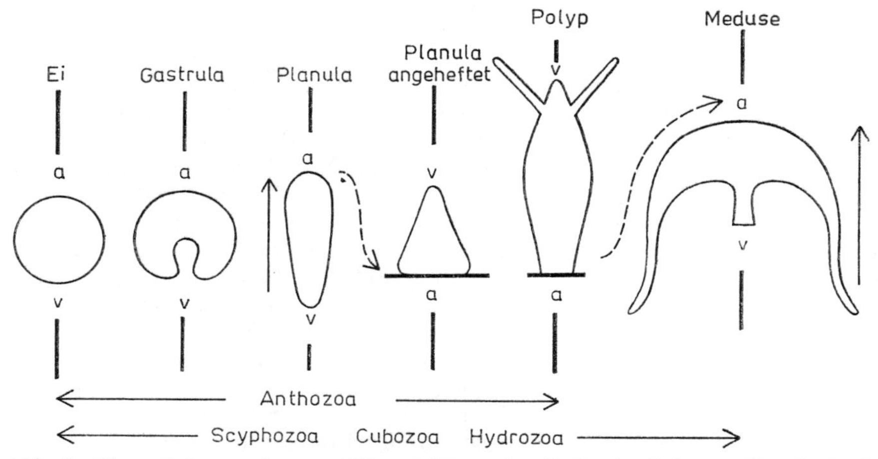

Abb. 1. Hauptkörperachse und Entwicklung der Cnidaria, Schema. Vertikale dicke Linien: Körperachsen; horizontale Pfeile: Entwicklungsrichtung; vertikale ausgezogene Pfeile: Bewegungsrichtung; gebogene gestrichelte Pfeile: Achsenumkehr. — **a** animaler (aboraler) Pol, **v** vegetativer (oraler) Pol.

Der allgemeine Bauplan der Cnidaria ist durch die Radialsymmetrie des Körpers gekennzeichnet. Das Grundprinzip der rezenten Formen ist die **tetraradiale Symmetrie**: Um die Hauptachse sind vierstrahlig-symmetrisch vier gleichartige Strukturelemente angeordnet, im Inneren Wandfalten (Septen) und Magentaschen, außen Mundlippen, Tentakel oder Tentakelgruppen. Diese Körpergrundgestalt ist verwirklicht beim Scyphopolypen (Abb. 2A) und bei allen Medusen (Abb. 3, 4). Durch die Reduktion der tetraradialen Strukturen kann der Körper die Form eines einfachen Sackes mit rundem Querschnitt und multiradialer Symmetrie annehmen, wie es beim Cubo- und Hydroidpolypen der Fall ist (Abb. 2B). Andererseits können die sekundäre Vermehrung der Septen und die Einsenkung eines spaltförmigen Schlundrohres zur inneren biradialen oder bilateralen Symmetrie führen, unter weitgehender Beibehaltung der äußeren Radialsymmetrie. Diese Art der Symmetrie treffen wir beim Anthopolypen an (Abb. 2C).

Die Cnidaria haben definierte Gewebe und sind diploblastisch. Körperwand und Tentakel bestehen lediglich aus zwei Schichten, dem Außenepithel, der **Epidermis**, und der inneren Schicht, der **Gastrodermis.** Diese Schichten gehen aus dem Ectoderm bzw. dem Entoderm der Larven hervor. Zwischen ihnen liegt eine Stützlamelle (Mesola-

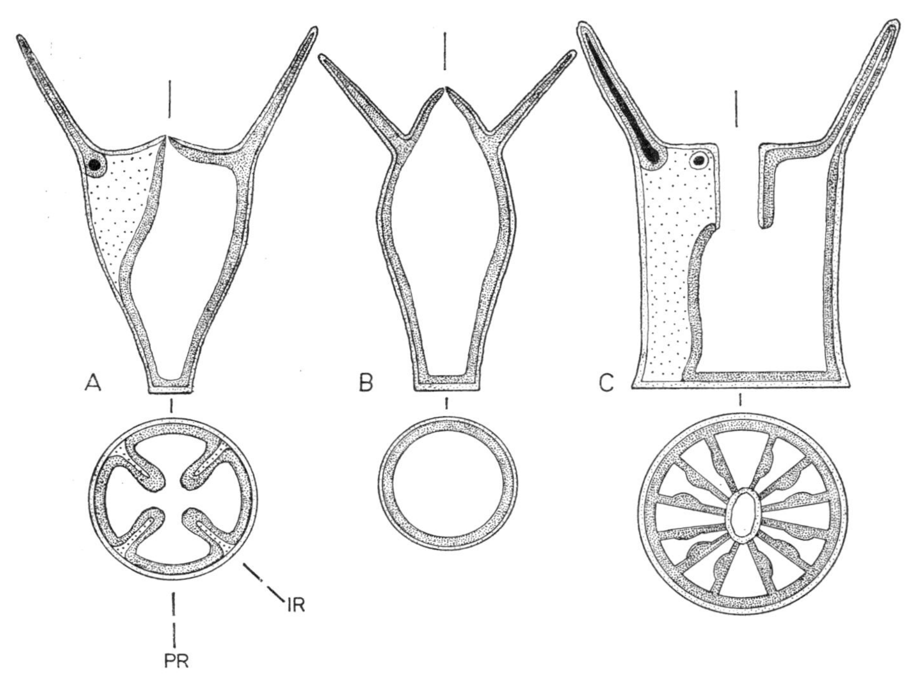

Abb. 2. Grundbauplan und Symmetrieverhältnisse der Cnidaria, Polypengeneration, im Längsschnitt (obere Reihe) und Querschnitt (untere Reihe). **A.** Scyphopolyp: tetraradiale Symmetrie. **B.** Cubopolyp und Hydroidpolyp: multiradiale Symmetrie. **C.** Anthopolyp: innere bilaterale Symmetrie. Im Längsschnitt von A ist die linke Hälfte durch die Interradialebene (**IR**), die rechte Hälfte durch die Perradialebene (**PR**) gelegt.

melle), die **Mesogloea**, die von bindegewebiger Natur, primär dünn und zellfrei ist. Sie kann unter Zelleinwanderung aus dem Ectoderm als Ectomesenchym und durch Wassereinlagerung als Gallerte ausgebildet sein. Die Mittelschicht wird aber nie als Gewebe angelegt, noch ist sie gewebebildend. Insbesondere nimmt sie nicht an der Muskelbildung teil, obwohl sie Muskelelemente ectodermaler Herkunft aufnehmen kann. Die Mesogloea ist also ganz offensichtlich dem Mesoderm der Bilateralia nicht homolog.

Der einzige Körperhohlraum ist der Magen (**Gastrocoel** oder Coelenteron), der durch Längsfalten der Wand, die interradialen Septen, in perradiale Taschen aufgegliedert sein kann (Abb. 2A). Bei den Formen mit hohlen Tentakeln und bei den Stöcken setzt sich der Magenraum in das verzweigte Gastrovascularsystem fort, das in ständigem offenem Zusammenhang steht und in dem die Magenflüssigkeit frei zirkulieren kann.

Der Weichkörper der meisten sessilen Formen wird durch **Skelettbildungen** gestützt. Sie haben primär die Form von einfachen oder verzweigten Röhren, die von der Epidermis erzeugt werden und den Körper außen als Periderm umgeben. Oft stellen die Skelettbildungen jedoch vielgestaltige und komplizierte Strukturen dar, deren Besitz mit der Stockbildung verbunden ist.

Gegenüber allen anderen Metazoa zeichnen sich die Cnidaria durch die Bildung von **Nesselzellen** aus, die in ihrem Inneren als wirksame Organellen die Nesselkapseln enthalten. Bei dem sonst einfachen Bau der Tiere verdient hervorgehoben zu werden, daß die Nesselzellen zu den kompliziertesten Zelldifferenzierungen des gesamten Tierreichs gehören. Sie haben durch ihre Strukturmechanismen und die Giftwirkung ihres Inhaltes die Funktion des Beutefanges und der Abwehr; sie können aber auch der Anheftung dienen und sind zuweilen an der Bildung von Schleimröhren beteiligt. In der großen Mannigfaltigkeit der verschiedenen Kapselkategorien sowie in den unterschiedlichen Form- und Größenverhältnissen bei der gleichen Kategorie spiegelt sich die große Vielfalt aller Strukturelemente bei den Cnidaria wider.

Die Nesseltiere kommen in **zwei Lebensformen** vor, als Polyp und als Meduse. Der sessile Polyp erzeugt auf ungeschlechtlichem Wege die freischwimmende Geschlechtsform der Meduse. Aus ihren Keimzellen (also auf geschlechtlichem Wege) entsteht wieder der Polyp über ein freischwimmendes Larvenstadium, die Planula. Beide Lebensformen stehen daher im Verhältnis des Generationswechsels, der **Metagenese**. Sie ist typisch für die Klassen Scyphozoa, Cubozoa und Hydrozoa. Der Generationswechsel fehlt nur bei den Anthozoa (Abb. 1), die demnach ausschließlich durch Polypen vertreten sind und bei denen nach unseren Kenntnissen niemals eine Meduse existiert hat.

Die sessile Lebensweise muß als evolutionistische Ursache für die Entstehung der Metagenese angesehen werden. Diese ist indessen nicht als regelmäßige Aufeinanderfolge der beiden Generationen anzusehen. Vielmehr ist der Polyp in der Regel die langlebige Generation, die mehrmals nacheinander Medusen erzeugen und ein Alter von mehreren oder vielen Jahren erreichen kann. Durch die ungeschlechtliche Vermehrung ist der Polyp praktisch unsterblich. Die Meduse dagegen ist kurzlebig; sie stirbt nach beendeter Fortpflanzung ab und hat eine Lebensdauer von etwa 3, selten von 6—9 Monaten.

Der **Polyp** repräsentiert die Grundform der Cnidaria. Häufig ist er klein und unscheinbar, was für den Einzelpolypen insbesondere auch bei den stockbildenden Formen zutrifft. Ausnahmen gibt es bei solitären Scyphozoa und Hydrozoa und besonders bei solitären Anthozoa, bei denen die Größenzunahme eine allgemein zu beobachtende Entwicklungstendenz darstellt.

Die Körperform des Polypen (Abb. 3A) ist im Prinzip identisch mit der oben dargestellten Grundgestalt der Nesseltiere. Er ist sackförmig und hat seine größte Ausdehnung in der durch den Mund gehenden Haupt- (= Vertikal-)achse, die seiner primären Längsachse entspricht. Der Polypenkörper läßt sich aufgliedern in 1. die basale Haft- oder Fußscheibe, mit der er am Substrat befestigt ist; 2. einen schmalen unteren, oft stielförmig ausgebildeten Teil; 3. den mittleren, erweiterten Teil, in dem der Magen liegt und zu dem der Kranz der Tentakel gehört; und 4. die darüberliegende Mundscheibe, das Peristom. Die Mundscheibe kann sich nach oben in einen Konus oder Kolben, das Hypostom, verjüngen oder kann in Mundlippen enden. Die **Tentakel** können auch in mehreren horizontalen Kränzen angeordnet oder unregelmäßig über den Körper verteilt sein. Sie sind in der Regel solide, wobei die Epidermis einen zentralen Strang von geldrollenartig hintereinander angeordneten Entodermzellen umschließt. Nur bei den Anthozoa sind die Tentakel stets hohl.

Die **Meduse** ist phylogenetisch ein abgelöster, in Anpassung an die freischwimmende Lebensweise umgewandelter Polyp. Daher läßt sich ihre Körperform in einfacher Weise aus der des Polypen ableiten (Abb. 3B). Bei den meisten Medusen hat der Körper seine größte Ausdehnung in einer zur Hauptachse senkrecht stehenden Ebene, ist also im Vergleich zum Polypenkörper abgeplattet. Fußscheibe und Rumpf des Polypenkörpers entsprechen dem Medusenschirm mit der konvexen Außenseite, der Exumbrella, und dem oberen Schirmpol (Apikalpol), die Mundscheibe des Polypen der Schirmunterseite (Subumbrella). Der beim Polypen meist kleine Mundkegel wird bei der Meduse zum häufig stark vergrößerten Mundrohr (Manubrium) mit dem terminalen Mund. Durch die mächtige Entwicklung der Mesogloea zu einer Gallertschicht wird der Medusenkörper schirmartig verbreitert, wodurch der Magen in aboral-oraler Richtung zusammengedrückt und verkleinert wird. Vom einheitlichen Gastralraum des

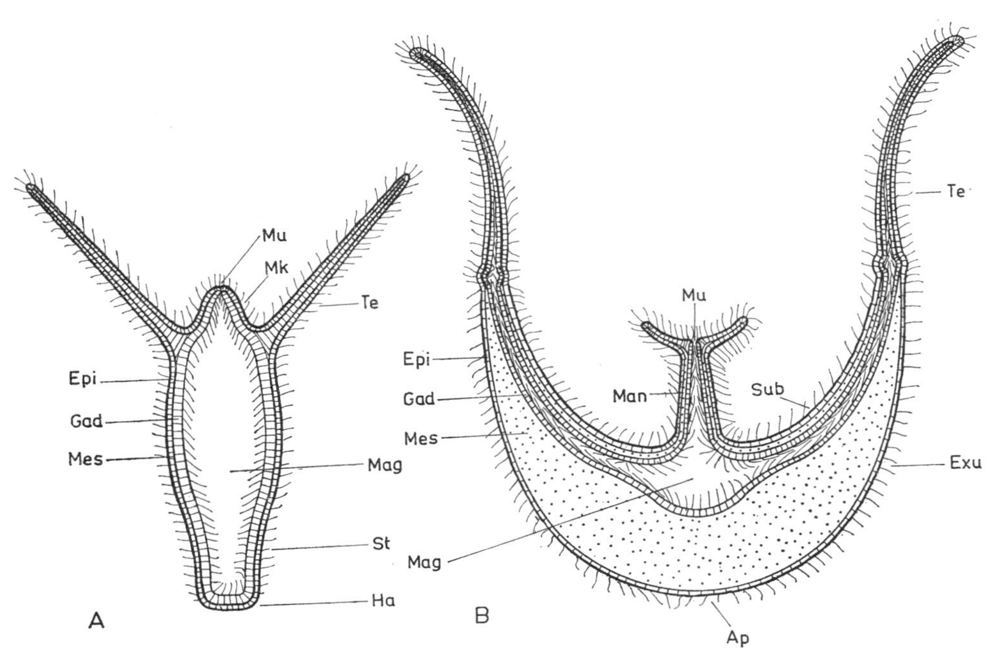

Abb. 3. Bauplan der metagenetischen Cnidaria im schematischen Längsschnitt. **A.** Polyp. **B.** Meduse. Zu beachten ist die vollständige innere und äußere Begeißelung beider Generationen. — **Ap** Apikalpol, **Epi** Epidermis, **Exu** Exumbrella, **Gad** Gastrodermis, **Ha** Haftscheibe, **Mag** Magen, **Man** Manubrium, **Mes** Mesogloea, **Mk** Mundkegel (Hypostom), **Mu** Mund, **St** Stiel, **Sub** Subumbrella, **Te** Tentakel.

Polypen bleibt bei der Meduse der linsenförmige Zentralmagen übrig, der sich in das schlauchförmige Mundrohr fortsetzt. In der Schirmwandung liegen Magentaschen oder schmale Radialkanäle, die am Schirmrand durch den Ringkanal in Verbindung stehen. Radialkanäle und Ringkanal galten bislang als Neubildungen der Meduse, sind jedoch bereits im Kanalsystem des Scyphopolypen vorgezeichnet (Abb. 32). Der Schirmrand der Meduse mit den mehr oder weniger zahlreichen Tentakeln entspricht der Peripherie des Polypen-Peristoms.

Wie beim Polypen sind die Tentakel der Meduse primär ebenfalls solide; doch sind sie vor allem bei den größeren Medusen meist hohl und in offener Verbindung mit dem Ringkanal und dem übrigen Gastralsystem. Der Schirm der Meduse ist glocken-, halbkugel- bis scheibenförmig. Die Öffnung des Subumbrellar-Raumes kann durch die Bildung einer Hautfalte, des Velariums der Cubozoa (Abb. 4B) bzw. des Velums der Hydrozoa (Abb. 4C), verengt sein; nur den Scyphozoa (Abb. 32) fehlt eine solche Hautfalte der Schirmöffnung. Durch die Kontraktionen der in der Subumbrella lokalisierten Muskulatur sind die Medusen zum Schwimmen durch Rückstoß befähigt, wobei die Schirmgallerte als Widerlager dient und nach beendeter Kontraktion den Schirm in die Ausgangslage und -form zurückbringt. Durch das Velarium oder Velum wird die Rückstoßwirkung verstärkt.

Mit der pelagischen Lebensweise der Meduse sind korreliert: 1. das Größenwachstum, so daß die Meduse den Polypen an Größe meist um ein Vielfaches übertrifft; die starke Wassereinlagerung in die Gallerte führt gleichzeitig zu einer Verringerung des spezifischen Gewichtes; 2. die Höherentwicklung des Muskel- und Nervensystems, die mit der Ausbildung von Sinnesorganen am Schirmrand einhergehen kann.

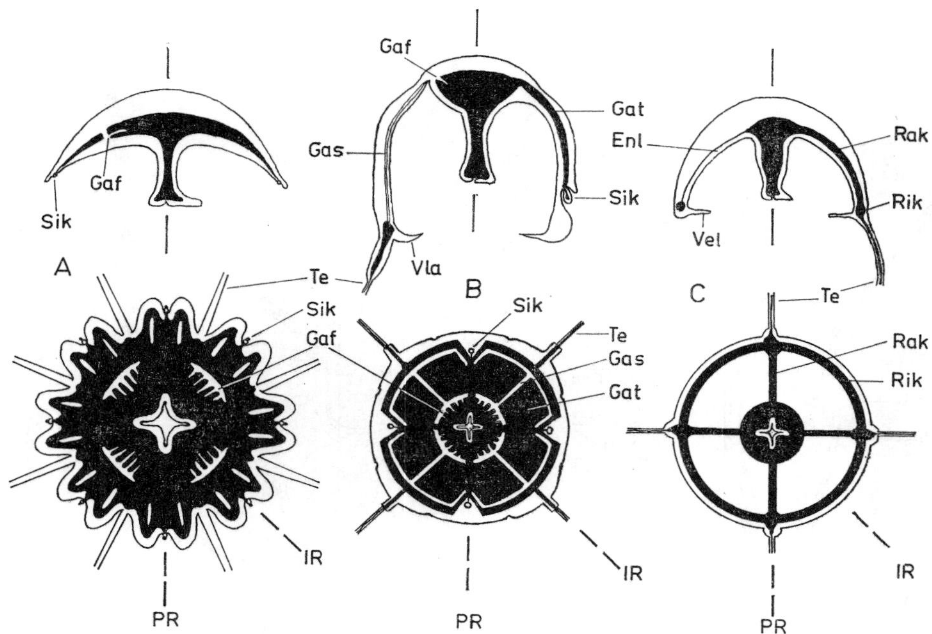

Abb. 4. Grundbauplan und Symmetrieverhältnisse der Cnidaria, Medusengeneration, im Längsschnitt (obere Reihe) und in der Aufsicht (untere Reihe). **A.** Scyphomeduse. **B.** Cubomeduse. **C.** Hydroidmeduse. In den Längsschnitten ist die linke Hälfte durch die Interradialebene (**IR**), die rechte Hälfte durch die Perradialebene (**PR**) gelegt. Das Grundprinzip ist die Tetraradialsymmetrie, die hinsichtlich des Gastralsystems (schwarz) bei den Scyphozoa in der einfachsten Form realisiert ist. Man beachte die adradiale Lage der Tentakel in A sowie ihre unterschiedliche Symmetrie-Anordnung in B und C. — **Enl** Entodermlamelle, **Gaf** Gastralfilament, **Gas** Gastralseptum, **Gat** Gastraltasche, **Rak** Radialkanal, **Rik** Ringkanal, **Sik** Sinneskörper, **Te** Tentakel, **Vel** Velum, **Vla** Velarium.

Die metagenetischen Klassen unterscheiden sich grundlegend durch den Bildungsmodus der Meduse. Sie entsteht bei den Scyphozoa durch terminale Querteilung des Polypenkörpers, bei den Cubozoa durch seine vollständige Metamorphose und bei den Hydrozoa durch seitliche Knospung (Neubildung) am Polypen.

Die große Plastizität der Cnidaria betrifft auch ihre Lebensweise. In einigen Fällen sind Polypen sekundär zur pelagischen Lebensweise übergegangen, während andererseits Medusen die kriechende oder halbsessile Lebensweise angenommen haben.

Der solitäre Habitus ist bei den Nesseltieren primär. Im Zusammenhang mit der Sessilität kam es aber in vielen Gruppen zur Bildung von **Tierstöcken**, in denen mehrere oder zahlreiche Individuen zu übergeordneten Einheiten mit gemeinsamem Gastralsystem vereinigt sind. Freilebende Stöcke kommen bei den Hydrozoa (Velellina und Siphonophora) vor, die von sessilen Vorfahren abzuleiten sind. Eine charakteristische Eigenschaft vieler stockbildender Formen ist der Di- oder **Polymorphismus**, also die morphologische und funktionelle Sonderung ursprünglich gleichwertiger Individuen. Die Erscheinung des Polymorphismus tritt nur bei sessilen Formen und nur beim Polypen auf; eine Ausnahme machen lediglich die Siphonophora, bei denen auch medusoide Glieder des pelagischen Stockes polymorph sind. Ferner bestehen bemerkenswerte Unterschiede in den Klassen: Bei den Scypho- und Cubozoa sind alle Formen monomorph; der Polymorphismus ist also auf die Hydrozoa und Anthozoa beschränkt. Außerdem sind die Cubozoa die einzige Klasse, in der keine Stockbildungen bekannt sind.

Anatomie und Histologie

In der **Körperwand** der Nesseltiere treten die Epidermis und die Gastrodermis stets als Doppelschicht auf; zwischen ihnen ist nie ein Hohlraum (etwa in Form der primären Leibeshöhle) ausgebildet. Eine Zwischenschicht existiert nur in Form der Stützlamelle. Sämtliche physiologischen und mechanischen Funktionen, wie Abgrenzung vom Medium, Schutz vor schädlichen Außeneinflüssen, Skelettbildung, Muskelkontraktion, Bewegung, Reizaufnahme, Reizleitung und nervöse Koordination, Wasser- und Gasaustausch, Aufrechterhaltung des osmotischen Zustandes, der gesamte Stoff- und Energieumsatz und schließlich die Fortpflanzung, sind daher an die beiden Epithelien gebunden und werden von ihnen bewältigt. Echte Organe fehlen (bis auf die Sinnesorgane). Als Zellelemente, die keine Epithelien bilden, treten interstitielle Zellen und Amoebocyten, Myocyten, Nesselzellen, Ganglien- und Sinneszellen sowie die Keimzellen auf.

Bei den Epithelien der Vorfahren der rezenten Cnidaria waren die Zellen vermutlich anfangs sämtlich gleichartig, wie das heute noch für den Zellbestand einer Gastrula oder jungen Planula zutrifft. Bei der vollentwickelten Planula aber, die als Larvenform aller Klassen auftritt, lassen sich bereits im Ectoderm außer den Geißelzellen andere spezialisierte Zellen nachweisen, wie Drüsen-, Nerven- und Sinneszellen. Gleiches gilt für die Epidermis und für die Gastrodermis des erwachsenen Polypen und der Meduse, wobei allerdings die einzelnen Klassen Unterschiede erkennen lassen.

Die Zellen der Epi- und Gastrodermis aller Cnidaria tragen **Geißeln**; eine Ausnahme macht nur die Epidermis der Hydroidpolypen und der Octocorallia. Die meisten Zellen sind nur mit einer Geißel ausgerüstet, doch sind bei manchen Gruppen auch mehrere Geißeln je Zelle nachgewiesen worden. Der Besitz der Geißeln ist ein altertümliches Merkmal, das die Stammform der Cnidaria von den Flagellaten-Vorfahren übernommen hat.

Die primäre Funktion der Geißeln war bei den schwimmenden oder auf dem Boden kriechenden Vorfahren die Fortbewegung sowie die Ernährung durch Einstrudeln von Nahrungspartikeln in den Mund. Die Bewegungsfunktion haben die Geißeln auch heute noch bei den Planula-Larven der rezenten Cnidaria, in Einzelfällen auch noch beim erwachsenen Tier, so beim Gonophor von *Dicoryne conferta* (S. 151) und bei der medusoiden *Halammohydra* (S. 184). Eine weitere Funktion der Geißeln ist ganz allgemein die Bewegung des umgebenden flüssigen Mediums, die den Gasaustausch verbessert und die Oberfläche von Schmutzpartikeln reinigt.
Eine Koordinierung des Geißelschlages besteht bei den Nesseltieren nur in der Weise, daß die Bewegungsrichtung gleich orientiert ist, so daß ein gerichteter Wasserstrom erzeugt wird. Er läßt sich bei Scypho- und Anthopolypen durch einen einfachen Suspensionsversuch (Zufügen von feinen Karmin- oder Kohlepartikeln) leicht sichtbar machen. Die durch den Geißelschlag bewirkten Wasserströmungen auf der Epidermis des Schlundrohres spielen besonders bei den Anthopolypen eine große Rolle, wo sie den ständigen Wasseraustausch des Gastrocoels bewirken. Entsprechendes gilt für die Ernährung, da bei den Partikelfressern (Scyphomedusen, Anthopolypen) durch den Schlag der epidermalen Geißeln Nahrungsteilchen in den Mund befördert werden.

Die Zellen der **Epidermis** haben beim Polypen meist eine prismatische Form mit kleinem Querschnitt. Bei den Medusen dagegen sind sie in weiten Körperbereichen (Ex- und Subumbrella) stark verbreitert und bilden ein dünnes Plattenepithel, dessen Zellen mit den Rändern dachziegelartig übereinandergreifen.

An ihrer äußeren Oberfläche haben die Epidermiszellen eine verdichtete Plasmaschicht, die Cuticula (Glycocalyx), die eine Schutzfunktion hat. Im Inneren enthalten sie oft Flüssigkeitsvakuolen. Im oberflächennahen Drittel des Zellkörpers liegen in seiner Wand Verbindungsstellen zu den Nachbarzellen, die Desmosomen (engl. auch septate junctions). Es handelt sich um lokalisierte Verdichtungen beider Zellwände, in denen granuläre Strukturen ineinander verzahnt sind. Die Desmosomen dienen dem Zusammenhalt der Zellen im Epithelverband. Charakteristisch ist, daß sie schnell auf- und abgebaut werden können. Desmocyten sind spezielle Epidermiszellen, die das Epithel mit dem umgebenden Periderm verbinden und die in der Mesogloea verankert sind [43].

Beim Scyphopolypen sind die Epidermiszellen noch weitgehend gleichartig. Er muß daher in dieser, wie in anderer Hinsicht als Polyp mit den einfachsten Strukturen gelten. Insbesondere fehlen ihm im allgemeinen Epithelmuskelzellen (S. 21) in der Körperwandung.

Bei *Stephanoscyphus* (S. 66) weist die Epidermis des von der Röhre umschlossenen Weichkörpers nur einen einzigen Zelltypus auf. Dieser ist unbegeißelt, und sämtliche Zellen haben die Fähigkeit, an ihrer äußeren Oberfläche Chitinsubstanz zur Verdickung der Röhrenwandung abzuscheiden. Die Epidermis des außerhalb der Röhre befindlichen „Kopf“teiles ist begeißelt und enthält zahlreiche Nesselzellen, die Epidermis der Tentakel auch Sinnes- und Epithelmuskelzellen.

Bei den anderen Klassen weist die Epidermis mit interstitiellen Zellen, Schleimzellen, Nesselzellen, Geißelzellen und Sinneszellen eine reichere histologische Differenzierung auf, die ihren Höhepunkt bei den Hydrozoa (Abb. 5) und Anthozoa findet. Für sie ist besonders charakteristisch, daß der größte Teil der Zellen mit Muskelfortsätzen versehen ist.

Entsprechende Unterschiede lassen sich für die **Gastrodermis** der Polypen feststellen. Beim Scyphopolypen *Stephanoscyphus* besitzt die Gastrodermis nur einen Zelltypus, so daß Sekretions- und Absorptionszellen histologisch nicht eindeutig zu unterscheiden sind. Bei den Cubozoa, Hydrozoa und Anthozoa aber lassen sich jeweils mindestens vier verschiedene Zelltypen der Gastrodermis erkennen (Abb. 5). Das Sekret der Schleimzellen des Hypostoms hat wahrscheinlich die Funktion, die Gleitfähigkeit der Nahrungspartikel zu vergrößern und ihr Verschlingen zu erleichtern. Die Cymogenzellen (= Granulazellen) des Hypostoms und des Magens geben Enzyme ins Gastrocoel ab, während die Absorptionszellen der Aufnahme der extracellulär vorverdauten Nahrung dienen.

Die Epithelien der Meduse haben prinzipiell denselben Aufbau wie beim Polypen. Unterschiede bestehen in der Epidermis der Exumbrella, die ein einfaches Plattenepithel ohne Muskelfortsätze darstellt. Ferner wurde für mehrere Hydroidmedusen nachgewiesen, daß die Epidermis ihrer Subumbrella zweischichtig ist, während sonst die epidermalen Epithelien stets einschichtig bleiben. Der Eindruck der Mehrschichtigkeit kann (z. B. bei den Anthozoa) auch dadurch erweckt werden, daß die Zellen dünn und langgestreckt sind und daß die dicht gedrängten Kerne in verschiedenen Ebenen liegen.

Einen speziellen Zelltyp der Hydrozoa stellen die interstitiellen (I-) Zellen dar, die überwiegend in der Epidermis, weniger in der Gastrodermis liegen. Es handelt sich um embryonale Zellen, die reich an Ribosomen sind und meist in Gruppen („Nestern“) auftreten Abb. 5). Unter spezifischen Umgebungseinflüssen können die I-Zellen sämtliche lokal benötigten Zelltypen aus sich hervorgehen lassen, vorwiegend Nessel-, Nerven- und Keimzellen. Den anderen Klassen fehlen die interstitiellen Zellen dieses spezialisierten Typs; bei ihnen haben Amoebocyten die gleiche Funktion.

Ein besonders typisches Merkmal der Cnidaria ist die große **Plastizität** aller Zellen. Mit Ausnahme weniger spezialisierter und differenzierter Zelltypen (Keimzellen, Ganglien- und Sinneszellen, Nesselzellen) haben alle Zellen die Fähigkeit der Re- und Dedifferenzierung in einen embryonalen Zustand, aus dem sie sich in alle anderen Zelltypen umwandeln können. Diese große Plastizität tritt regelmäßig bei Wachstums

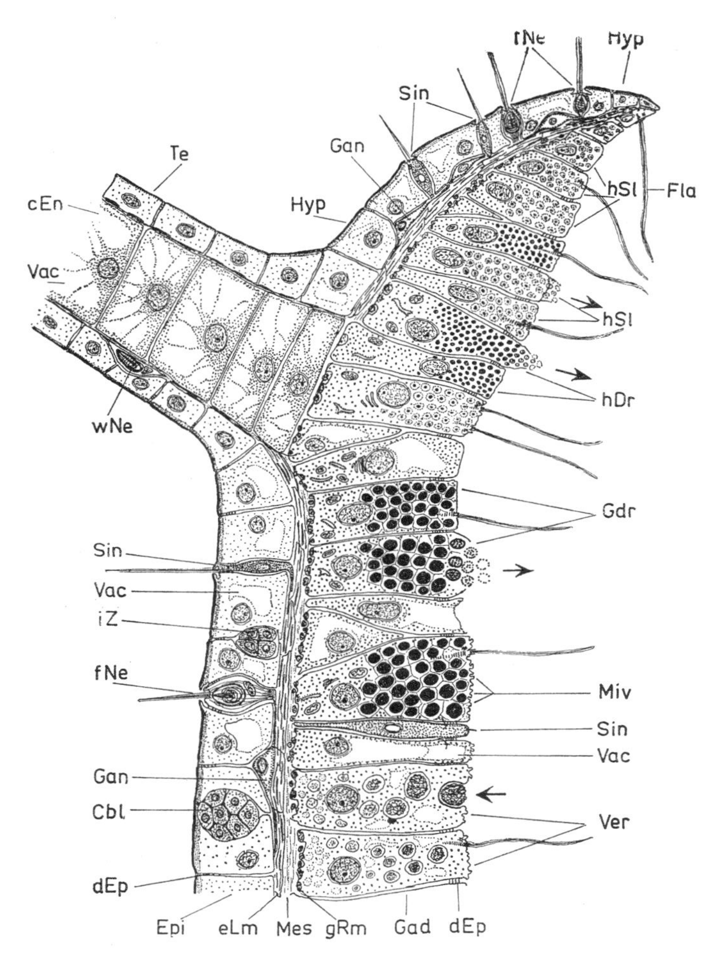

Abb. 5. Epithelialer Aufbau eines Cnidariers, Längsschnitt durch den Oberteil eines Hydroidpolypen. Die Pfeile kennzeichnen die Aktivitätsrichtung der vier Zelltypen der Gastrodermis mit Sekretabgabe in den Gastralraum und Aufnahme von Nahrungspartikeln in die Zellen. — **Cbl** Cnidoblasten, **cEn** chordioide Entodermzelle des Tentakels, **dEp** desmosomale Verbindung der Epithelzellen, **eLm** epidermale Längsmuskelfasern, **Epi** Epidermis, **Fla** Flagellum, **fNe** funktionsbereite Nesselzelle, **Gad** Gastrodermis, **Gan** Ganglienzelle, **Gdr** Granuladrüsenzelle des Magens, **gRm** gastrodermale Ringmuskelfasern, **hDr** hypostomale Granuladrüsenzelle, **hSl** hypostomale Schleimdrüsenzelle, **Hyp** Hypostom, **iZ** interstitielle Zellen, **Mes** Mesogloea, **Miv** Microvilli, **Sin** Sinneszelle, **Te** Tentakel, **Vac** Zellvacuole, **Ver** Verdauungszellen des Magens, **wNe** wandernde Nesselzelle. — Nach HÜNDGEN 1978, verändert.

vorgängen und vor allem bei der ungeschlechtlichen Vermehrung in Erscheinung. Die Cnidaria haben demnach auch als erwachsene Tiere noch embryonale und multipotente Zellen.

Auf der Plastizität der Zelltypen beruht außerdem die große Fähigkeit zur **Regeneration**, die Verletzungen durch schnelle Verheilung und den Verlust ganzer Körperteile durch Neubildung auszugleichen vermag.

Die Regenerationsfähigkeit der Nesseltiere ist experimentell in vielfacher Weise nachgewiesen. Der Polyp bildet Tentakel oder Hypostom nach Exstirpation neu. Wird er quer durchgetrennt, ergänzt der obere Teil die Basis mit der Haftscheibe oder den Stolonen, der untere Teil den „Kopf"teil. Ein kleines Körperfragment mit beiden Zellschichten oder sogar isolierte, rein epi- oder gastrodermale Gewebeteile können einen ganzen Organismus regenerieren. Auch der bekannte Versuch, einen Polypen durch ein feines Sieb zu pressen, illustriert die große Regenerationsfähigkeit: Die experimentell getrennten und desorientierten Zellen können sich wieder zum vollständigen Tier zusammenschließen. Ferner ließ sich zeigen, daß gleichartiges embryonales Zellmaterial im Normalprozeß der Ontogenese unter dem Einfluß unterschiedlicher Außenfaktoren (zum Beispiel der Temperatur) sich in verschiedener Richtung entwickeln kann, in Soma- oder Keimzellen, ferner in Polypen- oder Medusenbildungszellen.

Die Regenerationsfähigkeit der Meduse ist im ganzen geringer als die des Polypen. Aber auch die Meduse vermag lokale Defekte des Schirmes und seiner Randzonen sowie des Manubrium weitgehend zu ersetzen.

Die Plastizität der Gewebe ist auch die Ursache für die **potentielle Unsterblichkeit** der Cnidaria, die für manche Gruppen und Formen experimentell bestätigt ist. Solitäre Polypen können bei guten Lebensbedingungen uralt werden, wofür die Anthozoa historisch belegte Beispiele bieten (S. 257 f.). Bei stockbildenden Formen oder solchen, die sich durch Knospen oder Frusteln asexuell vermehren, ist zwar nicht der Einzelpolyp unsterblich, wohl aber der Stock oder die Generationsfolge. Derartige Formen lassen sich beliebig lange am Leben halten, wenn die Kultur rechtzeitig erneuert wird, das heißt wenn Einzelpolypen oder kleine Teile eines Stockes zum Austreiben und zur Bildung eines neuen Stockes gebracht werden.

Die Stammform der Cnidaria besaß mit großer Wahrscheinlichkeit kein **Skelett**, sie war nackt. Dies gilt auch für alle heute lebenden Medusen sowie für die Siphonophora unter den Hydrozoa. Die meisten Polypen dagegen besitzen Skelettbildungen, die den Weichkörper schützend umhüllen oder ihn stützen. In den Klassen Scyphozoa, Cubozoa und den übrigen Hydrozoa sind völlig nackte Polypen selten; es ist wahrscheinlich, daß bei ihnen der skelettlose Zustand sekundärer Natur ist und daß sie von skeletttragenden Vorfahren abstammen. Unter den rezenten Anthozoa enthalten die Ceriantharia, Actiniaria und Corallimorpharia ausschließlich skelettlose Formen, doch ist dies wahrscheinlich keine ursprüngliche Eigenschaft; offenbar sind auch diese Gruppen von Vorfahren mit festem Außenskelett abzuleiten.

Die Skelettbildungen lassen sich von der Fähigkeit aller Epidermiszellen ableiten, an ihrer Oberfläche schleimähnliche Substanzen auszuscheiden. Diese sind im sauren Medium der Zelle flüssig, erlangen aber im basischen Seewasser eine größere Viskosität oder erhärten zu chitinähnlichen Substanzen. Ein Beispiel für diese Fähigkeit gibt die nackte Planula-Larve, die sich nach ihrer Anheftung am Substrat in den meisten Fällen mit einer zarten Peridermhülle umgibt, aus der sie später ausschlüpft oder die — wie bei stockbildenden Formen — als Anfang der peridermalen Stolonenhüllen dient.

Dementsprechend ist als primitives Anfangsstadium aller Skelettbildungen ein einfaches röhrenförmiges Außenskelett zu betrachten, aus dem oben nur der „Kopf"teil mit Mund und Tentakeln herausschaut. Es entstand, nachdem die Vorfahren der rezenten Nesseltiere von der benthonisch-vagilen und horizontalen zur sessilen und vertikalen Lebensweise übergegangen waren. Anfangs dienten vermutlich einfache Schleimabsonderungen ihrer Epidermis als erste schützende Hülle gegenüber der Außenwelt (insbesondere auch gegenüber Sedimentablagerungen auf dem Substrat), die notwendigerweise Röhrenform annahmen. Aus einer solchen Schleimhülle läßt sich zwanglos das röhrenförmige Außenskelett der Scyphozoa und Hydrozoa ableiten, das als Periderm den Weichkörper umgibt und aus Chitin, einem Polysaccharid, besteht. Speziell der Polyp von *Stephanoscyphus* (Scyphozoa) demonstriert in klarer Weise die einfache Natur und Bildungsweise der Peridermröhre.

Die Tendenzen der Skelettbildungen höherer Evolutionsstufen sind charakterisiert durch Verzweigung der Chitinröhren bei Stockbildung; durch Kalkeinlagerung in die organische Grundsubstanz als Ecto- oder Endoskelett, wobei jedoch die Bildungszellen (Skleroblasten) stets ectodermaler Herkunft sind; und schließlich durch die partielle oder ausschließliche Beteiligung von Proteinsubstanzen (Skleroproteinen), wie das für die Skelettbildungen mehrerer Gruppen der Anthozoa zutrifft. Die Mannigfaltigkeit der Skelettbildungen ist, im Zusammenhang mit dem Übergang zur Stockbildung, ein charakteristisches Merkmal für die Klassen Hydrozoa und Anthozoa.

Die **Muskulatur** der Cnidaria besteht seltener aus reinen Muskelzellen (Myocyten), deren Fasern strangartig vereinigt sind. Sie ist vielmehr in ganz überwiegendem Maße ein Bestandteil der Epithelien selbst, deren Zellen als Epithelmuskelzellen ausgebildet sind. Dadurch präsentiert sich die Muskulatur der Cnidaria weniger als ein anatomisches, sondern als ein histologisches Phänomen.

Reine Muskelzellen mit glatten Fasern, denen ein epithelialer Teil fehlt, haben die Form eines Zylinders oder einer Spindel. Der Kern liegt im mittleren Teil des Zellkörpers. Aus solchen **Myocyten** sind die vier Längsmuskelstränge des Scyphopolypen aufgebaut, die in der Mesogloea der vier Gastralsepten liegen (Abb. 32D). Sie sind ectodermaler Herkunft und stellen die einzige Muskulatur der Körperwand dar, von der allein ihre Kontraktion bewirkt wird.

Bei dem Scyphopolypen *Stephanoscyphus racemosus* kommen zu den vier Hauptmuskelsträngen der Septen zahlreiche einzelne Muskelstränge in der Mesogloea rings um die gesamte Körperwand hinzu. Das leitet zum Muskelsystem der Cubozoa über, das beim Polypen von *Carybdea* (S. 114) in der Mesogloea der Körperwand als mehrschichtiger Zylinder von Myocyten konstruiert ist. Der Cubopolyp *Tripedalia* besitzt neben den mesogloealen reinen Myocyten auch bereits Epithelmuskelzellen der Körperwand. Überdies kommen bei Scypho- und Cubopolypen Epithelmuskelzellen in den Tentakeln vor.

Bei den Hydrozoa und Anthozoa ist die gesamte Muskulatur aus **Epithelmuskelzellen** (Abb. 6) aufgebaut, und es sind fast alle Zellen beider Epithelien als Epithelmuskelzellen ausgebildet; das gilt auch für die Drüsenzellen der Gastrodermis. Die Muskelfasern der Epidermiszellen verlaufen parallel zur Körperachse und formen so einen Längsmuskelzylinder. Die Muskelfasern der Gastrodermis sind dagegen senkrecht zur Körperachse orientiert. so daß sie einen Ringmuskelzylinder darstellen. Außerdem gibt es in den Septen der Anthozoa auch eine kräftig entwickelte entodermale Längs- und Radialmuskulatur. Die Muskulatur sämtlicher Medusen (Abb. 7) besteht ausschließlich aus Epithelmuskelzellen.

Die Epithelmuskelzellen haben einen ganz charakteristischen Bau (Abb. 6). Der prismatische oder abgeplattete Zellkörper mit dem Kern grenzt an das Außenmedium, während die Zellbasis an der Mesogloea in die kontraktilen Fasern ausgezogen ist, die in einer zur Zellachse senkrechten Ebene liegen. Die Epithelmuskelzellen können auch mehrere Fasern besitzen, die durch getrennte Plasmabrücken mit dem Zelleib verbunden sind. Die Muskelfasern bestehen aus Muskelfibrillen, die ihrerseits Bündel feiner Muskelfilamente darstellen.

Die Muskelzellen des Polypen haben im allgemeinen glatte Fasern; nur in wenigen Einzelfällen ist das Vorkommen von quergestreiften Muskelfasern nachgewiesen worden. Ein solcher Fall ist die distale Tentakelmuskulatur des Cubopolypen [184]. — Die Meduse hat glatte und quergestreifte Muskelfasern. Die rhythmischen Schirmkontraktionen werden durch die quergestreifte Subumbrellar-Muskulatur bewirkt. Ein spezialisierter Muskelzelltyp mit spiraliger Querstreifung ist bei einer Hydroidmeduse entdeckt worden [44].

Trotz des einfachen Baues ist die Muskulatur der Cnidaria ungemein funktionstüchtig. Das zeigen vor allem die schnellen Schwimmbewegungen der Medusen. Die Tentakel vieler Arten können sich auf einen Reiz hin ruckartig auf einen Bruchteil ihrer vollen Länge verkürzen. Der Scyphopolyp *Stephanoscyphus* kann sich durch schnelle

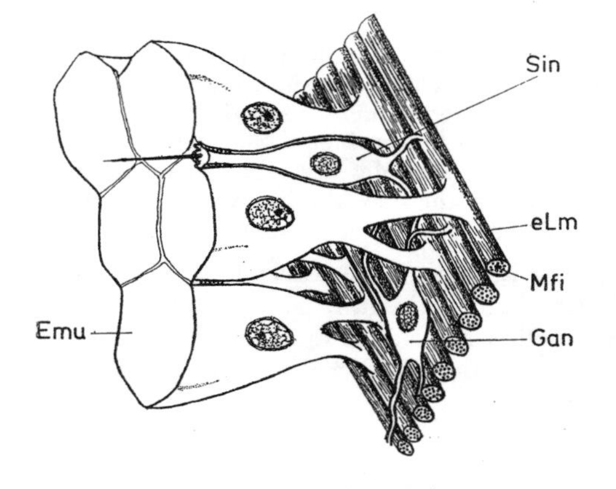

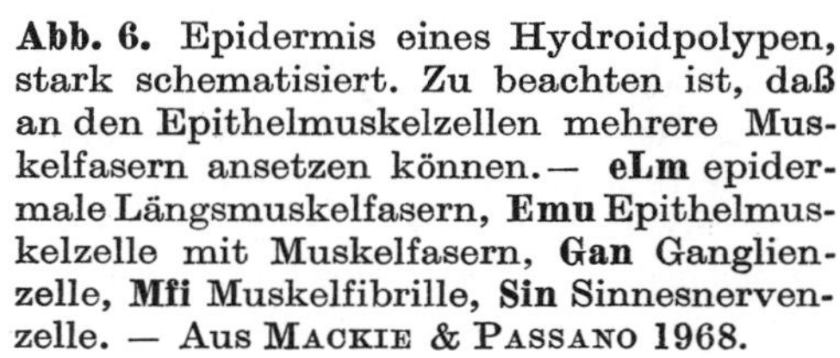
Abb. 6. Epidermis eines Hydroidpolypen, stark schematisiert. Zu beachten ist, daß an den Epithelmuskelzellen mehrere Muskelfasern ansetzen können. — **eLm** epidermale Längsmuskelfasern, **Emu** Epithelmuskelzelle mit Muskelfasern, **Gan** Ganglienzelle, **Mfi** Muskelfibrille, **Sin** Sinnesnervenzelle. — Aus Mackie & Passano 1968.

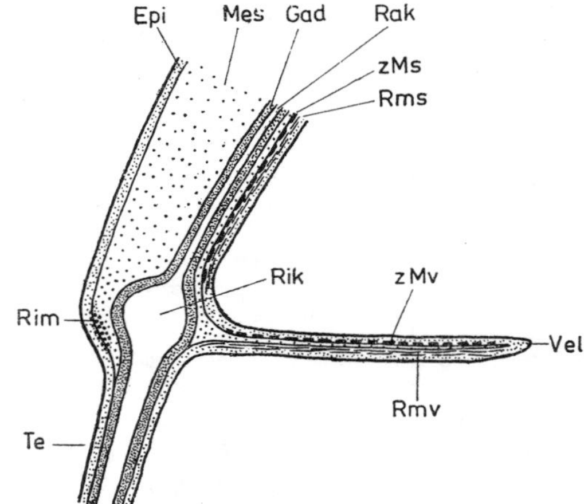

Abb. 7. Schirmmuskulatur einer Hydroidmeduse, schematischer Längsschnitt durch den Schirmrand. — **Epi** Epidermis, **Gad** Gastrodermis, **Mes** Mesogloea, **Rak** Radialkanal, **Rik** Ringkanal, **Rim** Ringmuskel (Sphinkter) des Schirmrandes, **Rms** glatte Radialmuskulatur der Subumbrella, **Rmv** glatte Radialmuskulatur des Exumbrellarepithels des Velum, **Te** Tentakel, **Vel** Velum, **zMs** quergestreifte zirkuläre Muskulatur der Subumbrella, **zMv** quergestreifte zirkuläre Muskulatur des Subumbrellarepithels des Velum.

Kontraktion des Körpers in die Röhre zurückziehen, wobei gleichzeitig die Tentakel blitzartig in den Gastralraum eingeschlagen werden. Frappierend ist auch die schnelle Kontraktion des Körpers bei thecaten Hydroiden, wenn man sie mit der meist langsamen Reaktion athecater Hydroiden vergleicht. Ein Beispiel für die außerordentlich große Kontraktionsfähigkeit der Anthozoa bietet die Riesenanemone *Stoichactis*: Sie kann sich von 50 cm Höhe und gleichem Durchmesser auf nur 5 cm Höhe und 10 cm Durchmesser verkleinern.

Die frühere Annahme, daß es sich bei dem Besitz der Epithelmuskelzellen um ein ursprüngliches Merkmal handele, ist zumindest für die rezenten Cnidaria zweifelhaft geworden, weil die Muskulatur der Körperwand der Scyphopolypen vollständig, die der Cubopolypen wenigstens teilweise aus reinen Myocyten besteht. Das spricht eher dafür, daß die Epithelmuskelzellen adaptiv erworben wurden. Ein solches Muskelsystem hat sich als besonders funktionstüchtig in Korrelation zum zweischichtigen Körperbau überall dort entwickelt, wo große, flächenhaft ausgebildete Muskelschichten benötigt wurden, weil der Körper des stützenden Außenskeletts entbehrte. Das ist der Fall bei den athecaten Hydroiden und besonders bei den Aktinien.

Die **Mesogloea**, also die Stützschicht zwischen Epi- und Gastrodermis, ist bei den Cnidaria in vielfältiger Weise ausgebildet und erfüllt zahlreiche Funktionen [45]. Ursprünglich ist sie nicht mehr als eine dünne Grenzschicht zwischen beiden Epithelien, wie etwa bei einem Teil der Scyphopolypen (Coronata) und bei den Hydroidpolypen.

Durch Einwanderung von Zellen aus dem Ectoderm sowie durch die Ausbildung von Fasergerüsten nimmt die Mesogloea an Mächtigkeit zu und stellt bei einem Teil der Scyphopolypen und vor allem bei den Anthopolypen einen wesentlich größeren Teil der Körpermasse. Die starke Wassereinlagerung formt die embryonal dünne Stützschicht zu der mächtig entwickelten Schirmgallerte um, die für alle Medusen charakteristisch ist und bei ihnen den überwiegenden Anteil der Körpermasse ausmacht (Abb. 3B, 8).

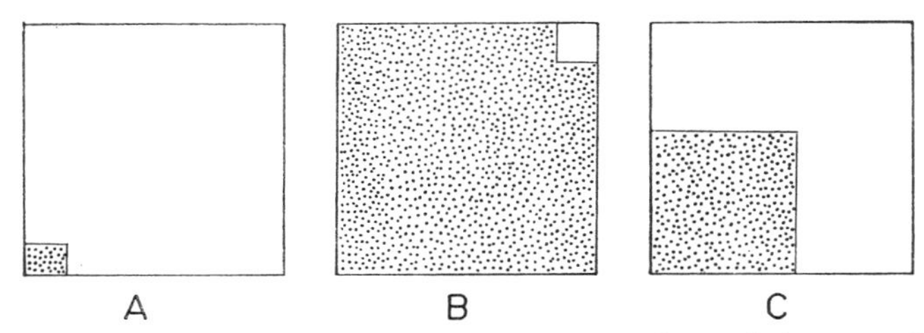

Abb. 8. Volumenanteil der Mesogloea (grob punktiert) an der Gesamtkörpermasse. **A.** Bei einem Hydroidpolypen (*Hydra*). **B.** Bei einer Scyphomeduse (*Pelagia*). **C.** Bei einer Aktinie (*Metridium*). — Aus G. CHAPMAN 1966.

Bestandteile der Mesogloea sind zum einen eine lichtoptisch strukturlos erscheinende Grundsubstanz (Matrix), die sich unter dem Elektronenmikroskop in ein System feinster Fibrillen und Filamente auflöst (an dieses System ist auch das in der Gallerte enthaltene Wasser gebunden), und zum anderen dichtere Fasern, aus denen allein die dünne Stützschicht der Hydroidpolypen aufgebaut ist, sowie die elastischen Gerüstsysteme, welche die Gallerte des Medusenschirmes und die Mesogloea der Anthozoa durchziehen [37]. Die Medusengallerte besteht zu 95—98% aus Wasser; der Rest sind Salze und ein ganz geringer Anteil (weniger als 1%) organische Substanz. In der Gallerte sind sulfathaltige Mucopolysaccharide nachgewiesen, während die Gerüstfasern den Gerüsteiweißen (Skleroproteinen, meist Collagen, weniger Elastin) angehören. Collagen ist ein fibrilläres Eiweiß, das durch seine Festigkeit und Unlöslichkeit im wäßrigen Medium ausgezeichnet ist. Es hat im tierischen Organismus als Gerüstsubstanz eine ähnliche Funktion und Verbreitung wie die Zellulose bei den Pflanzen.

Die primäre mechanische Funktion der Mesogloea ist lediglich die eines Substrates für die beiden Epithelien. Eine solche Rolle spielt sie in der Körperwand des Scypho- und Hydroidpolypen, wenn er von einer Peridermröhre umgeben und gestützt ist. Wird der Weichkörper dieser Polypen aus der Röhre herausgenommen, verliert er seine Form und fällt zusammen. In den meisten Fällen aber hat die Mesogloea die Funktion einer wirklichen Stützschicht, die dem Körper der Polypen und vor allem dem der Medusen Stütze gibt und ihn in seiner artspezifischen Form erhält. Durch ihre elastischen Eigenschaften führt die Mesogloea den Körper in die ursprüngliche Form zurück, wenn er durch Muskelkontraktionen verändert wird. Ihre Stützfunktion konnte sogar für den zarten Weichkörper des Süßwasser-Polypen *Hydra* (S. 183) in bemerkenswerter Weise demonstriert werden. Es gelang experimentell, die Mesogloea von allen Zellen der Epi- und Gastrodermis zu befreien. Übrig blieb nur der vollständige Schlauch der Stützlamelle, der auch in diesem Zustand die Körperform annähernd bewahrte.

Die Stützfunktion der Mesogloea ist besonders deutlich, wenn sie die Skelettbildungen aufnimmt, die von eingewanderten ectodermalen Zellen (Skleroblasten) erzeugt werden, wie das bei mehreren Gruppen der Anthozoa der Fall ist. Eine mechanisch besonders wichtige Rolle spielt die Stützlamelle auch durch die vielfältige Art, in der sie als Substrat für die Muskelsysteme dient. Bei den Polypen der Scyphozoa und Cubozoa enthält sie die

Bündel oder die zylinderförmige Schicht der Myocyten. Bei den Hydrozoa und Anthozoa erstrecken sich die Muskelfasern der Epithelzellen auf beiden Seiten der Mesogloea und sind in ihr verankert. Außerdem ist vielfach ein großer Teil der Muskelfasern in Form von Muskelgraten in die Mesogloea hineinverlagert. Im Zusammenwirken der Muskeln und der Mesogloea, die bei Kontraktionen in ihrer Form verändert (etwa in Falten gelegt) wird, spielt sie eine entsprechende Rolle auch für das Hydroskelett des Weichkörpers. Weiterhin dient die Mesogloea als Gleitlager für die Wanderung von Amoebocyten sowie von Keim- und Nesselzellen, die auf ihr durch amöboide Bewegung kriechen und ihre definitiven Bestimmungsorte aufsuchen; dabei wird sie häufig von den wandernden Zellen durchquert. Daß die Stützschicht an solchen Stellen leicht aufgelöst und danach neugebildet wird, ist ein weiteres Merkmal für ihre passiven Funktionen. In physiologischer Hinsicht ist sie schließlich für den Durchtritt der Nährstoffe aus der Gastro- in die Epidermis wichtig.

Die für die Cnidaria charakteristischen **Nesselzellen** (Nematocyten, Cnidocyten) enthalten die Nesselkapseln (Nematocysten, Cnidocysten), hochdifferenzierte Zellorganellen, die in morphologisch und funktionell verschiedenen Typen (Kategorien) vorkommen. Die Nesselkapseln werden durch einen komplizierten Differenzierungsprozeß im Inneren von Bildungszellen (Nematoblasten, Cnidoblasten) erzeugt, die aus undifferenzierten Zellen hervorgehen, bei den Hydrozoa aus den interstitiellen Zellen.

Die meisten Cnidaria besitzen mehrere Kategorien von Nesselkapseln. Dabei kann die Besonderheit auftreten, daß ein spezieller Typ nur bei bestimmten Stadien des Lebenszyklus anzutreffen ist. Als Cnidom einer Art bezeichnet man die vollständige Ausstattung mit Nesselzellen, das heißt die Gesamtheit aller verschiedenen Kategorien von Nesselkapseln, die bei sämtlichen Phasen und Entwicklungsstadien existieren [71, 80, 94, 96].

Das Bauprinzip ist bei allen Kapseltypen das gleiche. Sie bestehen aus einer doppelwandigen Blase, deren distaler, meist etwas schmälerer Teil entweder durch ein einteiliges Operculum (bei Scypho-, Cubo- und Hydrozoa, Abb. 9) oder durch drei Längsklappen (bei einem Teil der Anthozoa, Abb. 10) verschlossen ist. An der durch den Deckel geschlossenen Öffnung setzt sich die dünne innere Kapselwand nach innen in einen Schlauch fort, der meist stark aufgerollt ist und bei der Entladung wie ein Handschuhfinger nach außen umgestülpt wird. Schlauch und Kapsel sind von der Kapselflüssigkeit ausgefüllt. Weitere Bestandteile der Nesselzelle sind ihr Kern und Stützfibrillen im Inneren sowie an der äußeren Oberfläche das Cnidocil, das der Reizaufnahme dient. Es leitet sich von einer Geißel ab (es fehlt lediglich der Basalkörper) und hat die Form einer starren Borste, die mit verdickter Basis in die Zelloberfläche eingefügt und exzentrisch von einem Kranz sogenannter Stereocilien umgeben ist (Abb. 9). Die Stereocilien sind einfache Zellfortsätze. Bei den Anthozoa ist das Cnidocil eine typische Geißel mit Basalkörper (Abb. 10).

Die übrigen Zellelemente (endoplasmatisches Reticulum, Mitochondrien, Ribosomen, Golgi-Apparat) sind in der „reifen" Nesselzelle meist weniger auffällig und vielfach nur in Resten erkennbar. Offensichtlich werden sie bei der Bildung der Kapsel verbraucht. Entsprechend sind diese Zellorganellen im Nematoblasten gut entwickelt, und speziell der Golgi-Apparat spielt bei der Entstehung der Kapselhülle und des Nesselschlauches eine große Rolle (S. 33).

Innerhalb der Nesselzelle liegt die Kapsel dicht an ihrer äußeren Oberfläche. Der Kern befindet sich unterhalb der Kapsel. Der Basalteil der Zelle, der stielartig verlängert sein kann, setzt sich bis an die Stützlamelle fort. Im Epithelverband liegt die Nesselzelle meist als selbständige Einheit zwischen den übrigen Zellen, doch können in den Nesselbatterien der Tentakel auch mehrere Nesselzellen in eine große Epithelzelle eingebettet sein. Die Nesselkapseln selbst sind sehr vielgestaltig; von Kugel-, Birnen-, Ei-, Bananen- oder Stäbchenform werden alle Übergänge angetroffen. Außer-

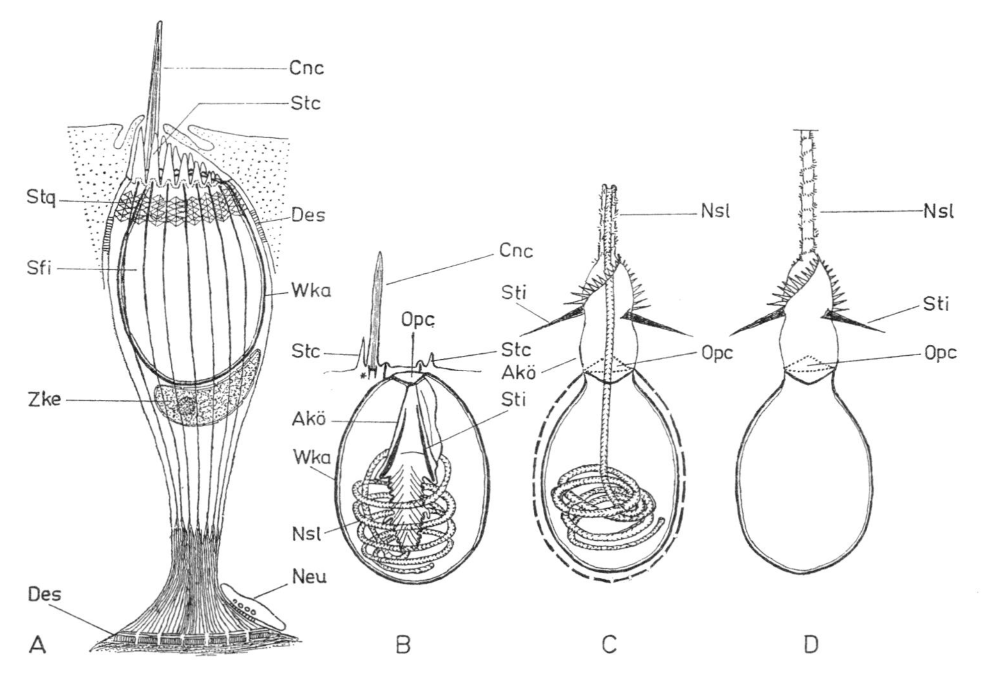

Abb. 9. Aufbau und Entladung einer Nesselkapsel (Stenotele), schematisch. **A.** Nesselzelle mit funktionsbereiter Kapsel, deren Inhalt nicht gezeichnet ist. **B.** Ruhende Kapsel mit Cnidocil im optischen Längsschnitt. **C.** Kapsel während der Entladung, Schaft mit Stiletts bereits ausgestülpt. **D.** Kapsel nach der Entladung. Man beachte die exzentrische Lage des Cnidocils im Kranz der verschieden großen Stereocilien, ferner die dreieckige Form des Operculum, dessen (im Bild) hintere Seite als Scharnier dient, so daß es bei der Entladung nach hinten hochgeklappt wird (gestrichelt). In C und D ist die Kapsel durch die Entladung verkleinert; die ursprüngliche Größe ist in C durch die gestrichelte Außenkontur angedeutet. — **Akö** Achsenkörper der unentladenen Kapsel bzw. Schaft der entladenen Kapsel, **Cnc** Cnidocil, **Des** desmosomale Verbindung zu einer Epithelmuskelzelle, **Neu** Neurit einer Ganglienzelle mit synaptischem Kontakt, **Nsl** Nesselschlauch, **Opc** Operculum, **Sfi** Stützfibrille, die sich basal in Microfilamente aufgliedert, **Stc** Stereocilien, **Sti** Stilett, **Stq** Stützband aus Querfilamenten, **Wka** doppelte Wand der Nesselkapsel, **Zke** Zellkern. — A nach Westfall 1970, verändert.

dem kann die gleiche Kapselkategorie bei der einzelnen Art oder bei anderen systematischen Einheiten in verschiedenen Größen- oder Formvariationen auftreten.

Der wirksame Teil der Nesselkapsel ist der bei der Entladung ausgestülpte Nesselapparat, der mit der leeren Kapselhülle verbunden bleibt. Er enthält die Strukturen, welche die Unterscheidung von bisher 27 verschiedenen Kapsel-Kategorien nach morphologischen Merkmalen gestatten (Tab. 1 und Abb. 11). Im einfachsten Fall besteht der Nesselapparat aus einem hohlen Schlauch, auch Faden genannt, der keine weiteren Strukturelemente erkennen läßt (Nr. 7). Bei den anderen Kapseln ist der Nesselapparat in den basalen Schaft und den terminalen Faden gegliedert. Unterschiedlicher Durchmesser sowie verschiedene Form und Bewaffnung von Schaft und Faden liefern die Strukturmerkmale zur Klassifizierung und Identifizierung der Kapseln. Die Größe der meisten Kapseltypen ist sehr gering; ihr Durchmesser beträgt zwischen 0,003 und etwa 0,1 mm (meist 0,01—0,02 mm). Die Länge des ausgestülpten Fadens beläuft sich meist auf ein Vielfaches der Kapsellänge und kann mehrere Millimeter erreichen.

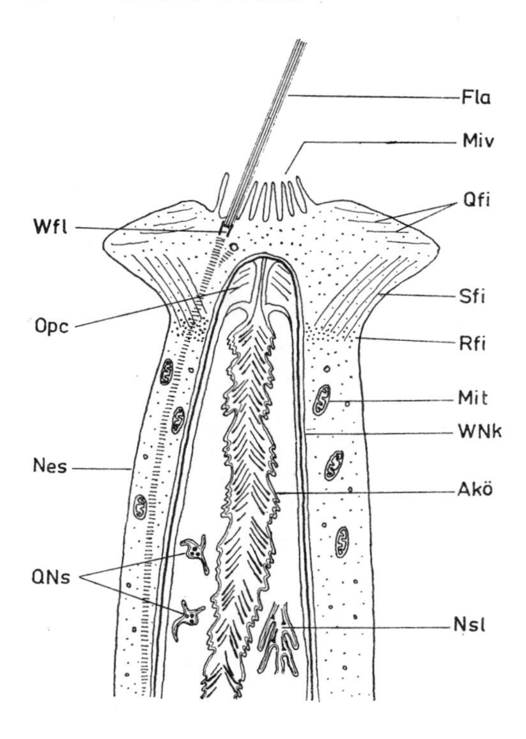

Abb. 10. Nesselzelle einer Aktinie (*Metridium senile*) mit funktionsbereiter Kapsel. Nur obere Hälfte gezeichnet. — **Akö** Achsenkörper mit Dornen der Innenseite, **Fla** Flagellum, **Mit** Mitochondrium, **Miv** Microvilli, **Nes** Nesselzelle, **Nsl** Längsschnitt des Nesselschlauches mit Dornen der Innenseite, **Opc** Operculum, das aus drei Klappen besteht, von denen zwei gezeichnet sind, **Qfi** Querfibrillen der Kapselwand, **QNs** Querschnitte des Nesselschlauches, **Rfi** Ringfibrillen der Kapselwand, **Sfi** Schrägfibrillen der Kapselwand, **Wfl** Wurzelapparat des Flagellum mit zwei Centriolen und langer Wurzel, **WNk** Wand der Nesselkapsel — Aus WESTFALL 1965.

Tabelle 1. Klassifizierung der Nesselkapseln (vgl. Abb. 11). — Nach WEILL 1934; WERNER 1965; MARISCAL 1974, 1978.

A. Nematocysten		
I. Astomocniden	Nesselapparat ohne terminale Öffnung	
1. Rhopalonemen	Nesselapparat keulenförmig	
a) Anacrophoren	ohne apikalen Appendix	(1)
b) Acrophoren	mit apikalem Appendix	(2)
2. Desmonemen	Nesselapparat spiralig aufgewundener, meist kurzer dicker Faden („Volventen“)	(3)
3. Spirotelen	Nesselapparat mit Schaft, der mit drei Stiletts und mit kurzer terminaler Spirale versehen ist	(4)
4. Aspirotelen	Nesselapparat besteht nur aus Schaft mit drei Stiletts	(5)
5. Ptychonemen	Nesselapparat ein einfacher längsgefalteter Schlauch, entladen zylindrisch mit Längsstreifung (vgl. Abb. 12 G—I)	(6)
II. Stomocniden	Nesselapparat mit terminaler Öffnung	
1. Haplonemen	Nesselapparat einfacher Faden, ohne deutlich abgesetzten Schaft	
a) Isorhizen	Faden isodiametrisch	

α) atriche	in ganzer Länge ohne Dornen („Glutinanten")	(7)
β) basitriche	nur basaler Teil mit Dornen	(8)
γ) merotriche	ein der Basis genäherter Zwischenteil mit Dornen	(9)
δ) holotriche	in ganzer Länge mit Dornen	(10)
ε) apotriche	nur am distalen Teil mit Dornen	(11)
b) Anisorhizen	Faden an der Basis deutlich erweitert	
α) atriche	ohne deutliche Dornen	(12)
β) homotriche	in ganzer Länge mit gleich großen Dornen	(13)
γ) heterotriche	Dornen der Fadenbasis stärker entwickelt	(14)
2. Heteronemen	Nesselapparat mit deutlich abgesetztem Schaft, oder Schaft ohne Faden	
a) Rhabdoiden	Schaft stabförmig, isodiametrisch	
a (1) Mastigophoren	Schaft verjüngt sich in einen deutlich abgesetzten dünnen Faden	
α) microbasische	Schaft kurz, $\leqq$ dreifache Kapsellänge	
	b-Mastigophoren: Schaft verdünnt sich allmählich in den Faden	(15′)
	p-Mastigophoren: Schaft verdünnt sich plötzlich, unentladen mit basaler Nut	(15″)
β) macrobasische	Schaft lang, $\geqq$ vierfache Kapsellänge	(16)
a (2) Amastigophoren	Schaft ohne Faden	
α) microbasische	Schaft kurz, $\leqq$ dreifache Kapsellänge	(17)
β) macrobasische	Schaft lang, $\geqq$ vierfache Kapsellänge	(18)
b) Rhopaloiden	Schaft keulenförmig, anisodiametrisch	
b (1) Eurytelen	Schaft am distalen Ende erweitert	
α) microbasische	Schaft kurz, $\leqq$ dreifache Kapsellänge	
α (1) homotriche	Dornen des Schaftes sämtlich gleichartig	(19)
α (2) heterotriche	Dornen des Schaftes ungleichartig	(20)
β) macrobasische	Schaft lang, $\geqq$ vierfache Kapsellänge	
β (1) telotriche	nur Endteil mit Dornen besetzt	(21)
β (2) merotriche	Zwischenstück mit Dornen besetzt	(22)
β (3) holotriche	in ganzer Länge mit Dornen besetzt	(23)
b (2) Semiophoren	Faden an einer Knickstelle abgebogen, hier mit zusätzlichem kräftigem Dorn	(24)
b (3) Stenotelen	Schaft an der Basis erweitert, distal mit drei Stiletts („Penetranten") (vgl. Abb. 9)	(25)
c) Birhopaloiden	Schaft proximal und distal erweitert, hantelförmig	(26)
B. Spirocysten	(vgl. Abb. 12C—F)	(27)

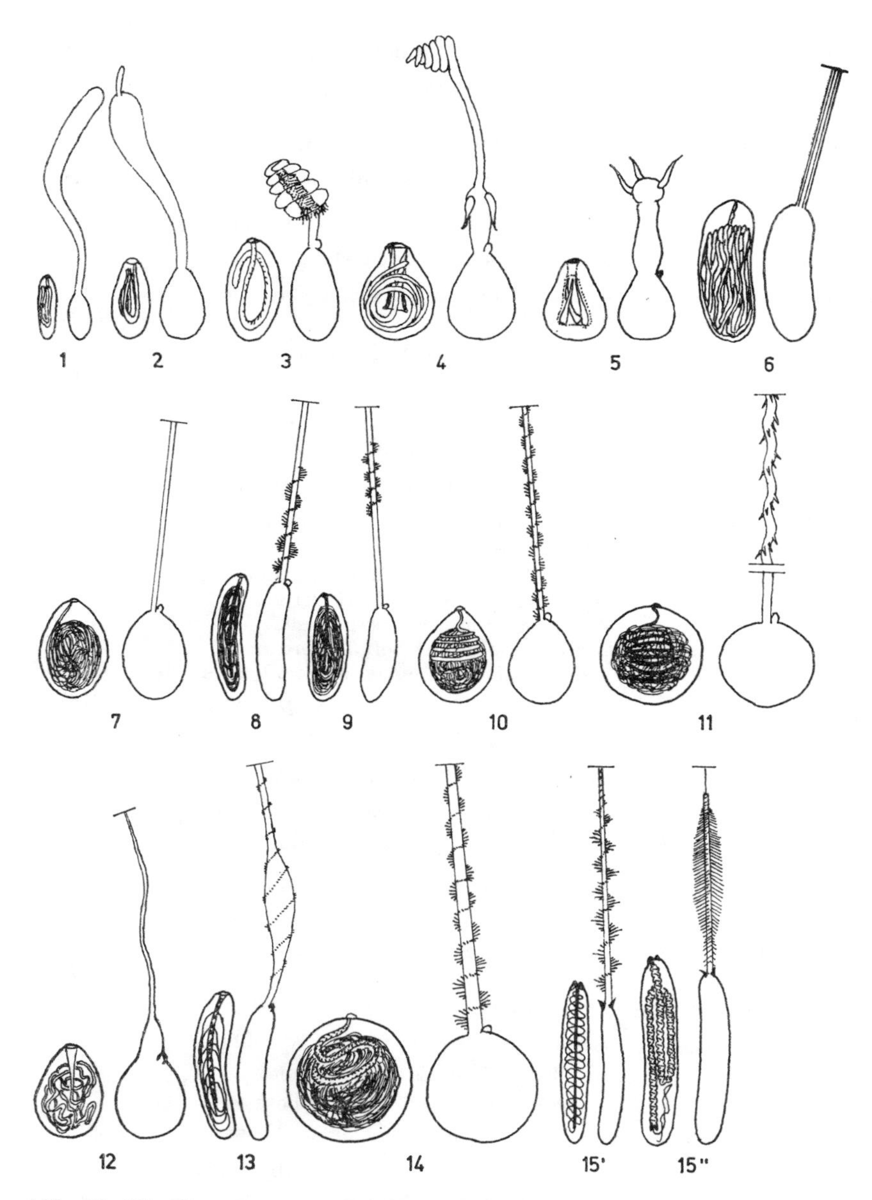

Abb. 11. Die Nematocysten (1—26) und die Spirocyste (27) der Cnidaria. Dargestellt sind jeweils die unentladene Kapsel (links) und entladene Kapsel (rechts). Vgl. Tabelle 1. — **1** Anacrophore, **2** Acrophore, **3** Desmoneme, **4** Spirotele, **5** Aspirotele, **6** Ptychoneme, **7** atriche Isorhize, **8** basitriche Isorhize, **9** merotriche Isorhize, **10** holotriche Isorhize, **11** apotriche Isorhize, **12** atriche Anisorhize, **13** homotriche Anisorhize, **14** heterotriche Anisorhize, **15′** microbasische b-Mastigophore der Anthozoa, **15″** microbasische p-Mastigophore der Anthozoa, **15‴** microbasische Mastigophore der Hydrozoa, **16** macrobasische Mastigophore, **17** microbasische Amastigophore, **18** macrobasische Amastigophore, **19** homotriche microbasische Eurytele, **20** heterotriche microbasische Eurytele, **21** telotriche macroba-

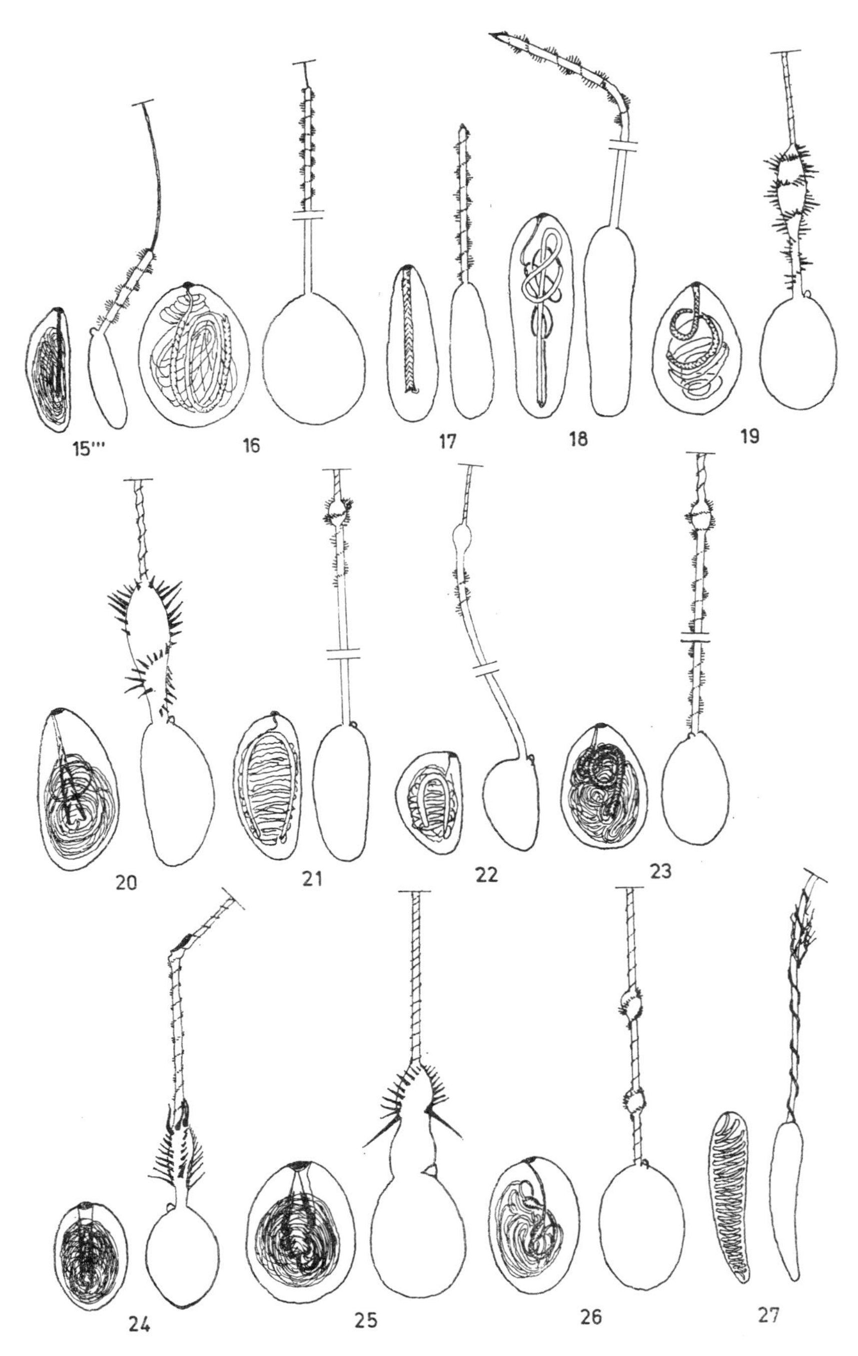

sische Eurytele, **22** merotriche macrobasische Eurytele, **23** holotriche macrobasische Eurytele, **24** Semiophore, **25** Stenotele, **26** Birhopaloide, **27** Spirocyste. — Nach WEILL 1934, WERNER 1965, MARISCAL 1974, MARISCAL, CONKLIN & BIGGER 1977.

Die genaue Untersuchung und Identifizierung der Kapseltypen ist deswegen von Bedeutung, weil bei den höheren und niederen systematischen Einheiten der Cnidaria Unterschiede in der Nesselzellausstattung bestehen, die von taxonomischem und evolutionistischem Wert sind. Das gilt vor allem für spezielle (einheitsspezifische) Kategorien, die nur bei bestimmten Gruppen vorkommen. Aus diesem Grunde ist es notwendig, daß das Cnidom möglichst vieler Nesseltiere bekannt ist und daß in die Erstbeschreibung einer Art auch stets Angaben über ihre Ausstattung mit Nesselzellen aufgenommen werden.

Die Nesselkapseln lassen sich in die beiden Hauptkategorien der Nemato- oder Cnidocysten (A) und Spirocysten (B) trennen. Die **Nematocysten** kommen bei allen Cnidaria vor. Sie sind mit einem langen Faden ausgestattet, der bis auf eine Ausnahme (die Ptychonemen, s. unten) durch seine rechtsgewundene Spiralstruktur ausgezeichnet ist. Im Farbverhalten sind die Nematocysten basophil.

Die erste Oberkategorie bezeichnet man als Astomocniden (I). Ihr Nesselschlauch ist terminal blind geschlossen. Zu ihnen gehören nur sechs (der insgesamt 27) Kategorien, darunter die Desmonemen (Abb. 12A, B) und auch der Sondertyp der Ptychonemen (Abb. 12G—I). Letzterer weicht von allen anderen Nesselkapseln dadurch ab, daß dem Schlauch spiralige Strukturen vollständig fehlen. Dieser ist vielmehr im unentladenen Zustand längsgefaltet, im entladenen Zustand zylindrisch mit feinen Längsstreifen.

Der zweiten Oberkategorie, den Stomocniden (II), gehört die Mehrzahl aller Kapseltypen an. Bei ihnen ist der Nesselschlauch mit einer terminalen Öffnung versehen. Die Bewaffnung des Nesselapparates besteht bei den meisten Typen aus drei sich spiralig in Rechtswindungen (im Uhrzeigersinn) um den Faden herumwindenden Reihen von feineren oder gröberen Dornen, welche die Form eines einfachen Stachels oder Hakens haben. Der Schaft kann in verschiedener Weise erweitert sein und Dornen tragen, die von denen des dünneren terminalen Fadenteils nach Form, Größe und Dichte verschieden sind. Die morphologisch am höchsten entwickelte Kategorie der Stenotele (Nr. 25) besitzt am Schaft, außer zahlreichen feinen, drei besonders stark entwickelte Dornen, die Stiletts (Abb. 9). Bei der unentladenen Kapsel ist das morphologische Äquivalent des Schaftes der Achsenkörper, der gerade oder gekrümmt ist und sich durch seine größere Dicke und optische Dichte vom anschließenden aufgewundenen Schlauch unterscheiden läßt.

Der Feinbau der Nesselkapseln ist äußerst kompliziert. Der unentladene, in der Kapsel aufgewundene Schlauch ist durch spiralige Faltung und Stauchung stark verkürzt, so daß er sich bei der Entladung unter spiraliger Drehung verlängert und in die Beute einbohrt (Abb. 13). Die Entladung bewirkt daher die Umwandlung einer spiraligen in eine zylindrische Struktur. Die auf verschiedener Höhe eingefügten Dornen dienen anfangs als Bohrzähne; anschließend spreizen sie sich ab und verankern so den Faden im Gewebe der Beute. Struktur und Funktion sind somit Bestandteile eines Mechanismus von enormer technischer Präzision.

Das Operculum weist einen Feinbau aus zahlreichen Schichten parallel zur Kapselöffnung auf, die Kapselwand eine komplizierte Struktur aus einem gitterförmigen Netzwerk von feinsten Fibrillen. Die gesamte Kapsel ist von einer korbartigen Hülle von Längsfibrillen umgeben, die im oberen Teil durch Querfibrillen wabenartig verbunden sind. Dadurch wird die Korbstruktur des Fibrillenapparates noch verstärkt, der wahrscheinlich die Funktion einer mechanischen Stützeinrichtung hat. Die Längsfibrillen erstrecken sich unterhalb der Kapsel bis in die Basis der Zelle; zudem hat sich gezeigt, daß die Nesselzelle durch Desmosomen mit den Basalteilen der angrenzenden Epithelmuskelzellen in Verbindung steht. Außerdem wurde ein synaptischer Kontakt mit Nervenfasern nachgewiesen.

Die **Spirocysten** sind auf die Hexacorallia (Anthozoa) beschränkt (Abb. 12C—F). Sie sind im Farbverhalten acidophil. Ihre dünne Kapselwand ist einschichtig und auf der Innenseite durch ringförmige Leisten verstärkt, so daß sie im Längsschnitt gezähnt erscheint. Ein Cnidocil fehlt. Der spiralige Hauptfaden trägt im Inneren einen seitlichen Quellfaden, der im Querschnitt aus zahlreichen feinen Tubuli aufgebaut ist.

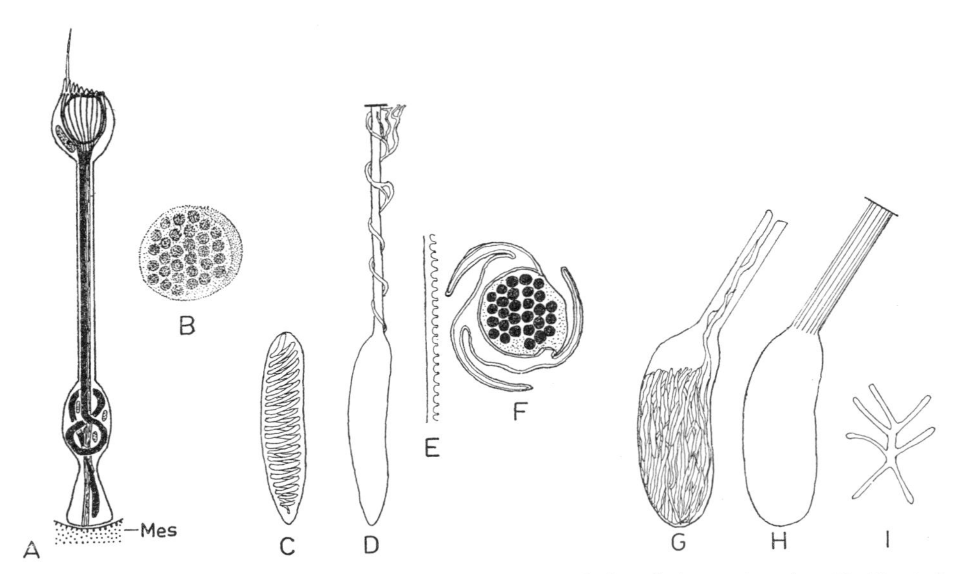

Abb. 12. Spezialstrukturen der Nematocysten und der Spirocyste. **A.**—**B.** Tentakelnesselzelle (Desmoneme) der Hydroidmeduse *Spirocodon saltatrix* (Athecata), mit stark verlängertem, kontraktilem Stiel. **A.** Ruhezustand. Der Stiel enthält ein Muskelbündel aus dickeren Fibrillen und dünneren Filamenten. Die weniger kontraktilen Fibrillen bilden in einer basalen Erweiterung eine achtförmige Schlinge. Im gedehnten Zustand verlaufen sie mit den feinen Filamenten in ganzer Länge parallel. **B.** Elmikroskopischer Querschnitt, der die Zusammensetzung des Stielmuskels aus 30 Fibrillen und zahlreichen Filamenten zeigt. **C.**—**F.** Spirocyste. **C.** Im Ruhezustand. **D.** Entladen. Der sich in einer Linksspirale um den Schlauch windende Quellfaden löst sich distal in ein Schleimnetz auf. **E.** Elmikroskopischer Längsschnitt durch die Kapselwand mit feinen Verstärkungsleisten der Innenseite. **F.** Elmikrokopischer Querschnitt durch den Faden der unentladenen Kapsel; auf der Innenseite der Quellfaden, der aus zahlreichen Sekretmicrotubuli besteht. **G.**—**I.** Ptychoneme. **G.** Während der Entladung. **H.** Entladen; der zylindrische Faden läßt die Falten noch als Längsstreifen erkennen. **I.** Elmikroskopischer Querschnitt durch den sich ausstülpenden Faden mit sieben Längsfalten. — **Mes** Mesogloea. — A und B aus Kawaguti & Hongoh 1973, C—F nach Mariscal, Conklin & Bigger 1977, alle leicht verändert.

Er ist nach der Entladung unregelmäßig in einer Linksspirale um den gestreckten Hauptfaden gewunden und löst sich in ein Schleimnetz auf; darauf ist die Haftfunktion der Spirocyste zurückzuführen [72].

Die alte Unterscheidung der Nesselkapseln nach ihrer Funktion in Volventen (Wickelkapseln = Desmonemen), Glutinanten (Haftkapseln = Haplonemen) und Penetranten (Durchschlagskapseln = Stenotelen = Injektoren) beruhte auf den Untersuchungen an *Hydra*. Da diese Form nur über vier Typen von Kapseln verfügt, darunter zwei Typen von Haplonemen, waren bei ihr die morphologische und die funktionelle Unterscheidung identisch. Nachdem aber bei den marinen Cnidaria der große Formenreichtum an verschiedenen Kapseltypen erkannt worden war, ließ sich die funktionelle Unterscheidung nicht länger zur Identifizierung aufrechterhalten. Da bei den Scyphozoa und Anthozoa keine Stenotelen vorkommen, muß bei ihnen die Injektionsfunktion von anderen Kapseltypen übernommen werden. Das gleiche gilt für die Hydroida Thecata, denen ebenfalls Stenotelen vollständig fehlen. Unter ihnen gibt es Formen, die lediglich über Haplonemen verfügen, und bei ihnen kann direkt beoabachtet werden, daß die früher als Glutinanten bezeichneten Typen auch als Injektoren fungieren. Andererseits sind manche Typen auf eine einzige Funktion festgelegt, wie etwa die Desmonemen der Hydroiden reine Wickelkapseln zum

Tabelle 2. Die Verteilung der Nesselkapseln auf die einzelnen Klassen der Cnidaria.

			Kategorien	Scyphozoa	Cubozoa	Hydrozoa	Anthozoa
Nematocysten	Astomocniden		1. Anacrophore	—	—	⊕	—
			2. Acrophore	—	—	⊕	—
			3. Desmoneme	—	—	⊕	—
			4. Spirotele	—	—	⊕	—
			5. Aspirotele	—	—	⊕	—
			6. Ptychoneme	—	—	—	⊕
	Stomocniden	Haplonemen	7. atriche Isorhize	+	+	+	+
			8. basitriche Isorhize	—	+	+	+
			9. merotriche Isorhize	—	—	⊕	—
			10. holotriche Isorhize	+	+	+	+
			11. apotriche Isorhize	—	—	⊕	—
			12. atriche Anisorhize	—	—	⊕	—
			13. homotriche Anisorhize	—	—	⊕	—
			14. heterotriche Anisorhize	—	—	⊕	—
		Heteronemen	15. microbasische Mastigophore	—	+	+	+
			16. macrobasische Mastigophore	—	—	⊕	—
			17. microbasische Amastigophore	—	—	—	⊕
			18. macrobasische Amastigophore	—	—	—	⊕
			19. homotriche microbasische Eurytele	—	—	⊕	—
			20. heterotriche microbasische Eurytele	+	+	+	—
			21. telotriche macrobasische Eurytele	—	—	⊕	—
			22. merotriche macrobasische Eurytele	—	—	⊕	—
			23. holotriche macrobasische Eurytele	—	—	⊕	—
			24. Semiophore	—	—	⊕	—
			25. Stenotele	—	+	+	—
			26. Birhopaloide	—	—	⊕	—
			27. Spirocyste	—	—	—	⊕
Gesamtzahl der Kategorien				3	6	23	8
Gesamtzahl der klasseneigenen Kategorien ⊕				0	0	17	4

Festhalten sind. Für die Mastigophoren, Eurytelen, Stenotelen und Birhopaloiden kann eine überwiegende Injektorenfunktion angenommen werden, während die Mehrzahl der Haplonemen und ein Teil der Heteronemen sowohl als Haftkapseln wie als Injektoren gelten können.

Die Nesselzellen liegen vorwiegend in der Epidermis, doch werden sie auch in der Gastrodermis, vor allem bei Scyphozoa und Anthozoa, regelmäßig angetroffen. Die Nematocyten werden größtenteils nicht am Verbrauchsort erzeugt, sondern in besonderen Bildungszonen. Diese befinden sich beim Polypen in den Körperregionen unterhalb des Tentakelansatzes, bei den Medusen am Schirmrand und an der Basis der Tentakel.

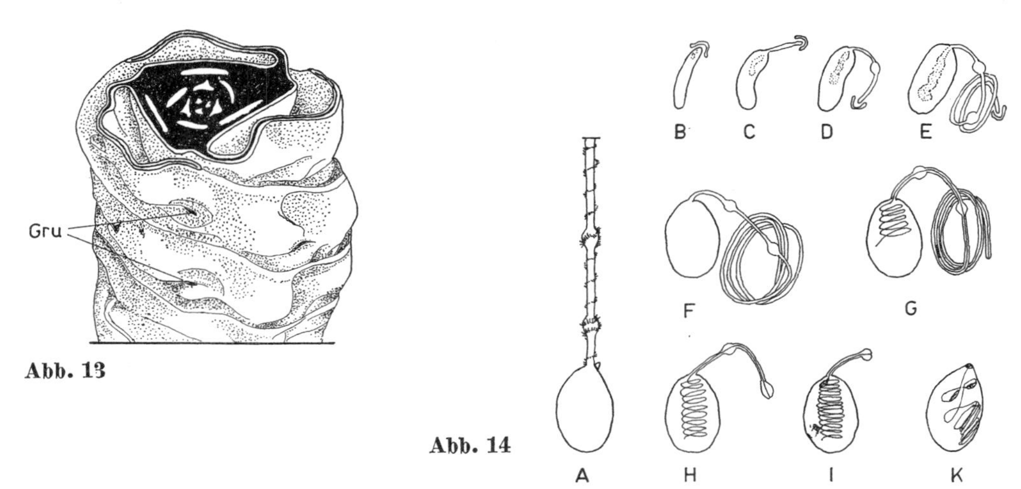

Abb. 13. Wachsmodell eines Teiles des Nesselschlauches einer unentladenen Kapsel (holotriche Isorhize) von *Corynactis viridis* (Anthozoa). Der Querschnitt (oben, schwarz) zeigt den Innenraum mit den Gruppen von jeweils drei Dornen, die den drei Spiralen der entladenen Kapsel entsprechen. Da die Dornen auf verschiedenen Ebenen liegen, ist ihre Größe verschieden. Deutlich zu erkennen sind die Falten des spiralig gestauchten Schlauches, der bei der Entladung die Form eines Zylinders annimmt. — **Gru** Grube, in der die Dornen auf der Innenseite ansetzen. — Aus Skaer & Picken 1965.

Abb. 14. Entwicklung einer Nesselkapsel vom Typ der Birhopaloide, stark schematisiert. **A.** Entladene Nesselkapsel. **B.—F.** Stadien der Bildung der Kapselhülle und des Außenschlauches aus dem Golgi-Apparat. **G.—I.** Einstülpung des Außenschlauches. **K.** Fertige Kapsel. — B—K aus Carré & Carré 1973.

Die Bildungszelle (**Nematoblast**) läßt in einem komplizierten Vorgang im Inneren aus ihrem Plasmainhalt die Kapsel mit dem eingestülpten Nesselapparat hervorgehen (Abb. 14). Dabei entstehen zuerst die Kapselhülle und ein an ihr ansetzender großer Außenschlauch; beide sind Produkte des Golgi-Apparates. Der Nesselschlauch erhält dann seine inverse Lage durch eine Einstülpung des Außenschlauches in die Kapsel hinein. Das konnte auch durch Zeitraffer-Filmaufnahmen bestätigt werden. Die entscheidende Phase dieser Einstülpung spielt sich bei einer Stenotele von *Hydra* in der kurzen Zeitspanne von 10 Minuten ab. Sicher ist auch, daß die Zusatzstrukturen des Nesselapparates, also die in seine Innenwand eingefügten Dornen und Stiletts, erst nach der Einstülpung im Inneren der Kapsel aus der Zellmatrix aufgebaut werden [41, 47, 51, 52, 56, 86, 87].

Von den Bildungszonen wandern die Nesselzellen durch amöboide Bewegungen, entlang der als Gleitlager dienenden Mesogloea, zum Verbrauchsort (Abb. 5). In der Epidermis der Tentakel sind die Nesselzellen meist zu Batterien angehäuft, die Flekken-, Ring- oder Spiralform haben können. Die Tentakelenden weisen stets den dichtesten Besatz mit Nesselzellen auf. Am Verbrauchsort wird die Nesselzelle „aufgestellt“ das heißt sie wird in die definitive Position gebracht und mit dem bisher noch fehlenden Cnidocil versehen. Jede Nesselkapsel kann nur einmal verwendet werden und wird nach der Entladung abgestoßen, wenn sie nicht schon vom Beutetier aus der Nesselzelle herausgerissen wurde.

Eine quantitative Überprüfung ergab, daß bei *Hydra* täglich regelmäßig bis zu einem Viertel des Gesamtbestandes an Nesselkapseln verbraucht und daß der Besatz eines Tentakels in 7—9 Tagen vollständig erneuert wird. Die Umsatzrate ist also sehr hoch und macht eine entsprechende Bildungsgeschwindigkeit notwendig. Der Gesamtbestand einer *Hydra* wurde zu ca. 32000 Nesselzellen bestimmt. Außerdem wurde bei diesem Polypen beobachtet, daß die verschiedenen Typen entlang der Körperachse in unterschiedlichen

Konzentrationen auftreten; das läßt auf das Vorhandensein entsprechender Determinations- und Differenzierungs-Gradienten schließen, die auf das Ausgangsmaterial der interstitiellen Zellen in verschiedener Weise einwirken.

Der komplizierte Vorgang der **Entladung** der Nesselkapseln ist trotz zahlreicher Untersuchungen keineswegs geklärt [42, 76]. Offenbar wird durch chemische Stoffe (Proteine und Lipoide), die von der Beute ausgehen und in minimalen Konzentrationen wirksam sind, die Reizschwelle des Cnidocils erniedrigt, so daß es auf taktile Reize leichter anspricht. Andererseits genügt aber auch eine einfache mechanische Reizung, um die Kapsel zur Entladung zu bringen. Bei der Entladung selbst muß ein Zusammenspiel von verschiedenen Einzelprozessen wirksam werden, bei denen offenbar Hemmungen beseitigt und fördernde Kräfte aktiviert werden, ohne daß diese im Einzelnen bekannt sind. Auf alle Fälle macht der in der „reifen" Nesselkapsel herrschende hohe osmotische Druck von rund 140 atü (durch Gefrierpunkt-Erniedrigung gemessen) die hohe Durchschlagskraft des zarten Nesselschlauches verständlich, ebenso die Geschwindigkeit von 1/250 s, mit der die Entladung abläuft. Beide Werte sprechen dafür, daß der Entladungsvorgang der Auslösung einer hochgespannten Feder vergleichbar ist. Von besonderer Bedeutung für den Gesamtvorgang dürfte der Teilprozeß der Kapselöffnung, also das Abheben des Operculum bzw. das Spreizen der dreieckigen Klappen sein.

Wahrscheinlich sind bei der Entladung sowohl mechanische als auch chemische Vorgänge beteiligt. Die frühere Hypothese, daß die Entladung auf einer Erhöhung des osmotischen Innendruckes durch Wasseraufnahme beruhe, kann zur Erklärung nicht ausreichen. Die neuere Beobachtung, daß isolierte Kapseln durch Cl-Ionen zur Entladung gebracht werden können, spricht dafür, daß der Ionentransport eine Rolle spielt. Andererseits sind die Ergebnisse dieser Untersuchungen noch nicht eindeutig genug, um zu zeigen, daß sich die Kapseln im ungestörten Epithelverband genauso verhalten. Weitere Untersuchungen bleiben deshalb abzuwarten.

Entgegen der älteren Auffassung, daß die Nesselzellen unabhängige Effektoren sind, ist neuerdings klar geworden, daß sie unter übergeordneter nervöser Kontrolle stehen, die speziell hemmender Natur ist. Wenn ein Polyp bis zur Sättigung gefüttert ist, so bewirkt ein fortgesetztes Angebot von Beutetieren keine weitere Entladung von Nesselkapseln. Die Reizschwelle ist also erhöht und allgemein vom physiologischen Zustand eines Tieres abhängig. Ein einfacher Hinweis ist auch mit der Beobachtung gegeben, daß eine maximale Entladungsrate der Nesselbatterien nur bei einem voll ausgestreckten, nicht aber bei einem kontrahierten Tentakel möglich ist. Auch die Ultrastruktur deutet auf eine nervöse Kontrolle der Nesselkapseln hin (Abb. 9A).

Für die Funktion der verschiedenen Kapseltypen ist auch bedeutungsvoll, daß die zugehörigen Cnidocils verschieden lang sind. Es kann als Regel gelten, daß die zahlenmäßig häufigeren, aber kleineren Typen der Desmonemen und Haplonemen, die dem Festhalten der Beute dienen, längere Cnidocils haben als die meist größeren, jedoch weniger zahlreichen Eurytelen und Stenotelen, die als Injektoren tätig sind und deren Cnidocils deutlich kürzer sind. Das hat zur Folge, daß beim Beutefang zuerst die Wickel- und Haftkapseln entladen werden und dann erst (mit vermutlich geringem zeitlichem Abstand) die Injektoren. Auch dieses Phänomen spricht für das komplizierte und sinnvolle Zusammenspiel aller am Beutefang beteiligten Strukturen und Vorgänge. Es unterstreicht eindrucksvoll, daß die Cnidaria die Nachteile der sessilen Lebensweise und eines vom Zufall abhängigen Beutefangs durch die zu hoher Vollkommenheit und Wirksamkeit entwickelten Nesselzellen kompensiert haben.

Die Flüssigkeit der Nesselkapseln enthält Substanzen, die auf Beutetiere giftig wirken [71]. Bei diesen **Nesselgiften** handelt es sich um hochmolekulare Eiweißkörper, in denen zahlreiche bekannte Aminosäuren und Peptide nachgewiesen wurden; ihr genauer chemischer Aufbau ist aber noch immer ungeklärt. Bei den Beutetieren des Zooplankton, das die Nahrung der meisten Cnidaria liefert, bewirkt das Nesselgift eine schlagartige Lähmung, auf die der schnelle Tod folgt. Offenbar ist bei diesen kleinen Organismen die Menge des injizierten Giftes im Verhältnis zum Körpervolumen recht groß. Beim Menschen ruft die Berührung mit Polypen und Medusen meist keine Reaktion oder doch nur eine schwache Reizung der Haut mit einer Rötung und mit leichtem Brennen hervor. Manche Cnidaria haben allerdings ein auch für den Menschen so wirksames Gift, daß es Fieber, langanhaltendes Unwohlsein und nekrotische Hautveränderungen zur Folge haben kann. Bekannt sind in dieser Hinsicht unter den Hydrozoa die Feuerkorallen (S. 178) und die Siphonophore *Physalia* (S. 221) sowie unter den Scyphozoa die Feuerqualle (S. 98). Ausgesprochen berüchtigt und gefürchtet sind die Würfelquallen oder Cubozoa, die in tropischen Küstengewässern (als „sea wasps") während der Monate ihres Hauptauftretens ausgedehnte Badestrände unbenutzbar machen. Zwei Arten (S. 130) erzeugen ein so starkes Nesselgift, daß es bei empfindlichen Personen und Jugendlichen den sofortigen Tod herbeiführen kann.

Nach ihrer Wirkung sind die Nesselgifte überwiegend Neurotoxine. Das gilt auch für die Würfelquallen, deren Gift Atem- und Kreislaufzentren lähmt. In einigen Fällen ist auch die gleichzeitige haemolytische Wirkung nachgewiesen. Außerdem erzeugt das Gift der Würfelquallen schwere Hautnekrosen, die nur langsam abheilen und tiefe Narben hinterlassen. Als Hilfsmaßnahmen werden die sofortige Beseitigung der anhaftenden Quallen und ihrer eventuell abgerissenen Tentakel empfohlen, sowie die Behandlung der Haut mit Alkohol, ferner die innere und äußere Behandlung mit Antihistaminen und sofortige ärztliche Versorgung.

Zellphysiologisch beruht die neurotoxische Wirkung der Nesselgifte auf der Blockierung der Bildung von Aktionspotentialen. Die Reizung einer Zellmembran bewirkt allgemein bei den Ganglienzellen bzw. ihren Neuriten die sofortige Erhöhung ihrer Permeabilität für Natrium-Ionen, die schlagartig einströmen und durch Depolarisierung die Bildung eines Aktionspotentials herbeiführen. Die Neurotoxine lagern sich an den Kanälen an, durch welche die Na-Ionen hindurchströmen und blockieren sie, so daß es nicht mehr zur Depolarisierung kommt. Ein Muskel kann daher unter dem Einfluß des neurotoxischen Nesselgiftes nicht mehr auf einen Reiz ansprechen und wird gelähmt.

Das **Nervensystem** der Cnidaria ist das einfachste, das wir im gesamten Tierreich kennen. Es besteht aus Nervenzellen, die zu Nervennetzen zusammentreten, und aus Sinneszellen. Obwohl uns hier zum erstenmal ein Nervensystem gegenübertritt, steht es sofort auf einer hohen Organisations- und Leistungsstufe.

Wegen seines relativ einfachen Baues hat das Nervensystem der Nesseltiere stets das besondere Interesse der Forscher geweckt. Aus seiner Untersuchung durfte man sich einmal Hinweise auf die evolutionistische Entstehung der Nervenzellen und ihrer Funktionen und zum anderen Einsichten in den Zusammenhang zwischen einfachem Nervensystem und einfachen Verhaltensformen mit ihren wechselseitigen Abhängigkeiten erhoffen.

Die **Nervenzellen** (Neuronen) sind selten mono-, vielmehr meist bi- oder multipolar, sie haben also einen, zwei oder mehrere faserartige impulsleitende Fortsätze (Abb. 15). Sie sind isopolar, weil die impulssendenden Fasern (Axone, Neuriten) von den impulsaufnehmenden Fasern (Dendriten) anatomisch-histologisch nicht zu unterscheiden sind. Die Neuriten sind im allgemeinen nackt, ihnen fehlen also die Hüllzellen. Nur in vereinzelten Fällen wurde neuerdings beobachtet, daß sich lappenartig verbreiterte Fortsätze von Epithelzellen um Teile von Nervenfasern herumlegen.

Die Nervenzellen haben eine subepitheliale Lage (Abb. 5, 6). Sie liegen an der Basis der Epithelien in der Nähe der Mesogloea und bilden hier mit ihren Fasern das charakteristische lockere Geflecht eines diffusen **Nervennetzes** (Abb. 16). Die Sinneszellen und Sinnesnervenzellen (S. 43) grenzen jedoch an die Oberfläche der Epithelien an. Mit wenigen Ausnahmen (Exumbrella der Hydroidmedusen, Schirm der Schwimmglocken der Siphonophora) sind die Epithelien aller Körperteile mit Nervenzellen versehen. Die Gastrodermis ist gewöhnlich ärmer an Nervenzellen als die Epidermis; eine

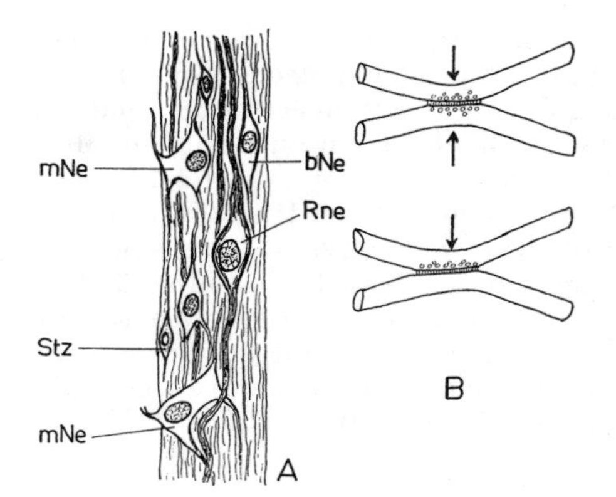

Abb. 15. A. Längsschnitt durch den exumbrellaren Nervenring einer Limnomeduse (*Limnocnida tanganyicae*). — **bNe** bipolare Nervenzelle, **mNe** multipolare Nervenzelle, **Rne** bipolare Riesennervenzelle, **Stz** Stützzelle. **B.** Unpolarisierte (oben) und polarsierte (unten) synaptische Verbindung zweier Axone im elmikroskopischen Bild, schematisch. Die Bläschen auf einer Seite oder auf beiden Seiten des synaptischen Spaltes, der durch feinste Filamente überbrückt ist, werden als Äquivalent chemischer Transmittersubstanzen gedeutet. — A aus Bouillon 1957, B aus Bullock & Horridge 1965.

Ausnahme machen allerdings viele Anthozoa, bei denen — wie die Hauptmuskulatur — auch die Nervennetze überwiegend entodermaler Natur sind. Ferner kann als allgemeine Regel gelten, daß bei den metagenetischen Klassen die Polypen-Generation einfacher strukturierte Nervensysteme aufweist als die Medusen. Da sich das diffuse Nervennetz über alle Körperregionen ausbreitet, spiegelt seine Architektur die Gestalt des Körpers und dessen Proportionen wider (Abb. 16, 17).

Eine weitere allgemeine Eigenschaft ist das Auftreten mehrerer Nervennetze beim selben Organismus. Zwar können sie nicht in jedem Fall anatomisch-histologisch identifiziert werden, wie dies bei den Medusen der Scyphozoa, Hydrozoa und bei den Si-

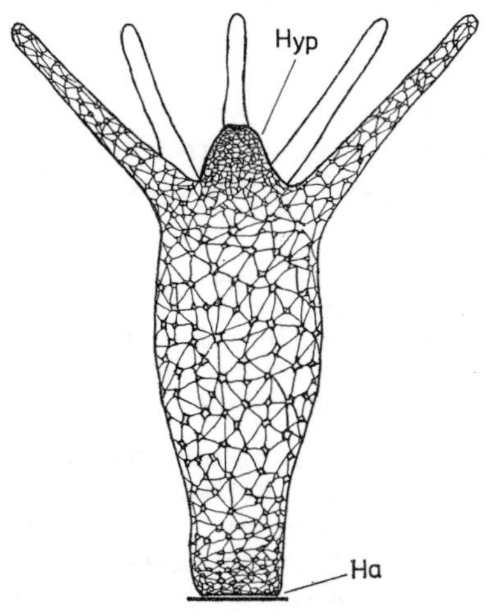

Abb. 16

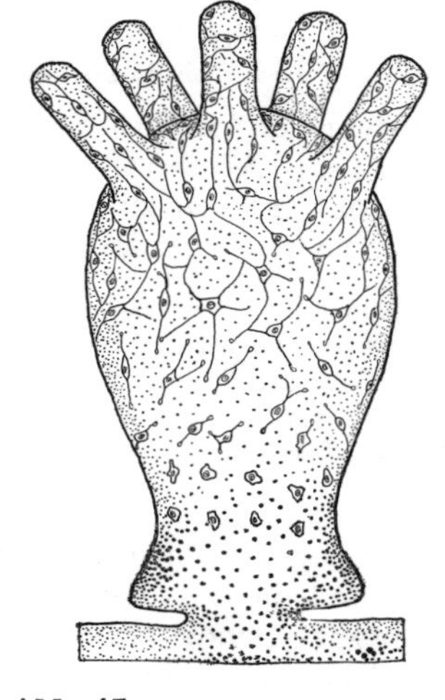

Abb. 17

Abb. 16. Polyp der Cnidaria mit diffusem Nervennetz, Schema. Man beachte die dichtere Nervenversorgung von Haftscheibe (**Ha**) und Hypostom (**Hyp**).

Abb. 17. Entwicklung des Nervennetzes der Knospe eines Hydroidpolypen (*Hydra*). Die Nervenzellen werden nicht vom Erzeugerpolypen übernommen, sondern entstehen neu in der Knospe aus interstitiellen Zellen. Die Axone wachsen aus den Nervenzellen aus und schließen sich zum diffusen Nervennetz zusammen. Die Differenzierung beginnt am Oralpol (oben) und breitet sich von hier zur Basis aus. — Nach McConnell 1932, aus Bullock & Horridge 1965.

phonophora möglich ist. In der Mehrzahl der Fälle, so bei allen Hydroid- und Anthopolypen, muß das Vorhandensein mehrerer Leitungsnetze indirekt aus den physiologischen Leistungen, nämlich aus den lokalen Tätigkeiten, aus einer verschiedenen Leitungsgeschwindigkeit und aus einer unterschiedlichen Art der elektrischen Potentiale erschlossen werden.

Von den Epithelien der Cnidaria lassen sich elektrische Potentiale ableiten, die vielfach in direkte Beziehung zu gleichzeitig ablaufenden Reaktionen und Tätigkeiten gesetzt werden können. Sie vermitteln damit ein Bild der auslösenden Impulse, ihrer Stärke und zeitlichen Aufeinanderfolge. Das gilt auch für die spontanen rhythmischen Aktivitäten, die auf endogene Schrittmachersysteme zurückzuführen und unabhängig von äußeren Reizen sind.

Die Impulsleitung ist primär unpolarisiert und breitet sich im diffusen zweidimensionalen Nervennetz nach allen Richtungen aus. Sie erfolgt in den Axonen ohne Dekrement und gehorcht dem Alles- oder Nichts-Gesetz: Die Reaktion ist maximal oder unterbleibt vollständig. Charakteristisch ist auch die relativ große Autonomie der Körperteile: Experimentell abgetrennte Teile geben auf Reize dieselbe Antwort, die sie auch im ungestörten Körperverband geben würden.

Übergeordnete Koordinationszentren, die mit den Ganglienzentren und Gehirnen höherer Tiere vergleichbar wären, fehlen den Cnidaria. Es gibt jedoch auch bei ihnen lokale Konzentrationen von Nervenzellen und ihren Fasern, die als Ganglien (bei Scypho-, Cubo- und Hydroidmedusen) oder als Ringnerven (bei Cubopolypen, Cubomedusen und Hydroidmedusen, Abb. 15A) in Erscheinung treten und auch hinsichtlich ihrer Funktion als Koordinationszentren gelten müssen. In den Schrittmachersystemen sind die Ganglien die Zentren der spontanen Aktivitäten.

Die Geschwindigkeit der Impulsleitung ist gering; sie schwankt zwischen etwa 0,04 und 1,2 m/s. Die synaptische Impulsübertragung bei Neuriten sowie zwischen Neuriten und Muskelzellen darf nach den elektronenmikroskopischen Untersuchungen als allgemein zutreffend angenommen werden. Die Synapsen (Abb. 15B) sind kenntlich als plattenähnliche laterale Kontakte mit verdichteten Membranen und einer Anhäufung feiner Bläschen (Vesikel) auf den Seiten des synaptischen Spaltes, der durch feinste quergestellte Filamente überbrückt ist. Die Bläschen werden als Ausdruck des Auftretens von chemischen Überträger- (Transmitter-)substanzen gedeutet. Bei den Cnidaria werden sowohl polarisierte Synapsen (mit Bläschen auf nur einer Seite) als auch unpolarisierte (Bläschen auf beiden Seiten) gefunden. Auch neurosekretorische Nervenzellen wurden beobachtet; sie sind nach Form und Lage zwar als Nervenzellen anzusprechen, lassen aber durch eine Anhäufung von Sekretgranula im Inneren Anzeichen einer sekretorischen Tätigkeit erkennen. Neurosekretorische Zellen wurden bisher nur bei wenigen Formen nachgewiesen; an ihrer allgemeinen Verbreitung und innersekretorischen Funktion ist indessen nicht zu zweifeln.

Die einfachsten neurophysiologischen Strukturen sind bei Scyphopolypen festgestellt worden. Ein typisches Nervennetz konnte hier noch nicht nachgewiesen werden, vielmehr wurden nur zerstreut liegende Ganglien- und Sinneszellen gefunden.

Damit steht in Übereinstimmung, daß die Reaktionen auf mechanische und elektrische Reize das Bild einfacher nervöser Strukturen ohne echte Koordination vermitteln [116]. Der Scyphopolyp gliedert sich neurophysiologisch in mehrere nervös unabhängige (autonome) Körperregionen auf. Die Aufeinanderfolge der einzelnen Tätigkeiten des Nahrungserwerbs (Verkürzung der Tentakel nach dem Beutefang, Hinbiegen der Tentakel zum Mund, Öffnen des Mundes, Einführen der Tentakel in den Mund) wird in der Weise erklärt, daß eine Tätigkeit die nachfolgende der Nachbarregion auslöst. Als Anzeichen einer einfachen Koordination wurde bisher nur beobachtet, daß sich der Mund bei einer Reizung eines Tentakels auch ohne direkte Berührung öffnen kann.

Um so überraschender ist es, daß beim Generationswechsel aus dem nervös primitiven Polypen eine Meduse mit doppeltem Nervennetz und übergeordneter nervöser Koordination hervorgeht. Die beiden Nervennetze der Scyphomeduse liegen in der

Subumbrella (Abb. 19); sie sind sowohl histologisch durch die Größe, Art und Konzentration der Nervenzellen unterscheidbar als auch durch ihre physiologischen Leistungen.

Das Netz der größeren bipolaren Ganglienzellen ist parallel zum Ringmuskel und zu den Radialmuskeln konzentriert. Es ist an die peripher am Schirmrand liegenden Ganglien und Randsinnesorgane angeschlossen und dient der schnellen Leitung (0,4 m/s) der von diesen ausgehenden Impulse für die Tätigkeit der genannten Muskelsysteme und der durch sie erzeugten Schirmkontraktionen. Die Ganglien sind die Zentren für die Auslösung der spontanen Kontraktionen und ihrer Koordination [64]. Exstirpationsversuche haben ergeben, daß eine Kontraktionswelle jeweils von einem der acht Randorgane ausgeht und sich gleichmäßig über den Schirm ausbreitet und daß ein einzelnes Sinnesorgan dafür genügt. Im Normalzustand geht die primäre Impulserregung vom „schnellsten" Ganglion aus, das heißt von dem, das nach Beendigung einer Impulssendung zuerst wieder den vollen Aktivitätszustand erreicht hat. In den übrigen Randsinnesorganen werden alle Impulserregungen koordiniert, so daß eine einheitliche Kontraktion des Schirmes resultiert. Jedes Sinnesorgan verfügt über einen Ocellus (die meisten Coronata) oder zwei Ocelli (Semaeostomea), deren Rezeptoren modifizierend in das Schrittmachersystem der Ganglien eingreifen und die Frequenz der Impulse verändern können. Bei einigen *Nausithoe*-Arten (Coronata) fehlt dem Sinnesorgan ein Ocellus, ohne daß die Medusen Änderungen ihres Verhaltens erkennen lassen.

Das diffuse Netz der kleinen multipolaren Nervenzellen der Subumbrella dient lokalen Bewegungen der Randlappen, der Tentakel, des Mundrohres und der Mundlippen bei Reizungen und speziell bei der Nahrungsaufnahme. In diesem Netz erfolgt die Impulsleitung langsamer (0,15 m/s). Zwischen den beiden sonst getrennten Netzen bestehen Verbindungen in den Ganglien. Dadurch ist das „langsame" Netz in der Lage, hemmend in die Tätigkeit des „schnellen" Netzes einzugreifen, wodurch die Schirmkontraktionen beim Nahrungsfang eingestellt werden können. Im Entoderm liegen ebenfalls Nervenzellen, die in das Gesamtsystem integriert, aber offenbar von geringerer Bedeutung sind. Eine nichtnervöse, „neuroide", epitheliale Leitung von Zelle zu Zelle (s. unten) konnte bislang für die Scyphozoa nicht nachgewiesen werden. Kennzeichen für das Nervensystem der Scyphomedusen sind also das Auftreten von zwei anatomisch wie physiologisch unterscheidbaren Nervennetzen, Konzentration von Nervenzellen zu Ganglien, Existenz eines Schrittmachersystems für die spontanen rhythmischen Schirmkontraktionen. Das System erscheint aus acht Sektoren mit einem Nacheinander der Koordination aufgebaut.

Bei Scyphomedusen wurde übrigens zum erstenmal die ungerichtete Reizleitung in einem diffusen Nervennetz erkannt (Abb. 18).

Die Hydroidmedusen stehen nach der anatomischen Struktur und den Leistungen ihres Nervensystems auf einer höheren Stufe. Sie besitzen einen Nervenring, der aus zwei durch die Mesogloea getrennten Bündeln von Nervenfasern der Epidermis besteht, wozu bei einigen Arten auch ein dünnerer gastrodermaler Ring kommt (Abb. 20). An den Tentakelbulben liegen weiterhin Anhäufungen von Nervenzellen, die als Ganglien anzusehen sind und die mit den Ringnerven verbunden sind [67]. Ferner liegt ein diffuses Nervennetz aus kleineren multipolaren Ganglienzellen in der Subumbrella. Die für Hydroidmedusen erstmalig nachgewiesene neuroide Reizleitung von Zelle zu Zelle breitet sich von der Exumbrella zur Subumbrella aus [66].

Der Ringnerv ist durch eine schnelle Impulsleitung charakterisiert (0,5 m/s bei 21 °C) und ist ein Koordinationszentrum für die Schwimmimpulse, die von zahlreichen, im Umkreis des Nervenringes lokalisierten Schrittmachern ausgesandt werden. Durch die hohe Geschwindigkeit werden sie als Einheit wirksam und regen durch myoide (neuroide) Leitung die Muskulatur der Subumbrella und des Velum an. Diese Schwimmschrittmacher können, wie bei den Scyphomedusen, von lokalen Impulsen gehemmt werden, die etwa bei der Nahrungsaufnahme von Sinneszellen des Mundes ausgehen und sich im diffusen Nervennetz über das Manubrium und die Subumbrella zum Schirmrand mit geringer Geschwindigkeit ausbreiten.

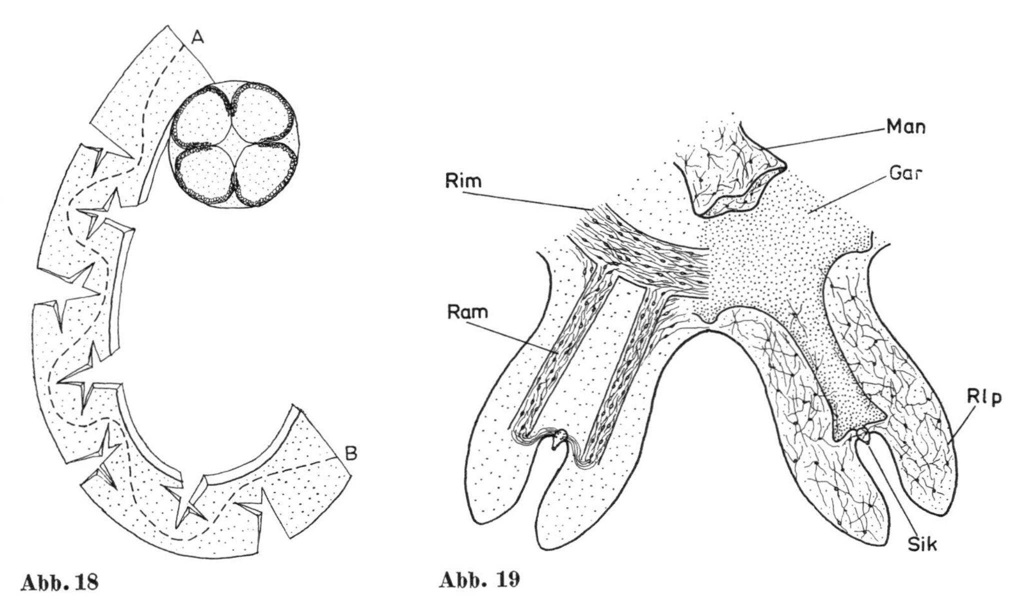

Abb. 18 **Abb. 19**

Abb. 18. Nachweis der diffusen Natur des Nervennetzes einer Scyphomeduse (*Aurelia aurita*) durch das klassische Präparat von ROMANES: Durch einen Spiralschnitt entsteht aus dem Medusenschirm ein langer Streifen; ein im Punkt A (nahe dem Schirmzentrum) gesetzter Reiz durchläuft den Streifen bis zum Punkt B (Weg = gestrichelte Linie) und umgeht dabei auch die zusätzlichen Quereinschnitte. — Nach ROMANES 1877, stark vereinfacht.

Abb. 19. Nervensystem einer Scyphomeduse (Ephyra von *Aurelia aurita*), Aufsicht auf die Subumbrellarseite. In der linken Bildhälfte ist das Nervennetz mit den großen bipolaren motorischen Ganglienzellen dargestellt, das die Muskulatur versorgt, in der rechten Hälfte mit dem kurzen zentralen Manubrium das Netz aus kleinen multipolaren Ganglienzellen für lokale Tätigkeiten. — **Gar** Gastralraum mit peripherer Lappentasche, **Man** Manubrium, **Ram** Radialmuskulatur, **Rim** Ringmuskulatur, **Rlp** Randlappen, **Sik** Sinneskörper. — Nach HORRIDGE 1956, aus BULLOCK & HORRIDGE 1965, verändert.

Daneben gibt es ein System von Schrittmachern am Schirmrand, das Impulse ohne unmittelbar sichtbare effektorische Wirksamkeit aussendet, aber mit den Hilfsmitteln der Aufzeichnung der elektrischen Potentiale deutlich in Erscheinung tritt. Diese „kryptischen" Randimpulse sind den Schwimmimpulsen übergeordnet und dienen ihrer Stimulierung. Ferner beeinflussen sie die Nervenzellen der Tentakel bei ihren Kontraktionen, und sie wirken zusammen mit der neuroiden Impulsleitung beim Zustandekommen der nichtrhythmischen, maximalen Schirmkontraktion („crumpling") mit, die als Folge eines starken äußeren Reizes auftritt und von der alle Körperregionen betroffen sind. Das Nervensystem der Hydroidmedusen ist demnach gekennzeichnet durch zwei Nervenleitungssysteme, die nichtnervöse Reizleitung sowie durch zwei Schrittmachersysteme [70, 77, 78].

Ein mehrfaches Leitungssystem besitzen auch die Siphonophora, bei denen neben einem Netz aus multipolaren Nervenzellen auch zwei Riesenfasern im Körperstamm nachgewiesen wurden. Sie dienen der schnellen Reizleitung. Außerdem spielt bei diesen Tieren die neuroide Leitung eine große Rolle, die für die Wandung der Schwimmglocken nachgewiesen ist [313]. Die Fluchtreaktion, bei der die Siphonophora ihre Schwimmrichtung umkehren und rückwärts schwimmen können, ist ein deutlicher Ausdruck

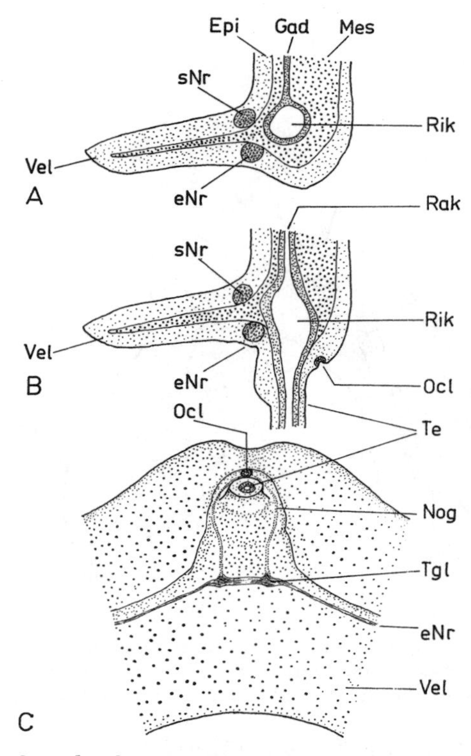

Abb. 20. Nervensystem einer Hydroidmeduse (*Coryne tubulosa*, Athecata). **A.** Interradialer, **B.** radialer Längsschnitt durch den Schirmrand. **C.** Aufsicht auf den Schirm von unten. — **Epi** Epidermis, **eNr** äußerer, exumbrellarer Nervenring, **Gad** Gastrodermis, **Mes** Mesogloea, **Nog** Nervenbahn zwischen Ocellus und Ganglion, **Ocl** Ocellus, **Rak** Radialkanal, **Rik** Ringkanal, **sNr** innerer, subumbrellarer Nervenring, **Te** Tentakel, der in C am Ansatz abgetrennt ist, **Tgl** Tentakelganglion, **Vel** Velum. — Nach Mackie & Passano 1968 und Mackie 1971, verändert.

ihres hochentwickelten Nervensystems, das die verschiedenen Zooide mit ihren unterschiedlichen Tätigkeiten zu den integrierten Leistungen eines übergeordneten Individuums befähigt.

Der solitäre Polyp der Cubozoa ist bislang der einzige Cnidaria-Polyp, von dem ein echter Ringnerv bekannt geworden ist (Abb. 70) [184]. Über einen Ringnerv verfügen auch die Cubomedusen, ebenso über ganglienähnliche Anhäufungen von Nervenzellen.

Experimentelle Untersuchungen älteren Datums ließen vermuten, daß die Cubomedusen neurophysiologisch eine Mittelstellung zwischen Scypho- und Hydroidmedusen einnehmen. Eine neuere Prüfung ergab jedoch, daß sich die Cubomedusen in dieser Hinsicht mehr den Scyphomedusen annähern. Da aber die neurophysiologische Erforschung der Cubopolypen noch aussteht, kann vorerst noch kein vollständiges Bild der nervösen Strukturen der Cubozoa gegeben werden.

Multiple Leitungsnetze wurden auch für die Hydroid- und Anthopolypen nachgewiesen. Das ergab sich immer wieder aus der vergleichenden Prüfung ihres Verhaltens und der Registrierung der Aktionspotentiale, auch wenn die verschiedenen Leitungsnetze anatomisch nicht unterschieden werden können. Endogen bedingte rhythmische Kontraktionen bei *Hydra* lassen am Vorhandensein von Schrittmachersystemen keinen Zweifel zu. Die Erklärung für die koordinierte Leistung von epi- und gastrodermaler Muskulatur liefert der Nachweis der direkten Verbindung von Epithelmuskelzellen durch die Mesogloea hindurch (Abb. 21).

Diese intracellulären Verbindungen treten gehäuft an der Haftscheibe und am Mundkegel auf, an Teilen also, an denen die Muskeltätigkeit beider Epithelien bei der Nahrungsaufnahme bzw. beim Kriechen eine besondere Rolle spielt. Da eine entsprechende Verbindung epi- und gastrodermaler Nervenzellen durch die Stützlamelle hindurch nicht entdeckt wurde, muß auf die nichtnervöse Leitung von Zelle zu Zelle geschlossen werden.

Klassische Beispiele für das gleichzeitige Auftreten mehrerer Leitungssysteme und ihrer Koordination mit der lokalen Muskulatur sind die Anthozoa. Wo, wie bei den meisten Aktinien, in der Epidermis der Körperwand keine Längsmuskeln existieren, fehlt ein ectodermales Nervennetz völlig; oder es ist schwach entwickelt, auch wenn Sinneszellen vorhanden sind. Die Hauptmuskulatur ist auf die Mesenterien konzentriert und ist entodermaler Natur. Entsprechend ist hier ein wohlentwickeltes entodermales Nervensystem ausgebildet. Ein dichtes Nervennetz mit relativ dicken Fasern ist kombiniert mit der kräftigen Muskelfahne auf einer Seite eines Mesenterium, während ein lockeres feinmaschiges Netz auf der anderen Seite mit der querverlaufenden Radialmuskulatur liegt.

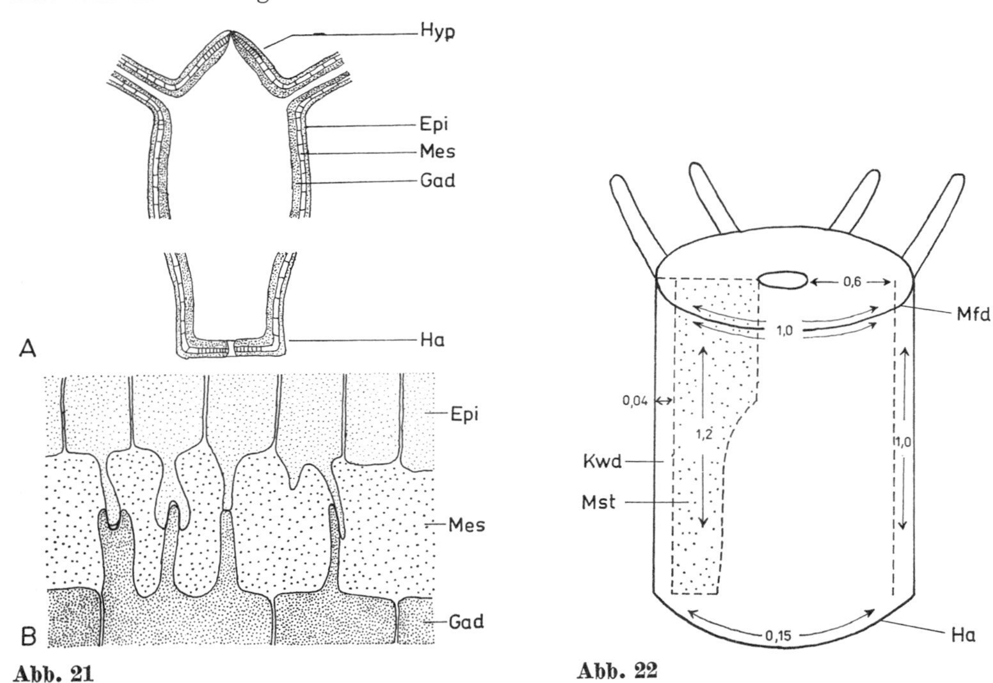

Abb. 21 **Abb. 22**

Abb. 21. Verbindungen der Epidermis und Gastrodermis durch Fortsätze der Epithelmuskelzellen in der Mesogloea eines Hydroidpolypen (*Hydra*). **A.** Häufigkeit der Zellverbindungen in den verschiedenen Körperregionen; sie ist am größten im Hypostom und in der Haftscheibe (man beachte auch deren Porus, vgl. S. 183). **B.** Elmikroskopisches Bild der verschiedenen Arten des Zellkontaktes: Zapfen-Nut-Verbindung, End- und Seitenverbindung. — **Epi** Epidermis, **Gad** Gastrodermis, **Ha** Haftscheibe, **Hyp** Hypostom, **Mes** Mesogloea. — Nach HUFNAGEL & KASS-SIMON 1976, verändert.

Abb. 22. Leitungsgeschwindigkeit der Nervenbahnen (m/s) der verschiedenen Körperregionen eines Anthopolypen (*Calliactis*, Actiniaria). — **Ha** Haftscheibe, **Kwd** Körperwand, **Mfd** Rand des Mundfeldes mit Sphinkter, **Mst** Mesenterium (punktiert). — Nach PANTIN 1935, aus BULLOCK & HORRIDGE 1965, verändert.

Bei Untersuchungen über das Verhalten der Aktinien hat die elektrophysiologische Analyse das Vorhandensein von einem schnell-leitenden System und mindestens zwei langsam-leitenden Bahnen ergeben [73, 74]. Das schnelle Netz bewirkt die rapide Kontraktion des Sphinkters und in Zusammenwirken mit einem ersten langsamen Netz die maximale Kontraktion des Körpers. Das zweite langsame Netz tritt bei lokalen Tätigkeiten in Funktion, etwa beim Öffnen des Mundes oder bei der Ablösung der Haftscheibe vom Substrat. In

Abb. 22 sind die unterschiedlichen Leitungsgeschwindigkeiten der Körperregionen einer Aktinie dargestellt. Als Ergebnis der koordinierten Tätigkeit der drei Leitungssysteme und als typisches Rückkopplungssystem wird auch das Wechselspiel zwischen Muskeltätigkeit und hydrostatischem Innendruck gedeutet, das die Körperform der Aktinien aufrecht erhält.

Trotz ihrer im ganzen langsamen Reaktionen existiert bei den Aktinien eine erstaunliche Vielfalt der Verhaltensformen. Einer ihrer Höhepunkte ist die Ablösung vom Substrat und das aktive Schwimmen bei der Annäherung eines Feindes, eine für Cnidaria einmalige Leistung (S. 252). So ergibt sich das allgemeine Resultat, daß die Aktinien über ein Nervensystem verfügen, das mit seinen Schrittmachersystemen, seinen spontanen Aktivitäten und seinen Koordinationsleistungen einem Zentralnervensystem vergleichbar ist, auch wenn es nur in Form eines diffusen Nervennetzes vorliegt, in dem lokale Koordinationszentren nicht erkennbar sind. Ungeklärt ist die cytologische Basis der multiplen Leitungsnetze. Man muß annehmen, daß die verschiedenen Reiz-Effektor-Aktivitäten auf gesonderten Bahnen geleitet werden, aber man weiß nicht, wie es möglich ist, daß jeweils nur ein Teil der Nervenzellen des diffusen Netzes angeschlossen ist.

Ein weiteres ungelöstes Problem von allgemeiner Bedeutung ist die Stärke der experimentell abgeleiteten elektrischen Potentiale bei Vertretern verschiedener Klassen. Bei den Scyphozoa und Anthozoa sind die Potentiale klein; sie liegen unter 1 mV. Für die Cubozoa fehlen vergleichbare Daten. Bei den Hydrozoa aber erreichen die mit gleichen Methoden gemessenen Potentiale eine Höhe von 1—10 mV, und zwar gilt dies für Polypen und Medusen ebenso wie für die Velellina und die Siphonophora, ohne daß bislang eine Aussage über die Ursache dieses auffallenden Unterschiedes möglich ist [61].

Bei den Cnidaria gibt es zahlreiche stockbildende Arten, besonders unter den Hydrozoa und Anthozoa. Die Prüfung der nervösen Verbindung der Glieder eines Stockes hat bei den Hydrozoa ergeben, daß sich die einzelnen Formen in dieser Hinsicht sehr unterschiedlich verhalten. Da das Vorhandensein und die Struktur nervöser Verbindungen in den Stolonen, Stämmchen und Verzweigungen elektronenmikroskopisch noch kaum erforscht sind, kann die nervöse Koordinierung ihrer Glieder nur aus den Reaktionen auf äußere Reize erschlossen werden, die in ihrer räumlichen und zeitlichen Aufeinanderfolge das Bild einer Reaktionswelle ergeben können.

Bei dem Stock von *Hydractinia* (S. 141) entspringen die Polypen von einer gemeinsamen Gewebsplatte; hier ist offenbar ein Nervennetz vorhanden, das die Reize schnell leitet, in der Form zweier Leitungsbahnen wirksam wird und eine „koloniale", also übergeordnete Koordination der Reaktion aller Polypen ermöglicht.

In anderen Fällen, in denen die Polypen einzeln einem Stolonennetz angehören oder Glieder einer stöckchenförmigen Kolonie sind, fehlt anscheinend eine direkte Verbindung durch Nervenzellen und Axone. Die Reizleitung ist hier offenbar nicht-nervöser Natur. Von der Stärke eines Reizes oder seiner Wiederholung hängt es ab, ob er lokal beschränkt bleibt oder als Welle die benachbarten oder alle Polypen eines Stockes erfaßt. Eine übergeordnete Koordination fehlt bei diesen kolonialen Formen, auch wenn der einzelne Polyp über ein koordiniertes System verfügt. Ähnliche Verhältnisse werden auch bei den Stöcken der Anthozoa angetroffen.

Die Cnidaria verfügen also über eine unerwartet große Vielzahl nervöser Strukturen mit großer Funktionstüchtigkeit. Dabei treten in den verschiedenen Klassen keine grundsätzlichen Unterschiede auf, diese sind vielmehr gradueller Natur. Die Höhepunkte der morphologischen Differenzierung werden bei den planktonischen Medusen und bei den Siphonophora erreicht.

Die Epidermis ist mit zahlreichen **Sinneszellen** ausgestattet, welche die äußeren Reize aufnehmen und in das Nervensystem einleiten. Die meisten Sinneszellen finden sich an den Tentakeln und im Umkreis des Mundes. Auch die Gastrodermis trägt Sinneszellen, wenn auch in geringerer Anzahl. Nach der Funktion unterscheidet man Licht-, Mechano- und Chemorezeptoren.

Die meisten Rezeptoren sind unicellulär und gehören dem Typ der primären Sinneszellen an. Sie werden auch als **Sinnesnervenzellen** bezeichnet. Das sind Nervenzellen, die gleichzeitig Rezeptoren sind. Sie tragen häufig ein über die Oberfläche der Epidermis herausragendes Sinneshaar. Diese primären Sinneszellen nehmen einen Reiz auf, verarbeiten ihn und geben ihn unmittelbar an den Effektor weiter, etwa an Muskelzellen, die ihn mit einer Kontraktion beantworten. — Im Gegensatz dazu nehmen sekundäre Sinneszellen lediglich den Reiz auf und leiten ihn an die Dendriten der an anderer Stelle gelegenen Nervenzellen weiter; Reizaufnahme und Reizverarbeitung erfolgen in getrennten Zellen.

Das reizaufnehmende, nicht bewegliche Sinneshaar einer Sinneszelle ist wie eine Geißel gebaut. Das spricht für die stammesgeschichtliche Entstehung der Sinneszellen aus begeisselten Epidermiszellen. Zweifellos hatten die Gastrula- oder Planula-ähnlichen Vorfahren der Cnidaria primär mit den Enden ihrer Geißeln Kontakt mit der Umwelt und nahmen mit ihnen Reize auf.

Die Planula-Larve der rezenten Formen ist aber bereits mit erkennbaren Sinneszellen ausgestattet. Obwohl diese strukturell einheitlicher Natur zu sein scheinen, lassen sich Verhaltensweisen ermitteln, die für die Anwesenheit und die Wirksamkeit mehrerer Arten von Rezeptoren sprechen. Im Kulturversuch sammeln sich die Planulae regelmäßig an stärker belichteten Stellen einer Kulturschale und auch regelmäßig an der Wasseroberfläche an (O_2-Gradient ?); außerdem lassen sie sich bei Erschütterungen oder bei Wasserbewegungen zu Boden sinken, indem sie den Geißelschlag einstellen. Danach muß man annehmen, daß bereits die Planula über Licht-, Chemo- und Mechanorezeptoren verfügt.

Morphologisch lassen sich zwei Typen von Sinnesnervenzellen unterscheiden (Abb. 23). Der häufigere Typ (A) ist mit einer äußeren starren Sinnesborste versehen, während diese beim anderen Typ (B) verkürzt und in eine Grube unter die Epitheloberfläche eingesenkt ist. Die Sinneszellen haben synaptische Kontakte mit den Nachbarzellen, also mit Epithelmuskelzellen, Nesselzellen, mit Ganglienzellen oder ihren Axonen. Daneben gibt es Sinneszellen ohne Sinnesborsten, die gleichzeitig Anzeichen einer sekretorischen Tätigkeit tragen [102].

Bislang ist man noch nicht in der Lage, den strukturell verschiedenen Sinnesnervenzellen auch unterschiedliche Funktionen zuzuordnen. Dies gelang nur bei Sinneszellen eines komplizierten Typs, die als Mechanorezeptoren identifiziert werden konnten und die bei einem Hydroidpolypen entdeckt wurden [92, 93]. Bei ihm tritt die ungewöhnliche Situation auf, daß dünne, fadenförmige Aboraltentakel existieren, die frei von Nesselzellen sind und die als regelrechte Sinnestentakel funktionieren. Sie tragen an der Oberfläche zahlreiche lange, kräftige Sinnesborsten. Bei einer Berührung des Tentakels oder auch schon bei einer Reizung durch Wassererschütterungen in geringer Entfernung schnellt sich der Polypenkörper ruckartig und gerichtet auf die Reizquelle hin (Abb. 24). Dabei biegt sich der Körper vom starren Stiel ab, da zwischen Körper und Stiel ein Gelenk eingeschaltet ist. Ein ähnliches Verhalten wurde auch bei einigen Hydroidpolypen beobachtet, denen die speziellen aboralen Sinnestentakel fehlen. Nach der Ultrastruktur haben die mechanorezeptiven Sinnesnervenzellen der fadenförmigen Sinnestentakel eine gewisse Ähnlichkeit mit Nesselzellen und sind möglicherweise von ihnen abzuleiten.

In den **Sinnesorganen** besitzen die Cnidaria die einzigen echten Organe. Sie sind allerdings auf die Medusengeneration beschränkt, fehlen also allen Polypen, insbesondere der gesamten Klasse Anthozoa. Der Besitz von Sinnesorganen ist damit als Anpassung an die freischwimmende Lebensweise zu deuten. Die Sinnesorgane bestehen aus Anhäufungen von Sinneszellen, die zusammen mit akzessorischen Zellen (Epithel- oder Stützzellen) als Lichtsinnesorgane (Ocellen) und als Schweresinnesorgane ausgebildet sind. Von den Sinneszellen der Sinnesorgane führen Axone zu Ganglienzellen oder zu ganglienähnlichen Anhäufungen von Nervenzellen; es liegen in den Organen also sekundäre Sinneszellen vor.

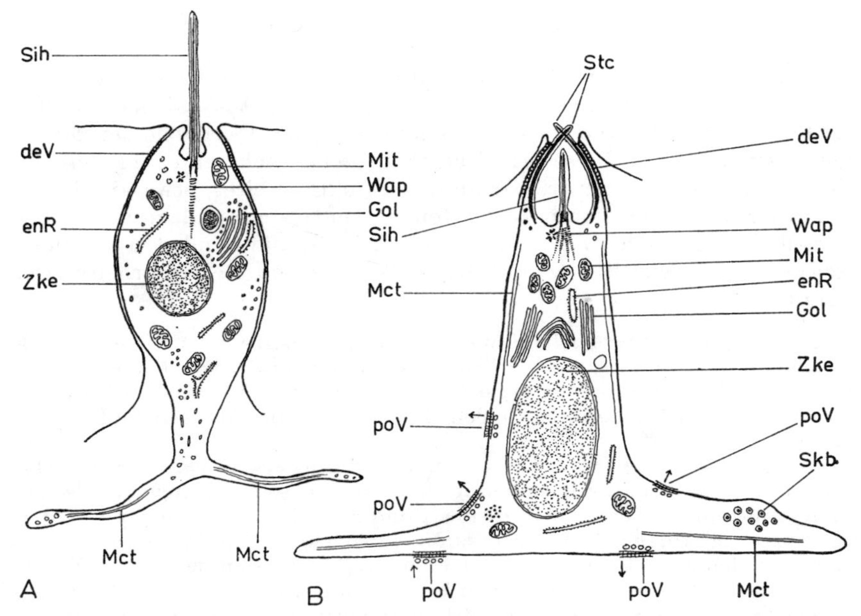

Abb. 23. Sinnesnervenzellen von Hydroidpolypen. **A.** Mechanorezeptor aus der Körperwand von *Cordylophora caspia* (Athecata). **B.** Sinnesnervenzelle aus dem Tentakel von *Hydra*. — **deV** desmosomale Verbindung zu Nachbarzellen, **enR** endoplasmatisches Reticulum, **Gol** Golgi-Apparat, **Mct** Microtubuli, **Mit** Mitochondrium, **poV** mögliche polarisierte synaptische Verbindungen zu den Nachbarzellen: Nesselzellen, Ganglienzellen und deren Axonen, Epithelmuskelzellen, **Sih** Sinneshaar, **Skb** Sekretbläschen, **Stc** Stereocilien, **Wap** Wurzelapparat, **Zke** Zellkern. — A nach IHA & MACKIE 1967, verändert; B aus WESTFALL & KINNAMON 1978.

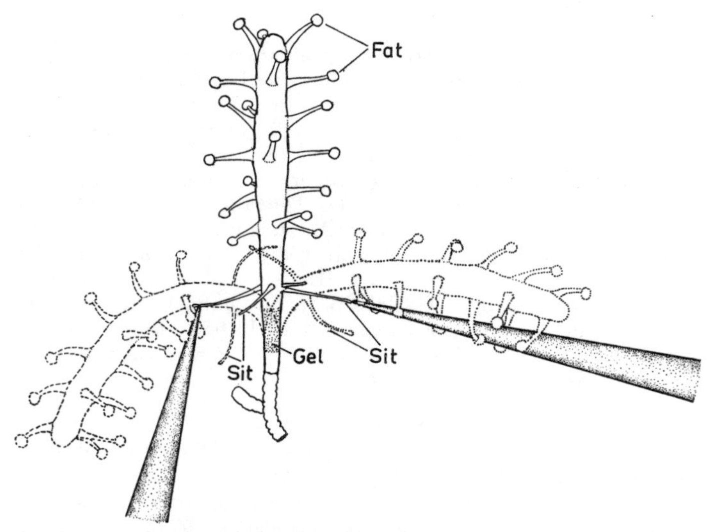

Abb. 24. „Sinnestentakel" des Hydroidpolypen *Stauridiosarsia* (Athecata). Bei der Berührung eines aboralen, fadenförmigen Tentakels (ohne Nesselzellen) biegt sich der Polyp im Stielgelenk ruckartig auf die Reizquelle hin und umklammert sie mit den geknöpften, mit Nesselzellen besetzten Fangtentakeln. — **Fat** Fangtentakel, **Gel** Gelenkzone des Stieles (punktiert), **Sit** Sinnestentakel.

Die **Ocellen** sind meist Anhäufungen von Pigment- und Sinneszellen, die in einigen Fällen auch einfache Linsen besitzen. Es kommen aber auch schon Ocellen von sehr kompliziertem Bau mit Retina und wohlentwickelter Linse vor, wie sie etwa bei Cubomedusen angetroffen werden (S. 117; Abb. 73).

Die Schweresinnesorgane sind als Rhopalien der Scypho- und Cubomedusen und als Statocysten der Hydroidmedusen mit Kalkkonkretionen ausgestattet. Diese Statolithen bestehen aus $CaSO_4$ (Scyphomedusen), aus $CaSO_4$ mit Spuren von Phosphat (Cubomedusen) oder aus $MgCaPO_4$ (Hydroidmedusen). Das **Rhopalium** einer coronaten Scyphomeduse (Abb. 25A) ist ein kolbenförmiges, kompaktes Organ. Es liegt im Einschnitt zwischen zwei Lappen des Schirmrandes und ist in eine flache Grube eingesenkt, die auf der exumbrellaren Seite von einer epidermalen Kappe überdeckt wird.

Die starren Borsten der zahlreichen Sinneszellen setzen an der Zelloberfläche in kleinen Gruben an, deren Rand kragenartig erhöht ist und in Stäbchen aufgespalten sein kann. Die Basis der Sinneszellen läuft in Axone aus, die ein lokal begrenztes Geflecht an der Mesogloea bilden, so daß es den Charakter eines Ganglion annimmt. Je nach der Änderung der Lage des Organs, das durch die entodermalen Kalkkonkretionen des zusammengesetzten Statolithen der Schwerkraft folgt, nehmen jeweils verschiedene Sinneszellen Berührungsreize auf, so daß sie über das Schrittmachersystem des Ganglion (S. 37) in den Bewegungsablauf der Schirmkontraktionen eingreifen und so in der Art eines Rückkoppelungssystems die Lage im Raum steuern können. — Die Randsinnesorgane der übrigen Scyphomedusen (Semaeostomea, Rhizostomea) sind im Prinzip ähnlich gebaut. Hervorzuheben ist, daß die Sinnesorgane der Scyphomedusen einfacher Natur sind, weil alle Sinneszellen an der Oberfläche liegen.

Die Sinnesorgane der Hydroidmedusen zeigen eine Verlagerung der Sinneszellen ins Innere offener oder geschlossener Blasen, der **Statocysten** [88]. Die Umbildung eines flachen Sinnespolsters in ein kolbiges Organ mit Kalkkonkretionen im Gewebe (Abb. 25B) kann den phylogenetischen Weg deutlich machen, der zu den rein ectodermalen Statocysten mit dem in einer hohlen Blase liegenden Statolithen führt (Abb. 26). In gleicher Weise ist auch physiologisch ein Funktionswandel von der Wahrnehmung eines Erschütterungsreizes durch einzelne Sinneszellen zur Lageänderungs-Perzeption in den Schweresinnesorganen zu verfolgen, in denen die Leistung zahlreicher Sinneszellen integriert ist.

Es muß darauf hingewiesen werden, daß den Anthomedusen (Hydroida Athecata) Statocysten fehlen. Wie diese Medusen ihre Lage im Raum steuern und ihren Körper im Gleichgewicht halten, ist für die meisten Arten unbekannt. Hinweise für die Beteiligung der bei zahlreichen Anthomedusen vorhandenen Ocelli haben neuerdings experimentelle Untersuchungen an einer *Polyorchis*-Art ergeben: Wenn der Meduse nur einer der zahlreichen Tentakel mit dem basalen Ocellus belassen wird, so ist die Haltung des Schirmes um 45° geneigt. Werden vier oder acht Tentakel mit den Ocelli in radialsymmetrischer Anordnung belassen, so bleibt der Schirm in normaler Lage [379].

Auch den Polypen, denen ja Sinnesorgane, insbesondere Schweresinnesorgane, fehlen, muß die Fähigkeit der Lageperzeption innewohnen. Sie alle sind negativ geotaktisch, wachsen also stets nach oben, wenn die Lage des Substrats dies gestattet. Es ist bisher nicht bekannt, auf welche Weise sie die Lage im Raum erkennen. Nur bei den Wurzelfilamenten des solitären Hydroiden *Corymorpha* (S. 178), der weiche Schlickböden bewohnt, hat man feine Kalkkonkretionen im Inneren der Epidermiszellen beobachten können, die als cytologisches Äquivalent für die Schwereperzeption gedeutet werden [40].

Die **Geschlechtszellen** entstehen primär im Entoderm; nur bei den Hydrozoa sind sie ectodermaler Herkunft. Allerdings konnte bei einigen genauer untersuchten Arten mit reduzierter Medusengeneration gezeigt werden, daß die Eizellen im Entoderm des

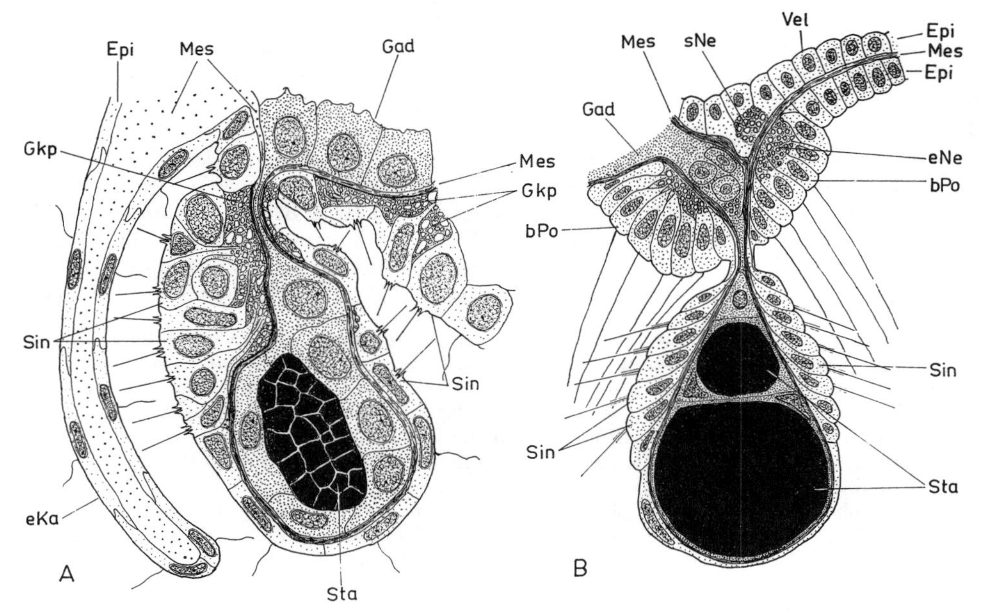

Abb. 25. Sinnesorgane von Medusen. **A.** Rhopalium einer Scyphomeduse (*Nausithoe*, Coronata), Radialschnitt. Das Randsinnesorgan ist auf der exumbrellaren Seite von einer Epidermiskappe bedeckt. Der aus zahlreichen Kalkkonkretionen zusammengesetzte Statolith ist entodermaler Herkunft. An der Basis des Sinnesorgans liegen zahlreiche epidermale Sinneszellen, deren Neuriten zu einem ganglienähnlichen Nervenkomplex zusammenlaufen. **B.** Keulenförmige Statocyste einer Narcomeduse (*Aegina*) mit zwei Statolithen, die entodermaler Herkunft sind. — **bPo** basales Polster von Sinnes- und Geißelzellen, **eKa** exumbrellare Kappe, **eNe** exumbrellarer Nervenring, **Epi** Epidermis, **Gad** Gastrodermis, **Gkp** Ganglienkomplex, **Mes** Mesogloea, die als Stützlamelle (dunkel gestreift) oder als Gallerte (grob punktiert) ausgebildet ist, **Sin** Sinneszellen mit starren Sinneshaaren, **sNe** subumbrellarer Nervenring, **Sta** Statolith, **Vel** Velum. — A aus Horridge 1969, B aus Singla 1975.

Hydroidpolypen entstehen und sekundär in die ectodermale Reifungsstätte im Gonophor (reduzierte Meduse) einwandern. Die Keimzellen liegen durchweg frei im Gewebe, ihnen fehlen also Hüll- oder Follikelzellen. Echte Geschlechtsorgane mit Hüllgeweben und ausleitenden Kanälen treten erst bei den Bilateralia auf und sind dort mesodermaler Herkunft.

Die Geschlechter sind getrennt. Das gilt auch für die sich ungeschlechtlich vermehrenden Polypen, was allerdings nur indirekt erkannt werden kann: Die Medusen, die von einem Einzelpolypen oder an dem von einem Primärpolypen erzeugten Stock produziert werden, haben sämtlich dasselbe Geschlecht; dieses ist also auch schon beim Erzeugerpolypen genetisch fixiert. Sekundäre Geschlechtsmerkmale fehlen.

Männliche und weibliche Medusen lassen sich erst bei der Reifung der Keimzellen unterscheiden. Weibliche Tiere können dann durch die Form und Größe der Eizellen, männliche durch die Transparenz und milchige Trübung der Innenzone der Gonade identifiziert werden. Bei der Scyphomeduse *Aurelia* ist die männliche Gonade weiß, die weibliche rosa gefärbt. Besonders deutlich sind die Unterschiede bei einer Cubomeduse (S. 126), bei deren Männchen die kleinere kompakte Gonade gelb gefärbt und undurchsichtig ist, während die größere Gonade beim Weibchen bis zur Eiablage transparent bleibt. Bei dieser Art (*Tripedalia cystophora*) läßt sich auch beobachten, daß die Gonade bei der Fortpflanzung voll-

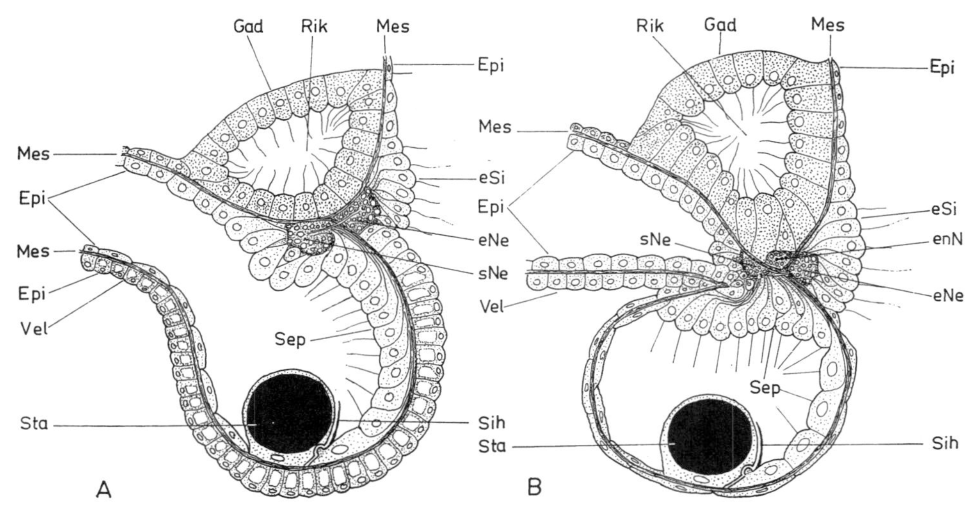

Abb. 26. Statocysten von thecaten Hydroidmedusen. **A.** Offene Statocyste. **B.** Geschlossene Statocyste. Die Statolithen sind ectodermaler Herkunft. — **eNe** exumbrellarer Nervenring, **enN** entodermaler Nervenring, **Epi** Epidermis, **eSi** exumbrellarer Streifen von Sinnes- und Geißelzellen, **Gad** Gastrodermis, **Mes** Mesogloea, **Rik** Ringkanal, **Sep** Sinnesepithel, **Sih** Sinneshaar einer Sinneszelle mit „Druckknopfverbindung" zur Statolithenzelle, **sNe** subumbrellarer Nervenring, **Sta** Statolith, **Vel** Velum. — Aus SINGLA 1975.

ständig aufgebraucht wird, ferner daß dieselben Individuen mehrmals ablaichen können, ehe sie absterben. In diesem Falle wird aus einem Anlagerest eine neue Gonade regeneriert. In der Regel sterben die Medusen jedoch kurz nach dem einmaligen Ablaichen ab.

Zwittrigkeit ist eine in allen Klassen beobachtete Erscheinung sekundärer Natur, von der nur die Cubozoa ausgenommen sind; bei vielen Anthozoa ist sie die Regel. Aber auch bei den zwittrigen Arten herrscht Fremdbefruchtung vor. Selbstbefruchtung wurde bisher nur bei einem Scyphopolypen (S. 86) beobachtet. — **Parthenogenese** ist selten und nur bekannt bei dem Scyphopolypen *Thecoscyphus zibrowii*, der Hydroidmeduse *Margelopsis haeckeli* und bei den Anthozoa *Cereus pedunculatus*, *Actinia equina* und *Alcyonium hibernicum*. Ein bisher einmaliger Fall von Apogamie liegt bei dem Scyphopolypen *Stephanoscyphus planulophorus* vor, bei dem jedes Anzeichen einer geschlechtlichen Vermehrung fehlt (S. 86).

Fortpflanzung

Die Fortpflanzung der meisten Cnidaria ist gekennzeichnet durch einen metagenetischen Generationswechsel zwischen einem sich ungeschlechtlich vermehrenden Polypen und einer sich geschlechtlich fortpflanzenden Meduse. Lediglich bei den Anthozoa fehlt die Medusengeneration völlig; hier schreitet der Polyp nach einer ungeschlechtlichen Vermehrungsphase selbst zur geschlechtlichen Fortpflanzung.

Bei der **geschlechtlichen Fortpflanzung** gelangen die reifen Keimzellen entweder durch Platzen der Epithelwand in den Gastralraum und werden durch den Mund ausgestoßen (Scypho-, Cubo- und Anthozoa) oder sie gelangen durch Platzen der epidermalen Deckschicht direkt nach außen (Hydrozoa). Im allgemeinen werden also die Geschlechtsprodukte ins freie Wasser ausgestoßen, wo sich Besamung, Befruchtung und erste Entwicklung vollziehen. Das Zusammentreffen der Ei- und Samenzellen ist daher weitgehend dem Zufall überlassen. Die Schwarmbildung vieler Medusen oder die Aggregationen solitärer Anthozoa, die zur gleichen Zeit die Geschlechtsreife erlangen, sind Regulative, welche die Chancen für das Zusammentreffen von Ei- und Samenzellen erhöhen. Anzeichen einer Paarbildung wurden bei Anthozoa beobachtet, wo die Partner aufeinander zuwandern oder sich bei der Abgabe der Geschlechtsprodukte zueinander hinneigen (S. 248). Eine echte Paarbildung von Medusen und die direkte Übertragung der in Spermatozeugmen vereinigten Samenzellen mit Spermatophorenbildung ist bisher nur von einer Cubomeduse bekannt (S. 126).

Sekundär ist bei einigen Scyphozoa und bei der Mehrzahl der Hydroida (Hydrozoa) eine Reduktion der freischwimmenden Meduse zu sessilen **Gonophoren** eingetreten. Diese progressive Evolution dient der Verkürzung der am meisten gefährdeten pelagischen Jugendphase. Nur bei den Cubozoa gibt es keine sessilen Gonophoren; das ist eine notwendige Folge der Metamorphose des Polypen in die Meduse (vgl. unten). Beim Süßwasserpolypen *Hydra* ist diese Entwicklung am weitesten fortgeschritten. Bei ihm fehlt jedes Anzeichen einer Medusenbildung, und die Geschlechtsprodukte reifen in Keimzellagern (Pseudogonaden) der Epidermis. Bei einem marinen Polypen wurde ein interessantes Zwischenstadium entdeckt: Die Spermien entwickeln sich wie bei *Hydra* in der Epidermis, die Eier aber in einem reduzierten Gonophor. Die Geschlechter sind hier getrennt.

Brutpflege (Larviparie) wird bei zahlreichen Arten aller Klassen beobachtet. Dabei ist es von allgemein ökologischem Interesse, daß die Anzahl der larviparen Arten mit größerer Wassertiefe und in Richtung auf die Pole zunimmt. Die Eier entwickeln sich bei den larviparen Scyphozoa und Anthozoa frei im Magenraum oder an dessen Wand angeheftet, bei den Cubozoa in den Gastraltaschen flottierend, bei den Hydrozoa im Inneren der sessilen Gonophoren oder an der äußeren Oberfläche der Gonade angeheftet. Die Keime werden bei dieser Form der Brutpflege meist als Planulae, bei einigen Hydrozoa als Polypenlarven (Actinulae) frei. Bei einigen Aktinien (Anthozoa) ist auch die Bildung von äußeren Bruttaschen bekannt, in denen die Eier nach dem Austritt aus dem Mund eingebettet werden. Bei allen diesen Fällen von Larviparie müssen die Spermien aktiv den Weg zu den Entwicklungsstätten der Eier finden. Experimentell konnte gezeigt werden, daß sie dabei chemischen Anlockungsstoffen folgen, die von den weiblichen Gonophoren ausgehen und die von den Spermien offenbar in sehr geringer Verdünnung wahrgenommen werden [328, 329].

Viviparie ist bislang nur von der sehr seltenen Tiefsee-Meduse *Stygiomedusa* (Scyphozoa) bekannt. Bei ihr entwickeln sich die Keime in besonderen Brutbehältern direkt zu Jungmedusen, ohne daß bisher bekannt ist, ob sie Produkte einer asexuellen, parthenogenetischen oder normal-geschlechtlichen Fortpflanzung sind.

Für die Entstehung der **ungeschlechtlichen Vermehrung** waren die sessile Lebensweise sowie die große Plastizität und Regenerationsfähigkeit die evolutionistischen Voraussetzungen. Diese Art der Vermehrung, bei der eine genetisch identische Nachkommenschaft erzeugt wird, ist hauptsächlich bei der Polypen-Generation anzutreffen. Ihre allgemeine Funktion ist die Vergrößerung der Population, was besonders bei der Stockbildung in Erscheinung tritt, sowie die Vorbereitung der sexuellen Vermehrung durch Medusenbildung. Es verwundert daher nicht, daß die asexuelle Vermehrung nur bei wenigen Polypen fehlt. Sie fehlt auch allen Medusen, mit Ausnahme einiger Hydroidmedusen. In wenigen Fällen vermehren sich sogar die Larvenformen ungeschlechtlich. Die Hauptphänomene der ungeschlechtlichen Vermehrung sind die Knospung und die Teilung, die ihrerseits wieder in zahlreichen Varianten auftreten. Ihre Intensität (Knospungs- bzw. Teilungsrate) hängt in erster Linie vom Ernährungszustand des Tieres und von der Temperatur ab.

Bei der **Knospung** entstehen Neubildungen, indem sich die Körperwand mit allen Schichten nach außen vorwölbt. Dadurch wird eine hohle Blase gebildet, die sich anschließend streckt und die endgültige Differenzierung erfährt. Der Gastralraum der Knospe geht damit direkt aus dem des Erzeuger-Organismus hervor. Produkte der Knospung sind bei solitären Polypen (*Hydra*, Cubopolypen) gleichartige und lediglich kleinere Sekundärpolypen, bei Medusen ebenfalls kleinere Sekundärmedusen, bei kolonialen Formen Stolonen und Stöckchen, an denen neue Polypen in der gleichen Weise entstehen. Bei den Hydrozoa verdanken auch die freien Medusen und die sessilen Gonophoren einem Knospungsvorgang ihre Entstehung. Spezielle Formen der

Knospung sind die Erzeugung von Planuloiden (S. 78), von Frusteln (S. **147**), von Propagulae (S. **146**) sowie von Podocysten (S. 78).

Bei der ungeschlechtlichen Vermehrung der Hydroidmedusen entstehen kleine Sekundärmedusen am Manubrium, an den Gonaden oder am Schirmrand der Primärmeduse. In einem besonderen Fall wurde gezeigt, daß die Knospenbildung am Manubrium ein temperaturabhängiger Vorgang ist. Je nach der Höhe der Temperatur entstehen aus demselben embryonalen Zellmaterial entweder Keimzellen oder Medusenknospen, also Somazellen. Hier muß daher dem Temperaturfaktor eindeutig Organisatorwirkung für die Fortpflanzung zugeschrieben werden.

Bei der **Teilung** spalten sich größere oder kleinere Teile vom Erzeuger-Organismus ab. Dies geschieht durch Quer- oder Längsteilung. Anschließend regeneriert jedes Teilprodukt zum vollständigen Organismus. Bei einer Querteilung regeneriert der Basalteil den „Kopf" mit Mund und Tentakeln, der „Kopf"teil die Basis mit der Haftscheibe. Teilungsvorgänge treten am häufigsten bei solitären Formen auf, doch kommen sie auch bei kolonialen Hexacorallia (S. 247) als Längsteilung vor. Ein Teilungsvorgang ist auch die Strobilation der Scyphopolypen (S. **79**). Dabei teilt sich der größere terminale Teil des Polypenkörpers einmal oder mehrfach quer, und jedes scheibenförmige Fragment wandelt sich in eine Medusenlarve um, die sogenannte Ephyra (S. **79**). Bei den Medusen ist die ungeschlechtliche Vermehrung durch Teilung selten (S. 153).

Eine spezielle Form der Teilung ist die Laceration der Actiniaria (S. **247**), bei der sich kleine Teile der Fußscheibe abtrennen und zur vollständigen Seerose regenerieren. Bei der Bildung sogenannter Schizosporen (S. 145) schnüren sich Endteile von Stolonen ab und wachsen zu einer neuen Kolonie aus. Eine weiterentwickelte Form ist die Bildung von Wanderpolypen (S. 145), bei der sich Endpolypen mit einem kurzen Stolonenstück abteilen und eine neue Kolonie gründen.

Bei den Cubozoa kommt es als Vorbereitung für die geschlechtliche Fortpflanzung zu einer **Metamorphose**, die auf diese Klasse beschränkt ist. Im Anschluß an die ungeschlechtliche Vermehrung des Polypen durch Knospung kleiner sich ablösender Sekundärpolypen verwandelt sich der Polyp vollständig in eine Meduse, die davonschwimmt. Bei dieser Metamorphose wird der Polypenkörper vollständig aufgebraucht (S. 121). Daher besteht bei den Cubozoa der Generationswechsel wirklich in einer klaren Aufeinanderfolge beider Generationen. Da der Polyp indessen stets zuerst die Phase der asexuellen Knospung durchmacht, die der Vergrößerung des Bestandes dient und die an einen Jugendzustand des Polypen gebunden ist, existieren immer noch Polypennachkommen des Primärpolypen, wenn dieser sich längst in eine Meduse verwandelt und das Polypendasein aktiv beendet hat. Auch bei den Cubozoa ist daher die Polypengeneration langlebiger als die Meduse.

Entwicklung und **Larvenformen**

Als Grundtypus der Furchung der Eizellen kann die total-adaequale, radiale Teilung bezeichnet werden. Sie ist jedoch, ebenso wie die anschließenden Entwicklungsschritte, oft modifiziert. Die Furchung führt im „Normalfall" zur Bildung einer Morula und Blastula, deren einschichtige, begeißelte Zellage ein deutliches Blastocoel umgibt. Wenn, davon abweichend, bereits durch Morula-Delamination Zellen ins Innere wandern, unterbleibt die Bildung des Blastocoels, und es entsteht eine Sterroblastula bzw. Sterrogastrula.

Die Entodermbildung erfolgt durch Invagination am vegetativen Pol. Dieser als ursprünglich zu bezeichnende Bildungsmodus ist bei den Scyphozoa und Anthozoa verwirklicht. Häufig verschließt sich der Blastoporus, und der definitive Mund wird später neu gebildet. Bei den Cubozoa und Hydrozoa entsteht das Entoderm durch unioder multipolare Immigration oder durch Delamination.

Durch die Streckung der anfangs kugeligen Blastula bzw. Gastrula nimmt der Keim die Form eines schlanken Ellipsoides an; es entsteht eine begeißelte **Planula-Larve**, die für alle Cnidaria charakteristisch ist und die nur den Stauromedusida (Scyphozoa) fehlt (S. 105). Gegen Ende der pelagischen Phase und in Vorbereitung der Metamorphose macht die Planula häufig einen Formwandel durch, indem sich ihr Bewegungsvorderende, mit dem sie sich später anheftet, birnenförmig verdickt.

Die Größe der Planula ist gering; sie überschreitet selten eine Länge von 0,2—0,3 mm. Größere Planulae kommen bei den Anthozoa vor, bei denen die freischwimmenden Larven bereits einen Mund und die Anlagen der Septen zur aktiven Ernährung haben können. Die überwiegende Mehrzahl der Planulae ist indessen lecitotroph, entwickelt sich also mit Hilfe der dem Ei mitgegebenen Reservestoffe. Daneben ist die Aufnahme gelöster organischer Substanzen aus dem Wasser nicht auszuschließen, bisher aber noch nicht nachgewiesen.

Die Planula schwimmt durch koordinierten Geißelschlag in weiten Rechtsspiralen und rotiert gleichzeitig um sich selbst, von vorn gesehen im Uhrzeigersinn. Die Dauer der pelagischen Phase beträgt meist 8—14 Tage, kann beim Fehlen eines geeigneten Substrats aber auch verlängert werden.

Die Planula hat einen bemerkenswert hochdifferenzierten histologischen Bau (Abb. 27), dem auch die physiologischen Leistungen entsprechen (vgl. auch S. 43). Der Bewegungs-

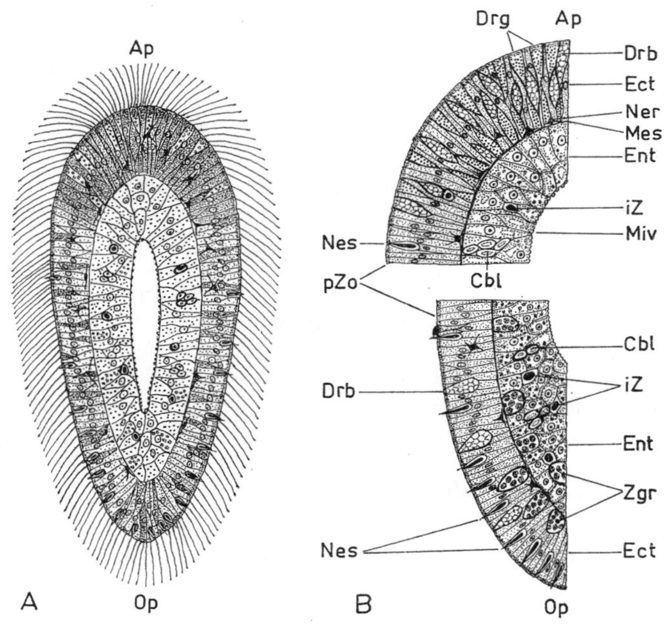

Abb. 27. Planula-Larve der Cnidaria. **A.** Voll entwickelte lecithotrophe Larve eines thecaten Hydroidpolypen (*Clytia hemisphaerica*) im optischen Längsschnitt. Länge 0,2 mm. **B.** Teilausschnitte vom aboralen und oralen Pol. Das Sekret der Drüsenzellen des aboralen Poles dient der Anheftung am Substrat. — **Ap** Aboralpol, **Cbl** Cnidoblasten, **Drb** Drüsenzelle mit blasigem Inhalt (Mucopolysaccharide), **Drg** Drüsenzelle mit feingranulärem Inhalt (Mucoproteine), **Ect** Ectoderm, **Ent** Entoderm, **iZ** interstitielle Zelle, **Mes** Mesogloea, **Miv** Microvilli, **Ner** Nervenzelle, **Nes** Nesselzellen, die im Oralteil gehäuft auftreten, **Op** Oralpol, **pZo** periphere dichte Zone der Ectodermzellen mit zahlreichen feinen Granula, die später der Bildung der peridermalen Chitinhülle dienen, **Zgr** Zellen mit grobgranulärem Inhalt des Oralteiles. — Nach Bodo & Bouillon 1968, verändert.

vorderpol (Aboralpol = animaler Pol) ist mit Drüsenzellen versehen; mit Hilfe des von ihnen ausgeschiedenen klebrigen Sekrets heftet sich die Planula an geeigneten Substraten an. Dabei läßt sie Wahlmöglichkeiten erkennen, ja sogar von Bakterien ausgeschiedene Stoffe geben bei manchen Arten den Anstoß zur Anheftung.

Die **Metamorphose** der angehefteten Planula zum Primärpolypen ist zunächst mit einer Verkürzung und Abflachung des Keimes verbunden, der eine dick-linsenförmige Gestalt mit planer Unterseite und einer schwachen Einsenkung auf der Oberseite annimmt. Anschließend erfolgt eine erneute Streckung, und am ursprünglichen Bewegungshinterende (Oralpol = vegetativer Pol) bricht der Mund durch. In seinem Umkreis entstehen die Tentakel, die beim Vorwachsen über die Oberfläche mit Nesselzellen versehen werden, welche bereits in der Planula gebildet, funktionstüchtig und auf die hintere Hälfte konzentriert sind. Die beginnende Nahrungsaufnahme ermöglicht dem Polypen das weitere Wachstum zur definitiven Größe und Form, woran sich bei kolonialen Formen die Stolonen- und Stockbildung anschließen.

Die Planula fehlt im Lebenszyklus nur bei wenigen Gruppen mit aberranter Entwicklung. Dazu gehören die Stauromedusida (Scyphozoa), bei denen sich aus dem sehr kleinen Ei eine winzige Kriechlarve entwickelt. Sie heftet sich nach einer vagil-benthonischen Phase mit dem vorderen (Aboral-)Pol an und richtet sich auf. Bei den Familien Tubulariidae und Margelopsidae (Hydrozoa, Hydroida) gehen aus den großen dotterreichen Eiern direkt polypenähnliche **Actinula-Larven** hervor, in diesem Falle unbegeißelte Polypen-Actinulae, die nach dem Ablösen vom Manubrium der weiblichen Meduse oder nach dem Ausschlüpfen aus dem Gonophor nach kurzer planktonischer Phase unmittelbar zum Bodenleben übergehen. Bei den Margelopsidae und Corymorphidae (Hydrozoa, Hydroida) ist eine Planula auch dann unterdrückt, wenn in den Lebenskreislauf ein Bodendauerstadium eingeschaltet ist (S. 158). Eine untergeordnete Rolle spielt die Planula ferner bei den Trachylida (Hydrozoa), bei denen durch den vollständigen Ausfall der Polypengeneration die Entwicklung des Eies unmittelbar in eine Meduse über das begeißelte Stadium einer Medusen-Actinula erfolgt. Bei den Anthozoa schließt sich die Polypen-Actinula — wenn sie überhaupt vorhanden ist — an das Stadium der Planula an und ist der Ausdruck der verlängerten pelagischen Jugendphase.

In den Grundzügen der Entwicklung und Fortpflanzung verhalten sich die Cnidaria einigermaßen einheitlich. Die Fülle der Einzelphänomene läßt jedoch in allen Klassen eine starke Radiation erkennen, insbesondere bei den Hydrozoa. Die Ursachen dafür sind vor allem zu suchen in der Metagenese sowie in der Evolution von Polyp und Meduse in getrennten Lebensräumen und ferner in der Besiedlung fast aller aquatischen Lebensräume. So konnte sich in dem Hauptverbreitungsgebiet, nämlich im Litoral, in Anpassung an dessen wechselhafte und teilweise extreme Lebensbedingungen, neben dem Reichtum der verschiedensten Lebensformen, eine ebenso große Fülle unterschiedlicher Entwicklungsmodi herausbilden, darunter auch solche mit Merkmalen sekundärer Vereinfachung.

Stammesgeschichte

Für phylogenetische Überlegungen haben die Cnidaria als einer der am einfachsten organisierten Tierstämme der Metazoa stets eine besondere Rolle gespielt. Die zahlreichen Theorien und Hypothesen, die sich auf die Bedeutung der Nesseltiere für die Phylogenese der Metazoa beziehen, lassen sich um vier Fragenkomplexe gruppieren.

1. Die primäre Frage gilt einmal der Ableitung der Metazoa aus den einzelligen Vorfahren und zum anderen der Stammform der Cnidaria. Heute besteht allgemeine Übereinstimmung darüber, daß sich die Metazoa von Flagellaten-Kolonien herleiten. Das trifft auch für die Cnidaria zu, die diese Herkunft vor allem durch den allgemeinen Besitz der nach Bau und Funktion übereinstimmenden Geißeln noch deutlich erkennen lassen. — Für die Stammform der Cnidaria gibt die Gastraea-Hypothese von HAECKEL auch heute noch

eine befriedigende und durch keine bessere ersetzbare Erklärungsbasis. Sie besagt, daß der diploblastische Körperbau der Nesseltiere auf eine der Invaginationsgastrula ähnliche Zwischenform zurückgeht und daß sie unter ihren frühesten Vorfahren ein Gastrula-ähnliches Lebewesen gehabt haben, das planktonisch war und dessen Nachkommen zum anfangs vagilen, später sessilen Bodenleben übergingen. Der Grundbauplan eines Cnidariers ist praktisch identisch mit dem einer Gastrula, die Haftscheibe und Tentakel erworben hat. Beibehalten wurde während der gesamten Evolution der pelago-benthonische Lebenszyklus der frühesten Vorfahren mit einer pelagischen Larve (Planula), die sich in einer nicht sehr tiefgreifenden Metamorphose zum benthonischen Adultus (Polyp) umwandelt. Von wenigen sekundären Ausnahmen abgesehen, durchlaufen alle rezenten Cnidaria in ihrer Entwicklung das Stadium der Planula, die eine typische Primärlarve darstellt. Es ist durchaus denkbar, daß die frühesten, vagilen Cnidaria bilateralsymmetrisch gebaut waren. Die Entstehung des radialsymmetrischen Körperbaues mit seinen völlig anderen Achsenverhältnissen war die primäre Folge des Übergangs der späteren Nesseltiere zur sessilen Lebensweise.

2. Ein weiterer Problemkreis betrifft die Frage, ob bei den metagenetischen Cnidaria der Polyp, die Meduse oder die pelagische Actinula (S. 51) als primäre Organisationsform angesehen werden muß. Diese Frage wurde zu verschiedenen Zeiten und von verschiedenen Autoren unterschiedlich beantwortet. Heute hat sich mit Recht die schon vor 100 Jahren im Zeitalter der klassischen Morphologie vertretene Auffassung durchgesetzt, daß der Polyp die Grundform darstellt und daß die Meduse nichts anderes ist als ein losgelöster Polyp. der sich durch die Adaptation an die pelagische Lebensweise umgeformt hat. Die phylogenetische Bewertung der Meduse als umgewandelter Polyp erfolgte zunächst nur aufgrund der Homologisierung der Strukturen (S. 14; Abb. 3); sie erfährt aber ihre Begründung auch durch weitere Tatsachen:

- In der Ontogenese ist es immer der Polyp, der unmittelbar die Meduse erzeugt, nicht umgekehrt.
- Es gibt eine ganze Klasse, die Anthozoa, in der nach unseren Kenntnissen nie eine Meduse existiert hat. Bei den Anthozoa ist der Polyp unbezweifelbar die primäre Lebensform.
- In der Klasse Cubozoa (S. 121ff.) geht die Meduse aus dem solitären Polypen durch eine echte Metamorphose direkt hervor. Hier zeigt die unmittelbare Beobachtung, daß die Meduse tatsächlich ein umgewandelter Polyp ist.
- Bei den Cnidaria ist nur die Polypengeneration praktisch unsterblich (S. 20), während die Lebensdauer der Meduse stets nur auf wenige Monate bis zur Beendigung der Fortpflanzung beschränkt ist.
- Das Geschlecht der Meduse ist bereits im Erzeugerpolypen determiniert. Der Polyp ist in Wahrheit nicht ungeschlechtlich, vielmehr ist sein latentes Geschlecht genetisch fixiert.
- Der Thermiegrad der Meduse ist bereits im Polypen determiniert und genetisch fixiert (S. 56).

Es werden also wesentliche Eigenschaften der Meduse vom Erzeugerpolypen bestimmt, und nach allem, was wir wissen, muß ein sessiler, sich sexuell fortpflanzender und getrenntgeschlechtlicher Polyp als Vorfahr der rezenten Cnidaria gelten. Die Entstehung der Meduse kann als Evolutionsschritt gedeutet werden, durch den die Nachteile der sessilen Lebensweise ausgeglichen wurden.

Das gilt nicht nur für die Ausbreitung. Es fällt nämlich außerdem auf, daß Medusen in denjenigen Klassen entstanden, deren Polypen eine geringe Größe aufweisen (Scyphozoa, Cubozoa, Hydrozoa), für die somit die Gefahr, durch Sedimente zugedeckt oder von anderen Organismen überwachsen zu werden, besonders groß ist. Bei den Anthozoa hat eine anders gerichtete Evolution zu größeren Körperformen geführt, so daß diese Gefahr nicht bestand und eine Medusengeneration „überflüssig" war. Die Meduse dient also, neben der Verbreitung, auch dem Überleben. Das Phänomen der Metagenese war seinerseits der Evolution unterworfen und hat in den Klassen Scyphozoa und Hydrozoa durch die Reduktion der Meduse sekundäre Abänderungen erfahren, die unter dem selektiven Einfluß der Umwelt entstanden und als Anpassungen vor allem an den Klimafaktor zu deuten sind. Nur bei den rein tropischen Cubozoa, die sich nicht in andere Klimazonen ausgebreitet haben, bleibt die Metagenese unverändert.

Die völlig verschiedene Art der Medusenbildung bei den metagenetischen Klassen führt notwendigerweise zu der Konsequenz, daß Medusen in der Evolution dreimal und unabhängig voneinander entstanden sind.

3. Bei dem dritten Problem geht es um die systematische Bewertung der Klassen, um ihre Reihenfolge im Sinne der Phylogenese.

Die ältere Anschauung, daß die Reihenfolge Hydrozoa, Scyphozoa, Anthozoa die phylogenetische Entwicklung widerspiegele, baute sich auf den Ergebnissen der vergleichenden Morphologie auf, weil unter den rezenten Cnidaria der Hydropolyp den morphologisch einfachsten Bau aufweist, während Scypho- und Anthopolyp eine zunehmende Komplizierung der Strukturen erkennen lassen. Indessen blieb bei dieser Bewertung die schwerwiegende Frage ungeklärt, wie von dem radialsymmetrischen, gewissermaßen ungegliederten Hydroidpolypen die vierstrahlig-symmetrische Hydroidmeduse erzeugt werden kann.

Dieser Befund kann nur in der Weise erklärt werden, daß der Hydroidpolyp vierstrahlig-symmetrische Vorfahren hatte und sekundär vereinfacht ist, was durch seine starke Tendenz zur Stockbildung und die damit korrelierte Verkleinerung des Einzelpolypen bedingt ist. Andererseits haben Untersuchungen über Bau und Lebensgeschichte des Scyphopolypen *Stephanoscyphus*, eines „lebenden Fossils", dazu geführt, daß die Scyphozoa als Basisgruppe der rezenten Cnidaria gelten müssen [97].

Stephanoscyphus ist der einzige Scyphopolyp mit einem festen peridermalen Außenskelett. Mit diesem Merkmal schließt sich dieser Polyp an die fossilen, tetraradialen Conulata an (Abb. 28), die Vorfahren der heute lebenden Scyphozoa. Die spezielle Eigenschaft der rezenten Scyphopolypen, daß sie ein ectodermales Muskelsystem aus vier einzelnen Muskelsträngen besitzen, eine Eigenschaft, die von der Funktion her nicht zu erklären ist, findet eine befriedigende Deutung in der Annahme, daß sie es von den Conulata unverändert übernommen haben. Das gleiche Muskelsytem muß für diese Vorfahren postuliert werden, da sie es für den Verschluß ihres aus vier dreieckigen Klappen bestehenden Dekkelapparates benötigten. Außerdem hat *Stephanoscyphus* im „Kopf"teil ein entodermales Kanalsystem mit Ringkanal und vier kurzen Radialkanälen, so daß dieses Merkmal primär ein Polypen- und nur sekundär ein Medusenmerkmal ist.

Für die Basisnatur der Scyphozoa sprechen weiter: einfache neurophysiologische Struktur sowohl des Polypen als auch der Meduse, einfache Verhältnisse der Nesselzellen, ursprüngliche Art der Gastrulation und Entodermbildung durch Invagination, entodermale Bildung der Keimzellen und ihre Ausleitung aus dem Mund. Die beiden letzteren Eigenschaften teilen die Scyphozoa mit den Anthozoa, die ihrerseits durch die Bilateralität der Septenanordnung und durch den Besitz des ectodermalen Schlundrohres isoliert dastehen. Da die Anthozoa nie eine Meduse besessen haben, müssen sie als früher Seitenzweig der Entwicklungslinie gelten, die von der Urform der rezenten Cnidaria, nämlich einem vierstrahlig-symmetrischen, sessilen Polypen mit sexueller Fortpflanzung, zu den heute lebenden Klassen hinführt. Die Scyphozoa kommen dieser Stammform am nächsten, und die tetraradiale Symmetrie muß als Grundbauplan der rezenten Cnidaria gelten.

Innerhalb der metagenetischen Klassen stehen die Hydrozoa hinsichtlich ihrer Differenziertheit, also hinsichtlich der Zahl morphologischer Baupläne, der Erscheinungen der Entwicklung und Fortpflanzung, der besiedelten Lebensräume, an der Spitze. Das gilt in besonderem Maße für die Ausstattung mit Nesselzellen. — Die Cubozoa nehmen eine Mittelstellung zwischen den Scyphozoa und den Hydrozoa ein.

Die Anthozoa stellen nach dem Grad ihrer morphologischen Differenzierung und nach ihren physiologischen Leistungen den Höhepunkt der Entwicklung bei den Cni-

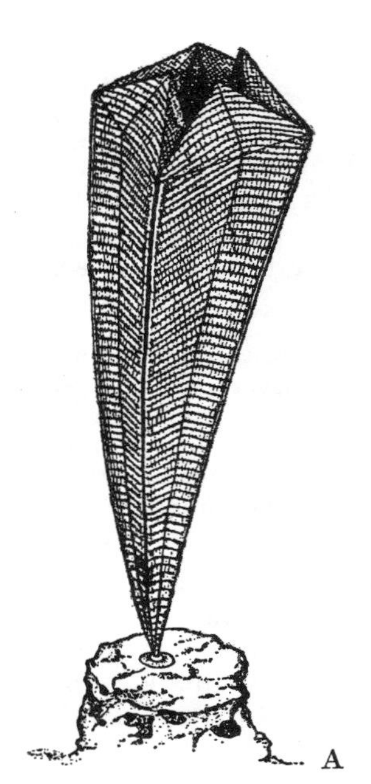

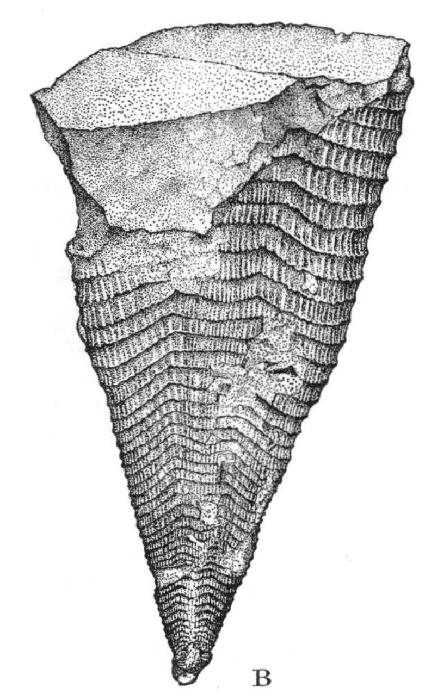

Abb. 28. Gehäuse der Conulata, der fossilen Vorfahren der Scyphozoa. **A.** Rekonstruktion einer *Conularia* in natürlicher Lebensstellung; der obere Faltklappenverschluß des eingeschlagenen Kopfteiles ist teilweise geöffnet. **B.** Abdruck einer *Conularia*. Länge 6,6 cm. Man vergleiche dazu die Oberflächenstruktur mit Quer- und Längsstreifen bei dem rezenten Scyphopolypen *Stephanoscyphus* (Abb. 30). — A aus WERNER 1971.

daria dar. Eigenschaften, wie aktiver Substratwahl oder der Flucht vor einem sich nähernden Feind durch aktive Ablösung und Schwimmen, kann nichts Vergleichbares bei den anderen Klassen gegenübergestellt werden.

4. Eine letzte Frage betrifft die Bedeutung der Cnidaria als Basis für die Entstehung höherer Tierformen. Es kann heute keinen Zweifel mehr daran geben, daß die Cnidaria, ebenso wie die ähnlich organisierten Ctenophora, ein blind endender Seitenzweig der Metazoen sind, von dem keine Evolution zu anderen Gruppen der rezenten Vielzeller ausgegangen ist. Damit sind auch die großen Schwierigkeiten, die sich der früher versuchten Ableitung der Bilateralia von den Radialia entgegenstellten, bedeutungslos geworden. Gleichfalls ohne Bedeutung ist die bilaterale Anordnung der Septen bei den Anthozoa, weil ihre Radiobilateralität von der Rechts-Links-Bilateralität der übrigen Metazoa grundverschieden und mit ihr nicht vergleichbar ist. Cnidaria und übrige Metazoa müssen vielmehr auf frühe gemeinsame Vorfahren zurückgeführt werden, auch wenn eine Aussage über deren Bau und Lebensgeschichte nicht möglich ist.

Vorkommen und Verbreitung

Bis auf wenige Vertreter im Brack- und Süßwasser sind die Cnidaria Meeresbewohner. Die Polypengeneration lebt in der Regel benthonisch und sessil, die Medusengeneration fast ausnahmslos planktonisch.

Die Polypen sind bei ihrer Ansiedlung in hohem Maße vom Substrat abhängig. Sie bevorzugen festen Untergrund, besonders felsige und steinige Böden. Im oberen Sublitoral vor Felsküsten ist daher regelmäßig eine reiche Besiedlung durch Nesseltiere anzutreffen.

Auch marine Pflanzen, vor allem die großen Braunalgen, bieten manchen Formen geeignete Anheftungsmöglichkeiten, die allerdings je nach der jahreszeitlichen Lebensdauer zeitlich begrenzt sein können. Sedimentböden können besiedelt werden, wenn sie an der Oberfläche kleinere oder größere Ansatzkörper aufweisen, wie etwa groben Kies, Steine, Schlacken, Schalen von lebenden oder toten Mollusken sowie lebende Crustaceen. Auch die stockbildenden Arten, vor allem Riffkorallen, können ihrerseits als Substrat für zahlreiche andere Nesseltiere dienen. Ein bevorzugtes Siedlungsgebiet für Cnidaria, die in Stillwasserzonen leben, ist der mit zahlreichen größeren oder kleineren Korallenbruchstücken und Molluskenschalen bedeckte Schelfhang unterhalb von Korallenriffen. Durch seine Kunstbauten (Steinbuhnen, Hafenmolen. Bohrinseln) und durch verankerte Bojen übt auch der Mensch eine siedlungsfördernde Tätigkeit aus, die zahlreichen Nesseltieren zugute kommt. Auf diese Weise können für sessile Formen Siedlungsmöglichkeiten entstehen, wo sie ursprünglich fehlen, etwa vor Sand- oder Schlickstränden.

Andererseits haben sich Cnidaria aus den Klassen Scyphozoa, Hydrozoa und Anthozoa an das Leben in Weichböden angepaßt. Das Sandlückensystem (Mesopsammon) beispielsweise ist ein Spezialbiotop, der nach den Untersuchungen der letzten 50 Jahre eine Fülle von Arten aus ganz verschiedenen Tiergruppen beherbergt, die dort in bestimmten konvergenten Lebensformtypen auftreten, darunter auch einige Scyphozoa und Hydrozoa [46].

Eine Reihe von Polypen hat die sessile Lebensweise aufgegeben, so etwa die Siphonophora (Hydrozoa), die als polymorphe Polypenstöcke Bewohner des Pelagials sind. Umgekehrt sind einige Medusen zum benthonischen Leben übergegangen, und manche Arten dringen sogar ins Mesopsammon ein.

Das Vorkommen der meisten Arten ist auch in hohem Maße temperatur- und zum Teil lichtabhängig (vgl. S. 58). Das bekannteste Beispiel dafür bieten die riffbildenden Korallen, die auf die obersten, lichtdurchfluteten Wasserschichten angewiesen sind und deren Verbreitungsareale mit den 21—22 °C-Isothermen zusammenfallen.

Im Meer werden alle Bereiche und Tiefenzonen des Meeresbodens sowie des freien Wassers besiedelt. Die Medusen fehlen lediglich in den großen Tiefen des Hadal ($>$ 6000 m). Hinsichtlich ihrer **vertikalen Verbreitung** weisen die Nesseltiere die stärkste Entfaltung in der Flachsee auf und zwar in den küstennahen Zonen des oberen und mittleren Sublitorals (untere Grenze etwa 200 m). An das Eulitoral sind nur wenige Arten angepaßt, da die meist weichhäutigen Formen das Trockenfallen bei Niedrigwasser nicht überstehen. Ebenso nimmt die Zahl der bodenbewohnenden Cnidaria mit zunehmender Wassertiefe im Bathyal (etwa 200—1000 m), im Abyssal (1000—6000 m) und Hadal (unter 6000 m) stark ab. Bodenformen, vornehmlich aus den Klassen Hydrozoa und Anthozoa sind allerdings auch noch in den Tiefseegräben bis um 10000 m Wassertiefe gefunden worden, während die größte von einem Scyphopolypen (*Stephanoscyphus*) besiedelte Tiefe bei 7000 m liegt.

Auch die Medusen leben vorwiegend in den oberen Schichten des Epipelagials (0—200 m), doch gibt es auch Tiefseeformen im Bathyal und Abyssal. Einige Cnidaria sind charakteristische Mitglieder des Neuston, der Lebensgemeinschaft des Oberflächenwassers, so unter den Hydrozoa die Velellina (Hydroida) und *Physalia* (Siphonophora), unter den Anthozoa die Minyadidae (Actiniaria).

Für die **horizontale Verbreitung** ist bei den metagenetischen Nesseltieren zu berücksichtigen, daß die Medusen über das eigentliche Verbreitungsgebiet hinaus durch Strömungen verfrachtet werden können. Manche Medusen lassen sich daher als Leitformen für Wasserkörper bestimmter Herkunft verwenden, etwa für Küsten- oder Hochseewasser. Allgemein stellt die Hochsee aber für die metagenetischen Formen eine Verbreitungsgrenze dar, da die meisten Polypen im flacheren Wasser leben. Diese Schranke ist evolutiv von den Formen überwunden, bei denen die Polypengeneration in Anpassung an das Leben in der Hochsee verloren gegangen ist. Andererseits sind der großräumigen Verbreitung bei den meisten metagenetischen Arten auch dadurch Grenzen gesetzt, daß der Polyp vielfach hinsichtlich seiner Medusenknospung stenotherm ist. Die realen Verbreitungsareale werden daher auch aus diesem Grunde weniger durch die Medusen- als vielmehr durch die Polypengeneration bestimmt. Allgemein gilt sowohl für die metagenetischen Gruppen als auch für die Anthozoa, daß die horizontale Ausbreitung in früheren Epochen, durch die die heutigen Vorkommen bestimmt werden, den Küstenlinien gefolgt sein muß.

Wie für die meisten marinen Wirbellosen lassen sich die Meere hinsichtlich der Horizontalverbreitung der Cnidaria in das arktische, antarktische, indopazifische und atlantische Reich aufteilen. Infolge der Stenothermie der meisten Formen (s. unten) kennzeichnen in diesen Reichen die Klimazonen gleichzeitig die Verbreitungsareale. So lassen sich die tropisch-subtropischen, die borealen und arktischen Zonen unterscheiden. Allgemein gilt, daß die Warmwasserzonen der tropischen und subtropischen Meere, speziell das Litoral des indopazifischen Raumes, die Gebiete mit der stärksten Besiedlung durch Cnidaria und mit dem größten Artenreichtum sind. Die Korallenriffe mit ihrer Fülle von Formen aus fast allen Tierstämmen sind auch für die Cnidaria klassische Beispiele. Überhaupt müssen die tropischen Warmwasserzonen als Entstehungs- und Ausbreitungszentren für zahlreiche Cnidaria gelten.

Es ist von tiergeographischem Interesse, daß die gesamte Klasse Cubozoa auf die Tropen und Subtropen beschränkt ist, während Scyphozoa, Hydrozoa und Anthozoa in allen Bereichen und Klimazonen vorkommen. In Richtung auf die Pole ist eine starke Abnahme des Artenreichtums zu verzeichnen. Die Unterschiede in ost-westlicher Richtung sind geringer, und es gibt zahlreiche circumpolare, circumboreale und circumtropische Formen. Weltweit verbreitete Arten sind selten.

Lebensweise

Eine wichtige Rolle im Leben der Cnidaria spielt die **Temperatur**, denn die meisten Arten sind stenotherm. Besonders Entwicklung und Fortpflanzung, und damit auch das jahreszeitliche Auftreten, hängen weitgehend von den lokalen Temperaturbedingungen ab.

Auf die Abnahme der Artenzahl in Richtung auf die Pole wurde bereits hingewiesen. Durch temperaturbedingte, unterschiedliche Fortpflanzungsperioden lassen sich im gleichen Gebiet wohnende Arten als Angehörige verschiedener benachbarter Klimazonen identifizieren. So kommen etwa in der Nordsee nebeneinander arktisch-boreale und boreal-arktische Hydroiden vor. Die genauere Analyse, die sich auf Beginn und Dauer des Auftretens der Medusen und ihrer Fortpflanzung einerseits, auf die experimentell ermittelte Kenntnis der Temperaturansprüche der Polypen andererseits stützen kann, hat ergeben, daß der Polyp innerhalb bestimmter Grenzen vegetativ eurytherm, hinsichtlich des Prozesses der Medusenknospung aber stenotherm ist, während die Meduse in allen Lebens- und besonders in den Fortpflanzungserscheinungen durchweg stenotherm ist. Die Existenz der betreffenden Art hängt damit von einem kritischen Temperaturbereich ab, der durch die Ansprüche beider Generationen bestimmt wird. Die Analyse gestattet so die Ermittlung von Temperaturspektren (Abb. 29), die unter anderem auch zeigen, daß die Existenz der untersuchten Arten primär von den Temperaturansprüchen des Polypen in Bezug auf die Medusenknospung bestimmt wird [95].

Eurytherme Formen sind selten, und es ist noch nicht geklärt, ob bei ihnen die Eurythermie auf der Existenz physiologischer Rassen beruht. Zu diesen Formen zählt man die Scyphomeduse *Aurelia*, deren Verbreitungsgebiet sich von den tropischen bis in die nordborealen Zonen erstreckt, sowie einige Trachylida und Siphonophora.

Die Beschränkung der Cubozoa auf die Tropen und Subtropen erklärt sich eindeutig aus der Stenothermie ihrer Polypen hinsichtlich des Prozesses der Metamorphose in die Meduse (S. 121). Der Cubopolyp ist bei Temperaturen von 20 – 22 °C durchaus lebensfähig und in der Lage, sich durch Knospung von Sekundärpolypen asexuell zu vermehren. Die Meta-

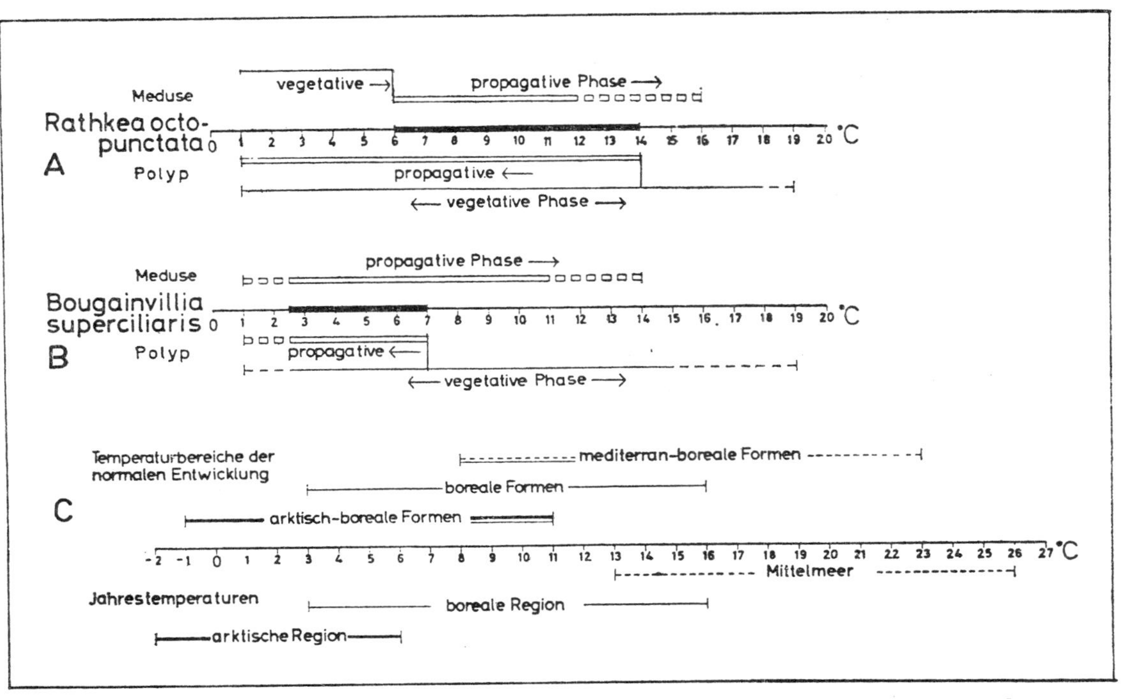

Abb. 29. Temperaturspektren für zwei Hydroida (Athecata). **A.** *Rathkea* ist eine boreal-arktische Form, deren Meduse sich bei niederen Temperaturen durch Medusenknospung vegetativ, bei höheren Temperaturen sexuell vermehrt. **B.** *Bougainvillia* ist eine arktisch-boreale Form, deren Meduse sich nur sexuell vermehrt. Der Polyp beider Arten ist mit der Medusenknospung propagativ stenotherm, hinsichtlich der Stockbildung vegetativ eurytherm. Der für die beiden Arten kritische Temperaturbereich ist auf der Temperaturskala kräftig gezeichnet. **C.** Temperaturamplituden und Temperaturbereiche der normalen Entwicklung. — Aus Werner 1962, C nach Runnström 1927.

morphose in die Geschlechtsgeneration aber tritt nur bei Temperaturen oberhalb von 22 °C ein. — Als klassische Beispiele für die Temperaturabhängigkeit der Verbreitung wurden bereits die tropischen Riffkorallen erwähnt.

Als Meeresbewohner sind die meisten Cnidaria stenohalin. Der **Salzgehalt** spielt in ihrem Leben nur insofern eine Rolle, als er in Randmeeren mit Salzgehaltsgradienten deutlich die Artenzahl beeinflußt.

Beispielsweise nimmt die Zahl der Arten in der Ostsee vom nördlichen Eingang bis in die südlichen Randgebiete und noch stärker in östlicher Richtung schnell ab. Das ist eindeutig auf den abnehmenden Salzgehalt zurückzuführen, eine Erscheinung, die ja in gleicher Weise auch Tierarten aus anderen Stämmen betrifft. Ähnliche Verhältnisse liegen für den Übergang aus dem Mittelmeer ins Schwarze Meer vor.
Beispiele für euryhaline Arten, die ins Brackwasser vordringen, sind die Scyphomedusen *Cyanea capillata* und *Aurelia aurita*. Weitere Beispiele finden sich unter den Aktinien (S. 251).

Infolge der mangelnden Anpassungsfähigkeit vieler Nesseltiere an eine Erniedrigung des Salzgehaltes können in den flachen tropischen Küstengewässern schwere Regengüsse eine verheerende Wirkung haben, wovon besonders auch die Korallenriffe betroffen werden.

Der Faktor **Licht** ist für die meisten Arten von relativ untergeordneter Bedeutung, beeinflußt jedoch auch die lokale Verbreitung und Tiefenverteilung mancher Nesseltiere. Insbesondere läßt sich für sessile Formen des Eulitorals und des oberen Sublitorals beobachten, daß sie lichtabgewandte Stellen, etwa auf der Unterseite von vorspringenden Steinplatten (Schichtköpfen) bevorzugen.

Daraus erklärt sich auch das Vorkommen zahlreicher Hydroidpolypen und Anthozoa in marinen Grotten oder in untermeerischen Höhlen, soweit hier die lokale Verbreitung nicht durch zu geringen Wasseraustausch und Nahrungsmangel begrenzt wird. Bei Kulturversuchen mit zahlreichen Arten aus allen Klassen hat sich immer wieder bestätigt, daß die Mehrzahl auch in völliger Dunkelheit normales Wachstum, ungestörte Entwicklung und Fortpflanzung zeigt.

Eine Ausnahme machen allerdings die zahlreichen Formen, die in Symbiose mit einzelligen Grün- oder Braunalgen leben. Da der Stoffwechsel dieser Symbionten lichtabhängig ist, gilt dies indirekt auch für die Wirtsorganismen, die daher regelmäßig nur in den oberen durchlichteten Litoralzonen vorkommen. Hinzuweisen ist hier wieder auf die Riffkorallen, deren Wachstum und Kalkablagerung weitgehend von der Versorgung mit Stoffwechselprodukten der Zooxanthellen abhängen (vgl. S. 270).

Für die Scyphozoen-Art *Cassiopea andromeda* wurde experimentell nachgewiesen, daß die Fähigkeit des Polypen zur normalen Strobilation vom Vorhandensein der Zooxanthellen und damit von ausreichenden Lichtverhältnissen abhängt. Für Medusen, die mit Lichtsinnesorganen (Ocellen) am Schirmrand versehen sind, ist das Licht offenbar ein bedeutsamer ökologischer Faktor, da sie deutliche Reaktionen auf Licht oder Schatten erkennen lassen. Auch tageszeitliche Vertikalwanderungen sind bei manchen Medusen als Reaktionen auf die wechselnden Lichtverhältnisse zu deuten.

Von den unmittelbar einwirkenden Außenfaktoren sind schließlich noch **Wasserbewegung und Strömungen** zu nennen. Stillwasserzonen in Buchten sowie in kleineren oder größeren Höhlen sind von manchen Arten bevorzugte Siedlungsgebiete, und starke Wasserbewegungen machen ihr Vorkommen unmöglich. Ferner kann die Wasserbewegung die Wuchsform mancher in dieser Hinsicht plastischer Nesseltiere direkt beeinflussen.

Ein bekanntes Beispiel ist das unterschiedliche Wachstum von Korallenstöcken auf der der offenen See zugewandten Riffkante und in den dem Land zugewandten, geschützten Lee-Gebieten. An exponierten Stellen hat dieselbe Art kurze, gedrungene Stöcke, während die Zweige an den geschützten Stellen eine dünnere und schlankere Form haben. Ähnliches gilt für stockbildende Hydroidenstöcke, bei denen eine gleichgeartete Abhängigkeit der Wuchsform auch von der Wassertiefe festzustellen ist.

Andererseits hängt von Wasserströmungen die Nahrungszufuhr ab, und es läßt sich zeigen, daß zahlreiche stockbildende Formen ihre größte Flächenausdehnung senkrecht zur Wasserströmung einnehmen. Von der Wasserbewegung wird auch das Verhalten mancher Medusen beeinflußt.

So ist bekannt, daß sich viele Medusen bei bewegter See aus den oberflächennahen in tiefere ruhigere Zonen absinken lassen. Das läßt sich besonders leicht bei den größeren Scypho- und Cubomedusen beobachten. Von einer in japanischen Küstengewässern lebenden Scyphomeduse wird sogar berichtet, daß sie das Aufkommen eines Sturmes im Voraus anzeigen kann, da sie sich bereits vor seinem Ausbrechen ins tiefere Wasser absinken läßt.

Ein ökologischer Faktor, der für sessile Formen besondere Bedeutung gewinnt, ist der Raum, der für das vertikale und horizontale Wachstum zur Verfügung steht. Die intra- und interspezifische **Raumkonkurrenz** spielt daher für die Existenz zahlreicher Arten eine erhebliche Rolle, zumal es sich bei der Polypengeneration vielfach um kleine Formen handelt, die von Artgenossen, anderen Cnidara oder anderen Tieren leicht überwachsen werden. Viele Nesseltiere sind allerdings in der Lage, die Besiedlung durch andere Organismen in ihrer Nachbarschaft abzuwehren, indem sie bei ihrer regulären Nahrungsaufnahme deren pelagische Larven wegfangen. Manche Aktinien können sogar der Raumkonkurrenz durch Artgenossen oder durch andere Arten aktivbegegnen, indem sie diese durch die Nesselwirkung spezieller Nesselorgane, der Acrorhagi, auf Distanz halten (S. 252). Im allgemeinen weisen die Cnidaria in ihrem Wachstum auch gegenüber dem Raumfaktor eine erstaunliche Plastizität auf: Steht ihnen für die horizontale Ausbreitung wenig Raum zur Verfügung, wachsen sie stärker in der Vertikalen und umgekehrt.

Nach der Art der **Ernährung** sind die meisten Nesseltiere passiv lauernde Fischer. Sie erbeuten ihre Nahrung, die sich ihnen zufällig nähert oder von Strömungen herangeführt wird, mit den langausgestreckten, unbeweglichen Tentakeln. Das gilt insbesondere für die Polypengeneration. Aber auch die Medusen können während der Schwimmbewegungen oder während der bei manchen Arten eingeschalteten Ruhepausen nur die Nahrungstiere fangen, die mit den zur vollen Länge ausgestreckten Tentakeln, bei manchen Arten auch mit dem Schirm in Berührung kommen. Die Nachteile dieser passiven Art des Nahrungserwerbs werden durch die zu größter Vollkommenheit entwickelten Fangeinrichtungen der Nesselzellen ausgeglichen.

Die Cnidaria sind vorwiegend Carnivoren; ihre Hauptnahrungsquelle stellt tierisches Plankton dar, vor allem Copepoda, daneben die Larven benthonischer Invertebraten und andere Organismen entsprechender Größe. Die größeren Medusen und die Actiniaria (Anthozoa) fangen auch größere Beute, wie die verschiedensten Krebse (Amphipoda, Isopoda, Euphausiacea, kleine Brachyura), Fischlarven und kleinere Fische, ja sogar andere Medusen.

Bei zahlreichen Anthozoa spielen organischer Detritus und Bakterien eine bedeutende Rolle für die Ernährung, wobei Schleimsekretion und Geißeltätigkeit bei der Zufuhr der Nahrung zum Mund beteiligt sind. Schlamm- und Detritusfresser gibt es speziell unter den Tiefsee-Aktinien. Es ist nicht von der Hand zu weisen, daß „herabregnender" Detritus die ursprüngliche Nahrungsquelle der frühen Vorfahren der Nesseltiere war.

Von der Körperoberfläche können auch gelöste organische Substanzen (Aminosäuren) direkt aufgenommen und in die Körpersubstanz eingebaut werden [538]. Da solche Substanzen im Seewasser jedoch nur in sehr geringen Konzentrationen vorkommen, ist noch unsicher, ob sie normalerweise für die Ernährung eine reale Rolle spielen. Für diese Annahme spricht allerdings die Tatsache, daß viele Cnidaria lange Hungerzeiten ohne Zufuhr fester Nahrungspartikel überdauern können, Scyphopolypen im Kulturversuch über 1 Jahr.

Die allgemeine Plastizität der Cnidaria kommt auch in zahlreichen Spezialerscheinungen des Nahrungserwerbs zum Ausdruck.

Einige Hydroidpolypen können mit Mechanorezeptoren die von den Nahrungstieren in ihrer Nähe erzeugten Wassererschütterungen wahrnehmen, daraufhin den Körper aktiv durch Abbiegen vom Stiel auf die Beute hinschnellen und sie sogar mit den Tentakeln umklammern (Abb. 24). Andere Polypen (z. B. *Rathkea* und *Gonionemus*) strecken ihre in der Anzahl verminderten, dafür aber stark verlängerten Tentakel nicht frei ins Wasser aus, sondern schmiegen sie der Substratoberfläche an, um kleine Bodentiere, besonders Harpacticoida (Copepoda) und Nematoda zu fangen. Auf sehr kleine Bodenorganismen sind wohl auch die aus den Planulae nach der Umwandlung entstandenen, sehr kleinen Primärpolypen der meisten Arten angewiesen, wobei auch Protozoa (Ciliata) eine bedeutende Rolle spielen dürften. Der Polyp der Cubozoa kann den Boden mit dem zu einem Rüssel verlängerten Mundkegel aktiv nach Nahrung absuchen, und zum gleichen Zweck können Hexacorallia (Anthozoa) ihre Mesenterialfilamente aus dem Mund ausstrecken.

Ähnliche Varianten des Nahrungserwerbs werden auch bei Medusen beobachtet. Manche Arten (z. B. *Gonionemus*) schwimmen im rhythmischen Wechsel zur Wasseroberfläche, lassen sich dann umkippen und strecken während des Absinkens die Tentakel weit zum

Beutefang aus. Einige Medusen sind in dieser Weise nur nachtaktiv. Medusen, die zum Bodenleben oder zur halbsessilen Lebensweise übergegangen sind, weisen keinerlei Unterschiede im Nahrungserwerb gegenüber ihren Erzeugerpolypen auf. Davon abweichend ist jedoch die bodenlebende Scyphomeduse *Cassiopea* eine aktive Wasserstromfischerin, da sie durch die rhythmischen Schirmkontraktionen einen auf sich gerichteten Wasserstrom erzeugt, dem sie die planktonische Nahrung entnimmt.

Bei zahlreichen Cnidaria spielen symbiontische Algen eine bedeutende Rolle für die Ernährung [90] (S. 270). Merkwürdigerweise fehlt diese Nahrungsquelle nach unseren bisherigen Kenntnissen vollständig den tropischen Cubozoa, die vielmehr als gefährliche Räuber gelten und sich vor allem von kleinen Fischen ernähren.

Der eigentliche Vorgang der **Fanghandlung** ist bei den meisten Arten von einfacher und einheitlicher Natur. Auf den Fang der Beute durch die Explosion der Nesselkapseln folgt die langsame, zuweilen auch sehr schnelle Verkürzung der Tentakel, welche die Beute dem Mund nähern. Dieser öffnet sich und verschlingt sie.

Die physiologische Analyse der Fanghandlung und ihrer Einzelphasen hat zu dem Ergebnis geführt, daß die Einzelvorgänge koordiniert und vom Nervensystem gesteuert sind. Die Öffnung des Mundes wird speziell durch den effektorischen Einfluß von Chemorezeptoren seiner Umgebung ausgelöst [65]. Sie sprechen auf chemische Substanzen an, die aus den Wunden des Beutetieres austreten; als solche wurden Glutathion, Prolin, Valin sowie andere Peptide und Aminosäuren ermittelt. Die Resultate derartiger Untersuchungen sind allerdings nicht einheitlich, da zum Beispiel nahe verwandte Arten des Süßwasserpolypen *Hydra* sich gegenüber Glutathion unterschiedlich verhalten. In jedem Fall öffnet sich der Mund, wenn ihn die Nahrung berührt, im Experiment auch, wenn die genannten chemischen Auslöser fehlen.

Mund und Körper derjenigen Arten, die nicht von einem engen röhren- oder becherförmigen Außenskelett umgeben sind, können stark erweitert werden. Viele Nesseltiere können daher Beutetiere verschlingen, die ihren Magen vollständig ausfüllen oder die den im Ruhezustand befindlichen Körper an Größe sogar noch übertreffen. Nur bei dem von einer Peridermhülle umgebenen Scyphopolypen *Stephanoscyphus* oder bei den thecaten Hydroidpolypen wird die Größe der Beute vom Durchmesser der Röhrenmündung bestimmt. Die Aufnahme der Nahrung erfolgt meist sehr langsam. Die im Ectoderm des Mundkegels gelegenen Schleimzellen erleichtern mit ihrem Sekret wahrscheinlich das Verschlingen der Beuteobjekte.

Zum mechanischen Zerkleinern der verschlungenen Beute haben die Cnidaria keinerlei Einrichtungen. Vielleicht wirken Muskelkontraktionen in dieser Richtung, aber darüber liegen keine Beobachtungen vor. Die **Verdauung** beginnt daher mit einer extracellulären, enzymatischen Aufspaltung der Nahrung im Magen. Wenn die Partikel klein genug sind, werden sie durch Phagocytose in die mit Vakuolen versehenen Verdauungszellen aufgenommen.

Die histologische Analyse hat dementsprechend ergeben, daß die Gastrodermis zwei Haupttypen von Zellen enthält (Abb. 5). Die Sekretionszellen sind durch zahlreiche größere und kleinere Sekretgranula kenntlich; bei ihnen kann der Austritt des Zellinhaltes in das Magenlumen verfolgt werden. Die Verdauungs- und Absorptionszellen nehmen phagocytär die zerkleinerten Nahrungspartikel auf und führen sie in lösliche Form über. Es konnte beobachtet werden, daß diese Partikel auf ihrem Weg innerhalb der Zelle von der Oberfläche bis zur Basis immer kleiner werden.

Bei Nesseltieren, die im Verhältnis zu ihrer Beute relativ groß sind, läßt sich direkt beobachten, daß die Beute nicht frei im Magen liegt oder in ihm flottiert, wie das durch die Tätigkeit der entodermalen Geißeln durchaus möglich wäre. Die Nahrung ist vielmehr stets an der Magenwand angeheftet, bei den Scyphozoa und Anthozoa an den Magensepten. Sie wird von den Zellen der Gastrodermis festgehalten; dabei spielen wahrscheinlich die Microvilli der Zelloberfläche eine Rolle. Die Drüsenzellen der

Gastrodermis geben daher ihre Sekrete nicht in den freien Magenraum ab, sondern stets nur in engem Kontakt mit der Nahrung und in deren unmittelbarer Umgebung. Diese Erscheinung ist bei Aktinien besonders deutlich, da sie die Beute mit den Mesenterien vollständig einhüllen.

So erklärt sich, daß in der freien Magenflüssigkeit stets nur sehr geringe Spuren von Verdauungsenzymen anzutreffen sind. Die Cnidaria gehen also mit den Sekreten ihrer Verdauungszellen sehr sparsam und ökonomisch um. Die Notwendigkeit dafür ergibt sich unmittelbar aus dem ständigen Wasseraustausch mit dem umgebenden Medium, der etwa bei der Nahrungsaufnahme bei weit geöffnetem Mund die Sekrete allzu stark verdünnen würde. In den Sekreten wurden Amylasen, Lipasen, Peptidasen und Proteasen nachgewiesen.

Ein allgemeines Ergebnis von Beobachtungen, die an Kulturtieren gewonnen wurden, ist die große Intensität der Verdauungsvorgänge. Ein mit Copepoden oder *Artemia*-Nauplien vollgefüllter Hydroid- oder Scyphopolyp ist nach 5—8 h wieder vollständig leer. Von den hartschaligen Copepoden bleiben dabei nur die Chitinpanzer übrig, die als Endprodukte der extracellulären Verdauung aus dem Mund ausgestoßen werden. Die intracelluläre Verdauung durch Phagocytose dauert erheblich länger. Die Endprodukte des Stoffwechsels werden erst nach 1—2 Tagen in Schleim gehüllt ausgeschieden.

Bei stockbildenden, kleinen und transparenten Polypen oder bei kleinen Medusen läßt sich leicht beobachten, daß die durch extracelluläre Spaltung erzeugten kleineren Nahrungspartikel bald nach dem Verschlingen der Beute in der Magenflüssigkeit erscheinen. Ebenso läßt sich leicht verfolgen, daß sie durch Geißelschlag und peristaltische Bewegungen im Gastralraum weiter befördert werden. Bei den Medusen werden die durch die langen Geißeln der Gastrodermiszellen ständig aufrecht erhaltenen Strömungen durch die rhythmischen Schirmkontraktionen verstärkt. Dazu können überdies auch aktive Kontraktionen des Magens und des Mundrohres beitragen. Bei manchen Medusen gibt es ventilähnliche, kontraktile Stellen des Gastralraumes am Ansatz der Radialkanäle. Da Kontraktionsbewegungen auch bei den Endabschnitten auswachsender Stolonen von Polypenstökken nachweisbar sind, wo der Stoffbedarf durch rege Wachstumstätigkeit besonders hoch ist, dürfte hier ein ähnlicher Verteilermechanismus vorliegen. Stets aber spielen im Gastralsystem der Cnidaria die durch Geißeltätigkeit erzeugten Strömungen für den Stofftransport eine große Rolle; das geht auch daraus hervor, daß sie ihre Schlagrichtung umkehren können, womit sich gleichzeitig die Strömungsrichtung ändert.

Der Transport der in den Verdauungszellen in lösliche Form übergeführten Nahrung durch die Mesogloea und in die Epidermiszellen geht nur langsam vonstatten. Durch Untersuchungen mit Hilfe radiomarkierter Substanzen ließ sich bei *Hydra* beobachten, daß der Übertritt in die Epidermis erst nach etwa 20 h einsetzt.

Kulturversuche zeigten auch, daß manche Scypho- und Hydroidpolypen sehr anfällig gegen Überfütterung sind. Das gilt insbesondere für solitäre Arten, die ihren Nahrungsüberschuß nicht für die Bildung oder Vergrößerung eines Stockes verwerten können. Überfütterte Kulturen sterben ab; die cytologischen degenerativen Veränderungen sind bisher jedoch nicht untersucht.

Da ein After fehlt, werden die Endprodukte des Stoffwechsels im allgemeinen durch den Mund ausgestoßen. Umso überraschender ist ein alter, durch neuere Beobachtungen bestätigter Befund, daß Arten des Süßwasserpolypen *Hydra* in der Fußscheibe einen Porus besitzen. Seine Bedeutung ist zwar nicht restlos geklärt, doch wurde beobachtet, daß unter der Fußscheibe heraus kleinere Mengen von Exkreten abgegeben werden können, bei denen es sich offenbar um Stoffwechselendprodukte handelt. Auch dieser Befund spricht dafür, daß *Hydra* eine sehr spezialisierte Form ist.

Zahlreiche Cnidaria aus allen Klassen zeigen das Phänomen der **Biolumineszenz**. Es handelt sich dabei meist um kurzfristige Lichterscheinungen, die spontan oder nach

Reizung auftreten, selten um Dauerlicht. Die Erzeugung von Licht bestimmter Spektren beruht auf dem Freiwerden von Energie bei chemischen Prozessen.

Die älteren Angaben über die Lichterzeugung durch ein Luciferin-Luciferase-System, das durch Sauerstoff aktiviert wird, wurden durch neuere Untersuchungen modifiziert [503]. Sie haben gezeigt, daß die Lichterzeugung an bestimmte Zellen der Gastrodermis gebunden ist, die Photocyten. Sie enthalten Photoproteine (z. B. das Aequorin der Hydroidmeduse *Aequorea*) mit hohem Molekulargewicht, die durch Sauerstoff und Calcium, bei manchen Arten auch durch Calcium allein, aktiviert werden. Magnesium hemmt die Lichtaussendung. Die Wellenlängen liegen meist zwischen etwa 420 und 560 nm, mit Maxima zwischen 450 und 520 nm; es handelt sich also durchweg um blaugrünes Licht [54].

Auch Fluoreszenz von grün aufleuchtenden Zellkomplexen kommt bei einigen Arten vor und erhöht die farbige Schönheit mancher Medusen (z. B. *Gonionemus*) im Auflicht.

Die biologische Bedeutung der Lumineszenz- und Fluoreszenz-Erscheinungen ist unbekannt.

Viele Nesseltiere leben mit anderen Organismen in **Symbiose**, so etwa mit Grünalgen oder Dinoflagellaten, die als Zoochlorellen bzw. Zooxanthellen bezeichnet werden. Als Symbiose ist auch das Zusammenleben von *Hydractinia* und einigen Actiniaria mit Einsiedlerkrebsen zu betrachten. Aus der Assoziation verschiedener Scyphomedusen und Aktinien mit Fischen ziehen die beteiligten Cnidaria dagegen keinen erkennbaren Nutzen.

Die Zahl der **Feinde** der Nesseltiere ist relativ gering. In ihren zahlreichen Nesselkapseln haben die meisten Cnidaria einen wirksamen Schutz, der sie weitgehend davor bewahrt, anderen Tieren zur Beute zu fallen. Nur wenige Tierformen ernähren sich regelmäßig von Nesseltieren oder haben sich sogar auf sie spezialisiert. So ernähren sich Papageienfische fast ausschließlich von Riffkorallen, und an Hydroid- und Anthopolypen werden regelmäßig Vertreter der Asselspinnen (Pantopoda) und der Nacktschnecken (Nudibranchiata) gefunden. Feinde von Medusen sind einige Fische und besonders manche Rippenquallen (S. 324). Auch Aplacophora (Mollusca) sind als Feinde von Nesseltieren identifiziert worden, da in ihrem Verdauungstrakt regelmäßig Nesselkapseln gefunden werden.

Ein interessantes Phänomen ist die Speicherung der mit der Beute aufgenommenen Nesselkapseln in den Rückenanhängen (Cerata) vieler Nacktschnecken. Die Endabschnitte der Cerata sind als Nesselsäcke ausgebildet, in denen die Nesselkapseln gelagert werden. Diese sogenannten Kleptocniden bleiben trotz der Passage durch Darm und Körpergewebe der Schnecke funktionstüchtig und werden im allgemeinen als übernommene Bewaffnung betrachtet. Die Nesselsäcke samt der Kleptocniden werden von den Schnecken regelmäßig abgestoßen und durch neue ersetzt. Kleptocniden werden auch bei bestimmten Turbellaria gefunden (S. 364).

Als schlimmster Feind der Riffkorallen ist in den letzten Jahren der Seestern *Acanthaster planci* bekannt geworden. Durch eine in den Ursachen ungeklärte Massenentfaltung sind ihm in jüngster Vergangenheit große Flächen der Korallenriffe im indopazifischen Raum zum Opfer gefallen, die von lebenden Korallenpolypen entblößt sind und nur langsam wieder besiedelt werden.

Auch Seeigel, die ebenso wie *Acanthaster* das lebende Gewebe abweiden, sind Feinde der Riffkorallen, allerdings nicht von gleicher Gefährlichkeit. Indirekte, aber für den Bestand der Korallenriffe sehr effektive Feinde sind die Bohrschwämme, die im Inneren der Skelette leben, sie aushöhlen und brüchig machen, so daß die Riffe durch Wellenschlag leichter zerstört werden können.

Verschiedene Tiere treten als **Parasiten** von Nesseltieren auf. So leben einige Larven von Trematoda endoparasitisch in der Schirmgallerte von Scypho- und Hydroidmedusen. In Scypho- und Hydroidpolypen machen ferner einige Pantopoden-Arten ihre

Entwicklung durch, sind also temporäre Endoparasiten. — Ein besonders interessanter Fall von Ectoparasitismus ist die Larve von *Phylliroe bucephalum*, die an der Anthomeduse *Zanclea costata* im Mittelmeer gefunden wird (Abb. 99).

Das Jugendstadium der Schnecke ist anfangs von geringer Größe (0,5 mm), so daß es im Subumbrellarraum der Meduse am Manubrium oder an der Glockenwand Platz finden und sich anheften kann. Es entnimmt seine Nahrung dem Magen oder den Radialkanälen der Meduse und wächst auf Wirtskosten derart schnell heran, daß es die Meduse bald an Größe übertrifft. Die Größenverhältnisse sind schließlich umgekehrt, und die Schnecke erscheint nicht mehr der Meduse, sondern die Meduse der Schnecke angeheftet. Ehe diese Beziehungen erkannt waren, wurde die Meduse irrtümlich als Parasit der Schnecke angesehen.

Als Parasiten an Medusen leben auch zahlreiche Arten der Amphipoden-Unterordnung Hyperiidea. Sie finden sich nicht selten am Schirm von Scyphomedusen angeheftet oder leben in deren Gastraltaschen, sind also gleichermaßen Ecto- und Endoparasiten. Sie ernähren sich von der Gallerte und den Geweben des Wirtes ebenso wie von dessen Nahrung. Die Amphipoden finden sich zuweilen in großer Zahl in den Medusen, die sie spätestens bei deren Tod verlassen müssen. Daher werden sie auch im Plankton angetroffen, und es ist wahrscheinlich, daß sie die Wirte wechseln können.

Es gibt auch Fälle, bei denen sowohl Wirte als auch Parasiten zu den Cnidaria gehören. So erfolgt die Entwicklung von Narcomedusen (S. 204) über ein parasitisches Larvenstadium in anderen Medusen. Die Larven der Aktinie *Peachia hastata* (und anderer Arten dieser Gattung) werden an Hydroid- und Scyphomedusen gefunden (Abb. 153).

Sie zapfen das Gastralsystem der Wirtsmeduse von außen an und entnehmen ihm Nahrung. Die parasitischen Aktinien-Larven ernähren sich aber auch vom Gewebe der Meduse. Sie fressen zuerst die Tentakel, das Manubrium und den Schirmrand des Wirtes, dessen ecto- und entodermale Epithelien offenbar wegen des größeren Nährstoffgehaltes bevorzugt werden, und erst dann die Schirmgallerte. Im Kulturversuch wurde die Wanderung von einer Meduse zur anderen beobachtet, was für das freie Wasser noch nicht bekannt ist. Wenn die Wirtsmeduse vollständig aufgezehrt ist oder wenn die *Peachia*-Larve das Absinkstadium erreicht hat, geht sie zum Bodenleben über.

Die Fälle, in denen Cnidaria an Formen aus anderen Tiergruppen parasitisch leben, sind sehr selten. Der Hydroidpolyp *Polypodium hydriforme* macht als Endoparasit seine sehr merkwürdige und noch nicht vollständig geklärte Entwicklung in Sterlet-Eiern durch (Abb. 132). *Ichthyocodium* lebt an Fischen angeheftet, doch ist noch nicht endgültig geklärt, ob er wirklich als Parasit zu bezeichnen ist. In der Mantel- und Kiemenhöhle von Muscheln leben die angehefteten Polypen einiger Hydroiden-Arten (S. 165), doch sind sie wohl keine echten Parasiten, sondern vielmehr Kommensalen, da sie von der Nahrung existieren, welche die Muscheln mit dem Atemwasser in ihre Mantelhöhle einstrudeln.

Die **allgemeine ökologische Bedeutung** der Cnidaria für die Ökosysteme des Meeres beruht auf der Tatsache, daß zahlreiche Arten als Medusen oder als Polypen oder in beiden Generationen als ausgesprochene Massenformen in Erscheinung treten. Durch die Vernichtung großer Mengen von Zooplankton, insbesondere auch von Larven anderer Wirbelloser, greifen sie erheblich in die biologische Produktion und den Stoffkreislauf zahlreicher Meeresgebiete ein. Diese Bedeutung ist überwiegend negativ, weil Cnidaria selbst kaum gefressen werden, so daß die Nahrungskette mit ihnen abbricht. Ein weiterer negativer Faktor ist die Raumkonkurrenz gegenüber den Epibionten aus den anderen Stämmen mariner Tiere. Dem steht als positiver ökologischer Faktor die Eigenschaft der Cnidaria gegenüber, mit ihren Kolonien Substrat, Ansiedlungsmöglichkeiten und Wohnraum für zahlreiche Tiere aus allen Stämmen zu schaffen. In dieser Hinsicht stehen an erster Stelle die Anthozoa, die in den Korallenriffen Raum für eigene Lebensgemeinschaften von großer Ausdehnung und Formenfülle mit zahlreichen Spezialbiotopen für freilebende, epi- und endozoisch lebende Arten schaffen. Auch die anderen stockbildenden Anthozoa sowie stockbildende Hydrozoa spielen in dieser Hinsicht eine große Rolle.

Ökonomische Bedeutung

Die wirtschaftliche Bedeutung der Cnidaria ist gering. Einige wenige Scyphomedusen werden in Ostasien in getrocknetem Zustand gegessen; im Mittelmeer wurden von Fischern früher (heute noch ?) auch einige Seerosen-Arten verzehrt. Die rote Edelkoralle (S. 294) und die schwarzen Hornkorallen (S. 296) werden zu Schmuckstücken verarbeitet, und auch die getrockneten und grün gefärbten Stöckchen einiger thecater Hydroiden (S. 194) finden in der Schmuckindustrie Verwendung. Von Riffen früherer geologischer Epochen stammt der Korallenkalk, der in tropischen Gegenden beim Häuser- und Wegebau sowie bei der Farb- und Mörtelbereitung gebraucht wird. Schließlich ist den Scypho- und Cubomedusen eine negative wirtschaftliche Bedeutung zuzuschreiben, da ihnen in Gebieten ihres Massenauftretens in jedem Jahr ein nicht unerheblicher Anteil der Brut von Nutzfischen zum Opfer fällt.

Die aktuellen Probleme der Meeresverschmutzung haben einigen Hydroidpolypen zu einer ökonomischen Bedeutung besonderer Art verholfen. Mehrere in Kultur genommene Arten haben sich nämlich als hervorragende Testobjekte für den Nachweis der Giftwirkung von Schadstoffen erwiesen, die mit Industrie- und Hausabwässern ins Meer gelangen. Die Eignung für derartige Untersuchungen beruht einmal darauf, daß sich mehrere marine Hydroiden-Arten leicht züchten lassen, was für die Mehrzahl der marinen Wirbellosen keineswegs zutrifft. Außerdem haben sie sich als sehr empfindlich schon gegenüber geringen Giftkonzentrationen erwiesen. Das hängt damit zusammen, daß sie mit der Epidermis ständig, aber auch regelmäßig mit der Gastrodermis in unmittelbarem Kontakt mit dem Medium stehen. Endlich bieten sie durch die Fähigkeit der asexuellen Knospung die Voraussetzung für ihre schnelle Vermehrung und damit für die Möglichkeit, die Untersuchungen an einem genetisch völlig einheitlichen Material durchführen zu können.

System

Die Cnidaria werden nach neuerer Auffassung in vier Klassen gegliedert (vgl. S. **53**). Bei den Anthozoa, die nur als Polypengeneration auftreten, kann die Taxonomie den allgemeinen Prinzipien der Systematik folgen (s. Teil 1, S. 38 ff.). Bei den metagenetischen Scyphozoa, Cubozoa und Hydrozoa dagegen muß der Systematiker die durch Morphologie und Lebensweise getrennten Generationen des Polypen und der Meduse gleichzeitig berücksichtigen. Das ist aber keineswegs immer so ohne weiteres möglich. Die beiden Generationen haben ja während langer erdgeschichtlicher Epochen in verschiedenen Lebensräumen und unter verschiedenen Umweltbedingungen gelebt, so daß ihre Evolution in verschiedener Richtung verlaufen ist. Außerdem ist das Ergebnis dieser Evolution keineswegs einheitlich: Morphologisch ähnliche Polypen können verschiedenartige Medusen erzeugen, und umgekehrt können aus verschiedenartigen Polypen recht ähnlich gebaute Medusen hervorgehen.

Hinzu kommt die praktische Erschwernis, daß Polypen und Medusen derselben Art an verschiedenen Orten, zu verschiedenen Zeiten und von verschiedenen Forschern entdeckt und beschrieben werden können, ohne daß ihre Zusammengehörigkeit erkannt wird. Das ist in nicht wenigen Fällen tatsächlich auch geschehen. So konnte es nicht ausbleiben, daß zahlreiche Arten mehrfach benannt wurden. Auch heute noch ist bei vielen Arten nur eine der beiden Generationen bekannt, oft bedingt durch die Unscheinbarkeit der Polypengeneration.

Diese Schwierigkeiten haben speziell bei den Hydrozoa zur Einführung eines dualen Systems geführt, in dem Polypen und Medusen getrennt klassifiziert werden. Die Notwendigkeit, bei der Artbestimmung ein duales System zu Grunde zu legen und für Polypen und Medusen getrennte Bestimmungsschlüssel aufzustellen, bleibt unbestritten. Das kann aber nichts an der Tatsache ändern, daß die metagenetischen Arten durch beide Generationen repräsentiert werden und daß ein einheitliches phylogenetisches System beide Generationen berücksichtigen muß.

Ein solches System läßt sich für die Hydrozoa begründen, wenn es konsequent auf der Erkenntnis aufbaut, daß der Polyp die Grundform darstellt; die Polypen sind hier recht differenziert, besonders bei den stockbildenden Arten. Bei den Scyphozoa und Cubozoa lassen die Polypen jedoch in der Regel nur wenige oder gar keine systematisch brauchbaren Unterscheidungsmerkmale erkennen, so daß sie zumindest bis heute nicht als Basis für ein phylogenetisches System dienen können. So erklärt es sich, daß die Systematik der Klassen Scyphozoa und Cubozoa nach wie vor ausschließlich auf den morphologischen Unterschieden der Medusen aufgebaut ist.

In den letzten Jahrzehnten sind Fortschritte in der Überwindung dieser Schwierigkeiten auch bei diesen beiden Klassen zu verzeichnen. Es gelang durch die Anwendung moderner Kulturmethoden, bei vielen Arten die Lücken in der Kenntnis der zusammengehörigen Polypen und Medusen zu schließen. Dabei werden entweder aus den befruchteten Eizellen der Medusen die unbekannten Polypen gezüchtet, oder es werden bekannte Polypen zur Bildung der Medusen oder Gonophoren gebracht. So hat sich bei den Scyphozoa ergeben, daß die mit Peridermhülle versehenen Polypen der Basisordnung Coronata (S. 95) von denen der Semaeostomea und Rhizostomea deutlich unterschieden werden können. Ebenso wurden neuerdings, gleichfalls im Kulturexperiment, die Polypen mehrerer Cubomedusen-Arten gezüchtet, so daß die Systematik dieser Gruppe endlich auf eine solide Basis gestellt werden kann.

1. Klasse Scyphozoa

200 Arten. Größter Polyp: *Stephanoscyphus*, bis 9 cm; größte Meduse: *Cyanea capillata*, Durchmesser bis 1 m, in der Arktis bis 2,25 m.

Diagnose

Überwiegend metagenetische, sessile oder freilebende, meist solitäre Cnidaria mit tetraradialem Körperbau. Polypen mit vollständigem oder reduziertem Außenskelett; mit einem Gastralraum, der durch vier wandständige, vertikale, interradiale Scheidewände (Septen) und vier perradiale Gastraltaschen aufgegliedert ist. Medusenbildung durch terminale Querteilung des Polypen (Strobilation). Medusen scheibenförmig, mit Randlappen, ohne Velum, mit Gastralfilamenten und mit entodermalen Gonaden. Als Nesselkapseln nur Stomocniden in 3 Kategorien: 2 Haplonemen (atriche und holotriche Isorhizen) und 1 Heteroneme (heterotriche microbasische Eurytele). — Überwiegend marin, einige Arten auch im Brackwasser. — Mit den vier Ordnungen Coronata, Semaeostomea, Rhizostomea und Stauromedusida.

Das früher in der Klassendiagnose angeführte Merkmal „zellhaltige Mesogloea“ hat seine allgemeine Gültigkeit verloren, da die Stützschicht bei den Polypen der Basisordnung Coronata schwach entwickelt und zellfrei ist.

Eidonomie und Anatomie

Die Grundgestalt der Scyphozoa ist durch die tetraradiale Symmetrie gekennzeichnet: Durch zwei Vertikalebenen, die sich in der Hauptkörperachse unter 90 ° schneiden, kann der Körper in vier identische Quadranten aufgeteilt werden. Dies gilt gleichermaßen für den Polypen und für die Meduse.

Der Scyphopolyp

Der Polyp der Scyphozoa ist stets sessil und lebt primär einzeln; nur in der Ordnung Coronata gibt es einige stockbildende Arten. Seine äußere Gestalt (skyphos = Becher) wird durch das Vorhandensein oder Fehlen eines Außenskeletts bestimmt. Bei dem Polypen der Coronata stellt dieses Außenskelett eine wohlentwickelte Peridermröhre dar, die den Weichkörper vollständig umgibt und aus der nur der sogenannte Kopfteil mit der Tentakelkrone herausschaut. Der Polyp hat durch seine Röhre die Gestalt eines schlanken, schwach gebogenen Hornes. Beim Polypen der Semaeostomea und Rhizostomea ist das peridermale Außenskelett zu einem unscheinbaren, basalen Becher oder zu einer Stielhülle reduziert, während den Stauromedusida ein Außenskelett völlig fehlt. Bei den Semaeostomea hat der Körper des Polypen die Form eines gedrungenen Bechers, bei den Rhizostomea die einer Schale, während die Stauromedusida eine kelchförmige Gestalt haben.

Der Polyp der Coronata wird als **Stephanoscyphus** bezeichnet. Er unterscheidet sich von den Polypen der übrigen Ordnungen durch seine Peridermröhre, die auch die Form des Weichkörpers bestimmt (Abb. 30 A). Der über die Röhre hinausragende Kopfteil des Polypen besteht aus dem zentralen, etwas eingesenkten und kreisrunden Mundfeld (Peristom), dem kreisförmig darum angeordneten Tentakelkranz und dem darunter liegenden Kragen (Abb. 31).

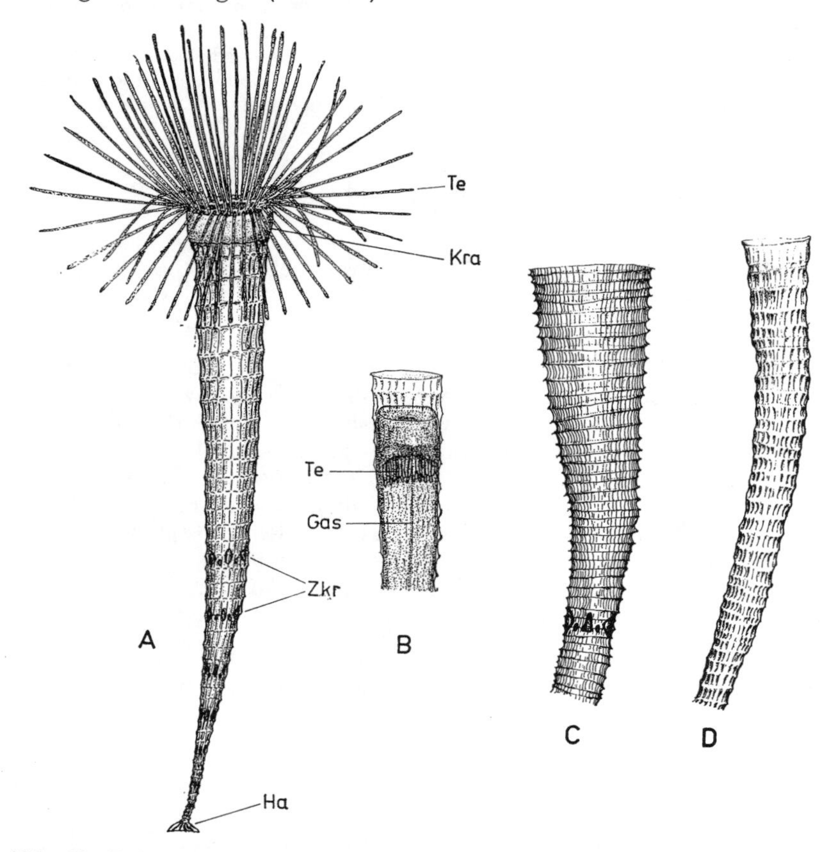

Abb. 30. Polyp der Coronata. **A.** *Stephanoscyphus*, mit ausgestrecktem Tentakelkranz. Länge der Röhre 12 mm. **B.** Derselbe kontrahiert, Tentakel vollständig nach innen eingeschlagen. **C.** *Atorella vanhoeffeni*, Peridermröhre mit scharf ausgeprägten Querringen und Längsstreifen. **D.** *Nausithoe indica*, Oberflächenmuster der Peridermröhre undeutlicher. — **Gas** Gastralseptum, **Ha** Haftscheibe, **Kra** Kragen, **Te** Tentakel, **Zkr** Zahnkranz.

Die meist 30 — 50 (selten 100 — 200) Tentakel sind dünn und solide. Benachbarte Tentakel sind radial etwas gegeneinander versetzt und werden häufig abwechselnd nach oben und unten getragen, so daß der Raum um den Kopfteil mehr oder weniger vollständig von ihnen durchsetzt ist (Abb. 30 A). Die zahlreichen Nesselzellen sind zu Batterien vereinigt.

Im Zentrum des dünnwandigen Mundfeldes liegt der Mund, ein einfacher Porus, der bei seiner Öffnung ringblendenartig bis zur Peripherie des Mundfeldes erweitert werden kann (Abb. 31 B).

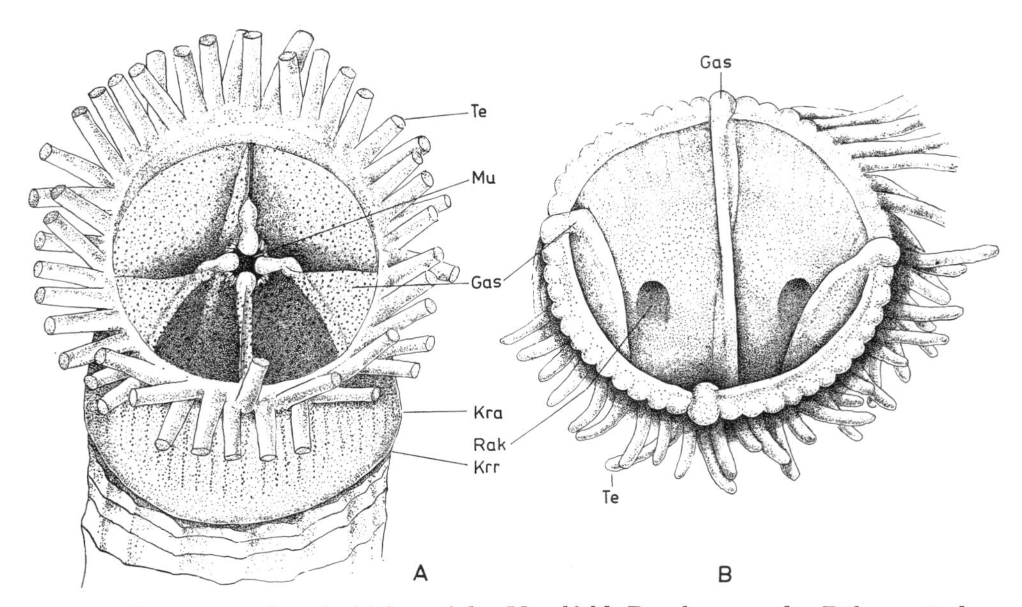

Abb. 31. *Stephanoscyphus*, Aufsicht auf das Mundfeld. Durchmesser der Röhrenmündung 1,5 mm. **A.** Ruhestellung, von den Tentakeln nur der Ansatz gezeichnet. Man beachte den direkten Ansatz der Gastralsepten am Mund; die Septen springen dadurch im Kopfteil von der Wand des Gastralraumes bogenförmig vor. **B.** Mund während der Defäkation weit geöffnet, Tentakel stark kontrahiert. Der Rand der Mundscheibe ist über die Röhrenmündung vorgestülpt, wodurch die perradialen Öffnungen der kurzen Radialkanäle sichtbar werden. — **Gas** Gastralseptum, **Kra** Kragen, **Krr** Kragenrinne, **Mu** Mund, **Rak** Öffnung des Radialkanals in den Gastralraum, **Te** Tentakel.

Unterhalb des Tentakelkranzes ist die Körperwand verdickt und bildet einen nach außen leicht vorspringenden Kragen, dessen unterer Rand von der Röhrenmündung begrenzt wird. Hier ist der Kragen zu einer flachen Querrinne eingesenkt, in der eine innige Verbindung zwischen Röhre und Weichkörper besteht, da an dieser Stelle von den Epithelzellen die Chitinsubstanz für das Längenwachstum der Röhre abgeschieden wird. Die Epidermis des Kragens ist dicht mit Nesselzellen besetzt; hier liegt die Bildungsstätte für die Nesselzellen der Tentakel.

Der größere, von der Röhre umgebene Teil des Weichkörpers hat die Form eines schlanken, sehr dünnwandigen Sackes und liegt der Innenseite der Röhre überall dicht an, ohne aber mit ihr verwachsen zu sein, so daß sich der Körper bei einer Kontraktion abheben und tief in die Röhre zurückziehen kann (Abb. 30 B). Nur im Basalteil oberhalb der Haftscheibe ist der Weichkörper mit der Röhrenwand fest verwachsen.

An dieser Stelle enden die vier einzelnen Muskelstränge, die als Septalmuskeln ihren Anfang am Mund nehmen und dann die interradialen Septen in ganzer Länge bis zur Basis durchziehen. Die Septen setzen horizontal auf der Unter- (=Innen-)seite des Mundfeldes an und springen nur im Kopfteil bogenförmig in den Gastralraum vor (Abb. 31 A, 32). Darunter verflachen sie und stellen daher im größeren Teil des Körpers schwach verdickte Leisten dar, die in der Basis zusammenlaufen. Die Septen kennzeichnen mit ihren Muskelsträngen die tetraradiale Gliederung des Weichkörpers in dessen ganzer Länge. Eine Aufteilung des Gastralraumes in perradiale Gastraltaschen existiert jedoch nur im oberen Abschnitt. Septaltrichter des Mundfeldes fehlen.

Die dünne Wand des Weichkörpers besteht aus den beiden Schichten der Epidermis und Gastrodermis. Die zwischen ihnen liegende Mesogloea ist als Stützlamelle entwickelt; sie ist zellfrei. Die Körperwand verdickt sich nur im Basalteil, da hier die Reservesubstanzen für die Regeneration des Weichkörpers nach Beendigung einer Strobilationsphase gespeichert werden (S. 81).

Im Gegensatz zu den Polypen aller anderen Cnidaria tritt bei *Stephanoscyphus* ein entodermales Kanalsystem auf, das dem Kanalsystem der Medusen homolog ist (Abb. 32). Es liegt in der Körperwand des Kopfteiles unterhalb der Tentakelkrone, also etwa im Bereich des Kragens, und besteht aus einem peripheren, vollständigen und geschlossenen Ringkanal (Ringsinus), der sich lediglich in den Perradien durch vier kurze Radialkanäle oder durch vier Einzelporen in den Gastralraum öffnet. Das Kanalsystem dient der Versorgung des Kopfteiles mit Nährstoffen und hat wahrscheinlich auch die Funktion eines hydrostatischen Skeletts, das den Oberteil des Weichkörpers mit seiner großen Tentakelkrone stützt.

Die **Peridermröhre** des *Stephanoscyphus* besteht aus Chitin. Sie ist im Querschnitt rund, dünnwandig, aber fest, und sie ist mit einer kleinen Haftscheibe am Substrat angeheftet (Abb. 30). Ihre Färbung ist gelblich bis bräunlich. Bei den meisten Arten wird sie 10—20 mm lang, kann im Kulturversuch bei alten Polypen aber auch 9 cm Länge erreichen.

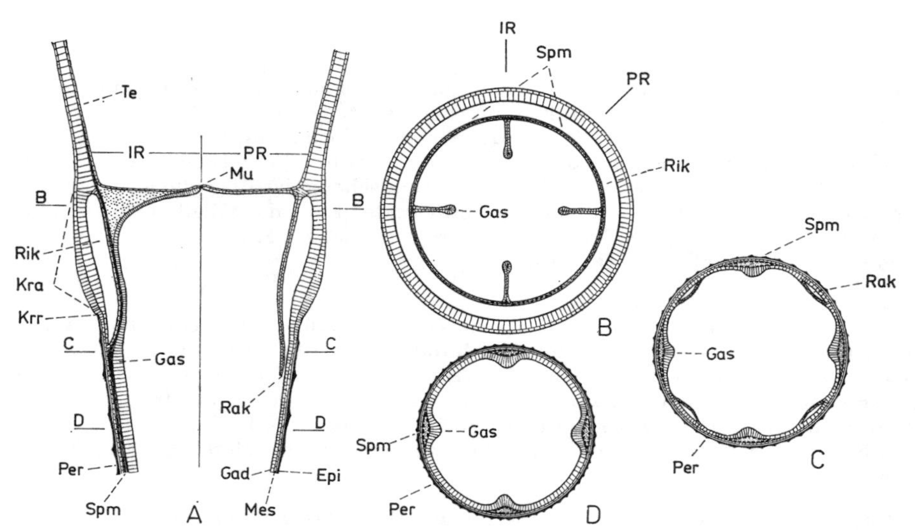

Abb. 32. Organisation des Weichkörpers (Oberteil) von *Stephanoscyphus*, schematisch. **A.** Längsschnitt, links durch einen Interradius, rechts durch einen Perradius gelegt. Die Ebenen B—B, C—C und D—D geben die Lage der Querschnitte **B.**—**D.** an. — **Epi** Epidermis, **Gad** Gastrodermis, **Gas** Gastralseptum. **IR** Interradius, **Kra** Kragen, **Krr** Kragenrinne, **Mes** Mesogloea, die als zellfreie Stützlamelle ausgebildet ist, **Mu** Mund, **Per** Peridermhülle (schwarz), **PR** Perradius, **Rak** Radialkanal, **Rik** Ringkanal, **Spm** Septalmuskel, **Te** Tentakel. — Aus Werner 1966.

Die Röhrenwand ist im Querschnitt aus zwei Schichten aufgebaut. Die Außenschicht hat eine charakteristische Oberflächenstruktur, durch die sich der Polyp der Coronata von allen anderen Cnidaria mit röhrenförmigem Außenskelett unterscheidet. Man erkennt Querringe, die mit einer mehr oder weniger deutlichen Längsstreifung versehen sind und dadurch gefeldert erscheinen. Diese Außenschicht wird von den Epidermiszellen der Kragenrinne abgeschieden, indem immer neue Sekretringe an die Röhre angelagert werden (Längenwachstum der Röhre). Die Anlagerung von Sekret kann aber nur erfolgen, wenn Kragen und Röhre im engen Kontakt sind, also bei ausgestreckter Tentakelkrone. Wenn sich der Polyp bei der Nahrungsaufnahme, bei Störungen oder bei der Strobilation kontrahiert, wird das Längenwachstum der Röhre unterbrochen, um erst wieder beim erneuten Ausstrecken einzusetzen. Auf diese Weise kommen die Wachstumsringe zustande. Die Längsstreifung hängt von der unterschiedlichen Anordnung der sekretbildenden Drüsenzellen ab.

Die Innenschicht ist glatt und einheitlich. Sie wird von allen der Röhre anliegenden Epidermiszellen kontinuierlich abgeschieden (Dickenwachstum der Röhre). Aufbau und Bildungsweise der Röhre zeigen demnach eine gewisse Ähnlichkeit mit den Schalen der Mollusca.

Im Basalteil weist die Innenschicht nach innen gerichtete Zahnkränze auf, in denen sich meist vier kleinere interradiale und vier größere perradiale hohle Zähne in symmetrischer Anordnung gegenüberstehen (Abb. 33, 34A). Sie dienen wahrscheinlich zur Versteifung der Röhre und als Schutz gegen Quetschungen. Im Bereich der Zahnkränze nimmt die sonst kreisrunde Röhre eine deutlich tetra- bzw. octoradiale Symmetrie an, was an die fossilen Vorfahren, die tetraradialen Conulata, erinnert (Abb. 34B).

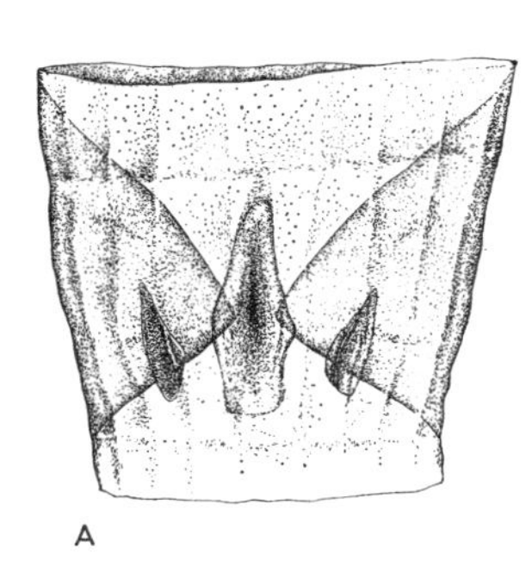

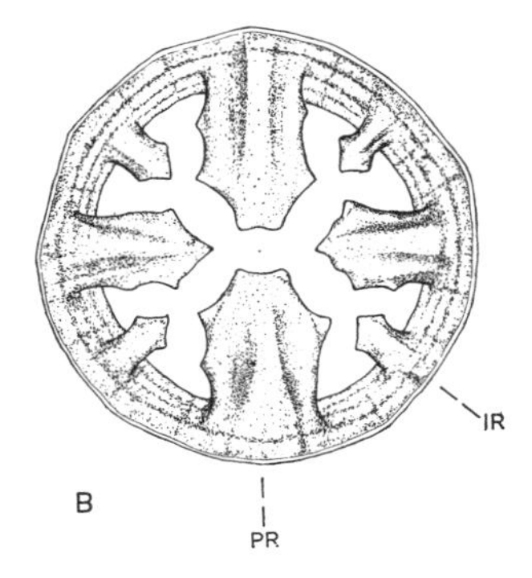

Abb. 33. Zahnkranz aus dem Basalteil des Polypen von *Nausithoe punctata* (Coronata). Größter Durchmesser 0,55 mm. **A.** Seitenansicht. **B.** Aufsicht von oben. — **IR** Interradius, **PR** Perradius.

Histologisch ist *Stephanoscyphus* durch den einfachen Aufbau seiner dünnen Epithelien gekennzeichnet: Bis auf wenige Bereiche werden Epi- und Gastrodermis durch je einen Zelltyp repräsentiert. Die Entodermzellen der Tentakel sind wie üblich stark vakuolisiert. Das gleiche gilt für die Zellen der peripheren Wand des Ringkanals, die sich außerdem durch eine besondere Art von Stützfibrillen der Zellwand auszeichnen. Kragen-, Mundscheiben- und Tentakelepidermis sind begeißelt, doch ist die Geißelbewegung nicht so wirksam, daß sie eine gerichtete Strömung auf der Oberfläche des Kopfteiles erzeugen könnte [119].

Stephanoscyphus besitzt das für die Scyphopolypen typische **Muskelsystem** aus vier einzelnen, in den Septen gelegenen Längsmuskelsträngen (Abb. 32). Obwohl ectodermaler Herkunft, liegen die Muskeln in der Stützschicht von der Epidermis getrennt. Die Septalmuskeln bestehen aus spindelförmigen reinen Myocyten, deren glatte Fibrillen in das Innere der im Querschnitt dreieckigen Stränge vorspringen. Die Muskulatur der sehr dehnbaren Tentakel setzt sich aus Epithelmuskelzellen zusammen. Bei einer Kontraktion des Weichkörpers wird der Mund durch die Verkürzung der Septalmuskeln bis zum Rand geöffnet. Dabei werden die Tentakel blitzartig zusammengezogen und mit dem gesamten Kopfteil ruckartig in den geöffneten Gastralraum nach innen eingeschlagen (Abb. 30B). Bei einer starken Reizung kann der Weichkörper bis weit in die Röhre hinein bis auf $^1/_3$ seiner Gesamtlänge zusammengezogen werden. Das Wiederausstrecken (unter Erschlaffung der vier Septalmuskeln) geht nur sehr langsam vonstatten. Dabei ist vermutlich auch das Ka-

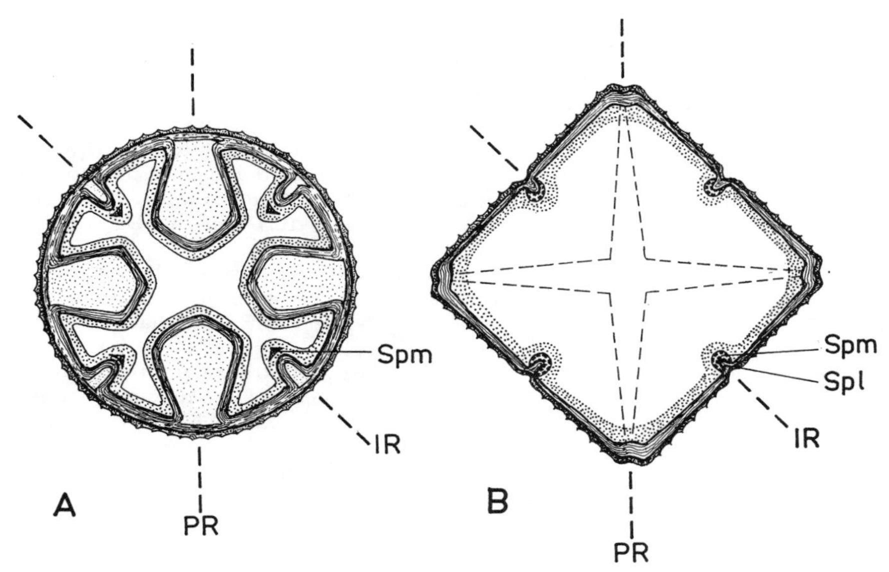

Abb. 34. A. Schematischer Querschnitt durch einen Zahnkranz der Peridermröhre von *Stephanoscyphus* (Coronata) zur Darstellung der Anordnung der großen (bei PR) und kleinen (bei IR) Zähne. Weichkörper grob, Zahnhöhlen fein punktiert. **B.** Querschnitt durch das Gehäuse einer *Conularia* (Conulata) (vgl. Abb. 28) zum Vergleich der Symmetrieverhältnisse. Die gestrichelten Linien deuten die Lage der vier dreieckigen Mündungsklappen an. Weichkörper (punktiert) und Septalmuskeln sind rekonstruiert. — Zu beachten ist der gleichartige Aufbau der Peridermröhre von *Stephanoscyphus* und des Gehäuses von *Conularia* aus zwei Schichten, der inneren glatten (gestrichelt) und der äußeren skulpturierten (punktiert). — **IR** Interradius, **PR** Perradius, **Spl** Septalleiste, **Spm** Septalmuskel. — Nach Werner **1971**, verändert.

nalsystem im Kopfteil beteiligt: Der durch Kontraktion verkleinerte Ringkanal kann sich mittels der Stützfibrillen seiner Wandzellen erweitern, sich erneut mit Flüssigkeit füllen und als Stützapparat wirksam werden.

Über das **Nervensystem** von *Stephanoscyphus* liegen noch keine genaueren Untersuchungen vor. Es darf aber ein diffuses Nervennetz mit entsprechenden Leitungseigenschaften angenommen werden. Dafür spricht die Fähigkeit zu koordinierter Kontraktion beim Nahrungserwerb und bei äußeren Reizen. Auch über die Sinneszellen gibt es noch keine Angaben. Sie müssen gehäuft auf der Aboralseite der Tentakel liegen, denn die schnellste und intensivste Kontraktion der Tentakel erfolgt bei einer Reizung ihrer Außenseite.

Beim Eintreten ungünstiger Bedingungen kann sich *Stephanoscyphus* in die Röhre zurückziehen und die Mündung mit einem zarten Peridermdeckel verschließen, der von der Außenseite des kontrahierten Kopfteiles ausgeschieden wird. In einem solchen inaktiven Zustand, bei dem das Wachstum gestoppt und sämtliche Stoffwechselaktivitäten stark reduziert sind, kann der Polyp mehrere Monate ohne jede Nahrungszufuhr überdauern.

Den Polypen der Semaeostomea bezeichnet man als **Scyphistoma**. Er stimmt trotz mannigfacher struktureller Veränderungen mit *Stephanoscyphus* im tetraradialen Grundbauplan überein; beide gehen auf gemeinsame Vorfahren zurück (vgl. S. 89). Der Scyphistoma ist relativ klein (selten länger als 3—5 mm) und hat becherförmige Gestalt (Abb. 35). Als Rest der Peridermröhre besitzt er ein zartes Chitinhäutchen, das nur den Basalteil umgibt und daher leicht übersehen wird. In den Interradien ist die Körperoberfläche zu schwachen Längsfurchen eingesenkt, die den Ansatz der Septen an der Magenwand markieren. Die Peripherie des Peristoms trägt die soliden Tentakel, die zu einem Kranz angeordnet sind. Es ist im übrigen für alle Scyphopolypen typisch, daß die Tentakel nur am Rande des Mundfeldes stehen, nie aber an anderen Stellen der Körperoberfläche. Die zahlreichen Nesselzellen sind über die Epidermis der Tentakel mehr oder weniger gleichmäßig verteilt, also nicht zu Batterien vereinigt. Der Zentralteil des Mundfeldes trägt das große, im Querschnitt kreuzförmige Hypostom mit vier perradialen, wohlentwickelten Lippen. In den Interradien des Mundfeldes liegen als vier Einsenkungen die Septaltrichter, die sich unten in die Gastralsepten hinein erstrecken und die Ansatzpunkte für die Septalmuskeln darstellen. Die jeweilige Gestalt der Septaltrichter hängt daher vom Kontraktionszustand der Septalmuskeln ab.

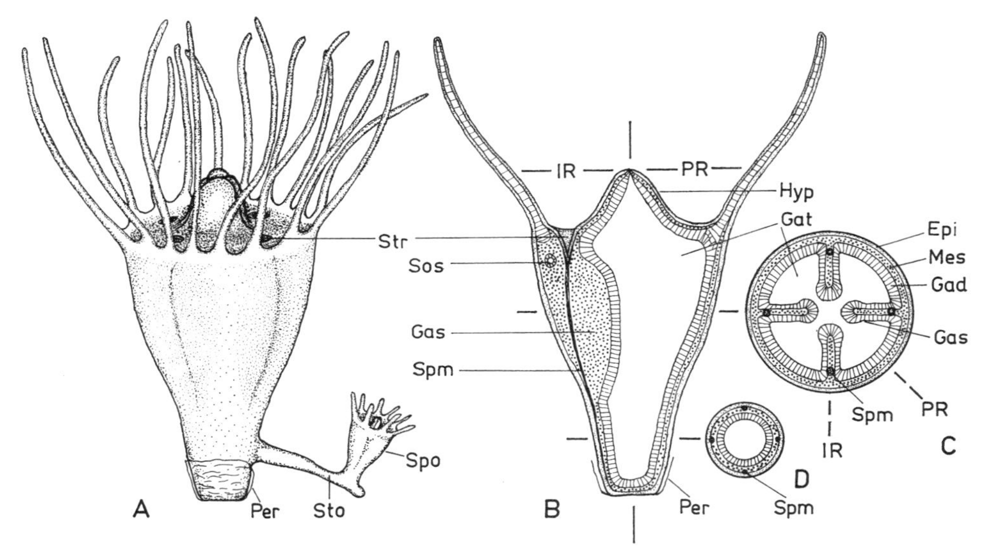

Abb. 35. Der Scyphistoma von *Aurelia aurita* (Semaeostomea). **A.** Habitus des Polypen mit asexueller Vermehrung durch Bildung eines Stolo mit kleinem Sekundärpolypen. Länge (Höhe) des Polypen **3** mm. **B.** Schematischer Längsschnitt, links durch einen Interradius, rechts durch einen Perradius. Epidermale und gastrodermale Begeißelung nicht gezeichnet. **C.** Querschnitt durch den Kelchteil. **D.** Querschnitt durch den Stielteil (beide schematisch). — **Epi** Epidermis (fein punktiert), **Gad** Gastrodermis (als Zellschicht angelegt), **Gas** Gastralseptum, **Gat** Gastraltasche, **Hyp** Hypostom, **IR** Interradius, **Mes** Mesogloea (grob punktiert), **Per** Peridermbecher, **PR** Perradius, **Sos** Septalostium, **Spm** Septalmuskel, **Spo** Sekundärpolyp, **Sto** Stolo, **Str** Septaltrichter.

Die stammesgeschichtliche Entstehung der Septaltrichter, die dem *Stephanoscyphus* primär fehlen, ist auf die Ausbildung eines Hypostoms beim Scyphistoma zurückzuführen. Damit verbunden sind die Trennung des Septenansatzes vom Mund sowie der Verlust der Fähigkeit, den Kopfteil nach innen einzuschlagen. Die Verlagerung des Ansatzes der Septalmuskeln auf das Peristom hat zur Folge, daß dessen Fläche bei einer Kontraktion der Septalmuskeln trichterförmig nach unten und innen gezogen wird.

Der Körper ist auf der gesamten Außenseite mit Geißeln besetzt, deren Schlag an den Tentakeln einen zur Spitze, auf der übrigen Körperoberfläche einen zum Mund gerichteten, deutlichen Wasserstrom erzeugt.

Der Magen ist durch die wandständigen Septen in den einheitlichen Zentralmagen und die peripheren Gastraltaschen aufgegliedert (Abb. 35C). Die Septen erstrecken sich nach unten bis zum Stielteil, wo sie verflachen und in der Magenwand aufgehen. Daher ist der Gastralraum im Stielteil einheitlich (Abb. 35D). Ein Kanalsystem des Kopfteiles fehlt, doch lassen sich die im Oberteil der Septen bei manchen Arten beschriebenen Septalostia (Abb. 35B) als Reste eines bei den Vorfahren vorhandenen Ringkanals deuten. Die Basis des Polypen ist als Haftscheibe ausgebildet, in der spezialisierte Haftzellen (Desmocyten) eine feste Verbindung der Mesogloea und Epidermis mit der Basis des Peridermbechers herstellen (Abb. 36).

Nach äußeren und inneren Merkmalen kann demnach der Körper des Scyphistoma aufgeteilt werden in den Kopfteil mit Peristom, Hypostom und Tentakeln, in den verbreiterten Hauptteil (Calyx), dessen Innenwand die Septen trägt, und in den basalen, im Inneren ungegliederten Stiel. — Noch deutlicher ist die äußere Gliederung beim Polypen der Rhizostomea (Abb. 37A), bei dem der schalenförmige Körper deutlich vom dünnen Stiel abgegrenzt ist.

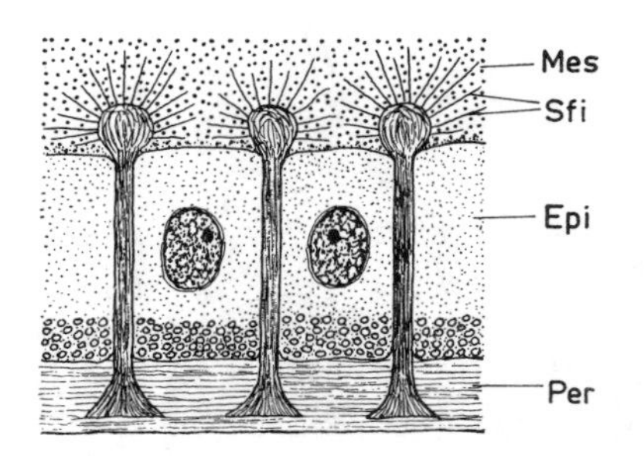

Abb. 36. Scyphistoma von *Aurelia aurita*, Desmocyten der Haftscheibe. — **Epi** Epidermiszelle = Desmocyte, die nietähnliche Verbindungen zwischen Mesogloea und Basalplatte des Peridermbechers ausscheidet; Zellbasis mit Sekretgranula, **Mes** Mesogloea, **Per** Peridermbecher, **Sfi** Stützfibrillen der Mesogloea. — Nach Chapman 1969, verändert.

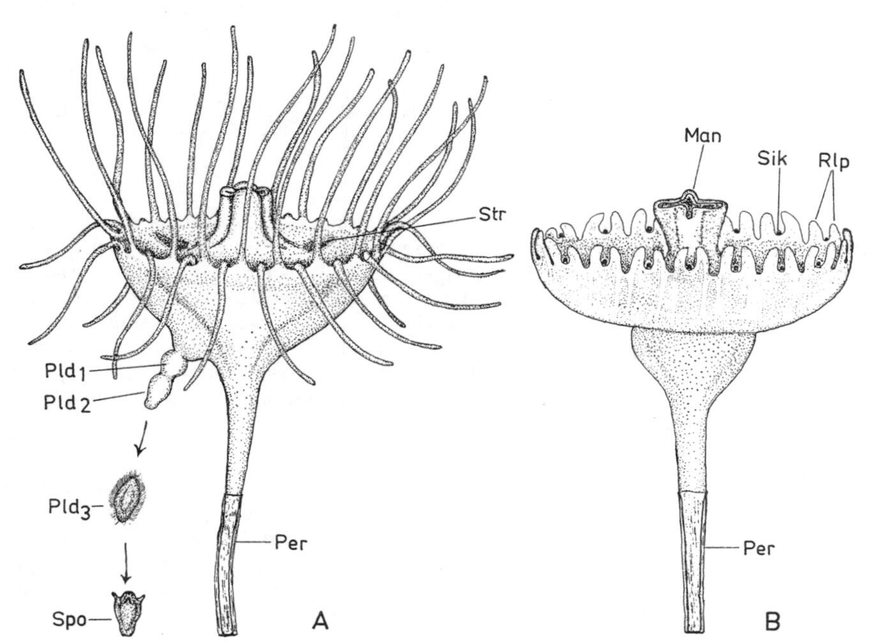

Abb. 37. Der Scyphistoma von *Cassiopea andromeda*. **A.** Polyp mit asexueller Vermehrung durch Knospung von Planuloiden. Höhe 4 mm. Die Reihe Pld_1-Spo zeigt die Entwicklungsstadien der Planuloide bis zur Anheftung und Umwandlung in einen Sekundärpolypen. **B.** Polyp mit monodisker Strobila. — **Man** Manubrium, **Per** Peridermröhre, **Pld** Planuloide, **Rlp** Randlappenpaar, **Sik** Sinneskörper, **Spo** Sekundärpolyp, **Str** Septaltrichter.

Die Reduktion der Röhre ist durch die Ausbildung einer kräftigen Mesogloea kompensiert, in die Ectodermzellen einwandern (Abb. 35 B–D). Diese Stützschicht verleiht dem Weichkörper Halt und dient als elastisches Widerlager beim Ausstrecken nach einer Kontraktion. Die Mesogloea füllt auch das Innere der Septen aus, in welche die Längsmuskelstränge eingebettet sind. Wie bei *Stephanoscyphus* sind sie ectodermaler Herkunft und bestehen aus reinen Myocyten, die zu einem im Querschnitt runden Strang verbunden sind. Die glatten Muskelfibrillen springen von der Wand des Muskelstranges in seinen Innenraum vor. Epithelmuskelzellen fehlen der Epi- und Gastrodermis der Körperwand. Daraus erklärt sich, daß diese sich bei einer Kontraktion der Septalmuskeln in Falten legt. Neuerdings ist durch elmikroskopische Untersuchungen das Vorhandensein von Myofilamenten im Inneren der Zellen beider Epithelien nachgewiesen worden, ohne daß man deswegen aber von Epithelmuskelzellen sprechen könnte. Ebenso wurde mit dieser Methode gezeigt, daß beide Epithelien Schleimdrüsenzellen mit vakuolisiertem Inhalt enthalten und daß in der Gastrodermis je ein Typ von Enzymbildungszellen mit granuliertem Inhalt und von Verdauungszellen vorkommt [128].

Von *Stephanoscyphus* unterscheidet sich der Scyphistoma auch im Verhalten: Beim Nahrungserwerb werden die Tentakel verkürzt und mit der Beute einzeln oder zu mehreren in den geöffneten Mund hineingebogen. Zur Neurophysiologie des Scyphistoma vgl. S. 37.

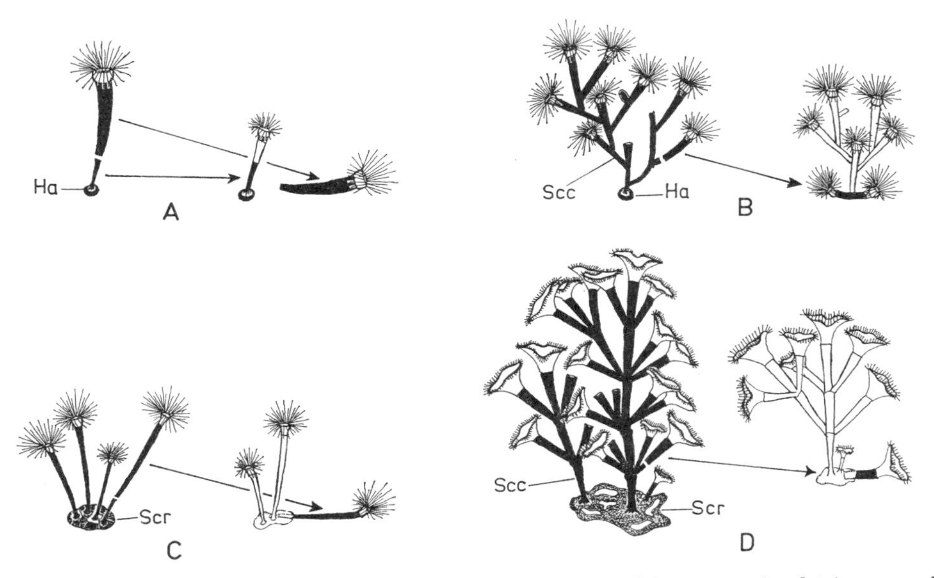

Abb. 38. Wuchsform (jeweils links) und Regenerationsleistungen (rechts) von solitären und stockbildenden Polypen der Coronata. **A.** *Nausithoe indica*, solitär, mit Haftscheibe. **B.** *Nausithoe punctata*, zymös verzweigter Scyphocaulus mit kleiner Haftscheibe des Primärpolypen. **C.** *Linuche unguiculata*, Polypen unverzweigt an basaler Scyphorhiza. **D.** *Stephanoscyphus racemosus*, razemöse Verzweigung des Scyphocaulus mit basaler Scyphorhiza. – Zu beachten ist die unbegrenzte Größe der unverzweigten Polypen (A, C); bei den verzweigten Arten (B, D) ist die Größe der Einzelpolypen dagegen begrenzt. Die rechte Seite demonstriert die unterschiedlichen Regenerationsleistungen nach der experimentellen Abtrennung eines Einzelpolypen und zeigt schwarz den abgetrennten Polypen, weiß die regenerierten Strukturen: in A lediglich ein neuer Kopf des basalen Stumpfes, in B–D neue Stöcke. Diese werden in B vom abgetrennten Polypen, der sich nicht mehr anheften kann, in C und D von der neu gebildeten basalen Scyphorhiza erzeugt. – **Ha** Haftscheibe, **Scc** Scyphocaulus, **Scr** Scyphorhiza. – Nach WERNER 1973, verändert.

Zur **Stockbildung** kommt es innerhalb der Scyphozoa nur bei den Polypen der Coronata (Abb. 38), bei denen aber ebenfalls viele Formen solitär leben (so die meisten *Stephanoscyphus*-Arten). Die stammesgeschichtliche Entstehung der Stöcke ist offenbar an das Auftreten eines Außenskeletts gebunden, das ja nur bei den Coronata ausgebildet ist. Von phylogenetischem Interesse ist auch die Verkleinerung der Einzelpolypen bei gleichzeitiger seitlicher Verzweigung des Stockes (Abb. 38B, D) und Bildung einer basalen Scyphorhiza. Diese Scyphorhiza, über die alle Mitglieder eines Stockes miteinander kommunizieren, vergrößert sich durch Stoffzufuhr von oben und kann Ursprung neuer Stöcke werden (Abb. 38C, D). Bei den verzweigten Stöcken bezeichnet man die Stämme, von denen die Zweige ausgehen, als Scyphocaulus. Die stockbildenden Arten besitzen auch ein größeres Regenerationsvermögen (Abb. 38, jeweils rechts).

Die regenerativen Fähigkeiten der Scyphopolypen sind allgemein groß. So bilden *Stephanoscyphus* und Scyphistoma nach beendeter Strobilation (vgl. S. 81) in kurzer Zeit aus einem kleinen basalen Restkörper (Residuum) wieder einen vollständigen Polypen. Dies geschieht auch nach Beschädigungen. Wenn *Stephanoscyphus* von der basalen Haftscheibe abbricht, vermag diese den gesamten Polypen zu regenerieren, und für den Scyphistoma von *Aurelia* ist nachgewiesen, daß allein kleine Fragmente der Epidermis zu vollständigen Polypen regenerieren können.

Die Scyphomeduse

Die Meduse der Scyphozoa entsteht in der Regel durch Strobilation aus dem Scyphopolypen (vgl. S. 82). Der Polyp schnürt scheibenförmige Medusen-Anlagen, die Ephyren, ab, die im Laufe ihres planktonischen Lebens zu Adult-Medusen heranwachsen, wobei es zu einer Art Metamorphose kommen kann.

Bei den ursprünglichsten Scyphozoa, den Coronata, bleibt die Meduse morphologisch und physiologisch zeitlebens im wesentlichen auf dem Stadium der Ephyra stehen. Die erwachsene Meduse der Coronata (sie geht aus dem *Stephanoscyphus* hervor) ist meist klein (1—2 cm Durchmesser), hat eine verkürzte Hauptkörperachse und einen scheibenförmig verbreiterten Schirm (Abb. 39). Die Exumbrella weist eine Ringfurche auf, die den Schirm in einen Zentralteil und einen peripheren Randbezirk gliedert. Der Schirmrand ist im typischen Falle durch je vier perradiale und interradiale Paare von Randlappen aufgeteilt. In den Einschnitten zwischen den acht Paaren liegen die perradial und interradial angeordneten Sinneskörper (Rhopalien), die bei manchen Arten einen Ocellus tragen. Aus den adradialen Einschnitten entspringen die acht soliden Tentakel, die im Leben zu einem wirksamen Fangapparat aufgestellt sind (Abb. 39B). Das schwach entwickelte, kurze Manubrium trägt nur vier kleine Lippen, durch welche die perradiale Symmetrieachse festgelegt ist (Abb. 39A, 40A).

Der **Gastralraum** besteht aus dem runden Zentralteil und dem peripheren, bis in die Randlappen reichenden Kranzdarm (Abb. 40A). Beide Teile werden durch vier bogenförmige Verwachsungsleisten (Septalknoten oder Kathammalleisten) voneinander abgegrenzt. Diese Leisten verbinden in den Interradien Boden und Decke und gehen aus den Gastralsepten des Polypen hervor. Die breiten Ostien zwischen den Leisten, durch die sich der Zentralmagen in den Kranzdarm öffnet, entsprechen den Radialkanälen oder Radialporen des *Stephanoscyphus*. In den Randlappen wird der Kranzdarm durch radiale, senkrechte Verwachsungswände (Lappenspangen) in Taschen aufgeteilt. Da die Spangen aber nicht bis zum Rand der Lappen ausgespannt sind, lassen sie den äußersten Teil des Kranzdarmes als Ringkanal frei.

Die Schirmgallerte bleibt im allgemeinen dünn und ist nur bei größeren Formen kräftiger ausgebildet. Die subumbrellare ectodermale **Muskulatur** besteht aus quergestreiften Epithelmuskelzellen. Sie sind zu dem für die Scyphomedusen charakteristischen Ring- oder Coronarmuskel vereinigt, der in der Mitte der Randlappen durch Radialmuskeln durchbrochen ist. Zur Tätigkeit der Muskulatur bei den Schwimmpulsationen und den lokalen

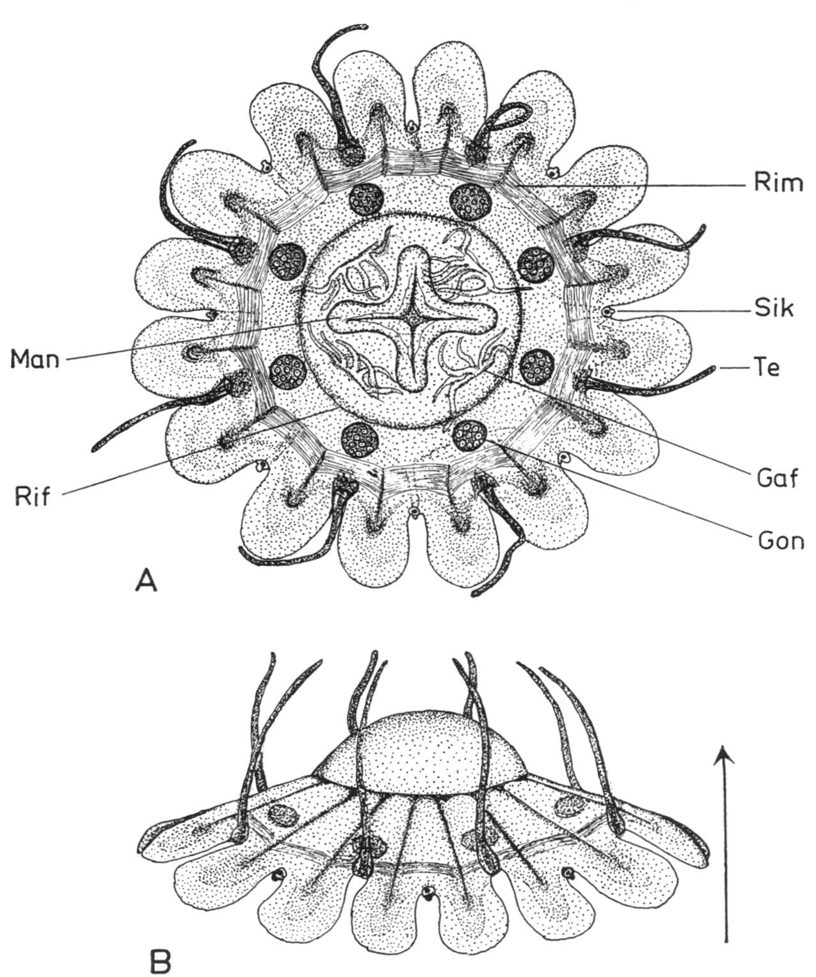

Abb. 39. Die Meduse von *Nausithoe* (Coronata). **A.** Aufsicht auf die Mundseite. Durchmesser 12 mm. **B.** Seitenansicht, Tentakel in Fangstellung; der Pfeil gibt die Bewegungsrichtung an. — **Gaf** Gastralfilment, **Gon** Gonade, **Man** Manubrium, **Rif** Ringfurche der Exumbrella, **Rim** Ring- (= Coronar-)muskel, **Sik** Sinneskörper, **Te** Tentakel. — A nach einem Lebendphoto gezeichnet.

Bewegungen sowie zur Nervenversorgung s. S. 38. Die acht adradialen **Gonaden** liegen als runde, ovale oder hufeisenförmige Falten oder Aussackungen an der subumbrellaren Magenwand etwas vor dem verbreiterten Ansatz der Tentakel (Abb. 39A). Die Subumbrella ist bei den kleineren Formen eine einfache, schwach konkav gebogene Fläche. Subgenitalhöhlen sind nur bei größeren Formen (z. B. *Periphylla*) anzutreffen und wölben als Gruben die darüberliegenden Gonaden in den Gastralraum vor.

Aus der Ephyra geht die Meduse der Coronata durch kontinuierliches Wachstum hervor, ohne dabei die Grundform des Körpers wesentlich zu ändern. Sie unterscheidet sich von der Ephyra lediglich durch die Größe, eine vergrößerte Anzahl von Gastralfilamenten sowie durch den Besitz von Tentakeln und Gonaden. Auch im Schwimmverhalten und im Beutefang bestehen keine Unterschiede zur Ephyra.

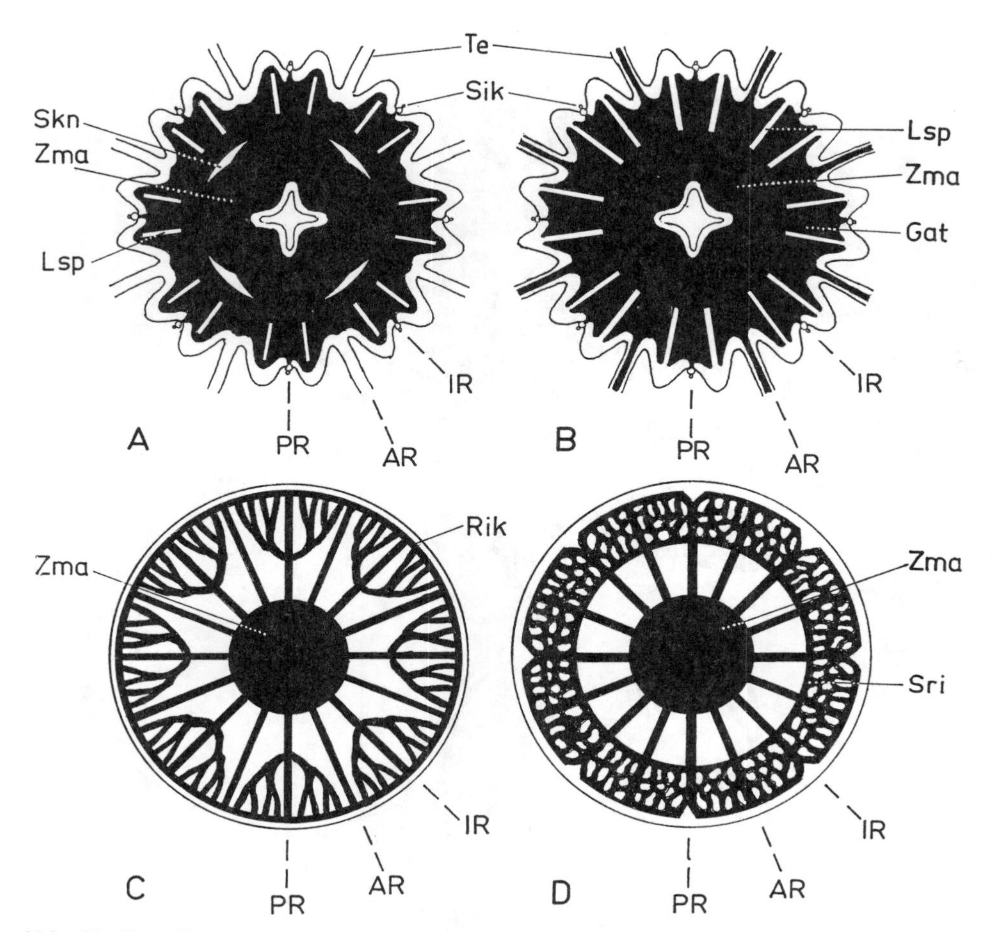

Abb. 40. Das Gastralsystem (schwarz gezeichnet) der Scyphomedusen. **A.** Coronata. Die Lappenspangen erreichen den Schirmrand nicht und lassen einen peripheren Ringkanal frei; Tentakel solide. **B.** Semaeostomea (Pelagiidae). Die Lappenspangen sind mit dem Schirmrand verwachsen, so daß peripher geschlossene Gastraltaschen entstehen; Tentakel hohl. **C.** Semaeostomea (Ulmaridae). **D.** Rhizostomea. In C und D sind Schirmrandstrukturen und Ansatz des Manubrium nicht gezeichnet. Man beachte in C und D die relative Verkleinerung des Zentralmagens sowie die Vergrößerung der Verwachsungsflächen; dadurch werden die Verfestigung der großen Schirme und eine stärkere Aufzweigung des peripheren Kanalsystems bewirkt. — **AR** Adradius, **Gat** Gastraltasche, **IR** Interradius, **Lsp** Lappenspange, **PR** Perradius, **Rik** Ringkanal, **Sik** Sinneskörper, **Skn** Septalknoten, **Sri** sekundärer Ringkanal, **Te** Tentakel, **Zma** Zentralmagen. A — C nach Russel 1970.

Die Medusen der Semaeostomea und Rhizostomea, die aus Ephyren des Scyphistoma hervorgehen, erreichen ihre Adultform dagegen erst in einem Prozeß, der einer Metamorphose ähnelt. Dabei wachsen sie zu einer meist beträchtlichen Größe heran und entwickeln vor allem eine mächtige Mesogloea (Abb. 41). Auch der Schirm, seine Randstrukturen und das Mundrohr werden morphologisch reich differenziert. Hierher gehört die Mehrzahl der allgemein als Quallen bekannten, großen und zum Teil prächtig gefärbten Medusen aller Weltmeere, die in flachen Schelfmeeren der tropischen, subtropischen und gemäßigten Zonen oft in großen Schwärmen auftreten.

Der Schirm ist bei den Semaeostomea scheibenförmig. Ihm fehlen, wie allen Scyphomedusen, Glockenhöhle und Velum. Die einheitliche Fläche der Exumbrella ist reich mit Nessel-, Schleim- und Geißelzellen besetzt. Für die Subumbrella sind die vier großen Einstülpungen der Subgenitalhöhlen kennzeichnend, die in den Interradien zwischen der Basis des Mundrohres und dem Schirmrand liegen (Abb. 41). Über ihnen befinden sich im Magenentoderm die Gonaden, die stets in Vierzahl auftreten. Sie sind bei manchen Formen allerdings so stark entwickelt, daß sie im Gastralraum keinen Platz finden und dann bruchsackartig wie gefaltete Gardinen aus den Subgenitalhöhlen ins freie Wasser hängen (Abb. 55). Das vierkantige Mundrohr ist bei den Semaeostomea (Fahnenmundquallen) in vier stark vergrößerte Mundarme ausgezogen, deren seitliche Ränder verlängert und dadurch in krause Falten gelegt sind (Abb. 41). Bei den Rhizostomea (Wurzelmundquallen) ist das Mundrohr durch die Verwachsung der Lippen und die Bildung von Sekundärostia besonders stark differenziert (Abb. 53

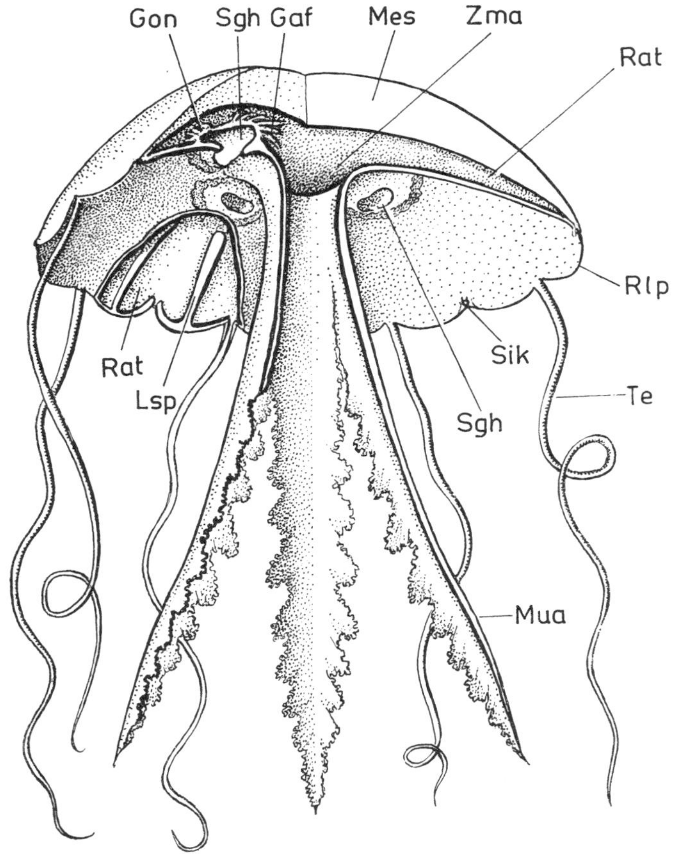

Abb. 41. Schema einer Meduse der Semaeostomea (Pelagiidae). Ein Sektor von 120° ist aus Glocke und Mundrohr ausgeschnitten, links ist außerdem ein Teil der Subumbrella entfernt. Durchmesser des Schirmes 8 cm. — **Gaf** Gastralfilament, **Gon** Gonade, **Lsp** Lappenspange = Verwachsungsstreifen zwischen ex- und subumbrellarer Magenwand (vgl. Abb. 40B), **Mes** Mesogloea, **Mua** Mundarm, **Rat** Radialtasche, **Rlp** Randlappen, **Sgh** Subgenitalhöhle, **Sik** Sinneskörper, **Te** Tentakel, **Zma** Zentralmagen. — Nach Delage & Hérouard, aus Kaestner 1969.

u. 58); dies ist auch von erheblichem Einfluß auf die Lebensweise (Ernährung) (s. S. 93). Der Schirmrand besitzt mindestens acht Paare von Randlappen, in deren Einschnitten abwechselnd die Sinnesorgane und die Tentakel angeordnet sind. Beides sind hohle Ausstülpungen des Schirmrandes, in die sich der Gastralraum erstreckt. Die Sinnesorgane sind stammesgeschichtlich aus Tentakeln entstanden (vgl. S. 83).

An das Mundrohr schließt sich der Zentralmagen an, dessen Randzone bei den Pelagiidae (Abb. 40B) durch 16 vertikale Verwachsungsstreifen (Lappenspangen) zwischen ex- und subumbrellarer Magenwand in ebenso viele Taschen aufgegliedert ist. Diese Taschen teilen sich bei den anderen Familien (Cyaneidae, Ulmaridae) peripher in die Kanäle für die hohlen Tentakel und Sinnesorgane auf; dazu kommt ein Netzwerk von weiteren Verzweigungen, das sich in Richtung auf den Schirmrand zunehmend verdichtet (Abb. 40C u. 52). Die Sinnesorgane (Rhopalien) sind prinzipiell wie bei den Coronata gebaut (Abb. 25). Bei *Aurelia* (Semaeostomea) sind sie mit zwei Ocellen versehen, wobei der Ocellus der Exumbrellarseite ectodermaler Natur ist und aus einem runden Fleck von Pigmentzellen besteht. Der andere Ocellus stellt eine eingesenkte Grube der Subumbrellarseite dar; die entodermalen Pigmentzellen der Grubenwand umhüllen Sinneszellen ectodermaler Herkunft, die von der Epidermis überdeckt sind [149]. Zu Nervensystem und Neurophysiologie vgl. S. 38.

Fortpflanzung

Ungeschlechtliche Vermehrung

Die meisten Scyphopolypen können sich ungeschlechtlich durch **Knospung** vermehren; ausgenommen sind nur die solitären Polypen der Coronata. Bei wenigen Arten der Coronata bleiben die Knospungsprodukte (Polypen, Scyphorhiza, Stöckchen) in ständiger Verbindung mit dem Primärpolypen, so daß Tierstöcke entstehen (Abb. 38B-D). Bei allen anderen Scyphopolypen erfolgt eine Trennung der Knospen vom solitären Erzeugerpolypen. Als Beispiel für die verschiedenen Arten der asexuellen Vermehrung kann der Polyp von *Aurelia* (Semaeostomea) gelten. Bei ihm tritt regelmäßig die Bildung von kleinen Sekundärpolypen auf, die entweder direkt aus Knospen der Körperwand hervorgehen oder aber aus den Endabschnitten stolonenähnlicher Fortsätze der Polypenbasis, wie es zum Beispiel bei Tieren aus der Nord- und Ostsee die Regel ist (Abb. 35A). In beiden Fällen lösen sich die Sekundärpolypen ab und siedeln sich in der Nachbarschaft des Erzeugerpolypen an. Daher findet man die Polypen selten allein, sondern meist in Aggregationen.

Außerdem hat der Polyp die Fähigkeit der Podocystenbildung [107, 117]. Unter seiner Haftscheibe grenzt sich ein Komplex embryonaler Zellen ab, der sich mit einer Peridermhülle umgibt und so ein linsenförmiges Dauerstadium (Podocyste) aus sich hervorgehen läßt (Abb. 42). Nach dem Abwandern oder Absterben des Polypen schlüpft später aus der Peridermhülle ein kleiner Polyp aus. So läßt sich mitunter der Weg, den ein Polyp bei dieser Art der ungeschlechtlichen Vermehrung sehr langsam zurücklegt, aus der Reihe der hinterlassenen Podocysten ablesen. — Der Polyp von *Aurelia* besitzt auch die für Scyphozoa ungewöhnliche Fähigkeit der Längsteilung, die allerdings auch bei ihm nur selten beobachtet wird.

Bei wenigen Semaeostomea, jedoch regelmäßig bei den Rhizostomea wird ein anderer Weg der asexuellen Vermehrung eingeschlagen, indem sie schwimmfähige Planuloide (Schwimmknospen) bilden. Diese Planuloide werden einzeln oder in einer Kette von mehreren eiförmigen Knospen an der Seitenwand oder Unterseite des Körpers erzeugt (Abb. 37A). Sie sind begeißelt und dadurch nach der Ablösung schwimmfähig, und sie sind aus beiden Keimblättern sowie der dazwischenliegenden Mesogloea aufgebaut. Die Planuloide haben bereits einen deutlich entwickelten Gastralraum. Ihr distaler Körperpol wird zum aboralen Bewegungsvorderpol, mit dem sie sich nach

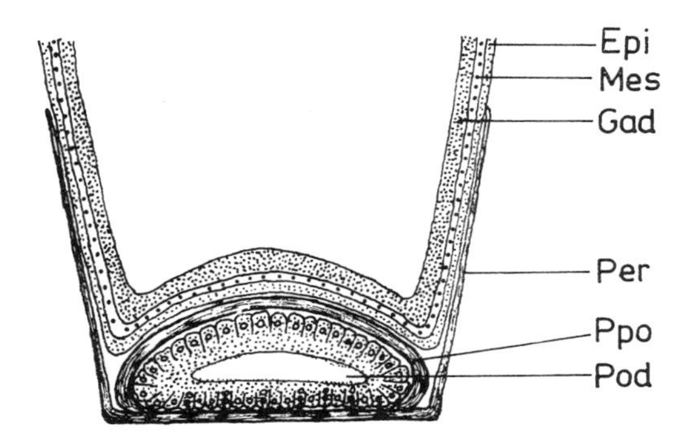

Abb. 42. Basalteil des Scyphistoma von *Aurelia aurita* mit Podocyste. Beachte, daß die Zellgrenzen der Podocyste nur an der Peripherie zu erkennen sind; ihre zentralen Teile sind mit dotterähnlichen Substanzen gefüllt. — **Epi** Epidermis, **Gad** Gastrodermis, **Mes** Mesogloea, **Per** Peridermbecher, **Pod** Podocyste, **Ppo** Peridermhülle der Podocyste. — Nach Chapman 1968, verändert.

einer kurzen pelagischen Periode wie Planulae anheften. Der gegenüberliegende Ablösungspol wird zum Mund. In allen beschriebenen Fällen dient die asexuelle Vemehrung der Vergrößerung der Bestände.

Als ungeschlechtliche Vermehrung muß auch die Medusenbildung durch **Strobilation** gelten, mit der die geschlechtliche Fortpflanzung eingeleitet wird. Die Mehrzahl der Scyphozoa hat einen metagenetischen Generationswechsel, bei dem der Scyphopolyp als ausdauernde mehrjährige Form in kürzeren Zeitabständen oder nur ein- bis zweimal jährlich Medusen erzeugt. Die Polypen der Coronata (*Stephanoscyphus*) erreichen im Laboratorium ein hohes Alter von über 15 Jahren, während ihre Medusen nach beendeter Fortpflanzung absterben und selten älter als 3—6 Monate werden.

Bei der Strobilation, die im übrigen auf die Scyphozoa beschränkt ist, wird der größte Teil des Polypenkörpers durch terminale Querteilung in eine oder mehrere scheibenförmige Medusenanlagen (Ephyren) umgeformt und zwar unter Verwendung bereits vorhandener Teile des Polypenkörpers. Von besonderem Interesse ist es dabei, daß im Strobilationsprozeß aus dem einfach gebauten Körper des Polypen mit glatter Muskulatur, mit wenig entwickeltem Nervennetz und einfacher neurophysiologischer Struktur die wesentlich kompliziertere Meduse mit quergestreifter Muskulatur, mit doppeltem Nervennetz, mit Sinnesorganen und entsprechend veränderten Aktivitäten hervorgeht.

Bei *Stephanoscyphus* laufen alle Prozesse der Medusenbildung in der Röhre ab. Sie beginnt mit einer Einschnürung des Weichkörpers unterhalb des Kopfteiles (Abb. 43A). Von diesem Strobilationszentrum aus löst sich der Weichkörper von der Röhrenwandung ab, kontrahiert sich und teilt sich nach oben in wenige, nach unten in zahlreiche Querscheiben auf, die zunächst nur als Ringwülste in Erscheinung treten (Abb. 43B—D). Nur ein kleines basales Residuum von etwa $^1/_6$—$^1/_7$ der ursprünglichen Körperlänge wird nicht von der Umwandlung betroffen.

Die Strobilation ist demnach bei den Coronaten-Polypen, bis auf wenige Ausnahmen, polydisk. Die Anzahl der in einer Strobilationsphase gebildeten Ephyren ist allerdings recht unterschiedlich. Sie beträgt je nach Alter und Größe des Polypen meist 30 bis 100; bei jungen Polypen kleiner Arten werden anfangs nur 5—10 Ephyren erzeugt. Bei voll ausgewachsenen Polypen mancher großen Arten (z. B. *Atorella*) können dagegen in einer einzigen Strobilation bis zu 5000 Ephyren produziert werden.

Bei der Bildung einer Strobilationskette mit so zahlreichen Medusenanlagen erfährt der Weichkörper eine starke Streckung. Er muß sich dann in der Röhre in unregelmäßige Windungen oder Spiralen aufknäueln, denn die Röhrenmündung wird durch einen Deckel verschlossen (Abb. 43C, D). Dieser Deckel entsteht aus dem Kopfteil des Polypen, der sich in einen Gewebs- und Peridermdeckel umwandelt. Dabei werden zuerst die Tentakel in den Magenraum eingeschlagen und resorbiert. Anschließend kontrahiert sich der Weichkörper zur Mitte hin und verwächst, so daß sein distales Ende zu einer geschlossenen Gewebsplatte umgeformt wird. An ihrer äußeren Oberfläche scheidet diese Platte einen zarten Peridermdeckel ab, der die Röhrenmündung vollständig verschließt. Der anfangs trichterförmige Teil des Kopfabschnittes unterhalb des Deckels bleibt mit der Strobilationskette zunächst noch in Verbindung. Später reißt er ab, und der Gewebsdeckel zerfällt. Bei manchen Arten wird der Gewebsdeckel von der obersten Ephyren-Anlage resorbiert.

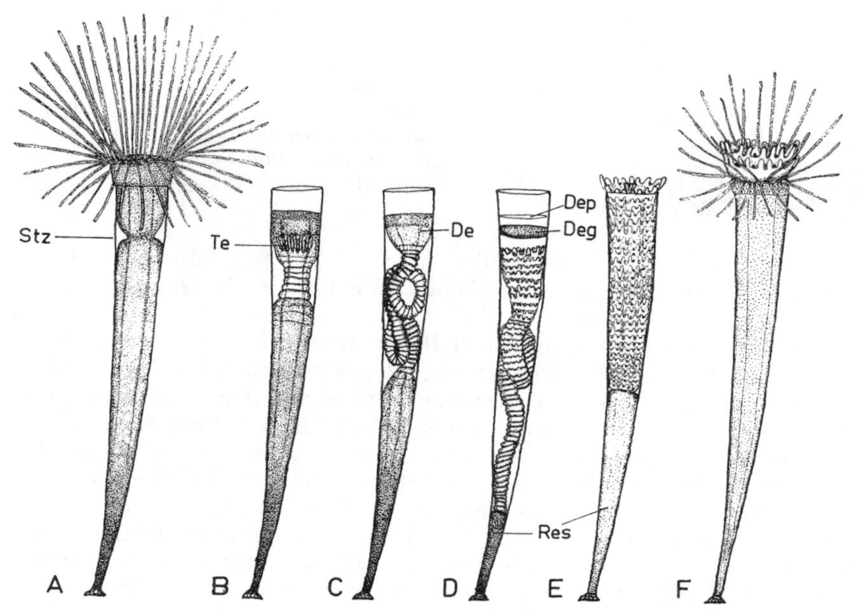

Abb. 43. *Stephanoscyphus.* Phasen der Strobilation. Die Peridermröhre nur als Kontur gezeichnet, ihre Länge 12 mm. **A.** Beginnende Strobilation: Der Weichkörper schnürt sich im Strobilationszentrum ein. **B.** Reduktion des Kopfteiles: Die eingeschlagenen Tentakel werden resorbiert, die Strobilationskette beginnt sich zu bilden. **C.** Fortgeschrittene Strobilation, aus dem Rest des Kopfteiles entsteht der Deckelapparat. **D.** Voll ausgebildete Strobilationskette, die sich vom Deckelapparat abgelöst hat. **E.** Beginnende Regeneration des basalen Restkörpers (Residuum). **F.** Endphase: Polyp vollständig regeneriert. Man beachte in E und F die große Transparenz des Weichkörpers nach dem Verbrauch der Reservesubstanzen. — **De** Deckelapparat, **Deg** Gewebedeckel, **Dep** Peridermdeckel, **Res** Residuum, **Stz** Strobilationszentrum, **Te** eingeschlagene Tentakel.

Bei der Differenzierung der zunächst scheibenförmigen Medusenanlage vergrößert sich im Inneren der vom Magen des Polypen übernommene Gastralraum in zentrifugaler Richtung. Gleichzeitig gliedert sich der Rand der Scheibe in die Randlappenpaare, die zentrifugal auswachsen. In den radialen und interradialen Einschnitten der Randlappen werden die Sinnesorgane angelegt. Die distale Fläche der Medusenanlage wird zur Subumbrella, wobei aus der Verbindung zur nächsten oberen Anlage das kurze Mundrohr mit vier Lippen ausdifferenziert wird. Die proximale Fläche der Scheibe wird zur Exumbrella, die zentral mit dem Mundrohr der sich unten anschließenden Ephyra verbunden ist. Durch die Differenzierung der Muskulatur wird die junge Meduse zu aktiven Kontraktionen befähigt, die allmählich in regelmäßige Pulsationen übergehen. Die Einzelvorgänge der Ephyrenbildung laufen in der Strobilationskette in der Richtung von oben nach unten mit zeitlicher Verzögerung ab; sie ist bei größeren Polypen oft so erheblich, daß die oberen Ephyren bereits voll entwickelt und schwimmfähig sind, wenn die unteren jungen Anlagen eben erst in Erscheinung treten. Am oberen Ende der Kette lösen sich die Ephyren durch ihre Kontraktionen schließlich ab und schwimmen aus der Röhre heraus, nachdem sie den zarten Peridermdeckel durchbrochen haben. Dabei kann es vorkommen, daß ein größeres Stück der Strobilationskette als ganzes aus der Röhre ausgestoßen wird und sich erst später in die einzelnen Ephyren aufteilt.

Am Austritt der Ephyren aus der Röhre ist auch der basale Restkörper beteiligt, der sich gegen Ende der Strobilationsphase zur Röhrenmündung ausstreckt und zum vollständigen Polypen regeneriert. Dabei werden die noch in der Röhre befindlichen Ephyren nach außen befördert (Abb. 43E, F). Mit der neu gebildeten Tentakelkrone kann der Regenerationspolyp erneut Nahrung aufnehmen und so in eine neue Wachstumsphase eintreten. Die mit der Regeneration verbundenen Wachstums- und Streckungsvorgänge laufen mit großer Geschwindigkeit ab; sie sind meist nach 5—6 Tagen beendet. Sind genügend Reservesubstanzen angesammelt, kann der Polyp der Coronata eine neue Strobilationsphase beginnen. Bei großen Arten mit zahlreichen Medusenanlagen dehnt sich die gesamte Strobilationsphase auf 3—4 Wochen aus. Da dieser Vorgang den größten Teil der angesammelten Reservesubstanzen verbraucht, ist der Weichkörper des Regenerationspolypen sehr dünnwandig und transparent (Abb. 43F).

Die **Ephyra** der Coronata (Abb. 44) ist durch eine Ringfurche, kurze Randlappen und eine rundliche Form gekennzeichnet (vgl. dazu Abb. 47B). Im Gastralraum ist die Anlage eines Gastralfilamentes vorhanden, aber oft noch unvollständig differenziert. Von allgemeiner Bedeutung ist, daß sich das Kanalsystem des Polypen in jeder Ephyra durch die Gliederung ihres Gastralraumes prinzipiell wiederholt.

Die Entwicklung der Meduse verläuft kontinuierlich (s. S. 75). Im Laufe des stetigen Größenwachstums wird bei vielen Arten an jedem Sinnesorgan ein Ocellus ausgebildet, die Zahl der Gastralfilamente an der Verwachsungsleiste des Magens nimmt zu, die Tentakel wachsen aus, und die Gonaden werden ausdifferenziert. Bei manchen Arten sind die Tentakel allerdings bereits bei der eben abgelösten Ephyra als kurze Stümpfe angelegt oder sogar voll entwickelt und funktionsfähig (Abb. 44B).

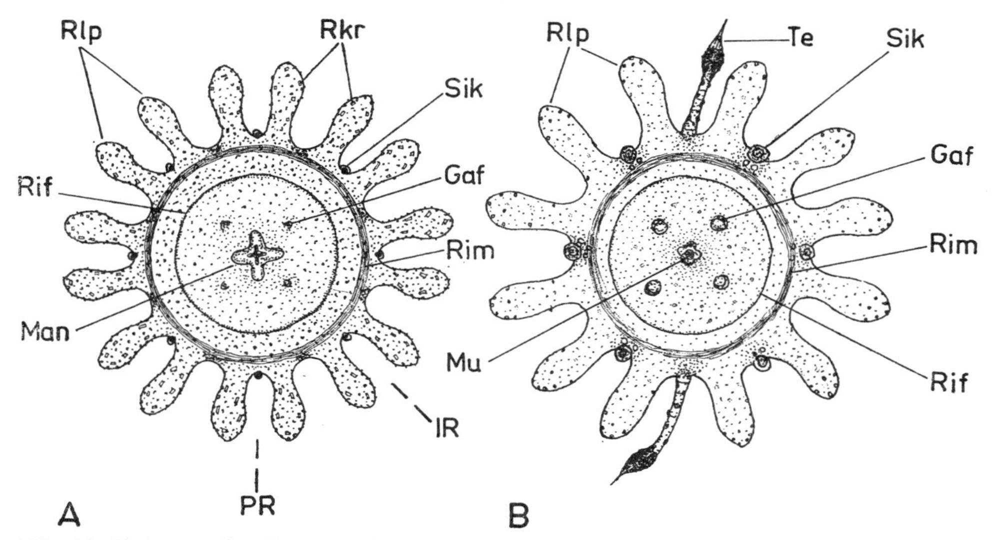

Abb. 44. Ephyren der Coronata kurz nach der Ablösung von der Strobila. **A.** Ephyra von *Nausithoe punctata* als Beispiel für die gewöhnliche Organisation mit achtzähligen Randstrukturen, ohne Tentakel. Durchmesser 1,8 mm. **B.** Ephyra von *Atorella vanhoeffeni* mit sechszähligen Randstrukturen und zwei voll entwickelten, Tentakeln, ohne deutliche Ausbildung des Manubrium. Durchmesser 0,8 mm. — **Gaf** Anlage des Gastralfilaments, **IR** Interradius, **Man** Manubrium, **Mu** Mund, **PR** Perradius, **Rif** Ringfurche, **Rim** Ringmuskel, **Rkr** gelbe Randkristalle, **Rlp** Randlappen, **Sik** Sinneskörper, **Te** Tentakel. — Gezeichnet nach Lebendphotos.

Die Strobilation des Scyphistoma der Semaeostomea verläuft prinzipiell in der gleichen Weise wie beim *Stephanoscyphus* der Coronata. Die Einzelprozesse der ringförmigen Einschnürung des Polypenkörpers, seiner Längsstreckung und der Differenzierung in die Medusenanlagen sind insbesondere bei der polydisken Strobilation ähnlich; sie beginnen am Kopfteil und setzen sich von hier bis zum basalen Restkörper fort (Abb. 45A, 46). Der Restkörper bleibt unverändert und regeneriert nach der Ablösung der Ephyren zum vollständigen Polypen (Abb. 47A). Abweichungen sind durch den Verlust der Röhre bedingt, wodurch ein Deckelapparat nicht mehr ausgebildet werden kann. Peristom und Mundkegel gehen daher in die oberste Ephyra auf, wobei die Tentakel resorbiert werden.

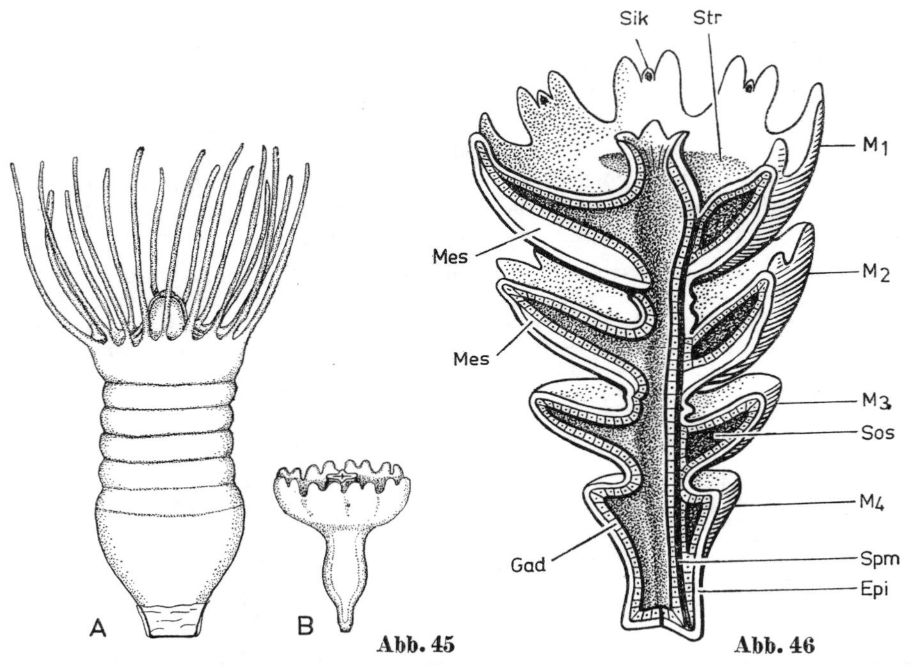

Abb. 45. Strobilation von *Aurelia aurita* (Semaeostomea). **A.** Normale polydiske Strobila, Anfangsstadium. Höhe 3 mm. **B.** Monodiske Planula-Strobila. Höhe 1 mm. — nach Yasuda 1979.

Abb. 46. Fortgeschrittene Strobila einer Semaeostomea-Art mit der Anlage von vier Medusen, Schema. Ein Sektor von 120° ist herausgeschnitten, so daß der Schnitt in der linken Bildhälfte durch einen Perradius (die Mitte der Gastraltaschen), in der rechten Bildhälfte durch einen Interradius (die Gastralsepten mit den Septalostien) gelegt ist. — **Epi** Epidermis, **Gad** Gastrodermis (mit eingezeichneten Zellen), $\mathbf{M_1}$—$\mathbf{M_4}$ Medusen-Anlagen, **Mes** Mesogloea = Gallerte der Exumbrella (weiß), **Sik** Sinneskörper, **Sos** Septalostium (dunkel angelegt), **Spm** Septalmuskel (schwarz), **Str** Septaltrichter. — Nach Heric 1909, aus Kaestner 1969.

Bei Arten, die normalerweise polydisk strobilieren, wird gelegentlich auch eine mono diske Strobilation beobachtet, bei der nur eine einzige Ephyra erzeugt wird. Das kann mit einem schlechten Ernährungszustand, mit der geringen Größe oder der Jugend des Polypen zusammenhängen. Dies leitet aber zu einem merkwürdigen Fall über, der bei *Aurelia* festgestellt wurde und den man als Planula-Strobilation bezeichnet (Abb. 45B). Dabei wandelt sich, noch vor der Metamorphose in den Primärpolypen, der obere Teil der eben angehefteten Planula in eine kleine Ephyra um. Der basale Rest der Planula kann dann zu einem vollständigen Polypen regenerieren, der sich — außer durch die geringere Größe — in nichts von einem direkt aus der Planula hervorgegangenen Primärpolypen unterscheidet; wie dieser strobiliert er später auch in der üblichen polydisken Weise.

Bei den meisten Rhizostomea dagegen werden die Medusen ausschließlich durch monodiske Strobilation gebildet, wobei die Einzelvorgänge der Umwandlung besonders deutlich in Erscheinung treten (Abb. 37B). Peristom und Hypostom des Polypen werden zur Subumbrella und zum Mundrohr, die Seitenflächen der Unterseite zur Exumbrella. Ebenso geht auch der Gastralraum des Polypen in den der Meduse über. Ferner läßt sich direkt beobachten, daß die Basis der per- und interradialen Tentakel beim Aufbau der Sinnesorgane verwendet wird, während die distalen Teile, ebenso wie die gesamten übrigen Tentakel, resorbiert werden.

Wie experimentell oft bestätigt wurde, ist die Strobilation bei *Aurelia* ein temperaturabhängiger Prozeß. In der Nordsee treten die Ephyren im Plankton des Spätherbstes auf, wenn die Wassertemperatur unter eine Grenze von 9—8 °C absinkt. Experimentell läßt sich der Polyp in jeder Jahreszeit zur Strobilation bringen, wenn die Kulturtemperatur unter die kritische Grenztemperatur erniedrigt wird. Es ist besonders bemerkenswert, daß dies nicht bei Verwendung von jodfreiem Seewasser gelingt; für die Auslösung der Medusenbildung müssen also J-Ionen anwesend sein.

Die eben abgelösten Ephyren sind bei den zahlreichen Arten der Semaeostomea und Rhizostomea weitgehend übereinstimmend gebaut. Von der rundlichen Ephyra der Coronata (Abb. 44) unterscheidet sich die der Semaeostomea durch das Fehlen der Ringfurche der Exumbrella und durch die größere Länge des Ansatzes der Randlappenpaare, so daß eine Sternform resultiert (Abb. 47B). Ferner ist in den Interradien des Gastralraumes mindestens ein Gastralfilament ausdifferenziert. Wachstum und Entwicklung der Ephyren zur Meduse sind durch die auffallenden Formveränderungen des Schirmes, durch die Vermehrung der Schirmrand-Strukturen und die Umgestaltung des Gastralraumes (Abb. 47C—E) und des Mundrohres gekennzeichnet.

Die Bildung freier Medusen durch Strobilation galt lange Zeit als einzige Form der metagenetischen Entwicklung der Scyphozoa. Ein veränderter, hypogenetischer Lebenszyklus war nur für die Pelagiidae (Semaostomea) bekannt, bei denen in Anpassung an das Hochseeleben die Polypengeneration vollständig unterdrückt ist.

Bei diesen Medusen entwickeln sich die befruchteten Eier direkt über das Planula-Stadium in die Jungmeduse, die anfangs eine der Ephyra ähnliche Form hat (Abb. 48). Die Differenzierungsvorgänge setzen am vegetativen Oralpol ein und führen zur Ausbildung eines kleinen Mundkegels. In seinem Umkreis erfolgt eine Verbreiterung und Vertiefung, wodurch die Subumbrella entsteht, deren Rand in acht Paar Randlappen mit den Sinnesorganen auswächst. Der aborale Teil verbreitert sich ebenfalls und flacht sich zur Exumbrella ab. Auf diese Weise wird der Aboralpol — also das Bewegungsvorderende der Planula, das dem animalen Pol des Eies entspricht — zum Apikalpol der Meduse. Dieser Vorgang ist ein eindrucksvolles Beispiel für die allgemeine Eigenschaft der Cnidaria, daß die ursprüngliche Keimachse zur späteren Hauptachse des Körpers wird.

Als Vorstufe zur Entwicklung von *Pelagia* kann die Planula-Strobilation von *Aurelia* (S. 82) betrachtet werden, da die direkte Umwandlung der Planula in eine Ephyra einer monodisken Strobilation gleicht, bei der die Anheftung und Bildung eines Restkörpers unterbleiben.

In andere Richtung, nämlich auf die Reduktion der Medusen-Generation, tendieren Entwicklungserscheinungen, die erst in neuerer Zeit bei Polypen der Coronata beobachtet wurden und die als Anpassungserscheinungen an spezielle Milieubedingungen zu deuten sind. Die im Lebenszyklus am meisten gefährdete pelagische Phase wird dabei in zunehmendem Maße auf das Stadium der Planula abgekürzt.

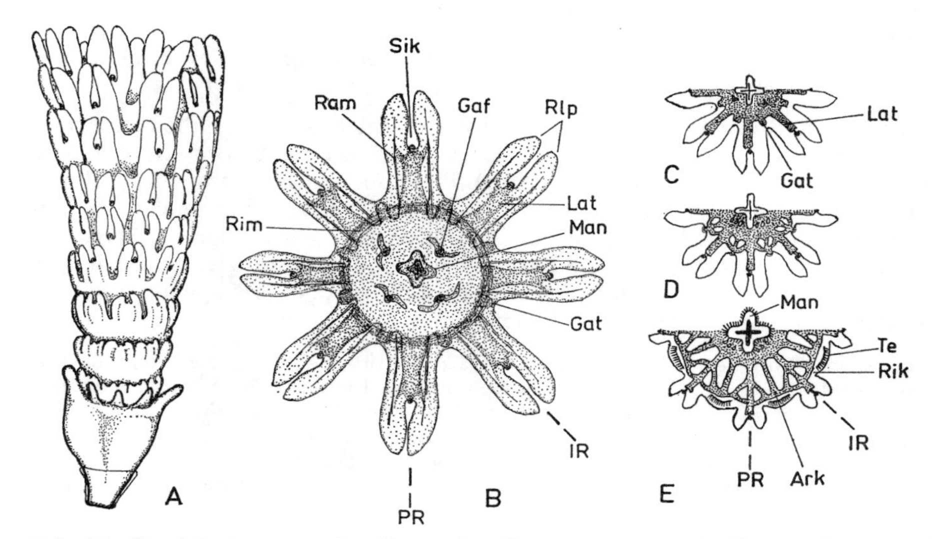

Abb. 47. Strobilation von *Aurelia aurita* (Semaeostomea). **A.** Fortgeschrittene Strobila. Höhe 4 mm. Der basale Restpolyp hat mit der Neubildung der Tentakel begonnen. **B.** Abgelöste Ephyra. Durchmesser 2 mm. Man beachte die Paarbildung der Randlappen, in deren Einschnitten die per- und interradialen Sinneskörper liegen. **C.**—**E.** Entwicklung des Gastralsystems der Meduse durch schrittweise Verwachsung von Decke und Boden des Gastralraumes. Aus der adradialen Gastraltasche geht der stets unverzweigte Adradialkanal hervor. — **Ark** Adradialkanal, **Gaf** Gastralfilament, **Gat** Gastraltasche, **IR** Interradius, **Lat** Lateraltasche. **Man** Manubrium, **PR** Perradius, **Ram** Radialmuskel, **Rik** Ringkanal, **Rim** Ringmuskel, **Rlp** Randlappen, **Sik** Sinneskörper, **Te** Anlage der Reihe der Randtentakel, die zwischen den Randlappen hervorsprossen. — A und B nach Lebendphotos von A. Holtmann (Helgoland), C—E aus Russell 1970.

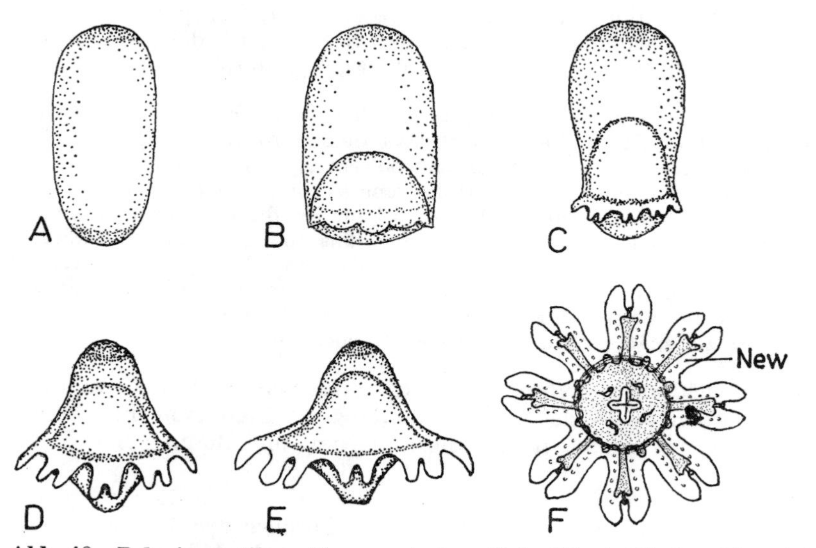

Abb. 48. *Pelagia noctiluca* (Semaeostomea, Pelagiidae). Direkte Entwicklung der Planula zur Ephyra. **A.**—**E.** Seitenansicht. **F.** Aufsicht. Geißeln nicht gezeichnet. — **New** Nesselwarzen, die auf der Exumbrella liegen. — Aus Russell 1970.

Bei *Stephanoscyphus racemosus* (Abb. 49A) werden durch normale Strobilation Eumedusoide erzeugt, die sich noch ablösen. Sie werden aber bereits vor der Ablösung mit reifen Keimzellen ausgestattet, die in den Septen der Polypen entstehen. Ferner fehlen ihnen Tentakel und die normale Schwimmfähigkeit, so daß sie keine Nahrung aufnehmen können. Die Eumedusoide (Abb. 49A, unten) pflanzen sich unmittelbar nach der Ablösung fort und sterben nach 1–2 Tagen ab. *S. racemosus* lebt unter extremen Bedingungen im oberen Sublitoral direkt unterhalb der unteren Grenze des Eulitorals in einer Wassertiefe von nur 5–10 m.

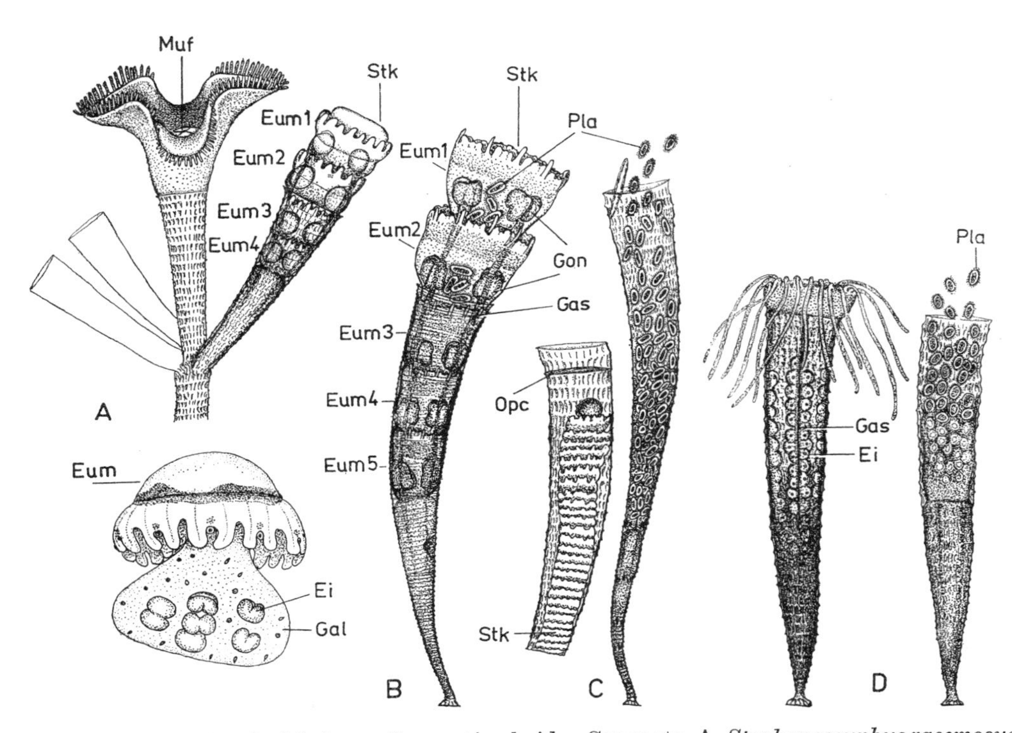

Abb. 49. Reduktion der Medusen-Generation bei den Coronata. **A.** *Stephanoscyphus racemosus*. Länge bis 10 mm. Bei der oligodisken Strobilation wird eine Kette von wenigen Eumedusoiden erzeugt, die vom Polypen mit reifen Keimzellen ausgestattet werden. Die Eumedusoide werden noch frei (unten), sterben aber nach wenigen Tagen ab. Die Eier werden in einer ungeformten Gallertmasse abgelegt, aus der die Planulae ausschlüpfen. Zu beachten sind auch Größe und andere Form des Kopfteiles (vgl. Abb. 38D). **B.** *Stephanoscyphus eumedusoides*. Länge bis 20 mm. Die oligodiske Strobilationskette bleibt innerhalb der Röhre in ständiger Verbindung mit dem Restkörper. Die Eumedusoide werden ohne Nahrungszufuhr geschlechtsreif und sind zwittrig. Die Eizellen entwickeln sich im Gastralraum der Eumedusoide zu Planulae, die bei deren Zerfall frei werden. **C.** *Stephanoscyphus planulophorus*. Länge bis 20 mm. Der Polyp strobiliert normal. Die polydiske Strobilationskette löst sich in der durch einen Peridermdeckel verschlossenen Röhre in die zahlreichen Einzelephyren auf, die sich direkt in Planulae umwandeln. **D.** *Thecoscyphus zibrowii*. Länge bis 15 mm. Der Polyp erzeugt in den Gastralsepten Eizellen, die sich parthenogenetisch zu Planulae entwickeln. Die Medusen-Generation ist vollständig unterdrückt. Als Reste des Strobilationsvorganges sind nur noch schwache Einschnürungen des Weichkörpers erkennbar. – **Ei** Eizelle, **Eum** Eumedusoid, **Gal** Gallertmasse mit Nesselzellen, **Gas** Gastralseptum, **Gon** Gonade, **Muf** Mundfeld, **Opc** Operculum, **Pla** Planula, **Stk** Strobilationskette.

Stephanoscyphus eumedusoides (Abb. 49B) strobiliert ebenfalls normal, doch lösen sich die Teilprodukte nicht mehr ab, sondern bleiben innerhalb der Röhre als Kette von Eumedusoiden in fester Verbindung miteinander und mit dem basalen Restkörper. Ohne Nahrungszufuhr werden sie geschlechtsreif. Überdies sind sie zwittrig, und durch den Isolierungsversuch wurde Selbstbefruchtung nachgewiesen. Die reifen Geschlechtsprodukte werden in den Gastralraum der Eumedusoide abgegeben, wo sie sich zur schwimmfähigen Planula entwickeln. Schließlich wird die Strobilationskette vom basalen Regenerationspolypen aus der Röhre ausgestoßen und zerfällt. Dabei werden die Planulae frei, die sich nach einer kurzen pelagischen Phase von nur wenigen Tagen am Substrat anheften. Die Art lebt in submarinen Höhlen und ist an der südfranzösischen Mittelmeerküste nicht selten [177].

In submarinen Höhlen des Mittelmeeres (Marseille, Sorrent) lebt auch *Stephanoscyphus planulophorus* (Abb. 49C). Bei diesem Polypen ist die Reduktion der Medusen-Generation noch weiter fortgeschritten. Der Polyp strobiliert normal und erzeugt eine lange Kette von Ephyren, die durch die Ausbildung der Randlappen als solche deutlich erkennbar sind. Die Kette löst sich in der durch einen zarten Peridermdeckel verschlossenen Röhre in die Einzelephyren auf, die sich merkwürdigerweise direkt in begeißelte Planulae umwandeln. Diese durchbrechen den Deckel, schwimmen aus der Röhre heraus, heften sich nach einer kurzen pelagischen Phase an und wandeln sich in der bekannten Weise in junge Polypen um. Bei dieser Art ist daher die Medusen-Generation auf das Stadium der Ephyrenanlage reduziert und stellt lediglich ein Übergangsstadium dar. Überdies fehlen sämtliche Merkmale einer geschlechtlichen Vermehrung, da keinerlei Spuren einer Keimzellbildung beobachtet wurden [175].

Im gleichen Spezialbiotop submariner Höhlen des Mittelmeeres (Sorrent) lebt der seltene *Thecoscyphus zibrowii* (Abb. 49D), bei dem als Reste der Strobilation nur noch schwache Einschnürungen des Weichkörpers erkennbar sind. Die Medusenbildung ist also vollständig aufgegeben. Die Keimzellen entstehen in den Septen des Polypen und entwickeln sich im Gastralraum zu begeißelten Planulae. Die Entwicklung der Keime erfolgt auf Kosten des Weichkörpers, dessen oberer Teil fast vollständig aufgebraucht wird. Nur geringe Gewebsreste bleiben übrig, die beim Austritt der Planulae aus der Röhre ausgestoßen werden und zerfallen. Die Entwicklung ist parthenogenetisch, da nur weibliche Polypen gefunden wurden.

Geschlechtliche Fortpflanzung

Die Geschlechter sind bei den meisten Scyphozoa getrennt. Da die Polypen nur Medusen des gleichen Geschlechtes produzieren, ist das Geschlecht bereits in der Polypen-Generation genetisch fixiert. Zwittrigkeit ist selten; ein Beispiel ist die protandrisch-hermaphroditische Meduse von *Chrysaora hysoscella* (Semaeostomea), und auch die sessilen Eumedusoide von *Stephanoscyphus eumedusoides* sind zwittrig (s. oben.).

Die entodermalen Keimzellen der Scyphomeduse werden durch Platzen der Gonadenwand frei und gelangen in den Gastralraum, aus dem sie im Normalfall durch den Mund ins freie Wasser ausgestoßen werden. Besamung, Befruchtung, Furchung und Entwicklung bis zur begeißelten Planula verlaufen daher pelagisch. Der Nachteil, daß Besamung und Befruchtung dem Zufall überlassen sind, wird bei vielen Arten durch Schwarmbildung ausgeglichen (S. 47). Nicht selten ist die Erscheinung der Larviparie, die bei den Coronata mit der Reduktion der Medusen-Generation einhergeht (s. oben). Bei manchen Medusen der Semaeostomea, z. B. *Aurelia* (Abb. 56) und *Cyanea*, werden die befruchteten Eier in Gruben (Bruttaschen) der Mundarme eingelagert, wo sie ihre Entwicklung bis zur Planula durchlaufen. Bei *Chrysaora* bleiben die Eier in den Gonaden, werden hier besamt und werden ebenfalls erst nach der Entwicklung zur Planula ausgestoßen. Eine direkte Entwicklung, verbunden mit Viviparie, ist nur von der Tiefseemeduse *Stygiomedusa* (S. 99) bekannt, bei der junge Medusen in Keimcysten gefunden wurden. Doch ist diese Art sehr selten, so daß der Lebenszyklus noch nicht vollständig geklärt werden konnte.

Die Medusen von *Nausithoe* stoßen die Eier nicht einzeln, sondern in kleineren Gruppen aus, die in eine unregelmäßig geformte, durchsichtige Gallertmasse eingebettet sind. Diese wird im Magen gebildet und enthält überdies zahlreiche funktionsfähige Nesselzellen, die offenbar dem Schutz der sich in der Gallerte entwickelnden Eizellen dienen. Die Keime schlüpfen ebenfalls auf dem Stadium der begeißelten Planula aus.

Entwicklung

Die Eifurchung ist bei den ersten beiden Teilungen total, adaequal und meridional Nicht selten folgt sie dem schneidenden Typus, indem sie am animalen Pol beginnt und von hier aus zum gegenüberliegenden vegetativen Pol fortschreitet. Die Blastula besteht aus verhältnismäßig großen Zellen, die ein kleines Blastocoel umschließen. Die Entodermbildung erfolgt durch Invagination; auch wenn bei einigen Arten Abweichungen beschrieben sind, muß dieser Entwicklungsmodus doch als Grundvorgang der Entodermbildung bei den Scyphozoa betrachtet werden.

Die planktonische Larvalphase dauert bei den Coronata 1—4 Wochen (Laboratoriumsbeobachtungen). Bei den larviparen Arten ist sie verkürzt und dauert durchschnittlich 1—2 Wochen. Bei der Umwandlung in den Primärpolypen wird die Art der Entwicklungsprozesse allgemein von der Bildung der Peridermröhre bestimmt, so daß sich bei den Coronata ein anderes Bild ergibt als bei den Semaeostomea und Rhizostomea.

Die Metamorphose der angehefteten Planula in den jungen Polypen ist bei *Stephanoscyphus* von erheblichen Formveränderungen begleitet, die mit der Bildung der Haftscheibe und der Röhre zusammenhängen (Abb. 50A). Die Planula heftet sich mit dem verbreiter-

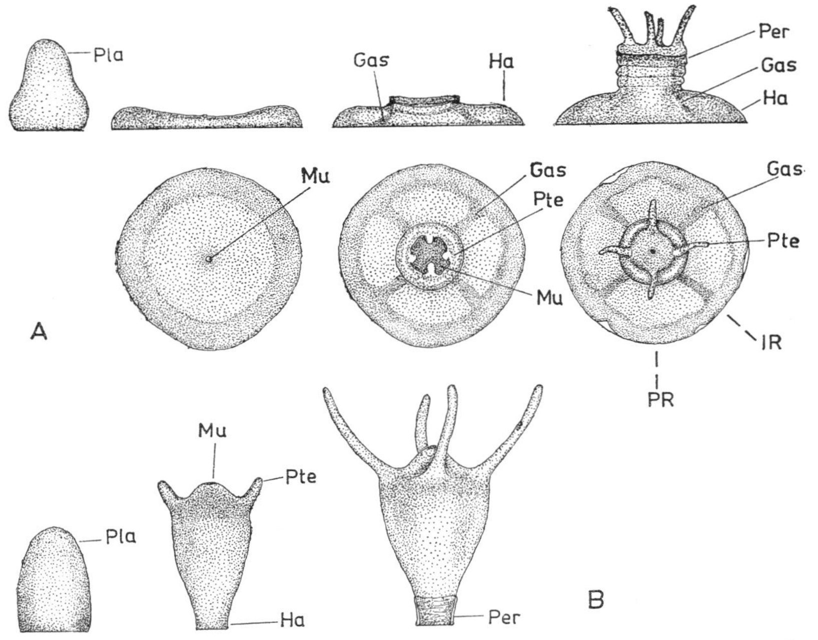

Abb. 50. Entwicklung der Scyphopolypen aus der angehefteten Planula. **A.** *Stephanoscyphus* der Coronata, obere Reihe Seitenansicht, untere Reihe Aufsicht. **B.** Scyphistoma der Semaeostomea, Seitenansicht. Zu beachten ist der Unterschied in der Formgestaltung, der durch die Ausbildung der Haftscheibe und der Peridermröhre von *Stephanoscyphus* bedingt ist. — **Gas** Gastralseptum, **Ha** Haftscheibe, **IR** Interradius, **Mu** Mund, **Per** Peridermröhre (in A) bzw. Peridermbecher (in B), **Pla** Planula, **PR** Perradius, **Pte** Primärtentakel.

ten Aboralpol an, der sich vorher schwach eingedellt hat. Dann flacht sie sich stark ab und verbreitert sich, wodurch die Längsachse stark verkürzt wird. So entsteht ein anfangs halbkugeliges, später scheibenförmiges Stadium mit planer Unterseite. Die Oberseite senkt sich zu einem flachen Krater ein, in dessen Mitte zuerst der Mund als runder Porus sichtbar wird. Im Gastralraum entstehen anschließend die interradialen Septen mit den Anlagen der Septalmuskeln, die zuerst als Gewebsverdichtungen in Erscheinung treten. Sie setzen am zentralen Mundfeld an, das als solches durch einen Ringwulst vom peripheren Randbezirk abgegrenzt wird. Der Ringwulst erhöht sich nach oben. Dabei werden die Zellen seines äußeren Saumes durch gröbere Struktur und granulären Inhalt als Sekretzellen deutlich und scheiden Röhrensubstanz aus, welche die Form eines kleinen, zunächst niedrigen Schornsteines annimmt. Auf diese Weise wird der Anfangsteil der Röhre auf den breiteren Basisteil aufgesetzt, der sich ebenfalls mit einer Chitinhülle umgibt und zur Haftscheibe wird. Der Ringwulst, der das Mundfeld umgibt, entwickelt sich zum Kragen. Auf seiner inneren Seite entstehen annähernd gleichzeitig die Anlagen der ersten vier Tentakel, deren perradiale Lage durch das interradiale Septenkreuz festgelegt ist. Die nächsten vier Tentakel wachsen in den Interradien aus. Bereits auf diesem frühen Stadium kann sich der Weichkörper kontrahieren und bis in den Basisteil der primären Peridermröhre zurückziehen. Wenn sich die Tentakel strecken und mit Nesselzellen versehen werden, deren Bildungsstätte am oberen Rand des Kragens liegt, erlangt der winzige Polyp die Fähigkeit, Nahrung aufzunehmen und in die Phase des weiteren Wachstums einzutreten, die mit einer Vermehrung der Tentakel und dem Wachstum der Röhre einhergeht (S. 69). Für die Formgestaltung des Coronaten-Polypen ist demnach kennzeichnend, daß Haftscheibe und Basisteil der Röhre von Anfang an in ihrer Form und Größe festgelegt werden. Der Basalteil der Röhre behält daher ständig seinen geringen Durchmesser; die Röhre erweitert sich auch beim Längenwachstum nur allmählich, woraus die schlanke Form des Coronaten-Polypen resultiert.

Bei den anderen Ordnungen behält die Planula nach der Anheftung die schlanke Form, da die Verkürzung der Längsachse unterbleibt (Abb. 50B). Die wesentlichen Formbildungsprozesse erfolgen am oralen Pol, der sich zum Mundfeld verbreitert. Damit wird auf frühen Stadien die charakteristische Becherform des Scyphistoma angelegt. Im Zentrum des sich aktiv etwas einsenkenden Mundfeldes bricht der Mund durch, der allmählich auf das nach oben auswachsende, anfangs stumpfkegelige, dann vierkantige Mundrohr verlagert wird. Der Rand des Peristom wird zuerst in zwei sich gegenüberstehende, später in vier perradiale Tentakel ausgezogen. Die nächsten vier Tentakel erhalten eine interradiale Anordnung. Gleichzeitig entstehen an der Wand des Gastralraumes die interradialen Septen als Falten der Gastrodermis, in die von oben her die Septalmuskel einwachsen. Sie sind, ebenso wie die Mesogloea, ectodermalen Ursprungs. Da der Weichkörper nicht durch eine feste Peridermröhre eingeschlossen ist, kann er bei der weiteren Entwicklung auch in die Breite wachsen. Das gilt insbesondere für den Basalteil, dessen begrenztes Breitenwachstum durch das zarte Peridermhäutchen nicht behindert wird. Das Fehlen einer Peridermröhre bewirkt, daß die Körperform des ausgewachsenen Polypen je nach Größe und Kontraktionszustand variabel bleibt. Doch wird die Grundform eines gedrungenen Bechers beibehalten.

Stammesgeschichte

Die Scyphozoa stehen den gemeinsamen Vorfahren der rezenten Cnidaria durch ihren tetraradialen Körperbau am nächsten (S. 53). Für die Aufdeckung der stammesgeschichtlichen Entwicklungslinie innerhalb der Klasse nimmt *Stephanoscyphus*, der Polyp der Coronata, eine Schlüsselposition ein [174, 176]. Durch den Besitz des peridermalen Außenskeletts schließt er sich unmittelbar an die Conulata an, also an die ausgestorbenen Vorfahren der rezenten Scyphozoa.

Die Conulata [106] wiesen vom Kambrium bis zur Trias mit der Ordnung Conulariida (etwa 200 Arten) eine reiche Entfaltung auf und waren rein marin. Die meisten Arten waren solitär, nur wenige stockbildend. Ihr dünnwandiges, elastisches Außenskelett aus Chitin oder Chitin-Calciumphosphat ist in zahlreichen Abdrücken und Steinkernen erhalten geblieben; es hatte meist die Form einer umgekehrten, schlanken, vierseitigen Pyramide, die mit einer kleinen runden Haftscheibe am Substrat befestigt war (Abb. 28). Daneben gab es Formen mit rundem Gehäuse. Bei den vierkantigen Conulata konnte die obere Mündung mit einem Deckelapparat verschlossen werden, der aus vier dreieckigen Klappen bestand. Die Mittellinien auf den vier Seitenflächen der Gehäuse, die bei manchen Arten als schmale Längsleisten nach innen vorspringen, werden als Ansatzlinien für die vier einzelnen Längsmuskelstränge gedeutet, die dem Verschluß des Klappenapparates dienten, wenn sich der Weichkörper in das Gehäuse zurückzug (Abb. 34B). Vom Weichkörper ist so gut wie nichts erhalten geblieben, doch weiß man aus dem Abdruck wenigstens einer Art, daß diese zahlreiche Tentakel hatte. Die äußere Oberfläche des Gehäuses ist mit einer charakteristischen Quer- und Längsstreifung versehen, die mit der von *Stephanoscyphus* vollständig übereinstimmt. Interessanterweise ist die Entstehung dieses Oberflächenmusters beim Conulaten-Gehäuse in der älteren Literatur genau so beschrieben worden, wie sie am lebenden *Stephanoscyphus* unmittelbar beobachtet werden kann (S. 68f).

Besitz und Form der Peridermröhre bieten weiterhin eine Erklärungsmöglichkeit für die evolutionistische Entstehung der Medusenbildung durch Strobilation. Es darf angenommen werden, daß die Vorfahren von *Stephanoscyphus* ebenfalls eine Röhre hatten, bei der der Weichkörper nur an der engen Röhrenmündung mit der Außenwelt Kontakt hatte. Bei seiner schlanken Form und der allgemein von unten nach oben gerichteten Wachstumstendenz war die Querteilung offenbar die rationellste Methode der Medusenbildung. Aus der Übereinstimmung des Strobilationsvorganges beim Scyphistoma kann entsprechend gefolgert werden, daß bei seinen Vorfahren die Röhre noch vollständig erhalten war, als sie zur metagenetischen Entwicklung übergingen.

Vor allem aber liefert *Stephanoscyphus* überzeugende Argumente für die Hypothese, daß die Conulata die Vorfahren der rezenten Scyphozoa waren [173]. Dieser stammesgeschichtliche Zusammenhang gibt auch die Erklärung für den tetraradialen Körperbau aller Scyphopolypen und ihrer Medusen sowie für strukturelle Besonderheiten, die sonst schwer zu verstehen wären. Das gilt insbesondere für das Muskelsystem, dessen Aufbau aus vier einzelnen Längsmuskelsträngen weder bei *Stephanoscyphus* noch beim Scyphistoma von der Funktion her verständlich ist. Es muß vielmehr als altes, von den Conulata unverändert übernommenes Erbteil gelten. Der Anstoß für die Bildung der Septen muß dementsprechend primär ihre Trägerfunktion für die Muskulatur gewesen sein, nicht die Tendenz zur Vergrößerung der Oberfläche des Gastralraumes. Das wird durch die schwache Ausbildung der Septen bei *Stephanoscyphus* bestätigt.

Als primitives Merkmal muß ferner der einfache Bau der Mundscheibe von *Stephanoscyphus* angesehen werden. Der Mund stellt eine einfache, sich ringblendenartig erweiternde Öffnung dar, an der Septen und Muskelstränge direkt ansetzen. Eine ähnliche Struktur und Verbindung zur Muskulatur muß auch der Mund der Conulata gehabt haben, wenn der Weichkörper unter dem sich schließenden Gehäusedeckel ins Innere zurückgezogen wurde. So erklärt sich auch die auf *Stephanoscyphus* beschränkte Fähigkeit, den Kopfteil bei einer Reizung oder beim Nahrungserwerb mit sämtlichen Tentakeln in den Gastralraum einschlagen zu können, als Erbteil von den Conulata.

Die Coronata repräsentieren ohne jeden Zweifel die Basisordnung der Scyphozoa. Das trifft auch hinsichtlich der wenig differenzierten Medusen-Generation zu (S. 75). Demgegenüber weisen Polypen und Medusen der Semaeostomea und Rhizostomea eindeutige Merkmale einer progressiven Evolution auf. Die Reduktion der Röhre ist beim Scyphistoma durch die Ausbildung der kräftigen zellhaltigen Mesogloea kompensiert. Auch die Trennung von Mund und Septenansatz ist ein progressives Merkmal, womit die Ausbildung eines vierkantigen Hypostoms korreliert ist. Die Medusen beider Ordnungen stellen durch die starke Differenzierung des Schirmes und seiner Anhänge eine höhere Evolutionsstufe dar (vgl. S. 76).

Die hypogenetischen Stauromedusida (S. 101ff.) sind nach Bau, Entwicklung, Lebensweise und Verbreitung eine aberrante Gruppe. Der kelchförmige Oberteil ihres Körpers ist durch den octoradialen Bau, den Besitz eines Kranzmuskels und von Randankern (die auf Sinnesorgane zurückgehen) deutlich medusoid, während der tetraradiale Stielteil polypoider Natur ist.

Eine vergleichbare Merkmalskombination stellt das Übergangsstadium der monodisken Strobila bei den Rhizostomea (selten auch bei den Semaeostomea) dar. Ähnliches gilt für die spezielle Form der Planula-Strobilation bei *Aurelia*, bei der die eben angeheftete Planula direkt zur Strobilation übergehen kann, ohne sich vorher in den Primärpolypen umzuwandeln (S. 82). Die prinzipiell gleiche Entwicklung vollzieht sich bei den Stauromedusida. Die planuloide Kriechlarve (Abb. 63A) wächst nach der Anheftung über ein polypoides Zwischenstadium (Abb. 63B) zu einem Organismus mit medusoidem Oberteil und polypoider Basis aus. So spricht alles dafür, daß die Stauromedusida von metagenetischen Vorfahren abstammen, bei denen die Medusen durch monodiske Strobilation gebildet wurden, aber evolutiv nicht mehr zur Ablösung kamen. Diese sessilen (!) Vorfahren wurden offenbar auf dem Stadium der monodisken Strobila durch Neotenie geschlechtsreif.

Eine Reihe von Merkmalen (z. B. Kranzmuskel, reduzierte Sinnesorgane) sprechen dafür, daß die Stauromedusida von Vorfahren mit freien Medusen abstammen. Sehr wahrscheinlich sind sie eine stammesgeschichtlich junge Gruppe und gehen vermutlich auf gemeinsame Vorfahren mit den Semaeostomea zurück.

Vorkommen und Verbreitung

Die Scyphozoa sind in allen Regionen und Tiefen der Ozeane verbreitet. Die Mehrzahl gehört zu den Bewohnern der neritischen Zonen, doch bestehen in der Vertikal- und Horizontalverbreitung der verschiedenen Gruppen erhebliche Unterschiede.

Die Polypen der Coronata (*Stephanoscyphus*) kommen vom oberen Sublitoral bis in 7000 m Tiefe vor. Man findet sie an Felswänden und Korallenstöcken oder auf gröberen Festkörpern von Sedimentböden. Eine Art (*Nausithoe punctata*) lebt in Schwämmen. Von besonderem Interesse sind die Vorkommen in submarinen Höhlen (vor allem des Mittelmeeres), da die dort lebenden Arten einen abgeänderten Entwicklungszyklus aufweisen (S. 83ff.) Nach bisherigen Kenntnissen sind die Coronata vorwiegend in tropischen und subtropischen Meeren verbreitet, doch gibt es auch eine ganze Reihe von Kaltwasserformen, wie die meist rot oder braun gefärbten Tiefseearten oder Arten des nördlichen Atlantiks und des Sibirischen Eismeeres. Die Medusen der Coronata werden sowohl in den Schelfmeeren als auch in der Tiefsee bis in 3000 m angetroffen.

Die Scyphistomae der Semaeostomea und Rhizostomea leben, soweit wir das wissen, überwiegend im oberen Litoral der Schelfmeere. So werden beispielsweise in der Nord- und Ostsee dichte Ansammlungen der Polypen von *Aurelia* und *Cyanea* an Steinwänden oder Holzpfählen von Hafenbauten beobachtet. Auch Steine und Molluskenschalen aus geringer Tiefe sind oft mit den Polypen von *Aurelia* besetzt. Merkwürdigerweise ist der Polyp von *Rhizostoma octopus* bisher kaum gefunden worden, obwohl die Meduse in der Nordsee nicht selten ist. Die Medusen der Semaeostomea und Rhizostomea werden fast ausschließlich im Epipelagial küstennaher Meeresgebiete angetroffen, wo sie häufig in dichten Schwärmen auftreten. Wenn sie nach dem Ablaichen sterben, werden sie oft massenhaft an flachen Stränden angespült. Als Hochseeformen sind die Tiefseemeduse *Stygiomedusa* und die epipelagischen Pelagiidae zu erwähnen; beide sind durch den Verlust der Polypen-Generation dem Leben in der Hochsee angepaßt.

Semaeostomea und Rhizostomea sind vor allem in den Meeren der warmen und gemäßigten Zonen verbreitet, treten aber auch in borealen und mit wenigen Arten in arktischen Gebieten auf. Eine ungewöhnlich weite Verbreitung, die wahrscheinlich auf der Existenz von Temperaturrassen beruht, hat *Aurelia aurita*, die überall zwischen 40° südlicher und 70° nördlicher Breite angetroffen wird. Die Rhizostomea haben, wie viele andere Cnidaria auch, nach der Artenhäufigkeit ihr Verbreitungszentrum in den indo-australischen Meeresgebieten.

Die Stauromedusida sind mit Ausnahme weniger Arten, die in Tiefen bis 700 m vorkommen, auf das obere Sublitoral beschränkt, wo ihnen Meeresalgen bevorzugte Ansiedelungsmöglichkeiten bieten. So leben sie zum Beispiel im Helgoländer Felswatt an der unteren Grenze der Gezeitenzone vornehmlich auf der Braunalge *Halidrys siliquosa*. Als Bewohner der nördlichen und südlichen Borealzonen galten sie bislang als reine Kaltwasserformen; erst neuerdings ist eine Art aus dem Karibischen Meer bekannt geworden [140].

Lebensweise

Die Scyphopolypen sind, wie alle sessilen Cnidaria, auf feste Substrate als Unterlage angewiesen. Die Polypen der Coronata sind obligatorisch sessil, die der Semaeostomea bagegen zeigen eine beschränkte Kriechfähigkeit, die bei der sukzessiven Podocystendildung (S. 78) in Erscheinung tritt. Die sehr langsame Bewegung geschieht in der Weise, daß sich ein seitlicher Stolo mit dem distalen Ende am Substrat anheftet und anschließend den Polypenkörper durch Kontraktion nachzieht. Die Stauromedusida führen eine halbsessile Lebensweise. Sie können sich vom Substrat ablösen, mit Hilfe der Haftscheibe und der Tentakel spannerartig kriechen und sich dann erneut festsetzen.

Für die Art der **Nahrung** und des Nahrungserwerbs der Scyphopolypen gelten die allgemeinen Angaben auf S. 59ff; sie sind passiv lauernde Fischer, Microphagen und Carnivoren. Die Polypen der Coronata sind wegen des geringen Durchmessers ihrer Röhrenmündung obligatorisch microphag. Die Art des Nahrungserwerbs von *Stephanoscyphus* wurde bereits erwähnt (S. 89), weil sie auch von phylogenetischem Interesse ist. Je nach der Größe der Beute schlägt er alle oder nur einen Teil der Tentakel ruckartig und vollständig in den Gastralraum ein. Der Scyphistoma ist ebenfalls microphag, kann aber auch größere Beute, wie Hydroidmedusen und Chaetognathen, bewältigen.

Microphagen sind auch die Stauromedusida. Sie ernähren sich von Zooplankton und außerdem von kleinen vagilen Wirbellosen, die mit ihnen auf den gleichen Algen leben, so besonders von Nematoda, kleinen Crustacea und Mollusca sowie Schlangensternen. Die starke Stielmuskulatur befähigt die Stauromedusida, den Körper ruckartig auf die benthonischen Beutetiere hinzuschnellen und sie mit den Tentakelbüscheln oder mit dem gebogenen Körper festzuhalten. Anschließend kontrahieren sich die Tentakel und biegen sich mit dem zugehörigen Sektor des Schirmes zum Mund hin.

Die Vorgänge der Verdauung und der Ausscheidung der unbrauchbaren Reste folgen bei den Scyphopolypen dem allgemeinen Modus (S. 60f.)

Viele Medusen der Coronata sind wegen ihrer geringen Größe microphag. Die größeren Arten dürften planktonische Crustacea und Fischlarven als Nahrung bevorzugen.

Soweit das bisher beobachtet werden konnte, erbeuten die Coronaten-Medusen ihre Nahrung mit den zu einer Reuse über der Exumbrella aufgestellten Tentakeln (Abb. 39B) sowie mit den Randlappen und befördern sie durch ruckartiges Umschlagen der Lappen zum Mund. Dabei biegt sich das kurze Manubrium der Nahrung entgegen. Bei *Linuche* spielen die Tentakel wegen ihrer Kürze kaum eine Rolle; Fangorgane sind daher allein die Randlappen. In gleicher Weise erbeuten die Ephyren ihre Nahrung ausschließlich mit den Randlappen, deren Ränder und Oberfläche mit Nesselzellen besetzt sind; ihre geringe Größe wird durch die hohe Frequenz der Schwimmbewegung ausgeglichen. Bei den Verdauungsvorgängen spielen die Gastralfilamente eine wichtige Rolle, da sie die Beute festhalten, umschlingen und die Enzyme für die extracelluläre Vorverdauung abgeben.

Die Art der Nahrung und des Nahrungserwerbs ändert sich bei den Coronaten-Medusen während der Entwicklung von der jungen Ephyra zur erwachsenen Meduse demnach nicht wesentlich. Anders liegen die Verhältnisse dagegen bei den Medusen der Semaeostomea und Rhizostomea. Ihre Ephyren haben zwar durchaus die gleiche Nahrung und den gleichen Nahrungserwerb wie die der Coronata, bei den heranwachsenden Medusen aber paßt sich der Nahrungserwerb, bei manchen Arten auch die Art der Nahrung, an die zunehmende Größe (dabei Verlangsamung der Schwimmfrequenz) und an die sich verändernde morphologische Struktur an. Sie werden dann macrophag oder sie bleiben microphag, aber mit einer anderen Art des Beutefanges.

Ein Teil der Semaeostomea hat zahlreiche Tentakel und stark verlängerte Arme des Mundrohres. Die sehr dehnungsfähigen Tentakel stellen im voll ausgestreckten Zustand wirksame Netze dar, die hinter den langsam schwimmenden Medusen Räume von mehreren Kubikmetern durchsetzen. Oft lassen sich die Medusen ohne Bewegung absinken, wodurch die Fangfähigkeit der zur vollen Länge gedehnten Tentakel noch vergrößert wird.

Drymonema ist ein regelrechter Netzsteller: Die Meduse schwimmt anfangs geradeaus und entfaltet die Tentakel zunächst nur eines Schirmsektors. Dann wechselt sie nacheinander die Schwimmrichtung und streckt dabei jedesmal die Tentakel eines anderen Schirmabschnittes aus. Schließlich befindet sich die Meduse im Zentrum eines Tentakelnetzes, das bei einem Tier von 25 cm Schirmdurchmesser über eine Wasserfläche von rund 150 m^2 ausgespannt ist.

Als Nahrung dienen den omnivoren macrophagen Semaeostomea (*Chrysaora*, *Cyanea*, *Pelagia*) Hydromedusen, kleinere Scyphomedusen, Ctenophora, Siphonophora, Polychaeta, Crustacea und kleine Fische. Die Beute wird durch Kontraktion der Tentakel zum Mund befördert, wobei auch die langen, stark nesselnden Mundfahnen aktiv beteiligt sind, die die Beute umschlingen und an den Mund oder den Mageneingang heranführen.

Die Medusen von *Aurelia* und die der Rhizostomea bleiben zeitlebens microphag. Da bei ihnen die Tentakel klein sind oder ganz fehlen, werden die Planktonorganismen mit der gesamten Körperoberfläche erbeutet, vor allem mit der Exumbrella, die dicht mit Nesselzellen, Geißeln und Schleimzellen besetzt ist.

Bei *Aurelia* wird die in Schleim gehüllte Nahrung durch Geißelschlag zum Schirmrand befördert. Hier wird sie in einer Geißel- oder Futterrinne gesammelt, die sich auf der Unterseite zwischen Schirmrand und einer Epithelduplikatur, dem sogenannten Velarium, befindet (Abb. 51B). Diese Duplikatur ist ein spezielles Merkmal von *Aurelia* und auf diese Gattung beschränkt, hat aber — anders als das Velarium der Cubomedusen und das Velum der Hydromedusen — keinerlei Funktion beim Schwimmvorgang. Vor den adradialen Gastralkanälen des Schirmes (Abb. 52) ist die begeißelte Futterrinne zu kleinen Gruben erweitert, in die von beiden Seiten her die in Schleim gehüllte Nahrung durch Geißelschlag hineintransportiert und zu kleinen Futterballen konzentriert wird. Mit den Mundlippen wird schließlich die Nahrung aus den Gruben entnommen und dem Mund zugeführt. Daneben sind die Mundarme auch direkt am Nahrungserwerb beteiligt, da sie dicht mit Nesselzellen besetzt sind und über laterale Geißelbahnen verfügen, die die Nahrung zum Mund befördern. *Aurelia* hat die Fähigkeit, mit den Mundarmen auch größere Objekte zu erbeuten (kleine Medusen und Ctenophora, Crustacea, Pteropoda, Fischlarven und kleine Fische), sie ist also nicht ausschließlich microphag.

Aurelia besitzt zahlreiche Gastralfilamente, die Enzyme zur Vorverdauung sezernieren. Die vorverdaute Nahrung wird aus dem Magen durch Geißelschlag in das reich verzweigte Kanalsystem des Schirmes transportiert, in dem ein regelmäßiges Strömungssystem für die gleichmäßige Verteilung der Nahrungspartikel und ebenso für den Abtransport der unverdaulichen Reste sorgt (Abb. 52). In den ungeteilten Adradialkanälen verläuft der Flüssigkeitsstrom in zentrifugaler Richtung zum Schirmrand und gelangt so in den peripheren Ringkanal. Von dort dringt er in die zahlreichen verzweigten Kanäle der interradialen und

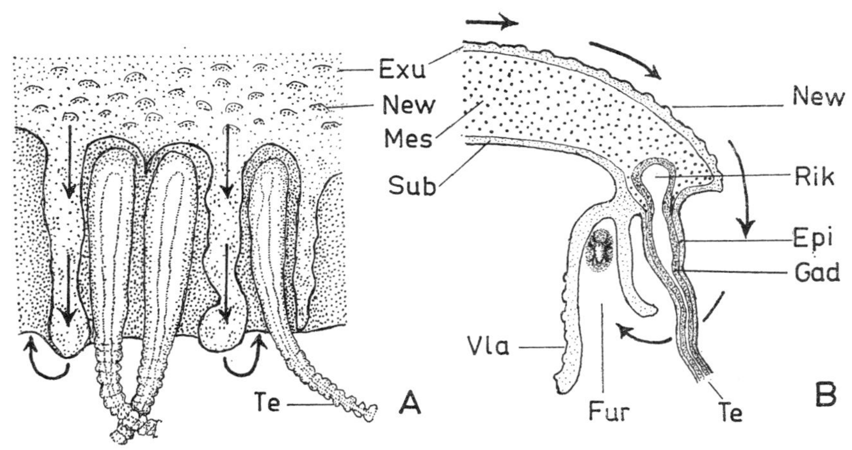

Abb. 51. *Aurelia aurita,* Schirmrand (vgl. Abb. 56). **A.** Aufsicht auf die Außenseite mit Exumbrella. Die Tentakel setzen in Gruben zwischen lappenartigen Vorsprüngen des Schirmrandes an. Beachte die Nesselwarzen der Exumbrella. **B.** Längsschnitt zur Darstellung der Randstrukturen und des Nahrungserwerbs. Die Pfeile kennzeichnen die Richtung des Geißelstromes, der die in Schleim gehüllten Nahrungspartikel von der Exumbrella über den Schirmrand hinweg in die subumbrellare Futterrinne befördert. – **Epi** Epidermis, **Exu** Exumbrella, **Fur** Futterrinne, **Gad** Gastrodermis, **Mes** Mesogloea, **New** Nesselwarze, **Rik** Ringkanal, **Sub** Subumbrella, **Te** Tentakel, **Vla** Velarium. – Aus Russell 1970, verändert.

perradialen Schirmsektoren ein und läuft in zentripetaler Richtung zum Magen zurück. Dabei verläuft der Zentrifugalstrom an der Decke und an den Seitenwänden der Adradialkanäle, während auf dem Boden gleichzeitig der zentripetale Gegenstrom erzeugt wird. Dieser Bodenstrom transportiert die nach der phagocytären Verdauung ausgeschiedenen, in Schleim gehüllten Exkrete zurück in den Magen. Von dort werden sie in den mittleren Geißelrinnen der Mundarme distad befördert und ausgestoßen. Bei den Verdauungsprozessen und bei der Verteilung der Nahrung sind Amoebocyten entodermaler Herkunft beteiligt, die sich im Magen mit Nahrungsstoffen beladen und sie im Kanalstrom weiter befördern. Sie dringen an anderen Stellen in Entodermzellen ein und geben die Substanzen wieder ab.

Die Nahrung der Rhizostomea besteht aus Kleinplankton und organischem Detritus. Wie bei *Aurelia* wird sie von den Nesselzellen der Exumbrella erbeutet, in Schleim gehüllt und durch Geißelschlag zum Schirmrand und auf die Mundarme transportiert, die durch zahlreiche Verwachsungen zu einem kompliziert gebauten Mundrohr umgeformt sind (Abb. 53).

Unter einem oberen Ring von acht zweiteiligen Epauletten liegen vier Paare von Mundarmen, die ihrerseits noch in einen oberen gekrausten, dreiteiligen Abschnitt und in einen glatten Endabschnitt gesondert sind. Durch die zahlreichen porenförmigen sekundären Mundöffnungen wird die Nahrung in den Zentralkanal des Mundrohres aufgenommen und von dort in den Magen befördert. Auf dem gleichen Wege gelangen die Abfallstoffe nach außen. Im Gastrovascularsystem erfolgt der Partikeltransport ähnlich wie bei *Aurelia*: In den Radialkanälen fließt der zentrifugale Strom zum Schirmrand, in den Verzweigungen der zentripetale zurück zum Magen.

Bei der halbsessilen microphagen *Cassiopea*, die sich mit einer apikalen Delle des Schirmes am Boden anheftet, entsteht durch die regelmäßigen Schirmkontraktionen ein von allen Seiten auf die Meduse gerichteter Wasserstrom, der die stark verzweigten, gekrausten Mundarme passiert. Dabei werden die Nahrungsbestandteile abgefischt, von den Nesselzellen festgehalten, dann in Schleim gehüllt und in die Mundporen befördert. *Cassiopea* ist demnach ein aktiver Wasserstromfischer.

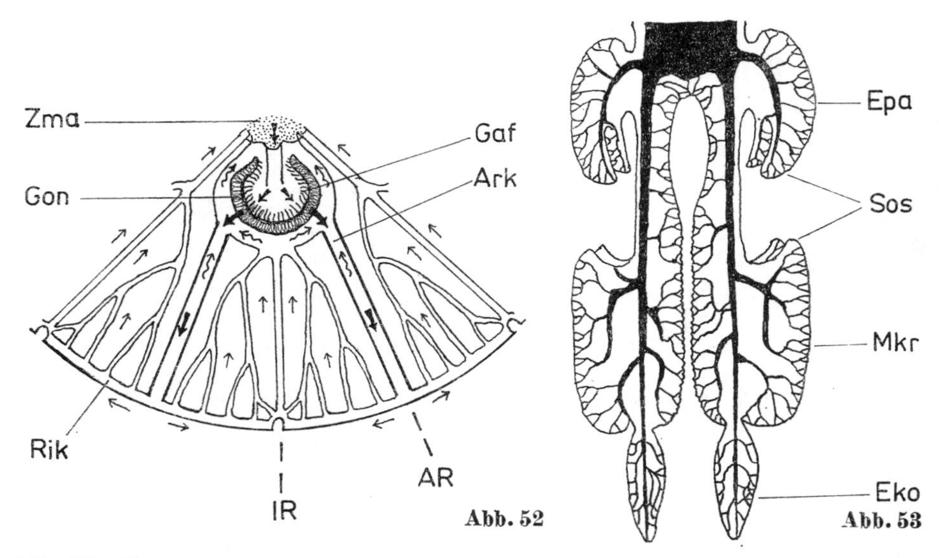

Abb. 52. Verzweigung und Geißelströme des Gastralsystems im Schirm von *Aurelia aurita* (Semaeostomea) (vgl. Abb. 40C). Die Pfeile geben die Richtung der Geißelströme an. In den unverzweigten Adradialkanälen ist die Strömung an der Decke (kräftige Pfeile) zur Peripherie, auf dem Boden (geschlängelte Pfeile) zum Magen gerichtet. — **AR** Adradius, **Ark** Adradialkanal, **Gaf** Gastralfilament, **Gon** Gonade, **IR** Interradius, **Rik** Ringkanal, **Zma** Zentralmagen. — Aus RUSSELL 1970.

Abb. 53. Gastralsystem im verwachsenen Mundrohr von *Rhizostoma octopus* (Rhizostomea) (vgl. Abb. 58) mit zahlreichen sekundären Mundöffnungen. Seitenansicht. — **Eko** Endkolben, **Epa** Epauletten, **Mkr** Mundkrause, **Sos** Sekundärostium. — Aus RUSSELL 1970.

Als **Symbionten** treten bei einigen Polypen und Medusen der Coronata und Rhizostomea Zooxanthellen auf. Interessanterweise sind sie bei stockbildenden Polypen der Coronata zahlreicher als bei solitären Formen. Die Stockbildung ist also offensichtlich durch diese Symbiose bedingt und wird durch organische Substanzen gefördert, welche die Zooxanthellen an den Wirt abgeben. Die Symbionten sind in den Gastrodermiszellen lokalisiert und verleihen dem Tier, je nach ihrer Häufigkeit, eine gefleckte oder gleichmäßig bräunliche Färbung. Bei der Strobilation des Polypen werden sie auf die Ephyren übertragen. Bei *Cassiopea* hängt von der Anwesenheit der Zooxanthellen sogar der normale Ablauf der Strobilation ab [144]. Bei der abgeänderten Strobilation von *Stephanoscyphus racemosus* (Abb. 49A) werden die Eizellen in den Gastralsepten des Polypen mit Zooxanthellen ausgestattet; die Übertragung erfolgt hier also direkt auf die nächste Generation.

Die bei *Cassiopea* gemessene Photosyntheseleistung liegt um ein Vielfaches höher als die eines hochproduktiven Meeresgebietes. Das erklärt auch die hohe Populationsdichte der Medusen, obwohl sie oft in recht nährstoffarmen Gewässern leben. Der Übertritt von organischer Substanz aus den Symbionten in das Wirtsgewebe konnte bei dieser Art experimentell nachgewiesen werden [122].

Parasitische Scyphozoa sind unbekannt. Als **Parasiten** der großen Medusen der Semaeostomea und Rhizostomea treten einige Krabben und deren Larven, verschiedene Trematoda und Cestoda sowie einige Aktinien-Larven auf. Die Hauptrolle spielen aber pelagische Amphipoda (Hyperiidea) und unter diesen besonders *Hyperia galba*. Diese Krebse treten manchmal mit bis zu 30 Individuen an einer Meduse auf und sitzen hauptsächlich an der Subumbrella, an den Mundarmen oder am Mundrohr, oft auch im Gastrovascularsystem. Sie sind sowohl Nahrungsparasiten, die dem Wirtstier das gesammelte Futter vor dem Munde wegfressen, als auch Gewebeparasiten, die vor allem die nährstoffreichen Gewebe der Epithelien und Gonaden, weniger die Schirmgallerte abnagen [126]. — In Polypen zweier Coronata-Arten aus dem Mittelmeer wurden im Gastralraum vereinzelt die Larven einer Pantopoden-Art angetroffen, die dort ihre Entwicklung durchmachen. An Stauromedusida schmarotzen eine Reihe von anderen Pantopoda, die ja mit ihrer ectoparasitischen Lebensweise allgemein auf Cnidaria spezialisiert sind.

Als Freßfeinde der Polypen müssen vor allem Nacktschnecken angesehen werden, während einige Fische regelmäßig oder gelegentlich Medusen fressen.

Jungfische, besonders die einiger Gadiden-Arten, leben oft einzeln oder in kleinen Schwärmen in unmittelbarer Nähe oder unter dem Schirm und zwischen den Tentakeln großer Medusen (z. B. *Aurelia, Cyanea, Dactylometra*). Sie begleiten die Medusen und passen sich deren Geschwindigkeit an. Während man früher annahm, daß die Fische lediglich Schutz suchten oder die Parasiten abfräßen, weiß man heute, daß es sich bei diesen Assoziationen um Parasitismus handelt. Die Jungfische ernähren sich zuerst von den Nahrungsteilchen, die die Medusen sammeln, später mit zunehmender Größe auch von Teilen der Meduse selbst (Mundarme, Tentakel, Gonaden). Dabei kommt es allerdings immer wieder vor, daß die Jungfische durch die Nesseltätigkeit der Medusen getötet und von ihnen gefressen werden.

Ökonomische Bedeutung

In Japan und im indonesischen Raum werden einige Medusen (vor allem *Rhopilema esculenta*) getrocknet und gegessen. Ihr wirtschaftlicher Nutzen ist jedoch gering, wenn sich auch der jährliche Umsatz in den letzten Jahren auf rund 1 Million US-Dollar belaufen haben soll. — Schaden richten die Scyphomedusen vor allem durch die Vernichtung großer Mengen von Fischbrut an. Bei einem Massenauftreten behindern sie außerdem die Fischerei, weil sie die Netze verstopfen. Durch ihre Nesseltätigkeit, gegen die es kein wirksames Mittel gibt, können sie an Badestränden zur Plage werden.

System

Die Systematik der Scyphozoa wird dadurch erschwert, daß bei den metagenetischen Formen Meduse und Polyp oft unter einem anderen Namen beschrieben wurden, weil man den Entwicklungszyklus nicht kannte. Das trifft in besonderem Maße für die Coronata zu, deren kleine Polypen relativ merkmalsarm sind und die früher alle unter dem Gattungsnamen *Stephanoscyphus* beschrieben wurden. In diesen Fällen muß der Polyp den älteren Namen der Meduse erhalten. Es sind aber bei weitem noch nicht bei allen Arten beide Generationen identifiziert. — Die Klasse umfaßt 4 rezente Ordnungen. Als eigene Unterklasse werden die fossilen Conulata betrachtet, mit der etwa 200 Arten umfassenden Ordnung Conulariida, die rein marin lebte (*Conularia*, Abb. 28, 34B).

1. Ordnung Coronata, Kranzquallen

Mit 32 Arten. Größter Polyp: *Nausithoe indica*, bis 9 cm lang; größte Meduse: *Periphyllopsis galatheae*, bis 38 cm Durchmesser.

Polypen vom Typ des *Stephanoscyphus*, schlank-hornförmig, mit einer Peridermröhre aus Chitin, die vom Weichkörper nur den Kopfteil freiläßt (Abb. 30A); überwiegend solitär, einige Arten stockbildend. Medusen meist klein, scheibenförmig, Schirm bei größeren Arten auch spitzkegelig; Exumbrella mit Ringfurche; Schirmrand mit Randlappenpaaren, soliden Tentakeln und Sinnesorganen mit oder ohne Ocellus; Mundrohr kurz, mit vier einfachen Lippen. Nesselkapseln: holotriche Isorhizen und microbasische heterotriche Eurytelen. In Küstengewässern, in der Hoch- und Tiefsee, überwiegend tropisch und subtropisch. Tiefseeformen völlig oder teilweise rot oder braun. — Mit 7 Familien.

Familie Atorellidae. Mit 3 Arten. Der an der Südküste der Arabischen Halbinsel und bei Ostafrika in 85 m Tiefe gefundene Polyp von *Atorella vanhoeffeni* hat eine kräftige Peridermröhre (Abb. 30C) von bis zu 60 mm Länge und 70—100 Tentakel. Er kann in einer einzigen Strobilationsphase bis zu 5000 Ephyren erzeugen, die nur 0,8 mm Durchmesser haben, aber bereits zwei Tentakel tragen (Abb. 44B). Die im Indischen Ozean auftretenden Medusen erreichen bis 7 mm Durchmesser; ihr Schirmrand ist sechszählig (je sechs Randlappenpaare, Tentakel und Sinnesorgane).

Familie Nausithoidae. Mit etwa 20 Arten. Polyp meist solitär, wenige Arten stockbildend (Abb. 38); Oberflächenstruktur der Peridermröhre oft weniger deutlich (Abb. 30D), mit 30—70 Tentakeln. Medusen meist 10—20 mm Durchmesser, Schirmrand in der Regel achtzählig (Abb. 39). — *Nausithoe punctata* (syn. *Stephanoscyphus mirabilis*) bildet zymös verzweigte, bis 5 cm hohe und bis 10 cm breite Stöckchen und wurde bisher nur in Schwämmen gefunden, kann aber im Kulturversuch auch unabhängig von ihnen leben. Der Einzelpolyp wird 5—10 mm hoch, die Meduse 5—10 mm breit. Im Mittelmeer und Roten Meer. — Hierher auch die *Stephanoscyphus*-Arten mit reduzierter Medusen-Generation sowie *Thecoscyphus* (vgl. Abb. 49). Bis in 7000 m Tiefe werden die Polypen von *S. corniformis* gefunden.

Familie Linuchidae. — Der Polyp von *Linuche unguiculata* (syn. *Stephanoscyphus komaii*) wird im oberen Sublitoral des Karibischen Meeres gefunden und bildet Stöcke aus zahlreichen unverzweigten Einzelpolypen, die von einer Scyphorhiza entspringen (Abb. 38C). Symbiose S. 94. Die Meduse ist epipelagisch und tritt oft in großen Schwärmen auf. Sie wird bei den Schwimmkontraktionen in eine drehende Bewegung versetzt, da ihre kurzen Randlappen wie die Blätter einer Schiffsschraube etwas verdreht sind.

Familie Periphyllidae. Tiefseeformen mit weiter Verbreitung. — *Periphylla periphylla* hat einen kegelförmigen Schirm, da sein Durchmesser (bis 20 cm) meist kleiner ist als die — Höhe. *Periphyllopsis galatheae* ist mit 38 cm Schirmdurchmesser die größte Coronaten-Meduse.

Familie Tetraplatiidae [125, 136, 151, 153]. Die aberrante Meduse *Tetraplatia* (Abb. 54), die in wesentlichen Merkmalen von allen bekannten Medusen abweicht, wird neuerdings zu den Coronata gestellt, obwohl auch diese Zuordnung nicht restlos gesichert ist. (Für sie war eine eigene Ordnung Pteromedusae errichtet worden.) An der Zugehörigkeit zu den Scyphozoa dürfte wegen des streng tetraradialen Baues nicht zu zweifeln sein.

Der schlanke, vierkantige Körper von 4—9 mm Höhe hat die Gestalt eines gestreckten Oktaeders mit einem kürzeren Oberteil, der dem Schirm einer Meduse entspricht, während der längere untere Abschnitt das Mundrohr darstellt. Zwischen beiden Abschnitten liegt eine horizontale ringförmige Einschnürung, die der Ringfurche der Coronata vergleichbar ist. Sie wird in den Längskanten durch vier Eck- oder Strebepfeiler (engl. „flying buttress") überbrückt, die ober- und unterhalb der Ringfurche am Körper ansetzen, über der Furche aber vom Körper getrennt sind. Die merkwürdige Konstruktion eines solchen Pfeilers wird durch seine Entstehung verständlich: Am oberen und unteren Abschnitt des Körpers wächst an den betreffenden Stellen je eine Ausstülpung der Körperwand frei nach unten und oben. Wenn die beiden Ausstülpungen verschmelzen, nehmen sie notwendigerweise die Form eines freistehenden Strebepfeilers an. Dementsprechend ist der im Körper einheitliche Gastralraum in den Pfeilern durch Kanäle verbunden.

Zwischen den Eckpfeilern setzen auf den vier Seitenflächen des Körpers dicht an der Ringfurche die Bewegungsorgane an. Sie haben die Gestalt von lappenförmigen horizontalen Schwimmflossen, deren Rand in jeweils vier Paar Lappen aufgegliedert ist. Die Lappen sind außerdem noch horizontal quer durchgeteilt. Am mittleren Einschnitt zwischen zwei Paaren liegt jeweils ein Sinnesorgan, es sind also insgesamt acht solche Organe vorhanden. Der Körper ist auf der gesamten Oberfläche begeißelt. Die Nesselzellen mit lediglich einem Kapseltyp (atriche Haploneme) sind im Umkreis des Mundes gehäuft und auf der übrigen Oberfläche zu Nesselstreifen auf den Längskanten konzentriert. Im mittleren Körperbereich füllen die vier entodermalen Gonaden den größten Teil des Gastralraumes aus.

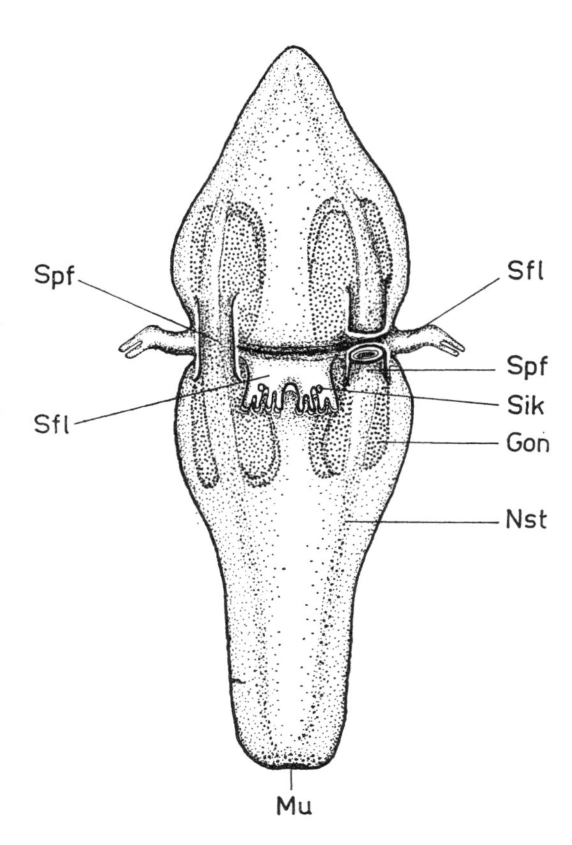

Abb. 54. *Tetraplatia volitans*, eine aberrante Hochseeform der Coronata. Höhe 6–9 mm. – **Gon** Gonade, **Mu** Mund, **Nst** Nesselstreifen, **Sfl** Schwimmflossen, **Sik** Sinneskörper, **Spf** Strebepfeiler, in der rechten Bildhälfte ist ein Stück herausgeschnitten. – Nach Ralph 1960 und Russell 1970, verändert.

Tetraplatia schwimmt durch Auf- und Abschlagen der Flossen. Die Nahrung (Plankton bis zur Größe von Chaetognatha) wird wahrscheinlich von den Nesselkapseln der Oberfläche erbeutet, in Schleim gehüllt und durch Geißelschlag zum Mund befördert. Die Meduse ist getrenntgeschlechtig, die Entwicklung noch unbekannt. *T. volitans* ist eine Hochseeform von weltweiter Verbreitung, die von der Oberfläche bis in 1500 m Tiefe vorkommt.

2. Ordnung Semaeostomea, Fahnenmundquallen

Mit 50 Arten. Polypen 2–3 mm, maximal 5–7 mm; Medusen meist 10–30 cm, *Cyanea capillata* (forma *arctica*) bis 225 cm Durchmesser.

Polypen vom Typ des Scyphistoma, becherförmig, mit reduzierter Peridermröhre, stets solitär; Strobilation meist polydisk (Abb. 45). Medusen (Abb. 41) meist groß, mit primär flachem, scheibenförmigem Schirm, der bei manchen Arten auch schwach gewölbt ist; Exumbrella einheitlich, Schirmrand mit kleinen Randlappen, hohlen Tentakeln und Sinnesorganen, Tentakel auch auf der Subumbrella; Mundrohr kurz, Mundlippen in vier ungeteilte, sehr lange und dehnbare Mundarme ausgezogen, die durch die vier gekrausten Außenkanten fahnen- oder gardinenartig aussehen; mit vier Gonaden. Nesselkapseln: atriche und holotriche Isorhizen, heterotriche microbasische Eurytelen. Vorwiegend in Küstengewässern. – Mit 3 Familien.

Durch die Größe des Schirmes, durch die mannigfache Ausbildung seiner Anhänge, seine Transparenz, zarte Farbenpracht und durch die charakteristischen Zeichnungsmuster gehören die Medusen der Semaeostomea (und der folgenden Ordnung Rhizostomea) zu den auffallendsten und schönsten Meerestieren.

Familie Pelagiidae. Mit 14 Arten. Tentakel nur am Schirmrand in den Einschnitten zwischen den Randlappen; Zentralmagen einheitlich, Randbezirk durch vertikale Verwachsungswände in 16 getrennte Radialtaschen ohne Ringkanal aufgeteilt (Abb. 40B). — *Pelagia noctiluca,* bis 6,5 cm Durchmesser. Durch Reduktion des Polypen rein pelagisch. Schirmrand achtzählig, Exumbrella und Mundarme mit großen Nesselwarzen. Mit Leuchtvermögen. Entwicklung S. 83. Epipelagische Hochseeform aller warmen Meere. — **Chrysaora hysoscella,* Kompaßqualle, bis 20 cm Durchmesser, mit Polypen. Die acht Sinnesorgane des Schirmrandes alternieren mit Gruppen von je drei oder mehr Tentakeln, Exumbrella mit braunen radialen Farbstreifen. Protandrisches Zwittertum und Larviparie S. 86. Im Sommer auch in der Nordsee. — *Dactylometra quinquecirrha,* an der Ostküste Nordamerikas stellenweise sehr häufig.

Familie Cyaneidae. Mit 16 Arten (einige zweifelhaft). Größte Medusen. Tentakel auf der Schirmunterseite in acht adradialen Gruppen. Mundarme stark gefaltet; vom Zentralmagen abgehende Radialtaschen, die sich in den Randlappen in blind endende Kanäle aufzweigen, ohne Ringkanal. Gonaden in Bruchsack-ähnlichen Anhängen der Subumbrella. — **Cyanea capillata,* gelbe Haar- oder Feuerqualle (Abb. 55), stark nesselnd, normalerweise bis 50 cm, die arktische Rasse bis 225 cm Durchmesser, im Sommer in der Nord- und Ostsee. **C. lamarcki,* blaue Haarqualle, Durchmesser 5—15 cm, selten bis 30 cm. Nordsee. — *Drymonema dalmatinum.* Tentakel auf der Subumbrella in einem Ring angeordnet. Fanghandlung S. 92. Mittelmeer und vor Westafrika.

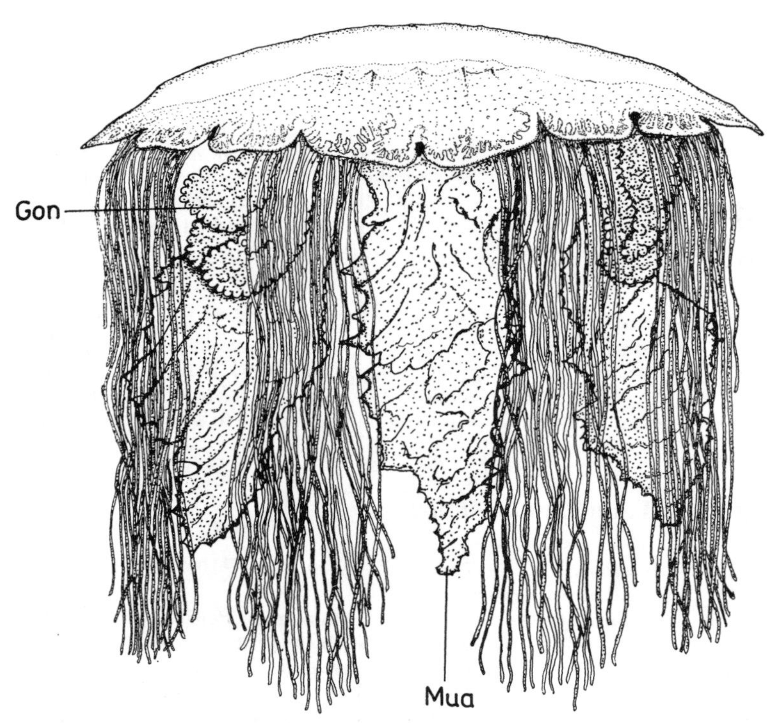

Abb. 55. *Cyanea capillata.* Schirmbreite bis 50 cm. Zu beachten ist die Verlagerung der Tentakel auf die Subumbrella, wo sie zu acht adradialen Gruppen angeordnet sind. — **Gon** Gonade, **Mua** Mundarm. — Nach Russell 1970.

Familie Ulmaridae. Mit 20 Arten. Medusen meist bis 20 cm, maximal bis 50 cm Durchmesser. Polyp ein typischer Scyphistoma (Abb. 35). Medusen mit zahlreichen kleinen Tentakeln am Schirmrand. — **Aurelia aurita,* Ohrenqualle (Abb. 56). Die in der Nord- und Ostsee häufige Form ist gekennzeichnet durch ihren flachen, sehr transparenten Schirm,

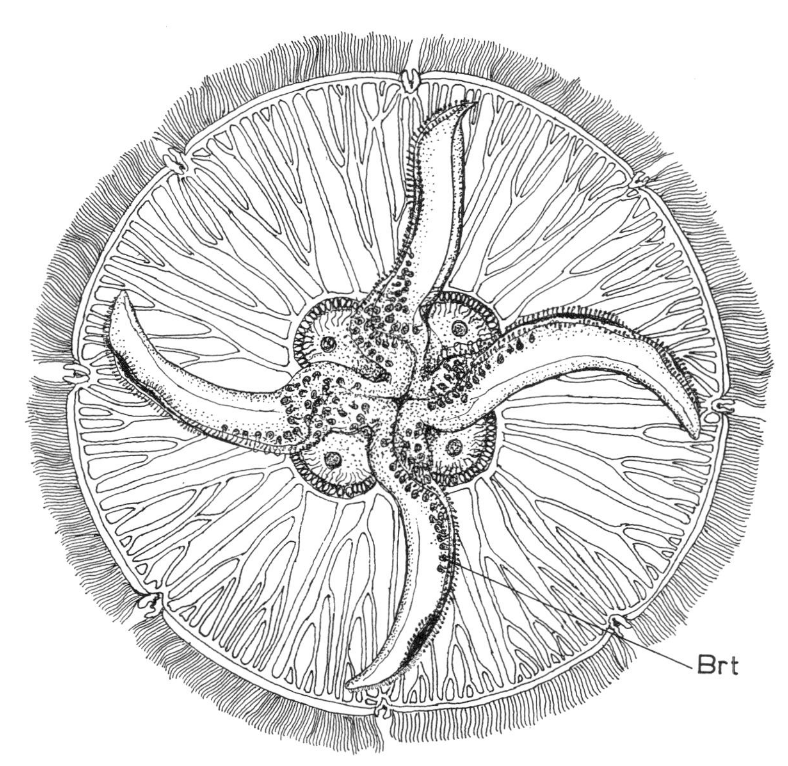

Abb. 56. *Aurelia aurita.* Weibchen mit Bruttaschen an den Mundarmen. Aufsicht auf die Subumbrellarseite. Schirmbreite 25 cm. — **Brt** Bruttaschen. — Nach RUSSELL 1970, verändert.

durch die Beschaffenheit des Schirmrandes mit den zahlreichen, sehr kurzen Tentakeln, durch die vier großen gekrausten Mundlappen und durch die Form der Gonaden, die als ringförmig gebogene Bänder in Form eines Kleeblattes den kleinen Zentralmagen umgeben. Durch die gelbliche oder rötliche Farbe sowie die kompakte Beschaffenheit heben sich die Gonaden von dem transparenten blauen Schirm sehr deutlich ab. Die Mundarme der bruttragenden Weibchen erhalten durch die Farbe der zahlreichen, sich in Gruben entwickelnden Planulae eine bräunliche Färbung. Der Polyp strobiliert in der Nordsee im Herbst bei abnehmenden Temperaturen, wenn die untere Grenze von 9—8 °C unterschritten wird. Die Ephyren erscheinen daher erst im November—Dezember. Sie sind im Winter- und Frühjahrs-Plankton nicht selten und erreichen die volle Größe und Geschlechtsreife bis zum folgenden Sommer, um im Spätsommer und Herbst abzusterben. Durch Wind und Strömungen werden sie zuweilen zu großen Schwärmen zusammengetrieben, so daß die Oberfläche des Meeres schon auf große Entfernung erkennbar blaßrosa bis violett erscheint. Nervensystem S. 37f. Strobilation S. 82. Ernährung S. 92. Kosmopolitische Flachwasserform. — *Stygiomedusa fabulosa*, Tiefseemeduse, Durchmesser bis 50 cm, tief dunkelbraun. Polyp unbekannt, wahrscheinlich reduziert. Schirmrand glatt, ohne Tentakel und Randlappen, Sinnesorgane fehlen; die vier schmalen, wenig gekrausten Mundarme werden bis 1,6 m lang. Peripherer Teil des Magens mit stark verzweigtem Kanalsystem. Viviparie S. 86. Die Keime entwickeln sich in cystenförmigen Erweiterungen der Wand der vier Brutkammern, die im Schirm unter dem Magen liegen und je zwei kleine subumbrellare Öffnungen haben. Jede Cyste bildet einen Brutkörper, der sich in die Brutkammern vorstülpt und zwei Schläuche in den darüberliegenden Magen entsendet und den Keim mit Nährstoffen versorgt. Der Keim entwickelt sich direkt zu einer jungen Meduse. Keimzellen bzw. Gonaden wurden bislang nicht gefunden, so daß asexuelle Entstehung der Keime nicht ausgeschlossen werden kann. Island und Biskaya unter 2000 m, mittlerer und südlicher Atlantik auch in Tiefen von 200—1000 m; sehr selten [152, 154, 172].

3. Ordnung Rhizostomea, Wurzelmundquallen

Mit 80 Arten. Medusen bis 90 cm Durchmesser.

Polyp mit flachem, schalenförmigem Körper, der vom Stiel deutlich abgesetzt ist; solitär; Strobilation meist, aber nicht ausschließlich monodisk (Abb. 37). Medusen mit flachem oder gewölbtem Schirm, Schirmrand in Lappen aufgeteilt, ohne Tentakel; Mundrohr stark entwickelt, mit fester, knorpeliger Gallerte, mit acht adradialen, stark verzweigten Mundarmen, durch Verwachsung der Mundlippen (Abb. 59) ohne zentralen Mund, sondern mit zahlreichen sekundären Mundöffnungen (Ostia). Nesselkapseln: atriche Isorhizen und heterotriche microbasische Eurytelen. Diese artenreichste Gruppe der Scyphozoa ist überwiegend tropisch und subtropisch verbreitet. — Mit 2 Unterordnungen.

Das System der Rhizostomea ist hier vereinfacht wiedergegeben und folgt älteren Darstellungen. Untersuchungen über Form und Entwicklung des Gastralraumes sowie über die Struktur der Sinnesgruben haben aber ergeben, daß die Wurzelmundquallen offenbar keine monophyletische Gruppe sind. sondern getrennte Verwandtschaftsbeziehungen zu den Familien der Semaeostomea aufweisen. Das charakteristische Merkmal der Rhizostomea, die Verwachsung des Mundes und die Ausbildung zahlreicher sekundärer Mundöffnungen müßte demnach mehrmals unabhängig voneinander entstanden sein.

1. Unterordnung Kolpophora

Gastralsystem mit zahlreichen Verbindungen zwischen Zentralmagen und verzweigtem Kanalsystem des Schirmes (Abb. 57, links). Entwicklung der Verzweigungen zentrifugal vom Magen aus. Ohne oder mit schwach entwickeltem peripherem Ringkanal. — Mit 5 Familien.

Familie Cassiopeidae. Muskelsystem einzigartig durch peripheren Ringmuskel und breiten Ring von Radialmuskulatur, die aus Fiederarkaden aufgebaut ist (Abb. 57 rechts). Kurzes Mundrohr mit acht gefiederten Armen, die mit blasenförmigen Erweiterungen versehen sind und deren Ostia auf der zur Exumbrella gerichteten Seite liegen. Rand mit 16 Sinneskörpern. — *Cassiopea andromeda,* Basalteil des Polypen in kräftiger, dünner Peridermröhre. Durchmesser der Meduse 10—12 cm; Exumbrella mit variablem Zeichnungsmuster aus weißen Flecken. Die besonders starke Ausbildung der Radialmuskulatur ist wahrscheinlich eine Anpassung an die halbsessile Lebensweise: Saugnapfwirkung des Schirmes und Nahrungserwerb durch ständige rhythmische Schirmkontraktionen S. 93; Symbiose mit Zooxanthellen S. 94. Flachwasserform in lagunenartigen Küstengewässern, auch auf Sedimentböden. Zirkumtropisch und subtropisch, nördlich bis ins Mittelmeer. Polyp häufig mit Tier- oder Pflanzenmaterial aus dem Mittelmeer oder den Tropen eingeschleppt.

Familie Cepheidae. Nur mit Radialmuskulatur. — *Cotylorhiza tuberculata,* Mittelmeer.

2. Unterordnung Dactyliophora

Medusen mit begrenzter Zahl (16 oder 32) von Radialkanälen zwischen Zentralmagen und einem sekundären Ringkanal, außerhalb dessen das reich verzweigte periphere Kanalsystem des Schirmrandes einen breiten Ring bildet (Abb. 40D). Entwicklung des Kanalsystems zentripetal vom Schirmrand aus. — Mit 5 Familien.

Familie Rhizostomatidae. Mundrohr lang, in der oberen Hälfte mit acht Paar gekrausten Epauletten; untere Hälfte der vier Mundarme paarig, jeder Teil mit dreiteiliger Krause (eine innen) und glatten, dreikantigen Endkolben, Epauletten und untere Krausen mit

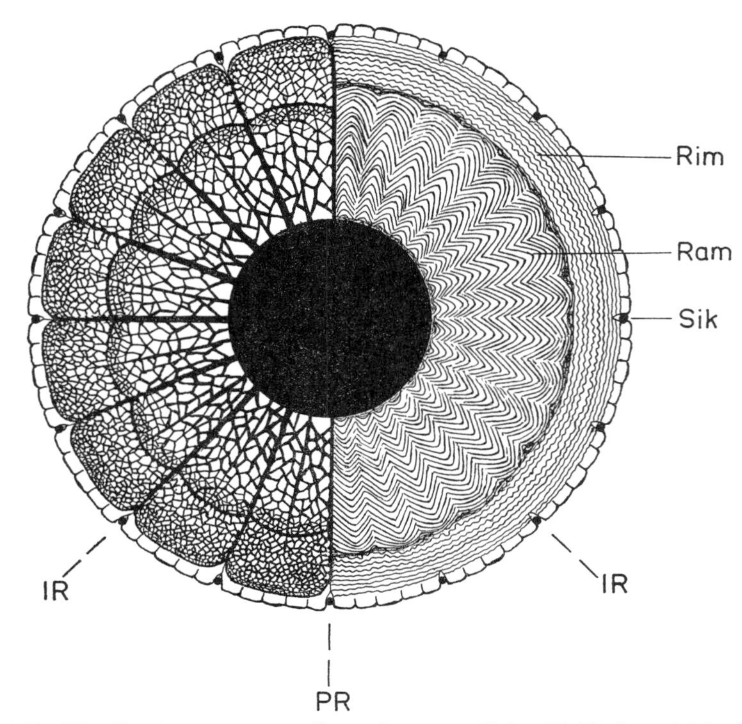

Abb. 57. *Cassiopea ornata*, Gastralsystem (linke Hälfte) und Muskulatur (rechte Hälfte) der Meduse. Schirmbreite 12 cm. – **IR** Interradius, **PR** Perradius, **Ram** Radialmuskel, **Rim** Ringmuskel, **Sik** Sinneskörper. – Nach HAECKEL 1880, verändert.

zahlreichen Ostia; sie führen in ein dichtes Kanalsystem in der Wand des Mundrohres, das in den Magen mündet. Vier perradiale und vier interradiale Sinnesorgane, die zwischen den Randlappen regelmäßig angeordnet sind. Die Randlappenpaare, in deren Einschnitt die Sinnesorgane liegen, sind durch ihre schmale Form von den übrigen, halbrunden Lappen verschieden. – **Rhizostoma octopus*, Blumenkohlqualle (Abb. 58). Der nur einmal beobachtete Polyp strobiliert polydisk. Meduse bis 90 cm Durchmesser, Schirm- und Mundrohrgallerte sehr fest, knorpelig. Schirmmuskulatur ohne Radialmuskel. Färbung weißlich transparent mit kräftig blauem Rand, auch Mundanhänge blau. Warmwasserform, die in der Nordsee ihre nördliche Verbreitungsgrenze erreicht; erscheint hier später als die anderen Scyphomedusen. Die Frühjahrsfunde kleiner Quallen zeigen an, daß der Polyp in der Nordsee heimisch ist; die Medusen werden also nicht nur mit dem östlich gerichteten Küstenstrom vom Kanalausgang herangeführt. Die nach dem Ablaichen sterbenden Medusen werden im Herbst in großen Mengen am Strand angespült. Wenn der Schirm im Spülsaum zerrieben wird, bleibt das knorpelige Mundrohr bis zuletzt übrig. – *Rhopilema esculenta.* in den Küstengewässern Ostasiens; eßbar (S. 95).

4. Ordnung Stauromedusida, Stielquallen

Mit 31 Arten. Meist wenige cm groß, größte Art bis 8,5 cm Durchmesser.

Sessile oder halbsessile, stets solitäre Scyphozoa ohne Skelett, deren Körper in einen kelchförmigen medusoiden Oberteil und einen polypoiden Stiel gegliedert ist. Schirmrand in adradiale Arme ausgezogen, mit Büscheln von hohlen geknöpften Tentakeln. Mit oder ohne Randanker. Gastralraum mit vier wandständigen Septen und vier Gastraltaschen. Nesselkapseln: atriche Haplonemen und microbasische heterotriche Eurytelen.

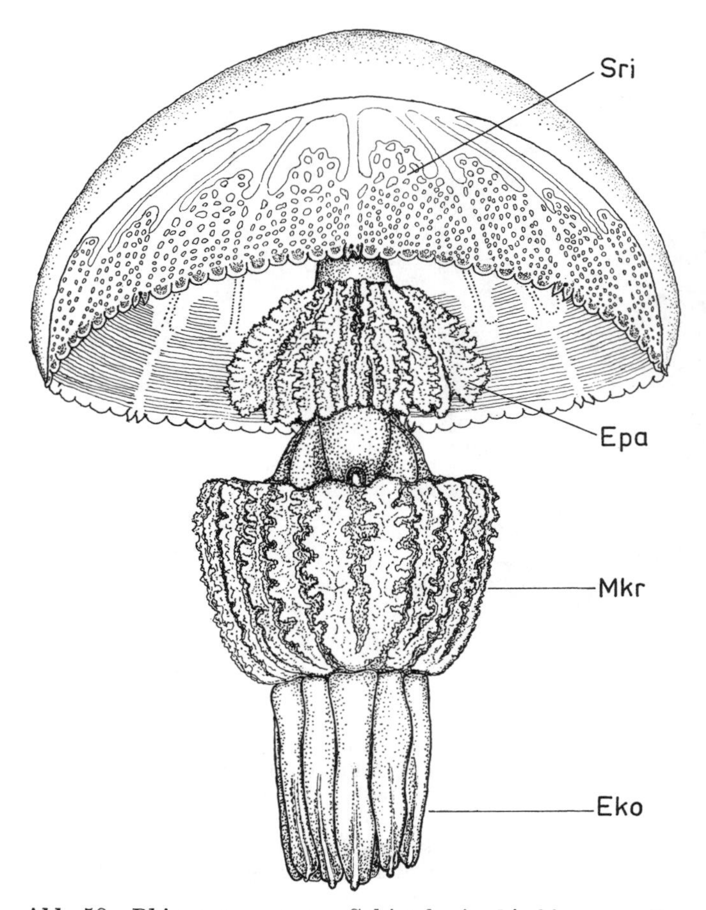

Abb. 58. *Rhizostoma octopus*. Schirmbreite bis 90 cm. – **Epa** Epaulette, paarig, **Eko** Endkolben, dreikantig, **Mkr** Mundkrause, dreiteilig (eine auf der Innenseite), **Sri** Zone des sekundären Ringkanals, der beim erwachsenen Tier undeutlich ist (vgl. Abb. 40D). – Nach RUSSELL 1970, ergänzt.

Die Stauromedusida [105] sind eine aberrante Gruppe, die Merkmale der Meduse und des Polypen in sich vereinigen (phylogenetische Ableitung S. 90). Der Körper hat die Form eines schlanken oder breiten Kelches, dessen Innen- (Ober-)seite der Subumbrella, dessen Außen- (Unter-)seite der Exumbrella eines Medusenschirmes entsprechen, mit mehr oder weniger deutlich abgesetztem Stielteil (Abb. 60). Der Oberteil ist bei den meisten Arten octoradial gegliedert. Die acht Büschel von je 20–100 geknöpften Tentakeln haben eine adradiale Lage. Da der Rand zwischen ihnen ausgebuchtet ist, erscheint er in Arme ausgezogen. In den Per- und Interradien trägt er die sogenannten Randanker, die eine polsterartige Form haben und mit zahlreichen Drüsenzellen ausgestattet sind. Sie haben durch die Ausscheidung eines klebrigen Sekretes die Funktion von Haftpapillen. Phylogenetisch sind die Randanker von den Sinnesorganen der Medusen abzuleiten und sind, wie diese, umgewandelte Tentakel. Bei manchen Arten fehlen die Randanker oder werden in der Jugend angelegt, später aber zurückgebildet.

Die meist trichterförmig eingesenkte Mundscheibe (Subumbrella) trägt am Grunde in der Mitte das vierlappige Mundrohr. In den Interradien liegen die vier Septaltrichter, die sich in die Gastralsepten des Magens hinein erstrecken. Die Septalmuskeln sind im Schirm meist zweigeteilt; die Einzelmuskeln haben dann eine adradiale Lage und vereinigen sich

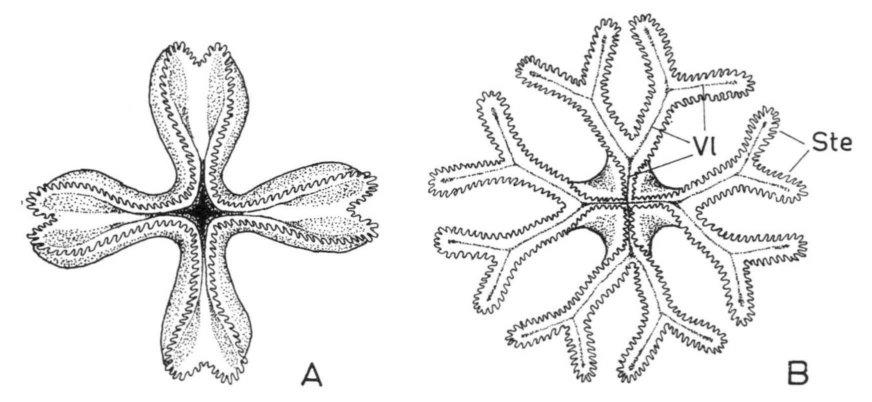

Abb. 59. Zwei Stadien der Verzweigung und Verwachsung der Mundarme bei einer Rhiostomeen-Art, Aufsicht auf die Subumbrellarseite. — **Ste** Sekundärtentakel, **Vl** Verwachsungslinie. — Schema nach UCHIDA aus KAESTNER 1969.

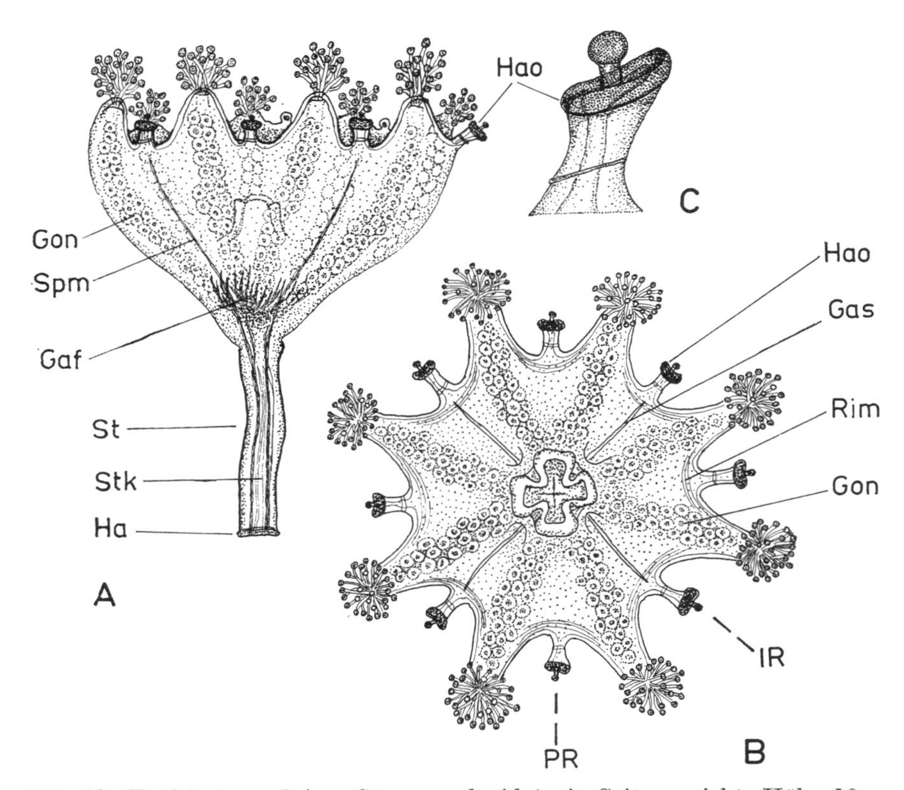

Abb. 60. *Haliclystus salpinx* (Stauromedusida). **A.** Seitenansicht. Höhe 10 mm. **B.** Aufsicht auf die obere, subumbrellare Schirmseite. **C.** Haftorgan mit kleinem Tentakel, Seitenansicht. — **Gaf** Gastralfilament, **Gas** Gastralseptum, **Gon** Gonade, **Ha** basale Haftscheibe, **Hao** Haftorgan, **IR** Interradius, **PR** Perradius, **Rim** Ringmuskel, **Spm** Septalmuskel, **St** Siel, **Stk** Stielkanal. — Aus BERRILL 1962.

im Stiel zu den vier, für Scyphopolypen typischen interradialen Muskelsträngen. Die exumbrellare Gallerte ist dünn, aber deutlich ausgebildet. Der subumbrellare Ringmuskel ist am Schirmrand als typisches Medusenmerkmal vorhanden, bei manchen Arten allerdings nur schwach entwickelt, weil rhythmische Schwimmpulsationen als Folge der Sessilität fehlen. Das erklärt auch die Rückbildung der Sinneskörper, die sämtlich ohne Statolithen sind; bei den frei schwimmenden Medusen dienen die Sinneskörper bekanntlich der Erregung und Steuerung der Schwimmpulsationen (S. 38). Daß die Haftorgane der Stauromedusida aber von Sinnesorganen abzuleiten sind, wird auch durch das Auftreten von Ocellen bei wenigstens einer Art bestätigt.

Der Gastralraum ist durch die vier wandständigen Septen in ebenso viele große Gastraltaschen aufgegliedert, die durch Septalostien in peripherer Verbindung stehen (Abb. 61). Der obere Teil der Septen trägt zahlreiche Gastralfilamente, die zu zwei Reihen angeordnet sind. Außerdem liegt auf jeder Seite eines Septums eine langgestreckte Gonade, die leistenförmig in den Gastralraum vorspringt. Die acht Gonaden können sich nach oben bis in die Arme des Schirmrandes verlängern. Bei manchen Arten (Cleistocarpidae) ist der periphere Teil der Gastraltaschen von ihrem zentralen Teil durch eine vertikal zwischen den Septen ausgespannte Scheidewand, das Claustrum, abgetrennt (Abb. 62). Die peripheren, tangentialen, fast völlig abgeschlossenen Sekundärtaschen stehen mit dem Gastralraum nur noch unten am Übergang zum Stielteil in Verbindung. Auch in diesem Falle liegen die Gonaden niemals im Septenteil innerhalb der Außentaschen, sondern stets auf beiden Seiten des im Zentralraum des Magens liegenden Teiles der Septen; der Gastralraum ist daher in den zentralen Gonadial- oder Primär- und den peripheren Gefäß- oder Sekundärteil

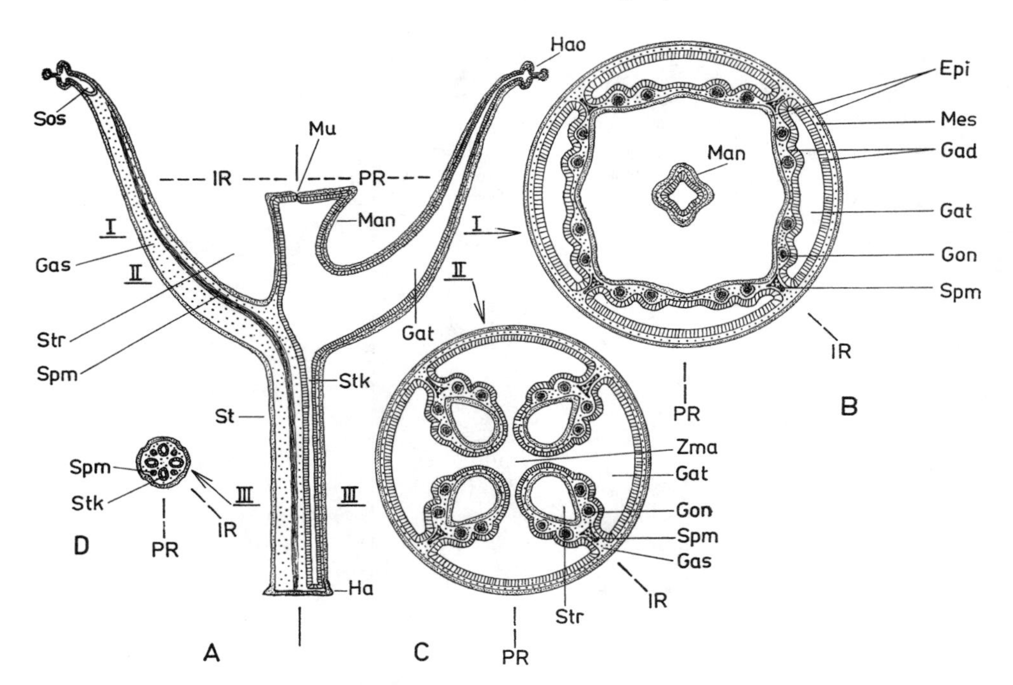

Abb. 61. Organisation von *Haliclystus salpinx*, schematisch. **A.** Längsschnitt, links durch einen Interradius, rechts durch einen Perradius. **B.** und **C.** Querschnitte durch den Kelch in den Ebenen I—I und II—II. **D.** Querschnitt durch den Stiel in der Ebene III—III. — **Epi** Epidermis (fein punktiert), **Gad** Gastrodermis (als Zellschicht angelegt), **Gas** Gastralseptum, **Gat** Gastraltasche. **Gon** Gonade, **Ha** Haftscheibe, **Hao** Haftorgan, **IR** Interradius, **Man** Manubrium, **Mes** Mesogloea (grob punktiert), **Mu** Mund, **PR** Perradius, **Spm** Septalmuskel, **Sos** Septalostium, **St** Stiel, **Stk** gastrodermaler Stielkanal, **Str** Septaltrichter, **Zma** Zentralmagen. — Nach Berrill 1963, ergänzt.

getrennt. Der Stiel ist immer kräftig entwickelt und ist mit einer polsterförmigen Haftscheibe am Substrat befestigt. Ex- und Subumbrella besitzen je ein Nervennetz. Neurophysiologie und Sinnesreaktionen der Stauromedusida sind noch wenig untersucht. Das Vorhandensein von Schrittmachersystemen ist zu vermuten, da spontane Tätigkeiten bei der Bewegung und Nahrungsaufnahme beobachtet werden können, vgl. S. 91.

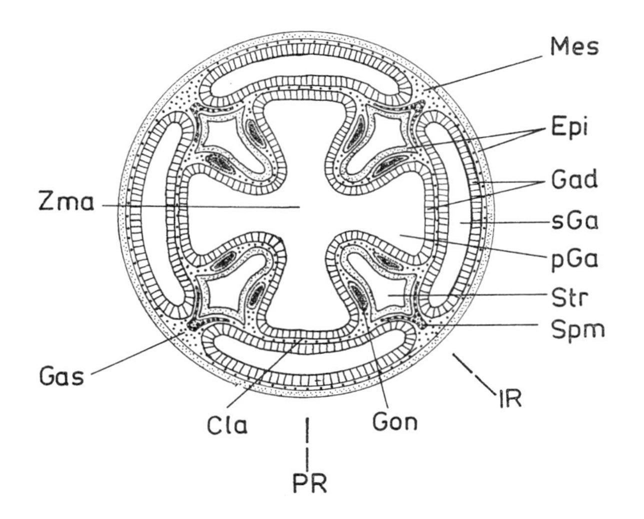

Abb. 62. Organisation von *Thaumatoscyphus atlanticus*, Querschnitt durch den Kelch, schematisch. — **Cla** Claustrum, **Epi** Epidermis (fein punktiert), **Gad** Gastrodermis (als Zellschicht angelegt), **Gas** Gastralseptum, **Gon** Gonade, **IR** Interradius, **Mes** Mesogloea (grob punktiert), **pGa** primäre Gastraltasche, **PR** Perradius, **sGa** sekundäre Gastraltasche, **Spm** Septalmuskel, **Str** Septaltrichter, **Zma** Zentralmagen. — Nach Berrill 1963.

Ein Teil der Arten ist halbsessil, da sie sich bei Reizung und bei der Nahrungsaufnahme vom Substrat ablösen und wieder anheften können. Andere Arten sind obligatorisch sessil; bei ihnen scheidet die Haftscheibe eine chitinähnliche Substanz aus, die sich mit dem Substrat fest verbindet. Dieses Merkmal läßt sich als letzter Rest der Bildung eines basalen Peridermbechers deuten. Sonst aber fehlt jedes Anzeichen einer Skelettbildung.

Die Stielquallen haben eine charakteristische, meist bräunliche oder grüne Färbung, die bei der gleichen Art wechseln kann. Manche Arten haben dieselbe Farbe wie die Algen, auf denen sie leben. Das wird damit erklärt, daß sie mit der Haftscheibe das Pflanzengewebe „anätzen" und aus ihm Chromatophoren aufnehmen können, die im Gewebe gespeichert werden.

Die Stauromedusida sind getrenntgeschlechtig. Die sehr kleinen Eier (0,025—0,030 mm) gelangen durch Platzen der Gonadenwand in den Zentralmagen und werden aus dem Mund ins freie Wasser ausgestoßen. Larviparie ist unbekannt. Die Eier furchen sich ohne Blastocoelbildung. Die Embryonalentwicklung führt zu einem wurmförmigen, unbegeißelten Kriechstadium (Abb. 63 A). Die Planula ist also vollständig unterdrückt. Die Bewegung erfolgt, ähnlich wie bei den Frusteln der Limnohydrina (S. 147), durch Zellkontraktion mit rhythmischem Vor- und Zurücksetzen des Vorderendes. Ein Gastralraum fehlt; vielmehr sind die Entodermzellen im Inneren des Keimes geldrollenartig hintereinander angeordnet. Außerdem zeichnet sich das Entoderm durch Zellkonstanz aus, eine für andere Cnidaria unbekannte Erscheinung. Die weitere Entwicklung ist noch wenig untersucht. Die Larven von *Haliclystus* können auf einem etwas älteren Stadium bereits Nahrung aufnehmen, nachdem Mund und Gastralraum durch Spaltbildung entstanden sind. Außerdem sind die Kriechlarven bemerkenswerterweise zur asexuellen Vermehrung befähigt und erzeugen durch seitliche Knospung gleichartige, etwas kleinere Sekundärlarven, die sich ablösen und wie die Primärlarven mit dem (aboralen) Bewegungsvorderpol anheften. Die Larve hat nach der Anheftung zunächst eine polypoide Form (Abb. 63 B) und wandelt sich allmählich durch Differenzierung des medusoiden Oberteiles in die Stielqualle um. Bei erwachsenen Tieren ist ungeschlechtliche Vermehrung unbekannt.

Dem veränderten Entwicklungsgang entspricht ein anderer Jahreszyklus: Die kleineren Arten der Stielquallen werden im Sommer geschlechtsreif und sterben nach der Fortpflanzung ab, was eine medusoide Eigenschaft ist. Die Winterpopulationen bestehen dann ausschließlich aus den Entwicklungsstadien, die aus den befruchteten Eiern hervorgegangen sind und durch Larvalknospung noch an Zahl zugenommen haben. Danach haben die kleineren Arten einen einjährigen Lebenszyklus. Man nimmt allerdings an, daß größere Arten auch mehrjährig sind. Verbreitung und Ernährung S. 91. — Mit 4 Familien [105, 120, 170, 171].

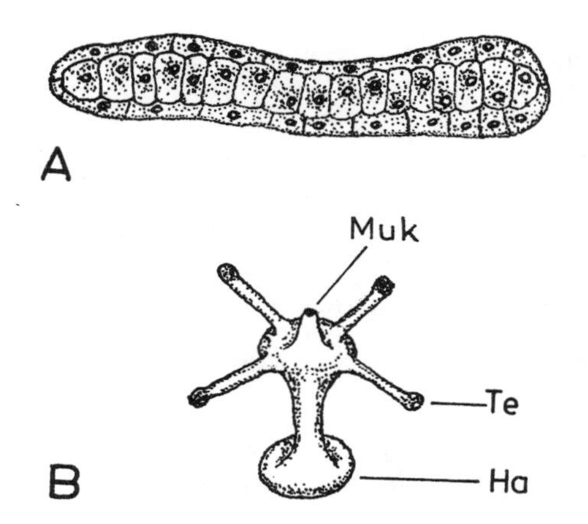

Abb. 63. Entwicklung der Stauromedusida (*Haliclystus auricula*). **A.** Unbegeißelte Kriechlarve. **B.** Polypoides Entwicklungsstadium nach der Anheftung der Kriechlarve. — **Ha** Haftscheibe, **Muk** Mundkegel (= Anlage des Manubrium), **Te** Tentakel. — nach WIETRZYKOWSKI aus KORSCHELT & HEIDER 1936, B verändert

Familie Eleutherocarpidae (syn. Haliclystidae). Mit 16 Arten. Gastraltaschen zur Mitte hin offen. Stiel mit vier perradialen Kanälen des Gastralraumes. — **Haliclystus auricula* (syn. *H. octoradiatus*), Durchmesser bis 3 cm. Schirmrand mit vier perradialen und vier interradialen Randankern, die nierenförmig gebogen sind; acht adradiale Schirmarme mit je einem Büschel vieler geknöpfter Tentakel. Coronarmuskel vorhanden, in acht Sektoren eingeteilt. Zirkumpolare Borealform, auch im Felswatt von Helgoland. *H. salpinx* (Abb. 60, 61), nur von 1 cm Höhe. Randorgan mit rudimentärem Tentakel. — **Lucernaria quadricornis*, Schirm mit vier Doppelarmen, dadurch Andeutung tetraradialer Symmetrie; ohne Randorgane, mit einheitlichem Stielkanal des Gastralraumes. Durchmesser bis 5—6 cm, Gesamthöhe bis 24 cm. Helgoländer Felswatt, westliche Ostsee, europäische und nordamerikanische Atlantikküste; eine andere Art in der südlichen Hemisphäre.

Familie Cleistocarpidae. Mit 9 Arten. Gastralraum durch Claustrum in eine innere und äußere Tasche aufgeteilt. — **Craterolophus convolvulus* (syn. *C. tethys*), Helgoland, Nordatlantik und Nordpazifik. — *Thaumatoscyphus atlanticus* (Abb. 62), Ostküste von Nordamerika, nördlich Cape Cod.

2. Klasse Cubozoa

16 Arten. Polypen 1—3 mm, Medusen 10—50 mm; größte Art: *Carybdea alata*, Schirmhöhe bis 25 cm.

Diagnose

Metagenetische, sessile oder freilebende, solitäre Cnidaria. Polyp klein, ohne Skelett, mit radialsymmetrischem Körperbau und einheitlichem Gastralraum, mit Nervenring. Medusenbildung durch vollständige Metamorphose des Polypen. Meduse tetraradial, mit würfel- oder glockenförmigem, ganzrandigem Schirm, mit vier großen Gastraltaschen und mit Gastralfilamenten, mit interradialen Tentakeln und vier perradialen Sinneskörpern, mit Velarium und Nervenring; Gonaden entodermal. Als Nesselkapseln nur Stomocniden in 6 Kategorien: 3 Haplonemen (atriche, basitriche und holotriche Isorhizen) und 3 Heteronemen (microbasische Mastigophoren, heterotriche microbasische Eurytelen, Stenotelen). – Marin in tropischen und subtropischen Küstengewässern. – Mit den beiden Ordnungen Carybdeida und Chirodropida.

Die Cubozoa sind eine nach Morphologie, Lebensgeschichte, Ökologie und Verbreitung sehr einheitliche Gruppe. Sie wurden bislang als Ordnung Cubomedusae (Würfelquallen) zu den Scyphozoa gestellt, mußten jedoch in dieser Klasse wegen ihrer abweichenden Morphologie stets als aberrante Gruppe gelten. Überdies entzog sich ihre systematische Stellung einer sicheren Beurteilung, solange Polypen-Generation und Medusenbildung unbekannt waren. Diese Lücken in der Kenntnis der Lebensgeschichte konnten neuerdings geschlossen werden. Wie sich zeigte, sind die Unterschiede sowohl gegenüber den Scyphozoa als auch gegenüber den Hydrozoa so erheblich, daß die Errichtung einer eigenen Klasse notwendig wurde [203].

Eidonomie und Anatomie

Der **Cubopolyp** (Abb. 64) ist stets solitär, seine Länge von der Basis bis zum Mund beträgt nur 1–3 mm. Der äußerlich radialsymmetrische, im ausgestreckten Zustand stumpfkegelige oder flaschenförmige Körper ist nackt; nur bei *Tripedalia cystophora* (Abb. 64B) ist die Basis von einem zarten, strukturlosen Peridermbecher umgeben. Die Tentakel sind bei den meisten Arten in einem Kranz angeordnet. Über ihrem Ansatz erhebt sich der Mundkegel (Hypostom oder Proboscis). Er ist im Ruhezustand halbkugelig oder stumpfkegelig, jedoch sehr muskulös und erweiterungsfähig, so daß

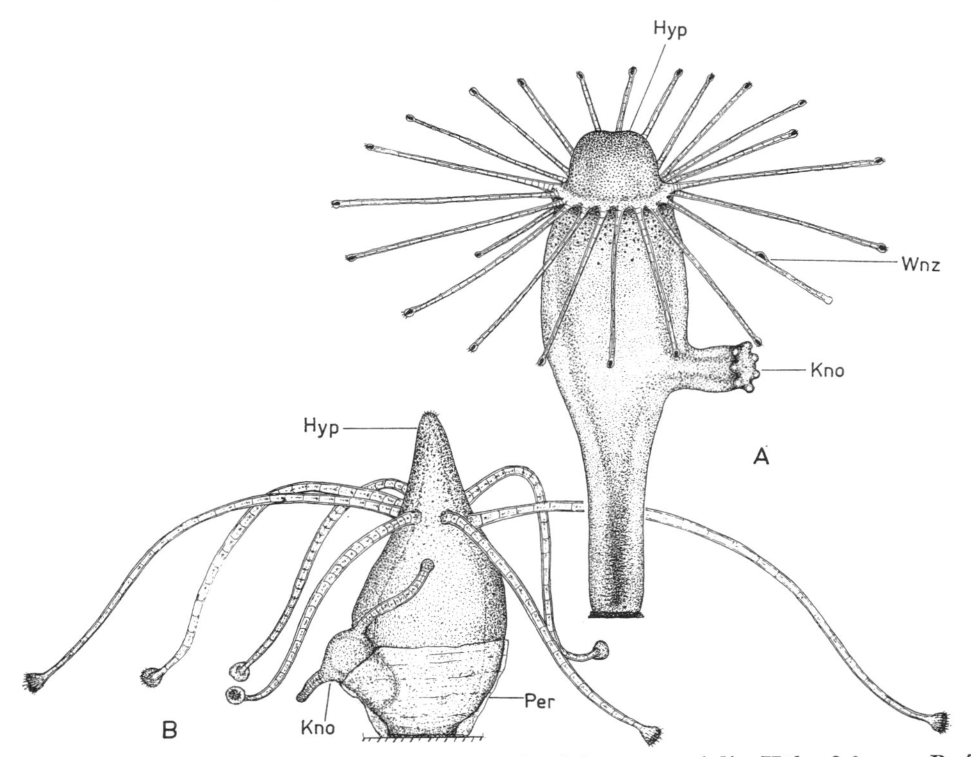

Abb. 64. Morphologie des Cubopolypen. **A.** *Carybdea marsupialis.* Höhe 2,0 mm. **B.** *Tripedalia cystophora.* Höhe 1,0 mm. Bei *Carybdea* ist jeder Tentakel nur mit einer großen Nesselzelle bestückt; das Hypostom ist mit zahlreichen Nesselkapseln besetzt. – **Hyp** Hypostom, **Kno** Knospe, **Per** Peridermbecher, **Wnz** Wandernesselzelle zum Ersatz der verbrauchten Nesselzelle der Tentakelspitze.

er im voll ausgestreckten Zustand eine spitzkegelige oder zylindrische Form annimmt und nach Gestalt und Funktion einem Rüssel gleicht. Der mittlere Körperabschnitt unterhalb des Ansatzes der Tentakel ist erweitert und enthält den Magen; er verschmälert sich mehr oder weniger zum Stiel, der mit einer basalen Haftscheibe am Substrat angeheftet ist. Die Farbe des Polypen ist weißgrau bis gelblich.

Die Tentakel sind am Ansatz etwas verdickt, sonst aber im ausgestreckten Zustand in ganzer Länge gleichmäßig dünn. Im maximal kontrahierten Zustand nehmen sie die Form von kugelig verdickten, fast rundlichen Blasen an und können beim Polypen von *Tripedalia* vollständig unter die Körperoberfläche eingezogen werden (Abb. 66 A).

Die Tentakel sind stets capitat, d. h. die Nesselzellen befinden sich immer nur an ihrer Spitze (Abb. 65), und sie sind — im Gegensatz zu allen übrigen Cnidaria — in eine Grube der schwach keulenförmig verdickten Spitze des Tentakels eingesenkt, so daß ihre Längsachse der Tentakelachse parallel verläuft. Eigenartigerweise ist jeder Tentakel mit nur einer einzigen großen Nesselkapsel (vom Typ der Stenotele) ausgestattet: lediglich bei *Tripedalia* hat der Endabschnitt des Tentakels etwa 20—40 Nesselzellen (Abb. 65 B). Wenn vereinzelte Nesselzellen an den Seitenflächen der Tentakel angetroffen werden, so handelt es sich um solche, die auf der Wanderung zur Tentakelspitze begriffen sind, um verbrauchte Nesselkapseln zu ersetzen.

Die äußere Form des Körpers ist je nach dem Kontraktions- und Aktivitätszustand variabel und kann sich vom schlank-flaschenförmigen bis zum kugeligen Zustand verändern. Seiner äußeren Radialsymmetrie entspricht vollständig die innere: Der Ga-

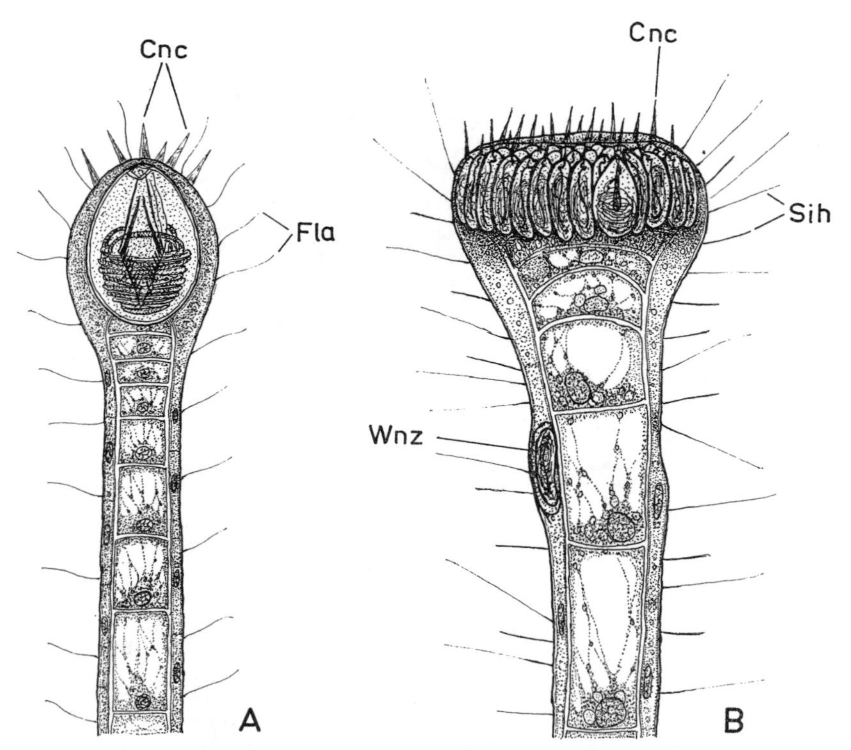

Abb. 65. Endabschnitte der capitaten Tentakel des Cubopolypen. **A.** *Carybdea marsupialis.* **B.** *Tripedalia cystophora.* Länge des Präparates 0,15 mm. — **Cnc** Cnidocil, **Fla** Flagellum, **Sih** Sinneshaar, **Wnz** Wandernesselzelle. — B nach Werner 1975.

stralraum ist einheitlich rund und sackförmig; Gastralsepten und Gastraltaschen fehlen. Bei größeren Polypen im Ruhezustand kann die einschichtige Gastrodermis gefaltet und zu Längswülsten zusammengeschoben sein (Abb. 66). Es handelt sich aber nicht um Septen, sondern um unregelmäßig geformte Einfaltungen von variabler Zahl und Gestalt, die lediglich vom Kontraktionszustand des Körpers abhängen und mit ihm wechseln. Die Falten verschwinden, wenn der Gastralraum mit Nahrung gefüllt und zur vollen Größe gedehnt ist.

Die Körperwand besteht überall nur aus den beiden Schichten der Epidermis und Gastrodermis mit der dazwischen liegenden Mesogloea, die als dünne Stützlamelle ausgebildet und primär zellfrei ist. Die gesamte Oberfläche des Körpers trägt Geißeln; deren Schlag ist allerdings nicht so stark, daß er eine gerichtete Wasserströmung erzeugen könnte. Nur bei dem Polypen von *Tripedalia* fehlen schlagende Geißeln auf der Körperoberfläche; sie sind hier in starre oder wenig bewegliche Sinneshaare umgewandelt.

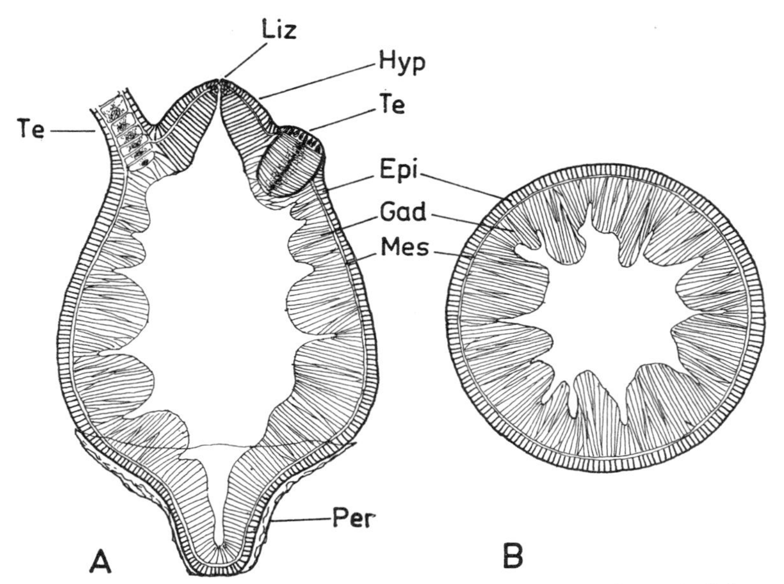

Abb. 66. Anatomie des Cubopolypen *Tripedalia cystophora*. **A.** Längsschnitt, links die Basis eines Tentakels im ausgestreckten Zustand, rechts ein Tentakel maximal kontrahiert. **B.** Querschnitt. Zu beachten ist, daß die Gastrodermis des Körpers im Ruhezustand in zahlreiche unregelmäßige Falten gelegt und dadurch verdickt ist; sie nimmt die normale Form und Dicke an, wenn der Magen mit Nahrung gefüllt und die Körperwand gedehnt ist. — **Epi** Epidermis, **Gad** Gastrodermis, **Hyp** Hypostom, **Liz** Lippenzellen, **Mes** Mesogloea, **Per** Peridermbecher, **Te** Tentakel.

Die geringe Größe des Polypen ist die Ursache dafür, daß er bisher nur von einer Art aus dem freien Wasser bekannt ist (*Carybdea marsupialis*, Abb. 64A). Die Polypen der anderen Arten sind aus Planulae im Laboratorium gezüchtet. Da aber bei *Tripedalia* die F_1-Generation herangezogen werden konnte und da überdies mehrere Arten, die an getrennten Orten gezüchtet wurden, in den wesentlichen Merkmalen übereinstimmen, kann die hier gegebene Beschreibung des Cubopolypen als zutreffend gelten.

Die **Cubomeduse** (Abb. 67) weist, im Gegensatz zu dem äußerlich wie innerlich einfach gebauten Polypen, einen recht komplizierten Bauplan auf. Sie hat ihren Namen (Haeckel 1880) von der angenäherten Würfelform des Schirmes, auch wenn die Höhe meist größer als der Durchmesser ist. Da die Kanten und Seitenflächen des Würfels gerundet sind und der Subumbrellarraum sehr tief ist, kann der Schirm bei mehreren Arten eher als glockenförmig bezeichnet werden. Gleichwohl bleibt die ausgeprägte Tetraradialität der Cubomeduse auch in der äußeren Form des Schirmes stets deutlich erkennbar; er hat einen quadratischen, keinen runden Querschnitt. Die Kanten des Würfels liegen in den Interradien, während die Perradialebene durch die Mitte der Seitenflächen verläuft (Abb. 68).

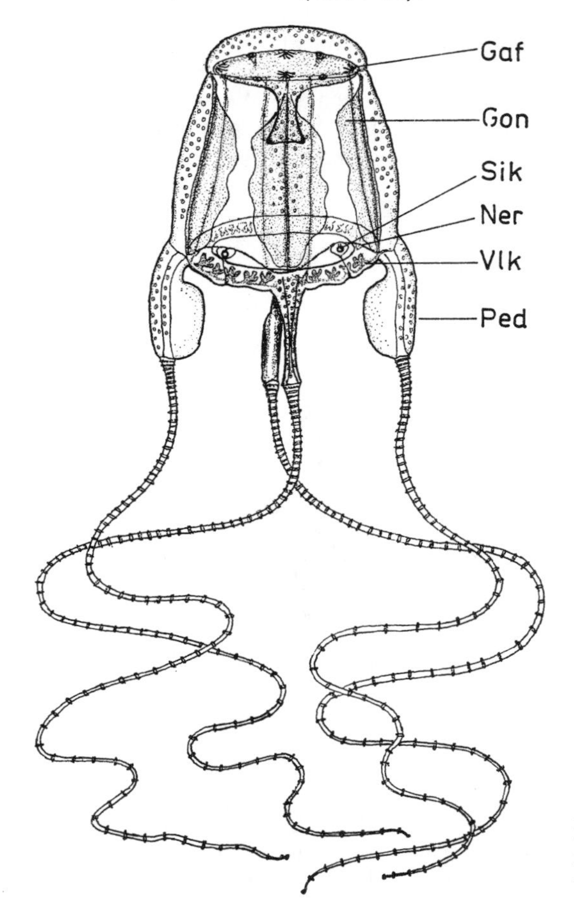

Abb. 67. Morphologie der Cubomeduse *Carybdea marsupialis.* — **Gaf** Gastralfilament, **Gon** Gonade, **Ner** Nervenring, **Ped** Pedalium, **Sik** Sinneskörper, **Vlk** Velarkanäle. — Nach MAYER 1910, verändert.

Die Exumbrella des Schirmes ist durch ein System von symmetrisch angeordneten Längsfurchen in regelmäßiger Weise aufgegliedert, indem acht tiefere, adradiale Furchen die Kanten von den Mittelteilen der Seitenflächen abgrenzen. Kanten und Mittelteile werden ihrerseits durch je eine flachere, genau interradial bzw. perradial gelegene Furche nochmals unterteilt. In diesen Furchen hat die Schirmgallerte eine etwas geringere Dicke. Das beschriebene Furchensystem ist nicht bei allen Arten gleich gut ausgebildet und wird meist bei alten Exemplaren undeutlicher. Der flach gerundete Apex des Schirmes kann von den Seiten durch eine schwach ausgebildete, horizontale Ringfurche abgesetzt sein. Die gesamte Exumbrella ist mit zahlreichen mehr oder weniger dicht liegenden, größeren oder kleineren Nesselwarzen besetzt, die bei manchen Arten schwach gelblich oder bräunlich pigmentiert sind. In der Verteilung der Nesselwarzen wird oft ein regelmäßiges Muster erkennbar, das die Aufteilung der Exumbrella durch das Furchensystem widerspiegelt, da die Nesselwarzen in den Furchen weniger zahlreich sind oder fehlen.

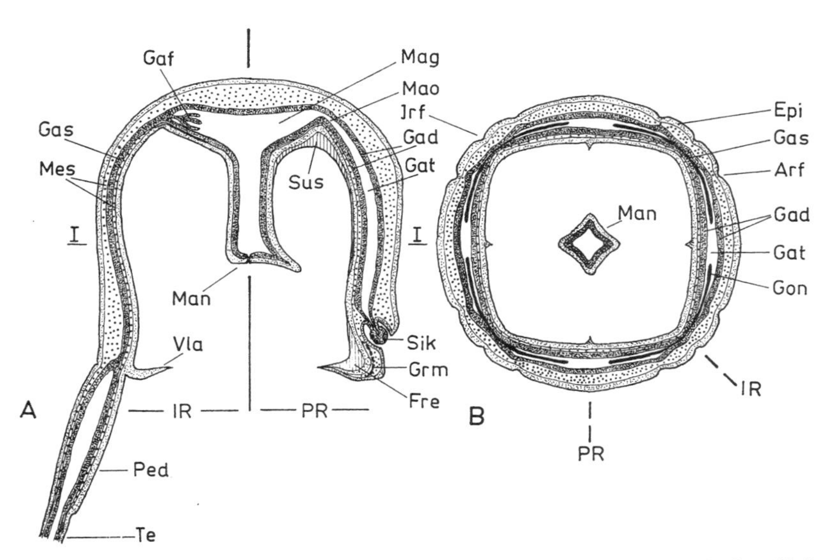

Abb. 68. Anatomie der Cubomeduse, schematisch. **A.** Längsschnitt; links durch einen Interradius, rechts durch einen Perradius gelegt. **B.** Querschnitt durch die Ebene I—I von A. — **Arf** Adradialfurche der Exumbrella, **Epi** Epidermis (fein punktiert), **Fre** Frenulum (senkrecht schraffiert), **Gad** Gastrodermis (dunkel punktiert), **Gaf** Gastralfilament, **Gas** Gastralseptum, **Gat** Gastraltasche. **Gon** Gonade, **Grm** Grenzmembran, **IR** Interradius, **Irf** Interradialfurche, **Mag** Magen, **Man** Manubrium, **Mao** Magen-Ostium, **Mes** Mesogloea (grob punktiert), **Ped** Pedalium, **PR** Perradius, **Sik** Sinneskörper, **Sus** Suspensorium (senkrecht schraffiert), **Te** Tentakel, **Vla** Velarium. — Nach Conant 1898, verändert.

Alle Epithelien der Meduse sind begeißelt. An den Ecken des Schirmrandes, etwas nach oben verschoben, inserieren die Tentakel, die daher eine interradiale Stellung haben. Zahl und Anordnung der Tentakel sind systematisch wichtige Merkmale. Es sind stets vier Einzeltentakel oder vier Tentakelgruppen bzw. Tentakelbüschel vorhanden. Die Basis der hohlen, sehr muskulösen, daher außerordentlich dehnbaren bzw. kontraktilen, meist langen Tentakel ist zu verbreiterten, ruderblattähnlichen Pedalien umgewandelt. Die Pedalien sind nicht kontraktil, können aber durch radiale Muskelzüge seitlich vom Körper abgespreizt werden und dienen der Steuerung beim Schwimmen. Außerdem kann die Meduse von *Carybdea marsupialis* die Pedalia bei der Nahrungsaufnahme zum Mund hin umbiegen. Die Nesselkapseln sind an den Tentakeln zu ringförmigen Batterien angeordnet (vor allem bei kontrahierten Tentakeln deutlich erkennbar), und sie sind im Ectoderm so aufgerichtet, daß ihre Längsachse zur Tentakellängsachse senkrecht oder schräg steht. Polypen- und Medusententakel weisen also bemerkenswerte Unterschiede auf: Erstere sind solide, capitat und mit geringer Zahl von Nesselzellen ausgestattet, letztere sind hohl und tragen zahlreiche Nesselzellen in ringförmigen Batterien mit anderer Lage der Kapseln. An den Seitenflächen des Schirmes liegen die vier großen, kolbenförmigen Sinneskörper (Rhopalien), die in Gruben eingebettet und durch einen peripheren Nervenring verbunden sind. Die perradiale Lage der Sinneskörper erklärt sich aus ihrer Herkunft: Sie sind phylogenetisch umgewandelte, primäre Tentakel, was sich in ihrer Ontogenese noch deutlich verfolgen läßt (S. 121).

Der Schirmrand der Cubomeduse ist stets ganzrandig (im Gegensatz zu dem gelappten Rand der Scyphomedusen). Die Schirmöffnung ist durch eine dünne, mit Muskulatur versehene Hautfalte, das Velarium, verengt, das die gleiche Form und Funktion wie das Velum der Hydroidmeduse hat (vgl. Abb. 4), sich aber von diesem durch seine Herkunft unterscheidet, da es eine rein subumbrellare Bildung darstellt. Das einfache Mundrohr (Manubrium) ist im Querschnitt vierkantig und mit vier gut entwikkelten Lippen versehen. Seine Länge ist stets geringer als die Höhe der Glockenhöhle, so daß der Mund die Schirmöffnung nicht erreicht.

Besonders charakteristisch für alle Cubomedusen ist die große Durchsichtigkeit der Schirmgallerte wie aller Organe, einschließlich der Gonaden (S. 126).

Die Form des Subumbrellarraumes entspricht dem Bauplan des Schirmes, ist also im Querschnitt ebenfalls quadratisch. Die Oberfläche ist glatt, da Nesselwarzen fehlen. Das Furchensystem der Exumbrella setzt sich nur teilweise auf die Innenseite fort; insbesondere ist eine Furche in den interradialen Ecken ausgebildet. Charakteristisch ist die tetraradiale Gliederung der Subumbrella durch ein System von perradialen, vertikalen Stützleisten der Wand, die als schmale Falten in die Schirmhöhle vorspringen.

Die Stützleisten im Schirmgewölbe, die Suspensorien, entspringen an den oberen Kanten des Mundrohres und verlaufen nach oben bis zum Ansatz des Magens, wo sie auf die Seitenflächen der Subumbrella umbiegen (Abb. 68A). Sie enden oberhalb der außen gelegenen Sinneskörper. In den Perradien des Schirmrandes liegen die Stützleisten (Frenula) auf der Innenseite des Velarium und biegen an dessen Ansatz auf die Subumbrellarwand nach oben um (Abb. 68A), wo sie unterhalb der Sinneskörper auslaufen. Suspensorien und Frenula haben die Form und Funktion von T-trägerähnlichen Stützleisten: Erstere verstärken die Magenwand und die Aufhängung des Mundrohres im Schirmgewölbe, letztere das Velarium. Außerdem sind diese Stützleisten mit radialen Muskelzügen ausgestattet. Durch die Suspensorien weist das Gewölbe der Schirmhöhle um den Ansatz des Mundrohres eine Vierung auf, die noch dadurch verstärkt wird, daß die Decke des Subumbrellarraumes in den Interradien zwischen den Suspensorien schwach zipfelförmig in den darüberliegenden Magen emporgewölbt ist. Die Architektur des Oberteiles der Schirmhöhle ist daher durch vier interradiale Spitzgewölbe im Umkreis des Ansatzes des Mundrohres ausgezeichnet.

Auf diese spezielle Ausbildung des oberen Subumbrellarraumes muß deswegen eingegangen werden, weil es sich bei den beschriebenen schwach zipfelförmigen Aufwölbungen in den Interradien keineswegs um trichterförmige Einsenkungen handelt, die mit den Septaltrichtern der Scyphopolypen vergleichbar wären. Die interradialen Zipfel verlängern sich nicht seitwärts und erreichen die Septen zwischen den Gastraltaschen überhaupt nicht, was sie tun müßten, wenn es sich wirklich um Septaltrichter handelte. Ebenso fehlen Septalmuskeln, die ja bei den „echten“ Septaltrichtern der Scyphozoa mit diesen kombiniert auftreten und die primäre Ursache ihrer Ausbildung waren (S. 71). Die allgemein verbreitete Angabe, daß die Cubomedusen Septaltrichter besäßen, beruht auf einer Fehlinterpretation der anatomischen Gegebenheiten und erklärt sich aus der Annahme, daß die Cubomedusae zu den Scyphozoa zu rechnen seien. Übrigens kann vergleichsweise darauf hingewiesen werden, daß die gleiche Architektur des Gewölbes der Glockenhöhle bei den Hydroidmedusen der Familie Pandeidae (S. 172) existiert; bei ihnen wird die Vierung durch die ebenfalls perradialen Mesenterien bewirkt, welche die gleiche Lage und Funktion haben wie die Suspensorien der Cubomedusen.

Das Gastrovascularsystem der Cubomeduse besteht aus dem Innenraum des Manubrium, dem Magen, den vier Gastraltaschen, dem peripheren Ringkanal und den Kanälen, die in die Tentakel, das Velarium und die Sinneskörper führen. Der linsenförmige Magen liegt im Apex des Schirmes und trägt an seiner peripheren Wand in den Interradien ein Büschel von Gastralfilamenten. Bei manchen Arten sind die Filamente auch zu einer Reihe angeordnet. Sie haben die gleiche Form und Funktion wie die der Scyphozoa (S. 91). Es handelt sich um fingerförmige Auswüchse der Gastrodermis mit einer mesogloealen Achse. Das Epithel besteht aus Drüsenzellen, zwischen die Nesselzellen eingelagert sind. Der Magen öffnet sich durch die vier perradialen Gastralostia, die durch Muskelkontraktion und eine Klappe verschließbar sind, in die vier großen Gastraltaschen, die den Schirm in seinem gesamten Umkreis umgeben.

Die Gastraltaschen sind mit einer dünnen gastrodermalen Wand der Ex- und Subumbrella ausgekleidet und voneinander nur durch die Septa getrennt, interradiale schmale vertikale Leisten. Die Gastraltaschen erstrecken sich in Richtung auf den Schirmrand ungeteilt bis in Höhe der Sinneskörper, wo in den Perradien ex- und subumbrellare Wand verschmelzen, so daß sich jede Gastraltasche in zwei Hälften teilt. Aus den im oberen Schirmteil liegenden vier großen Gastraltaschen werden daher im unteren Teil acht vertikale schmälere Randtaschen, die am Schirmrand miteinander in Verbindung stehen und so einen peripheren Ringkanal bilden. Von diesem zweigen Seitenkanäle ins Innere der Pedalia (und damit der Tentakel) sowie in das Velarium ab. Form und Zahl der Velarkanäle, die blind enden, aber sich noch verzweigen können (Abb. 67), variieren in artspezifischer Weise und dienen daher als Artunterscheidungsmerkmale. Dicht oberhalb der Aufteilung der Gastraltaschen in die Randtaschen zweigt vom Mittelteil auch der Stielkanal der Sinneskörper ab.

In den Gastraltaschen liegen die acht entodermalen Gonaden, die als dünne blattförmige Gebilde paarweise an jedem Septum ansetzen und mit diesen durch feine Stütztrabekel verbunden sind. Die Gonaden entstehen aus einer einheitlichen Anlage des Septum im unteren Schirmdrittel und wachsen als Falten seitlich in die beiden angrenzenden Gastraltaschen vor. Die vertikale Ausdehnung der Gonaden erreicht bei den meisten Arten die gesamte Höhe der Gastraltaschen. Bei *Chironex* hängen sie bruchsackartig in den Subumbrellarraum hinein.

Histologie

Der **Cubopolyp** hat histologisch zwar den typischen Aufbau eines Cnidarier-Polypen (S. **17** f.), weist jedoch gegenüber dem Scyphopolypen (S. **69**) nach der Zahl der in den Epithelien vorhandenen Zelltypen sowie nach ihrer Struktur und Funktion eine ungleich höhere histologische Differenzierung auf, die ihn vor allem hinsichtlich der Gastrodermis dem Hydroidpolypen vergleichbar macht [184] (vgl. Abb. 5).

In der begeißelten Epidermis (vgl. die Einschränkung für den Polypen von *Tripedalia* S. 109) finden sich Epithelzellen mit und ohne Muskelfasern und mit den typischen Vacuolen, Schleimzellen, die durch ihre Sekretgranula erkennbar sind, Sinnes- und Ganglienzellen sowie Nesselzellen. Der Mund ist durch besondere Lippenzellen histologisch gesondert. Die Gastrodermis des Hypostom trägt Schleimzellen, mindestens zwei Arten von enzymbildenden Granulazellen, Basalzellen an der Mesogloea, die einen Fortsatz mit einer Geißel an die gastrodermale Oberfläche senden und vermutlich eine neurosekretorische Funktion haben, sowie Absorptions- (= Verdauungs-)zellen. Die Gastrodermis des Magens enthält Schleimzellen, einen Zelltyp mit Macrogranula für die Enzymsekretion, Verdauungszellen und Basalzellen. Die Epidermis der Haftscheibe des Polypen von *Tripedalia* weist Desmocyten auf, die nach Bau und Funktion denen des Scyphistoma gleichen (Abb. 36). Neben den beschriebenen Zelltypen finden sich in der Epi- und Gastrodermis in geringer Zahl runde oder ovale Zellen, bei denen es sich vermutlich um Amoebocyten handelt wie sie auch von den Scyphozoa beschrieben sind. Interstitielle Zellen des vom Hydroidpolypen bekannten Typs fehlen dem Cubopolypen.

Der Cubopolyp besitzt weiterhin einige nur ihm eigentümliche Merkmale, durch die er sich von allen anderen Cnidaria-Polypen unterscheidet.

1. Die **Muskulatur** der sehr dehnbaren Tentakel und des Hypostom besteht aus typischen Epithelmuskelzellen mit glatten Fasern. Doch gibt es im Epithel der Tentakelspitzen auch eine begrenzte Anzahl von Epithelmuskelzellen mit quergestreiften Fasern. Es handelt sich hier um einen der wenigen Nachweise von quergestreiften Muskelfasern bei einem Cnidaria-Polypen. Beobachtungen über die Kontraktion der Tentakel beim Beutefang ergaben, daß sich dabei zuerst das distale Ende der Tentakel schnell und ruckartig kontrahiert, anschließend dann — aber deutlich verlangsamt — auch der basale Abschnitt. So kann angenommen werden, daß die quergestreifte Muskulatur des Endabschnittes die schnelle Kontraktion bewirkt.

Die Muskulatur der Körperwand besteht entweder aus reinen Myocyten, die in die Mesogloea eingelagert sind (*Carybdea*), oder aus Myocyten und Epithelmuskelzellen (*Tripedalia*) (Abb. 69).

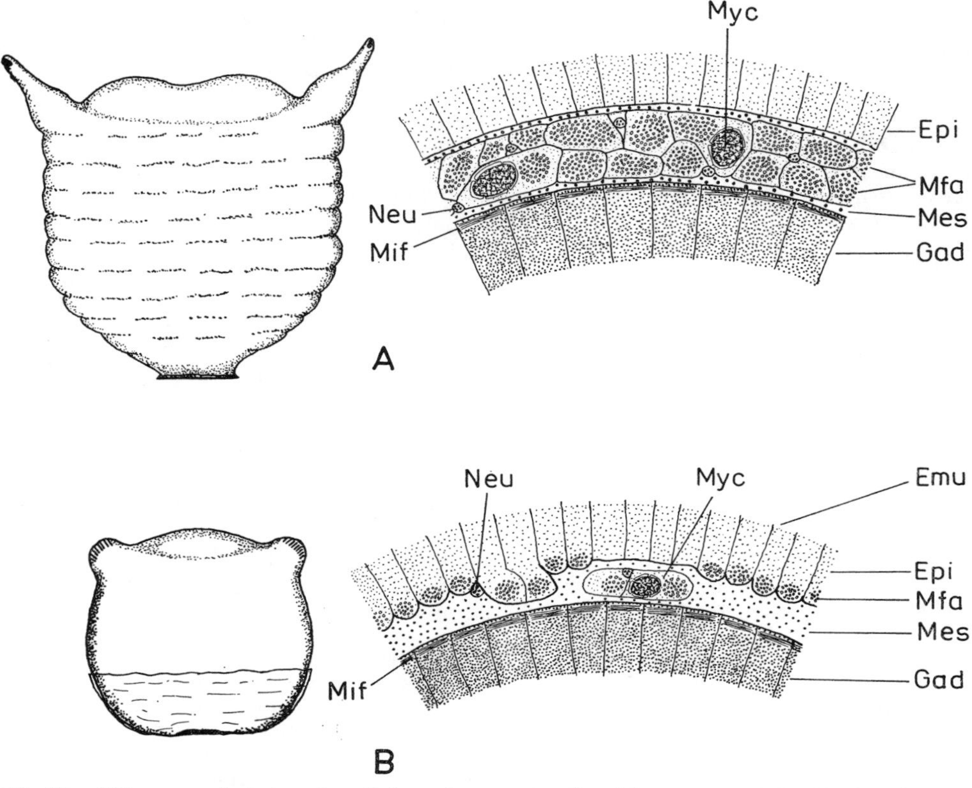

Abb. 69. Körpermuskulatur des Cubopolypen. **A.** *Carybdea marsupialis*. Links: kontrahierter Polyp mit gefalteter Oberfläche. Rechts: schematischer Querschnitt (nach einer elmikroskopischen Aufnahme) durch die Körperwand in der Nähe der Basis zur Darstellung des Muskelschlauches in der Mesogloea. **B.** *Tripedalia cystophora*. Links: kontrahierter Polyp mit glatter Oberfläche. Rechts: schematischer Querschnitt (nach elmikroskopischen Aufnahmen), in dem die Verhältnisse verschiedener Körperregionen kombiniert sind; die Muskulatur besteht hier aus Epithelmuskelzellen an der Mesogloea, aus Epithelmuskelzellen, deren Faserteil in die Mesogloea verlagert ist, sowie aus reinen Myocyten in der Mesogloea. — **Emu** Epithelmuskelzelle, **Epi** Epidermis, **Gad** Gastrodermis, **Mes** Mesogloea, **Mfa** Muskelfibrillen-Bündel (= Muskelfaser), **Mif** intrazelluläre zirkuläre Microfilamente in der Basis der Gastrodermiszellen, **Myc** Myocyte mit Kern und Muskelfibrillen, **Neu** Neurit. — Die Querschnitte nach Werner u. a. 1976.

2. Das **Nervensystem** weist als Besonderheit einen doppelten Nervenring auf, der an der Basis des Hypostom dicht oberhalb des Ansatzes der Tentakel liegt und als geschlossener Ring den Mundkegel umgibt (Abb. 70). Er besteht aus einem ecto- und einem entodermalen Strang mit zahlreichen dicht gelagerten Fasern. Unter Umständen hängt die Ausbildung dieses Nervenringes mit dem Verhalten beim Nahrungserwerb zusammen (S. 130): Der Polyp wendet sich mit dem rüsselartigen, stark dehnungsfähigen Hypostom aktiv auf die Beute hin und kann damit den Boden nach Nahrung absuchen.

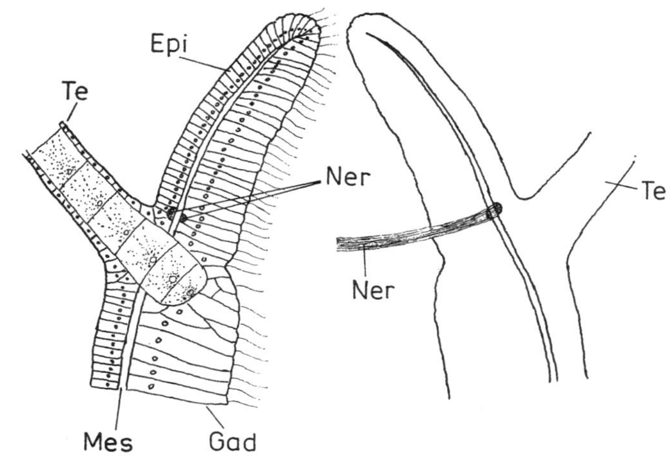

Abb. 70. Nervenring des Cubopolypen *Tripedalia cystophora*, Schema. Die linke Seite zeigt die Lage des quergeschnittenen Nervenringes mit dem epi- und dem gastrodermalen Teil; die rechte Seite soll die räumliche Lage veranschaulichen. — **Epi** Epidermis, **Gad** Gastrodermis, **Mes** Mesogloea, **Ner** Nervenring, **Te** Tentakel. — Nach Chapman 1978, verändert.

Bislang ist der Cubopolyp der einzige Polyp unter allen Cnidaria, für den ein Nervenring nachgewiesen ist. Zwar wird auch für *Hydra* angegeben, daß sie oberhalb der basalen Haftscheibe und an der Basis des Hypostom Nervenringe besäße, doch handelt es sich dabei lediglich um ringförmige Verdichtungen des diffusen Nervennetzes.

3. Die soliden Polypententakel enthalten im Inneren in der üblichen Weise große, sehr vacuolenreiche Entodermzellen von enormer Länge, aber in relativ geringer Zahl. Auf den capitaten Tentakeln liegen die **Nesselzellen** (Stenotelen) in Gruben versenkt, wobei bei mehreren Arten die Bestückung auf eine einzige Nesselzelle beschränkt ist. Diese hat dann nicht, wie gewöhnlich, ein einzelnes Cnidocil, sondern mehrere in einem Kreis aufgestellte Cnidocils. Alle diese Eigenheiten sind sonst bei Cnidaria unbekannt. Die Bildungszone für die Stenotelen liegt an der Rumpfwand unterhalb des Tentakelansatzes. Nicht selten sieht man daher eine Stenotele an den Seitenflächen der Tentakel auf der Wanderung zum Endabschnitt, da ja der Ersatz der verbrauchten Nesselkapsel in diesem Falle besonders dringlich ist. Wie auch für andere Cnidaria bekannt, ist die Ausstattung mit Nesselzellen beim Polypen von der Meduse verschieden; insbesondere fehlen der Meduse die Stenotelen, die bei der Umwandlung des Polypen eliminiert werden.

Die **Cubomeduse** weist anatomisch und histologisch ebenfalls einige Besonderheiten auf, die sie von der Scypho- und der Hydroidmeduse unterscheiden. Sie hat einen einheitlichen, nicht gelappten Schirmrand, und ihre kräftig entwickelte, feste Schirmgallerte ist zellfrei (bei den Scyphozoa trifft das nur für die Coronata zu). Der Schirmrand und das Velarium sind rein subumbrellarer Natur.

Dies erklärt sich aus der Existenz einer entodermalen ringförmigen Lamelle oder Scheidewand in der Mesogloea, die von der Exumbrella oberhalb des Schirmrandes ausgeht und sich quer durch die Mesogloea bis zur subumbrellaren Epidermis des Schirmrandes erstreckt. Durch diese Scheidewand geht die Mesogloea der Ex- und der Subumbrella am Schirmrand nicht nahtlos ineinander über, sondern beide sind getrennt (Abb. 68A). Das gleiche gilt für die Epidermis, die damit oberhalb des ringförmigen Ansatzes der Grenzlamelle exumbrellar, unterhalb subumbrellar ist.

Die **Muskulatur** des Schirmes ist subumbrellar und besteht aus Epithelmuskelzellen mit zirkulären, quergestreiften Fasern; sie bedecken die gesamte Fläche der Subumbrella mit Ausnahme einiger muskelfreier Zonen (vgl. im Gegensatz dazu den peripheren Coronarmuskel der Scyphozoa). Die Muskelfläche der Subumbrella wird bei den Cubomedusen nur von radialen Muskelzügen durchbrochen, die in den Suspensorien und Frenula liegen. Ihrem Verlauf entsprechend bleibt eine Stelle von Muskeln frei, über der außen jeweils ein Sinneskörper liegt. Auch der Nervenring unterbricht die Subumbrellarmuskulatur.

Im Velarium verlaufen zirkuläre Muskelfasern, die in den Frenula nach oben umbiegen und dann einen radialen Verlauf nehmen. Die Tätigkeit der Muskulatur des Velarium ist mit den Schirmpulsationen koordiniert, so daß diese Hautfalte aktiv an den Schwimmbewegungen beteiligt ist. Ein kräftiger radialer Muskel liegt schließlich an der Basis der Pedalia und bewirkt ihre Richtungsänderung.

Auch die Tentakel sind mit einer sehr kräftigen Muskulatur ausgestattet. Die Faserteile ihrer Epithelmuskelzellen sind an feinen Zellfortsätzen in die Mesogloea versenkt, wo sie in dichter und mehrschichtiger Lage den von Entodermzellen ausgekleideten Tentakelkanal umgeben und parallel zur Längsachse des Tentakels orientiert sind. Die wohlentwickelte radiale und zirkuläre Muskulatur des Manubrium macht dieses zu einem sehr beweglichen und ausdehnungsfähigen Organ, das mühelos auch größere Beutetiere bewältigen und in den Magen transportieren kann.

Die Flüssigkeit des Gastralsystems enthält zahlreiche flottierende Amoebocyten, die offenbar dem Transport von Nahrungsstoffen und der Ausscheidung von Exkreten dienen.

Das **Nervensystem** der Cubomeduse besteht aus einem diffusen subumbrellaren Nervennetz mit zahlreichen bi- und multipolaren Ganglienzellen, die sich gehäuft auf beiden Seiten der Suspensoria und Frenula finden. Ein wohlentwickelter Nervenring (Abb. 67) ist ein weiteres Merkmal, das die Cubo- von der Scyphomeduse unterscheidet. Dieser subumbrellare Nervenring verläuft in der Nähe des Schirmrandes in einer weiten Zickzacklinie, da er jeweils die Ansätze der Tentakel mit den Sinnesorganen verbindet. Der ungleichmäßige Verlauf hängt mit der sekundären Lageverschiebung der Rhopalien zusammen. Anders als bei den Hydroidmedusen ist der Nervenring bei der lebenden Cubomeduse durch seine deutliche Kontur und dichtere Beschaffenheit in der durchsichtigen Schirmgallerte leicht zu erkennen (vgl. Abb. 80 und 81).

Über den histologischen Aufbau des subumbrellaren Nervenringes liegen nur ältere Angaben vor, die der Nachprüfung mit modernen Methoden bedürfen. Der Ring ist rein ectodermaler Natur und verdient eher den Namen eines verdickten Epithel-Nervenstreifens als eines Ringes (Abb. 71). In der Reihenfolge von außen nach innen besteht er aus einem Deckepithel von Stützzellen und einer Schicht von Ganglienzellen mit mehreren dichten Bündeln von Nervenfasern. Darüber liegt die dünne Schicht der Mesogloea, die vom einschichtigen Epithel der subumbrellaren Wand der Gastraltasche überlagert wird Unter jedem Sinneskörper ist die Anzahl der Ganglienzellen zu einem schwach verdickten Radialganglion vergrößert, von dem zwei Stränge in den Sinneskörper abzweigen. Je ein Interradialganglion liegt ferner an jeder Tentakelbasis, so daß die Meduse insgesamt acht Ganglien besitzt.

Die Sinneskörper (Rhopalien) der Cubomeduse müssen nach ihrem Bau als die kompliziertesten **Sinnesorgane** aller Cnidaria gelten (Abb. 72) [182, 193, 212]. Sie haben die Form eines gestielten, zweischichtigen hohlen Kolbens, dessen gastrodermaler Innenraum durch den Stielkanal mit der darunterliegenden Gastraltasche und so mit dem gesamten Gastralsystem verbunden ist. Der Sinneskolben besteht aus einer kompakten Masse von Ganglienzellen mit einem hohen Faseranteil, die von einem begeißelten Deckepithel umgeben ist und in die zwei mediane Linsenaugen, auf jeder Seite von ihnen je zwei einfache Neben- oder Grubenaugen und ein medianer Statolith eingebettet sind. Die Augen sind ectodermaler Herkunft; interessanterweise sind die medianen Linsenaugen so angeordnet, daß sie nicht der Außenwelt, sondern dem Schirminneren zugewandt sind. Der Statolith ist entodermaler Natur und stellt eine kristalline Konkretion dar, die aus Kalziumsulfat mit Spuren von Phosphat besteht.

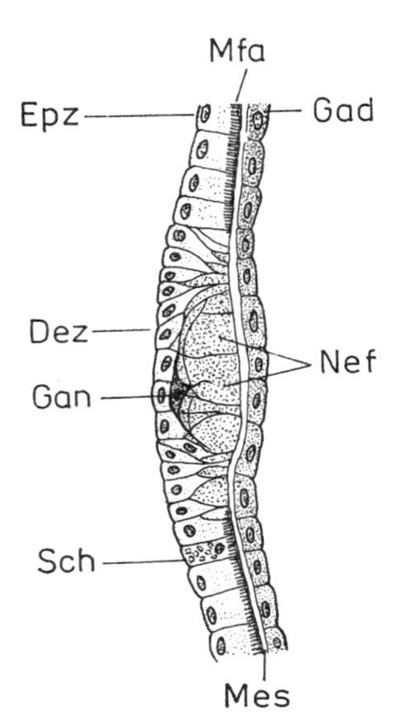

Abb. 71. Querschnitt durch den Nervenring der Cubomeduse *Tripedalia cystophora* (= Teil eines Längsschnittes durch den Medusenschirm). — **Dez** Deckzelle (= muskelfreie subumbrellare Epidermiszelle), **Epz** Epidermiszelle der Subumbrella (= Epithelmuskelzelle), **Gad** Gastrodermis der subumbrellaren Wand der Gastraltasche, **Gan** Ganglienzelle, **Mes** subumbrellare Mesogloea, **Mfa** zirkuläre Muskelfasern, **Nef** Nervenfaser, **Sch** Schleimzelle. — Aus CONANT 1898.

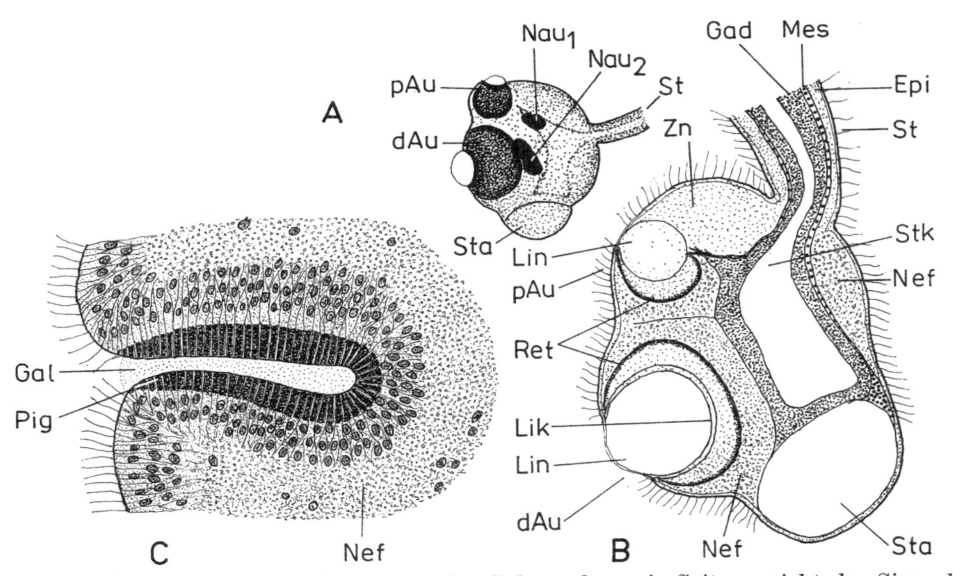

Abb. 72. Sinneskörper und Nebenauge der Cubomeduse. **A.** Seitenansicht des Sinneskörpers von *Tripedalia cystophora* nach dem Leben. **B.** Dasselbe, schematischer Längsschnitt. **C.** Querschnitt durch ein Nebenauge von *Carybdea marsupialis*. — **Epi** Epidermis (fein punktiert), **dAu** distales (größeres) Linsenauge, **Gad** Gastrodermis (dunkel punktiert), **Gal** Gallerte, **Lik** Linsenkapsel, **Lin** Linse, **Mes** Mesogloea (grob punktiert), **Nau**$_{1,2}$ Nebenaugen, **Nef** Nervenfasern, **pAu** proximales (kleineres) Linsenauge, **Pig** Pigmentzelle des Nebenauges, **Ret** Retina, **St** Stiel, **Sta** Statolith, **Stk** Stielkanal, **Zn** Zellen mit netzartigem Plasma (vgl. Abb. 73). — B nach CONANT 1898, C nach BERGER 1900.

Die beiden Linsenaugen (Abb. 73) sind von auffallend kompliziertem Bau. Unter der zelligen durchsichtigen Hornhaut, die deutlich über die Oberfläche der Umgebung vorspringt, liegt die große, nahezu kugelförmige Linse. Sie ist aus Zellen aufgebaut, die bei dem kleineren proximalen Auge auch in späteren Stadien erkennbar bleiben; bei dem größeren distalen Auge verschwinden die Zellelemente im Inneren der Linse, so daß diese glasklar wird. Außen ist die Linse von einer Linsenkapsel umgeben, die dem kleinen Auge fehlt. Beide Linsen sind in den becherförmigen Glaskörper eingebettet, der beim größeren Auge aus zahlreichen radial gestellten Prismen- und Pyramidenzellen aufgebaut ist, die von feinen zentralen Fasern durchzogen sind. Die Zellen der einschichtigen Retina haben auf ihrer zum Augeninneren gerichteten Seite dichte Anhäufungen von schwarzem Pigment. Die Retina des großen Auges enthält außerdem eine Anzahl von besonders langen Pigmentzellen, die dem kleineren fehlen. Die äußere Zone des Augenbechers besteht aus Gang-

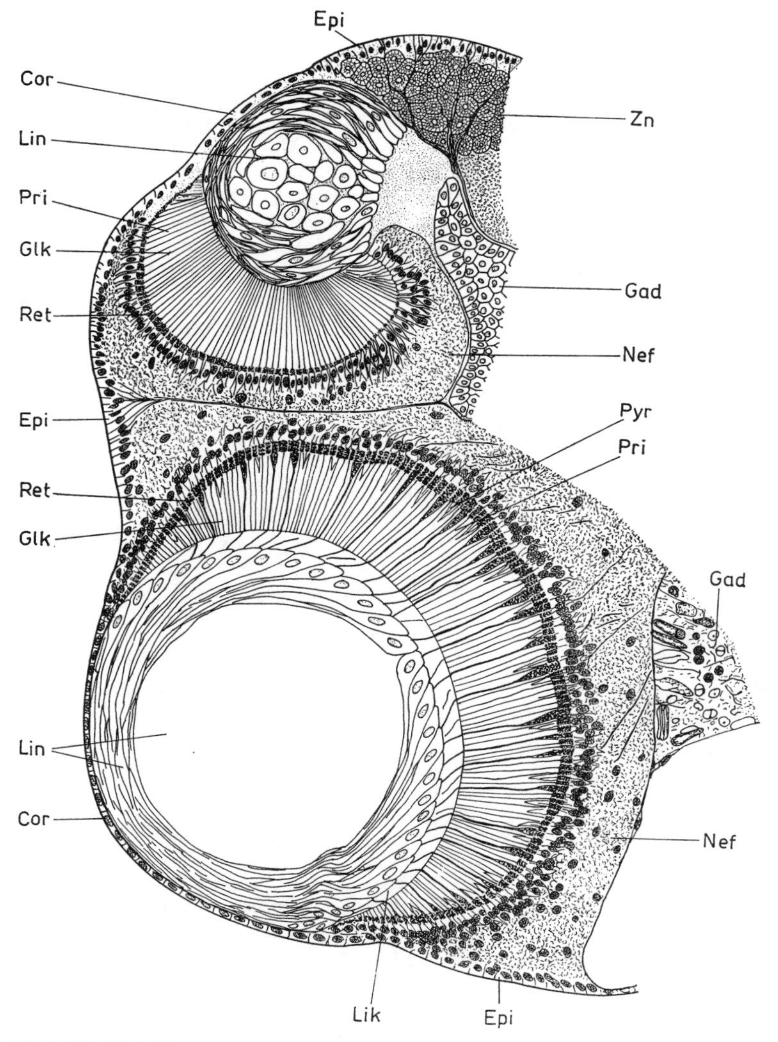

Abb. 73. Die Linsenaugen des Sinneskörpers der Cubomeduse *Carybdea marsupialis*; oben proximales kleineres, unten distales größeres Auge. Beachte die Zellstrukturen der Linse des kleineren und den komplizierten Aufbau des Glaskörpers und der Retina des größeren Auges. — **Cor** Cornea, **Epi** Epidermis, **Gad** Gastrodermis, **Glk** Glaskörper, **Lik** Linsenkapsel, **Lin** Linse, **Nef** Nervenfasern, **Pri** Prismenzelle, **Pyr** Pyramidenzelle, **Ret** Retina, **Zn** Zelle mit netzartigem Plasma unbekannter Funktion. — Nach BERGER 1900.

lienzellen und einem dichten Geflecht von Nervenfasern. Wie Hell- und Dunkelversuche ergaben, kann sich die Pigmentschicht der Retinazellen kontrahieren und ausdehnen.

Die beiden lateralen Grubenaugen jeder Seite haben keine Linse, doch enthält die ectodermale zentrale Einsenkung des Auges eine lichtbrechende Substanz, die von einem einfachen Becher von Pigmentzellen umgeben ist (Abb. 72C). Diese Substanz, die früher als strukturlose Gallerte angesehen wurde, besteht nach neueren elmikroskopischen Untersuchungen aus einem dichten Geflecht von zahlreichen apikalen Rezeptor-Fortsätzen (Sinneshaaren) der Pigmentzellen, die seitlich durch Microvilli verzweigt sind. Eine prinzipiell gleiche Struktur haben auch die Prismen- und Pyramidenzellen der Glaskörper der Linsenaugen [193].

Der komplexe Aufbau des Nervensystems der Cubomeduse und der komplizierte Bau ihrer Sinneskörper legt die Frage nach den speziellen Funktionen und nach der übergeordneten Koordination beim Schwimmvorgang nahe. Völlig abgeklärt werden konnten diese Verhältnisse bisher allerdings noch nicht. Immerhin hat sich jedoch herausgestellt, daß die Cubomedusen neurophysiologisch den Scyphomedusen recht nahe stehen, ein weiteres Indiz für die nahe Verwandtschaft beider Klassen [197].

Carybdea marsupialis, wie alle Cubomedusen ein Flachwasserbewohner, hält sich in der Abend- und Morgendämmerung nahe der Wasseroberfläche auf, bei völliger Dunkelheit und am hellen Tage dagegen läßt sie sich zu Boden sinken. Die Tiere werden also durch Licht einer bestimmten Stärke aktiviert (im übrigen lassen sie sich nachts auch durch künstliche Lichtquellen anlocken). Die naheliegende Annahme, daß die Augen die reizaufnehmenden Organe sind, bedarf der experimentellen Bestätigung. Es wird auch berichtet, daß die Tiere in der Lage sind, Bewegungsvorgänge in ihrer Nähe, etwa die von Bootsrudern, zu erkennen und ihnen auszuweichen. Warum die Linsenaugen zum Inneren des Schirmes gerichtet sind, ist eine bisher ungeklärte Frage.

Die Cubomedusen sind außerdem als gute Schwimmer bekannt. Sie führen kraftvolle Schirmkontraktionen mit hoher Frequenz aus. So pulsiert *Carybdea marsupialis* 120 bis 150 mal in der Minute und legt 3—6 m pro Minute zurück. Als ihr in schon länger zurückliegenden Versuchen alle Sinneskörper entfernt wurden, hörten die Schirmkontraktionen zunächst auf; dann aber konnte sich die Meduse soweit erholen, daß die rhythmischen Kontraktionen wieder einsetzten, für eine normale Schwimmbewegung allerdings zu schwach waren. Die Entfernung der Ganglien unter den Sinneskörpern brachte die Schirmkontraktionen völlig zum Erliegen. Eine Durchtrennung des Ringnervs seitlich der Sinneskörper blieb ohne Einfluß auf die Schwimmbewegungen. Wurden aber in den Schirm Einschnitte vom Rand bis zum Magenansatz gelegt, so war die Koordination gestört, und jeder Sektor kontrahierte sich unabhängig vom anderen.

Etwas abweichende Ergebnisse ergab eine neuere Analyse an *Carybdea rastoni* (Schwimmfrequenz 80—100 mal in der Minute). Danach entstehen die Schwimmimpulse in den Sinneskörpern und regen über das subumbrellare Nervennetz die Schirmmuskulatur zur Kontraktion an. Wie bei den Scyphomedusen geht der primäre Impuls von demjenigen Sinneskörper aus, der nach Beendigung einer Impulssendung zuerst wieder den vollen Aktivitätszustand erreicht hat. In den übrigen Sinneskörpern wird dieser Primärimpuls mit den Eigenimpulsen koordiniert. Nach der Entfernung sämtlicher Sinneskörper ist die Meduse unfähig zu regelmäßigen Schirmkontraktionen.

Wenn auch die älteren und neueren Resultate etwas unterschiedlich sind, so zeigen sie doch zweifelsfrei die Bedeutung der Sinneskörper und der zugehörigen Ganglien als Zentren der Schrittmacher-Aktivitäten für die Schwimmbewegungen. In Übereinstimmung damit steht, daß keiner Cubomeduse die Sinneskörper fehlen; dies gilt auch für die Scyphomedusen (bis auf eine noch unzureichend bekannte Ausnahme).

Als **Nesselkapseln** sind bei den Cubozoa bisher sechs verschiedene Kategorien nachgewiesen, nämlich drei Haplonemen (atriche, basitriche und holotriche Isorhizen) sowie drei Heteronemen (microbasische Mastigophoren, heterotriche microbasische Eurytelen und Stenotelen). Von besonderer Bedeutung erscheint das Vorkommen des hoch entwickelten Typs der Stenotelen, der bisher nur für die Hydrozoa bekannt war.

Wie die Scyphozoa verfügen auch die Cubozoa über keinen Kapseltyp, der ausschließlich bei ihnen vorkommt [183, 187].

Von den Scyphozoa sind nur drei Kapseltypen bekannt, die alle auch bei den Cubozoa anzutreffen sind. Es bestehen jedoch Unterschiede in der Feinstruktur: Bei den Scyphozoa ist der Nesselschlauch in der unentladenen Kapsel sehr regelmäßig aufgerollt, so daß die Windungen eine mehr oder weniger symmetrische Lage haben; die Aufrollung ist dagegen bei den Cubozoa unregelmäßig, wie das auch für die Hydrozoa zutrifft. Auf die starke Wirkung des Nesselgiftes mancher Cubomedusen wurde bereits hingewiesen (S. 35; vgl. auch S. 130). Erwähnt sei noch, daß bei der gefährlichsten Art, *Chironex fleckeri*, das stärkste Nesselgift in den microbasischen Mastigophoren enthalten ist, die sich auch durch ihre Größe (0,035—0,045 mm) gegenüber den anderen kleineren Typen (0,010—0,020 mm) auszeichnen.

Fortpflanzung

Die **ungeschlechtliche Vermehrung** des Polypen erfolgt durch Knospen, die sich einzeln vom Körper ablösen, davonkriechen, sich nach einer kurzen vagilen Phase anheften und Form und Lebensweise des Erzeugerpolypen annehmen. Bildungsort und Anzahl der gleichzeitig erzeugten Knospen wechseln bei den verschiedenen Arten.

Bei dem Polypen von *Carybdea* liegt die Knospungszone etwas unterhalb der Körpermitte (Abb. 64A); bei guter Ernährung werden gleichzeitig bis zu drei Knospen angetroffen, die sich in ihrem Differenzierungszustand meist geringfügig unterscheiden und mit einem geringen zeitlichen Abstand nacheinander zur Ablösung kommen. Bei *Tripedalia* ist die Knospungszone basalwärts verschoben und liegt dicht unterhalb des oberen Randes des zarten Peridermbechers, aus dem der abgelöste Sekundärpolyp herauskriechen muß (Abb. 64B). Wenn auch meist nur eine Knospe im ablösungsreifen Zustand bei *Tripedalia* angetroffen wird, so sind bei gut ernährten älteren Polypen meist doch auch die Anlagen weiterer Knospen bereits als Vorwölbungen sichtbar.

An der Knospenbildung sind beide Epithelien beteiligt, so daß kein Unterschied gegenüber den Knospungsvorgängen des Süßwasserpolypen *Hydra* (S. 146) besteht. Vor ihrer Ablösung haben die Knospen des Cubopolypen die Form eines gedrungenen Zylinders, der am schwach verdickten distalen Oralpol einen Kranz von wenigen Tentakeln trägt (Abb. 74).

Charakteristisch ist, daß sich die Knospen nach ihrer Ablösung außerordentlich stark strecken und als junge Kriechpolypen eine besondere Entwicklungsphase darstellen. Der Kopfteil mit den Tentakeln wird beim Kriechen stets vorangetragen. Das erscheint ungewöhnlich, wenn man an die allgemeine polare Orientierung der Cnidaria denkt, bei denen meist der aborale Pol das Bewegungsvorderende darstellt. Beim Kriechpolypen von *Carybdea* (Abb. 74A) sind die Tentakel etwas kontrahiert und voneinander in der Haltung und Länge nicht verschieden. Interessanterweise aber streckt der Kriechpolyp von *Tripedalia* einen Tentakel besonders lang aus und trägt ihn wie eine Suchantenne vor sich her (Abb. 74B). Die Art der Bewegung ist ungeklärt, da Muskelkontraktionen oder ein Vor- und Zurücksetzen des Vorderendes nicht beobachtet wurden (vgl. die Bewegung der Wanderfrustel der Limnohydrina, Hydrozoa, S. 147).

Die Kriechphase dauert meist nur 2—3 Tage. Während dieser Zeit können die jungen Polypen bereits Nahrung aufnehmen. Anschließend heften sie sich mit dem Aboralpol fest, der sich in die Haftscheibe umwandelt. Dabei kontrahiert sich der Körper und nimmt die normale Form wieder an. Bei ausreichender Ernährung erreichen die Sekundärpolypen bald die Größe und Tentakelzahl des Erzeugerpolypen und gehen dann ihrerseits zur asexuellen Vermehrung durch Knospenbildung über. Zuweilen ist die Kriechaktivität der Knospen gering, so daß sie sich im nahen Umkreis des Primärpolypen anheften und Aggregationen bilden, in denen die einzelnen Polypen aber stets getrennt bleiben. Gelegentlich werden Mißbildungen beobachtet, wenn eine

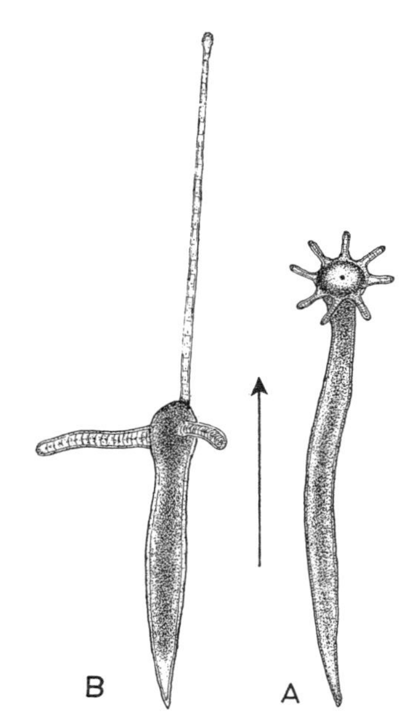

Abb. 74. Junge Sekundärpolypen in der Kriechphase. **A.** *Carybdea marsupialis,* Länge 1,2 mm. **B.** *Tripedalia cystophora,* Gesamtlänge 1,6 mm, Körperlänge 0,7 mm Der Pfeil kennzeichnet die Kriechrichtung. — B aus WERNER 1975.

Knospe sich nicht ablöst, sondern mit dem Polypen verbunden bleibt; auf diese Weise können doppelköpfige Polypen entstehen. Andere Arten der ungeschlechtlichen Vermehrung, etwa durch Quer- oder Längsteilung, wurden beim Cubopolypen nie beobachtet. Bei einer experimentellen Querteilung ist er allerdings regenerationsfähig und ergänzt beide Teile zu vollständigen Tieren.

Die asexuelle Vermehrung dient beim Cubopolypen der Vergrößerung des Bestandes. Das ist bei dieser Tiergruppe von besonderer Bedeutung, weil die Lebensdauer des Cubopolypen begrenzt ist.

Bei der **Medusenbildung** wandelt sich nämlich der Polyp durch eine vollständige **Metamorphose** in eine einzige Meduse um, und sein Dasein ist damit unwiderruflich beendet. Dies unterscheidet die Cubozoa sowohl von den Scyphozoa mit ihrer terminalen Querteilung des Polypen durch Strobilation (S. 79) als auch von den Hydrozoa, bei denen die Meduse durch seitliche Knospung als völlig neue Anlage entsteht (S. 148 f.). Der Cubopolyp ist mit einem Alter von etwa drei Monaten erwachsen und hat dann die volle Größe und Tentakelzahl erreicht. Die anschließende Phase der Umwandlung in die Meduse ist durch charakteristische äußere Formbildungsvorgänge gekennzeichnet, die zusammen mit den im Inneren ablaufenden Wachstums- und Differenzierungsprozessen den Körper des sessilen Polypen kontinuierlich und vollständig in die freischwimmende Meduse überführen.

Das erste Anzeichen der beginnenden Metamorphose besteht in einer Formänderung des kreisrunden Polypenkörpers, der durch vier symmetrisch angeordnete Längsfurchen der Oberfläche eine tetraradiale Form mit vier Quadranten annimmt. Die vorher in einem Kreis regellos verteilten Tentakel werden in die Umformung einbezogen, indem sie zu vier Gruppen zusammenrücken, die jeweils einem Quadranten zugeordnet werden (Abb. 75A). Die Tentakel rücken so dicht zusammen, daß ihre Basen zu einem einheitlichen Stumpf verschmelzen. Anschließend werden die freien Tentakelenden resorbiert, während sich der gemeinsame Stumpf in den Sinneskörper der künftigen Meduse umwandelt (Abb. 75B). Zwischen den vier Sinneskörpern, welche die Perradialebenen kennzeichnen, wachsen gleichzeitig in den Interradien als Neubildun-

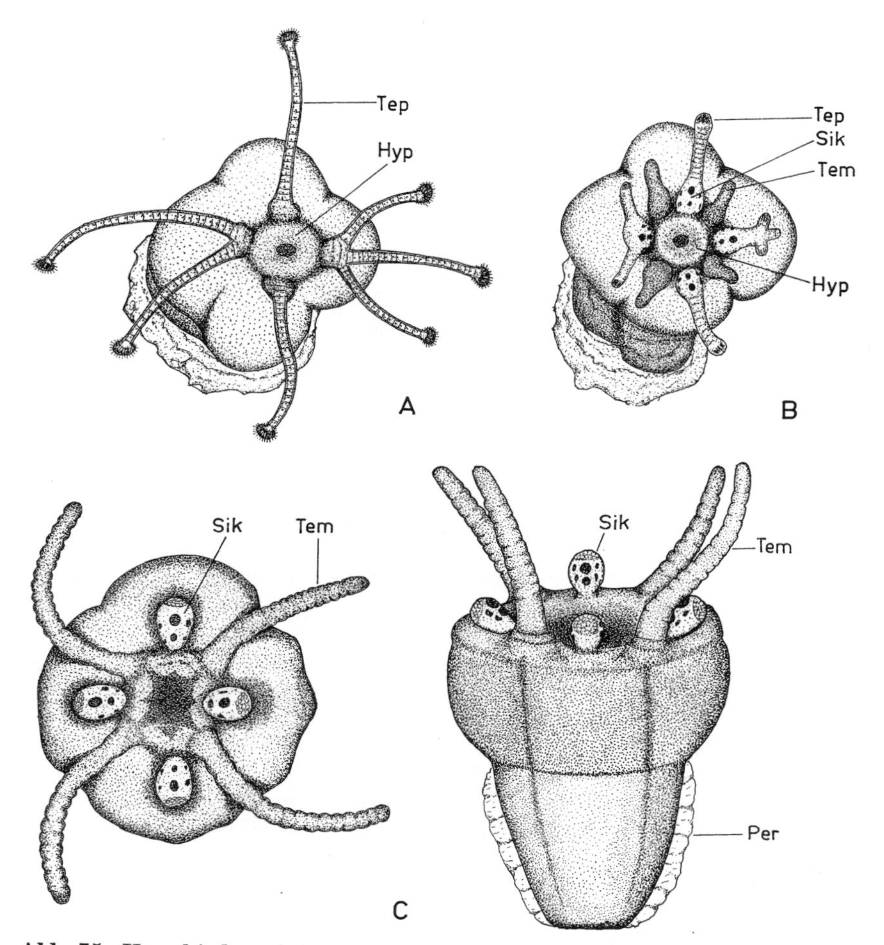

Abb. 75. Verschiedene Stadien der Metamorphose des Cubopolypen *Tripedalia cystophora* in die Meduse. **A.** Zusammenrücken der Polypententakel zu je einer Gruppe pro Quadrant. **B.** Umwandlung der Basis der Polypententakel in die Sinneskörper und Auswachsen der Medusententakel. **C.** Fortgeschrittenes Stadium, links in Aufsicht, rechts in Seitenansicht; die obere Hälfte ist bereits deutlich medusoid, die untere noch polypoid. — **Hyp** Hypostom, **Per** Peridermbecher, **Sik** Sinneskörper, **Tem** Tentakel der Meduse, **Tep** Tentakel des Polypen. — Nach Werner 1975.

gen vier hohle Ausstülpungen nach außen vor. Diese Medusententakel sind von Anfang an sehr kontraktil, und ihre Epidermis wird wenig später mit ringförmigen Nesselbatterien ausgestattet. Schließlich verbreitert sich der Oberteil des Polypen, und seine Körperwand wird gallertig durchscheinend. Die Umwandlung in den Medusenschirm ist jetzt äußerlich deutlich erkennbar (Abb. 75C). So nimmt der Polyp in oral-aboraler Richtung mehr und mehr die Form einer Meduse an, deren Schirm sich auch durch die lebhaft gelbe Färbung vom noch vorhandenen basalen Rest des Polypenkörpers abhebt.

Die Hauptvorgänge der Metamorphose laufen jedoch im Inneren ab und sind von außen nicht erkennbar. Sie setzen ebenfalls am Oralpol des Polypen ein und schreiten von hier in Richtung auf seine Basis fort. Dabei sind die beiden entscheidenden Teilprozesse, die aus dem einfachen Polypenkörper die kompliziert gebaute Meduse hervorgehen lassen, einmal die Bildung des Subumbrellarraumes, wodurch Schirm und Manubrium entstehen, und zum anderen die Ausformung des Gastralsystems, durch die der einheitliche Magen des Polypen in den Magen der Meduse und die vier in der Schirmwandung gelegenen Gastraltaschen aufgegliedert wird. Beide Teilprozesse laufen gleichzeitig ab und sind miteinander gekoppelt, da sie von einem gemeinsamen Vorgang ausgehen, nämlich der Einsenkung einer vertikalen Ringfurche um den Mundkegel des Polypen (Abb. 76A), die von oben nach unten in den Magen des Polypen vorwächst. Aus dem Lumen dieser Furche entsteht der Subumbrellarraum, aus ihrer peripheren Wand die Subumbrella des auf diese Weise gebildeten Medusenschirmes. Aus dem Hypostom des Polypen, das in die Tiefe verlagert wird, geht damit das Manubrium der Meduse hervor.

Im Aufblick auf das Mundfeld des Polypen von oben (Abb. 75B) erscheint diese Vertikalfurche anfangs ringförmig. Unter der Oberfläche ist ihr Umriß jedoch quadratisch (Abb. 76B—E). Die Furche teilt durch ihr basalwärts gerichtetes Wachstum von dem einheitlich runden Gastralraum des Polypen vier periphere Taschen ab, die durch diesen einfachen Vorgang als Gastraltaschen in den Medusenschirm eingelagert werden. Da die Ecken des Quadrates in den Interradien liegen, stoßen hier die Gastraltaschen zusammen, und die schmalen Trennwände zwischen ihnen bleiben als definitive Septen erhalten (vgl. Abb. 68). Ferner wächst die basale „Vorderfront“ der quadratischen Vertikalfurche nicht gleichmäßig vor, sondern ist in vier Zipfel aufgegliedert, aus deren Ectodermwandung die Interradialgewölbe des Subumbrellarraumes hervorgehen (Abb. 76C, F). Aus dem Lumen des Gastralraumes zwischen diesen Zipfeln, deren gastrodermale Innenseite beim weiteren Vorwachsen auf die Gastrodermis des Basalteiles des Magens auftrifft, entstehen die Magenostia. Somit geht der Magen der Meduse unmittelbar aus dem Basalteil des Polypenmagens hervor.

Bei allen Formbildungs- und Differenzierungsvorgängen erweist sich das Mundfeld des Polypen als aktives Zentrum, und es hat den Anschein, als ob der Epidermis die führende Rolle beim gesamten Umwandlungsgeschehen zukommt. Der Basalteil des Polypen ist im wesentlichen passiv beteiligt und hat an den Vorgängen nur mit der Bildung der erwähnten, äußerlich erkennbaren Längsfurchen Anteil (Abb. 75), der innen septenartige Falten der Gastrodermis in den Interradien entsprechen (Abb. 76E).

In histologischer Hinsicht wird vor allem die Polypenepidermis in die Medusenexumbrella umdifferenziert. Durch eine Verdickung dieser Epithelschicht, bedingt durch die Bildung großer Flüssigkeitsvacuolen in der Zellbasis, wird die Differenzierung der Schirmmesogloea eingeleitet. Mit der anschließenden Verdünnung aller Epithelien sowie mit der Vergrößerung des Schirmes und dem Auswachsen des Velarium am Schirmrand bildet sich immer deutlicher die Form der Meduse heraus. Dabei wird der anfangs noch polypoide Basalteil immer kleiner (Abb. 77A), und zuletzt wird er vollständig in den Apicalteil der Meduse einbezogen. Schließlich erlangt das fortgeschrittene Metamorphose-Stadium durch die Ausdifferenzierung der Muskulatur und der nervösen Strukturen die Fähigkeit der rhythmischen Schwimmkontraktionen. Wenn auch die basale Haftscheibe vollständig zurückgebildet ist, schwimmt die junge Meduse (Abb. 77B) mit den ihr eigenen schnellen Pulsationen davon. Vom Polypen bleibt lediglich ein kleiner Schleimfleck oder (bei *Tripedalia*) ein kleiner formloser Peridermbecher zurück. Häufig ist am Apicalpol der Jungmeduse ein kleiner Gewebezapfen als letzter Rest des Polypenkörpers übrig, der nach kurzer Zeit völlig in den Medusenschirm eingezogen wird und verschwindet.

Während die Bildung der Medusententakel bei *Carybdea alata* und *Tripedalia* dem beschriebenen Modus folgt, werden bei *Carybdea marsupialis* zunächst nur zwei Tentakel angelegt, die sich gegenüberstehen. Die beiden anderen Tentakel erscheinen erst nach einigen

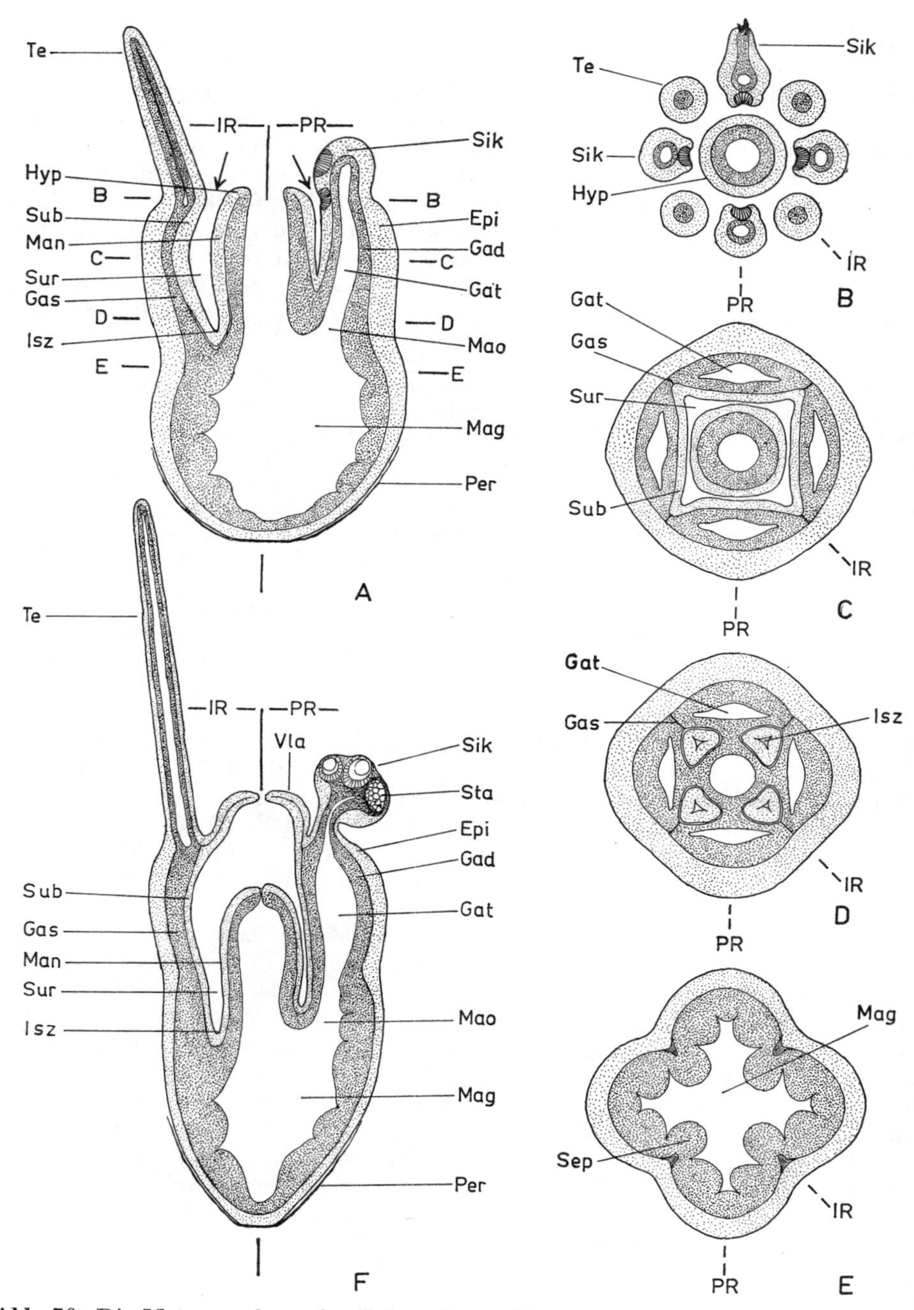

Abb. 76. Die Metamorphose des Cubopolypen *Tripedalia cystophora* in die Meduse, schematisch. A. Längsschnitt durch ein frühes Stadium, links durch einen Interradius, rechts durch einen Perradius. Die Pfeile kennzeichnen die Einsenkung der quadratischen Ectodermfurche um das Hypostom, die den einheitlichen Gastralraum des Polypen in die vier Gastraltaschen aufteilt und zur Bildung des Subumbrellarraumes führt. Die Furche gliedert sich basalwärts in vier interradiale Zipfel auf, aus denen die Interradialgewölbe des

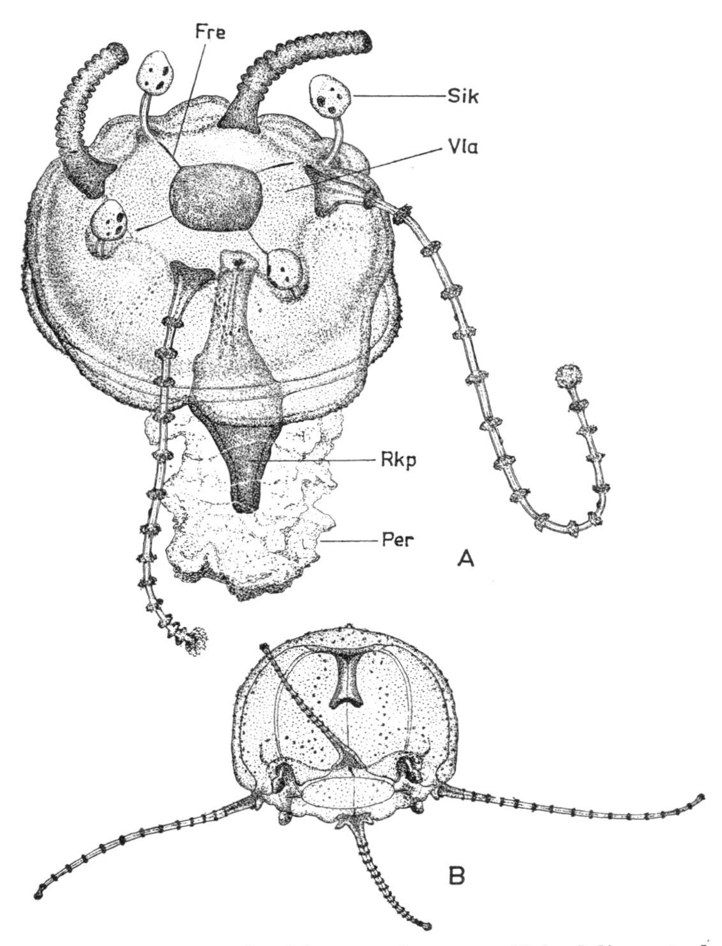

Abb. 77. Endphase der Metamorphose von *Tripedalia cystophora*. **A.** Außenansicht kurz vor der Ablösung der jungen Meduse. Vom Polypenkörper ist nur noch ein kleiner basaler Rest übrig. **B.** Freischwimmende Jungmeduse kurz nach der Ablösung. Der Rest des Polypenkörpers ist als knopfartige Verdickung am apikalen Pol noch zu erkennen. Schirmdurchmesser 1,5 mm. – **Fre** Frenulum, **Per** Peridermbecher (geschrumpft), **Rkp** Restkörper, **Sik** Sinneskörper, **Vla** Velarium. – Nach Werner 1975.

◀ Fortsetzung zur Abb. 76

Subumbrellarraumes hervorgehen. **B.**–**E.** Querschnitte durch die in A angegebenen Ebenen. In B läßt der obere perradiale Sinneskörper noch die Herkunft aus einem Polypententakel erkennen, dessen Endteil resorbiert und dessen Nesselkapseln ausgestoßen werden. Die Querschnitte sind direkt nach einer Schnittserie des gleichen Objektes gezeichnet und daher proportionsrichtig. Zu beachten ist auch die starke Verdickung der exumbrellaren Epidermis, die die Schirmgallerte erzeugt. **F.** Längsschnitt (wie in A) durch ein fortgeschrittenes Stadium. – **Epi** Epidermis (fein punktiert), **Gad** Gastrodermis (dunkel punktiert), **Gas** Gastralseptum, **Gat** Gastraltasche, **Hyp** Hypostom, **IR** Interradius, **Isz** interradialer Subumbrellarzipfel, **Mag** Basalteil des Polypenmagens, **Man** Manubrium, **Mao** zukünftiges Magen-Ostium, **Per** Peridermbecher, **PR** Perradius, **Sep** septenartiges Korrelat der äußeren Längsfurchen, **Sik** Sinneskörper, **Sta** Statolith, **Sub** Subumbrella, **Sur** Subumbrellarraum, **Te** neu gebildeter Medusententakel, **Vla** Velarium.

Tagen des freischwimmenden Daseins. Ebenso werden die beiden anderen Tentakel jeder Tentakelgruppe bei *Tripedalia* erst nach der Metamorphose gebildet; sie wachsen auf jeder Seite des Primärtentakels aus kleinen Zapfen aus.

Bei Temperaturen von 25—27 °C dauert der gesamte Prozeß der Metamorphose 5—7 Tage. Die Größe der Jungmeduse variiert artspezifisch; die Schirmhöhe beträgt bei *Carybdea marsupialis* und *C. alata* bis 2,5 mm, bei *Tripedalia* 1—2 mm. Den Tentakeln der Jungmeduse fehlen anfangs noch die Pedalien, die sich erst nach einiger Zeit ausdifferenzieren. Außerdem läßt die Jungmeduse klar erkennen, daß der Sinneskörper dem Schirmrand angehört; er wird erst allmählich durch unterschiedliches Wachstum der Schirmzonen in Richtung auf den Apex verlagert. Der Jungmeduse fehlen ferner noch die Gastralfilamente, die als Büschel oder einzeln in einer Reihe in den Interradien der peripheren Magenwand erst im Laufe der weiteren Entwicklung auswachsen. Die Geschlechtsreife wird bei der kleineren *Tripedalia cystophora* nach durchschnittlich 10—12 Wochen erreicht, für die größeren Arten liegen noch keine genauen Daten vor. Während bei *Tripedalia* die Lebensdauer der Meduse 3—4 Monate beträgt, wird für die große *Carybdea alata* eine Lebenserwartung von einem Jahr angenommen. Der vollständige Lebenszyklus ist in Abb. 78 zusammengefaßt.

Die **geschlechtliche Fortpflanzung** ist auf die Medusen beschränkt. Ihre Gonaden entstehen entodermal aus einer unpaarigen Anlage der Gastralsepten im unteren Schirmdrittel, von der sie nach beiden Seiten in die angrenzenden Gastraltaschen zu blattförmigen Gebilden auswachsen. Die Geschlechter sind getrennt, wegen der Durchsichtigkeit aller Organe aber nicht zu unterscheiden. Lediglich bei *Tripedalia* kann man die reifen Männchen an der undurchsichtig gelben Färbung ihrer Gonaden einwandfrei identifizieren.

Das hängt bei dieser Art mit Besonderheiten der Fortpflanzung zusammen, wie sie bei keiner anderen Form beobachtet worden sind [204]. Beim Männchen von *Tripedalia* werden die Spermien nicht einzeln aus den Gonaden in die Gastraltaschen ausgestoßen, sondern zu hüllenlosen Spermienbündeln, sogenannten Spermatozeugmen vereinigt (Abb. 79). Außerdem werden zahlreiche Spermatozeugmen, die in ihrer Form sowie in der Größe und Anzahl der in ihnen vereinigten Spermien sehr variabel sind, in besonderen Magengruben dicht unterhalb der Magen-Ostien in größere Spermatophoren eingehüllt, die in den Gruben durch Geißelbewegung in Rotation versetzt werden, so daß sie Kugelform annehmen (vgl. Abb. 80). Dabei werden sie mit einer zarten klebrigen Hüllmembran umgeben, in die Nesselzellen eingelagert werden, die offenbar aus den Gastralfilamenten stammen.

In einem besonderen Paarungsspiel überträgt das Männchen anschließend die Spermatophoren direkt auf das reife und paarungsbereite Weibchen. Zunächst schwimmen Männchen und Weibchen paarweise nebeneinander, und das Männchen verhakt einen Tentakel mit einem solchen des Weibchens, so daß der weibliche Partner wie mit einem Lasso eingefangen wird. Das folgende Zusammenschwimmen der auf diese Weise verbundenen Partner gleicht einem Rundtanz. Mit ejakulationsähnlichen Kontraktionen des Manubrium stößt das Männchen anschließend eine oder mehrere Spermatophoren aus Magen und Mund aus und heftet sie an den Tentakel des Weibchens. Jetzt lösen sich die Partner wieder voneinander und schwimmen getrennt davon. Das Weibchen kontrahiert den Tentakel mit der angehefteten Spermatophore und biegt ihn zum Mund hin, mit dem es die Spermatophore aufnimmt, die anschließend in den Magen befördert wird. Dort löst sich die Hüllmembran auf, die Spermatozeugmen werden frei, und die sich von ihnen ablösenden Spermien dringen in die Gastraltaschen ein, wo sie die aus der Gonade ausgestoßenen Eizellen besamen.

Bei diesem Fortpflanzungsvorgang werden die Gonaden vollständig aufgebraucht, so daß bei beiden Geschlechtern nur die kleine unpaarige Primäranlage am Septum übrig bleibt. Wie Kulturversuche zeigten, können aus ihr jedoch erneut vollständige paarige Gonaden auswachsen, so daß bei *Tripedalia* beide Geschlechter mehrmals nacheinander zur Fortpflanzung gelangen.

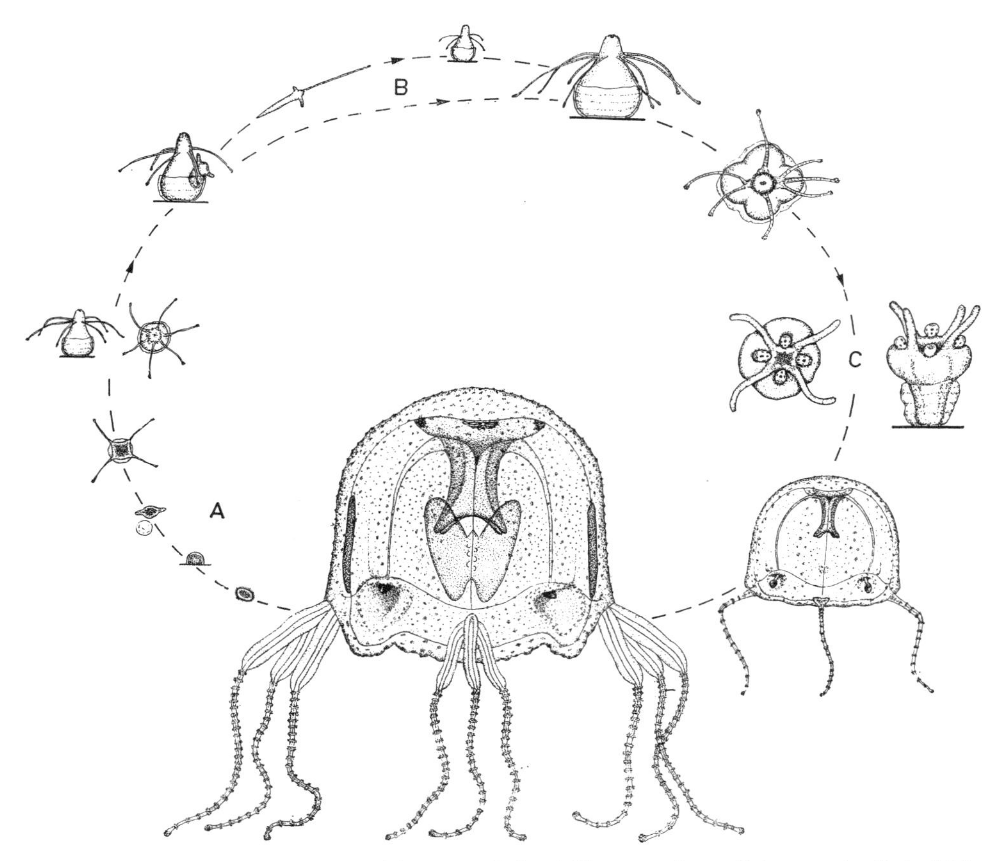

Abb. 78. Vollständiger Lebenszyklus von *Tripedalia cystophora*, Schema. **A.** Entwicklung der Planula zum jungen Primärpolypen. **B.** Asexuelle Vermehrung durch seitliche Knospung. **C.** Metamorphose des erwachsenen Polypen in die Meduse, Auf- und Seitenansicht. — Nach WERNER 1973.

Die befruchteten Eier werden bei *Tripedalia* in den Gastraltaschen durch Geißelströme und die regelmäßigen Schwimmbewegungen der Meduse in ständiger flottierender Bewegung gehalten und entwickeln sich in 2—3 Tagen zu begeißelten Planula-Larven; *Tripedalia* ist also larvipar. Larviparie ist auch für *Carybdea marsupialis*, *C. alata* und *C. rastoni* nachgewiesen worden. Allerdings fehlt diesen Arten das Paarungsspiel und die direkte Übertragung der Spermien vom Männchen auf das Weibchen. Die Spermien werden vielmehr ins freie Wasser ausgestoßen und müssen aktiv die Mundöffnung des Weibchens aufsuchen, um von hier den Weg in den Magen und die Gastraltaschen zu finden, wo die Eier besamt werden und sich zur Planula entwickeln. Die Ausscheidung von chemischen Anlockungsstoffen durch das Weibchen ist zwar für Cubomedusen experimentell noch nicht nachgewiesen, aber nicht zu bezweifeln (vgl. die Befunde bei Medusen und sessilen Gonophoren der Hydrozoa, S. 155). Schließlich ist neuerdings für *Chironex fleckeri* die normale Art der Fortpflanzung beschrieben worden [210], bei der beide Geschlechter die Keimzellen ins freie Wasser ausstoßen; das Weibchen ist also ovipar. Die bei vielen Arten beobachtete Schwarmbildung dient auch bei den Cubomedusen der Erhöhung der Fortpflanzungsrate.

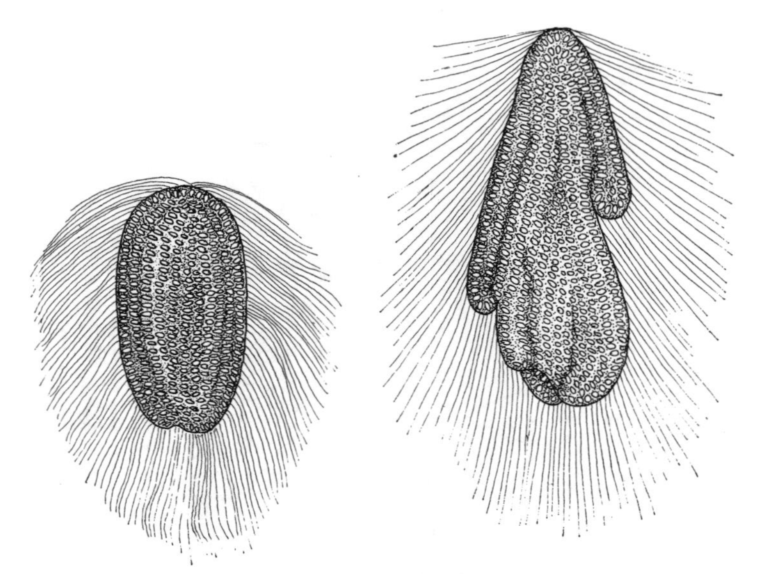

Abb. 79. *Tripedalia cystophora*, Spermatozeugmen verschiedener Form und Größe. Die Grundform ist ein Ellipsoid; die Spermien sind wie die Körner eines Maiskolbens eingefügt. — Nach WERNER 1973.

Es finden sich also bei dieser Gruppe Übergänge von der normalen Oviparie über die Larviparie bis zur Paarbildung und Übertragung der Spermien durch Spermatophoren, verbunden mit einem einzigartigen Paarungsverhalten bei *Tripedalia*. Das ist möglicherweise mit dem Vorkommen dieser Art in sehr flachen Mangrove-Lagunen zu erklären, in denen die Außenbedingungen vermutlich extremer sind als in den Küstengewässern vor offenen Stränden, die von den anderen Arten mit einfachem Fortpflanzungsverhalten bevorzugt werden.

Entwicklung und Larvenformen

Die Embryogenese ist bisher nur von *Carybdea rastoni* bekannt [195], deren Eier sich total-adaequal und unilateral furchen, indem die Teilung am animalen Pol beginnt und zum vegetativen Pol fortschreitet. Die beiden ersten Furchen der sehr kleinen Eier (0,06 mm) sind meridional, die dritte Furche ist aequatorial. Auf das Stadium der Morula folgt das der großzelligen Blastula. Die Entodermbildung geschieht nicht (wie bei den Scyphozoa) durch Invagination, sondern durch Delamination; die Blastomeren teilen sich tangential, und die jeweils inneren Zellen liefern das Entoderm. Dabei teilen sich die nach innen abgegebenen Zellen auch selbst weiter, so daß das Blastocoel fast vollständig ausgefüllt wird. Ein schmaler Spalt im Inneren der Gastrula geht vermutlich in den primären Gastralraum der Planula über. Diese hat eine rundliche bis stumpf birnenförmige Gestalt und weist einen aequatorialen Gürtel von bräunlichen Pigmentgranula auf. Auf diesem Stadium werden die begeißelten Planulae ins Wasser ausgestoßen. Sie heften sich nach einer kurzen pelagischen Phase von 2—3 Tagen an, um sich in den winzigen Primärpolypen umzuwandeln. Dieser entwickelt zunächst zwei oder drei Tentakel und ist durch seine radialsymmetrische Form von Anfang an vom Primärpolypen der Scyphozoa verschieden. Der zunächst halbkugelige Cubopolyp (Durchmesser 0,1—0,15 mm) nimmt beim weiteren Wachstum die gestreckte Form an, die für den erwachsenen Polypen kennzeichnend ist. Er geht nach etwa 1 Monat zur asexuellen Vermehrung und später zur Metamorphose über.

Stammesgeschichte

Paläontologische Zeugnisse von Vorfahren der Cubozoa sind unbekannt. Die morphologischen und anatomischen Merkmale lassen aber die Schlußfolgerung zu, daß die Cubozoa und die Scyphozoa auf gemeinsame Vorfahren zurückgehen. Dies kommt vor allem zum Ausdruck durch den Übergang des ursprünglich radialsymmetrischen Cubopolypen zur tetraradialen Symmetrie zu Beginn der Metamorphose, eine Symmetrie, durch die in besonders prägnanter Form die Cubomedusen und auch die Scyphozoa gekennzeichnet sind. Die Cubozoa stehen den Scyphozoa also näher als die Hydrozoa.

Der Cubopolyp unterscheidet sich vom Scyphopolypen durch die Art der asexuellen Vermehrung, durch die Kriechphase des jungen Polypen, durch sein Verhalten (S. 130) und besonders durch die vollständige Metamorphose. Gemeinsam ist die Lage der Muskulatur in der Mesogloea. — Durch wesentliche Merkmale unterscheidet er sich auch vom Hydroidpolypen, nämlich durch den Mangel an peridermalen Strukturen, den solitären Habitus, die Begeißelung, die Art der Muskulatur und den Besitz des Nervenringes.

Auch die Cubomedusen weisen in ihrer Morphologie Merkmale auf, die sie von den Scyphomedusen eindeutig abgrenzen. Zu erwähnen sind besonders die Glockenform und der einheitliche, ungelappte Rand des Schirmes, die Begrenzung der Tentakelzahl auf vier oder auf vier Gruppen und ihre ausschließlich interradiale Lage, das Vorhandensein des Velarium und des Nervenringes sowie das Fehlen eines Ringmuskels. Andererseits bestehen durch das Auftreten von Gastraltaschen, die in ähnlicher Form bei den Stauromedusida existieren, und von Gastralfilamenten sowie durch die entodermale Natur der Gonaden und Keimzellen Gemeinsamkeiten mit den Scyphozoa, deren Geschlechtsprodukte ebenfalls aus Magen und Mund ins freie Wasser gelangen.

Vorkommen und Verbreitung

Die Cubozoa sind die einzigen Cnidaria, die als gesamte Klasse eine einheitliche Verbreitung aufweisen und sich auch in ihren ökologischen Ansprüchen wenig unterscheiden. Sie kommen ausschließlich im Meer vor und sind Flachwasserbewohner tropischer und subtropischer Gewässer; in den gemäßigten Zonen findet man sie dagegen selten. Hauptverbreitungsgebiete sind die tropischen Zonen des Indopazifik um die Philippinen und vor der Ostküste Australiens sowie das Karibische Meer. Die weiteste Verbreitung hat *Carybdea rastoni*, die von der Südspitze Australiens bis nach Hokkaido (Japan) anzutreffen ist. Im atlantischen Bereich tritt *Carybdea marsupialis* bis ins Mittelmeer (Neapel, Rapallo) und bis zur portugiesischen Küste auf, *Tamoya haplonema* bis zum Cape Cod in den USA.

Die Medusen leben im oberen Sublitoral der Schelfgebiete; Tiefseeformen sind unbekannt. *Tripedalia cystophora* wird im Karibischen Meer vorwiegend im flachen Wasser der Mangrovelagunen angetroffen, während die anderen Arten Küstengebiete vor offenen Stränden und geschützte Buchten bevorzugen.

Die Cubopolypen (von *Carybdea marsupialis*) sind bisher nur einmal im freien Wasser gefunden worden. Sie waren in Kanälen zwischen Mangrove-Inseln an Muschelschalen angeheftet, die auf dem Meeresboden in wenigen Metern Tiefe lagen. Es ist anzunehmen, daß sich auch die anderen Arten auf Hartsubstanzen ansiedeln (auf Steinen, Mollusken-Schalen, Korallen-Bruchstücken usw.). Mit großer Wahrscheinlichkeit kann auch vermutet werden, daß die Polypen-Generation eine ganz ähnliche Verbreitung wie die Medusen hat und gleichfalls an die Flachwasserbereiche warmer Meeresküsten gebunden ist.

Lebensweise

Aus Kulturversuchen weiß man, daß die Cubopolypen Microphagen sind, deren natürliche Nahrung vor allem aus planktonischen oder benthonischen Copepoda, Nematoda oder Wirbellosen-Larven bestehen dürfte. Im Laboratorium lassen sie sich leicht mit kleinen Krebsen (z. B. *Artemia*-Nauplien) füttern. Die Polypen sind stenotherm, und sie reagieren empfindlich auf Geschmacksstoffe.

So kann der Polyp zum Beispiel durch dem Wasser zugefügtes Muschelfiltrat leicht zur maximalen Expansion gebracht werden, wobei er dann mit dem stark verlängerten Mundrohr die Umgebung und den Boden nach Nahrung absucht. Mit der zu einer Saugglocke verbreiterten Rüsselspitze kann er sich dabei regelrecht am Boden (oder an einer Beute) ansaugen. Der Polyp ist also nicht nur auf Nahrungsteilchen angewiesen, die zufällig auf seine Tentakel fallen. Diese aktive Nahrungssuche zeichnet ihn vor den meisten anderen Cnidaria-Polypen aus.

Der erwachsene Polyp von *Tripedalia cystophora* kann sich vom Substrat ablösen und kriechend einen neuen Standort aufsuchen. Dabei nimmt er die gleiche Form an wie der durch Knospung entstandene, junge Sekundärpolyp (Abb. 74B), indem er sich stark streckt und einen verlängerten Tentakel vor sich herträgt. Der Polyp derselben Art kann sich auch encystieren. Er zieht dabei die Tentakel ein, kugelt sich ab und umgibt sich mit einer allseitig geschlossenen feinen Peridermhülle. In diesem inaktiven Zustand, in dem die Stoffwechselaktivität wahrscheinlich stark verringert ist, kann der Polyp längere Perioden mit ungünstigen Außenbedingungen überstehen. Am Ende einer solchen inaktiven Periode streckt er sich, durchbricht die Hülle und sucht sich kriechend einen neuen Aufenthaltsort. Anders verhält sich der Polyp von *Carybdea marsupialis*. Bei ungünstigen Lebensbedingungen, etwa bei Überbevölkerung in einer Kulturschale, löst er sich ab und nimmt Kugelform an, ohne sich zu encystieren. In der Kulturschale liegt er dann inaktiv auf dem Boden, während er im freien Wasser verdriftet werden könnte. — Derartige Reaktionsmöglichkeiten zeigen, daß der Cubopolyp einen hohen Grad von Plastizität gegenüber veränderten oder ungünstigen Außenbedingungen besitzt.

Die Cubomedusen sind durch ihre hohe Schwimmfrequenz (120—150 Pulsationen pro Minute) als gute Schwimmer bekannt (zur Rolle des Nervensystems s. S. 119). Sie halten sich tagsüber vorwiegend in Bodennähe auf und kommen sowohl in den frühen Abendstunden als auch am frühen Morgen an die Wasseroberfläche, vermutlich auf der Suche oder Verfolgung von Beutetieren. Die Cubomedusen gelten allgemein als sehr aktive und gefräßige Räuber. Die Nahrung besteht bei kleineren Arten aus Zooplanktonten, vor allem Copepoda, bei größeren Formen aus Garnelen, Amphipoda und vor allem aus Fischlarven und kleinen Fischen. In Zuchtversuchen konnte *Tripedalia* ausschließlich mit benthonischen Copepoda ernährt werden. Die Medusen können also ganz offensichtlich auch Beute vom Boden aufnehmen.

Bei den gefressenen Fischen widersteht merkwürdigerweise das Nervengewebe am längsten der Verdauung, so daß man aus dem Magen von Cubomedusen Präparate des vollständigen Nervensystems kleiner Fische gewinnen konnte.

Symbionten, insbesondere Zooxanthellen, fehlen den Cubomedusen. Ebenso ist nichts über Kommensalen bekannt. Als Parasiten wurden vereinzelt Trematoda festgestellt.

Ökonomische Bedeutung

Es wird zwar berichtet, daß auf den Philippinen die dort häufige Cubomeduse *Chiropsalmus quadrigatus* als Nahrungsmittel verwendet wird, doch steht sie in dieser Hinsicht zweifellos hinter den Scyphomedusen zurück (S. 95). Die wirtschaftliche Bedeutung der Cubomedusen ist vielmehr negativ. Wegen der starken Wirkung des Nesselgiftes werden fast alle größeren Arten als „sea wasps" gefürchtet. Durch ihr zeitweises Massenauftreten können sie das Badeleben an marinen Stränden ernsthaft behindern. Besonders gefährlich sind die beiden indopazifischen Arten *Chiropsalmus quadrigatus* und *Chironex fleckeri* [189, 209]. Die chemische Natur ihrer Nesselgifte ist noch nicht definitiv geklärt; sicher ist nur, daß es sich um hochmolekulare Eiweißkörper handelt.

Das Auftreten der „sea wasps" an den Badestränden von Nordost-Australien (North Queensland) ist saisonbedingt. Die Medusen erscheinen in Ufernähe im Oktober bis Dezember und verschwinden im April bis Mai. Von den Behörden wird in dieser Zeit ein öffentlicher Warndienst eingerichtet. Maßnahmen für die Erste Hilfe S. 35.

System

Die hier wiedergegebene Klassifikation der Cubozoa beruht ausschließlich auf der Medusen-Generation, die bis auf wenige neu beschriebene Arten seit langem bekannt ist. Die Polypen wurden erst kürzlich entdeckt und sind nur für wenige Arten hinreichend beschrieben. — Es werden zwei Ordnungen mit je einer Familie unterschieden.

1. Ordnung Carybdeida

Polypen radialsymmetrisch, mit einem Kranz capitater Tentakel, manchmal mit strukturlosem basalem Peridermbecher. Medusen mit vier interradialen Einzeltentakeln (*Carybdea, Tamoya, Carukia*) oder mit vier verzweigten Einzeltentakeln (*Manokia*) oder mit vier Gruppen von je drei Einzeltentakeln (*Tripedalia*); Velarium meist mit geringer Anzahl von Velarkanälen, Gastraltaschen ohne Divertikel (d. h. ohne Blindsäcke, die in den Subumbrellarraum hineinhängen). Nesselkapseln in vier Kategorien, nämlich zwei Haplonemen (basitriche und holotriche Isorhizen) und zwei Heteronemen (heterotriche microbasische Eurytelen und Stenotelen).

Familie Carybdeidae. Mit 5 Gattungen und insgesamt 9 Arten. — *Carybdea marsupialis*, Polyp (Abb. 64A) 2—3 mm lang, ohne Peridermbecher, Tentakelspitze mit einer großen Stenotele. Vorkommen S. 129. Polypenknospe (Abb. 74A) mit 6—8 gleich langen Tentakeln. Meduse (Abb. 67) bis 40 mm hoch und bis 30 mm breit, Exumbrella mit zahlreichen

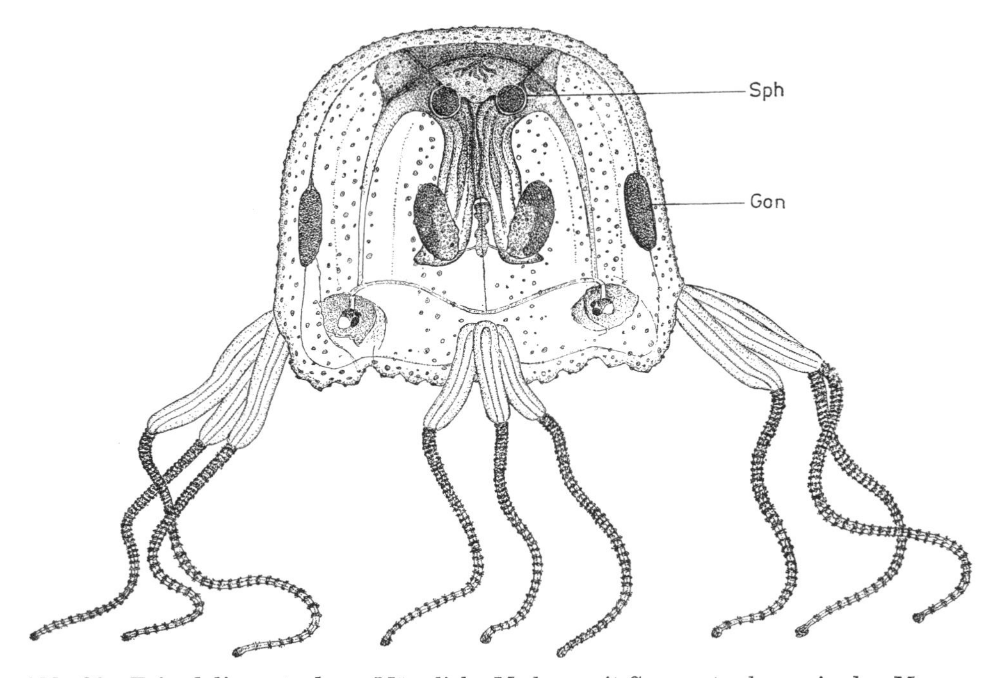

Abb. 80. *Tripedalia cystophora*. Männliche Meduse mit Spermatophoren in den Magengruben. Schirmdurchmesser bis 15 mm. — **Gon** Gonade, **Sph** Spermatophore. — Nach WERNER 1973.

Nesselwarzen, Suspensorien schwach entwickelt, Weibchen larvipar. Mittelmeer (Neapel, Rapallo), Portugal bis Westafrika, Karibisches Meer bis Bahamas und Bermudas. *C. alata*, Polyp 1,2—2 mm lang, ohne Peridermbecher. Meduse 60—80 mm hoch (maximal 250 mm), 50 mm breit (maximal 140 mm), Exumbrella ohne Nesselwarzen, Weibchen larvipar. Zirkumtropisch, Karibisches Meer. *C. rastoni*, Polyp weitgehend unbekannt. Meduse bis 35 mm hoch und 25—30 mm breit, Weibchen larvipar, Entwicklung S. 128. Von Australien bis Japan (Hokkaido), Californien, Marquesas-Inseln. — *Tamoya haplonema*, Polyp unbekannt. Meduse mit wohlentwickelten Suspensorien, bis 90 mm hoch und bis 55 mm breit. Im Atlantik an der Ostküste Nord- und Südamerikas, West- und Südafrika. — *Carukia barnesi*, Polyp unbekannt. Meduse 14 mm hoch und 11 mm breit, Exumbrella mit großen Nesselwarzen. Indopazifik, Ostküste Australiens. Verursacht das sogenannte Irukandji-Syndrom (empfindliche, aber nicht tödliche Nesselwirkung). — *Manokia stiasnyi*, Polyp unbekannt. Meduse 23 mm hoch und 20 mm breit. Neuguinea. — *Tripedalia cystophora*, Polyp (Abb. 64B) 1,0 mm lang, mit zartem basalem Peridermbecher, Tentakelspitzen mit 20—40 microbasischen Eurytelen. Polypenknospen mit 2—3 Tentakeln, von denen einer während der Kriechphase lang ausgestreckt ist (Abb. 74B). Medusenbildung S. 121ff. Jungmeduse (Abb. 77B). Erwachsene Meduse (Abb. 80) 10—12 mm hoch und 10—15 mm breit, mit gut entwickelten Suspensorien. Fortpflanzung S. 126. Puerto Rico, Jamaica, Philippinen, Japan.

2. Ordnung Chirodropida

Polypen meist unbekannt. Medusen mit vier interradialen Gruppen von meist zahlreichen Tentakeln, die einzeln an den fingerförmigen Fortsätzen je eines handförmigen Pedalium ansetzen; Gastraltaschen mit je zwei finger- oder sackförmigen Divertikeln, die in den

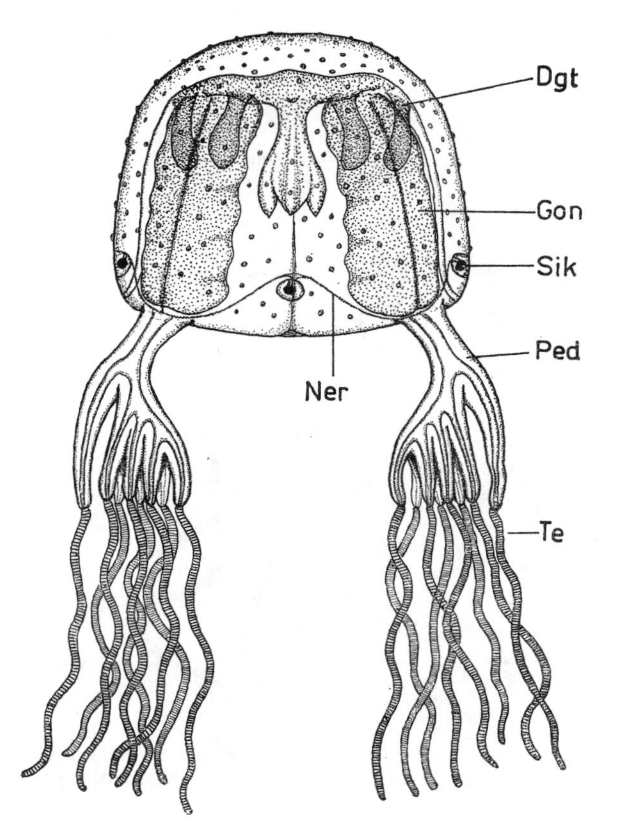

Abb. 81. *Chiropsalmus quadrumanus.* Schirmdurchmesser bis 140 mm. — **Dgt** Divertikel der Gastraltasche, **Gon** Gonade, **Ner** Nervenring, **Ped** Pedalium, **Sik** Sinneskörper, **Te** Tentakel (kontrahiert). — Nach MAYER 1910, verändert.

Subumbrellarraum hineinhängen; mit zahlreichen Velarkanälen in jedem Quadranten. Nesselkapseln in fünf Kategorien, nämlich zwei Haplonemen (atriche und holotriche Isorhizen) und drei Heteronemen (microbasische Mastigophoren, heterotriche microbasische Eurytelen und Stenotelen).

Familie Chirodropidae. Mit 3 Gattungen und insgesamt 7 Arten. — *Chiropsalmus*, Polypen unbekannt. *C. quadrumanus*, Meduse (Abb. 81) 100 mm hoch und 140 mm breit. Zirkumtropisch. *C. quadrigatus*, im Indopazifik von Australien bis zu den Philippinen (wird dort gegessen); neben *Chironex* (s. unten) die gefährlichste Cubomeduse. — *Chirodropus gorilla*. Meduse bis 150 mm hoch und bis 120 mm breit. Westafrika. — *Chironex fleckeri*, Polyp 2,3 mm lang, ohne Peridermbecher, Tentakelspitzen mit einer großen Stenotele, die capitaten Tentakel stehen in zwei ineinandergreifenden Kränzen. Polypenknospe mit 4—8 gleichlangen Tentakeln. Meduse bis 120 mm hoch und bis 140 mm breit; Fortpflanzung S. 127; Gefährlichkeit des Nesselgiftes S. 35, Todesfälle durch „sea wasps" gehen vorwiegend auf ihr Konto. Ostküste von Australien.

3. Klasse Hydrozoa

2600 Arten, davon 700 Arten mit frei lebenden Medusen. Polypen meist nur 1—2 mm lang, größter Polyp: *Branchiocerianthus imperator*, Länge mit Stiel bis 2,25 m; Medusen in der Regel nur bis wenige cm im Durchmesser, größte Meduse: *Rhacostoma atlanticum*, Durchmesser bis 40 cm.

Diagnose

Ursprünglich metagenetische, sessile oder frei lebende, solitäre oder stockbildende Cnidaria. Polyp meist klein und mit peridermalem Außenskelett; Körperbau radialsymmetrisch, Gastralraum niemals durch Septen aufgeteilt. Medusenbildung durch seitliche Knospung (Neubildung) einer Glockenkernmeduse. Meduse mit Ringnerv und Velum, Primärtentakel perradial. Mesogloea beider Generationen zellfrei, Gonaden ectodermal. Nesselkapseln in 23 Kategorien: 5 Astomocniden und 18 Stomocniden (s. Tab. 3, S. 146). — Überwiegend marin, einige Arten auch im Brack- und Süßwasser. — Mit den drei Ordnungen Hydroida, Trachylida und Siphonophora.

Die Hydrozoa weisen durch die Vielfalt ihrer morphologischen Baupläne, ihrer Fortpflanzungsweisen, Entwicklung und Lebensweise, durch die große Zahl verschiedener Nesselkapseltypen sowie hinsichtlich der besiedelten Lebensräume die größte Mannigfaltigkeit unter allen Cnidaria auf. Die Grundform ihres Lebenszyklus ist die Metagenese, durch die insbesondere ihre Basisordnung Hydroida gekennzeichnet ist. Aber nur rund ein Viertel aller Arten bildet freie Medusen aus, bei der Mehrzahl ist also die Metagenese reduziert. Dies geschieht bei den meisten Hydroida in der Weise, daß die Medusen zu sessilen Gonophoren umgewandelt sind; diese Arten werden demnach allein durch die Polypen-Generation repräsentiert. Im Gegensatz dazu ist bei den Trachylida die Polypen-Generation reduziert; zu dieser Ordnung gehören also nur Medusen. Bei den Siphonophora wiederum sind polypoide und medusoide Individuen dauernd im gleichen Tierstock vereint.

Eine weitere Grundeigenschaft der Hydrozoa ist die Bildung von Tierstöcken, die für die Hydroida und Siphonophora allgemein charakteristisch ist. Im Gegensatz zu den anderen Klassen mit primär solitären Formen, muß der solitäre Habitus bei den rezenten Hydrozoa als sekundär wiedererworben gelten. Bei den wenigen solitären Hydroidpolypen ist diese Erscheinung als Anpassung an veränderte Milieubedingungen zu deuten, während sie bei den Trachylida die notwendige Folge der Polypenreduktion ist.

Eidonomie und Anatomie

Der **Hydroidpolyp** ist meist von geringer Größe; der Einzelpolyp wird selten länger als 1—2 mm. Seine Gestalt ist variabel, stets drehrund, überwiegend keulen- bis flaschenförmig oder zylindrisch (Abb. 82). Der Polyp ist meist gestielt, so daß der Körper (Hydranth) vom dünneren Stiel (Hydrocaulus) unterschieden werden kann. Der Stiel setzt am basalen Haftapparat (Hydrorhiza) an, mit dem der Hydroidpolyp am Substrat angeheftet ist. Am oberen Ende befindet sich der kegel- oder keulenförmige Mundteil, das Hypostom. Darunter setzen die **Tentakel** in einem oder mehreren Kränzen an. Nicht selten sind die Tentakel regelmäßig oder unregelmäßig über den gesamten Körper verteilt. Sie sind bei den meisten Arten solide und enthalten im Inneren eine Reihe von hintereinander liegenden Entodermzellen mit großen Vakuolen. Das Entoderm der Tentakel geht an ihrer Basis entweder in die Gastrodermis des Körpers über oder ist von dieser durch die Stützlamelle getrennt.

Nur bei wenigen marinen Formen (*Candelabrum*, *Moerisia*) sowie bei den Polypen der Süßwasser-Familie Hydridae sind die Tentakel hohl. Ihre Anzahl ist meist nicht genau fixiert, sondern schwankt um einen Mittelwert. Die Erscheinung, daß einigen Arten Tentakel fehlen (*Protohydra*, *Craspedacusta*), daß sie bei anderen in Zweizahl (*Proboscidactyla*) oder in Einzahl (*Eperetmus*) vorhanden sind, muß als Spezialisierung betrachtet werden, deren evolutionistische Ursache oder ökologische Bedeutung nicht in jedem Falle erkennbar ist. Bei dem Limnopolypen *Calposoma*, der mit großer Wahrscheinlichkeit dem Lebenszyklus von *Craspedacusta* zugerechnet werden muß (S. 187), haben die Tentakel merkwürdigerweise einen völlig abweichenden Bau, da sie aus einer einzigen Ectodermzelle bestehen, so daß die entodermale Innenachse vollständig fehlt.

Hinsichtlich der Form und Bewaffnung lassen sich filiforme von capitaten Tentakeln unterscheiden. Bei ersteren (Abb. 82A—F) sind die Nesselzellen über die gesamte Länge verteilt, jedoch stets so, daß sie an der Spitze zahlreicher stehen als an der Basis. Bei den capitaten Tentakeln (Abb. 82G—M) sind die Nesselzellen dagegen auf das kugelig oder kolbig verdickte Ende konzentriert. Bei der Mehrzahl der Arten sind alle Tentakel gleich gebaut, also filiform oder capitat. Doch gibt es Arten, bei denen beide Tentakeltypen vorkommen. Selten treten verzweigte Tentakel auf (*Cladocoryne*). Außerdem gibt es bei einigen Formen der Corynidae und Cladonemidae außer den oralen capitaten Tentakeln noch einen aboralen Kranz von fadenförmigen

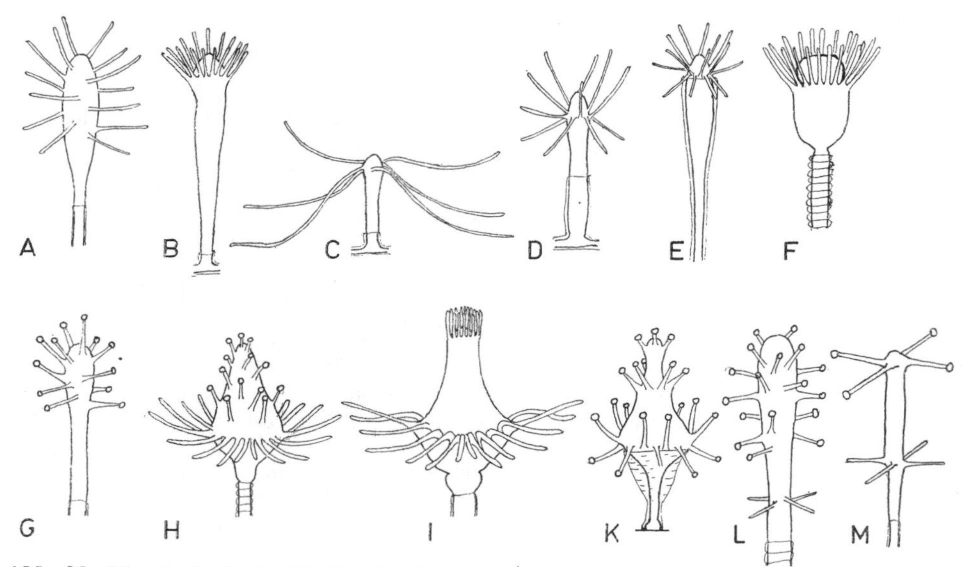

Abb. 82. Morphologie der Hydroidpolypen, Hydroida Athecata, schematisch. Obere Reihe Filifera: **A.** *Cordylophora*. **B.** *Hydractinia*. **C.** *Rathkea*. **D.** *Bougainvillia*. **E.** *Leuckartiara*. **F.** *Eudendrium*. Untere Reihe Capitata: **G.** *Coryne*. **H.** *Halocordyle*. **I.** *Tubularia*. **K.** *Tricyclusa*. **L.** *Stauridiosarsia*. **M.** *Cladonema*.

Tentakeln, denen Nesselzellen fehlen. Da sie reich mit Sinneszellen ausgestattet sind, müssen sie als regelrechte Sinnestentakel gelten (Abb. 82L, M; Abb. 105).

Fast alle Hydroidpolypen vermehren sich durch **Knospen**, die bei solitären Arten zur Ablösung kommen. Bei der Mehrzahl bleiben sie jedoch in ständigem Zusammenhang mit dem Erzeugerpolypen, so daß **Polypenstöcke** entstehen, die aus dem Primär- und zahlreichen Sekundär-, Tertiärpolypen usw. aufgebaut sind. Das verzweigte Weichkörpersystem (Coenosark) besitzt durch die Verbindung aller Gastralräume der Haupt- und Nebenpolypen ein gemeinsames Gastrovascularsystem, in dem die Flüssigkeit durch Geißelschlag der Entodermzellen, weniger durch langsame peristaltische Bewegungen des Weichkörpers in ständiger Zirkulation gehalten wird. Allgemein ist bei der Ordnung Hydroida die Stockbildung mit sessiler Lebensweise verbunden. Eine Ausnahme machen nur die Velellina, die pelagisch leben. Im übrigen sind schwimmende Stöcke auf die Ordnung Siphonophora beschränkt.

Die **Stockbildung** kann auf verschiedene Weise erfolgen:

1. Die Grundform ist der stoloniale Stock. Bei ihm wachsen aus der Basis des Primärpolypen, zu dem sich die angeheftete Planula umgeformt hat, Ausläufer (Stolonen) aus, die sich an das Substrat anschmiegen und mit der bei ihrer Bildung klebrigen peridermalen Hüllmembran anheften (Abb. 83A). Die Stolonen wachsen unbeschränkt weiter, verzweigen sich und verschmelzen an den Berührungspunkten wieder, so daß sie ein mehr oder weniger stark verzweigtes Netz bilden. Gleichzeitig entstehen durch vertikale Knospung aus dieser Hydrorhiza neue, aufrecht stehende, gestielte oder ungestielte Hydranthen, die durch Aufnahme und Verteilung der Nahrung zum weiteren Wachstum des Stockes beitragen.

Wenn sich die basalen Stolonen aufrichten und nach oben in den freien Raum wachsen, kann der Stock die Form eines Rhizocaulom annehmen, eines Stammes aus zahlreichen, dicht stehenden und unregelmäßig angeordneten Stolonen, die durch seitliche Knospung neue Polypen erzeugen und sich weiter verzweigen (Abb. 83B; Abb. 121). Bei manchen Arten mit stolonialen Stöcken wird das Wurzelgeflecht der basalen Stolonen so dicht, daß sie verschmelzen und so eine solide Gewebsplatte erzeugen (*Podocoryne*, *Hydractinia*). Die epidermale Oberfläche schließt dann nach außen die Innenschicht der Gastrodermis ab, die in Kanäle aufgegliedert ist. Aus der Gewebsplatte wachsen neue Polypen aus, die nackt bleiben. Das ursprünglich von den Stolonen ausgeschiedene und als Röhren angelegte Periderm wandelt sich im Zusammenhang mit der Gewebsverschmelzung zu einer soliden Bodenplatte um, die dem Substrat dicht anliegt und von der als Neubildungen Stacheln nach

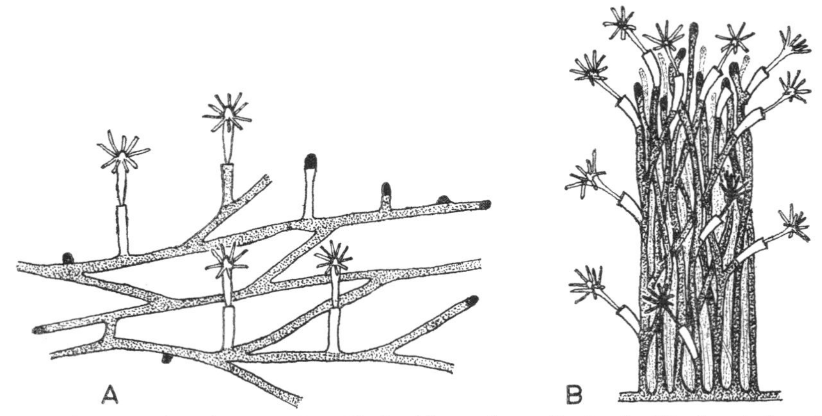

Abb. 83. Stockbildungen der Hydroida, schematisch. **A.** Horizontaler stolonialer Stock. **B.** Vertikaler stolonialer Stock = Rhizocaulom (*Clathrozoon*, Hydroida Thecata). Knospungszonen punktiert, Wachstumszonen schwarz.

oben auswachsen (Abb. 86). Beim Tod eines solchen Stockes bleibt nach dem Absterben des Gewebes das Periderm als Inkrustierung des Substrats erhalten.

2. Das Stadium des stolonialen Stockes wird ontogenetisch auch von den aufrecht stehenden, verzweigten Polypenstöcken durchlaufen. Sie stellen stammesgeschichtlich eine Weiterentwicklung dar, indem der Einzelpolyp die Fähigkeit zum Längenwachstum und zur seitlichen Verzweigung erworben hat. Die Zone des Längenwachstums liegt entweder unterhalb der Körperbasis im oberen Stielteil, woraus ein interkalares Wachstum resultiert, oder sie liegt als Sprossungskegel am Apicalpol der Stockachse. Die Knospungszone befindet sich im Stiel unterhalb der Körperbasis, bei interkalarem Wachstum unterhalb der Wachstumszone. Aus den seitlichen Knospen entstehen Sekundärpolypen, die ihrerseits die Fähigkeit des Längenwachstums und der Verzweigung besitzen. So entsteht ein Stock mit einer größeren oder kleineren Anzahl von Einzelpolypen. Gleichzeitig wachsen aus der Hydrorhiza neue Stolonen aus, die sich wie bei stolonialen Kolonien netzartig verzweigen und aus denen wiederum aufrecht stehende, neue Polypenstöcke hervorgehen. Ihre Form wird vom Wachstumsmodus und der Art der Verzweigung bestimmt, wobei sich regelrechte und artspezifische Knospungsgesetze erkennen lassen.

2.1. Bei einem monopodialen Stock (Abb. 84A) verlängert sich der Primärpolyp (1) aus der Wachstumszone nach oben. Aus der Knospungszone wächst in seitlicher Richtung ein Sekundärpolyp (2) aus. Der Hauptpolyp wächst weiter und bildet auf höheren Niveaus nacheinander weitere Seitenpolypen (3, 4, 5 usw.). So entsteht eine Hauptachse, deren Spitze stets vom ältesten, also dem Primärpolypen eingenommen wird. Die Sekundärpolypen besitzen ebenfalls Wachstums- und Knospungszonen und werden ihrerseits Ausgangspunkte für Seitenachsen mit neuen Seitenpolypen (2.1, 2.2, 3.1, 3.2 usw.). So entsteht ein reich verzweigtes Gebilde, das einem einfachen Verzweigungsprinzip folgt. Ein solcher racemöser und monopodialer Stock ist demnach durch terminale Polypen und interkalares Wachstum der Achsen gekennzeichnet. Monopodiale Stöcke kommen bei vielen Athecata vor und sind auf diese Gruppe beschränkt. Eine weitere charakteristische Eigenschaft der athecaten Stöcke ist die längere Lebensdauer der Einzelpolypen.

2.2. Die monopodiale Form der Stockbildung kann in der Weise abgewandelt sein, daß die Spitzen der Haupt- und Nebenachsen von Anfang an keine Polypen hervorbringen, sondern aus Wachstumszonen (Sprossungskegeln) bestehen. Die seitlichen Sekundärachsen gehen ebenso wie die Sekundärpolypen aus subterminalen Knospungszonen hervor, so daß nach der ersten Verzweigung unterhalb des Sprossungskegels der Hauptachse eine seitliche Sekundärachse und ein erster Sekundärpolyp angetroffen werden. Der Hauptsprossungskegel wächst weiter und erzeugt auf einem höheren Niveau eine 2. Sekundärachse, an deren Basis ein 2. Sekundärpolyp gebildet wird usw. (Abb. 84B). Diese Art der Stockbildung ist also dadurch gekennzeichnet, daß terminale Polypen an den Haupt- und Nebenachsen fehlen und sämtliche Polypen seitlich an ihnen angeordnet sind. Hinzu kommt, daß ein terminaler Sprossungskegel eine dickere und stärkere Stockachse hervorbringen kann als es bei der einfachen Form des Monopodium (2.1.) möglich ist. Die Form der monopodialen Stockbildung mit terminalen Sprossungskegeln ermöglicht die größte Mannigfaltigkeit in der Ausgestaltung der Polypenstöcke und der Anordnung der Einzelpolypen. Sie wird regelmäßig bei den Thecata mit besonders reich differenzierten Stöcken angetroffen (Abb. 122, 123).

3. Bei der sympodialen Verzweigung, die zur Bildung von zymösen Stöcken führt, entstehen aus der Planula ein gestielter Primärpolyp und anschließend aus der Hydrorhiza Sekundärpolypen, die wohl über eine Knospungszone unterhalb der Körperbasis verfügen, denen aber die Wachstumszone für die Bildung von Haupt- und Nebenachsen fehlt. Die Polypen können daher durch seitliche Knospung nur wieder gestielte Polypen hervorbringen. Wenn die Knospungsfähigkeit auf den jeweils terminalen Polypen beschränkt bleibt, so entsteht ein einfacher unverästelter Stock (Abb. 84C). Haben auch die Sekundärpolypen die Knospungsfähigkeit, so entstehen Nebenachsen

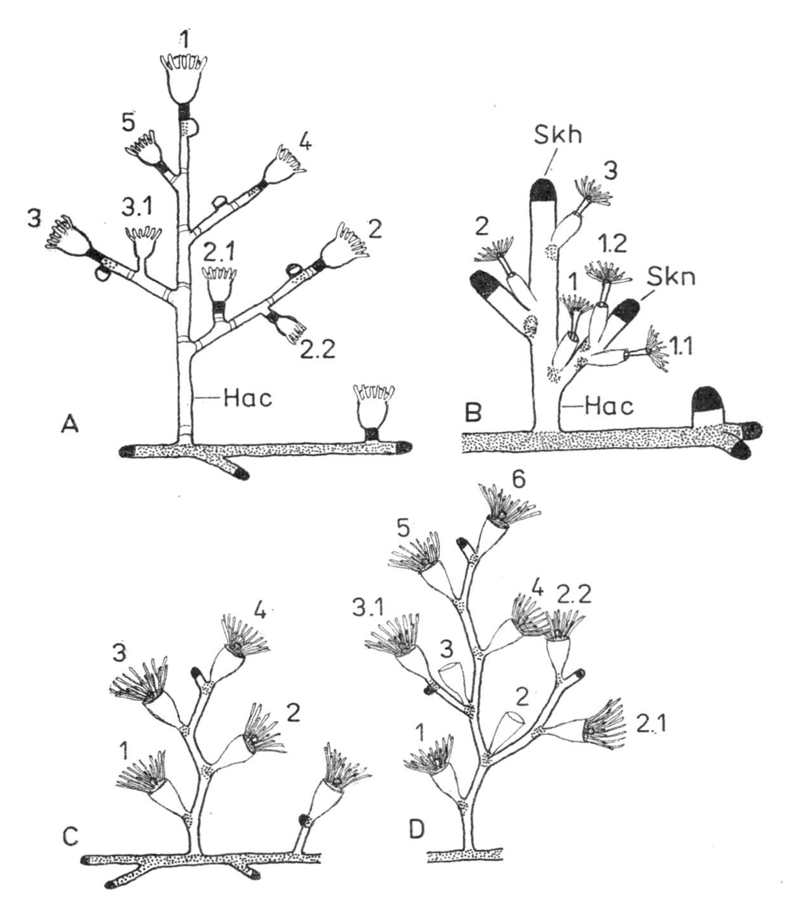

Abb. 84. Stockbildungen der Hydroida, schematisch. **A.** Monopodialer Stock mit Endpolypen (Athecata). **B.** Monopodialer Stock mit terminalen Sprossungskegeln (Thecata). **C.** Einfaches Sympodium. **D.** Verzweigtes Sympodium. Knospungszonen punktiert, Wachstumszonen schwarz. – **Hac** Hauptachse, **Skh** Sprossungskegel Hauptachse, **Skn** Sprossungskegel Nebenachse, **1**, **2**, **3**, ... aufeinander folgende Polypen der Hauptachse, **1.1**, **1.2**, **2.1**, **2.2**, **3.1**, ... aufeinander folgende Polypen der Nebenachsen. – Nach Kühn **1913**, verändert.

und somit verzweigte sympodiale Stöckchen (Abb. 84 D). Für diese gilt allgemein, daß sich die Achsen lediglich aus den Stielen der aufeinander folgenden Polypen aufbauen. Sympodiale Stöckchen werden bei vielen Thecata angetroffen, besonders bei den Familien Campanulinidae und Campanulariidae. Sowohl bei monopodialen als auch bei sympodialen Stockbildungen können die Achsen zusätzlich dadurch verstärkt werden, daß aus der basalen Hydrorhiza oder aus den Achsen selbst Stolonen auswachsen, die sich den Haupt- und Nebenachsen dicht anlegen und selbst auch Hydranthen bilden. Man bezeichnet diese Erscheinung als Autoepizoismus.

Die Epidermiszellen der Wachstums- und Knospungszonen eines stolonialen Stokkes wie auch der monopodialen und sympodialen Stöckchen scheiden an ihrer äußeren Oberfläche allseitig eine feste elastische Hüllmembran aus. Dieses **Periderm** wird durch die Art des Wachstums röhrenförmig und nimmt notwendig die Form der Stöcke an.

Das verzweigte Röhrensystem des Periderm umgibt als Ectoskelett stützend und formend den primär aus den Schläuchen des Coenosark aufgebauten Stock und ermöglicht seine aufrechte Haltung. So werden die Peridermbildungen sekundär die eigentlichen Träger der mannigfaltigen artspezifischen Formprinzipien der Hydroidenstöcke, die primär vom Weichkörper bestimmt sind.

Seiner chemischen Natur nach ist das Periderm der Hydrozoa ein Polysaccharid und steht daher dem Chitin nahe. Die Bildungssubstanz ist im sauren Milieu der Zelle flüssig und erhärtet nach ihrer Ausscheidung im basischen Seewasser. Die Fähigkeit der Chitinbildung ist nicht auf die Epidermiszellen der Wachstums- und Knospungszonen beschränkt; vielmehr üben auch die Epidermiszellen der von der Röhre umschlossenen Coenosark-Haupt- und Nebenachsen die sezernierende Tätigkeit aus, so daß der Innenwand des peridermalen Röhrensystems neue Schichten angelagert werden, wodurch sie sich langsam verdickt. Das Periderm hat damit an den ältesten Stockteilen oberhalb der Hydrorhiza die größte Wandstärke, also in der Region, in der die mechanische Beanspruchung durch Strömungen oder Wellenschlag am stärksten ist.

Die Epidermis löst sich später vor allem in den peripheren Stockteilen von der umgebenden Peridermhülle ab; damit wird deren Dickenwachstum beendet. Durch pseudopodienähnliche Plasmafortsätze bleiben aber einzelne Epidermiszellen mit der Röhrenwandung verbunden. Diese Zellfortsätze sind jedoch kein starres System, sondern können wieder eingezogen und an anderen Stellen erneuert werden; sie haben eine Stützfunktion und verankern die zarten Rohre des Weichkörpers in den Peridermhüllen (Abb. 120). Für die Stiele vieler Polypen ist ferner charakteristisch, daß sie geringelt sind, wobei die Ringelung auf eine kurze Stielpartie beschränkt oder (seltener) auf die gesamte Länge der Haupt- und Nebenachsen ausgedehnt ist. In den Einschnürungen einer solchen Ringelung hat die Peridermröhre eine dünnere Wandung, wodurch ihre Elastizität erhöht wird. Der Polyp bietet auf diese Weise der Strömung oder dem Wellenschlag durch Abbiegen einen geringeren Widerstand, so daß die Gefahr des Abbrechens verringert wird.

Die Peridermröhre umgibt bei den Athecata (Name!) nur die Stolonen, Achsen und Stiele bis zum Ansatz des Polypenkörpers, der frei von der Hülle bleibt. Bei einigen Arten dieser Gruppe ist indessen auch der Polypenkörper bis zum Ansatz der Tentakel ringsum von einer zarten zylindrischen Peridermröhre bedeckt, der sogenannten Pseudohydrothek (Abb. 101), ja sogar die Tentakelbasis kann von Periderm umhüllt sein (*Thamnostoma*). Demgegenüber haben die Thecata eine wohlausgebildete Theca, die den Hydranthen kelch- oder becherförmig umgibt und in die sich dieser bei den meisten Arten vollständig zurückziehen kann (Abb. 120A). Die Basis des Körpers ist mit dem Boden der Theca in einer ringförmigen Zone, dem Diaphragma, fest verwachsen. Die Theca weist einen glatten oder gezähnten oberen Rand auf; sie kann ferner oben offen oder durch einen Deckelapparat, das Operculum, verschließbar sein, und sie kann schließlich verschiedene Stufen der Rückbildung aufweisen. Wie das gesamte Stockperiderm in seiner Form und Bildung, so tragen auch die Hydrothecen der Thecata mit solchen speziellen Strukturen artspezifische Merkmale.

Bei zwei Familien der Athecata, den Milleporidae und Stylasteridae, scheiden die Epidermiszellen Kalk (Aragonit) aus, so daß sie mit ihren Kalkaußenskeletten korallenähnliche Stöcke aufbauen (Abb. 108). Schließlich gibt es bei der Familie Solanderiidae ein Innenskelett aus soliden Chitinsträngen.

Die Stockbildung der meisten rezenten Hydroidpolypen muß, wie schon erwähnt, als ursprünglich gelten. Im Zusammenhang damit steht die Bindung an feste Substrate. Die bei wenigen Arten zu beobachtende solitäre Lebensweise ist zweifellos sekundär wiedererworben. Dies läßt dich daraus schließen, daß dies stets mit einem Milieuwechsel verbunden ist und daß nahe Verwandte der solitären Arten die Stockbildung beibehalten haben.

— Beim Süßwasserpolypen (*Hydra*) kann der solitäre Habitus mit dem Übergang zum Leben im Süßwasser erklärt werden. Daß aber noch Tendenzen zur Stockbildung vorhanden sind, läßt sich an der Bildung von Stöckchen erkennen, die gelegentlich im freien

Wasser beobachtet werden. Sie können unter bestimmten Temperaturbedingungen auch experimentell erzeugt werden. Wenn nämlich die Ablösung der Knospen nicht mit ihrer Bildung Schritt hält, entstehen am Hauptpolypen Nebenpolypen, die ihrerseits neue Tochterpolypen erzeugen können, so daß regelrechte Stöckchen entstehen.

— Bei den Polypen der Margelopsidae (S. 178) hängt der solitäre Habitus mit dem Übergang zur pelagischen Lebensweise zusammen. Die Formen der verwandten Familie Tubulariidae sind sessil und meist stockbildend.
— In der Familie Corymorphidae leben die zum Teil recht großen Polypen nicht auf festem Substrat, sondern in der Oberflächenschicht weicher Schlickböden, die offenbar keine Stockbildung zulassen (Abb. 107). Die Polypen sind mit feinen Wurzelfilamenten ihrer Basis im Sediment verankert. Das gleiche gilt für den solitären Riesenpolypen *Brachioceriantlhus imperator*, der in der Tiefsee lebt.
— Schließlich kann bei *Protohydra*, *Psammohydra* und *Boreohydra* das Leben in einem sehr spezialisierten Biotop, nämlich dem Lückensystem in der Oberflächenschicht von Sandböden, dem sogenannten Mesopsammal, für die solitäre Lebensweise verantwortlich gemacht werden. Dieser Biotop beherbergt bekanntlich eine artenreiche Fauna aus fast allen Stämmen der Wirbellosen Tiere und ist durch charakteristische Lebensformtypen einer konvergenten Entwicklung gekennzeichnet, die sämtlich von geringer Größe sind. Auch der Körper der psammobionten Hydroidpolypen ist klein, wurmförmig und sekundär vereinfacht, da Arten mit und ohne Tentakel vorkommen. (Vergleiche auch die Umbildung psammobionter Medusen, S. 184).

Ein charakteristisches Merkmal der Hydrozoa ist der **Polymorphismus** innerhalb eines Stockes; er fehlt den Scyphozoa und Cubozoa völlig und kommt sonst nur bei den Octocorallia (Anthozoa) vor. Im Normalfall sind alle Polypen eines Hydrozoen-Stockes gleichartig gebaut und besitzen gleiche Eigenschaften (Abwehr, Nahrungserwerb, Verdauung und Knospung). Vielfach kommt es aber zu einer intraspezifischen morphologischen Verschiedenheit der Polypen innerhalb desselben Stockes; verbunden damit ist auch ein Unterschied in den Funktionen und damit eine Arbeitsteilung. Dieser Polymorphismus manifestiert sich meist in Reduktionserscheinungen und ist mit dem Verlust von Funktionen korreliert. Die Rückbildungen betreffen vor allem die Strukturen des Nahrungserwerbs, also Tentakel, Mund und Magen. Im Extremfall sind in einem Stock Abwehr, Nahrungserwerb, Verdauung und Fortpflanzung (Gonophorenbildung) auf verschiedene Stockpersonen verteilt.

— Ein Gastrozooid (Trophozooid) mit Tentakeln (Abb. 86B) ist morphologisch unverändert, besitzt aber nur noch Ernährungsfunktionen (Beutefang, Verdauung, Verteilung der Nährstoffe auf den Stock). Außerdem behält er die Fähigkeit der Stolonenbildung, hat aber die der Gonophorenknospung verloren. Fehlen ihm auch die Tentakel, so ist auch die Fähigkeit des Beutefanges verloren gegangen.
— Ein Gonozooid oder Blastostyl erzeugt ausschließlich Gonophoren (freie Medusen oder sessile Medusoide). Der Mund ist meist rückgebildet, und die Tentakel sind zu Nesselknöpfen reduziert.
— Ein Gastrogonozooid (Trophogonozooid) besitzt beide Funktionen; er übt den Nahrungserwerb ganz oder teilweise aus und erzeugt gleichzeitig Gonophoren (Abb. 85).
— Ein Macho- oder Dactylozooid schließlich ist zu einem tentakelähnlichen Gebilde ohne Mund, vielfach auch ohne Magen reduziert und dient mit seiner Nesselzellbewaffnung nur noch dem Beutefang und dem Schutz vor Feinden (Abb. 85). Die Endstufe dieser Reduktion ist der lange fadenförmige Tentaculozooid (Abb. 86B).

Ein schönes Beispiel für die Erscheinung des Dimorphismus ist der athecate Polyp *Ptilocodium quadratum*, der den Hydractiniidae nahesteht (Abb. 85). Der Gastrogonozooid erzeugt die Gonophoren und ist durch die Aufnahme und Verdauung der Nahrung am Stoffumsatz beteiligt. Da er aber keine Tentakel besitzt, kann er die Beute nicht selbst fangen, sondern ist auf die Hilfe der Wehr- oder Fangpolypen angewiesen, die vier kurze geknöpfte,

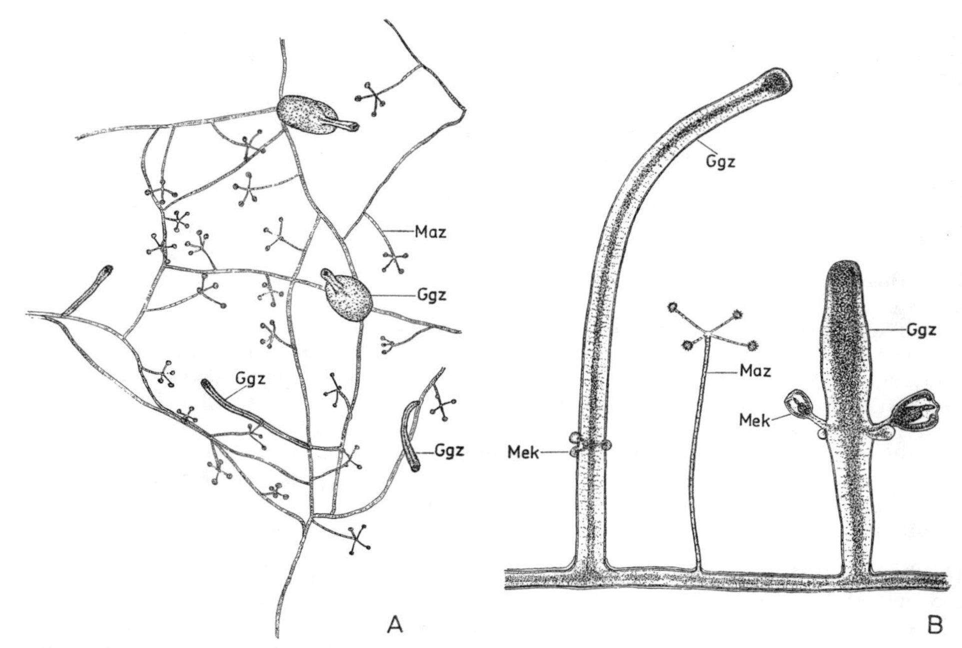

Abb. 85. *Ptilocodium quadratum*, Hydroida Athecata, Polypen-Dimorphismus. **A.** Stolonialer Stock; zu beachten ist die unterschiedliche Form und Größe der Gastrogonozooide vor und nach der **Nahrungsaufnahme. B.** Teil eines Stockes mit einem voll ausgestreckten und einem kontrahierten Gastrogonozooid mit beginnender und fortgeschrittener Medusenknospung. Länge des ausgestreckten Gastrogonozooids 2,9 mm, des Machozooids 1,3 mm. — **Ggz** Gastrogonozooid, **Maz** Machozooid, **Mek** Medusenknospe.

mit Nesselzellen besetzte Tentakel tragen. Diesen Machozooiden fehlen Mund und Magen, so daß die entodermale Innenachse — wie bei einem Tentakel — aus einer Reihe hintereinander liegender Entodermzellen besteht. Die sehr viel größeren Gastrogonozooide beugen sich zu den Machozooiden hin und nehmen ihnen mit dem Mund die gefangene Beute ab. *P. quadratum* ist ein Beispiel für einen rein stolonialen Stock.

Bei anderen Arten haben die Wehrpolypen als Dactylozooide die Form unverzweigter Tentakel und tragen terminale oder über den Körper verteilte Nesselknöpfe oder Nesselbatterien. Bei *Hydractinia* (Abb. 86) sind die Dactylozooide auf den Mündungsrand der als Substrat dienenden, von einem Einsiedlerkrebs bewohnten Schneckengehäuse lokalisiert; auf einen Berührungsreiz hin rollen sie sich spiralig ein, was ihnen den Namen Spiralzooide eingetragen hat. Bei dieser Art existiert durch die Sonderung der anderen Personen in Gastro-, Gono- und Tentaculozooide ein ausgesprochener Tetramorphismus [331].

Die Thecata besitzen für die Blastostyle und Dactylozooide besonders geformte Gono- und Nematothecen. Wie die Hydrothecen können auch die Gonothecen eine reiche artspezifische Mannigfaltigkeit erkennen lassen. Überdies können sie bei den Geschlechtern verschiedene Form haben (Abb. 92). Die Dactylozooide der Thecata haben die Form kurzer dünner Tentakel und sind reich mit Nesselzellen besetzt; als Nematophoren sitzen sie an den Stielen der Hydranthen, an den Sproßachsen oder auch an den Hydrothecen. Der Höhepunkt des Polymorphismus wird bei den Siphonophora angetroffen (S. 207).

Die **Hydroidmedusen** (Abb. 4C) sind gleichfalls überwiegend von geringer Größe; Höhe und Durchmesser des Schirmes betragen bei den meisten Arten nur wenige mm bis wenige cm. Selten wird eine Größe von mehr als 10—20 cm erreicht, die einige Hydroidmedusen den großen Scyphomedusen vergleichbar macht. Die Form des **Schirmes** ist vielgestaltig. Als Grundform kann die einer Glocke genannt werden, doch

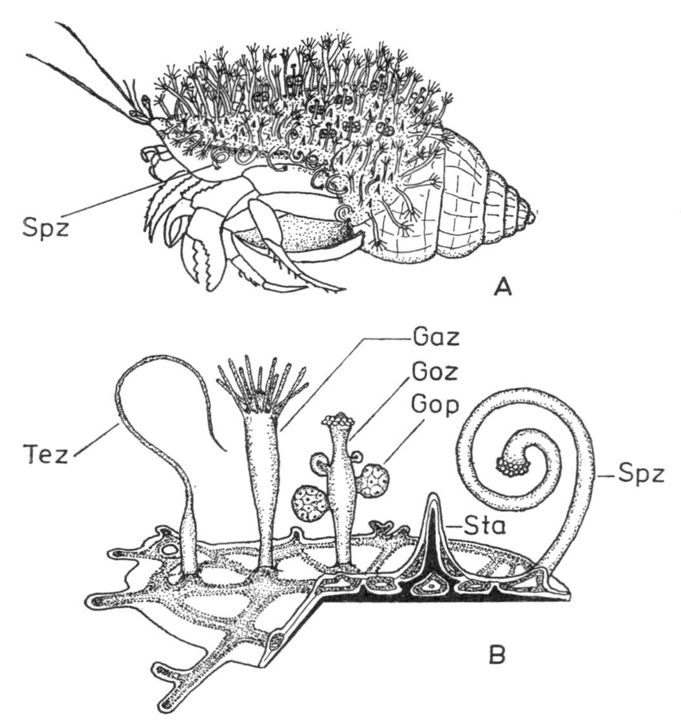

Abb. 86. *Hydractinia echinata*, Hydroida Athecata, Polypen-Polymorphismus. **A.** Stock auf einem vom Einsiedlerkrebs *Pagurus bernhardus* bewohnten Schneckengehäuse; nur ein geringer Teil der Polypen ist gezeichnet; man beachte, daß die Spiralzooide auf dem Mündungsrand des Schneckengehäuses lokalisiert sind. **B.** Aufbau eines jungen Stockes, Schema; Epidermis weiß, Gastrodermis punktiert, Periderm schwarz gezeichnet; zu beachten ist die primär stoloniale Anlage der später plattenförmigen Hydrorhiza. – **Gaz** Gastrozooid, **Gop** Gonophor, **Goz** Gonozooid, **Spz** Spiralzooid, **Sta** Stachel, **Tez** Tentaculozooid. – A aus Moore 1956, B aus Müller 1974.

gibt es alle Übergänge der Verringerung der Schirmhöhe, die von der Kugel-, Halbkugel-, Schüssel- zur flachen Scheibenform führen. Ebenso gibt es stumpf- und spitzkonische Arten, bei denen die Schirmhöhe größer als der Durchmesser ist. In solchen Fällen besitzt der Schirm einen kugeligen oder konischen Aufsatz, der von den Seiten durch eine Einschnürung abgesetzt sein kann. Die Schirmgallerte ist bei allen Hydroidmedusen zellfrei.

Der Schirmrand ist im allgemeinen ganzrandig, lediglich bei den Narcomedusae (Trachylida) ist er in Lappen aufgeteilt. Ein charakteristisches Merkmal ist der Besitz des **Velum**, einer ringblendenartigen Hautfalte des Schirmrandes, durch die die Schirmöffnung verengt wird. Anders als das rein subumbrellare Velarium der Cubomedusen (S. 111f.) geht das Velum der Hydroidmedusen aus den epidermalen Schichten der Ex- und Subumbrella hervor. Zwischen den beiden aus Epithelmuskelzellen bestehenden Schichten liegt die dünne Stützlamelle. Hinsichtlich der Funktion gleicht das Velum dem Velarium: Durch die Tätigkeit der Muskulatur, die mit den Schirmpulsationen koordiniert ist, wird die Geschwindigkeit des aus dem Schirm ausgestoßenen Wasserstrahles und damit die Schwimmgeschwindigkeit vergrößert. Nur bei wenigen Hydroidmedusen (z. B. *Obelia*, Abb. 120B) ist das Velum sekundär zurückgebildet.

Die am Schirmrand der Meduse ansetzenden **Tentakel** sind der Exumbrella zuzurechnen. In ihrer Zahl, Größe, Form, Haltung und Bewaffnung lassen sie die gleiche Vielgestaltigkeit erkennen, die für alle Strukturen der Hydrozoa charakteristisch ist. Sie sind selten solide, meist hohl, sind einfach oder verzweigt, filiform oder capitat oder können gestielte Nesselbatterien tragen. Wesentlich ist die Lage hinsichtlich der Symmetrieebenen, da die vier Primärtentakel, wie die Radialkanäle, in den Perradialebenen liegen. Die Anfangszahl der Tentakel der Jungmeduse, die meist vier, weniger häufig zwei beträgt, bleibt nur bei wenigen Arten unverändert und wird meist während des Wachstums vermehrt. Die erwachsene Meduse trägt dann zahlreiche Einzeltentakel in den Inter- und Adradien oder dazwischen. Bei anderen Arten sind die Tentakel zu Gruppen oder Büscheln zusammengefaßt. Die halbsessilen Medusen (vgl. S. 166) weisen an den Tentakeln zusätzlich Klebpolster aus Drüsenzellen auf. Nur bei wenigen Formen sind die Tentakel zum Teil vom Schirmrand auf die Exumbrella verlagert (*Climacocodon, Olindias*).

Bei den meisten Arten sind die Tentakel mit einer bestimmten Größe ausgewachsen und verändern ihre Lage nicht, außer durch die mit Schwimmhaltung und Beutefang verbundenen Kontraktionen. Bei der Familie Pandeidae allerdings haben die Tentakel ein permanentes Längenwachstum, da ihre Enden ständig abgestoßen werden und eine regelmässige Erneuerung von der Basis her stattfindet.

Die Tentakelbasis ist bei vielen Arten zu einem Bulbus verdickt, in dem die Bildungsstätte für die Nesselzellen der Tentakel liegt. Bei anderen Arten bildet der gesamte Schirmrand eine Zone der intensiven Nesselzellbildung. Typisch ist ferner, daß der Rand, ebenso wie die Tentakel und das Manubrium, begeißelt ist, während Ex- und Subumbrella unbegeißelt bleiben. Ergänzend ist zu erwähnen, daß Ober- und Unterseite des Schirmes nesselzellfrei sind. Eine Ausnahme machen wenige Arten, bei denen regelmäßig Nesselzellen auf der Exumbrella vorkommen und hier zu charakteristischen Mustern angeordnet sein können, wie bei *Zanclea* und *Velella* (Abb. 126).

Der Schirmrand ist Träger zahlreicher Sinneszellen und der für die Hydroidmedusen charakteristischen **Sinnesorgane**. Die Athecata besitzen nur Ocellen, die entweder aus einfachen Anhäufungen von Pigmentzellen bestehen oder einen komplizierten Bau mit einer Linse aufweisen. Sie liegen an den Tentakelbulben. Die Medusen der Thecata haben kolben- oder blasenförmige Schweresinnesorgane (Cordyli, Statocysten, Abb. 26) verschiedener Ausbildungsstufen. Sie sind rein ectodermaler Herkunft und liegen meist am Schirmrand zwischen den Tentakelansätzen. Nur bei den Trachylida und den Limnohydrina ist die Achse der Statocyste entodermaler Natur. Die einfachsten Sinnesorgane der Thecata sind die keulenförmigen Cordyli, die aus einer entodermalen Achse mit einer ectodermalen Hüllschicht ohne jede Andeutung eines Statolithen bestehen; ihre Funktion ist noch unbekannt.

Das **Gastrovascularsystem** der Meduse besteht aus dem meist kleinen Magen im oberen Zentralteil des Schirmes, aus dem Innenraum des Mundrohres sowie den vier schmalen Radialkanälen und dem Ringkanal. Das Mundrohr ist am Dach der Glockenhöhle unmittelbar unter dem Magen aufgehängt und gleicht im einfachsten Falle einem kurzen Rohr mit runder Mundöffnung. Es erreicht bei den meisten Arten die Schirmöffnung nicht; nur in wenigen Fällen ist es verlängert und hängt aus der Glockenhöhle heraus (Abb. 104).

Bei manchen Arten ist die zentrale Schirmgallerte oberhalb des Magens mehr oder weniger stark verdickt; sie ragt dann als Magenstiel (engl. peduncle) kegelförmig in die Glokkenhöhle hinein (Abb. 93). Das Manubrium ist häufig gefaltet, so daß es einen quadratischen oder kreuzförmigen Querschnitt hat und mit vier Lippen versehen ist, die einen glatten oder gekrausten Rand haben. Die Lippen sind meist mit zahlreichen Nesselzellen besetzt, die in Reihen angeordnet sind. Ferner kann der Mundpol mit Nesselknöpfen versehen oder in einfache oder verzweigte Tentakel ausgezogen sein. Zuweilen setzen die Tentakel nicht am Mund selbst, sondern oberhalb am Mundrohr an. Der Mund ist in diesem Falle eine einfache runde Öffnung. In den Seitenflächen des Schirmes ist zwischen den Radialkanälen eine einschichtige Entodermlamelle ausgespannt (Abb. 4C) (Entstehung S. 149). Bei manchen Arten ist die Anzahl der Radialkanäle durch einfache Vermehrung (*Aequorea*) oder durch Gabelung (*Cladonema*) vergrößert, wobei zentrifugales Wachstum vom Magen ausgehend oder zentripetales Wachstum vom Ringkanal her möglich ist. Vom Ringkanal können bei einigen Arten auch Blindsäcke in den Schirm vorwachsen.

Die **Geschlechtsorgane** sind bei den Hydrozoa lokal begrenzte Anhäufungen von Keimzellen, die als verdickte Polster vom benachbarten einschichtigen Epithel der Epidermis deutlich unterscheidbar sind. Den eben abgelösten Jungmedusen fehlen meist noch die Keimzellen. Sie entstehen durch rege Teilungstätigkeit der I-Zellen (s. unten) zwischen der Stützlamelle und einer epidermalen Schicht von Deckzellen. Die Stützlamelle ist unter dem Lager der Keimzellen häufig ganz oder teilweise reduziert, wodurch eine ungehinderte und beschleunigte Stoffzufuhr aus der Gastrodermis ermöglicht ist. Die Geschlechter lassen sich in den meisten Fällen nicht durch Farb- oder Formmerkmale der Gonaden unterscheiden. Doch können die reifen Gonaden oft beim Weibchen durch die relativ großen Eizellen, beim Männchen durch die gleichmäßig opake Struktur erkannt werden.

Die Lage der Gonaden ist ein systematisch wichtiges Merkmal. Bei den Medusen der Athecata liegen sie am Manubrium, das von ihnen umgeben ist, bei den Medusen der Thecata an den Radialkanälen und daher vom Manubrium getrennt. Diese Lage der Gonaden bei den Thecata ist sekundärer Natur. Das läßt sich aus der Beobachtung erkennen, daß die Gonaden bei den Jungmedusen mancher thecater Formen noch dicht am Manubrium angelegt und erst später mit zunehmendem Wachstum des Schirmes auf die Radialkanäle verlagert werden. Manche Arten tragen die Gonaden als lange Leisten sowohl am Manubrium als auch an den Radialkanälen. Die Form der Gonaden ist ebenfalls variabel.

Wie schon erwähnt, sind die freien Medusen bei zahlreichen Arten durch Rückbildungserscheinungen mannigfacher Art zu sessilen Gonophoren umgeformt. Die große Formenfülle der Reduktionserscheinungen läßt sich unter dem Gesichtspunkt der progressiven Evolution in eine Reihe der zunehmenden Vereinfachung aufgliedern (vgl. S. 150).

Histologie

Beim **Hydroidpolypen** ist die Epidermis unbegeißelt, was sonst innerhalb der Cnidaria nur noch bei den Octocorallia vorkommt. Diese zweifellos sekundäre Erscheinung läßt sich nur schwer erklären. Sie könnte mit der Ausbildung peridermaler Strukturen zusammenhängen. Der Körper des kolonialen Hydroidpolypen geht nämlich aus Knospen hervor, die durchweg von zarten Peridermhäutchen bedeckt sind. Im übrigen verliert bereits die Planula-Larve nach der Anheftung und bei der Umwandlung in den Primärpolypen ihre Begeißelung.

Die Gastrodermis dagegen ist, wie bei allen Cnidaria-Polypen, stets begeißelt. Sie kann im Ruhezustand in Falten gelegt sein, die verschwinden, wenn der Magen nach der Nahrungsaufnahme gefüllt ist. Längsfalten, häufig in Vierzahl, sind auch besonders charakteristisch für die Gastrodermis des Hypostom, das sich beim Verschlingen der Beute besonders stark ausdehnen muß. Der Mund ist nur eine einfache Öffnung, in der Epidermis und Gastrodermis ineinander übergehen.

Besondere Zellelemente stellen die sogenannten interstitiellen Zellen (I-Zellen) dar (vgl. S. 18) [221, 380, 416]. Sie sind an ihrer Spindel- oder Tropfenform sowie an ihrer geringen Größe erkennbar. Ihr geringer Anteil an dichtem Plasma ist mit basischen Farbstoffen stark färbbar, bedingt durch den hohen Gehalt an Ribonucleinsäure, wie er für embryonale Zellen allgemein typisch ist. Außerdem liegen die I-Zellen durch vorangegangene Teilungsschritte häufig in Gruppen („Nestern“) dicht beieinander und lassen sich dadurch von den umgebenden Epithelzellen unterscheiden. Sie werden in beiden Epithelien, vorwiegend aber in der Epidermis und zwar in den tieferen, der Stützlamelle nahen Regionen angetroffen.

Die I-Zellen stellen, auch bei erwachsenen Polypen und reifen Medusen, eine embryonale Zellreserve dar und liefern bei allen Wachstums- und Differenzierungsprozessen, insbesondere bei der Knospung, bei der Nessel- und Keimzellbildung sowie bei Regenerationsvorgängen das benötigte Zellmaterial. Sie sind demzufolge omnipotent. Allerdings sind sie nicht autonom, sondern bedürfen des induzierenden Einflusses der Umgebung.

Bei den oft untersuchten Süßwasserpolypen der Familie Hydridae liegen die I-Zellen der Körperwandung am häufigsten in einer Zone unterhalb der Tentakel. Bei den marinen stockbildenden Formen sind die meisten I-Zellen in der Epidermis des von Periderm umgebenen Stieles und in den Stolonen lokalisiert. Bei den Hydroidmedusen finden sie sich vor allem im Schirmrand und an der Basis der Tentakel, also dort, wo sie besonders für die Nesselzellbildung benötigt werden, ferner am Manubrium und in den Radialkanälen, wo sie das Ausgangsmaterial für die Keimzellen darstellen. Durch ihre spezifische Form, Größe und Färbbarkeit lassen sich die I-Zellen bis ins Stadium der fortgeschrittenen Gastrula und der Planula zurückverfolgen. Dabei zeigte sich, daß sie zuerst im Entoderm auftreten, wo von ihnen die ersten Nesselzellen erzeugt werden. Gleichzeitig vermehren sie sich und treten ins Ectoderm über, das von jetzt ab ihre bevorzugte Lager- und Bildungsstätte darstellt.

Eine weitere typische und notwendige Eigenschaft der I-Zellen ist ihre Fähigkeit der amöboiden Wanderung. Die Stützlamelle wird dabei leicht durchquert. Die I-Zellen wandern so ins Entoderm und liefern auch hier die benötigten Zelltypen. Schließlich sind die I-Zellen die Grundlage für die bekannte Regenerationsfähigkeit der Hydrozoa (vgl. S. 19f).

Die große cytologische Plastizität der Hydrozoa kommt auch dadurch zum Ausdruck, daß sich praktisch alle Zellelemente, mit Ausnahme der Nessel-, Nerven- und Keimzellen, dedifferenzieren und in einen embryonalen Zustand zurückverwandeln können. Dies wird durch Experimente bestätigt, bei denen isolierte, rein epidermale oder gastrodermale Zellkomplexe wieder einen vollständigen Organismus regenerierten. Zur histologischen Differenzierung eines Hydroidpolypen vgl. Abb. 5.

Die Muskulatur der Hydroidpolypen besteht ausschließlich aus Epithelmuskelzellen mit glatten Fasern, im Gegensatz zum Scypho- und Cubopolypen. Nur in einem einzigen Fall ist das Vorkommen quergestreifter Muskelfasern bei einem thecaten Polypen beschrieben worden (*Campalecium cirratum*). Die Körperwand ist mit einer doppelten Lage verschieden gerichteter Muskelfasern ausgestattet. Die Fasern der Epidermiszellen verlaufen parallel zur Längsachse, die der Entodermzellen senkrecht dazu; der Hydroidpolyp besitzt also ein Muskelsystem aus longitudinalen und zirkulären Faserelementen. Wie erst neuerdings erkannt wurde, steht ein Teil der epidermalen mit den gastrodermalen Epithelmuskelzellen durch die Stützlamelle hindurch in direktem Kontakt. Diese Eigenschaft dient mit großer Wahrscheinlichkeit der Koordination der Muskeltätigkeit beider Epithelien, die bei einer Körperbewegung oder bei der Kontraktion als funktionelle Einheit wirksam werden (vgl. Abb. 21).

Das Nervensystem des Hydroidpolypen wurde hinsichtlich seiner wesentlichen Eigenschaften bereits charakterisiert (S. 40). Obwohl anatomisch nur ein einfaches diffuses Nervennetz aus Ganglienzellen und ihren Neuriten nachweisbar ist, muß aus den Verhaltensformen und den elektrophysiologischen Befunden bei den genauer untersuchten Arten (vor allem bei *Hydra*) auf das Vorhandensein von multiplen Leitungsbahnen mit Schrittmachersystemen geschlossen werden. Sinnesorgane fehlen dem Hydroidpolypen, doch besitzt er zahlreiche Sinneszellen, die auf mechanische, chemische und optische Reize reagieren. Bemerkenswert ist schließlich, daß in den Zellen der Wurzelfilamente von solitären, schlickbewohnenden Corymorphidae kristalline Konkretionen gefunden wurden, die offenbar der Schwerewahrnehmung dienen; diese Zellen müssen als primitive Sinneszellen angesehen werden. Auftreten von Sinnestentakeln, Abb. 105. Gastrovascularsystem der stockbildenden Formen, S. 135. Bei den solitären Formen ist das Gastralsystem auf den Magen und die hohlen Tentakel beschränkt, soweit solche vorkommen (S. 134). Verdauung, S. 60f.

Bei der **Hydroidmeduse** besteht die Exumbrella aus einem dünnen Plattenepithel polygonaler Zellen ohne Muskelfasern. Die Gallerte ist zellfrei und enthält feine Stützfibrillen, die durch ihre Richtung und Verspannung die Festigkeit der Gallerte verstärken. Die Fläche der Subumbrella setzt sich aus Epithelmuskelzellen mit quergestreiften Fasern zusammen, die einen zirkulären Verlauf haben (Abb. 7). Die Muskelschicht ist nur in den Perradien unterbrochen, wo glatte Muskelfasern unterhalb der Radialkanäle in radialer Richtung verlaufen. Jede Epithelmuskelzelle der Subumbrella besitzt mehrere parallele Muskelfasern. Bei der Meduse von *Obelia* (Thecata) existiert die Besonderheit, daß die flachen polygonalen Muskelzellen der Subumbrella Fasern aufweisen, die sich kreuzen [44].

Das Nervensystem ist als subumbrellarer Plexus von Nervenzellen und als doppelter, manchmal auch dreifacher Nervenring im Schirmrand ausgebildet (Abb. 20). Auf die gegenüber den Scyphozoa höher differenzierten nervösen Strukturen wie auch auf die höheren neurophysiologischen Leistungen der Hydroidmeduse wurde bereits hingewiesen (S. 38f.).

Nesselzellen. Die große Mannigfaltigkeit aller Strukturen der Hydrozoa kommt besonders deutlich in der ungemein reichhaltigen Ausstattung mit Nesselzellen der verschiedenen Typen zum Ausdruck (Tab. 3). Sie übertreffen darin bei weitem alle anderen Klassen. Von den bisher bekannten 27 Kapseltypen der Cnidaria kommen 23 bei den Hydrozoa vor, von denen 17 auf diese Klasse beschränkt sind (vgl. Tab. 2, S. 32). Den größten Reichtum weist die Basisordnung Hydroida auf, entsprechend dem Formenreichtum dieser Gruppe, deren Vertreter überwiegend sessil und stockbildend sind.

Fortpflanzung

Der Fortpflanzungszyklus der Hydrozoa besteht in dem für die Cnidaria typischen metagenetischen Generationswechsel, bei dem sich der Polyp ungeschlechtlich vermehrt, während sich die Meduse auf geschlechtlichem Wege fortpflanzt. Nur in seltenen Fällen bilden die Polypen Geschlechtszellen aus oder vermehren sich die Medusen asexuell.

Die **ungeschlechtliche Vermehrung** der Polypen-Generation erfolgt durch **Knospung** und ist bei den stockbildenden Arten primär mit der Stockbildung, der Verzweigung der Stöcke, dem Sproß- und dem Stolonenwachstum gekoppelt; die neu angelegten Teile bleiben dabei in ständigem Verband.

Daneben gibt es bei einzelnen stockbildenden Arten auch Produkte der asexuellen Vermehrung, die sich ablösen und neue Stöcke aus sich hervorgehen lassen. Im einfachsten Falle schnüren sich bei einem stolonialen Stock Endabschnitte quer durch, lösen sich ab und kriechen davon, um sich anzuheften und durch Polypenbildung und Knospung einen neuen Stock zu erzeugen. Dieser Vorgang wird als Dissogonie oder Schizosporenbildung bezeichnet [330]. Abgelöste Sproßenden können auch von Wasserströmungen verdriftet werden, ehe sie sich auf einem geeigneten Substrat ansiedeln.

Eine weiter entwickelte Form dieser ungeschlechtlichen Vermehrung ist die Ablösung von Stolonenteilen mit einem jungen Hydranthen, die eine Kriechphase durchmachen. Dies wird regelmäßig bei dem stockbildenden Polypen von *Staurocladia portmanni* beobachtet [233]. Ein junger terminaler Polyp, der bereits die oralen Tentakel besitzt und zur Nahrungsaufnahme befähigt ist, löst sich mit einem kurzen Stolonenstück ab, kriecht mit dem Kopf voran zu einem neuen Anheftungsort und läßt einen neuen sessilen Stock aus sich hervorgehen. Während des Kriechvorganges erzeugt der Stolo ständig eine zarte Peri-

Tabelle 3. Die Verteilung der Nesselkapseln auf die einzelnen Ordnungen der Hydrozoa (vgl. Tab. 2, S. 32, und Abb. 11)

		Kategorien	Hydroida	Trachylida	Siphonophora
Astomocniden		1. Anacrophore	–	–	⊕
		2. Acrophore	–	–	⊕
		3. Desmoneme	+	–	+
		4. Spirotele	⊕	–	–
		5. Aspirotele	⊕	–	–
Stomocniden	Haplonemen	7. atriche Isorhize	+	+	+
		8. basitriche Isorhize	+	–	+
		9. merotriche Isorhize	⊕	–	–
		10. holotriche Isorhize	⊕	–	–
		11. apotriche Isorhize	–	⊕	–
		12. atriche Anisorhize	⊕	–	–
		13. homotriche Anisorhize	–	–	⊕
		14. heterotriche Anisorhize	⊕	–	–
	Heteronemen	15. microbasische Mastigophore	+	–	+
		16. macrobasische Mastigophore	⊕	–	–
		19. homotriche microbasische Eurytele	⊕	–	–
		20. heterotriche microbasische Eurytele	+	+	–
		21. telotriche macrobasische Eurytele	⊕	–	–
		22. merotriche macrobasische Eurytele	⊕	–	–
		23. holotriche macrobasische Eurytele	⊕	–	–
		24. Semiophore	⊕	–	–
		25. Stenotele	+	+	+
		26. Birhopaloide	–	–	⊕
Gesamtzahl der Kategorien			18	4	9
Gesamtzahl der ordnungseigenen Kategorien ⊕			12	1	4

dermröhre, durch die der Polyp mit dem Substrat verbunden bleibt und die ihm die Fortbewegung durch Kontraktionswellen ermöglicht.

Die stockbildende Art *Halecium pusillum* vermehrt sich durch ein sogenanntes Propagulum (oder Cladogonium) (Abb. 87). Bei diesem merkwürdigen Vorgang, der als Cladogonie bezeichnet wird, wächst aus dem Sprossungskegel einer seitlichen Achse ein ankerförmiges Gebilde aus, das mit Fortsätzen in drei senkrecht zueinander stehenden Ebenen versehen ist, sich ablöst und verdriftet werden kann. Mit dem Sekret von Drüsenzellen kann sich das Gebilde an einem geeigneten Substrat anheften und zu einem neuen Stock auswachsen.

Bei solitären Arten lösen sich die Knospen obligatorisch ab. Als Knospe wird ein Tochterorganismus verstanden, der im Ablösungsstadium die gleiche Organisationsstufe aufweist wie der Erzeugerpolyp, also wie dieser auch Tentakel besitzt. Das bekannteste Beispiel ist der Süßwasserpolyp *Hydra* (vgl. die übereinstimmende Knospenbildung des Cubopolypen, S. 120).

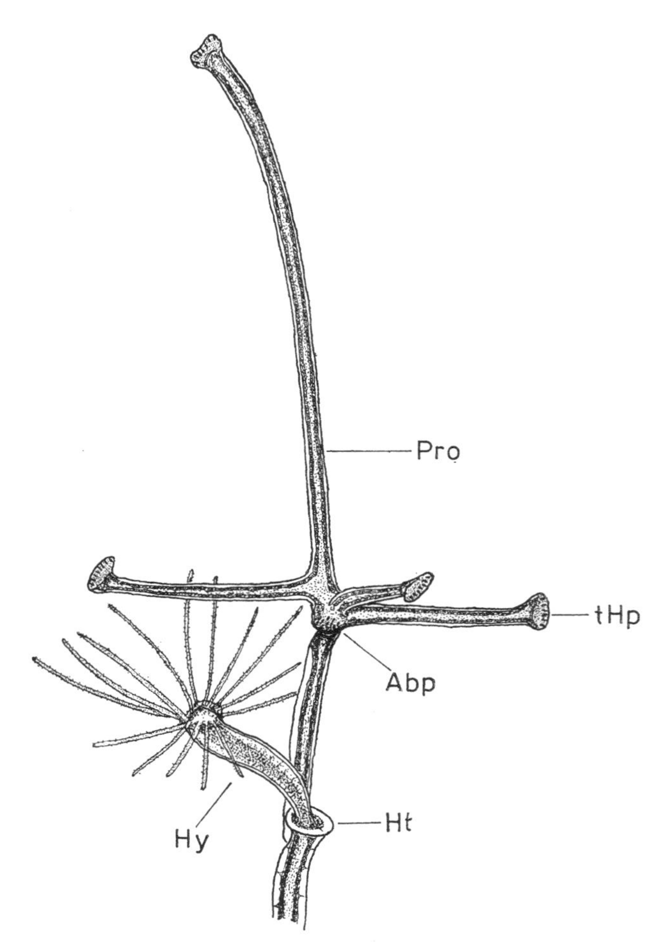

Abb. 87. *Halecium pusillum*, Hydroida Thecata, ankerförmiges asexuelles Vermehrungsstadium. Länge 2 mm. — **Abp** Ablösungsspol, an dem später nach der Anheftung die Polypenknospung einsetzt, **Ht** Hydrothek, **Hy** Hydranth, **Pro** Propagulum, **tHp** terminales Haftpolster mit Drüsen- und Nesselzellen.

Durch Vitalfärbung wurde nachgewiesen, daß der Knospungsvorgang bei *Hydra* keineswegs nur auf Zellvermehrung beruht, sondern daß auch angrenzendes Zellmaterial des Erzeugerpolypen einbezogen wird, das zur Knospungszone hinwandert. Bei marinen Hydroida ist eine vergleichbare Form der asexuellen Vermehrung durch Ablösungsknospen selten. Sie ist für den kolonialen Polypen von *Coryne tubulosa* sowie für die solitäre Art *Tricyclusa singularis* beschrieben worden.

Die solitären Polypen der Limnohydrina erzeugen in einem ähnlichen Vorgang der asexuellen Vermehrung keine Knospen, sondern sogenannte Kriechfrusteln, die sich ohne Tentakel, also auf einer niedrigeren Organisationsstufe als der des Erzeugerpolypen ablösen (Abb. 114, 115).

Es handelt sich um langgestreckte, wurmähnliche, unbegeißelte Stadien, die anfangs aus einer epidermalen Hüllschicht und einem inneren Zylinder aus hintereinander liegenden Entodermzellen bestehen. Durch Zellkontraktionen, die mit einem charakteristischen Vor- und Zurücksetzen des Vorderendes verbunden sind, können die Frusteln langsam kriechen. Am Ende der vagilen Phase bildet sich der spaltförmige Gastralraum aus, und es entstehen am Bewegungshinterende der Mund und zwei kurze Tentakelstümpfe. Auf diesem Stadium ist die Frustel bereits zur Nahrungsaufnahme befähigt. Sie heftet sich mit dem Bewegungsvorderende fest, richtet sich auf und wandelt sich in den jungen Polypen um.

Die Kriech- oder Wanderfrustel hat also die gleiche polare Orientierung wie die Planula-Larve: Das Bewegungsvorderende entspricht dem aboralen Pol, aus dem sich die Haftscheibe entwickelt, während das Bewegungshinterende den Oralpol darstellt, aus dem Mund und Tentakel hervorgehen. Von der Planula unterscheidet sich die Frustel durch die asexuelle Entstehung und die fehlende Begeißelung. (Vgl. das frustelähnliche Embryonalstadium der Stauromedusida, das jedoch sexuell erzeugt wird, S. 105.)

Solitäre Polypen vermehren sich in Einzelfällen ungeschlechtlich auch durch Längsteilung (*Hydra*) oder durch Querteilung (*Hydra, Protohydra, Psammohydra, Craspedacusta*). Sehr selten ist bei den Hydrozoa die Podocystenbildung, die in ähnlicher Weise wie bei den Scyphozoa abläuft (Abb. 42); sie ist bekannt von dem Süßwasserpolypen *Craspedacusta* und den Brackwasserformen der Familie Moerisiidae.

Die **Medusenbildung** ist ebenfalls ein Prozeß der asexuellen Vermehrung; mit ihr wird die geschlechtliche Fortpflanzung eingeleitet. Im typischen Falle entsteht am Hydroidpolypen durch seitliche Knospung eine sogenannte Glockenkernmeduse, die sich ablöst. Graduelle Abwandlungen bestehen bei den Hydroida mit reduzierten Gonophoren. Aber selbst die sessilen Medusoide der Siphonophora, die ständig im Stockverband bleiben, gehören aufgrund ihrer Entstehung dem Typ der Glockenkernmeduse an. Prinzipiell verschieden ist die Medusenbildung lediglich bei den Trachylida: Da ihnen die Polypengeneration fehlt, entstehen aus den von Medusen erzeugten Geschlechtsprodukten über ein Actinula-ähnliches Larvenstadium wiederum Medusen.

Bildungsort und Anzahl der gleichzeitig erzeugten Medusen sind recht unterschiedlich. Bei den Athecata knospen sie im Normalfall am unteren Teil des Polypenkörpers oder in der Stielgegend dicht unterhalb des Körpers. Die Medusen gehen dort in regelloser Anordnung oder in einem Kreis, einzeln nacheinander oder zu mehreren gleichzeitig aus der Körperwand hervor. Am Polypen der Limnohydrina entwickeln sich die Medusen dagegen an der oberen Körperhälfte, und bei der pelagischen *Pelagohydra* sind die Medusenanlagen über den gesamten Körper verteilt (Abb. 98). Bei stockbildenden Formen kann die Knospung an den Stolonen oder am Polypenstiel erfolgen. Die Polypen der Tubulariidae, Corymorphidae und Margelopsidae, die mit zwei Tentakelkränzen versehen sind, erzeugen die Medusen oder Gonophoren an verzweigten Gonophorenträgern in der Knospungszone oberhalb des aboralen Tentakelkranzes, oft in so großer Anzahl, daß ganze Trauben von Medusenanlagen herabhängen.

Bei den Thecata entstehen die Medusen in den von den Gonothecen umschlossenen Gonangien durch seitliche Knospung am Blastostyl (Abb. 91). Die Zahl schwankt auch bei ihnen erheblich; einige Arten erzeugen im gleichen Gonangium nur 1–2 Medusen bzw. sessile Gonophoren, bei anderen ist die Anzahl größer, dürfte aber 10–20 selten überschreiten.

Der Prozeß der Medusenknospung beginnt mit einer blasenförmigen Ausstülpung der Körperwand, an der sich beide Epithelien beteiligen (Abb. 88A). Die Bildungszone geht aus I-Zellen hervor und ist durch eine rege Zellteilungstätigkeit gekennzeichnet. Die junge Medusenanlage nimmt allmählich eine ovoide oder birnenförmige Gestalt mit dünnerem Stiel an. Anschließend setzen am distalen Pol die eigentlichen Differenzierungsprozesse ein. Sie beginnen mit dem aktiven Wachstum des Entoderms, das sich mit dem darüber lagernden Ectoderm in Form von vier kreuzförmig gegenüberstehenden Zipfeln über die Oberfläche der Blase schwach emporwölbt (Abb. 88B). Die Zipfel sind die erste Anlage von vier Gastraltaschen, den späteren Radialkanälen, die sich seitlich anfangs noch berühren, später aber auseinanderweichen. Die distalen Enden der Zipfel wachsen zu den künftigen Primärtentakeln aus. Das Ectoderm der ebenen oder schwach konkaven Platte inmitten der vier Zipfel verdickt sich durch lebhafte Zellteilungen und sinkt als anfangs kompakter, anschließend durch Spaltbildung sich aushöhlender Glockenkern nach innen (Abb. 88A, C), bleibt aber im Schichtverband mit dem Ectoderm, das von den Seiten her über ihm zusammenwächst und sich schließt. Die distale („obere")Wand des Glockenkerns ist daher mehrschichtig. Durch die Ausbildung der Gastraltaschen, in deren Mitte der sich vergrößernde Glockenkern in die Tiefe verlagert wird, erhält dieser zwangsläufig die Form eines vierkantigen, hohlen Pyramidenstumpfes (Abb. 88C,D). Durch die Vergrößerung der Medusenknospe und die Bildung der Schirmgallerte weichen die Gastraltaschen auseinander und nehmen die Gestalt von schmalen Radialkanälen an. Aus ihren Seiten treten durch tangentiales Wachstum einschichtige Lamellen aus, die aufeinander zuwachsen, sich vereinigen und die geschlossene, einschichtige Entodermlamelle zwischen den Radialkanälen hervorbringen. Die distalen Teile der Gastraltaschen vereinigen sich durch aktives seitliches Wachstum zum peripheren Ringkanal. Das Manubrium entsteht durch Einstülpung des Entoderms von unten in den Hohlraum des Glockenkerns, aus dem der Subumbrellarraum hervorgeht (Abb. 88E). Dieser erhält durch den zentralen Durchbruch der distalen Platte Verbindung zur Außenwelt, und der Rand der so entstandenen Öffnung differenziert sich zum Velum.

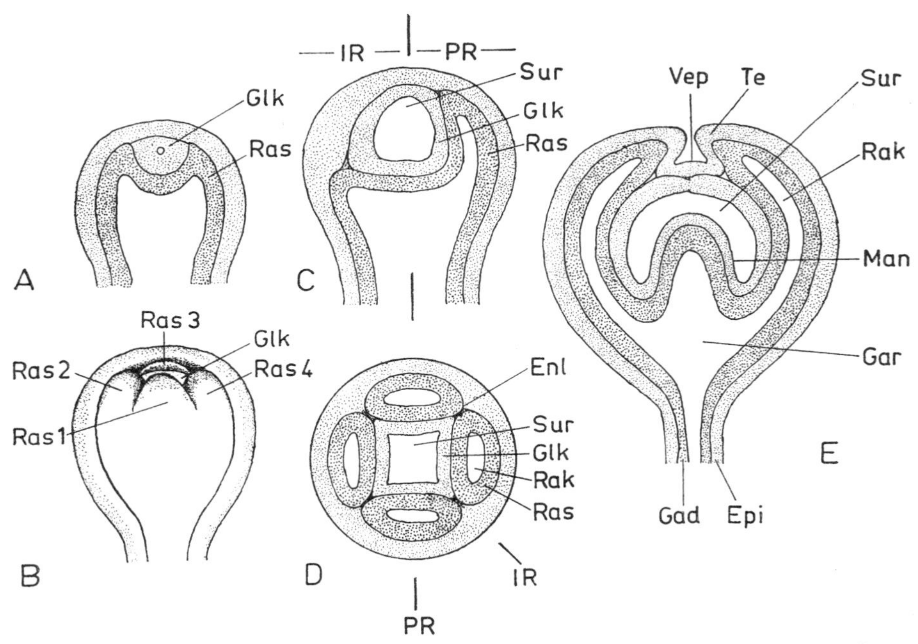

Abb. 88. Bildung der Glockenkern-Meduse der Hydroida, schematisch. **A.** Längsschnitt der jungen Medusenknospe mit bereits gesondertem Glockenkern. **B.** Skizze eines Totalpräparates zur Darstellung der in distaler Richtung wachsenden entodermalen Radialschläuche. **C.** Längsschnitt und **D.** Querschnitt eines etwas älteren Stadiums; die linke Hälfte von C ist durch einen Interradius, die rechte durch einen Perradius gelegt. **E.** Fortgeschrittenes Stadium mit Bildung des Manubrium, Längsschnitt durch einen Perradius. — **Enl** Entodermlamelle, **Epi** Epidermis, fein punktiert, **Gad** Gastrodermis, grob punktiert, **Gar** Gastralraum, **Glk** Glockenkern, **IR** Interradius, **Man** Manubrium, **PR** Perradius, **Rak** Radialkanal, **Ras 1—4** Radialschläuche, **Sur** Subumbrellarraum, der aus der Glockenhöhle hervorgeht, **Te** Tentakelanlage, **Vep** Velarplatte. — Nach Kühn 1913.

Vielfach ist die gesamte Medusenknospe während ihrer Bildung von einem zarten Peridermhäutchen eingeschlossen. In diesem Falle bleiben die aus den Enden der Gastraltaschen auswachsenden Primärtentakel zunächst unregelmäßig in den Subumbrellarraum eingebogen, bis sie später, wenn die Meduse frei wird, nach außen umgeschlagen werden können. Fehlt die peridermale Umhüllung der Medusenknospe (*Cladonema, Margelopsis*), so wachsen die Tentakel frei nach außen.

Durch die Vergrößerung der gesamten Anlage, die mit einer Verdünnung der Epithelien verbunden ist, durch die Ausbildung der subumbrellaren Muskulatur und des Velum erlangt die Medusenknospe das Stadium der Ablösungsreife. Dabei verdünnt sich der basale Stiel, und die Peridermhülle wird durch die einsetzenden Schwimmkontraktionen gesprengt, so daß sich die junge Meduse ablösen und davonschwimmen kann. Vom Ansatz am Erzeugerpolypen bleibt bei manchen Arten ein Stielkanal in der apikalen Schirmgallerte übrig, der erst einige Zeit nach der Ablösung verschwindet.

An der Entstehung der Meduse sind also Entoderm (mit der Bildung der Gastraltaschen und des Manubrium) und Ectoderm (mit der Bildung des Glockenkerns) aktiv beteiligt. Der letztere Prozeß hat keine Parallele bei den anderen Klassen: Ein Glockenkern tritt nur bei den Hydrozoa auf. Wie in einer Einzelanalyse für *Craspedacusta* nachgewiesen wurde, hat der Glockenkern induktive Fähigkeiten: In das Ectoderm eines Polypen eingepflanzt, vermag er die Bildung einer Medusenknospe auszulösen [357].

Die Rückbildung der freischwimmenden Medusen zu sessilen **Gonophoren** ist bei den verschiedenen Familien der Athecata und Thecata unabhängig und konvergent verlaufen und ist als Adaptation an spezielle Lebensbedingungen zu deuten (S. 161). Man kann dabei die verschiedenen morphologischen Abänderungen zu einer fortschreitenden Reihe der zunehmenden Vereinfachung anordnen [296]. Diese morphologisch regressive Reihe ist stammesgeschichtlich progressiv, da durch die Reduktion der freischwimmenden Meduse die am meisten gefährdete pelagische Phase des Lebenszyklus erheblich verkürzt wird.

Die Entstehung der Vereinfachungen kann bei der Mehrzahl der Formen so umschrieben werden, daß die Entwicklung auf dem Weg zur freien Meduse auf verschiedenen Entwicklungsstadien stehen bleibt und vorzeitig beendet wird. Von den zahlreichen, durch Übergänge miteinander verbundenen Typen der Medusenreduktion werden nur die wichtigsten beschrieben (Abb. 89).

— Bei den Eumedusoiden (Abb. 89B) tritt der Abschluß der Entwicklung auf einem späten Stadium ein; es sind sessile Medusoide, deren Schirm erhalten und durch die vier Radialkanäle als solcher deutlich erkennbar bleibt. Ebenso sind die Glokkenhöhle und bei den Athecata das Manubrium vorhanden, in dessen Wand die Keimzellen gebildet werden. Es fehlen das Velum, weil die Öffnung bis zur Reife geschlossen bleibt, sowie Tentakel, Sinnesorgane und Mund, so daß eine Nahrungsaufnahme von außen unmöglich ist. Bei den Eumedusoiden der Thecata ist das Manubrium vollständig reduziert, weil die Gonaden an den Radialkanälen entstehen. Die reifen Keimzellen werden durch Platzen der Schirmöffnung frei.

Nur in Ausnahmefällen werden die Eumedusoide noch frei, doch ist ihre pelagische Phase auf wenige (1—3) Tage verkürzt. Sie sind bei der Ablösung reif und sterben nach der Fortpflanzung ab. Beispiele bei den Athecata sind eine Art von *Halocordyle* und die Milleporidae (Abb. 108C), bei den Thecata *Orthopyxis integra* (Abb. 120C) und *Clathrozoon wilsoni* (Abb. 121C).

— Den Cryptomedusoiden (Abb. 89C) fehlen die Radialkanäle, und das Schirmentoderm ist lediglich noch in Form der einschichtigen Lamelle erhalten. Glokkenhöhle und Manubrium sind noch vorhanden, aber in der Größe reduziert.

— Das Heteromedusoid (Abb. 89D) läßt zwar die Herkunft von Medusen noch erkennen, aber eine echte Glockenhöhle fehlt. Sie wird durch eine kleine Höhle ersetzt, die sekundär durch Spaltbildung im distalen Ectoderm entsteht. Das Schirmentoderm fehlt vollständig.

— Bei den Styloiden oder Sporosacs (Abb. 89 E) endlich ist keinerlei Anzeichen der Medusenorganisation übrig geblieben. Es sind sackförmige, rundliche oder ovoide Gebilde, die aus einer hohlen entodermalen Achse und einer ectodermalen Hülle bestehen. Zwischen beiden Keimblättern entwickeln sich die Keimzellen. Nur in Ausnahmefällen werden Sporosacs frei (Abb. 90).

Die sessilen Gonophoren der Athecata entstehen, wie die Medusen, an der Oberfläche der Polypen und auch an den gleichen Orten. Die sessilen Gonophoren der Thecata sind mit dem sie erzeugenden Blastostyl von der Gonothec eingeschlossen. Vielfach ist die Bildung sessiler Gonophoren mit Larviparie kombiniert, so daß die Entwicklungsstadien erst als Planulae freiwerden. Zuweilen werden dabei die Medusoide aus dem Gonophor als Acrocysten nach außen vorgestülpt, wie das bei den Meconidien von *Gonothyraea loveni* der Fall ist (Abb. 91).

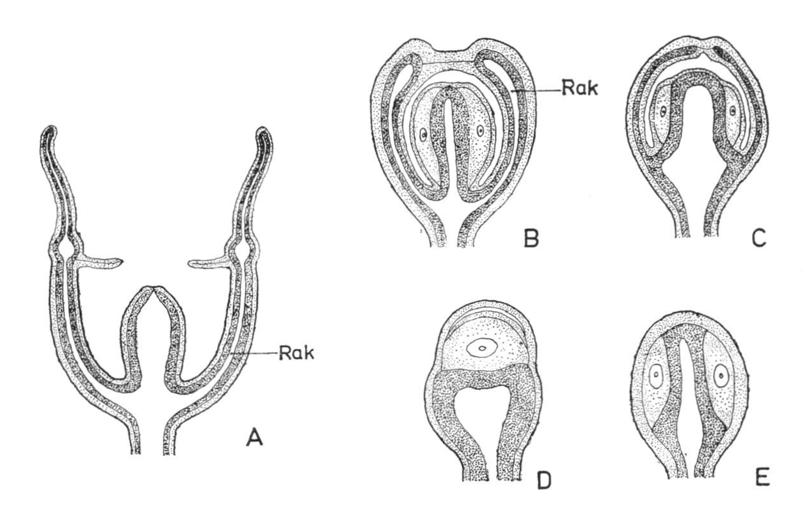

Abb. 89. Meduse und Gonophoren der Hydroida im schematischen Längsschnitt. **A.** Meduse. **B.** Eumedusoid. **C.** Cryptomedusoid. **D.** Heteromedusoid. **E.** Styloid. Dargestellt sind weibliche Gonophoren mit Oocyten. Epidermis fein punktiert, Gastrodermis grob punktiert. — **Rak** Radialkanal. — B—D nach Kühn **1913.**

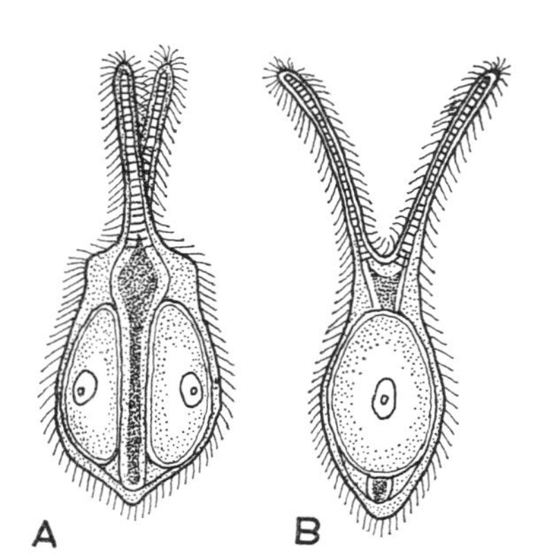

Abb. 90. *Dicoryne conferta,* Hydroida Athecata (Bougainvilliidae). Freischwimmendes weibliches Gonophor, das durch Geißelschlag um die Längsachse rotiert; in zwei verschiedenen Seitenansichten. Länge 0,25 mm. — Nach Allman **1872, aus** Leloup **1952.**

Im allgemeinen sind die sessilen Gonophoren bei beiden Geschlechtern gleich gebaut, gehören also der gleichen Reduktionsstufe an. Bei manchen Arten ist allerdings ein Geschlechtsdimorphismus erkennbar, so zum Beispiel bei *Tubularia indivisa*, bei der die weiblichen Gonophoren Eumedusoide, die männlichen aber Cryptomedusoide sind. Bei *Laomedea flexuosa* ist das weibliche Gonophor heteromedusoid, das männliche styloid. Es erscheint von allgemeinem Interesse, daß in solchen Fällen die weiblichen Gonophoren weniger stark reduziert sind als die männlichen. Auch die Form der Gonangien kann bei beiden Geschlechtern verschieden sein (Abb. 92).

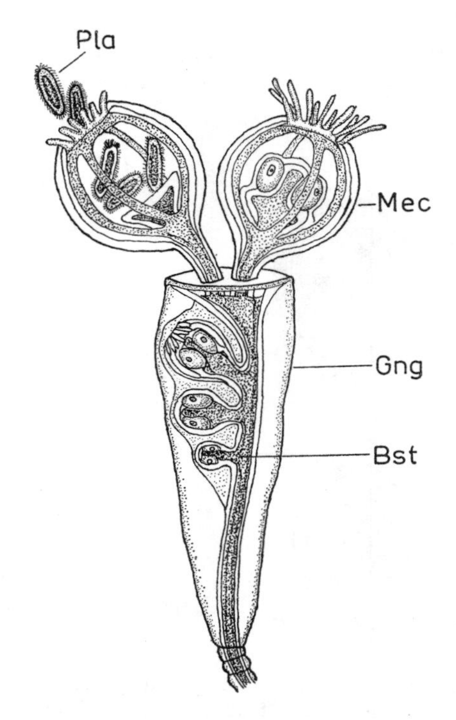

Abb. 91. Weibliches Gonangium von *Gonothyraea loveni*, Hydroida Thecata. Die reifen Medusoide treten als sogenannte Meconidien (griech. „mohnkopfähnlich“) aus dem Gonangium aus, bleiben aber mit dem Blastostyl in Verbindung. Wenn die Planulae geschlüpft sind, werden die Medusoide zurückgebildet. — **Bst** Blastostyl, **Gng** Gonangium, **Mec** Meconidium, **Pla** Planula. — Nach Allman 1872 (Anm.: Kühn 1913 konnte die Bildung der Radialkanäle nicht bestätigen).

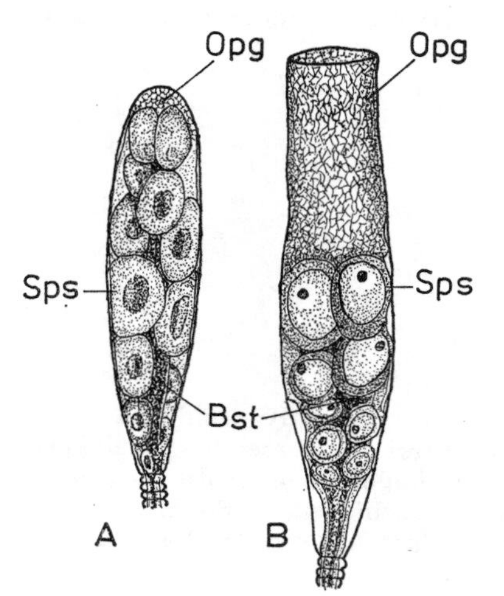

Abb. 92. *Laomedea flexuosa*, Hydroida Thecata. Geschlechtsdimorphismus der Gonangien. **A.** Männliches, **B.** weibliches Gonangium. — **Bst** Blastostyl, **Opg** Operculargewebe, **Sps** Sporosac, im weiblichen Geschlecht mit einer Eizelle. — Aus Miller 1966.

Die morphologische Vereinfachung der Styloide kann so groß sein, daß man in ihnen Organanlagen eines sich sexuell fortpflanzenden Polypen sehen müßte, wenn nicht die beschriebenen Zwischenstufen bekannt wären. So müssen die Fortpflanzungsweisen auch bei jenen Arten, in deren Entwicklungsgang keinerlei Spuren einer Medusenbildung mehr zu erkennen sind, auf Reduktionsvorgänge zurückgeführt werden. Bei diesen Formen werden die Keimzellen in der Körperwand erzeugt, wie dies für den Süßwasserpolypen *Hydra* typisch ist. Hier entwickeln sich die großen Eier einzeln nacheinander in der Epidermis der unteren Körperhälfte des weiblichen oder zwittrigen Polypen, während die Samenzellen in charakteristischen Vorwölbungen der oberen Körperwand gebildet werden, die man als Hoden bezeichnet. Bei marinen Hydroida ist eine vergleichbare Entwicklung sehr selten. Sie ist beschrieben für *Protohydra* und *Boreohydra,* also kleinen, spezialisierten, solitären Formen, die in Sedimentböden leben [337].

Ein ähnlicher Entwicklungsgang ist neuerdings bei dem marinen stockbildenden Polypen *Rhysia autumnalis* (Athecata) bekannt geworden [235]. Die Keimzellen entwickeln sich, ähnlich wie bei *Hydra,* in der Epidermis des Polypen, beim Männchen als Anhäufung zahlreicher Samenzellen. Beim Weibchen wird allerdings jeweils nur eine große Eizelle ausgebildet. Die Geschlechtspolypen (Gonozooide) weisen morphologische Reduktionen auf, so daß die abgeänderte Entwicklung mit Stockdimorphismus gekoppelt ist. Das einzelne Ei entwickelt sich im Körper des weiblichen Gonozooid bis zur Planula; anschließend verfällt das Gonozooid der Rückbildung.

Bei einer Anzahl von Arten tragen die Medusen asexuell durch Knospung, selten durch Teilung, ihrerseits in erheblichem Maße zur Bestandsvergrößerung bei. Der Ort der Medusenknospung ist bei *Hybocodon prolifer* der Schirmrand, und zwar der Bulbus des bei dieser Art einzigen voll ausgebildeten Tentakels (die drei anderen Tentakel sind reduziert). Die Intensität der Knospenbildung ist so groß, daß am Tentakelbulbus der noch nicht abgelösten Tochtermeduse bereits wieder Knospen für die Enkel-Generation auftreten. Bei den Medusen anderer Arten der Athecata werden die Sekundärmedusen am Manubrium einzeln oder in Gruppen erzeugt (Abb. 93). Bei verschiedenen Medusen der Thecata entstehen die Tochtermedusen an den Radialkanälen unterhalb der Gonaden. Das gleiche gilt für die Limnomeduse *Scolionema suvaense* aus Japan [391].

In allen genauer untersuchten Fällen verläuft die Medusenknospung nach dem Modus, wie er oben für die Bildung der Meduse am Polypen beschrieben wurde. Eine interessante Ausnahme macht die athecate *Rathkea* (Abb. 93) [403]. Bei dieser circumpolaren, borealarktischen Form, die in den Küstengewässern der südlichen Nordsee trotz ihrer geringen Größe (Höhe 2 mm) durch ihr Massenauftreten im Frühjahr sehr auffällig ist, entstehen die Knospen in gesetzmäßiger Folge am Manubrium, aber nur in den Interradien (Abb. 93B). Die histologische Prüfung hat mehrfach bestätigt, daß die Tochter- (= Sekundär-) medusen rein ectodermaler Herkunft sind [227]. Das ist deswegen so bemerkenswert, weil die Knospung der Primärmedusen am Polypenstock dem Regelfall folgt, also unter Beteiligung des Entoderms.

Asexuelle Vermehrung von Medusen durch Teilung ist bisher nur für die Mittelmeer-Population von *Clytia hemisphaerica* beschrieben, bei der zeitweilig zahlreiche Medusen mit mehreren Manubrien und einer vermehrten Anzahl von Radialkanälen auftreten. Ob es sich dabei um anormale Exemplare oder um die regulären Stadien einer echten Längsteilung handelt, ist noch unbekannt.

Die **geschlechtliche Fortpflanzung** erfolgt im Normalfall bei der Medusen-Generation, die fast durchweg getrenntgeschlechtig ist. Zwittrigkeit einer freilebenden Hydroidmeduse ist äußerst selten. Sie wird regelmäßig bei der bodenbewohnenden athecaten *Eleutheria dichotoma* (Abb. 110) beobachtet. Als Hermaphrodit ist ferner die Meduse von *Turritopsis nutricula* bekannt, doch wurde für diese Art auch das Vorkom-

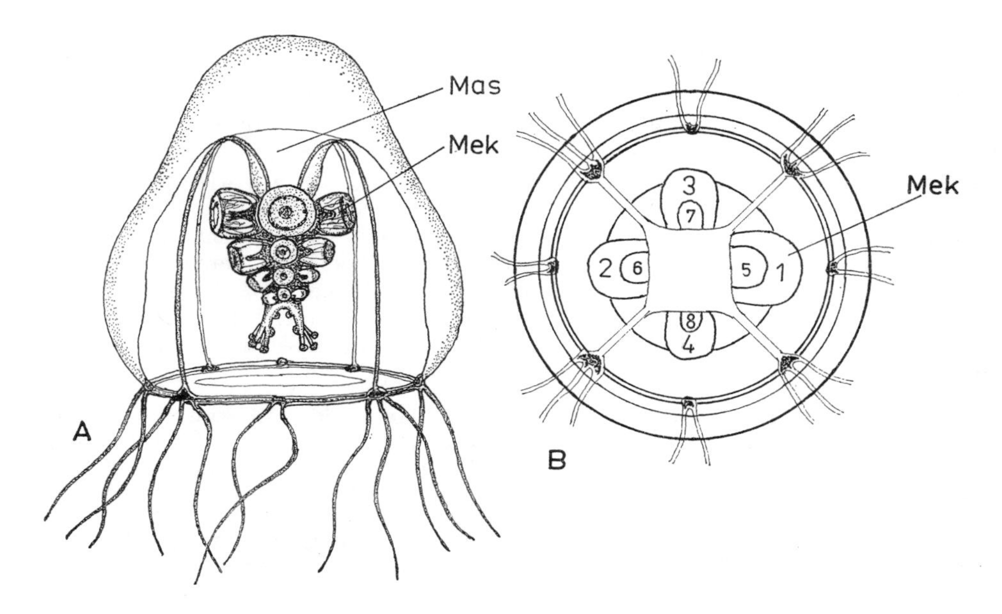

Abb. 93. *Rathkea octopunctata*, Hydroida Athecata. Medusenknospung am Manubrium. **A.** Seitenansicht . **B.** Aufsicht auf den Apicalpol, Schema der Knospungsregel: Die Zahlen geben die Reihenfolge der nacheinander gebildeten Knospen wieder. — **Mas** Magenstiel, **Mek** Medusenknospe. — B nach WERNER 1956.

men getrenntgeschlechtiger Medusen gemeldet. Da solitäre und stockbildende Hydroidpolypen immer nur Medusen des gleichen Geschlechts hervorbringen, ist, wie bei den Scyphozoa und Cubozoa, das Geschlecht bereits im Polypen genetisch fixiert. Auch bei den Arten mit sessilen Gonophoren werden im gleichen Stock meist nur Keimzellen des gleichen Geschlechts erzeugt. Von dieser Regel gibt es nur wenige Ausnahmen. Bei *Tubularia larynx* kommen am gleichen Stock männliche und weibliche Gonophoren vor [259]. Für ihre Zwittrigkeit sind ferner einige Arten von *Hydra* bekannt.

Obligatorische Parthenogenese ist bisher nur für die Küstenform *Margelopsis haeckeli* (Abb. 95) nachgewiesen [404]. Es handelt sich dabei um eine thelytoke apomiktische Parthenogenese: Bei der Reifung der Eizellen wird die Meiose unterdrückt, und die beiden Chromosomensätze der Äquationsteilung gehen in die Blastomeren der sofort einsetzenden ersten Furchungsteilung ein (Chromosomenzahl $2n = 18$).

Freischwimmende Medusen erzeugen meist zahlreiche kleine Eier, je nach Medusengröße mehrere 100 bis mehrere 1000. Die Limnomeduse *Gonionemus vertens* (Durchmesser 2 cm) steht mit 50000—70000 Eiern in einer Laichperiode an der Spitze. Arten mit abgeänderter Entwicklung (Unterdrückung freischwimmender Planulae, Auftreten sessiler Gonophoren) erzeugen meist deutlich weniger, dafür größere und dotterreichere Eier (*Garveia franciscana* 1 Ei, *Gonothyraea loveni* 3 Eier, *Cordylophora caspia* 3—10 Eier pro Gonophor). Ein Stock von *Tubularia larynx* mit 150 Hydranthen entließ in 8 Tagen 100 Larven (Actinulae, S. 159). Da jeder Hydranth mehrere Gonophoren trägt, bedeutet dies für das einzelne Gonophor nur eine geringe Eiproduktion. Auch Arten mit „direkter" Entwicklung (*Hydra, Boreohydra, Rhysia*) erzeugen wenige, dafür im Verhältnis zum Körper große Eier.

Im allgemeinen sterben die Medusen nach dem Ablaichen ab; ihre Lebensdauer beträgt daher nur wenige, meist 3—6 Monate. Bei den Thecata mit sessilen Gonophoren verfällt das Gewebe der Medusoide oder Styloide und der sie erzeugenden Blastostyle nach beendeter Fortpflanzung der Reduktion, indem es in den Stock eingezogen wird; nur die leeren Gonothecen bleiben übrig.

Entwicklung und Larvenformen

Die Keimzellen der Hydrozoa sind, mit wenigen Ausnahmen, ectodermaler Herkunft, wie insbesondere für die Medusen der metagenetischen Arten immer wieder bestätigt wurde. Sie leiten sich von I-Zellen ab und reifen meist am Ort ihrer Entstehung, das heißt in der Gonadenanlage. Eine Keimbahn existiert nicht. Für Hydroida mit sessilen Gonophoren, etwa *Eudendrium*, wurde nachgewiesen, daß die Orte der Entstehung und Reifung der Eizellen räumlich getrennt liegen [278]. Sie werden im Ectoderm der Polypenstiele erzeugt und treten zuerst ins Entoderm über. Bei ihrer amöboiden Wanderung gelangen sie anschließend in das Ectoderm der in Bildung begriffenen Gonophoren und treten hier in die Wachstums- und Reifephase ein.

Die für die Entwicklung der Keimzellen benötigten Reservestoffe werden in ihrer unmittelbaren Umgebung vom Erzeugerorganismus bereitgestellt und durch Diffusion aufgenommen. Spezielle Nähr- und Follikelzellen existieren nicht. Allerdings wird häufig beobachtet, daß ein Teil der Oogonien wieder zurückgebildet wird, deren Reservestoffe den übrigen wachsenden Eizellen zugeführt werden. In solchen Fällen werden also weit mehr Eizellen angelegt als definitiv zur Reifung gelangen. Bei Arten mit großen Eizellen (*Corymorpha, Ectopleura, Margelopsis, Hydra*) nehmen die Eier in der Wachstumsphase jüngere Keimzellen auf und verleiben sie in ihr Plasma ein. Die Kerne der absorbierten Keimzellen verfallen der Degeneration nur langsam und bleiben längere Zeit als sogenannte Pseudocellen im Plasma der heranwachsenden Eizelle sichtbar.

Im Normalfall werden die Keimzellen durch Platzen des Deckepithels frei und werden ins Wasser ausgestoßen, wo Besamung und Entwicklung bis zur Planula stattfinden. Das Auftreten von Medusen gleichen Reifezustandes in großen Schwärmen, die offenbar gleich alt und gleicher Herkunft sind, erhöht die Besamungsrate.

Für viele Arten ist Larviparie bekannt:

- Der einfachste Fall wird bei *Turritopsis nutricula, Bougainvillia superciliaris* und *B frondosa* beobachtet. Die Eier bleiben nach dem Austreten aus der Gonade mit feinen Stielen an der Epidermis des Manubrium angeheftet und entwickeln sich hier zu ablösungsreifen Planulae. Die folgende vagile Phase ist kurz und beträgt bei *B. superciliaris* nur wenige Tage. Die Planulae lassen sich nach dem Freiwerden sofort zu Boden sinken und bewegen sich durch Geißelschlag nur langsam fort, bis sie ein geeignetes Substrat zur Anheftung finden.
- Vor allem bei den Arten mit sessilen Gonophoren verläuft häufig die gesamte Entwicklung bis zur Planula im Gonophor, bei den Thecata daher im Gonangium. Bei solchen Formen müssen die Spermien von benachbarten männlichen Stöcken aktiv das Gonangium des weiblichen Stockes aufsuchen und durch dessen Öffnung eindringen, um die Eizellen zu besamen. Bei mehreren Arten konnte experimentell nachgewiesen werden, daß die weiblichen Gonophoren chemische Anlockstoffe für die Spermien ausscheiden [328, 329].
- Larviparie liegt bei den Athecata auch in den Fällen vor, in denen sich die Eier am Manubrium der freischwimmenden Meduse direkt, unter Ausfall der begeißelten Planula, zu Actinulae (Polypen-Larven) oder jungen Polypen entwickeln (Subitaneier von *Margelopsis*, Abb. 95). Nur wenig abgeändert ist die Larviparie bei *Tubularia*, bei der sich die Eier im sessilen Gonophor unter Fortfall einer begeißelten Planula ebenfalls zur Actinula entwickeln. Bei *Hydra* und *Margelopsis* führt die Entwicklung der großen, dotterreichen Dauereier am Polypen bzw. am Manubrium der Muttermeduse nur bis zum Stadium der Gastrula, die sich ablöst und zu Boden sinkt. Weitere Entwicklung s. S. 158.

Die Eizellen sind in den meisten Fällen von einer Befruchtungsmembran umgeben, aus der die Keime auf dem Stadium der begeißelten Blastula oder Gastrula ausschlüpfen. In anderen Fällen fehlt diese Membran. Merkwürdigerweise ist die Oberfläche der Eizellen bei einigen Arten mit funktionsfähigen Nesselzellen besetzt,wodurch sie ein stacheliges Aussehen annehmen (*Bougainvillia flavida, B. multitentaculata, Halitholus cirratus,* Dauereier von *Margelopsis*). Bei *Margelopsis* ergab die direkte Beobachtung, daß die Nesselzellen während der Furchung in das Ectoderm eingelagert werden; es wird also der junge Keim von der Muttermeduse mit funktionstüchtigen Nesselkapseln ausgestattet! Dieses Phänomen ist auf die Dauereier beschränkt. Es erleichtert offenbar die Anheftung am Substrat.

Bei der Embryonalentwicklung der Hydrozoa stoßen wir erneut auf das Phänomen der großen Mannigfaltigkeit aller Strukturen und Lebenserscheinungen. Die zahlreichen Unterschiede in den Grundphasen der Ontogenese bei den einzelnen Gruppen sind vielfach vom Grad der Verwandtschaft unabhängig; verwandte Formen können sich verschieden, fernstehende ähnlich verhalten. Von primärem Einfluß sind in dieser Hinsicht vielmehr Größe und Dottergehalt der Eizellen.

Als Grundtypus der **Furchung** kann bei kleinen dotterarmen Eiern die totale, adaequale, radiale Furchung betrachtet werden, die zu einer rundlichen Coeloblastula führt. Die beiden ersten Furchen sind meridional, die dritte ist äquatorial. Daneben gibt es die totale inaequale Furchung mit oder ohne Blastocoelbildung, ferner die irreguläre, sogenannte anarchische Furchung, bei der nach dem 8-Zellen-Stadium keinerlei Ordnungsprinzip der Blastomeren erkennbar bleibt, so daß die Blastula einen soliden Komplex regellos angeordneter Zellen darstellt.

Ein Beispiel für eine abgewandelte Furchung gibt *Ectopleura* (Abb. 94) [407]. Die großen dotterreichen Eizellen unterliegen der schneidenden Furchung, bei der die folgenden Furchen bereits sichtbar werden, ehe die vorhergehenden die Zelle vollständig durchgeschnürt haben. Überdies verlaufen alle Teilungen bis zum 32-Zellen-Stadium meridional und parallel, so daß eine längliche Zellreihe entsteht (Abb. 94D). Erst in der weiteren Entwicklung teilen sich die Blastomeren auch horizontal, und der Zellkomplex zieht sich zu einem rundlich-ellipsoiden Keim zusammen. — Die syncytiale Furchung ist selten. Bei den großen dotterreichen Eiern von *Eudendrium* teilt sich der Kern der Eizelle in zahlreiche Tochterkerne. Die nachfolgenden Plasmateilungen formen dann die Eizelle nahezu direkt in die Gastrula um [396].

Die Erscheinungen der **Gastrulation** bieten ein ähnlich vielgestaltiges Bild. Die Entodermbildung erfolgt zwar niemals durch Invagination, doch läßt sich die unipolare Einwanderung am vegetativen Pol als Grundform der Entodermbildung unschwer von der Invagination ableiten. Die unipolare Keimblattsonderung wird bei den metagenetischen Arten mit kleinen dotterarmen Eiern angetroffen, bei denen sich die gesamte Entwicklung bis zur freien Planula im Wasser vollzieht. Das besondere Kennzeichen ist die frühzeitige Ausbildung der polaren Struktur des Keimes, der als begeißelte Blastula oder Planula um die primäre Körperachse rotiert. Daß dies von Einfluß auf die Entwicklung ist, zeigen die Abweichungen bei den zahlreichen larviparen Arten.

In den sessilen Gonophoren liegen die Keime bewegungslos dicht zusammengedrängt, und eine polare Struktur wird relativ spät ausgeprägt; sie gewinnt erst Bedeutung, wenn die Keime als Planulae die pelagische Phase beginnen. Die Entodermbildung erfolgt in diesen Fällen durch Delamination und multipolare Einwanderung. Bei der Delamination teilen sich die Zellen der Blastula tangential, und die inneren Teilungsprodukte werden ins Blastocoel abgegeben. Multipolare Einwanderung und Delamination können beim gleichen Keim auftreten. Bei dem Entwicklungsmodus der anarchischen Furchung, die durch Moruladelamination zu einem soliden Keim ohne Blastocoel führt, entscheidet die Lokalisierung unmittelbar über die Zellqualität; die Außenschicht wird Epidermis, die nach innen verlagerten Zellen lassen die Gastrodermis aus sich hervorgehen. Die Anlage

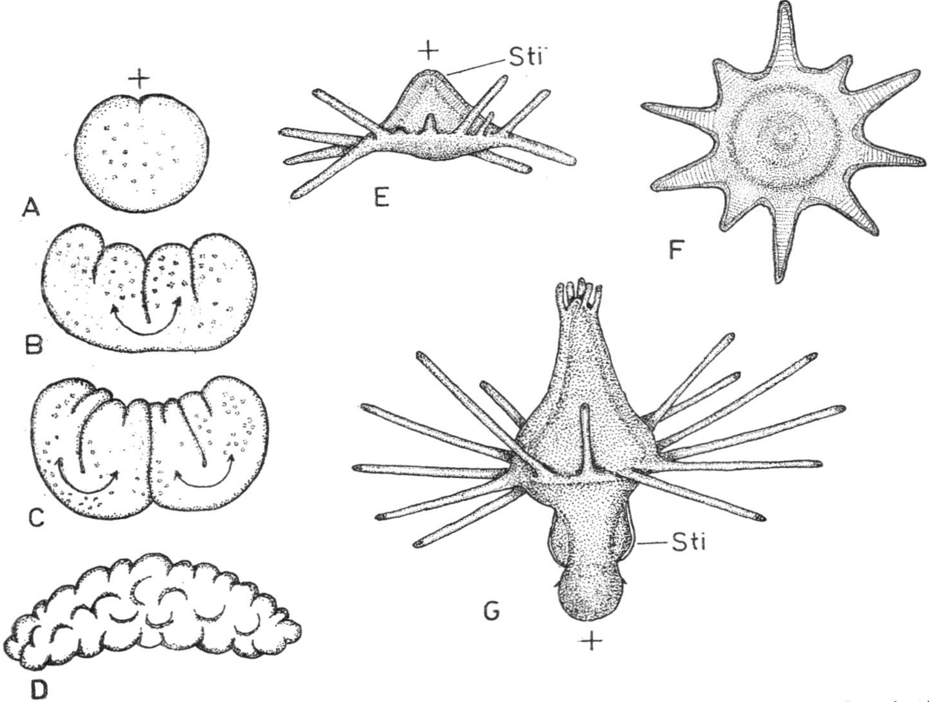

Abb. 94. *Ectopleura dumortieri*, Hydroida Athecata. Direkte Entwicklung der Actinula. **A.–C.** Frühe Furchungsstadien; die Pfeile in B und C kennzeichnen Plasmaströmungen. **D.** 32-Zellen-Stadium. **E.,F.** Sternchen-Stadium (Proactinula). **G.** Voll entwickelte Actinula mit Stielanlage (**Sti**) vor der Anheftung am Substrat. Das Kreuz bezeichnet den animalen Pol. – Nach WERNER 1979.

des Gastralraumes erfolgt durch Spaltbildung, die zu verschiedenen Zeitpunkten in Erscheinung treten kann.

Vorhandensein und strukturelle Eigenschaften der **Planula-Larve** sind bei den Hydrozoa relativ konstante Merkmale, unabhängig davon, welchem Furchungstyp der Keim angehört oder auf welche Weise das Entoderm entstanden ist; insbesondere ist die histologische Organisation der Planula mehr oder weniger gleichartig (Abb. 27). Die Larve schwimmt mit koordiniertem Geißelschlag und unter ständiger Rotation um die primäre Körperachse in weiten Spiralen.

Die wichtige Eigenschaft der polaren Struktur ist neuerdings auch experimentell nachgewiesen; abgetrennte aborale Teile der Planula von *Hydractinia* liefern nur Stolonen, orale nur Kopfteile mit Tentakeln, während mittlere Teile zu beiden Leistungen befähigt sind.

Gegen Ende der pelagischen Phase macht die Planula meist eine Formveränderung durch, wobei sich das Bewegungsvorderende, mit dem sie sich anheftet, birnenförmig verdickt. Die Sinneszellen befähigen das ansatzbereite Stadium, ein geeignetes Substrat zu finden. Wie die pelagischen Stadien anderer mariner benthonischer Invertebraten, hat auch die Planula der Hydrozoa die Möglichkeit, die planktonische Phase zu verlängern, bis sie ein geeignetes Substrat gefunden hat. Der Prozeß der Anheftung ist oft mit einem weiteren Formwandel verbunden. Die Larve plattet sich dabei ab und nimmt die Gestalt einer Linse mit planer Unterseite an. Die Oberseite läßt eine schwache Einsenkung erkennen, wie es in ähnlicher Weise auch für die Umwandlung der Planula von *Stephanoscyphus* beschrieben wurde (Abb. 50A). Anschließend erfolgt die Streckung zum Primärpolypen, an dessen oberem Pol die Tentakel auswachsen und der Mund durchbricht. Bei den Athecata entstehen die Tentakel nacheinander, oft zuerst in Zweizahl, dann über Kreuz die beiden weiteren. Bei den Thecata werden dagegen sämtliche Tentakel gleichzeitig in einem Kreis angelegt.

Abweichungen vom Anheftungsmodus und von der Metamorphose in den Primärpolypen treten bei vielen Thecata auf, wenn sich die Planula nicht mit dem Aboralpol, sondern seitlich anheftet. Aus dem aboralen Pol wächst dann frühzeitig ein Stolo aus, während sich der Oralpol nachträglich aufrichtet und sich zum Kopfteil des jungen Polypen ausdifferenziert. Auch aus dem Mittelteil der seitlich angehefteten Planula kann der Kopfteil auswachsen.

Bei den meisten Hydrozoa folgen die Phasen der Embryonalentwicklung kontinuierlich aufeinander. In Fällen abgeänderter Entwicklung kann eine Diapause eingeschaltet sein, die mit der Ausbildung besonderer Dauerstadien verbunden ist. Bei ihnen bleibt die Entwicklung auf dem Stadium der Gastrula („Sterrogastrula") stehen. Ein bekanntes Beispiel ist *Hydra*: Die Keime umgeben sich auf dem Gastrulastadium mit einer peridermalen Schutzhülle, lösen sich ab und sinken zu Boden, wo sie sich anheften oder ohne Anheftung überdauern. Im folgenden Frühjahr schlüpft aus dem Dauerstadium der junge Polyp aus.

Dauerstadien gibt es auch bei marinen Hydroida. Bei *Margelopsis* verläuft die Entwicklung der Dauereier am Manubrium der Meduse ebenfalls bis zur Sterrogastrula (Abb. 95). Auf diesem Stadium löst sich der Keim ab, läßt sich zu Boden sinken, heftet sich an und umgibt sich mit einer Peridermhülle. Nach einer Ruhepause von 6—9 Monaten schlüpft im Frühjahr des folgenden Jahres der junge Polyp aus und geht zum Planktondasein über.

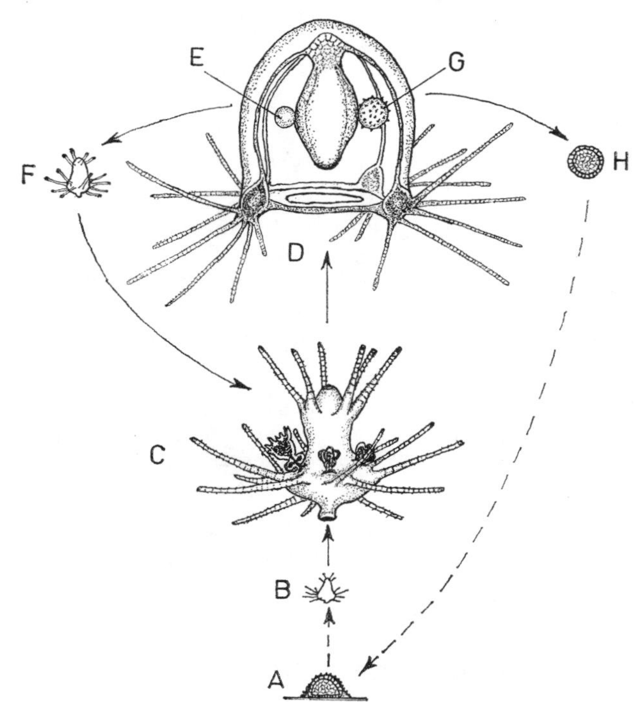

Abb. 95. *Margelopsis haeckeli*, Hydroida Athecata. Lebenszyklus. **A.** Boden-Dauerstadium, von Peridermhülle umgeben, im Winter. **B.** Jungpolyp, der im Frühjahr ausschlüpft. **C.** Erwachsener pelagischer Polyp, Länge 2 mm, mit Medusenknospen im Frühjahr und Sommer. **D.** Reife Meduse, Höhe 2 mm; sie erzeugt im Frühjahr und Frühsommer parthenogenetisch kleine diploide Subitaneier (**E**), aus denen neue Polypen (**F**) hervorgehen. Im Hochsommer (Temperaturen über 15 °C) erzeugt die Meduse große diploide Dauereier (**G**), die mit Nesselzellen besetzt sind und sich parthenogenetisch zur Sterrogastrula (**H**) entwickeln. Diese sinkt zu Boden und heftet sich als Dauerstadium (**A**) an. — Nach Werner 1955.

Bei *Corymorpha* und *Euphysa* (Athecata) lösen sich bereits die besamten Eier vom Manubrium der Meduse ab und fallen zu Boden. Eifurchung, Entwicklung zur Sterrogastrula, Anheftung und Umwandlung zu einem linsenförmigen Dauerstadium vollziehen sich im Kontakt mit dem Substrat. Die Jungpolypen schlüpfen entweder schon nach wenigen Wochen oder ebenfalls erst im folgenden Frühjahr aus. Worauf dieser Unterschied in der Entwicklungsdauer bei Keimen gleicher Herkunft und gleichen Alters beruht, ist noch ungeklärt.

In allen Fällen ist die abgewandelte Entwicklung durch Einschaltung eines Dauerstadiums mit dem Fortfall des Stadiums der begeißelten Planula korreliert. Die gleiche Eigenschaft ist bei den nicht sehr zahlreichen Hydroida anzutreffen, bei denen die Embryonalentwicklung ohne Planula direkt zum Stadium der larvalen **Actinula** führt. Bei Arten mit diesem Entwicklungsmodus entwickeln sich die großen dotterreichen Eier entweder nach dem Ausstoßen ins freie Wasser (bei *Ectopleura*, Abb. 94), am Manubrium der Meduse (bei *Hybocodon*; die Subitaneier von *Margelopsis*, Abb. 95), in sessilen Gonophoren (bei *Tubularia*) oder an besonderen Eiträgern (bei *Candelabrum*) direkt in das polypoide Larvenstadium der Actinula. Dieses Stadium ist mit Tentakeln und Haftscheibe versehen und wandelt sich nach einer meist kurzen pelagischen Phase in den sessilen Jungpolypen um. Bei *Ectopleura* ist noch das Stadium der pelagischen Proactinula (Abb. 94E, F) vorgeschaltet, das eine flache Sternform hat und die Verbreitung erleichtert. Bei der Actinula handelt es sich demnach um ein polypoides Larvenstadium eines stark abgekürzten Entwicklungsganges. Diese Polypen-Actinula ist gekennzeichnet durch das Vorhandensein des aboralen Haftpolsters und das Fehlen der Begeißelung. Ein Actinula-ähnliches Stadium tritt auch in der Entwicklung der Trachylida auf, bei denen die Polypen-Generation unterdrückt ist (Abb. 96). Bei den Trachylida führt daher die Entwicklung der Keimzellen wieder zu Medusen. Entsprechend handelt es sich bei ihrer Larve um eine Medusen-Actinula, der ein Haftpolster fehlt und die mit der Begeißelung ein typisches Medusen-Merkmal besitzt.

Stammesgeschichte

Stöcke von fossilen Hydroidpolypen lassen sich bis ins Kambrium zurückverfolgen. Auch Fossilabdrücke von Hydroidmedusen sind bekannt; der älteste Fund gehört der präkambrischen Ediacara-Fauna Australiens an (mit 75% (!) Cnidaria).

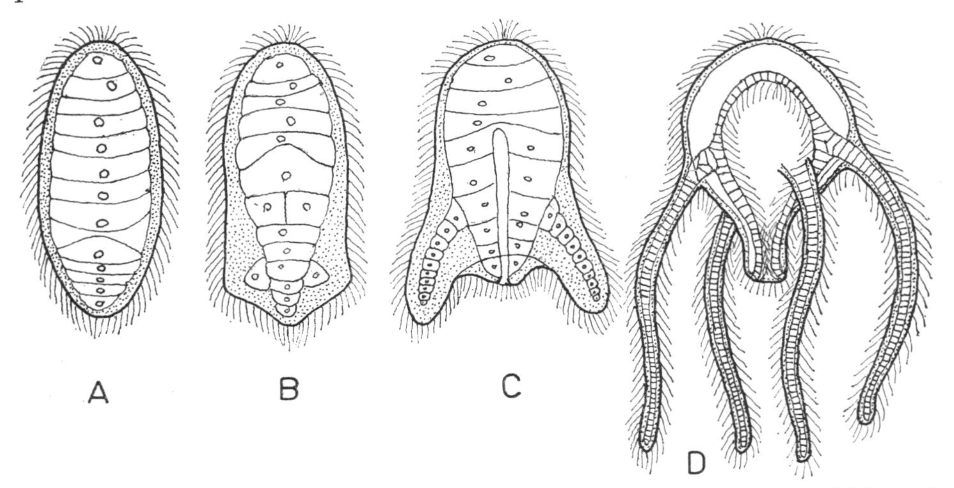

Abb. 96. *Aglaura hemistoma*, Trachylida Trachymedusae. Direkte Entwicklung der Meduse. **A.** Planula, 0,15 mm lang. **B.** Übergangsstadium. **C.** Actinula mit zwei Tentakeln und Gastralraum. **D.** Medusoide Actinula. Ectoderm punktiert, Entoderm als Zellen gezeichnet. — Nach METSCHNIKOFF 1886, aus TARDENT 1978.

Ein Teil der ausgestorbenen Stromatoporoida, die früher zu den Hydrozoa gerechnet wurden, gilt heute als fossile Gruppe der Porifera; einem anderen Teil wird die Verwandtschaft zu Algen zugeschrieben, die den Cyanophycea nahestehen.

Der Hydroidpolyp ist sekundär vereinfacht, die Hydrozoa stellen also nicht die ursprünglichsten Cnidaria dar (S. 53). Die Vereinfachung kann mit der starken Verzweigung der meist stockbildenden Formen und mit der damit verbundenen Verkleinerung der Einzelpolypen erklärt werden. Die Erzeugung einer tetraradialen Meduse spricht dafür, daß der multiradial-symmetrische Hydroidpolyp von tetraradialen Vorfahren abstammt.

Die ectodermale Entstehung der Keimzellen, die innerhalb der Cnidaria nur bei den Hydrozoa auftritt, ist sehr wahrscheinlich ebenfalls ein abgeleitetes Merkmal. Einen Hinweis darauf gibt die Tatsache, daß bei allen übrigen Tierstämmen die Keimzellen in der Regel im Ento- oder Mesoderm gebildet werden. Überdies gibt es auch bei den Hydrozoa selbst Ausnahmen, bei denen eine entodermale Entstehung der Keimzellen und ihr späterer Übertritt ins Ectoderm nachgewiesen wurde. Bei einigen Arten wurden sogar Übergänge beobachtet, wenn etwa — wie bei *Clava* — die Eizellen im Entoderm, die Samenzellen im Ectoderm entstehen [399]. Schließlich gibt es zu denken, daß die Hydroidmedusen meist von geringer Größe sind, so daß das entodermale Gastralsystem nur geringe Dimensionen aufweist. Die Verlagerung der Keimzellen ins Ectoderm und die direkte Ausleitung der Geschlechtsprodukte ins freie Wasser können durchaus als Ausweg aus dieser Situation und als funktionelle Anpassung gedeutet werden.

Die Grundform der rezenten Hydrozoa ist der sessile stockbildende Polyp. Es kann deshalb kein Zweifel daran bestehen, daß innerhalb der Klasse die Hydroida die ursprüngliche Gruppe repräsentieren. Vor allem diese Ordnung zeichnet sich auch durch eine enorme Radation und eine große Mannigfaltigkeit aller Strukturen und Lebenserscheinungen aus. Dieses Phänomen ist wahrscheinlich damit zu erklären, daß die Hydroida ihre Hauptentfaltung im marinen Litoral haben, das einerseits durch seine Vielzahl von verschiedenartigen Biotopen und durch die erheblichen periodischen und unperiodischen Schwankungen der Milieubedingungen, andererseits durch die reichste Entfaltung der Tierwelt aller Stämme ausgezeichnet ist.

Von stockbildenden Polypen leiten sich sowohl die solitären sessilen Formen als auch die solitären pelagischen Arten ab (S. 163). Die Entwicklung in beide Richtungen muß als Spezialanpassung verstanden werden, die mit dem Übergang vom Hart- zum Weichboden-Substrat oder ins freie Wasser zu erklären ist. Entsprechendes gilt für den Verlust der Polypen-Generation bei den in der Hoch- und Tiefsee lebenden Trachylida. Einen in den evolutiven Ursachen ähnlichen Sonderweg haben die Siphonophora eingeschlagen (Einzelheiten S. 216).

Vorkommen und Verbreitung

Die Hydrozoa besiedeln sämtliche aquatischen Lebensräume und kommen in allen Klimazonen und Tiefenstufen der Weltmeere vor. Insbesondere finden sich unter ihnen die einzigen Cnidaria, die mit einer Anzahl von Formen ins Süßwasser vorgedrungen sind, wo sie auf das Litoral beschränkt bleiben (Hydridae mit *Hydra*, Olindiadidae mit *Craspedacusta*, Limnocnididae mit *Limnocnida*). In der Vertikal- und Horizontalverbreitung bestehen bei den Ordnungen Unterschiede, die mit der Lebensweise korreliert sind: Die sessilen metagenetischen Hydroida sind durch ihre Medusen meropelagisch; sie sind überwiegend Bewohner der Litoralzonen. Eine Ausnahme machen bei ihnen die Velellina, die ebenso wie die Trachylida und die Siphonophora holopelagische Hochseebewohner sind.

Die **Hydroida** kommen mit der überwiegenden Mehrzahl der Arten an festen Substraten des Sublitorals vor. Eine geringe Anzahl von Arten wird auch im Eulitoral angetroffen. Sie überstehen hier die Trockenzeit bei Niedrigwasser dadurch, daß sie sich an Algen, an der Unterseite von Steinen, Felsplatten und Schichtköpfen oder in Gezeitentümpeln ansiedeln, wo sie niemals völlig trockenfallen oder zumindest vor dem völligen Austrocknen geschützt sind. Die Vertikalausbreitung der Hydroida erstreckt sich bis in das Hadal, wo sie in den größten Tiefen der Tiefseegräben gefunden wurden (S. 55). Hierbei handelt es sich um Formen mit sessilen Gonophoren; Tiefseemedusen treten unter den Hydroida also nicht auf. Ein bekanntes Beispiel ist der Riesenpolyp *Branchiocerianthus imperator* (S. 178). In Richtung auf die Polarzonen ist die gleiche Entwicklungsanpassung auch bei solchen Formen zu beobachten, die das flachere Wasser bewohnen. So existieren in verschiedenen Klimazonen nahe verwandte Arten, bei denen die tropische Form freie Medusen, die boreale dagegen sessile Gonophoren aufweist. Ergänzend sei erwähnt, daß die gleiche Milieuabhängigkeit der Entwicklung auch bei den Hydroida der submarinen Höhlen des oberen Sublitorals beobachtet wird; hier überwiegen ebenfalls deutlich die Arten mit sessilen Gonophoren.

Unsere Kenntnis der Horizontalverbreitung der Hydroida beruht im allgemeinen nach wie vor auf den Fundortangaben für die Medusen; die Zahl der Fundorte für die Polypen ist dagegen wegen deren Kleinheit oder auch einfach wegen des Mangels an großräumigen Bodenuntersuchungen meist gering. Entsprechend der allgemeinen Vertikalverbreitung der Hydroida sind ihre Medusen Flachwasserbewohner, für die die Hochsee eine Verbreitungsschranke darstellt. Außerdem kann für viele Formen die Verbreitung mit der Temperaturabhängigkeit beider Generationen erklärt werden (S. 56), da durch sie die Grenzen der neritischen Verbreitungsareale in der Nord-Süd-Richtung festgelegt sind. Zwar werden die Medusen durch Strömungen in benachbarte oder entferntere Regionen verfrachtet, sie erreichen hierbei aber nur Zonen der „sterilen Zerstreuung." Selbst wenn die Medusen noch zur Abgabe der Geschlechtsprodukte gelangen, kann es doch zu keiner dauerhaften Ansiedelung kommen, wenn die Lebens- und Temperaturansprüche des Polypen hinsichtlich der Medusenknospung nicht erfüllt sind.

Zur Bedeutung mancher Medusen als Indikatoren für die Herkunft von Wasserkörpern vgl. S. 55. In der südlichen Nordsee ist die Meduse von *Coryne tubulosa* eine Leitform für Küstenwasser, *Turritopsis nutricula* für Kanalwasser, *Aglantha digitale* (Trachylida) für das nordatlantische Hochseewasser.

Weiterhin gestattet das heutige Verbreitungsbild der Hydroidmedusen einige Aussagen von allgemein tiergeographischer Bedeutung:

— Wie für viele andere marine Invertebrata (und die Cnidaria allgemein) sind die Warmwassergebiete des Indo-West-Pazifik auch für die Hydroidmedusen die Zonen der reichsten Entfaltung mit der größten Artenzahl, deren Abnahme in Richtung auf die Polarzonen sich für die nördliche Halbkugel, die am besten untersucht ist, auch zahlenmäßig belegen läßt.

Verbreitungsareal	Artenzahl der Hydroidmedusen (einschließlich weniger neritischer Trachylida)
Arktis, atlantisch	29
Arktis, pazifisch	29
Boreal, westatlantisch	59
Boreal, ostatlantisch	78
Boreal, pazifisch	67
Tropen, indo-west-pazifisch	187

— In den arktischen Gebieten ist die Ausbreitung entlang den Festlandsküsten ungehindert möglich, so daß es bei den Hydroidmedusen eine Anzahl von arktisch-zirkumpolaren Arten gibt (14 Hydroida + 7 Trachylida).

— Die Erscheinung der Bipolarität, die für einige Arten und Gattungen beobachtet wird, läßt sich damit erklären, daß diese Formen aus tropischen Gebieten stammen, in denen während der Glazialperioden das Wasser kälter war als heute. So konnten sich kälteadaptierte Formen entwickeln, die während der folgenden Perioden der Erwärmung in den Norden und Süden wanderten und in den Tropen ausstarben. So erklärt sich auch die Existenz vikariierender Arten der gleichen Gattung in der Arktis und Antarktis.
— Für die Hydroidmedusen des nordpazifischen und nordatlantischen Bereiches war das Polarbecken in der wärmeren Periode des Tertiär das gemeinsame Ausgangsgebiet. In den folgenden Phasen der Abkühlung fand in beiden Gebieten eine unabhängige Entwicklung statt.
— Ferner lassen sich arktisch-boreale Formen, die in der Arktis beheimatet sind und in das südlich angrenzende Borealgebiet vorgedrungen sind, heute von boreal-arktischen Arten unterscheiden, bei denen Entwicklung und Ausbreitung in umgekehrter Richtung erfolgt sind. Ein Beispiels-Paar sind die in der Nordsee vorkommenden Arten *Bougainvillia superciliaris* (arktisch-boreal) und *Rathkea octopunctata* (boreal-arktisch); Temperaturspektrum s. Abb. 29.

Echte Kosmopoliten gibt es unter den marinen Hydroida nicht; doch haben bemerkenswerterweise die Süßwasserformen *Hydra* und *Craspedacusta* eine weltweite Verbreitung. Bei beiden Gattungen hat wahrscheinlich die Fähigkeit zur Ausbildung von Dauerstadien eine ungerichtete, zufällige Ausbreitung ermöglicht. Als bekannte Brackwasser-Art ist *Cordylophora caspia* zu erwähnen.

Die holopelagischen Velellina gehören zum Neuston, der Lebensgemeinschaft der Meeresoberfläche. Sie sind Hochseeformen, die durch Meeresströmungen und Winddrift oft in Küstennähe verfrachtet und in zuweilen großen Mengen am Strand angespült werden. Bekannt ist vor allem die Segelqualle *Velella* (S. 197).

Die holopelagischen **Trachylida** sind Hochseebewohner. Eine Ausnahme machen einige Arten, die sekundär zum Bodenleben übergegangen sind (*Ptychogastria*, *Tesserogastria*, Trachymedusae). In der Hochsee gibt es keine Verbreitungsschranken, so daß viele Trachylida in ihren Hauptverbreitungsgebieten, den tropischen und subtropischen Warmwasserzonen, zirkum-äquatorial verbreitet sind. Nur wenige Arten sind kaltwasser-stenotherm und auf die arktischen und borealen Zonen beschränkt, wie zum Beispiel *Aglantha digitale* (Trachymedusae). Der größte Teil der Trachymedusae lebt in größeren Wassertiefen, und es ließ sich zeigen, daß die bathypelagischen Formen ihren Ursprung im Atlantik haben.

Die ebenfalls holopelagischen **Siphonophora** sind zum Teil eurytherm und dadurch echte Kosmopoliten. So gibt es einige Arten, die sowohl in den Tropen als auch in den Polarzonen leben. Die Mehrzahl der Formen hat jedoch eine begrenzte Temperaturtoleranz. Einzelheiten, s. S. 217.

Lebensweise

Die **Hydroidpolypen** sind regelmäßige Bestandteile der Epifauna aller marinen Lebensräume. Für die überwiegend sessilen und stockbildenden Polypen spielen Bewegungsvorgänge keine Rolle. Eine Ausnahme machen manche solitären Formen oder bestimmte Entwicklungsstadien. So ist der Süßwasser-Polyp *Hydra* seit langem dafür bekannt, daß er sich kriechend fortbewegen kann (Abb. 97). Das gleiche gilt für die kleinen Hydroiden des marinen Mesopsammal (*Protohydra*, *Boreohydra*, *Psammohydra*), die durch Strecken und Kontrahieren des Körpers zum langsamen Kriechen befähigt sind, wobei sie sich periodisch an Sandkörnern anheften.

Auch die Jungpolypen der in Weichböden lebenden Arten (*Corymorpha*, *Euphysa*) kriechen nach dem Ausschlüpfen aus der Hülle des Dauerstadiums (S. 159) davon, indem sie sehr langsam den Kopfteil vor- und zurücksetzen. In ähnlicher Weise bewegen sich die

Wanderpolypen von *Staurocladia* (S. 145) und die sogenannten Wanderfrusteln der Limnohydrina (S. 147).

Die im Pelagial lebenden Polypen der Margelopsidae (*Pelagohydra*, *Margelopsis*, *Climacocodon*) sind Schweber, die den Sinkwiderstand durch die vom Körper abgespreizten Tentakel erhöhen. Diese Tiere können zwar auch die Tentakel ruckartig am Körper zusammenschlagen, doch ist der damit bewirkte Vortrieb minimal. Bei *Pelagohydra* (Abb. 98) ist der aborale Teil des Körpers zu einem eiförmigen Schwebkörper („Floß") vergrößert, der mit großen, stark wasserhaltigen, vakuolisierten Entodermzellen angefüllt ist. Dieser Polyp kann sich daher auch im stehenden Wasser zumindest zeitweilig schwebend erhalten [346]. Die Polypen von *Margelopsis* dagegen sinken im unbewegten Wasser zu Boden, sie können nur in strömendem Wasser schweben. Das gleiche gilt für die pelagischen polypoiden Larvenstadien (Actinulae) mancher Athecata (S. 159).

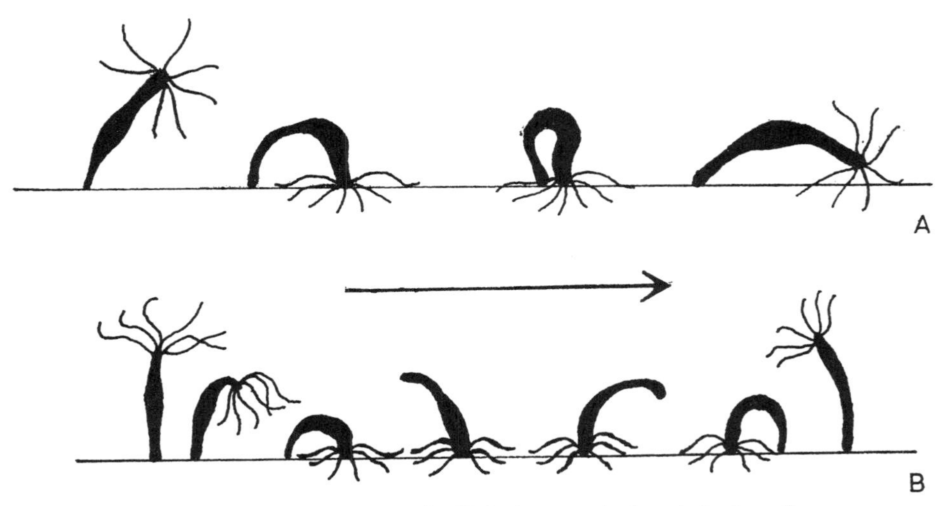

Abb. 97. *Hydra*, Hydroida Hydrina. **A.** Kriechen nach der Art einer Spannerraupe oder eines Blutegels. **B.** Fortbewegung durch Purzelbaumschlagen. Der Pfeil gibt die Bewegungsrichtung an. — Nach Trembley 1744 (A) und Buchsbaum 1948 (B), aus Leloup 1952.

Die sessilen Hydroida sind, wie die Polypen der anderen Klassen, auf Hartsubstrate angewiesen. Zu den natürlichen Substraten der Litoralzonen, einschließlich der Meeresalgen mit Rhizoiden, Stielen und Blattspreiten, kommen die vom Menschen errichteten Kunstbauten aus Holz und Stein hinzu, ferner auch Bojen, Einrichtungen der Aquakultur, Treibkörper, Flaschenposten, Schiffsböden und neuerdings auch Plastikbehälter oder andere Abfallprodukte. Durch ihre Ansiedlung und Massenentwicklung in Kühlwassersystemen von Kraftwerken sind einige Hydroiden-Arten unangenehm in Erscheinung getreten. So spielen die Hydroida eine nicht unerhebliche Rolle unter den Organismen des „marine fouling", des unerwünschten Aufwuchses.

Manche Hydroida sind charakteristische Epizoen auf anderen lebenden Bodentieren, die mit Außenskeletten und Gehäusen Anheftungsmöglichkeiten bieten; dazu gehören vor allem Muscheln, Schnecken, Krebse und Ascidien. Der Polyp von *Proboscidactyla* (Abb. 102) lebt auf der Außenseite der Röhrenmündung einiger Sabelliden-Arten (Polychaeta) und ist auf dieses Substrat spezialisiert. Die Stöcke von *Podocoryne* und *Hydractinia*, die durch ihren Polymorphismus ausgezeichnet sind (Abb. 86), werden fast nur auf Schneckengehäusen angetroffen, die von Einsiedlerkrebsen bewohnt sind.

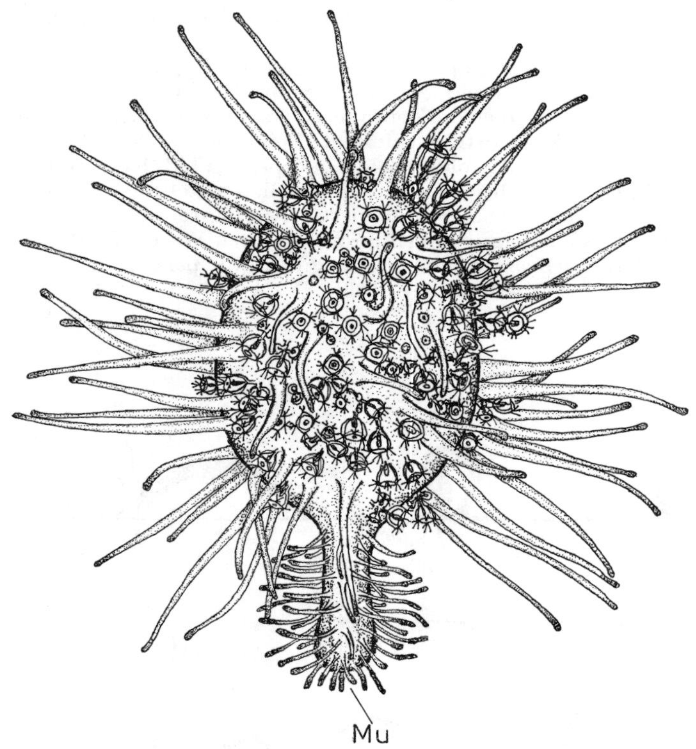

Abb. 98. *Pelagohydra mirabilis*, Hydroida Athecata (Margelopsidae). Natürliche Schwebestellung des pelagischen Polypen, dessen Körper zu einem Schwebefloß umgewandelt ist. Nur ein geringer Teil der zahlreichen Medusen-Anlagen ist gezeichnet. Gesamtlänge **35** mm, Durchmesser des eiförmigen Floßes 25 mm. — **Mu** Mund. — Nach einem Lebendphoto von PILGRIM 1967.

Die Besiedlungsdichte der marinen Hydroida kann erheblich sein; sie hängt vor allem von dem zur Verfügung stehenden Raum und von der Exponiertheit gegen Strömungen und Wellenschlag ab. Im Felslitoral des Golfes von Neapel wurden für *Aglaophenia* (Thecata), die hier dichte „Rasen" bildet und deren Stöcke sich stark verzweigen, bis zu 10000 Hydranthen/m² gezählt. Aber auch der solitäre Polyp von *Hydra* kann eine enorme Bestandsstärke erreichen, etwa im Mündungsgebiet des Dnjepr mehrere 1000 Polypen/m².

Hinsichtlich der Lebensdauer ist auch bei den Hydroida der Polyp die ausdauernde Generation. Das gilt allerdings bei den stockbildenden Formen nicht für den Einzelpolypen; hier werden vielmehr die Individuen im regelmäßigen Wechsel resorbiert und neu gebildet. Dies erfolgt bei den Athecata nur langsam, so daß der Einzelpolyp ein Alter von mehreren Monaten erreichen kann. Bei vielen Thecata dagegen ist der Individuenwechsel stark beschleunigt; der Einzelpolyp von *Laomedea flexuosa* beispielsweise hat eine durchschnittliche Lebensdauer von nur 7 Tagen (bei 27 °C).

Interessanterweise verhält sich der pelagische Polyp von *Margelopsis* wie eine Meduse: Er stirbt am Ende des Sommers ab, so daß Boden-Dauerstadien eingeschaltet sind, die dieser Art das Überleben im Winter ermöglichen (Abb. 95). Bei einigen Arten der Borealzone sind auch die vollständigen Stöcke einer von der Jahreszeit, also von der Temperatur abhängigen Periodik unterworfen. Dabei wird das Gewebe des Coenosark mobilisiert und das Zellmaterial in die Basalteile der vertikalen Sproßachsen oder in das basale Stolonengeflecht eingezogen. Bei der in der Ostsee lebenden *Garveia franciscana* geschieht dies vor Eintritt des Winters, wenn die Temperatur unter 9 °C absinkt. Dagegen ist *Coryne tubulosa*, die zu den nördlichen Borealformen gehört, in der südlichen Nordsee eine Winter- und Frühjahrsform, die mit den sogenannten Menonten die warme Jahreszeit überdauert.

Als Regel kann gelten, daß stockbildende Hydroiden-Arten mit einer vegetativ eurythermen Polypen-Generation (S. 56) mehrjährig sind. Diese Aussage kann dahin erweitert werden, daß die Hydroidenstöcke durch die Fähigkeit der asexuellen Vermehrung praktisch unsterblich sind. Im Kulturversuch war die Polypen-Generation von *Gonionemus vertens* in ununterbrochener Folge nach über 30 Jahren noch am Leben und vermehrte sich ständig durch Frustelbildung asexuell weiter. Die Polypen von *Rathkea octopunctata* (Athecata) sowie von *Eucheilota maculata* und *Eutonina indicans* (Thecata) konnten 15 bzw. 16 Jahre lang im Laboratorium gehältert werden.

Die Hydroidpolypen sind carnivore Microphagen, deren Nahrung fast ausschließlich aus Zooplankton, vor allem aus Copepoden und Larven mariner Invertebrata besteht. Bei den Thecata ist die Maximalgröße der Nahrungstiere vom Durchmesser der Theca abhängig. Bei den Athecata besteht diese Beschränkung nicht; sie können auch größere Beutetiere hinabwürgen, die ihre Körperform oft in geradezu grotesker Weise verändern. Manchmal wird ein größeres Beutetier, etwa ein Pfeilwurm oder eine Fischlarve, von mehreren Hydranthen eines Stockes überwältigt. Einzelheiten des Nahrungserwerbs, der Verdauung, Verteilung der Nährstoffe und der Exkretion, s. S. 59f.

Parasitismus durch Hydroidpolypen ist selten. Ein sehr merkwürdiger Fall ist die Süßwasser-Art *Polypodium hydriforme* [349, 350]; sie macht ihre Entwicklung in den Eiern des Sterletts durch, in die das parasitische Larvenstadium bereits im Ovar des Fisches eindringt (Abb. 132).

Wenn sich dagegen die Polypen mancher mariner Arten im Kiemen- oder Mantelraum von Muscheln ansiedeln, handelt es sich um Kommensalismus, da die Polypen sich zwar im Gewebe des Wirtes verankern, ihn aber nicht direkt schädigen. Auch bei der an Fischen gefundenen stockbildenden Art *Hydrichthus mirus* (Athecata), deren Hydrorhiza sich in der Haut unter den Schuppen ausbreitet, ist noch unsicher, ob es sich um Parasitismus handelt. Zuweilen werden Hydroidenstöcke an den Kiemen von Fischen, zum Beispiel von *Gadus merlangus* (Wittling) angetroffen. Bei näherem Hinsehen zeigte sich aber, daß die Polypen nicht am Gewebe der Fische, sondern außen an parasitischen Copepoden (*Lernaea*, *Lernaeocera*) angeheftet waren.

Bei einer geringen Anzahl mariner Hydroidpolypen werden Leuchterscheinungen beobachtet, die aber noch wenig untersucht sind und deren biologische Bedeutung unbekannt ist.

Die **Hydroidmedusen** sind, wegen ihrer meist geringen Größe, weniger auffällige Formen des neritischen Planktons als die Scypho- oder Cubomedusen. Doch repräsentieren sie nach ihrer Artenzahl und auch mengenmäßig einen wesentlichen Bestandteil des Planktons der küstennahen Meeresgebiete. Sie sind gute Schwimmer, auch wenn ihre Eigenbewegung im Vergleich zur Geschwindigkeit der Meeresströmungen nur eine geringe Rolle spielt. Bei ausgestreckten Tentakeln ist die Sinkgeschwindigkeit einer Hydroidmeduse schon durch die Form des Schirmes gering. Zudem ist das spezifische Gewicht der Flüssigkeit der Gallerte geringer als das des umgebenden Mediums, weil der Gehalt an Sulfat-Ionen verringert ist. So können sich die Hydroidmedusen in bewegtem Wasser auch ohne Schwimmbewegung auf der gleichen Tiefenstufe halten. Kulturversuche zeigten, daß sich die Medusen in stehendem Wasser auf die Dauer nur durch aktives Schwimmen freischwebend halten können. In die Phasen der aufeinander folgenden Schwimmpulsationen, während derer die Tentakel bei manchen Arten kontrahiert, bei anderen ausgestreckt sind, werden Ruhepausen mit maximal verlängerten Tentakeln eingeschaltet, die dem Beutefang dienen.

Das saisonbedingte Auftreten, durch das im Laufe des Jahres in der südlichen Nordsee das Phänomen einer regelmäßigen Arten-Sukzession zu beobachten ist, wird durch die Temperaturabhängigkeit der Medusenknospung beim Polypen hervorgerufen (S. 56). Dadurch entstehen die Jungmedusen zur annähernd gleichen Zeit und treten oft in dichten Schwärmen auf. So wird für *Ectopleura dumortieri* (S. 176) während des Sommers eine Schwarmdichte von 2000—3000/m³ in der südlichen Nordsee angegeben, für *Hybocodon prolifer* eine solche von 1200/m³. Eine weitere Massenform des Sommerplanktons in der südlichen Nordsee ist *Eutonina indicans*. Ebenso bildet *Rathkea octopunctata* im Frühjahr in der Deutschen Bucht sehr dichte Schwärme; bei dieser Art steigt die Bestandsdichte gegen Ende des Winters zusätzlich durch die asexuelle Vermehrung der Meduse außerordentlich schnell an. Ein anderes Beispiel ist *Tima bairdi*, die in der südlichen Nordsee und besonders im Kattegatt während des Winters in solchen Mengen auftreten kann, daß sie in manchen Jahren die Netze der Fischer verstopft und eine Fischerei für Tage unmöglich macht. Derartige Massenvorkommen werden meist nur an wenigen Tagen beobachtet, weil ihr Zustandekommen auch von den Wind- und Strömungsverhältnissen und der lokalen Topographie abhängt. Häufig ist auflandiger Wind die Ursache für ein Massenauftreten vor einer Bucht; bei einer Änderung der Windrichtung nimmt es nicht selten schon über Nacht ein schnelles Ende.

Bei der Schwimmbewegung ist die Tätigkeit der Muskulatur von Schirm und Velum korreliert (Abb. 7). Die genaue Analyse der Formveränderung des Schirmes während des Schwimmvorganges hat das Vorhandensein von radialsymmetrisch angeordneten „Gelenken" in der Gallerte ergeben, die durch den Verlauf der Fasersysteme bestimmt sind [267].

Bei einigen Arten sind sekundäre Übergänge zur halbsessilen Lebensweise oder zum Bodenleben zu erkennen. Die Meduse von *Gonionemus vertens* ist nachtaktiv; Schwimm- und Fangverhalten S. 59f. Tagsüber lebt sie an Seegras oder Tangbüscheln und heftet sich mit Hilfe von Klebmuskelzellen an, die am Tentakelknick ein dichtes Polster bilden. Auch die Medusen der Cladonemidae sind halbsessil und heften sich mit Klebkissen an, die an Fortsätzen der Tentakelbasis ausgebildet sind. Obwohl die Medusen während des gesamten Lebens zum schnellen Schwimmen mit hoher Frequenz befähigt bleiben, leben sie die meiste Zeit angeheftet. *Gonionemus*, *Scolionema* und *Cladonema* sind charakteristische halbsessile Bewohner der Posidonia-Wiesen des Mittelmeeres.

Die bodenbewohnende Meduse von *Eleutheria dichotoma* (Abb. 110) hat die Schwimmfähigkeit vollständig verloren und bewegt sich mit Schreitbewegungen ihrer Tentakel; ihr Schirm ist weitgehend reduziert. Auch die Trachymeduse *Ptychogastria* lebt auf dem Boden und kann sich mit den Klebpolstern der Tentakelenden an festem Substrat anheften. Dagegen tritt die verwandte Art *Tesserogastria musculosa* in den norwegischen Fjorden auf weichem Schlickboden auf [280]. *Halammohydra*, eine winzige Hydroidmeduse des Mesopsammal, bewegt sich im Lückensystem des Sandbodens langsam durch den Schlag der Geißeln ihres Körpers und der Tentakel [358]. Außerdem ist sie in der Lage, sich mit dem Sekret des aboralen Drüsenorgans und mit ihren Tentakeln anzuheften. Der Schirm ist bei dieser Art völlig zurückgebildet. Im gleichen Milieu leben *Otohydra* sowie *Armorhydra*, die noch einen Schirm besitzen. Bei ihnen erfolgt die langsame Körperbewegung durch Kontraktionen des Körpers sowie ebenfalls durch Geißelschlag.

Die Medusen sind, ebenso wie ihre Erzeugerpolypen, passiv lauernde Fischer und carnivore Microphagen. Doch fallen den größeren Arten auch entsprechend größere Beutetiere zum Opfer, wie Amphipoda, Isopoda, Chaetognatha und Fischlarven. Phasen der Fanghandlung und nervöse Koordination, s. S. 60.

Einige Hydroidmedusen sind bekannt durch ihre Leuchterscheinungen, wie *Phialidium* und *Aequorea*. Als stoffliche Grundlage der Biolumineszenz wurde bei *Aequorea* das Aequorin ermittelt und isoliert, ein in Entodermzellen gebildetes Photoprotein [369]. Wie beim Luciferin-Luciferase-System der Seefedern (Anthozoa, S. 299) befinden sich die lichterzeugenden Zellen in elektrisch geladenem Zustand. Bei der Entladung wird Endenergie in Form des kalten Lichtes frei. Für den Leuchtvorgang sind Sauerstoff und Kalzium notwendig (S. 62).

Die Hauptfeinde der stöckchenbildenden Hydroida sind marine Nacktschnecken (Nudibranchiata), die die Stöcke regelrecht „abweiden". Vor ihrer kräftigen Radula haben auch die thecaten Formen keinen wirksamen Schutz. So findet man an lebenden Polypenstöckchen fast stets auch Nacktschnecken, häufig auch ihre Eigelege, die sie an den Zweigen anheften. Speicherung der Nesselkapseln in den Rückenanhängen der Nudibranchiata, s. S. 62. Hydroidpolypen gehören auch zur Hauptnahrungsquelle der Pantopoda; die Nahrungsspezialisierung hat dazu geführt, daß manche Asselspinnen (*Phoxichilidium*) ihre Larvenentwicklung im Gastralraum von Hydroidpolypen (*Tubularia*) durchmachen, in denen sie daher vorübergehend parasitieren. — Hydroidmedusen werden von den größeren Scyphomedusen und von Ctenophora gefressen. Auch einigen Fischarten dienen sie zur Nahrung. Anthozoen-Larven (*Peachia*) als Parasiten von Medusen, besonders von *Phialidium* und *Eutonina*, s. S. 63. Als Parasit an der Meduse von *Zanclea costata* tritt die pelagische Schnecke *Phylliroe* auf (Abb. 99) [318].

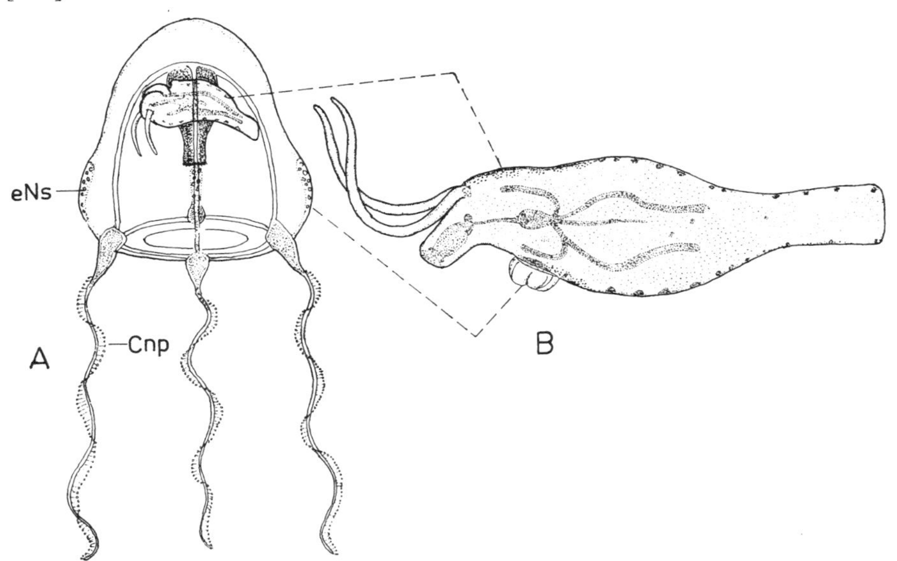

Abb. 99. Brutparasitismus der planktonischen Schnecke *Pyllirhoe bucephalum* (Nudibranchiata) an der athecaten Meduse *Zanclea costata*. **A.** Jugendstadium der Schnecke an der Subumbrella der Meduse angeheftet. Schirmhöhe der Meduse 3 mm. **B.** Erwachsene Schnecke mit der jetzt außen an ihr festsitzenden Meduse. Diese ist deformiert, da ihr die Schnecke im parasitischen Jugendstadium Manubrium und Tentakel abgefressen hat. Länge der Schnecke 20 mm. Zu beachten ist auch die Nesselzellausstattung der Meduse mit Cnidophoren. — **Cnp** Cnidophor, **eNs** exumbrellarer perradialer Nesselstreifen. — Aus Martin & Brinckmann 1963, verändert.

Die **ökonomische Bedeutung** der Hydrozoa ist gering. Einige Hydroidenstöckchen werden in der Schmuckindustrie verwertet (S. 64). Durch ihre starke Nesseltätigkeit können die „Feuerkorallen" der Familie Milleporidae lästig werden (S. 178). Andere Arten behindern durch ihr Massenauftreten die Fischerei (S. 166), verstopfen die Kühlwasserzuleitung von Kraftwerken oder bilden einen unerwünschten Aufwuchs an Schiffsböden (marine fouling) (S. 163).

System

Die Hydrozoa werden in die drei Ordnungen Hydroida, Trachylida (S. 203) und Siphonophora (S. 207) gegliedert.

1. Ordnung Hydroida

Über 2300 Arten.

Metagenetische Hydrozoa. Polyp fast immer sessil und stockbildend, selten pelagisch oder benthonisch vagil, selten pelagisch oder benthonisch solitär; meist mit Außenskelett, selten nackt oder mit Innenskelett. Freie Medusen pelagisch, selten hemisessil oder benthonisch vagil; Medusen bei der Mehrzahl der Arten zu sessilen Gonophoren reduziert. Nesselkapseln in 18 Kategorien (darunter 12 ordnungsspezifischen): 3 Astomocniden und 15 Stomocniden (Tabellen 3 und 4). — Überwiegend marin, einige Arten auch im Brack- und Süßwasser. — Mit den 6 Unterordnungen Athecata, Hydrina, Halammohydrina, Limnohydrina, Thecata und Velellina.

Die Hydroida sind bei weitem die artenreichste Ordnung der Hydrozoa. Auf die Schwierigkeiten, zu einem einheitlichen System zu gelangen, wurde bereits hingewiesen (S. 64f.). Da der Polyp die Grundform der Cnidaria darstellt und da ferner die Medusen bei der Mehrzahl der Arten zu sessilen Gonophoren reduziert sind, muß das System der Hydroida auf der Polypen-Generation aufgebaut werden. Vorerst muß es jedoch an manchen Stellen noch lückenhaft bleiben, da bei zahlreichen metagenetischen Arten nur eine der beiden Generationen bekannt oder einwandfrei beschrieben ist. Hinweise auf verwandtschaftliche Beziehungen ergeben sich unter anderem auch aus dem Besitz spezieller Typen von Nesselkapseln.

1. Unterordnung Athecata

Coenosark der Polypenstöcke von Periderm umkleidet, aber Körper des Hydranthen bis auf wenige Ausnahmen frei von peridermaler Schutzhülle; selten solitär. Polypen mit regellos über den Körper verteilten oder zu Kränzen angeordneten Tentakeln; stoloniale oder monopodiale Stöcke oder verkalkte, korallenähnliche Stockbildungen. Sessile Gonophoren oder freischwimmende Medusen, letztere mit glockenförmigem Schirm, Gonaden am Manubrium, Schirmrand ohne Statocysten, mit oder ohne Ocellen. Überwiegend marin, selten im Brackwasser. — Mit den Infraordnungen Filifera und Capitata.

1. Infraordnung Filifera

Tentakel der Polypen filiform, also die Nesselzellen unregelmäßig, aber meist in Batterien über den gesamten Tentakel verteilt. Die meisten Arten mit einem Cnidom aus Desmonemen und microbasischen Eurytelen. — Mit insgesamt 15 Familien.

Familie Clavidae. Polypen mit zylindrischem oder keulenförmigem Körper, Tentakel über den gesamten Körper oder die obere Hälfte verteilt. Freie Medusen oder sessile Gonophoren. — **Turritopsis nutricula*, Polyp (syn. *Dendroclava*) bildet monopodiale Stöckchen; Medusen bis 5 mm Schirmhöhe, mit zahlreichen (60—130) soliden Randtentakeln, Mundrand mit polsterähnlichem Saum von Nesselzellen, mit Ocellen. Befall von parasitischen Entwicklungsstadien der Narcomedusae, s. S. 204. — **Clava multicornis* (syn. *C. squamata*) (Abb. 100), mit sessilen Gonophoren; Nordsee, auch bei Helgoland häufig, in der Ostsee bis Hiddensee. — **Cordylophora caspia* (syn. *C. lacustris*), Keulenpolyp (Abb. 82A), monopodiale Stöckchen bis 8 cm hoch auf stolonialer Hydrorhiza, mit sessilen Gonophoren, typische Brackwasserform (1—15 $^0/_{00}$ Salzgehalt).

Familie Hydractiniidae. Polyp nackt, zylindrisch, basal verdünnt, aber ohne deutlich abgesetzten Stiel, mit einem Kranz von etwa zehn Tentakeln unter dem kurzen konischen Hypostom, Stöcke mit einheitlicher basaler Gewebsplatte, die aus Verschmelzung der Sto-

Tabelle 4. Die Verteilung der Nesselkapseln auf die einzelnen Unterordnungen der Hydroida (vgl. Tab. 2, S. 32, und Abb. 11)

		Kategorien	Athecata	Hydrina	Halammo-hydrina	Limno-hydrina	Thecata	Velellina
Astomocniden		3. Desmoneme	+	+	+	—	—	—
		4. Spirotele	—	—	⊕	—	—	—
		5. Aspirotele	—	—	⊕	—	—	—
Stomocniden	Haplonemen	7. atriche Isorhize	+	+	+	+	+	+
		8. basitriche Isorhize	+	—	—	+	+	—
		9. merotriche Isorhize	—	—	—	—	⊕	—
		10. holotriche Isorhize	—	⊕	—	—	—	—
		12. atriche Anisorhize	—	—	⊕	—	—	—
		14. heterotriche Anisorhize	⊕	—	—	—	—	—
	Heteronemen	15. microbasische Mastigophore	+	—	+	—	+	—
		16. macrobasische Mastigophore	⊕	—	—	—	—	—
		19. homotriche microbasische Eurytele	⊕	—	—	—	—	—
		20. heterotriche microbasische Eurytele	+	—	+	+	+	—
		21. telotriche macrobasische Eurytele	⊕	—	—	—	—	—
		22. merotriche macrobasische Eurytele	⊕	—	—	—	—	—
		23. holotriche macrobasische Eurytele	—	—	—	+	—	+
		24. Semiophore	—	—	—	⊕	—	—
		25. Stenotele	+	+	+	—	—	+
Gesamtzahl der Kategorien			11	4	8	5	5	3
Gesamtzahl der unterordnungseigenen Kategorien ⊕			5	1	3	1	1	0

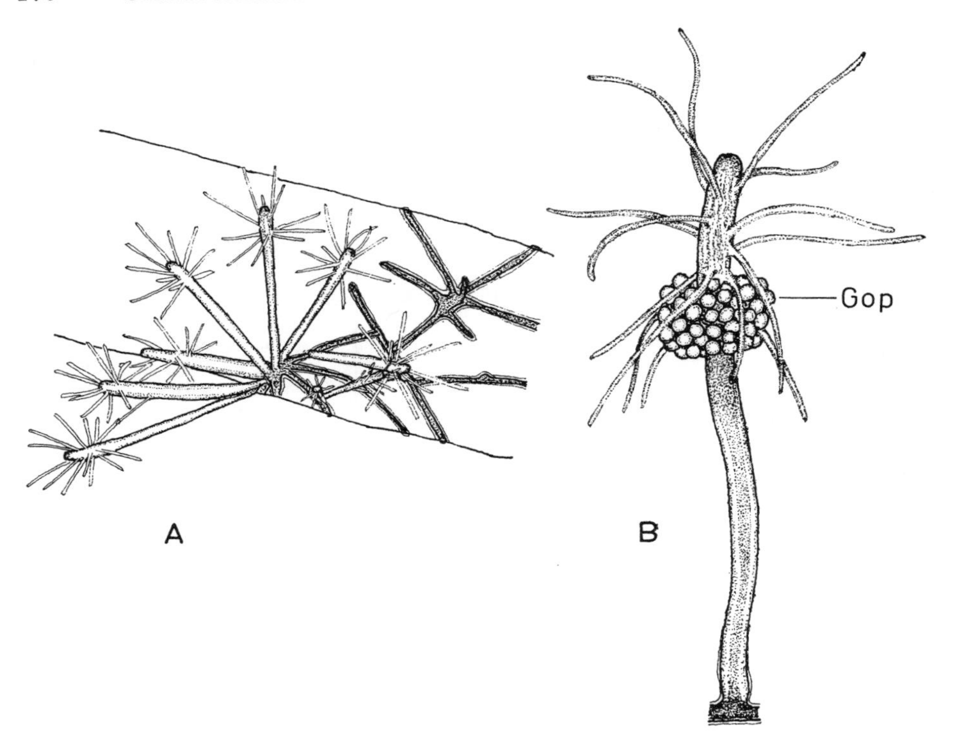

Abb. 100. *Clava multicornis*, Hydroida Athecata. **A.** Teil eines jungen Stockes auf einem Algenstück. Die lokale Anhäufung der Polypen ist für den stolonialen Stock typisch. **B.** Erwachsener Polyp mit zahlreichen Gonophoren. Länge 10 mm. — **Gop** Gonophor. — Nach Lebendphotos von A. HOLTMANN (Helgoland).

lonen entsteht, Periderm mit Stacheln als Platte auf dem Substrat. Freie Medusen oder sessile Gonophoren; Medusen klein (1—3 mm Höhe), Schirm kugelförmig mit vier oder mehr einzelnen Randtentakeln, Mundlippen mit Nesselknöpfen. — **Podocoryne carnea*, kleine Stöckchen, meist auf den Gehäusen lebender Schnecken (*Nassarius*), mit freien Medusen. — **Hydractinia echinata* (Abb. 82B, 86), meist auf Schneckengehäusen, die von Einsiedlerkrebsen (*Pagurus bernhardus*) bewohnt sind, aber auch auf Steinen; mit sessilen Gonophoren; Polymorphismus S. 140.

Familie Ptilocodiidae. Stöcke mit Netz verzweigter Stolonen oder mit Stolonenplatte. Polypendimorphismus, Abb. 85. — *Ptilocodium quadratum*, mit freien Medusen von geringer Größe (2—3 mm hoch und breit), mit vier perradialen Tentakeln, die nur in der distalen Hälfte Nesselzellen tragen, basal in Schirmfalte; mit Tentakel-Rudimenten, ohne Ocellen. Küste von Ostafrika.

Familie Rhysiidae. Stoloniale Stöcke. Polypen klein, nackt, mit einem Kranz von wenigen Tentakeln, mit typischem Polymorphismus durch Gastro-, Gono- und Dactylozooide; ohne Gonophorenbildung, da die Keimzellen in der Körperwand gebildet werden (S. 153). — *Rhysia autumnalis*, Mittelmeer.

Familie Rathkeidae. Polypen klein, nackt, an stolonialen Stöcken mit zartem Periderm, mit 4—6 langen und dem Substrat angeschmiegten Tentakeln (Abb. 82C). Medusen an den Stolonen, klein (2—4 mm), mit soliden Randtentakeln, Manubrium mit kurzem Magenstiel, Mundlippen verlängert, mit terminalen und seitlichen Nesselknöpfen; ohne Ocellen. — **Rathkea octopunctata*, Medusenknospung am Manubrium (Abb. 93), Temperaturabhängigkeit der Verbreitung und des jahreszeitlichen Auftretens, S. 56; Temperaturspektrum, Abb. 29A; zirkumpolar boreal-arktisch, Massenform im Frühjahrs-Plankton der Nordseeküste, auch in der Ostsee.

Familie Bougainvilliidae. Polyp ungestielt, an stolonialen oder monopodialen Stöckchen, selten solitär; flaschenförmig, mit einem Kranz von etwa zehn Tentakeln, die abwechselnd nach oben und unten getragen werden; Polyp der stockbildenden Formen mit Pseudohydrothek (Abb. 82D). Medusen mit zahlreichen soliden Randtentakeln, die meist in Gruppen an den vier großen perradialen Tentakelbulben ansetzen; Mund eine einfache runde Öffnung mit vier Mundtentakeln; mit oder ohne Ocellen; Schirm meist kugelig. Sehr artenreiche Familie. — **Bougainvillia superciliaris*, Polypen unverzweigt an stolonialen Stöckchen, äußere Larviparie der Meduse S. 155, Temperaturabhängigkeit der Verbreitung und des jahreszeitlichen Auftretens S. 56, Temperaturspektrum Abb. 29B, zirkumpolar arktisch-boreal, im Winter- und Frühjahrs-Plankton der Nordsee. **B. ramosa*, boreal und mediterran. — *Thamnostoma*, Polypen an stolonialen Stöcken, mit Pseudohydrothek, die die Tentakelbasen mit einschließt. — **Nemopsis bachei*, Polyp sehr klein (0,6 mm), solitär, Basalteil in kleinem klebrigem Peridermbecher. Medusen 10—14 mm hoch, mit Gruppen von je 20—30 Randtentakeln, Gonaden auf die Radialkanäle verlagert. Die Art ist in den letzten Jahrzehnten vom Englischen Kanal her in die Nordsee eingewandert, in der Deutschen Bucht (Elbmündung) während der Sommermonate Massenform. — *Dicoryne conferta*, Polyp an Stöckchen, ohne Pseudohydrothek, Gonophoren an tentakellosen Blastostylen, nur mit zwei Tentakeln, durch Geißelschlag schwimmend (Abb. 90). — **Garveia* (syn. *Bimeria*) *franciscana*, mit großen, reich verzweigten Stöckchen und mit sessilen Gonophoren; Ostsee; ökonomische Bedeutung durch Verstopfen von Kühlwasserleitungen, s. S. 167. — Hierher gehört auch ein Teil der sehr uneinheitlichen Polypen-Gattung *Perigonimus*, mit stolonialen oder niedrigen, verzweigten Stöckchen. Die Polypen können nur identifiziert werden, wenn sie Medusen oder sessile Gonophoren bilden. Die Arten gehören drei verschiedenen Familien an; nur die Arten mit sessilen Gonophoren oder bisher unbekannter Medusen-Generation behalten den Gattungsnamen *Perigonimus* bei, z. B. *P. repens*.

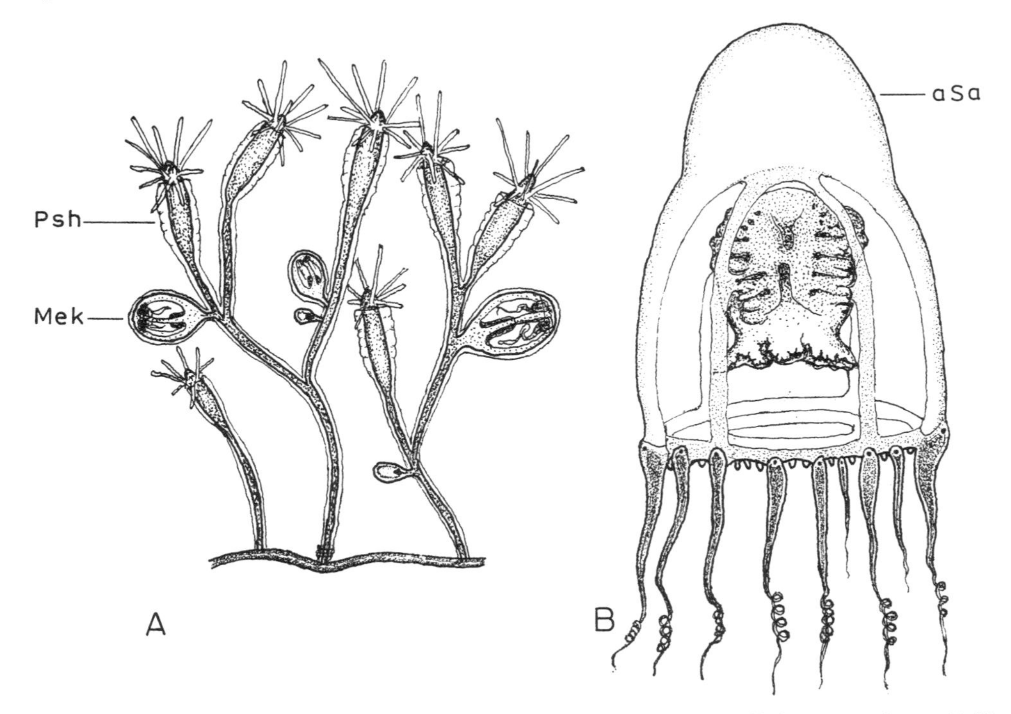

Abb. 101. *Leuckartiara octona*, Hydroida Athecata. **A.** Teil eines Polypenstockes mit Medusenknospung. **B.** Meduse. Höhe 15 mm. — **aSa** apikaler Scheitelaufsatz, **Mek** Medusenknospe, **Psh** Pseudohydrothec. — A nach Rees 1938, B aus Russell 1953.

Familie Pandeidae. Stoloniale oder niedrige Stöckchen bildend. Polyp klein (meist 1 mm), mit oder ohne Pseudohydrothek, unter dem kurzen konischen Hypostom ein Kranz mit wenigen Tentakeln, die abwechselnd nach oben und unten getragen werden. Medusen an basalen Stolonen oder am Stiel der Polypen oder an beiden. Schirm der Medusen durch Schirmaufsatz meist höher als breit, Mund mit großen, mehr oder weniger gekrausten Lippen, mit oder ohne Ocellen, Manubrium an den sogenannten Mesenterien aufgehängt (= Stützleisten, die sich auf die Radialkanäle hinziehen), mit vier großen interradialen oder acht geteilten adradialen Gonaden, die mehr oder weniger stark gefaltet oder mit Gruben versehen sind. — **Leuckartiara octona* (Abb. 82E, 101), Polyp an niedrigen, wenig verzweigten Stöckchen, bis 5 cm hoch, Einzelpolyp 2 mm, mit Pseudohydrothek; Medusen mit großem Manubrium, Gonaden interradial, hufeisenförmig mit tiefen Gruben, mit zahlreichen langen, hohlen Tentakeln, deren Bulben seitlich zusammengedrückt sind, dazwischen kurze Tentakel-Rudimente, mit rötlichen Ocellen, distale Tentakelenden werden ständig verbraucht und erneuert (S. 142). — **Halitholus cirratus*, Medusen mit kugeligem Schirmaufsatz, ohne Ocellen; Nord- und Ostsee. — *Pandea conica*, im Mittelmeer.

Familie Proboscidactylidae. Stoloniale Stöcke. Polyp mit zwei Tentakeln und abgesetztem kugeligem Hypostom, dadurch bilateralsymmetrisch. Medusen mit verzweigten Radialkanälen, Magen mit taschenartigen Verlängerungen auf die Radialkanäle, Gonaden ringförmig und sich auf die Radialkanäle fortsetzend, ohne Ocellen. — *Proboscidactyla stellata* (Abb. 102), Polyp (syn. *Lar sabellarum*) siedelt am oberen Rand von Röhren sedentärer Polychaeta (*Sabellaria, Potamilla*). Medusen mit Nesselflecken an der Exumbrella, die am Schirmrand schmal ansetzen und sich apikal verbreitern; die primären Radialkanäle können bis zu 24 Verzweigungen aufweisen, deren Entstehung zentrifugal ist, der Ringkanal kann zu einem soliden Entodermring umgewandelt sein. — Die Familie wurde

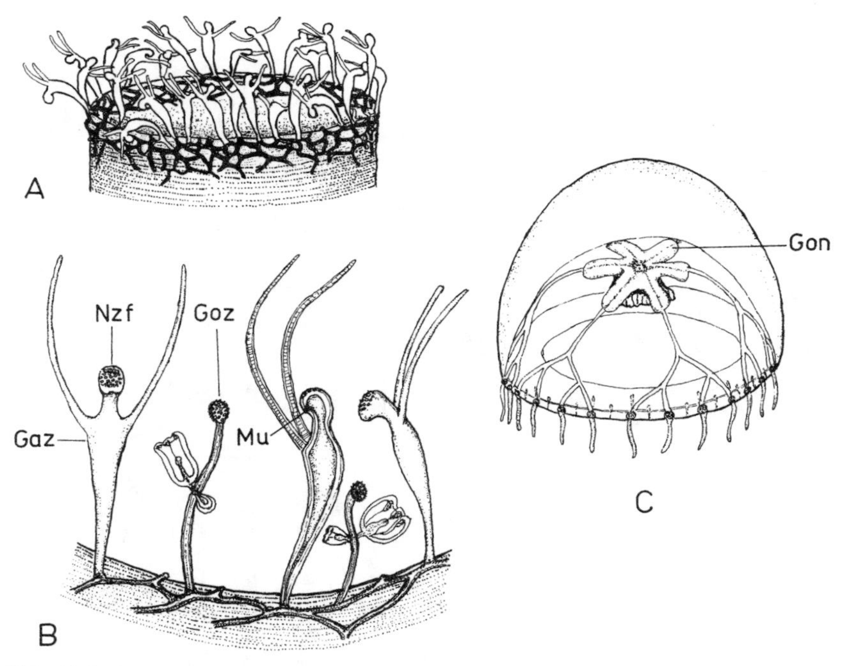

Abb. 102. *Proboscidactyla stellata*, Hydroida Athecata. **A.** Stolonialer Stock am Mündungsrand einer Polychaeten-Röhre. **B.** Teil eines Stockes mit Gonozooiden in Medusenbildung; der mittlere Gastrozooid ist im optischen Längsschnitt gezeichnet, um die laterale Lage des Mundes zu zeigen. **C.** Reife Meduse. Durchmesser 4 mm. — **Gaz** Gastrozooid, **Gon** Gonade, **Goz** Gonozooid, **Mu** Mund, **Nzf** Nesselzellfleck am Polypenkopf. — Aus RUSSELL 1953, verändert.

früher auch zu den Limnohydrina gestellt; die Unterschiede sowohl der Polypen- als auch der Medusen-Generation sind aber zu groß, als daß diese Zuordnung beibehalten werden könnte.

Familie Stylasteridae. Diese Familie wurde früher mit den Milleporidae (S. 178) wegen des korallenähnlichen Aufbaues der verkalkten Stöcke zu den Hydrocorallidae vereinigt. Die krustenförmigen oder aufrechten, bäumchen- oder fächerförmig verzweigten Stöcke mit Kalkskelett ($CaCO_3$ als Aragonit) ähneln den Madreporaria (Anthozoa) und leben überdies mit diesen zusammen, so daß sie an der Bildung der tropischen Korallenriffe beteiligt sind. Das anfangs röhrenförmige Exoskelett der Stylasteridae wird von der Epidermis der Stolonen („Coenosark-Röhren") ausgeschieden und bildet durch Verschmelzung ein dichtes Maschenwerk, das von zahlreichen, unregelmäßig verbundenen Coenosark-Röhren durchzogen bleibt. Die Oberfläche des zunächst krustenförmigen Stockes ist ähnlich wie das Peridermskelett von *Hydractinia* (Abb. 86), von der Epidermis überzogen. Der Stock verdickt sich durch die ständige Kalkausscheidung der subepithelialen Coenosark-Röhren und sendet nach oben Auswüchse ins freie Wasser, die sich verzweigen und bis zu einer Höhe von 50 cm emporwachsen können (Abb. 103A). Die Skelette sind durch Pigmente oft lebhaft rosa, rot, orange oder violett gefärbt und sind fächerförmig in einer Ebene verzweigt. — Polypen dimorph; die kurzen zylindrischen Gastrozooide mit einem Kranz von Tentakeln, die langen schlanken hohlen Dactylozooide tentakellos; beide Zooide in Poren des Skeletts eingebettet und mit dem Coenosark durch mehrfache Ausläufer verbunden; sie sind entweder in getrennten Poren unregelmäßig über den Stock verteilt oder in einem ge-

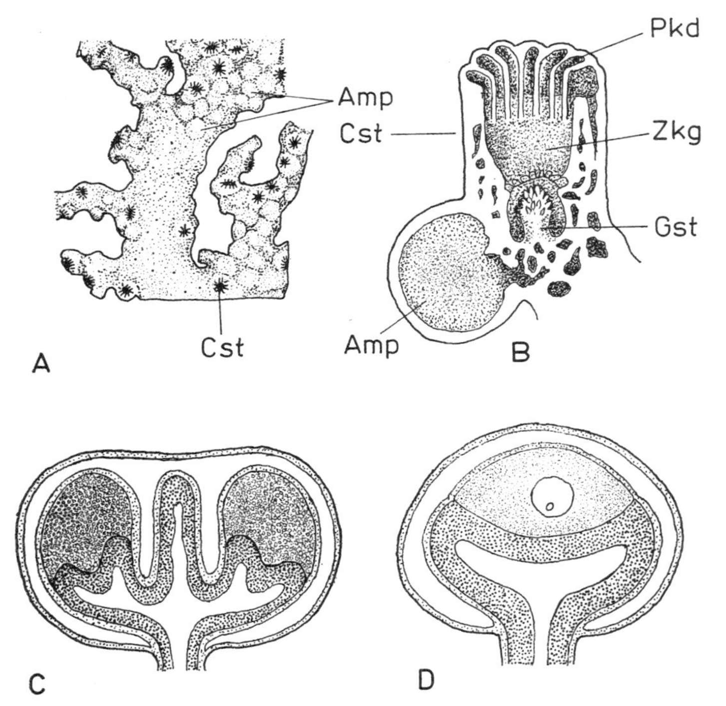

Abb. 103. Stylasteridae, Hydroida Athecata. Skelett und Gonophoren. **A.** Teilstück des Skeletts von *Stylaster* mit Cyclosystemen. **B.** Anschnitt eines Cyclosystems mit Zentralkammer und Gastrostyl des Gastrozooids sowie mit den peripheren offenen Kammern der Dactylozooide und einer Ampulle. **C.** Männliches Gonophor von *Errina*. **D.** Weibliches Gonophor von *Distichopora*. Epidermis fein, Gastrodermis grob punktiert. — **Amp** Ampulle, **Cst** Cyclosystem. **Gst** Gastrostyl, **Pkd** periphere Kammer eines Dactylozooids, **Zkg** Zentralkammer des Gastrozooids. — Aus Moore 1956.

meinsamen Becher zu einem Cyclosystem zusammengefaßt, in dem ein größerer zentraler Gastrozooid von zahlreichen Dactylozooiden kreisförmig umstanden wird (Abb. 103B); letztere sind in wandständigen, arkadenähnlichen Längsnischen des gemeinsamen Bechers eingebettet; im Zentrum des Becherbodens ein Dorn oder Gastrostyl, der vom basalen Weichkörper des Gastrozooiden ausgeschieden und umgeben wird. Die stark reduzierten sessilen Gonophoren (Cryptomedusoide) werden an der Oberfläche des Stockes in kugeligen Skelettkammern (Ampullen) gebildet; bei den weiblichen Stöcken Larviparie. Als Nesselzellen bislang nur microbasische Mastigophoren bekannt. Verbreitet von den Tropen bis in den Nordatlantik um Island, Litoral bis in größere Tiefen. — *Stylaster elegans* (Abb. 103A, B). — *Errina* (Abb. 103C). — *Distichopora* (Abb. 103D).

Familie Eudendriidae. Mehr oder weniger verzweigte monopodiale Stöckchen. Polypen nackt, mit großem keulen- oder trompetenförmigem Hypostom, Körper vom Stiel deutlich abgesetzt (Abb. 82F). Mit einem äußeren Ring von Drüsenzellen an der Polypenbasis. Stets sessile Gonophoren, nie freie Medusen. — **Eudendrium rameum*, männliche Gonophoren an der Basis normal ausgebildeter Polypen. **E. ramosum*, männliche Gonophoren an Blastostylen ohne Mund und Tentakel. *E. racemosum*, Blastostyle mit kurzen Tentakeln, Polypenbasis mit fingerförmigem, auf das dreifache der Hydranthenlänge dehnbarem Nematophor.

2. Infraordnung Capitata

Alle oder ein Teil der Polypen-Tentakel ständig oder nur im Jugendzustand geknöpft, also die Nesselzellen an der Tentakelspitze konzentriert (synapomorphes Merkmal). Für sämtliche Capitata nach bisheriger Kenntnis der Nesselkapseltyp der Stenotele charakteristisch, so daß die zugehörigen Arten auch durch ihr Cnidom gekennzeichnet sind. Hierher gehören auch Arten mit solitären Polypen. — Mit insgesamt 14 Familien.

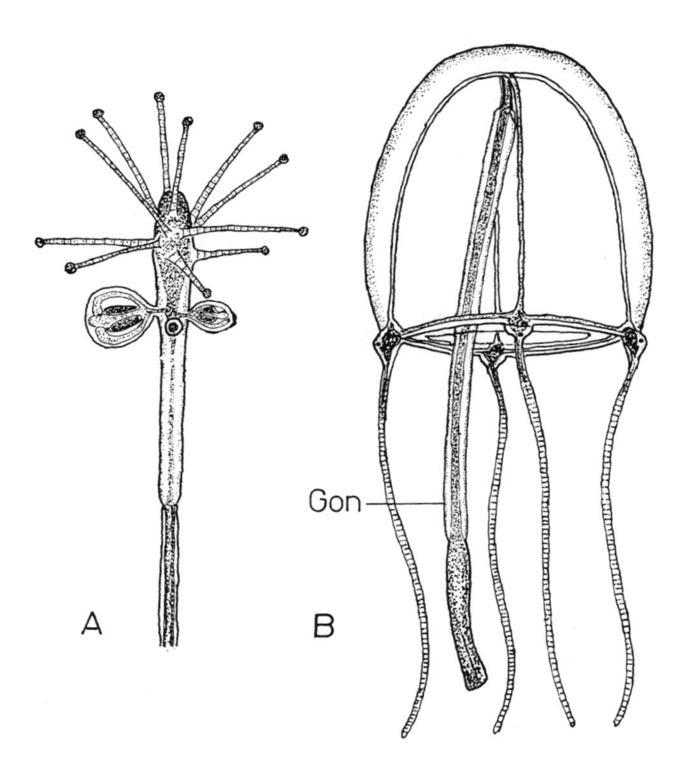

Abb. 104. *Coryne tubulosa*, Hydroida Athecata. **A.** Einzelpolyp mit Medusenknospen. **B.** Reife männliche Meduse. — **Gon** Gonade. — Aus Edwards 1978.

Familie Corynidae. Meist stockbildend, mit niedrigen, mehr oder weniger stark verzweigten Stöckchen, auf basalem Stolonengeflecht. Polyp mit oralem Kranz von wenigen Tentakeln, übrige Tentakel über den Körper verteilt. Mit freien Medusen oder sessilen Gonophoren. Medusen mit vier perradialen Tentakeln, an deren Bulbus Ocelli; Manubrium mit einfacher, runder Mundöffnung und ringförmigen Gonaden. — **Coryne tubulosa* (syn. *Sarsia tubulosa*) (Abb. 82G, 104), mit freien Medusen, Manubrium sehr lang und aus der Schirmöffnung heraushängend; Nervensystem s. S. 40; in der südlichen Nordsee häufige Winter- und Frühjahrsform, Leitform des Küstenwassers; saisonbedingtes Erscheinen der Stöckchen und Rückbildung im Sommer, s. S. 165. **C. loveni*, mit sessilen Eumedusoiden, mit kurzem Manubrium. **C. gemmifera*, Polyp unbekannt. Medusen mit Medusenknospen am Manubrium. — *Stauridiosarsia producta* (Abb. 105), Polyp mit capitaten Tentakeln und einem aboralen Kranz von „Sinnestentakeln", Funktion s. S. 43. Meduse mit kurzem Manubrium. — *Actigia vanbenedeni*, Entwicklung der Eizellen in den sessilen Gonophoren unter Fortfall der Planula direkt in die Actinula. — *Ichthyocodium sarcotretis* und *Hydrichthus mirus*, parasitische Stöcke auf Fischen, mit der Hydrorhiza in deren Haut verwurzelt.

Familie Polyorchidae. — *Polyorchis.* — *Spirocodon saltatrix*, Nesselzellen s. Abb. 12A, B.

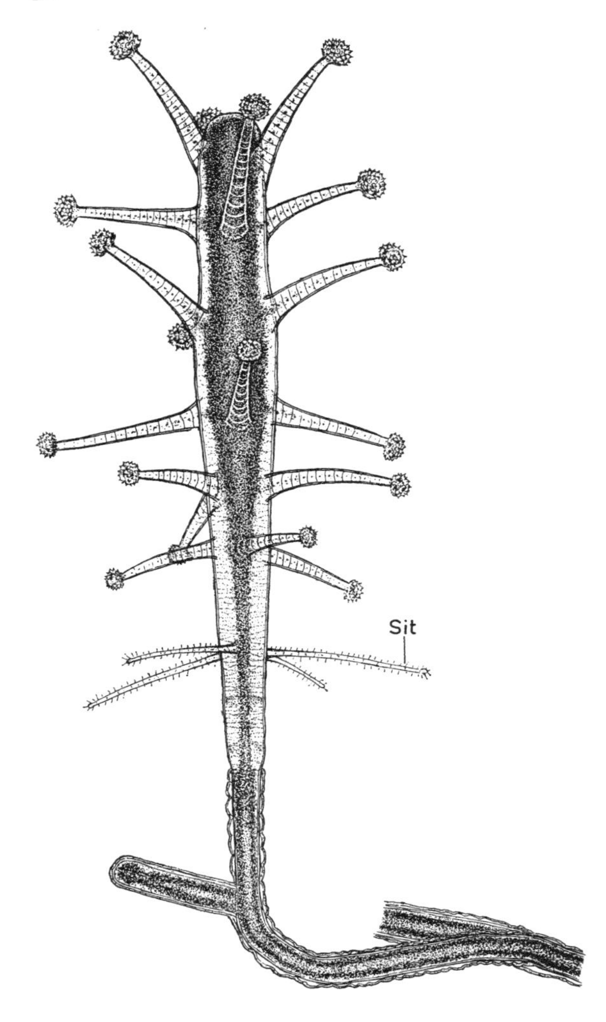

Abb. 105. *Stauridiosarsia producta*, Hydroida Athecata. Polyp. Länge 3 mm. — **Sit** Sinnestentakel mit Sinneshaaren.

Familie Cladocorynidae. Stoloniale Stöcke. Polyp mit langem Stiel, mit einem Kranz von Tentakeln um den Mund und zahlreichen verzweigten Tentakeln am Körper. — *Cladocoryne*, mit sessilen Gonophoren (oder freien Medusen im Karibischen Meer).

Familie Halocordylidae. Stöcke mit aufrechtem, in einer Ebene verzweigtem Monopodium, obere Seitensprosse unverzweigt, so daß der Stock gefiedert erscheint und einer thecaten Form ähnelt. Polyp (Abb. 82H) mit einem oralen Kranz capitater Tentakel, mit capitaten Tentakeln am Körper und einem aboralen Kranz von filiformen Tentakeln, die nur im Jugendzustand capitat sind. Polyp selten solitär. Eumedusoide mit zurückgebildeten Tentakeln, die sich ablösen oder sessil bleiben. — *Halocordyle*, Mittelmeer und Ostküste von Nordamerika. — **Acaulis primarius*, Polyp solitär, bis 2 cm lang, leuchtend rot oder orange gefärbt, Rumpf mit zahlreichen capitaten Tentakeln, mit aboralem Kranz weniger, fleischiger, filiformer Tentakel; Basis des Polypen stielförmig; sessile Gonophoren über den Aboraltentakeln; lebt in Sedimentböden.

Familie Tubulariidae. Stockbildend oder solitär, Periderm bei den stockbildenden Formen gut entwickelt. Polyp mit oralem und aboralem Tentakelkranz, nur im Jugendzustand capitat (Abb. 82I); aboraler Tentakelkranz auf ringförmigem Wulst, der im Inneren aus vakuolisierten, parenchymatischen Zellen aufgebaut ist; der Stielkanal bildet periphere Längsrinnen, die sich zu anastomisierenden Längskanälen schließen können. Freie Medusen oder sessile Gonophoren in Trauben an Gonophorenträgern oberhalb des aboralen Tentakelkranzes. — **Ectopleura dumortieri*, Polyp solitär, selten schwach verzweigt, etwa 2,5 cm hoch (mit Stiel bis 10 cm), etwa 25 orale und 30 aborale Tentakel; freie Medu-

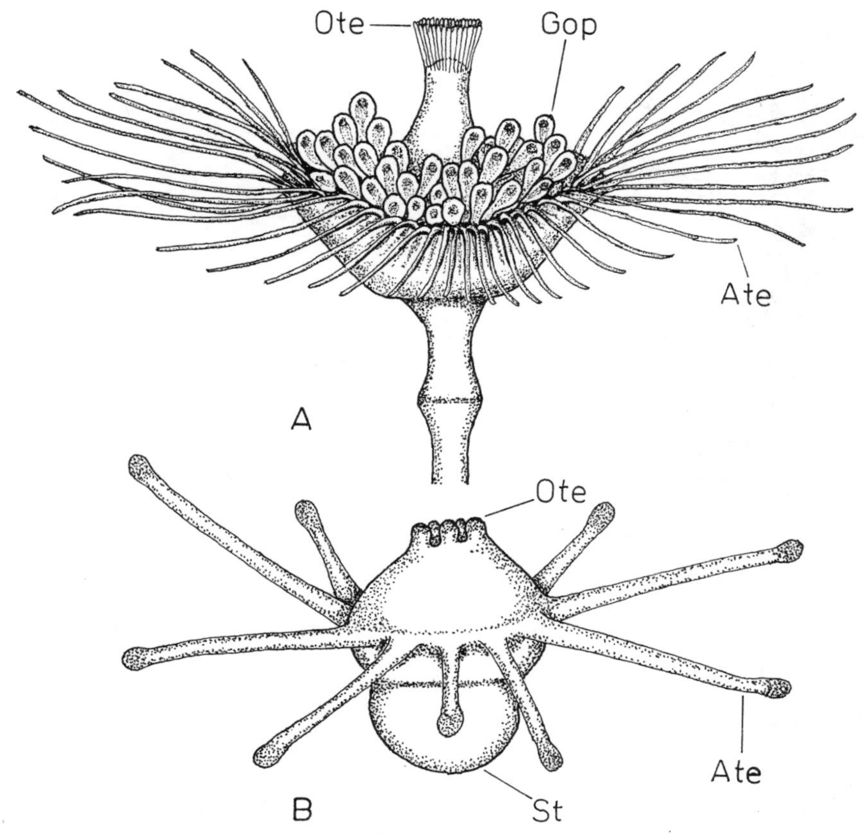

Abb. 106. *Tubularia larynx*, Hydroida Athecata. **A.** Einzelpolyp mit Gonophoren. **B.** Actinula kurz nach dem Schlüpfen aus dem Gonophor. Körperlänge 0,5 mm. — **Ate** Aboraltentakel, **Gop** Gonophor, **Ote** Oraltentakel, **St** Stielanlage.

sen, kugel- oder birnenförmig, mit vier perradialen Tentakeln, die sich spiralig einrollen, Exumbrella mit vier Paaren von adradialen Nesselstreifen; Entwicklung unter Ausfall der Planula über planktonisches Sternchenstadium (Abb. 94). — **Hybocodon prolifer*, Polyp meist solitär, selten schwach verzweigt, bis 5 cm hoch. Stiel unter dem Hydranthen erweitert und geringelt; freie Medusen mit nur einem Tentakel, an dessen Bulbus neue Medusen knospen, Schirm asymmetrisch; Entwicklung ohne Planula über Actinula, s. S. 159. — **Tubularia*, stockbildend, mit sessilen Gonophoren. **T. indivisa*, Stiel des von der Hydrorhiza entspringenden Polypen unverzweigt, bis 20 cm hoch, larvipare Entwicklung zu Actinulae. **T. larynx*, Stöcke 3—5 cm hoch, reich verzweigt, büschelförmig (Abb. 106), auffallend durch die rötliche Färbung der Polypen; häufig als Aufwuchs an Bojen, Brückenpfählen usw.

Familie Corymorphidae. Polypen solitär, mit reduziertem Periderm, im weichen Sediment verankert; mit oralem und aboralem Tentakelkranz (ähnlich wie *Tubularia*), Stiel mit Kranz von peripheren Entodermkanälen um zentrale Säule von parenchymatösen Zel-

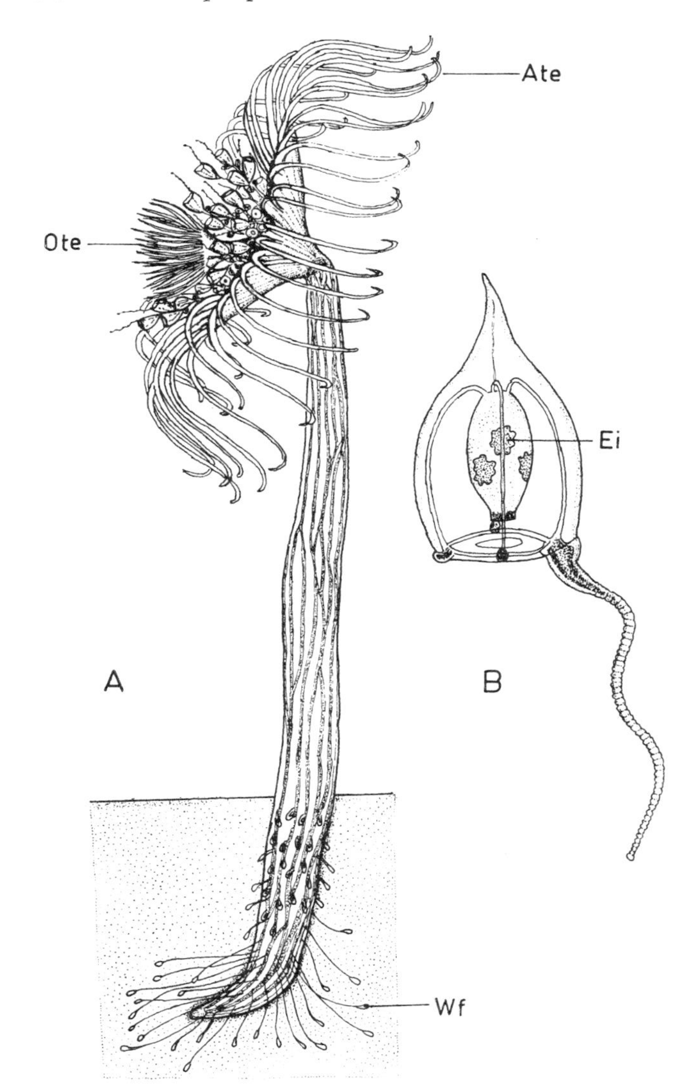

Abb. 107. *Corymorpha nutans*, Hydroida Athecata. **A**. Polyp mit zahlreichen Medusenknospen in der Knospungszone oberhalb des Kranzes der großen aboralen Tentakel. Der Basalteil ist mit zahlreichen Wurzelfilamenten im weichen Schlickboden verankert. Länge 15 cm. **B**. Weibliche Meduse. Die reifenden Eizellen am Manubrium befinden sich in der amöboiden Wachstumsphase. — **Ate** Aboraltentakel, **Ei** Eizelle, **Ote** Oraltentakel, **Wf** Wurzelfilament. — A nach einem Lebendphoto von A. Swoboda (Bochum) und nach Allman 1872, B aus Russell 1953.

len. Freie Medusen oder sessile Gonophoren in Trauben an Gonophorenträgern oberhalb der aboralen Tentakel. — **Euphysa aurata*, Polyp klein (4—8 mm), Basalteil mit zarter klebriger Peridermhaut, damit im weichen Schlick verankert; freie Medusen mit rundem Apex und mit nur einem Tentakel; Entwicklung ohne Planula über Bodendauerstadium (S. 159). — **Corymorpha nutans* (syn. *Steenstrupia nutans*) (Abb. 107), Polyp bis 15 cm hoch, Stiel nackt, mit zahlreichen Wurzelfilamenten im Schlickboden verankert, in den Filamenten Kalkkonkretionen (S. 45); freie Medusen mit apikal zugespitztem Schirm und nur einem Tentakel; Entwicklung ohne Planula über Bodendauerstadium (S. 159). — *Branchiocerianthus imperator*, Riesenpolyp, der größte Cnidarier, Länge mit Stiel bis 2,25 m, mit zahlreichen Basalfilamenten im weichen Schlickboden der Tiefsee verankert, ohne Periderm, mit je einem Kranz von zahlreichen Oral- und Aboraltentakeln; Umriß der aboralen Tentakelkrone elliptisch in einer zur vertikalen Hauptachse schrägen Ebene, Körper dadurch bilateralsymmetrisch; dies prägt sich auch im Inneren aus, indem der Gastralraum durch ein Diaphragma in zwei verschieden große Kammern aufgeteilt ist; sessile Gonophoren; Japanische Tiefsee bis 5000 m. *B. norvegicus*, 10 cm lang, im unteren Sublitoral und oberen Abyssal, in norwegischen Fjorden.

Familie Margelopsidae. Polypen solitär, pelagisch, ohne Periderm, mit oralem und aboralem Kranz von Tentakeln (*Margelopsis, Climacocodon*) oder mit zahlreichen oralen und über den Körper verteilten Tentakeln (*Pelagohydra*); Aboralteil des Polypen mit parenchymatischen Zellen als Stielrudiment oder Floß. Freie Medusen, die oberhalb der aboralen Tentakel erzeugt werden oder regellos am Polypenkörper entstehen. Medusen mit vier perradialen Gruppen von kurzen starren Tentakeln am Schirmrand oder auf der Exumbrella. — **Margelopsis haeckeli* (Abb. 95), Polyp klein (2—3 mm), Meduse parthenogenetisch, Entwicklung mit zwei Eisorten, im folgenden Frühjahr die neue Polypen-Generation; südliche Nordsee. — *Climacocodon ikarii*, Polyp ähnlich wie bei *Margelopsis*, freie Meduse mit Paaren von Tentakeln an der Exumbrella in mehreren Ebenen; die Eier entwickeln sich am Manubrium bis zu jungen Polypen; japanische Küstengewässer. — *Pelagohydra mirabilis* (Abb. 98), Körper des Polypen zu eiförmigem Schwimmfloß umgewandelt, im Inneren mit parenchymatischem Gewebe, das von zahlreichen Entodermkanälen durchzogen ist; Medusen in kleinen Gruppen auf der Oberfläche des Schwimmfloßes; Entwicklungszyklus noch ungeklärt; bisher nur 3 Exemplare von der neuseeländischen Küste bekannt [356].

Familie Tricyclusidae. Polyp solitär, sessil, mit basaler Haftscheibe und kurzer, schlank becherförmiger Peridermhülle des Stieles, mit einem oralen und zwei aboralen Tentakelkränzen (Abb. 82K). Sessile Gonophoren, weitere Entwicklung unbekannt. — *Tricyclusa singularis*.

Familie Milleporidae, Feuerkorallen. Stockbildend, mit verkalktem Exoskelett ($CaCO_3$ in Form von Aragonit) (Abb. 108). Entstehung und Bau des Skeletts wie bei den Stylasteridae (S. 173), doch bestehen Unterschiede in der Morphologie und in der Anordnung der Gastrozooide und Dactylozooide. Beide Zooide stehen in getrennten Poren, in kleineren für die Dactylozooide und größeren für die Gastrozooide; sie sind entweder unregelmäßig verteilt oder zu Cyclosystemen zusammengefaßt, in denen eine Anzahl von Dactylozooiden ein Gastrozooid kreisförmig umgibt. Lebendes Gewebe nur in dünner Schicht an der Oberfläche des Skeletts, wo auch seine Ausscheidung erfolgt. Beim Dickenwachstum des Skeletts wachsen die Zooide synchron in die Höhe und verschließen periodisch unter sich durch Kalkabscheidung ihre Wohnröhre durch Querwände, so daß das Skelett im Längsschnitt leiterähnliche Strukturen aufweist. Die Polypen sind also langlebig. Gastrozooide klein, zylindrisch, mit einem Kranz von 4—6 zu Nesselknöpfen reduzierten Tentakeln unterhalb des niedrigen Mundkegels. Die schlankeren und längeren Dactylozooide haben kurze, über den gesamten Körper verteilte, hohle, capitate Tentakel; der Mund fehlt. Beide Zooide können sich blitzschnell und vollständig in ihre Poren zurückziehen. Die Coenosark-Röhren enthalten zahlreiche Zooxanthellen. Die Gonophoren entwickeln sich in kugeligen Skelettkammern (Ampullen) nahe der Oberfläche zu reduzierten Medusen ohne Tentakel, Velum und Radialkanäle; sie lösen sich jedoch ab und führen ein kurzes pelagisches Dasein. Die Keimzellen entstehen in den Coenosark-Röhren und wandern in die Gonophoren. Als Nesselzellen atriche und basitriche Haplonemen, macrobasische Mastigophoren und Stenotelen. Die Nesselwirkung, wahrscheinlich besonders der macrobasischen Mastigophoren, ist erheblich (Feuerkorallen!). — *Millepora alcicornis*, Westindien.

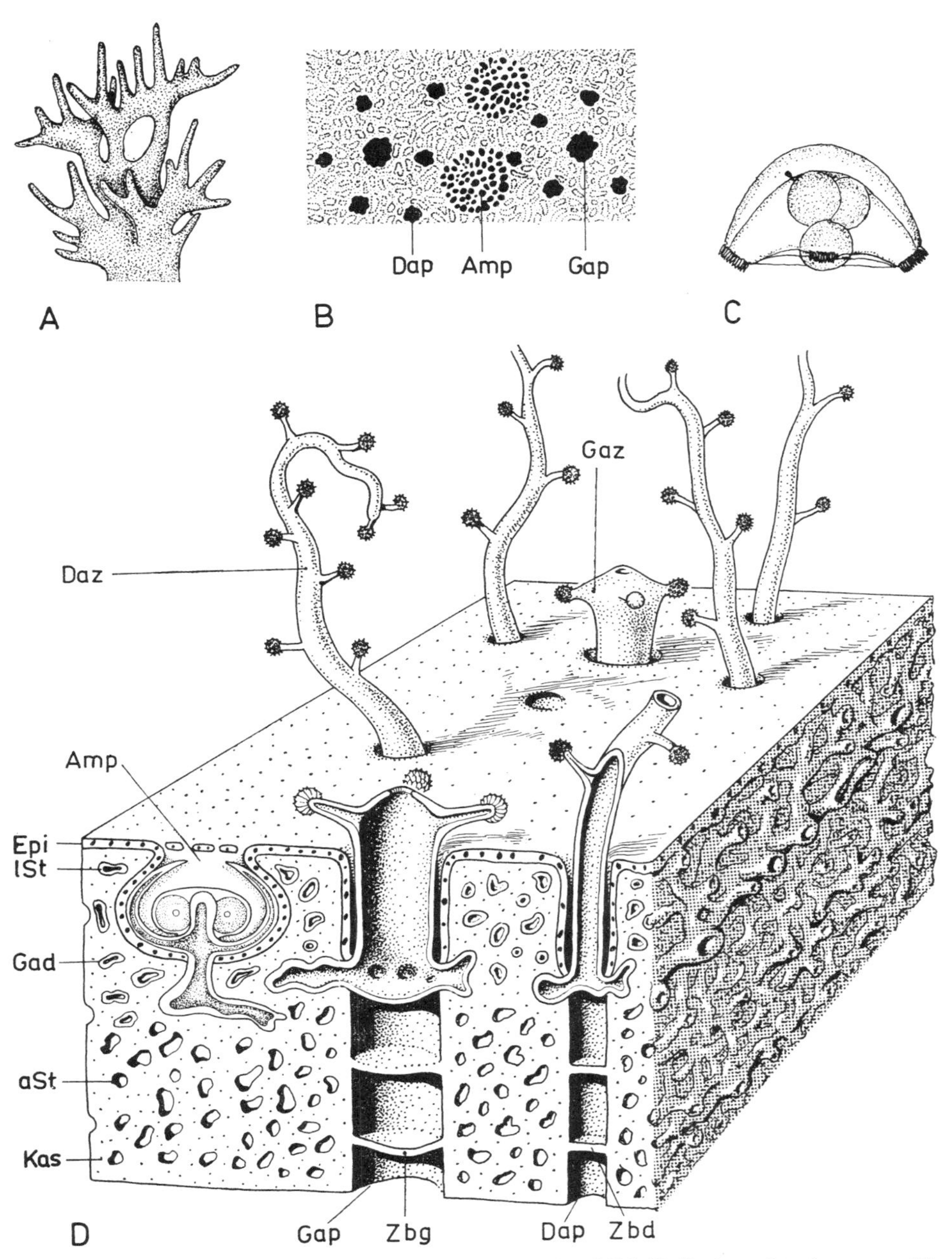

Abb. 108. *Millepora*, Hydroida Athecata. **A.** Habitusbild, Teil eines Stockes von *M. alcicornis*. **B.** Teilstück, Oberflächenansicht des Kalkskeletts. **C.** Freischwimmendes Medusoid mit Eizellen. **D.** Blockdiagramm. Der Übersichtlichkeit wegen sind die Körperwände der Zooide und der Medusenanlagen einschichtig, also nicht als Epi- und Gastrodermis gezeichnet. – **Amp** Ampulle, in D mit Medusenanlage, **aSt** abgestorbene Stolonenröhre, **Dap** Dactyloporus, **Daz** Dactylozooid, **Epi** Epidermis, durch Zellkerne markiert, **Gad** Gastrodermis, weiß, **Gap** Gastroporus, **Gaz** Gastrozooid, **Kas** Kalkskelett, **lSt** lebende Stolonenröhre, **Zbd** Zwischenboden (Tabula) eines Dactyloporus, **Zbg** Zwischenboden eines Gastroporus. – A und B aus MOORE 1956, D nach KAESTNER 1969, verändert.

Familie Candelabridae. Polypen solitär, sessil, mit basalen Verzweigungen. Der Polyp weist als Einzelindividuum die größte Mannigfaltigkeit der Strukturen unter allen Hydroida auf; der größte Teil des Körpers ist mit zahlreichen capitaten Tentakeln besetzt, während der Basalteil verzweigte Tentakel mit Nesselknöpfen trägt. Da die sessilen Gonophoren an den Basaltentakeln erzeugt werden, müssen diese als Blastostyle gelten. Außerdem trägt der Basalteil lange, dünne, fingerförmige Gebilde mit zu einer Scheibe verbreiterten Spitze, die als Eiträger fungieren. Jeweils mehrere von ihnen übernehmen und tragen eine befruchtete Eizelle, in deren Außenhülle sich das Ei unter Fortfall der Planula direkt zu einer Actinula entwickelt. — *Candelabrum* (syn. *Myriothela*) *phrygium*, Basis mit verzweigter Peridermhülle an festem Substrat (Unterseite von Steinen) angeheftet; nördliches Boreal.

Familie Zancleidae. Stoloniale Stöcke, Polypen mit meist kurzem Stiel, einem Kranz von wenigen Oraltentakeln und zahlreichen weiteren über den Körper verteilten Tentakeln. Freie Medusen mit oder ohne Nesselzellen oder Nesselstreifen auf der Exumbrella, Manubrium mit einfachem rundem Mund, mit vier interradialen Gonaden, die Tentakel nehmen im ausgestreckten Zustand das Aussehen eines zarten Schleierbandes an, ohne Ocellen. Als Nesselzellen macrobasische Eurytelen und Stenotelen. — *Zanclea costata* (Abb. 99), Polyp nur mit geknöpften Tentakeln; Medusen klein (3 mm hoch), mit 2 oder 4 Tentakeln; dient als Wirt für die parasitischen Jugendstadien der Schnecke *Phylliroe bucephalum* (vgl. S. 167). — *Asyncoryne ryniensis*, Polypen an einem mit kräftiger Peridermhülle umgebenen, netzartig verzweigten Stolonengeflecht, mit Kranz von capitaten Oraltentakeln und zahlreichen über den Körper verteilten Tentakeln, die Nesselringe tragen; die kleinen Medusen mit zwei gegenständigen Tentakeln, entstehen einzeln zwischen den aboralen Tentakeln des Polypen; Ostküste von Afrika, Japan.

Familie Cladonemidae. Stoloniale oder schwach verzweigte Stöcke. Polypen (Abb. 82M) mit kurzem Stiel, mit einem Kranz von wenigen (3—4) capitaten Oraltentakeln und einem aboralen Kranz von wenigen (3—6) fadenförmigen „Sinnestentakeln", die frei von Nesselzellen, aber reich mit Sinneszellen und Sinneshaaren besetzt sind. Freie Medusen klein (2—4 mm hoch), mit mehr als vier Radialkanälen, die teils einfach, teils gegabelt sind; Mundlippen mit kurzen Tentakeln, die Nesselknöpfe tragen; Tentakel verzweigt, mit Haftpolstern aus Drüsenzellen, die ein klebriges Sekret ausscheiden; Medusen dadurch zur temporären Anheftung befähigt; Tentakelbulben mit Ocellen, Gonaden ringförmig. — **Cladonema radiatum* (Abb. 109), Medusen halbsessil, können sich spontan ablösen und mit kraftvollen Pulsationen schnell schwimmen; in den *Posidonia*-Wiesen des Mittelmee-

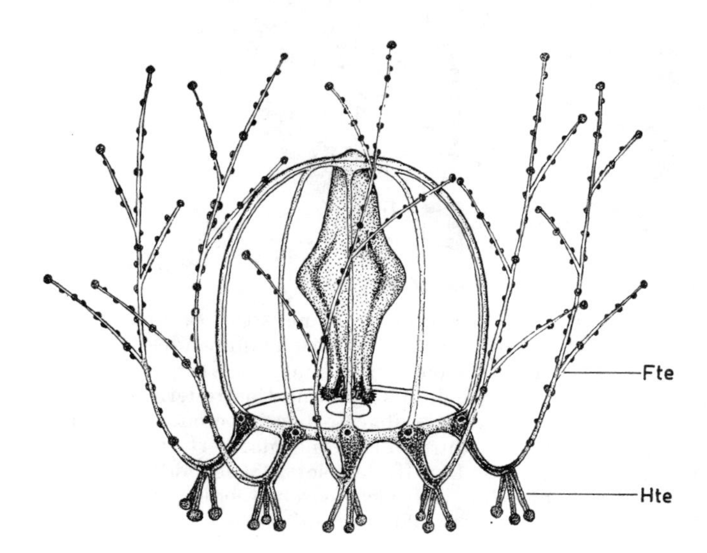

Abb. 109. *Cladonema radiatum*, Hydroida Athecata. Meduse. — **Fte** Fangtentakel, **Hte** Hafttentakel.

res nicht selten. — *Staurocladia portmanni*, asexuelle Vermehrung durch Kriechpolypen, s. S. 145.

Familie Eleutheriidae. Stoloniale Stöcke mit nackten Polypen, die nur einen Kranz von wenigen capitaten Oraltentakeln tragen. Freie Medusen mit reduziertem Schirm, zum ständig vagilen Bodenleben übergegangen; Zahl der Radialkanäle variabel, einfach oder gegabelt, mit gleicher Anzahl gegabelter Tentakel, die Haftpolster und Ocellen tragen; Mund einfache runde Öffnung; zwittrig, Entwicklung der Eier in einer Bruttasche des Schirmes oberhalb des Magens bis zur Planula; Gallerte zu Stützlamelle reduziert, Muskulatur fehlend. — *Eleutheria dichotoma* (Abb. 110), die Meduse bewegt sich auf den Tentakeln wie auf Stelzen.

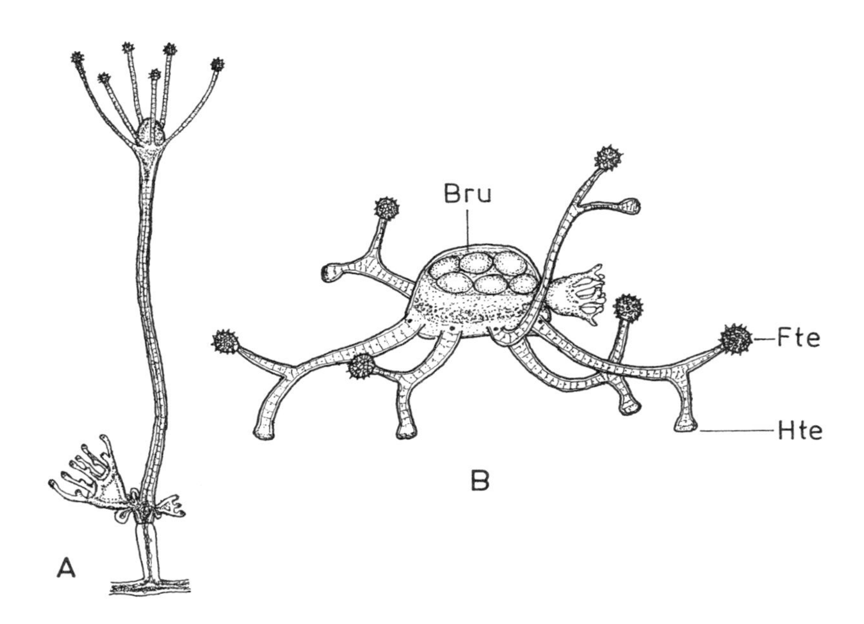

Abb. 110. *Eleutheria dichotoma*, Hydroida Athecata. **A.** Polyp mit Medusenknospen. **B.** Bodenlebende Meduse mit Keimzellen im apikalen Brutraum des Schirmes und einer Medusenknospe am Schirmrand. — **Bru** Brutraum, **Fte** Fangtentakel, **Hte** Hafttentakel. — Aus Russell 1953.

Familie Solanderiidae. Aufrechte, reich verzweigte Stöckchen mit innerem Chitinskelett; es besteht aus der basalen Haftplatte sowie einem Netzwerk anastomosierender, solider Chitinstränge im Inneren des Stammes und der Zweige, die vollständig von Ectodermröhren umgeben sind. Die äußere geschlossene Oberfläche des Stockes erhält dadurch eine durchscheinende Netzstruktur. Das Entoderm des Coenosark besteht ebenfalls aus Röhren, die von Ectoderm umgeben sind. Polypen mit zahlreichen, regellos über den Körper verteilten, capitaten Tentakeln. Sessile Gonophoren. — *Solanderia*. — *Rosalinda*.

Familie Moerisiidae. Polypen solitär oder pseudokolonial, wenn die Knospungspolypen temporär mit ihren Erzeugern durch kurze Stolonen verbunden bleiben; Periderm als geringelte Hülle um den Stiel oder als sehr kleiner Becher um die Haftscheibe; 4—8 filiforme oder capitate, hohle Tentakel in einem Kreis oder in mehreren Kreisen; asexuelle Vermehrung durch Frusteln und Podocysten. Polypen vorübergehend auch pelagisch. Freie Medusen, mit kurzem, im Querschnitt viereckigem Manubrium. Gonaden erstrecken sich vom Manubrium bis auf die Radialkanäle und enden mit einem Bruchsack, Schirmrand entweder mit vier oder mit zahlreichen Tentakeln, Bulben mit Ocellus. — Die Moerisiidae gehören zur Infraordnung Capitata, da ihnen Statocysten fehlen und da sie Stenotelen als

Nesselkapseln besitzen. — *Moerisia lyonsi*, Meduse mit vier Tentakeln, 4—5 mm hoch und breit; See Qurum in Ägypten. — *Ostroumovia inkermanica*, Meduse mit zahlreichen (bis zu 32) Tentakeln verschiedener Länge, 5,5 mm hoch, 6,5 mm breit; Schwarzes Meer. *O. horii* (Abb. 111), Japan, in Brackwasser-Seen.

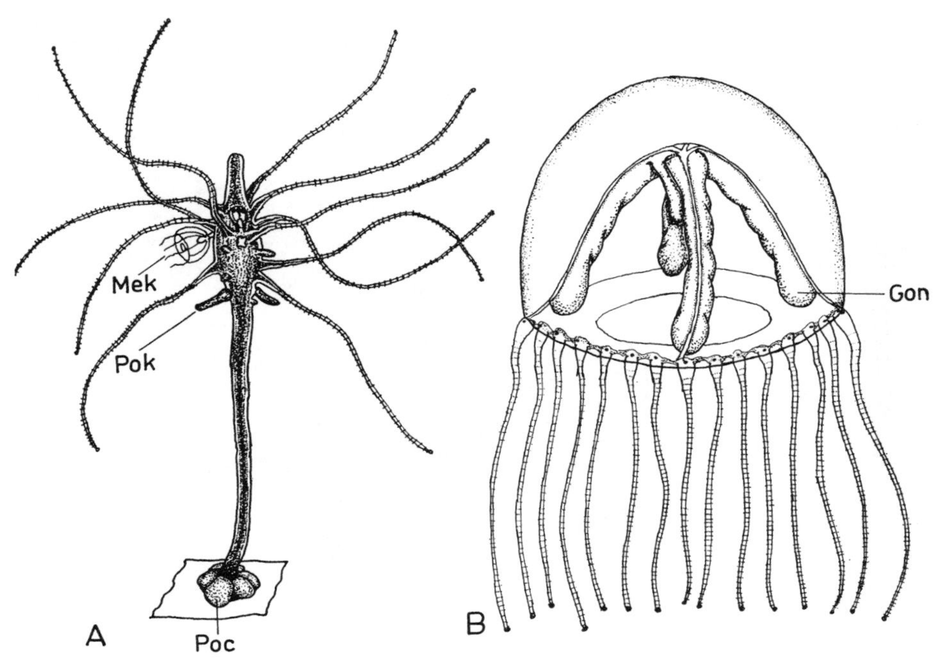

Abb. 111. *Ostroumovia horii*, Hydroida Athecata, eine Brackwasserform. **A.** Polyp. Länge 6 mm. Zu beachten sind solitärer Habitus, hohle Tentakel, Bildung von Polypen- und Medusenknospen sowie von Podocysten. **B.** Meduse. Durchmesser 6 mm. — **Gon** Gonade, **Mek** Medusenknospe, **Poc** Podocyste, **Pok** Polypenknospe (Frustel). — Aus Uchida & Nagao 1959, verändert.

2. Unterordnung Hydrina

Hemisessile oder vagile, solitäre Hydroidpolypen, mit einem Kranz von Tentakeln oder Tentakel fehlend, stets ohne Skelett. Medusen-Generation fehlend. Als Nesselkapseln 1 Astomocnide und 3 Stomocniden (Tab. 4, S. 169). Im Süß- und Brackwasser sowie im Meer. — Mit 2 Familien.

Durch ihre Nesselkapseln, vor allem durch den Typ der Stenotele, ferner durch die Bildung von Bodendauerstadien in der Entwicklung von *Hydra* schließen sich die Hydrina an die Athecata an. Andererseits stehen sie durch die halbsessile oder vagile Lebensweise, durch den obligatorisch solitären Habitus, durch das völlige Fehlen von Skelettbildungen, durch die direkte Entwicklung ohne Medusen-Generation und durch das Fehlen der Planula isoliert da. Die Familie Hydridae weist mit ihren hohlen Tentakeln und einem Porus in der Haftscheibe weitere Spezialmerkmale auf. — Die Aufnahme der marinen Protohydridae in diese Unterordnung ist eine Notlösung. Sie teilen mit den Hydridae den solitären Habitus und die vagile bzw. hemisessile Lebensweise, sind aber von sehr geringer Größe und sehr einfach gebaut. Da außerdem ihre Entwicklung nur unzureichend bekannt ist, entziehen sie sich der zuverlässigen systematischen Beurteilung. Wahrscheinlich sind sie in Anpassung an ihren spezialisierten Lebensraum, das Lückensystem in Sedimentböden, sekundär vereinfacht; sie sind also nicht als ursprünglich anzusehen.

Familie Hydridae, Süßwasserpolypen. Körper schlank-zylindrisch, unterer Teil mehr oder weniger deutlich stielartig verschmälert. Mit einem Kranz von hohlen Tentakeln, mit einer basalen Haftscheibe fakultativ an festen Substraten (Steinen, Pflanzen) angeheftet, Haftscheibe mit zentralem Porus. Asexuelle Vermehrung durch Längs- und Querteilung sowie durch Knospung; getrenntgeschlechtig oder zwittrig. Keimzellenentwicklung in der Epidermis, männliche Gonaden hügelartig über die Körperoberfläche vorgewölbt. Eientwicklung und Dauerstadien S. 153, 158. Fortbewegung S. 162 (Abb. 97). Weltweite Verbreitung auf allen Kontinenten und zahlreichen Inseln. Berühmt sind die Entdeckung durch VAN LEUWENHOOK (1702) sowie die hervorragenden Beschreibungen und experimentellen Untersuchungen durch TREMBLEY (1744), der als erster die große Regenerationsfähigkeit und den Phototropismus von *Hydra* erkannte. — **Hydra*, mit 28 einwandfrei beschriebenen Arten, daneben etwa 32 fragliche Arten [270, 320]. Häufigste Form in Mitteleuropa **H. oligactis*, ferner kommen vor **H. attenuata*, **H. vulgaris* (Abb. 112A—C), **H.* (syn. *Pelmatohydra*) *braueri*, **H. circumcincta*; **H.* (syn. *Chlorohydra*) *viridissima* ist durch die Symbiose mit Grünalgen (*Zoochlorella*) bekannt, der sie die grüne Färbung verdankt [340—342]. Durchschnittlich liegen 18 Algen in der Basis jeder Entodermzelle, und ihre Gesamtzahl pro Polyp wurde auf $1{,}5 \times 10^5$ berechnet. Durch die Übertragung auf die Eizellen werden die Algen auf die folgende Generation weitergegeben. Bestandsdichte von *Hydra* oft sehr groß (S. 164).

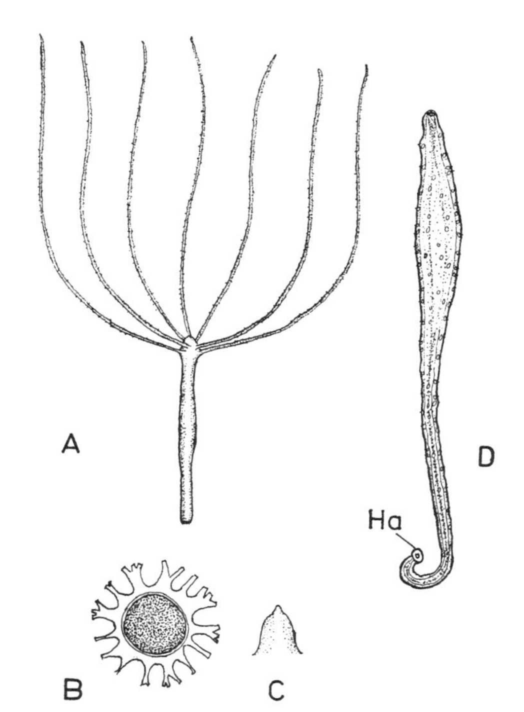

Abb. 112. Hydroida Hydrina. **A.—C.** *Hydra vulgaris.* **A.** Polyp. **B.** Bodendauerstadium mit der charakteristischen Form der Peridermhülle. **C.** Form des Hodens. **D.** *Protohydra leuckarti*, ausgestreckt. — **Ha** Haftscheibe. — Nach SCHULZE 1917 (A—C) und GREEF 1869 (D), aus LELOUP 1952.

Familie Protohydridae. Kleine, wurmförmige, tentakellose oder mit wenigen soliden Tentakeln versehene Hydroidpolypen, die durch den Mangel von Peridermbildungen und die starke Kontraktionsfähigkeit des Körpers forminstabil sind. Die aborale Haftscheibe befähigt sie zu temporärer Sessilität. — **Protohydra leuckarti* (Abb. 112D), ausgestreckt 1—3 mm lang, kontrahiert kugelförmig; ohne Tentakel, Nesselzellen gleichmäßig über den Körper verteilt. Asexuelle Vermehrung durch Querteilung und Knospung, sexuelle Fortpflanzung durch Bildung von einer Eizelle (selten zwei Eizellen) und von Samenzellen in der Epidermis. Lebt in Küstennähe im Lückensystem von Sandböden; bewegt sich langsam kriechend mit periodischer Ablösung von den Sandkörnern, was durch kugeliges

Anschwellen und Verankern des Vorderkörpers zwischen den Sandkörnern unterstützt wird. Marin, belgische und englische Küsten, nordfriesisches Wattenmeer (Amrum), Südwestafrika. Häufig auch in Brackgewässern, Ostsee bis finnische Küste, Zalew Wiślany (Frisches Haff). — **Psammohydra nanna*, kleinster bisher bekannter Hydroidpolyp (0,2—0,4 mm, maximal 0,9 mm), mit vier kurzen Tentakeln etwas oberhalb der Körpermitte, daher mit langer Proboscis, Haftscheibe am aboralen Pol wenig entwickelt, besteht aus feinen Haftpapillen; asexuelle Vermehrung durch Querteilung, sexuelle Fortpflanzung unbekannt; Bewegung wie bei *Protohydra*; im Mesopsammal der Kieler Bucht. — *Boreohydra simplex*, nordeuropäische Küstengewässer.

3. Unterordnung Halammohydrina

Vagile, solitäre, kleine, medusoide Hydroida, deren Polypen-Generation vollständig reduziert ist [406]. Mit direkter Entwicklung über ein Actinula-ähnliches Larvenstadium. Als Nesselkapseln 3 Astomocniden und 5 Stomocniden (Tab. 4, S. 169). Im Lückensystem mariner Sandböden. — Mit 3 Familien [378].

Familie Halammohydridae. Schirm so vollständig reduziert, daß die Randorgane (zwei Kränze von soliden Tentakeln und ein Kranz von Statocysten) auf den Aboralpol zusammengezogen sind; der Hauptteil des Körpers daher aus dem Manubrium bestehend. Aboralpol mit grubenförmigem Haftorgan. Mit Ringnerv. Epidermis des gesamten Körpers be-

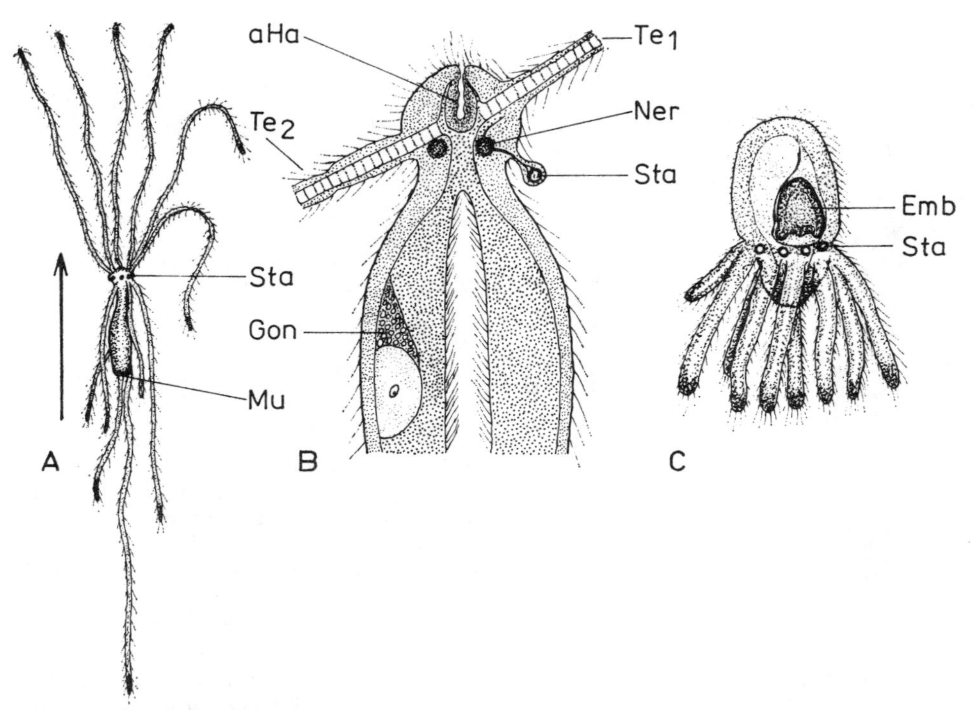

Abb. 113. Hydroida Halammohydrina. — **A.**—**B.** *Halammohydra octopodides.* **A.** Schwimmende Meduse mit der charakteristischen Haltung der Tentakel; der Pfeil gibt die Bewegungsrichtung an. **B.** Schematischer Längsschnitt durch den aboralen Teil; Epidermis mit Haftorgan fein, Gastrodermis grob punktiert. **C.** *Otohydra vagans*, Seitenansicht. — **aHa** aborales Haftorgan, **Emb** Embryo im Brutraum, **Gon** Gonade mit Eizelle, **Mu** Mund, **Ner** Nervenring, **Sta** Statocyste, **Te_1** und **Te_2** Tentakel des 1. und 2. Kranzes. — Nach REMANE 1927 und SWEDMARK & TEISSIER 1958.

geißelt. Getrenntgeschlechtig, Keimzellen in der Epidermis des Manubrium (Athecaten-Merkmal), Entwicklung unter Fortfall der Planula direkt in eine larvale Actinula, wobei es sich um eine begeißelte Medusen-Actinula handelt. Halbsessile Lebensweise: langsame Bewegung durch Geißelschlag und temporäre Anheftung mit dem klebrigen Sekret der Drüsenzellen des Aboralorgans. — **Halammohydra* (Abb. 113A—B), mit 5 Arten, an allen Meeresküsten von Europa, Mittelmeer, Indien [358, 376].

Familie Otohydridae. Schirm in der Weise reduziert, daß die Randorgane (Tentakel und Statocysten) auf den Mundpol des Manubrium zusammengezogen sind. Körper daher sackförmig, polypenähnlich, ohne Ringnerv, ohne aborales Haftorgan. Epidermis vollständig begeißelt. Zwittrig; die Eier entwickeln sich zu Actinula-ähnlichen Larven in einer inneren, ectodermalen Brutkammer (Larviparie). — *Otohydra vagans* (Abb. 113C), bewegt sich im Sandlückensystem langsam durch Geißelschlag. Küste der Bretagne, im Grobsand aus 40—60 m Tiefe.

Familie Armorhydridae. Kleine medusoide Form mit Schirm und Velum, ohne Statocysten. Schirm schwach entwickelt, ohne Radialkanäle, mit Ringkanal, ohne Gallerte, aber mit Muskulatur, Subumbrellarraum fast vollständig vom Manubrium ausgefüllt; zwei Arten von Tentakeln, ein Teil mit terminalen Haftpolstern. Als Nesselkapseln nur microbasische Mastigophoren. Körper unbegeißelt (?), langsam kriechende Bewegungen durch Kontraktion der Schirmmuskulatur. Entwicklung unbekannt. — *Armorhydra janowiczi*, Küste der Bretagne [377].

4. Unterordnung Limnohydrina

Metagenetische Hydroida. Polyp sessil, solitär, selten stockbildend, nackt oder mit schwach entwickeltem Periderm, mit wenigen oder ohne Tentakel. Asexuelle Vermehrung durch Wanderfrusteln, selten durch Podocysten. Stets mit freien Medusen; Gonaden an den Radialkanälen oder am Manubrium, Statocysten mit entodermaler Achse, in die Schirmgallerte eingelagert. Als Nesselkapseln 5 Stomocniden (Tab. 4, S. 169). Im marinen Schelfgebiet sowie im Brack- und Süßwasser. — Mit 2 Familien.

Die Limnohydrina wurden früher wegen der entodermalen Natur ihrer Statocysten zu den Trachylida gerechnet. Durch ihren Generationswechsel mit einer ausdauernden Polypen-Generation, durch die seitliche Knospung der Glockenkern-Meduse, durch ihre Nesselzellverhältnisse und als neritische Formen sind sie von den Trachylida jedoch verschieden. Sie sind durch die Kapseltypen der micro- und macrobasischen Eurytelen als Hydroida ausgewiesen.

Familie Olindiadidae. Polyp selten größer als 1 mm. Meduse bis 60 mm Durchmesser, Schirm halbkugelig oder flacher, oft schön gefärbt, Gonaden an den Radialkanälen, mit zahlreichen Tentakeln und Statocysten. — **Gonionemus vertens* (Abb. 114), Polyp 1 mm, solitär, mit kleinem basalem Peridermbecher, Körper ungestielt, flaschenförmig bis stumpfkegelig; mit 4—6 sehr langen Tentakeln, die dem Substrat aufliegen; mit kräftig entwickelter, rüsselförmiger Proboscis. Medusen bis 20 mm Durchmesser, Schirmoberseite mit dunklem Kreuz der Radialkanäle auffällig gefärbt, mit 60—80 langen gleichartigen Tentakeln, die kurz vor dem distalen Ende einen Knick mit einem Klebpolster aufweisen; große lappige Gonaden in annähernd der gesamten Länge der Radialkanäle. Junge Medusen mit macrobasischen Eurytelen auf der Schirmoberseite, die verbraucht und nicht mehr erneuert werden. Halbsessile Lebensweise und Beutefang, S. 59. An vielen isolierten Stellen der pazifischen und atlantischen Küste Nordamerikas. Mit Saat-Austern nach Europa eingeschleppt, wo seit 1922 isolierte Vorkommen an den französischen, belgischen, schwedischen und norwegischen Küsten bekannt geworden sind; 1948 im Sylter Wattenmeer (Rantum-Becken) entdeckt. Durch den zufällig eingeschleppten Polypen mehrfach in Seewasser-Aquarien gefunden. — *Scolionema suvaense* (Taf. I), Polyp und asexuelle Vermehrung ähnlich wie bei *Gonionemus*. Medusen 8—10 mm Durchmesser, Gonaden nur am distalen Teil der Radialkanäle, Medusenknospen an den Gonaden. Französische Mittelmeerküste, Neapel, Japan. — *Olindias phosphorica*, Polyp aus dem Ei nur bis zu einem planuloiden Larvalstadium gezüchtet, erwachsener Polyp unbekannt, wahrscheinlich ähnlich wie *Gonionemus*. Meduse 40—60 mm Durchmesser mit zwei Arten von Tentakeln (mit und ohne Haftpolster), Schirm mit zahlreichen Zentripetalkanälen, die vom Ringkanal ausgehen und blind enden. Mit Leuchtvermögen und stark nesselnd. Mittelmeer, Westafrika, Bermudas, Bahamas. — *Eperetmus typus*, Polyp klein, ungestielt, mit nur einem Tentakel, an stolonialen Stöcken. Medusen bis 25 mm Durchmesser. Marin, arktisch-boreal, Nordjapan. — **Craspedacusta sowerbyi* (Abb. 115), Polyp bis 2 mm lang, mit schwach entwickeltem, klebrigem, basalem Peridermhäutchen, ohne Tentakel, Nesselzellen in mehreren Polstern um den Mund. Asexuelle Vermehrung durch Polypenknospung, wodurch kleine

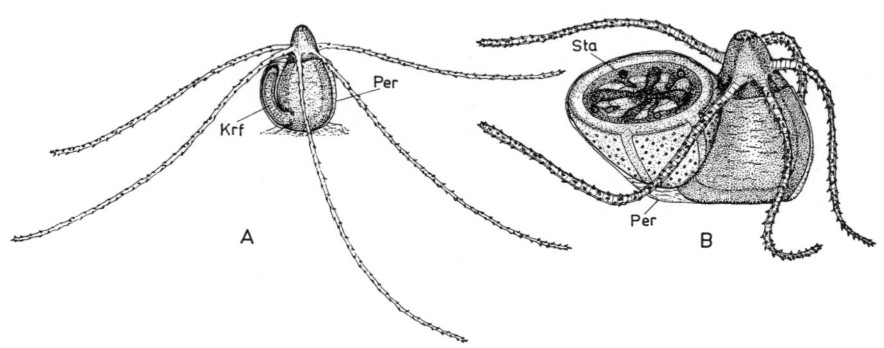

Abb. 114. *Gonionemus vertens*, Hydroida Limnohydrina. **A.** Polyp mit Frustelbildung. Körperlänge 0,7 mm, längster Tentakel 2,7 mm lang. **B.** Polyp mit Medusenknospe kurz vor der Ablösung, Schirmrand (oben) mit vier größeren perradialen und vier kleineren interradialen Tentakeln und vier Statocysten; Exumbrella mit großen Nesselkapseln (macrobasischen Eurytelen). Länge des Polypen 1,1 mm. — **Krf** Kriechfrustel, **Per** Peridermbecher, **Sta** Statocyste.

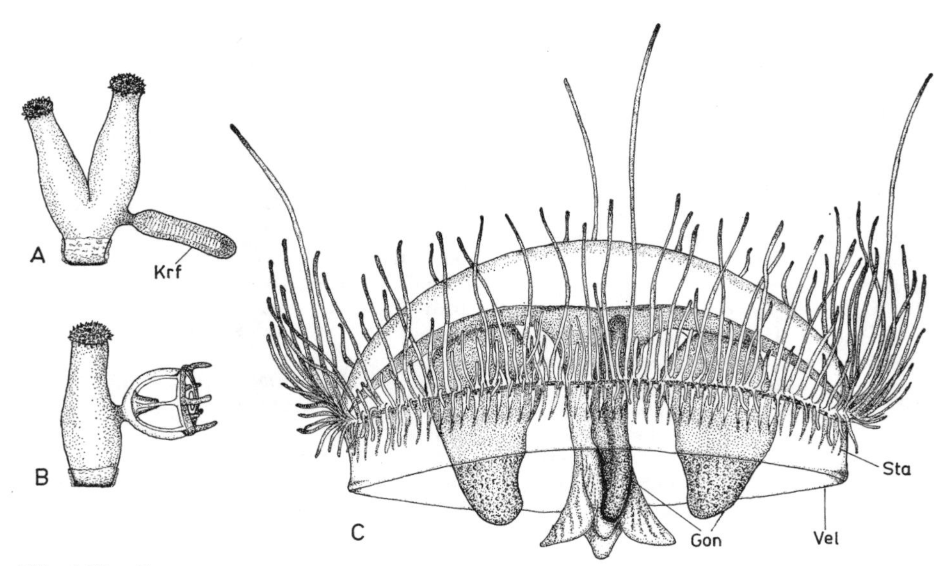

Abb. 115. *Craspedacusta sowerbyi*, Hydroida Limnohydrina, Süßwasser-Meduse. **A.** Doppelpolyp mit Frustelbildung. **B.** Einzelpolyp mit Medusenknospe. Länge des Körpers 2,0 mm. **C.** Reife Meduse. Durchmesser 20 mm. — **Gon** Gonade, **Krf** Kriechfrustel, **Sta** Statocyste im Velum, **Vel** Velum. — **C** nach einer Zeichnung von Jarms 1980 und einem Lebendphoto von M. Hündgen (Bonn).

Stöcke von meist zwei, selten 6—8 Individuen entstehen, ferner durch Wanderfrusteln wie bei *Gonionemus*, sowie durch Podocysten. In den Lebenskreis gehört der als *Calposoma dactyloptera* beschriebene Polyp, der merkwürdigerweise Tentakel besitzt, die aus je einer mit Nesselzellen bestückten Ectodermzelle bestehen. *Calposoma* kann sich ebenfalls asexuell durch Frusteln vermehren und sich überdies in eine Frustel zurückverwandeln, ist aber unfähig zur Medusenknospung. Medusen von *Craspedacusta* bei der Ablösung 1 mm breit, mit acht Tentakeln; erwachsen mit 400 und mehr Tentakeln und halb so vielen Statocysten, die sich in das im Ruhezustand nach unten hängende Velum hinein erstrecken. Gonaden an den Radialkanälen, hängen im vollentwickelten Zustand noch aus dem Schirmrand heraus. Weltweit verbreitet im Süßwasser (Tümpel, Gewächshaus-Aquarien). Wie bei *Gonionemus* sind die Medusen eines Fundortes oft vom gleichen Geschlecht, weil die Population asexuell aus einem einzigen Polypen hervorgegangen ist. Das weltweite Vorkommen mit zahlreichen isolierten Fundorten ist wahrscheinlich auf die Ausbreitung durch die trokkenresistenten Podocysten zurückzuführen.

Familie Limnocnididae. Polyp klein, solitär oder pseudokolonial wie bei *Craspedacusta* und diesem ähnlich, ohne Tentakel. Medusen mit einfachem Manubrium, das von der röhrenförmigen Gonade umgeben ist, mit zahlreichen Tentakeln und Statocysten. — *Limnocnida indica*, in Indien. *L. tanganyicae*, in den großen afrikanischen Seen [225].

Zu den Limnohydrina gehört wahrscheinlich auch die wenig bekannte Art *Microhydrula pontica*, eine winzige, morphologisch stark reduzierte Polypenform mit einem kugeligen Körper ohne Tentakel; asexuelle Vermehrung durch Wanderfrusteln, Entwicklung unbekannt. — Die verwandte Art *Rhaptapagis cantacuzenei* ist ausgezeichnet durch den speziellen Kapseltyp der Semiophore (Abb. 11 (24)).

5. Unterordnung Thecata

Sessile, fast immer stockbildende und mit peridermalem Außenskelett versehene Hydroida, bei denen die Hydranthen von einer offenen oder durch ein Operculum verschließbaren, röhren- oder kelchförmigen Hülle (Hydrotheca) umgeben sind und in die sie sich meist vollständig zurückziehen können; Hydrotheca selten so klein, daß sie nur den Basalteil des Polypen umgibt. Einzelpolyp selten größer als 1 mm, stets mit einem Kranz solider filiformer Tentakel, die gleichzeitig gebildet werden (nicht nacheinander wie bei den Athecata); zwischen den Tentakelbasen oft eine zarte Membran, die sogenannte Umbrellula, ausgespannt (Abb. 119A). Auch die Blastostyle, die freie Medusen oder sessile Gonophoren erzeugen, von einer Peridermhülle, der Gonotheca (Blastostyl + Gonotheca = Gonangium) umgeben. Aufrechte Stöcke oft sehr groß. Medusen meist mit halbkugeligem oder uhrglasförmigem Schirm, Gonaden selten am Manubrium, meist an den Radialkanälen; Velum zuweilen reduziert; Schirmrand selten ohne, meist mit zahlreichen Randsinnesorganen, selten als Ocelli, sonst in Form von Cordyli (keulenförmig mit entodermaler Achse) oder als offene oder geschlossene ectodermale Statocysten. Als Nesselkapseln 5 Stomocniden (Tab. 4, S. 169). — Marin. — Mit insgesamt **13** Familien.

Die artenreichen Thecata zeichnen sich durch eine große Mannigfaltigkeit der Skelett- und Stockbildungen aus, andererseits aber durch einen gleichartigen Bau der Einzelpolypen und durch einfache Verhältnisse der Nesselzellen (meist Haplonemen). Gegenüber den Athecata können sie sich besser und schneller kontrahieren, die Hydranthen werden schneller umgebaut, und die Polypen sind kurzlebiger (s. S. 164). Oft liegen am gleichen Stiel mehrere Hydrothecen übereinander oder sind ineinander geschachtelt. — Das System gründet sich auf die Polypen-Generation (vgl. S. 64f.).

Familie Trichydridae. Metagenetisch. Kleine, rein stoloniale Stöcke. Polyp klein, mit 6—7 Tentakeln. Theca kurz und zylindrisch; Körper sehr kontraktil, reagiert bei einer Reizung mit blitzschneller, vollständiger Kontraktion; Gonothec klein, forminstabil, mit ein oder höchstens zwei Medusen-Anlagen. Medusen klein (2—4 mm hoch), Schirm glokkenförmig, mit vier interradialen Gonaden am Manubrium (!), Schirmrand mit zahlreichen oder nur vier soliden Tentakeln, ohne Sinnesorgane (!), Gastralsystem durch Zentripetalkanäle verzweigt. — **Trichydra pudica* (Abb. 116), Meduse (syn. *Pochella polynema*) mit 30—40 Tentakeln; Nordsee, Britische Inseln. *T. oligonema*, Polyp unbekannt, Meduse mit vier Tentakeln; Westafrika [255].

Familie Cuspidellidae. Metagenetisch. Stoloniale Stöcke. Hydro- und Gonothecen gleichartig, mit Operculum. Polypenkörper schlank, mit 8—10 Tentakeln, Gonothec mit einer Meduse [352]. Medusen halbkugelig bis uhrglasförmig, Gonaden an den Radialkanälen; an der Basis der zahlreichen Tentakel bei manchen Arten zusätzliche Cirren, mit Cordyli oder offenen Statocysten, ein Teil mit Ocelli. — **Cuspidella grandis*. Meduse nicht genau bekannt, wahrscheinlich **Mitrocomella brownei*, Durchmesser 4—7 mm, mit Schirmrandcirren, mit offenen Statocysten, ohne Ocelli. — **Laodicea undulata*, Meduse (Durchmesser bis 26 mm) mit zahlreichen Tentakeln, die mit Cordyli und 1—2 Cirren abwechseln, jeder

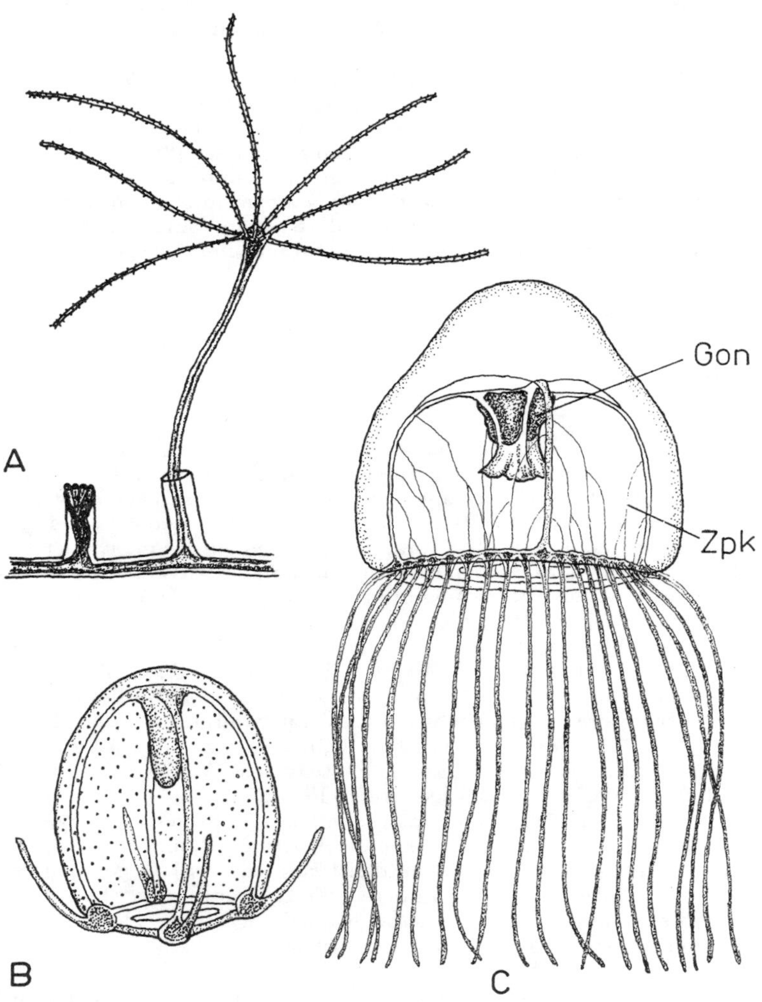

Abb. 116. *Trichydra pudica*, Hydroida Thecata. **A.** Teil des stolonialen Stockes, links ein vollständig kontrahierter und in die Theca zurückgezogener Polyp. **B.** Jungmeduse unmittelbar nach der Ablösung. Höhe 0,8 mm. Exumbrella mit Nesselzellen besetzt, die verbraucht und nicht mehr ersetzt werden. **C.** Reife Meduse, nur der vordere Halbkreis der Tentakel ist gezeichnet. — **Gon** Gonade, **Zpk** Zentripetalkanal. — A und B nach REES 1941, C nach EDWARDS 1973.

3.—5. Tentakelbulbus mit Ocellus. — *Cosmetira pilosella* (Abb. 117), Meduse (Durchmesser 20—48 mm) mit zahlreichen Cirren zwischen den Tentakeln, Cirren bei erwachsenen Medusen auch auf die untere Zone der Exumbrella verlagert, mit acht offenen Statocysten.

Familie Campanulinidae. Stoloniale oder schwach verzweigte sympodiale Stöckchen, Hydrotheca zylindrisch bis schlank-eiförmig, mit oder ohne Diaphragma, mit konischem Operculum, das aus zarten, von der Hydrothec nicht abgesetzten Zähnchen oder festen Klappen besteht. Polypen mit konischem Hypostom, Tentakelbasis mit oder ohne Umbrellula (vgl. Abb. 119A). Gonothecen frei, einzeln stehend, forminstabil oder formstabil, mit wenigen Medusen oder sessilen Gonophoren. Jungmedusen glockenförmig, adult halbkugelig bis uhrglasförmig, Gonaden meist an den Radialkanälen, selten auf den Magenstiel verlagert, Schirmrand mit oder ohne Cirren, Sinnesorgane stets geschlossene Statocysten. — Der Name der Familie rührt von der Gattung *Campanulina* her, die zuerst ohne Kenntnis der zugehörigen Medusen beschrieben wurde. Charakteristisch ist die mit Operculum versehene, vom Stiel abgesetzte Theca, die bei manchen Arten sehr zart (membran-

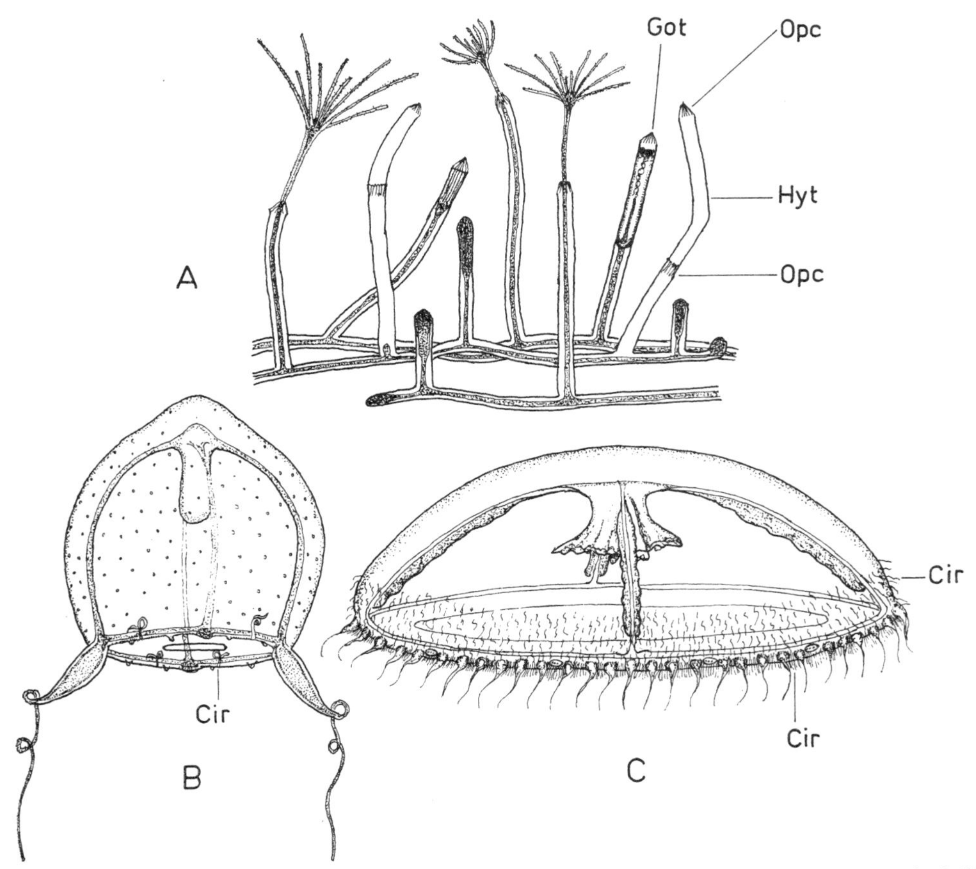

Abb. 117. *Cosmetira pilosella*, Hydroida Thecata. **A.** Polypenstock. Zu beachten sind die leeren Hydrothecen, bei denen das doppelte Operculum anzeigt, daß sie von zwei aufeinander folgenden, wieder zurückgebildeten Polypen-Generationen herrühren, ferner die Formgleichheit von Hydro- und Gonothec. **B.** Jungmeduse. **C.** Erwachsene Meduse mit zahlreichen Cirren am Schirmrand und am unteren Drittel der Exumbrella. — **Cir** Cirrus, **Got** Gonothec mit einer Medusenanlage, **Hyt** Hydrothec, **Opc** Operculum. — A und B nach Rees 1941, C nach Russell 1953, verändert.

artig) und bei erwachsenen Polypen reduziert sein kann (Abb. 119A). Bei anderen Formen ist die Theca kräftig und formstabil. **Campanulina tenuis*, Polyp mit Umbrellula; Originalbeschreibung sehr ungenau, wahrscheinlich handelt es sich um einen Polypen der Gattung *Aequorea*. — **Lovenella clausa* (Abb. 118), stoloniale oder wenig verzweigte Stöckchen, Hydrothec formstabil und mit 5—10 kräftigen Klappen, Polyp ohne Umbrellula, Gonothec formstabil; Medusen mit 1—3 Lateralcirren auf jeder Seite des Tentakelbulbus, Zahl der Statocysten wechselnd (16—23). — **Eucheilota maculata*, stoloniale oder schwach verzweigte Stöckchen, Polyp mit formstabiler Theca, mit Diaphragma, Tentakel relativ kurz, mit Umbrellula; Gonothec schlank-keulenförmig, mit 2—5 Medusenanlagen; Medusen durch vier schwarze Flecken am Manubrium kenntlich, Tentakelbulben jederseits mit einem Lateralcirrus, mit acht Statocysten. — **Eutonina indicans*, stoloniale oder schwach verzweigte Stöckchen, Hydrothec instabil, mit Diaphragma, Polyp mit Umbrellula, Körper sehr langgestreckt (6—8 mm); Gonothec schlank-keulenförmig, instabil, mit 3—5 Medusenanlagen; Medusen ohne Lateralcirren, mit Magenstiel und mit acht Statocysten (Abb. 153). — *Eutima commensalis*, Polyp nackt, bildet aber ein monopodiales Stöckchen und ist mit einer Haftscheibe im Mantelgewebe einer Bohrmuschel verankert. — **Tima bairdi*, winterliche Massenform in der Nordsee, bis in die nördliche und westliche Ostsee; Polyp unbekannt. — *Aequorea aequorea* (Abb. 119), stoloniale oder schwach verzweigte Stöckchen, Hydrothec zarthäutig aber formstabil, Polyp mit Umbrellula; Gonothec groß, breitkeulenförmig, formstabil, mit ein, selten zwei Medusenanlagen; Medusen mit flachem Schirm, bis 20 cm Durchmesser, mit zahlreichen Radialkanälen und zahlreichen Statocysten, je 5—10 zwischen benachbarten Tentakeln. Leuchterscheinungen, s. S. 166. — *Rhacostoma atlanticum*, Polyp unbekannt, Meduse bis 40 cm Durchmesser. — **Opercula-*

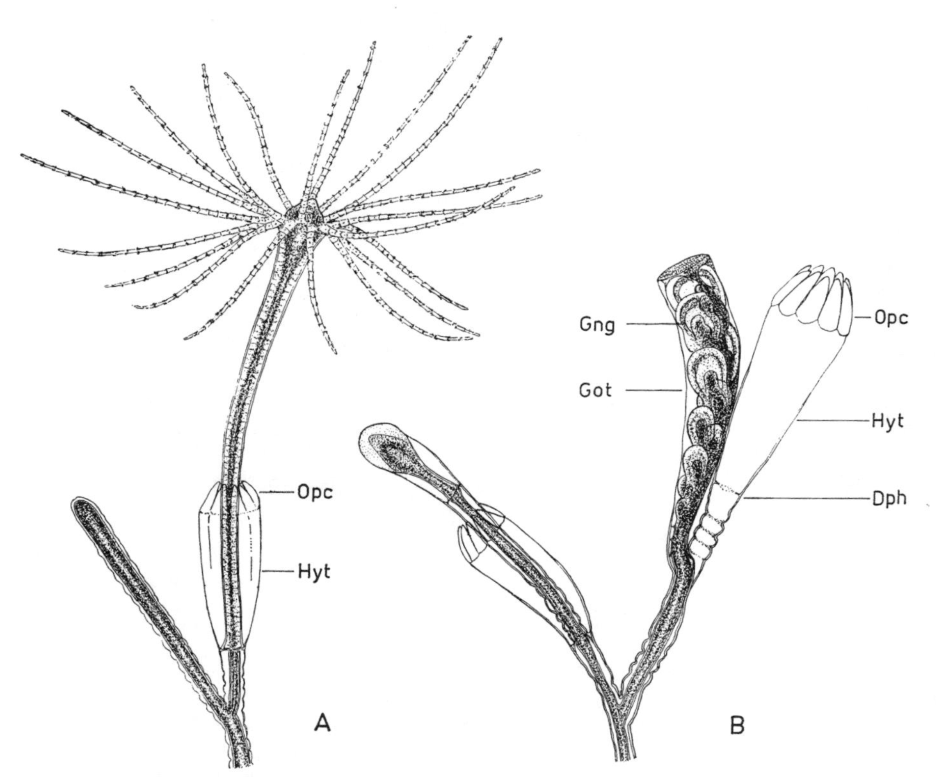

Abb. 118. *Lovenella clausa*, Hydroida Thecata. **A.** Einzelpolyp. **B.** Zweigstück mit Gonangium und leeren Hydrothecen. Linke Hydrothec mit neu auswachsendem Polypen. — **Dph** Diaphragma, **Gng** Gonangium, **Got** Gonothec, **Hyt** Hydrothec, **Opc** Operculum.

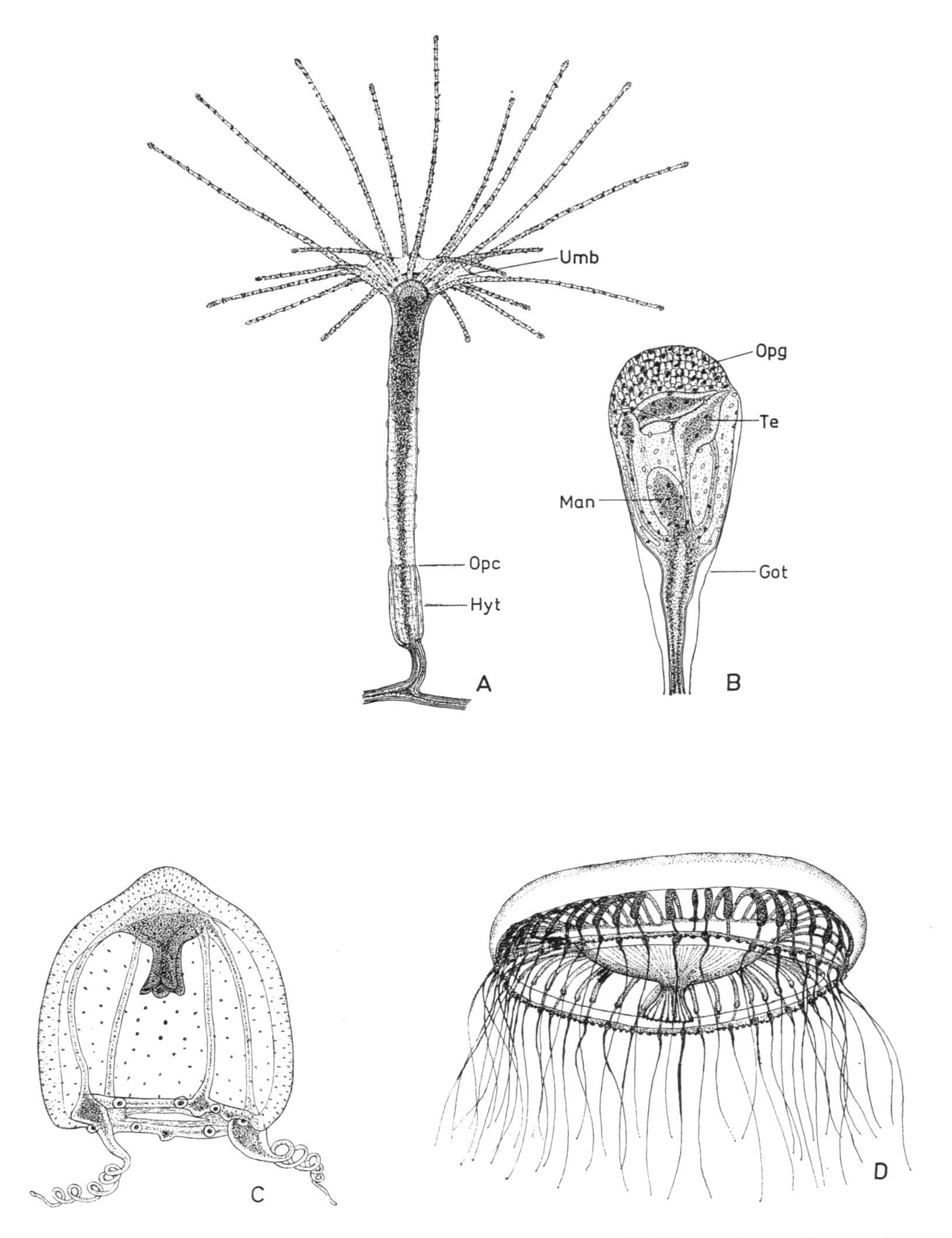

Abb. 119. *Aequorea aequorea*, Hydroida Thecata. **A**. Polyp. **B**. Gonangium mit nur einer Medusenanlage. **C**. Jungmeduse. **D**. Erwachsene Meduse. — **Got** Gonothec, **Hyt** Hydrothec, **Man** Manubrium, **Opc** Operculum, **Opg** Operculargewebe, **Te** Tentakelanlage, **Umb** Umbrellula.

rella lacerata, kleine sympodiale Stöcke, Gonothecen an basalen Stolonen, sessile Gonophoren im Gonangium, Planulae schlüpfen als Acrocysten aus (vgl. *Gonothyraea*, S. 151).

Familie Campanulariidae. Stoloniale oder sympodiale Stöckchen. Hydrothec formstabil, glocken- oder kelchförmig, mit glattem oder gezähntem Rand, mit oder ohne Diaphragma und mit geringeltem Stiel. Polyp mit großem, vom Körper abgesetztem, kugel- oder keulenförmigem Hypostom, vermag sich vollständig in die Hydrothec zurückzuziehen. Gonothec formstabil, flaschenförmig oder umgekehrt konisch. Freie Medusen, selten mit Reduktionserscheinungen oder als sessile Gonophoren. Medusen halbkugelig mit Velum oder flach bis uhrglasförmig ohne Velum, Schirmrand mit geschlossenen Statocysten. – *Clytia hemisphaerica*, stolonial oder wenig verzweigt, Hydrothec mit gezähntem Rand, mit Diaphragma; Gonothec breit keulenförmig, tief geringelt. Meduse (syn. *Phialidium hemisphaericum*) bei Ablösung glockenförmig mit vier Tentakeln, erwachsen annähernd halbkugelig, mit Velum und 16–32 hohlen Tentakeln, Gonaden schmal-oval am distalen Ende der Radialkanäle, zahlreiche geschlossene Statocysten. Zuweilen mit parasitischen Larven von *Peachia* (S. 256). – *Obelia dichotoma* (Abb. 120 A–B), Polyp an aufrechten, reich verzweigten, sympodialen Stöckchen, Hydrothec mit glattem oder schwach gezähntem Rand und Diaphragma; Gonophoren flaschenförmig. Freie Medusen bei der Ablösung mit 16 Tentakeln, flachem Schirm und ohne Velum; erwachsen mit zahlreichen Tentakeln und acht Statocysten an den Bulben der adrialen Tentakel; runde Gonaden an den Radialkanälen. *O. geniculata*. *O. longissima*. – *Campanularia hincksii*, stoloniale Stöckchen, Hydrothec mit gezähntem Rand, ohne Diaphragma, Gonophoren sessil. – *Laomedea flexuosa*, schwach verzweigte sympodiale Stöckchen, Hydrothec mit glattem Rand, mit Diaphragma; Gonothec flaschenförmig, geschlechtsdimorph (Abb. 92), mit

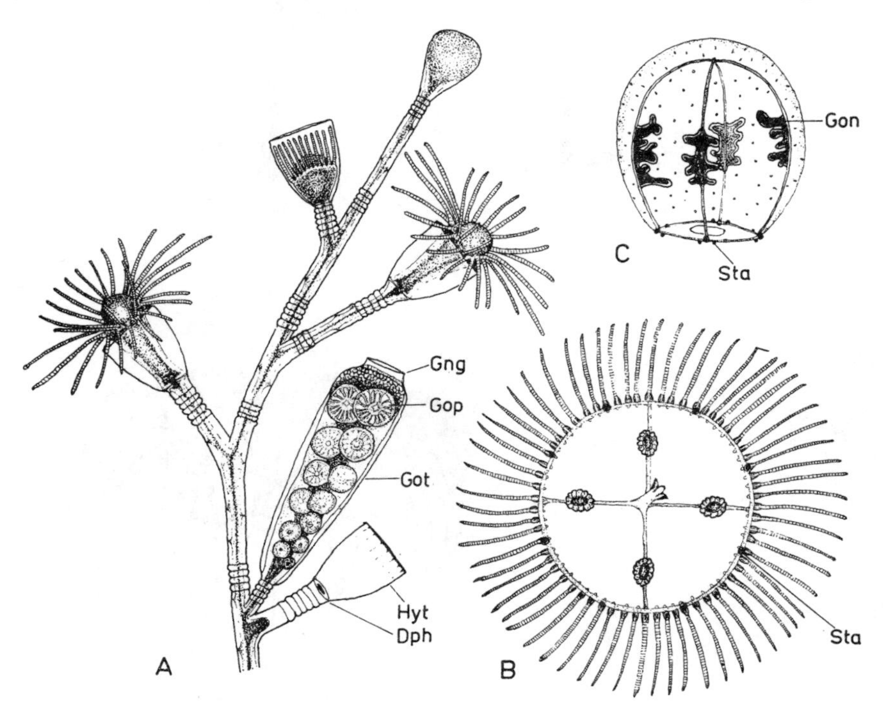

Abb. 120. A.–B. *Obelia dichotoma*, Hydroida Thecata. **A.** Fertiler Sproßteil des Polypenstockes, an der Spitze eine Polypenknospe. **B.** Reife Meduse, Schirmrand ohne Velum, mit acht adradialen Statocysten. **C.** *Orthopyxis integra*, freischwimmendes Eumedusoid mit sackförmigen Gonaden, Manubrium reduziert, Exumbrella mit Nesselkapseln. – **Dph** Diaphragma, **Gng** Gonangium, **Gon** Gonade, **Gop** Gonophor, **Got** Gonothec, **Hyt** Hydrothec, **Sta** Statocyste. – A nach KÜHN 1913, verändert; B und C nach RUSSELL 1953, verändert.

sessilen Gonophoren, larvipar. — **Gonothyraea loveni*, kleine wenig verzweigte sympodiale Stöckchen an basalem Stolonennetz, Hydrothec mit gezähntem Rand und scheibenförmigem Diaphragma; Gonothec groß schlank-birnenförmig (Abb. 91); sessile Gonophoren als Medusoide mit Tentakeln, treten als Acrocysten (Meconidien) aus der Gonothec aus, lösen sich aber nicht ab; im Meconidium Entwicklung bis zur Planula. — **Orthopyxis integra* (Abb. 120C), stolonial, Hydrothec breit-konisch mit dicker Wandung, mit Diaphragma, das eine ringförmige Wandverdickung bildet; mit freien Eumedusoiden (syn. *Agastra mira*), ohne Manubrium und Tentakel, mit acht Statocysten.

Familie Clathrozoonidae. Aufrechte, reich verzweigte Stöckchen von der Form eines Rhizocaulom (vgl. Abb. 83B). Die zylindrischen und mit Operculum versehenen Hydrothecen völlig oder teilweise in das Hydrocaulom eingebettet. Polymorphismus, mit Gastrozooiden, Dactylozooiden und Nematophoren. Gonothecen sackförmig, oberflächlich in das Hydrocaulom eingebettet. Freie Medusoide oder sessile Gonophoren [281, 282, 371]. — *Clathrozoon wilsoni* (Abb. 121), Gastrozooide mit einem Kranz von Tentakeln unter dem konischen Hypostom; Dactylozooide fadenförmig, sehr dehnbar, bis 1,5 cm lang, mit Kranz von geknöpften Tentakeln an kurzen Stielen, ohne Mund; außerdem zahlreiche kurze Nematophoren. Die Medusoide werden im Gonangium geschlechtsreif. Beim Freiwerden der Subumbrellarraum vollständig von den großen Gonaden ausgefüllt, die an den Radialkanälen sitzen; Manubrium fehlt; Schirmrand mit acht kurzen soliden Tentakeln, ohne Statocysten oder Ocellen. Die Meduse lebt nur 1—2 Tage.

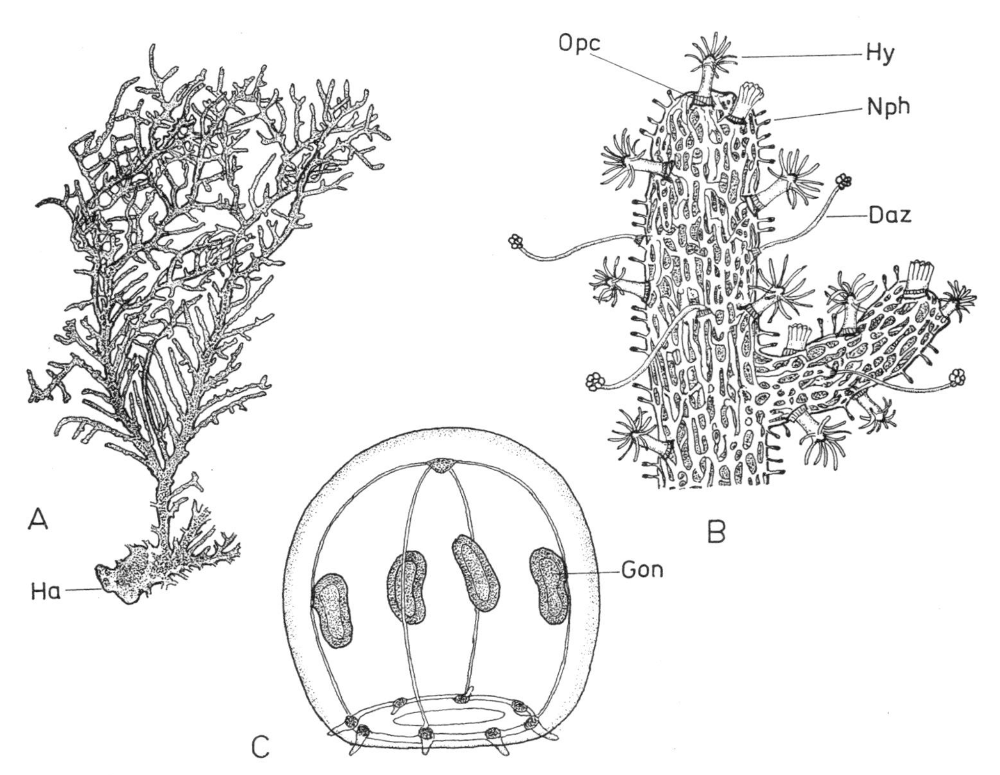

Abb. 121. *Clathrozoon wilsoni*, Hydroida Thecata. **A.** Teil eines Rhizocaulom. **B.** Terminales Zweigstück, die Peridermhüllen des Stolonengeflechts sind nicht gezeichnet (vgl. das Schema eines jungen Rhizocaulom, Abb. 83B). **C.** Männliches Eumedusoid mit entleerten Gonaden, Durchmesser 1 mm. — **Daz** Dactylozooid, **Gon** Gonade, **Ha** Haftplatte, **Hy** Hydranth, **Nph** Nematophor, **Opc** Operculum. — A und C aus Hirohito (Kaiser von Japan) 1967, 1971; B nach Spencer 1891, verändert.

Familie Lafoeidae. Stoloniale oder sympodiale Stöckchen oder Rhizocaulome aus Stolonen. Hydrothecen sessil oder mit kurzem Stiel, zylindrisch, mit glattem Rand, oft gebogen oder unter bestimmtem Winkel am Stolo angesetzt, oft mit mehreren ineinander geschachtelten Hydrothecen. Gonothecen sackförmig. Frei schwimmende, kurzlebige Eumedusoide oder sessile Gonophoren. — *Hebella*, epizoisch auf Sertulariidae, Eumedusoide mit Gonaden am Manubrium, Schirmrand ohne Sinnesorgane [222]. — *Filellum*. — *Lafoea*.

Familie Haleciidae. Selten stoloniale, meist sympodiale Stöcke, Hydrotheca kurz und zylindrisch, breiter als hoch, Öffnung trompetenartig erweitert, mit Diaphragma. Polypen selten mit, meist ohne Umbrellula; Hydranth im Verhältnis zur Hydrotheca groß, so daß er kontrahiert in ihr keinen Platz findet; regelmäßig mehrere, durch Rück- und Neubildung der Hydranthen ineinander geschachtelte Hydrothecen. Gonothecen einzeln stehend, regelmäßig geschlechtsdimorph, selten Medusen oder Medusoide, meist sessile Gonophoren. — *Campalecium cirratum*, stoloniale Stöcke, Schirmrand der freien Medusen mit Tentakeln, Cirren und Warzen. — *Hydranthea margarica*, mit sessilen Eumedusoiden. — *Halecium halecinum*, sympodiale Stöcke, Hydrothecen wechselständig, mit sessilen Gonophoren; Gonothecen des männlichen Stockes keulenförmig, der weibliche größer, keulenförmig mit seitlich abgesetzter Öffnung. *H. pusillum*, asexuelle Fortpflanzung durch Propagula (Abb. 87).

Familie Sertulariidae. Große, reichverzweigte, sympodiale Stöckchen oder monopodiale Stöcke mit terminalem Sprossungskegel (vgl. S. 136). Hydrothecen gestielt oder sessil, zu einer oder mehreren Längsreihen angeordnet, meist bilateralsymmetrisch, mit ein- oder mehrteiligem Operculum, Rand meist gezähnt, Mündung meist verengt, mit Diaphragma; Hydranthen ebenfalls bilateralsymmetrisch, mit oder ohne Blindsack des Gastralraumes, der vor allem in kontrahiertem Zustand deutlich ist. Mit oder ohne Nematophoren. Gonothecen einfach, ohne akzessorische Strukturen, manchmal geschlechtsdimorph. Gonophoren stets sessil. Sehr gattungs- und artenreiche Familie. — *Sertularella polyzonias*, sympodiale niedrige Stöcke, Hydrothecen in zwei Reihen, wechselständig, Mündung mit je vier Zähnen und Opercular-Klappen; Hydranthen mit Blindsack; Gonothec ovoid, mit kurzem Stiel an der Basis der Hydrothecen; weibliches Gonangium mit Acrocyste, in der sich die Planulae entwickeln. — **Sertularia cupressina* (Abb. 122), monopodiale Stöcke mit terminalem Sprossungskegel, mit kräftigem Hauptstamm, meist 20—30 cm hoch (maximal 70 cm); Hydrothecen in zwei Reihen, wechselständig, Rand mit zwei großen Zähnen, Operculum aus zwei Klappen; Hydranth mit Blindsack, Gonothec kurzgestielt, birnenförmig, geschlechtsdimorph durch verschiedene Größe, bei Reife mit Acrocyste. Die zypressenähnlichen Stöckchen werden getrocknet, grün gefärbt und kommen als „Seemoos" zu Dekorationszwecken in den Handel. — **Hydrallmania falcata*, monopodiale Stöckchen mit spiralig um den kräftigen Hauptstamm angeordneten Seitenzweigen, die gefiederte und wechselständige kleinere Zweige (Hydrocladien) tragen, Hydrothecen in einer Längsreihe, Mündung mit zwei großen Zähnen, Operculum aus zwei kleinen Klappen. Höhe meist 20 cm maximal 40 cm. Hydranth mit Blindsack, ohne Nematophoren. Gonothec flaschenförmig oder schlank-ovoid, larvipar. *Sertularia* und *Hydrallmania* häufig auf den ehemaligen Austernbänken des nordfriesischen Wattenmeeres. — **Dynamena pumila*, wenig verzweigte niedrige Monopodien mit gegenständigen („paarigen") Hydrothecen, Mündung mit zwei lateralen Zähnen und einem kleinen medianen Zahn, Operculum aus zwei Klappen; Hydranth ohne Blindsack, ohne Nematophoren; Gonothec ovoid, unterhalb der Hydrothec, mit Acrocyste. Bei Helgoland häufig unter Schichtköpfen des Eulitorals.

Familie Plumulariidae. Arten- und gestaltenreiche Familie (manchmal in die Unterfamilien Plumulariinae und Aglaopheniinae gegliedert). Stets monopodiale Stöcke mit terminalem Sprossungskegel, Hauptstamm meist ohne Polypen. Seitenäste häufig in zwei Reihen, so daß die Stöcke gefiedert erscheinen. An den Seitenästen (Hydrocladien) sitzen die Hydranthen streng einseitig. Stets mit Nematophoren, die meist eine Nematotheca haben. Hydrothecen bilateralsymmetrisch, sessil, ganz oder teilweise mit Sproßachsen verwachsen, ohne Operculum, Rand mit oder ohne Zähne, ohne echtes Diaphragma, aber manchmal mit intrathecaler Wandleiste (Septum). Hydranth bilateralsymmetrisch und so groß, daß er in den meisten Fällen nicht in die Theca zurückgezogen werden kann. Gastralraum durch eine Querfalte in einen Vor- und Hauptmagen geteilt, Verdauungsvorgänge im letzteren. Gonothecen ovoid, birnen- oder sackförmig, einfach oder durch Zusatzstruk-

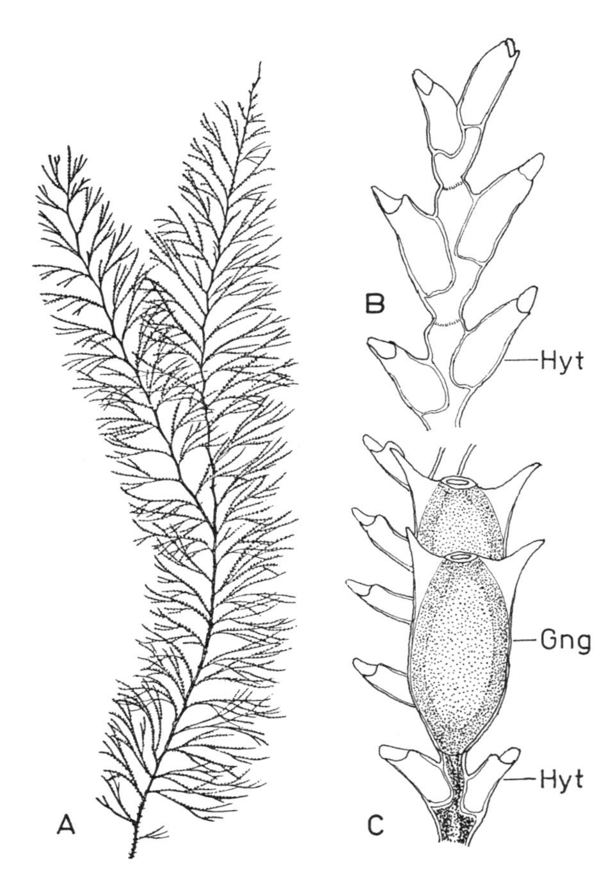

Abb. 122. *Sertularia cupressina,* Hydroida Thecata. **A.** Teil eines Stockes. Höhe 16 cm. **B.** Teil eines Hydrocladium mit leeren Hydrothecen. **C.** Teil eines Hydrocladium mit zwei Gonangien. Länge eines Gonangium 0,7 mm. — **Gng** Gonangium, **Hyt** Hydrothec. — Aus LELOUP 1952.

turen (Corbula) geschützt, manchmal geschlechtsdimorph. Mit einer Ausnahme sessile Gonophoren, Stöcke monözisch oder diözisch. — **Plumularia setacea,* Stöcke mit unverästelten wechselständigen Seitenzweigen, daher gefiedert. Hydrotheca becherförmig, stets auf der Oberseite der Hydrocladien, mit glattem Rand. Gonothecen flaschenförmig, ohne Nematothecen, am Stamm in Höhe des Ansatzes der Seitenzweige, männliche Gonophoren kleiner als weibliche; Stöcke zwittrig, larvipar. — *Nemertesia antennina,* kräftige unverzweigte Stämmchen, Höhe bis 30 cm, Stamm ohne Hydrothecen. Coenosark des Stammes mit Längskanälen. Je 2—10 kurze unverzweigte Hydrocladien in Wirteln. Hydrothecen becherförmig, mit glattem Rand, in ganzer Länge angewachsen. Gonothecen birnenförmig. Stöcke zwittrig, im weiblichen Gonophor entwickelt sich ein Ei in situ zur Planula [285]. — *Aglaophenia pluma* (Abb. 123), verzweigte oder unverzweigte Stöcke von 6—7 cm Höhe, Hydrocladien einfach gebogen, nehmen in den höheren Niveaus an Länge ab, in zwei Reihen angeordnet, die nicht genau in einer Ebene liegen, sondern etwas nach einer Seite („Vorderseite") versetzt sind. Hydrotheca tief trichter- oder becherförmig, in ganzer Länge angewachsen, mit asymmetrischem Septum, Rand mit neun Zähnen. Hydranthen können sich vollständig in die Hydrothec zurückziehen. Gonothecen flaschen- oder birnenförmig, liegen in Corbula (umgewandelten Hydrocladien), die aus 5—9 Paar über den Gonothecen zu einem Korb zusammengebogenen „Rippen" bestehen; Rippen mit Nematothecen, aber ohne Hydrothecen. Diözisch [258]. — *Lytocarpia philippinensis* erzeugt, nach Beobachtungen an den Küsten Madagascars, in den Gonangien freie Medusoide, die kurzlebig sind und nach Abstoßen der Geschlechtsprodukte absterben (bei Sertulariidae und Plumulariidae sonst nur sessile Gonophoren).

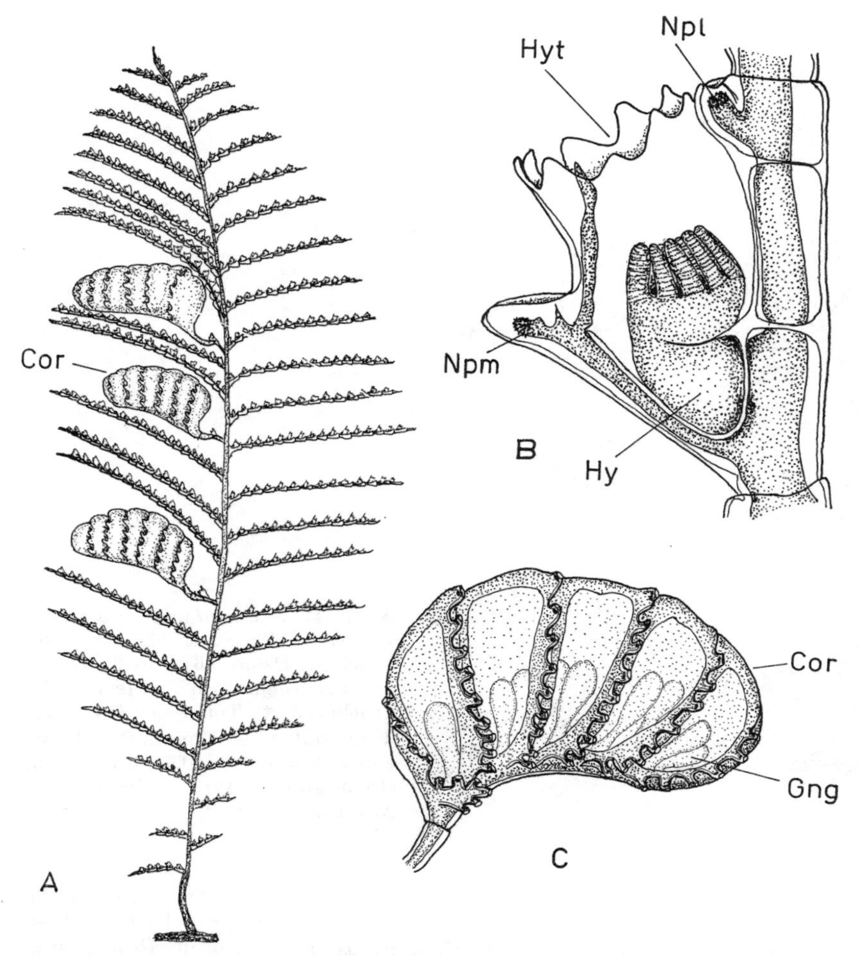

Abb. 123. *Aglaophenia pluma*, Hydroida Thecata. **A.** Habitusbild eines fertilen Stockes mit drei Corbula. Höhe 5 cm. **B.** Glied eines Hydrocladium mit Theca (Höhe 0,4 mm) und kontrahiertem Hydranth. **C.** Corbulum eines weiblichen Stockes. Länge 3 mm. – **Cor** Corbulum, **Gng** Gonangium, **Hy** Hydranth, **Hyt** Hydrothec, **Npm** und **Npl** medianes und laterales Nematophor. – Nach FAURE 1960, verändert.

6. Unterordnung Velellina, Segelquallen

Nur 2 sichere Arten. Durchmesser bis 8 cm (*Velella velella*).

Metagenetische, stockbildende, holopelagische Hydroida. Basalplatte des Polypenstockes zu scheibenförmigem oder mit aufrechtem Segel versehenem Schwimmfloß mit konzentrischen, luftgefüllten Chitinringen umgewandelt. Polymorphe Polypen auf der Unterseite des an der Wasseroberfläche treibenden Floßes. Meduse freischwimmend. Entwicklung über spezialisierte Larven (Conaria, Rataria). Als Nesselkapseln atriche Isorhizen, macrobasische Eurytelen und Stenotelen. – Rein marine Hochseeformen. – Nur 1 Familie.

Die Velellina wurden früher als Unterordnung Disconanthae oder Chondrophora zu den Siphonophora gestellt. Von diesen unterscheiden sie sich jedoch durch ihren echten Generationswechsel zwischen einer reinen Polypen-Generation und der freischwimmenden Meduse sowie durch den strukturellen Aufbau und die Entwicklungsgeschichte. Die neuerdings bekannt gewordene reife Meduse von *Velella* ist eine typische Athecaten-Meduse, wodurch die Zugehörigkeit zu den Hydroida sichergestellt ist. Andererseits grenzen sich die Velellina durch ihren Bau, durch ihre Entwicklungsgeschichte mit spezialisierten Larventypen, insbesondere auch durch ihre holopelagische Lebensweise, von allen anderen Gruppen der Hydroida in klarer Weise ab. Daher ist es gerechtfertigt, sie nicht als Familie in die Athecata aufzunehmen, sondern sie als eigene Unterordnung den übrigen Gruppen der Hydroida systematisch gleichzustellen. Verwandtschaftliche Beziehungen bestehen zu den Zancleidae.

Da die Velellina, im Gegensatz zu den Siphonophora, zu keiner aktiven Fortbewegung befähigt sind, kann man sie als quasi-sessile Tierstöcke betrachten, deren Hauptachse (= Oral-Aboral-Achse) verkürzt und um 180° gedreht, also umgekippt ist. Daß dieser Weg in der Evolution offenstand, zeigt die Beobachtung, daß Planulae der Scyphozoa und Hydrozoa sich am Oberflächenhäutchen des Wassers anheften können, wo sie allerdings nach der Umwandlung in junge, nach unten hängende Polypen beim weiteren Wachstum keine Existenzmöglichkeit mehr haben. Die Angabe, daß die Medusen der Velellina und die sich aus den befruchteten Eiern entwickelnden Larven Tiefseeformen seien, ist niemals durch einwandfreie Beobachtungen (etwa durch Schließnetzfänge) bestätigt worden, und der Besitz von Zooxanthellen widerspricht dem auch.

Die Velellina haben, wie andere Formen des Neuston (der Lebensgemeinschaft der Meeresoberfläche), eine auffallend blaue Farbe. Der Stock hat die Form einer runden Scheibe (*Porpita*) oder eines angenäherten Parallelogramms mit abgerundeten Ecken (*Velella*), das in der Diagonale ein über die Wasseroberfläche herausragendes Segel trägt (Abb. 124). Der Längsschnitt (Abb. 125) zeigt, daß der Stock aus zwei Etagen besteht, der oberen (aboralen) mit dem Schwimmfloß und der unteren mit den Polypoiden.

Das Floß enthält zahlreiche konzentrische ringförmige Chitinröhren, die mit Luft gefüllt sind und durch Totalreflektion silbern glänzen; sie stehen miteinander und mit der Atmosphäre durch Poren in Verbindung, während Fortsätze der Luftkammern tracheenartig ins Körperinnere und in die Umgebung der Zooide vordringen. Ungeklärt ist, ob durch dieses Tracheensystem die Sauerstoff-Versorgung wesentlich verbessert wird; rhythmische „Atmungsvorgänge“ durch Körperkontraktionen können, entgegen älteren Darstellungen, nicht beobachtet werden.

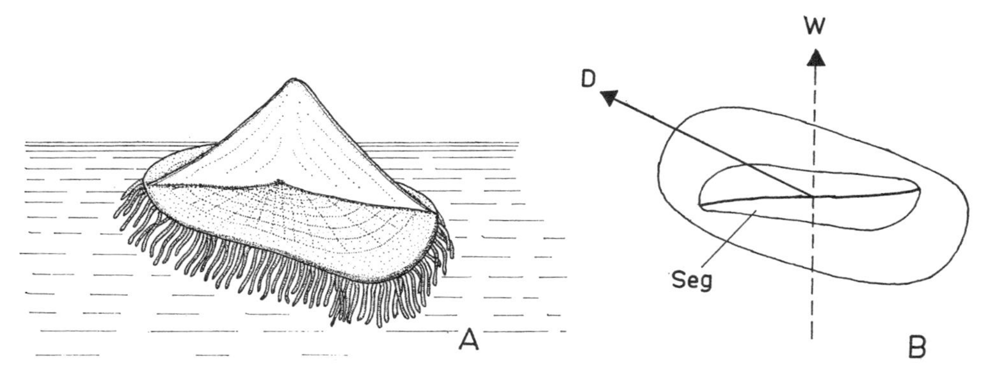

Abb. 124. *Velella velella*, Segelqualle, Hydroida Velellina. **A.** Habitusbild. **B.** Aufsicht auf eine linkssegelnde Variante. — **D** Driftrichtung, **Seg** Segel, **W** Windrichtung. — B aus MACKIE 1962.

Der periphere Rand des Stockes trägt einen muskulösen Randsaum, den Mantel; die Epidermis seiner Ober- und Unterseite enthält Epithelmuskelzellen mit glatten radialen Muskelfasern. Die mesogloeale Stützschicht ist kräftig entwickelt und enthält Collagenfibrillen. Der Randsaum kann nach oben umgeschlagen werden. So ermöglicht er *Porpita*, sich unter entsprechender Einstellung der Dactylozooide wieder aufzurichten, wenn der Stock etwa durch Wellenwirkung umgekippt ist. Die Unterseite des Floßes besteht aus einem dicken Epidermispolster, das von einem Netz von Entodermkanälen und den Chitinröhren des Tracheensystems durchzogen ist. Das komplizierte Netz der Gastrodermiskanäle verbindet alle Zooide und dringt bei *Velella* bis in das Segel vor. Durch Geißeltätigkeit, die durch Körperkontraktionen unterstützt wird, sorgt das verzweigte Gastrovascularsystem für die Verteilung der Nährstoffe.

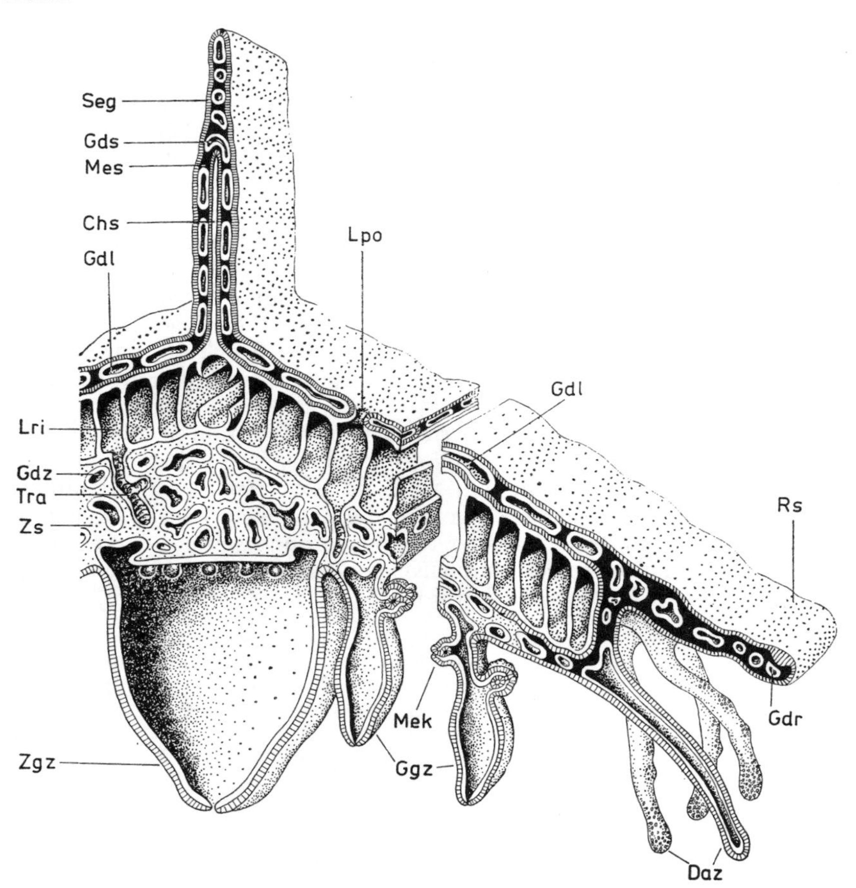

Abb. 125. *Velella velella*, schematischer Längsschnitt, links durch die Mitte, rechts durch den Rand des Stockes. In der Schnittebene sind Chitin und Gastrodermis weiß, Mesogloea schwarz, ectodermales Zentralgewebe punktiert, Epidermis als Zellschicht angelegt. — **Chs** Chitinstützplatte des Segels, **Daz** Dactylozooid, **Gdl** Gastrodermiskanal der Außenfläche der Luftringe, **Gdr** Gastrodermiskanal des Randsaumes, **Gds** Gastrodermiskanal des Segels, **Gdz** Gastrodermiskanal der Zentralscheibe, **Ggz** Gastrogonozooid, **Lpo** Luftporus, **Lri** Luftring, **Mek** Medusenknospe, **Mes** Mesogloea, **Rs** Randsaum, **Seg** Segel, **Tra** Trachee, **Zgz** Zentralgastrozooid, **Zs** Zentralscheibe. — Nach Fowler aus Kaestner 1969, verändert.

Die Unterseite trägt den großen Zentralgastrozooid, ferner um ihn herum zahlreiche schlanke Gastrogonozooide und an der Peripherie die Kränze der hohlen, mundlosen Dactylozooide, die früher Tentakel genannt wurden. Die Velellina sind also echte Tierstöcke mit polymorphen Polypen und nicht etwa Einzelpolypen, wie manchmal behauptet wird. Mantel, Dactylozooide und Gastrogonozooide sind mit zahlreichen Nesselzellen besetzt, die meist zu Batterien vereinigt sind. Die Dactylozooide von *Porpita* tragen kurzgestielte Nesselknöpfe. Die Bildungsorte der Nesselzellen liegen an der Basis der Zooide im Epidermispolster der Zentralscheibe. Die Dactylozooide sind in ständiger Bewegung und dienen dem Nahrungsfang, während die Gastrogonozooide und der Zentralgastrozooid die Nahrung aufnehmen und verdauen.

Das Nervensystem ist, wie bei den anderen Cnidaria, ein diffuses Nervennetz; doch konnte nachgewiesen werden, daß es aus zwei histologisch unterscheidbaren Komponenten besteht, nämlich einem „offenen“ System mit einfachen kleinen Ganglienzellen, deren dünne zarte Neuriten nicht untereinander oder mit anderen Nervenfasern verschmelzen, und einem „geschlossenen“ System aus größeren Ganglienzellen mit kräftigeren Fasern, die miteinander netzartig in vielfacher Verbindung stehen, so daß dieses Netz als Syncytium beschrieben wurde [309]. Ansammlungen von Ganglienzellen und Sinnesorgane fehlen, doch enthält die Epidermis zahlreiche Sinneszellen. Je nach der Stärke eines äußeren Reizes bewegen sich einzelne, zahlreiche oder alle Dactylozooide. Hinzukommen aktive spontane Bewegungen, die auf das Vorhandensein von Schrittmachersystemen schließen lassen.

Die Gastrogonozooide erzeugen große Mengen von Jungmedusen, die als Glockenkern-Medusen durch seitliche Knospung entstehen. Die Stöcke sind geschlechtlich genetisch fixiert, da sie nur Medusen eines Geschlechts produzieren. Die erwachsene, reife Meduse von *Porpita* ist unbekannt; der Jungmeduse („Chrysomitra“) fehlen Tentakel, und sie besitzt nur ein kleines unentwickeltes Manubrium. Die Meduse von *Velella* (Abb. 126) konnte bis zur Geschlechtsreife gezüchtet werden; sie hat die typische Glockenform der Athecaten-Meduse und zwei gegenständige perradiale Tentakel mit endständigen Nesselknöpfen [234, 299]. Die Tentakelbulben sind mit einem zusätzlichen kleinen, nach innen gerichteten Tentakel versehen. Von den Bulben er-

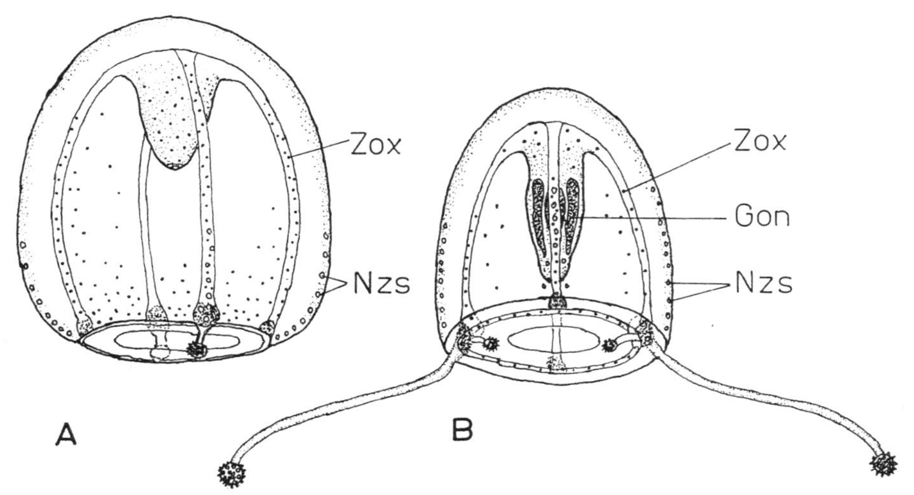

Abb. 126. *Velella velella*, freischwimmende Meduse. **A.** Jungmeduse nach der Ablösung. Höhe 1,2 mm. **B.** Reife männliche Meduse. Höhe 1,5 mm. — **Gon** Gonade, **Nzs** Nesselzellstreifen (offene Kreise), **Zox** Zooxanthellen (Punkte). — Aus Brinckmann-Voss 1970.

strecken sich Nesselstreifen auf die Exumbrella in Richtung auf den Apex. Ocellen fehlen. Beim Weibchen wächst immer nur eine Eizelle am Manubrium bis zur Reife heran. Die Mundöffnung bricht erst am 5. Tag durch. Da die Jungmeduse in den Gastrodermiszellen der Radialkanäle und des Ringkanals zahlreiche zu Gruppen angeordnete Zooxanthellen trägt, ist nicht auszuschließen, daß die Symbionten anfangs zur Ernährung beitragen. Die Geschlechtsreife tritt nach etwa vier Wochen ein.

Die Entwicklung des befruchteten Eies ist noch unbekannt; insbesondere weiß man nicht, ob in der Larvalentwicklung eine begeißelte Planula existiert. Die jüngste im Plankton gefundene Larve ist die Conaria (Abb. 127A) [300]. Sie gleicht einer kugeligen Blase von 1 mm Durchmesser mit ecto- und entodermaler Wandung, die durch das Vorhandensein einer verdickten aboralen Ectodermscheibe und einen an ihr ansetzenden kegelförmigen Entodermsack polar strukturiert ist. Der Entodermkegel ist durch Fetttröpfchen rot gefärbt und hängt tief in den Innenraum hinein. Aus ihm entwickeln sich später die Entodermkanäle, während der große Hohlraum zum Gastralraum des Zentralgastrozooiden wird. Bei dem fortgeschrittenen Stadium der Rataria (Abb. 127B, 128) hat sich die mehrschichtige aborale Ectodermscheibe zentral eingestülpt, wodurch der erste zentrale Luftbehälter entsteht. Im Umkreis der oberen Hälfte der Einsenkungsgrube scheidet das Ectoderm die Chitincuticula aus, die den Einsenkungsporus zunächst verschließt; der spätere Luftbehälter ist noch mit Flüssigkeit gefüllt. Von seiner Peripherie her wächst das Ectoderm mit acht waagerechten dicken interradialen Strängen zentripetad zwischen die Entodermwandungen des roten Hohlkonus (Enk) und des primären Gastrozooiden (Eng) ins Larveninnere vor und bildet so die Anlage des Ectodermpolsters der Zentralscheibe (Zs). Dieses Polster ist auch die Bildungsstätte für die Nesselzellen. Das Lumen des Zentralkonus wird bei diesem Vorgang zusammengepreßt, so daß es in einen zentralen Hohlraum und die acht Radialkanäle (Ra) aufgeteilt wird. Jeder dieser Radialkanäle des primären Ento-

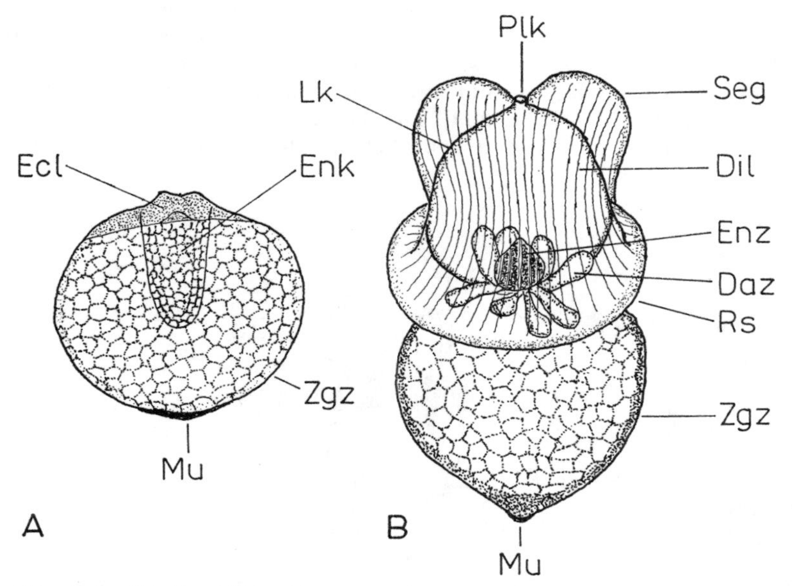

Abb. 127. *Velella velella*, Larvenstadium. **A.** Junge Conaria. **B.** Rataria. – **Daz** Anlage eines Dactylozooids, **Dil** Längsdivertikel in der Wand der Luftkammer, **Ecl** ectodermale Verdickung des aboralen Pols mit der ersten Anlage einer Luftkammer, **Enk** roter Entodermkegel, **Enz** Entoderm der Zentralscheibe, das aus dem Entodermkegel hervorgegangen ist, **Lk** Luftkammer, **Mu** Mund, **Plk** Porus der Luftkammer, **Rs** Anlage des Randsaumes, **Seg** Anlage des Segels, **Zgz** Anlage des Zentralgastrozooids. – Nach Leloup 1929 (A) und Chun 1889(B), aus Tardent 1978.

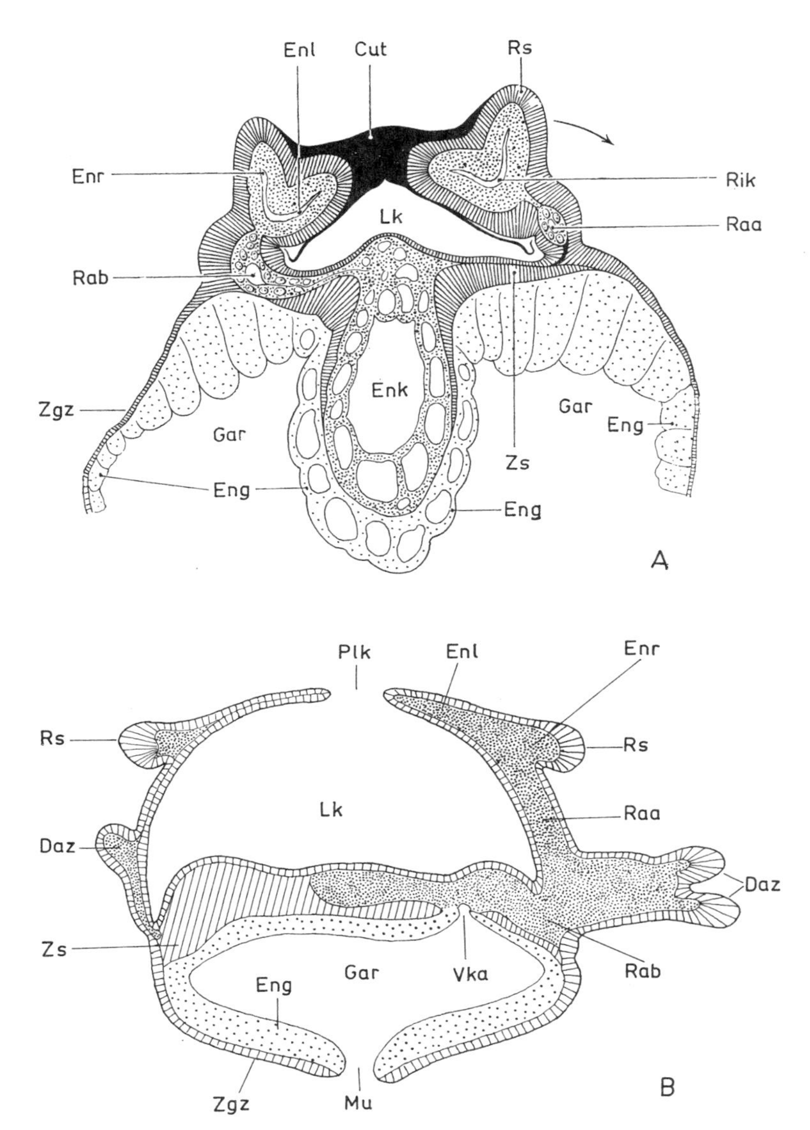

Abb. 128. Velellidae, Entwicklung. **A**. Längsschnitt durch den Apicalteil einer *Velella*-Larve, kurz nach der Bildung der zentralen Luftkammer. Ectoderm schraffiert, Entoderm des Gastrozooids hell, Entoderm des Kegels und der aus ihm hervorgegangenen Kanäle dunkel punktiert, Cuticula schwarz. Der Pfeil kennzeichnet die Wachstumsrichtung des Randsaumes. **B**. Längsschnitt durch die Larve von *Porpita porpita* mit bereits stark erweiterter Luftkammer. Auf der rechten Seite ist der Radius der Entodermkanäle, auf der linken ist eine der interradialen Ectoderm-Einwucherungen getroffen. Ectoderm schraffiert, Entoderm des Zentralgastrozooids hell, Entodermkanäle, die aus dem roten Kegel hervorgegangen sind, dunkel punktiert (Lumen nicht gezeichnet). — **Cut** Cuticula, **Daz** Anlage eines Dactylozooids, **Eng** Entoderm des Zentralgastrozooids, **Enk** Entodermkegel, **Enl** Entodermkanal auf der Außenseite der Luftkammer, **Enr** Entodermkanal des Randsaumes, **Gar** Gastralraum des Zentralgastrozooids, **Lk** Luftkammer, **Mu** Mund, **Plk** Porus der Luftkammer, **Raa** und **Rab** apicaler und basaler Radialkanal des Kegelentoderms, **Rik** Ringkanal, **Rs** Anlage des Randsaumes, **Vka** Verbindungskanal, **Zgz** Zentralgastrozooid, **Zs** Anlage der Zentralscheibe. — Nach WOLTERECK 1905 (A) und DELSMAN (B), aus KAESTNER 1969.

dermsystems erhält durch einen Durchbruch Verbindung mit dem Gastralraum des Gastrozooiden (Vka). Die Entodermkanäle wachsen weiter nach oben und zentrifugal in das sich vergrößernde Ectodermpolster und bilden einen Ringkanal, von dem seitliche Verzweigungen ausgehen. Sie umgeben die Wandung des Luftbehälters (Enl) und wachsen peripher in den ringförmigen Ectodermwulst hinein, der die Anlage des Randsaumes oder Mantels darstellt (Rs). Damit ist das Entodermkanalsystem der Zentralscheibe und ihrer Randpartien angelegt, das sich später noch stärker verzweigt. Der Aboralteil mit dem Luftbehälter vergrößert sich, wobei der bislang vertikale Randsaum in die Horizontale verlagert wird (Pfeil in Abb. 128A). Auf diesem Stadium entstehen an den Enden der Radialkanäle die ersten Anlagen der Dactylozooide (Abb. 128B). Der Gastralraum des Primärgastrozooiden bricht nach außen durch, so daß der einfache runde Mund entsteht.

Die Wachstumsvorgänge verlagern weiterhin den Luftbehälter nach innen, und sein Chitinverschluß erhält eine Öffnung nach außen, so daß jetzt an der Wasseroberfläche atmosphärische Luft aufgenommen werden kann. An die zentrale primäre Luftkammer, die mit einer Chitinwand ausgekleidet ist, werden beim Breitenwachstum die peripheren Luftringe angelagert, indem sich die Epidermis periodisch in zentrifugaler Richtung vom Chitin ablöst und neue vertikale Chitinwände bildet (Abb. 129B). Die neuen Luftringe bleiben durch einen Porus mit den vorher gebildeten in Verbindung. Bei der scheibenförmigen *Porpita* ist der Bildungsprozeß des Luftkammersystems auch beim erwachsenen Tier noch deutlich aus der konzentrischen Anordnung der Luftkammern abzulesen, während bei *Velella* eine sekundäre Auffaltung der aboralen Körperdecke die Form eines Segels mit vertikaler Chitinlamelle annimmt. Es entsteht bei der Rataria-Larve (Abb. 127B) in der Weise, daß in der Außenwand der Luftkammer zahlreiche dicht nebeneinander stehende enge Kanäle in aboraler Richtung vorwachsen. Das Lumen dieser Kanäle verschwindet später, und ihre Wandungen legen sich zusammen, wodurch schließlich die einheitliche vertikale Chitinlamelle angelegt wird, die das Innere des Segels stützt. Während der weiteren Entwicklung wird die Zahl der Dactylozooide vermehrt, und im Umkreis des Zentralgastrozooiden wachsen kleinere Gastrogonozooide aus. Die gesamte Entwicklung dauert im Mittelmeer etwa 6 Wochen.

Die Velellina sind in einem breiten zirkumglobalen Gürtel in allen tropischen und subtropischen Meeren verbreitet [254]. Sie sind Microphagen und Carnivoren; ihre Nahrung besteht aus dem Zooplankton des Oberflächenwassers. Stets treten die Tiere

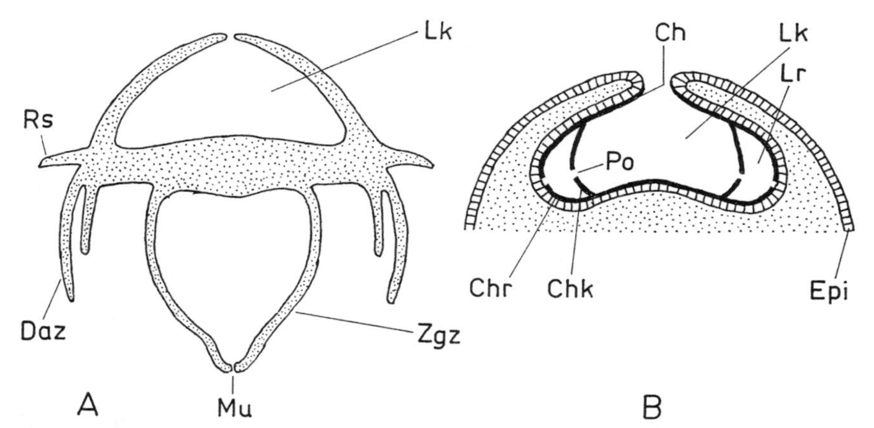

Abb. 129. *Velella velella*. **A.** Schematischer Längsschnitt durch ein Larvalstadium vor der Auffaltung des Segels. **B.** Schematischer Längsschnitt durch den Aboralpol des folgenden Stadiums der Bildung des 1. konzentrischen Luftringes. — **Ch** Chitinlamelle, **Chk** periphere Wand der Luftkammer, **Chr** periphere Wand des Luftringes, **Daz** Dactylozooid, **Epi** Epidermis, **Lk** zentrale Luftkammer, **Lr** Luftring, **Mu** Mund, **Po** Porus, **Rs** Randsaum (Mantelrand), **Zgz** Zentralgastrozooid. — A aus KORSCHELT & HEIDER 1936, B aus KAESTNER 1969.

in oft riesigen Schwärmen auf, die ihren Ursprung wohl in der großen Produktion von Medusen haben. Reisende berichten immer wieder, daß sie mit dem Schiff durch kilometerlange Schwärme fuhren. Ebenso werden bei auflandigen Winden zahllose Tiere an den Strand gespült.

Familie Velellidae. *Porpita porpita*, Schwimmfloß rund, scheibenförmig, Durchmesser 3–5 cm, mit zahlreichen (bis 100) konzentrischen ringförmigen Luftkammern, ohne Segel; Dactylozooide in mehreren (bis zu 9) Kränzen, mit kurzgestielten Nesselknöpfen; Entwicklung bis zur Conaria unbekannt, Rataria-Larve, s. Abb. 128B. — *Velella velella*, Schwimmfloß mit aufrechtem Segel, Scheibe von der Form eines Parallelogramms, Durchmesser bis 8 cm, mit 20–30 Luftringen und mit nur einem peripheren Kreis von Dactylozooiden mit warzenartigen Nesselzellbatterien; Medusen in Gruppen an kleinen Gonophorenträgern; nach der Stellung des Segels gibt es rechts- und linkssymmetrische (rechts- und linkssegelnde) Varianten, Driftrichtung unter 40° (Abb. 124B) [311]; Symbiose mit Zooxanthellen. Als Feinde der Velellidae werden Albatrosse und Seeschildkröten, vor allem aber die Veilchenschnecke *Janthina* (Teil 3, S. 107) genannt, die mit Hilfe eines Schaumfloßes ebenfalls an der Meeresoberfläche treibt und sich fast ausschließlich von *Porpita* und *Velella* ernährt.

2. Ordnung Trachylida

Mit 114 Arten. Durchmesser meist 10–20 mm, maximal 100 mm (z. B. *Solmissus incisa*).

Solitäre medusoide Hydrozoa ohne Polypen-Generation. Schirmrand der Medusen mit Velum, mit Statocysten, deren Achsen entodermal sind, sowie mit meist soliden, selten hohlen Tentakeln. Entwicklung direkt über ein pelagisches, Actinula-ähnliches Stadium. Als Nesselkapseln 4 Stomocniden, nämlich 2 Haplonemen (atriche und apotriche Isorhizen) und 2 Heteronemen (microbasische Eurytelen und Stenotelen). — Rein marin, Hochseeformen des Epi-, Bathy- und Abyssopelagials; wenige Arten sekundär bodenbewohnend. — Mit den beiden Unterordnungen Trachymedusae, und Narcomedusae.

Die rein medusoiden Trachylida haben prinzipiell den gleichen Grundbauplan wie die Hydromedusen, wenn sie auch in Einzelmerkmalen und in der Entwicklung Unterschiede aufweisen. Ihr Gallertschirm hat die Form eines Fingerhutes, einer Glocke oder einer Scheibe. Der Schirmrand trägt die Statocysten und die häufig starren Tentakel; Ocellen fehlen. Da die Achsen der Sinnesorgane entodermaler Herkunft sind, betrachtet man sie als umgewandelte Tentakel (vgl. die Verhältnisse bei Scyphomedusen, S. 83, und Cubomedusen, S. 121). Der Ansatz der meist soliden Tentakel kann auf die Exumbrella verschoben sein. Die Tentakelbasis ist dann mit dem Schirmrand durch einen spangenartig verdickten ectodermalen Gewebsstreifen (Peronium) verbunden. Das Manubrium ist entweder voll ausgebildet (Trachymedusae) oder reduziert (Narcomedusae), Mundtentakel fehlen stets. Bei den Trachymedusae liegt der Mund an einem kurzen Mundrohr oder an einem Manubrium, das von einem langen Magenstiel getragen wird und dadurch weit aus der Schirmöffnung heraushängt (Abb. 130A). Bei den Narcomedusae öffnet sich der Magen mit einer einfachen runden Mündung direkt in den Subumbrellarraum (Abb. 131). Die Trachylida sind überwiegend getrenntgeschlechtig; die Gonaden sind ectodermaler Herkunft.

Die Furchungsvorgänge sind, wie bei den Hydroida, variabel. Die Entodermbildung erfolgt meist durch multipolare Einwanderung. Aus der Planula entwickelt sich eine Actinula mit Mund und anfangs nur wenigen Tentakeln; sie wandelt sich kontinuierlich in die Meduse um (Abb. 96). Die äußere Ähnlichkeit dieser begeißelten Medusen-Actinula mit der unbegeißelten Polypen-Actinula der Hydroida (S. 159) erklärt sich zwanglos aus der morphologischen Gleichwertigkeit von Polyp und Meduse. Die Bildung des Schirmes und des

Subumbrellarraumes gehen bei der Actinula der Trachylida von einer ringförmigen Einsenkung um den Mund aus, wie sie in ähnlicher Weise bei der Metamorphose der Cubopolypen beobachtet wird (Abb. 76). Diese direkte Entwicklung findet sich bei den Trachymedusae durchgehend, bei den Narcomedusae nur in Einzelfällen, so bei *Aeginopsis*.

Bei den meisten Narcomedusae ist der Entwicklungsgang in der Weise abgeändert, daß die Actinula zuerst am aboralen Pol durch Knospung Sekundär-Actinulae oder Sekundär-Medusen erzeugt, ehe sie sich selbst in die Primär-Meduse umwandelt. Dadurch gewinnt die Actinula Merkmale einer polypoiden Generation, und der Lebenszyklus nimmt sekundär wieder metagenetische Züge an. Außerdem ist in diesen Fällen die Entwicklung mit Brutparasitismus in der Muttermeduse oder mit Fremdparasitismus in anderen Medusen verbunden. Bei *Pegantha* und *Cunina prolifera* (Abb. 131) erfolgt die Entwicklung im Magen der Muttermeduse, wo die Actinula aktiv Nahrung aufnehmen kann; die Medusen entstehen aus Sekundär-Actinulae. Bei *Cunina octonaria* parasitiert die Actinula an der Hydroidmeduse *Turritopsis nutricula* (S. 168); die Actinula heftet sich an deren Manubrium fest und führt ihr stark verlängertes Mundrohr durch den Mund in das Manubrium und den Magen der Wirtsmeduse ein. *Cunina proboscidea* macht ihre Entwicklung im Gastralraum der Trachymeduse *Geryonia* durch, in den die freischwimmende Planula eindringt. Am aboralen Pol entsteht ein stolonenartiger Auswuchs, an dem zahlreiche Medusenknospen gebildet werden und der daher „Knospenähre" genannt wird.

Zahlreiche Trachylida sind eurytherm und Kosmopoliten. Ihre Hauptverbreitungsgebiete sind die tropischen und subtropischen Meere, wo sie oft einen beträchtlichen Anteil der Plankton-Populationen ausmachen. Daneben gibt es Kaltwasserformen, wie die bodenbewohnende *Ptychogastria polaris*. Eine nordboreale Form ist *Aglantha digitale*, die in der südlichen Nordsee eine Leitform für nordatlantisches Wasser ist. Hinsichtlich der Vertikalverbreitung werden die mittleren und größeren Tiefen von den Trachylida deutlich bevorzugt. Insbesondere die Narcomedusae leben bathypelagisch. Trachylida wurden noch in Tiefen bis 6000 m angetroffen. Diese Formen fallen in den Planktonfängen durch ihre braune oder rote Färbung besonders auf. Sekundär sind einige Trachylida zum Bodenleben übergegangen.

1. Unterordnung Trachymedusae

Schirm fingerhut- oder glockenförmig oder halbkugelig, Schirmöffnung ganzrandig, mit stark entwickeltem Velum. Die zahlreichen dünnen soliden Tentakel sind randständig. Gonaden an den Radialkanälen. Die keulenförmigen Statocysten (Abb. 25B) hängen frei am Schirmrand oder sind in die Gallerte eingebettet (nur bei Geryoniidae). Als Nesselkapseln atriche Isorhizen, microbasische Eurytelen und Stenotelen. — Mit 5 Familien.

Familie Geryoniidae. Mit 4 oder 6 Radialkanälen und blind endenden Zentripetalkanälen am Schirmrand. Manubrium an langem Magenstiel, der aus dem Subumbrellarraum weit heraushängt. — *Geryonia proboscidalis* (syn. *Carmarina hastata*), Durchmesser 35—80 mm. — *Liriope tetraphylla* (Abb. 130A), Durchmesser 10—30 mm.

Familie Ptychogastriidae. Zahlreiche Randtentakel in Gruppen, einige mit Haftpolstern; mit 8 Radialkanälen. — *Ptychogastria polaris*, Manubrium halb so lang wie der Schirm hoch, Durchmesser 18—22 mm; bodenbewohnende Kaltwasserform. — *Tesserogastria musculosa*, benthonisch im Oslofjord, merkwürdigerweise auf Schlickboden; bemerkenswert die starke Entwicklung der subumbrellaren Muskulatur, obwohl das Tier nicht frei schwimmt.

Familie Halicreatidae. Ohne Magenstiel, Magen breit und rund. Endteil der Tentakel starr, wenig kontraktil. — *Halicreas minimum*, mit 8 Radialkanälen, mit perradialen Papillen an der Exumbrella, Durchmesser 30—40 mm.

Familie Rhopalonematidae. Manubrium kurz, mit oder ohne Magenstiel, mit 8, selten mehr Radialkanälen. — **Aglantha digitale* (Abb. 130B), Glocke hochgewölbt wie ein Fingerhut, Manubrium mit Magenstiel, die 8 Gonaden an den Radialkanälen hängen als kurze Säcke in den Subumbrellarraum hinein; Höhe 10—40 mm, Durchmesser etwa halb so groß; einzige Art, die in der Nordsee regelmäßig vorkommt, Leitform für nordatlantisches Wasser. — *Aglaura hemistoma,* wurstförmige Gonaden am Magenstiel, mit freien Statocysten; Schirmhöhe 4—6 mm, Durchmesser 3—4 mm; Entwicklung s. Abb. 96. — *Crossota brunnea,* ohne Magenstiel, Gonaden an den 8 Radialkanälen nahe dem Magen, sehr zahlreiche Tentakel (600 und mehr), die in mehreren Reihen ansetzen; Tiefseeform, Umbrella braun gefärbt, Höhe bis 22 mm, Durchmesser bis 30 mm.

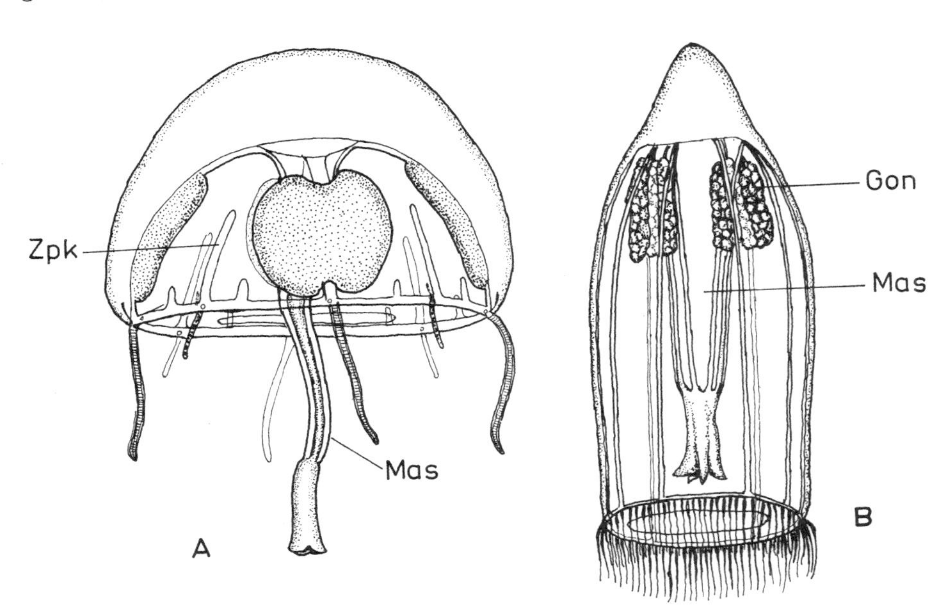

Abb. 130. Trachylida Trachymedusae. **A.** *Liriope tetraphylla,* vierstrahlig. **B.** *Aglantha digitale,* achtstrahlig; zu beachten ist die Anordnung der Gonaden, die in voller Länge als schmale Säcke in die Glockenhöhle hineinhängen. — **Gon** Gonade, **Mas** Magenstiel, **Zpk** Zentripetalkanal. — Aus RUSSELL 1953.

2. Unterordnung Narcomedusae

Schirm abgeflacht, mit fester Gallerte, Tentakelansatz apikalwärts bis etwa in die Mitte zwischen Apex und Schirmrand verschoben, so daß der Schirmrand gelappt und durch Peronien aufgeteilt ist. Manubrium und Radialkanäle reduziert. Magen stark verbreitert, peripher ganzrandig oder mit Magentaschen. Gonaden in der subumbrellaren Magenwand. Tentakel von begrenzter Zahl (2, 4, 8) oder zahlreiche starre solide Tentakel mit entodermaler Wurzel in der Schirmgallerte. Die keulenförmigen Statocysten frei am Schirmrand. Als Nesselkapseln atriche und apotriche Isorhizen. — Mit 3 Familien.

Familie Aeginidae. Gonaden an interradialen geteilten Magentaschen. — *Aegina citrea,* Schirmgallerte am Apex verdickt, daher Schirm breit kegelförmig, 4 Tentakel und 8 Magentaschen, mit Ringkanal, mit zahlreichen Sinnesorganen, Durchmesser bis 50 mm. — *Aeginopsis laurentii,* Entwicklung direkt.

Familie Solmarisidae. Ohne Magentaschen, mit zahlreichen Tentakeln, die an der Exumbrella in Höhe des Magenrandes ansetzen. — *Pegantha martagon,* mit flachem Schirm, Gonaden als Divertikel der oralen Magenwandung, mit Ringkanal, Durchmesser 20—30 mm, Entwicklung s. S. 204. — *Solmaris solmaris,* Gonade ringförmig, ohne Ringkanal, Durchmesser 35 mm.

Familie Cuninidae. Mit ungeteilten perradialen Magentaschen, Tentakel inserieren auf der Exumbrella über der Mitte des distalen Bandes jeder Magentasche, daher Zahl der Tentakel gleich Zahl der Magentaschen. — *Cunina* (Abb. 131), 9—14 Magentaschen, Tentakel kurz, Randlappen mit 3—4 Sinnesorganen, Durchmesser bis 57 mm, Entwicklung, s. S. 204. — *Solmissus albescens*, Schirm flach, linsenförmig, mit dicker Gallerte im Schirmzentrum, 14—16 Magentaschen, Randlappen mit je 5—8 Statocysten, Durchmesser 20—30 mm. *S. incisa*, Durchmesser bis 100 mm.

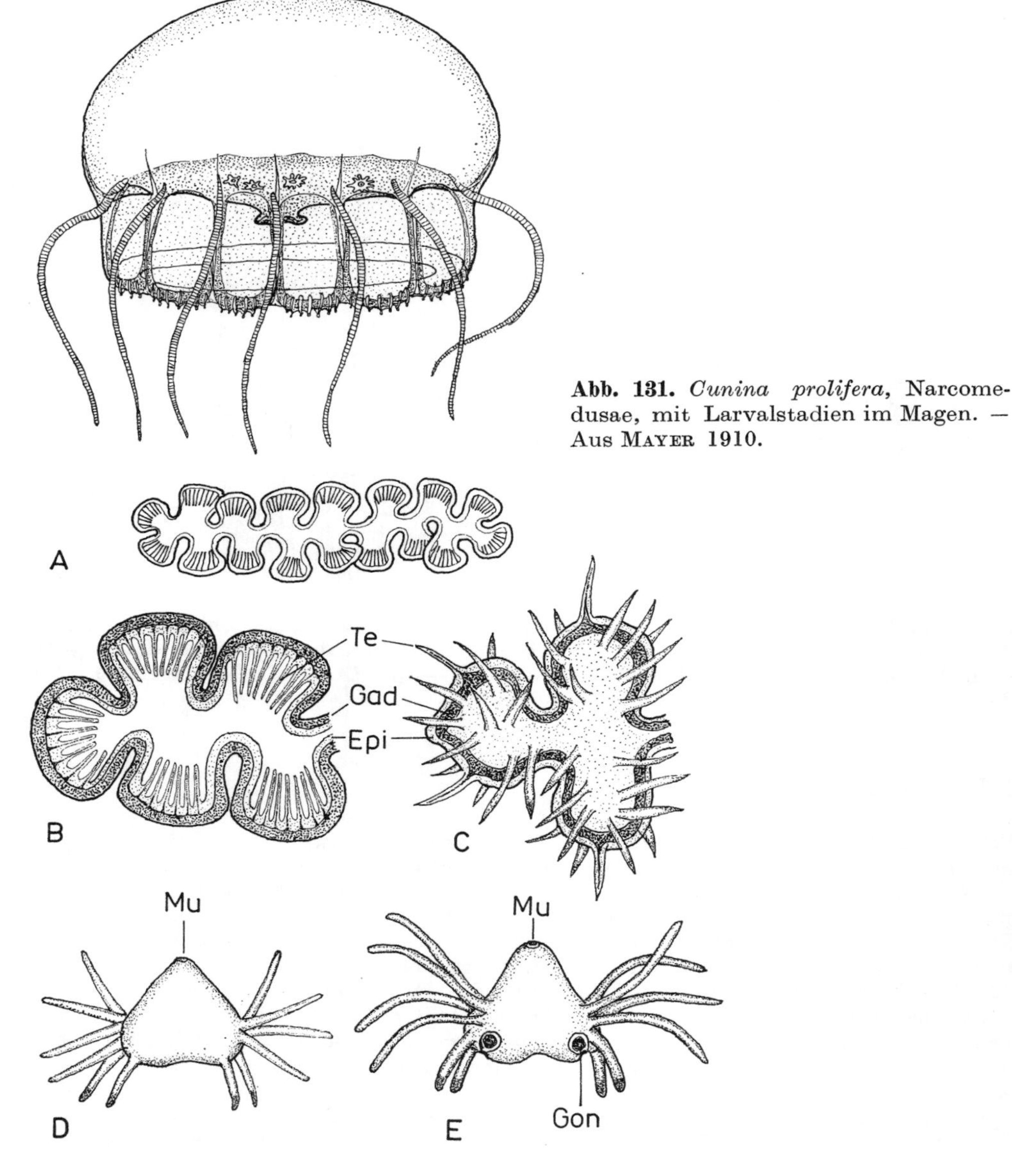

Abb. 131. *Cunina prolifera*, Narcomedusae, mit Larvalstadien im Magen. — Aus MAYER 1910.

Abb. 132. *Polypodium hydriforme*, Stadien des Lebenszyklus. **A.** Parasitischer Stolo im Inneren des befallenen Fischeies. **B.** Teilstück von A, Ectoderm und Tentakel im Inneren. **C.** Teilstück eines umgestülpten Stolo nach Verlassen des Fischeies mit normaler Lage der Keimblätter und Tentakel. **D.** Junges freilebendes Medusoid. **E.** Reifes Medusoid mit Gonaden. — **Epi** Epidermis (fein punktiert), **Gad** Gastrodermis (grob punktiert), **Gon** Gonade, **Mu** Mund, **Te** Tentakel. — Nach RAIKOVA 1973, 1980, verändert.

An die Narcomedusae schließt sich durch einen der Nesselkapseltypen und durch ihre Knospungsvorgänge die Süßwasserart *Polypodium hydriforme* (Abb. 132) an, die eine in mehrfacher Hinsicht eigenartige Entwicklung aufweist. Die Anfangsphasen des Lebenszyklus laufen parasitisch im Ovar von mehreren Störarten der Wolga, des Kaspischen und des Schwarzen Meeres ab, vor allem beim Sterlett (*Acipenser ruthenus*). Es handelt sich um den einzigen Fall von intracellulärem Parasitismus bei den Cnidaria, da die Entwicklung bis zur Planula bzw. bis zu einem Stolo von 1,0—1,5 cm Länge im Inneren der Fischoocyten vor sich geht, deren Dotter die Nahrung liefert. Merkwürdigerweise ist die Lage der beiden Körperschichten bei der Planula vertauscht, da das Entoderm außen, das Ectoderm aber innen liegt. Entsprechend werden bei den Knospen des hohlen schlauchförmigen Stolo die Tentakel nach innen angelegt (Abb. 132A, B). Die Epithelumkehr ist eine besondere Art der Anpassung an die parasitäre Lebensweise. Beim Ablaichen des Wirtsfisches im Frühjahr gelangt ein solcher Stolo ins freie Wasser und stülpt sich dann um, so daß die Epidermis mit den Tentakeln die normale äußere Lage annimmt (Abb. 132C). Der Stolo teilt sich anschließend in die äußerlich polypoiden, aber generationsmäßig medusoiden Stadien auf, die mit Mund und 12 Tentakeln versehen und freilebend sind. Sie vermögen sich anzuheften und Nahrung aufzunehmen, die aus Turbellarien und Nematoden besteht. Da der asexuellen Vermehrung durch Längsteilung die Verdoppelung der Tentakelzahl vorangeht, werden im Freien auch Stadien mit 24 Tentakeln angetroffen. Die Bildung von entodermalen Gonaden, die beim Weibchen mit Oviduct versehen sind, weist das freilebende Stadium ebenfalls als Medusoid aus. Die weiteren Entwicklungsvorgänge, Ort der Befruchtung und Übertragung der befruchteten Eier auf den Wirtsfisch sind noch unbekannt [349, 350].

3. Ordnung Siphonophora, Staatsquallen

Mit etwa 145 Arten. Größte Stöcke über 3 m lang (in den Gattungen *Apolemia* und *Pterophysa*).

Diagnose

Pelagische Hydrozoenstöcke aus meist zahlreichen, morphologisch und funktionell stark spezialisierten Individuen, so daß ein Stock einem Gesamtorganismus vergleichbar ist. Oberer Pol des schlauchförmig gestreckten vertikalen Achsenstammes mit einer Gasflasche oder Schwimmglocke, seitlich am Stamm die Einzeltiere, die als Schwimmglocken, Deckstücke, Dactylozooide, Gastrozooide und Gonozooide differenziert sind und häufig in Gruppen stehen. Skelettbildungen fehlen mit Ausnahme einer Chitinauskleidung der Gasflasche. Ohne Sinnesorgane. Ohne freie Medusen. Als Nesselkapseln 3 Astomocniden und 6 Stomocniden (Tab. 3, S. 146). — Rein marin. — Mit den Unterordnungen Cystonectida, Physophorida und Calycophorida.

Nach ihrem strukturellen Aufbau und ihren Leistungen stellen die Siphonophora den Höhepunkt der Entwicklung in der Klasse Hydrozoa dar. Auch sie erweisen sich in der Morphologie und den Lebenserscheinungen von einer überaus großen Mannigfaltigkeit. Das gilt sowohl für den gesamten Stock als auch für die Einzelindividuen. Hinzu kommt, daß gleiche oder ähnliche Strukturen bei Vertretern ganz verschiedener Gruppen anzutreffen sind. Ihr Polymorphismus, der höchste unter den Cnidaria, bewirkt im Zusammenhang mit der freischwimmenden Lebensweise einen so hohen Grad der Spezialisierung und Arbeitsteilung, daß die Individuen eher Organen und die Stöcke mehr Einzelorganismen gleichzusetzen sind. Die Formenmannigfaltigkeit, die zarte Farbenpracht und oft glasklare Durchsichtigkeit machen die Siphonophora zu den schönsten Tierarten des marinen Planktons. Andererseits sind sie sehr empfindlich und mit der Fähigkeit der Autotomie ausgestattet; bei einer Reizung stoßen sie Individuen ab und zerfallen beim Fang oft in Stücke. — Die früher zu den Siphonophora gestellten Velellidae werden heute in die Hydroida eingeordnet (S. 196).

Eidonomie

Die Siphonophora sind Tierstöcke, die aus einem meist langgestreckten vertikalen Stamm und zahlreichen modifizierten Einzelindividuen, den Zooiden, aufgebaut sind. Der Stamm entspricht dem Coenosark des Stockes und stellt seine Hauptachse dar, die mit der Planula-Achse übereinstimmt und aus ihr durch einfaches Längenwachstum hervorgeht. An der Planula wie auch am Stamm entstehen alle Zooide durch terminale oder laterale Knospung. Der röhren- oder schlauchförmige Stamm ist unverzweigt und mit allen Zooiden durch ein gemeinsames Gastrovascularsystem verbunden; er ist außerdem sehr muskulös und stark kontraktil, so daß er auf einen Bruchteil der vollen Länge verkürzt werden kann. Der Stammkanal ist meist exzentrisch angeordnet. Die Zooide entstehen sämtlich an einer Seite des Stammes, so daß sie prinzipiell in einer Reihe übereinander angeordnet sind; diese Seite wird als „Ventralseite" bezeichnet. Wenn gleichwohl bei vielen Arten definitiv eine bilaterale oder kranzförmige Anordnung verwirklicht ist, so kommt dies durch sekundäres Wachstum und durch die Drehung des Stammes zustande.

Am Stamm, dem Erzeuger und Träger aller Zooide, lassen sich vertikal von oben nach unten, das heißt in aboral-oraler Richtung unterscheiden (Abb. 133): 1. die Schwimmglocke oder Gasflasche, 2.1. die Knospungszone für die Schwimmglocken (Nectophoren), 2.2. das Nectosom mit den fertig ausgebildeten Schwimmglocken, 3.1. die Knospungszone für die Zooide, 3.2. das Siphosom mit den fertig ausgebildeten Zooiden. Der untere, orale Teil des Stockes besteht aus den ältesten und vielfach größten Zooiden. Bei den Cystonectida und Physophorida trägt der obere Pol die Gasflasche, das Pneumatophor. Bei den Calycophorida beginnt der aborale Pol des Stammes mit der Somatocyste, einem Gewebsstrang mit vakuolisierten Zellen, der einen Öltropfen enthält und in eine Schwimmglocke einmündet (Abb. 139).

Das **Pneumatophor** hat die Form und Funktion einer Schwimmboje, also eines Auftriebskörpers, ist meist radialsymmetrisch gebaut und bei den meisten Arten im Verhältnis zur Stockgröße recht klein. Die Gasflasche hat eine obere Öffnung, den Porus, oder ist verschlossen. Bei der an der Meeresoberfläche treibenden *Physalia* (Abb. 136) ist das Pneumatophor ein sackförmiges und asymmetrisches Floß; der Porus liegt am Ende des Floßes, das daher einer um 90° gekippten Gasflasche gleichzusetzen ist.

Das Pneumatophor (Abb. 134) galt früher als Medusoid, also als modifiziertes Individuum. Nach neueren Untersuchungen ist es als spezielle Differenzierung des aboralen Stammpoles anzusehen. Durch eine Außenhülle und den inneren Gassack ist es doppelwandig. Beide Hüllen sind durch den Gastrovascularraum getrennt, der mit dem Gastrovascularsystem des Stockes in Verbindung steht. Die Wände der Hüllen bestehen dementsprechend aus Ecto- und Entoderm und gehen am oberen Pol ineinander über. Bei den Formen mit offener Gasflasche kann der Porus durch einen kräftigen Muskel (Sphinkter) geschlossen werden. Der Gastrovascularraum ist oft durch vertikale Septen aufgegliedert, so daß Taschen entstehen, die unten in den Stielkanal einmünden. Die Innenseite des Gassackes trägt eine dünne Chitinlamelle, die als Stütze dient und das Austrocknen der inneren Epidermis sowie die Gasdiffusion verhindert. Der untere Teil des Gassackes verengt sich und wird als Trichter bezeichnet. Hier geht die Wand in das mehrschichtige verdickte Epithel der Gasdrüse über, die sich nach oben über die Chitinlamelle erstreckt. Die Rhodaliidae (S. 222) haben die Besonderheit, daß der Gassack nicht durch einen oberen Porus nach außen mündet, sondern durch einen glockenförmigen Aurophor, der im Kranz der Schwimmglocken angeordnet ist und gleichzeitig das Auftriebsgas produziert. Die Gasdrüse scheidet ein Gasgemisch mit einem hohen Anteil an Kohlenmonoxid aus [277, 344, 345, 410].

Die Schwimmglocken des **Nectosom** sind sessile Medusoide. Mit ihrem Gallertschirm mit der kräftigen subumbrellaren Muskulatur, mit dem Kanalsystem aus vier Radialkanälen und Ringkanal sowie dem Velum weisen die Nectophoren typische Merkmale der Hydroidmedusen auf, doch fehlen ihnen das Manubrium, damit auch der Mund,

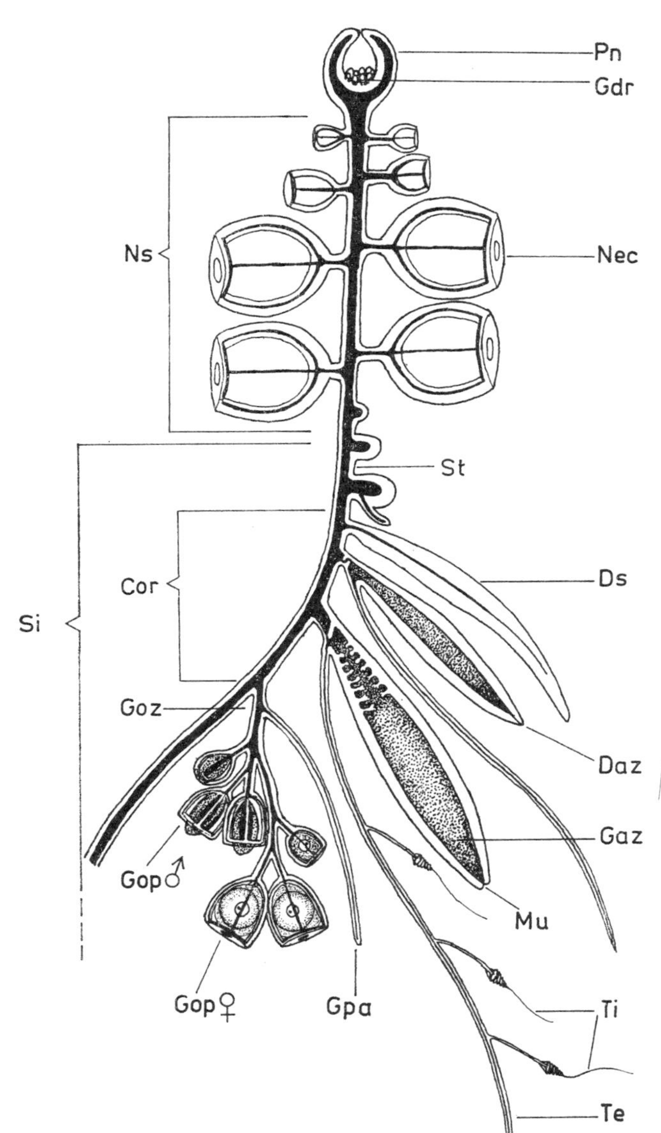

Abb. 133. Organisation einer Siphonophore (Physophorida), schematisch. — **Cor** Cormidium, **Daz** Dactylozooid mit basalem Klappenverschluß und terminalem Porus, **Ds** Deckstück (Phyllozooid), **Gaz** Gastrozooid mit basalem Klappenverschluß und Gastrodermis-Zotten, **Gdr** Gasdrüse, **Gop** Gonophor, **Goz** Gonozooid, **Gpa** Gonopalpus, **Mu** Mund, **Nec** Nectophor, **Ns** Nectosom mit oberer Knospungszone, **Pn** Pneumatophor, **Si** Siphosom mit oberer Knospungszone, **St** Stamm, **Te** Tentakel, **Ti** Tentilla.

sowie Tentakel und Sinnesorgane. Nur die Schwimmglocken der Calycophorida, die gleichzeitig als Gonophoren dienen, besitzen noch das Manubrium (ohne Mund). Bei manchen Arten ist das Velum mit zwei Spezialmuskelzügen ausgestattet, deren Kontraktion die Richtungsänderung beim Schwimmen bewirkt (Abb. 135).

Die medusoide Natur der Schwimmglocken ist besonders deutlich, wenn sie noch die Form einer Glocke bewahrt haben. Häufig ist ihre Gestalt jedoch stark abgeändert, und sie sind dann prismatisch, langgestreckt, abgeplattet und mit Ausbuchtungen des Subumbrellarraumes versehen. Sie können eine bilaterale Form annehmen, wenn sie am Stamm zweizeilig angeordnet sind. Auch die Radialkanäle nehmen dann eine asymmetrisch gewundene oder bilaterale Form an. Bei den Calycophorida haben die Schwimmglocken die Form einer spitzen Mütze.

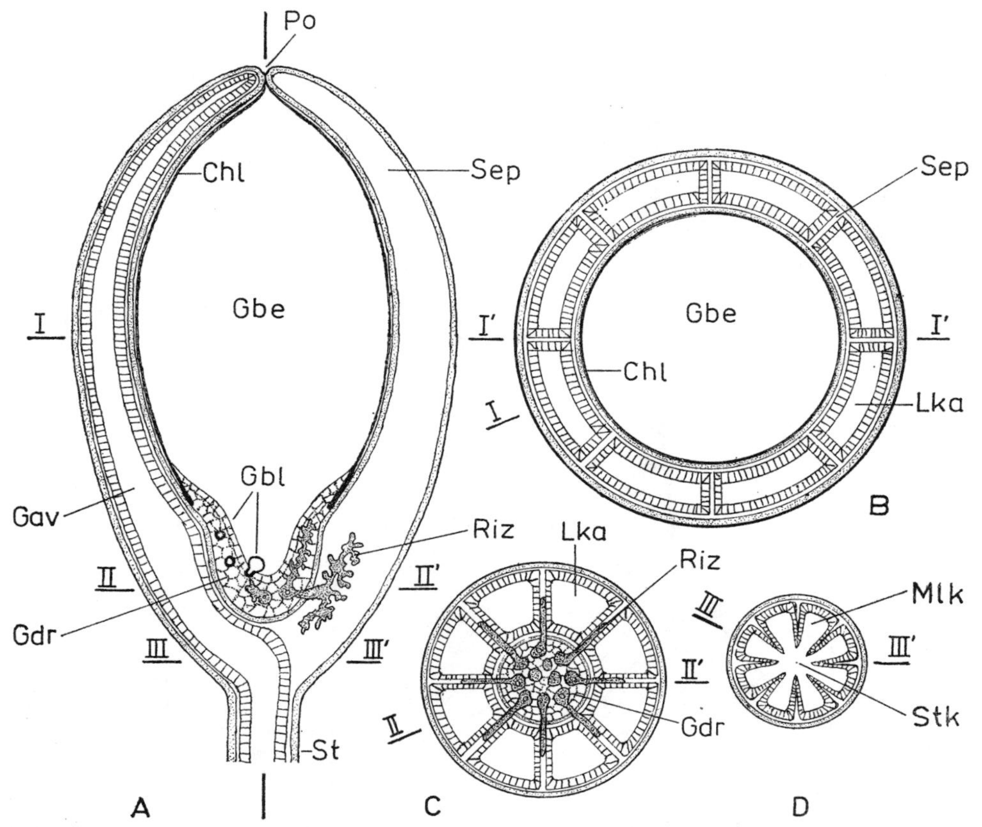

Abb. 134. Pneumatophor der Physophorida, schematisch. **A.** Längsschnitt; die rechte Hälfte ist durch eines der acht Septen geschnitten, die linke durch eine der acht Längskammern des peripheren Gastrovascularraumes. **B.** Querschnitt in Höhe I—I′. **C.** Querschnitt in Höhe II—II′. **D.** Querschnitt in Höhe III—III′. Epidermis fein punktiert, Gastrodermis als Zellage gezeichnet. — **Chl** Chitinlamelle (schwarz), **Gav** Gastrovascularraum, **Gbe** Gasbehälter, **Gbl** Gasblase, **Gdr** Gasdrüse, **Lka** Längskammer des Gastrovascularraumes, **Mlk** Mündung der Längskammer in den zentralen Stammkanal, **Po** Porus, **Riz** Riesenzelle, **Sep** Septum, **St** Stamm, **Stk** Stammkanal. — Nach CHUN 1897 und KAESTNER 1969, verändert.

Die Nectophoren vergrößern durch ihre Gallerte den Auftrieb (s. jedoch S. 217) und bewirken durch die rhythmischen Kontraktionen der Muskulatur die schnellen Schwimmbewegungen des Stockes. Als Medusoide sind sie, außer durch Bau und Funktion, auch durch ihre Entstehung kenntlich, die mit der Bildung und Einsenkung eines Glockenkerns verbunden ist (vgl. Abb. 88). Vorhandensein oder Fehlen der Nectophoren sind systematisch wichtige Merkmale; so fehlen sie den Cystonectida vollständig, die Calycophorida haben wenige, die Physophorida wenige bis zahlreiche Schwimmglocken (bis zu mehreren 100).

Die Zooide des **Siphosom** treten häufig in Gruppen auf, den sogenannten Cormidien. Da der untere Abschnitt des Stammes bei vielen Arten mit zahlreichen gleichartigen Cormidien in gleichen Abständen besetzt ist, erhalten diese Stöcke ein gegliedertes Aussehen und erreichen oft eine große Länge. Ein Cormidium besteht im typischen Fall aus dem Deckstück, dem Dactylozooid, dem Gastrozooid und dem Gonozooid. Bei vielen Arten sind die Zooide im gleichen Cormidium mehrfach vorhanden.

Das medusoide Deckstück (engl. bract) besteht aus einer festen, knorpeligen Gallertmasse und ist durch einen einfachen oder wenig verzweigten Entodermkanal an das Gastrovascularsystem angeschlossen. Abgesehen von der gallertigen Beschaffenheit ist die medusoide Natur nur in Einzelfällen erkennbar. Ebenso wie die Nectophoren weisen auch die Deckstücke bei den verschiedenen Arten eine große Formenmannigfaltigkeit auf. Im einfachsten Fall sind sie blattartig geformt, weshalb sie auch Phyllozooide genannt werden. Oft haben sie die Form eines langen oder kurzen Prismas mit kräftigen Längskanten und sind mit Rippen und zackigen Spitzen versehen. Wie ihr Name besagt, bedecken die Deckstücke die unterhalb von ihnen ansetzenden Zooide, so daß diese in kontrahiertem Zustand unter ihnen Platz finden. Sie haben also eine Schutzfunktion.

Die Dactylozooide oder Taster (Palpone) sind hohle, schlauchförmige Gebilde ohne Mund, die an ihrer Basis einen mit Nesselzellen besetzten unverzweigten Fangfaden tragen; die Nesselzellen sind an diesem regellos verteilt und an der Spitze angehäuft. Entgegen der Benennung besteht die Hauptfunktion der Dactylozooide in der intracellulären Verdauung; dem entspricht, daß ihr Gastralraum durch einen Klappenverschluß vom Stammkanal temporär getrennt werden kann (Abb. 133). Bei manchen Arten haben die Taster einen terminalen Porus, durch den Exkrete ausgestoßen werden können.

Von ihnen sind die Gastrozooide durch ihre Größe und den Besitz des sehr erweiterungsfähigen Mundes sehr verschieden. Ihre Funktion besteht in der Aufnahme und Verdauung der Nahrung. Dementsprechend ist die Mundöffnung reich mit Sinnes- und Geißelzellen, häufig auch mit Nesselzellen besetzt. Der Körper der Gastrozooide läßt sich in zwei Hauptteile aufgliedern, den terminalen muskulösen Mundteil und den basalen Verdauungsteil, der reich mit Drüsenzellen ausgestattet ist. Am Übergang zum Stammkanal liegt ein wohl ausgebildeter Klappenverschluß. Je nach der Ausbildung des Stammes und seiner Ausstattung mit Cormidien entfallen wenige bis zahlreiche (5—150) Gastrozooide auf einen Stock.

Der überwiegende Anteil der Nesselzellbewaffnung ist bei den Siphonophora auf dem verzweigten Fangtentakel an der Basis jedes Gastrozooids konzentriert. Der Fangfaden trägt an kurzen Seitenzweigen (Tentillae) große Nesselorgane, die durch Muskelbänder und durch die spezielle Anordnung der zahlreichen Nesselkapseln verschiedener Typen einen komplizierten Bau haben, wie er bei den Cnidaria einmalig ist. Bei den Physophorida haben die Nesselorgane die Form eines spiralig gewundenen Bandes (Abb. 138D), während die Calycophorida ein Band mit parallelen Reihen von Nesselzellen aufweisen, das in der Mitte gefaltet ist (Abb. 139E). Durch ihre Fangtentakel haben die Gastrozooide den wichtigsten Anteil am Nahrungserwerb (vgl. S. 219).

Die Gonozooide tragen an ihrer Basis einen Taster, den Gonopalpus; sie sind häufig verzweigt und stellen praktisch nur stielartige Träger für die zahlreichen medusoiden Gonophoren dar, die an ihnen durch Knospung entstehen. Die medusoide Natur der rundlichen bis birnenförmigen Gonophoren ist noch erkennbar, wenn sie einen Schirm mit Kanalsystem und Velum sowie das Manubrium mit Keimzellen tragen. Muskulatur und Tentakel fehlen den Gonophoren vollständig; nur in seltenen Fällen werden noch rudimentäre Tentakel angetroffen. Vielfach sind die Gonophoren sekundär vereinfacht und zu einem einfachen Sack umgewandelt. Den Calycophorida fehlen Gonozooide vollständig, da die medusoiden Schwimmglocken die Bildung der Keimzellen am Manubrium beibehalten haben.

Ebenso wie der Stamm sind auch die Zooide und ihre Tentakel sehr muskulös und kontraktil bzw. sehr dehnungsfähig. Ein voll ausgestreckter Stock kann durch die große Anzahl der Cormidien eine enorme Länge erreichen und das Aussehen einer Girlande annehmen (Abb. 138C). Doch gibt es auch Arten, die nur wenige Cormidien besitzen und bei denen diese an der Stammachse auf eine kurze Zone unterhalb der

Schwimmglocken zusammengezogen sind. Dadurch gewinnt der Stock ein verändertes Aussehen, das dem eines Blumenstraußes vergleichbar ist.

Von großem Interesse ist ferner, daß sich bei vielen Calycophorida das jeweils älteste, terminale Cormidium ablöst und mit Hilfe der Schwimmglocke, die gleichzeitig als Gonophore fungiert, ein selbständiges Dasein beginnt. Ehe die Zusammengehörigkeit einer solchen Eudoxia mit ihrer Erzeugerkolonie bekannt war, wurde sie als eigene Art beschrieben. Ein solches freischwimmendes Stadium, das der Fortpflanzung dient, bleibt auf die eigene Nahrungsaufnahme angewiesen und ist dazu durch das Gastrozooid befähigt (Abb. 139C).

Die regenerativen Fähigkeiten der Siphonophora sind auf die Knospungszonen beschränkt; dem voll ausgebildeten Zooid fehlt das Regenerationsvermögen, so daß verlorengegangene Teile nicht ersetzt werden können, wenn auch nach Verletzung der Wundverschluß eintritt. Die schon erwähnte Fähigkeit der Autotomie spielt offenbar auch im normalen Leben der Siphonophora eine Rolle. So zeigte sich bei Hälterungsversuchen, daß auch bei völlig ungestörten Tieren, die in normaler Weise Nahrung aufnahmen und dabei wuchsen, ein regelmäßiger Verlust von Schwimmglocken und Deckstücken und ihr Ersatz durch neugebildete Zooide zu beobachten war. Das gleiche dürfte auch im freien Wasser der Fall sein. Dafür spricht auch, daß man in Planktonfängen oft so viele isolierte Deckstücke findet, daß sie nicht ausschließlich von den mitgefangenen wenigen Stöcken herrühren können. Offenbar sind auch die abgestoßenen Deckstücke noch eine Weile lebensfähig.

Anatomie

Im epithelialen Aufbau aus den beiden Schichten der Epidermis und Gastrodermis stimmen die Siphonophora mit den übrigen Hydrozoa im wesentlichen überein. Von allgemeinem Interesse ist, daß die Epidermis der meisten Zooide begeißelt ist (für dieses medusoide Merkmal vgl. S. 216). Die zellfreie Mesogloea ist im Stamm und in den Tentakeln besonders kräftig entwickelt, da sie die Muskulatur aufnehmen muß, deren Fasern zu Muskelfahnen angeordnet sind.

Ein strukturelles Merkmal, das nur den Siphonophora zukommt, ist das gasenthaltende **Pneumatophor**. Die Innenseite dieses Gasbehälters wird von einer zarten, aber doch deutlich nachweisbaren Chitinlamelle ausgekleidet. Diese geht am Porus in die äußerst dünne Chitinlamelle über, die auch die Außenseite des Pneumatophors überzieht; sie ist so fein, daß sie bislang nur in wenigen Fällen nachgewiesen werden konnte, so an der äußeren Oberfläche des Schwimmfloßes von *Physalia*. Außer Chitin enthalten die innere und äußere Lamelle auch Lipide, die möglicherweise die Gasundurchlässigkeit bewirken.

Die Gasdrüse im Trichter des Gassackes (Abb. 134) besteht aus einem verzweigten Komplex von ecto- und entodermalen Zellen mit dazwischengelagerter Stützlamelle [249, 306]. Das Ectoderm ist das gassezernierende Epithel, dessen Zellen durch Größe und granulären Inhalt kenntlich sind und den Hauptteil der Drüse ausmachen. Die genaueren Einzelheiten der Gassekretion sind noch unbekannt; immerhin läßt sich beobachten, daß die kleinsten Gasbläschen innerhalb der Zellen im Umkreis einer Vakuole aus Granula entstehen. Sie vereinigen sich extracellulär zu größeren Bläschen und sind schließlich so groß, daß sie die Epithelwand durchbrechen und in den Gasraum eintreten.

Als besonderes Charakteristikum der Gasflasche treten weiterhin Riesenzellen auf. Bei den Arten mit einem gekammerten Gastrovascularraum der Gasflasche erstrecken sich diese Riesenzellen bis ins Innere der vertikalen Septen. Bei *Physalia* liegen sie in der gassezernierenden Epidermis der Gasdrüse. Die Riesenzellen zeichnen sich, außer durch ihre Größe (bei *Physalia* 3 – 5 mm), auch durch ihre gelappte Oberfläche aus; ihre Funktion ist unbekannt. Riesenzellen gibt es übrigens auch auf der Dorsalseite des Stammes, wo sie zum Nervensystem gehören (S. 213).

Die Zellelemente der **Gastrodermis** der Gastrozooide sind mit denen des Hydroidpolypen vergleichbar (Abb. 5). Im vorderen muskulösen Teil sind spumöse und granuläre Drüsenzellen nachgewiesen. Im anschließenden Magenteil gibt es außer den absorbierenden Zellen für die intracelluläre Verdauung auch die sezernierenden Zellen. Die extracelluläre Verdauung findet vor allem im Lumen der Gastrozooide statt, während die intracelluläre Verdauung auch im Gastralraum der Dactylozooide erfolgt (S. 211). An der Basis beider Zooidtypen können Klappen für einen temporären Verschluß des Gastralraumes sorgen, was für die Verdauungsvorgänge und für die Verteilung der Nahrung von besonderer Bedeutung ist.

Das **Nervensystem** ist bei den Siphonophora, wie bei den übrigen Hydrozoa, aus bi-, häufiger aus tri- bis multipolaren Ganglienzellen aufgebaut, die eine intercelluläre Lage in der Basis der Epithelien einnehmen. Nervennetze werden ausschließlich in der Epidermis angetroffen, während die Gastrodermis meist nur spärlich mit einzeln liegenden Ganglienzellen versehen ist. Manche Teile, so besonders die Gastrodermis der Schwimmglocken, sind völlig frei von Nervenzellen. Ein übergeordnetes Nervenzentrum, daß sich anatomisch zu erkennen gäbe, fehlt. Doch zeigen die Verhaltensweisen, daß die Siphonophoren-Stöcke neurophysiologisch koordinierte und integrierte Systeme darstellen.

Eine führende Rolle spielt dabei das Nervennetz des Stammes, das mit den lokalen Nervenbahnen aller Zooide und der Tentakel verbunden ist und praktisch die Funktion eines Koordinationszentrums ausübt. Das Vorhandensein von Riesennervenzellen (Durchmesser bis 3,0 mm), die hintereinander angeordnet, teilweise syncytial verbunden sind und Riesenaxone in die ganze Länge des Stammes entsenden, kann als Hinweis auf die führende Rolle des Stammnervennetzes angesehen werden. Bei den Individuen des Stockes lassen sich Unterschiede in der Ausstattung mit Nervenzellen nachweisen, die mit ihrer Spezialisierung korreliert sind.

Die Pneumatophoren besitzen nur in der Epidermis der äußeren Hülle ein Nervennetz. Für das Schwimmfloß von *Physalia* wurde eine Dichte von 140 Ganglienzellen pro mm^2 beschrieben. Die Nectophoren unterscheiden sich in ihrer Ausstattung mit Nervenzellen grundlegend von den Hydroidmedusen. Bei beiden ist die Hauptmuskulatur für die Schwimmbewegungen in der Subumbrella konzentriert. Während aber die freischwimmenden Hydroidmedusen über einen wohlentwickelten subumbrellaren Nervenplexus verfügen, fehlt er bei den Schwimmglocken vollständig. Stattdessen sind bei letzteren die Nervenelemente in der Epidermis der Exumbrella lokalisiert. Die Nectophoren bekommen die wesentlichen Impulse für die Schwimmbewegungen aus dem Stamm. Wenn sie sich synchron kontrahieren, so schwimmt der Stock vor- und rückwärts, während aus asynchronen Kontraktionen Schlängelbewegungen resultieren. Spontane Tätigkeiten der Schwimmglocken sind nicht bekannt. Für die geradeaus gerichteten Schwimmbewegungen ist wesentlich, daß Vor- und Rückwärtsschwimmen nur durch die Reizung verschiedener Teile ausgelöst werden können, nämlich die Vorwärtsbewegung durch Reizung der hinteren Schwimmglocken und der oralwärts anschließenden unteren Teile, während das schnelle und plötzliche Rückwärtsschwimmen durch eine Reizung der Gasflasche und der vorderen Schwimmglocken bewirkt wird, etwa wenn diese auf ein Hindernis stoßen. Mechanismus des Rückwärtsschwimmen, s. S. 218.

Die blitzschnellen Reaktionen des Vor- und Rückwärtsschwimmens sind durch die überschnelle Reizleistung in den Riesenaxonen des Stammes möglich (3 m/s). Die Leitung kann in beiden Richtungen erfolgen und ist jeweils polarisiert. (Die Schwimmbewegungen der Calycophora sind nicht geradeaus gerichtet, vielmehr schwimmen diese in weiten Spiralen.) Mit der schnellen Impulsleitung im Stamm ist auch die plötzliche Kontraktion des Stammes und aller Anhänge bei einer starken Reizung zu erklären. Eine spontane Tätigkeit ist das plötzliche Losschießen mancher Physophorida aus der Ruhelage. Daneben gibt es spontane Tätigkeiten der Tentakel beim Nahrungserwerb, die im rhythmischen Ausstrekken und Verkürzen sichtbar werden (S. 219), sowie aktive Suchbewegungen der Gastrozooide. Aktive Tätigkeiten sind auch die Erscheinungen der Autotomie, die sowohl durch Reizung ausgelöst werden als auch spontan auftreten können.

Physalia weist in ihrer neurophysiologischen Struktur Besonderheiten auf, da sich die rhythmischen Tätigkeiten der Tentakel und Gastrozooide als weitgehend unabhängig voneinander erweisen. Die Tentakel arbeiten beim Beutefang nicht gemeinsam, und die Gastrozooide reagieren bei der Verkürzung der Tentakel mit gerichteten Suchbewegungen erst dann, wenn sie selbst mit der Beute in Berührung kommen. Daher hat es den Anschein, daß die Anhänge in ihren Tätigkeiten autonom sind. Sie sind allerdings auch zu integrierter Tätigkeit fähig, wie ihre gemeinsame maximale Kontraktion bei einer massiven Reizung des Schwimmfloßes zeigt.

Daneben existiert, wie bei den Hydroidmedusen, die neuroide, nervenfreie Reizleitung der Epidermis der Schwimmglocken [313]. Wenn ihre nervenfreien Zonen elektrisch gereizt werden, lassen sich Potentiale ableiten, und die subumbrellare Muskulatur zeigt Reaktionen. Die Geschwindigkeit der neuroiden Leitung ist gering; sie beträgt 20 bis 50 cm/s, während die normale Leitungsgeschwindigkeit in den Nervenbahnen bis 1,2 m/s, in den Riesenaxonen sogar 3 m/s beträgt.

Ein schönes Beispiel für die nervenfreie Reizleitung tritt beim Phänomen des Erbleichens oder Milchweißwerdens von *Hippopodius* zutage, wenn die Epidermis bei Licht gereizt wird [317]. Das Weißwerden tritt in Form einer sich wolkenartig ausbreitenden Trübung auf, wodurch die sonst glasklaren Schwimmglocken undurchsichtig werden. Das Phänomen beruht auf einer schnellen Bildung von Granula in der die Epidermis unterlagernden Gallertschicht und ist bei intakten Tieren reversibel, geht aber nur langsam zurück. Im Dunkeln kann die Art überdies bei einer Reizung Lichtblitze aussenden.

Sinnesorgane fehlen allen Siphonophora, doch besitzen ihre Zooide **Sinneszellen**, die durch ihre schlanke Form, durch das Vorhandensein einer Sinnesborste und durch stärkere Färbbarkeit kenntlich sind.

Geschlechtsorgane. Die Siphonophoren-Stöcke sind zwittrig, da die Gonozooide männliche und weibliche Gonophoren erzeugen (Abb. 133), die in den Gonophorentrauben in bestimmter Anordnung auftreten. Wesentlich ist, daß die Gonophoren stets sessil bleiben, also niemals zur Ablösung kommen. Nur in den Eudoxien der Calycophorida werden die Gonophoren im Verband eines Cormidium frei. Ferner ist für diese Gruppe charakteristisch, daß die weiblichen Gonophoren am mundlosen Manubrium zahlreiche Eier erzeugen. Bei den Physophorida, bei denen die Gonophoren häufig zu einfachen Sporosacs reduziert sind, wird im weiblichen Gonophor jeweils nur ein Ei erzeugt. Das wird aber durch die große Anzahl der Gonophoren kompensiert, die zu großen traubenförmigen Büscheln angehäuft sind.

Entwicklung und Larvenformen

Die Geschlechtsprodukte werden ins freie Wasser ausgestoßen; Brutpflege ist unbekannt. Die großen dotterreichen Eier (0,3—0,6 mm Durchmesser) machen eine totale radiale Furchung durch. Die Morula-Delamination führt zur Entstehung einer Sterrogastrula und Sterroplanula. Als solche muß die begeißelte Planula der Siphonophora bezeichnet werden, da die großen dotterreichen Entodermzellen im Inneren regellos angeordnet sind. Die weitere Entwicklung ist dadurch gekennzeichnet, daß an der Planula Knospungsvorgänge auftreten, die zur Bildung von Primärzooiden führen. Die Entwicklung verläuft aber bei den einzelnen Gruppen durch die unterschiedliche Ausgestaltung des aboralen Poles in verschiedener Weise.

Bei den Calycophorida (Abb. 139A) entsteht an der späteren Ventralseite (die dadurch als solche kenntlich ist) ein anfangs solider, später hohler Glockenkern, von dem die Bildung eines typischen Medusoids mit Umbrella, Velum und Kanalsystem, jedoch ohne Manubrium ausgeht. Unterhalb dieser ersten larvalen Schwimmglocke wird kurz darauf der erste Fangtentakel angelegt. Auf der Ventralseite und am oralen Pol, der sich in die Länge streckt, wird die Körperwand zweischichtig, da das Entoderm unter Aufzehrung der großen dotterreichen Primärzellen Epithelform annimmt. Dieser Vorgang greift allmählich auf die übrigen Teile der Planula über, und es entsteht der Gastralraum, der als Kanal auch in den Primärtentakel eindringt. Gleichzeitig entwickelt sich der Oralpol zum Primärgastrozooid, an dem der Mund durchbricht. An der aboralen Knospungszone des Gastrozooids, die durch Streckung zum Stamm wird, entsteht die zweite, definitive, größere Schwimmglocke. Die erste bleibt wesentlich kleiner, wird später zurückgebildet und erweist sich damit als Larvalorgan. Das in Abb. 139B dargestellte Zwischenstadium wird als Calyconula bezeichnet. Bei den Calycophorida geht auf die beschriebene Weise aus der radialsymmetrischen Planula die bilateralsymmetrische Larve hervor.

Die andersartige Entwicklung der Siphonula-Larve der Physophorida (Abb. 138A, B) ist durch die Ausbildung des Pneumatophors bedingt, das aus einer Einstülpung des aboralen Pols der Planula hervorgeht. Aus einer seitlichen Verdickung wächst ein Primärtentakel aus, und von hier geht, wie bei der Calyconula, die Bildung des epithelialen Entoderms und des Gastralraumes aus. In ähnlicher Weise wird der Oralteil der Planula zum Primärgastrozooid umgeformt, wonach sich das Pneumatophor durch eine stielartige Einschnürung vom Stamm absetzt. Am aboralen Teil des Gastrozooids entsteht ein erstes Deckstück, dessen Verbindung zum Stamm Stielform annimmt und durch die Bildung der Gallerte allmählich seine definitive Gestalt erreicht. Die erste Anlage eines Deckstückes kann bei manchen Arten auch bereits vor der Einstülpung des Pneumatophors auftreten. Es hat dann eine rundliche Form und ist eine larvale Bildung, die später abgestoßen und durch die Anlage neuer Deckstücke auf tieferen Stammniveaus ersetzt wird, die dann die definitive Blattform annehmen. Nach dem Abstoßen des larvalen Deckstückes nimmt das Pneumatophor die endgültige Lage am aboralen Pol ein. Von den Knospungszonen des Stammes geht schließlich die weitere Ausformung des Stockes mit der Bildung der Schwimmglocken und der übrigen Zooide aus.

Zu erwähnen ist noch, daß die Larvenstadien häufig in größeren Wassertiefen leben als die erwachsenen Stöcke. Das ist damit zu erklären, daß die Entwicklungsstadien noch der Auftriebs- und Antriebsbildungen entbehren, so daß sie langsam so lange absinken, bis Gasflasche und Schwimmglocken ihnen das Schweben und die aktive Bewegung ermöglichen.

Neuerdings wurde beschrieben, daß in den Lebenszyklus von *Muggiaea kochii* (S. 223) ein Bodenstadium eingeschaltet ist, das aus einem kleinen Stammstück mit einem Cormidium besteht, welches zwar ein Dactylozooid und Gastrozooid, jedoch keine Schwimmglokke besitzt. Ein solches Gebilde sinkt zu Boden und wird erst anschließend durch die Bildung einer Schwimmglocke zur freischwimmenden Eudoxia. Daneben existiert auch bei dieser Art die normale Bildung einer Eudoxia durch Ablösung eines vollständigen Cormidium mit Schwimmglocke. Wenn sich zeigen ließe, daß ein solches Bodenstadium zur Normalentwicklung gehört und nicht pathologischer Natur ist, so läge mit dieser Art ein erstes Beispiel einer nicht holopelagischen Siphonophore vor.

Stammesgeschichte

Die Herkunft der Siphonophora ist ungeklärt; Fossilfunde fehlen. Kein Zweifel kann allerdings an ihrer Einordnung in die Klasse Hydrozoa bestehen. Dafür sprechen insbesondere die Existenz der medusoiden Schwimmglocken und ihre Entstehung durch seitliche Knospung, die mit der Bildung eines Glockenkerns einhergeht. Ferner läßt die Produktion der Keimzellen am Manubrium der Gonophoren darauf schließen, daß die Siphonophora auf gemeinsame Vorfahren mit den Hydroida Athecata zurückgehen.

Andererseits ergeben weder die vergleichende Morphologie noch die Entwicklungsgeschichte klare Indizien für den Weg der Evolution. Sie hat zu einer Vielfalt isoliert dastehender Spezialisierungen geführt, ohne daß Zwischenstufen erkennbar sind. Die Schwierigkeit bei der Auffindung von Entwicklungslinien beruht vor allem darauf, daß medusoide und polypoide Phase gleichzeitig vorhanden sind und in Funktion treten und nicht nacheinander, wie bei den übrigen metagenetischen Hydrozoa. Auch die Nesselzellverhältnisse geben wenig Hinweise. Zwar haben die Siphonophora mit den anderen Hydrozoa fünf Kapseltypen gemeinsam (Tab. 3, S. 146), und der Besitz der Stenotelen weist auf eine Verwandtschaft mit den Hydroida Athecata Capitata (S. 174) hin, doch verfügen sie andererseits über vier Typen, die nur bei ihnen vorkommen.

Dieser hohe Anteil von ordnungseigenen Kapseltypen kennzeichnet, ebenso wie der Besitz kompliziert gebauter Nesselorgane, den hohen Grad der eigenständigen Entwicklung.

Nach dem heutigen Stand der Kenntnisse hat einen hohen Grad von Wahrscheinlichkeit die Auffassung für sich, daß die rezenten Siphonophora gemeinsame Vorfahren mit pelagischen solitären Hydroidpolypen hatten, wie sie heute noch in der Familie Margelopsidae (S. 178) vorkommen. Allerdings kann aus dieser Familie bisher nur die Lebensgeschichte von *Margelopsis* (Abb. 95) als vollständig bekannt gelten. Diese neritische Form läßt durch ihre Morphologie und Entwicklungsgeschichte, insbesondere durch das Vorhandensein eines benthonischen Dauerstadiums, unzweifelhaft die Herkunft von sessilen, vermutlich stockbildenden Vorfahren des Flachwassers erkennen, die den Vorfahren der rezenten Tubulariidae und Corymorphidae nahe gestanden haben dürften. Obwohl die Lebensgeschichte der äußerst seltenen *Pelagohydra mirabilis* (Abb. 98) noch nicht vollständig geklärt ist, so spricht doch die Umbildung des aboralen Körperteiles zu einem Schwimmfloß dafür, daß diese Art bereits den Weg zu einer holopelagischen Lebensweise begonnen hat, in der zweifellos die Ausgangssituation für die Evolution des Siphonophoren-Stockes zu suchen ist.

Die solitären Polypen der rezenten Margelopsidae erzeugen freie Medusen. Man kann sich aber vorstellen, daß ein ähnlich gebauter polypoider Vorfahre beim Übergang zum holopelagischen Leben gleichzeitig die Eigenschaft erworben hat, daß sich die Medusenknospen nicht mehr vom „Stamm" des Polypenkörpers ablösten. Dadurch wäre dann ein Organismus entstanden, der permanent die polypoide und medusoide Phase in sich vereinigt hätte und zum aktiven Schwimmen mittels der sessilen Medusoide befähigt gewesen wäre. Andere Medusoide hätten sich stärker umgewandelt und unter Verlust des Schirmes zu Dactylozooiden und Gastrozooiden weiter entwickelt. Diese Zooide der rezenten Siphonophora müßten dann den Manubrien von reduzierten Medusoiden gleichgesetzt werden; sie wären also nicht polypoider Natur, wie vielfach angenommen wurde.

Für die medusoide Natur der genannten Zooide spricht ihre Begeißelung. Bekannt ist, daß die Epidermis der Dactylozooide und Gonophoren sowie die Nesselknöpfe der Tentillae begeißelt sind. Ebenso existiert ein kräftiger, mit Geißeln versehener Nesselwulst an der Basis der Gastrozooide. Da die Epidermis der Hydroidpolypen unbegeißelt ist, während Schirmrand, Manubrium und Tentakel ihrer Medusen den für alle Cnidaria ursprünglichen Zustand der Begeißelung beibehalten haben (Abb. 3), kann an der medusoiden Herkunft der Siphonophoren-Zooide nicht gezweifelt werden.

Andererseits lehrt die Entwicklungsgeschichte, daß die Siphonophora nicht direkt von *Margelopsis*-ähnlichen Formen abzuleiten sind. Den rezenten Margelopsidae, wie auch den verwandten Tubulariidae und Corymorphidae, fehlt nämlich die begeißelte pelagische Planula, was zweifellos ein sekundäres Merkmal ist. Da die Siphonophora eine Planula besitzen, können sie also höchstens über gemeinsame Vorfahren mit den Margelopsidae in Beziehung stehen.

Am Anfang der Siphonophoren-Evolution stand zweifellos ein pelagischer polypoider Organismus des Flachwassers, der — wie die typischen Hydroida — durch die Metagenese und durch die Entwicklung über eine Planula-Larve gekennzeichnet war. Der Übergang zur holopelagischen Lebensweise und die Anpassung an die veränderten Lebens- und Entwicklungsbedingungen der Hochsee gaben den evolutiven Anstoß für die strukturellen Veränderungen, welche die rezenten Siphonophora charakterisieren. Holopelagische Lebensweise und Hochseedasein sind demnach abgeleitete und sekundäre Merkmale der Siphonophora.

Als Basisgruppe gelten heute die Cystonectida (Rhizophysidae), weil ihnen das Nectosom mit den Schwimmglocken fehlt, so daß sie nur zum passiven Schweben befähigt sind. Von diesem ursprünglichen Zustand ausgehend repräsentieren die Physophorida und Calycophorida als aktive Schwimmer Stufen der Höherentwicklung. Diese Auffassung läßt sich in Einklang bringen mit der Ableitung der Siphonophora von pelagischen Hydroidpolypen, die anfangs vermutlich nur zum Schweben, nicht aber zum aktiven Schwimmen befähigt waren.

Vorkommen und Verbreitung

Als holopelagische Organismen gehören die Siphonophora den Hochseeformen an und kommen in allen Weltmeeren vor. Sie sind überwiegend Vertreter der tropischen und subtropischen Zonen. Nicht wenige Arten sind durch ihre Eurythermie aber Kosmopoliten und werden sowohl in arktischen als auch in tropischen Meeren angetroffen, und zwar in oberflächennahen wie in tieferen Wasserschichten. Hinsichtlich der Vertikalverbreitung sind die meisten Arten Bewohner des Epipelagials, leben also von der Oberfläche bis in rund 200 m Tiefe. Daneben gibt es auch bathypelagische Arten, wie etwa die Angehörigen der Familie Rhodaliidae. Neben den Kosmopoliten und Tiefseeformen lassen sich allgemein unterscheiden: kosmopolitische Kaltwasserformen, die in den mittleren Breiten im tieferen Wasser, in höheren Breiten mehr in oberflächennahen Wasserschichten leben; Kaltwasserformen der Antarktis (die Kaltwasserformen der Arktis sind Kosmopoliten); Warmwasserformen. Die tropischen Zonen müssen als Entwicklungs- und Ausbreitungszentren auch der Siphonophora gelten.

Durch die Anhäufung in bestimmten vertikalen Horizonten gehören die Siphonophora zu den Organismen, die bei der Tiefenmessung mit dem Echolot die Tiefenstreuschicht (scattering layer) verursachen. So läßt sich auch verfolgen, daß sie den tagesperiodischen Vertikalwanderungen des Zooplankton folgen.

Die bisherigen Kenntnisse über die täglichen Vertikalwanderungen der Siphonophora ergeben allerdings noch kein allgemein gültiges Bild. Berichtet wird, daß die epipelagischen Formen, die bei Tage in Tiefen von 0—100 m leben, nachts in tieferen Schichten bis etwa 500 m zahlreicher sind. Dagegen wurde eine umgekehrte Wanderung der Tiefenformen (unter 1000 m) beobachtet, die nachts in die oberen Schichten von 1000—500 m aufsteigen.

Lebensweise

Die Siphonophora sind zumeist Dauerschwimmer. Die Mehrzahl ist in der Lage, sich sowohl ohne aktive Bewegung schwebend zu erhalten als auch schwimmend ihre Nahrung aufzusuchen und dabei Vertikalwanderungen auszuführen oder sich schädlichen Einflüssen zu entziehen. Der **Auftrieb** wird im allgemeinen durch die Gasflasche und die stark wasserhaltige Gallerte der Schwimmglocken und Deckstücke bewirkt. Allerdings ergab die Analyse bei einigen Physophorida, daß die Schwimmglocken ein größeres spezifisches Gewicht haben als das Seewasser, so daß hier die Gasflasche den gesamten Organismus trägt (*Nanomia*, Abb. 138C). Bei Arten mit zahlreichen großen Deckstücken schwebt der Stock oft waagerecht oder schräg im Wasser, bei Formen ohne Deckstücke hängt er senkrecht an der Gasflasche oder an den Schwimmglocken. Manche Arten können durch Auspressen des Gasinhaltes der Gasflasche bzw. durch Neubildung von Gas ihr spezifisches Gewicht und damit die Tiefeneinstellung verändern. So wurde beobachtet, daß eine *Nanomia* innerhalb von 20 Minuten wieder an der Oberfläche auftauchte, von der sie nach einer Reizung um 24 cm abgesunken war. Da den meisten Physophorida der Porus der Gasflasche fehlt, können sie nur durch die Bewegungen der Schwimmglocken auf- und absteigen. Andere Formen, wie *Hippopodius*, können ihre Dichte regulieren und ohne Bewegung die vertikale Position verändern; über den Mechanismus ist nichts bekannt.

Beim aktiven **Schwimmen** sind die Frequenz der Bewegungen und die erzielten Geschwindigkeiten sehr unterschiedlich. *Forskalia contorta* führt 120 Kontraktionen/min aus und erreicht dabei eine Geschwindigkeit von 50 cm/min. Eine *Physophora hydrostatica* von 6,5 cm Länge hat bei einer Frequenz von 60/min eine Geschwindigkeit von 3 m/min. *Nanomia* kann bei der Vorwärtsbewegung Geschwindigkeiten von 12—18 m/min erreichen. Bei einer solchen schnellen Bewegung arbeiten alle Schwimmglocken synchron. Auslösung von Vor- und Rückwärtsschwimmen, s. S. **213**. Die Richtungsänderung wird übrigens durch einen speziellen Mechanismus bewirkt [312]. Bei der Rückwärtsbewegung kommt nämlich zu der Tätigkeit der zirkulären Muskulatur der Subumbrella und des Velum die synchrone Kontraktion der beiden nach oben gerichteten Spezialmuskelbänder des Velum hinzu (Abb. 135). Dadurch wird das Velum nach oben gezogen, und der ausgestoßene Wasserstrahl wird ebenfalls nach oben gelenkt, woraus die Rückwärtsbewegung resultiert. Mit ihren Bewegungsreaktionen demonstrieren die Siphonophora das integrierte Verhalten einer übergeordneten Stockindividualität (S. 207).

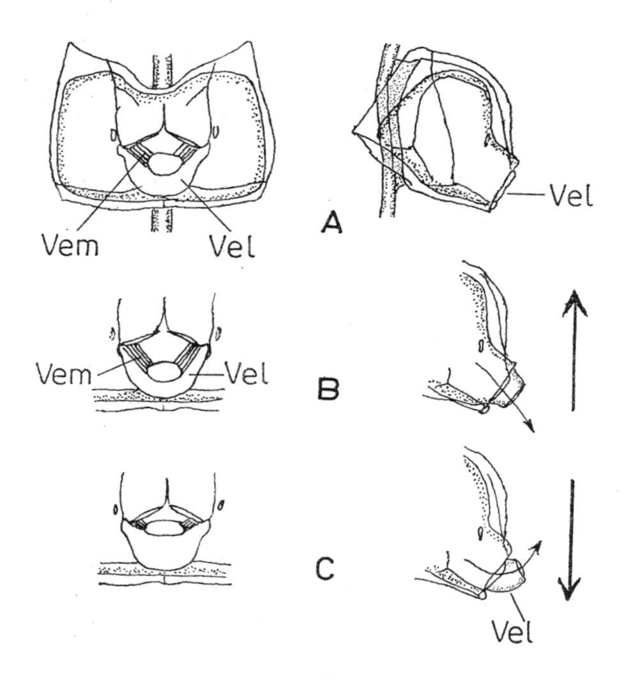

Abb. 135. *Nanomia cara*, Physophorida. Tätigkeit der Velarmuskeln der Nectophoren beim Vor- und Zurückschwimmen. Links abaxiale Aufsicht, rechts Seitenansicht; B und C sind Teilzeichnungen von **A. A.** Ruhestellung. **B.** Vorwärtsschwimmen ohne Kontraktion der Spezialmuskelbänder. **C.** Rückwärtsschwimmen durch Kontraktion der Spezialmuskelbänder. — **Vel** Velum **Vem** Velarmuskelbänder. — Aus MACKIE 1964.

Beim Schwimmen werden Stamm und Tentakel kontrahiert. Bei den Arten mit Deckstücken finden die kontrahierten Cormidien während der Bewegungsphase Schutz, und der Reibungswiderstand wird verringert. Bei Formen ohne Deckstücke können die Dactylozooide die gleiche Funktion übernehmen, indem sie sich über die anderen Zooide legen (*Physophora hydrostatica*). Bei den Calycophorida kann der kontrahierte Stamm in das Hydroecium der oberen Schwimmglocke (Abb. 139) oder in den von mehreren Schwimmglocken gebildeten Innenraum zurückgezogen werden. Bei *Hippopodius* wird dabei der Schwerpunkt verlagert, so daß der Stock umkippt und beim nächsten Schwimmstoß automatisch in die Tiefe verfrachtet wird.

Physalia nimmt eine Sonderstellung ein, weil diese Form keine Schwimmbewegungen ausführen kann. Sie wird durch das große Floß stets an der Wasseroberfläche gehalten und kann so vom Wind verdriftet werden. Wenn das Floß von einem Lufthauch getroffen wird, so richtet es den Kamm durch Muskelkontraktion und Gasausscheidung auf, so daß es voll dem Wind ausgesetzt ist. Der Stock treibt dann unter einem Winkel von 40° zur Windrichtung davon. Wie bei *Velella* (S. 203) gibt es bei *Physalia* rechts- und linkshändige Stöcke. In der Aufsicht von oben ist ein Stock rechtshändig, wenn seine Zooide an der rechten Seite des Stammes ansetzen; der linkshändige Stock ist das genaue Spiegelbild. Ein linkshändiger Stock driftet nach rechts (Abb. 137B). Die unterhalb der Wasseroberfläche befindlichen Teile, besonders die langen Tentakel, wirken als Treibanker und verhindern das Umkippen des Stockes. Zusätzlich kann das Floß durch Muskelkontraktion aktive, auf das

Wasser gerichtete Bewegungen ausführen, wodurch die dem Wind ausgesetzte Luvseite mit Wasser benetzt wird. Diese Reaktion verhindert offenbar das Austrocknen des Floßes und wird vermutlich durch die Erhöhung der Salzkonzentration bei zunehmender Windstärke ausgelöst [412].

Die **Nahrung** besteht aus tierischem Plankton; hauptsächlich werden Copepoda gefangen, daneben auch andere pelagische Crustacea (Amphipoda, Mysidacea, Euphausiacea, Garnelen), Polychaeta, Trochophora- und Veliger-Larven, pelagische Gastropoda sowie Fisch-Larven und kleine Fische. Die schnellen Schwimmer erjagen vorzugsweise kleinere Beute, während die langsameren Arten wohl vorwiegend auf grössere Tiere lauern, wobei ihnen ihre Nesselbatterien, die in der Gestalt täuschend ähnlich Copepoda oder Fisch-Larven nachahmen, als Lockmittel dienen.

Die Verhaltensweisen beim Nahrungsfang sind demnach sehr variabel und auch nicht auf die systematischen Gruppen begrenzt. Im allgemeinen folgen Phasen des aktiven Schwimmens mit kontrahiertem Körper und des bewegungslosen Schwebens mit verlängertem Stamm und maximal ausgestreckten Tentakeln im Rhythmus aufeinander. Aktive Fischer verlängern und verkürzen spontan und rhythmisch die Tentakel der Dactylozooide und Gastrozooide, werfen also regelmäßig die Angeln aus und holen sie ein. Ein solches Verhalten ist für *Physalia* obligatorisch und auch für manche Physophorida beschrieben, nicht aber für die Calycophorida. Viele andere Arten sind passive Fischer. Sie halten die Tentakel und Tentillen in der Schwebphase weit ausgestreckt und bewegungslos, nachdem sie sie vorher in der Bewegungsphase durch bestimmte Bewegungen so eingestellt haben, daß sie die Funktion eines Stellnetzes haben und einen möglichst großen Raum durchsetzen (Abb. 138C). Andere Arten stellen ihren Körper schräg, so daß die herabhängenden Tentakel den Raum eines Zylinders einnehmen, ohne sich zu verwickeln. Auch eine Rotation um die Längsachse wurde beschrieben, um die Tentakel in möglichst verschiedene Richtungen einzustellen.

Dauer und Frequenz der Zyklen aus Schwimm- und Schwebphasen sind artlich verschieden. Die Calycophorida sind im allgemeinen die aktiveren Schwimmer, bei denen ein vollständiger Zyklus bis zu 100 mal pro Stunde ablaufen kann. Arten der Physophorida wiederholen ihn etwa 12 mal pro Stunde. Die Bewegungsweise beim Nahrungserwerb erlaubt den Siphonophora die erfolgreiche Existenz auch in oligotropher Umgebung, wie sie die Hochsee vielfach darstellt. Insbesondere wird die Chance erhöht, die örtlich begrenzten Ansammlungen des Zooplanktons („Planktonwolken") aufzuspüren und sie mit Hilfe ihrer langen Tentakel und der zahlreichen Gastrozooide optimal auszufischen.

Bei der Nahrungsaufnahme [219] verkürzen sich die Tentakel und bringen die Beute an den Mund, der — ebenso wie der gesamte Körper der Gastrozooide — außerordentlich erweiterungsfähig ist, so daß Beutetiere verschluckt werden können, die den im Ruhezustand befindlichen Magen an Größe weit übertreffen. Wenn eine größere Beute gefangen ist, etwa ein kleiner Fisch, den ein einzelnes Gastrozooid nicht bewältigen kann, so beteiligen sich weitere Gastrozooide an seiner Verdauung, indem sie den zu einer Platte ausgebreiteten Mund flächig an die Beute anpressen, so daß diese vollständig bedeckt wird. Durch extracelluläre Verdauung werden die Weichteile aufgelöst und in das Gastrovascularsystem aufgenommen, das die enzymatisch zerkleinerten Nahrungspartikel für die intracelluläre Verdauung verteilt. Dabei sind Dactylozooide und Gastrozooide zu Funktionseinheiten zusammengeschlossen. Durch peristaltische Bewegungen sowie durch Öffnen und Schließen der Basisklappen kann ein Gastrozooid ein benachbartes Dactylozooid füllen und entleeren, da letzteres ebenfalls über einen basalen Klappenverschluß verfügt und sich zeitweilig vom allgemeinen Strom der Gastrovascularflüssigkeit abschließen kann. Auf die Funktion der intracellulären Verdauung der Dactylozooide und die Ausscheidung von Exkreten wurde bereits hingewiesen (S. 211). Die Verdauungsgeschwindigkeit beträgt bei kleineren Opfern 2—3 Stunden, bei größerer Beute 7—18 Stunden und mehr [348].

Symbionten und Feinde der Siphonophora sind so gut wie unbekannt; sie dürften durch die intensive Nesseltätigkeit abgeschreckt werden. Lediglich *Physalia* wird regelmäßig in Assoziation mit einer kleinen Fischart angetroffen, und Amphipoda der Unterordnung Hyperiidea heften sich an den Stöcken fest und fressen sie an. — Eine ökologische Bedeutung haben die Staatsquallen nur insofern als sie große Mengen Plankton vernichten und die Nahrungskette bei ihnen endet. *Physalia* kann in tropischen Gegenden zeitweise ganze Badestrände unbenutzbar machen, wenn sie bei auflandigem Wind in Schwärmen angetrieben wird.

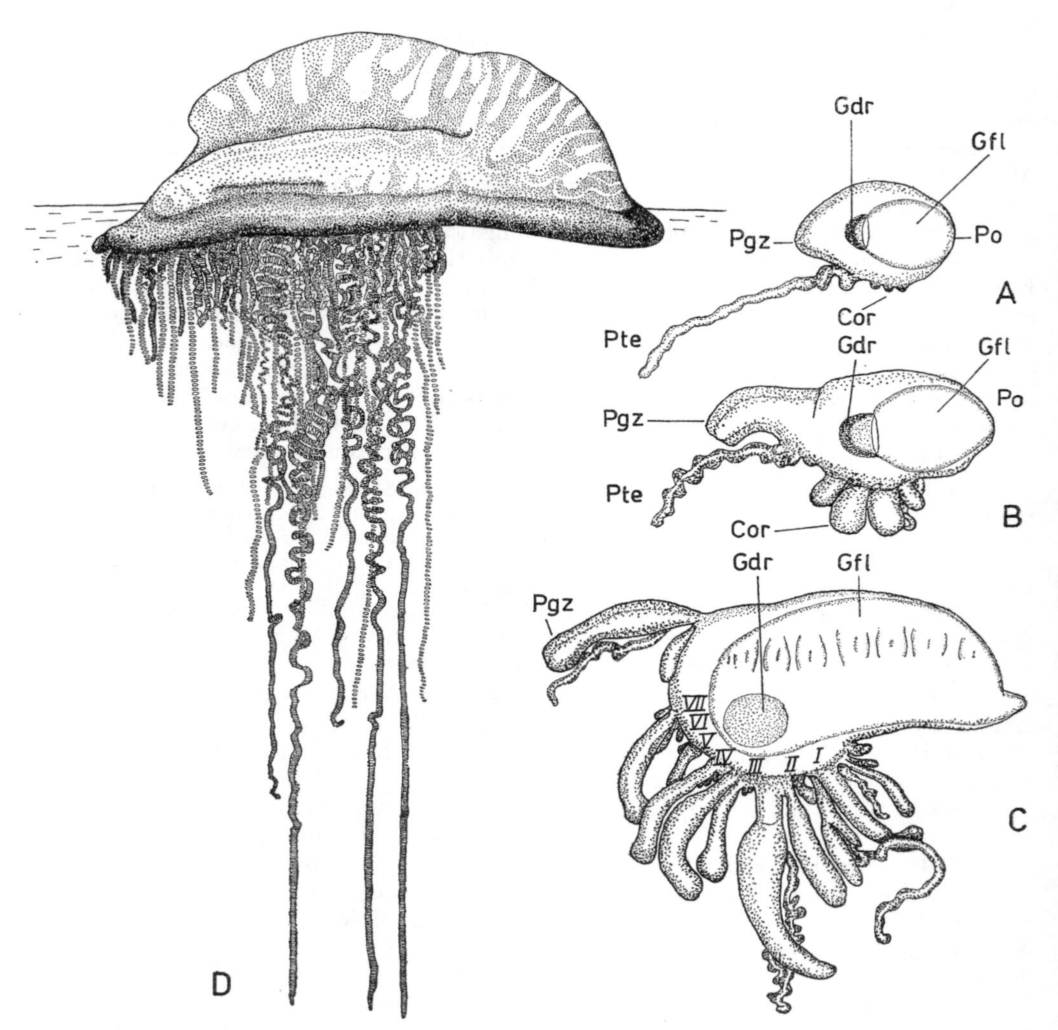

Abb. 136. *Physalia physalis*, Cystonectida. Entwicklung und Morphologie. **A.** Jüngste im Plankton gefundene Larve (Cystonula) mit der Anlage der ersten Cormidien der Knospungszone. Länge 2 mm. **B.** Larve mit voll entwickeltem Primärgastrozooid. Länge 6 mm. **C.** Larve mit den sieben (I-VII) Cormidien der aboralen Hauptknospungszone. Länge 12 mm. **D.** Erwachsenes Tier. — **Cor** Cormidium, **Gdr** Gasdrüse, **Gfl** Gasflasche, **Pgz** Primärgastrozooid, **Po** Porus, **Pte** Primärtentakel. — Aus Totton 1960.

1. Unterordnung Cystonectida

Ohne Schwimmglocken und Deckstücke; mit Pneumatophor, der einen Porus besitzt. — Mit 2 Familien.

Familie Rhizophysidae. Aufrecht im Wasser schwebend, mit großer radialsymmetrischer Gasflasche. — *Rhizophysa filiformis*, Gasflasche purpurn, Stamm bis 6 cm lang, schlauchförmig. — *Pterophysa*, große Tiefseeformen, über 3 m lang. — *Epibulia*, mit sehr kurzem Stamm.

Familie Physaliidae. Stamm verkürzt und verbreitert, unter dem großen, asymmetrischen, seitlich gekippten Pneumatophor, das zum Luftfloß umgewandelt ist. — Nur *Physalia physalis* (Abb. 136), Blasenqualle oder Portugiesische Galeere (engl. Portuguese man-of-war), weltweit verbreitet, Stamm bis 30 cm, meist 10—12 cm lang; durch das große blaue, blaugrün, silbern und purpurüberhauchte Floß an der Oberfläche treibend, Tentakel bis 50 m lang. Der Kamm des Floßes trägt im Inneren quergestellte Stützsepten, die der äußeren Oberfläche die charakteristische Querstruktur verleihen. Der Kamm ist entsprechend mit unten offenen Kammern versehen (Abb. 137A). Die Analyse des Gasin-

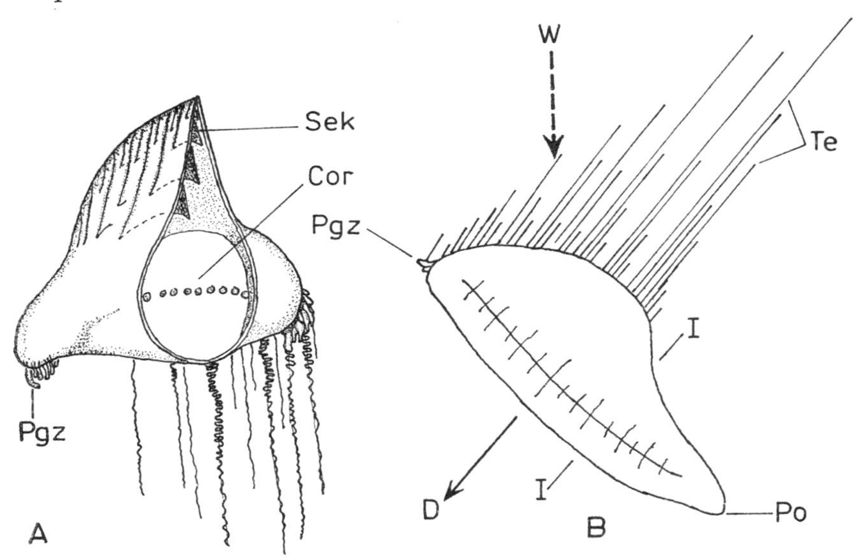

Abb. 137. *Physalia physalis*. **A.** Schematischer Querschnitt mit den unten offenen Kammern des Floßkammes. Die Schnittebene ist in B durch I—I gekennzeichnet. **B.** Aufsicht auf ein „linkshändiges" Exemplar zur Darstellung der Wind- und Driftrichtung. Die Tentakel wirken als Treibanker. — **Cor** Ansatzstellen der Cormidien, **D** Driftrichtung, **Pgz** Primärgastrozooid, **Po** Lage des Porus, **Sek** Septum der Kammer, **Te** Tentakel, **W** Windrichtung. — A aus Mackie 1960, B aus Totton 1960.

haltes ergab Anteile von 15—20% O_2 sowie von 0,5—13% CO; der Rest bestand aus N_2, wenig CO_2 und Ar. Die Primärcormidien sind verzweigt und tragen sekundäre und tertiäre Cormidien. Die Gastrozooide sind tentakellos, da die Tentakel direkt am Cormidium ansetzen. Die Gonozooide sind stark verzweigt und stellen Gonodendren dar, die zahlreiche (bis über 2000) reduzierte Gonophoren (Sporosacs) tragen. Außerdem sitzen an den Gonodendren kurze Palponen, zahlreiche asexuelle Medusoide und die sogenannten Gallertzooide, deren Funktion noch ungeklärt ist.

Die Stöcke sind getrenntgeschlechtig. Die frühe Embryonalentwicklung ist noch unbekannt. Die jüngsten im Plankton gefundenen Larvalstadien tragen am Oralpol das Primärgastrozooid mit Mund und einem Tentakel, sowie die ersten Anlagen der aboralen Cormidien (Abb. 136A). Bei einem späteren Stadium trägt die aborale Knospungszone sieben Anlagen von Cormidien (Abb. 136C). Fangbewegungen der Tentakel S. 219; Wasserbenetzung des Floßes S. 218f. Der häufigste Nesselkapseltyp sind kugelförmige atriche Isorhizen, weniger häufig treten Stenotelen an den Palponen der Gonodendren auf.

Physalia kommt in den tropischen Meeren in riesenhaften Schwärmen von vielen tausend Stöcken vor; ein Schiff fuhr 86 Seemeilen ununterbrochen durch den gleichen Schwarm. Bei auflandigen Winden sind oft lange Küstenstriche mit angespülten Stöcken besetzt. Zwischen den Tentakeln nicht selten kleine Gruppen des Fisches *Nomeus gronovii* (Perciformes), der die Cormidien frißt, gelegentlich aber auch selbst genesselt und gefressen wird. Das sehr wirksame Nesselgift kann auch Menschen gefährlich werden, doch sind Todesfälle nicht verbürgt.

2. Unterordnung Physophorida

Mit Gasflasche, diese mit oder ohne Porus. Fast immer mit Schwimmglocken, Deckstücke vorhanden oder fehlend, Gonophoren reduziert, im weiblichen Geschlecht mit nur einem Ei. — Mit 5 Familien.

Familie Apolemiidae. Stamm langgestreckt, Nectosom zweizeilig, zwischen den Schwimmglocken Tentakel, Cormidien in regelmäßigen Abständen, mit zahlreichen Deckstücken. — *Apolemia uvaria*, bis zu 3 m lang, Tentakel der Gastrozooide unverzweigt, Stöcke diözisch, stark nesselnd, mit dem speziellen Kapseltyp der Birhopaloiden (Abb. 11 (26)).

Familie Forskaliidae. Stamm sehr lang, mit zahlreichen Schwimmglocken in mehreren Reihen, dicht gedrängt, wie Schuppen eines Coniferenzapfens. Cormidien dicht hintereinander, mit zahlreichen Deckstücken, die den gesamten Stamm umgeben können. — *Agalma elegans*, girlandenartig, häufig horizontal schwebend. — *Stephanomia rubra*, bis 1 m lang, lebhaft rot gefärbt. — *Nanomia bijuga*, bis 25 cm lang, mit geringer Anzahl von Deckstücken. *N. cara* (Abb. 138), Bewegung S. 218, Fischen S. 219. — *Forskalia*.

Familie Physophoridae. Nectosom zweizeilig, ohne Deckstücke, Siphosom unten birnenförmig oder kegelig verbreitert, radiale Anordnung der Zooide des Siphosoms durch spiralige Drehung des Stammes. — *Physophora hydrostatica*, bis 6 cm lang, das kegelförmige Siphosom trägt den peripheren Kranz von großen roten Dactylozooiden ohne Tentakel, den inneren Kranz von zahlreichen Gastrozooiden mit verzweigten Tentakeln sowie einen Kranz von Gonozooiden mit zahlreichen Trauben von Gonophoren. Der Stock hängt am roten Pneumatophor senkrecht, der aber zu klein ist, um den Stock zu tragen; er sinkt daher ohne Bewegung langsam ab. Bei einer Reizung kontrahieren sich die Gastro- und Gonozooide, die von den Dactylozooiden bedeckt werden. Diese schlagen so kräftig zusammen, daß sie einen Rückstoß erzeugen; weitere Bewegung durch die Schwimmglocken.

Familie Rhodaliidae. Ohne Deckstücke, mit sehr großem Pneumatophor, der in einen großen, zentralen, dem Stamm aufsitzenden Teil und den kleineren kugelförmigen Aurophor gegliedert ist, der seitlich und nach unten versetzt und in den Kranz der Schwimmglocken eingefügt ist. Stammteil des Siphosoms kurz, knorpelig hart, von verzweigten Entodermkanälen durchsetzt, die den vertikalen Zentralmagen mit den Gastro- und Gonozooiden verbinden. — *Rhodalia* und *Stephalia*, Tiefseeformen.

Familie Athorybiidae. Ohne Schwimmglocken, Stamm kurz mit Deckstücken. — *Athorybia rosacea*, Tiefsee.

3. Unterordnung Calycophorida

Ohne Pneumatophor; oberer Pol des meist langen Stammes mit einer oder mehreren Schwimmglocken, in die Oberglocke rückziehbar. Zooide am Stamm in gleichartigen Cormidien, ohne Dactylozooide, meist mit Deckstücken. Häufig mit Eudoxien, deren Schwimmglocken Gonophoren. Weibliche Gonophoren mit zahlreichen Eiern. Artenreiche Gruppe. — Mit 5 Familien.

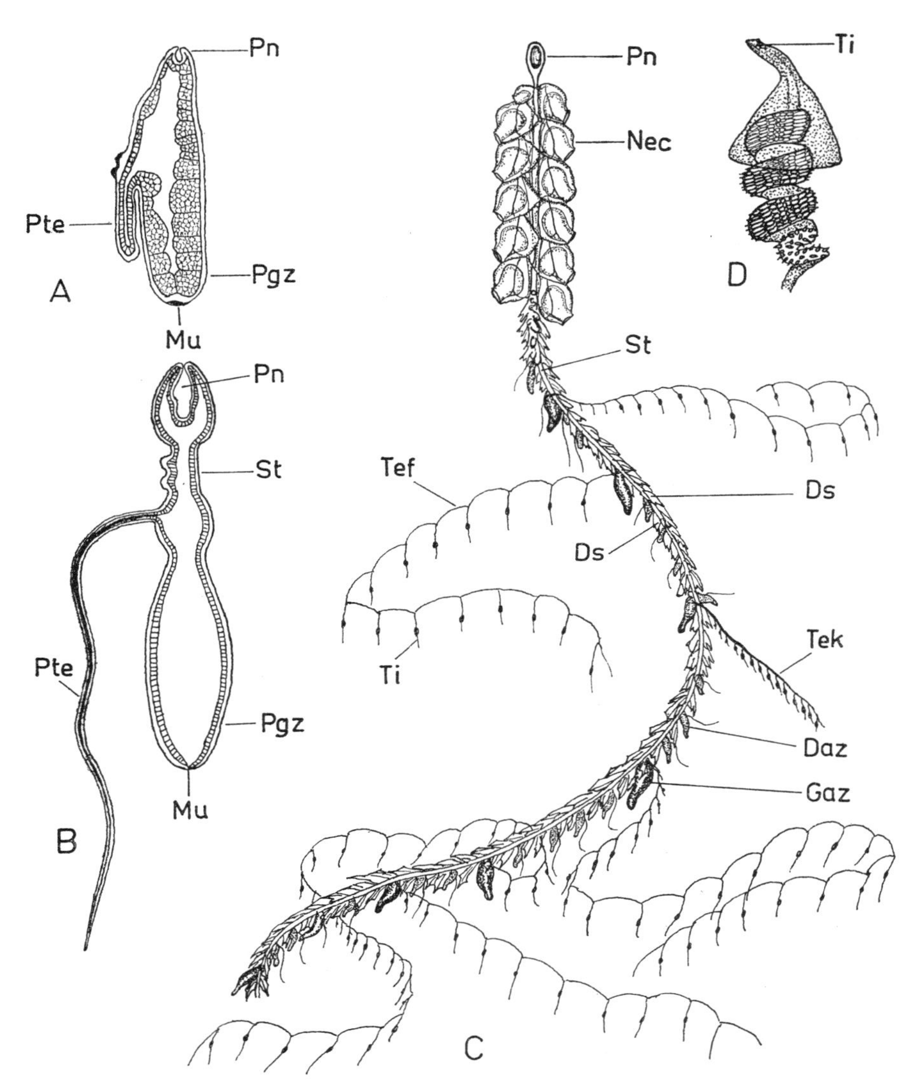

Abb. 138. Entwicklung und Organisation der Physophorida. **A.** Frühe und **B.** fortgeschrittene Siphonula-Larve. **C.** *Nanomia cara.* **D.** Spiralförmige Nesselbatterie der Tentille. – **Daz** Dactylozooid, **Ds** Deckstück, **Gaz** Gastrozooid, **Mu** Mund, **Nec** Nectophor, **Pgz** Primärgastrozooid, **Pn** Pneumatophor, **Pte** Primärtentakel, **St** Stamm, **Tef** Tentakel in Fangstellung (Schwebnetzstellung), **Tek** kontrahierter Tentakel, **Ti** Tentilla. – A und D nach METSCHNIKOFF 1871, C nach MACKIE 1964, verändert.

Familie Sphaeronectidae. Mit einer Schwimmglocke. – *Sphaeronectes.* – *Monophyes irregularis,* Glocke mützenförmig zugespitzt. – *Muggiaea kochii* (Abb. 139) (vgl. S. 215).

Familie Diphyidae. Mit zwei großen, zeitweilig auch 3–4 Schwimmglocken. Oberglocke durch Somatocyste kenntlich, Deckstücke vorhanden. – *Chelophyes appendiculata,* die beiden torpedoförmigen Glocken liegen dicht hintereinander, wodurch schnelle Bewegung möglich ist. – *Sulculeolaria* (syn. *Galeolaria*). – *Diphyes.*

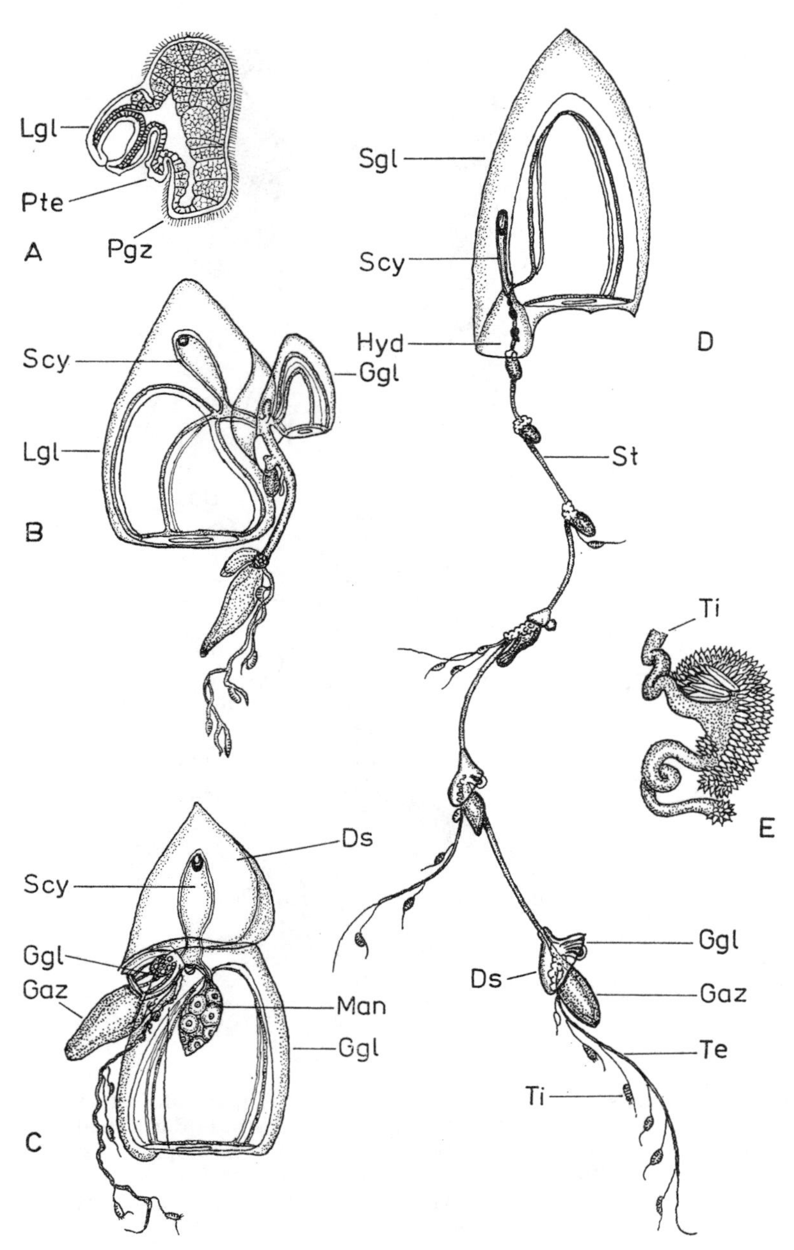

Abb. 139. Entwicklung und Organisation der Calycophorida. **A.** Frühe Calyconula-Larve von *Sulculeolaria* sp. mit Anlage der Larvalglocke. **B.**–**E.** *Muggiaea kochii.* **B.** Fortgeschrittenes Larvalstadium mit Anlage der definitiven Schwimmglocke. **C.** Eudoxia-Stadium. **D.** Erwachsenes Tier. **E.** Nesselbatterie der Tentilla. – **Ds** Deckstück, **Gaz** Gastrozooid, **Ggl** Geschlechtsglocke, **Hyd** Hydroecium, **Lgl** Larvalglocke, **Man** Manubrium mit zahlreichen Eiern, **Pgz** Anlage des Primärgastrozooids, **Pte** Anlage des Primärtentakels, **Scy** Somatocyste mit Öltropfen, **Sgl** Schwimmglocke, **St** Stamm, **Te** Tentakel, **Ti** Tentilla. – A nach Metschnikoff 1871, B und C nach Chun 1897, E nach Haeckel 1888.

Familie Prayidae. Mit 2, zeitweilig 3—4 fast gegenständigen großen abgerundeten Schwimmglocken, die eine Länge von 5 cm erreichen können, Stamm bis 50 cm lang, mit 40—50 Cormidien. — *Praya cymbiformis.* — *Stephanophyes.*

Familie Hippopodiidae. Ohne Deckstücke, mit 6—7 gleichartigen ineinander geschachtelten Schwimmglocken, die zweizeilig alternieren, nur die beiden ältesten unteren Schwimmglocken sind zur Bewegung befähigt. — *Hippopodius hippopus,* Glockengruppe 2 cm lang, Stamm vollständig in den Hohlraum zwischen den Glocken zurückziehbar. Weißwerden der Gallerte S. 214.

Familie Abylidae. Mit zwei stark verschiedenen Schwimmglocken, Oberglocke klein, Deckstücke vorhanden. — *Abyla.* — *Abylopsis.* — *Bassia.*

4. Klasse Anthozoa, Blumenpolypen

Etwa 4850 Arten. Größte Art *Stoichactis* sp. mit bis zu 1,50 m Durchmesser.

Diagnose

Stets nur als Polypen-Generation auftretende, meist sessile oder halbsessile, überwiegend stockbildende, seltener solitäre Cnidaria. Polyp oft recht groß, skelettlos oder mit äußerem oder innerem Skelett, äußerlich radialsymmetrisch, innerlich biradial- oder radiobilateralsymmetrisch. Oralpol als Mundscheibe mit hohlen Tentakeln (ein oder mehrere Kränze) ausgebildet, mit ectodermalem Schlundrohr. Gastralraum durch stets mehr als vier entodermale Septen (Mesenterien) peripher gekammert. Mesogloea stark entwickelt und zellhaltig, Gonaden entodermal. Nesselkapseln in 9 Kategorien: 1 Astomocnide, 7 Stomocniden sowie Spirocyste (Tab. 5, S. 232). — Fast ausschließlich marin, selten im Brackwasser. — Mit den beiden Unterklassen Hexacorallia und Octocorallia.

Die Anthozoa sind die artenreichste Klasse der Cnidaria. Ähnlich wie die Hydrozoa weisen sie eine große Formenmannigfaltigkeit auf, die sich besonders in den verschiedenartigen Skelettbildungen und in der Stockbildung ausprägt. Die volkstümlichen Bezeichnungen Zylinderrosen und Seerosen, Seenelken und Seeanemonen, Steinkorallen, Leder- und Edelkorallen oder Seefedern weisen auf diese Vielfalt hin. Der zum Teil komplizierte Bau des Körpers geht mit einer deutlichen Tendenz zu dessen Vergrößerung einher; die Polypen der anderen Klassen sind dagegen vergleichsweise klein.

Alle Anthozoa sind Polypen. Medusen hat es in dieser Klasse nach unseren Kenntnissen nie gegeben. Die meisten Arten sind monomorph, nur selten tritt Dimorphismus auf (S. 283). Die überwiegende Mehrzahl ist stockbildend. Der solitäre Habitus ist fast vollständig auf die Hexacorallia beschränkt (Ceriantharia und Actiniaria ausschließlich solitär), während er unter den Octocorallia nur bei wenigen Alcyonaria auftritt. Die Stockbildung führt, wie üblich, zu einer Verkleinerung und Vereinfachung des Einzelpolypen, dafür gewinnt der die Polypen erzeugende und verbindende Weichkörper (Coenosark, Coenenchym) an Größe und Bedeutung.

Bei den stockbildenden Formen lassen sich unterscheiden:

1. Stoloniale Stöcke mit einem röhrenförmigen Außenskelett aus Chitin. Diese ursprüngliche Form kommt nur bei den Octocorallia vor (Cornulariidae, S. 290).
2. Flächenhafte, rasenartige Stöcke ohne Skelett, die auf die Hexacorallia (Corallimorpharia, S. 274) beschränkt sind.
3. Die große Menge der Formen in beiden Unterklassen, die durch ihre Außen- und Innenskelette die Gestalt von Platten, Blöcken, Fächern, mehr oder weniger verzweigten, dick- oder dünnästigen Bäumchen, Sträuchern oder auch nur von Peitschen oder Halmen annehmen. Solche Polypenstöcke weisen eine arttypische Architektur auf, die allerdings umweltbedingte Modifikationen zuläßt (S. 58).

4. Gefiederte Stöcke mit einer vertikalen Hauptachse und weitgehend reduziertem Innenskelett, die durch die Pennatularia (Seefedern) unter den Octocorallia repräsentiert werden. Hier nehmen die Stöcke eine individuenähnliche Struktur an.

Eidonomie und Anatomie

Der **Anthopolyp** ist äußerlich radialsymmetrisch und hat im ausgestreckten Zustand die Form eines schlanken oder gedrungenen Zylinders mit kräftigen Wandungen (Abb. 140 A). Sein Oralpol ist zu einer flachen Mundscheibe verbreitert, die einen Kranz oder mehrere Kränze von hohlen, einfachen oder gefiederten Tentakeln trägt. Der Mund liegt in der Mitte der Mundscheibe, ist aber nicht rund, sondern zu einem länglichen Spalt ausgezogen. Der basale (aborale) Pol besteht aus einer kräftigen, plattenähnlich verbreiterten Haftscheibe; bei den im Boden lebenden solitären Formen ist er konisch zugespitzt. Die Anthozoa sind durch eine große Kontraktionsfähigkeit des Weichkörpers ausgezeichnet, die ihn bis zur Unkenntlichkeit verändern kann. Im voll kontrahierten Zustand nimmt er eine halbkugelige bis linsenförmige Gestalt an (Abb. 140 B).

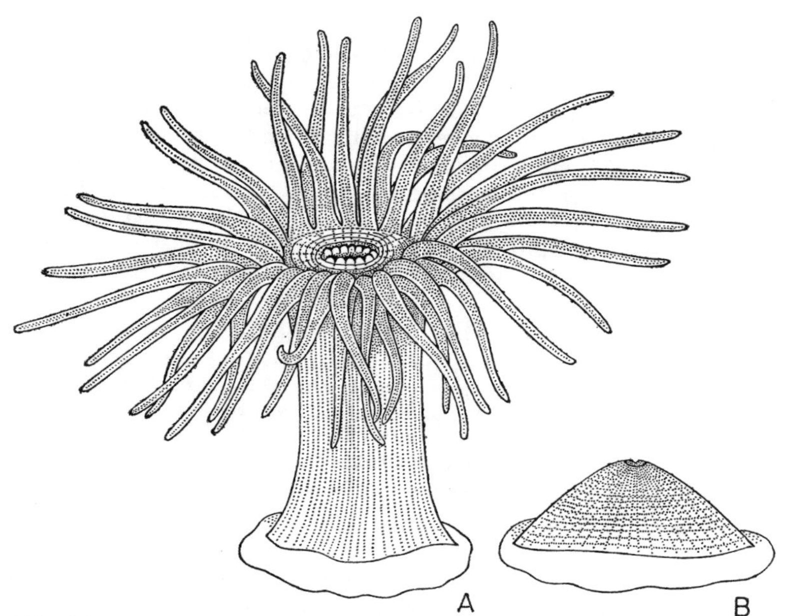

Abb. 140. Habitus eines solitären Anthopolypen (Actiniaria). **A.** Voll ausgestreckt. **B.** Maximal kontrahiert. — A nach STEPHENSON 1935, verändert.

Die Architektur des **Gastralraumes** (Abb. 141) wird durch das Schlundrohr (Actinopharynx, Stomodaeum) und die vertikalen Septen (Sarcosepten, Mesenterien) bestimmt. Das zentrale, am Mund ansetzende Schlundrohr ist tief in den Gastralraum eingesenkt. Es entsteht als Einstülpung der Mundscheibe; das Epithel seiner Innenseite ist demnach ectodermaler Herkunft. An seiner inneren (unteren) Öffnung, die dem Mundpol etwa eines Hydroidpolypen entspricht, gehen Epidermis und Gastrodermis ineinander über. Das Schlundrohr ist, wie der Mund, seitlich zusammengedrückt, so daß sein Lumen die Form eines Schlitzes oder Spaltes hat. Daher ist es im Querschnitt (Abb. 142 A) schmal- oder breitoval. Die Winkel des Schlundrohres sind als Geißelrinnen (Siphonoglyphen) ausgebildet. Durch den koordinierten Schlag ihrer zahlrei-

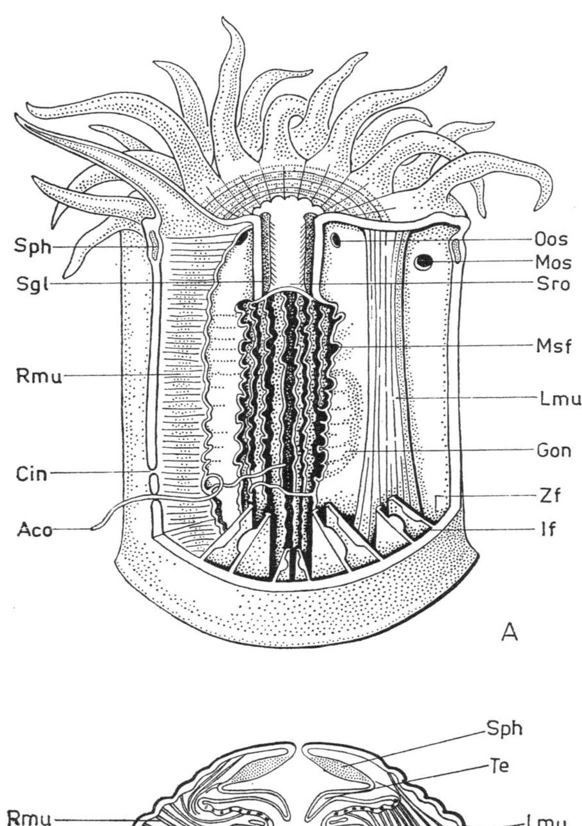

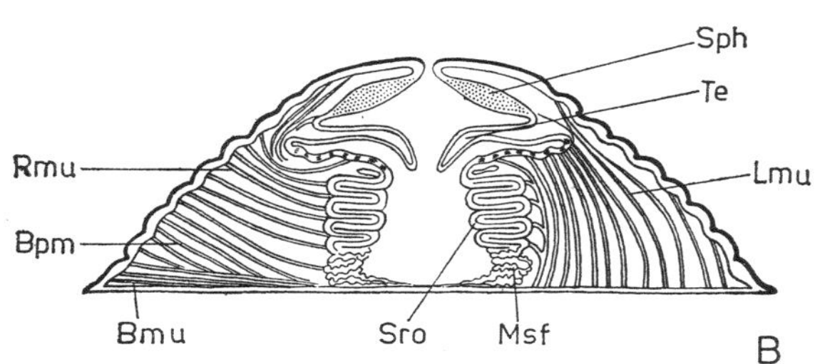

Abb. 141. Bau eines solitären Anthopolypen (Actiniaria), schematisch. **A.** Im ausgestreckten Zustand. Zur Veranschaulichung ist ein Sektor herausgeschnitten. Auf der rechten Seite ist ein vollständiges Mesenterium mit dem Längsmuskel (Muskelfahne, Retraktor), auf der linken Seite ein unvollständiges Mesenterium mit dem Radial- (Quer-)muskel dargestellt. **B.** Im kontrahierten Zustand, Längsschnitt. Die rechte Hälfte zeigt die Längsmuskulatur, die linke Hälfte die Quermuskulatur. — **Aco** Acontium, **Bmu** Basalmuskel, **Bpm** Basoparietalmuskel, **Cin** Cinclide, **Gon** Gonade, **If** Innenfach, **Lmu** Längsmuskel, **Mos** Marginalostium, **Msf** Mesenterialfilament, **Oos** Oralostium, **Rmu** Radialmuskel, **Sgl** Siphonoglyphe, **Sph** Sphinkter, **Sro** Schlundrohr, **Te** Tentakel, **Zf** Zwischenfach. — A nach KAESTNER 1965, verändert, B nach GUTMANN 1966, verändert.

chen, kräftigen Geißeln wird in jeder Rinne ein starker Wasserstrom in den Gastralraum befördert. Ausbildung und Vorhandensein der Siphonoglyphen sind systematisch wichtige Merkmale; bei manchen Gruppen sind sie schwach ausgebildet, bei anderen existiert nur eine Geißelrinne, oder die Siphonoglyphen fehlen vollständig. Durch die Septen wird das Schlundrohr in seiner Lage gehalten.

Die radial gestellten gastrodermalen **Septen** entstehen als longitudinale Ausstülpungen der Körperwand; sie greifen auf die Mund- und Fußscheibe über und sind mit ihnen verwachsen (Abb. 142). Durch die Verbindung der Mesenterien mit dem Schlundrohr ist der obere Teil des Gastralraumes vollständig gekammert. Im unteren Teil sind die Kammern (Gastraltaschen, Fächer) zwischen den wandständigen Septen zum Zentralmagen offen; oben münden sie in die hohlen Tentakel ein. Durch sogenannte Septalostien können die Kammern im Umkreis des Schlundrohres miteinander in Querverbindung stehen.

Die Verwachsung der Septen mit dem Schlundrohr ist von systematischer Bedeutung. Bei den Octocorallia sind sämtliche Mesenterien vollständig, das heißt sie sind alle mit dem Schlundrohr verwachsen; bei den Hexacorallia gibt es dagegen auch unvollständige Septen,

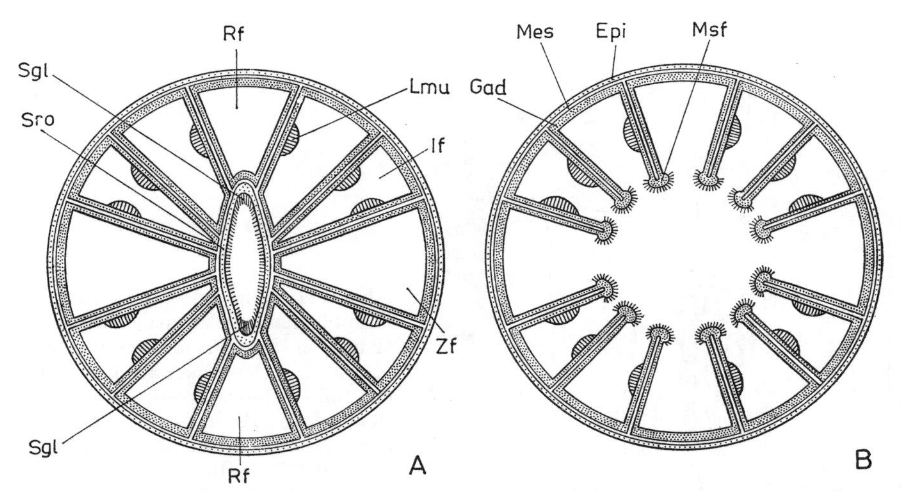

Abb. 142. Schematische Querschnitte durch einen Anthopolypen (Actiniaria). **A.** Schnitt durch das Schlundrohr. **B.** Schnitt durch den Zentralmagen. Epidermis fein, Gastrodermis grob punktiert, Mesogloea weiß. — **Epi** Epidermis, **Gad** Gastrodermis, **If** Innenfach, **Lmu** Längsmuskel, **Mes** Mesogloea, **Msf** Mesenterialfilament, **Rf** Richtungsfach, **Sgl** Siphonoglyphe, **Sro** Schlundrohr, **Zf** Zwischenfach.

die den Pharynx nicht erreichen. Nur die vollständigen Septen weisen Septalostia auf, die manchen Gruppen (z. B. allen Octocorallia) auch fehlen. Vollständige Mesenterien werden auch als Macrosepten von den unvollständigen Microsepten unterschieden.

Als Gastrodermis-Duplikaturen schließen die Septen eine kräftig entwickelte Mesogloea ein; sie tragen auf der einen Fläche die zu einem Wulst verdickte Längsmuskulatur (Muskelfahne), auf der anderen Fläche die meist schwächer entwickelte Quer- oder Radialmuskulatur (Abb. 143A). Ferner sind in die Septen die Gonaden einge-

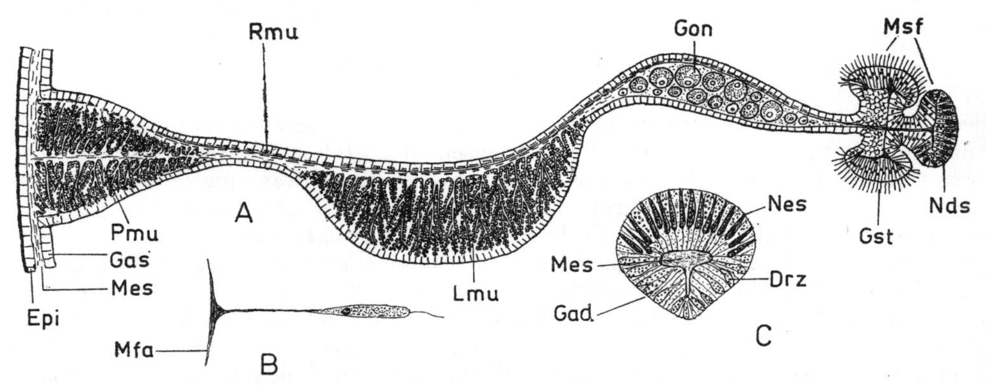

Abb. 143. Struktur von Mesenterium, Epithelmuskelzelle und Acontium einer Aktinie, schematisch. **A.** Querschnitt durch ein Mesenterium. Zu beachten sind die hohen Grate der Mesogloea im Längs- und Parietalmuskel, an denen die Muskelfasern ansetzen. **B.** Isolierte Epithelmuskelzelle. **C.** Querschnitt durch ein Acontium. — **Drz** Drüsenzelle, **Epi** Epidermis, **Gas** Gastrodermis, **Gon** Gonade, **Gst** Geißelstreifen, **Lmu** Längsmuskel, **Mes** Mesogloea, **Mfa** Muskelfaser, **Msf** Mesenterialfilament, **Nds** Nessel- und Drüsenzellstreifen, **Nes** Nesselzelle, **Pmu** Parietalmuskel, **Rmu** Radialmuskel. — Nach KAESTNER 1965, verändert.

bettet; die Keimzellen entstehen aus Entodermzellen, die in die Stützschicht einwandern und hier reifen. Neben fertilen Septen kommen auch sterile ohne Keimzellen vor.

Der zum Zentralmagen hin freie Rand der Septen ist als Gastral- oder Mesenterialfilament ausgebildet und ist krausenförmig verlängert. Die Filamente sind mit zahlreichen Nesselzellen, Geißel- und Drüsenzellen besetzt und dienen der Flüssigkeitsbewegung und Verdauung. Das einzelne Septum ist daher asymmetrisch gebaut; es ist in den größeren Flächenabschnitt mit der Muskulatur und den Gonaden sowie in den zentralen Filamentabschnitt gegliedert. Durch die Ausbildung besonderer Geißelstreifen und durch die Aufgliederung des Randes in mehrere Längswülste können die Mesenterialfilamente artspezifische Merkmale aufweisen. Bei den Actiniaria (Hexacorallia) trägt der Basalabschnitt der Filamente lange, dünne, im Ruhezustand spiralig eingerollte Fäden, die mit zahlreichen Nessel- und Drüsenzellen besetzt sind (Acontien) (Abb. 141 A, 143 C) oder denen Nesselzellen fehlen (Acontioide). Diese Fäden dienen der Verteidigung und werden durch Poren der Körperwand (Cincliden) oder durch den Mund ausgeschleudert.

Zahl, Bildungsweise und Anordnung der Septen sind bei den Gruppen der Anthozoa sehr verschieden, so daß diese Merkmale von erheblicher Bedeutung für die Abgrenzung der höheren und niederen systematischen Einheiten sind. Die Zahl der Septen ist bei vielen Anthozoa konstant und folgt bestimmten Verhältnissen. Sie beträgt bei den Hexacorallia 6 oder ein Vielfaches von 6, doch werden auch andere Zahlenverhältnisse angetroffen (8, 10, 2n); die Zahl der Septen ist dabei im allgemeinen mit der Körpergröße korreliert. Bei den Octocorallia ist die Zahl der Septen (gleichzeitig auch die der Tentakel) konstant 8.

Durch die Zylinderform des Körpers, durch die Form der Mundscheibe und die Anordnung der Tentakel sind die Anthozoa, wie die übrigen Cnidaria, äußerlich radialsymmetrisch gebaut. In der Spaltform des Schlundrohres sowie in der Bildungsweise, in der Anordnung der Septen und Lage ihrer Muskelfahnen prägen sich jedoch Merkmale einer inneren Biradial- bzw. Radiobilateralsymmetrie aus, durch die sich die Anthozoa von den anderen Klassen grundlegend unterscheiden (Abb. 144). Die durch den größten Durchmesser des Schlundrohres gelegte Vertikalebene wird als Sagittalebene bezeichnet; sie teilt den Körper in zwei spiegelbildlich gleiche Hälften. Die beiden Gastraltaschen zwischen den Septen, die an den Winkeln des Schlundrohres ansetzen, werden von der Sagittalebene halbiert; man bezeichnet sie als Richtungsfächer.

Bei einem Teil der Actiniaria (Hexacorallia) teilt auch die vertikale Transversalebene, die die Sagittelebene unter einem Winkel von 90° schneidet, den Körper in zwei spiegelbildlich gleiche Hälften (Abb. 144 A). Diese Form der Symmetrie, bei der zwei Symmetrieebenen existieren, bei der aber die Sagittal- von den Transversalhälften des Körpers verschieden sind, wird als Biradialsymmetrie bezeichnet. Sie ist bestimmt durch die symmetrische Ausstattung des Schlundrohres mit zwei Siphonoglyphen sowie durch die Anordnung der Septen und ihrer Muskelfahnen, die an den Septen beider Richtungsfächer der Sagittalebene abgewandt sind.

Bei den Octocorallia (Abb. 144 B) ist nur eine Siphonoglyphe vorhanden, die an der sogenannten „Ventralseite“ des Schlundrohres liegt. Daher kann man hier von einem dorsalen und ventralen Richtungsfach sprechen. Außerdem sind die Muskelfahnen an den Septen der Richtungsfächer derart angeordnet, daß sie im dorsalen Fach der Sagittalebene abgewandt, im ventralen Fach aber ihr zugewandt sind. Deshalb sind nur die durch die Sagittalebene getrennten Körperhälften spiegelbildlich gleich, womit die radiobilaterale Symmetrie der Octocorallia gekennzeichnet ist, die auch bei den Ceriantharia unter den Hexacorallia vorkommt (Abb. 147). Bei der Bilateralsymmetrie der Anthozoa existiert also nur eine Symmetrieebene.

Die Septen werden in der Ontogenese paarweise angelegt, so daß je ein Septum eines

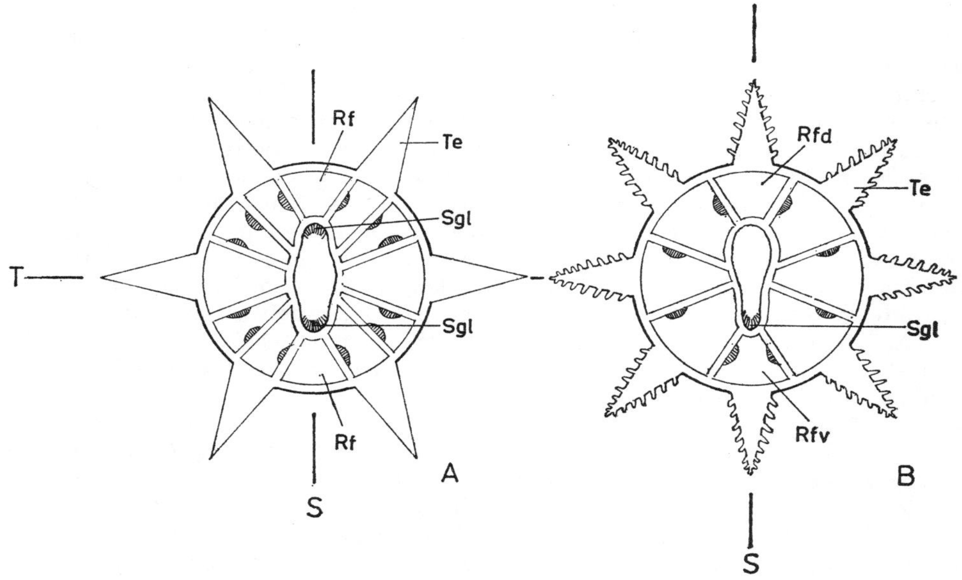

Abb. 144. Symmetrieverhältnisse der Anthozoa, Schema. **A.** Biradialsymmetrie mancher Hexacorallia. **B.** Radiobilateralsymmetrie der Octocorallia. — **Rf** Richtungsfach, **Rfd**, **Rfv** dorsales bzw. ventrales Richtungsfach, **S** Sagittalebene, **Sgl** Siphonoglyphe, **T** Transversalebene, **Te** Tentakel.

Paares (engl. couple) sich rechts und links der Symmetrieebene gegenüberstehen. Das trifft auch für die zuerst gebildeten Protosepten der Actiniaria (Hexacorallia) zu (vgl. Abb. 142, 144 A). Für die bei dieser Ordnung zahlreichen Dubletten (engl. pairs) der Metasepten vgl. S. 246.

Bei den meisten Anthozoa verläuft in der Körperwand unterhalb der Mundscheibe ein ringförmiger Muskel, der Sphinkter, der bei seiner Kontraktion den oberen Körperteil ringblendenartig zusammenzieht. Dabei wird die Mundscheibe mit den kontrahierten Tentakeln durch die Kontraktion der Längsmuskulatur nach innen verlagert und von der über ihr zusammengezogenen Körperwand überdeckt (Abb. 141 B).

Zahlreiche Anthozoa scheiden ein **Skelett** aus, das aus Chitin, hornartigen Substanzen oder kohlensaurem Kalk besteht. Der Lage nach sind Ecto- und Entoskelette zu unterscheiden. Selten ist ein röhrenförmiges Ectoskelett aus Chitin, das die ursprüngliche Form darstellt (*Cornularia*) (Abb. 176 A). Allgemein bekannt sind die massiven Basal-Ectoskelette der Madreporaria (Steinkorallen), die von der Epidermis der Basalscheibe ausgeschieden werden und aus Kalk (Aragonit) bestehen. Bei den Octocorallia haben nur die Helioporida ein vergleichbares Basal-Ectoskelett (Abb. 188) aus Aragonit. Die Entoskelette verschiedener Anthozoa sind sekundärer Natur. Das mesogloeale Pseudoskelett der Zoantharia geht aus inkrustierten Fremdkörpern hervor (S. 276). Das echte Entoskelett der Antipatharia (Abb. 173) ist lückenlos von einer Ectoderm-Hüllschicht umgeben und demonstriert auf diese Weise, daß es sekundär ins Körperinnere versenkt ist. Es besteht aus einer hornartigen Substanz. Die Entoskelette der Octocorallia liegen in der Mesogloea; sie bestehen aus Hornsubstanzen oder Kalk (Calcit) oder aus beiden; sie sind aus losen Skleriten aufgebaut oder durch deren Verschmelzung massiv geworden. Auch die mesogloealen Skelette sind ectodermaler Herkunft, da die skelettbildenden Zellen (Skleroblasten) aus dem Ectoderm einwandern.

Histologie

Im diploblastischen Aufbau stimmen die Anthozoa prinzipiell mit den Polypen der anderen Klassen überein, sie haben jedoch eine höhere Stufe der histologischen Differenzierung erreicht. Das kommt besonders in der starken Ausbildung der Mesogloea zum Ausdruck sowie in der führenden Rolle, welche die entodermalen Epithelien bei der Bildung der Muskulatur und des Nervensystems übernehmen.

Die **Epidermis** ist bei den Hexacorallia reich mit Geißelzellen besetzt; das trifft besonders für die Mundscheibe und die Geißelrinnen des Schlundrohres zu, wo die einzelnen Zellen häufig zahlreiche Geißeln tragen. Ferner ist die Epidermis der meisten Arten mit zahlreichen Schleimdrüsenzellen ausgestattet. Der von ihnen ausgeschiedene Schleim dient mit Hilfe der Geißeltätigkeit der Reinigung der Körperoberfläche, ferner bei bodenbewohnenden Formen der Auskleidung und Verfestigung der Wohnröhre. Überdies spielt der Schleim auch beim Nahrungsfang eine nicht unwichtige Rolle (S. 253). Die Zellen der Epidermis und Gastrodermis sind im allgemeinen langgestreckt und mit dem basalen Muskelteil durch einen langen fadenförmigen Plasmafortsatz verbunden (Abb. 143B, 147B). Ferner liegen die Kerne häufig in mehreren Horizonten, so daß der Eindruck der Mehrschichtigkeit entstehen kann (S. 18).

Die kräftig ausgebildete **Mesogloea** nimmt bei vielen Formen einen beträchtlichen Teil der Gesamtkörpermasse ein (Abb. 8C) und hat eine erhebliche funktionelle Bedeutung. Bei den solitären skelettfreien Hexacorallia (Ceriantharia, Actiniaria) verstärkt die Mesogloea die Körperwand und hat eine Stützfunktion. Andererseits spielt sie eine große Rolle bei den Formen mit „Mesoskelett", für das sie Bildungsstätte und Substrat darstellt (Octocorallia). Dementsprechend ist die Mesogloea durch Amoebocyten und Skleroblasten zellhaltig. Eine weitere wichtige Funktion ist die Aufnahme der ecto- und entodermalen Muskulatur, da sie Widerlager und Ansatzfläche für die Fasern der Epithelmuskelzellen darstellt, die häufig als Muskelgrate vollständig in die Stützschicht eingelagert sind (Abb. 143A).

Ihrem Aufbau nach besteht die Mesogloea aus einer strukturlosen Matrix und einem Geflecht von Kollagenfibrillen (S. 23). Der Wassergehalt ist geringer als bei den Polypen der anderen Klassen, woraus eine relativ feste, fast knorpelige Beschaffenheit der Mesogloea resultieren kann. Die Fibrillen des Gerüstsystems weisen eine charakteristische Anordnung auf; doch sind sie in ihrer Richtung nicht starr, sondern können bei einer Kontraktion nachgeben und sich verschieben, wobei sich der Winkel ändert, unter dem sie sich kreuzen. Daher ist die Mesogloea elastisch, und sie bildet mit der Muskulatur eine funktionelle Einheit. Darauf beruht die Fähigkeit der Anthozoa, Form und Größe des Weichkörpers stark zu verändern. Aufrechterhaltung der normalen Körperform nach dem Prinzip eines hydrostatischen Skeletts [474] und eines Rückkoppelungssystems, s. S. 245.

Die bei den Anthozoa häufigsten **Nesselkapseln** gehören der Kategorie der microbasischen Mastigophoren an, die in mehreren Varietäten ausgebildet sind, den b- und p-Mastigophoren (Tab. 5, S. 232; Abb. 11). Die Ptychonemen, die micro- und macrobasischen Amastigophoren und die Spirocysten kommen nur bei den Anthozoa vor und kennzeichnen ihre eigenständige Entwicklung. Der an den Nesselzellen der anderen Klassen auftretende Opercular-Apparat fehlt den Anthozoa; lediglich bei den Actiniaria ist er als dreieckige Klappe ausgebildet (Abb. 10). Ebenso fehlt das Cnidocil, an dessen Stelle ein Flagellum vorhanden ist. Die für sämtliche Hexacorallia typischen Spirocysten (Abb. 12C—F) (Ausnahme S. 276) haben eine Haftfunktion; außerdem dienen sie zusammen mit den atrichen Isorhizen und mit Schleimabsonderungen dem Röhrenbau. Die gleiche Funktion haben bei den Ceriantharia die Ptychonemen, die auf diese Ordnung beschränkt sind.

Die **Muskulatur** besteht ausschließlich aus Epithelmuskelzellen mit glatten Fasern (Abb. 143B). Die Ausstattung der Körperwand (des „Mauerblattes") mit ectodermaler Längs- und entodermaler Ringmuskulatur gilt als ursprüngliches Merkmal und ist nur

Tabelle 5. Die Verteilung der Nesselkapseln und der Spermienform auf die Unterklassen und Ordnungen der Anthozoa (vgl. Tab. 2, S. 32, und Abb. 11). — Nach WERNER 1965; SCHMIDT 1972; MARISCAL 1974 und SCHMIDT & ZISSLER 1979.

Kategorien		Unterklasse	Hexacorallia						Octocorallia
		Ordnung	Cerian-tharia	Acti-niaria	Madre-poraria	Coralli-morpharia	Zoan-tharia	Anti-patharia	
Astomocnide		6. Ptychoneme	+	−	−	−	−	−	−
Stomocniden	Haplonemen	7. atriche Isorhize	+	+	−	−	−	−	−
		10. holotriche Isorhize	+	+	+	+	+	+	−
		13. homotriche Anisorhize	−	+	−	−	−	−	−
	Heteronemen	15. microbasische Mastigophore	+						+
		b-Mastigophore	−	+	+	+	+	+	
		p-Mastigophore	+	+	+	+	+	+	
		16. macrobasische Mastigophore	−	−	+	−	−	−	+
		17. microbasische Amastigophore	−	+	−	−	−	−	−
		18. macrobasische Amastigophore	−	+	−	−	−	−	−
		27. Spirocyste	+	+	+	+	+	+	−
Spitzköpfige Spermien			+	+	+	+	−	−	+
Rundköpfige Spermien			−	+	−	−	+	+	−

noch bei wenigen Gruppen anzutreffen; sie ist daher ein systematisch wichtiges Merkmal. Bei der Mehrzahl der Anthozoa ist die ectodermale Muskulatur der Körperwand schwach entwickelt oder fehlt. Die Hauptmuskulatur ist auf die Septen verlagert und ist entodermaler Natur; nur die Mundscheibe und die Tentakel weisen stets eine ectodermale Muskelausstattung auf (Einzelheiten vgl. Abb. 141B). Von systematischer Bedeutung sind auch Vorhandensein oder Fehlen und Art der Ausbildung des Sphinkter (Abb. 141). Von allgemeinem Interesse ist, daß Formen mit einem wohlentwickelten Skelett eine schwächer ausgebildete Muskulatur haben.

Das **Nervensystem** der Anthozoa besteht, wie bei den anderen Cnidaria-Polypen, aus diffusen Nervennetzen. Ein gut ausgebildetes ectodermales Nervennetz der Körperwand findet sich allerdings nur bei den Formen, die über eine entsprechend differenzierte ectodermale Muskulatur verfügen. Wo dagegen die ectodermale Muskulatur der Körperwand schwach entwickelt ist, gilt dies auch für das Nervensystem in der Epidermis, während die Septen als Träger der Hauptmuskulatur ein wohlausgebildetes, entodermales Nervensystem enthalten. Mundscheibe und Tentakel haben stets ein gut entwickeltes ectodermales Nervennetz. Die entodermale Natur der Hauptnervenversorgung zahlreicher Anthozoa ist als abgeleitetes Merkmal zu betrachten und ist als solches auch im Vergleich zu allen anderen Tierstämmen von Interesse, da das Nervensystem stets ectodermaler Herkunft ist. Bei mehreren Gruppen ist das Vorhandensein von Nervenzellen in der Mesogloea nachgewiesen, welche die Verbindung zwischen den epi- und gastrodermalen Nervennetzen herstellen und für die Koordination der Muskelsysteme sorgen.

Obwohl sich bei den Anthozoa die Nervenbahnen der verschiedenen Körperteile durch ihre Leitungsgeschwindigkeit unterscheiden (Abb. 22) und obwohl spontane Aktivitäten sowie die Reaktion auf Reize und parallel dazu die abgeleiteten elektrischen Potentiale für das Vorhandensein mehrerer „schneller“ und „langsamer“ Leitungssysteme sprechen, sind solche jedoch histologisch nicht nachweisbar (S. 40f.). Die höchste Stufe der Koordination ist bei den stockbildenden Pennatularia (Octocorallia) erreicht, die in dieser Hinsicht den Siphonophora (Hydrozoa) vergleichbar und wie diese zu einer individuenähnlichen Einheit integriert sind.

Sinnesorgane fehlen den Anthozoa vollständig; die Epithelien besonders der Mundscheibe und der Umgebung des Mundes sind jedoch mit zahlreichen Sinneszellen ausgestattet.

Die Septen sind Stützorgane für das an ihnen aufgehängte Schlundrohr und für den gesamten Körper; keineswegs aber vergrößern sie mit ihrer ausgedehnten Oberfläche die der Verdauung dienenden Gastrodermisbereiche des Gastralraumes. Die Verdauungsfunktionen sind vielmehr auf die **Mesenterialfilamente** konzentriert, die mit Zymogenzellen mehrerer Typen und Absorptionszellen reich besetzt sind [559, 560]. Durch die sehr beweglichen, krausenförmig verlängerten Filamente werden die Nahrungspartikel vollständig eingehüllt, und die Drüsenzellen scheiden die Verdauungsenzyme nur in unmittelbarem Kontakt mit der Nahrung aus. Diese ökonomische Verwendung der Enzyme ist wegen des starken Wasseraustausches im Gastralraum notwendig und erklärt, warum in der Flüssigkeit des Magens Enzyme höchstens in schwachen Spuren nachweisbar sind. Der starke Wasserdurchsatz dient dem Gasaustausch und der Ausscheidung der Exkrete und Exkremente. Ein großer Teil der Sauerstoffaufnahme erfolgt durch die große Oberfläche der dünnwandigen Tentakel. Bei den Anthozoa, die symbiontische Zooxanthellen beherbergen, sind diese überwiegend in der Gastrodermis lokalisiert, seltener auch in der Epidermis und Mesogloea.

Fortpflanzung und Entwicklung

Wie bei den anderen Cnidaria kann man wieder eine asexuelle und eine sexuelle Fortpflanzung unterscheiden, bei den Anthozoa können sich beide aber notwendigerweise nur am Polypen vollziehen.

Die asexuelle Vermehrung durch **Knospung** ist vorwiegend auf die stockbildenden Formen beschränkt und ist Ursache der Stockbildung. Zahlreiche Arten vermehren sich durch Längsteilung. Querteilung ist dagegen selten und wurde bisher beobachtet unter den Actiniaria bei *Gonactinia* (Abb. 149 A), *Aiptasia couchi*, *Anthopleura stellula* und *Edwardsia lineata* sowie unter den Madreporaria bei *Fungia* als Vorstufe der geschlechtlichen Fortpflanzung (Abb. 167). Die Laceration der Actiniaria ist eine besondere Form der asexuellen Vermehrung, bei der sich größere oder kleinere Teile der Körperbasis ablösen und zu vollständigen Tieren regenerieren (Abb. 149 B).

Die Anthozoa sind meist getrenntgeschlechtig, doch ist Zwittrigkeit anscheinend nicht selten. Auch einige seltene Fälle von parthogenetischer Entwicklung sind beschrieben (S. 248). Die **Keimzellen** entstehen im Entoderm der Septen, entwickeln sich aber in deren Mesogloea, aus der sie durch Platzen der Wand frei werden (Abb. 143 A). Zum Unterschied gegenüber den Hexacorallia hängen die reifen Gonaden der Octocorallia als traubige Ausstülpungen der Septen in den Gastralraum hinein. Im Normalfall werden die Geschlechtsprodukte durch den Mund ins freie Wasser ausgestoßen. Hier vollziehen sich Besamung und Entwicklung bis zur Planula, die sich nach einer kürzeren oder längeren planktonischen Phase an einem geeigneten Substrat anheftet und zur Adultform heranwächst (Abb. 145).

Die Furchung der Eier verläuft nach dem Grundtypus der totalen, adeaqualen, radialen Furchung; doch kommen in Abhängigkeit von Größe und Dottergehalt Abwandlungen vor (inaequale, syncytiale und superficielle Furchung). Die Entodermbildung erfolgt überwiegend durch Invagination. Allerdings wird dieser Vorgang oft dadurch verschleiert, daß schon vorher dotterhaltige Zellfragmente ins Blastocoel abgegeben werden. Die vollständig begeißelte Planula trägt, wenn sie planktotroph ist, am aboralen Bewegungsvorderpol einen Wimperschopf; er fehlt bei der großen Menge der Arten mit lecitotrophen Larven.

Brutpflege ist nicht selten. Im einfachsten Fall werden die Eier im Gastralraum zurückbehalten und entwickeln sich hier zur Planula oder (seltener) zum Jungtier. Die anschließende pelagische Phase ist in manchen Fällen stark verlängert. Das gilt insbesondere für Arten, deren Larven bereits Tentakel und Mesenterien ausbilden und planktotroph sind. Bei solchen Larven kann der Aboralpol zu einer Sinnesgrube differenziert sein (Abb. 152). Auf weitere Einzelheiten der Fortpflanzung (Paarungsverhalten der Actiniaria, Spezialfälle der Brutpflege, Larvenformen) wird bei den einzelnen Gruppen noch eingegangen. Larvenparasitismus, s. S. **249**.

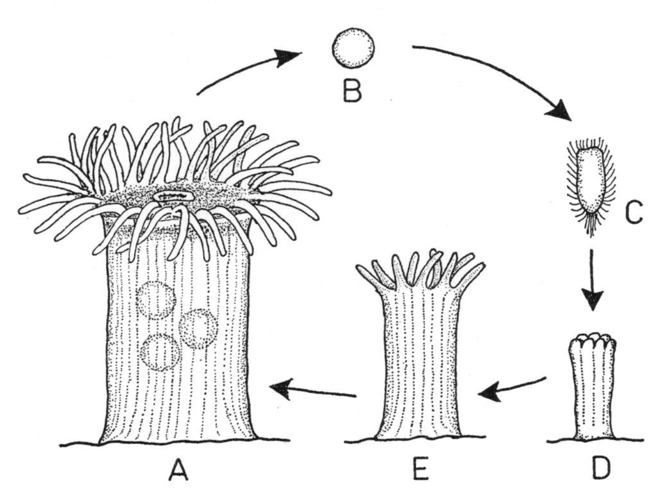

Abb. 145. Lebenskreislauf der Anthozoa, Grundtypus. Schema. **A.** Adultes Weibchen. **B.** Eizelle, die durch den Mund ins Wasser ausgestoßen, dort besamt wird und sich weiter entwickelt. **C.** Planula. **D.** Primärpolyp. **E.** Heranwachsender Jungpolyp. — Nach TARDENT 1978.

Wie die übrigen Cnidaria haben die Anthozoa eine große Regenerationsfähigkeit. Die Lebensdauer mancher Arten ist erheblich, wie durch Aquariumsbeobachtungen an Einzelformen (Ceriantharia, Actiniaria) historisch belegt ist (S. 257 f.). Die stockbildenden Formen sind praktisch unsterblich.

Stammesgeschichte

Die Anthozoa unterscheiden sich von den übrigen Cnidaria vor allem durch das völlige Fehlen der Medusen-Generation. Da die Metagenese ein sekundäres Phänomen darstellt, ist die rein polypoide Natur der Anthozoa ein plesiomorphes Merkmal, durch das sie den gemeinsamen Vorfahren aller Cnidaria näher stehen als die übrigen Klassen.

Als apomorphe Merkmale müssen gewertet werden: Verbreiterung und Scheibenform des Mundpoles, Auftreten hohler Tentakel und eines ectodermalen Schlundrohres, Vermehrung und Umformung der Septen sowie die veränderten Symmetrieverhältnisse.

Die Scheibenform des Mundpoles spricht ebenso wie die Beschränkung der Tentakel auf die Mundscheibe für die Herkunft aller rezenten Anthozoa von Vorfahren mit einem röhrenförmigen Außenskelett, das den Weichkörper vollständig umgab und aus dessen oberer Mündung nur der Kopfteil mit Mund und Tentakeln herausschaute. Das Modell für diese ursprüngliche Skelettform der Cnidaria ist die Peridermröhre des Scyphopolypen *Stephanoscyphus* (Abb. 30). Bei den rezenten Anthozoa ist ein vergleichbares Skelett nur noch bei den Cornulariidae (Octocorallia) erhalten.

Die übrigen apomorphen Merkmale stehen in ursächlichem Zusammenhang mit der allgemeinen Tendenz zur Körpervergrößerung durch Breitenwachstum beim Einzelpolypen, der bei den Vorfahren (vgl. unten) die Tendenz zur Reduktion des stützenden Röhren-Außenskeletts und des Längenwachstums voranging. Schlundrohr und Septen wurden als Stützstrukturen notwendig, und der vermehrte Sauerstoffbedarf des vergrößerten Körpers bedingte einen verstärkten Wasserdurchfluß, was die Spaltform des Mundes und die Ausbildung der Geißelrinnen nach sich zog. Auf das Breitenwachstum ist auch die ausgesprochene Zylinderform des Anthozoen-Körpers zurückzuführen.

Mit der Reduktion des schützenden und stützenden Außenskelettes ist offenbar auch die Verlagerung der Muskulatur von der Körperwand auf die Septen zu erklären, die dadurch asymmetrisch wurden, sowie die Entwicklung einer kräftigen Mesogloea, die Vermehrung der Septen und der Erwerb des Schlundrohres als zusätzliche Stützeinrichtungen. Gleichzeitig wurde die verbleibende Schutzfunktion der Körperkontraktion so verbessert, daß durch den neu erworbenen Sphinkter die Körperwand über dem kontrahierten Mittelteil mit den Tentakeln zusammengezogen werden kann. Dies wiederum hatte eine Verlagerung der Retraktoren in Richtung auf die Mittelachse zur Voraussetzung. Bei der Kontraktion des Körpers folgen oral-basale Längskontraktion und zentripetale Ring-Querkontraktion des Oberteils notwendigerweise aufeinander.

Das wohl schwierigste Problem der Stammesgeschichte der Anthozoa ist die Frage nach Herkunft und Ursache der veränderten Innensymmetrie. Fossile Überlieferungen von Zwischenformen der Weichkörper-Strukturen, die das Problem lösen helfen könnten, gibt es nicht. Die Paläontologie konnte zwar gewisse evolutive Tendenzen aufzeigen, im übrigen aber sind wir auf Rückschlüsse von den rezenten Formen her angewiesen.

Am häufigsten wird die Bilateralität der Anthozoa als uraltes primitives Erbteil erklärt. Sie sei von der frühen Stammform aller Cnidaria, einem sessilen bilateralen Archipolypen, übernommen worden. Dieser Archipolyp wird von einer früheren bilateralen benthonisch-vagilen Form abgeleitet, die planuloider Natur gewesen sei und die Bilateralität auch nach dem Übergang zur sessilen Lebensweise beibehalten habe. Einen Hinweis auf diese primäre Bilateralität glaubt man in der Ontogenese rezenter Formen zu erkennen, da die zuerst gebildeten Tentakel und Septen oft in Zweizahl auftreten. Es gibt aber ebenso Fälle, in denen die Tentakel und Septen einzeln nacheinander oder in denen die Tentakel gleichzeitig in einer größeren Anzahl gebildet werden. Die Annahme eines sessilen und primär bilateralen Archipolypen ist also rein hypothetisch und lediglich als „ad-hoc-Konstruktion“ zur Erklärung der Bilateralsymmetrie der Anthozoa zu werten.

Ein anderer Lösungsversuch gründet sich auf die Veränderungen der Morphologie und Anatomie, die mit einem Funktionswechsel korreliert sind und letzten Endes auf die veränderte Wachstumstendenz zur Körpervergrößerung durch Breitenwachstum zurückgehen. Nach dieser Auffassung werden die Symmetrieverhältnisse der Anthozoa als sekundär und als Ergebnis einer progressiven Evolution gedeutet, die sie über das Strukturniveau der anderen Klassen hinaushebt. Als untrügliche Zeichen dieser Evolution gelten die Hohlform der Tentakel, der Neuerwerb des Schlundrohres als Stütz- und Pumporgan, seine Spaltform und Verwachsung mit den Septen, die notwendig zur Änderung der Radialsymmetrie führten, die Vermehrung der Septen und die entodermale Natur des Hauptmuskel- und Nervensystems.

Wenn man die fossilen Zeugnisse der Stammesgeschichte einbezieht, so ermöglichen die spärlichen von den Vorfahren der Octocorallia erhaltenen Überreste nach dem jetzigen Kenntnisstand keine Aufklärung der verwandtschaftlichen Zusammenhänge und ergeben keine Hinweise auf das Symmetrieproblem. Insbesondere sind keine sicheren Spuren von Vorfahren mit Röhren-Ectoskelett bekannt, die ja auch an der Basis dieser Unterklasse gestanden haben müssen. Ebenso führt kein sicherer Weg zu dem Abzweigungspunkt zurück, an dem sich die Hexacorallia von der gemeinsamen Ursprungslinie der Anthozoa getrennt haben. Das Auftreten dieser Unterklasse in der Epoche der Trias (Muschelkalk) ist durch zahlreiche Fossilien der Madreporaria, also von Formen mit Basal-Ectoskelett belegt. Bekannt sind ihre Massenentfaltung in der Kreide und im Tertiär, ihr gebirgsbildender Anteil bei der Auffaltung der Alpen (Dolomiten, Kreide bis Tertiär) und ihre landbildende Tätigkeit in den Tropen bis in die Gegenwart.

Ausgestorbene Vorfahren sind die Gruppen der Tabulata (frühes mittleres Ordovicium bis Perm) und der Rugosa (spätes mittleres Ordovicium bis Perm) [430, 456, 510]. Beide Gruppen lassen sich nicht miteinander und mit den rezenten Anthozoa durch direkte Verwandtschaftslinien verbinden. Sie müssen aber als Verwandtschaftszweige gelten, die durch die Form und Bildungsweise ihrer zahlreichen erhaltenen Kalkskelette die Tendenzen demonstrieren, die durch ihre Veränderung zu den rezenten Formen hinführen. Diese Tendenzen lassen sich durch die Merkmalspaare Längenwachstum-Röhrenform und Breitenwachstum-Septenbildung charakterisieren.

Die **Tabulata** sind die ältesten und offenbar ursprünglichsten Anthozoa, doch ist ihre Zuordnung zu den Octocorallia oder Hexacorallia unsicher. Sie hatten lange, sehr schmale röhrenförmige Ectoskelette, die zu kompakten Stöcken vereinigt waren. Ihre Hauptwachstumstendenz war durch ein basal-orad gerichtetes Längenwachstum gekennzeichnet. Die in der Röhre vertikal übereinander liegenden Querböden (Tabulae) sind Ausdruck des begrenzten Längenwachstums des Einzelpolypen, was durch die Stockbildung bedingt ist (Abb. 38). Septen fehlen oder sind in geringer Zahl vorhanden; auf alle Fälle spielen sie keine Rolle und sind nur als vertikale Dornenreihe oder als schmale wandständige Leisten ausgebildet. Wenn auch über die Form des Weichkörpers nichts ausgesagt werden kann, so geben die Skelettstrukturen doch keinerlei Hinweise auf bilaterale Symmetrieverhältnisse. Wahrscheinlicher ist, daß die Tabulata von solitären, mit röhrenförmigem Ectoskelett versehenen, radialsymmetrischen Vorfahren abstammen. Mit den Tetraidae, einer der ältesten Familien, hat es Tabulata gegeben, deren Röhren einen viereckigen Querschnitt und vier mittelständige Septen besaßen; dies erscheint im Hinblick auf die noch älteren fossilen Conulata (Kambrium bis Trias) (Abb. 28) von besonderem Interesse.

Die meist solitären **Rugosa** haben eine sehr starke Aufspaltung in verschiedene Richtungen erfahren. Die meisten Rugosa hatten zwar als wichtigstes Skelettelement noch ein Röhren-Ectoskelett, aber sie zeigten deutlich die Tendenz zum Breitenwachstum bei verringertem Längenwachstum, woraus die häufige Skelettform eines breiten Kegels oder kurzen breiten Hornes resultierte. Ferner lassen ihre Gehäuse deutlich die Tendenz zur

Bildung eines charakteristischen bilateralen Septensystems erkennen. Die ontogenetische Entwicklung des Septalapparates läßt sich rekonstruieren (Abb. 146A—E). Sie führt von zuerst zwei Septen über ein bei manchen Arten regelmäßiges sechsstrahliges Zwischenstadium mit Primärsepten zum Endstadium, in dem die Sekundärsepten serial in vier Zwischenfächern gebildet wurden, weshalb die Rugosa auch Tetracorallia genannt werden. Unter den Rugosa gab es zahlreiche Formen, die seitlich angewachsen waren. Es gab ferner Arten, die einen einteiligen Deckel hatten (Abb. 146F) und sogar solche mit einem viereckigen Querschnitt des Gehäuses, das in manchen Fällen obendrein mit einem Deckelapparat

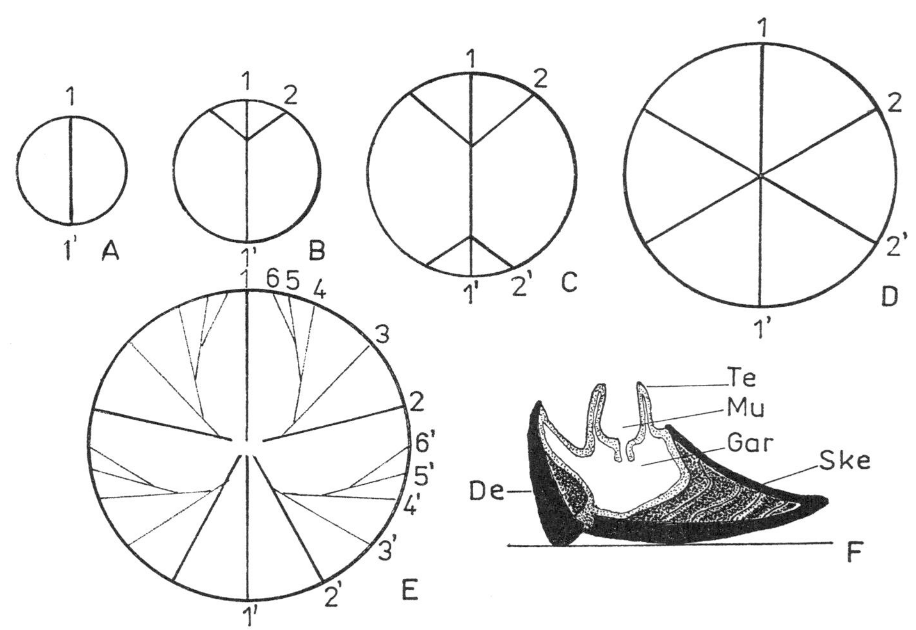

Abb. 146. Entwicklung und Bau der fossilen Rugosa, schematisch. **A.—E.** Ontogenetische Stadien der Septenentwicklung. Die Zahlen geben die Reihenfolge der serialen Septenbildung an. Die 6 Hauptsepten sind kräftig gezeichnet. Die dünn gezeichneten Metasepten entstehen nur in vier Fächern (Tetracorallia). **F** Rekonstruktion der Pantoffelkoralle *Calceola sandalina* im Sagittalschnitt. Der Weichkörper ist punktiert. — **De** Deckel, **Gar** Gastralraum, **Mu** Mund, **Ske** Skelett, **Te** Tentakel. A —E nach SCHINDEWOLF 1930, F nach RICHTER aus KUHN 1939.

aus vier dreieckigen Klappen versehen war. Auch bei den Rugosa lassen sich daher Formtendenzen aufspüren, wie sie bei den Conulata angetroffen werden und dort die Regel darstellen. So verstärken sich die Indizien dafür, daß die Tabulata und die Rugosa auf gemeinsame Vorfahren mit den Conulata zurückgehen.

Die fossile Gruppe der Heterocorallia (Karbon) braucht nicht berücksichtigt zu werden, da es sich um eine kurzlebige kleine Gruppe gehandelt hat, die durch die spärlichen Fossilien nicht ausreichend bekannt ist. Immerhin ist von Interesse, daß den zugehörigen Formen vier Primärsepten zugeschrieben werden, ferner, daß ihr Skelett hauptsächlich aus Septen und Tabulae bestanden hat. Damit demonstrieren sie ebenfalls die Tendenz der Reduktion des Röhren-Ectoskelettes. Die erst neuerdings beschriebene Gruppe der Septodaearia, die vom frühen Ordovicium bis ins frühe Devon existiert hat, ist dagegen durch ein eindeutiges Röhren-Ectoskelett aus organischer Substanz ausgezeichnet [430]. Dies spricht für die Hypothese, daß ein solches Skelett ursprünglich allen frühen Cnidaria zukam.

Auf die sich verstärkenden Tendenzen zur Reduktion des Längenwachstums und des Röhren-Ectoskeletts zugunsten des Breitenwachstums und des Ausbaues des Skelett-

Septen-Apparates sind schließlich die Form und Symmetrieverhältnisse der Madreporaria zurückzuführen, welche die Hauptmasse der erhaltenen Fossilien geliefert haben. Bei ihnen hat nicht mehr eine Außenröhre die Hauptstützfunktion für den Weichkörper des Einzelpolypen, sondern vielmehr haben dies die Septen. Das geht auch aus der Ontogenese der rezenten Formen hervor, da die Kalksepten der Madreporaria vor dem Kelch entstehen. Die Existenz der Ceriantharia, Actiniaria und Corallimorpharia läßt vermuten, daß die Rückbildung des Röhren-Ectoskeletts zuerst zu skelettfreien Formen geführt hat. Als Modell können wiederum die Scyphozoa dienen: Der Vergleich von *Stephanoscyphus* mit dem Scyphistoma demonstriert klar die Tendenzen zur Reduktion des Röhren-Ectoskeletts und zu ihrer Kompensation (S. 73).

Die Anthozoa haben also ganz offensichtlich im Verlaufe der Stammesgeschichte das ursprünglich vorhandene, röhrenförmige Außenskelett reduziert, um dann später ein basales Außenskelett und schließlich ein Innenskelett auszubilden. Dies steht im Einklang mit der phylogenetischen Regel, nach der verloren gegangene Strukturen nicht in der ursprünglichen, sondern in abgewandelter Form wiedererworben werden. Es ist bezeichnend, daß sich in den sekundären Skelettbildungen der Anthozoa, die wir sowohl bei den Hexacorallia als auch bei den Octocorallia antreffen, erneut die Tendenz zur Radialsymmetrie durchgesetzt hat. Schließlich ist auf die Parallelentwicklung hinzuweisen, die bei den Hydrozoa stattfand: Aus dem stolonialen Chitin-Röhrenskelett wurden das Chitin-Plattenskelett der Hydractiniidae, das basale Kalk-Ectoskelett der Stylasteridae und Milleporidae sowie das Chitin-Innenskelett der Solanderiidae.

Der Verlust des Röhrenskeletts könnte die fossilfreie Periode im Trias (Buntsandstein) zwischen dem Absterben der Rugosa und dem Auftreten der Madreporaria erklären, die ja sofort mit allen Familien und einem basalen Ectoskelett in Erscheinung treten.

Für die Auffassung, daß die veränderte Innensymmetrie der rezenten Anthozoa als abgeleitet gelten muß, spricht auch die Septenbildung der Ceriantharia. Diese Ordnung wird heute mit Recht an die Basis der Hexacorallia gestellt (S. 243). Ihr Körperbau, besonders das Primitivmerkmal der ectodermalen Hauptmuskulatur, läßt vermuten, daß sie von solitären Vorfahren mit Röhren-Ectoskelett abstammen. Die von ihnen ererbte Tendenz zum kontinuierlichen Breitenwachstum kommt in der speziellen Art der gerichteten Septenbildung auf beiden Seiten der Symmetrie-Ebene zum Ausdruck, die vom Bildungsfach ausgeht (Abb. 147); sie läßt sich am besten als altes Erbteil deuten, das von seitlich angewachsenen Vorfahren herrührt, wie sie in der fossilen Gruppe der Rugosa tatsächlich existiert haben. Die heutige Körperform der Ceriantharia erklärt sich aus ihrer Lebensweise in Sedimentböden, die — wie bei manchen Hydrozoa — sekundär ist.

Die solitären Actiniaria, die auf festen Substraten blieben, manifestieren den Einfluß der Tendenz zu verstärktem Größenwachstum, die nach dem Verlust des Röhren-Außenskeletts die auffallende Vermehrung der Septen und die besondere Form des „peripher-diskontinuierlichen" interkalaren Breitenwachstums in den Zwischenfächern verbunden mit Septen-Dublettenbildung (Abb. 148) ausgelöst hat. Bei den Madreporaria mit geringer Septenzahl wirkt sich erneut die Tendenz aller stockbildenden Formen aus, eine artspezifische Endgröße nicht zu überschreiten. Das Basalskelett der Madreporaria als Neuerwerbung wird in homologer Form bei den Helioporida (Octocorallia) angetroffen. Die übrigen Gruppen der beiden Unterklassen demonstrieren durch ihre Entoskelette die Wege der Sonderentwicklung, durch die sie sich von der gemeinsamen Ausgangslinie am weitesten entfernt haben.

Hinzuweisen ist besonders auf die Zoantharia (Hexacorallia), bei denen die evolutive Tendenz der erneuten Skelettbildung zu der absonderlichen Form des mesogloealen Pseudoskeletts durch inkrustierte Fremdkörper geführt hat. Eine Ausnahme machen, wie erwähnt, die Cornulariidae (Octocorallia).

Die Stammesgeschichte der Anthozoa zeigt damit einen recht wechselvollen Verlauf, was jedoch angesichts ihrer komplizierten Körperstrukturen, die durch die Größenzunahme bedingt sind, und ihrer besonderen Symmetrieverhältnisse nicht verwunderlich sein kann. Im übrigen repräsentiert ihr Weichkörper sowohl im ausgestreckten Zustand, der nach dem Prinzip des hydrostatischen Skeletts und Rückkoppelungssystems aufrechterhalten wird, als auch während und nach der Kontraktion und während des Wiederausstreckens mit seiner Nerven- und Muskeltätigkeit ein habituell und funktionell übergeordnetes, multiradiales System. Es ist wahrscheinlich, daß auch der Weichkörper aller fossilen Vorfahren die gleiche äußere und funktionelle Radialsymmetrie besessen hat, die sämtlichen rezenten Anthozoa bei aller Verschiedenheit ihrer morphologischen und anatomischen Strukturen gemeinsam ist und die das übergeordnete Bauprinzip aller Cnidaria darstellt. Die häufig als bilateralsymmetrisch bezeichneten Symmetrieverhältnisse der vertikal-polar-orientierten Anthozoa sind mit der horizontal-polar-orientierten Rechts-Links-Bilateralsymmetrie der folgenden Tierstämme nicht vergleichbar. Daher lassen sich die Bilateralia nicht von den Cnidaria ableiten (vgl. Teil 1, S. 132).

Die aus der vergleichenden Morphologie und aus der Paläontologie verfügbaren Indizien sprechen dafür, daß die Trennung der Anthozoa von der Hauptentwicklungslinie der Cnidaria auf eine Zeit zurückgeht, in der die gemeinsame Stammform ein radialsymmetrischer und mit einem Röhren-Ectoskelett versehener, solitärer, sessiler Polyp war, der durch ein basal-oralwärts gerichtetes Längenwachstum charakterisiert war. Von einem solchen Vorfahren läßt sich auch die Linie ableiten, die zu der tetraradialen Stammform der Conulata, Scyphozoa, Cubozoa und Hydrozoa hinführt. Die Aufspaltung muß bereits im Präkambrium erfolgt sein.

Vorkommen und Verbreitung

Die Anthozoa sind rein marin und besiedeln sämtliche Lebensräume vom Eulitoral bis hinab in die Tiefseegräben. Die Tiefseeformen gehören überwiegend der Ordnung Actiniaria an, doch gibt es einige auch unter den Pennatularia. Wenige Arten sind an niedrige Salzgehalte angepaßt und kommen auch in Flußmündungen, Brackwassergebieten oder in Randmeeren mit vermindertem Salzgehalt vor. Die Hauptverbreitungsgebiete liegen in den Tropen, wo die Anthozoa in den flachen Küstengewässern durch die Korallenriffe eine dominierende Rolle spielen.

Lebensweise

Sessilität und **Fortbewegung**. Die meisten Anthozoa leben am Boden, sind an ein festes Substrat gebunden und, bis auf die pelagische Jugendphase, obligatorisch sessil, was insbesondere für die Mehrzahl der stockbildenden Formen zutrifft. Lediglich die Stöcke der Pennatularia, die mit dem Schwellfuß im Boden verankert leben, haben eine beschränkte Beweglichkeit. Die solitären, im und auf dem Boden lebenden Ceriantharia und Actiniaria sind ebenfalls halbsessil und können sich mit dem Grabfuß bzw. mit der Haftscheibe langsam bewegen. Einige Aktinien sind auch zum langsamen Schwimmen durch Tentakelschlag oder durch rhythmische Biegungen des Körpers befähigt, wobei es sich um Fluchtreaktionen handelt (S. 251). Die kleine Gruppe der tropischen Schwebeaktinien (Minyadidae) ist holopelagisch; die treiben passiv an der Meeresoberfläche mit der zu einer Boje umgewandelten Haftscheibe, die eine Luftblase umschließt.

Ernährung. Die meisten Arten sind nichtselektive Microphagen und Carnivoren, die ihren Nahrungsbedarf aus dem Zooplankton decken. Macrophagen gibt es nur unter den großen Actiniaria, die auch größere Beutetiere überwältigen, wie Fische oder Krebse. Meist sind die Anthozoa passiv lauernde Fischer. Über den Anteil von organischem Detritus an der Ernährung der Riffkorallen und die aktive Form der Nahrungssuche mit Hilfe der Mesenterialfilamente s. S. 270. Bedeutung der Symbiose mit Zooxanthellen für die Ernährung und Skelettbildung s. S. 270f. Aufnahme von gelösten organischen Substanzen s. S. 271.

Die Fähigkeit sowohl der solitären als auch der stockbildenden Anthozoa, durch asexuelle und sexuelle Vermehrung dichte Bestände zu erzeugen, hat zu bemerkenswerten Erscheinungen der aktiven Abwehr der Gefahren einer Raum- und Nahrungskonkurrenz geführt, die in keiner anderen Klasse angetroffen werden (S. 252).

System

Es werden die beiden Unterklassen Hexacorallia und Octocorallia (S. 282) unterschieden.

1. Unterklasse Hexacorallia

Reichlich 2500 Arten. Größte solitäre Form: *Stoichactis* sp., bis 1,50 m Durchmesser.

Diagnose

Solitäre oder stockbildende Anthozoa, deren Mesenterien meist in 6-Zahl oder in einem Vielfachen von 6 auftreten. Nackt, mit Schleim-Pseudoröhre, mit Ecto- oder Entoskelett aus Kalk oder Hornsubstanzen (oder aus beiden). Tentakel meist einfach, selten verzweigt. Mit flächigen Gonaden im Inneren der Mesenterien. Nesselkapseln in 9 Kategorien: 1 Astomocnide, 7 Stomocniden und Spirocyste (Tab. 5, S. 232). — Es werden 6 Ordnungen unterschieden.

Die 6- oder 6n-Zähligkeit ist bei den Hexacorallia zwar die Regel, doch können die Mesenterien auch 5-, 8-, 10- oder vielzählig auftreten. Da die reifen Gonaden von den Flächen der Mesenterien höchstens kissenartig vorspringen, aber niemals traubig verzweigt in den Gastralraum hineinhängen, und da überdies die Tentakel einfach und nur bei wenigen Arten verzweigt sind, lassen sich die Hexacorallia leicht von den Octocorallia unterscheiden. Ein weiteres synapomorphes Merkmal aller Hexacorallia ist der Besitz des speziellen Kapseltyps der Spirocyste (eine Ausnahme, S. 276). Für die Erkennung der verwandtschaftlichen Beziehungen der einzelnen Ordnungen sind neben den Nesselkapseln auch die Spermien von Bedeutung. Spitzköpfige Spermien gelten als ursprünglich, rundköpfige als abgeleitet (vgl. Tab. 5).

Mit Ausnahme der Minyadidae (Schwebeaktinien) sind alle Hexacorallia Bodenbewohner. Sie leben mit dem Fuß im Boden eingegraben oder sind epibenthonisch; sie sind sessil oder mit Hilfe des Grabfußes oder der Haftscheibe, die als Kriechsohle dient, langsam beweglich. Einige Formen sind auch zum kurzfristigen Schwimmem befähigt.

1. Ordnung Ceriantharia, Zylinderrosen

Ungefähr 50 Arten. Bis etwa 70 cm lang.

Diagnose

Solitäre, hemisessile Formen mit langgestrecktem, wurmförmigem Körper ohne Skelett. Basalpol ohne Haftscheibe, mit Porus. Mundscheibe mit innerem und äußerem Kranz zahlreicher Tentakel. Schlundrohr mit einer Siphonoglyphe. Die zahlreichen Mesenterien in radiobilateraler Anordnung, sämtlich vollständig. Ectodermale Muskulatur der Körperwand kräftig, entodermale Muskulatur der Mesenterien schwach entwickelt. Ohne Sphinkter. Nesselkapseln, s. Tab. 5, S. 232.

Eidonomie und Anatomie

Die Zylinderrosen sind Bewohner der oberen Schicht des Meeresbodens und leben einzeln in einer Röhre, aus der nur der Oberteil des Körpers mit Mundscheibe und

Tentakelkrone herausschaut. Dem langgestreckten schlanken Körper fehlt dementsprechend eine Haftscheibe; der Aboralpol ist vielmehr zugespitzt, kann aber durch inneren Flüssigkeitsdruck kolbig erweitert werden und dient zum Eingraben oder zur Verankerung. Der spaltförmige Mund ist von einem inneren (oralen) und einem äußeren (marginalen) Kranz zahlreicher (bis zu mehreren Hundert) Tentakeln umgeben, die im ausgestreckten Zustand lang und fadenförmig sind (Abb. 147 A). Skelettbildungen fehlen, doch ist die Wand des Wohnbaues zu einer Pseudoröhre verfestigt. Das spaltförmige Schlundrohr hat nur eine Siphonoglyphe an der durch das dorsale Richtungsfach gekennzeichneten Schmalseite (Abb. 147 B).

Die zahlreichen vollständigen Mesenterien sind so verteilt, daß von den zusammengehörigen und gleichzeitig entstandenen Paaren je ein Mesenterium rechts und links der Symmetrieebene liegt. Die paarweise Neubildung erfolgt im ventralen Richtungsfach, so daß hier die jüngsten Mesenterien liegen. Sie werden beim weiteren Wachstum und beim Nachschub neuer Mesenterien ständig nach rechts bzw. links in dorsaler Richtung verschoben. Auf diese Weise entsteht die innere radiobilaterale Symmetrie (S. 229). Die drei zuerst entstandenen dorsalen Mesenterienpaare werden als Protomesenterien, die folgenden als Metamesenterien bezeichnet.

Die schwach entwickelten entodermalen Längsmuskeln liegen jeweils auf der zum Bildungsfach gerichteten Fläche. Die Fähigkeit zur Längskontraktion beruht aber fast ausschließlich auf der kräftig entwickelten ectodermalen Längsmuskulatur der Körperwand (primitives Merkmal). Ferner fehlt ein Sphinkter, so daß der Körper bei der Kontraktion nicht über der Mundscheibe mit den Tentakeln geschlossen werden kann. Die Mesogloea ist schwach ausgebildet und enthält nur wenige Zellen. In der Körperwand dient sie vor allem zur Aufnahme der zu radialen Graten aufgestellten Muskelfasern der Epidermiszellen. Die freien Abschnitte der Mesenterialfilamente sind recht kompliziert gebaut; ihre Basalteile tragen bei den Arachnanthidae als Acontioide bezeichnete Fäden, die mit Drüsenzellen, aber nicht mit Nesselzellen besetzt sind. Die hohlen Tentakel sind so angeordnet, daß jeweils ein oraler und ein marginaler Tentakel über einer Gastralkammer liegen; über dem dorsalen Richtungsfach steht nur ein Marginaltentakel. Entsprechend der Lage der Hauptmuskulatur im Epithel der Körperwand existiert ein wohlentwickelter subepidermaler Nervenplexus; auch das Hauptnervensystem ist also ectodermaler Natur [514.] Die Gonaden liegen in der Innenwand der Mesenterien, wobei fertile und sterile Mesenterien miteinander abwechseln.

Fortpflanzung und Entwicklung

Eine asexuelle Vermehrung tritt nicht auf. Die meisten Arten sind zwittrig. Eier und Samenzellen werden im selben Mesenterium erzeugt, reifen aber nicht gleichzeitig, so daß Selbstbefruchtung vermieden wird [507]. Brutpflege ist unbekannt.

Aus der totalen, adaequalen Furchung geht eine typische Coeloblastula hervor. Das Entoderm wird durch Invagination gebildet. Viele Arten haben eine lange planktonische Larvenphase. Dabei schließt sich an die offenbar kurze Periode der Planula die lange Phase der „Cerinula“-Larve an, die mit Tentakeln, Mund und Magen sowie mit sechs Septen ausgestattet und zur Nahrungsaufnahme befähigt ist.

Im Nordsee-Plankton des Frühsommers ist die als *Arachnactis albida* bekannte Larve nicht selten, die mehrere große Marginal- und wenige kleine Oraltentakel besitzt. Durch Vor- und Zurückschlagen der Tentakel kann diese Larve aktiv schwimmen. Wahrscheinlich handelt es sich um das Jugendstadium von *Arachnanthus sarsi*. Die als *Synarachnactis bournei* (Abb. 147 C, D) bezeichnete Larve ist weniger häufig; sie wird der Art *Cerianthus lloydii* zugeschrieben. Bei anderen Ceriantharia ist nur die planktonische Larve bekannt, so daß die Systematik zum Teil auf Jugendstadien aufgebaut ist, die sogar eigene Artnamen tragen.

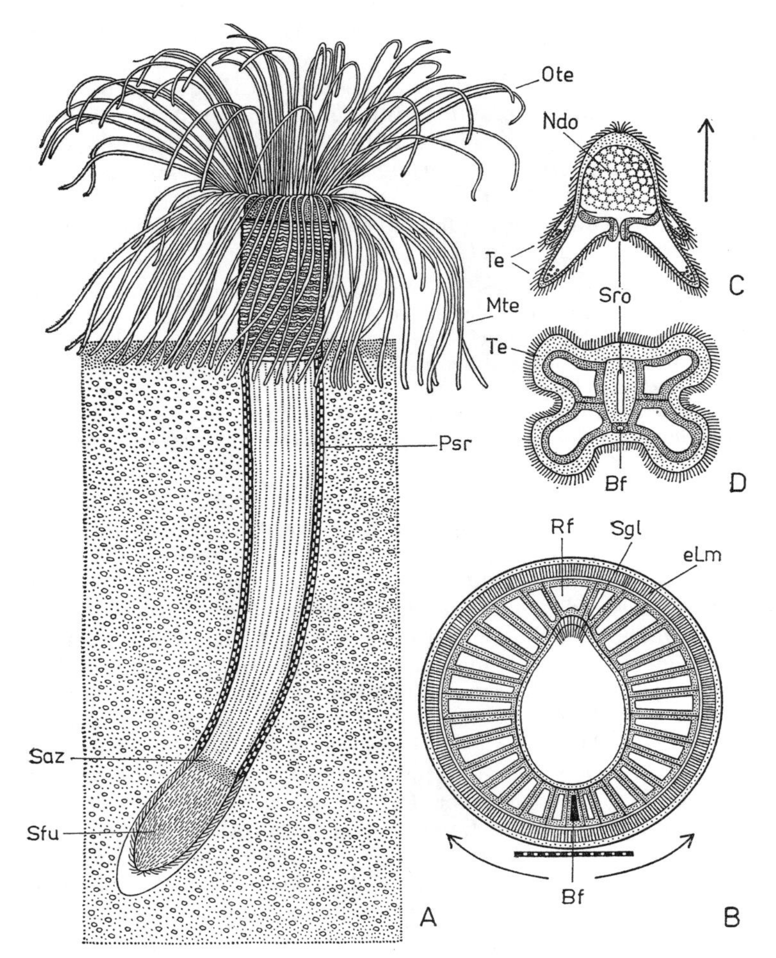

Abb. 147. Bau und Entwicklung der Ceriantharia. **A.** *Cerianthus lloydii.* Habitus des lebenden Tieres mit ausgestreckter Tentakelkrone, das in einer durch Schlickteilchen verfestigten, aus erhärtetem Schleim bestehenden Wohnröhre im Sediment lebt. **B** Schematischer Querschnitt. Die nur schwach entwickelten Muskelfahnen der Mesenterein sind nicht gezeichnet. Man beachte die stark entwickelte epidermale Längsmuskulatur. Die Pfeile kennzeichnen die Richtung des Breitenwachstums, das mit der Neubildung von Septen verbunden ist. Die gestrichelte Linie soll die hypothetische Zone andeuten, an der die ausgestorbenen Vorfahren mit dem Substrat verwachsen waren; diese Hypothese könnte die Richtung der Septenbildung und des Breitenwachstums erklären. **C.** Junges pelagisches Larvenstadium (sog. *Synarachnactis bournei*), Seitenansicht, mit vier Tentakeln. Der Pfeil kennzeichnet die Bewegungsrichtung. **D.** Querschnitt durch das gleiche Larvenstadium in Höhe des Schlundrohres. Zwei Septen sind voll entwickelt, zwei neue entstehen aus dem Bildungsfach. — **Bf** Bildungsfach, punktiert, **eLm** epidermale Längsmuskulatur, **Mte** Marginaltentakel, **Ndo** Nährdotter, vom Entoderm abgegebene vakuolisierte Zellen, **Ote** Oraltentakel, **Psr** Pseudoröhre, **Rf** Richtungsfach, **Saz** Schleimanlagerungszone, **Sfu** Schwellfuß, stark begeißelt, **Sgl** Siphonoglyphe, **Sro** Schlundrohr, **Te** Tentakel. — A nach einem Lebendphoto aus Smith et al. 1971, verändert.

Einige Arten mit größeren, dotterreichen Eiern haben eine verkürzte pelagische Phase. Bei ihnen geht bereits die Planula zum Bodenleben über, und erst dann setzt die Bildung von Tentakeln, die Einstülpung des Schlundrohres und die Ausgestaltung des Gastralraumes ein. Eine derartige Entwicklung ist für *Pachycerianthus multiplicatus* beschrieben worden [507].

Stammesgeschichte

Die Ceriantharia stehen den gemeinsamen Vorfahren aller rezenten Hexacorallia am nächsten. Als ursprüngliche Merkmale müssen, neben dem solitären Habitus, die kräftige Entwicklung der ectodermalen Muskulatur und des ectodermalen Nervennetzes sowie die Nesselzellverhältnisse und die spitzköpfigen Spermatozoen gelten. Die grabende Lebensweise ist wahrscheinlich sekundär erworben (vgl. S. 238).

Vorkommen und Verbreitung

Die Tiere leben in Sedimentböden. Sie bevorzugen mit Schill (zerbrochenen Muschel- und Schneckenschalen, Seeigelskeletten u. a.) vermischten Schlicksand, wie er sich zum Beispiel in der Tiefen Rinne (30—50 m Tiefe) bei Helgoland findet. Dort ist *Cerianthus lloydii* nicht selten, während er in den Schlick- und Sandböden des Wattenmeeres völlig fehlt.

Die Verbreitung ist nur unvollständig bekannt. Das liegt vor allem daran, daß sich die Tiere bei der geringsten Erschütterung tief in den Boden zurückziehen. Sie können daher nur von schweren Bodengreifern oder tiefpflügenden Dredgen erbeutet werden. Ceriantharia sind aus allen Meeren bekannt, die meisten Arten treten in tropischen und subtropischen Küstenmeeren auf. Im Brackwasser fehlen sie. Die meisten Fundorte liegen in 20—40 m Wassertiefe, also im oberen Sublitoral. Im Skagerrak ist *Cerianthus lloydii* allerdings auch in Tiefen bis zu 700 m anzutreffen.

Lebensweise

Die Zylinderrosen sind in der Lage, an der Bodenoberfläche langsam zu kriechen und sich in den Boden einzugraben. Doch leben sie gewöhnlich ständig in ihrer Wohnröhre, die bei großen Exemplaren etwa 20—40 cm tief in den Untergrund reicht und in die sie sich vollständig und blitzschnell zurückziehen können. Bei der Bildung der Wohnröhre werden Sedimentpartikel mit Schleim vermischt und durch Geißelschlag vom Aboralpol nach oben transportiert. Dabei wird der Schleim durch entladene und ausgestoßene Nesselkapseln (Ptychonemen und atriche Isorhizen) gespinstartig verfestigt und mit den Partikeln in die Röhrenwand eingelagert. Die Schleimröhre nimmt im erhärteten Zustand eine recht feste und zähe, pergamentähnliche Beschaffenheit an. Das ausgestreckte Tier breitet den Kranz der Marginaltentakel dicht über dem Boden aus, während die Oraltentakel schräg nach oben getragen werden. Tiere von 2 cm Durchmesser können die Tentakel bis zu 30 cm Länge ausdehnen, so daß ein annähernd halbkugeliger Raum von 60 cm Durchmesser von ihnen durchsetzt ist. Die Nahrung besteht vorwiegend aus Zooplankton. In der Gefangenschaft werden auch Fisch- und Fleischstückchen sowie Regenwürmer angenommen. *Cerianthus*-Arten können über 50 Jahre alt werden.

System

Die schwierige systematische Gliederung beruht auf speziellen Merkmalen der Mesenterialfilamente. Äußere Kennzeichen, wie Größe oder Tentakelzahl, haben dagegen nur relative Bedeutung. — Es werden 3 Familien unterschieden [421, 479].

Familie Cerianthidae. Mesenterialfilamente ohne Acontioide. — **Cerianthus lloydii* (Abb. 147A), bis 20 cm lang und bis 2 cm Durchmesser, mit 60—70 Randtentakeln, Wohnröhren 20—40 cm tief; Nordsee. *C. membranaceus*, bis 40 cm lang, Röhre bis 1 m lang; Mittelmeer. — *Pachycerianthus multiplicatus*, mit 160—170 langen Tentakeln; Kattegat.

Familie Arachnantidae. Mesenterialfilamente mit Acontioiden. — *Arachnanthus sarsi*, 4—7 cm lang; Norwegen.

2. Ordnung Actiniaria, Aktinien

Über 1000 Arten. Größte Art: *Stoichactis* sp., bis 1,5 m Durchmesser.

Diagnose

Solitäre, sessile oder hemisessile, selten pelagische, skelettlose Formen. Schlundrohr meist mit zwei Siphonoglyphen. Zahl der biradial angeordneten Mesenterien und der Tentakel meist ein Vielfaches von 6. Bildung der Sekundärsepten als Dubletten in den Zwischenfächern. Tentakel einfach, selten verzweigt. Nesselkapseln, s. Tab. 5 (S. 232). — Marin, aber auch in Nebenmeeren mit verringertem Salzgehalt.

Eidonomie

Die auch als Seerosen, Seeanemonen oder Seenelken bekannten Aktinien sind durchweg große Formen. Ihr Körper hat die für die Anthozoa typische Gestalt eines gedrungenen oder schlanken Zylinders. Er besteht aus der Mundscheibe mit Mund und Tentakeln, dem Körperstamm und der flachen Fußscheibe. Am Stamm lassen sich noch eine schmale obere Zone (Capitulum) und eine breitere untere Zone (Scapus) unterscheiden; sie sind durch Färbung, Wanddicke und histologischen Bau mehr oder weniger deutlich gegeneinander abgegrenzt.

Die Epidermis der Körperwand läßt äußerlich oft eine feine Längsstreifung erkennen, die durch die Ansatzlinien der Mesenterien hervorgerufen wird. Häufig ist die Epidermis auffallend braun, rot, rosa, gelb, grün oder blau gefärbt; auch Mehrfarbigkeit und spezielle Zeichnungsmuster, vor allem auf der Mundscheibe und den Tentakeln, sind nicht selten (Abb. 153C). Die Färbung beruht auf Pigmenten, die zu den Carotinen gehören und wahrscheinlich mit der Nahrung aufgenommen werden.

Die **Tentakel** umstehen den Mund in ein oder mehreren Kreisen, wobei jeweils ein Tentakel über einer Gastraltasche liegt. Meist sind die Tentakel einfach und von schlanker konischer Gestalt, selten sind sie verzweigt (S. 258). Neben den normalen Tentakeln können auch einige besonders lange und kräftige Fang- oder Abwehrtentakel ausgebildet sein (Abb. 157A). Vollständig zurückgebildet sind die Tentakel bei den Limnactiniidae, während einige Tiefsee-Arten die Fähigkeit der Tentakel-Autotomie haben.

Meist sind die Tentakel dünnwandig und transparent, aber trotzdem sehr muskulös. Bei vielen Arten können sie sich spontan bewegen, indem sie schlangenartig wedeln, sich krümmen oder einrollen. Dieses dauernde Bewegungsspiel ist ein faszinierender Anblick, den kein anderer Polyp der Cnidaria zu bieten vermag.

Die Haft- oder **Fußscheibe** ist meist verbreitert und kann sich durch Adhäsion, unterstützt durch erhärtende Schleimabsonderungen, fest auf Hartsubstanzen anheften. Die Tiere verwachsen jedoch nicht mit der Unterlage, sondern können sich auch ablösen und mit Hilfe der muskulösen Fußscheibe langsam kriechen. Von unten gesehen zeigt die Fußscheibe ein radiales Streifenmuster, hervorgerufen durch die im Inneren ansetzenden basalen Teile der Mesenterien.

Die Körperoberfläche trägt bei vielen Arten Kleb- oder Saugwarzen, die aus Drüsenzellen einen klebrigen Schleim absondern. Diese Warzen dienen zum Festhalten von Fremdkörpern, also einer einfachen Art von Tarnung. Ferner kommen manchmal dicht unterhalb des Kranzes der Randtentakel knopfartige Randsäckchen, die Acrorhagi, vor, deren Epidermis dicht mit Nesselzellen besetzt ist. Sie dienen der Platzverteidigung gegenüber anderen Aktinien (S. 252).

Die Körperwand wird bei vielen Arten von feinen Poren, den Cincliden, durchbrochen, die einmal den Austritt von Körperflüssigkeit bei einer plötzlichen Kontraktion gestatten und zum anderen den Durchtritt der Acontien ermöglichen. Diese fadenförmigen Nesselorgane, die auf die Actiniaria beschränkt sind, stehen an der Basis der Mesenterien, sind dicht mit Nesselzellen besetzt und werden bei heftiger Reizung durch die Cincliden ausgestoßen (Abb. 141 A, 143 C).

Alle Aktinien sind zwar skelettlos, doch bildet die Körperwand mit ihrer kräftigen Mesogloea im Zusammenwirken mit der Muskulatur und der Flüssigkeitsfüllung das nervös gesteuerte Rückkoppelungssystem eines hydrostatischen Skeletts. Es ist stabil genug, die Körperform auch in bewegtem Wasser aufrechtzuerhalten. Dabei hat die Ringmuskulatur der Körperwand nur eine beschränkte Funktion. Die Körperwand folgt vielmehr den Änderungen der Flüssigkeitsfüllung passiv, während die aktive Tätigkeit von der Muskulatur der Mesenterien geleistet wird [473, 474].

Anatomie

Kennzeichnend für den inneren Bau (Abb. 148) ist die starke Kammerung durch die zahlreichen **Mesenterien**, von denen aber nur ein Teil vollständig ist, so daß die Actiniaria stets auch unvollständige Septen haben. Während der Entwicklung treten zunächst 8, dann weitere 4 (also insgesamt 12) Protomesenterien auf, die mit der Wandung des Schlundrohres verwachsen. Sie begrenzen dadurch 12 Kammern (= „Fächer") des Gastrovascularsystems. Je ein Paar (2a, b) und (3a, b) ist mit den durch die Siphonoglyphen gekennzeichneten Schmalseiten des Pharynx verbunden und schließt so ein dorsales und ein ventrales Richtungsfach ein.

Die den Richtungsfächern zugewandten Seiten der Mesenterien 2a, b und 3a, b sind frei von Längsmuskulatur. Je zwei Paare von Septen (4a, 5a; 1a, 6a sowie 4b, 5b; 1b, 6b) setzen beiderseits an den Längswänden des spaltförmigen Schlundrohres an und begren-

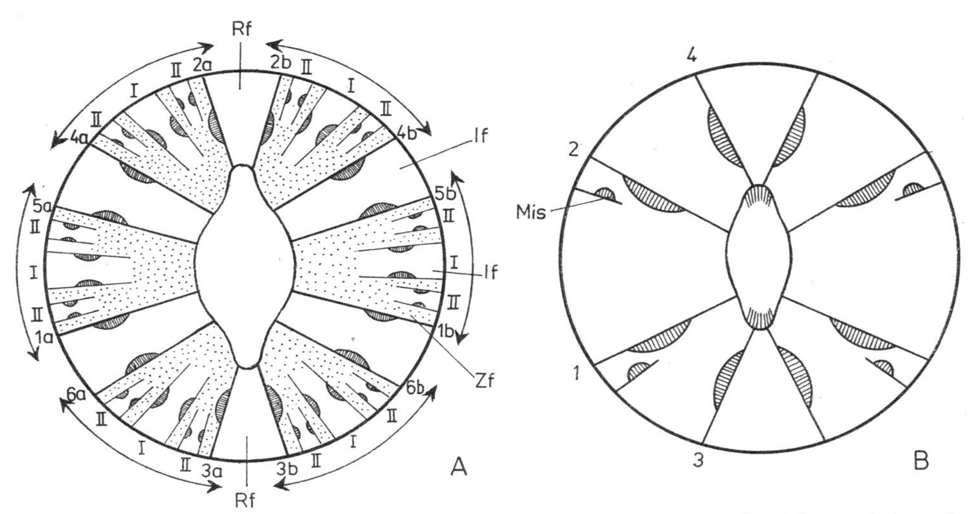

Abb. 148. Septenbildung und Breitenwachstum der Actiniaria. **A.** Schematischer Querschnitt durch *Tealia felina*. **1—6** Paare der Protomesenterien, die in der durch die Zahlen angegebenen Reihenfolge entstehen; **I—II** erster und zweiter Zyklus der Metamesenterien die als Dubletten in den Zwischenfächern entstehen. Die Doppelpfeile kennzeichnen das diskontinuierliche, interkalare Breiten- (Dicken-) wachstum. **B.** Querschnitt durch *Edwardsia*. Neben den acht vollständigen Septen haben die erwachsenen Tiere vier Microsepten. — **If** Innenfach, **Mis** Microseptum, **Rf** Richtungsfach, **Zf** Zwischenfach (in A punktiert).

zen zwischen sich je zwei Innenfächer, denen die Längsmuskeln der Mesenterienwände zugewandt sind. Übrig bleiben sechs Zwischenfächer, deren Innenwänden die Längsmuskulatur entweder überhaupt fehlt (5a, 1a; 5b, 1b) oder wo sie nur auf einer Innenwand vorhanden ist, nämlich in 2a, 4a und 6a, 3a sowie in 2b, 4b und 6b, 3b. In der Abb. 148A kennzeichnen die Zahlen den Ort und die Reihenfolge der Bildung der Mesenterien. Die Zwischenfächer sind diejenigen, in denen die weitere Vermehrung der Septen erfolgt, die stets paarweise vor sich geht, so daß ein neues Paar dementsprechend ein neues kleines Innenfach umschließt.

Die Reihenfolge der Bildung der Protosepten ist unterschiedlich. Bei Arten, die definitiv nur 8 vollständige Protomesenterien und höchstens noch 4 Micromesenterien aufweisen (*Edwardsia*) oder auch bei Arten mit 12 Protomesenterien ist die Reihenfolge wie in Abb. 148B dargestellt.

Bei der Weiterentwicklung entstehen auf jeder Seite des Schlundrohres nach der Regel der 6n-Zähligkeit neue Paare von Mesenterien, deren Reihenfolge sich aus ihrem Querdurchmesser ablesen läßt. Um Verwechslungen zu vermeiden, wird ein solches Paar (engl. pair) von Metamesenterien als Dublette bezeichnet. Bei den Actiniaria stehen sich daher auf beiden Seiten der Sagittalebene Dubletten gegenüber. Die Septen einer Dublette tragen die Muskelfahnen auf den einander zugewandten Seiten. Eine Ausnahme machen nur die Septen der Richtungsfächer, die als Paare persistieren. Die Metamesenterien entstehen in Zyklen. Die beiden ersten Zyklen sind in Abb. 148A durch I und II gekennzeichnet. Bau der Mesenterien vgl. Abb. 143.

Breiten- (= Dicken-)wachstum und Septenbildung sind bei den Actiniaria korreliert. Da überdies die Septen nur in den Zwischenfächern angelegt werden, erfolgt das Breitenwachstum „peripher-diskontinuierlich“ und „interkalar“ (vgl. Abb. 148A).

Mit der Septenbildung geht auch die Vermehrung der Tentakelzahl einher. Neue Tentakel entstehen in gleicher Sequenz als Ausstülpungen der Mundscheibe über den Innenfächern.

Die **Epidermis** der gesamten Körperoberfläche, besonders aber auf Mundscheibe, Mund und Schlundrohr, ist dicht begeißelt, und die einzelnen Zellen tragen vielfach zahlreiche Geißeln. Die Siphonoglyphen sind mit besonders kräftigen Flagellen ausgestattet.

Die Körperwand ist durch eine kräftig entwickelte Mesogloea verdickt, enthält allerdings nur eine schwach entwickelte **Muskulatur**. Insbesondere ist die ectodermale Längsmuskulatur lediglich bei wenigen ursprünglichen Formen (Protantheae) vorhanden und funktionstüchtig. Bei der überwiegenden Mehrzahl aller Aktinien ist die Hauptmuskulatur auf die Mesenterien verlagert und daher entodermalen Ursprungs. Die stark entwickelte Längs- (= Retraktor-)muskulatur springt auf einer Seite eines Mesenterium als typische Muskelfahne vor, während die andere die flache Quer- oder Radialmuskulatur trägt (Abb. 141, 143). Die entodermale Ringmuskulatur der Körperwand ist ebenfalls nur schwach entwickelt; lediglich unterhalb des Randes der Mundscheibe ist sie kräftig ausgebildet und bildet dort den Sphinkter (Funktion s. S. 230). Die muskulöse Fußscheibe besitzt außer den ectodermalen Radialmuskeln eine entodermale Ringmuskulatur. Beide Systeme stehen in innigem Zusammenhang mit der basoparietalen Muskulatur der Mesenterialfilamente.

Die **Mesogloea** wird ursprünglich als einfache Stützlamelle angelegt, in die dann Entodermzellen einwandern (Aufbau s. S. 231). Sie dient als elastisches Widerlager und vor allem zur Aufnahme der Muskulatur, da die Muskelfasern vielfach zu Lamellen oder Graten angeordnet sind, die tief in die Mesogloea hinein versenkt sind. Dementsprechend sind die Epithelmuskelzellen vielfach langgestreckt und haben die auf S. 231 beschriebene Form.

Das **Nervensystem** entspricht den allgemeinen Verhältnissen der Anthozoa (S. 233), doch sind Mundscheibe und Pharynx durch eine Anhäufung der Ganglienzellen gekennzeichnet. Außerdem ist, in Korrelation zur Muskulatur, das Nervensystem am stärksten in den Mesenterien ausgebildet und daher entodermaler Natur. In der Epidermis der Körperwand sind Nervenelemente dagegen weniger zahlreich. Nervensysteme mit schneller und langsamer Leitung lassen sich zwar funktionell, nicht aber anatomisch unterscheiden (vgl. S. 41).

Die vollständige Kontraktion des Körpers erfolgt effektiv multiradialsymmetrisch, wodurch die anatomische Biradialsymmetrie in der Septenanordnung überlagert wird. Dabei ist wesentlich, daß Retraktoren und Sphinkter das übergeordnete Muskelsystem darstellen, dessen Aktivität bei der Kontraktion jede andere Tätigkeit durchbricht oder außer Kraft setzt. Sie werden durch das schnell leitende (through-conducting) Nervensystem gesteuert.

Sinneszellen sind überall häufig und besonders auf Tentakeln und Mundscheibe konzentriert. — Verdauungssystem s. S. 233.

Fortpflanzung

Die asexuelle Vermehrung spielt bei vielen Aktinien eine große Rolle und ist Ursache für die lokal oft dichten Bestände mit genetisch einheitlichen Populationen [546]. Knospung ist selten. Die ungeschlechtliche Vermehrung erfolgt vielmehr durch Längsteilung, Querteilung oder Laceration. Die Längsteilung beginnt am oralen Pol. Die Teilungsebene steht dabei meist senkrecht auf der Symmetrieebene, die durch den Längsdurchmesser des Pharynx bestimmt wird, und den beiden gleich großen Teilungshälften wird je eine Siphonoglyphe zugeteilt. Der Teilungsvorgang kann, je nach der Art, in mehreren Stunden abgeschlossen sein oder bis zu mehreren Monaten dauern. Seltener ist eine am aboralen Pol beginnende Längsteilung.

Querteilung ist selten; sie wird regelmäßig bei *Gonactinia, Anthopleura* und *Edwardsia* beobachtet (Abb. 149A) und erinnert äußerlich an die Strobilation des Scyphopolypen [515, 539]. Eine den Actiniaria eigentümliche asexuelle Vermehrung ist die Laceration, bei der sich kleine Teile der Fußscheibe abschnüren und zu einem vollständigen Polypen regenerieren (Abb. 149B); sie ist zum Beispiel bei den Sagartiidae, Metridiidae und Aiptasiidae häufig. Bei *Boloceroides*-Arten können sogar autotomierte Tentakel zu kleinen Aktinien regenerieren.

Die meisten Aktinien sind getrenntgeschlechtig, doch gibt es auch zwittrige Arten, bei denen männliche und weibliche Keimzellen im gleichen Mesenterium gebildet werden (Lage der Gonaden vgl. S. 228). Ferner ist neuer-

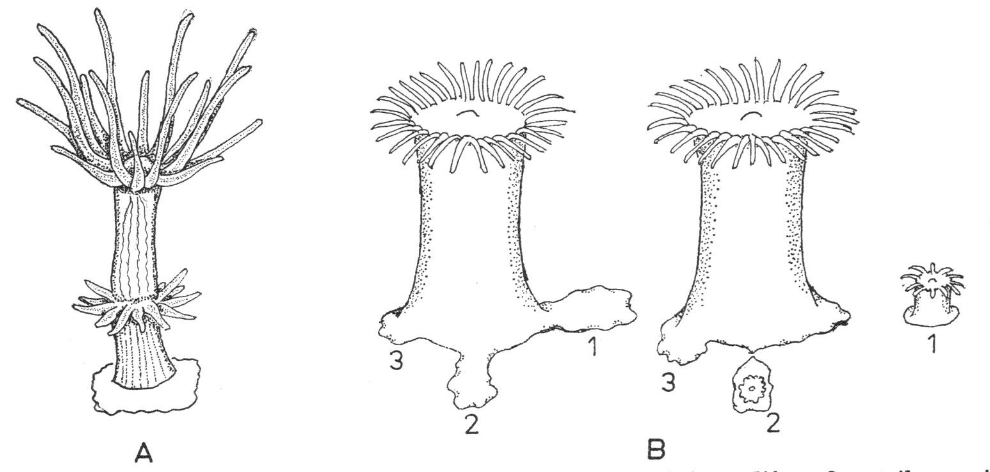

Abb. 149. Asexuelle Vermehrung bei Actiniaria. **A.** *Gonactinia prolifera*, Querteilung mit Tentakelbildung vor der Durchschnürung. **B.** Laceration, Schema. Mit den Zahlen 1—3 sind die aufeinander folgenden Phasen gekennzeichnet. — A nach PROUHO 1891.

dings nachgewiesen, daß sich einige Arten parthenogenetisch entwickeln (*Cereus pedunculatus, Actinia equina*) [459, 527, 534]. Die entodermalen Keimzellen werden an der Basis der Gastrodermiszellen gebildet, wachsen und reifen aber in der Mesogloea der Mesenterien heran. Sie werden durch Platzen des darüberliegenden Epithels frei und gelangen so in den Gastralraum, aus dem sie durch den Pharynx, in anderen Fällen auch durch Poren der Tentakelspitzen oder der Körperwand, ins freie Wasser ausgestoßen werden. Der Laichvorgang der männlichen Tiere ist im Aquarium ein auffälliges Phänomen, da die Spermien in dichten weißen Wolken ausgestoßen werden. Benachbarte Tiere desselben oder anderen Geschlechts werden dadurch ebenfalls zur Abgabe der Keimzellen angeregt.

Brutpflege und Larviparie sind nicht selten. Die Eier bleiben dann im Gastralraum der Weibchen, werden hier durch die eindringenden Spermien besamt und entwickeln sich bis zur Planula oder zum Jungpolypen im Muttertier. In Richtung auf die Pole nimmt die Zahl der Arten mit Brutpflege zu (Klimafaktor).

Für manche Arten sind aktive Verhaltensformen beim Laichen beschrieben. So neigt sich bei *Halcampa* (Abb. 150) das Weibchen zum Männchen hin, wobei beide Geschlechter sich aus der im Boden gegrabenen Wohnröhre mit dem oberen Körperteil ins freie Wasser herausstrecken [508]. Bei *Sagartia troglodytes* (Abb. 151) kriecht das Weibchen aktiv zum Männchen hin [507]. Bei dieser Art legen außerdem die beiden Partner ihre Fußscheiben zusammen und formen so eine Höhle, in die aus Poren der Haftscheibe die Geschlechtsprodukte entleert werden, so daß Besamung und Befruchtung der Eier gesichert sind. Bei *Halcampa* werden die Eier überdies im Gastralraum mit einer dicken klebrigen Hülle umgeben, anschließend ausgestoßen und an Sandkörner angeklebt. Hier machen sie ihre Entwicklung bis zur Planula durch, die bei dieser Art unbegeißelt ist und sich nach dem Aus-

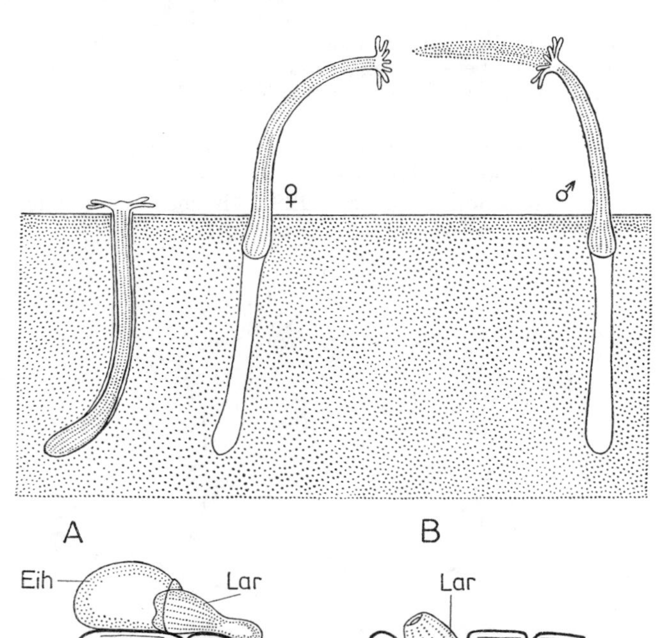

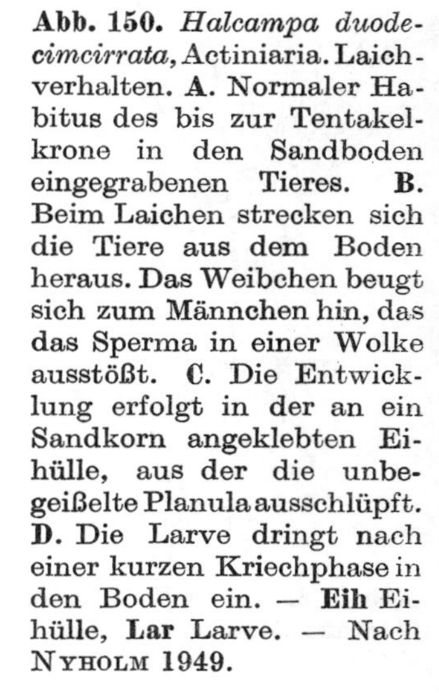

Abb. 150. *Halcampa duodecimcirrata*, Actiniaria. Laichverhalten. **A.** Normaler Habitus des bis zur Tentakelkrone in den Sandboden eingegrabenen Tieres. **B.** Beim Laichen strecken sich die Tiere aus dem Boden heraus. Das Weibchen beugt sich zum Männchen hin, das das Sperma in einer Wolke ausstößt. **C.** Die Entwicklung erfolgt in der an ein Sandkorn angeklebten Eihülle, aus der die unbegeißelte Planula ausschlüpft. **D.** Die Larve dringt nach einer kurzen Kriechphase in den Boden ein. — **Eih** Eihülle, **Lar** Larve. — Nach Nyholm 1949.

Abb. 151. *Sagartia troglodytes,* Actiniaria. Paarungsverhalten. **A.** Das Weibchen kriecht zum Männchen, das durch Ausstoßen der Spermien zuerst aktiv wird. **B.** Paarbildung. Eier und Samenzellen werden durch Poren der Fußscheiben in die von diesen gebildete Bruttasche (**Brt**) abgegeben. — Nach NYHOLM 1943.

schlüpfen durch Kriechen fortbewegt. Bei den meisten Actiniaria entwickelt sich aber der Keim zur frei schwimmenden Planula.

Entwicklung und Larvenformen

Die Eier sind, je nach der Art, von sehr unterschiedlicher Größe (0,1—1,1 mm), und bei manchen Arten haben sie eine stachelige Oberfläche (z. B. bei *Anemonia sulcata, Tealia felina, Actinia equina*). Die Furchung folgt bei kleinen dotterarmen Eiern in der Regel dem total-adaequalen und radialen Typus, während für große dotterreiche Eier (*Tealia, Bolocera*) eine Art syncytialer Furchung beschrieben wird, bei der sich zuerst die Kerne teilen und die Plasmateilung erst auf einem Stadium mit 16 oder 24 Zellen einsetzt. Es wird seltener eine Coelo-, häufiger eine Sterroblastula gebildet. Das Entoderm entsteht meist durch Invagination. Dabei bleibt der Blastoporus als Mund erhalten und wird bei der Bildung des Schlundrohres in die Tiefe verlagert. Doch gibt es auch Fälle von uni- und multipolarer Immigration, wobei dann der Mund als Neubildung entsteht.

Die vollständig begeißelte **Planula** hat meist eine ovoide Form [574]. Der aborale Bewegungsvorderpol trägt bei planktotrophen Larven einen primitiven Sinnespol mit Wimperschopf und einer Anhäufung von Ganglienzellen in der Epidermis (Abb. 152). Nach dem Übergang zum Bodenleben bildet sich der Sinnespol zurück. Die Septenbildung der jungen Aktinie folgt einem bestimmten Plan. Zuerst wird das Edwardsia-Stadium (Abb. 148B) mit 8 Septen durchlaufen, an das sich das Halcampula-Stadium mit zwei weiteren Septenpaaren anschließt (Abb. 148A, mit 12 Protosepten). Die Septalostien entstehen durch lokale Resorption an der anfangs geschlossenen Septenwand. Die Tentakel sind einfache Ausstülpungen der Mundscheibe, so daß der Zusammenhang ihres Hohlraumes mit dem Magenraum von Anfang an gewahrt ist.

Die pelagische Phase der Planula dauert meist 1—2 Wochen, kann aber accidentell, bei manchen Arten auch obligatorisch verlängert sein. Daß die Larven mancher Aktinien-Arten ein langes pelagisches Dasein führen, muß aus ihrer beträchtlichen Größe (2—3 mm Länge) geschlossen werden. Die Septenbildung beginnt dann bereits während der pelagischen Phase, so daß diese Larven zur Nahrungsaufnahme befähigt sind.

Ein typischer Larvenparasitismus ist von *Peachia* bekannt (Abb. 153) [549]. Die Planulae suchen Medusen auf, heften sich an deren Schirminnenseite an und entziehen ihnen direkt oder indirekt Nahrung, bis sie das Stadium des Übergangs zum Bodenleben erreicht haben (vgl. S. 63).

Stammesgeschichte

An der Basis der Ordnung stehen Formen, die als ursprüngliche Merkmale noch einen einfachen, äußerlich einheitlichen Körperbau geringer Größe, eine ectodermale Längsmusku-

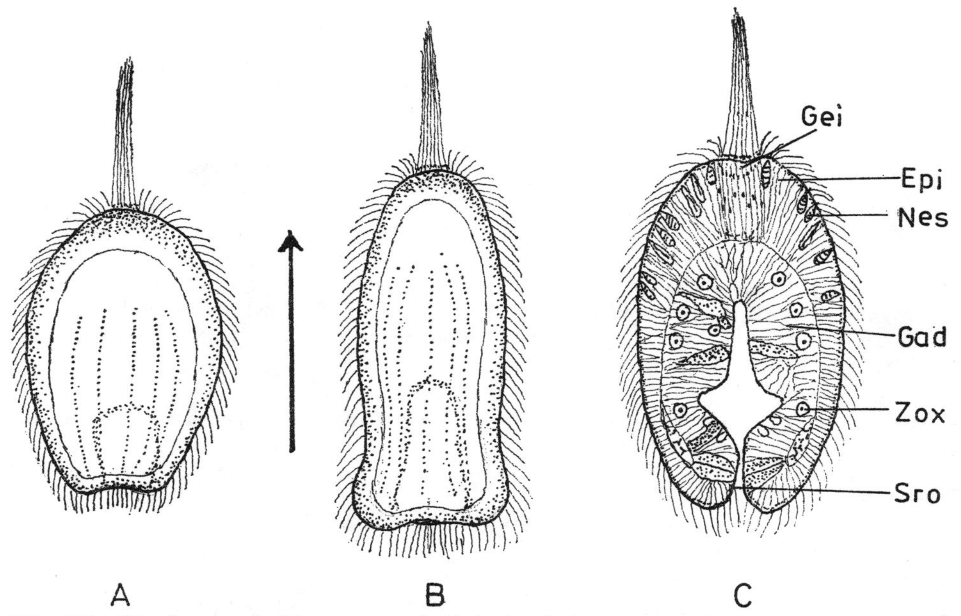

Abb. 152. Planktotrophe Larven der Actiniaria. **A.** Junge Planula von *Sagartia troglodytes.* **B.** Dasselbe, ältere Planula. **C.** Längsschnitt durch die Planula von *Aiptasia mutabilis.* Der Pfeil gibt die Bewegungsrichtung an. — **Epi** Epidermis, **Gad** Gastrodermis, **Gei** Geißelzellen des aboralen Wimperschopfes, **Nes** Nesselzellen, **Sro** Schlundrohr, **Zox** Zooxanthelle. — A und B nach NYHOLM 1943, C nach WIDERSTEN 1968.

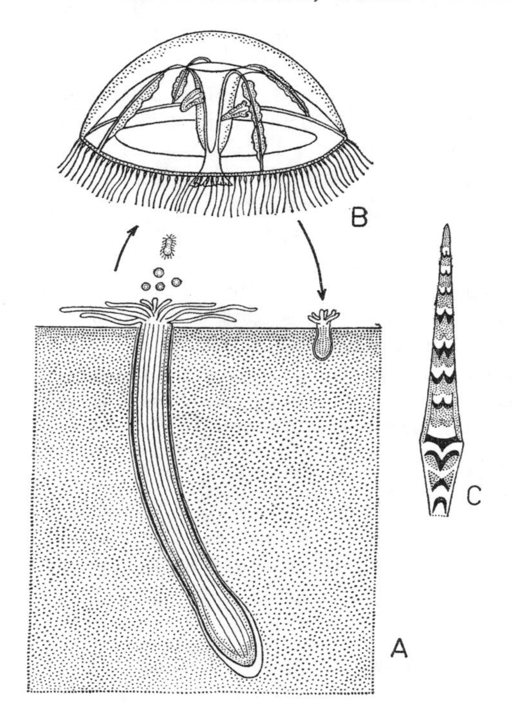

Abb. 153. *Peachia hastata,* Actiniaria. Habitus und Brutparasitismus. **A.** In natürlicher Lebensstellung. Aus den Eiern entwickeln sich Larven, die sich an Medusen anheften und parasitieren. **B.** Larvenparasitismus; die rechte Larve frißt die Gonade der Meduse, die linke Larve entnimmt einem Radialkanal der Meduse Nahrungsbestandteile. Nach dem Absterben des Wirtes geht die Larve zum Bodenleben über. Die dargestellte Meduse ist *Eutonina indicans,* die in der Deutschen Bucht im Sommer häufig ist und regelmäßig von *Peachia*-Larven befallen wird. **C.** Zeichnungsmuster eines Tentakels der erwachsenen Aktinie. — A und B nach NYHOLM 1949, verändert; C nach STEPHENSON 1928.

latur und ein ectodermales Nervennetz besitzen. Auf diesem Stadium ist allerdings nur ein geringer Teil der rezenten Formen stehengeblieben. Die Mehrzahl zeigt mit der Vergrößerung des Körpers, mit seiner Differenzierung in Haftscheibe, Scapus und Capitulum sowie mit der starken Entwicklung der entodermalen Längsmuskulatur und des entodermalen Nervennetzes deutliche Anzeichen progressiver Evolution, die sich auch in den Nesselzellverhältnissen manifestiert (vgl. auch S. 235ff.).

Vorkommen und Verbreitung

Die meisten Arten leben epizoisch auf Hartsubstraten, wie Felsböden, Steinen, Buhnen, Bojen, Muschel- und Schneckenschalen, Korallen, breitflächigen Tangen usw., doch können manche dieser Formen auch auf weichem Sediment existieren, wenn sie die Haftscheibe auf oder unter der Oberfläche an Steinen oder Muschelschalen verankern oder wenn sie wenigstens mit der Haftscheibe einen etwas festeren Schlickklumpen umfassen können. Andere Arten leben obligatorisch in sandigem Sediment und ragen nur mit der Mundscheibe und den Tentakeln über die Oberfläche heraus; bei ihnen ist das aborale Körperende, wie bei den Ceriantharia, als „Fuß" konisch verschmälert und kann blasenartig erweitert werden (*Edwardsia, Halcampa, Peachia*); die Tiere können sich aktiv eingraben und im Boden verankern [420].

Die meisten Aktinien sind stenohalin und stenotherm. Sie besiedeln im Meer alle Tiefenregionen vom Eulitoral, wo manche Arten längeres Trockenfallen überstehen können, bis in die Tiefseegräben bei rund 10000 m Tiefe. Die Mehrzahl lebt allerdings im Sublitoral und oberen Bathyal, also in den Schelfmeeren. Bei vermindertem Salzgehalt (Nebenmeere, Flußmündungen) nimmt die Artenzahl rasch ab. So leben in der Nordsee 15 Arten, in der westlichen Ostsee 4, im östlichen Teil gar keine Aktinien; aus dem Mittelmeer sind 50, aus dem Schwarzen Meer 4 Arten bekannt. Der größte Artenreichtum ist in tropischen Meeren zu finden, nach den Polen hin vermindert sich die Artenzahl rasch. Zu den wenigen weit verbreiteten, euryhalinen und eurythermen Arten gehört *Actinia equina.*

Lebensweise

Bewegungen. Unter den epizoischen Aktinien sind nur wenige völlig sessil. Die meisten können bei mechanischer Beunruhigung, bei Veränderung der Lebensbedingungen oder bei zu großer Wohndichte aktiv den Standort wechseln. Sie lösen durch Muskelkontraktionen die Haftscheibe vom Substrat ab und kriechen dann langsam mit wellenförmigen Bewegungen der „Sohle", ähnlich wie Gastropoda, davon.

Die Kriechgeschwindigkeit ist gering; sie beträgt bei *Metridium* 1 cm/h, bei *Sagartia* 2,5 cm/h, bei *Actinia equina* 8,3 cm/h und bei *Condylactis* 23 cm/h. Als Tagesleistungen wurden für *Metridium* 18 cm, für *Actinia* bis 50 cm ermittelt. Auch eine spannerartige Kriechbewegung kommt bei manchen Arten vor (vgl. *Hydra,* S. 163), indem Haftscheibe und Tentakel sich abwechselnd ablösen und anheften; andere bewegen sich auf den Tentakelspitzen „stehend" vorwärts. *Aiptasia* schließlich kriecht auf der Seite liegend mit der Haftscheibe voran. Einige Arten aus ganz verschiedenen Familien können sich vorübergehend vollständig vom Substrat ablösen und aktiv schwimmen. *Gonactinia* und junge *Stoichactis* schlagen dabei mit den Tentakeln vor und zurück und bewegen sich mit dem Oralpol voran. *Stomphia* (Abb. 154) und *Boloceroides* dagegen schwimmen durch rhythmische Körperkrümmungen nach verschiedenen Seiten (Frequenz bei *Stomphia* 40/min). Halbsessile Formen, wie *Tealia* und *Sagartia,* treiben gelegentlich passiv an der Meeresoberfläche, wobei ihr Körper auffällig aufgebläht ist. Davon verschieden ist die obligatorisch schwebende Lebensweise der Minyadidae, Bewohnern der tropischen Hochsee. Bei ihnen ist die Sohle der Haftscheibe, wie der Boden einer Weinflasche, nach innen eingestülpt, und die Ränder schließen sich über dem Hohlraum zusammen. So entsteht ein mit Gas und vakuolisierten Zellen gefüllter Hohlraum, der regelrecht als Boje dient und den Aktinien das Schweben an der Meeresoberfläche mit dem Kopfteil nach unten ermöglicht.

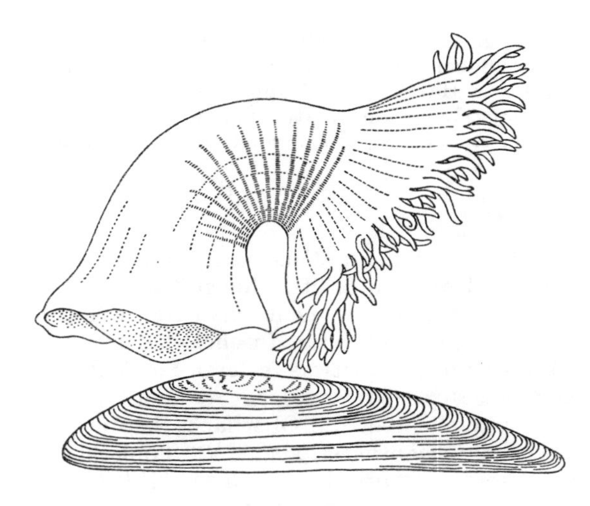

Abb. 154. *Stomphia*, Actiniaria, schwimmend. Die Aktinie hat sich gerade von einer Muschelschale (*Modiolus*) abgelöst. Zu beachten ist die spitzkegelige Form der Haftscheibe beim Schwimmen. – Nach Ross.

Während der sessilen Phase können regelmäßig spontane rhythmische Bewegungen beobachtet werden (z. B. bei *Metridium* und *Calliactis*), wobei im Zusammenwirken von Muskulatur und Flüssigkeitsfüllung ständig die Körperform verändert wird [426]. In bestimmten Zeitabständen wird der Gastralraum durch maximale Kontraktion vollständig entleert und anschließend wieder mit frischem sauerstoffreichem Wasser gefüllt. Auch spontane Tentakelbewegungen, besonders der „Fangtentakel" (S. 257), treten auf.

Bei starken Außenreizen kontrahieren die Seerosen den Körper maximal, wobei der Flüssigkeitsinhalt des Gastralraumes vollständig ausgestoßen wird. Die Mundscheibe mit den kontrahierten Tentakeln wird dabei in den Mund eingezogen und liegt dann über dem Schlundrohr wie in einem Sack, der aus der oberen Körperwand gebildet und vom Sphinkter verschlossen wird (Abb. 141 B). Bodenbewohnende Seerosen ziehen sich bei Beunruhigung schnell in ihre Röhre zurück. Eine aktive Flucht ist nur bei *Stomphia* und *Boloceroides* bekannt. Sie haben die erstaunliche Fähigkeit, die Annäherung des Seesternes *Hippasterias phrygiana* oder der Nacktschnecke *Aeolidia papillosa* chemisch zu erkennen. Dabei ist der Seestern keineswegs ein Feind der Aktinie, sondern nur der Muscheln, auf denen sie sich angeheftet hat, während die Nacktschnecke ein Räuber ist und die Seerose frißt. Die Aktinien strecken sich, lösen sich ab und schwimmen davon (Abb. 154). Die Wahrnehmung der Aggressoren durch chemische Sinneszellen wurde experimentell durch Verwendung von Hautextrakten bestätigt [526].

Der **Schutz vor Feinden** ist bei Aktinien dadurch verstärkt, daß Nesselzellen nicht auf die Epidermis von Körperwand, Mundscheibe und Tentakeln beschränkt sind. Vielmehr besitzen manche Arten in den fadenförmigen Acontien der Mesenterialfilamente zusätzliche wirkungsvolle Nesselorgane, die durch Körperporen (Cincliden) oder durch den Mund ausgeschleudert werden können (Abb. 141 A). Eine Schutzvorrichtung, die bei Raumkonkurrenz in Funktion tritt, sind die Acrorhagi, Nesselsäckchen am oberen Rand des Körpers unterhalb der Marginaltentakel, die dicht mit Nesselzellen besetzt sind [429]. Wenn sich einer Aktinie eine andere Seerose (gleich welcher Art) zu dicht nähert, dann kann sie die Acrorhagi durch Flüssigkeitsfüllung aus dem Gastralraum erweitern und durch Rumpfbewegungen auf den Körper des Neuankömmlings pressen. Bei diesem kommt es durch das Nesselgift zu einem Gewebszerfall, der tötliche Folgen hat, wenn das angegriffene Tier sich nicht schnell genug aus der Reichweite des Platzverteidigers entfernt.

Sinnesreaktionen. Viele Aktinien lassen sich längere Zeit im Aquarium unter definierten Bedingungen halten; sie sind daher geeignete und viel benutzte Versuchstiere, besonders auch für reizphysiologische Untersuchungen. Dadurch ist bekannt, das sie auf mechanische, thermische, chemische und optische Reize in charakteristischer Weise reagieren.

Bei mechanischen Reizungen hängt die Reaktion (Einziehen der Tentakel, Einstülpen der Mundscheibe, mehr oder weniger vollständige Kontraktion des Körpers) von der Stärke des Reizes ab. Auf eine starke Erhöhung der Außentemperatur antworten die Tiere im allgemeinen mit einer Einstülpung der Mundscheibe. Bei *Calliactis parasitica* bewirkt eine Temperaturerhöhung von 25 auf 30 °C das abwechselnde Ausstrecken und Einziehen der Tentakel. Die Empfindlichkeit der Chemorezeptoren ist erheblich. So kann man bei *Metridium* Freßreaktion auslösen, wenn man ihm Fließpapierstückchen darbietet, die mit Fleischsaft oder mit wasserlöslichen Aminosäuren getränkt sind [492, 493]. Auch Feinde können chemisch erkannt werden (vgl. oben).

Für *Metridium* konnte ferner ein positiver Phototropismus nachgewiesen werden: Wenn die Seenelke dem vollen Licht ausgesetzt ist, folgt sie dem Sonnenstand durch Hinwenden der Tentakelkrone. Manche Aktinien entfalten die Tentakelkrone im Licht, andere in der Dunkelheit. So wird beispielsweise *Tealia felina* nur nachts in voll ausgestrecktem Zustand angetroffen. Andere Arten demonstrieren durch Kriechbewegungen aktiv ihre positive oder negative Phototaxis. Eine lichtbedingte Tagesrhythmik ist vor allem für Arten mit symbiontischen Zooxanthellen nachgewiesen; so öffnet sich etwa *Anemonia sulcata* bei Tage und schließt sich bei Anbruch der Dunkelheit.

Eine in den rezeptorischen Ursachen noch nicht völlig geklärte Gezeitenrhythmik besitzen Aktinien, die im Eulitoral leben und daher unter dem regelmäßigen Einfluß der wechselnden Wasserbedeckung stehen. Exemplare von *Actinia equina* zeigen diese Rhythmik auch dann noch, wenn sie der Gezeitenwirkung im Aquarium entzogen sind. Sie kontrahieren sich hier noch 3 Tage lang vor Eintritt des Niedrigwassers und reduzieren ihren Sauerstoffverbrauch in der Ebbezeit noch während der folgenden 2—3 Wochen.

Ernährung. Die Aktinien sind Carnivoren und passive Wasserstromfischer. Viele Arten sind macrophag. Mit ihren muskulösen, dicht mit Nesselzellen besetzten Tentakeln fangen vor allem größere Formen, wie *Actinia, Tealia, Anemonia, Calliactis* oder *Stoichactis*, größere Beutetiere, wie Fische, Krebse oder Mollusken. Sie verschlingen die Beute mit dem weit geöffneten Schlundrohr schnell und vollständig und ziehen den Körper über ihr zusammen. Daneben gibt es die große Gruppe der Microphagen die — wie die meisten Cnidaria — nichtselektiv Plankton und organischen Detritus fressen.

Lebende Plankton-Organismen werden hauptsächlich mit den Tentakeln erbeutet. Es ist jedesmal ein eindrucksvolles Schauspiel, wenn kontrahierte Exemplare von *Metridium* in einem reich besetzten Aquarium fast gleichzeitig zur vollen Größe „aufblühen" und ihre Tentakelkrone entfalten, wenn lebendes Plankton zugegeben wird. Auch Schleimabsonderungen sowie Geißelströme der Körperoberfläche und der Mundscheibe sind beim Fang von kleineren Organismen oder Detritus beteiligt.

Die Geißelströme sind auf den Tentakeln stets zur Spitze hin gerichtet (Abb. 155). Die Tentakel müssen sich daher zum Mund hin krümmen, um ihm die Beute zuzuführen. Unbrauchbare Partikel werden von den nach außen gebogenen Tentakeln über den Rand der Mundscheibe hinaus befördert und abgestoßen. Überdies sind die Aktinien nicht ausschließlich auf geformte Nahrung angewiesen. Sie können vielmehr aus dem Seewasser

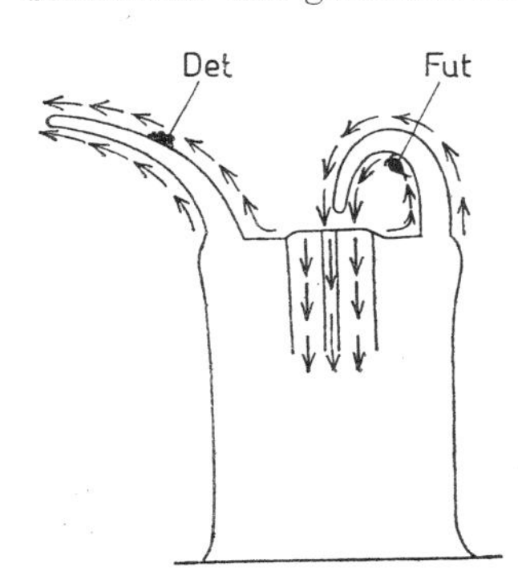

Abb. 155. Geißelströmungen bei *Metridium senile.* Am rechten Tentakel wird ein Nahrungsobjekt zum Mund befördert; am linken Tentakel wird ein unbrauchbarer Detrituspartikel zur Spitze des Tentakels transportiert und von dort abgestoßen. — **Det** Detritus, **Fut** Futterorganismus. — Nach CARLGREN aus PAX 1925.

selektiv auch gelöste organische Substanzen (Aminosäuren) aufnehmen und in ihre Körpersubstanz einbauen; zumindest ein gewisser Anteil der Stoffwechselenergie kann daher auf diese Weise gedeckt werden [538]. Als Verdauungsenzyme wurden Proteasen und Lipasen nachgewiesen; ihre Konzentration in der Körperflüssigkeit ist sehr gering (vgl. S. 61).

Symbiosen. Die Bedeutung der symbiontischen Zooxanthellen ist die gleiche wie bei allen anderen Cnidaria. Die Aktinien ziehen aus ihnen durch die Aufnahme von Sauerstoff und Nährstoffen einen direkten Nutzen.

Um Symbiosen handelt es sich auch beim Zusammenleben von Aktinien mit Krabben und Einsiedlerkrebsen [525, 526]. Die Krebse bieten den Seerosen Substrat und transportieren sie, so daß diese die Vorteile der vagilen Lebensweise beim Nahrungserwerb gewinnen. Überdies profitieren sie von den Mahlzeiten ihrer Wirte. Die Krebse müssen ihre Nahrung zerkleinern, wobei auch Fleischfetzen für die Partner abfallen. Die Aktinien gewähren dafür den Krebsen einen wirksamen Schutz vor Feinden durch die Nesselzellbewaffnung ihrer Tentakel und Acontien, vor allem vor Kraken (*Octopus*), den gefährlichsten Feinden der Brachyura und Anomura. Die Krebse sind dagegen offenbar gegen das Nesselgift immun.

Wie anderer Aufwuchs (Hydroidpolypen, Röhrenwürmer, Seepocken) werden auch Aktinien (*Metridium* u. a.) regelmäßig auf dem Rückenpanzer mancher Brachyura (*Cancer pagurus, Hyas araneus*) angetroffen, auf denen sie sich vermutlich als Larven angeheftet haben. Viele erwachsene Seerosen aber haben die Fähigkeit der aktiven Substratwahl und des Substratwechsels. Dabei heftet sich die Aktinie zuerst mit ihren Tentakeln am neuen Substrat fest, löst dann die Haftscheibe und heftet sich mit ihr erneut an. *Calliactis* bevorzugt als Substrat sowohl leere als auch von Einsiedlern bewohnte Schneckengehäuse und besiedelt solche einzeln oder zu mehreren. Interessanterweise bleibt der Einsiedler *Pagurus bernhardus* in dieser Lebensgemeinschaft passiv und läßt die Seerose beim Gehäusewechsel unbeachtet zurück.

Bei dem Einsiedler *Dardanus arrosor* aber kommt es zu einer echten Partnerschaft. Das äußert sich schon darin, daß der Krebs immer nur eine *Calliactis* auf seinem Wohngehäuse trägt. Wenn er das zu klein gewordene Gehäuse wechseln muß, nimmt er „seine" Seerose beim Umzug mit. Er beklopft den Körper der *Calliactis* mit den Scheren der 2. und 3. Laufbeine und zupft dann am Rand der Haftscheibe mit einer Schere des 1. Beinpaares vorsichtig und ohne sie zu verletzen so lange, bis die Seerose losläßt. Danach drückt der Krebs seinen Partner an das neue Gehäuse an, wo er sich bereitwillig wieder anheftet. Wird die Seerose im Experiment vom Gehäuse entfernt und unter Steinen versteckt, so sucht und findet sie der Einsiedler. Er ist also in der Lage, „seine" Seerose mit Chemorezeptoren zu erkennen.

Eine noch höhere Stufe der Partnerschaft besteht zwischen der Anemone *Adamsia palliata* und dem Einsiedler *Pagurus prideauxi*, da beide Arten im erwachsenen Zustand nur in der Paarbindung bekannt sind. Auch in diesem Falle lebt immer nur eine Aktinie auf einem Gehäuse. Ihre Fußscheibe nimmt dabei eine charakteristische Lage an, da sie in zwei Zipfel ausgezogen ist, die das Gehäuse quer zur Längsrichtung umgreifen. Die Aktinie umschließt auf diese Weise mit ihrer Haftscheibe vollständig das Wohnhaus des Einsiedlers (Abb. 156), und ihr Mund liegt dicht hinter der Gehäusemündung unter den Kieferfüßen des Krebses. Außerdem wird das Gehäuse durch erhärtende Schleimausscheidungen der Aktinie ständig am Mündungsrand vergrößert und wächst auf diese Weise mit, so daß dem Krebs die weitere Wohnungssuche ein für alle Mal erspart bleibt. — Ein ähnlicher Fall ist nur beim symbiontischen Paar *Hydractinia echinata* (Hydrozoa) und *Pagurus bernhardus* bekannt (S. 170).

Auf einer anderen Grundlage beruht das Zusammenleben von Aktinien mit Anemonenfischen. *Amphiprion* bewohnt die Tentakelkrone der Riesenanemone *Stoichactis*, auf anderen Seeanemonen lebt *Premnas*. Ein solcher Anemonenfisch hält sich ständig zwischen den Tentakeln der Aktinie auf und entfernt sich bei der Nahrungssuche nur für eine kurze Strecke. Er sucht und findet also Schutz und wird dabei nicht genesselt.

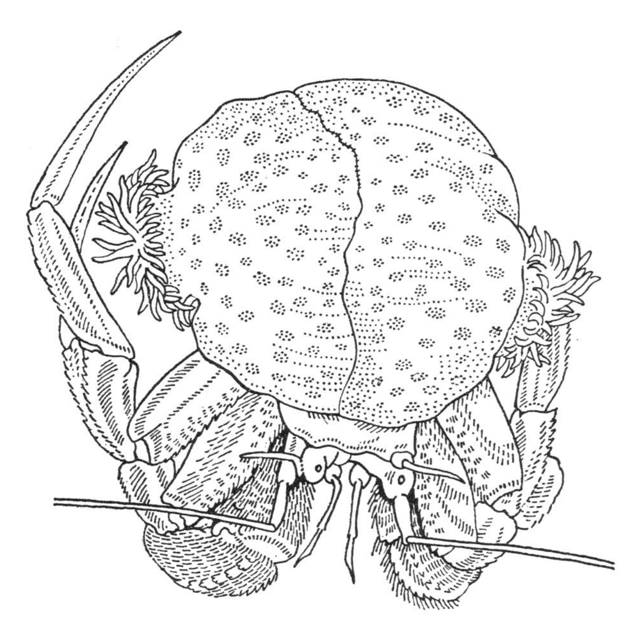

Abb. 156. Obligatorische Symbiose von *Adamsia palliata* mit dem Einsiedlerkrebs *Pagurus prideauxi.* — Nach STEPHENSON 1935.

Wenn aber ein fremder Fisch derselben oder einer anderen Art die Tentakel der Seeanemone berührt, wird er sofort genesselt und gefressen.

Auch der ständige Hausgast ist allerdings nicht immun gegen das Nesselgift. Er schützt sich vielmehr aktiv, indem er langsam und vorsichtig kleine Partien seines Körpers mit den Tentakeln der Aktinie in Berührung bringt und dabei den von ihr ausgeschiedenen Schleim abstreift. So überzieht der Fisch allmählich seine gesamte Körperoberfläche mit einem Mantel aus Aktinienschleim und gewinnt dadurch eine echte Tarnhülle. Der Fisch kann nämlich jetzt die Tentakel der Seeanemone berühren, ohne genesselt zu werden; er wird von den Chemorezeptoren der Aktinie als „körpereigen" identifiziert. Wenn die Schleimhülle experimentell entfernt wird, so verliert der Fisch sofort den Schutz, wird genesselt und gefressen. Da die Aktinie vom Zusammenleben keinen erkennbaren Nutzen hat, liegt dieser einseitig beim Fisch, so daß lediglich von einer Assoziation gesprochen werden kann.

Feinde der Aktinien sind vor allem Nacktschnecken, die sich zum Teil ausschließlich von ihnen ernähren und oft sogar die Nesselkapseln in ihren Rückenanhängen speichern (vgl. S. 62). Pantopoda stechen mit ihrem Rüssel Aktinien an und saugen sie aus. Durch Magenuntersuchungen ist bekannt, daß Plattfische und Gadiden regelmäßig Aktinien verschiedener Arten fressen.

Allgemeine ökologische Bedeutung, s. S. 63. Die wirtschaftliche Bedeutung ist minimal; immerhin ist zu erwähnen, daß manche Arten gegessen werden, so etwa *Anemonia sulcata* von Mittelmeerfischern.

System

Es werden 2 Unterordnungen unterschieden; die zweite enthält zahlreiche Familien, von denen hier nur die wichtigsten aufgeführt sind.

1. Unterordnung Protantheae

Mit 8 vollständigen Mesenterien, deren Längsmuskulatur schwach entwickelt ist; Mesenterialfilamente ohne Geißelstreifen. Schlundrohr ohne Siphonoglyphen. Körperwand mit ectodermalen Längsmuskeln und ectodermalem Nervennetz, ohne Sphinkter und ohne

Basilarmuskeln. — Die Unterordnung wird wegen ihrer ursprünglichen Merkmale, vor allem wegen der ectodermalen Natur der Hauptmuskulatur, als Basisgruppe der Actiniaria angesehen. — Nur 1 Familie.

Familie Gonactiniidae. — *Protanthea simplex*, bis 1,5 cm hoch. — *Gonactinia prolifera* (Abb. 149A), bis 3 mm lang, kriecht auf der Mundscheibe; asexuelle Vermehrung durch Querteilung S. 247; Schwimmen S. 251.

2. Unterordnung Nynantheae

Meist mit mehr als 8 vollständigen Mesenterien, deren Längsmuskulatur wohl entwickelt ist; Mesenterialfilamente mit Geißelstreifen. Schlundrohr meist mit zwei Siphonoglyphen. Körperwand meist ohne ectodermale Längsmuskulatur, mit Sphinkter.

1. Infraordnung Boloceroidaria

Formen mit primitiven Merkmalen: schwache Retraktoren an den Mesenterien, keine Siphonoglyphen, ectodermale Körpermuskulatur, ohne Sphinkter. Sie gleichen dadurch den Protantheae, unterscheiden sich von diesen aber durch den Besitz von Geißelstreifen an den Mesenterialfilamenten.

Familie Boloceroididae. — *Boloceroides mcmurrichi*, kann schwimmen (S. 251f.), autotomierte Tentakel können regenerieren (S. 247). — *Boloceractis* und *Bunodeopsis medusoides*, ebenfalls schwimmfähig.

2. Infraordnung Abasilaria

Ohne Fußscheibe, daher ohne Basilarmuskeln. Körperwand ohne Sphinkter. Mesenterien mit kräftiger Längsmuskulatur. Mit langem schlankem Rumpf, aber mit wenigen Tentakeln. Die Tiere leben im Sandboden, in den sie sich mit dem schlanken Grabfuß einbohren.

Familie Edwardsiidae. Mit 8 vollständigen Mesenterien und 4 Micromesenterien (Abb. 148B). — **Edwardsia longicornis*, Länge 3—9 cm, Durchmesser 0,2—1,0 cm, Basalteil blasig erweitert. *E. lineata*, mit asexueller Vermehrung durch Querteilung. **E. danica* in der Kieler Bucht.

Familie Halcampidae. Zahl der Mesenterien stets größer als 8. Sphinkter der Körperwand schwach entwickelt oder fehlend. — **Halcampa duodecimcirrata* (Abb. 150), mit 12 vollständigen Septen, Basalteil blasig erweitert; Fortpflanzung S. 248; Ostsee. — **Peachia hastata* (Abb. 153). Länge bis 25 cm, Durchmesser bis 2 cm; Tentakel in zwei Kreisen alternierend, rotbraun mit konzentrischem Fleckenmuster. Beim Eingraben wird zuerst der Basalteil verdünnt und gestreckt und in den Boden gestoßen; dann wird bei fest verschlossenem Mund Flüssigkeit aus dem Gastralraum in den Fuß gepreßt, der sich dadurch erweitert und verankert; nun kann durch Kontraktion der Längsmuskulatur der Körper ein kurzes Stück in den Boden gezogen werden; der Vorgang muß mehrmals wiederholt werden; ein 15 cm langes Tier braucht etwa 1 Stunde, um sich bis an die Tentakelkrone einzugraben. Brutparasitismus S. 249f. Die erwachsenen Tiere fressen kleine Medusen, Ctenophora, Chaetognatha und Jungfische. Nordsee.

Familie Limnactiniidae. Ohne Fußscheibe und ohne Tentakel. — *Limnactinia*, bipolar verbreitet.

3. Infraordnung Mesomyaria

Sphinkter der Körperwand in der Mesogloea.

1. Überfamilie Actinostoloidea

Ohne Acontien.

Familie Actinostolidae. — *Stomphia coccinea* (Abb. 154), Länge bis 8 cm, Durchmesser der Mundscheibe bis 8 cm; mit stark entwickeltem Sphinkter; Flucht vor Feinden und

Schwimmen S. 251; circumpolar. — *Actinostola,* Länge bis 25 cm, Durchmesser der Mundscheibe bis 20 cm, ebenfalls mit Schwimmvermögen.

2. Überfamilie Metridioidea

Mit Acontien.

Familie Diadumenidae. Mit 12 Paar Mesenterien, von denen 6 Paar vollständig und steril sind; sekundär ohne Sphinkter. — *Haliplanella* (syn. *Diadumene*) *luciae,* Länge 1,2 cm, Tentakel bis 10 cm lang, grün gefärbt, Acontien im Querschnitt mit dreistrahliger Achse; im Eulitoral; zahlreiche Populationen mit ausschließlich asexueller Vermehrung durch Längsteilung und vor allem Laceration.

Familie Metridiidae. Mit nur 6 Paar vollständigen Mesenterien, Sphinkter zuweilen reduziert. — **Metridium senile,* Seenelke (Abb. 157A), bis 30 cm lang, Durchmesser der Mundscheibe bis 20 cm; mit 200—1000 sehr kleinen Tentakeln, die die ganze Mundscheibe bedecken, einige zu Fang- bzw. Abwehrtentakeln verlängert; Färbung stark variierend von weiß, rosa, orange, rot, braun und blau; asexuelle Vermehrung durch Laceration S. 247; Kriechbewegung mit der Haftscheibe S. 251; spontane Bewegungen S. 253.

Familie Hormathiidae. Mit 6 Paar vollständigen Mesenterien und wohl entwickeltem Sphinkter. — *Calliactis parasitica* (syn. *Adamsia rondeletii, Sagartia parasitica*), bis 10 cm lang, gelb oder braun gefärbt; Symbiose mit Einsiedlerkrebsen S. 254. — *Adamsia palliata* (Abb. 156); Symbiose S. 254.

Familie Aiptasiidae. Mit 6 Paar vollständigen Mesenterien, Sphinkter fehlend oder schwach entwickelt. — *Aiptasia diaphana,* kriecht auf der Seite liegend. *A. mutabilis* (Larve Abb. 152C). *A. couchi,* mit asexueller Vermehrung durch Querteilung.

Familie Sagartiidae. Mit mehr als 6 Paar vollständigen Mesenterien. — **Sagartia elegans,* Witwenrose, Länge bis 8 cm, Durchmesser bis 8 cm; kann spannerartig kriechen (S. 251) und manchmal an der Oberfläche treiben (S. 252). — **S. troglodytes* (Abb. 151), kleinere Form der Gezeitenzone, in Felsspalten (Helgoland), aber auch im Sand des Wattenmeeres und dann an kleinen Steinen oder Muschelschalen unter der Oberfläche festsitzend; Laichverhalten S. 248. — **Sagartiogeton undatus,* Schlangenhaarseerose. — *Cereus pedunculatus* (syn. *Heliactis bellis*), Seemaßliebchen (Abb. 157B), Länge 9 cm, Durchmesser der Mundscheibe bis 6 cm; mit mehr als 700 kurzen Tentakeln von 2 cm Länge; Lebensdauer nachweislich bis 62 Jahre; parthenogenetische Entwicklung S. 248. — *Actinothoe lacerata,* asexuelle Vermehrung durch Laceration S. 247.

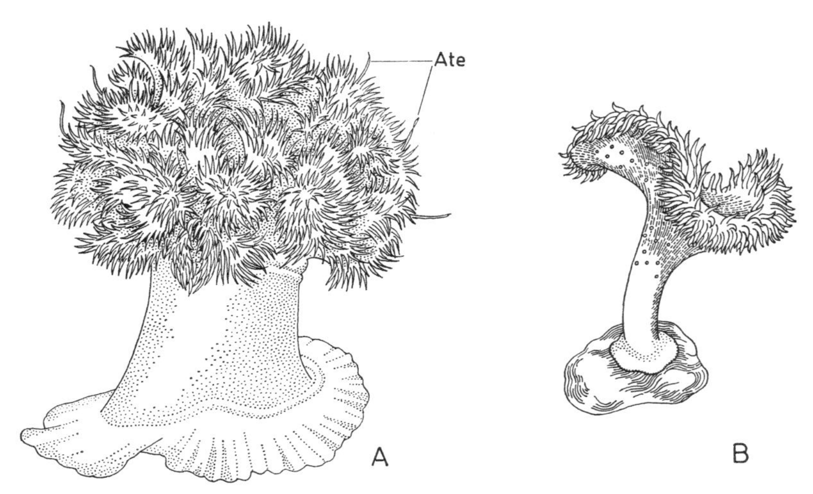

Abb. 157. A. *Metridium senile,* Seenelke. **B.** *Cereus pedunculatus,* Seemaßliebchen. — **Ate** Abwehrtentakel. — A nach LELOUP 1952, verändert; B aus STEPHENSON 1935.

4. Infraordnung Endomyaria

Sphinkter entodermal, zuweilen fehlend. Zahlreiche Mesenterien mit kräftiger Längsmuskulatur. Fußscheibe wohl entwickelt.

1. Überfamilie Actinioidea

Tentakel in alternierenden Kreisen angeordnet, stets unverzweigt.

Familie Actiniidae. Körperwand nicht in Capitulum und Scapus gegliedert, mit Basilarmuskeln. Ohne Acontien. Sphinkter vorhanden, wohl entwickelt und diffus oder fehlend. — **Actinia equina*, Pferdeaktinie, 6 cm hoch, bis 7 cm Durchmesser; bis 190 Tentakel; an hellen Standorten leuchtend rot bis graubraun, auch grün, mit blaugrünen Längsstreifen der Körperwand; mit leuchtend blauen Acrorhagi, die von der Randfalte des Körpers verdeckt sein können; charakteristische Form der Gezeitenzone; Kosmopolit; Nahrung S. 253; Vermehrung S. 248, larvipar, parthogenetische Entwicklung; verbürgte Lebensdauer in Gefangenschaft bis 60 Jahre. — *Bunodactis verrucosa.* Edelsteinrose, Länge bis 6 cm; Epidermis mit zahlreichen Warzen in 48 Längsreihen, larvipar. — **Tealia felina* (syn. *Urticina f.*), dickhörnige Seerose (Abb. 148A), Höhe bis 7 cm, Durchmesser der Mundscheibe bis 20 cm, Rumpf oft grün und rot gestreift, ebenso Mundscheibe mit roter Radialstreifung; Körperwand mit roten Saugwarzen, die Sand oder Schill zur Tarnung festhalten; ernährt sich macrophag, starke Nesseltätigkeit, nachts aktiv; kann an der Oberfläche treiben (S. 251). — *Bolocera tuediae*, die schmale Fußscheibe mit schwacher Muskulatur, daher nur geringe Haftfähigkeit; mit sehr zahlreichen vollständigen Mesenterien, bis 190 Tentakel; im Sublitoral unter 40—50 m. — *Anemonia sulcata*, Wachsrose, Länge bis 20 cm, Durchmesser der Mundscheibe bis 15 cm; mit 150—200 langen, wenig kontraktilen, stark nesselnden Tentakeln und mit Acrorhagi; mit Zooxanthellen, daher in geringer Tiefe lebend, meist an Felsen angeheftet; häufig macrophage Lebensweise; Tagesrhythmik S. 253; im Mittelmeer bis 6 m Tiefe. — *Condylactis.* — *Anthopleura stellula*, mit asexueller Vermehrung durch Querteilung.

2. Überfamilie Stoichactoidea

Tentakel sämtlich oder teilweise in Radien angeordnet, manchmal verzweigt.

Familie Stoichactidae. — *Stoichactis*, Riesenanemone, die größte Aktinie, 20—50 cm lang und bis 150 cm Mundscheibendurchmesser, mit sehr großer Kontraktionsfähigkeit (von 50 auf 5 cm Länge, von 150 auf 10 cm Durchmesser); oft mit Zooxanthellen; circumtropisch auf Korallenriffen; Jungtiere können durch Vor- und Zurückschlagen der Tentakel schwimmen und werden bis zu 1 km von den Riffen entfernt angetroffen; Assoziation mit Fischen S. 254.

Familie Actinodendridae. — *Actinodendron*, mit armförmigen Fortsätzen der Mundscheibe, an denen verzweigte und unverzweigte Tentakel sitzen.

Familie Minyadidae. Schwebeaktinien. Rein tropisch. Mit wohl entwickeltem Sphinkter, Tentakel unverzweigt, blau oder grün gefärbt. Schweben an der Oberfläche mit dem zu einer Boje umgeformten Fuß S. 251. — *Minyas* und *Nautactis*, bisher nur als unreife Exemplare bekannt.

3. Ordnung Madreporaria (syn. Scleractinia), Steinkorallen

Etwa 1000 rezente und über 5000 fossile Arten. Größter Einzelpolyp in der solitären Gattung *Fungia*, bis zu 25 cm Durchmesser.

Diagnose

Meist sessile stockbildende, selten freilebende solitäre Formen. Mit basalem Ectoskelett aus kohlensaurem Kalk (Aragonit), das von der Epidermis der Basalscheibe ausgeschieden wird, mit Basalplatte und vertikalen Septen (Sclerosepten), die nach oben zwischen die Mesenterien (Sarcosepten) vorspringen und den Gastralraum einbuchten. Bildung der Sekundärmesenterien als Dubletten in allen Zwischenfächern; ohne Septalostia. Ohne oder mit schwach entwickelten Siphonoglyphen. Als Nesselkapseln 3 Stomocniden und Spirocyste (Tab. 5, S. 232). — Rein marin.

Eidonomie und Anatomie

Die Madreporaria unterscheiden sich von den übrigen Anthozoa durch ihre ausgedehnten Stöcke und ihre massiven Kalkskelette (Abb. 158). Die Polypen der meisten Steinkorallen sind klein (Durchmesser 1—30 mm). Ihr Körper gleicht durch die zylindrische Form äußerlich dem einer Aktinie, ist jedoch sehr viel zarter gebaut. Die Epidermis ist meist glatt, da ihr Nesselwarzen oder hohle Nesselblasen fehlen. Um die wohlentwikkelte Mundscheibe steht ein peripherer Kranz von einfachen Tentakeln, die meist einen Nesselendknopf tragen und mit zusätzlichen unregelmäßig verteilten Nesselbatterien in Form von Warzen oder Spangen ausgestattet sind. Die hohlen Tentakel treten in einer Reihe oder alternierend in zwei Reihen um den Mund auf und können umgestülpt werden. Über jedem Gastralfach steht höchstens ein Tentakel, ihre Gesamtzahl beträgt ein Vielfaches von 6. Bei den tropischen Riffkorallen treten zwischen den zahlreichen normalen Tentakeln wenige längere Fangtentakel auf (Tentakel-Dimorphismus). — Der Weichkörper ist bei vielen Arten lebhaft gefärbt; die häufigsten Farben sind blau, grün, gelb, rot, orange, braun. Die Braunfärbung beruht meist auf der Anwesenheit von Zooxanthellen in den Entodermzellen des Körpers und der Tentakel.

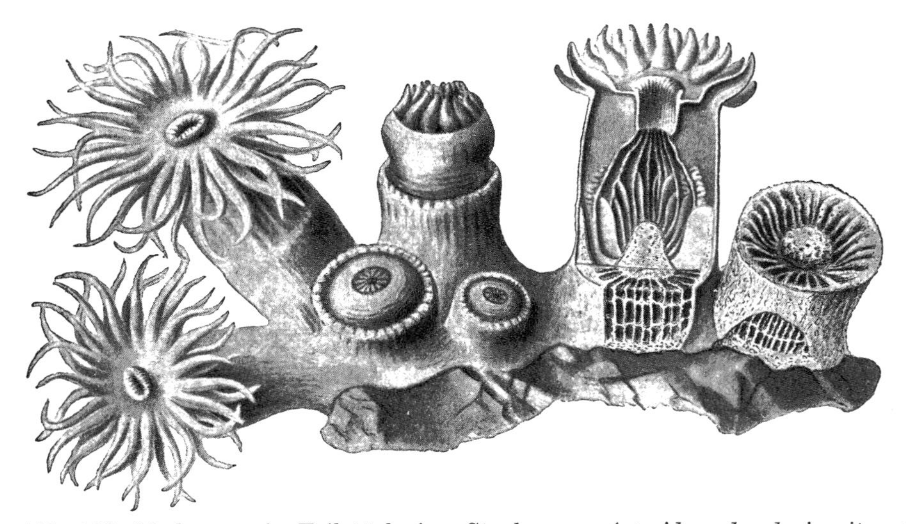

Abb. 158. Madreporaria, Teilstück eines Stockes von *Astroides calycularis* mit ausgestreckten und kontrahierten Polypen. Auf der rechten Seite ist je ein Polyp längs und quer durchgeschnitten. — Nach PFURTSCHELLER aus KAESTNER 1965.

Das Schlundrohr ist, wie der Mund, spaltförmig, aber relativ kurz. Auch die Geißelrinnen sind nur schwach ausgebildet oder fehlen, doch ist der Pharynx stets dicht begeißelt. Häufig entstehen zuerst zwei Zyklen von je sechs vollständigen Protomesenterien, während die Sekundärsepten in einer unregelmäßigen Zahl von 1—12 als Dubletten in den Zwischenfächern eingefügt werden. Nicht selten sind außer den Richtungsmesenterien nur vier Protosepten vollständig, während die vier weiteren Primärmesenterien unvollständig bleiben und Metamesenterien fehlen (Abb. 159). Damit ist ein Endstadium der Mesenterien-Ausbildung verwirklicht, das bei manchen Aktinien als vorübergehendes Edwardsia-Stadium vorkommt (Abb. 148B). Die beschriebene Regelmäßigkeit der Septenanordnung verschwindet meist nach der asexuellen Vermehrung. Die sekundär vereinfachte Aus-

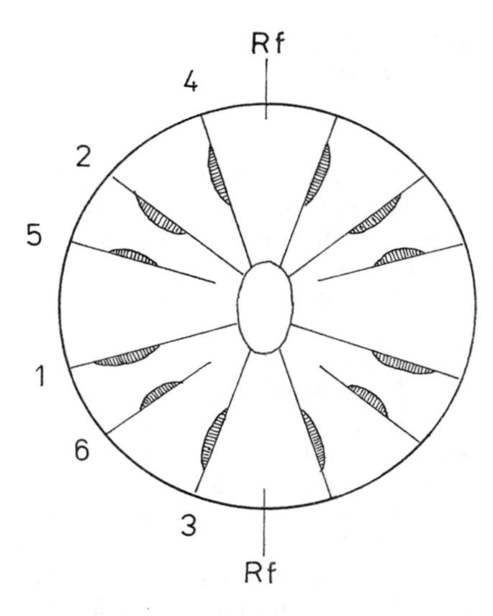

Abb. 159. Madreporaria. Beispiel der Anordnung und Reihenfolge der Mesenterien. Nur acht Mesenterien sind vollständig. — **Rf** Richtungsfach.

bildung des Weichkörpers prägt sich auch in Merkmalen der Mesenterien aus. Den vollständigen Mesenterien fehlen stets die Ostia; ebenso sind die Filamente frei von besonderen Geißelstreifen. Die Mesenterialfilamente sind jedoch oft stark verlängert und in gewundene Kurven gelegt. Acontien fehlen.

Die kennzeichnenden Bauelemente der Steinkorallen sind ihre **Skelettbildungen**, bei denen es sich um reine Ectoskelette handelt. Sie werden von der Basalscheibe der Polypen ausgeschieden und bestehen zu 98—99,7% aus $CaCO_3$, das in Form von faserigem Aragonit vorliegt, sowie aus einem geringen Anteil einer organischen, chitinähnlichen oder aus Proteinen bestehenden Grundsubstanz, in die die Kalkkristalle bei der Bildung des Skeletts eingelagert werden [433, 457, 463, 464, 485, 547, 548, 565, 566].

Die Form des Skeletts ist bei den zahlreichen Steinkorallen zwar recht verschieden, seine Bildung verläuft aber stets nach dem gleichen Prinzip. Die Epidermis der Haftscheibe des aus der Planula entstandenen Primärpolypen scheidet auf der Unterseite zunächst die rundliche Basalskelettplatte ab, auf der sich anschließend in sechs Radien senkrechte Skelettgrate erheben, die Anlagen der Sklerosepten (Abb. 160C). Sie stülpen die Körperwand zwischen den Sarcosepten nach oben vor, so daß sie in den Gastralraum eindringen und ihn beim weiteren Wachstum aufgliedern (Abb. 161). Wenn neue Mesenterien des Weichkörpers gebildet werden, so dringt zwischen ihnen ein neuer Zyklus von Sclerosepten in den Zwischenfächern ein, wobei jedes neue Scleroseptum zwischen zwei Sarcosepten nach oben wächst. Auch der dritte Zyklus von Sclerosepten zeigt bei den damit ausgestatteten Arten noch ein regelmäßiges Muster (Abb. 162B), während bei den folgenden Wachstumsstadien Unregelmäßigkeiten auftreten. Die Bildung des Skeletts geschieht also in Zyklen und folgt einem durchaus radialsymmetrischen Muster.

Erst nach der Anlage der ersten Sclerosepten entsteht auf der Basalscheibe nahe ihrer Peripherie ein zunächst niedriger Skelettrundwall, die Anlage der Theca, die die radial gestellten Sklerosepten peripher verbindet (Abb. 161, 162A). Durch das Höhenwachstum nimmt der Randwall die Form eines Bechers oder Kelches an. Da die Theca nicht genau am Rand der Basalscheibe entsteht, trennt sie einen peripheren, äußeren, ectothecalen Ring vom Gastralraum ab, der damit in einen inneren und einen äußeren Teil gegliedert ist. Beide Teile stehen nur oben über den Rand der Theca hinweg in Verbindung. Auch der ectothecale Raum kann durch die über den Oberrand der Theca hinweg greifenden Sarco- und Sclerosepten radial aufgeteilt sein. Der ectothecale Teil eines Scleroseptum wird Costa genannt. Oft wächst in der Mitte der Basalplatte eine senkrechte Säule in die Höhe, die

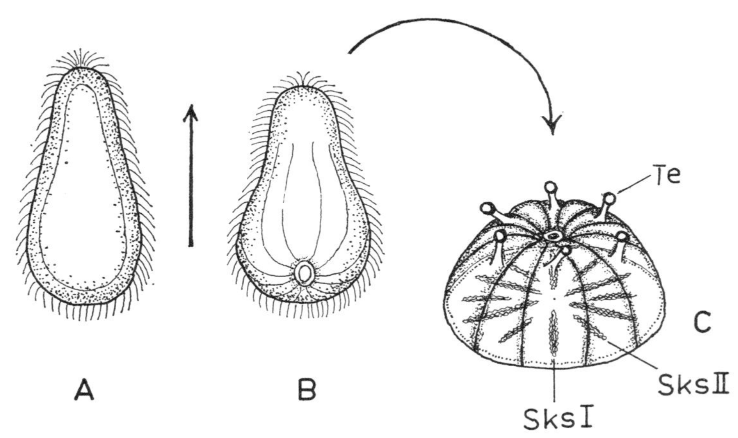

Abb. 160. Entwicklung und Skelettbildung der Madreporaria (*Siderastrea radians*). **A.** Junge Planula. **B.** Fortgeschrittene Planula kurz vor der Anheftung. Die Anlage des Mundes und der Mesenterien (Sarcosepten) sind bereits erkennbar. **C.** Primärpolyp mit sechs Tentakeln, Außenansicht. Im Inneren sind auf dem Boden des Gastralraumes die beiden ersten Zyklen (I, II) der gratförmigen Anlagen der Sklerosepten angedeutet. Die Pfeile geben die Bewegungsrichtung an. – **Sks** Sklerosepten, **Te** Tentakel. – Nach DUERDEN 1904.

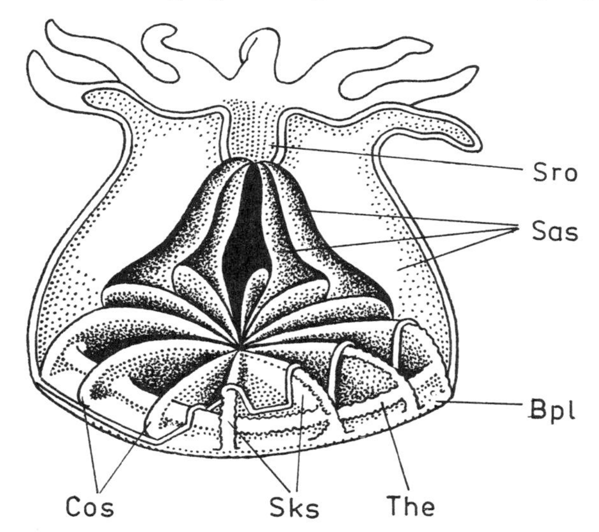

Abb. 161. Skelettbildung der Madreporaria, junger Polyp von *Astroides calycularis*, fortgeschrittenes Stadium (vgl. Abb. 160C). Weichkörper längs halbiert und rechts unten teilweise von der Bodenplatte entfernt. – **Bpl** Basalplatte, **Cos** Costae, **Sas** Sarcosepten, **Sks** Sklerosepten, **Sro** Schlundrohr, **The** Theca. – Nach PFURTSCHELLER aus KAESTNER 1965.

Columella (vgl. als Konvergenzerscheinung den Gastrostyl des Skeletts der Stylasteridae, S. 173f.). Die Oberfläche der Skelettelemente ist meist nicht glatt, sondern mit feinen Körnchen besetzt, die in Reihen stehen oder sich zu Kämmen (Trabekeln) vereinigen können. Auch die freien Ränder der Septen oder des Kelches sind in ähnlicher Weise gekörnt, geperlt oder gezackt. Überdies sind sämtliche Wände durch zahlreiche gröbere oder feinere Poren durchbrochen.

Da die skelettbildenden Flächen der Epidermis die Kalkausscheidung während des ganzen Lebens des Polypen fortsetzen, erhöhen sich die freien Ränder der Sclerosepten, des Kelches und der Columella ständig nach oben, und der Kelch erhält so eine größere Tiefe, die allerdings nicht unbegrenzt zunimmt. Beim Höhenwachstum des Skeletts sterben vielmehr die tieferen Schichten des Weichkörpers regelmäßig ab, so daß immer nur eine obere Zone vom lebenden Gewebe „bewohnt" ist.

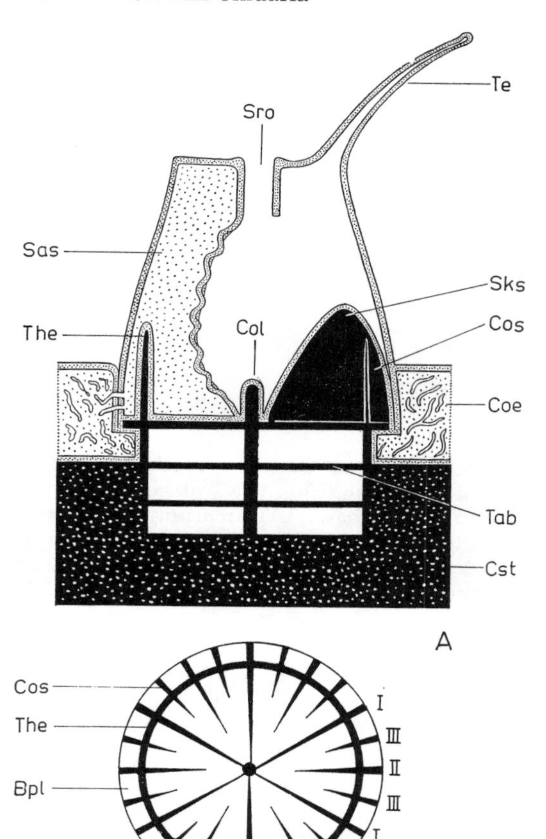

Abb 162. Anatomie und Skelett der Madreporaria, schematisch. **A.** Längsschnitt durch einen Einzelpolypen; auf der linken Seite ist der Schnitt durch ein Sarcoseptum, auf der rechten Seite durch ein Skleroseptum gelegt. Weichkörper punktiert. Skelett schwarz. **B.** Aufsicht auf die Skelett-Basalplatte mit Ansatz der Theca und der Sklerosepten der Zyklen I, II und III. — **Bpl** Basalplatte, **Coe** Coenenchym, **Col** Columella, **Cos** Costa, **Cst** Coenosteum, **Sas** Sarcoseptum, **Sks** Skleroseptum, **Sro** Schlundrohr, **Tab** Tabula, **Te** Tentakel, **The** Theca.

Im Polypenkörper wird dabei das obere lebende Gewebe durch periodisch gebildete Skelettquerwände von den tieferen Zonen getrennt. Die Querböden werden als ringförmige Gewebeverdickungen der inneren Körperwand angelegt, wachsen ringblendenartig zur Mitte hin vor und verschmelzen. Durch Kalkausscheidung an der Unterseite entsteht eine solide, mit dem Skelett verbundene Querplatte (Tabula), die den Gastralraum in zwei Kammern teilt (Abb. 158, 162A). Da in der unteren Kammer das Epithel nicht mehr ernährt werden kann, stirbt es ab.

Die Korallenriffe mit ihrer oft riesigen Flächenausdehnung und ihrem mächtigen Sockel sind daher stets nur von einer dünnen oberen Schicht lebenden Gewebes bedeckt, die für das gesamte Vertikal- und Horizontalwachstum sorgt.

Die **Stockbildung** erfolgt durch Knospung der Einzelpolypen (S. 264). Dadurch, daß die Zwischenräume von den ectothecalen Teilen des gemeinsamen Coenenchyms (Coenosarks) überbrückt werden, bleiben alle Polypen eines Stockes ständig in geweblicher Verbindung. Ebenso bleibt ihr Gastralsystem durch Entodermkanäle in den ectothecalen Gewebekomplexen ständig verbunden. Auch die polypenfreien Teile der Stöcke scheiden fortwährend Kalk aus. Das Gesamtskelett oder Corallum (Abb. 163) besteht daher aus dem der Einzelpolypen und dem verbindenden Zwischenskelett, das als Coenosteum bezeichnet wird (Abb. 162A) und häufig die Form des Stockes bestimmt. Das Skelett des Einzelpolypen wird auch Polypar oder Corallit genannt.

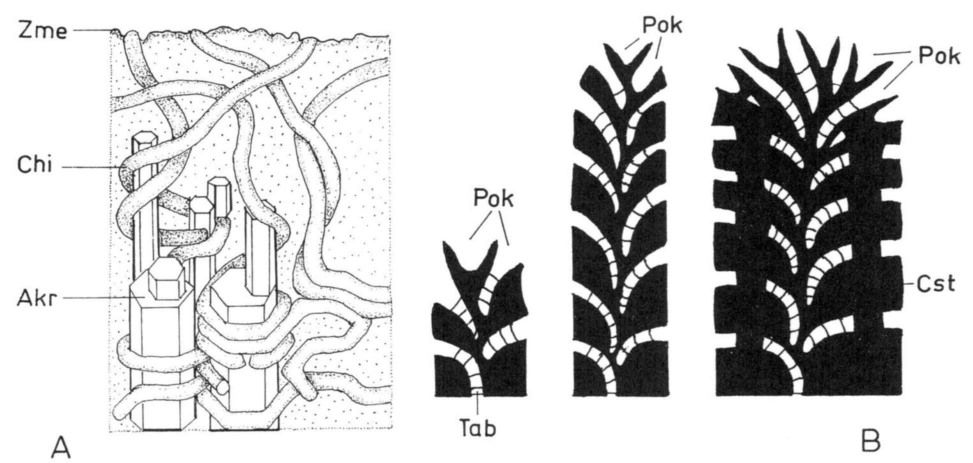

Abb. 163. Madreporaria. Bildung, Wachstum und Struktur des Skeletts. **A.** Schema der Skelett-Entstehung; peripherer Teil eines Skleroblasten (einer Epidermiszelle) im Längsschnitt. Die Aragonitkristalle werden in ein Netzwerk von Chitinfäden eingelagert. **B.** Längsschnitte durch jüngere und ältere Zweigspitzen von *Pocillopora damicornis*, die das Längenwachstum (links und Mitte) und das Dickenwachstum (rechts) demonstrieren. — **Akr** Aragonitkristalle, **Chi** Chitinstrang, **Cst** Coenosteum, **Pok** Polypenkelch, **Tab** Tabula, **Zme** Zellmembran. — Nach WAINWRIGHT 1963, 1964.

Die Form der Stöcke ist außerordentlich variabel, und jede Art hat ihren eigenen Wachstumsmodus. Doch gibt es nach den übergeordneten Wachstumstendenzen bestimmte Grundformen, die immer wiederkehren: horizontale, krusten- und plattenförmige Stöcke, mehr oder weniger halbkreisförmige Konsolen, die an Baumpilze erinnern, kompakte rundliche oder halbkugelige Blöcke, schräg oder vertikal nach oben wachsende Fächer oder Kulissen, schließlich dicke oder dünne strauch- oder baumförmig verzweigte Stöcke. — Die solitären Steinkorallen haben meist Pilzform.

Histologie

In der Epi- und Gastrodermis liegen zahlreiche Zellkerne in unterschiedlichen Horizonten so dicht zusammen, daß Zellgrenzen nicht zu erkennen sind. So erklärt sich der Befund des syncytialen Aufbaues, der jedoch der elmikroskopischen Bestätigung bedarf. Die Epidermis enthält zahlreiche Schleimdrüsenzellen, deren Sekret für die Reinigung der Körperoberfläche und für die Ernährung eine wichtige Rolle spielt (S. 270). Gleiches gilt für die dichte Begeißelung des gesamten Körpers und besonders der Mundscheibe, da die von ihr erzeugten Wasserströme die Schleimfäden transportieren.

Charakteristisch ist auch die schwache Ausbildung der Mesogloea. Die Körperwand ist so dünn, daß alle Skelettelemente (vor allem Sclerosepten und Theca) unter der dünnen Hautbedeckung deutlich hervortreten, wenn der Körper vollständig kontrahiert ist.

Die gesamte **Muskulatur** ist in Korrelation zur starken Skelettentwicklung nur schwach ausgebildet. Das gilt insbesondere für die Körperwand, doch ist ein Sphinkter bei vielen Arten vorhanden. Der Basalplatte fehlen Muskeln, so daß sie nicht als Haftscheibe anzusehen ist. Auch die von der Körperwand zur Basalplatte ziehende Basoparietalmuskulatur ist nur schwach entwickelt. Dagegen ist die entodermale Längsmuskulatur der Mesenterien verhältnismäßig gut ausgebildet und ermöglicht die vollständige Kontraktion des Körpers in den Kelch.

Das **Nervensystem** besteht aus zarten ecto- und entodermalen Netzen von Ganglienzellen und ist ebenfalls nicht sehr kräftig entwickelt. Lokale Konzentrationen von Ganglienzellen sind an den Tentakeln, auf der Mundscheibe und am Schlundrohr anzutreffen. Wie bei den Aktinien lassen sich funktionell mehrere Leitungsnetze nachweisen, die histologisch nicht unterscheidbar sind, nämlich ein schnell leitendes Hauptsystem, das bei der Kontraktion des ganzen Körpers wirksam wird, und ein „langsames" System oder mehrere solcher Systeme, die bei lokalen Tätigkeiten der Tentakel und des Körpers in Funktion treten, speziell beim Nahrungserwerb. Spontane Aktivitäten manifestieren sich beim Ausstrecken und Einziehen des Körpers und der Tentakel und sind vielfach mit Tag- und Nachtrhythmen gekoppelt. Da bei vielen Arten benachbarte Polypen bei der Reizung eines Einzeltieres reagieren, müssen sie durch die Bahnen eines kolonialen Nervennetzes verbunden sein; doch existieren auch Arten, bei denen sich Reize nicht auf die Nachbarpolypen fortpflanzen, so daß hier die Polypen als neurophysiologisch isoliert gelten müssen.

Fortpflanzung

Die überwiegende Mehrzahl der Madreporaria ist durch eine intensive **ungeschlechtliche Vermehrung** ausgezeichnet, die bekanntlich die Ursache für die Entstehung der großen Korallenbänke ist. Jeder Stock läßt sich entwicklungsgeschichtlich auf eine einzelne Planula zurückführen. Allerdings bilden zahlreiche Planulae der gleichen Art nicht selten Aggregationen, die verschmelzen und so die beschleunigte Bildung eines von Anfang an vergrößerten Stockes bewirken. Bei der asexuellen Vermehrung durch Knospung lassen sich extra- und intratentaculäre Modi unterscheiden.

Bei der extratentaculären Knospung, die regelmäßig bei jungen Stöcken beobachtet wird (Abb. 164), bilden sich an der basalen Körperwand Vorwölbungen, in deren Zentrum eine Mundöffnung durchbricht. In ihrem Umkreis wachsen zunächst Tentakel aus, so daß die Anlage des Polypen selbständig Nahrung aufnehmen kann. Dadurch werden die Bildungsvorgänge beschleunigt. Die Mesenterien des neuen Polypen stehen anfangs mit denen des Primärpolypen in Verbindung. Der Sekundärpolyp beginnt nun, von der gemeinsamen Basalplatte aus ein eigenes Skelett aufzubauen, wächst in die Höhe und bildet dann sein eigenes Mesenteriensystem aus. Nach einiger Zeit ist er hinsichtlich Größe und Tentakelzahl äußerlich vom Erzeugerpolypen nicht mehr zu unterscheiden. In der gleichen Weise erzeugen die Sekundärpolypen extratentaculär neue Polypen, wodurch ihre Zahl und damit die Größe des Stockes schnell zunehmen.

Die intratentaculäre Knospung, bei der Mund und Tentakel der Knospe aus der Mundscheibe eines Polypen hervorgehen, setzt mit einem Breitenwachstum parallel zur Längsausdehnung des Mundes und Schlundrohres ein, so daß der Körper im Querschnitt oval wird (Abb. 165). Auch die Bildung des Skelettes folgt der veränderten Wachstumsrichtung. Die Mesenterien ändern gleichfalls ihre Richtung (Abb. 165B). Ein Teil von ihnen gewinnt Verbindung mit dem im zweiten Brennpunkt der Ellipse entstehenden neuen Schlundrohr. Die Trennung zu zwei Mundscheiben mit je einem Tentakelkranz und zu zwei Körpern ist mit dem nach oben gerichteten Wachstum ständig korreliert, so daß schließlich zwei getrennte Polypen mit eigenen Skelettbechern resultieren. Insgesamt handelt es sich daher bei der intratentaculären Vermehrung nicht um eine echte Längsteilung, wie früher ohne genaue Analyse der Vorgänge angenommen wurde, sondern um die Bildung eines Doppel-

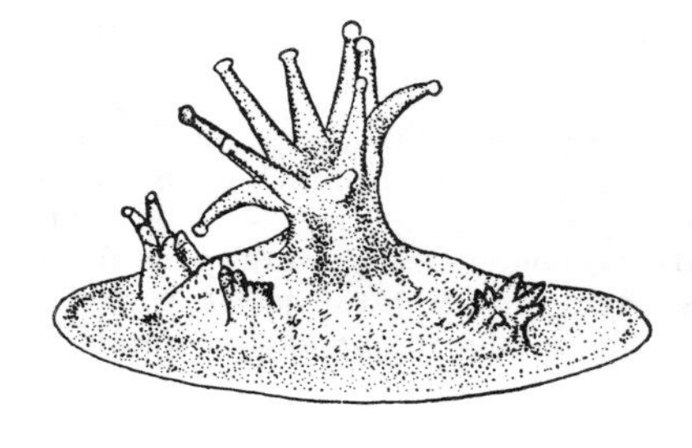

Abb. 164. Madreporaria, extratentakuläre Knospung. Primärpolyp (Alter 20 Tage nach Ansatz der Planula) von *Pocillopora damicornis* mit drei verschieden alten Anlagen von Sekundärpolypen. Durchmesser der Basalplatte 3,5 mm. — Nach STEPHENSON aus KAESTNER 1965.

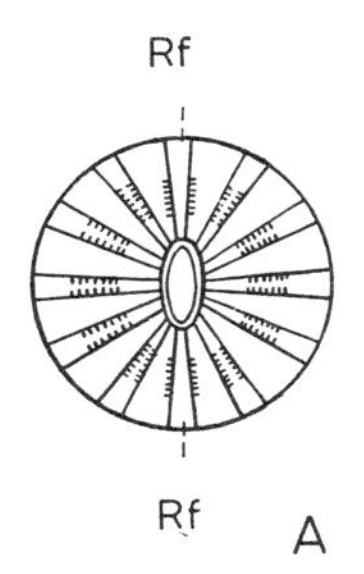

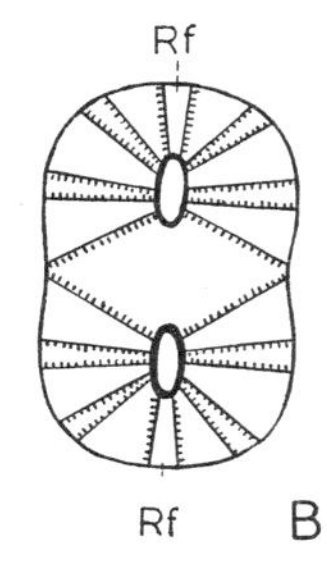

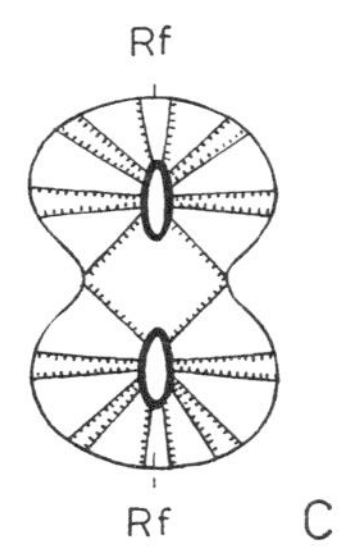

Abb. 165. Madreporaria, intratentakuläre Knospung, dargestellt im Grundriß, nur Mund und Mesenterien sind eingezeichnet. **A.** Polyp vor der Knospung. **B.** Frühes Knospungsstadium, bei dem die Mundöffnungen bereits getrennt sind. **C.** Beginnende Trennung des Körpers. Zu beachten ist die Verteilung der Mesenterien auf die beiden Knospungspolypen. — **Rf** Richtungsfach. — Aus KAESTNER 1965.

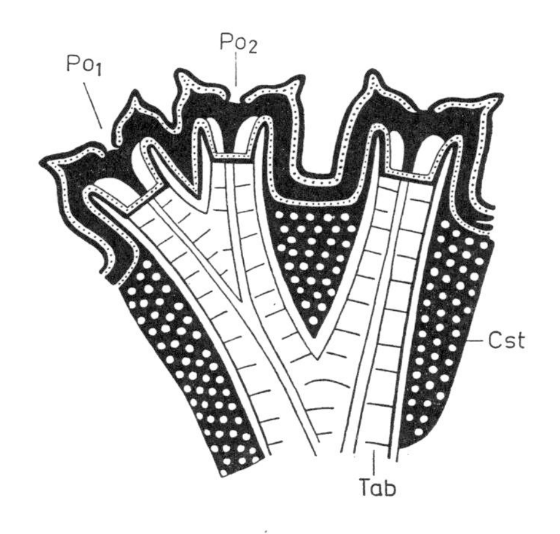

Abb. 166. Madreporaria, intratentakuläre Knospung, dargestellt im schematischen Längsschnitt eines Stockabschnittes. Weichkörper punktiert, Gastralsystem schwarz, Polypenskelett weiß, Coenosteum grob punktiert. — **Cst** Coenosteum, $\mathbf{Po_1}$ und $\mathbf{Po_2}$ durch intratentakuläre Knospung entstandene Tochterpolypen, **Tab** Tabula. — Aus KAESTNER 1965.

polypen aus einer einheitlichen Anlage durch einen speziellen Wachstumsvorgang (Abb. 166).

Eine besondere Form der intratentaculären Knospung führt zur Mäanderbildung bei den Meandrinidae. Bei ihren platten- oder blockförmigen Stöcken (Abb. 169) ist die Oberfläche von tiefen Furchen durchzogen, und das Höhen- ist durch ein extremes Breitenwachstum ersetzt. Die Mäanderform erklärt sich aus der unvollständigen Knospenbildung, durch die die Mundscheibe in ein langes Band mit zahlreichen Mundöffnungen ausgezogen wird. Diese liegen also auf dem Grund der Furchen. Die Längsgrate kommen durch die seitliche Verwachsung der Kelchwände der dicht nebeneinander liegenden, zu Reihen angeordneten Einzelpolypen zustande. Auf jeder Seite der Grate setzen entsprechend die querstehenden Sclerosepten an, und die zahlreichen Tentakel stehen auf den Graten.

Eine einzigartige Form der asexuellen Vermehrung ist die Querteilung, die auf die solitären Steinkorallen beschränkt ist. Ein charakteristisches Beispiel ist *Fungia* (Abb. 167). Die Querteilung ist deshalb so bemerkenswert, weil sie mit der anschließenden sexuellen Fortpflanzung des oberen der beiden Teilungsprodukte verbunden ist. Dadurch läßt sich die Querteilung bei *Fungia* mit der Metagenese der anderen Klassen, speziell mit der monodisken Strobilation der Scyphozoa vergleichen, die ja auch auf der Querteilung des Polypenkörpers beruht (Abb. 37B).

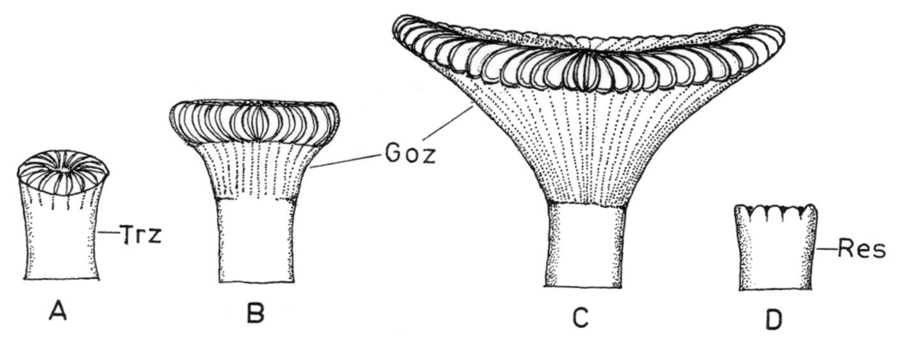

Abb. 167. Querteilung von *Fungia*. **A.** Junger Polyp (= Trophozooid) im Stadium des vertikalen Wachstums. **B.** und **C.** Bildung des Gonozooids. **D.** Basales Residuum nach der Abtrennung des Gonozooids in beginnender Regeneration. Nur das Skelett ist gezeichnet. — **Goz** Gonozooid, **Res** basales Residuum, **Trz** Trophozooid. — Nach Delage & Hérouard 1901, verändert.

Bei *Fungia* entwickelt sich aus der Planula ein becherförmiger Polyp, das Trophozooid. Hat dieses eine bestimmte Größe erreicht, so ändert sich die Wachstumsrichtung: Weichkörper und Skelett wachsen nicht mehr vertikal, sondern schräg nach oben und später horizontal nach außen, so daß sich der Oberteil stark verbreitert. Der gesamte Polyp nimmt dadurch etwa die Form eines Trompetenpilzes mit breiter Hutfläche an. Anschließend trennt sich der mehr oder weniger scheibenförmige Oberteil des Polypen durch Auflösung der verbindenden Weich- und Skeletteile von der Basis ab, wird als Gonozooid selbständig und bildet Gonaden. Der sterile Basalteil kann zu einem vollständigen Polypen regenerieren und später in der gleichen Weise ein neues Gonozooid produzieren. Außerdem kann das Trophozooid durch seitliche Knospung weitere Sekundärpolypen erzeugen, die später ebenfalls die Geschlechtsgeneration durch Querteilung aus sich hervorgehen lassen.

Geschlechtliche Fortpflanzung. Die Steinkorallen sind teils getrenntgeschlechtig, teils zwittrig. Im letzteren Fall können die männlichen und weiblichen Gonaden im gleichen Mesenterium oder in verschiedenen Septen liegen. Die Mehrzahl der Arten ist larvipar. Die Besamung der Eier und die Entwicklung bis zur Planula erfolgen im Magenraum, aus dem die Larven durch den Mund ausgestoßen werden. Die Fortpflanzung der Individuen eines Stockes oder auch der Population eines ganzen Riffes erfolgt oft synchron, so daß zeitweilig sehr große Mengen von Planulae in den oberflächlichen Wasserschichten über einem Riff oder in seiner Nähe angetroffen werden.

Entwicklung und Larvenformen

Die Furchung folgt dem totalen, radialen Typus. Das Entoderm entsteht, soweit bekannt, durch Invagination. Die ansatzreife Planula hat eine birnenförmige Gestalt mit verbreitertem Bewegungshinterende (Abb. 160A, B). Sie schwimmt mit einer Geschwindigkeit von etwa 14 cm/min. Für die Dauer der planktonischen Phase werden Zeiten von 1—8 Wochen angegeben; durchschnittlich dürfte sie 10—14 Tage betragen, sofern ein geeignetes Substrat gefunden wird. Bei den riffbildenden Korallen werden den Eiern Zooxanthellen mitgegeben; sie sind später im Vorderende der Planula lokalisiert und verleihen diesem eine dunklere Färbung.

Stammesgeschichte

Die Madreporaria stehen stammesgeschichtlich den Actiniaria nahe und gehen auf gemeinsame Vorfahren mit diesen zurück. Die einfachere Ausbildung des Körpers, speziell der Muskulatur, und die geringere Anzahl der Septen der Steinkorallen sind als sekundäre Vereinfachungen zu deuten, die mit der Verkleinerung des Einzelpolypen durch Stockbildung und mit der Stützfunktion des Skelettes zusammenhängen. Verwandtschaftliche Zusammenhänge mit den fossilen Tabulata und Rugosa, Evolutionstendenzen sowie erstes Auftreten in der Trias vgl. S. 236. Mit 5000 fossilen Arten hatten die Madreporaria ihre stärkste Entfaltung im oberen Jura, in der Kreide und im Alttertiär.

Vorkommen und Verbreitung

Die Madreporaria sind streng stenohaline, rein marine Organismen. Sie meiden auch die Brackwasserzonen vor Flußmündungen. Schwere tropische Regengüsse können die oberen Niveaus von Korallenriffen zum völligen Absterben bringen. Daneben hängt das Vorkommen auch von den örtlichen Strömungen und damit von den Sedimentationsverhältnissen ab. Wo die Zufuhr von Sedimenten so stark und regelmäßig ist, daß sich die Korallen nicht durch Geißeltätigkeit und Schleimabscheidungen von ihnen befreien können, kann sich keine Kolonie entwickeln, auch wenn die sonstigen Bedingungen geeignet wären.

Morphologisch werden solitäre und stockbildende Arten unterschieden. Ökologisch dagegen kann man riffbildende (hermatypische) und nicht-riffbildende (ahermatypische) Steinkorallen trennen, die wegen ihrer verschiedenen Lebensansprüche, vor allem hinsichtlich Licht und Temperatur, eine unterschiedliche vertikale und horizontale Verbreitung haben.

Die **ahermatypischen Korallen** treten in allen Meeren auf, also auch in kälteren Gewässern und in Tiefen bis 6000 m. Ihre stärkste Entfaltung haben sie am Rand und unterhalb des Kontinentalschelfs in Tiefen von etwa 175—800 m und in Temperaturbereichen zwischen 21 und 4 °C. Die solitären Madreporaria kommen von der Niedrigwasserzone bis ins Sublitoral vor und besiedeln hauptsächlich den Kontinentalschelf, doch gehen einige Arten auch bis ins Abyssal. Die polaren Meere sind ausgesprochen artenarm.

Die **hermatypischen Korallen** sind Baumeister und Hauptbestandteile der tropischen **Korallenriffe**. Wegen ihrer Symbiose mit Zooxanthellen sind sie auf hohe Strahlungsintensitäten angewiesen und können nur in den durchlichteten Zonen vom Gezeitenbereich bis ins obere Sublitoral (bis in etwa 50 m Tiefe) optimal gedeihen. Ihre Hauptentfaltung liegt zwischen 20 und 30 m, während die tiefer liegenden Teile der Korallenriffe ab etwa 90 m nur aus toten Skeletten bestehen. Da die hermatypischen Korallen außerdem stenotherme Warmwasserformen sind, ist ihre horizontale Verbreitung auf die tropischen Flachwasserzonen beschränkt. Ihre optimale Entfaltung erreichen sie bei Temperaturen von 25—29 °C, und nur in Meeren, in denen die Temperatur in der kältesten Jahreszeit nicht unter durchschnittlich 22—20 °C absinkt, vermögen sie zu existieren. Als kurzfristig ertragbare Grenztemperaturen werden 19 und 36 °C genannt. Die nördlichen und südlichen Isothermen von etwa 22 °C bestimmen damit die Grenzen des zirkumtropischen Verbreitungsgürtels der Korallenriffe.

Die tatsächliche Verbreitung ist innerhalb dieser Zone jedoch nicht gleichmäßig, sie wird vielmehr durch die großräumigen Meeresströmungen beeinflußt. So fehlen Korallenriffe in den Gebieten kalten Auftriebswassers vor der westafrikanischen Küste und der Westküste Südamerikas. Umgekehrt wird die Verbreitungsgrenze der Riffkorallen durch warme Meeresströmungen nach Norden verschoben, im Atlantik durch den Golfstrom bis zu den Bermuda-Inseln, im Westpazifik durch den Kuroshio-Strom bis zur Ostküste des südlichen Honshu, der Hauptinsel Japans.

Die Hauptverbreitungsgebiete der hermatypischen Korallen liegen im Pazifik, vor allem im sogenannten Korallenmeer östlich von Neuguinea und Australien. Ebenso sind sie im gesamten Indischen Ozean bis an die Ostküste Afrikas und bis ins Rote Meer verbreitet. Diese Meeresgebiete sind durch die Mächtigkeit und große Ausdehnung der Korallenriffe allgemein bekannt. Das größte Korallenriff der Erde, das Große Barriere-Riff vor der australischen Ostküste, hat eine Länge von reichlich 2000 km. Im Atlantik sind Riffe von erheblich geringerer Tiefen- und Flächenausdehnung im Karibischen Meer und in den Gebieten der Westindischen Inseln anzutreffen.

Die Anzahl der Arten nimmt von den tropischen Zentren in nördlicher und südlicher Richtung stark ab. Außerdem überwiegen in den Zentren um den Äquator die stark verzweigten Korallen, während in Richtung auf die nördlichen und südlichen Randzonen die Zahl der krustenbildenden und blockförmigen Arten deutlich zunimmt.

Nach der Topographie unterscheidet man seit DARWIN die Küsten- oder Strandriffe, die sich vom Strand abwärts erstrecken, von den Barriere- oder Wallriffen, die dem Festland oder den Inseln vorgelagert und von den Küsten durch einen tiefen Kanal getrennt sind. Die Atoll- oder Lagunenriffe schließlich sind niedrige ringförmige Riffbildungen, die eine zentrale Lagune umschließen; sie sind besonders häufig im Korallenmeer des Indopazifik. Nach DARWIN sind diese verschiedenen Formen der Korallenriffe zeitlich aufeinander folgende Stufen eines geologisch gleichartigen Geschehens, nämlich der Senkung des Festlandes oder des von Riffen umschlossenen, ursprünglich über die Wasseroberfläche emporragenden Inselkernes. Doch weiß man heute, daß Barriere- oder Atollriffe unter bestimmten topographischen Bedingungen auch ohne Senkung des Meeresbodens entstehen können. Andererseits findet man an manchen Stellen auch aus Korallenkalk bestehende Felsküsten, die über dem Meeresniveau liegen, wo sich also das Festland gehoben haben muß (z. B. an der Südküste Kubas).

Die von Korallen bedeckten Flächen des Bodens aller Meere werden auf 617000 km² geschätzt, von denen mehr als die Hälfte auf den Indopazifik entfallen; das macht 0,17% der von den Meeren bedeckten Erdoberfläche und 15% der Flachseeböden zwischen 0 und 30 m aus. Da in den Korallenriffen riesige Kalkmengen abgelagert werden, haben sie auch heute noch, wie in früheren geologischen Epochen, gesteinsbildende Bedeutung. Die Skelette der verschiedenen Arten sind dabei die primären Bausteine. Außerdem wird die Oberfläche der Riffe noch durch krustenbildende Kalkalgen verstärkt und verfestigt. Der freie Raum zwischen den Stöcken wird mit Korallen-Bruchstücken, mit Muschel- und Schneckenschalen und mit anderem organogenem oder anorganischem Material ausgefüllt, so daß zwischen und unter den Stöcken massive Plateaus entstehen. Durch den auf ihnen lastenden Druck werden die unteren Schichten eines Riffes so stark zusammengepreßt, daß sie im Laufe der Zeit den Charakter von Gesteinsmassen annehmen. Auf manchen Südsee-Inseln führen Bohrungen bis zu 600 m tief kontinuierlich durch Korallenkalk, ehe sie auf den felsigen Untergrund treffen. Aus der Geschwindigkeit des vertikalen Wachstums läßt sich errechnen, daß Riffe seit der mittleren Kreidezeit, also seit rund 50 Millionen Jahren ununterbrochen bestanden haben müssen. Von der gesteinsbildenden Tätigkeit der Korallen in früheren erdgeschichtlichen Perioden geben ganze geologische Formationen Aufschluß, wofür die Dolomiten der südlichen Alpen ein bekanntes Beispiel sind.

Die tropischen Korallenriffe (Abb. 168) stellen die artenreichsten marinen Biotope und eines der kompliziertesten Ökosysteme des Meeres dar. Durch ihren Formenreichtum schaffen die Madreporaria Raum und Substrat für eine Vielzahl von benthonisch-sessilen oder vagilen Tierarten aus fast allen Stämmen und bilden zahlreiche geschützte Nischen auch für holo- und meroplanktonische Organismen. Nicht wenige Tierarten kommen ausschließlich auf Korallenriffen vor (z. B. die Palolo-Würmer der Gattung *Eunice*). Auf den Korallenbänken leben auch zahlreiche Vertreter anderer Cnidaria, die entweder selbst zu den Riffbildnern gehören (Milleporidae, Stylasteridae, S. 173, 178) oder die in den Riffen das geeignete Substrat zur Anheftung finden (Vertreter der Hydroida, Actiniaria, Zoantharia, Antipatharia, Alcyonaria und Gorgonaria). Eine besondere Rolle spielen die schon erwähnten Kalkalgen, die vor allem an den exponierten, dem Wellenschlag am stärksten ausgesetzten Außenzonen und Kanten der Riffe leben und durch ihre Kalkausscheidung erheblich an der Verfestigung der Riffe beteiligt sind und sie vor der Zerstörung durch Wellenschlag schützen.

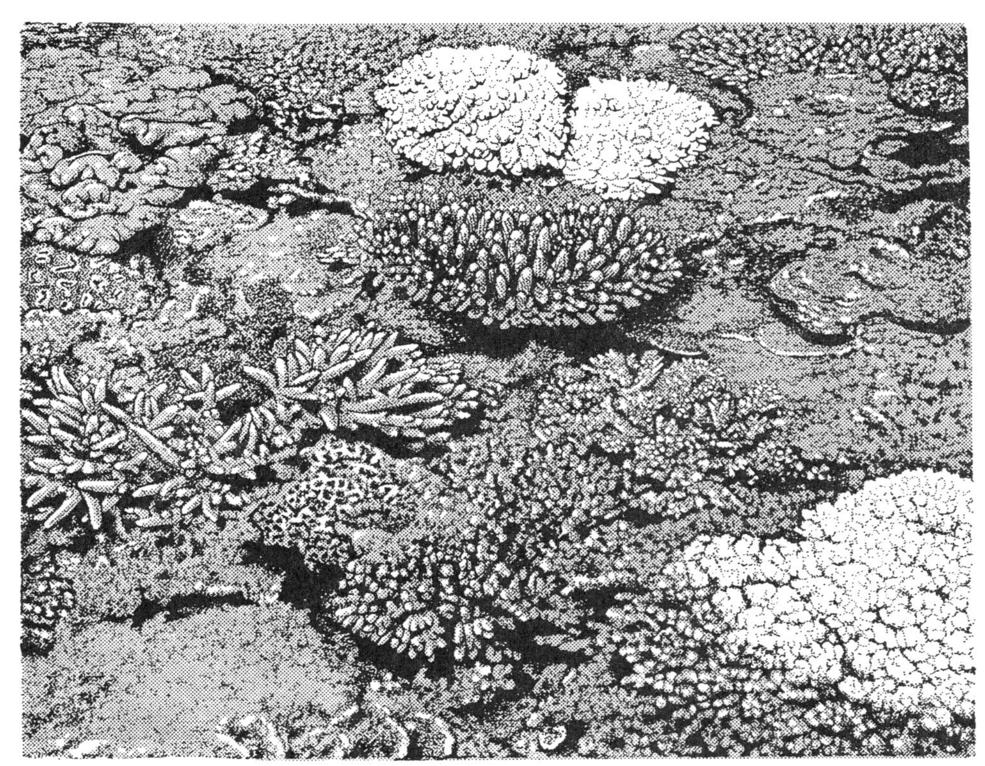

Abb. 168. Korallenriff bei Niedrigwasser. Die weiß gezeichneten Stöcke ragen über die Wasseroberfläche. Links und oben Mitte *Acropora*. Links oben ein Stock von *Sarcophytum* (Octocorallia, Alcyonaria). — Aus KAESTNER 1965.

Lebensweise

Als sessile Tiere sind die Madreporaria auf feste Substrate zur Ansiedlung angewiesen, wobei Felsküsten die Hauptrolle spielen. Auch größere und kleinere Ansatzkörper (Steine, Molluskenschalen), die auf der Oberfläche von Sedimentböden liegen, können den Planulae zur Anheftung dienen und Ausgangspunkte für kleinere oder größere Riffe werden. Das gleiche gilt für Kunstbauten und Schiffswracks. Ebenso können Teilstücke von lebenden Korallenstöcken, die vom Wellenschlag losgerissen und auf Sandböden verfrachtet werden, zur Bildung neuer Riffe führen.

Manche Arten (ohne Zooxanthellen) besiedeln mit Vorliebe die Eingänge untermeerischer Höhlen. Solitäre Korallen vermögen auf der Oberfläche harter Sandböden zu existieren und sind überdies nicht völlig unbeweglich. Der scheibenförmige Geschlechtspolyp von *Fungia* (S. 266) ist nämlich in der Lage, sich durch eine stark asymmetrische Ausdehnung des Weichkörpers wieder aufzurichten, wenn er aus seiner ursprünglichen Lage verdreht wurde.

Im allgemeinen werden Gebiete mit kräftigen Wasserströmungen bevorzugt, da sie einerseits die todbringende Sedimentation verhindern, andererseits eine ausreichende Sauerstoffversorgung sicherstellen und genügend Nahrung heranführen. Der Sedimentation in Stillwasserräumen können zahlreiche stockbildende wie solitäre Arten dadurch begegnen, daß sie periodisch durch maximale Ausdehnung und Kontraktion des Polypenkörpers und des Zwischengewebes das darüber abgelagerte Sediment abstoßen, wobei Schleimabsonderungen und die kräftigen Geißelströme mitwirken.

Wachstum und Größenentwicklung sind artbedingte Eigenschaften, hängen aber auch vom Alter der Stöcke und von inneren physiologischen Bedingungen ab, vor allem von der Symbiose mit Zooxanthellen (s. unten). Außenbedingungen, wie Temperatur, Ernährung oder Lage zur offenen See, spielen gleichfalls eine erhebliche Rolle.

Einige Feldbeobachtungen geben Aufschluß über die Wachstumsgeschwindigkeit. So verlängern auf dem Großen Barriere-Riff verzweigte Formen ihre Äste in einem Jahr um 33–99%, massive Blöcke vergrößern ihren Durchmesser um 10%. Ein Kanal in einem Andamanen-Riff war 1887 12 m tief, 1924 nur noch 0,3 m. Nach älteren Angaben beträgt das Höhenwachstum 0,5 – 2,8 cm pro Jahr; ein 50 m hohes Riff muß daher ein Alter von mindestens rund 1700 Jahren haben. Ebenso wie die Wuchsform hängt auch das Massenwachstum (Volumen-Zunahme) vor allem von der Lage zur See ab. So wurde auf der seewärtigen Seite eines Riffes die produzierte Kalkmenge zu 4 kg, auf der landwärtigen Seite aber nur zu 0,8 kg pro m² und Jahr bestimmt. Das Höhenwachstum betrug im untersuchten Fall nur 3–5 mm pro Jahr.

Die Riffe entstehen durch eine ständige **Kalkabscheidung**, bei der große Mengen von im Wasser gelösten Kalk in feste Form umgewandelt werden. Der im Meerwasser als Bikarbonat auftretende Kalk befindet sich in einem labilen Gleichgewichtszustand: $Ca(HCO_3)_2 \leftrightharpoons CaCO_3 + H_2CO_3$ und wird in dieser Form aus dem Medium aufgenommen. Die von den Polypen erzeugte Karboanhydrase stört dieses Gleichgewicht: $H_2CO_3 \rightleftharpoons H_2O + CO_2$. Die zahlreichen Zooxanthellen verbrauchen das entstehende CO_2 für die Assimilation, so daß die Menge des H_2CO_3 ständig verringert wird. Als Folge davon fällt $CaCO_3$ aus und bildet in Form von Aragonit-Kristallen die Bauelemente der Skelette. Dies geschieht in einem täglichen Rhythmus, denn die Hauptmenge des Kalkes wird vom Mittag bis zum frühen Nachmittag ausgeschieden, was zweifellos mit der erhöhten Assimilations-Aktivität der Zooxanthellen zusammenhängt. Die Beschleunigung der Kalkfällung und damit des Skelettwachstums kennzeichnet den einen Aspekt des Nutzens, den die Wirtstiere aus ihren Symbionten ziehen. Der andere liegt in der

Ernährung. Die Madreporaria sind omnivore Microphagen und passive Fischer. Je nach der Art verfolgen sie verschiedene „Strategien" des Nahrungserwerbs, die vor allem von der Größe der Einzelpolypen abhängen [465].

Arten mit großen Polypen ernähren sich vorwiegend von Zooplankton. Der mit einer Pipette entnommene Mageninhalt weist Turbellaria, Nemertini, kleine Polychaeta, viele Copepoda, Amphipoda, Isopoda und Appendicularia sowie die Larven aller Wirbellosen als regelmäßige Nahrungstiere aus. Da die meisten dieser Planktonten tägliche Vertikalwanderungen unternehmen, die sie nachts an die Wasseroberfläche führen, entfalten auch zahlreiche Korallen der oberen Horizonte ihre Tentakel maximal nur bei Nacht. (Zur Reflexkette beim Beuteerwerb vgl. S. 60. Die Chemorezeptoren des Peristoms können mit Glutaminsäure und Prolin aktiviert werden). Ist die Beute für den Gastralraum eines Polypen zu groß, so stülpt er die Gastralfilamente nach außen vor, umschließt das Opfer und verdaut es extragastral.

Arten mit kleinen Polypen sind in der Lage, organischen Detritus und Bakterien als Nahrungsquelle zu verwerten, wobei die Schleimabscheidungen der Epidermis im Zusammenwirken mit den Geißelströmen eine große Rolle spielen. Der amorph abgeschiedene Schleim wird durch die Geißelströme zu klebrigen Fäden geformt, welche die von den Strömungen herangeführten Partikel festhalten und durch Geißelschlag zum Mund befördern. Bei einer anderen aktiven Form des Nahrungserwerbs werden die Gastralfilamente ausgestülpt, die dann wie Tentakel die Bodenoberfläche der näheren Umgebung nach brauchbaren Nahrungspartikeln „absuchen".

Bei genaueren quantitativen Untersuchungen hat sich indessen herausgestellt, daß der tägliche Energiebedarf auch bei Carnivoren nur zu etwa 20% durch das Riffplankton gedeckt wird. Den überwiegenden Anteil liefern vielmehr die Zooxanthellen, die mit ihren Assimilationsprodukten dafür sorgen, daß die hermatypischen Korallen in dem tropischen nährstoffarmen Oberflächenwasser nicht nur existieren, sondern auch ein üppiges Wachstum entfalten können. Der Übertritt von Stickstoff und Kohlenstoff aus den Symbionten in die Gewebe der Wirte konnte mit radiomarkierten Substanzen direkt nachgewiesen werden. Im übrigen können Riffkorallen auch monatelang ohne jede Zufuhr von partikulärer Nahrung existieren und dabei normales Wachstum aufweisen. Schließlich sind sie in der Lage, aus dem Wasser gelöste organische Substanzen (Aminosäuren) und sogar anorganischen Stickstoff (NO_3) aufzunehmen. Die Flexibilität des Nahrungserwerbs und die Partnerschaft mit den Zooxanthellen erklären damit hinlänglich die Massenentwicklung der Riffkorallen in einer nährstoffarmen Umgebung.

Bei den in den hermatypischen Korallen lebenden Zooxanthellen handelt es sich um *Gymnodinium microadriaticum* (vgl. Teil 1, S. 187), das als Symbiont unbegeißelt ist und im freilebenden Zustand zwei Geißeln trägt.

Die Abwehr von **Raumkonkurrenten** wird auch bei Steinkorallen beobachtet. Da ihnen jedoch Acrorhagi fehlen (vgl. S. 252), dienen ihnen die Mesenterialfilamente als Angriffswaffen. Sie werden aus dem Mund ausgestülpt und zerstören durch ihre Verdauungstätigkeit die Weichkörperteile des zu dicht benachbarten Stockes einer anderen Art. Da nur fremde Arten angegriffen werden, war es sogar möglich, ähnliche Formen als getrennte Arten zu unterscheiden, die früher einer einzigen Art zugeschrieben wurden.

Direkte **Feinde** der Riffkorallen, die sich von deren Weichkörpern ernähren, kommen aus zahlreichen Tiergruppen: Polychaeta, Copepoda und größere Crustacea, Gastropoda, Echinodermata, Fische [522]. Korallenfische aus verschiedenen Familien weiden die Polypen ab oder beißen ganze Korallenzweige ab; sie haben oft ein entsprechend umgeformtes Gebiß. Auch unter den Gastropoda gibt es zahlreiche Korallenfresser, wenn auch die meisten keine Nahrungsspezialisten sind.

Ein äußerst gefährlicher Feind der Korallen ist der als Dornenkrone bekannte Seestern *Acanthaster planci*, der im Indopazifik zu den regulären Mitgliedern der Lebensgemeinschaft „Korallenriff“ gehört [435, 442, 461]. In den letzten Jahrzehnten ist jedoch eine Massenentwicklung eingetreten, die in ihren Ursachen bisher weitgehend ungeklärt blieb, aber verheerende Auswirkungen gezeitigt hat, auch auf dem Großen Barriere-Riff.

Der Seestern stülpt seinen Magen über die Oberfläche der Korallen, verdaut sie extragastral und hinterläßt die toten Skelette. Nach quantitativen Beobachtungen waren innerhalb eines Monats alle lebenden Korallenstöcke in 1 km Länge eines Strandriffes dem Seestern zum Opfer gefallen. Die Schäden sind sehr nachhaltig, weil die Wiederbesiedlung der großen Riffe nur sehr langsam vonstatten geht. Eine wirksame Methode zur Bekämpfung des Seesternes wurde bisher nicht gefunden.

Verschiedene Polychaeta, Copepoda, Cirripedia und Decapoda siedeln sich als Larven auf Korallenstöcken an und werden dann im Verlaufe ihres Wachstums von gallenartigen Wucherungen der Korallen umschlossen, die sie meist nicht mehr verlassen können. In den Skeletten selbst treiben die Bohrschwämme (Clionidae) ihre Wohngänge vor und machen das Kalkgerüst porös und brüchig (vgl. Teil 1, S. 269). Die Korallenstöcke können dann durch Wellenschlag leicht zerstört werden. Auch blaugrüne Algen, die die Oberfläche der Korallen überwuchern und die Polypen ersticken, können gefährlich werden.

Ökonomische Bedeutung

In den Riffgebieten liegen reiche Fischgründe für wirtschaftlich nutzbare Arten (und für Zierfische). Im Indopazifik sind die Korallenriffe die Grundlage für die lokale Fischerei. Außerdem stellt der von ihnen gelieferte Korallenkalk in manchen tropischen Gegenden das wichtigste Baumaterial für Häuser, Straßen und Wellenbrecher dar. Auch bei der Mörtel- und Zementherstellung, als Grundlage für die Herstellung von Farben und für die Bodendüngung wird der Korallenkalk benutzt.

Unter den Seefahrern früherer Jahrhunderte waren Korallenriffe geradezu berüchtigt. Aber auch für hoch technisierte Schiffe sind sie keineswegs gefahrlos geworden. Ein auf ein Riff auflaufendes Fahrzeug ist in der Regel verloren.

System

Von den früher beschriebenen 2500 rezenten Madreporaria sind, nach Ausscheidung der Standortmodifikationen, nur etwa 1000 Arten übriggeblieben. Dazu kommen über 5000 fossile Arten. Ihre Zusammenfassung zu einem einheitlichen System bereitet große Schwierigkeiten. Die allgemeine Wuchsform sowie solitärer oder stockbildender Habitus sind von geringer systematischer Bedeutung, da nichtverwandte Gattungen und Arten in solchen Eigenschaften übereinstimmen können. Alle bisherigen Einteilungen beruhen auf Merkmalen des Skeletts. Taxonomisch bedeutungsvoll sind vor allem Bau und Anordnung der Septen, der Bau der Becherwandung, die Art der Knospung (extra- oder intratentaculär), ferner die Porosität der Skelettelemente und die Vergrößerung der Zwischenskelette, was besonders für schnellwüchsige Arten zutrifft. — Bei der folgenden Gliederung in 5 Unterordnungen, der auch die Paläontologen folgen, sind nur die wesentlichsten Familien sowie einige charakteristische Gattungen und Arten aufgeführt. — Die wichtigsten Riffbildner und auch die artenreichsten Familien sind die Acroporidae und Poritidae.

1. Unterordnung Astrocoeniina

Fast ausschließlich stockbildend. Polypen klein, selten mit mehr als 12 Tentakeln, die in einem einfachen Ring angeordnet sind. — Mit 5 Familien (davon 1 rein fossil).

Familie Astrocoeniidae. Hermatypisch, mit extratentaculärer Knospung. — *Actinastrea.* — *Astrocoenia.*

Familie Thamnasteriidae. Hermatypisch, mit intratentaculärer Knospung. Stöcke massiv oder verzweigt. — *Psammocora.*

Familie Pocilloporidae. Meist hermatypisch, mit extratentaculärer Knospung. Stöcke in der Regel verzweigt. — *Pocillopora* (Abb. 163, 164, Taf. II. — *Seriatopora,* Nadelkoralle. — *Madracis,* auch im Mittelmeer.

Familie Acroporidae. Hermatypisch, mit extratentaculärer Knospung. Stöcke massiv oder verzweigt. — *Acropora,* Geweihkorallen (Abb. 168, Taf. II) baumförmig verzweigt, mit vergrößertem Zwischenskelett und zahlreichen kleinen Polypen (1—3 mm Durchmesser), sehr schnellwüchsig und mit vielen Standortmodifikationen; die Skelettelemente sehr porös, daher Gastralraum und ectothecale Gewebe durch zahlreiche Kanäle in Verbindung stehend; manche Stöcke eine Fläche von 2,5 m² bedeckend; hierher etwa 200 Arten, also 20% aller rezenten Steinkorallen.

2. Unterordnung Fungiina

Solitär oder stockbildend. — Mit 12 Familien (davon 6 rein fossil).

Familie Agariciidae. Solitär oder stockbildend und dann meist mit intratentaculärer Knospung, hermatypisch. — *Agaricia,* mit mehr oder weniger massiven bis blattförmigen Stöcken und mit zahlreichen dicht stehenden Polypen.

Familie Siderastreidae. Meist stockbildend und hermatypisch, mit extra- oder intratentaculärer Knospung. — *Siderastrea* (Abb. 160), meist massive halbkugelige Stöcke bildend.

Familie Fungiidae. Stockbildend oder solitär und dann oft nicht am Substrat festgewachsen. — *Fungia,* Pilzkorallen (Abb. 167, Taf. III) solitär und nicht festgewachsen, manche Arten bis 25 cm Durchmesser, mit zahlreichen Tentakeln und Sclerosepten, mit metagenetischer Fortpflanzung (S. 265f.).

Familie Poritidae. Stockbildend, hermatypisch, mit extratentaculärer Knospung. Die Wände der prismatischen Skelettbecher meist verschmolzen. — *Porites,* Porenkoralle (Taf. IV), mit niedrigen Bechern, bildet Krusten, Blöcke oder Bäumchen mit dicken Ästen; wichtiger Riffbildner; auf dem Großen Barriere-Riff in massiven Blöcken von 6 m Höhe und 6 m Durchmesser, deren Alter auf über 200 Jahre geschätzt wird.

3. Unterordnung Faviina

Solitär oder stockbildend. Manche Arten in größeren Tiefen und im kalten Wasser. — Mit 11 Familien (davon 3 rein fossil).

Familie Oculinidae, Elfenbeinkorallen. Stockbildend, meist extratentaculäre Knospung, meist ahermatypisch. — *Oculina patagonica*, mit Zooxanthellen, an der argentinischen Küste in 0,5—2 m Tiefe, neuerdings auch im Mittelmeer. — *Madrepora* (syn. *Amphelia*) *oculata*, Kalt- und Tiefwasserform; bis 40 cm hohe, verzweigte schlanke Stöcke, Durchmesser der Polypen 3—4 mm; vor der norwegischen Küste und in den Fjorden heckenartige Korallenbänke bildend (zusammen mit *Lophelia*, s. u.), in 50—1600 m Tiefe.

Familie Faviidae. Solitär oder stockbildend, meist hermatypisch, mit extra- oder intratentaculärer Knospung. — *Favia*, massive oder blattförmige Stöcke oder Krusten bildend, Polypen 5 mm Durchmesser. — *Diploria*, Neptunsgehirn (Taf. V), Polypen in mäanderförmigen Rinnen. — *Goniastrea*, auf dem Großen Barriere-Riff halbkugelige Blöcke von bis zu 2,5 m Durchmesser bildend.

Familie Meandrinidae, Mäander- oder Gehirnkorallen (Abb. 169). Solitär oder stockbildend, mit intratentaculärer Knospung, meist hermatypisch. Oft Stöcke von der Form einer Halbkugel oder eines halben Eies bildend, mit der flachen Seite auf dem Substrat liegend, die Polypen in mäanderartigen Furchen (vgl. S. 265). — *Platygyra.* — *Manicina* (syn. *Meandrina*) *areolata*, Stöcke von der Form eines halben Eies, bis 10 cm Durchmesser; Skelettbecher in der Jugend kelchförmig, dann stark in die Breite wachsend; auf sandigem Sediment der Landseite von Riffen, kann durch Wellenschlag transportiert werden. — *Dendrogyra.* — *Lobophyllia*, im Roten Meer große Blöcke bildend.

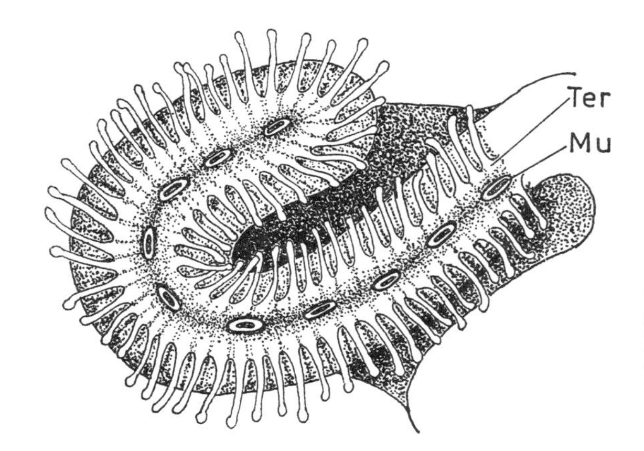

Abb. 169. Madreporaria, Meandrinidae. Teilstück eines lebenden Stockes mit zahlreichen Mundöffnungen in der Furche zwischen den vom Weichkörper bedeckten Skelettgraten (vgl. Taf. V). — **Mu** Mundöffnung, **Ter** Tentakelreihe.

Familie Mussidae. Solitär oder stockbildend, hermatypisch, mit intratentaculärer Knospung. Stöcke ähnlich denen der Meandrinidae, die Furchen aber breiter, flacher und kürzer. — *Mussa*, Westindien.

4. Unterordnung Caryophylliina

Solitär oder stockbildend, ahermatypisch. Septen blattförmig. — Mit 4 Familien (davon 2 rein fossil).

Familie Caryophylliidae. Solitär oder stockbildend, meist mit extratentaculärer Knospung. — *Caryophyllia*, solitär, kreisel- oder becherförmig. *C. smithii* (Taf. VI), Höhe und Durchmesser 2 cm, mit fünf Zyklen von Sklerosepten und rund 50 Tentakeln; im Mittelmer und im Atlantik von den Azoren bis Schottland und Norwegen. — *Lophelia*, schlanke verzweigte Stöcke mit glattem solidem Zwischenskelett bildend, Becher einzeln stehend und über die Oberfläche herausragend. *L. pertusa* (syn. *L. prolifera*) (Taf. VII), eine Tiefen- und Kaltwasserform (50—2000 m); die 50—60 cm hohen Stöcke bilden (zusammen mit *Madrepora*,

s. oben) an der norwegischen Küste und in den Fjorden heckenartige Korallenbänke, vor allem zwischen 200 und 600 m Tiefe; die Tiergemeinschaften dieser Bänke werden als *Lophelia*-Assoziationen bezeichnet. — *Stephanocyathus* (Taf. VI).

Familie Flabellidae. Solitär. — *Flabellum* (Taf. VI), mit großer fächerförmiger Theca, vom oberen Sublitoral bis in 3200 m Tiefe.

5. Unterordnung Dendrophylliina

Solitär oder stockbildend, mit extra- oder intratentaculärer Knospung. Meist ahermatypisch. Septen ähnlich wie bei den Caryophylliina, aber sekundär verdickt. — Nur 1 Familie.

Familie Dendrophylliidae. — *Balanophyllia*, solitär. — *Dendrophyllia* (Taf. VIII), mit bäumchenförmigen Stöcken, in allen Meeren, bis in fast 1400 m Tiefe. — *Astroides* (Abb. 158, 161), stockbildend, häufig im Mittelmeer an Felsküsten, bis 73 m Tiefe.

4. Ordnung Corallimorpharia

Etwa 30 Arten. Größte Art in der Gattung *Discosoma*, bis 1 m Durchmesser.

Diagnose

Solitäre oder stockbildende, stets skelettlose Formen. Tentakel in mehreren Kreisen. Mesenterien als Dubletten in allen primären Zwischenfächern, Mesenterialfilamente ohne Geißelstreifen. Nesselkapseln, s. Tab. 5, S. 232; Spirocysten bei manchen Formen selten oder fehlend. Rein marin.

Eidonomie und Anatomie

Die Corallimorpharia sind eine kleine, wenig bekannte Gruppe, die den Madreporaria nahesteht, sich von diesen aber durch die Skelettlosigkeit unterscheidet. Beide Ordnungen gehen auf gemeinsame Vorfahren zurück, die vermutlich sekundär skelettlos waren (vgl. S. 238).

Im Unterschied zu den Madreporaria verzweigen sich die stockbildenden Corallimorpharia niemals nach oben, sondern bilden rasen- oder mattenähnliche Stöcke mit manchmal mehr als 100 Individuen. Auch die Anordnung der Tentakel ist ungewöhnlich. Während bei den Madreporaria stets nur ein Tentakel über jedem Gastralfach gebildet wird, sind bei den Corallimorpharia jeweils mehrere Tentakel radial über dem gleichen Zwischen- und Innenfach angeordnet. Die großen Primärtentakel umstehen die Mundscheibe in einem peripheren Kreis, während die meist kleineren Sekundärtentakel zentripedal in den Radien stehen. Dabei kann der Fall auftreten, daß mehrere Tentakel nur über den Innen-, nicht aber über den Zwischenfächern stehen (Abb. 170).

Die Einzelpolypen sind bei den stockbildenden Arten nur 10—25 mm lang und haben einen entsprechend geringen Durchmesser, während einige solitäre Arten mit zu den größten Anthozoa gehören. Die kurz-zylindrische Form des Körpers ist nur in der Familie Corallimorphidae ausgebildet, die solitären Arten haben dagegen die Form eines niedrigen Bechers oder einer breiten, sehr flachen Scheibe. Die Tentakel sind bei manchen Formen nicht kontraktil; auffällig ist bei vielen Arten ihr kräftig entwickelter Endknopf (Acrosphaere).

Die Metamesenterien entstehen als Dubletten in den sechs primären Zwischenfächern. Wegen ihrer großen Anzahl ist die Anordnung bei älteren Tieren oft unregelmäßig. Den Mesenterialfilamenten fehlen Geißelstreifen. Ebenso fehlen Basalmuskeln, und die übrige Muskulatur ist meist nur schwach entwickelt. Ein Sphinkter ist vorhanden oder fehlt. Die Siphonoglyphen sind vielfach nur schwach ausgebildet. Die Mesogloea ist meist stärker

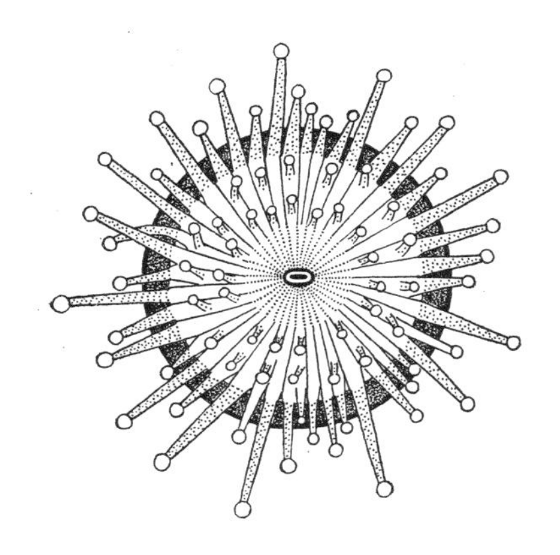

Abb. 170. Coralliomorpharia. Aufsicht auf die Mundscheibe von *Corynactis viridis*, nach dem Leben. Durchmesser 1 cm. Zu beachten ist, daß mehrere Tentakel in Radien über den gleichen Gastralfächern stehen. — Nach einem Photo von D. P. WILSON, aus FOREST 1956.

entwickelt als bei den Madreporaria und ist zellhaltig, was als Kompensation für das Fehlen eines Skelettes zu deuten ist. Andererseits kommt die nahe Verwandtschaft zu den Madreporaria durch die übereinstimmenden Nesselzellverhältnisse zum Ausdruck. Mehrere Arten sind bekannt für die ungewöhnliche Größe mancher Nesselkapseltypen (*Corynactis, Pseudocorynactis*). — Über die Fortpflanzung und die Entwicklung ist wenig bekannt.

Verbreitung und Lebensweise

Die Tiere sind Bewohner der Flach- und Tiefsee und sind von der Arktis bis in die tropischen Zonen verbreitet. Die Flachwasserformen sind durch Längsteilung oder Laceration stockbildend oder leben in dichten Kolonien, während die Tiefseeformen solitär sind. Die meisten Arten heften sich an Hartsubstraten fest an; nur die scheibenförmigen Tiefseebewohner liegen dem Boden lose auf, oder sie sind mit der etwas verschmälerten Basis in die obere Bodenschicht eingesenkt. Die Tiere sind überwiegend Microphagen und Carnivoren, doch spielt organischer Detritus für die Ernährung, besonders der Tiefseeformen, vermutlich eine große Rolle [475].

Bei *Amplexidiscus* wurde eine besondere Art des Nahrungserwerbs beobachtet: Die Beute wird zuerst mit dem Nesselgift der Randtentakel gelähmt, dann aber schnell von der gesamten Mundscheibe umhüllt, die sich am Rand nach oben wölbt und über dem Mund zu einem Sack schließt. So können auch größere Beutetiere (Krebse, Fische) überwältigt und anschließend verschlungen werden. Der von der Mundscheibe gebildete Sack kann bei dieser großen Form (bis 45 cm Durchmesser) bis zu 4 l Seewasser einschließen. Bemerkenswerterweise besitzen die zahlreichen Scheibententakel keine oder nur wenige Nesselkapseln. Offenbar hängt dieses Phänomen mit der speziellen Methode des Beutefangs zusammen [452].

System

Es werden 4 Familien unterschieden [476, 481].

Familie Sideractinidae. Polypen klein, Durchmesser 7—28 mm, solitär, scheibenförmig. Tentakel mit Endknopf in zwei alternierenden Reihen am Rand der Mundscheibe. Ohne Sphinkter. — *Sideractis glacialis*, Arktis, 200—500 m Tiefe. — *Nectactis singularis*, in größeren Tiefen der Biskaya (4000 m).

Familie Corallimorphidae. Stockbildend oder solitär, Körper kurz-zylindrisch, nicht scheibenförmig. Tentakel kontraktil, in radialen Reihen, mit auffällig gefärbtem Endknopf. Mit Sphinkter. Ohne Zooxanthellen. Vor allem Flachwasserformen mit weltweiter Verbreitung in den gemäßigten und tropischen Zonen. — *Corynactis viridis* (Abb. 170), stockbildend, leuchtend grün oder in anderen Farbvariationen, mit großen holotrichen Isorhizen (bis 0,10 mm lang), Ostatlantik. — *Pseudocorynactis*, solitär, mit 0,30 mm langen Spirocysten, den größten Nesselkapseln aller Cnidaria, Karibisches Meer. — *Corallimorphus*, solitär, Tiefsee, südlicher Indischer Ozean.

Familie Ricordeidae. Stockbildend oder solitär, klein, scheibenförmig. Tentakel kurz, nicht kontraktil, ohne deutliche Nesselknöpfe, mit Zooxanthellen. Mit zahlreichen (bis 20) Tentakeln über einem Gastralfach. Ohne Sphinkter. — *Ricordea florida*, im Flachwasser des Karibischen Meeres.

Familie Discosomatidae (syn. Actinodiscidae). Solitär und scheibenförmig. Tentakel in radialen Reihen, bei manchen Arten durch tentakelfreien Ring in Rand- und Scheibententakel aufgeteilt; Tentakel blasenförmig, auch verzweigt oder zu kurzen Warzen reduziert. Rand der Mundscheibe mit feinen, fingerförmigen Tentakeln oder in Lappen ausgezogen. Die einzigen Hexacorallia ohne Spirocysten. Tropische Flachwasserformen, stets mit Zooxanthellen. — *Discosoma nummiforme*, bis 1 m Scheibendurchmesser, als Einmieter der Anemonenfisch *Premnas* (vgl. S. 254). — *Amplexidiscus fenestrafer*, bis 45 cm Durchmesser, tentakelfreie Ringzone am Rand der Mundscheibe, Nahrungserwerb s. S. 275, unterhalb der Niedrigwasserlinie auf den Korallenriffen des Großen Barriere-Riffs (australische Ostküste).

5. Ordnung Zoantharia, Krustenanemonen

Etwa 300 Arten. Größter Einzelpolyp: *Isozoanthus giganteus*, bis 19 cm lang, bis 2 cm Durchmesser.

Diagnose

Sessil, solitär oder stockbildend. Meist ohne Skelett oder mit Pseudoskelett aus inkrustierten Fremdkörpern. Bildung der sekundären Mesenterien auf jeder Seite als Dubletten in dem an das ventrale Richtungsfach angrenzenden Zwischenfach. Mit ectodermalem Kanalsystem in der Mesogloea der Körperwand und der Mesenterien. Als Nesselkapseln 2 Stomocniden und Spirocyste (Tab. 5, S. 232). Rein marin.

Eidonomie

Die Polypen der Zoantharia (Abb. 171 A) gleichen äußerlich Aktinien, erreichen meist aber nur eine Länge von 5—20 mm. Die stockbildenden Formen sind mit einem lockeren Stolonengeflecht oder mit einer dünnen oder kräftigen basalen Coenosarcplatte am Substrat festgewachsen. Die Einzelpolypen sind durch ein gemeinsames Gastralsystem verbunden. Die Stöcke sind selten strauchförmig verzweigt (*Savalia*); bei den meisten Arten sind sie krustenförmig oder haben die Form von Kuppeln, Pilzen oder Kugeln. Die solitären Arten stecken mit dem zugespitzten Basalteil im Boden.

Der zylindrische Körper ist in den basalen Scapus mit kräftiger Wandung und in das obere feinhäutige Capitulum gegliedert. Die einfachen Tentakel sind auf der Mundscheibe zu Kreisen angeordnet, in denen sie alternieren.

Das spaltförmige Schlundrohr trägt nur eine Siphonoglyphe. In der Ausbildung und Vermehrung der Mesenterien sind die Zoantharia von allen anderen Hexacorallia verschieden: Nur das ventrale Paar der Richtungsmesenterien ist vollständig, während das dorsale Paar unvollständig bleibt (Abb. 171 B). Ferner erfolgt die Vermehrung der Mesenterien ausschließlich als Dubletten in dem lateralen Zwischenfach, das auf beiden Seiten unmittelbar an das ventrale Richtungsfach angrenzt. Jede neue Dublette setzt sich aus einem vollständigen, fertilen, mit einem Filament versehenen Mesenterium und einem unvollständigen sterilen zusammen, dem das Filament fehlt. Die Gastralfilamente sind mit Geißelstreifen versehen.

Die Epidermis besitzt am Scapus eine dicke Cuticula, die plattenartig gegliedert sein kann, und enthält zahlreiche Drüsenzellen, die einen klebrigen Schleim ausscheiden. Fremdkörper (Sandkörner, Bruchstücke von Schnecken- und Muschelschalen), mit denen die Epidermis in Berührung kommt, werden vom Schleim festgehalten und bei manchen Arten von der Epidermis umwachsen, in die Mesogloea verlagert und bilden so ein inneres Pseudoskelett, das aber wohl mehr Schutz- als Stützfunktion hat. Andere Arten bleiben

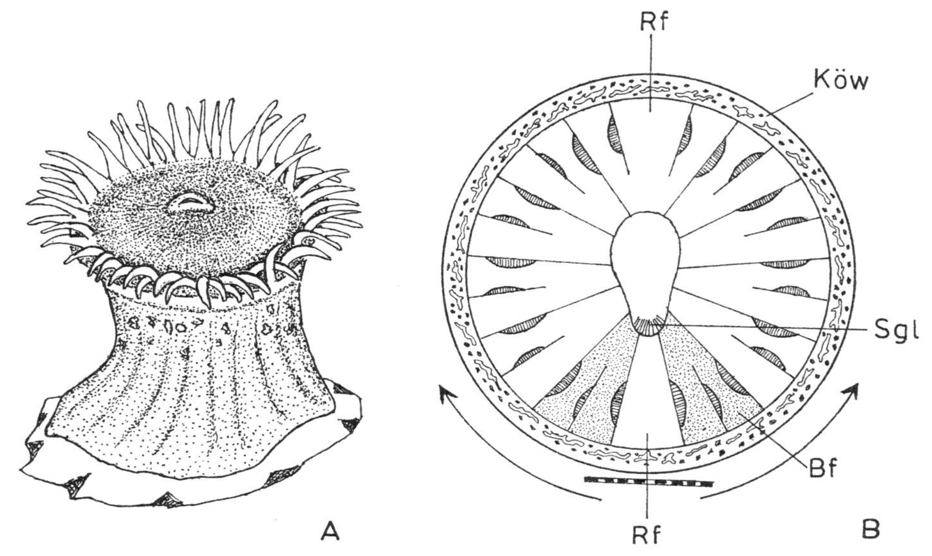

Abb. 171. Zoantharia, Habitus und Septenanordnung. **A.** *Zoanthus sociatus*, lebend. Nach einer Unterwasseraufnahme. **B.** Anordnung und Reihenfolge der Mesenterien. Die Pfeile kennzeichnen die Richtung der Mesenterienbildung und des damit verbundenen Dicken- (= Breiten-)wachstums. Die gestrichelte Linie soll die hypothetische Anheftungszone der ausgestorbenen Vorfahren andeuten (vgl. Abb. 147). — **Bf** Bildungsfach, **Köw** Körperwand mit Kanalsystem und inkrustierten Fremdkörpern, **Rf** Richtungsfach, **Sgl** Siphonoglyphe. — A nach Trench 1974.

skelettfrei. — Ein echtes Innen- (= Achsen-)skelett aus einer hornähnlichen Substanz soll *Savalia* besitzen. Es wird aber auch behauptet, daß es sich dabei um das Skelett einer anderen Anthozoe (z. B. Gorgonaria) handelt, das von der Zoantharie überwachsen wurde.

Die Mesogloea ist zellhaltig, läßt Fibrillenstruktur erkennen und ist von ectodermalen Kanälen durchzogen, die bis in die Mesenterien vordringen. Bei *Parazoanthus* existiert sogar in der Mesogloea der Körperwand ein Ringsinus. Bei den Arten, die ein inkrustriertes Pseudoskelett aufweisen, ist die Stützschicht besonders kräftig entwickelt.

Die Körpermuskulatur ist nur schwach ausgebildet; die Basalmuskeln fehlen, die Basoparietalmuskulatur ist rudimentär, und selbst die Längsmuskeln der Mesenterien sind nur mäßig entwickelt (keine deutlichen Muskelfahnen). Bei allen Arten ist jedoch ein Sphinkter vorhanden. Die Tiere kontrahieren nicht, wie sonst allgemein üblich, den gesamten Körper, sondern schlagen lediglich Mundscheibe und Tentakel nach innen ein. Das Nervensystem ist wenig ausgeprägt; Ganglien- und Sinneszellen sind auf die Mundscheibe konzentriert.

Fortpflanzung und Entwicklung

Die asexuelle Vermehrung erfolgt durch Knospung. Über die sexuelle Fortpflanzung ist nur wenig bekannt. Die meisten Zoantharia sind getrenntgeschlechtig, nur wenige zwittrig. Teilweise kommt Larviparie vor. In der Entwicklung treten zwei spezielle Larventypen auf (Abb. 172). — Die Zoanthella hat eine längliche Form und ist mit einem „ventralen" schmalen Geißelstreifen sowie mit einem Oralporus versehen. Trotz ihrer ungewöhnlichen Begeißelung bewegt sie sich in der gleichen Weise wie eine Planula durch Rotation um die Längsachse. — Die rundliche oder eiförmige Zoanthina trägt am Aboralpol einen Geißelring.

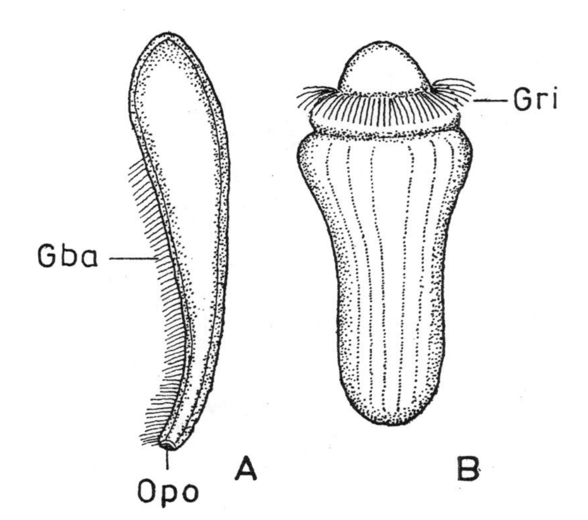

Abb. 172. Larven der Zoantharia. **A.** Zoanthella. **B.** Zoanthina. — **Gba** Geißelband, **Gri** Geißelrinne, **Opo** Oralporus. — Nach CONKLIN, aus KORSCHELT & HEIDER 1936.

Stammesgeschichte

Da Fossilien unbekannt sind, kann über die Herkunft der Zoantharia wenig ausgesagt werden. Von den Aktinien, denen sie in manchen Merkmalen noch am ehesten vergleichbar sind, unterscheiden sie sich besonders durch die Bildungsweise und Anordnung der Mesenterien. Deren auffällige Vermehrung in einer Richtung, die mit dem kontinuierlichen Breitenwachstum gekoppelt ist, wird in veränderter Form bei den Ceriantharia angetroffen (Abb. 147). Sehr wahrscheinlich muß dieses Phänomen in beiden Fällen als altes Erbteil von seitlich angewachsenen Vorfahren erklärt werden. Auch durch ihre Tendenz, ein inkrustiertes Pseudoskelett zu bilden, erweisen sich die Zoantharia als abgeleitete Gruppe.

Verbreitung und Vorkommen

Die Tiere sind stenohalin und überwiegend warm-stenotherm. Sie bewohnen daher die oberen Horizonte des Sublitorals und haben ihre Hauptentfaltung in den Tropen und Subtropen. Hier gehören sie zu den Charakterformen der Korallenriffe vor allem des Indopazifik, wo *Zoanthus* und *Palythoa* artenreiche Gattungen repräsentieren. *Epizoanthus* und *Isozoanthus* sind Kosmopoliten und kommen auch in kalten Meeren vor. In der Nordsee existieren nur wenige Arten, und in der Ostsee fehlt die Gruppe völlig.

Lebensweise

Die Zoantharia leben häufig in Gesellschaft mit Einsiedlerkrebsen, deren Schneckengehäuse sie vollständig mit Stöcken aus wenigen Tieren umwachsen. Dabei kann die Kalkschale vollständig aufgelöst werden, so daß der Krebs in einem Gehäuse lebt, das nur noch aus dem basalen Coenosark der Zoantharien besteht und so auch mitwächst. Die meisten Arten bilden Überzüge auf Steinen, Muschelschalen oder leben epizoisch auf anderen sessilen Wirbellosen, so auf Schwämmen, Hydroida oder Madreporaria. Auf den Korallenriffen kommen auch größere Stöcke vor, die Flächen von etwa 0,5 m² bedecken.

Aus den Nesselkapseln von *Palythoa* wurde ein Gift isoliert (Palytoxin), das zu den stärksten bekannten Naturgiften gehört. Es ist etwa 100mal giftiger als das der Königskobra und wirkt vor allem auf Kreislauf und Herz.

Über die Ernährung ist wenig bekannt. Die Tiere sind Microphagen, deren Hauptnahrung aus Microplankton, organischem Detritus und Bakterien besteht. Beim Nahrungserwerb spielen auch bei ihnen Schleimabsonderungen und Geißelschlag eine wichtige Rolle. Viele Arten besitzen Zooxanthellen, die bei ihnen auch in der Mesogloea und in der Epidermis lokalisiert sind. Manche Arten, wie *Zoanthus sociatus*, sind sogar weitgehend „autotroph", da ihnen die Symbionten den größten Teil des Energiebedarfs liefern. Gleichwohl hat diese Art die Fähigkeit, auch Microplankton und Detritus aufzunehmen und zu verwerten [557].

System

Es werden 2 Familien unterschieden.

Familie Zoanthidae. Ohne Skelett oder mit Pseudoskelett.

Unterfamilie Parazoanthinae. Mit entodermalem Sphinkter. — *Isozoanthus giganteus*, solitär, bis 19 cm lang. — *Parazoanthus*, stockbildend, mit dünner Coenenchymplatte.

Unterfamilie Zoanthinae. Mit mesogloealem Sphinkter. — *Epizoanthus incrustatus*, mit Pseudoskelett, in der nördlichen Nordsee und im Atlantik weit verbreitet. — *Zoanthus* (Abb. 171), vorwiegend in den Tropen auf Korallenriffen. — *Palythoa*, solitär oder stockbildend, fest auf dem Substrat angewachsen. Mit starkem Nesselgift. — *Sphenopus*, solitär, in Sedimentböden.

Familie Savaliidae. Mit hornigem Achsenskelett (wird auch angezweifelt). — *Savalia* (syn. *Gerardia*) *savaglia*, strauchförmig verzweigte Stöcke bildend.

6. Ordnung Antipatharia, Dörnchenkorallen, Schwarze Korallen

Etwa 150 Arten. Polypen winzig klein. Größter Stock: *Cirripathes rumphii*, bis 6 m lang.

Diagnose

Sessil und stockbildend. Mit einem Achsenskelett aus einer hornartigen Substanz. Polyp mit 6, 10 oder 12 vollständigen Mesenterien, deren längstes Paar quer zur Längsrichtung des Schlundrohres steht und allein mit Filamenten und Gonaden ausgestattet ist. Ohne Sphinkter. Meist nur sechs Tentakel. Als Nesselkapseln 2 Stomocniden und Spirocyste (Tab. 5, S. 232). Rein marin.

Eidonomie

Die zarten Polypen der Antipatharia sind klein (meist nur 1,0—1,5 mm Durchmesser), und ihr Körper hat die Form eines niedrigen Zylinders, dessen Breite die Höhe übertrifft (Abb. 173A, B). Die wenig ausgeprägte Mundscheibe trägt sechs einfache, nicht kontraktile, kurze, dicke Tentakel; lediglich bei *Dendrobrachia* treten acht gefiederte Tentakel auf (Konvergenz zu den Gorgonaria, S. 292). Sie sind mit warzen- oder knopfähnlichen Nesselbatterien besetzt.

Durch die charakteristische Anordnung der Tentakel erhält die Mundscheibe die Form eines zur Längsachse eines Zweiges quergestellten Ovals, in dessen größtem Durchmesser die Mundspalte liegt. Bei manchen Arten ist der Körper merkwürdigerweise senkrecht zu seiner Hauptachse, also in der Breitenausdehnung stark gestreckt. Dadurch erhält er eine scheinbare Längsgliederung, in die auch die Tentakel einbezogen sind. Parallel zur Längsrichtung eines Zweiges liegen dann drei Polypoide dicht hintereinander. Nur durch die Entstehung aus einer einheitlichen Anlage, sowie durch die Einzahl des Mundes und der Gonade lassen sie sich als Teile eines einzigen Polypen identifizieren; es liegt also kein Polymorphismus vor.

Die Antipatharia treten nur als Stöcke auf. Die Polypen scheiden ein stark verzweigtes, inneres Achsenskelett ab. Es ist am Substrat mit einer kleinen Haftscheibe angewachsen, die aus dem primären Anheftungspol der Planula hervorgeht. Außerdem gibt es Arten, deren Stöcke mit zugespitzter Basis in Sedimentböden stecken. Eine stoloniale Basalverzweigung existiert bei den Antipatharia nicht. Die Stöcke sind entweder in einer Hauptebene verzweigt und gleichen dann Federn, Fächern oder Fichtenzweigen; oder es sind kurze unverzweigte oder längere verzweigte Äste an einer Hauptachse derart angeordnet, daß die Stöcke die Form von Flaschenbürsten, Ginsterzweigen oder Bäumchen annehmen. Durch Verwachsung benachbarter Zweige können die Stöcke ein gitterartiges oder unregelmäßiges Verzweigungsmuster aufweisen.

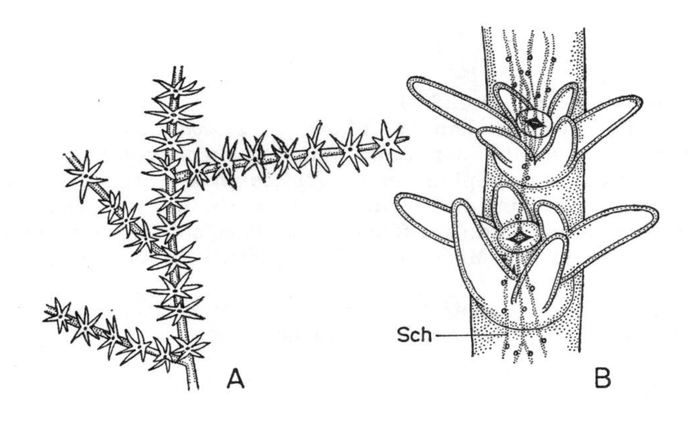

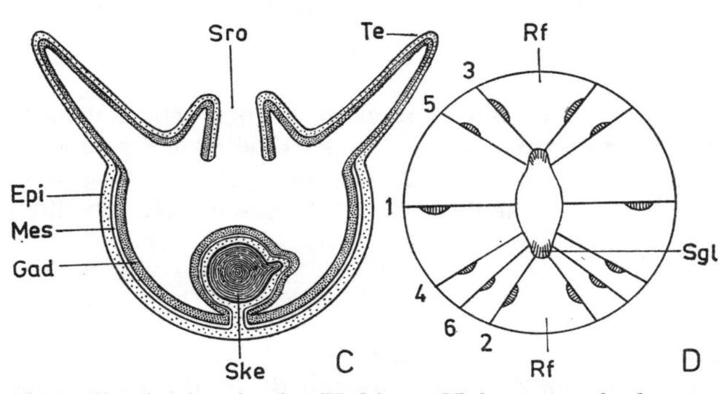

Abb. 173. Antipatharia. Habitus, Nahrungsaufnahme und Anatomie. **A.** Zweigstück des Stockes einer nicht identifizierten Art, Polypen mit ausgestreckten Tentakeln. **B.** Teilstück von *Antipathes* mit zwei Polypen, die mit Nahrungspartikeln besetzte Schleimfäden in den Mund aufnehmen. **C.** Längsschnitt, Skelettachse quer getroffen. **D.** Querschnitt. Die Zahlen kennzeichnen die Reihenfolge der Mesenterien: 1—3 Protosepten, 4—6 Metasepten. Nur das laterale Septum 1 ist mit Mesenterialfilament und Gonaden ausgestattet. — **Epi** Epidermis (hell punktiert), **Gad** Gastrodermis (dunkel punktiert), **Mes** Mesogloea (weiß), **Rf** Richtungsfach, **Sch** Schleimfäden, **Sgl** Siphonoglyphe, **Ske** Skelettachse mit Dorn, durch konzentrische Schichtung gekennzeichnet, **Sro** Schlundrohr, **Te** Tentakel. — A und B nach Lebendaufnahmen aus Lewis 1978, C nach Pax 1925, verändert.

Anatomie

Die zahlreichen Polypen eines Stockes sind durch ein gemeinsames Gastrovascularsystem und durch das Coenosark verbunden, das als dünne Schicht rindenartig das Skelett lückenlos überzieht. In den basisnahen Teilen der Hauptachse kann das Skelett eine erhebliche Dicke erreichen, bei manchen Arten bis zu 15 cm. Das Skelett ist niemals verkalkt, sondern besteht aus einer hornartigen Substanz von dunkler, meist schwarzer Farbe [462]. Es geht aus Skleroproteinen hervor, auch Chitin ist nachgewiesen. Von Keratin unterscheidet sich die Skelettsubstanz durch den geringen Schwefelgehalt (Konvergenz zu den Gorgonaria, S. 292). Ferner ist ein ungewöhnlich hoher Jodgehalt in den älteren Teilen des Skeletts beschrieben. Seine Oberfläche ist mit kurzen Dörnchen besetzt (deutscher Name!).

Die Anatomie des Einzelpolypen wird durch die exzentrische Lage des Achsenskeletts bestimmt (Abb. 173C); es fehlt ihm daher eine Basalplatte. Das Schlundrohr ist stark zusammengedrückt und besitzt zwei wenig entwickelte Siphonoglyphen. Alle Mesenterien sind vollständig; ihre Zahl beträgt 6, häufiger 10 oder 12 (Abb. 173D). Das 2. und 3. Paar der 6 Primärsepten begrenzen die Richtungsfächer, während das 1. Paar (die Mittelsepten) zwischen ihnen quer zur Sagittalebene ausgespannt ist. Die Mesenterien des 1. Paares haben damit den größten Querdurchmesser; sie allein tragen Gonaden und Gastralfilamente, denen Geißelstreifen fehlen. Die gesamte Muskulatur ist schwach entwickelt; auch ein Sphinkter fehlt. Da die Längsmuskulatur der Mesenterien und die Tentakelmuskeln ebenfalls schwach ausgebildet sind, ist die Fähigkeit des Körpers zur Kontraktion gering.

Histologie

Die Epidermis ist begeißelt und enthält Schleimdrüsenzellen. Das Skelett wird von eingewanderten Ectodermzellen erzeugt; doch sind die histologischen Einzelheiten der Skelettbildung noch unbekannt. Wesentlich ist, daß das Achsenskelett von einer geschlossenen Hüllschicht von Ectodermzellen umgeben ist, die die Skelettsubstanz ausscheiden, so daß es sich um ein sekundär nach innen verlagertes Ectoskelett handelt. Die Achse weist im Querschnitt eine konzentrische Schichtung auf, was für eine periodische Materialanlagerung während des Wachstums spricht. Die Mesogloea ist schwach entwickelt und enthält keine oder nur wenige Zellelemente. Das Nervensystem ist als ectodermaler subepithelialer Plexus schwach entwickelt; die meisten Ganglien- und Sinneszellen liegen im Bereich der Mundscheibe und an den Tentakeln.

Fortpflanzung und Entwicklung

Die asexuelle Vermehrung und das Wachstum der Stöcke erfolgen durch Knospung des Weichkörpers. Dabei entstehen die neuen Polypen an einem Zweig lateral vom Ausgangspolypen, also in der Richtung der großen Mittelmesenterien. Auf diese Weise werden die jüngeren Polypen zwischen die vorhandenen älteren eingeschoben, so daß das Coenosark ein interkalares Wachstum aufweist. Die Polypen rücken dabei allmählich über das Skelett hinweg zu den Zweigspitzen vor, an denen allein das Längenwachstum des Skeletts erfolgt.

Die Polypen sind ausnahmslos getrenntgeschlechtig, doch können im gleichen Stock männliche und weibliche Tiere auftreten. Ihre Fortpflanzung und Entwicklung sind nahezu unbekannt. Bei der im Indischen Ozean lebenden *Bathypathes patula* wurde beobachtet, daß sich der Körper des Polypen bei der Reifung zurückbildet und zu einem Gonadensack umformt, aus dem die Geschlechtsprodukte durch Platzen der Wand frei werden.

Stammesgeschichte

Da Fossilien fehlen, und da außerdem die Kenntnisse über Entwicklung, Physiologie und Ökologie der Antipatharia gering sind, läßt sich über ihre Herkunft wenig aussagen. Wegen ihrer einfachen Organisation (geringe Zahl und Anordnung der Mesenterien und Tentakel, schwache Ausbildung der Siphonoglyphen und der Muskulatur) galten die Antipatharia früher als Abkömmlinge einer alten, basisnahen Gruppe. Heute hat sich die Auffassung durchgesetzt, daß es sich bei den scheinbar ursprünglichen Merkmalen um Vereinfachungen sekundärer Natur handelt, die auf die durch die Stockbildung bewirkte Verkleinerung der Einzelpolypen zurückzuführen sind. Das nach innen verlagerte Skelett, die Nesselzellverhältnisse und das Auftreten rundköpfiger Spermien (S. 240) kennzeichnen die Antipatharia eindeutig als abgeleitete Gruppe.

Verbreitung und Lebensweise

Die Tiere leben vorwiegend im tieferen Sublitoral ab 100 m bis ins Bathyal bis etwa 1000 m Wassertiefe. Die meisten Arten kommen in den Tropen und Subtropen vor; nur wenige sind kosmopolitische Tiefenbewohner.

Die Anthipatharia sind Microphagen, deren Hauptnahrung aus organischem Detritus und Microplankton besteht. Schleimabsonderung und Geißelströme (Abb. 173B) spielen beim Nahrungserwerb eine ähnlich wichtige Rolle wie bei den Madreporaria und Zoantharia [494]. Auch bei äußeren Reizungen reagieren die Tiere mit Schleimausscheidung. Ihre ökologische Bedeutung besteht wie bei den anderen stockbildenden, verzweigten Gruppen darin, daß sie Raum und Substrat für andere sessile Wirbellose aus zahlreichen Tierstämmen schaffen. Als Epizoen sind insbesondere Hydrozoa, Polychaeta, Cirripedia, Bryozoa und Mollusca bekannt. Die Skelette der „schwarzen Korallen", vor allem von Arten der Gattung *Antipathes*, kommen in den Handel und werden zu Schmuckwaren verarbeitet, so daß sie eine gewisse ökonomische Bedeutung haben.

System

Die Gliederung beruht vor allem auf der Ausbildung der Mesenterien und anderer anatomischer Merkmale. Wuchsform und Verzweigung der Stöcke sind dagegen von geringerer Bedeutung, da sie standortbedingt sein können. — Es werden insgesamt 4 Familien unterschieden.

Familie Schizopathidae. Mit 6 einfachen Tentakeln. Mit 6 primären und 4 oder 6 sekundären Mesenterien. Schlundrohr mit 2 Falten in den Gastralraum ragend. — *Bathypathes*, mit fächerförmigen Stöcken, Fortpflanzung S. 281 — *Schizopathes*, im Meeresboden steckend; neuerdings als Synonym zu *Bathypathes* gestellt.

Familie Antipathidae. Wie die vorige Familie, aber Schlundrohr ohne Falten. — *Cirripathes*, unverzweigte Stöcke, bis 6 m hoch. — *Antipathes*, mit etwa 50 Arten, Stöcke bis 1 m hoch [472].

Familie Dendrobrachiidae. Mit 8 gefiederten Tentakeln. — *Dendrobrachia*, atlantische Tiefenform.

2. Unterklasse Octocorallia

Etwa 2300 Arten. Die größten Stöcke bei den Gorgonaria (bis 3 m lang).

Diagnose

Sessil und meist stockbildend, selten solitär. Polypen stets mit 8 vollständigen Mesenterien und 8 gefiederten Tentakeln. Körperwand ohne Sphinkter. Gonaden traubenförmig in den Gastralraum hineinhängend. Teilweise mit Polypen-Dimorphismus. Meist mit Innenskelett aus Kalk (Calcit) oder einer hornartigen Substanz, selten mit röhrenförmigem Außenskelett aus Chitin oder basalem Außenskelett aus Kalk (Aragonit). Als Nesselkapseln nur 2 Stomocniden (Tab. 5, S. 232). Rein marin. — Mit den 4 Ordnungen Alcyonaria, Gorgonaria, Pennatularia und Helioporida.

Eidonomie

Die meisten Octocorallia bilden Stöcke, die allerdings eine sehr unterschiedliche Form aufweisen. Einen einfachen stolonialen Stock aus einem lockeren basalen Stolonengeflecht mit einzeln stehenden unverzweigten Polypen treffen wir nur bei *Cornularia* an (Abb. 176) (vgl. dazu den stolonialen Hydroiden-Stock, Abb. 83A). Alle anderen Arten haben eine massive Basalplatte, aus der ein krustenartiger, knolliger, strauch-, fächer- oder federförmiger Stock auswächst.

Die meist kleinen Einzelpolypen (Durchmesser 1—5 mm) haben, trotz der unterschiedlichen Form der Stöcke, ein auffallend ähnliches Aussehen und einen übereinstimmenden Bau. Ihr Körper hat eine schlank-zylindrische Gestalt, ist zart und dünnwandig und ist äußerlich durch seine achtstrahlige Radialsymmetrie mit acht Tentakeln gekennzeichnet (Abb. 174). Die Tentakel umstehen die Peripherie der kleinen Mundscheibe; sie sind hohl und gefiedert. Auch die seitlichen Fiedern (Pinnulae) sind hohl; ihre Anzahl kann ein artspezifisches Merkmal sein. Die Tentakelspitzen sind bei manchen Arten (z. B. *Corallium*) stark verlängert und fadenförmig ausgezogen [418].

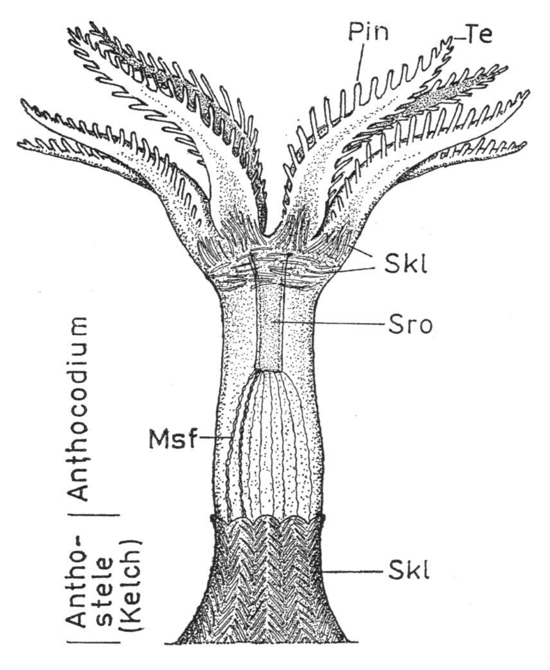

Abb. 174. Octocorallia. Habitus eines Einzelpolypen (Alcyonaria). — **Msf** dorsales Mesenterialfilament, **Pin** Pinnula, **Skl** Skleriten, **Sro** Schlundrohr, **Te** Tentakel.

Der untere Teil des Polypenkörpers ist bei vielen Arten in das Coenosark eingebettet. An dem kontrahierten Stock ist dann die Lage der Polypen nur noch durch kleine Poren oder Gruben kenntlich. Arten, deren Polypen eine Basis mit verfestigter Wand besitzen, ziehen bei der Kontraktion den zarten Oberteil (Anthocodium) nur in den Basalteil (Anthostele, Calyx) ein, der dann kelchförmig über die Oberfläche ragt.

Bei den meisten Octocorallia sind die Polypen monomorph. Einige Alcyonaria und Gorgonaria sowie alle Pennatularia zeigen jedoch einen ausgesprochenen Dimorphismus zwischen den Fang- oder Freßpolypen (Autozooide oder einfach Zooide) und den Pumppolypen (Siphonozooide). Letztere haben eine geringere Größe, nur unvollständige Tentakel und zurückgebildete Mesenterien. Dafür ist bei ihnen die Siphonoglyphe besonders stark entwickelt, die dann umgekehrt den Autozooiden fehlt. Die Siphonozooide regulieren den Wasserdurchsatz der Stöcke, insbesondere sorgen sie für eine schnelle Wasserfüllung nach einer Kontraktion. In manchen Fällen besteht gleichzeitig ein Geschlechtsdimorphismus, indem (wie bei *Corallium*) die Gonaden ausschließlich in den Siphonozooiden lokalisiert sind, bei den Pennatularia dagegen nur in den Autozooiden.

Anatomie und Histologie

Der Mund des Polypen ist oval und spaltförmig (Abb. 175). Das ebenso geformte Schlundrohr besitzt nur eine, die „ventrale" Siphonoglyphe. Die Mesenterien treten stets in Achtzahl auf und sind sämtlich vollständig, so daß der obere Teil des Gastralraumes in acht Kammern aufgeteilt ist, die sich in die über ihnen stehenden hohlen Tentakel und deren Pinnulae fortsetzen. Der untere zentrale Teil des Gastralraumes ist durch die wandständigen Septen in acht offene Gastraltaschen gegliedert. In der Basis der Polypen flachen sich die Septen zu niedrigen Rippen ab. Septalostien fehlen.

Durch die Spaltform des Schlundrohres, die Einzahl der Siphonoglyphe und die Anordnung der Mesenterialmuskulatur weist der äußerlich radialsymmetrische Körper des Polypen eine klare innere Radiobilateralsymmetrie auf mit der Sagittalebene als Symmetrie-

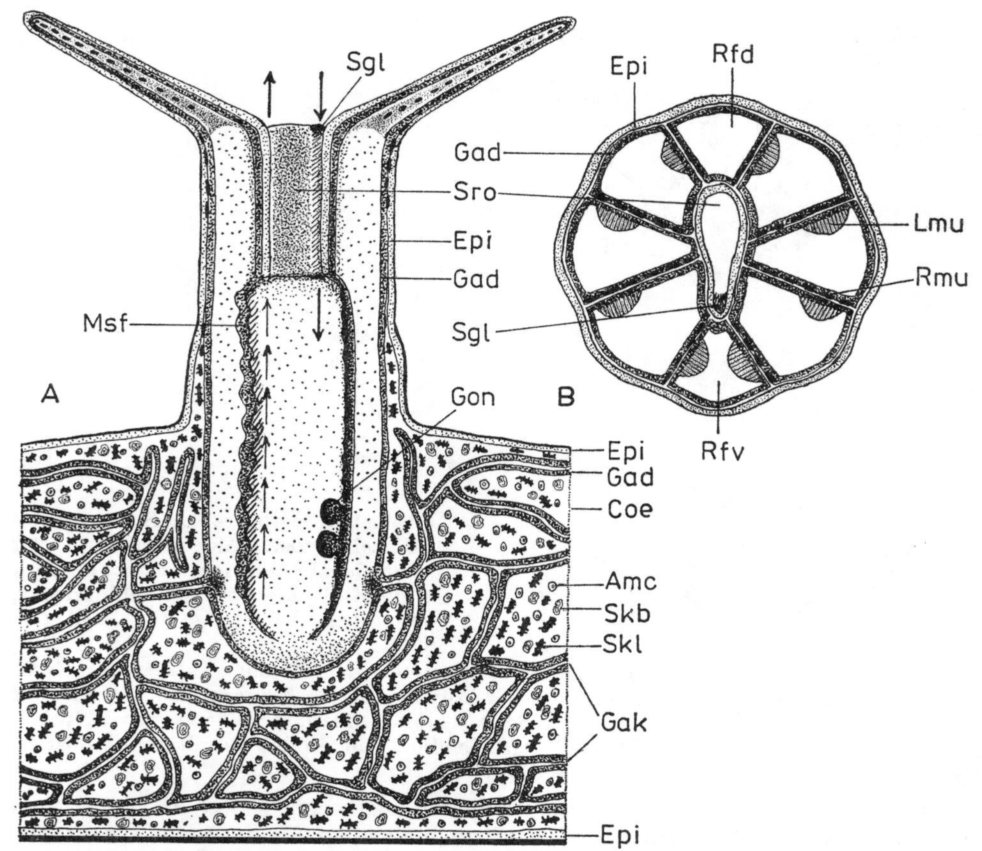

Abb. 175. Octocorallia. Organisationsschema eines Polypen. **A.** Längsschnitt. Auf der linken Seite ist ein Mesenterium des dorsalen Richtungsfaches gezeichnet; es ist steril und mit begeißeltem Filament versehen. Das Mesenterium des ventralen Richtungsfaches auf der rechten Seite ist reich mit Drüsenzellen besetzt und fertil; seinem Filament fehlt der Geißelstreifen. Die Pfeile kennzeichnen die Richtung der Wasserströme. **B.** Querschnitt im Bereich des Schlundrohres. — **Amc** Amoebocyte, **Coe** Coenenchym, **Epi** Epidermis (hell punktiert), **Gad** Gastrodermis (dunkel punktiert), **Gak** Gastrodermis-Kanäle (Solenien), **Gon** Gonade, **Lmu** Längsmuskeln, **Msf** Mesenterialfilament, **Rfd** und **Rfv** dorsales und ventrales Richtungsfach, **Rmu** Radialmuskel, **Sgl** Siphonoglyphe, **Skb** Skleroblast, **Skl** Sklerit, **Sro** Schlundrohr. — A nach GRASSHOFF 1981, verändert.

ebene (Abb. 144B). Die Muskelfahnen der Mesenterien liegen sämtlich auf den „ventralen“, das heißt den der Siphonoglyphe zugewandten Flächen. Wohlentwickelte Mesenterialfilamente finden sich nur am Septenpaar des dorsalen Richtungsfaches; sie sind im Querschnitt zweilappig und stark begeißelt. Hier wird ein starker, von innen (unten) nach außen (oben) gerichteter Wasserstrom erzeugt, während der Wasserstrom in der gegenüber liegenden Siphonoglyphe in entgegengesetzter Richtung verläuft.

Die Epidermis der Körperwand ist bemerkenswerterweise unbegeißelt, eine für die Cnidaria äußerst seltene Eigenschaft, die nur noch bei den Hydroidpolypen angetroffen wird (S. 143). Die Epidermis ist mit Schleim-, Nessel- und Sinneszellen ausgestattet. Funktionsfähige Nesselzellen finden sich nur an den Tentakeln, wo sie auf die Pinnulae konzentriert sind. Die Bildungszonen liegen in der Mundscheibe, hauptsächlich jedoch in der Körperwand unterhalb des Tentakelansatzes, von wo die Nesselzellen auf die Tentakel wandern.

Die Cuticula der Epidermiszellen ist oft durch Verhornung verfestigt, vor allem im Basalteil des Polypenkörpers. Die Mesogloea hat im zartwandigen Oberteil des Körpers und in den Tentakeln nur die Beschaffenheit einer dünnen Stützlamelle; im Coenosark des Stockes aber ist sie stark entwickelt und von großer Festigkeit, so daß sie das stabilste Element des Weichkörpers darstellt. Die Mesogloea besteht aus einer gallertigen Matrix und Collagenfibrillen und enthält zahlreiche Amoebocyten sowie die Skleroblasten für die Skelettbildungen. Bei den meisten Formen ist die Mesogloea des Coenosark von einem Maschenwerk von Entodermkanälen (Solenien) durchzogen, so daß sie den Charakter eines Mesenchym (Coenenchym) annimmt.

Das Kanalnetz nimmt räumlich und entwicklungsgeschichtlich seinen Anfang von acht Öffnungen zwischen den Mesenterien im Boden des Gastralraumes des Polypen. Die Solenien sind oft nur durch das Fehlen von Wandsepten von den basalen Gastralräumen zu unterscheiden. Durch das reich verästelte Kanalnetz, das die Gastralräume der Polypen verbindet, hat das Coenenchym mancher Octocorallia, vor allem aus der Gruppe der Alcyonaria, eine schwammige Beschaffenheit. Sie ermöglicht die starken Volumen- und Formveränderungen der Stöcke bei der Expansion durch maximale Wasserfüllung und bei der anschließenden Kontraktion.

Das Skelett der Octocorallia ist in seiner einfachsten Ausbildung (bei *Cornularia*) ein peridermales Außenskelett, das die basalen Stolonen, den Stiel und die Körperbasis der einzeln aufrecht stehenden Polypen röhrenförmig umgibt (Abb. 176). Es ist sehr dünnwandig und besteht aus einer chitin-ähnlichen Substanz. *Clavularia*, ebenfalls mit stolonialem Stock, besitzt in der Körperwand der Polypen bereits Sklerite (s. u.). Ein Außenskelett, das vom Epidermisepithel ausgeschieden wird, tritt auch bei den Helioporida auf (Abb. 188). Es hat die ähnliche Form und dieselbe Aragonit-Struktur wie das basale Ectoskelett der Madreporaria. Alle anderen Octocorallia haben ein Innenskelett, das in der stark entwickelten Mesogloea von Skleroblasten ectodermaler Herkunft oder von einem nach innen verlagerten Epidermisschlauch erzeugt wird.

Das Innenskelett besteht aus Kalk, der als Calcit ausgeschieden wird, und (oder) einer hornartigen Substanz, dem Gorgonin, das chemisch der Skelettsubstanz der Antipatharia (S. 280) nahesteht und ebenfalls aus Skleroproteinen mit geringem Schwefelgehalt aufgebaut ist. Die Grundelemente der Kalkskelettbildungen sind die Sklerite; sie sind im einfachsten Falle spindel- oder nadelförmig. Meist haben sie jedoch durch terminale Verdickungen und dornartige Auswüchse eine komplizierte Form (Abb. 178). Ihre Länge schwankt zwischen 0,1 und 10,0 mm. Größe und Form sind nur von beschränktem taxonomischem Wert, da es Gattungen mit gleichartig oder ähnlich geformten Skleriten gibt. Die Art, wie die Sklerite zum Stützskelett zusammentreten, ist sehr unterschiedlich und läßt deutlich die Stufen der progressiven Evolution erkennen:

- Die einfachste Form, das diffuse Innenskelett, baut sich aus einzelnen, unverbundenen Skleriten auf und gewinnt nur durch ihre große Zahl und die teilweise ring-, kragen- oder schuppenförmige Anordnung Stützfunktion. Auf diese Weise sind auch die einfachen Sklerite an der Ausbildung und Erhaltung der Form der Einzelpolypen und der Stöcke beteiligt. In manchen Fällen manifestiert sich dies besonders deutlich beim kontrahierten Polypen, bei dem die Skleriten des Oberteils durch ihre spezifische Orientierung die Form und Funktion eines Deckelapparates annehmen. Das diffuse Innenskelett findet sich bei den meisten Alcyonaria.
- Ein röhrenförmiges Innenskelett tritt nur bei der Orgelkoralle *Tubipora* auf (Abb. 177). Hier wachsen alle Einzelpolypen von basalen Stolonen senkrecht in die Höhe, so daß durch die Verschmelzung der Sklerite der Körperwandung zwangsläufig Röhren entstehen, die innen von der Gastrodermis, außen von der Epidermis überzogen sind. Die Röhren werden auf höheren Niveaus durch horizontale „Plattformen" verbunden, die aus Sekundär-Stolonen hervorgehen. Der gesamte Stock mit den dicht nebeneinander stehenden Polypen kann daher nur Klumpenform annehmen.

— Das solide Achsen-Innenskelett der Gorgonaria, das die Zentralachsen des Stockes einnimmt und für die verzweigten Stöcke formbestimmend ist, wird vom Körpergewebe rindenartig umgeben. Es läßt zwei verschiedene Bildungsarten erkennen. — Das Achsenskelett der Scleraxonia entsteht durch Verschmelzung der Kalksklerite, die durch zusätzliche Horn- oder Kalksekretion zu einem soliden, mehr oder weniger festen Achsenstab verkittet werden. Die Skelerite werden von Skleroblasten erzeugt, die aus dem Ectoderm in die Mesogloea eingewandert sind und sich an deren Innenseite zu einem zusammenhängenden Hohlyzlinder zusammengeschlossen haben, der die Skelettachse umgibt. — Das Achsenskelett der Holaxonia (Abb. 181), das aus Horn oder aus Horn und Kalk besteht, wird wie bei den Antipatharia (S. 281) von einer epidermalen Epithelschicht als Ganzes ohne Skleritbildung ausgeschieden. Die Hüllschicht wächst als epidermaler Hohlzylinder von der primären Basalplatte vertikal nach oben und sezerniert die Skelettachse mit der gesamten Fläche ihrer Innenwand. Das innere Achsenskelett der Holaxonia ist daher in Wahrheit ein epidermales Außenskelett, das auf die beschriebene Weise sekundär ins Innere verlagert ist.

— Ein Innen-Achsenskelett besitzen auch die Pennatularia, bei denen es als Achsenstab in der Hauptkörperachse ausgebildet ist. Es besteht aus einer hornähnlichen Substanz, die durch Kalk mehr oder weniger stark verfestigt ist.

Tubipora, die Gorgonaria und Pennatularia besitzen neben den Massivskeletten auch Einzelsklerite im Coenenchym und in den Körperwandungen.

Die Epidermis der Körperwand des Polypen besitzt keine Längsmuskulatur, doch sind die Gastrodermiszellen mit zirkulären Muskelfasern versehen. Die Hauptmuskulatur ist auf die Mesenterien konzentriert; sie ist entodermaler Natur und in der für Anthozoa typischen Weise (Längs- und Quermuskeln) ausgebildet und angeordnet. Die Fasern der Epithelmuskelzellen sind als Grate in die Mesogloea eingebettet. Ein Sphinkter fehlt der Körperwand.

Das subepidermale Nervennetz aus Ganglienzellen ist in der Körperwand schwach, an der Mundscheibe, am Mund, an den Tentakeln und am Schlundrohr stärker ausgebildet. Ferner existiert ein entodermales Nervennetz in den Mesenterien [556]. Bei den Pennatularia wurde überdies ein mesogloeales Nervennetz nachgewiesen, das die epi- und gastrodermalen Nervenstrukturen verbindet und lokale Anhäufungen von Nervenfasern aufweist. Die Sinneszellen sind wie üblich auf Tentakel und Mundscheibe konzentriert. Die Leistungen des Nervennetzes, die experimentell aus der Kontraktionsreaktion nach Reizungen abgelesen werden können, sind bei den einzelnen Gruppen unterschiedlich.

Bei den Tubiporidae und den Pennatularia ist die überindividuelle Koordinierung des Stockes gut entwickelt, was auf eine Verbindung durch ein gemeinsames Nervennetz schließen läßt. So wurde bei *Tubipora* beobachtet, daß sich fast alle Polypen eines Stockes nach der Reizung eines Einzelpolypen kontrahieren; die Geschwindigkeit der Reizleitung wurde mit 20 cm/s ermittelt. Für die Auslösung der Reaktion waren aber vier einzelne Elektroschocks im Abstand von je 1 s notwendig. Bei einer Alcyonarie reagierten im gleichen Versuch nur 10—15 unmittelbar benachbarte Polypen; bei Gorgonarien nur solche im Umkreis von 1 cm, selbst wenn eine größere Anzahl von Elektroschocks (20) gesetzt wurde.

Nach den vorliegenden Beobachtungen muß auch für die Octocorallia das Vorhandensein mehrerer Leitungssysteme angenommen werden, die wohl physiologisch, nicht aber anatomisch nachweisbar sind. Auffällige spontane Aktivitäten, die das Vorhandensein von Schrittmachersystemen demonstrieren, sind für die Xeniidae (Alcyonaria) nachgewiesen. *Heteroxenia* öffnet und schließt die Tentakelkrone etwa 30—45mal pro min, wobei der Rhythmus verschiedener Individuen desselben Stockes nicht synchron ist. Wahrscheinlich hängt diese rhythmische Tätigkeit mit der Ernährung zusammen (vgl. S. 288). Eine spontane Aktivität mit langer Periode wird bei *Alcyonium digitatum* beobachtet, die sich für die Nahrungsaufnahme zweimal täglich durch maximale Wasserfüllung zu voller Größe expandiert, um sich später wieder zu kontrahieren. Ein ähnliches Verhalten gibt es bei den Pennatularia. *Veretillum cynomorium* und *Cavernularia obesa* ziehen sich tagsüber in den Sandboden zurück und strecken sich nur nachts zu voller Größe über die Oberfläche aus [437–440, 483]. Dieser zirkadiane Expansions-Kontraktions-Rhythmus wird auch in konstanter Dunkelheit über lange Zeit beibehalten, ist also endogen. Es konnte wahrscheinlich gemacht werden, daß er sich während der Ontogenese unter dem Einfluß des Hell-Dunkel-Wechsels der Umgebung entwickelt und erst mit der Ausbildung des Nervensystems einsetzt, da er dem jungen Primärpolypen von *Cavernularia* vor der Ausbildung der Tentakel noch fehlt. Neben diesem Tagesrhythmus laufen bei *Veretillum* kurzperiodische rhythmische Teilkontraktionen als Pulsationen oder peristaltische Wellen des Coenenchyms ab, die offenbar mit dem Wasserdurchfluß korreliert sind. Ihre Frequenz beträgt 10–20 pro Stunde. Überdies haben bei dieser Art auch die isolierten Einzelpolypen die Fähigkeit zu rhythmischen Kontraktionen (Frequenz: 3–6/h). Weitere Einzelheiten und Lokalisation der Schrittmacher s. S. 298.

Einige Pennatularia sind durch ihre Leuchterscheinungen bekannt, so besonders *Veretillum* und *Renilla* [531, 567]. Zusammenhang mit dem Nervensystem s. S. 299.

Gut entwickelte Mesenterialfilamente, die durch ihre starke Begeißelung im Dienste der Wasserbewegung stehen, besitzen nur die Septen des dorsalen Richtungsfaches. An den anderen Septen sind die Filamente weniger gut ausgebildet; sie dienen durch ihren reichen Besatz mit Drüsenzellen der Verdauung. Bemerkenswerterweise enthalten die Gastralsepten weder Cnidoblasten noch Nesselzellen mit funktionsfähigen Kapseln. Bei den Formen, die symbiontische Zooxanthellen beherbergen, sind diese wie üblich in den Gastrodermiszellen lokalisiert.

Fortpflanzung

Die **ungeschlechtliche Vermehrung** erfolgt stets durch extratentaculäre Knospung, nie durch Teilung (vgl. aber *Pennatula prolifera*, S. 299).

Bei Arten mit stolonialem Stock (*Cornularia*) entstehen die Sekundärpolypen, wie bei einem Hydroidenstock, einzeln aus Vorwölbungen der Stolonen, an denen beide Körperschichten beteiligt sind. Bei den monopodial verzweigten Telestidae (S. 290) werden die Polypenknospen seitlich an den Hauptachsen erzeugt. In anderer Weise entwickeln sich die Sekundärpolypen bei den Arten mit massigem Coenenchym. Sie entstehen hier an den Enden der Solenien, die bis zur Oberfläche vorwachsen und diese vorwölben. In der Mitte einer Vorwölbung bricht dann der Mund durch, der sich zum Mundrohr einstülpt. Die Tentakel entstehen gleichfalls aus Vorwölbungen beider Körperschichten, während die Mesenterien als gastrodermale Falten der Innenwand der Solenien vorwachsen, wodurch sich der Gastralraum ausformt. Bei den Pennatularia entstehen alle Sekundärpolypen als Knospen der Hauptachse, die aus dem Primärpolypen hervorgeht.

Geschlechtliche Fortpflanzung. Es treten sowohl getrenntgeschlechtige als auch zwittrige Arten auf; nur die Pennatularia sind durchgehend getrenntgeschlechtig. Parthenogenese ist bislang nur für *Alcyonium hibernicum* beschrieben worden [478]. Die Gonade wölbt bei der Reifung in charakteristischer Weise die Wand des Mesenterium vor und hängt schließlich traubenartig in den Gastralraum hinein. Geschlechtsdimorphismus bei *Corallium* s. S. 294. Die reifenden Eizellen werden von einer Hüllschicht entodermaler Follikelzellen umgeben; das ist für Cnidaria ungewöhnlich. Die Spermien sind spitzköpfig (S. 240). Bei den meisten Arten werden die Keimzellen durch den Mund ins freie Wasser ausgestoßen, wo sich die Entwicklung bis zur Planula vollzieht. Für einige Arten (z. B. *Corallium*) ist Larviparie beschrieben; bei ihnen entwickeln sich die Eier im Gastralraum bis zur schwimmfähigen Planula.

Entwicklung

Die großen und dotterreichen Eier machen bei einigen genauer untersuchten Arten eine superficielle Furchung durch, aus der eine Sterrogastrula resultiert. Der Gastralraum entsteht bei der Umwandlung zur Planula durch Spaltbildung. Tentakel-,

Schlundrohr- und Mesenterien-Anlagen können bei der Planula bereits vor der Anheftung auftreten; doch sind spezielle Larvenformen bei den Octocorallia nicht bekannt.

Stammesgeschichte

Fossile Zeugnisse von Octocorallia sind selten und geben keinen Aufschluß über die Ableitung von gemeinsamen Vorfahren mit den Hexacorallia. Es ist auch nicht zu entscheiden, welche der beiden Unterklassen die ursprünglichere ist. Als sehr einheitliche Gruppe sind die Octocorallia durch den übereinstimmenden Bau der Polypen gekennzeichnet. Die geringe Zahl der Nesselkapseltypen (lediglich micro- und macrobasische Mastigophoren) kann allerdings nicht als ursprüngliches Merkmal gewertet werden, da beide zu den komplizierteren Typen gehören.

Als apomorphe Merkmale sind in Betracht zu ziehen: das Fehlen primär solitärer Formen, der Dimorphismus der Polypen, die Tendenz zur Bildung von Innenskeletten, die fehlende Begeißelung und teilweise Verhornung der Epidermis sowie die überindividuelle Stockbildung der Pennatularia. Ein plesiomorphes Merkmal, das die Octocorallia mit vielen Hexacorallia teilen (Ceriantharia, Madreporaria, zahlreiche Actiniaria), sind die spitzköpfigen Spermien. Die konstant geringe Anzahl der Septen ist dagegen wohl mit der geringen Größe der Einzelpolypen zu erklären.

Vorkommen und Verbreitung

Als sessile Tiere sind die meisten Octocorallia auf Hartsubstanzen zur Anheftung angewiesen. Nur die Pennatularia leben in Weichböden. Es gibt allerdings auch einige Alcyonaria, die sich mit wurzelartigen Ausläufern im Weichboden verankern können. Andere umfassen mit der Basalplatte, die blasenartig aufgetrieben ist, einen Schlickklumpen und können sich so im Boden halten.

Octocorallia leben in allen Meeren und fehlen nur in Meeresteilen mit herabgesetztem Salzgehalt, so in der Ostsee. Die meisten Arten sind Bewohner des Sublitorals (Kontinentalschelf). Manche Formen gehören zu den regelmäßigen Bewohnern der Korallenriffe. Eine geringe Anzahl lebt im Bathyal unter 200 m bis zu etwa 1000 m Tiefe, aber nur wenige Arten kommen in noch größeren Tiefen vor (z. B. *Umbellula* bis 4800 m). Das Hauptverbreitungsgebiet, und wohl auch das Entstehungszentrum, liegt in den tropischen Gebieten des Indopazifik. Hier treten auf Korallenriffen die Alcyonaria auf, fehlen aber auf atlantischen Riffen, wo sie durch die Gorgonaria ersetzt werden. Eine geringe Anzahl von Alcyonaria und Pennatularia ist in kältere Zonen eingewandert.

Lebensweise

Die Mehrzahl der Octocorallia ist microphag und carnivor und ernährt sich von Zooplankton, vor allem von Copepoda. Auch Larven mariner Wirbelloser, besonders von Mollusca, gehören zum regelmäßigen Mageninhalt der in Küstennähe lebenden Formen. Andere Arten, die Zooxanthellen in den Entodermzellen beherbergen, sind mit Hilfe ihrer Symbionten in der Lage, „autotroph" zu existieren; sie können lange Zeit (ständig?) ohne particuläre Nahrung auskommen (*Clavularia*, Xeniidae). Unter günstigen Lichtverhältnissen gedeihen sie selbst in filtriertem Seewasser.

Auffällig ist, daß bei solchen Arten die Anzahl der Nesselzellen verringert ist und die Mesenterialfilamente zur Reduktion neigen. Sie können, ähnlich wie viele hermatypische Madreporaria, ihren Energiebedarf offenbar von den organischen Substanzen decken, welche die Symbionten erzeugen und abgeben. Das rhythmische Öffnen und Schließen der Tentakelkrone bei *Heteroxenia* (S. 286), das für einen ständigen Wasserdurchfluß sorgt, steht sicherlich mit der autotrophen Lebensweise in Beziehung. Bei manchen Arten spielt wahrscheinlich auch die Aufnahme gelöster organischer Substanzen eine Rolle. In der Kultur bleibt *Cornularia* wochenlang ohne Fütterung am Leben, während sie bei Ernährung mit Stückchen von Muschelfleisch abstirbt.

Tafel I. *Scolionema suvaense*, Hydroida Limnohydrina (S. 185). Lebendphoto der Meduse (**Durchmesser** 8 mm) mit voll ausgestreckten Tentakeln, deren Endabschnitt mit Haftpolstern (→) versehen ist.

Tafel II. Oben: *Pocillopora verrucosa*, Madreporaria Pocilloporidae (S. 272).
Unten: *Acropora corymbosa*, Madreporaria Acroporidae (S. 272).
Die Tafeln II – VIII sind Originalphotos von M. Grasshoff, Frankfurt a. M.

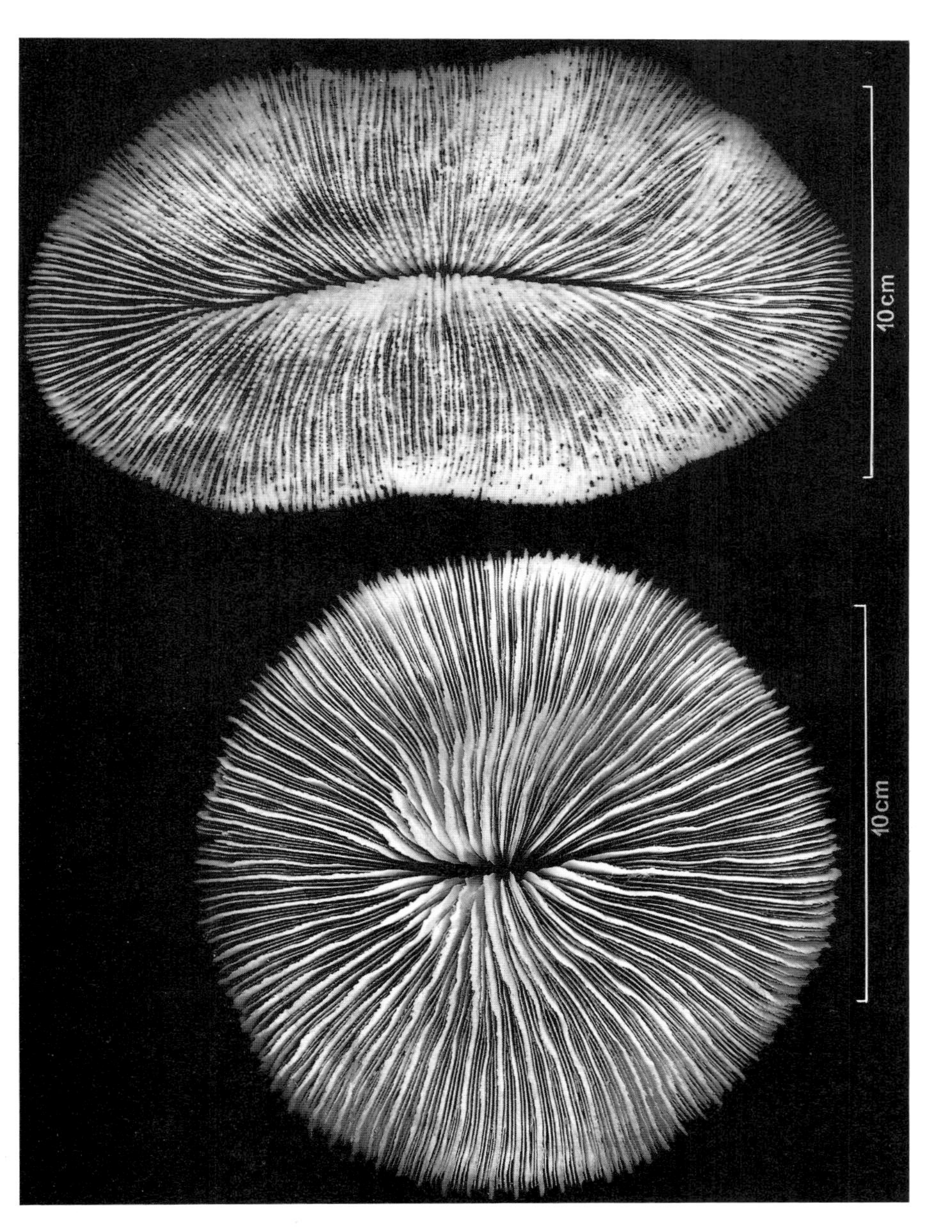

Tafel III. Links: *Fungia rependa*. Rechts: *Fungia echinata*, Madreporaria Fungiidae (S. 272).

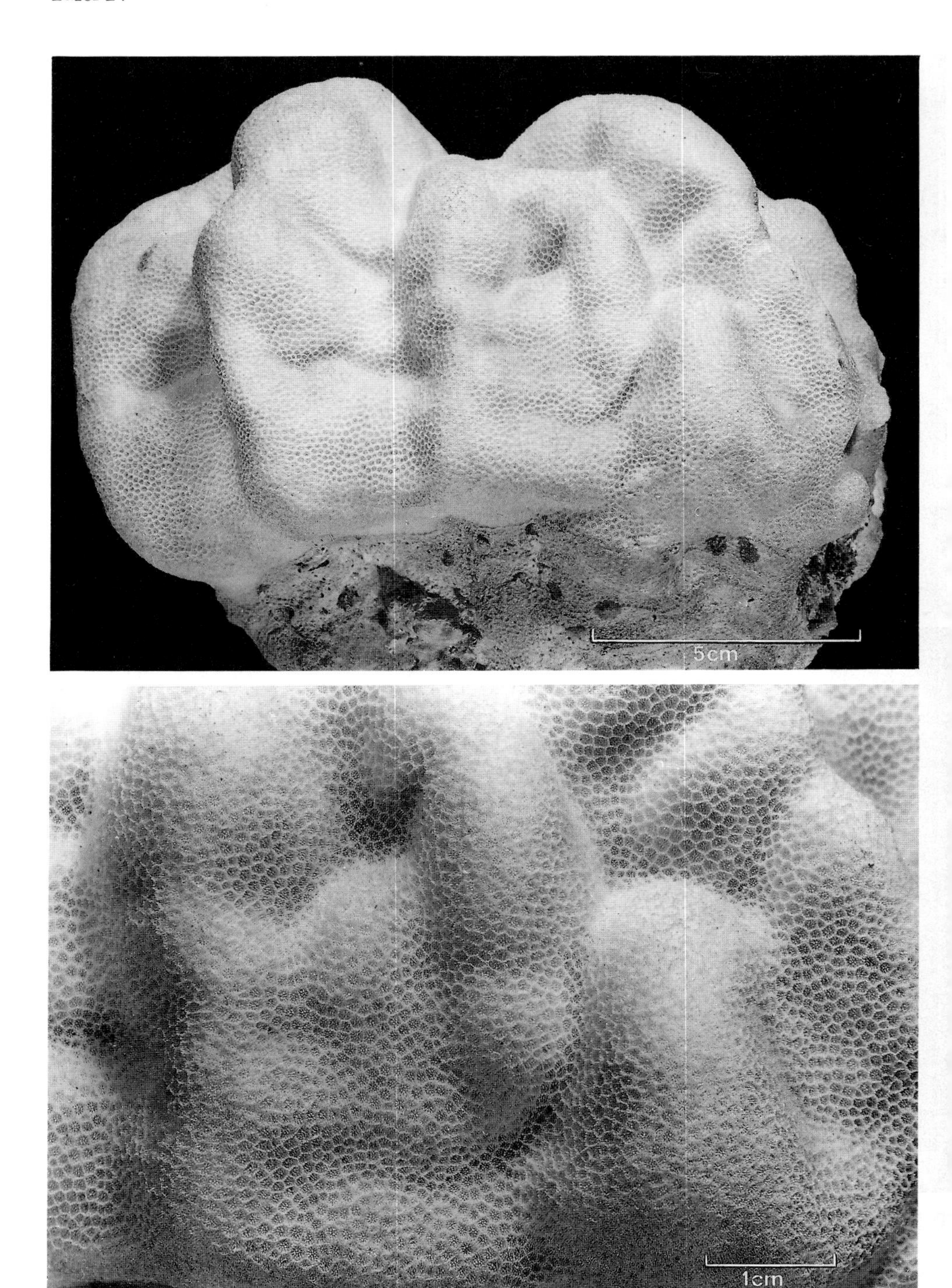

Tafel IV. *Porites compressa*, Madreporaria Poritidae (S. 272).

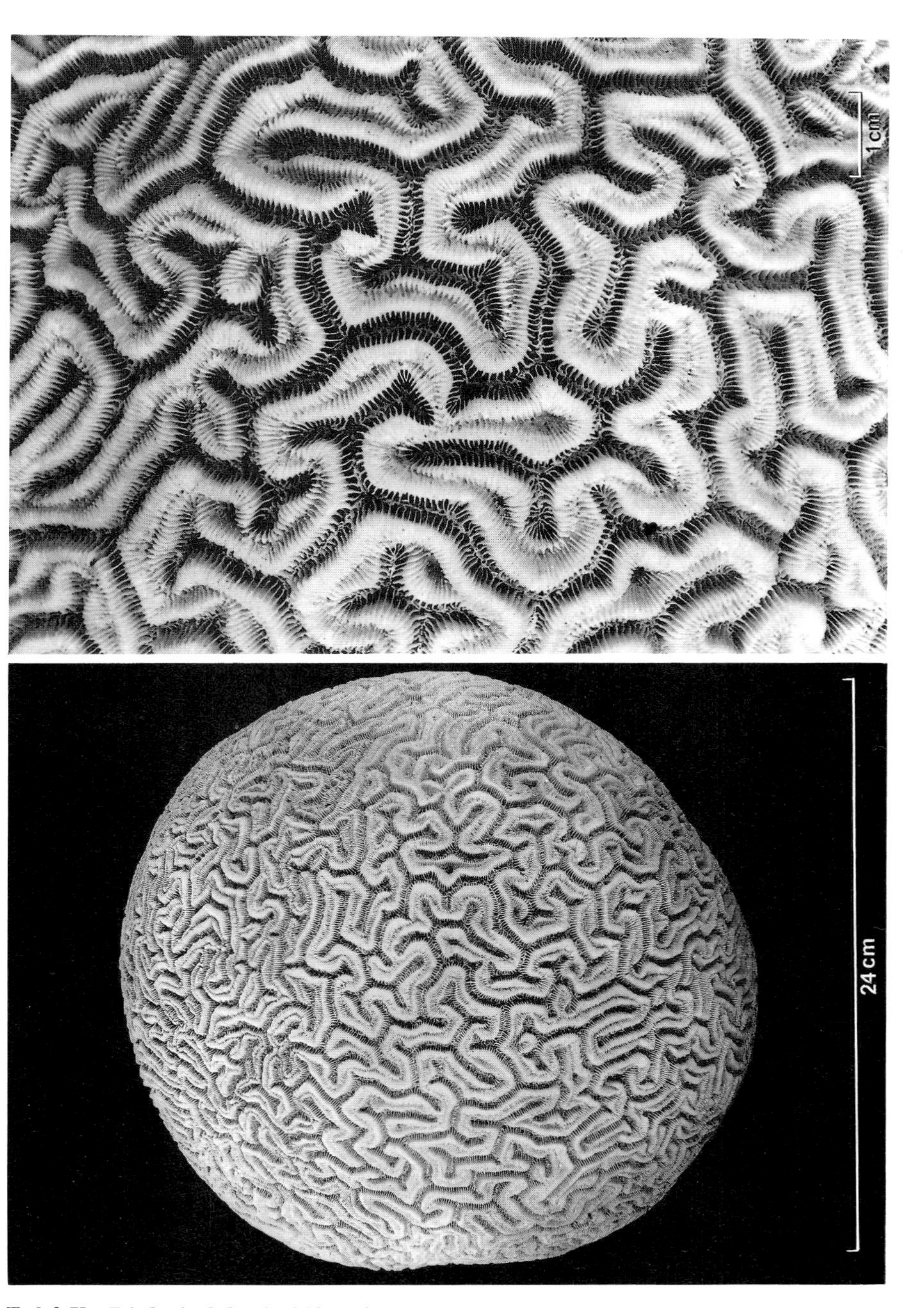

Tafel V. *Diploria labyrinthiformis*, Madreporaria Faviidae (S. 273).

Tafel VI. Oben links und Mitte: *Caryophyllia smithi*, Madreporaria Caryophylliidae (S. 273) Oben rechts: *Stephanocyathus moseleyanus*, Madreporaria Caryophylliidae (S. 274). Unten: *Flabellum chuni*, Madreporaria Flabellidae (S. 274).

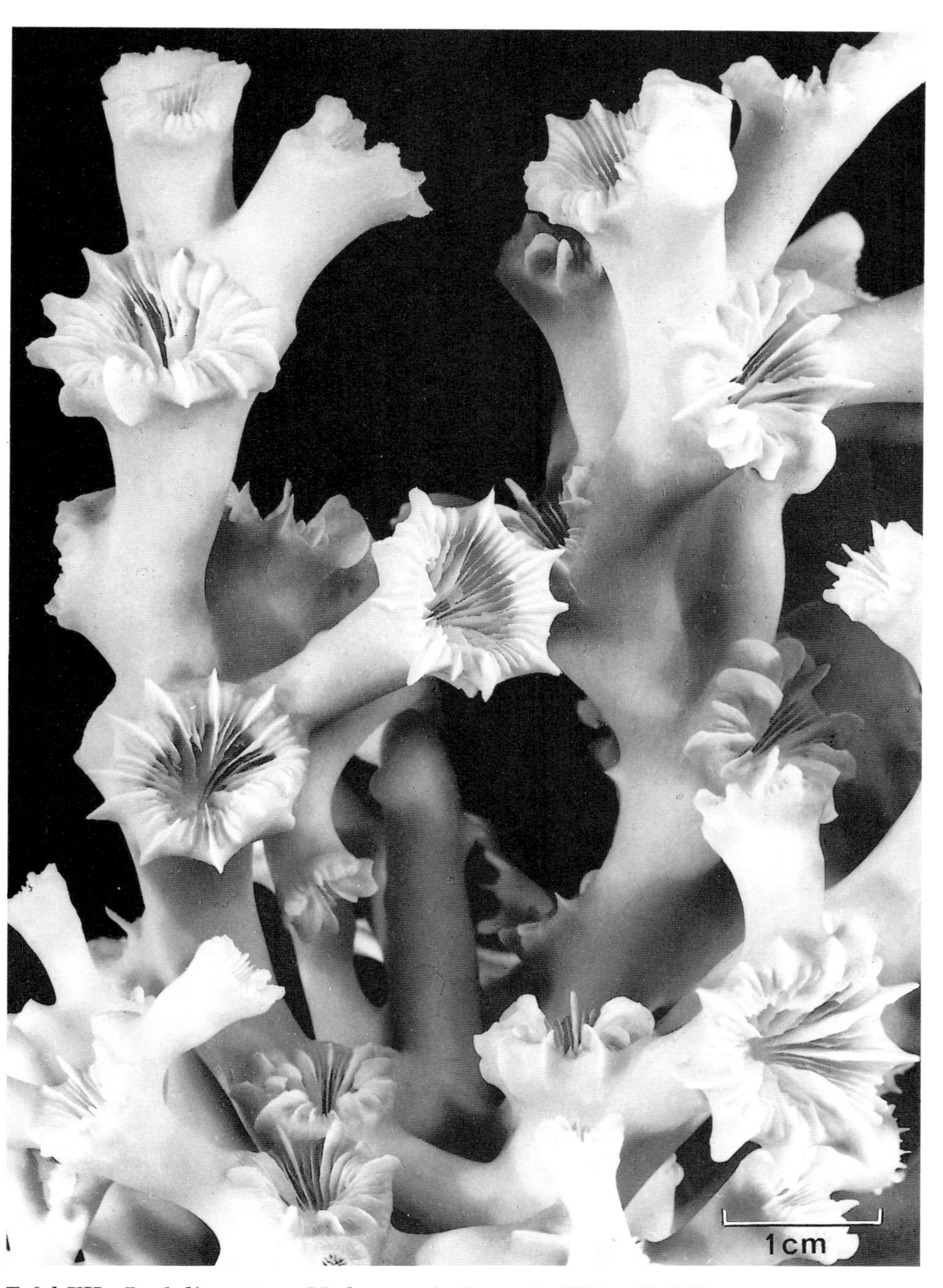

Tafel VII. *Lophelia pertusa*, Madreporaria Caryophylliidae (S. 273).

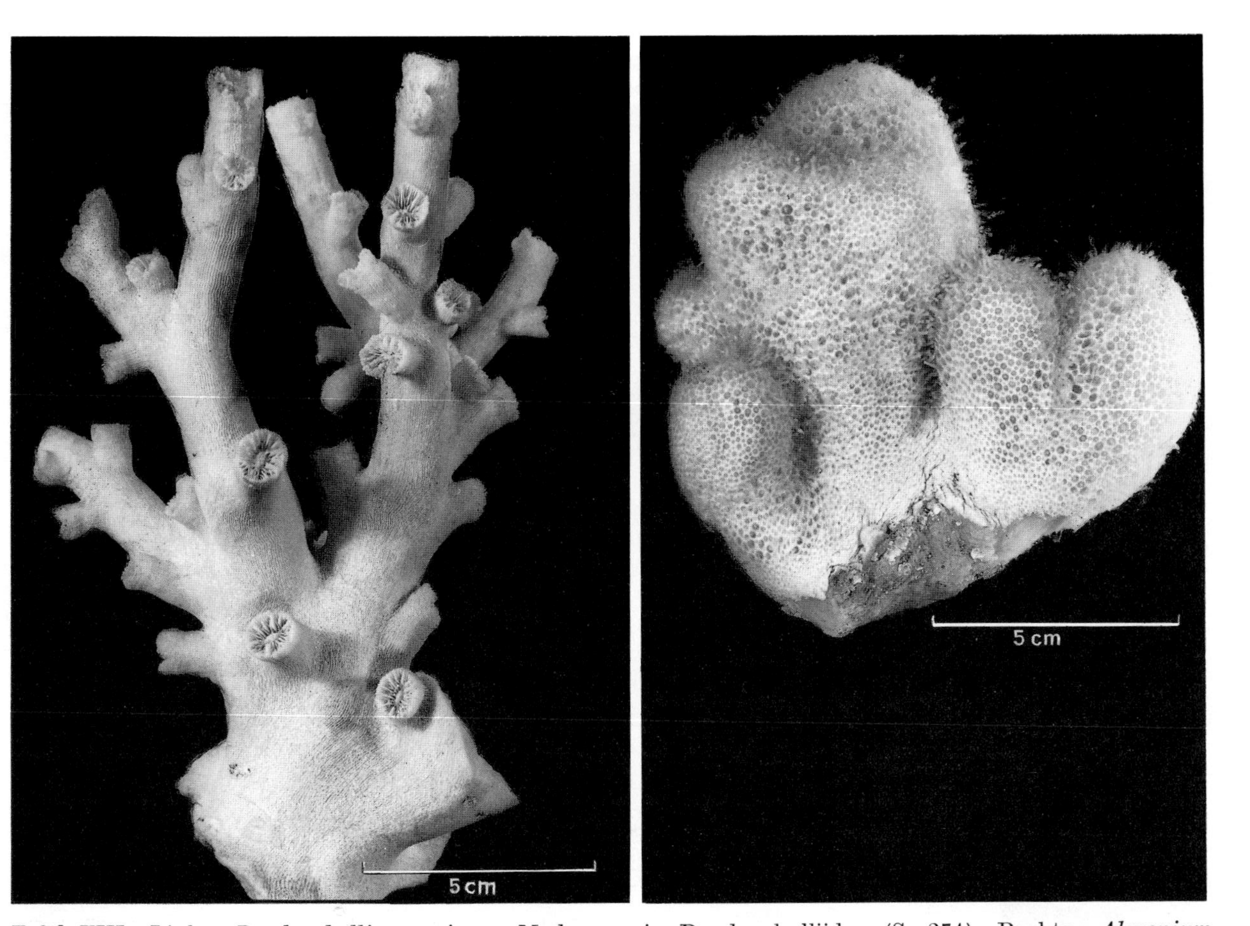

Tafel VIII. Links: *Dendrophyllia cornigera*, Madreporaria Dendrophylliidae (S. 274). Rechts: *Alcyonium digitatum*, Alcyonaria Alcyoniidae (S. 292).

Feinde der Octocorallia sind vor allem eine Reihe von Pantopoda und Gastropoda, die sich von ihnen ernähren. Einige Pantopoda machen ihre Entwicklung parasitisch im Gastrovascularsystem mancher Gorgonaria durch. Auch parasitische Copepoda leben im Gastrovascularsystem von Octocorallia.

Vielen anderen vagilen und sessilen Wirbellosen (Porifera, Hydrozoa, anderen Anthozoa, Brachiopoda) bieten die Octocorallia Substrat und Anheftungsmöglichkeit. Auf Gorgonaria wuchern die Epibionten häufig so stark, daß sie ihre Wirte zum Absterben bringen. *Heliopora* gehört im Indopazifik zu den Riffbildnern. Auch der von den Alcyonaria und Gorgonaria erzeugte Kalk kann nach dem Absterben der Stöcke zur Riffbildung beitragen.

Die ökonomische Bedeutung ist gering. Die Skelettachsen der Gorgonaria *Corallium* und *Rumphella* werden zu Schmuckstücken verarbeitet.

System

Es werden 4 Ordnungen unterschieden. Die Gliederung beruht auf den Skelettstrukturen und der zunehmenden Tendenz zur Bildung eines Innenskeletts (Alcyonaria — Gorgonaria). Bei den Pennatularia läßt der unverzweigte Achsenstab bereits wieder Reduktionserscheinungen erkennen. Eine abseitige Stellung nehmen die Helioporida ein; sie haben den Polypen einer Octocoralle, aber das Skelett einer Hexacoralle.

1. Ordnung Alcyonaria

Etwa 800 Arten. Größte Art: *Sarcophytum lobatum*, mit Stöcken bis über 1 m Durchmesser.

Diagnose

Sessil und fast immer stockbildend. Stöcke krustenförmig, knollig, klumpig oder lappenförmig verzweigt. Selten mit einfachem, röhrenförmigem Außenskelett, meist mit diffusem Innenskelett aus losen, höchstens in den ältesten basalen Stockteilen verschmolzenen Kalkskleriten, oder mit röhrenförmigem Innenskelett; nie mit Achsenskelett.

Zu den Alcyonaria gehören morphologisch sehr verschiedene Formen. Die hier als Familie eingereihten Cornulariidae werden oft als eigene Ordnung Stolonifera abgetrennt. — Insgesamt mit 8 Familien.

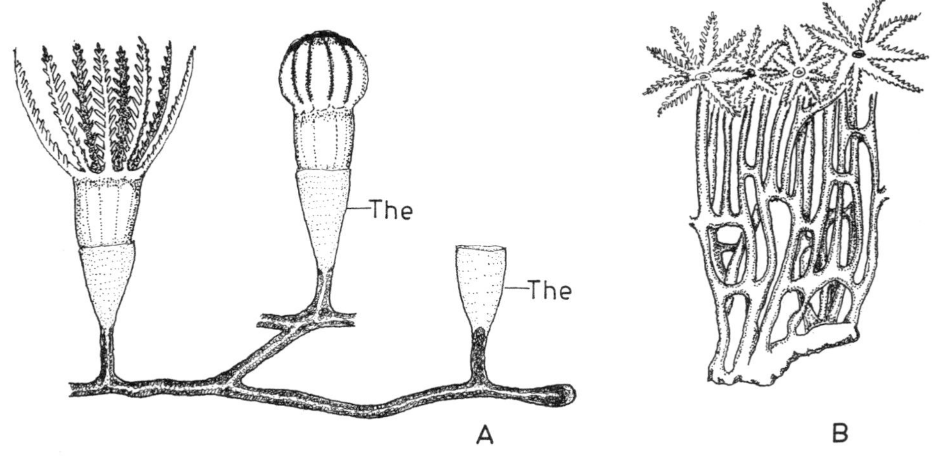

Abb. 176. Octocorallia, Cornulariidae. **A.** *Cornularia cornucopiae*. Teil eines Stockes mit einem ausgestreckten und einem kontrahierten Polypen sowie mit einer leeren Theca. Länge eines Polypen 2 mm, maximal 4—5 mm. **B.** *Clavularia viridis*. Teil eines Stockes. — **The** Theca. — B nach HICKSON, aus KÜKENTHAL 1925.

Familie Cornulariidae. Rein stolonial verzweigte Stöcke mit gestielten Einzelpolypen. — *Cornularia cornucopiae* (Abb. 176 A), Stöcke bis zu 2 cm Durchmesser, die weißen Einzelpolypen maximal 4—5 mm lang, ohne Skleriten; Stolonen und Stiele von dünner, aber fester bräunlicher Peridermröhre umgeben, von chitin-ähnlicher Beschaffenheit; Mesogloea nur als dünne Basallamelle ausgebildet; der Polyp kann sich nicht kontrahieren, sondern nur die Tentakel einrollen; im Mittelmeer in geringer Tiefe an Steinen, Felsen oder Algen, auch an den Eingängen submariner Höhlen. — *Clavularia* (Abb. 176 B), mit mehreren Entodermkanälen in jeder Stolonenröhre, mit Skleriten; bei einigen Arten verschmelzen die Stolonen zu einer Basalplatte, bei anderen sind sie außerdem in höheren Niveaus durch Querstolonen verbunden.

Familie Tubiporidae, Orgelkorallen (Abb. 177). Stöcke aus zahlreichen Polypen, die ein rot gefärbtes Innenskelett abscheiden (vgl. S. 285), dessen feste, bis 20 cm lange Röhren dicht nebeneinander stehen (wie Orgelpfeifen). Die in der Mesogloea der Körperwand ausgeschiedenen roten Kalksklerite bleiben nur im oberen Teil des Polypen in losem Verband. Die unteren Teile der röhrenförmigen Gastralräume werden periodisch durch Querböden von den oberen Abschnitten abgetrennt. Die Querböden verkalken, und das tiefer liegende Gewebe stirbt ab. Durch Verschmelzung der Querstolonen und ihrer Sklerite entstehen horizontale Skelettplatten, welche die Längsröhren in übereinander liegenden Niveaus verbinden und das Gesamtskelett verfestigen. Die knolligen Stöcke können mehr als Kopfgröße erreichen. Die kleinen moosgrünen Polypen können sich in die 1—2 mm dicken Röhren zurückziehen. — *Tubipora musica*, auf Korallenriffen des Indopazifik.

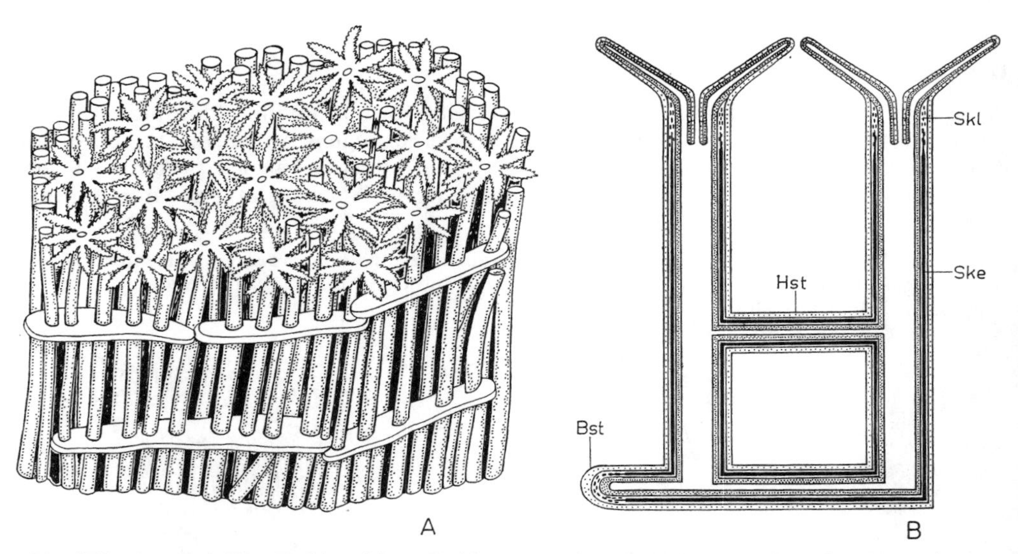

Abb. 177. Octocorallia, Tubiporidae, *Tubipora musica*. **A.** Teil eines alten Stockes mit ausgestreckten Polypen. **B.** Schematischer Längsschnitt durch einen jungen Stock. Epidermis hell, Gastrodermis dunkel punktiert, Mesogloea weiß, Skelett schwarz. — **Bst** Basalstolo, **Hst** Horizontalstolo, **Ske** Skelett, **Skl** Skleriten im Kopfteil.

Familie Telestidae. Stöcke aufrecht und monopodial an einem basalen Stolonennetz verzweigt. Hauptpolyp der Monopodien meist größer als die aus ihm durch Knospung hervorgegangenen Seitenpolypen. Sklerite in losem Verband oder in Teilen der Stöckchen verschmolzen. — *Telesto*.

Familie Alcyoniidae, Leder- oder Weichkorallen. Stöcke mit dickem, aufrechtem, fleischigem Stamm und wenigen dicken Seitenzweigen (Abb. 178). Einzelpolypen meist gleichmäßig über den gesamten Stock verteilt. Die Mesogloea ist stark entwickelt und bildet die derbe und knorpelige Masse des Coenenchym, das von den Gastralräumen der Polypen und von zahlreichen Entodermkanälen durchzogen ist. In der Mesogloea liegen zahlreiche

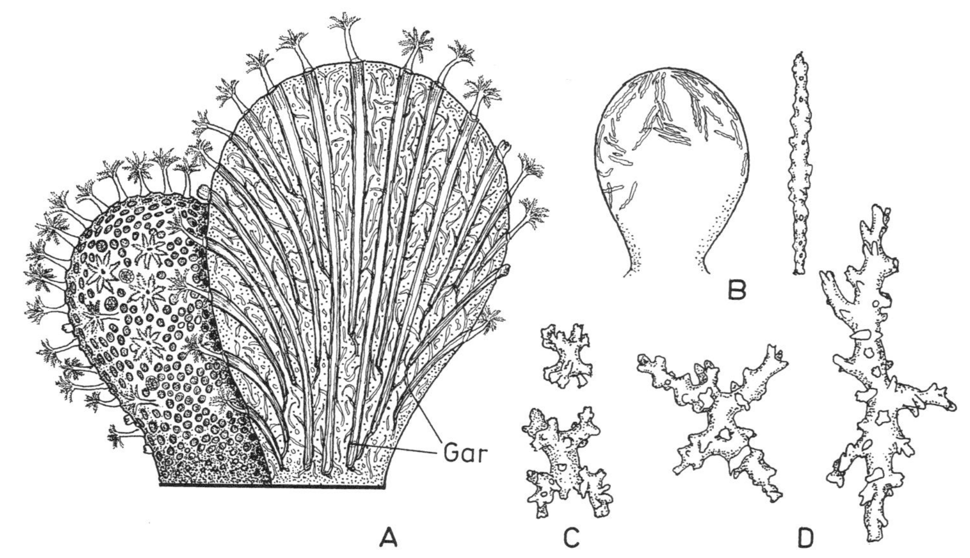

Abb. 178. Octocorallia, Alcyoniidae. Habitus und Bau von *Alcyonium digitatum*. **A.** Teil eines jungen Stockes; linker Zweig in Aufsicht (vgl. Taf VIII); rechter Zweig längs durchgeschnitten. Zu beachten sind die Gastralräume der alten Polypen, die bis in die Basis des Stockes hinabreichen. **B.** Unvollständig kontrahierter Polyp, dessen Oberteil (Anthocodium) die Anordnung der Skleriten erkennen läßt. Rechts einer der stabförmigen Skleriten, Länge 0,17 mm. **C.** Skleriten aus einer Oberflächenschicht des Weichkörpers, Länge 0,06 und 0,1 mm. **D.** Skleriten aus dem Coenenchym, Länge 0,2 und 0,3 mm. — **Gar** Gastralraum. — B—D nach VERSEVELDT 1973.

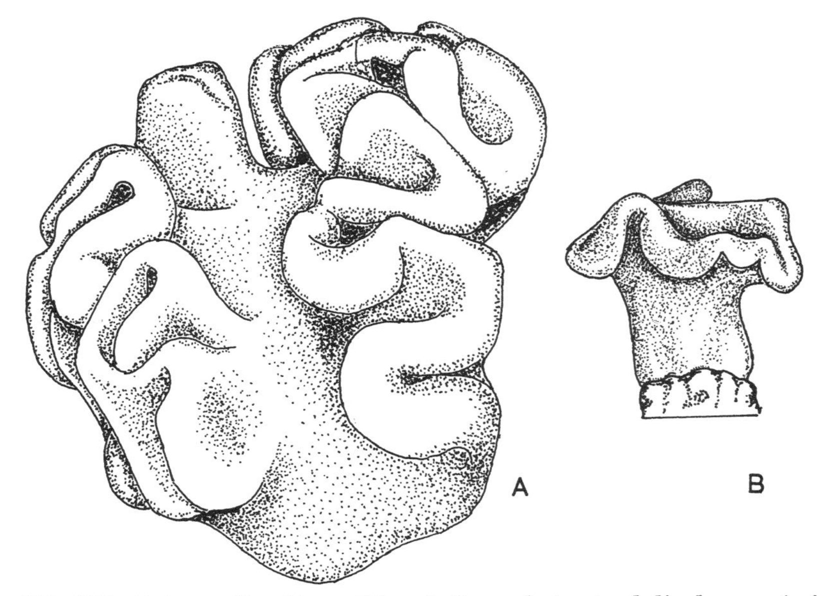

Abb. 179. Octocorallia, Alcyoniidae. **A.** *Sarcophytum trocheliophorum*, Aufsicht. Der flächig gelappte Stock mit einem Durchmesser bis 1 m. **B.** *Sarcophytum ehrenbergi*, Seitenansicht. Stock pilzförmig. Die sehr zahlreichen Einzelpolypen sind nicht gezeichnet. — A nach einem Lebendphoto aus UCHIDA 1975, B nach UTINOMI 1971.

lose Sklerite. Die langen Gastralräume der ältesten Polypen, denen im unteren Teil Mesenterien fehlen, verlaufen parallel bis zur Stockbasis; sie sind durch Querkanäle verbunden, die in der Nähe der Stockoberfläche durch Knospung neue Polypen aus sich hervorgehen lassen. Die Stöcke sind auf Steinen, Felsen oder Mollusken-Schalen festgewachsen. — **Alcyonium digitatum*, Meerhand, Tote Mannshand (Taf. VIII), Stöcke bis 20 cm hoch, mit 5—8 dicken Seitenzweigen. Farbe weiß, gelblich bis orange, die Einzelpolypen weißlich durchscheinend. Rindenschicht von zahlreichen Skleriten durchsetzt. Die Polypen können sich vollständig unter die Oberfläche zurückziehen. Expansions-Kontraktions-Rhythmus, s. S. 286. In den Fischgründen der Nordsee (besonders auf alten Austernschalen) häufig, ebenso nicht selten im Wattenmeer, auf den früheren Austernbänken an den Kanten der tieferen Priele. Im Atlantik von der Arktis bis zur Biskaya. *A. palmatum*, im Mittelmeer. — *Sarcophytum* (Abb. 179), mit dimorphen Polypen, im tropischen Pazifik auf Korallenriffen (vgl. Abb. 168). *S. lobatum*, größte Form der Alcyonaria, Durchmesser bis über 1 m, Stock mit einem kurzen breiten Stamm, Oberteil mit den sehr zahlreichen Einzelpolypen in Falten gelegt und gelappt. — *Bathyalcyon*, mit größten Einzelpolypen (Länge 3—4 cm), Tiefsee. — *Taiaroa tauhou*, die bisher einzige bekannte solitäre Art, der solitäre Habitus vermutlich als Anpassung an besondere Lebensbedingungen entstanden, Neuseeland.

Familie Nephthyidae. Lappige oder baumförmig verzweigte Stöcke, die an Muschelschalen, Steinen usw. angewachsen sind. Die stielförmigen Basalteile sind frei von Polypen; diese sind einzeln, häufiger in Gruppen auf die Spitzen der Seitenzweige konzentriert, so daß die Stöcke ein blumenkohl-ähnliches Aussehen erhalten. — *Nephthya* und *Dendronephthya*, vom Roten Meer bis in den Indopazifik verbreitet.

Familie Xeniidae. Stöcke mit fleischigem Stamm, der nur auf der scheibenartig abgeflachten oder schwach aufgewölbten, bei einigen Arten verästelten Oberfläche Polypen trägt. Durch Symbiose mit Zooxanthellen weitgehend von der Aufnahme partikulärer Nahrung unabhängig. Ernährung, Reduktion der Verdauungsstrukturen, spontane rhythmische Tentakelbewegungen s. S. 288. — *Xenia*, Rotes Meer bis Indopazifik. — *Heteroxenia*.

2. Ordnung Gorgonaria, Rinden- oder Hornkorallen

Etwa 1200 Arten. Größte Stöcke bis 3 m lang.

Diagnose

Sessil und stockbildend. Skelett aus Einzelskleriten und innerem Achsenskelett aus Kalk und (oder) Horn (Gorgonin), das vom rindenartigen Weichkörper (Polypen-Coenenchym) umgeben ist. Einzelpolypen mit kurzen Gastralräumen.

Eidonomie und Anatomie

Die Stöcke sind meist baum-, strauch- oder rutenförmig verzweigt, mit langen, dünnen, peitschenartig biegsamen oder kürzeren, dickeren, starren Seitenzweigen. In küstennahem, strömendem Wasser verästeln sich die Stöcke mancher Arten nur in der zur Strömungsrichtung senkrechten Ebene; sie ähneln dann Fächern oder Federn. Die dünnen Seitenzweige können untereinander verwachsen und ein dichtes Maschennetz bilden, das auch stärkeren Strömungen standhält und einen optimalen Nahrungserwerb ermöglicht. Bei Formen der Brandungszone ist das Skelett meist weniger stark entwickelt, so daß sie biegsam bleiben, während Tiefseearten ein kräftiges Skelett aufweisen. Durch ihre Größe, die starke Verzweigung und die Farbenpracht gehören die Gorgonaria, neben den Madreporaria, zu den auffälligsten Tierstöcken, die das Bild vieler unterseeischer „Landschaften" mitbestimmen [442].

Die Skelettstrukturen (Bildungsweise S. 286) sind sehr unterschiedlich. Im einzelnen lassen sich unterscheiden:

— ein Skelett, das aus zahlreichen isolierten Skleriten in der oberflächlichen Rindenschicht besteht und mit einer Markschicht aus Skleriten kombiniert ist, die in Hornfasern eingebettet sind;

— ein solides Achsenskelett aus fest verschmolzenen Skleriten oder aus Horn (Abb. 180);
— ein gegliedertes Achsenskelett, bei dem hornige mit verkalkten Gliedern abwechseln.

Der Körper des Einzelpolypen ist in einen zarten oberen und einen derbwandigen Basalteil gegliedert, der den oberen bei der Kontraktion aufnimmt. Die Anordnung der Polypen schräg oder senkrecht zur Stock- oder Zweigachse bewirkt, daß ihre Gastralräume nur kurz sind; sie sind mit einem entodermalen Kanalsystem verbunden, das parallel und quer zur Achse verläuft. Die Skelettachse selbst ist mit einem Röhrensystem aus Längskanälen umgeben. Ein Polypen-Dimorphismus existiert bei den Paragorgiidae und Coralliidae.

Zahlreiche Arten haben symbiontische Zooxanthellen. Der Jodgehalt des Achsenmaterials ist bei manchen Arten auffallend hoch. Die Gorgonaria sind weltweit verbreitet. Die meisten Arten leben in den Tropen und sind hier Litoralformen, nur wenige gehen im Abyssal unter 3000 m Tiefe. Im Atlantik, besonders im Karibischen Meer, stellen die Gorgonaria den größten Anteil aller Octocorallia. — Es werden 2 Unterordnungen unterschieden.

1. Unterordnung Scleraxonia

Stammachse aus Einzelskleriten, die durch Gorgonin-Fasern verbunden oder durch Kalkausscheidung vollständig verschmolzen sind. Entstehung, s. S. 286. Bei einigen Familien die Skelettachse aus abwechselnd angeordneten verkalkten und verhornten Gliedern bestehend. Polypen mono- oder dimorph. — Mit insgesamt 7 Familien.

Familie Paragorgiidae. Polypen dimorph. — *Paragorgia arborea*, wächst zu großen, baumartig verzweigten Stöcken von 2 m Höhe heran, mit einem Durchmesser der basalen Stammteile von 3—4 cm. Sie kommt mit *Lophelia* und *Madrepora* vor der norwegischen Küste vor (S. 273). Stöcke lebhaft gefärbt. Gonaden in den Siphonozooiden.

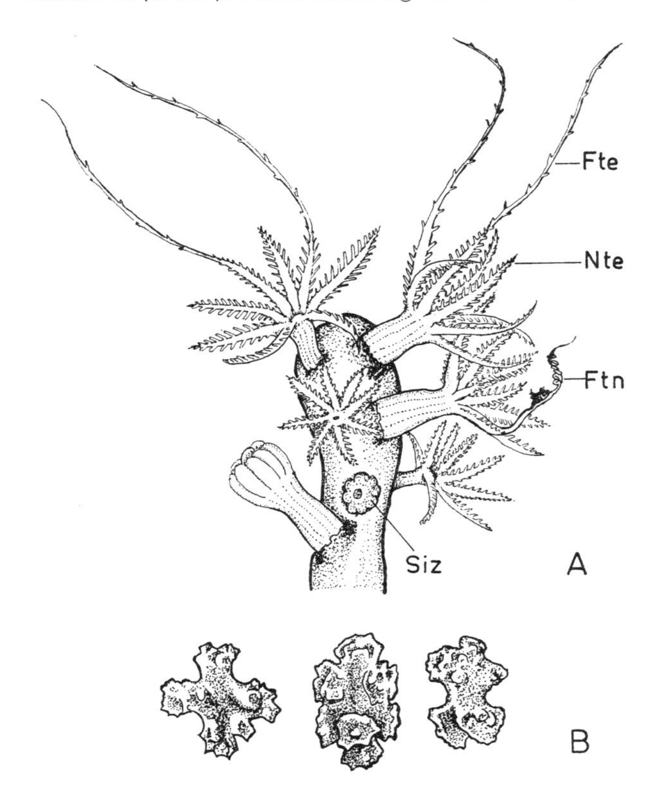

Abb. 180. Gorgonaria, Scleraxonia. **A.** Zweigstück der Edelkoralle *Corallium rubrum* mit voll ausgestreckten Tentakeln. Zu beachten sind die Fadententakeln der beiden oberen Polypen (können die dreifache Länge der gewöhnlichen Tentakel erreichen) sowie die Kontraktion und spiralige Einrollung eines Fadententakels beim Nahrungserwerb (rechts). Der Polyp auf der linken Seite unten hat die Normaltentakel beim Nahrungserwerb zu einem Fangkorb eingeschlagen. — **Fte** Fadententakel, **Ftn** Fadententakel mit Nahrungspartikel, **Nte** Normaltentakel, **Siz** Siphonozooid. — **B.** Skleriten aus dem Coenenchym, der mittlere 0,075 mm lang. — A nach einem Lebendphoto von ABEL 1970, B nach Photos von CARPINE & GRASSHOFF 1975.

Familie Coralliidae. Polypen dimorph. Stöcke strauch- oder baumartig verzweigt. Skelettachse rot oder rosa gefärbt, ohne Hornsubstanz; die Sklerite sind durch Kalkzement so fest verkittet, daß sie eine scheinbar einheitliche Achse bilden. Entstehung s. S. 286. Außerdem im Coenenchym Einzelsklerite. Die kleinen weißen Polypen sind rings um die Zweige verteilt und können sich in die basalen Becher zurückziehen. Das Coenenchym, in dem zahlreiche Entodermkanäle in mehreren Schichten liegen und die Gastralräume der Polypen verbinden, umgibt die Achse rindenförmig. In der unmittelbaren Umgebung der Achse liegt ein Röhrensystem aus Längskanälen. Gonaden in den Siphonozooiden. Die Tentakelspitzen der Autozooide sind im voll ausgestreckten Zustand zu langen dünnen Fäden ausgezogen. — *Corallium rubrum*, Edelkoralle (Abb. 180), im Mittelmeer, bildet verzweigte Stöckchen bis zu 40 cm Höhe, basale Stammteile von 2—4 cm Durchmesser; Stillwasserform des Sublitorals und oberen Abyssals in etwa 30—300 m Tiefe. Das Skelett wird zu begehrten und teuren Schmuckstücken verarbeitet. Fang früher überwiegend mit verschiedenen Dredgen, neuerdings in erreichbarer Tiefe durch Taucher. Die Bestände sind durch Raubbau und durch Abwässer in der Nähe besiedelter Küsten gefährdet. Das meiste, heute in Europa verarbeitete Material stammt aus japanischen Gewässern, wo andere Arten mit Stöcken von 1 m Höhe vorkommen.

2. Unterordnung Holaxonia

Mit solidem Achsenskelett aus Gorgonin mit oder ohne Kalkeinlagerung (Abb. 181); Bildung der Skelettachse ohne Sklerite (S. 286). In der Körperwand der Polypen und an den Tentakelansätzen bilden die oft spindelartigen Sklerite vielfach charakteristische Konfigurationen und geben dem Körper Halt und Schutz. Ihre Anordnung und Verschiebbarkeit gegeneinander bewirken bei manchen Arten die Bildung eines Deckels über dem kontrahierten Körper. Manche Formen großer Tiefen erscheinen durch plattenförmige Sklerite regelrecht gepanzert. Die Arten des Flachwassers sind mit Haftscheiben an festem Substrat angewachsen, die des tiefen Wassers sind in Weichböden durch wurzelähnliche Stolonen verankert. Polypen monomorph. — Mit über 10 Familien.

Familie Acanthogorgiidae. Skelettachse aus Horn, Polypen nicht kontraktil. Die Sklerite der Körperwand bilden ein charakteristisches Stützskelett (Abb. 182A—C), das in der Tentakelregion in eine Stachelkrone übergeht. — *Acanthogorgia aspera*, Westatlantik.

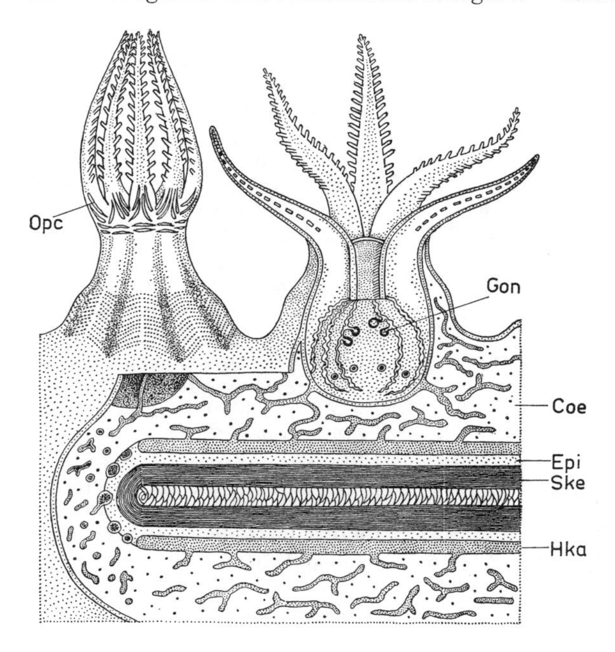

Abb. 181. Gorgonaria, Holaxonia. Bauschema. Die Vorderseite des rechten Polypen ist aufgeschnitten. Weichkörper fein punktiert. — **Coe** Coenenchym mit peripheren Entoderm-Kanälen, **Epi** epidermale Skelettbildungsschicht (innere Rindenschicht), **Gon** Gonade, **Hka** Haupt- (= Stamm-)kanal, **Opc** Operculum aus besonders geformten Skleriten (horizontalen Ring-Skleriten und nach oben gerichteten Opercular-Skleriten), **Ske** Achsenskelett aus Horn mit gekammertem Zentralstrang. — Aus Moore 1956, leicht verändert.

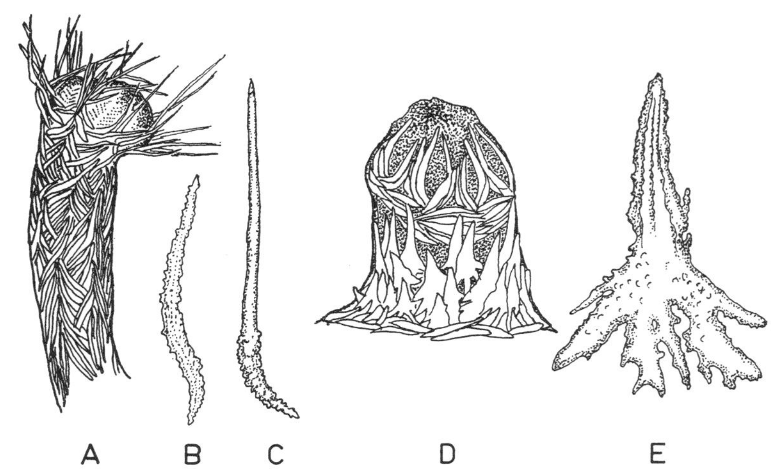

Abb. 182. Gorgonaria. Beispiele für die komplizierte Armierung der Polypen mit Skleriten. **A.** *Acanthogorgia aspera,* Tentakel kontrahiert. Durchmesser 1 mm. Die Skleriten der Körperwand bilden einen dichten Zylinder aus acht Vertikalreihen, die sich in der Stachelkrone des Tentakelbereiches fortsetzen. Die Skleriten bleiben beweglich, doch vermag der Polyp nicht mehr, sich zu kontrahieren. **B.** Sklerit aus der unteren Körperwandung. **C.** Sklerit der Stachelkrone, Länge 1 mm. **D.** *Paramuricea placomus,* kontrahiert. Länge 1,8 mm. Die Opercular-Skleriten haben die gewöhnliche Form (vgl. Abb. 181). Der Kelch ist mit schuppenförmigen Skleriten (**E**) verfestigt, die nach oben in eine lange Spitze ausgezogen sind (Länge 1 mm). — Aus MOORE 1956.

Abb. 183. Gorgonaria. Skelett des Venusfächers *Gorgonia flabellum.* Höhe 33 cm. Westindien. — Aus KAESTNER 1965.

Familie Paramuriceidae. Skelettachse hornig, mit gekammerter Markschicht, Rindenschicht dünn, Polyp in den basalen Kelchteil einziehbar; mit Operculum, mit sternförmigen Skleriten. Stöcke in einer Ebene verzweigt. — *Paramuricea placomus* (Abb. 182D, E), Nordatlantik; im Leben leuchtend orangefarben oder weiß, nach der Konservierung schwarz.

Familie Plexauridae. Stöcke mit kräftigen Seitenzweigen, mit dicker Rinde, Polypen vollständig oder nur in den basalen Kelchteil zurückziehbar. — *Eunicella verrucosa*, bis über 50 cm hoch, mit typischer Fächerform, da alle Seitenzweige in einer Ebene liegen, weiß oder gelb gefärbt; Achse mit hohem Jodgehalt; Mittelmeer. — *Rumphella* (syn. *Euplexaura*) *antipathes*, Schwarze Koralle, Stöcke als 30—35 cm hohe Büsche mit schwarzer, horniger, kalkfreier Achse; von den Antipatharia (S. 279) durch die glatte Oberfläche der Skelettachse zu unterscheiden; wird ebenfalls zu Schmucksachen verarbeitet; Indischer Ozean und Rotes Meer.

Familie Gorgoniidae. Skelettachse rein hornig, mit gekammerter Markschicht, Rinde der reich verzweigten oder gefiederten Stöcke dünn, Polyp nur mit dem oberen Teil retraktil. — *Gorgonia* (syn. *Rhipidogorgia*) *flabellum*, Venusfächer (Abb. 183), Stöcke bis 1,8 m hoch und bis 1,5 m breit, lebhaft gelb oder violett gefärbt; bildet mit anderen Gorgonaria im oberen Sublitoral „Wälder", die sich im strömenden Wasser hin und her bewegen.

Familie Primnoidae. Skelettachse mit verkalkter, ungekammerter Zentralschicht, Skleriten des Polypenkörpers schuppenförmig. Stöcke dichotom verzweigt, strauchähnlich, bis 25 cm hoch. — *Primnoa resedaeformis*, die Skleriten bilden im gesamten Stock einen Rindenpanzer, ebenso auch in der Polypenbasis, so daß diese starr ist; larvipar.

Familie Isididae. Skelettachse aus hintereinander liegenden, getrennten, verkalkten und verhornten Gliedern; Verzweigung geht von verkalkten Internodien aus.

3. Ordnung Pennatularia, Seefedern

Etwa 300 Arten. Größter Stock: *Umbellula encrinus*, bis 2,3 m.

Diagnose

Halbsessil und stockbildend. Stöcke immer unverzweigt, mit einer großen aus dem Primärpolypen hervorgehenden Hauptachse, an der die Sekundärpolypen seitlich ansetzen; polypenfreier Basalteil des Stockes als Stiel ausgebildet. Stets mit Polypen-Dimorphismus.

Eidonomie

Zahlreiche Pennatularia haben ein federartiges Aussehen. Sie bestehen aus einer vertikalen Hauptachse und den fiederartigen Seitenteilen mit den kleinen Einzelpolypen (Abb. 184). Die Seitenfiedern sind die blattartig verschmolzenen Rumpfabschnitte dicht nebeneinander stehender Gruppen von Polypen, die seitlich von der Hauptachse entspringen. Es gibt jedoch auch Arten, bei denen die Basalteile aller Polypen zu einer einheitlichen rundlichen oder nierenförmigen Platte verschmolzen sind (Abb. 186). In vielen Fällen sitzen die Polypen auch einzeln in bestimmter Anordnung oder ungeordnet an der Hauptachse, oder diese ist an der Spitze zu einem Polypenbüschel ausgezogen. Von dem oberen polypentragenden Abschnitt ist ein basaler polypenfreier Teil deutlich abgegrenzt, der als Stiel ausgebildet ist und den Stock im Sediment verankert.

Die Form des Stockes wird von dem meist kräftig entwickelten und fleischigen Stamm bestimmt. Er geht aus dem Körper des Primär- oder Hauptpolypen hervor, in den sich die Planula nach dem Festsetzen umformt (Abb. 186). Mund und Tentakelkrone des Primärpolypen werden später reduziert. Der Hauptstamm vergrößert sich, und seitlich entstehen an ihm durch Knospung die Sekundärpolypen. Der fleischige muskulöse Basalteil bleibt polypenfrei und wird zum Stiel, der als Schwellkörper fungiert. Der obere Teil des Stammes, der die Seitenpolypen trägt, wird als Kiel oder Rhachis bezeichnet. Bei den bilateralen Formen ist die Rhachis dünn, und die seitlichen Fiedern machen den Hauptteil des Stok-

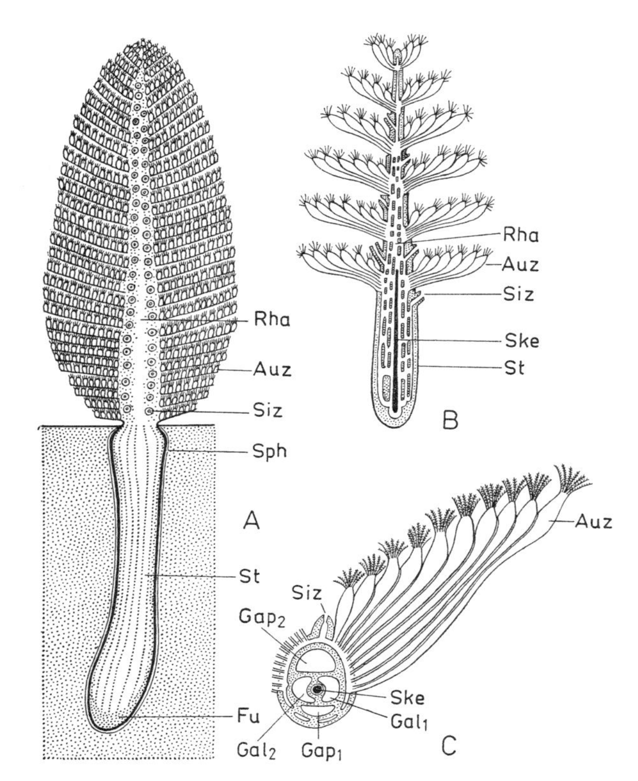

Abb. 184. Pennatularia. Habitus und Anatomie. **A.** *Pennatula rubra*, schematisch, mit dem Fuß im Sediment eingegraben. **B.** Bau einer Seefeder, schematisch. **C.** Teilquerschnitt durch den Stamm. — **Auz** Autozooid, **Fu** Fuß, **$Gal_{1,2}$** die lateralen, durch die Spaltung des Septums entstandenen Gastraltaschen, **$Gap_{1,2}$** die primären Gastraltaschen, **Rha** Rhachis, **Siz** Siphonozooid, **Ske** Skelettachse, **Sph** Sphinkterregion des Fußes, **St** Stiel. — B aus STEINER 1977, C nach KAESTNER 1965.

kes aus. Bei den Arten mit einzeln am Stamm sitzenden Polypen ist die Rhachis stärker entwickelt und zylindrisch, keulenförmig oder peitschenartig verlängert. Die Stöcke erreichen nicht selten eine Gesamtlänge von 0,5 — 1,0 m, doch ist die Größe vom Füllungszustand des Gastralsystems abhängig: Voll ausgestreckte Tiere von *Veretillum cynomorium* mit einer Länge von 45 cm schrumpfen bei Kontraktion und Wasserabgabe auf 5 bis 6 cm Länge zusammen.

Bei den meisten Arten sind zahlreiche Polypen in einem Stock vereinigt; bei *Leioptilus* kann ihre Zahl auf 25000, bei *Pteroeides* sogar auf 35000 ansteigen. Die Tiefseeformen weisen dagegen meist nur wenige Autozooide auf. *Umbellula monocephalus* trägt sogar nur ein einziges Autozooid. Viele Arten haben eine charakteristische Färbung, wobei weiße, gelbe und rötliche Farbtöne überwiegen.

Der Einzelpolyp gleicht äußerlich und innerlich völlig dem anderer Octocorallia. Er ist meist nur wenige mm lang, doch gibt es auch Arten, deren Sekundärpolypen eine Länge von 7,5 cm erreichen (*Veretillum*, Abb. 185A). Der obere Teil eines Polypen ist in der Regel zartwandig und kann in den unteren derberen Becher zurückgezogen werden, der seinerseits bei manchen Formen unter die Oberfläche eingezogen werden kann. Die Polypen eines Stockes sind stets dimorph. Die Siphonozooide gleichen äußerlich einem Kegelstumpf; Tentakel, Mesenterien und Muskulatur sind reduziert, und nur die Siphonoglyphe ist besonders stark entwickelt. Gonaden treten dagegen, im Gegensatz zu den Gorgonaria, nur in den Autozooiden auf.

Anatomie

Der Hauptstamm erhält seine fleischige Beschaffenheit durch die starke Entwicklung der Mesogloea, in die Kalksklerite eingelagert sind und in der ein peripheres netzartiges Gefäßsystem aus Entodermkanälen verläuft (Abb. 184B). Dieses mit Flüssigkeit gefüllte **Kanalsystem** stellt, zusammen mit den Gastralräumen der Polypen, ein hydrostatisches Skelett dar, das gefüllt und entleert werden kann und das auf diese Weise die jeweilige Größe des Stockes und den Kontraktionszustand der Polypen reguliert.

Im Stiel umgibt die schwammige Schicht der Mesogloea das zentrale, ursprünglich einheitliche Kanalsystem, das aus dem Gastralraum des Primärpolypen hervorgegangen ist. Dieses Hauptsystem besteht aus vier im Querschnitt kreuzförmig aneinander stoßenden Längskanälen. Die beiden Mediankanäle sind unmittelbar aus dem einheitlichen Gastralraum des Primärpolypen entstanden und sind durch ein vertikales Stielseptum getrennt, das von der Basis her als Trennwand nach oben eingewachsen ist und sich beim weiteren Wachstum kontinuierlich nach oben verlängert. Die beiden Lateralkanäle gehen aus diesem Septum durch Spaltung hervor, wie die Entwicklungsgeschichte zeigt. Das periphere Kanalsystem durchzieht alle Stockteile und verbindet auch die Gastralräume aller Sekundärpolypen.

Das **Skelett** besteht aus dem einheitlichen, dünnen und biegsamen Achsenstab, der im zentralen Kreuzungspunkt der vier Hauptkanäle liegt oder aus ihm seitlich verschoben ist. Das Achsenskelett ist aus dem hornartigen Pennatulin, einem Skleroprotein, aufgebaut, in das Kalzium oder Kalziumphosphat eingelagert ist. Außerdem liegen im Körpergewebe lose Sklerite aus Calcit; sie sind im Stiel platten-, im Kiel und in den Seitenpolypen nadelförmig. Bei *Leioptilus* bestehen die Sklerite aus Chitin, also einer organischen Substanz [544].

Die **Muskulatur** ist meist kräftig entwickelt. Ihr verdanken die Tiere die Fähigkeit der starken Kontraktion und des Eingrabens. Die mesogloeale Hülle des Achsenstabes enthält Längsmuskelfasern, im Stamm treten daneben auch Ringmuskeln auf. Besonders muskulös ist der Stiel; seine Längsmuskeln dienen der Verkürzung, die Ringmuskeln der Verdünnung, wobei Flüssigkeit aus dem Kanalsystem ausgepreßt wird. In der oberen Verdickung des Stieles, dem Bulbus, fungiert eine besonders kräftig entwickelte Ringmuskulatur als Sphinkter, dessen Kontraktion das Kanalsystem des oberen und unteren Stammabschnittes trennen kann; dies ermöglicht die Funktion des Stieles als Schwellkörper beim Eingraben in den Boden.

Die Stöcke der Pennatularia reagieren fast wie ein Gesamtorganismus, nicht wie eine Kolonie aus Einzelindividuen. Dies wird auch durch die integrierten Leistungen des **Nervensystems** deutlich. Der Einzelpolyp besitzt ein subepitheliales ectodermales Nervennetz in der Körperwand und ein entodermales Nervennetz in den Mesenterien [556]. Mundregion und Tentakel weisen die stärkste Versorgung mit Ganglienzellen (und mit Sinneszellen) auf. Außerdem existiert ein ,,koloniales" Nervennetz im Coenenchym, das die Polypen verbindet: Bei einer Reizung ziehen sich (z. B. bei *Renilla*) sämtliche Polypen schlagartig zurück. Bei *Leioptilus gurneyi* hat die genaue Analyse das Vorhandensein von zwei anatomisch nicht unterscheidbaren Leitungssystemen ergeben, die sich durch ihre Leitungsgeschwindigkeit unterscheiden. Ferner demonstrieren spontane Aktivitäten die Existenz von Schrittmachersystemen, deren Zentrum bei dieser Art in der Basis der Rhachis lokalisiert ist.

Das Verhaltensmuster einiger gut untersuchter Arten ist geeignet, als Spiegelbild der nervösen Leistungen zu dienen. Es umfaßt bei *Veretillum cynomorium* [437—440]:

- Einfache Reaktionen auf äußere Reizungen, deren Art (lokale Kontraktionen oder Gesamtkontraktion) von der Stärke des Reizes abhängt. Ein Beispiel für die starke Kontraktionsfähigkeit einer Art: Ein 28 cm langes Exemplar von *Pteroeides spinosum* zog sich in 30 s unter Wasserausstoß aus den Siphonozooiden auf 10 cm Länge zusammen.
- Langperiodische Expansions-Kontraktions-Rhythmen des gesamten Stockes. Für *Veretillum* und viele andere Arten ist ein Tag-Nacht-Rhythmus nachgewiesen (S. 286). Bei Nacht pumpen sie mit Hilfe der Siphonozooide Wasser in das Gefäßsystem, wodurch sie zu voller Größe anschwellen und sehr durchsichtig werden. Diese Phase der maximalen Ausdehnung dient dem Nahrungserwerb. Bei Tagesbeginn stoßen sie durch

Kontraktion den größten Teil des Wassers aus und schrumpfen auf durchschnittlich $^1/_3$ der vollen Größe zusammen. Für *Pteroeides spinosum* ist ein Expansions-Kontraktions-Rhythmus in Abständen von 6–8 Stunden nachgewiesen; außerdem folgt der Maximalkontraktion eine Welle von kurzfristigen Kontraktionen und Streckungen.

- Kurzfristige rhythmische Pulsationen und peristaltische Wellen, die über den Stock laufen und die Flüssigkeit im Kanalsystem des Coenenchym in Bewegung halten.
- Lokale Tätigkeiten bei der Nahrungsaufnahme und beim Eingraben in den Boden.
- Kurzfristige Kontraktions- und Streckungs-Rhythmen der Einzelpolypen mit einer Frequenz von 4–6 pro Stunde.

Viele Pennatularia sind für ihr **Leuchtvermögen** bekannt. Bei Reizungen leuchten epidermale Drüsenzellen der Auto- und Siphonozooide auf, und die Leuchterscheinungen breiten sich wellenartig über den gesamten Stock aus. Der Vorgang wird nervös gesteuert, denn bei *Veretillum cynomorium* kann er durch Betäubung mit $MgCl_2$ unterdrückt werden. Bei *Cavernularia* hemmt ein Einschnitt in die Epidermis die Ausbreitung der Lichtwelle nicht; die nervöse Leitung muß daher im tiefer liegenden gastrodermalen Nervenplexus erfolgen [531, 555, 567].

Fortpflanzung

Die Pennatularia sind ausnahmslos getrenntgeschlechtig. Die Gonaden liegen in den sechs ventralen und lateralen Mesenterien der Autozooide, während die beiden dorsalen Septen steril bleiben. Die Geschlechtsprodukte werden bei den meisten Arten aus dem Mund der Einzelpolypen ausgestoßen. Befruchtung und Entwicklung erfolgen daher im freien Wasser. Larviparie ist von wenigen Arten bekannt.

Ungeschlechtliche Vermehrung ist bisher nur bei einer Art beobachtet worden: Bei *Pennatula prolifera* schnürt sich der obere Teil des Stockes ab und wächst unter Stielbildung zu einem neuen vollständigen Stock aus. Es handelt sich hier also um den Sonderfall der Querteilung eines Stockes, nicht eines Einzelpolypen.

Entwicklung

Aus der Planula entsteht beim Übergang zum Bodenleben der Primärpolyp (Abb. 186), dessen intensive Knospungstätigkeit zur Bildung des Stockes führt. Die Knospungszone für die Sekundärpolypen liegt an der Basis des Primärpolypen, also an der Obergrenze des Stieles bzw. an der Untergrenze der sich sondernden Rhachis. Bei den gefiederten Arten sind an einem Seitenteil die am weitesten nach außen liegenden Polypen die ältesten.

Stammesgeschichte

Wegen der hohen Integration der Einzelindividuen zu einem Gesamtorganismus müssen die Pennatularia als Höhepunkt der stammesgeschichtlichen Entwicklung innerhalb der Octocorallia betrachtet werden (vgl. dazu die Siphonophora, S. 207). Auch bei ihnen fehlen aber fossile Zeugnisse, so daß über ihre Herkunft von den gemeinsamen Vorfahren der Octocorallia keine zuverlässigen Aussagen möglich sind. Zweifellos müssen die Pennatularia von verzweigten stockbildenden Formen des Flachwassers mit einem Achsenskelett abgeleitet werden; sie verdanken ihre Sonderstellung der Anpassung an das Leben in Sedimentböden. An die Basis der Ordnung sind fraglos Formen zu stellen, bei denen die Sekundärpolypen noch einzeln an dem stark entwickelten, zylindrischen oder keulenförmigen Stamm ansetzen. Demgegenüber müssen die bilateralen Formen als abgeleitet betrachtet werden. Die Tiefseearten haben eine Sonderentwicklung genommen, die durch die Verlängerung des Stammes, die Reduktion der Polypenzahl und die Vergrößerung der Einzelpolypen gekennzeichnet ist.

Vorkommen und Verbreitung

Die Tiere leben überwiegend im Sublitoral, kommen aber bis in große Tiefen von mehr als 4000 m vor. In den Tropen gibt es Arten, die das Grenzgebiet zwischen Eu- und

Sublitoral besiedeln können. Sie überstehen das Trockenfallen bei Ebbe, indem sie sich tief in den Boden zurückziehen. Die Hauptverbreitungsgebiete liegen in den tropischen Zonen des Indopazifik; der Malayische Archipel gilt als Entstehungszentrum. Kaltwasserformen leben auch in den größeren Tiefen. Aus flacheren Gebieten der arktischen und antarktischen Meere sind nur wenige Arten bekannt.

Das Auftreten bestimmter Bautypen ist oft deutlich mit den Standortbedingungen korreliert. Im Flachwasser mit ständig wechselnder Strömungsrichtung leben Formen wie *Veretillum*, dessen Polypen auf allen Seiten des Stammes sitzen. Die Stöcke sind nachts etwa 45 cm lang, bei Tage auf 5 cm Länge kontrahiert. In Gewässern mit konstanter Strömungsrichtung wird *Funiculina* angetroffen. Der Stock ist bilateralsymmetrisch gebaut, da die Polypen auf zwei gegenüber liegende Längsseiten des Stammes verteilt sind, und er ist quer zur Strömungsrichtung eingestellt.

Die Bewohner der größeren Tiefen, in denen die Nahrung von oben „herabregnet", weisen in der Regel eine wirtelförmige Anordnung der Polypen an der Rhachis auf. Zu ihnen gehören die Arten von *Umbellula*, die in Tiefen von 200 bis über 4000 m leben und die am oberen Ende des manchmal über 2 m langen Stammes einen einzigen Schopf von wenigen Autozooiden tragen. Viele Arten treten in großer Bestandsdichte in lokal begrenzten Anhäufungen auf; dies hängt sehr wahrscheinlich in erster Linie mit den Eigenschaften des Substrats zusammen (ähnlich wie bei den ebenfalls im Boden lebenden Ceriantharia, S. 243).

Lebensweise

Die Pennatularia sind auf sandige und schlickige Weichböden angewiesen, in die sie sich durch den Schwellmechanismus des Stieles eingraben und in denen sie sich verankern können (Mechanik wie bei *Peachia*, S. 256). Überdies können sie an der Oberfläche des Bodens langsam kriechen, sind also bei Verschlechterung der Lebensbedingungen zu einem bedingten Standortwechsel befähigt.

Die Tiere sind carnivor und microphag und ernähren sich überwiegend von Zooplankton. Die hauptsächliche Nahrungsquelle stellen Copepoda dar, doch hat man auch Diatomeen-Schalen, Gehäuse von Muschellarven und Pteropoda im Gastralraum gefunden. Wenige Arten können auch größere Beutetiere, wie Polychaeta, aufnehmen. Täglicher Kontraktions-Expansions-Rhythmus beim Nahrungserwerb s. S. 298. Symbiose mit Zooxanthellen ist selten (*Renilla*). Gelegentlich werden Bruchstücke von Seefedern im Magen von Fischen gefunden. Als echte Feinde müssen die Pantopoda gelten, die die Stöcke aussaugen.

System

Nach der Anordnung der Sekundärpolypen werden die insgesamt 12 Familien in 2 Unterordnungen gegliedert.

1. Unterordnung Sessiliflorae

Sekundärpolypen stets einzeln am Stamm.

Familie Veretillidae. Stock keulenförmig, Polypen vollständig retraktil, ohne Ausbildung eines basalen Bechers. — *Veretillum cynomorium* (Abb. 185A), Stock je nach Füllungszustand 5—45 cm, Einzelpolyp bis 7,5 cm lang; Achsenstab rudimentär, nur 2 cm lang. — *Cavernularia.*

Familie Renillidae. Polypentragender Teil des Stockes zu einer ovalen oder nierenförmigen Platte verschmolzen, deren Entstehung aus zwei Hälften aber noch erkennbar bleibt. Ohne Achsenskelett. Polypen nur auf der Oberseite (Abb. 186). Mit zahlreichen Zooxanthellen. Einer der Siphonozooide ist besonders groß und dient nur dem Ausstoß des Wassers. — *Renilla koellikeri*, Seestiefmütterchen, bis 7 cm lang.

Familie Kophobelemnidae. Stamm keulenförmig. — *Kophobelemnon stelliferum*, Nordatlantik und Pazifik, 40—4400 m.

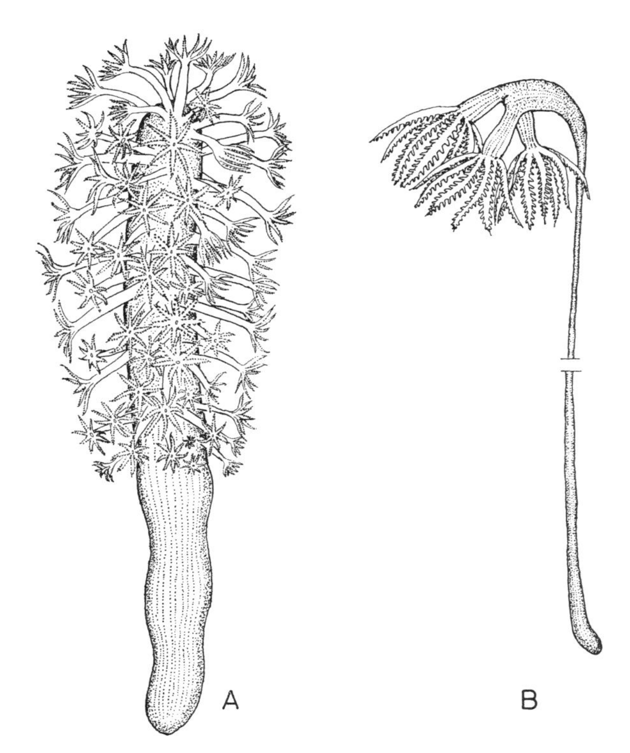

Abb. 185. Pennatularia. **A.** *Veretillum cynomorium,* Lebendhabitus. Bei einem voll ausgewachsenen Tier ist die Anzahl der Polypen erheblich größer. Länge 30 cm. **B.** *Umbellula encrinus,* eine Tiefseeform. Gesamtlänge bis 2,30 m. — A nach TITSCHACK 1966, B nach DANIELSSEN & KOREN 1884.

Familie Funiculinidae. Stock schlank und rutenförmig, mit kleinen Einzelpolypen, die lateral und ventral an der Rhachis sitzen. — *Funiculina quadrangularis,* Stock bis 1,50 m lang, Durchmesser des Stieles bis 1 cm, kommt im Nordatlantik bis ins Skagerrak und Kattegat vor, auch im oberen Sublitoral.

Familie Chunellidae. Mit langer dünner Rhachis, Polypen in Wirteln angeordnet. In größeren Tiefen.

Familie Umbellulidae. Rhachis lang und dünn, mit einem Büschel von wenigen großen Autozooiden am oberen Ende, Rhachis mit zahlreichen Siphonozooiden. Tiefseeformen. — *Umbellula encrinus* (Abb. 185B), größte Art, bis 2,30 m lang.

U. monocephalus, mit einen einzigen Autozooiden an dem langen peitschenähnlichen Stiel; Gesamtlänge bis 77 cm, Polyp bis 25 cm lang (größter Autozooid der Octocorallia), Stieldicke bis 3 mm; Atlantischer und Indischer Ozean, 3500—4800 m.

2. Unterordnung Subsessiliflorae

Mit Gruppen von Einzelpolypen, deren Basalabschnitte zu lateralen Wülsten oder blattähnlichen Seitenfiedern verschmolzen sind.

Familie Virgulariidae. Stock bilateral, mit dünner Rhachis, jeweils wenige Sekundärpolypen in Querreihen angeordnet; an der Basis mit kurzen Wülsten verbunden. — **Virgularia tuberculata,* Nordsee, Ostsee bis in den Sund.

Familie Pennatulidae. Stock bilateral, mit breiten Fiedern, Polypen mit basalem Kelch (Abb. 184). — **Pennatula phosphorea,* bis 20 cm lang, rot gefärbt, in Tiefen von 20 m bis über 2000 m, kosmopolitisch. *P. prolifera,* mit Querteilung des Stockes (S. 299). — *Leioptilus gurneyi,* mit Chitin-Skleriten.

Familie Pteroeididae. Stock bilateral, mit dickem fleischigem Stiel und stark entwickelten Seitenteilen. — *Pteroeides spinosum,* der 30 cm lange Stock hat 27 Fiederpaare mit bis zu 35000 Polypen.

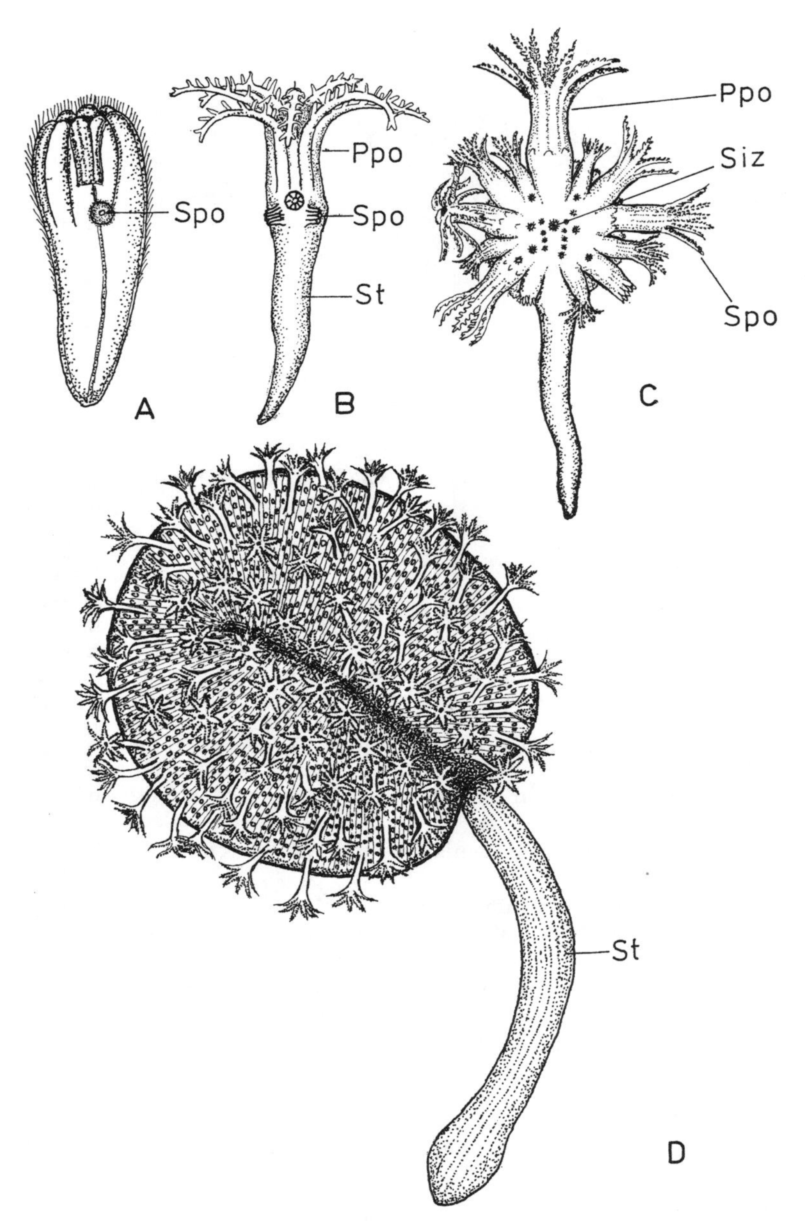

Abb. 186. Pennatularia. Entwicklung und Habitus von *Renilla koellikeri*. **A.** Planula kurz vor dem Übergang zum Bodenleben; die Larve besitzt bereits die Anlage des Stieles mit Stielseptum, das Schlundrohr, die Mesenterien und die Anlage des 1. Sekundärpolypen. **B.** Primärpolyp mit den Anlagen von drei Sekundärpolypen. **C.** Junger Stock, der die symmetrische Anordnung weiterer Sekundärpolypen und die Entstehung der Plattenform erkennen läßt und bei dem die ersten Siphonozooide auftreten. **D.** Ausgewachsener Stock (bis 7 cm lang). Oberseite mit Autozooiden und zahlreichen Siphonozooiden. Primärpolyp zurückgebildet. — **Ppo** Primärpolyp, **Siz** Siphonozooid, **Spo** Sekundärpolyp, **St** Stiel. — A—C nach Wilson 1884.

4. Ordnung Helioporida

Nur 1 Art (dazu mehrere fossile Arten).

Diagnose

Sessil und stockbildend. Mit basalem Ectoskelett aus Kalk (Aragonit), ohne Skleriten. Polypen monomorph.

Die Helioporida gehören nach dem Bau der Polypen eindeutig zu den Octocorallia, ihr Skelett aber weicht durch Entstehung und Bau (keine Skleriten) deutlich ab und gleicht

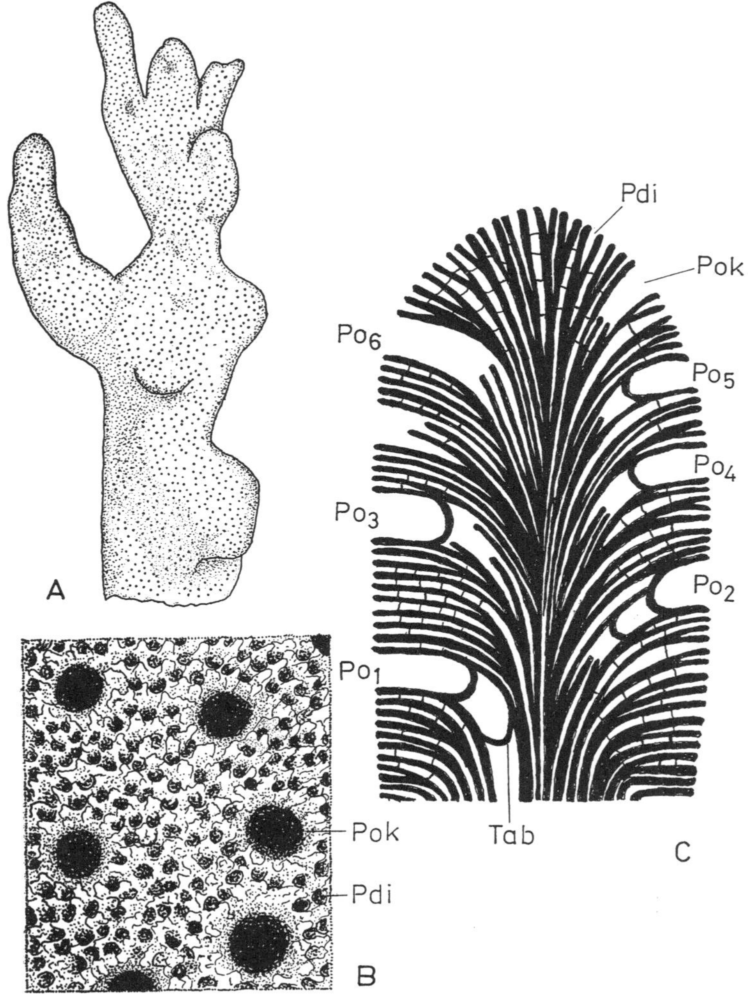

Abb. 187. Helioporida. *Heliopora coerulea*. **A.** Zweigstück des Skeletts. **B.** Skelettoberfläche mit den großen Kelchöffnungen der Polypen und den zahlreichen Poren der Vertikal-Divertikel. **C.** Schematischer Längsschnitt durch ein Skelett-Zweigstück (vgl. den Schnitt durch eine Zweigspitze bei Madreporaria, Abb. 163). — **Pdi** Poren der Divertikel, **Po$_{1-6}$** aufeinanderfolgende Polypen, **Pok** Polypenkelch, **Tab** Tabula. — A nach einem Photo von Bouillon & Houvenaghel-Crevecour 1970, B nach einem Photo von Bayer & Muzik 1977, C nach Bourne 1899, verändert.

eher dem der Madreporaria. *Heliopora coerulea* ist gewissermaßen als „lebendes Fossil" zu betrachten. Nach dem ersten Auftreten der Gruppe in der Unteren Kreide fand die Hauptentfaltung in der Mittleren und Oberen Kreide statt.

Eidonomie und Anatomie

Das Skelett des Stockes bildet massive Platten oder Blöcke, die nur kurze, dickästige Verzweigungen nach oben aussenden (Abb. 187A). Es entsteht aus einem Netz basaler Stolonen, die zu einer Platte verschmelzen. Die Platte wird von einer dünnen Schicht lebenden Gewebes bedeckt, und das basale Epidermisepithel scheidet Kalk aus in Form von Aragonitfasern, die zu einer Lamelle verschmelzen [432].

Äußerlich läßt das Skelett bei stärkerer Vergrößerung eine netzartig durchbrochene Oberfläche mit großen und kleinen Öffnungen erkennen (Abb. 187B). Die großen Poren sind die Mündungen der Wohnröhren der Polypen. Die zahlreichen kleinen Poren rühren von den vertikalen, fingerförmigen, kurzen Blindsäcken her, die von der Oberflächenschicht des Coenenchym in das Skelett eingesenkt sind (Abb. 188). An der Innenwand der breiteren Polypenröhren wachsen schmale Längsleisten (Scheinsepten) vor, die den Gastralraum des Weichkörpers schwach einbuchten. Außerdem werden die Röhren der Polypen und vertikalen Divertikel mit zunehmendem Alter durch verkalkte Querböden (Tabulae) von den tieferen Schichten abgetrennt. Das auf diese Weise abgeschlossene und später absterbende Gewebe sondert dann den leuchtend blauen Kalk ab, der die Röhren verengt. Daher liegt der unteren toten Schicht des Skelettes nur eine dünne Schicht (2—3 mm) lebenden Gewebes auf. Skleriten fehlen.

Das äußerlich so massiv erscheinende Skelett weist im Inneren eine sehr charakteristische und einzigartige Röhrenstruktur auf (Abb. 187C), an deren Entstehung bemerkenswerterweise auch das Coenenchym durch die Vertikaldivertikel beteiligt ist. Hierin besteht ein deutlicher Unterschied gegenüber dem massiven, nur durch Poren perforierten Coenosteum der Madreporaria (Abb. 162A). Bei diesen haben im Bereich des Coenosteum die Außenepidermis und die Basalepidermis, die das Skelett ausscheidet, die annähernd gleiche Flächenausdehnung, während bei *Heliopora* die Fläche des skelettogenen Basalepithels durch

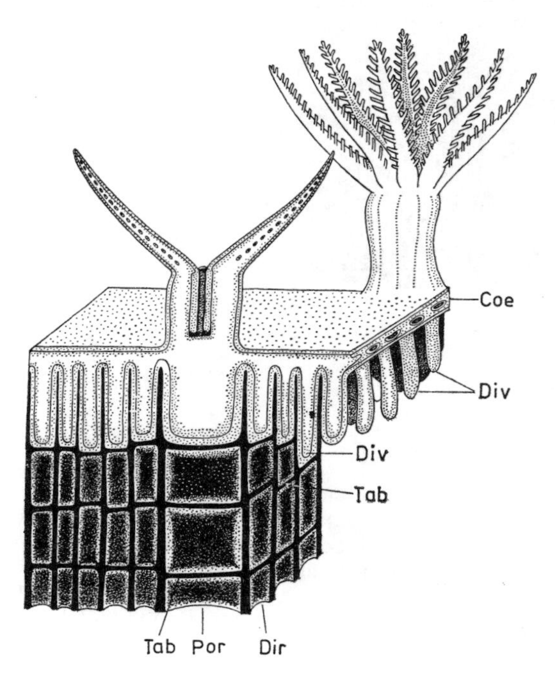

Abb. 188. Helioporida. Habitus und Anatomie, schematisch. Vorderseite mit den Vertikal-Divertikeln des Coenenchyms und einem Polypen im Längsschnitt. Auf der rechten Seite ist das Skelett nicht gezeichnet, so daß die Divertikel frei herabhängen. Weichkörper hell punktiert, Skelett schwarz. — **Coe** Coenenchym mit Solenien, **Dir** Divertikelröhre, **D** Divertikel, **Por** Polypenröhre, **Tab** Tabula. — Nach GRASSHOFF 1981, verändert.

die Vertikaldivertikel um ein Mehrfaches größer ist als die der Außenepidermis. Schließlich sei auf die konvergente Art der Skelettbildung der Milleporidae hingewiesen (Abb. 108), bei denen die Skelettstruktur mit breiteren und schmäleren Röhren durch den Polypen-Dimorphismus bedingt ist.

Der Weichkörper der kleinen, stets gleichartigen Polypen (Durchmesser 1 mm) ist bis zur Hälfte in die Skelettröhre eingesenkt (Abb. 188). Ihr Gastralraum steht mit den zahlreichen Entodermkanälen (Solenien) des Coenenchym in Verbindung, die sich auch in die hohlen vertikalen Divertikel fortsetzen. Letztere sind daher nicht untereinander, sondern nur durch die Coenenchym-Kanäle der oberflächennahen Schicht verbunden. Die Retraktoren der Mesenterien sind gut entwickelt, so daß der Weichkörper unter die Skelettoberfläche kontrahiert werden kann. Dabei werden die Tentakel nach innen umgestülpt. Die zahlreichen Zooxanthellen sind im Entoderm der Polypen (daher deren braune Färbung) und in den Wandungen der oberen Solenien lokalisiert. Als Nesselkapseln sollen atriche Isorhizen auftreten, was aber der Bestätigung bedarf.

Fortpflanzung und Entwicklung sind unbekannt.

Familie Helioporidae. Mit der einzigen rezenten Art *Heliopora coerulea*, Blaue Koralle, Flachwasserbewohner und lokaler Riffbildner im Indopazifik; die Blöcke und Platten haben meist einen Durchmesser von 25 cm, die kurzen Äste sind etwa 1,5 cm dick (Abb. 187 A); Skelett vorwiegend blau, Polypen schokoladenbraun. — Die neuerdings [427] hierher gestellte *Lithotelesto micropora* aus dem Karibischen Meer scheint eher in die Nähe der Alcyonaria (*Tubipora*, S. 290) zu gehören.

5. Stamm Ctenophora, Rippenquallen, Kammquallen

Etwa 80 Arten. Die Mehrzahl zwischen 5 und 50 mm lang; größte Art: *Cestum veneris*, bis 1,5 m lang.

Diagnose

Stets solitäre und meist pelagische, selten benthonische, skelettlose Metazoa. Körper birnen- oder mützenförmig, selten bandartig oder vertikal abgeflacht. Von biradialer Grundgestalt (zwei Symmetrie-Ebenen stehen senkrecht aufeinander), mit acht Reihen (in vier Paaren) von Wimperplatten, meist zwei ectodermalen Tentakeln mit charakteristischen Klebzellen und apikalem Sinnespol mit Statocyste. Körper nur aus den beiden Schichten Epidermis und Gastrodermis bestehend, dazwischen aber eine mächtig entwickelte Mesogloea als Stützschicht. Gastrovascularsystem ein kompliziertes röhrenförmiges Kanalsystem bildend; nur mit einer Öffnung, die gleichzeitig als Mund und After dient. Mit subepithelialem Nervennetz. Ausnahmslos Zwitter. Ursprünglich mit holopelagischem Lebenszyklus, ohne Larvenform. Ausschließlich Meeresbewohner.

Eidonomie und Anatomie

Die Ctenophora leben stets solitär, bilden also niemals Stöcke. Ihr Habitus ist, trotz der Artenarmut, recht unterschiedlich. Die Grundgestalt, die auch von abweichend gebauten Arten während der Entwicklung durchlaufen wird, ist ein kugeliger bis birnenförmiger Körper. Diese Gestalt wird bei den Cydippida zeitlebens beibehalten. Bauplan und Struktureigenschaften der Ctenophora sollen daher an einem Vertreter dieser Ordnung (*Pleurobrachia pileus*) beschrieben werden (Abb. 189).

Der Körper besteht zum größten Teil aus Gallerte und ist im Leben glasklar durchscheinend. Er ist durch eine vertikale Hauptachse polar orientiert und trägt am aboralen Pol, der dem animalen Pol des Eies entspricht, ein Sinnesorgan, am entgegengesetzten oralen (vegetativen) Pol den Mund. Die Körperoberfläche ist durch acht meridionale Reihen von quergestellten Wimperplatten octoradial gegliedert, wobei je zwei Wimpermeridiane ein Paar bilden. Es treten nur zwei **Tentakel** auf (selten fehlend). Sie sind stets solide, sehr dehnbar und rein ectodermaler Natur; innen werden sie nur von Muskel- und Nervenfasern und einem dünnen Mesogloea-Strang durchzogen. Jeder Tentakel besteht aus einem kräftigen Hauptfaden und zahlreichen dünneren, parallel stehenden, unverzweigten Nebenfäden (Tentillen), auf denen als Fangorgane die für die Ctenophora charakteristischen Klebzellen sitzen. Die Tentakel können vollständig in die ebenfalls ectodermalen Tentakeltaschen zurückgezogen werden, die unter der Körperoberfläche beiderseits in symmetrischer Anordnung (in der sogenannten Tentakelebene) liegen.

In Richtung auf den aboralen Pol setzen sich die acht Wimpermeridiane in schmale Wimperrinnen fort. Je zwei von ihnen vereinigen sich in der Nähe dieses Poles und treten hier in die Sinnesgrube mit dem Komplex des Sinnesorgans ein, der aus der Statocyste, dem

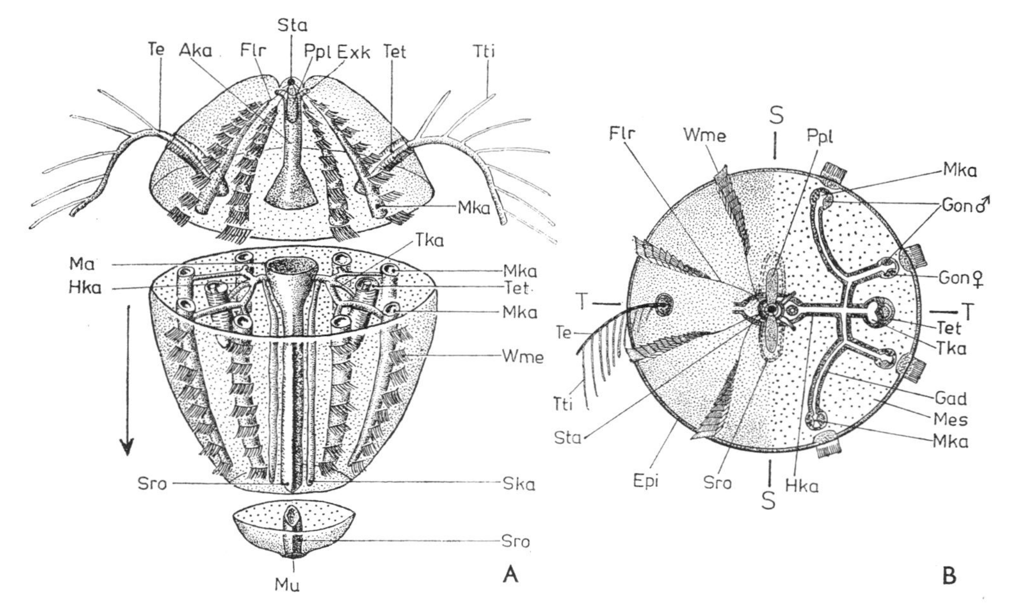

Abb. 189. Organisation von *Pleurobrachia* (Cydippida), schematisch. Höhe etwa 20 mm. **A.** Seitenansicht (Tentakelebene = **Zeichenebene**). Der Körper ist in Höhe des Magens und oberhalb des Mundes quer durchgeschnitten; die Schnittflächen sind zur Darstellung der Mesogloea grob punktiert. Die Haltung ist beim Schwimmen umgekehrt: Die Rippenqualle schwimmt mit dem Mund voran (Pfeil). **B.** Aufsicht auf den Aboralpol, links auf die Oberfläche, rechts auf den Querschnitt in Magenhöhe (Äquatorebene = Zeichenebene). Dargestellte Teile des Gastralsystems dunkel punktiert. — **Aka** Aboralkanal, **Epi** Epidermis, **Exk** Exkretpore, **Flr** Flimmerrinne, **Gad** Gastrodermis, **Gon** Gonade, **Hka** Horizontalkanal, **Ma** Magen, **Mes** Mesogloea, **Mka** Meridionalkanal, **Mu** Mund, **Ppl** Polplatte, **S** Schlundebene, **Ska** Schlundkanal, **Sro** Schlundrohr, **Sta** Statocyste, **T** Tentakelebene, **Te** Tentakel, **Tet** Tentakeltasche, **Tka** Tentakelkanal, **Tti** Tentille, **Wme** Wimpermeridian. — Aus Kaestner 1965, verändert.

eigentlichen Sinnesorgan (Abb. 196), und zwei sogenannten Polplatten besteht. Bei den Gattungen *Benthoplana*, *Diploctena* und *Planoctena* treten am Sinnespol allerdings vier gleich große, tetraradial angeordnete Polplatten auf [13].

Am gegenüberliegenden Körperpol befindet sich der Mund, der in das **Gastrovascularsystem** führt. Dieses beginnt mit dem ectodermalen, zusammengedrückten und daher im Querschnitt schlitzförmigen Schlundrohr (Pharynx), das in den kleinen, entodermalen und ebenfalls abgeflachten Zentralmagen übergeht. Gegenüber dem größten Durchmesser des Schlundrohres (Schlundebene) ist der des Magens jedoch um 90° verdreht, so daß er in der Tentakelebene liegt (Abb. 189B). Vom Zentralmagen ausgehend durchzieht ein kompliziertes röhrenförmiges System aus vertikalen und horizontalen Kanälen den Körper. Der Magen geht an seinem aboralen Ende in einen unpaarigen kräftigen vertikalen Zentralkanal, den Aboralkanal, über, der sich unterhalb des apikalen Sinnespoles in vier symmetrisch angeordnete kurze Äste aufteilt. Häufig münden zwei dieser Äste durch Poren nach außen und dienen der Exkretabgabe. Etwa in der Mitte des Magens geht jederseits in der Tentakelebene ein kurzer horizontaler Kanal ab. Er entsendet zum oralen Pol hin einen langen, nahe dem Mund blind endenden Kanal, der auf jeder Breitseite des Schlundes und parallel mit diesem verläuft (daher Schlundkanal). Der Horizontalkanal teilt sich dann in weitere drei horizontale Abschnitte auf. Der mittlere unpaarige führt in das Gefäß der Tentakeltaschen, die beiden seitlichen gabeln sich nochmals und setzen sich auf jeder Seite in die vier gebogenen, vertikalen Meridionalkanäle (Rippengefäße) fort. Insgesamt treten also acht Meridionalgefäße auf, welche die acht Wimpermeridiane auf der Innenseite begleiten.

Das Kanalsystem führt damit an alle wesentlichen Körperteile heran und versorgt sie mit Nährstoffen. Es ist durch Injektion einer Farblösung (Methylenblau) leicht darzustellen. Die Wände der Gastralkanäle tragen an manchen Stellen rosettenförmige Zellkomplexe, die auf der Innen- und Außenseite bewimpert und in der Mitte durchbrochen sind, so daß eine offene Verbindung zwischen dem Lumen der Kanäle und der sie umgebenden Mesogloea besteht. Die genaue Funktion der Zellrosetten ist unbekannt; offenbar dienen sie dem verstärkten Flüssigkeits- und Nährstoffaustausch zwischen der stark entwickelten Mesogloea und dem Gastralsystem.

Durch seinen äußeren und inneren Aufbau weist der Körper der Ctenophora eine deutliche **Biradialität** auf. Die Verteilung der Organe kann auf zwei senkrecht aufeinander stehende Ebenen bezogen werden, die sich in der vertikalen Hauptachse schneiden: die Tentakel- und die Schlundebene (Abb. 189, 190). Letztere geht durch den größten Durchmesser des Schlundrohres (nicht aber des Magens). Wenn man den Körper durch die beiden Ebenen in vier Quadranten (I—IV) teilt, so verhalten sich benachbarte Teilstücke wie Spiegelbilder, während die diagonal gegenüber liegenden Quadranten gleich sind. Die Biradialsymmetrie ist für die Ctenophora kennzeichnend und unterscheidet sie von den meisten Cnidaria, wo diese Symmetrie nur bei manchen Anthozoa angetroffen wird (S. 230).

Der Querschnitt des Körpers ist allerdings nie genau rund. So ist bei *Pleurobrachia*, die ein klares Beispiel für die biradiale Symmetrie darstellt, die Schlundebene etwas kürzer als die Tentakelebene. Die bei dieser Gattung deutlich ausgeprägte octoradiale Symmetrie ist andeutungsweise noch beim Schirm der medusenförmigen Thalassocalycida anzutreffen (Abb. 190B, 200), sie fehlt dagegen den anderen planktonischen Ctenophora. Die Lobata haben paarige Schwimmlappen, die Cestida sind bandförmig, die Beroida mützenförmig. Die benthonischen Formen (Platyctenida, Tjalfiellida) sind vertikel abgeflacht und haben abweichende Körperproportionen.

Ein Vergleich der Symmetrie-Verhältnisse und der Körperformen bei den planktonischen Gruppen (Abb. 190) zeigt, daß der Körper in der Schlundebene bei den Cydippida schwach, bei den Thalassocalycida deutlich verkürzt, bei den Lobata, Cestida und Beroida jedoch stark verlängert ist. Damit einher geht bei den Cydippida und Thalassocalycida eine entsprechende Verlängerung, bei den Lobata, Cestida und Beroida aber eine starke Verkürzung in der Tentakelebene. Im Zusammenhang mit dem Formwandel stehen auch Veränderungen des Kanalsystems.

Vom ursprünglichen Zustand der Cydippida (Abb. 189, 190A) weichen die anderen Gruppen durch die periphere Verbindung der Meridionalkanäle benachbarter Quadranten ab. Welche Quadranten dabei betroffen sind, hängt von der Richtung ab, in der der Körper verlängert ist. Bei den Thalassocalycida (Abb. 190B) sind die Meridionalkanäle 1, 2, 3, 4 und 5, 6, 7, 8 der Quadranten I—II und III—IV, bei den Lobata und Cestida (Abb. 190C, D) die Kanäle 3, 4, 5, 6 und 7, 8, 1, 2 der Quadranten II—III und IV—I durch periphere Schlingen sekundär verbunden. Bei den Beroida (Abb. 190E) sind die Meridionalkanäle 1, 2, 3, 4 und 5, 6, 7, 8 der benachbarten Quadranten I—II und III—IV durch je einen halben Ringkanal um den Mund verbunden, in den auf jeder Seite auch der Schlundkanal einmündet. Diese deutliche Wechselbeziehung zwischen Form des Körpers und Art des Kanalsystems ist zweifellos als funktionelle Anpassung zu deuten, die zur ausreichenden Versorgung der sekundär vergrößerten peripheren Bezirke notwendig wurde.

Skelettelemente fehlen den Ctenophora völlig. Die bis auf die Wimpermeridiane unbewimperte Epidermis beteht aus einem Epithel gleichartiger Zellen, denen Muskelfasern stets fehlen.

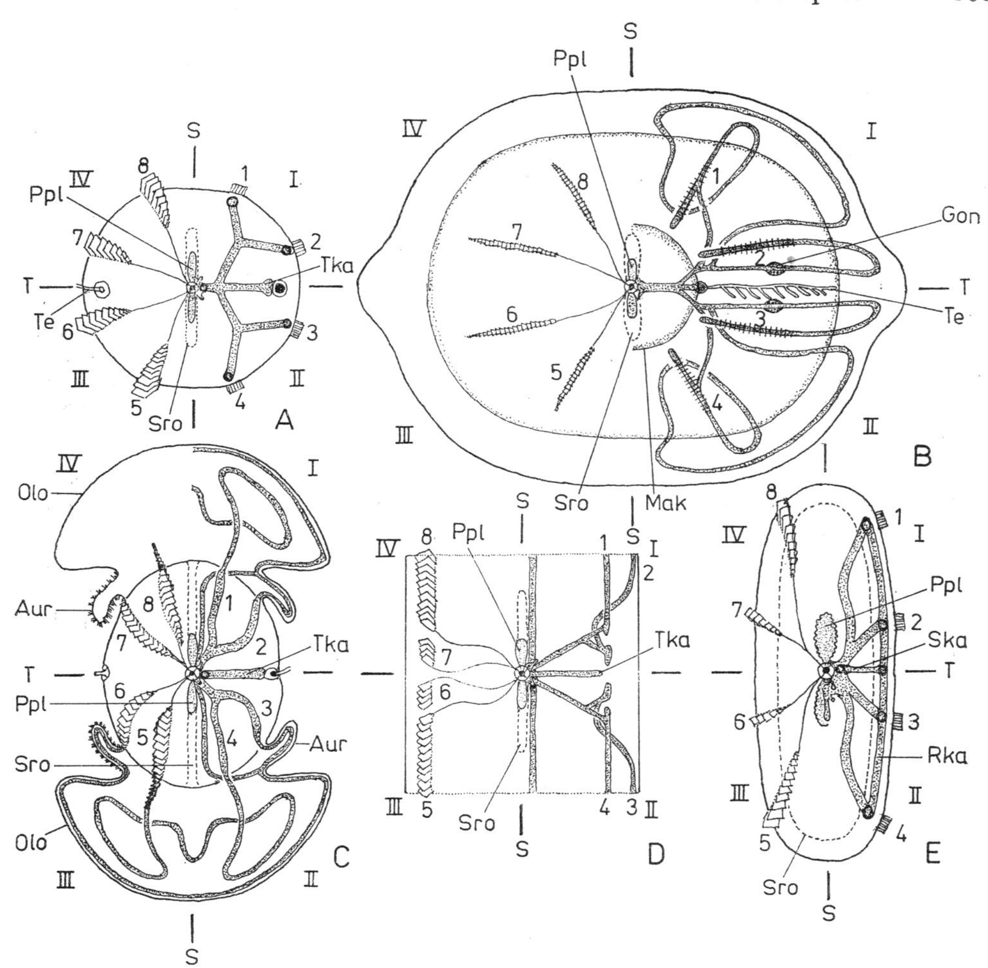

Abb. 190. Organisation und Symmetrieverhältnisse der Ctenophora, schematisch. In jeder Zeichnung links die Aufsicht auf den Aboralpol, rechts auf die Äquatorebene. **A.** Cydippida, *Pleurobrachia* (vgl. Abb. 189). **B.** Thalassocalycida, *Thalassocalyce* (vgl. Abb. 200); zu beachten sind Verlängerung und Verbindung der Meridionalkanäle 1—2, 3—4 und 5—6, 7—8. **C.** Lobata, *Bolinopsis* (vgl. Abb. 201); zu beachten sind Verlängerung und Verbindung der Meridionalkanäle 3—4—5—6 und 7—8—1—2 in den Mundlappen. **D.** Cestida, *Cestum* (vgl. Abb. 202); zu beachten ist die Verkürzung der Wimpermeridiane 2—3 (nicht gezeichnet) und 6—7. **E.** Beroida, *Beroe* (vgl. Abb. 207); zu beachten ist die Verbindung der Meridionalkanäle 1—4 und 5—8 durch je einen halben Ringkanal, in den auf jeder Seite auch der Schlundkanal einmündet. — **1—8** Wimpermeridiane bzw. zugehörige Meridionalkanäle, **I—IV** Quadranten des Körpers, **Aur** Aurikel, **Gon** Gonade, **Mak** Magenkonus, **Olo** Orallobus, **Ppl** Polplatte, **Rka** Ringkanal, **S** Schlundebene, **Ska** Schlundkanal, **Sro** Schlundrohr, **T** Tentakelebene, **Te** Tentakel, **Tka** Tentakelkanal. — A, C—E nach Pavans De Ceccatty & Hernandez 1965, B nach Madin & Harbison 1978, verändert.

Eine kennzeichnende Eigenschaft der Rippenquallen ist ihre primäre Fortbewegung durch Wimperschlag (vgl. S. 17). Die **Wimperplatten** der Wimpermeridiane sind aus zahlreichen Wimpern eines Verbandes benachbarter Wimperzellen zusammengesetzt, die einen quer gestellten, bis 1 mm langen Kamm bilden. Da jede Zelle der Wimperplatten zahlreiche Organellen ausbildet, die außerdem nur in einer Ebene schlagen, muß es sich um Wimpern (Cilien) handeln, nicht um Geißeln (Flagellen) wie sie für die Cnidaria charakteristisch sind. Im übrigen ist ja der strukturelle Aufbau beider Organellen der gleiche (vgl. 1. Teil, S. 161 ff.). In der Ruhelage sind die Wimperplatten zum Mundpol hin umgeschlagen und liegen dann dachziegelartig übereinander. Der Effektivschlag ist zum Aboralpol gerichtet, woraus die charakteristische Schwimmbewegung mit dem Mundpol voran resultiert. Rhythmische Koordination des Wimperschlages s. S. 316.

Die Wimperplatten [25, 50] lassen eine feine Längsstreifung erkennen: Sie bestehen aus zahlreichen lateral verbundenen Wimpern. Der Schnitt durch eine Platte (Abb. 191A) zeigt zahlreiche langgestreckte Wimperzellen, die zu einem basalen Polster vereinigt sind. Jedes Polster ist vom nächsten durch eine Grube niedriger unbewimperter (bei manchen Formen bewimperter) Epithelzellen getrennt, die auch seitlich die Zellen der Kammbasis einhüllen. Die Wimperzellen des Polsters (Abb. 191B) sind 6—12 µm dick und strukturell (Wurzelfasern der Wimpern, Längsfilamente, zahlreiche Mitochondrien) von den Epithelzellen der Zwischengrube deutlich verschieden. Jede Polsterzelle trägt 15—50 Wimpern. Die beträchtliche Zahl und Größe der Mitochondrien sprechen für die große Stoffwechselaktivität der Wimperzellen, die ja die Energie für den Wimperschlag zu liefern haben. Synapsen der Wimperzellen mit den unterlagernden Nervenfasern s. S. 316.

Zum Beutefang dienen den tentakeltragenden Ctenophora die **Klebzellen** (Colloblasten), die hinsichtlich ihrer Kompliziertheit den Nesselzellen der Cnidaria durchaus vergleichbar, von diesen aber durch ihren strukturellen Aufbau und ihre **Funktion** völlig verschieden sind.

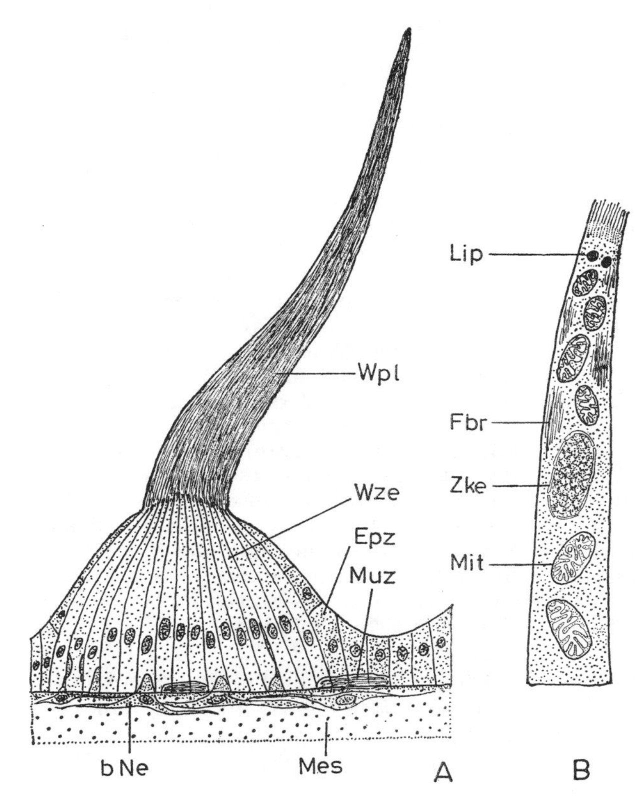

Abb. 191. Bau einer Wimperplatte von *Pleurobrachia pileus*, schematisch. **A.** Querschnitt durch eine Wimperplatte von einem Längsschnitt durch einen Wimpermeridian. **B.** Längsschnitt durch eine Wimper- oder Polsterzelle einer Wimperplatte. — **bNe** bipolare Nervenzelle, **Epz** Epithelzelle, **Fbr** Zellfibrillen, **Lip** Lipoidtropfen, **Mes** Mesogloea, **Mit** Mitochondrium, **Muz** Anschnitt einer Muskelzelle, **Wpl** Wimperplatte, **Wze** Wimperzelle, **Zke** Zellkern. — Nach HORRIDGE & MACKAY 1964, verändert.

Da den Ctenophora Nesselzellen fehlen, werden sie auch als Acnidaria bezeichnet und den Cnidaria gegenübergestellt. Die bei *Euchlora rubra* (Cydippida) an den Tentakeln regelmäßig vorhandenen Nesselkapseln konnten als Kleptocniden identifiziert werden [5], die wahrscheinlich von gefressenen Hydroidmedusen herrühren (vgl. S. 62).

Die Klebzellen [3, 4, 53] sind ectodermaler Herkunft und finden sich hauptsächlich in der Epidermis der Tentillen, bei den Lobata auch auf der Innenseite der Mundlappen. Im funktionsbereiten Ruhezustand hat die Klebzelle Pilzform und ist in das umgebende Tentakelepithel eingebettet, aus dem sie mit dem Kopf („Hut") über die Oberfläche herausragt (Abb. 192B). Der Kopf ist halbkugelig und mit einer Kalotte klebriger Sekretkörnchen bedeckt. Im Inneren ist er durch radial verlaufende Fibrillen ausgezeichnet, die an dem basalen Stern- oder Sphaeroidalkörper ansetzen und mit peripher gelegenen großen Sekretgranula verbunden sind. Die Basis des in der Ruhelage kurzen Stieles, in dessen Oberteil der langgestreckte Kern liegt, ist in der Muskulatur und der Mesogloea der Tentille verankert und ist von fein verästelten Nervenfasern umgeben. Das auffälligste Organell ist das Spiralfilament, das den Stiel der Klebzelle mit mehreren Windungen spiralig umgibt. Es hat seine Wurzel im Zentrum

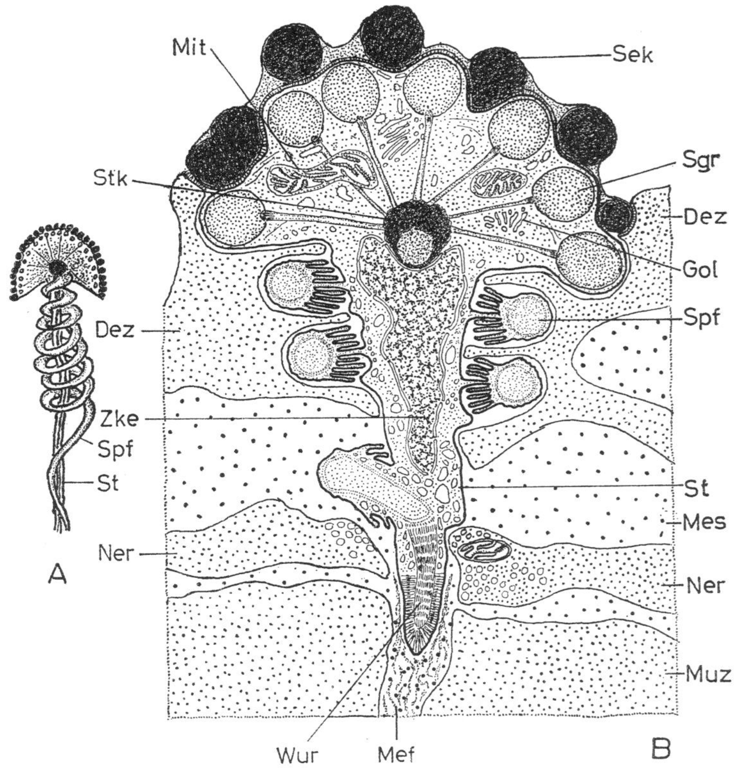

Abb. 192. Klebzelle (Colloblast) der Ctenophora. **A.** Ältere lichtmikroskopische Darstellung einer Klebzelle im isolierten, gestreckten Zustand. **B.** Elektronenmikroskopischer Längsschnitt einer Klebzelle von *Pleurobrachia pileus* im Ruhezustand, halbschematisch. — **Dez** Deckzelle, **Gol** Golgi-Apparat, **Mef** Mesogloea-Fasern, **Mes** Mesogloea, **Mit** Mitochondrium, **Muz** Muskelzelle, **Ner** Nervenzelle, **Sek** äußere Kappe mit Sekretgranula (Klebkörnchen), **Sgr** inneres Sekretgranulum, **Spf** Spiralfaden mit Tubus und **3 + 4 Längsleisten, St** Stiel, **Stk** Sternkörper, **Wur** Wurzelapparat, **Zke** Zellkern. — Nach Benwitz **1978**, wenig verändert.

des basalen Stielteiles, tritt aus diesem heraus und nach mehreren Linksspiralen oben in den Kopf ein. Das im Querschnitt runde Spiralfilament enthält keinerlei Muskelfasern und ist in ganzer Länge mit dem Stiel durch eine Längsleiste verbunden, neben der auf beiden Seiten Längslamellen ansetzen. Das Spiralfilament ist evolutiv von einer Wimper abzuleiten, da es im EM-Schnitt vergleichbare Wurzelelemente und die typischen Microtubuli aufweist. Der Bildungsort der Colloblasten ist die Tentakelwurzel am Grunde der Tentakeltasche. Hier wachsen die Tentakel ständig nach, da ihr distales Ende regelmäßig verbraucht und abgestoßen wird.

Die Klebkörnchen des Kopfes der Klebzelle halten die Beute fest, ohne sie zu töten (keine Giftwirkung). Bei deren Befreiungsversuchen kann der Kopf der Klebzelle aus dem Zellverband herausgerissen werden, wobei sich der dehnbare Stiel stark in die Länge streckt (vgl. Abb. 192A). Gibt die Beute nach und verringert sich damit der Zug auf Stiel und Spiralfilament, so zieht sich die Spirale wieder zusammen und bringt die Beute an die Epitheloberfläche heran (daher auch die Bezeichnung Lassozelle). Durch die Muskelkontraktion des Tentakels wird die von zahlreichen Klebzellen festgehaltene Beute schließlich in die Nähe des Mundes gebracht, der sich öffnet und sie verschluckt. Aus dieser Funktion erklären sich die Besonderheiten des strukturellen Aufbaues: Die Radialstrukturen des Zellkopfes dienen wahrscheinlich seiner Verfestigung, während die Längslamellen der Spirale die Versteifung des Spiralfilaments bewirken; sie halten es im zusammengezogenen Zustand bzw. führen es in diesen zurück, wenn die Spirale nicht durch Zug auseinander gezogen wird.

Die Formstabilität des Körpers wird durch die gallertige **Mesogloea** bewirkt, die die Funktion eines Stützapparates erfüllt. Die starke Entwicklung der Mesogloea stellt eines der konstituierenden Merkmale der Ctenophora dar, durch das sie an die holopelagische Lebensweise angepaßt sind. Sie bewirkt, daß Epidermis und Gastrodermis niemals als Doppelschichten auftreten, sondern durch die Mesogloea weit voneinander getrennt liegen. Bei vielen planktonischen Ctenophora hat die Gallerte eine so zarte Beschaffenheit, daß die Formstabilität des Körpers sehr gering ist (Folgen: Zerfall bei Fang und Konservierung; Unkenntnis der Ctenophoren-Fauna der tieferen Wasserschichten, vgl. S. 322).

Die Mesogloea [2, 50, 51] ist, wie bei den Cnidaria, ectodermaler Herkunft (S. 13) und daher als Ectomesenchym zu bezeichnen. Die Grundsubstanz (Matrix) hat einen sehr hohen Wassergehalt (bis 99%). Nach Untersuchungen an *Pleurobrachia* sind ihre elektronenmikroskopisch erkennbaren Elemente feinste Filamente, die stellenweise eine filzartige Beschaffenheit haben, ohne jedoch weitere Struktureigentümlichkeiten aufzuweisen. Die Matrix ist von einem Gerüst bindegewebiger Fasern, das an den Basallamellen der Epidermis- und Gastrodermiszellen ansetzt, und von Muskelzellen durchsetzt. Außerdem enthält die Mesogloea freie Einzelzellen. Wahrscheinlich handelt es sich um Amoebocyten, die dem Ersatz verbrauchter Zellen und dem Nährstofftransport dienen. Offener Zusammenhang der Mesogloea mit dem Gastrovascularsystem durch die Zellrosetten s. S. 308.

Die erkennbaren Elemente des bindegewebigen Fasergerüstes der Mesogloea sind überwiegend Lamellen, das heißt bandförmige, schmale Membranen. Sie zweigen sich soweit auf, daß sie sich schließlich in den Filamenten der Matrix verlieren. Außerdem liegen in der Matrix isolierte Spiralfasern, die offenbar ebenfalls der Verfestigung dienen. Die Gesamtheit der bandförmigen Membranen des Fasergerüstes weist durch den Zusammenhang der gröberen Elemente und ihre Verspannung mit den Muskelzellen eine charakteristische Architektur auf, die als System von offenen Röhren und Kammern mit netzartig durchbrochenen Wänden beschrieben werden kann. Die Anordnung des Gesamtsystems ist derart, daß es bei *Pleurobrachia* den hinsichtlich des Bewegungsapparates äußeren octoradialen Bau des Körpers widerspiegelt.

Die Wände der Kammern des Fasergerüstes werden entsprechend dem Kontraktionszustand der zwischen ihnen ausgespannten Muskelelemente in Spannung gehalten. Die ausschließlich glatte **Muskulatur** der Ctenophora ist ectodermaler Herkunft und besteht aus reinen Myocyten (nicht aus Epithelmuskelzellen). Sie haben die Form von langen schmalen Stäbchen und Bändern mit einem kleinen stäbchenförmigen Kern im Zentrum. Bei Formen mit aktiver Muskeltätigkeit (*Beroe*) gibt es auch vielkernige Myocyten. Die meisten Muskelzellen sind quer oder schräg zur Längsachse des Körpers orientiert (Abb. 193). Sie treten gehäuft in den an die Epidermis und die Kanäle des Gastralsystems angrenzenden Bezirken der Mesogloea auf (Abb. 194), wo sie auf der einen Seite mit Gerüstfasern verbunden, auf der anderen Seite in der Basis der Zellen verankert sind [8, 42].

Durch die Verspannung mit den Muskelzellen kann das Gastrovascularsystem die Funktion eines hydrostatischen Skeletts erfüllen. In dieser Hinsicht unterscheiden sich die Ctenophora grundlegend von den meisten Cnidaria, deren Gastrodermis mit Epithelmuskelzellen ausgestattet und zu aktiven Veränderungen befähigt ist. Bei den

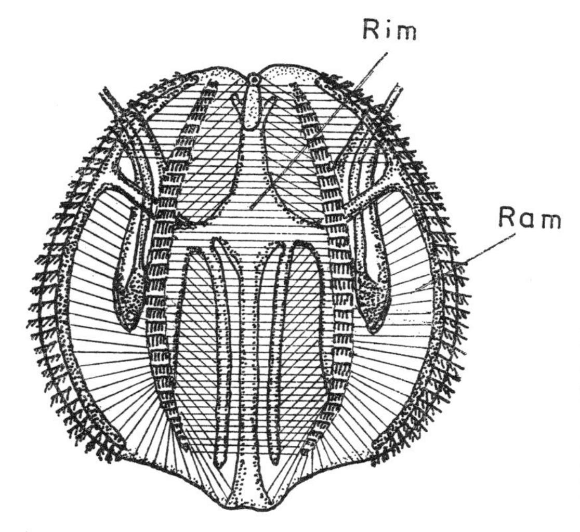

Abb. 193. Muskelsystem von *Pleurobrachia*, schematisch. Aufsicht auf die Tentakelebene. Die Muskelfasern sind in der Mesogloea zwischen Epidermis und Wandungen des Gastralsystems und der Tentakeltaschen ausgespannt. — **Ram** Radialmuskulatur, **Rim** Ringmuskulatur. — Nach KRUMBACH 1926, verändert.

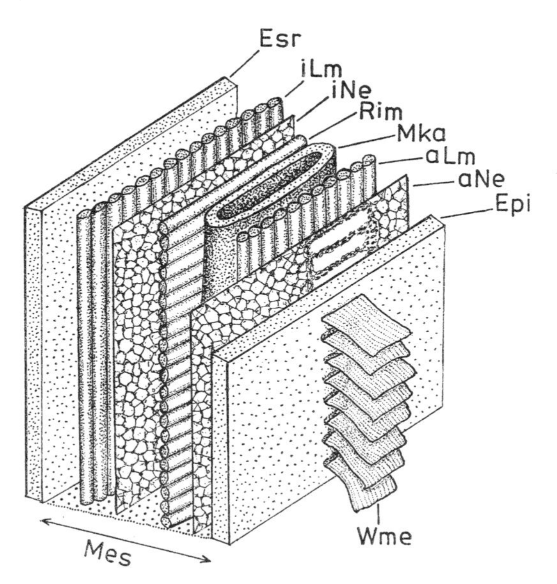

Abb. 194. Histologischer Aufbau der Körperwandung von *Beroe*, schematisch, als Blockdiagramm. — **aLm** äußere Längsmuskulatur, **aNe** äußeres Nervennetz, **Epi** Epidermis, **Esr** Epidermis des Schlundrohres, **iLm** innere Längsmuskulatur, **iNe** inneres Nervennetz, **Mes** Mesogloea, **Mka** Meridionalkanal, **Rim** Ringmuskulatur, **Wme** Wimpermeridian. — Nach FRANC 1970, verändert.

Rippenquallen aber werden die Kanäle des Gastralsystems von der außen an ihnen ansetzenden Muskulatur rein passiv erweitert und verengt.

Die Muskulatur ermöglicht auch die aktiven Veränderungen der Körperform der Thalassocalycida, die zusätzlichen Schwimmbewegungen der Lobata, die Schlängelbewegungen der Cestida, die Beweglichkeit der vergrößerten Mundlippen der benthonischen Platyctenida sowie die Formveränderungen des Mundes und Körpers der macrophagen Beroida, die zu Schluckbewegungen befähigt sind.

Im histologischen Aufbau des Gastrovascularsystems unterscheiden sich die Ctenophora nicht wesentlich von den Cnidaria. Im Schlundrohr liegen zahlreiche Drüsenzellen, deren Sekret die extracelluläre Verdauung bewirkt, während die Resorptionszellen hauptsächlich auf den Magen und das übrige Kanalsystem verteilt sind. Der Mund dient gleichzeitig als After für den Hauptteil der unverdaulichen Reste. Demgegenüber spielen die beiden Exkretporen des Aboralkanals (Abb. 189, 190) für die Exkretion nur eine untergeordnete Rolle.

Das ectodermale **Nervensystem** ist ein diffuses subepitheliales Nervennetz, das den gesamten Körper überzieht und an bestimmten Stellen die Form von verdickten Strängen annimmt [8, 30]. Ganglien oder übergeordnete Nervenzentren fehlen. Der allgemeine diffuse Nervenplexus besteht aus multipolaren Ganglienzellen mit zarten Fasern, die als ein Netz von drei- bis fünfeckigen Maschen den gesamten Körper umspannen. Unter den Wimpermeridianen verlaufen die Verdichtungen von uni- und bipolaren Ganglienzellen als Doppelstränge, die sich oben und unten vereinigen und dazwischen durch Querverbindungen Leiterform annehmen (Abb. 195). Bei *Beroe* existiert außerdem ein verdickter Ring von Nervenzellen um den Mund [42]. Ein Geflecht von Nervenzellen ist auch in der Mesogloea vorhanden (Abb. 194); ebenso durchziehen Nervenfasern das Innere der Tentakel und umspinnen die Basis der Klebzellen (Abb. 192B).

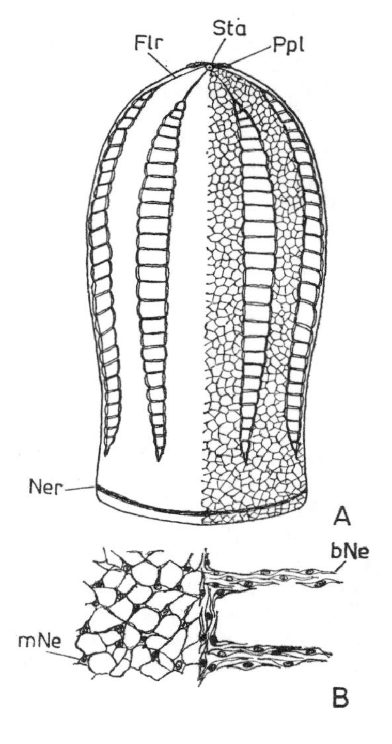

Abb. 195. Schema des Nervensystems von *Beroe*, Blick auf die Schlundebene. A. Die leiterförmigen Nervenstränge aus bipolaren Nervenzellen unter den Wimpermeridianen sind nur als Umrisse dargestellt. Das diffuse Netz aus multipolaren Nervenzellen ist nur in der rechten Hälfte gezeichnet. B. Vergrößerter Ausschnitt. — **Flr** Flimmerrinne, **bNe** bipolare Nervenzelle des Strangsystems, **mNe** multipolare Nervenzelle des diffusen Netzes, **Ner** Nervenring um den Mund aus bipolaren Nervenzellen, **Ppl** Polplatte, **Sta** Statocyste. — Nach HEIDER 1927.

Einzelne **Sinneszellen** sind in großer Anzahl über den gesamten Körper verteilt und besonders auf den Mundpol konzentriert. Experimentell wurden Chemo- und Thermorezeptoren nachgewiesen. Die Mechanorezeptoren von *Leucothea* (S. 325) sind durch kürzere und längere starre Sinnesborsten ausgezeichnet [22].

Das bei allen Arten überraschend einheitlich gebaute **Sinnesorgan** der Ctenophora ist die **Statocyste**, die in eine Grube des Apicalpols eingesenkt ist (Abb. 196). Die Grube ist bei manchen Arten vertieft und kann durch Muskeltätigkeit verschlossen werden. Der zentrale Statolith besteht aus phosphorsaurem Kalk und ist aus zahlreichen (200—300) kleinen Konkretionen zusammengesetzt. Er wird von vier einander kreuzförmig gegenüber stehenden und zueinander hingebogenen Wimperbüscheln getragen. Die Spitzen dieser „Wimperfedern" sind im Statolithen derart verankert, daß er mit ihnen fest verbunden und auf ihnen federnd gelagert ist.

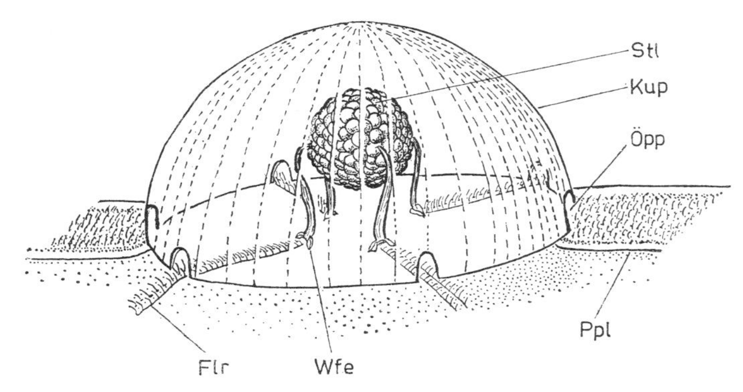

Abb. 196. Statocyste der Cydippida. Durchmesser des Statolithen 0,04 mm. — **Flr** Flimmerrinne, die von der Basis der Wimperfeder nach außen führt, wo sie sich gabelt; jeder Ast führt zu einem Wimpermeridian, **Kup** Kuppel (Glocke) aus verschmolzenen Wimpern, **Öpp** Öffnung zur Polplatte, **Ppl** Polplatte, **Stl** Statolith, **Wfe** Wimperfeder. — Nach KAESTNER 1965.

Die Sinnesgrube wird von einer durchsichtigen, halbkugeligen Kuppel überwölbt, die aus verklebten gebogenen Wimpern hervorgeht. Die Basis dieser Kuppel weist sechs Durchbrüche auf; vier werden von je einem schmalen Wimperstreifen durchquert, der von der Basis der Wimperfedern ausgeht, sich außerhalb der Kuppel gabelt und mit je einer Flimmerrinne am oberen Anfang eines jeden Wimpermeridians ansetzt. Die beiden anderen Öffnungen der Statocysten-Kuppel sind breiter; sie liegen genau in der Schlundebene (Abb. 189, 190) und werden von den Anfangsteilen flacher Wimpergruben durchzogen, die als Polplatten bezeichnet werden. Sie haben meist eine länglich-ovale Form, sind somit dem Apicalpol sattelförmig aufgelagert und haben ihren größten Durchmesser in der Schlundebene; ihre Funktion ist unbekannt. Im Komplex der bewimperten Epithelzellen der Statocysten-Basis liegen vier Gruppen von Zellen, in die eigenartige Körper aus dicht gelagerten, ineinander verknäuelten Lamellen eingelagert sind. Sie werden als Photorezeptoren gedeutet, auch wenn die experimentelle Bestätigung noch fehlt [21].

Trotz zahlreicher Untersuchungen ist es noch immer schwierig, ein klares Bild über die Funktion des Nervensystems der Ctenophora zu gewinnen [24, 35, 55]. Als übergeordneter Effekt, der vom gesamten diffusen Nervennetz gesteuert wird, ist eindeutig bisher nur die Fähigkeit der plötzlichen Hemmung des Wimperschlages der Meridiane als Folge eines starken äußeren Reizes bekannt. Wird durch einen tiefen Einschnitt das unterlagernde Nervennetz eines Wimpermeridians durchgetrennt, so verliert die Rippenqualle die Fähigkeit, auf einen Reiz den Schlag zu stoppen. Daß dieser übergeordnete Effekt auf der Leitungsfunktion des Nervennetzes beruht, wird elektronenmikroskopisch auch durch das Vorhandensein von Synapsen zwischen den Nervenfasern und der Basis der Wimperzellen bestätigt. Die synaptischen Bläschen liegen einseitig in den Nervenfasern, so daß die Synapsen polarisiert sind.

Lokale Funktionen des Nervensystems werden als einfache Reflexbögen beim Ausstrekken und Zusammenziehen der Tentakel nach Reizung der Chemo- und Mechanorezeptoren oder bei Körperkontraktionen durch die Tätigkeit der mesogloealen Muskulatur erkennbar, die durch äußere Reizungen hervorgerufen werden. Ferner stehen die rhythmischen Schwimmbewegungen der Lobata und Cestida unter der übergeordneten Kontrolle des Nervensystems, bei denen auch Schrittmachersysteme existieren. Bei *Cestum veneris* liegen die Schrittmacher für die Schlängelbewegungen an den Körperenden. Das aktive Ausfahren der Tentakel bei *Pleurobrachia* zu Beginn der Fanghandlung, das mit Änderungen der Schwimmrichtung gekoppelt ist (Abb. 199), steht fraglos unter der übergeordneten Kontrolle des Nervensystems und ist mit Schrittmachern verknüpft, auch wenn die neurophysiologische Analyse noch aussteht.

Die Statocyste ist primär ein Organ zur Wahrnehmung der Schwerkraft und zur Einstellung des Körpers in die Gleichgewichtslage mit senkrechter Hauptachse. Werden Statocyste oder auch nur der Statolith experimentell entfernt, so geht die Fähigkeit zur Vertikalhaltung des Körpers verloren. Gleichzeitig hat die Statocyste die damit korrelierte Funktion eines übergeordneten Koordinationszentrums und Steuerorgans für den Ablauf der Fortbewegung durch Wimperschlag.

Hinsichtlich des Grundphänomens der Schlagtätigkeit sind die Wimperzellen autonom: Intakte Wimperzellen, bei denen Wimper und Zelle in ungestörtem Verband sind, schlagen normal weiter, auch wenn sie einzeln oder im Komplex einer Wimperplatte aus dem Körper herausgelöst sind oder wenn das Nervensystem durch Chemikalien ($MgCl_2$) gelähmt ist. Der Vor- (= Effektiv-)schlag der Wimpern ist auf den Aboralpol gerichtet, so daß die Tiere mit dem Mundpol voran schwimmen (im Gegensatz zur Bewegungsrichtung der meisten Cnidaria!). In einem Wimpermeridian sind die Schlagbewegungen aller Platten rhythmisch koordiniert: Sie verlaufen in Form einer metachronen Welle, die am aboralen Anfang des Meridians beginnt und zum oralen Pol hin fortschreitet. Die metachrone Schlagfolge ist durch das leuchtend irisierende Farbenspiel der Wimperplatten deutlich zu erkennen. Ferner sind die Wellen des Wimperschlages bei den Meridian-Paaren synchronisiert. Das gleiche gilt für die Schlagwellen sämtlicher Meridiane, solange sich der Körper in der ungestörten Ruhelage der Vertikalhaltung bei Geradeausbewegung befindet (Abb. 197A). Die Synchronie des Wellenschlages eines Meridian-Paares geht verloren, wenn ein Meridian oder wenn die zum Apicalpol führende Wimperbahn durchtrennt wird. Entsprechend wird die Fähigkeit zur Synchronisierung der Schlagwellen sämtlicher Meridiane beseitigt, wenn das apicale Sinnesorgan entfernt wird. Die Statocyste ist also das Zentrum für die Koordinierung der Schlagtätigkeit der Wimpermeridiane, die entweder bei gleicher Schlagfrequenz aller Meridiane durch die Summierung der Einzelantriebskräfte zur geradeaus gerichteten Fortbewegung oder aber bei unterschiedlicher Schlagfrequenz der auf gegenüberliegenden Seiten angeordneten Meridiane zu Richtungsänderungen führt.

Die erwähnten Experimente zeigen, daß das Apicalorgan Impulse zu den Zellen der Wimperplatten sendet. Nach neueren Untersuchungen ist der aborale Sinnespol jedoch nicht mit Ganglienzellen und Nervenbahnen ausgestattet [24]. Die Impulse werden offenbar auf folgende Weise erzeugt und übertragen. Die Wimperfedern des Statolithen sind in ständiger Bewegung. In der Ruhelage der Vertikalhaltung ist das Gewicht des Statolithen gleichmäßig auf alle vier Federn verteilt, so daß sie mit gleicher Frequenz schlagen. Von den Basiszellen der Wimperfedern werden die Frequenzimpulse auf die Zellen der vier von hier ausgehenden Wimperbahnen und auf die mit ihnen durch die Flimmerrinnen verbundenen acht Wimpermeridiane übertragen, die mit gleicher Frequenz tätig sind (Abb. 197A). Entgegen der früheren Auffassung von einer mechanischen Übertragung wird heute allgemein angenommen, daß die Übertragung von Zelle zu Zelle durch elektrische Depolarisierung erfolgt (Leitungsgeschwindigkeit 4—7 cm/s).

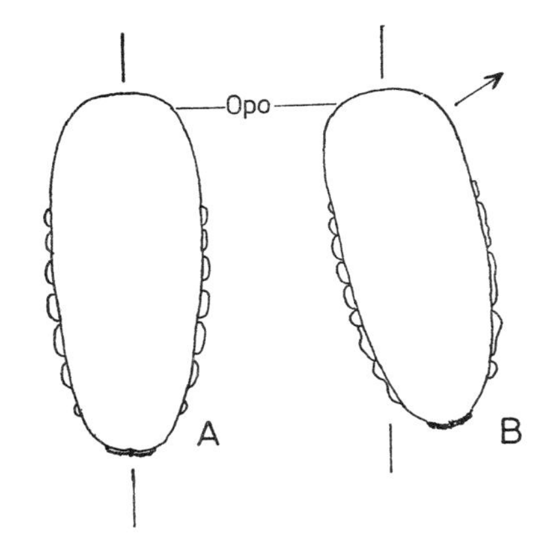

Abb. 197. Metachrone Wellen des Wimperschlages bei *Beroe*. Nur die Wellenbewegungen der peripheren Wimpermeridiane sind gezeichnet. **A.** Isochrone Wellen beim Vorwärtsschwimmen in vertikaler Balance. **B.** Anisochrone Wellen vor der Einbalancierung in die vertikale Haltung (Pfeil). — **Opo** Oralpol. — Nach Photos von PAVANS DE CECATTY & HERNANDEZ 1965.

Es muß allerdings bedacht werden, daß der Statolith bei der Schwimmbewegung mit dem Mundpol voran in der Vertikalhaltung an den Wimperfedern hängt, so daß er auf sie keinen Druck, sondern einen Zug ausübt. Wirkt dieser Zug durch eine Lageänderung einseitig, so ändert sich die Schlagfrequenz der Wimperfedern: Sie schlagen auf einer Seite langsamer, auf der anderen schneller. Diese mechanisch erzeugte Änderung der Schlagfrequenz auf verschiedenen Seiten wird zu den Wimpermeridianen weitergeleitet, was bei ihnen eine Änderung der Schlagfrequenz auf verschiedenen Seiten und damit eine Richtungsänderung zur Folge hat (Abb. 197B). Wie bei einem Schiff befindet sich also bei den Ctenophora das Steuerorgan am Bewegungshinterende. Als Reaktion auf eine schwache Reizung stellt sich die Rippenqualle wieder in die senkrechte Haltung ein; bei starken Reizungen wendet sie sich und schwimmt nach unten. Überdies können die Richtung des Effektivschlages und der metachronen Wellen bei Reizungen umgekehrt werden, so daß die Tiere auch mit dem Aboralpol voran schwimmen können [55]. Das trifft insbesondere für die Cydippida (*Pleurobrachia*) zu. Bei den Lobata ist diese Fähigkeit schwächer entwickelt bzw. durch die Aboralbewegung mit Hilfe der Schlagtätigkeit der Mundlappen ersetzt, bei den Beroida fehlt sie ganz.

Unter nervöser Kontrolle steht auch das **Leuchtvermögen**, das vor allem bei *Beroe*, aber auch bei *Pleurobrachia*, *Bolinopsis*, *Mnemiopsis*, *Leucothea* und *Cestum* beobachtet werden kann. Die Leuchterscheinungen gehen von den Wandungen der Meridionalkanäle aus und treten nach äußeren Reizen auf. Die Geschwindigkeit der Ausbreitung entlang den Meridionalkanälen ist gering (4,7—26,6 cm/s bei 24 °C). *Eurhamphaea* besitzt Reihen von roten Pigmentflecken an den Wimpermeridianen. Aus diesen Flecken tritt bei Reizung eine Flüssigkeit aus, die sich zu einem Funkenregen mit blau-grüner Lumineszenz auflöst.

Alle Ctenophora haben ein großes Vermögen zur **Regeneration.** Merkwürdig ist dabei, daß am schnellsten die Körperteile regenerieren, die mit der Statocyste versehen sind. Stücke ohne Statocyste regenerieren zuerst dieses Sinnesorgan und dann die übrigen Regionen. Die Ursache dieser Erscheinung ist noch ungeklärt.

Fortpflanzung

Die Fähigkeit der ungeschlechtlichen Vermehrung fehlt der überwiegenden Mehrzahl der Arten. Nur bei benthonisch lebenden Formen (*Ctenoplana*, *Coeloplana*) kommt sie vor und ist der Erscheinung der Laceration bei den Actiniaria (vgl. Abb. 149B, S. 247) vergleichbar: Teile der basalen Körperregionen schnüren sich ab und ergänzen sie durch Regeneration zu vollständigen Tieren. Hier ist also das große Regenerationsvermögen, das sonst nur bei Verletzungen wirksam wird, in den Dienst der asexuellen Vermehrung gestellt.

Die geschlechtliche Fortpflanzung ist dadurch ausgezeichnet, daß die Tiere ausnahmslos Zwitter sind. Sogar Selbstbefruchtung ist möglich. Die Keimzellen sind entodermalen Ursprungs und werden in der Wand der meridionalen Rippenkanäle erzeugt. Dabei finden sich in jedem Kanal Keimzellen beiderlei Geschlechts, aber voneinander getrennt. Bei benachbarten Rippenkanälen liegen die Gonaden des gleichen Geschlechts jeweils auf der einander zugewandten Seite (Abb. 189B). Als Regel kann gelten, daß alle Meridionalkanäle fertil sind.

Eine Ausnahme machen die Jugendstadien der Lobata (*Bolinopsis*), wenn sie das Stadium der larvalen Geschlechtsreife (s. u.) erreichen. Dann sind nur die vier adpharyngealen Meridionalkanäle, fertil, die vier adtentacularen Kanäle aber steril (Abb. 201 A). Bei den erwachsenen Cestida sind ebenfalls nur die vier langen adpharyngealen Meridionalkanäle, die die langen Wimperreihen der Oberkante unterlagern, fertil. Die Keimzellen werden hier in getrennten Anlagen erzeugt, so daß diese eine pseudometamere Anordnung aufweisen (Abb. 202). Bei den Beroida entstehen die Keimzellen in allen Meridionalkanälen, aber in pseudometamer angeordneten oder einheitlich langen, bandförmigen Anlagen.

Die Fruchtbarkeit der Ctenophora ist groß: *Pleurobrachia, Bolinopsis* und *Mnemiopsis* erzeugen mehrere Wochen lang täglich etwa 600—1000 Eier. Das ist eine der Ursachen für ihre zeitweilige Massenentwicklung. Populationsdynamik, s. S. 323.

Die Keimzellen werden durch Platzen der Kanalwandungen frei, gelangen so in das Gastralsystem und werden aus dem Mund ins freie Wasser ausgestoßen, wo sich Besamung, Entwicklung und Wachstum vollziehen. Bei manchen benthonischen Formen (*Coeloplana*) haben die Hoden besondere Ausführgänge direkt nach außen. Bei der sessilen *Tjalfiella* treten außerdem Receptacula seminis auf. Bei der gleichen Art kommt Larviparie vor, da sich die Entwicklung bis zur Larve in Bruttaschen des Körperinneren vollzieht. Die Arten von *Coeloplana* bedecken die nach außen abgelegten Eier mit der Körpersohle und geben ihnen so bis zum Schlüpfen schwimmfähiger Larven Schutz.

Eine merkwürdige Erscheinung ist die **Dissogonie.** Die Larven mehrerer Arten haben schon beim Ausschlüpfen aus den Eihüllen mit geringer Größe (0,5—2,0 mm) die Geschlechtsreife erlangt und stoßen in einer ersten Fortpflanzungsperiode von mehreren Tagen Dauer Geschlechtsprodukte aus. Während der anschließenden Metamorphose werden die Gonaden zurückgebildet, um später in der definitiven Reifephase neu angelegt zu werden. Häufig sind die Eier der erwachsenen Tiere doppelt so groß wie die der Larven.

Entwicklung

Der gesamte Ablauf der Entwicklungsgeschichte der Ctenophora ist durchaus eigenartig und weist viele Merkmale auf, die nur bei ihnen auftreten und durch die sie sich zum Beispiel auch von den Cnidaria grundlegend unterscheiden.

Die Entwicklung ist direkt, es fehlt also ein primäres Larvenstadium. Die bei vielen Arten auftretenden Entwicklungsstadien werden zwar als Cydippe-Larven (s. u.) bezeichnet, stellen aber eigentlich Jugendstadien dar; ihnen fehlen typische Larvalmerkmale. Wenn es bei benthonischen Formen zu einem deutlichen Formwandel beim Übergang von der pelagischen Jugendphase (Larve) zum benthonischen Adultus kommt, dann ist diese Metamorphose zweifelsfrei sekundärer Natur. Man kann dies als Tendenz zur Herausbildung sekundärer Larven deuten (vgl. 1. Teil, S. 112).

Die Eier sind von einer dicken Gallerthülle umgeben (Abb. 198A) und haben mit Hülle einen Durchmesser von 0,5—0,6 mm. Im Eiplasma läßt sich das äußere feinkörnige, gleichmäßig strukturierte Ectoplasma von dem inneren gröberen Entoplasma mit maschenähnlichem Netzwerk deutlich unterscheiden.

Die totale Furchung ist streng determiniert (auch als Mosaikfurchung bezeichnet) und disymmetrisch. Dieser Furchungstyp tritt sonst nirgends anders im Tierreich auf.

Die Teilung beginnt adaequal, indem zwei meridionale Furchen vier gleich große Blastomeren entstehen lassen (Abb. 198C). Dabei legt bereits die 1. Furche die Schlundebene, die 2. Furche die Tentakelebene fest. Auch die 3. Furche verläuft noch meridional, schnürt aber etwas kleinere Blastomeren ab (Abb. 198D, E). Auf diesem 8-Zellen-Stadium ist die Disymmetrie bereits deutlich erkennbar: In der Aufsicht auf den animalen Pol können je zwei Blastomeren den vier späteren Quadranten des Ctenophoren-Körpers zugeordnet werden. Bei der horizontalen 4. Teilung wird die Furchung inaequal, da am animalen Pol acht kleine Blastomeren (Micromeren) abgeschnürt werden (Abb. 198F). Auch bei den weiteren Furchungsschritten werden Micromeren abgetrennt (Abb. 198G), die schließlich die Macromeren epibolisch umwachsen. Aus den Micromeren entstehen das Ectoderm, die Muskulatur und die Mesogloea, aus den Macromeren das Entoderm.

Bereits die 3. Furche entscheidet über die Materialverteilung für die spätere Organbildung. Jede Blastomere des 4-Zellen-Stadiums liefert Ectoderm für Wimpermeridiane, während auf dem 8-Zellen-Stadium nur noch die vier etwas kleineren äußeren Blastomeren diese Fähigkeit besitzen. Im 16-Zellen-Stadium ist die Determinierung weiter fortgeschritten: Wird eine Macromere mit der dazu gehörigen Micromere experimentell abgetrennt, so resultieren ein Tier mit sieben Wimpermeridianen und ein kleineres Teilexemplar mit nur einem Wimpermeridian.

Der Gastralraum entsteht durch Spaltbildung, während am vegetativen Pol die Bildung des Schlundrohres durch ectodermale Invagination vonstatten geht. Vier verdickte Zellstreifen der Epidermis (Abb. 198H), die sich später teilen, werden zu den acht Wimpermeridianen, die zunächst noch nicht die volle Länge haben. Das aborale Sinnesorgan entwickelt sich aus einer ectodermalen Einsenkung. Bemerkenswert ist, daß das Gastralsystem eine larvale Phase mit anfangs vier offenen Gastraltaschen durchläuft (Abb. 198I).

Die weitere Entwicklung ist dadurch gekennzeichnet, daß sie stets über das allen Ctenophora gemeinsame Stadium der Cydippe-Larve führt (Abb. 201A). Sie hat ihren Namen von der ursprünglichen Körperform der Cydippida, die bei den Arten dieser Ordnung zeitlebens erhalten bleibt. Bei den übrigen Ordnungen, deren Adultformen einen sehr unterschiedlichen Bau aufweisen, erfolgen die Formänderungen in einer mehr oder weniger tiefgreifenden „Metamorphose" (Abb. 202). Dabei werden jedoch weder typische Larvalmerkmale eingeschmolzen noch spezifische Adultmerkmale neu ausgebildet; es fehlen also wesentliche Kennzeichen einer echten Metamorphose. Ein der Form nach planuloides Stadium ist bislang nur bei *Lampetia pancerina* (Cydippida) bekannt, deren als *Gastrodes parasiticum* beschriebene Larve in Stalpen parasitiert; auch hier handelt es sich zweifelsfrei um eine sekundäre Erscheinung.

Bemerkenswert ist die kurze Lebensdauer. Ebenso wie die Medusen-Generation der Cnidaria stirbt auch der größte Teil der Populationen der Ctenophora nach dem Ablaichen ab. Die Leichen von *Pleurobrachia pileus* beispielsweise bedecken im Sommer die Strandsäume des nordfriesischen Wattenmeeres in ungezählten Mengen. Nur ein geringer Teil der Population überlebt und setzt die Art in der folgenden Fortpflanzungsperiode fort.

Stammesgeschichte

Die verwandtschaftlichen Beziehungen der Ctenophora sind noch immer ungeklärt. Auch fossile Vorfahren waren bisher unbekannt. Erst neuerdings ist eine fossile Art aus dem Unterdevon durch eine Röntgenaufnahme zufällig entdeckt worden. Aber auch der morphologische Aufbau und die Entwicklungsgeschichte der rezenten Vertreter konnten den Ursprung und den Weg der Evolution der Rippenquallen bisher nicht erhellen.

Bis in jüngste Zeit wurden die Ctenophora (als Acnidaria) in der Regel mit den Cnidaria zu der übergeordneten Gruppe Coelenterata zusammengefaßt. Maßgebend war dabei vor

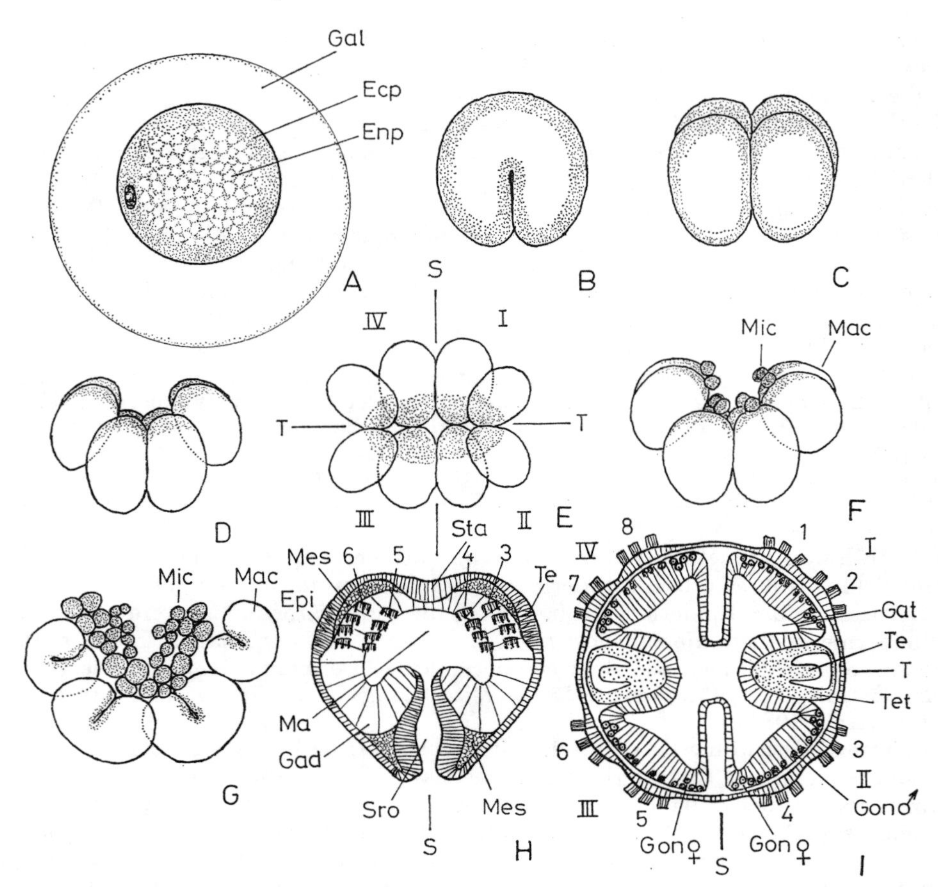

Abb. 198. Entwicklung der Ctenophora. Eihülle nur in A gezeichnet. B—D und F—H Seitenansicht, E und I Aufsicht auf den animalen bzw. aboralen Pol. **A.** Eizelle in der Gallerte, Durchmesser mit Hülle 0,5 mm. **B.** Beginnende Zweiteilung. **C.** 4-Zellen-Stadium. **D.** und **E.** Disymmetrisches (= biradialsymmetrisches) 8-Zellen-Stadium. Die Determinierung ist soweit fortgeschritten, daß die Zellen in der Aufsicht auf die Schlundebene und Tentakelebene den späteren Körperquadranten zugeordnet werden können. Zu beachten ist die Verlagerung des Ectoplasmas an den animalen Pol, wodurch die folgende inaequale horizontale Furche vorbereitet wird. **F.** 16-Zellen-Stadium mit 8 Micro- und 8 Macromeren. **G.** Fortgeschrittenes Stadium mit Kappe von zahlreichen Micromeren, die anschließend die Macromeren epibolisch umwachsen. **H.** Junge Larve, Längsschnitt. **I.** Ältere, bereits geschlechtsreife Larve (*Pleurobrachia pileus*), Querschnitt; Stadium mit 4 Gastraltaschen. — **1—8** Wimpermeridiane, **I—IV** spätere Körperquadranten, **Ecp** Ectoplasma mit Kern, **Enp** Endoplasma, **Epi** Epidermis, **Gad** Gastrodermis, **Gal** Gallerte, **Gat** Gastraltasche, **Gon** Gonade, **Ma** Magen, **Mac** Macromeren, **Mes** Mesogloea, **Mic** Micromeren, **S** Schlundebene, **Sro** Schlundrohr, **Sta** Anlage der Statocyste, **T** Tentakelebene, **Te** Tentakel bzw. dessen Anlage, **Tet** Tentakeltasche. — A—H nach Korschelt & Heider 1936, I nach Remane 1963.

allem das Auftreten von lediglich zwei Keimblättern und eines einheitlichen Gastrovascularsystems ohne After. Daneben gibt es noch eine Reihe anderer Merkmale, die bei beiden Stämmen in gleicher oder ähnlicher Ausprägung auftreten: der gallertige (medusenähnliche) Körperbau mit zellhaltiger Mesogloea, kontraktile Tentakel, ectodermales Schlundrohr, diffuses Nervensystem, Statocyste, entodermale Gonaden und Ausleitung der Keimzellen aus dem Mund. Alles dies sind aber offenkundig plesiomorphe Merkmale, die keine Aussage über eine engere Verwandtschaft gestatten.

Die Ctenophora haben aber (gegenüber den Cnidaria) auch eine ganze Anzahl von Merkmalen, die nur bei ihnen auftreten: holopelagische und stets solitäre Lebensweise ohne Generationswechsel, Bau des Körpers nach einer Zwei-Ebenen-Symmetrie, primäre Bewegung nur durch Wimperschlag (nicht Geißeln) und in oraler Richtung, rein ectodermaler Bau der Tentakel, Besitz von hoch spezialisierten Klebezellen (keine Nesselzellen), Fehlen von Skelettelementen, in der Mesogloea lokalisierte Muskulatur aus reinen Myocyten (keine Epithelmuskelzellen), obligatorisches Zwittertum, streng determinierte disymmetrische Furchung, Fehlen einer Planula-Larve.

Als ausgesprochen apomorphe Merkmale müssen dabei die holopelagische Lebensweise und das Fehlen einer Primärlarve, die biradiale Grundgestalt und die disymmetrische Furchung sowie die Klebzellen gelten. Gemeinsame abgeleitete Merkmale (Synapomorphien), die sowohl bei Ctenophora als auch bei Cnidaria auftreten, konnten nicht ausfindig gemacht werden. Allenfalls könnte man die Entwicklung der Ctenophora über ein tetraradiales Stadium mit vier offenen Gastraltaschen als synapomorph zu der ursprünglich tetraradialen Grundgestalt der Cnidaria werten; dazu müßte jedoch nachgewiesen werden, daß es sich um ein von gemeinsamen Vorfahren übernommenes Merkmal handelt.

Erhebliche Unterschiede bestehen auch in den evolutiven Tendenzen, die in der polaren Orientierung der Hauptkörperachse zum Ausdruck kommen. Dem animalen Pol des Eies entspricht der spätere Aboralpol, dem vegetativen Eipol die Mundregion. Die Ctenophora tragen bei der Bewegung den Mundpol voran und nach oben, so daß mit dieser Haltung die definitive Polarität festgelegt ist. Andere Bewegungsarten mit veränderter polarer Orientierung (Lobata, Cestida) sind sekundärer Natur und können unberücksichtigt bleiben. Die Ctenophora bewegen sich daher primär nicht mit dem Sinnespol voran. Dadurch unterscheiden sie sich von den Cnidaria, bei denen der aborale Pol der Planula-Larve einen Sinnespol und das primäre Bewegungsvorderende darstellt. Beim Übergang zum Bodenleben heften sich die Cnidaria mit diesem später degenerierenden Sinnespol fest. Durch die Anheftung wird die polare Orientierung des Cnidaria-Polypen sekundär der der Ctenophora gleich: Der Mund ist beim Polypen stets oben. Bei der Meduse aber wird die primäre Orientierung wieder hergestellt (vgl. Abb. 1): Sie bewegt sich mit dem Aboralpol voran, und die Polarität ihrer Körperachse ist der der Planula-Larve gleich. Obwohl also die Ctenophora mit ihrem gallertigen Körperbau und ihrem röhrenförmigen Gastralsystem Medusen-Eigenschaften aufweisen, ist ihre polare Orientierung von der einer Meduse grundsätzlich verschieden. Dies zeigen auch ganz deutlich die benthonischen Ctenophora (Platyctenida, Tjalfiellida): Sie haben in ihrer Evolution nicht wie die Cnidaria mit dem aboralen Sinnespol, sondern mit dem entgegengesetzten Oralpol Bodenkontakt aufgenommen bzw. sich angeheftet. Auch beim Milieuwechsel bleibt daher die primäre Polarität erhalten, ein deutliches Zeichen dafür, daß sie stammesgeschichtlich ein ursprüngliches, in der unbekannten Ahnenreihe fest verwurzeltes Merkmal darstellt.

Aus dem Vergleich mit den Cnidaria geht auch hervor, daß der gallertige Körperbau und das röhrenförmige Gastralsystem der Ctenophora keine Grundeigenschaften sind, die sie von einem frühen Vorfahren übernommen haben, sondern — wie bei einer Meduse — Anpassungen an die holopelagische Lebensweise darstellen. Aus der Existenz und Morphologie der Ctenophora läßt sich daher auch keine Begründung für eine neuerdings vertretene Hypothese ableiten, die in „Gallertoiden" die gemeinsame Vorfahrensform der Cnidaria und Ctenophora sehen will (vgl. 1. Teil, S. 134).

Die Ctenophora stellen nach unserer heutigen Kenntnis eine sehr isolierte Tiergruppe dar, deren stammesgeschichtliche Sonderstellung vor allem als Ergebnis der rein pelagischen Lebensweise betrachtet werden muß. Es ist zwar kaum zu bezweifeln, daß Cnidaria und Ctenophora auf gemeinsame Vorfahren zurückgehen, die Trennung in verschiedene Entwicklungslinien muß aber so frühzeitig erfolgt sein, daß es heute keinen Hinweis mehr auf das Aussehen dieser Vorfahren gibt. Im übrigen stellen die Ctenophora, ebenso wie die Cnidaria, einen blind endenden Seitenzweig der Evolution dar, der keine unmittelbaren Beziehungen zu irgendeinem Stamm der Bilateralia erkennen läßt.

Innerhalb des Stammes fällt die große prinzipielle Übereinstimmung der allgemeinen Körperkonstruktion auf, die stets auch bei Arten mit verändertem Bauplan erkennbar bleibt. Den gemeinsamen Vorfahren am nächsten stehen nach Körperbau, Lebensweise, Lebensgeschichte und Bewegungsweise zweifellos die holopelagischen Cydippida. Darauf weist auch die Tatsache hin, daß alle anderen Vertreter stets ein Cydippe-Stadium durchlaufen. Die Thalassocalycida, Lobata und Cestida haben einen abgewandelten Körperbau; bei den letzten beiden Ordnungen kommt dazu noch eine zusätzliche Bewegung durch Muskeltätigkeit. In noch stärkerem Maße sind die Platyctenida und die Tjalfiellida umgeformt, was aber zwangslos als Anpassung an die benthonisch-vagile bzw. benthonisch-sessile Lebensweise gedeutet werden kann. — Eine andere Entwicklungsrichtung haben die Beroida eingeschlagen. Sie bleiben zwar holopelagisch, haben aber die Tentakel reduziert und sind zur macrophagen Ernährung übergegangen. Ganz allgemein ist bei den planktonischen Ctenophora im Verlaufe der Evolution eine Tendenz zur Vergrößerung des Körpers erkennbar.

Vorkommen und Verbreitung

Die Ctenophora sind rein marine Tiere und treten in allen Meeren auf; nur wenige Arten dringen auch in Brackwassergebiete ein. Die bisherigen Verbreitungsangaben beruhen vor allem auf Fängen mit Planktonnetzen und geben die tatsächlichen Verhältnisse sicher nur unvollständig wieder. So ergab sich das Bild, daß im neritischen Bereich wenige Arten in großer Individuenzahl auftreten, während im ozeanischen Bereich immer nur wenige Tiere gefangen wurden, die noch dazu vornehmlich aus den oberen 200 m (Epipelagial) stammten. Wie sich herausgestellt hat, werden aber viele Arten beim Fang mit dem Planktonnetz zerstört, oder sie zerfallen bei der Konservierung. Durch direkte Beobachtung mit Tauchbooten und durch Schöpffänge konnte nachgewiesen werden, daß Rippenquallen in den ozeanischen Gebieten weit häufiger sind als bisher angenommen und daß sie in den Schichten von 400 bis 700 m mit zu den häufigsten Formen des Macroplankton gehören, auch wenn ihre Identifizierung bisher noch Schwierigkeiten macht. Es ist durchaus wahrscheinlich, daß noch immer unbekannte Arten der Entdeckung harren. Erst 1978 wurde ein völlig neuer Lebensformtyp aufgefunden (*Thalassocalyce*) [19, 36, 37].

Die häufigsten neritischen Formen (*Pleurobrachia, Bolinopsis, Mnemiopsis, Beroe*) bevorzugen die oberflächennahen Wasserschichten. Bei starkem Wellengang lassen sie sich jedoch in tiefere, ruhige Zonen absinken, so daß *Pleurobrachia* und *Beroe* auch bis in Tiefen von 500—700 m angetroffen werden können. Eine Tiefenform ist *Beroe abyssicola*. Die benthonischen Platyctenida sind vorwiegend Schelfbewohner und kommen im Sublitoral auf Korallenbänken stellenweise sehr häufig vor. Die sessile *Tjalfiella* ist eine Tiefenform (500 m).

Hinsichtlich der Horizontalverbreitung können einige eurytherme und euryhaline Formen als Kosmopoliten gelten, was vor allem für *Pleurobrachia* und *Beroe* zutrifft. In der Ostsee kommen *Pleurobrachia* und *Bolinopsis* vor; erstere erreicht den Finnischen Meerbusen (7 ‰ Salzgehalt) und wurde noch am Eingang des Bottnischen Meerbusens gefunden. Eine arktisch-circumpolare Form ist *Mertensia*. Allgemein gilt, daß die größten sowie hinsichtlich der Gestalt und Lebensweise am stärksten abgewandelten planktonischen Formen ozeanisch sind; sie gehören den Ordnungen Thalassocalycida (*Thalassocalyce*), Lobata (u. a. *Leucothea, Eurhamphaea, Ocyropsis*) und Cestida (*Cestum, Velamen*) an. Doch gibt es auch ozeanische Cydippida (*Euchlora, Callianira, Hormiphora, Lampetia*). Der offene Ozean ist also der eigentliche Lebensraum der Ctenophora. Da die subtropischen Zonen die größte Artenzahl aufweisen, müssen sie als Entwicklungs- und Ausbreitungszentren angesehen werden.

Eine erhebliche Bedeutung haben die Ctenophora, wie viele Cnidaria (vgl. S. 63), für die marinen Ökosysteme, da sie zeitweilig durch ihre Häufigkeit als dominierende

Planktonfresser entscheidend in den Stoffkreislauf und in das Gefüge der Nahrungsketten eingreifen. Qualitative und quantitative Daten liegen bisher erst für flache Küstengewässer und ihre neritischen Arten vor. Am besten untersucht sind *Pleurobrachia pileus* (südliche Nordsee, Meeresgebiete um Schottland) und *Pl. bachei*, *Mnemiopsis mccradyi* und *M. leidyi* (Ost- und Westküste von Nordamerika), *Bolinopsis infundibulum*, *Beroe gracilis* und *B. cucumis* (südliche Nordsee).

Die Populationsdynamik dieser Arten ist dadurch gekennzeichnet, daß ihre Bestandsdichte während des größten Teiles des Jahres gering ist, während in den Frühjahrs- und Sommermonaten eine geradezu explosionsartige Massenentfaltung auftritt. Exogene Ursachen sind dabei die steigende Wassertemperatur und das reiche Nahrungsangebot, da in diese Zeit das Maximum der Plankton-Produktion und des Auftretens der pelagischen Larven von Bodentieren fällt. Als endogene Ursachen sind zu nennen der frühe Eintritt der Geschlechtsreife und die Dissogonie mit Fortpflanzung bereits im Larvenstadium (S. 318), die Zwittrigkeit und die Fähigkeit zur Selbstbefruchtung, ferner bei entsprechendem Nahrungsangebot das schnelle individuelle Wachstum und die große Fruchtbarkeit mit hoher Eiproduktion (S. 318).

Pleurobrachia ist in der südlichen Nordsee im Winter äußerst selten; sie erscheint im März, erreicht im Mai—Juni den Höhepunkt der Massenentfaltung, um dann schnell wieder zu verschwinden. Die Bestandsdichte von *Pleurobrachia pileus* und *Bolinopsis infundibulum* erreicht während des Höhepunktes Werte von 10 Individuen > 1 mm/m³. An der Küste von New Jersey stieg der Bestand von *Mnemiopsis leidyi* in 15 Tagen von 0,15/m³ auf 68/m³ und verdoppelte sich in 35 Tagen. Da die Nahrung dieser Arten zu rund 80% aus Copepoden besteht, ist die Folge ihrer Massenentwicklung ein schneller und erheblicher Rückgang der Zooplankton-Produktion. In der südlichen Nordsee wurde ferner beobachtet, daß durch die korrelierte Bestandszunahme von *Beroe gracilis* und *B. cucumis* (Räuber-Beute-Beziehung S. 326) die Populationen ihrer Nahrungstiere (*Pleurobrachia*, *Bolinopsis*) dezimiert werden, wonach das Copepoden-Plankton erneut zunimmt. Wenn auch die Ctenophora in den untersuchten Gebieten nicht allein für die Schwankungen der Plankton-Produktion verantwortlich zu machen sind, so geben die beschriebenen Verhältnisse doch ein gutes Beispiel für die interspezifischen Beziehungen in den Nahrungsketten und für die ökologische Bedeutung der Rippenquallen [9, 14, 17, 31, 40].

Lebensweise

Die **Fortbewegung** erfolgt primär nicht durch Muskeltätigkeit, sondern durch Wimperschlag, was als primitives Merkmal zu gelten hat. Die dadurch erzeugte Geschwindigkeit ist gering (bei *Pleurobrachia* 3—5 cm/s). Das geringe spezifische Gewicht der Gallerte (bis zu 99% Wassergehalt) erleichtert den Aufenthalt in bestimmten Wassertiefen und verringert den Energieaufwand. Stoßweises Schwimmen durch Muskeltätigkeit haben die Lobata sekundär durch den Schlag ihrer Mundlappen erworben. Daraus resultieren eine schnellere Fortbewegung und die veränderte Richtung mit dem Aboralpol voran. Der Venusgürtel *Cestum veneris* schwimmt seitwärts durch schlängelnde Bewegungen des bandförmig gestreckten Körpers (Geschwindigkeit 3—6 cm/s). Sie werden durch die Tätigkeit der wohlentwickelten Muskelplatten auf den Längsflächen des Körpers erzeugt. Außerdem kann sich diese Art beim Nahrungserwerb durch Wimperschlag langsam in oraler Richtung bewegen (S. 325).

Eine Fluchtreaktion ist nur für wenige Ctenophora beschrieben. *Pleurobrachia* kann sich der Annäherung der räuberischen *Beroe* durch die Flucht entziehen, indem sie ihre Geschwindigkeit erhöht. Außerdem hat sich bei Formen mit aktiver Muskeltätigkeit eine Fluchtreaktion mit erhöhter Geschwindigkeit herausgebildet, so bei *Eurhamphaea*, *Ocyropsis* (Lobata) und *Cestum*. Die Bodenformen (Platyctenida), bei denen die Wimperstreifen reduziert oder vollständig verloren gegangen sind, kriechen auf dem Substrat und zwar ohne Bevorzugung einer bestimmten Richtung. Die Bewegung erfolgt durch Wimpertätigkeit unter gleichzeitiger Ausscheidung von Schleim. Die Ctenoplanidae, die noch reduzierte Wimperreihen besitzen (Abb. 203), haben die Schwimmfähigkeit für einen vorübergehenden Ortswechsel bewahrt.

Hinsichtlich der **Ernährung** sind die Ctenophora überwiegend microphage, nichtselektive Carnivoren, die hauptsächlich Copepoda und Larven von Wirbellosen verzehren. Das gilt in gleicher Weise für die pelagischen wie für die benthonischen Formen. Macrophag sind einige Lobata und alle Beroida. In ihrem Nahrungserwerb zeigen die Rippenquallen recht unterschiedliche Verhaltensweisen, die der Vielfalt der Formen und Strukturen ihres Körpers entsprechen.

1. Die Cydippida mit ihren wohlentwickelten und sehr dehnungsfähigen Tentakeln, die eine Vielzahl mit Klebzellen besetzter Tentillen besitzen, sind passiv lauernde Fischer. Beim Beutefang streckt *Pleurobrachia* schwimmend die Tentakel aus, die dabei langsam wie mit „tropfenden" Bewegungen ausgefahren werden. Durch Richtungsänderungen wird bewirkt, daß die Tentakel die bestmögliche Fanglage mit seitlich abstehenden Tentillen einnehmen (Abb. 199) (vgl. das gleiche Verhalten bei den Siphonophora, S. 219). Der Hauptfaden der Tentakel erreicht im voll ausgestreckten Zu-

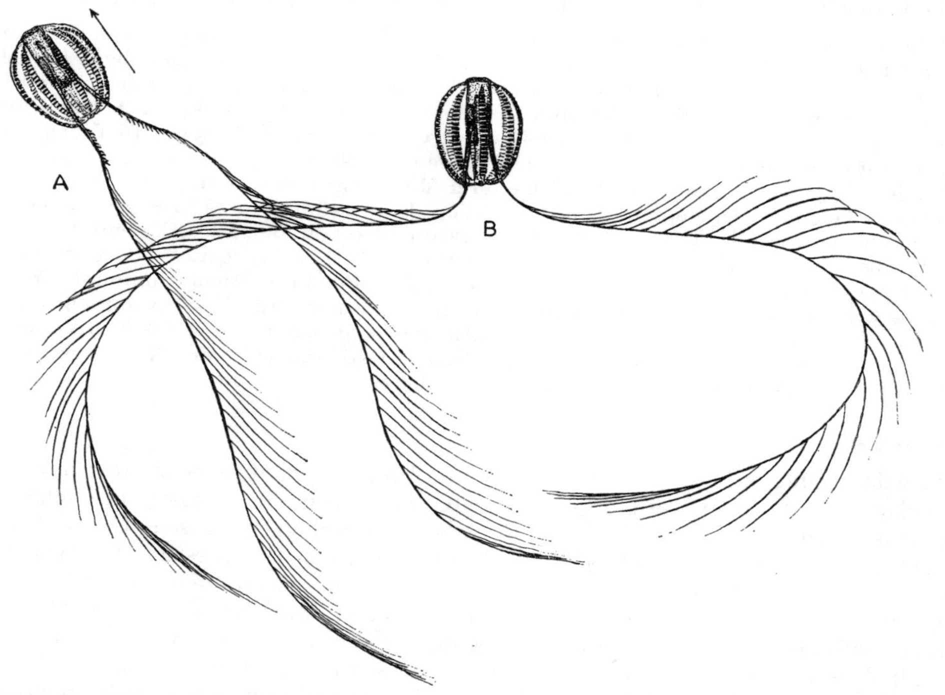

Abb. 199. *Pleurobrachia pileus*, Bewegung und Tentakelstellung beim Nahrungsfang. **A.** Tier in Bewegung (Pfeil) und dabei die Tentakel ausfahrend. **B.** Das Tier hat die Tentakel am Ende der Fangperiode maximal ausgestreckt, um sie anschließend bei verlangsamter Bewegung wieder einzuziehen. — Mit Benutzung von Lebendphotos von W. GREWE, Hamburg.

stand ein Vielfaches der Körperlänge (bis zu 75 cm). Der gesamte Tentakelapparat ähnelt dann in Form und Funktion den Langleinenangeln der Fischer. Die mit Hilfe der Klebzellen erbeutete Nahrung wird durch die Kontraktion der Tentakel in die Nähe des Mundes gebracht, der sie abnimmt und verschluckt. Da die Tentakel regelmäßig aus- und eingefahren werden, erfolgt der Nahrungserwerb diskontinuierlich.

In der gleichen Weise ernähren sich auch die Bodenformen. Bei den Platyctenida, die meist auf Korallenbänken leben, wird das Ausfahren der Tentakel durch das strömende Wasser unterstützt. Tauchbeobachtungen ergaben, daß *Coeloplana* nachtaktiv ist und die Tentakel in rhythmischem Wechsel ausstreckt und einholt. Das bedeutet eine gute Anpassung an die Vertikalwanderung des Planktons in den Korallenriffen. Von den benthonischen Arten wird auch berichtet, daß sie das Epithel der Korallenpolypen extracellulär verdauen können [12].

2. Bei den Thalassocalycida ist die passive Form des Nahrungserwerbs besonders stark ausgeprägt. Ihre Bewegung mit Hilfe der schwach entwickelten Wimpermeridiane ist sehr langsam. Überdies sind die Tentakel so kurz, daß sie beim Nahrungserwerb nur eine untergeordnete Rolle spielen. Bei *Thalassocalyce* wirkt der gesamte medusenförmige Körper (Abb. 200) als Falle. Die Schirminnenseite ist mit Schleim bedeckt, an dem die Beutetiere hängen bleiben, die zufällig in die Glocke hineingeraten. Anschliessend biegt sich die Schirmwand zum Mund hin. Die Nahrungsaufnahme wird durch die Tentakel unterstützt, die die Nahrung abnehmen und dem Mund zuführen. Diese Methode kann als passive Schleimflächenfischerei bezeichnet werden und erfolgt kontinuierlich [19, 36].

3. Eine ähnliche Art des Nahrungserwerbs ist bei den Lobata anzutreffen, bei denen die Innenseite der Oralloben ebenfalls mit Schleim bedeckt und außerdem mit Klebzellen besetzt ist (Abb. 201 C). Sie sind allerdings keine rein passiven Fischer, denn die Aurikel mit ihrer kräftigen Bewimperung erzeugen Wasserströmungen in Richtung auf die Innenseite der Mundlappen und erhöhen damit die Fängigkeit. Auch hier erfolgt der Nahrungserwerb kontinuierlich. Die Tentakel spielen dabei eine untergeordnete Rolle; sie sind beim erwachsenen Tier in der Länge und der Anzahl der Tentillen reduziert.

Bei *Leucothea multicornis* aus dem Mittelmeer ist die aborale Körperhälfte mit zahlreichen, etwa 1 cm langen, fingerförmigen Fortsätzen bedeckt. Die abgeplattete Endfläche der Fortsätze ist mit zahlreichen Sinneszellen besetzt, die unbewegliche, kurze dicke und längere dünne Sinnesborsten tragen. Sie dienen der Wahrnehmung von Erschütterungsreizen. Werden die Mechanorezeptoren durch die Bewegung von Beutetieren gereizt, so werden die Tentakel ausgestreckt und damit die Fanghandlung eingeleitet. Die fingerförmigen Fortsätze tragen keine Klebzellen und können daher die Beute nicht festhalten. Im Epithel ihrer Endflächen liegen aber zahlreiche Drüsenzellen, die ein starkes Gift ausscheiden. Beutetiere, die mit den Fortsätzen in Berührung kommen, werden gelähmt. Offenbar kann die bewegungslos gemachte Beute von den Klebzellen der Tentakel und vor allem von den mit Schleim bedeckten Flächen der großen Mundlappen leichter festgehalten werden [22].

Daneben gibt es Lobata, die größere Beutetiere durch das Zusammenschlagen der Mundlappen fangen und direkt in den Mund aufnehmen können. Tentakel und Schleimausscheidungen werden dabei nicht benötigt und fehlen. Diese aktive, diskontinuierliche Form des Nahrungserwerbs wurde für *Ocyropsis* beschrieben [19].

4. Die Cestida sind kontinuierlich fischende Microphagen und erbeuten ihre Nahrung mit den zahlreichen Tentillen, die beim langsamen Treiben in oraler Richtung nach oben umgeschlagen sind und die Seitenflächen des Körpers vollständig bedecken (Abb. 202C, rechte Hälfte). Durch die Kontraktion der Tentillen gelangt die Beute in die ventrale Mundrinne und wird hier durch Wimperschlag zum Mund befördert. Der gesamte Körper von *Cestum* ist daher einem Stellnetz vergleichbar.

5. Die Beroida, denen Tentakel und Klebzellen fehlen, sind durch ihre Beweglichkeit und Größe aktive Fischer. Ihr sackförmiger muskulöser Körper wirkt als geöffnete Falle (Abb. 207). Sie sind Macrophagen und können Beutetiere überwältigen, die die eigene Körpergröße erreichen oder übertreffen. Manche Arten sind ausgesprochene Nahrungsspezialisten und ernähren sich ausschließlich von anderen Ctenophora, so daß

sich spezifische Räuber-Beute-Beziehungen herausgebildet haben. So frißt *Beroe gracilis* ausschließlich *Pleurobrachia pileus*, während die derbere *Beroe cucumis* sich überwiegend von *Bolinopsis infundibulum* ernährt. Bei der experimentellen Prüfung blieben Gewebsstücke oder Gewebesaft von Fischen und Krebsen bei *Beroe gracilis* wirkungslos, während eine Gewebe-Emulsion von *Pleurobrachia* die Tiere stark aktivierte. Die Chemorezeptoren dieser Art sind also auf beutespezifische Geschmacksstoffe spezialisiert [16,17].

Die Beroida schwimmen mit geöffnetem Mund auf die Beute zu und verschlingen sie vollständig mit einer plötzlichen Schluckbewegung, die von den Radialmuskeln erzeugt wird. Beim Fang von *Pleurobrachia* werden zuerst die Tentakel der Beute mit Hilfe von Wimperströmungen in die Mundwinkel eingesaugt. Kräftige Hakenwimpern (Sichelcilien, Macrocilien, Abb. 207 B) auf der Innenseite des Schlundrohr-Einganges dienen dem Festhalten und dem Transport ins Innere, was bei größeren Beutetieren durch Schluckbewegungen unterstützt wird [23].

Parasitismus ist für die Jugendstadien von zwei Arten der Cydippida nachgewiesen. Die „Larven" von *Lampetia pancerina* leben parasitisch im Inneren von Salpen. Sie haben eine planuloide Form und wurden ursprünglich als eigene Art (*Gastrodes parasiticum*) beschrieben. Hier liegt offenbar ein obligatorischer Jugendparasitismus vor, da sich auch die Adultform von Salpen ernährt. Ectoparasitisch lebend werden die Jugendstadien von *Bolinopsis* auf der Körperoberfläche von *Pleurobrachia* angetroffen. Dabei handelt es sich aber vermutlich nur um einen zufälligen, nicht obligatorischen Parasitismus.

Symbiontische Beziehungen zu anderen Tieren oder Symbiose mit Zooxanthellen sind unbekannt.

Die **ökonomische Bedeutung** der Ctenophora ist gering. Vor allem sind sie Nahrungskonkurrenten von Fischlarven und Jungfischen. Ihre unmittelbare Schädlichkeit durch die Vernichtung von Eiern und Larven der Nutzfische ist nach neueren Erkenntnissen geringer als man früher annahm. Für die Küstenfischer können die Schwärme von *Pleurobrachia* lästig werden, da sie die Netze verstopfen.

System

Es werden 2 Klassen unterschieden.

1. Klasse Tentaculifera

Freischwimmend oder epibenthonisch lebend. Meist mit zwei Tentakeln, mit glattrandigen Polplatten und einem engen Schlund (syn. Micropharyngea). — Mit 6 Ordnungen.

1. Ordnung Cydippida

Pelagisch lebend. Körper kugelig oder birnenförmig, äußerlich mehr oder weniger octoradial. Tentakel gut entwickelt. Meridian- und Schlundkanäle blind endend. Fortbewegung nur durch Wimpermeridiane.

Familie Pleurobrachiidae. Alle Wimpermeridiane gleich lang, Tentakeltaschen in der aboralen Hälfte liegend, aborales Sinnesorgan freiliegend. — **Pleurobrachia pileus*, Stachelbeerqualle (Abb. 189, 199), meist 10—20, maximal etwa 30 mm hoch; junge Tiere mit 10 bis 30, alte mit 30—40 Wimperplatten pro Meridian; Eintritt der Geschlechtsreife bei 5,5 mm Länge; kosmopolitisch, in der südlichen Nordsee sehr häufig; Verbreitung S. 322, Dissogonie S. 318, Nahrungserwerb S. 324, Populationsdynamik S. 323, Räuber-Beute-Beziehung mit *Beroe gracilis* S. 326. *P. bachei*, atlantische Küste von Nordamerika. — *Hormiphora plumosa*, Klebzellen der Tentillen in großen Batterien; Mittelmeer.

Familie Callianiridae. Mit zwei langen kielförmigen Fortsätzen des Aboralpoles in der Tentakelebene. — *Callianira bialata*, Mittelmeer, Atlantik.

Familie Euchloridae. Ohne Schlundkanäle, Tentakeltaschen in der oralen Körperhälfte liegend, Tentakel einfach, ohne Tentillen und Klebzellen, dafür mit Kleptocnidocysten. — *Euchlora rubra*, bis 10 mm hoch, Epidermis und Gastralsystem grünlich, Tentakeltaschen rotorange gefärbt; Tentakel mit zwei Reihen funktionsfähiger Nesselkapseln, die zum Beutefang benutzt werden und die wahrscheinlich von gefressenen Medusen stammen; Mittelmeer, Ostküste von Japan.

Familie Mertensiidae. — *Mertensia ovum*, Höhe bis 55 mm, mit roten Tentakeln; arktisch-circumpolare Form.

Familie Lampetiidae. — *Lampetia pancerina*, ernährt sich von Salpen, das Jugendstadium (syn. *Gastrodes parasiticum*) parasitiert in Salpen; Mittelmeer, Ostküste von Japan [26].

2. Ordnung Thalassocalycida

Pelagisch lebend. Körper transparent und einer Meduse ähnlich; der größere aborale Teil von der Form einer halbkugeligen, in der Tentakelebene etwas verlängerten Glocke, daher in Aufsicht auf den Oralpol von breit-ovalem Umriß (Abb. 190B). Körpergestalt jedoch instabil, ändert sich stark bei der Nahrungsaufnahme oder bei äußerer Reizung; kann dann die Form von zwei zusammengepreßten Kugeln annehmen. Der kleinere Oralteil, der den Magen und das schlitzförmige Schlundrohr enthält, springt als zentraler Konus in den Innenraum der Glocke vor (ähnlich dem Manubrium einer Hydroidmeduse); Mund ebenfalls schlitzförmig. Tentakel kurz, mit lateralen Tentillen, am Mundkonus liegend und mit kleinen rundlichen Bulben direkt an der Oberfläche ansetzend; Tentakeltaschen fehlen also. Polplatten deutlich entwickelt. Wimpermeridiane kurz, mit je 23 Wimperplatten. Kanalsystem (Abb. 190B) mit verlängerten Meridionalkanälen, die mit weiten Schlingen die peripheren Teile des Schirmes durchsetzen und lateral verbunden sind. Fortpflanzung und Entwicklung unbekannt. — Nur 1 Art [36].

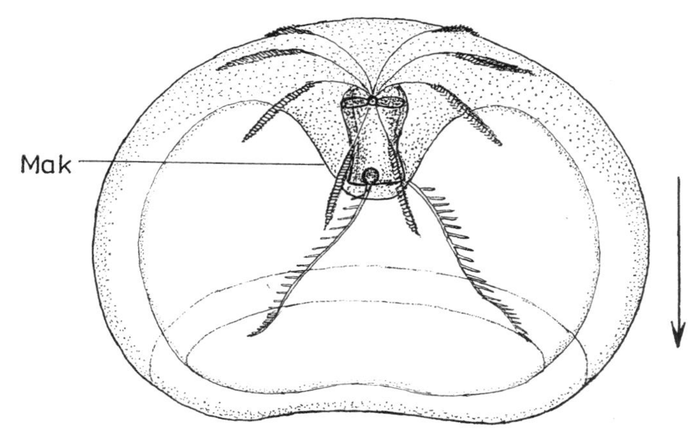

Abb. 200. *Thalassocalyce inconstans*, Aufsicht auf die Schlundebene (vgl. Abb. 190B). Der Pfeil kennzeichnet die Bewegungsrichtung. — **Mak** Magenkonus. — Nach einem Lebendphoto von Madin & Harbison 1978.

Familie Thalassocalycidae. — *Thalassocalyce inconstans* (Abb. 190B, 200), größter Durchmesser bis 15 cm. Die Art wurde erst 1978 bei Taucheruntersuchungen im nördlichen Teil der Sargassosee entdeckt; sie gehört zu den offenbar zahlreichen Formen, die wegen ihres zarten Körpers den Fang mit Planktonnetzen nicht überstehen (S. 322). Das Tier wurde bis in 30 m Tiefe direkt beobachtet, kommt aber wahrscheinlich bis in mehrere hundert Meter Tiefe vor. Fortbewegung sehr langsam, nur durch die kurzen Wimpermeridiane (keine aktive Muskeltätigkeit); dabei treibt der Körper mit der Schirmöffnung voran wie ein offenes Schöpfgefäß durch das Wasser. Nahrungserwerb rein passiv (S. 325).

3. Ordnung Lobata

Pelagisch lebend. Körper ei- oder birnenförmig, manchmal sekundär abgeflacht; in der Schlundebene jedoch durch die Mund- oder Schwimmlappen morphologisch und funktionell erweitert. Die Mundlappen mit einem speziellen Muskelsystem aus sich kreuzenden Fasern, die sie zu aktivem Ruderschlag befähigen (stoßweises Schwimmen S. 316); im Ruhezustand die Mundlappen zusammengelegt und sich überdeckend (Abb. 201 C). Die längeren adpharyngealen Wimpermeridiane 8,1 und 4,5 verlängern sich auf die Mundlappen (Abb. 190 C); die kürzeren adtentacularen Meridiane 2,3 und 6,7 setzen sich in der Bewimperung der Aurikel fort. Dies sind lappen-, lanzett- oder wurmförmige, bewegliche Körperanhänge an den Mundwinkeln, sie spielen bei der Nahrungsaufnahme eine Rolle (S. 325). Tentakel in der oralen Körperhälfte gelegen, bei Jungtieren gut ausgebildet, bei den adulten verkürzt, manchmal völlig fehlend. Statocyste zwischen den vierteiligen Aufwölbungen des Aboralpols eingesenkt. Meridionalkanäle peripher verlängert und verbunden.

Familie Bolinopsidae. Schwimmlappen von mäßiger Größe, Aurikel kurz, Tentakel bei erwachsenen Tieren ohne Hauptstamm. — **Bolinopsis infundibulum* (Abb. 190 C, 201),

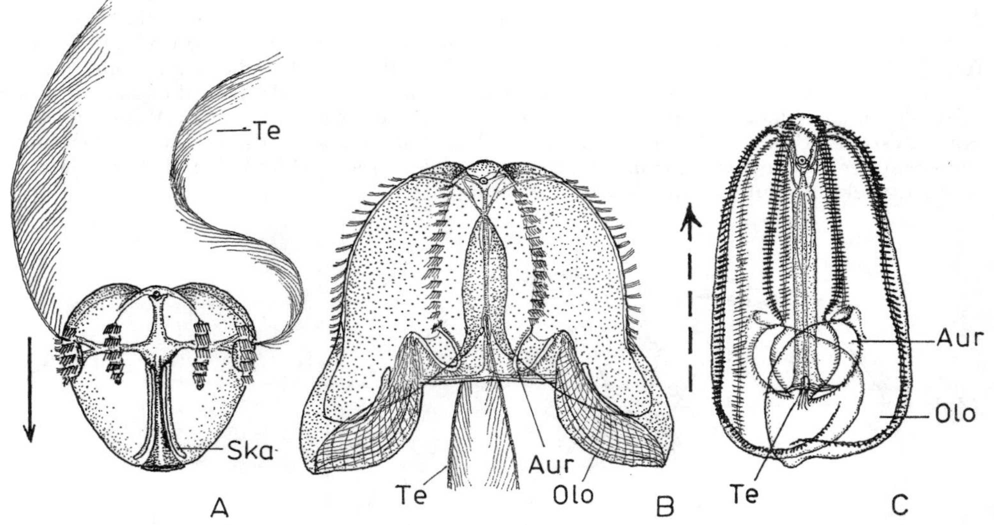

Abb. 201. *Bolinopsis infundibulum* (vgl. Abb. 190 C). **A.** Jugendstadium (Cydippe-Larve), Aufsicht auf die Tentakelebene. Höhe 0,5 cm. **B.** Jungtier nach Ausbildung der Mundlappen; Tentakel noch funktionsfähig. Höhe 1,0 cm. **C.** Erwachsenes Tier (Höhe 12 cm), vollkommen durchsichtig, Tentakel weitgehend reduziert, Statocyste tief eingesenkt, Mundlappen zusammengelegt. B und C Aufsicht auf die Schlundebene. Der ausgezogene Pfeil in A kennzeichnet die kontinuierliche Bewegung der Wimpermeridiane, der gestrichelte Pfeil in B und C die diskontinuierliche Bewegung mit Hilfe der Schlagtätigkeit der Mundlappen. — **Aur** Aurikel, **Olo** Orallobus, **Ska** Schlundkanal, **Te** Tentakel. — A und B nach CHUN aus KRUMBACH 1925, C nach KRUMBACH 1926.

bis zu 150 mm lang, adpharyngeale Wimpermeridiane mit 50—100, adtentaculare mit 35 bis 60 Wimperplatten; Nahrungstier von *Beroe cucumis* (S. 326); passiver Nahrungserwerb S. 325. — *Mnemiopsis leidyi*, Bestandsdichte S. 323. *M. mccradyi*, Küsten Nordamerikas.

Familie Deiopeidae. Schwimmlappen von mittlerer Größe, etwa gleich der halben Körperlänge, aber breiter als der Körper. Wimpermeridiane mit wenigen, aber großen Wimperplatten. — *Deiopea caloctenota*, bis 50 mm lang, sehr durchsichtig; Mittelmeer.

Familie Leucotheidae. Schwimmlappen sehr groß. Aurikel lang, wurmförmig und spiralig aufrollbar. Lange Tentakel mit Hauptstamm. Fingerförmige Fortsätze der aboralen Körperhälfte mit Mechanorezeptoren und Giftdrüsen, Funktion beim Nahrungsfang S. 325. — *Leucothea* (syn. *Eucharis*) *multicornis*, bis 60 mm hoch; Mittelmeer.

Familie Eurhamphaeidae. Zwei Spitzen des Aboralpols zu fadenförmigen Fortsätzen ausgezogen, vermutlich mit Sinneszellen besetzt. — *Eurhamphaea vexilligera*, Nahrungserwerb S. 325, Färbung, Leuchten S. 317; Mittelmeer, Atlantik, Ostküste von Japan.

Familie Ocyropsidae. Mit kurzen Wimpermeridianen und sehr muskulösen Schwimmlappen, ohne Tentakel. Aktiver Nahrungserwerb S. 325. — *Ocyropsis crystallina*, *O. maculata*. — Hierher wahrscheinlich auch *Bathycyroe fosteri*, Tiefenform des westlichen Atlantik, in 300—1000 m Tiefe.

Familie Kiyohimeidae. Aboralpol mit zwei dreieckigen Verlängerungen, ohne Tentakel. — *Kiyohimea aurita*, Ostküste von Japan [28].

4. Ordnung Cestida, Venusgürtel

Pelagisch lebend. Körper bandförmig durch extreme Streckung in der Schlundebene und starke Verkürzung in der Tentakelebene; die Körperproportionen daher auffällig verändert. Die Höhe des Bandes entspricht der Hauptachse des Körpers (Abb. 202), die Dicke dem Querdurchmesser in der Tentakelebene (Abb. 190D). Mund mit weit ausgezogenen Rändern und sich als Mundrinne auf der gesamten Unterseite des Körpers erstreckend; in deren Mitte das Schlundrohr tief eingesenkt. Wimpermeridiane den Körperproportionen entsprechend sehr kurz (2,3 und 6,7) bzw. sehr lang (1,4 und 5,8). Die beiden Tentakeltaschen, ebenso wie der Mund, auf beiden Seiten zu einer langen Rinne ausgezogen, die dicht oberhalb der Mundrinne bis zu den seitlichen Körperenden verläuft. In der Tentakelrinne entspringen die Tentillen (der Hauptstamm des Tentakels ist nur kurz) und hängen über hakenartig gebogene Wimpern nach unten (außen).

Alle acht Meridionalkanäle des Gastrovascularsystems verlaufen in der Längsausdehnung des Körpers; die der langen Wimpermeridiane (1,4 und 5,8) ziehen in normaler Weise unter den Meridianen an der Oberkante des Körpers; die der kurzen Meridiane (2,3 und 6,7) steigen zur Mitte des Körpers herab und verlaufen dann in dessen Mittellinie bis zu den seitlichen Enden. Die Schlundgefäße haben T-Form, und die beiden horizontalen Schenkel jedes Gefäßes begleiten die langgestreckten Mundränder an der unteren Kante des Körpers. An den Endkanten des Körpers stehen die oben verlaufenden Meridionalkanäle mit diesen Seitenschenkeln der Schlundgefäße in Verbindung (Abb. 202D). Die räumliche Verteilung der Kanäle des Gastralsystems spiegelt also die Körperform genau wieder.

Die Gonaden liegen in pseudometamerer Anordnung in den Meridionalkanälen unter der Oberkante (Abb. 202E). In der Entwicklung wird das typische Cydippe-Stadium durchlaufen, das sich aber bald abflacht und in der Schlundebene verlängert (Abb. 202A, B). — Nur 2 Arten.

Familie Cestidae. — *Cestum veneris* (Abb. 190D, 202), bis 1,5 m lang, tropische und subtropische Meere, auch Mittelmeer. — *Velamen parallelum*, bis 90 cm lang, von *Cestum* durch größere Aktivität und durch Eintritt der Geschlechtsreife bei geringerer Größe verschieden. — Die Tiere „stehen" oft lange Zeit, den Körper wie ein Lineal ausgestreckt, im Wasser (von den Fischern daher Meerschwert genannt). Wegen der großen Durchsichtigkeit sind sie dann nur durch das irrisierende grüngoldene Farbenspiel der über die obere Kante laufenden Wellen des Wimperschlages auszumachen. Bei einer Reizung schwimmen sie durch aktive Muskeltätigkeit (S. 323) mit schlängelnden Bewegungen davon, wobei sich der Körper tief ultramarin-blau färbt. Nahrungserwerb S. 325. In der Dunkelheit können sie leuchten.

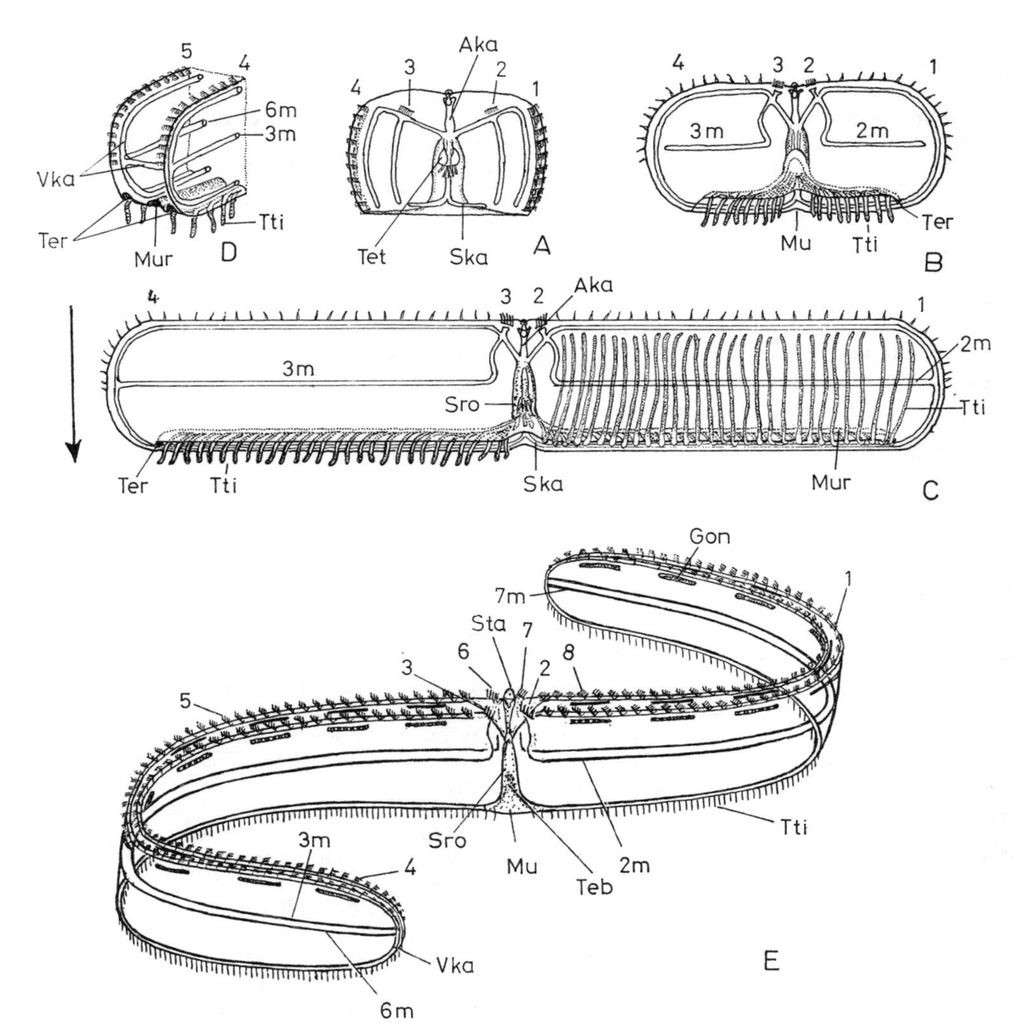

Abb. 202. *Cestum veneris.* Entwicklung und Organisation, schematisch. Seitenansicht (Blick auf die Schlundebene). **A.** Larvenstadium mit Primäranlage des Kanalsystems. Körper in der Schlundebene wenig verlängert, aber schon abgeflacht. Wimpermeridiane 2 und 3 bereits reduziert. Mund rinnenförmig verlängert. **B.** Fortgeschrittenes Metamorphose-Stadium, stärker verlängert. Die Meridionalkanäle (2 m, 3 m) der reduzierten Wimpermeridiane 2 und 3 wachsen waagerecht aus. Die Kanäle der Wimpermeridiane 1 und 4 haben sich mit den horizontalen Ästen des Schlundkanals vereinigt. Die Tentakel-Anlage verlagert sich unter Reduzierung des mittleren Haupttentakels und Bildung der Tentakelrinne auf den oralen Rand. **C.** Älteres Stadium mit deutlicher Ausbildung der Bandform. Das Kanalsystem zeigt die periphere Verbindung der Kanäle 2 m und 3 m mit den Kanälen 1 und 4 und den Seitenästen des Schlundkanals. Tentillen links kontrahiert, rechts voll ausgestreckt und in Fangstellung. Der Wimperschlag der aboralen Meridiane bewirkt eine langsame Bewegung (Pfeil), durch die die Tentillen an die Seitenflächen angeschmiegt werden. **D.** Linker Endteil desselben Tieres (C) als Blockdiagramm, zur Verdeutlichung der peripheren Verbindung des Kanalsystems. **E.** Adultes Tier in schlängelnder Bewegung. Länge bis 1,5 m, Höhe 8 cm, Dicke 1 cm. Man beachte die langen Wimpermeridiane 1,8 und 4,5 sowie die kurzen Wimpermeridiane 2,3 (zum Beschauer hin gerichtet) und 6,7, die auf 4–5

5. Ordnung Platyctenida

Benthonisch-vagil lebend. Körper meist nur 5—15 mm lang, in Anpassung an die kriechende Lebensweise scheibenförmig abgeflacht, also Hauptachse des Körpers stark verkürzt. Umriß oval (Tentakelebene länger). Oralpol durch allseitige Ausbreitung des unteren Abschnittes des Schlundrohres zu einer Kriechsohle verbreitert; die Tiere kriechen praktisch auf dem verbreiterten Mund (Kriechbewegung S. 323). Die beiden großen Tentakeltaschen daher in die „Oberseite" des Körpers eingesenkt, sie sind von den Mundlappen eingeschlossen, die sich auffalten, aber nicht verwachsen; Tentakel gut entwickelt, die einfachen Tentillen mit Klebzellen. Sinnesorgan am Aboralpol nach unten eingesenkt, oft mit vier (statt den normalen zwei) Polplatten. Die Wimpermeridiane kurz (dann können die Tiere noch langsam schwimmen) oder völlig fehlend. Oberseite mit reihenförmig angeordneten Papillen von artspezifischer Zahl und Anordnung; in die Papillen erstrecken sich Fortsätze des Gastralsystems, das im übrigen durch zahlreiche Anastomosen der Meridionalkanäle den Körper stärker durchsetzt als bei den anderen Ordnungen (Abb. 203, 205).

Weibliche Gonaden normal ausgebildet, die Eier werden durch den Mund entleert. Männliche Gonaden jedoch keine kontinuierlichen Bänder bildend, sondern als kleine Taschen (Follikel) in das Lumen der Meridionalkanäle vorgestülpt und mit direkten Ausführgängen an die dorsale Oberfläche. *Coeloplana* mit besonderen Receptacula seminis. Alle Arten treiben Brutpflege, indem die in Schleim eingehüllten Eier von der Kriechsohle schützend bedeckt werden oder sich in den Meridionalkanälen entwickeln. Die Entwicklung verläuft dann über ein typisches, rundliches und freischwimmendes Cydippe-Stadium, das sich später in der Tentakelebene verbreitert und zum Bodenstadium übergeht.

Die Tiere bewohnen die Schelfmeere. Wegen ihrer oft lebhaften Färbung sind sie vom Substrat (Krustenalgen, Sargassum-Algen, Seegräser, Octocorallia, besonders Alcyonaria) nur schwer zu unterscheiden. Ernährung S. 325. Durch Körperform und Bewegungsweise sowie durch das verzweigte Gastralsystem ähneln sie äußerlich den polycladen Turbellaria

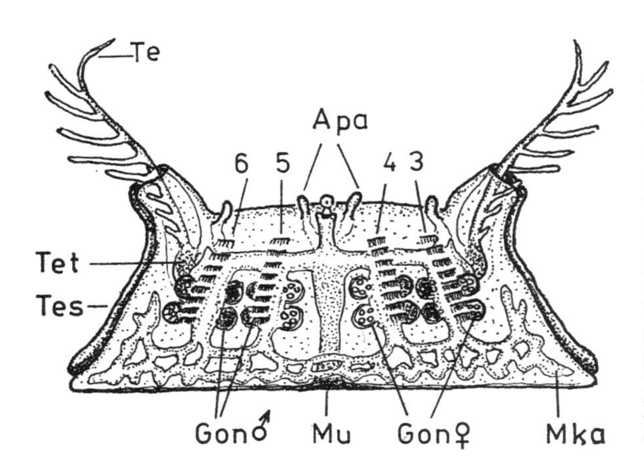

Abb. 203. *Ctenoplana.* Schema des Habitus und der Organisation. Seitenansicht (Blick auf die Tentakelebene). — **3—6** Wimpermeridiane und Meridionalkanäle der Quadranten II und III, **Apa** Aboralpapillen, **Gon** Gonade, **Mka** periphere Verbindungen und Verzweigungen der Meridionalkanäle, **Mu** Mund, **Te** Tentakel, stark kontrahiert, **Tes** zu einer offenen Tentakelscheide aufgefaltete Ränder des verbreiterten Mundes, **Tet** Tentakeltasche. — Nach Steiner 1977, etwas verändert.

◀ Abbildungsunterschrift für Abb. 202

Wimperplatten reduziert sind (vgl. Abb. 190D). Die horizontalen Meridionalkanäle 2m, 3m und 6m, 7m führen in der Körpermitte zu den zugehörigen Wimpermeridianen 2,3 und 6,7. — **1—8** Wimpermeridiane, **1m—8m** die zugehörigen Meridionalkanäle, **Aka** Aboralkanal, **Gon** Gonade in pseudometamerer Anordnung, **Mu** Mund, **Mur** Mundrinne, **Ska** Schlundkanal, **Sro** Schlundrohr, **Sta** Statocyste, **Te** Tentakel, **Teb** kurze Tentakelbasis, **Ter** Tentakelrinne, **Tet** Tentakeltasche, **Tka** Tentakelkanal, **Tti** Tentillen, **Vka** sekundärer peripherer Verbindungskanal. — A—D nach Steiner 1977, teilweise verändert, E nach Kaestner 1954.

(S. 364), haben mit diesen aber selbstverständlich keine verwandtschaftlichen Beziehungen. — Mit 2 Familien und insgesamt etwa 30 Arten [12, 13, 26, 56, 57].

Familie Ctenoplanidae. Zeitlebens mit kurzen Wimpermeridianen (Abb. 203). — *Ctenoplana kowalevskii*, 5—8 mm lang, kann langsam schwimmen, wobei die Randlappen in der

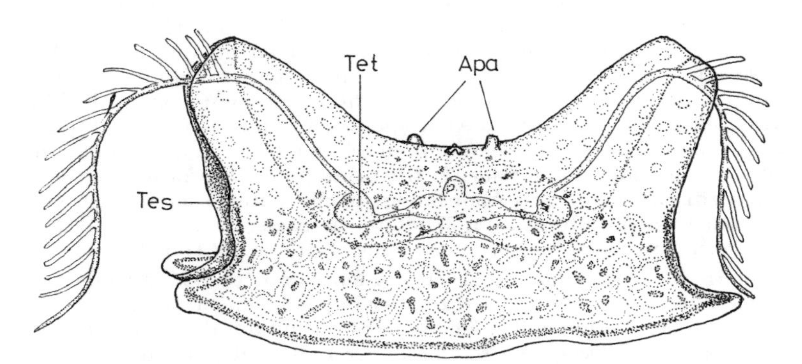

Abb. 204. *Benthoplana meteoris.* Habitus in Seitenansicht (Aufsicht auf die Tentakelebene). Länge 18 mm. Innere Organisation nur angedeutet; gut erkennbar sind die großen Taschen am Grunde der stark kontrahierten Tentakel. Der Mundrand ist zu offenen Tentakelscheiden aufgefaltet. Die Oberfläche ist lebhaft gefärbt und weist ein charakteristisches Zeichnungsmuster auf; es besteht aus einem Saum und Flecken aus rotem Pigment (dicht punktiert) und einem unregelmäßigen, grüngelb pigmentierten Netz, das sich auf den Tentakelscheiden in Flecken auflöst. Bei den verwandten Arten, die auf Korallenbänken leben, bedeuten ähnliche Farbmuster eine gute Anpassung an die Umgebung. — **Apa** Aboralpapillen, **Tes** Tentakelscheide, **Tet** Tentakeltasche. — Nach einer Zeichnung aus THIEL 1968.

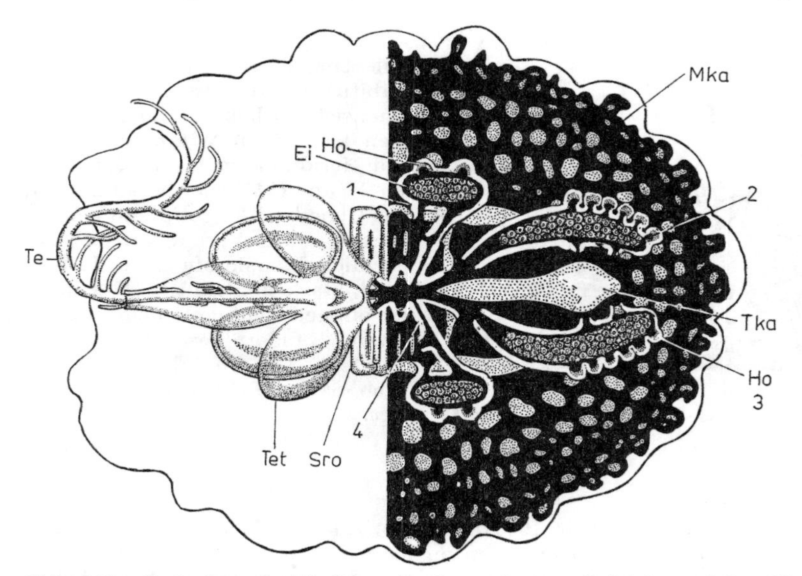

Abb. 205. *Coeloplana bocki.* Organisationsschema, Aufsicht auf den Aboralpol. Durchmesser in der Tentakelebene 6 cm. In der rechten Hälfte (schwarz) ist das weißumrandete Gastralsystem, in der linken Hälfte sind Tentakelapparat und Schlund eingezeichnet. — **1—4** Meridionalkanäle, **Ei** Eizellen, **Ho** Hoden, **Mka** Netz der sich verzweigenden Meridionalkanäle, **Sro** Schlundrohr, **Te** Tentakel, **Tet** Tentakeltasche, **Tka** Tentakelkanal. — Nach KOMAI 1922, aus KAESTNER 1969.

Tentakelebene zusammengelegt werden; Sunda-See, Neuguinea. — *Diploctena neritica,* 3—15 mm breit, mit 4 Polplatten, Wimpermeridiane mit sechs Wimperplatten; wurde im flachen Wasser über Sandböden nur schwimmend angetroffen, kann auch kurzfristig stoßweise mit den Lappen der Mundfläche schwimmen; Madagaskar. — *Planoctena,* mit 4 Polplatten.

Familie Coeloplanidae. Nur im Jugendstadium mit Wimpermeridianen. Rand der Polplatten gelappt. Etwa 20 Arten. — *Benthoplana meteoris* (Abb. 204), 15—25 mm lang, mit 4 Polplatten, kann ähnlich wie *Diploctena* stoßweise schwimmen; Ostküste von Afrika. — *Coeloplana bocki* (Abb. 205), Ostküste von Japan; größte Form *C. mitsukurii,* bis 70 mm lang, Japan. Einige Arten auf Korallenbänken von Madagaskar so häufig, daß sie die Polypen von *Sarcophytum* (S. 292) am Ausstrecken hindern.

6. Ordnung Tjalfiellida

Benthonisch-sessil lebend. Körper abgeflacht, im Sagittalschnitt (parallel zur Schlundebene) etwa halbkreisförmig, Oralseite zu einer Haftscheibe abgeflacht, Körperumriß oval. Oberseite mit zwei sekundären lateralen Öffnungen für die Tentakel auf schornsteinartigen Rohren; sie entstehen durch Verwachsung der lateral vergrößerten Mundlappen, die um die

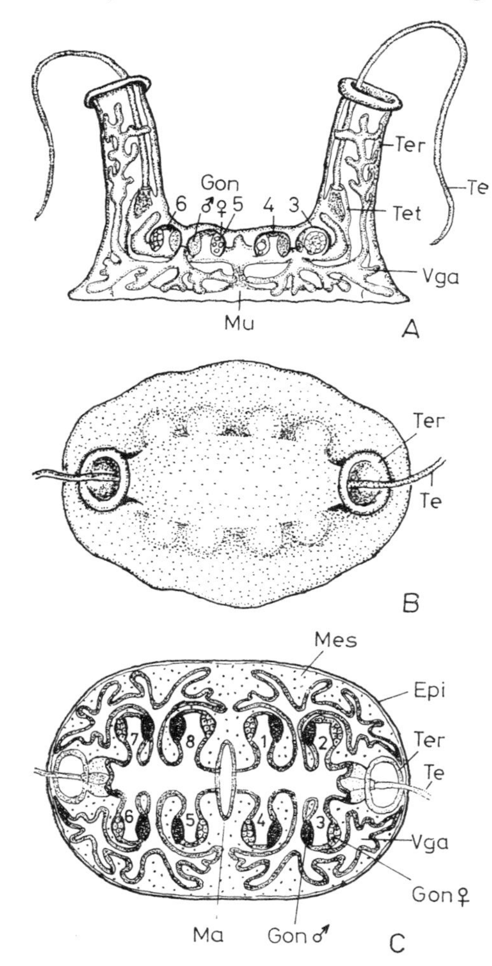

Abb. 206. *Tjalfiella tristoma.* Länge 6,5 mm. **A.** Habitus in Seitenansicht (Blick auf die Tentakelebene). **B** Aufsicht auf die Aboralseite. **C.** Innere Organisation in der Aufsicht auf die Äquatorebene. Vom Röhrensystem des Gastralraumes sind nur die acht Meridionalkanäle (**1**—**8**) in Form der Gonadenhöhlen erhalten. Die in eine Haftscheibe umgewandelten Mundränder werden von sekundären Verzweigungen des Gastralraumes direkt versorgt. — **Epi** Epidermis, **Gon** Gonade, **Ma** Magen, **Mes** Mesogloea (grob punktiert), **Mu** Mund, **Te** Tentakel (Tentillen fehlen), **Ter** Tentakelrohr, **Tet** Tentakeltasche, **Vga** sekundäre Verzweigungen des Gastralraumes. — A und B nach Steiner 1977, C nach Mortensen 1912 aus Hyman 1940, verändert.

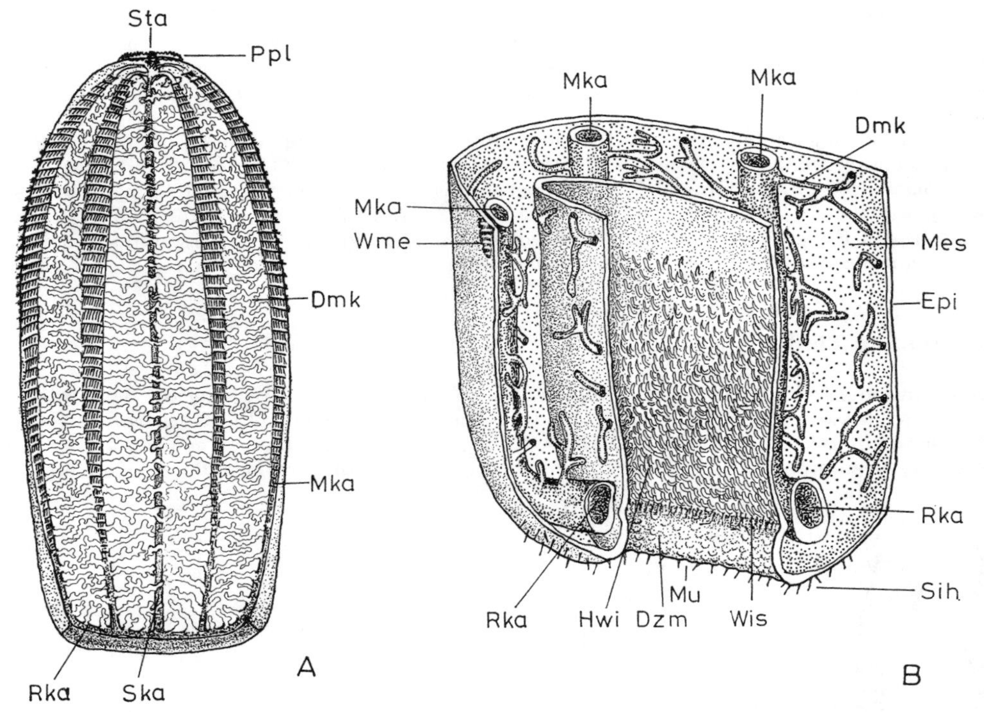

Abb. 207. A. *Beroe cucumis.* Aufsicht auf die Schlundebene. Höhe bis 16 cm. Am Mundrand sind der Schlundkanal und die vier Meridionalkanäle auf jeder Seite durch je einen halben Ringkanal verbunden (vgl. Abb. 190E). Zu beachten sind die Divertikel der Meridionalkanäle, die bei dieser Art nicht verschmelzen. **B.** *Beroe ovata.* Schematischer Ausschnitt der Mundregion und des Schlundrohres. Schnittebene = „Tentakel"-Ebene. Die Mundlappen sind mit zahlreichen Sinnes- und Drüsenzellen, die Innenwand des Schlundrohres ist mit zahlreichen Hakenwimpern (Macrocilien) besetzt; sie sind 0,006—0,010 mm dick, 0,05—0,06 mm lang und sind aus 2000—3000 Einzelwimpern aufgebaut, ihr Effektivschlag ist zum Aboralpol, also ins Innere gerichtet. — **Dmk** Divertikel der Meridionalkanäle, **Dzm** Drüsenzellen des Mundes, **Epi** Epidermis, **Hwi** Hakenwimpern, **Mes** Mesogloea, **Mka** Meridionalkanal, **Mu** Mund, **Ppl** Polplatte, **Rka** Ringkanal, **Sih** Sinneshaar, **Ska** Schlundkanal, **Sta** Statocyste, **Wis** Wimpersaum aus einfachen Cilien, **Wme** Wimpermeridian. — A nach einer Lebendaufnahme von A. Holtmann (Helgoland), B nach Franc 1970, wenig verändert.

Tentakeltaschen herumgelegt sind. Der auf der Unterseite gelegene Mund steht mit den Rohren in direkter Verbindung, aus den Rohren werden die einfachen unverzweigten Tentakel herausgestreckt (Nahrungserwerb S. 325). Wimpermeridiane, apikales Sinnesorgan und Polplatten beim erwachsenen Tier reduziert. Die acht Meridionalkanäle des Gastrovascularsystems sind erhalten und tragen die Gonaden. — Nur 1 Art [39].

Familie Tjalfiellidae. — *Tjalfiella tristoma* (Abb. 206), 6,5 mm lang; larvipar, die Eier entwickeln sich in Bruttaschen im Körperinneren; auf der Seefeder *Umbellula* (S. 301) im Umanak-Fjord, Westgrönland, in 500 m Tiefe.

2. Klasse Atentaculata

Freischwimmend. Ohne Tentakel (syn. Nuda), Rand der Polplatten mit kurzen verzweigten Fortsätzen, Schlund stark vergrößert (syn. Macropharyngea). — Nur 1 Ordnung.

1. Ordnung Beroida

Körper von der Gestalt einer hohen, flachgelegten Mütze oder Mitra; in einer Ebene (der Tentakelebene entsprechend) stark zusammengedrückt (Abb. 190E). Tentakel und Klebzellen fehlen völlig und werden auch in der Entwicklung nicht mehr angelegt. Rand der beiden Polplatten mit lappigen, schwach verzweigten Papillen besetzt. Statocyste an der Oberfläche liegend. Wimpermeridiane auf den Seitenflächen gelegen (Abb. 207A), bei manchen Arten in der Jugend verschieden lang. Das riesige Schlundrohr nimmt den größten Teil des Körpers ein; der kleine Magen liegt dicht unter der Statocyste, der Schlundkanal in der Mitte der Seitenfläche unmittelbar unter der Oberfläche. Die Meridionalkanäle auf der gesamten Länge mit zahlreichen verästelten Seitenzweigen (außer bei *Beroe gracilis*), die auch Anastomosen bilden können; dadurch optimale Versorgung des Körpers mit Nährstoffen. Der median gelegene Schlundkanal gibt am unteren Körpersaum nach beiden Seiten einen Ast ab, der den Mundsaum als halber Ringkanal begleitet und mit den unteren Enden der Meridionalkanäle verbunden ist. Der untere Teil des Schlundrohres innen mit zahlreichen Hakenwimpern (Abb. 207B) besetzt, die beim Beutefang eine Rolle spielen (S. 326). Die Gonaden liegen in kleinen Seitenkammern der Meridionalkanäle oder haben die Form von langen Bändern. Entwicklung über das typische Cydippe-Stadium.

Die Bewegung erfolgt ausschließlich durch Wimperschlag. Die Nahrung besteht vorwiegend aus Weichkörper-Organismen des Macroplanktons, besonders aus Salpen und Medusen sowie aus anderen, vorwiegend tentakeltragenden Ctenophora. Nahrungserwerb und Räuber-Beute-Spezialisierung S. 326. Verbreitung S. 322. — Mit drei Familien, deren Systematik aber noch nicht ausreichend geklärt ist.

Familie Beroidae. — **Beroe*, Melonenqualle, mit 5 sicheren und einer Anzahl unzureichend beschriebener Arten. **B. cucumis* (Abb. 207A), bis 16 cm hoch, rosa gefärbt, Seitenzweige der Meridionalkanäle ohne Anastomosen. Leuchten S. 317; kosmopolitisch, auch südliche Nordsee und Ostsee. **B. gracilis*, bis 30 mm hoch, milchig-opak bis schwach rosa, Meridionalgefäße ohne Seitenzweige; endemisch in der Deutschen Bucht. *B. ovata* (Abb. 207B), Seitenzweige der Meridionalkanäle mit Anastomosen, rosa gefärbt; Mittelmeer. *B. abyssicola*, mit violettem Pharynx, in größeren Tiefen.

6. Stamm Mesozoa (syn. Moruloidea)

Etwa 50 Arten. Von 30 µm bis 7 mm lang (*Dicyema macrocephalum*), im allgemeinen 100 bis 500 µm erreichend.

Diagnose

Metazoa, deren Körper zeitweise plasmoidale Gestalt annimmt (Abb. 208a), im allgemeinen aber aus einem einschichtigen Zellschlauch besteht, dessen Innenraum von einer oder mehreren der Fortpflanzung dienenden Zellen eingenommen wird. Zumindest eine Phase des meist komplizierten und nicht ausreichend bekannten Entwicklungszyklus wird endoparasitisch verbracht.

Stammesgeschichte

Die Mesozoa stehen ihrer Organisation nach zwischen den Protozoa und den Metazoa. Neben Außenzellen sind lediglich der Fortpflanzung dienende Zellen vorhanden, sonst aber ist keine weitere Differenzierung zu besonderen Arbeitsleistungen erfolgt, außer einer leichten Abwandlung am vorderen Körperpol (Abb. 208i). Abgesehen von der Fähigkeit zur Fortpflanzung haben die Mesozoa also etwa die Organisationsstufe einer Morula. Damit ist freilich keineswegs gesagt, daß sie in der Stammesgeschichte einstmals wirklich eine Übergangsstufe zwischen Ein- und Vielzellern gebildet haben. Im Gegenteil: Die Mesozoa stellen ganz offensichtlich eine selbständige Tiergruppe dar, einen steckengebliebenen und durch den Parasitismus stark abgewandelten Seitenzweig der Evolution. Dabei ist noch nicht einmal sicher, ob die beiden heute unterschiedenen Klassen tatsächlich zu einer monophyletischen Einheit zusammengefaßt werden dürfen.

Es gibt nämlich Hinweise dafür, daß die Orthonectida von Protozoa abstammen und einen isolierten Versuch darstellen, dadurch von der Ein- zur Vielzelligkeit zu kommen, daß wenigstens die Fortpflanzung nur von einigen wenigen bestimmten Zellen ausgeübt wird, die gleichzeitig nach innen verlagert werden. Die Dicyemida dagegen könnten Nachfahren von einst höher entwickelten Tierformen sein, etwa von Vorläufern der heutigen Trematoda. Dazu regt vor allem ein Vergleich der Dicyemida mit den Miracidien (Abb. 269) und den Sporocysten der Trematoda an. Aufgrund des außerordentlich niedrigen G + C-Gehaltes der nuklearen DNA sind auch Beziehungen zu den Ciliaten vermutet worden [5a].

System

Die Mesozoa sind oft als Sammeltopf für die Aufnahme problematischer Tierformen von unklarer Verwandtschaft benutzt worden. Die derzeit übliche Unterteilung enthält eine Reihe von Irrtümern, so sind einige Familien nicht auf Typusgattungen gegründet und somit nach den Nomenklaturregeln ungültig [11]. Eine Revision ist dringend erforderlich. Mit Sicherheit gehören die **Dicyemida** zu den Mesozoa, für die **Orthonectida** ist das neuerdings bezweifelt worden [5a]; sie sollen aber nachstehend noch dazugestellt werden.

1. Klasse Orthonectida

Mesozoa von kleiner Gestalt, deren freilebende, wurmförmige Generation bewimpert sowie durch Querfurchen geringelt ist, wobei die parietalen Zellen eine Masse zentral gelagerter Keimzellen umgeben (Abb. 208i). Die parasitische Generation stellt ein vielkerniges Plasmodium dar (Abb. 208a).

Der parasitische Agamont breitet sich innerhalb von Geweben oder Hohlräumen mariner grundbewohnender Wirbelloser aus (Turbellaria, Nemertini, Annelida, Bivalvia, Gastropoda, Ophiuroida). Manche Arten vermehren sich durch vegetative Zerteilung des Plasmodiums (Abb. 208a) (Autoinfektion des Wirtes!). Zwischen den einfachen Kernen des Plasmodiums fallen bald solche auf, um die sich eine Plasma-Verdichtung bildet (Abb. 208 b_1). Jeder derartige Kern stellt einen Agameten dar, der regelrechte Furchungsteilungen durchmacht und innerhalb des Plasmodiums heranwächst (Abb. 208e–h) zu einem Gamonten (Abb. 208i), dem Verbreitungsstadium. Bei den meisten Arten wird dieses Stadium durch Männchen und Weibchen vertreten, deren bewimperte, äußere Zellage Spermien bzw. Eier umschließt (Abb. 208i, i_1). Die Geschlechtstiere verlassen das Plasmodium und den Wirt und schwimmen davon. Bald legen sich Paare aneinander, wobei das Männchen durch einen Porus seiner Außenschicht Sperma in eine ähnliche Öffnung des Weibchens abgibt (Abb. 208i). Die befruchteten Eier entwickeln sich zu kleinen, eiförmigen Wimperlarven (Abb. 208k), die aus dem Körper der Mutter austreten und als Agamonten neue Wirte besiedeln. Bei *Rhopalura ophiocomae* soll lediglich ihre Innenschicht in den Schlangenstern (*Ophiothrix*) eintreten, das neue Plasmodium also nur aus den Axialzellen entstehen; die Ovarien der infizierten *Ophiothrix* werden ganz oder teilweise steril. — Mit 2 Familien.

Familie Rhopaluridae. Mit 11 Arten. — *Rhopalura granosa* (♀ 200 × 70 µm, ♂ 80 × 20 µm) parasitiert in der Muschel *Heteromya squamula*; die Plasmodienform ist eingeschlechtlich. — *R. metchnikovi* (♀ 130 × 25 µm, ♂ 40 × 30 µm), in dem Polychaeten *Spio martinensis* und in Nemertini. — *Stoecharthrum giardi* (700 × 15 µm), in dem Polychaeten *Scolopsos armiger*; zwittrig.

Familie Pelmatosphaeridae. Mit der einzigen Art *Pelmatosphaera polycirri* (45 × 15 µm), von keilförmiger Gestalt, ohne erkennbare Ringelung, total bewimpert, im Coelom des Polychaeten *Polycirrus haematodes*.

2. Klasse Dicyemida

Mesozoa, die auch im parasitischen Lebensabschnitt bewimpert und in keinem Stadium regelmäßig geringelt sind (Abb. 209a).

Die parasitischen Agamonten, die meist nur 1 mm, selten bis 7 mm Länge erreichen, schwimmen in den Nierensäcken benthonischer Cephalopoda und nehmen mit ihren Außenzellen gelöste Nährstoffe sowie mit Hilfe von Phagocytose verirrte Spermatozoen auf. Ihr Körperinneres besteht aus einer Axialzelle, in der einige Agameten (= Axoblasten) gleichen Ursprungs liegen (Abb. 209c). Jeder Agamet entwickelt sich über ein Morula-Stadium zu einem bewimperten Agamonten (Abb. 209d–m), der die Axialzelle und das Muttertier verläßt (Autoinfektion des Wirtes!). Diese primären Nematogenen sind ihrer großen Anzahl wegen die am häufigsten gefundenen Stadien. Wenn die Fortpflanzungszeit des Cephalopoden beginnt, werden Agamonten mit etwas verändertem Aussehen geboren (Abb. 209n), in deren Axialzelle über mehrere Zwischenstufen (Abb. 209o–w) die Verbreitungsform entsteht (Abb. 209x). Diese kleine, eiförmige, langbewimperte Wanderform (Rhombogen) enthält im Inneren vor allem zwei eine Urne bildende Zellen, die vier Axialzellen mit Axoblasten umschließen. Sie verläßt die Mutter und durch die Nierenöffnung auch den Wirt und schwimmt davon. Ihr Schicksal ist unbekannt und damit auch der Vorgang der Infektion der Cephalopoden. Manche Forscher meinen, die Wanderform würde wie die Miracidien eine höhere Organisation erwerben.

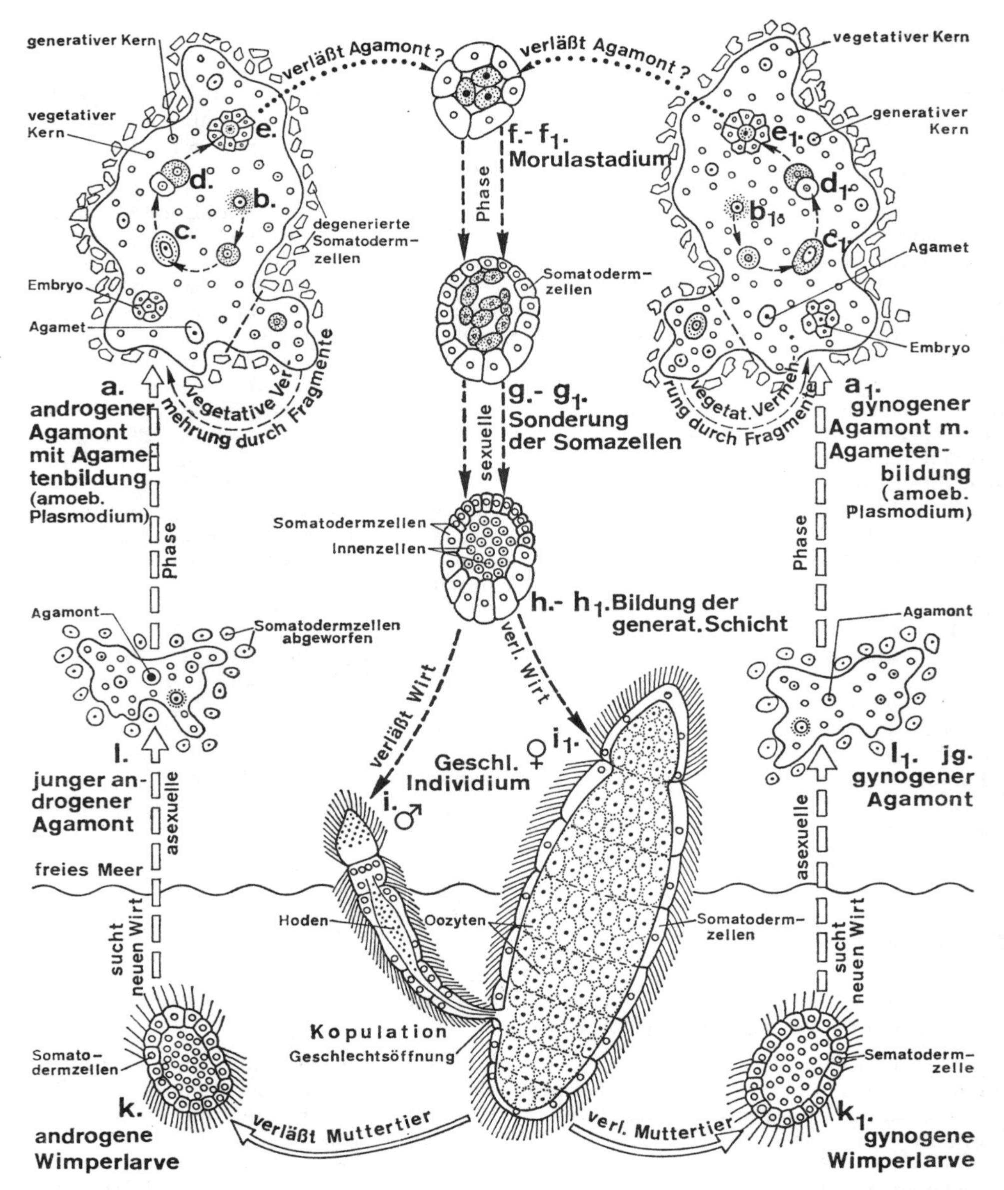

Abb. 208. Entwicklungszyklus von *Rhopalura ophiocomae*. — Kombiniert nach MERGNER und CZIHAK 1958.

Die Erzeugung der Verbreitungsform in der Axialzelle ist recht kompliziert. Aus jedem Agameten entsteht zunächst ein Zellhaufen, der als rudimentäres Individuum zu betrachten ist. Die peripheren Zellen desselben lösen sich ab (Abb. 209s), und jede bildet durch Furchungsteilungen usw. eine Verbreitungsform innerhalb der „großmütterlichen" Axialzelle. Bei den Mittelmeer-Arten sollen die Zellen der rudimentären Generation Agameten sein, bei den californischen Arten hingegen wird die Peripherie des rudimentären Individuums durch Oocyten, sein Zentrum durch eine Axialzelle (Abb. 209r) mit Spermatocyten

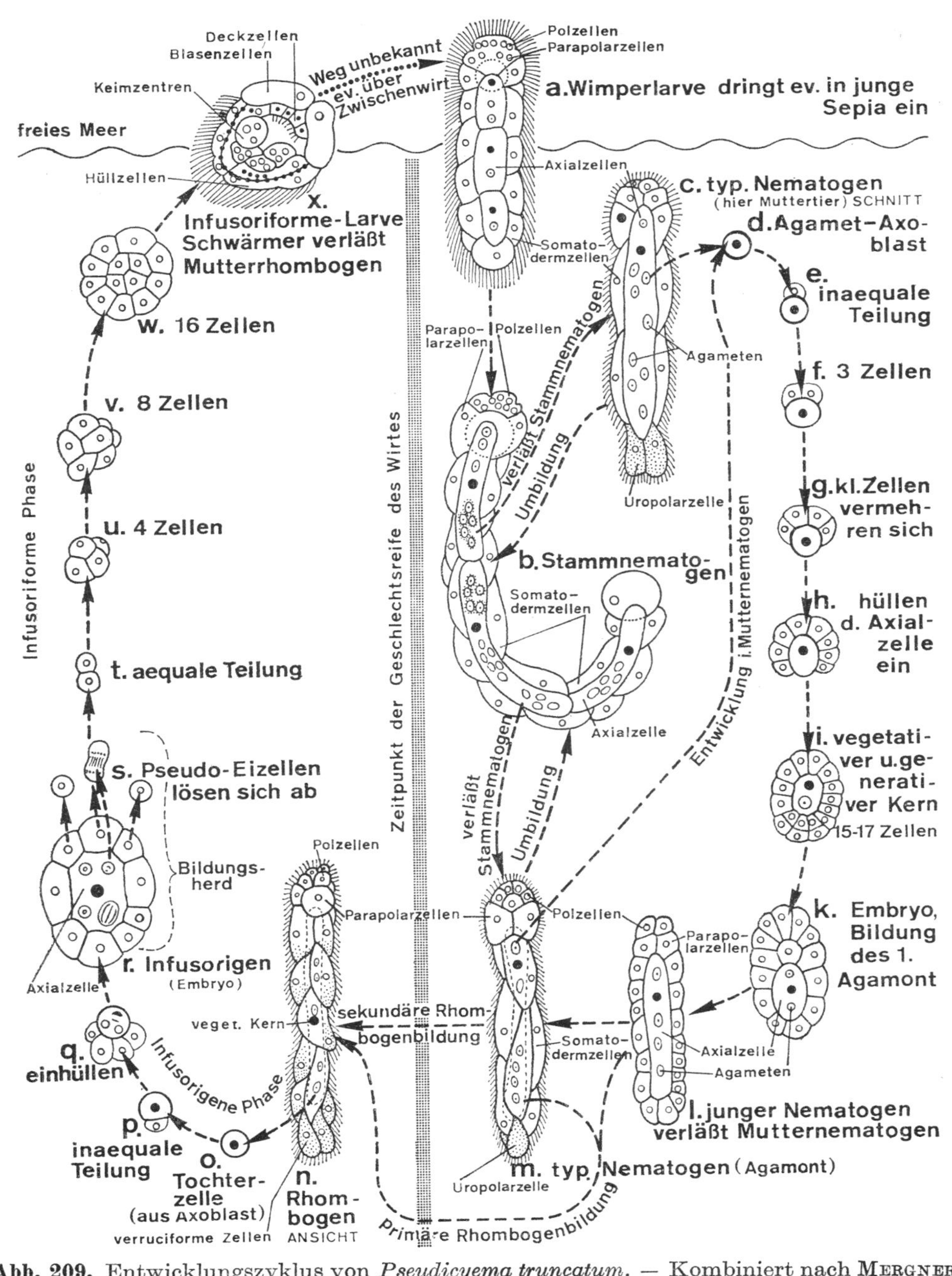

Abb. 209. Entwicklungszyklus von *Pseudicyema truncatum*. — Kombiniert nach MERGNER und CZIHAK 1958.

gebildet. Erst nach der Besamung lösen sich die Eizellen ab, und jede entwickelt sich zu einer Verbreitungsform (Abb. 209s—x). Bei den einzelnen Arten kommen jedoch Abweichungen zu dem in Abb. 209 gezeigten Entwicklungsschema vor [2].

Familie Dicyemidae. Im adulten Stadium immer bewimpert, Vorderende haubenförmig, Körper mit seitlichen Buckeln. Mit 3 Gattungen. — *Dicyema*, mit 8 polaren Zellen. Zwischen den Larven der verschiedenen *Dicyema*-Arten bestehen spezifische morphologische Unterschiede [9], und es ist dabei wichtig, auf die exakte Feststellung von Zahl, Lage und Gestalt der somatischen Zellen zu achten. Elektronenmikroskopische Untersuchungen [8] bestätigen dies. 18 Arten. — *D. clausianum* und *D. monodi* in verschiedenen *Octopus*-Arten. — *D. macrocephalum* in verschiedenen *Sepia*-Arten. — *D. apollyoni* in *Octopus apollyon*. — *Dicyemmenea californica* in *Octopus bimaculoides*. — *Pseudicyema truncatum* in *Sepia* und *Rossia*.

Familie Conocyemidae. Die adulten Tiere verlieren ihr Wimperkleid, und ihre Außenzellen zeigen die Tendenz zur Syncytiumbildung. Mit 2 Gattungen und 3 Arten. — *Conocyema*, mit 4 polaren Zellen. — *C. polymorpha* lebt frei in den Nierenkanälen von *Octopus*. — *Microcyema* hat keine terminalen Anschwellungen, adult keine Wimpern und ist von einem Syncytium umschlossen. — *M. vespa* parasitiert in *Sepia*.

7. Stamm Plathelminthes, Plattwürmer

16100 Arten. Freilebende Arten meist zwischen 0,4 und 5 mm lang; längste freilebende Art: *Bipalium javanum*, bis 60 cm lang. Parasitische Arten meist zwischen 0,15 und 30 mm lang (Strobila-Cestoden bis 1 m); längste parasitische Art: *Diphyllobothrium latum*, bis 20 m lang.

Diagnose

Bilateralsymmetrische, primär bewimperte, ungegliederte Spiralia ohne Coelom. Die Leibeshöhle gewöhnlich von einem mesodermalen Parenchym mit Spalträumen (Schizocoel) erfüllt, in dem fast immer Protonephridien mit Cyrtocyten verlaufen. Integument mit der Muskulatur zu einem Hautmuskelschlauch verbunden. Meist mit ectodermalem Vorderdarm oder Pharynx und entodermalem, fast stets blind endendem Mitteldarm; in der Regel also ohne After. Blutgefäße und spezifische Atmungsorgane fehlen. Überwiegend zwittrig, Geschlechtsorgane fast immer sehr kompliziert. In der Regel innere Besamung.

Eidonomie

Der Körper ist überwiegend langgestreckt, wurm-, blatt- oder bandförmig, dorsoventral abgeplattet oder zylindrisch. Die freilebenden Formen weisen ein bewimpertes Integument und oft Augen auf. Die parasitischen Formen sind meist mit Haftapparaten wie Sauggruben oder -näpfen, Haftscheiben oder Haken ausgestattet.

Anatomie

Integument. Die Epidermis besteht aus einem mit Cilien besetzten einschichtigen Epithel oder ist syncytial (bewimpert oder unbewimpert) mit versenkten kernhaltigen Zellabschnitten innerhalb oder sogar unterhalb des Muskelschlauches. Dieser ist mehr oder weniger mit dem Integument zu einer Einheit verschmolzen (besonders bei „versenktem“ Epithel), zu dem für die Plathelminthes kennzeichnenden Hautmuskelschlauch. Ein **Skelett** fehlt, jedoch sind bei einigen Turbellaria innere, ins Parenchym eingebettete spikuläre Skelettbildungen entwickelt. **Leibeshöhle.** Die inneren Organe liegen fast nie frei zwischen Hautmuskelschlauch und Darmkanal. Sie sind vielmehr in ein wohl stets mesodermales **Parenchym** eingebettet, dessen Zellen häufig ein netzartiges, alveoläres Maschengewebe bilden (Abb. 242, 243). Dieses Parenchym stellt nicht nur ein Stütz- und Füllgewebe dar, seine Zellen speichern vielmehr auch Glycogen und Fette. Es ist daher für den Stoffwechsel von großer Bedeutung. In den unregelmäßigen Parenchymlücken, dem **Schizocoel** (s. Teil 1), befindet sich eine Flüssigkeit, die keine bestimmte Strömungsrichtung hat, trotzdem aber wohl in abgeschwächtem Maße die Aufgaben des Blutes und der Lymphe von Wirbeltieren erfüllt (Haemolymphe). Bei einigen Trematoden-Gruppen treten ein oder mehrere Paare von Längskanälen mit Seitenzweigen auf, die eine besonders zusammengesetzte „Lymphe“ enthalten (S. 420). **Muskulatur.** Unter dem Integument bzw. unter der Epidermis liegt ein in der Hauptsache mesodermaler Muskelschlauch aus meist in besonderen Schichten angeordneten Ring-, Längs- und oft auch Diagonalmuskeln; dazu können körperdurchquerende Dorsoventralmuskeln kommen. Integument und Muskelschlauch sind mehr oder weniger innig zu einem **Hautmuskelschlauch** verbunden (s. o.).

Das **Nervensystem** besteht aus einem subepidermalen Hautplexus, zu dem gewöhnlich ein innerhalb des Hautmuskelschlauches im Parenchym liegendes Zentralnervensystem kommt. Dieses besteht, außer bei wenigen kleinen Formen, aus mehreren regelmäßig angeordneten Paaren von Marksträngen und bildet im Grundplan ein **Orthogon** (ein dorsales, ein ventrales und zwei laterale Paare). Diese Markstränge durchziehen den ganzen Körper und sind untereinander durch ringförmige Kommissuren verbunden (Abb. 212, 215, 230). Am Vorderende gehen sie in ein oft deutlich paariges Gehirn über. Als **Sinnesorgane** sind freie Nervenendigungen und primäre Sinneszellen, bei freilebenden Arten und Larven von parasitischen Arten oft Augen sowie bei manchen Turbellaria eine Statocyste entwickelt.

Das **Verdauungssystem** fehlt (sekundär) den Gyrocotylidea, Amphilinidea und Cestoda völlig. Bei den Acoela ist anstelle eines Mitteldarmes mit epithelialer Wand ein verdauendes Zentralparenchym ausgebildet (möglicherweise fehlt hier der Darm primär). Die übrigen Gruppen haben eine in der Regel am Vorderende oder auf der Ventralseite gelegene Mundöffnung, häufig einen Rüssel oder Pharynx und einen Mitteldarm, der unpaar oder gegabelt, einfach gestaltet oder mehr oder weniger verästelt sein kann; er endet blind, lediglich einige Trematoda weisen einen oder zwei After auf. Ein **Blutgefäßsystem** und besondere **Atmungsorgane** fehlen. Als Vorläufer eines Blutgefäßsystems kann das bei einigen Trematoden-Gruppen entwickelte **Lymphsystem** angesehen werden (S. 420).

Als **Exkretionsorgane** (und osmoregulatorisches System) durchziehen meist **Protonephridien** das Parenchym mit verzweigten, blind endenden Ästen, die gewöhnlich auf jeder Körperseite in einen größeren Längskanal münden (z. B. Abb. 215, 222). Die Hauptkanäle (selten ist nur einer vorhanden) können getrennt oder gemeinsam, häufig unter Vorschaltung einer Sammelblase, ausmünden. Andere Formen haben mehrere Hauptkanäle und Exkretionsporen (manche Turbellaria). Jede Protonephridialeinheit (Protonephridium) setzt sich gewöhnlich aus einer am Ende blind geschlossenen Terminalzelle und einer Kanalzelle (Kapillare) zusammen. Diese Endeinheiten entnehmen den Parenchymlücken überschüssiges Wasser bzw. Interzellularflüssigkeit und treiben die Flüssigkeit mit Hilfe einer Wimperflamme ins Gefäßnetz. Dort bewirken in manchen Fällen andere, wandständige Wimperbüschel (interkalare oder Treibwimperflammen) den Transport bis zur Ausmündung. Die Terminalzellen mit Wimperflamme im röhrenförmigen Abschnitt (Wimperflammenzellen) gehören zu den **Cyrtocyten.**

Während der Embryogenese wachsen wahrscheinlich jeweils eine Terminalzelle und eine Kanalzelle aufeinander zu. Die röhrenförmige Kanalzelle und der hintere röhrenförmige Abschnitt der Terminalzelle treten durch fingerförmige Zellfortsätze (Microvilli) miteinander in Verbindung. Dabei schiebt sich jeweils ein fingerförmiger Fortsatz der einen Zelle zwischen zwei solche Fortsätze der anderen. Dadurch entsteht die „Reuse" (Abb. 210). Der fertige Reusenapparat besteht aus einem Zylinder von Stäben, der von einer feinen Plasmamembran (Hüllmembran) umschlossen wird. Die Wand der Reuse ist von zahlreichen 10—30 nm breiten Spalten durchbrochen. Sie besteht entweder aus einer inneren und einer äußeren, durch die Grundmembran getrennten Reihe von Längsstäben bei Trematoda, Cestoda und manchen Turbellaria, aus einer inneren Reihe von Längsstäben allein oder zusammen mit einer äußeren aus Querstäben bei anderen Turbellaria. Die einzelnen Stäbe der Reuse sind fast immer durch eine feine „Filtermembran" miteinander verbunden. Vibrationen der Röhrenwand des Protonephridiums weisen darauf hin, daß die innerhalb der Zellenröhre undulierende Wimperflamme Druckschwankungen verursacht, die wohl zur

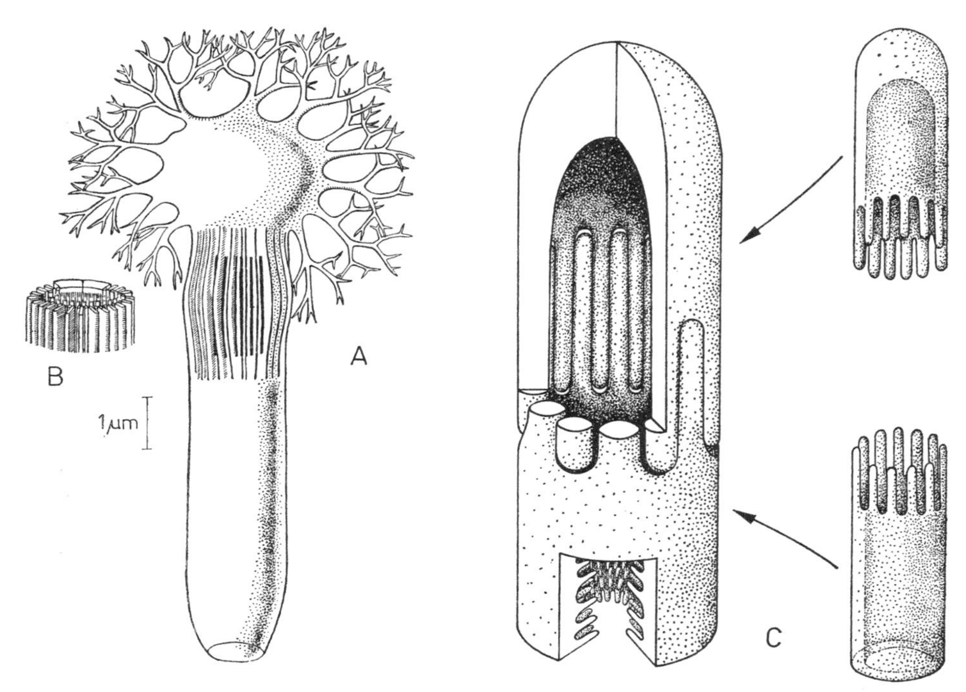

Abb. 210. **A.** Rekonstruktion eines Protonephridiums des Miracidiums von *Fasciola hepatica.* **B.** Querschnitt-Rekonstruktion. **C.** Hypothetisches Diagramm der Verbindung der Terminalzelle (oben) mit der Kanalzelle (unten) durch fingerförmige Fortsätze (Bildung des Reusenapparates) während der Embryonalentwicklung. — A und B nach KÜMMEL **1965,** C nach WESSING & POLENZ **1974.**

Übernahme von Flüssigkeit aus dem umgebenden Parenchym und zur Filtration derselben burch Grund- und Filtermembran führen.

Die Protonephridien dienen in der Hauptsache wohl der Osmoregulation. Damit läßt sich ihre schwache Ausbildung oder ihr völliges Fehlen bei manchen marinen Turbellaria erklären. Dem steht jedoch entgegen, daß sie bei marinen Ectoparasiten (Udonellida, Pectobothrii), marinen Cercarien sowie bei Endoparasiten (Trematoda und Cestoda) durchweg gut entwickelt sind. Die Protonephridien (Kanalzelle, Gefäßwände) haben jedoch auch die Fähigkeit zur Reabsorption und sind an der Exkretion (Ultrafiltration) beteiligt; darauf weist auch der korpuskuläre Inhalt von Gefäßen oder Exkretionsblasen hin. Bei vielen Turbellaria sind die Gefäße von großen Exkretionszellen (Paranephrocyten) flankiert (S. **351**).

Die **Geschlechtsorgane** der gewöhnlich zwittrigen Plathelminthes sind bei allen Klassen nach dem gleichen Typus angelegt, der sich bei den Strudelwürmern schrittweise herausgebildet hat. Im Gegensatz zu der sonstigen so einfachen Organisation des Stammes komplizieren sie sich dermaßen, daß sie zu den verwickeltesten Fortpflanzungsorganen des Tierreichs gehören So werden nicht nur Begattungsorgane mit Anhangsdrüsen ausgebildet, sondern bei vielen freilebenden und allen parasitischen Gruppen auch die Ovarien in kleine Keimstöcke (Germarien) und große Dotterstöcke (Vitellaria) gespalten (z. B. Abb. 215, 230, 239, 255, 263). Die Dotterzellen kriechen in diesem Falle im Dottergang zum Oviduct. In einer Erweiterung desselben (Ootyp, Oogenotyp) umgeben eine, einige oder zahlreiche (1000—2000) Dotterzellen je eine befruchtete Eizelle und werden mit ihr zusammen in eine Schale eingeschlossen, zu deren Substanz sie meist selbst beisteuern. So entstehen zusammengesetzte ectolecithale Eier. Für ihre Besamung müssen die Spermien vor der Schalenbildung in die weiblichen Geschlechtswege gebracht werden. Das geschieht meist entweder mit einem permanent rutenförmigen Penis, der während der Kopulation lediglich durch seine Muskulatur verlängert wird und den Ductus ejaculatorius enthält, oder durch ein nur temporär rutenförmiges Organ, den Cirrus, der sich dadurch bildet, daß die Wand des Ductus ejaculatorius bei der Begattung nach außen umgekrempelt wird (Abb. 246).

Fortpflanzung, Entwicklung und Larven

Die meisten Plathelminthes sind **Hermaphroditen** mit innerer Besamung. Sie kopulieren gewöhnlich wechselseitig, zuweilen kommt auch Autokopulation vor. Entsprechend sind spezielle Kopulationsorgane ausgebildet. Neben der Oviparie treten in einigen parasitischen Gruppen Viviparie (manche Pectobothrii, Parthenitae der Malacobothrii) und Ovoviviparie (Amphilinidea, manche Gyrocotylidea, Cestoda und Trematoda) auf. Ungeschlechtliche Vermehrung ist nicht selten. Sie kann stattfinden in Form von einfachen Querteilungen (Architomie) bei manchen Turbellaria und bei der Muttersporocyste von Malacobothrii, von innerlich vorbereiteten Querteilungen (Paratomie) bei manchen Turbellaria oder von Sprossung bei manchen Cestoden-Larven. Bei einigen Turbellaria (Dalyellioida) und bei den Malacobothrii unter den Trematoda tritt Heterogonie auf.

Bei dem primitiveren archoophoren Entwicklungstyp (Gnathostomulida, archoophore Turbellaria) furchen sich die entolecithalen Eier nach dem Spiraltypus (S. 355). Bei dem abgeleiteten neoophoren Entwicklungstyp verläuft die Furchung der zusammengesetzten ectolecithalen Eier unregelmäßig, meist unter Ausbildung besonderer Embryonalhüllen.

Es werden teils besondere **Larven** gebildet (die Entwicklung ist dann durch eine verschiedengradig ausgeprägte Metamorphose gekennzeichnet), teils erfolgt die Entwicklung ohne Metamorphose. Die Larven sind oft als (meist freischwimmende) Wimperlarven ausgebildet (Müllersche und Goettesche Larve mancher Turbellaria, Oncomiracidium der Pectobothrii, Lycophora der Amphilinidea und Gyrocotylidea, Coracidium mancher Cestoda, Miracidium und Cotylocidium der Trematoda). Bei einigen parasitischen Gruppen läuft die Entwicklung über mehrere (2—3) Larvenstadien (Amphilinidea, Cestoda, die meisten Trematoda).

Stammesgeschichte

Der Stamm stellt eine gut abgegrenzte und sicherlich monophyletische Gruppe dar. Er nimmt eine Schlüsselstellung in den Betrachtungen zur Phylogenese der Metazoa ein. Sein mutmaßlicher Ursprung ist Gegenstand von nicht weniger als zehn verschiedenen Theorien [4, 19, 20, 43].

Die archoophoren Strudelwürmer, insbesondere die Xenoturbellida und Acoela[1]), sind zweifellos die am einfachsten organisierten freilebenden Bilateralia, und die Meinung, dies sei ein ursprünglicher Zustand, ist nicht zu widerlegen. Viele Zoologen möchten deshalb die Turbellaria für die ältesten Bilateralia halten und sie im Hinblick auf die Afterlosigkeit, die Verteilung der Nahrung im Körper durch den Darm, die gleichmäßige Anordnung

---

[1]) Bei der Acoelen-Gattung *Convoluta* konnten elektronenoptisch in allen Geweben Zellmembranen nachgewiesen werden. Zweifel bestehen lediglich, ob das auch für die Zentral-Parenchymlappen gilt, die bei der Nahrungsaufnahme aus der Mundöffnung heraustreten. So sind also auch die erwachsenen Acoela wie ihre Entwicklungsstadien zellig gebaut. Phylogenetische Theorien, die sich auf die vermeintliche syncytiale Beschaffenheit ihrer Gewebe gestützt hatten, verlieren damit an Beweiskraft.

von Marksträngen (Orthogon) rings um die Körperlängsachse und die in einigen Fällen epidermale Lagerung des Nervensystems direkt von präkambrischen Ahnen der Cnidaria oder neotenen Planula-ähnlichen Formen ableiten. Verbinden sie damit die Theorie des monophyletischen Ursprungs der Bilateralia, so legen sie fest, daß die ersten Bilateralia Protostomia waren. Die Schwierigkeit, davon die Deuterostomia ableiten zu müssen, umgeht BEKLEMISCHEW; er läßt Plathelminthes, coelomate Bilateralia und die trimeren Coelomata („Archicoelomata") polyphyletisch aus nahe miteinander verwandten Ahnen der Cnidaria hervorgehen. Im Gegensatz zu den genannten Ansichten stehen diejenigen Forscher, die als Urformen aller Bilateralia coelomate, trimere Proto- und Deuterostomia annehmen. Sie brauchen nicht die Deuterostomia aus Protostomia abzuleiten, müssen aber die Plathelminthes (dazu auch die Nemathelminthes und Nemertini) für sekundär vereinfachte Tierstämme halten, die das Coelomepithel völlig zurückgebildet oder in Parenchym verwandelt haben. Keine der drei genannten Anschauungen kann einen Beweis für ihre Richtigkeit beibringen (vgl. 1. Teil, S. 121 ff.).

Die geringe Organisationshöhe bedingt eine große Einheitlichkeit des Stammes. Die unterschiedlichen Entwicklungsrichtungen der einzelnen Gruppen offenbaren sich in der Variation von Einzelheiten, die bei anderen Tiergruppen konstant sind. So können Mund, Exkretionsporen und Geschlechtsöffnung in buntem Wechsel zur Körpermitte sowie ans Vorder- oder ans Hinterende verschoben werden. Dasselbe gilt für die Lage der Hoden, Keim- und Dotterstöcke. Daraus ergibt sich ein überaus vielfältiges Situsbild bei den verschiedenen Klassen.

Innerhalb der Plathelminthes verkörpern die als Stadiengruppe **Archoophora** zusammengefaßten Turbellarien-Gruppen eine ursprüngliche Organisationsstufe (meist zwei einheit-

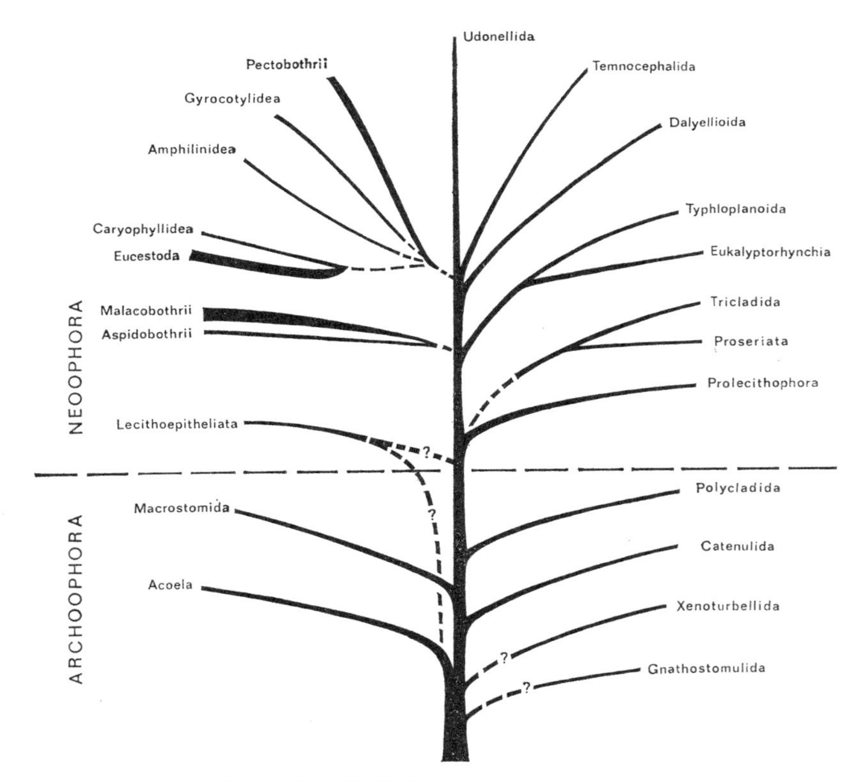

Abb. 211. Stammbaum der Plathelminthes.

liche Ovarien, entolecithale Eier, primitive Pharynxtypen). Der „systematische Typus" (Urtyp) der Turbellaria wäre damit zugleich der aller Plathelminthes (vgl. S. 357). Auf dieser Stufe stehen hinsichtlich der „Archoophorie" auch die Gnathostomulida, die jedoch nur ein einheitliches Ovarium, einen mit den primitiven Pharynxtypen der archoophoren Turbellaria nicht übereinstimmenden, komplizierten Pharynx und fast kein Parenchym haben. Das Fehlen der Protonephridien bei den Xenoturbellida und Acoela könnte durchaus ein primitiver Zustand sein.

Die beiden großen, rein parasitisch lebenden Überklassen der Plathelminthes (Cercomeromorphae und Trematoda) entsprechen der höheren Organisationsstufe der als Stadiengruppe **Neoophora** zusammengefaßten Turbellarien-Gruppen (Ovarium in Keimstock und Dotterstöcke aufgeteilt[1]), zusammengesetzte ectolecithale Eier, „höherer" Pharynxtyp). Sie haben mit bestimmten Gruppen der Neorhabdocoela die Ausbildung nur eines Germariums (statt zwei bei den meisten Turbellaria) und einem dem fortgeschrittenen Typ des Pharynx bulbosus ähnlichen Pharynx gemein. Es spricht vieles dafür, die „Neoophora" (unter Umständen ohne die Lecithoepitheliata) als eine monophyletische Gruppe zu betrachten, die auch die Cercomeromorphae und die Trematoda einschließt (Abb. 211).

Es gibt auch Hypothesen, die die beiden parasitischen Überklassen (gemeinsam oder getrennt) überhaupt nicht mit den Turbellaria in Verbindung bringen [90, 142]. Andere Forscher beziehen die Mesozoa oder zumindest die Dicyemida in die Plathelminthes ein [23, 125] (vgl. S. 415). Einige Zoologen schließlich zweifeln an der Zugehörigkeit der Xenoturbellida und Gnathostomulida zu den Plathelminthes [4, 26, 65].

Auf **Vorkommen, Verbreitung** und **Lebensweise** wird bei den einzelnen Überklassen und Klassen näher eingegangen. **Ökonomische Bedeutung** haben vor allem die parasitischen Pectobothrii, Cestoda und Trematoda als Krankheitserreger bei Mensch und Nutztieren.

System

Die Schwierigkeiten, die bei der Klassifikation der Plathelminthes erwachsen, ergeben sich aus dem im Abschnitt Stammesgeschichte Gesagten (vgl. Abb. 211). Bei einer Anwendung der Prinzipien der Phylogenetischen Systematik müßten die großen parasitischen Gruppen der Cercomeromorphae und Trematoda als Schwestergruppen etwa bestimmter Familien der Dalyellioida behandelt werden. Damit würde der Begriff „Turbellaria" aus der Systematik verschwinden oder zum Synonym der Stammbezeichnung Plathelminthes werden. Wir haben hier auf eine solche Lösung des Problems verzichtet.

Andererseits läßt eine Unterscheidung in die beiden Organisationsstufen Archoophora und Neoophora ein gewichtiges Evolutionsmerkmal innerhalb der Plathelminthes erkennen. Dieses Merkmal ist bisher systematisch nicht berücksichtigt worden, ja es wird oftmals von seiner Anwendung selbst innerhalb der Turbellaria abgeraten mit dem Hinweis, daß ja Archoophora und Neoophora lediglich „Stadiengruppen", also keine „echten Taxa" seien. Die Bezeichnung „Stadiengruppe" ist nur zum Teil mit dem Begriff „Gradus" der Evolutionären Klassifikation gleichzusetzen. Was aber bisher bei den Turbellaria bzw. Plathelminthes als „Stadiengruppe" diskriminiert wurde, sind in Wirklichkeit sicherlich evolutive Gradus, deren Bewertung als Taxa nach der evolutionären Methode durchaus denkbar wäre. Aber auch bei einem solchen Verfahren der Klassifikation würde der Schnitt mitten durch die Turbellaria gehen.

Aus praktischen Gründen teilen wir hier die Plathelminthes in die drei Überklassen Turbellarimorphae, Cercomeromorphae und Trematoda ein.

---

[1]) Das trifft nicht für die Lecithoepitheliata zu, bei denen die „Neoophorie" durch Germovitellarien erreicht wird. Unter Umständen hat sich also der neoophore Zustand diphyletisch herausgebildet.

1. Überklasse Turbellarimorphae

Etwa 3500 Arten. Körperlänge zwischen 0,3 und 600 mm.

Diagnose

Überwiegend freilebende Plathelminthes mit vollständig oder fast immer wenigstens auf der Ventralseite oder in der Jugend bewimperter (selten begeißelter), epithelialer oder seltener syncytialer und dann oft noch kernhaltiger Epidermis (einige epizoische oder parasitische Arten entbehren der Wimpern). Meist mit Pharynx und fast immer blind endendem Darm. Ohne Cercomer (s. S. **371**). – Mit den Klassen Turbellaria und Gnasthostomulida.

1. Klasse Turbellaria, Strudelwürmer

Etwa 3400 Arten. Körperlänge meist zwischen 0,4 und 5 mm, doch werden die Tricladida und Polycladida, vor allem aber manche Landplanarien erheblich größer (jedoch nur selten länger als 10 cm). Längste Art: Landplanarie *Bipalium javanum*, bis 60 cm.

Diagnose

Überwiegend freilebende Turbellarimorphae, deren Epidermis meist Rhabditen enthält. Bei (meist vorliegender) epithelialer Struktur der Epidermis trägt jede Epidermiszelle zahlreiche Cilien. Leibeshöhle mit Parenchym ausgefüllt. Grundzahl der weiblichen Gonaden zwei (1–2 Ovarien oder Germovitellarien oder 1–2 Germarien plus 2 Dotterstöcke).

Eidonomie

Der Körper ist meist langgestreckt. Während die kleinen Arten weißlich oder sehr dunkel gefärbt sind, treffen wir unter den Polycladida und Landplanarien auch prächtig bunte Formen an. Zahlreiche kleine Strudelwürmer und manche Landplanarien sind nicht flachgedrückt, sondern haben einen ovalen oder runden Querschnitt.

Anatomie

Das **Integument** besteht aus einer einschichtigen Epidermis, die vollständig oder zumindest auf der ventralen (Kriech-) Seite bewimpert ist (Ausnahme: Temnocephalida, Udonellida). Ihre Kerne sind manchmal in bruchsackartige Ausstülpungen versenkt, die durch den Hautmuskelschlauch bis ins Parenchym hineinragen können. Dies gilt auch für viele jener Hautzellen drüsigen Charakters, die bei manchen Arten neben formlosem Schleim auch **Rhabditen** absondern (S. **359**), Stäbchen, die senkrecht zur Körperoberfläche im Integument liegen und die ins Wasser ausgestoßen schlagartig miteinander zu einem klebrigen Schleim verquellen.

Die durch ein enormes Quellungsvermögen ausgezeichneten Rhabditen haben eine komplizierte Ultrastruktur und lassen mehrere Typen unterscheiden. Ihre Bildung innerhalb der Neoblasten zeigt deutliche Beziehungen zur Entstehung der Cniden in interstitiellen Zellen der Cnidaria in der übereinstimmenden aktiven Beteiligung des endoplasmatischen Reticulums. Die Polycladen *Cycloporus* und *Stylostomum*, die wenige Rhabditen erzeugen, geben aus Deckzellen der Epidermis ein Hautsekret ab, dessen Reaktion bis p_H 1 betragen kann. Die Zellen ähneln sehr denen mancher opisthobranchiater Schnecken, die ebenfalls stark saure Stoffe ausscheiden. Arten mit rhabditenreicher Epidermis, wie z. B. *Prostheceraeus* und *Leptoplana*, entlassen dagegen nur ein neutrales oder leicht alkalisches Hautsekret.

In verschiedenen Gruppen haben einzelne Arten innerhalb der Epidermiszellen Muskelfibrillen. Eine viel bedeutendere Rolle aber spielt der subepidermale Hautmuskelschlauch. Außer bei den Acoela liegt die Epidermis auf einer unterschiedlich dicken Basalmembran. Zur Ultrastruktur des Integuments s. [12, 14, 59].

Skelett. Bei einigen Acoela, Catenulida und Macrostomida sind spikuläre Skelettbildungen im Parenchym, bei Bertiliellidae (S. **367**) in der Basalmembran nachgewiesen worden (spikuläres Kalkskelett). Es wird angenommen, daß diese Spikulabildungen eine Stützfunktion im Zusammenhang mit Gewebe-Ersparnis haben [58]. Eine „Chorda intestinalis" entsteht bei einigen Proseriata durch zellige Versteifung eines Darmastes (S. 360). Hier handelt es sich um eine Analogie zur Chorda dorsalis der Chordata.

Leibeshöhle. Das Parenchym ist prinzipiell zellig. Bei den Acoela besteht das periphere Parenchym aus eng gefügten Zellen, bei den Tricladida aber liegen die Zellen locker, und zwischen ihnen befinden sich extrazelluläre Räume mit eingelagerten Proteinfilamenten. Noch weiter ist die Sonderung bei den Polycladida gegangen: Bei *Discocelides* z. B. sind die tiefer liegenden Parenchymzellen durch eine Grundsubstanz mit eingelagerten Proteinfilamenten getrennt. Der **Hautmuskelschlauch** besteht aus glatten Ring-, Diagonal- und Längsmuskeln, zu denen Dorsoventralmuskeln kommen, die das Parenchym durchqueren.

Das zentrale **Nervensystem** liegt gewöhnlich im Parenchym und besteht aus einem am sinneszellenreichen Vorderpol des Körpers liegenden Gehirn, von dem ursprünglich wohl vier Paar Markstränge ausgehen (Orthogon), die den Körper der Länge nach durchziehen und die durch Kommissuren miteinander verbunden werden (Abb. 212, 215). Daneben ist noch ein stark verästelter Nervenplexus direkt unter der Basalmembran der Epidermis vorhanden.

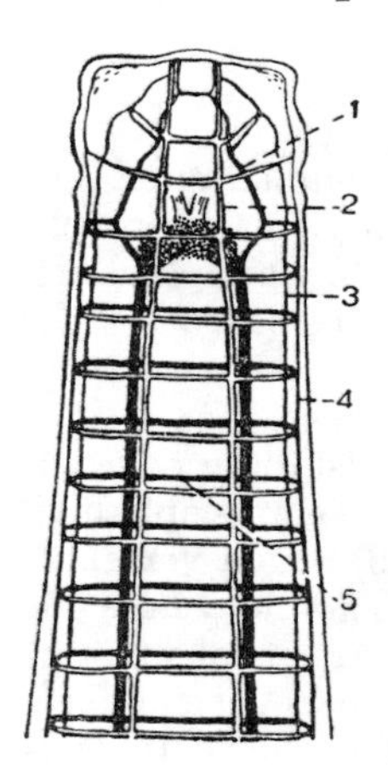

Abb. 212. Nervensystem von *Bothrioplana semperi* nach Vitalfärbung. Länge des Präparates 3 mm. Der periphere Plexus ist nicht sichtbar. Ventrale Stränge schwarz, dorsale weiß gehalten, Gehirn punktiert. — **1** praecerebrale Stränge, **2** dorsaler Längsnerv, **3** Ventrolateralnerv, **4** Dorsolateralnerv, **5** Ringkommissur. — Nach Reisinger.

Dieses System erleidet bei den vorzugsweise kriechenden Gruppen (Bachtricladen, Landplanarien) sowie bei sehr kleinen Neorhabdocoela (und anderen) Abwandlungen, die biologisch leicht verständlich und in den Diagnosen der betreffenden Taxa nachzulesen sind (S. 363 ff.). Hier müssen dagegen die sehr interessanten Verhältnisse bei manchen Acoela erwähnt werden, bei denen (im Gegensatz zu allen anderen Strudelwürmern, ja manchmal sogar zu Arten derselben Gattung wie bei *Convoluta*) das gesamte Nervensystem lediglich durch einen subepidermalen Plexus dargestellt wird, der an den der Cnidaria erinnert. Freilich läßt er aber einige Verdichtungen erkennen; sie deuten Längsstränge an und bilden am Vorderrand des Körpers auch eine fast kontinuierliche Nervenschicht, die mit Sinneszellen und mit der Statocyste in Verbindung steht.

Sinnesorgane. Dem Tastsinn dienen zahlreiche primäre Sinneszellen mit haarförmigen Sinnesfortsätzen, die vor allem an den Körperrändern gehäuft sind. Als chemische Sinnesorgane wirken differenziert bewimperte Hautfelder, die oft als Grübchen oder Rinnen eingesenkt sind (S. 360). Organe für den Strömungssinn können an seitlichen Fortsätzen des Vorderendes (Aurikel) ausgebildet sein. Eine Anzahl von Arten, insbesondere *Xenoturbella,* Acoela und Proseriata, haben eine dem Hirn anliegende bläschenförmige Statocyste (Abb. 213). Sehr oft sind Augen in ein oder mehreren Paaren vorhanden; bei manchen Landplanarien kann der ganze Rücken mit mehr als 1000 Augen umrandet sein. Sie bestehen gewöhnlich aus einem Pigmentbecher, in den Sehzellen hineinragen, deren Anzahl von einigen wenigen bis auf über 100 steigen kann (Abb. 214). Bei zahlreichen Landplanarien aber treten die meisten Retinazellen an die konvexe Außenseite des Pigmentbechers heran, durchbrechen sie und kehren ihr Rhabdom der Öffnung des Pigmentbechers zu; die Öffnung ist von einem cornea-ähnlichen Gewebe verschlossen.

Verdauungssystem. Der Mund liegt stets in der Mittellinie des Körpers, und zwar in den verschiedensten Gegenden, höchst selten jedoch am Hinterende. Er führt in einen ectodermalen, bewimperten Pharynx (Abb. 217), der bei den Acoela häufig sehr kurz ist. Seinem Epithel, das lange Drüsenzellen enthält, liegen Längs- und Ringmuskeln an, und außerdem sind radiär verlaufende Erweiterungsmuskeln vorhanden. Das einfache Pharynxrohr (Pharynx simplex) wird in sehr vielen Fällen abgewandelt. So ent-

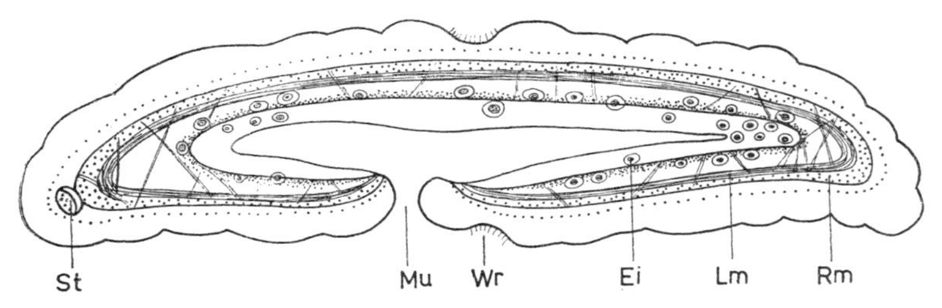

Abb. 213. *Xenoturbella bocki,* Sagittalschnitt. Länge etwa 2,5 cm. — **Ei** Eizelle, **Lm** Längsmuskelschicht, **Mu** Mundöffnung, **Rm** Ringmuskelschicht, **St** Statocyste, **Wr** Wimperrinne. — Nach WESTBLAD 1949.

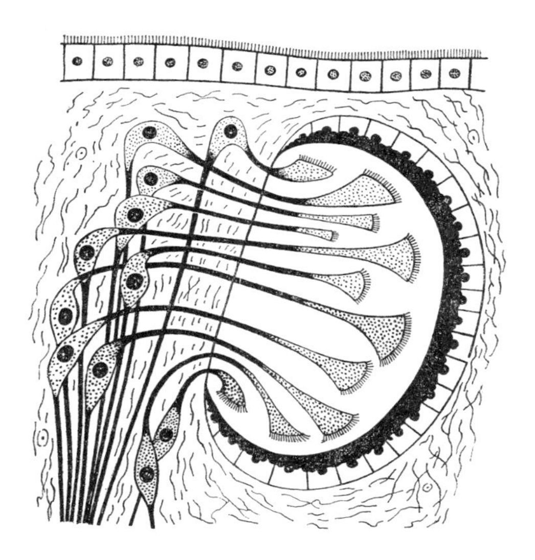

Abb. 214. Pigmentbecherauge von *Dugesia gonocephala.* Durchmesser 0,4 mm. Die Stiftchenkappen der Rhabdomzellen bestehen aus einem System parallel gelagerter, dicht gepackter, im Querschnitt rundlicher Microvilli. — Nach HESSE.

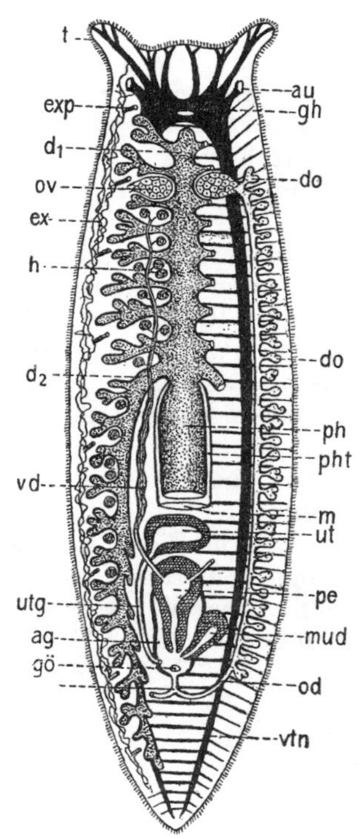

Abb. 215. Schema der Organisation einer Süßwasserplanarie. Länge 2 cm. Nervensystem schwarz angelegt. — **ag** Genitalatrium, **au** Auge, $\mathbf{d_1}$ vorderer, $\mathbf{d_2}$ hinterer Darmschenkel (vom rechten nur der Anfang gezeichnet), **do** Dotterstöcke, **ex** Protonephridien, **exp** Exkretionsporus, **gh** Gehirn, **gö** Genitalöffnung, **h** Hoden, **m** Mund, **mud** muskulöses Drüsenorgan des männlichen Genitalapparates, **od**, $\mathbf{od_1}$ Oviduct, **ov** Keimstock, **pe** Penis, **ph** Pharynx, **pht** Pharyngealtasche, **t** Tastlappen, **ut** Bursa, **utg** deren Ausführgang, **vd** Vas deferens, **vtn** ventrale Längsnerven. — Nach Bresslau 1933.

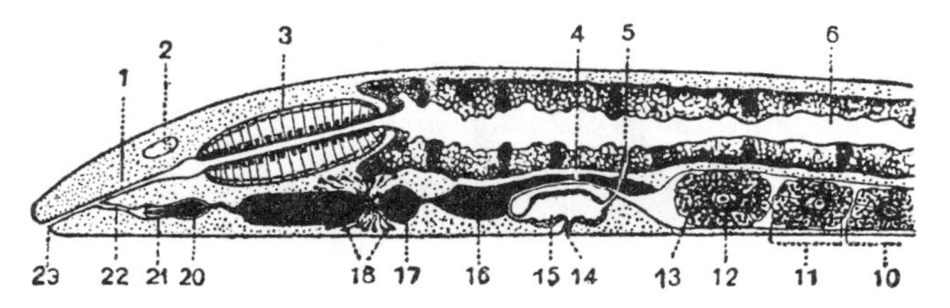

Abb. 216. Schema der Organisation von *Prorhynchus* im Längsschnitt. Länge 6 mm. — **1** Mundrohr, **2** Gehirn, **3** Pharynx bulbosus mit Radiärmuskeln, **4** Oviduct (weiß angelegt). **5** Ductus genito-intestinalis, **6** Mitteldarm, **10—12** Eier mit Dotterzellen (**13**) umgeben im Ovar, **14** weibliche Geschlechtsöffnung, **15** Bursa, **16—22** männliche Geschlechtsorgane (schwarz angelegt), **16** Hoden, **17** Samenblase, **18** Drüsen, **20** Penisbulbus, **21** Penisstilett, **22** männlicher Genitalkanal, **23** Mund. — Nach Steinböck aus Bresslau 1933.

steht durch Faltung seiner Wand der Pharynx plicatus (Abb. 217). Dabei senkt sich die Epidermis rings um den Mund als Ringgraben ein, der derart tief ins Körperinnere vordringt, daß er den gesamten eigentlichen Pharynx wie ein Röhrenfutteral (Pharynxtasche) umgibt. Demzufolge kann der Schlund weit aus dem Körper herausgestreckt werden, bei den Seriata als Rohr (Abb. 215, 228), bei den Polycladida, wo er vertikal gestellt und trichterförmig ist, wie eine Krause, die das Beutetier wie ein Schleier einhüllen kann. Stark verkürzt ist die Pharynxtasche meist beim Pharynx bulbosus, der sich durch eine besonders dicke Muskelschicht und ein Bindegewebsseptum auszeichnet, das diese umhüllt und vom Körperparenchym trennt (z. B. Abb. 216, 221).

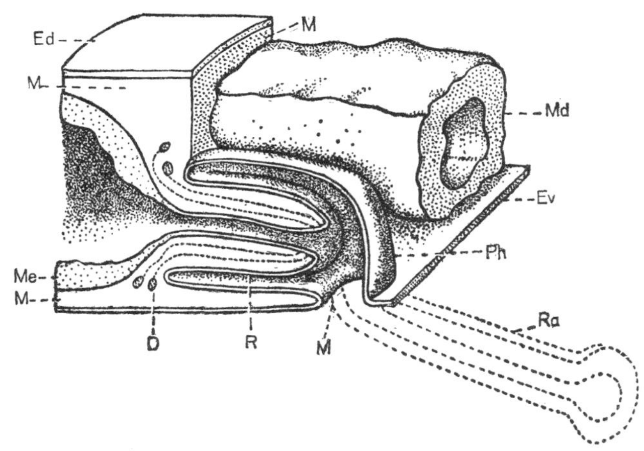

Abb. 217. Schematischer Längsschnitt durch den Pharynx plicatus einer Bachplanarie. Blockdiagramm. Muskulatur weggelassen. — **D** Drüsen, die im Parenchym liegen und an der Spitze des Pharynx münden, **Ed**, **Ev** dorsale und ventrale Epidermis, **M** Parenchym, rechts Mund, **Md** Mitteldarm, **Me** Mitteldarmepithel, **Ph** Pharynxtasche, **R** Rüssel in Ruhelage, **Ra** Rüssel ausgestülpt.

Der Pharynx geht in den Mitteldarm über. Dieser endet blind und ist bei kleinen Formen stabförmig, während er bei großen Arten Divertikel bildet, die alle Körperregionen erreichen und ihnen dadurch direkt Nahrungsstoffe zuführen können (kein Blutgefäßsystem!) (Abb. 219, 221, 222). Besonders häufig gabelt sich der Hauptkanal des Darmes vor den Geschlechtsorganen (Tricladida) und nimmt dadurch ⅄-Gestalt an, oder er ist vielästig (Polycladida) (Abb. 215, 218). Darmeigene und Parenchymmuskeln, bei den meisten archoophoren Ordnungen außerdem Wimpern, sorgen für die Verteilung des Darminhaltes. Bei den kleinen Acoela fehlt dem Mitteldarm fast immer das Lumen; er besteht dort vielmehr aus einem soliden Zentralparenchym, das ohne scharfe Grenzen in das umgebende Parenchym übergeht.

Als **Exkretionsorgane** dienen ursprünglich wohl nur verstreut im Parenchym verteilte Nephrocyten (Athrocyten), wie bei den Acoela. Sie kommen auch bei den anderen Ordnungen vor, wo die Exkretion zum Teil auch einzelnen Darmzellen obliegt. Die bei den „höheren" Ordnungen auftretenden **Protonephridien** sollen ursprünglich nur osmoregulatorische Funktion gehabt haben, nehmen später aber durch Verbindung mit Athrocyten auch an der Exkretion teil. Die mit dem Protonephridialsystem in Verbindung stehenden Athrocyten werden als Paranephrocyten (Abb. 222) bezeichnet. Die im Parenchym verlaufenden zwei oder vier Protonephridialkanäle (selten nur einer) münden durch einen, zwei oder viele (einige hundert) Poren nach außen (Abb. 215, 222).

Geschlechtsorgane. Die Strudelwürmer sind **Hermaphroditen**. Ihre Geschlechtsorgane bieten eine außergewöhnliche Vielfalt in bezug auf Lage, Gestalt, Größe und Art der Ausmündung. Entweder sind eine männliche und eine weibliche Geschlechtsöffnung vorhanden, oder es tritt noch eine besondere Begattungsöffnung hinzu, oder die männlichen und weiblichen Ausführgänge vereinigen sich in einem gemeinsamen Atrium, das mit einer einzigen Öffnung nach außen mündet (Abb. 215).

Die Hoden treten auf in Gestalt einer großen unpaarigen Gonade, als paarige Schläuche (Abb. 219) oder in Form vieler kleiner, im Parenchym verstreuter Bläschen (Abb. 215), die durch Vasa efferentia miteinander in Verbindung stehen. Die paarigen Samenleiter gehen schließlich in einen unpaarigen Ductus ejaculatorius über, der

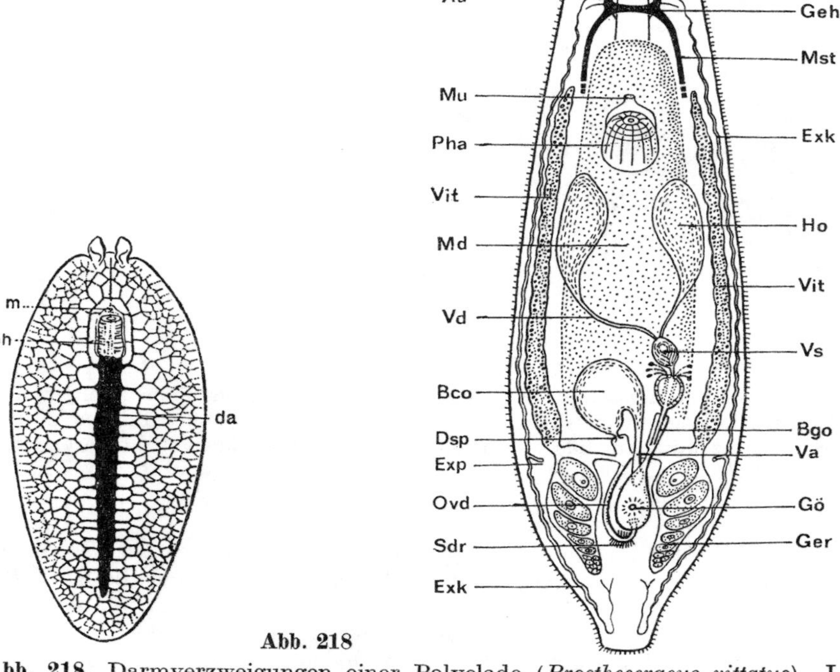

Abb. 218. Darmverzweigungen einer Polyclade (*Prostheceraeus vittatus*). Länge 3 cm. — **da** Hauptstamm des Mitteldarmes, **m** Mundöffnung, **ph** Pharynx, — Nach Lang aus Meixner.

Abb. 219. Schema der Organisation von *Proxenetes*. Länge 1,5 mm. — **Au** Auge, **Bco** Bursa copulatrix, **Bgo** stilettförmiges Begattungsorgan, **Dsp** Ductus spermaticus, **Exk** Exkretionskanal, **Exp** Exkretionsporus, **Geh** Gehirn, **Ger** Germarium (keimerzeugender Abschnitt des Ovars), **Gö** Geschlechtsöffnung, **Ho** Hoden, **Md** Mitteldarm, **Mst** Markstrang, **Mu** Mund, **Ovd** Oviduct, **Pha** Pharynx bulbosus, **Sdr** Schalendrüse, **Va** Vagina (Bursastiel), **Vd** Vas deferens, **Vit** Vitellarium (Dotterstock, dotterbereitender Abschnitt des Ovars) **Vs** Vesicula seminalis (Samenblase). — Nach Bresslau & Reisinger 1928.

meist in einem Penis endet. Für die verschiedenartig ausgestalteten Anhangsdrüsen und Mündungsweisen geben die Abb. 215, 216 und 219 Beispiele.

Noch schwieriger ist die Fülle der Ausgestaltungen der weiblichen Organe zu übersehen. Die Ovarien bzw. Germarien und Oviducte sind gewöhnlich (die Dotterstöcke immer) paarig, die distalen Ausführgänge und ihre Anhangsorgane aber stets **unpaarig**. Grundsätzlich können wir unterscheiden **Archoophora**, die **entolecithale** Eier erzeugen, und **Neoophora**, die **ectolecithale** Eier hervorbringen.

Bei den Archoophora bilden sich innerhalb der Eizelle auch Dotter- und Schalensubstanzen, oder aber das Ei übernimmt Nährstoffe aus benachbarten Ovarialzellen, die keine Reduktionsteilung durchmachen. Bei den Neoophora hingegen wird die Eizelle zusammen mit einer Anzahl von Nährzellen, also von degradierten Keimzellen, in eine gemeinsame Hülle eingeschlossen zu einem ectolecithalen, zusammengesetzten Ei. Die Nährdotterzellen können in direkter Nachbarschaft der Keimzellen vom Ovar (Germovitellarium) erzeugt werden (Abb. 216). Meist aber gliedert sich das Ovar in zwei Abteilungen, von denen die kleinere Eizellen, die größere jedoch nur Dotterzellen produziert (Abb. 215). **Schließlich**

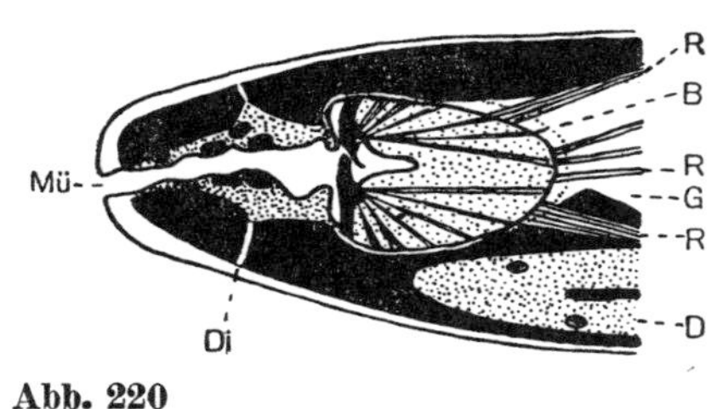

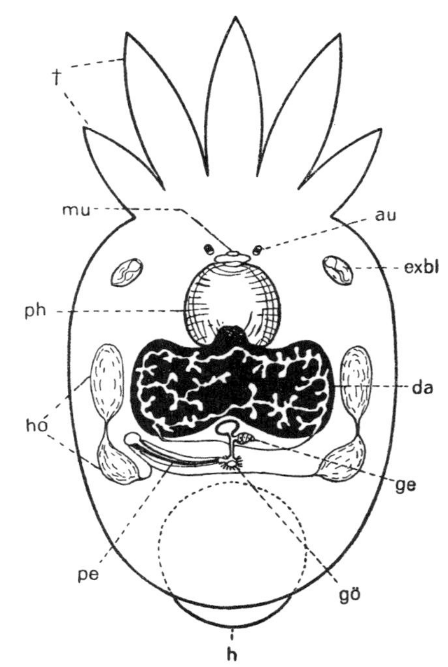

Abb. 220 **Abb. 221**

Abb. 220. Sagittalschnitt durch das Vorderende von *Gnathorhynchus*. Tier 0,7 mm, Präparat 0,16 mm lang. Die Mundöffnung ist nicht sichtbar, da sie hinter der Körpermitte liegt. — **B** Beugemuskeln der Greifhaken, **D** Darm, **Di** Dilatoren der Rüsselscheide, **G** Gehirn, **Mü** Ausmündung der Rüsselscheide, **R** Retraktoren des Rüssels. — Nach MEIXNER.

Abb. 221. *Temnocephala rouxi*. Länge 4 mm. — **au** Auge, **da** Darm (schwarz angelegt), darauf weiß die anastomosierenden Dotterstöcke, **exbl** Exkretionsblase mit Porus des Protonephridiums, **ge** Keimstock, links daneben Bursa resorbiens, **gö** Geschlechtsöffnung, **h** Haftscheibe, **ho** Hoden, **mu** Mund, **pe** Penis, **ph** Pharynx bulbosus, **t** Tentakel. — Nach MERTON kombiniert aus BRESSLAU 1933.

können diese beiden Abschnitte so stark voneinander abgeschnürt sein, daß sie als getrennte paarige Organe (Keim- und Dotterstöcke) erscheinen (Abb. 219). Die Dotterstöcke münden dann durch einen oder durch viele Gänge (Abb. 221) in den Oviduct. Die Nährzellen wandern im Oviduct entlang und scharen sich zu mehreren um je eine Eizelle; danach wird eine Hülle abgeschieden.

Der oder die Oviducte münden gewöhnlich in ein rein weibliches oder aber in ein auch die männlichen Ausführgänge aufnehmendes Atrium (Abb. 215, 216, 219, 221). Dieses ist durch einen mehr oder weniger langen Gang mit einer Bursa copulatrix verbunden, die bei der Kopula den Penis des Partners aufnimmt und auch als Receptaculum seminis dienen kann (Abb. 215). Häufig ist die Bursa durch einen Ductus genitointestinalis mit dem Mitteldarm verbunden, durch den wohl überschüssiges Sperma abgeschieden wird (Abb. 216). Ferner kann sie durch einen sekundären Gang, der allein der Begattung dient, unabhängig von der Vagina nach außen münden.

Bei Strudelwürmern, die ihre Eier längere Zeit im Körper zurückhalten, sind Uteri ausgebildet, bei den Polycladida als Erweiterung der Oviducte, bei manchen Neorhabdocoela in Form blinder, vom Atrium ausgehender Uterusschläuche. Bei einigen Lecithoepitheliata wurde der Kopulationsapparat reduziert, die Selbstbefruchtung wurde obligatorisch [53].

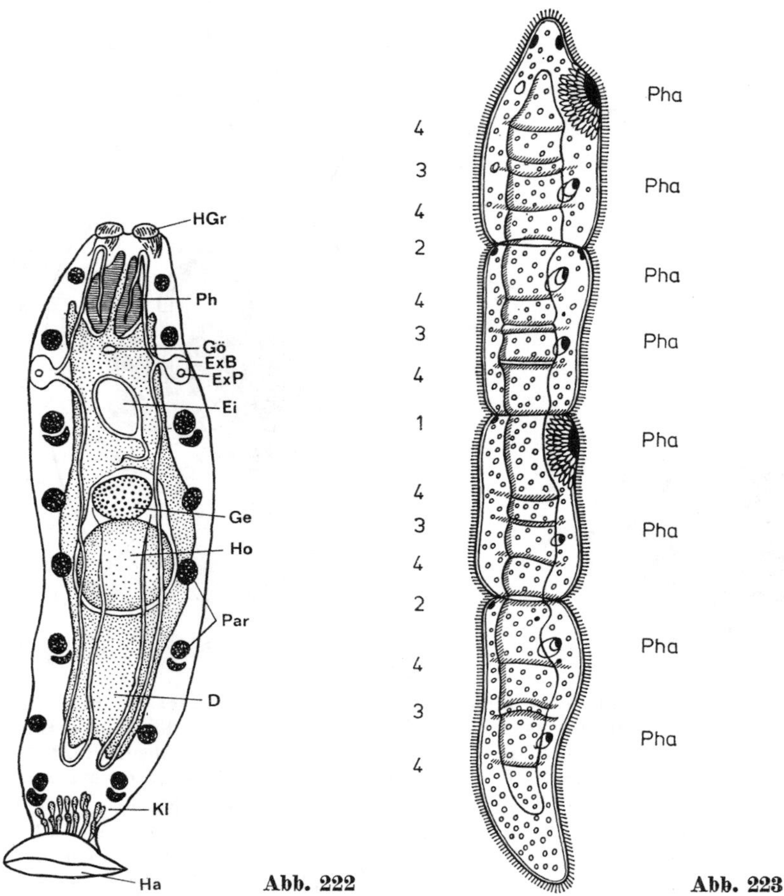

Abb. 222 Abb. 223

Abb. 222. *Udonella caligorum.* Länge etwa 2 mm. — **D** Darm, **Ei** Ei im Uterus, **ExB** Exkretionsblase, **ExP** Exkretionsporus, **Ge** Germarium, **Gö** Geschlechtsöffnung, **Ha** Haftscheibe, **HGr** drüsige Haftgrube, **Ho** Hoden, **Kl** Klebdrüsen, **Par** Paranephrocyten, **Ph** Pharynx bulbosus. — Nach Ivanov 1952.

Abb. 223. *Microstomum lineare* in Teilung. Länge 7,5 mm. — **1—4** Teilungsstellen 1.—4. Ordnung, **Pha** Pharynxanlagen der entstehenden Individuen. — Nach v. Graff aus Korschelt & Heider 1936.

Bei den Acoela liegen die reifenden Eier hintereinandergereiht im Parenchym. Es ist weder eine Gonadenwand noch ein Oviduct ausgebildet, so daß die entolecithalen Eier entweder durch Zerreißen der Körperwand oder durch den Darm und Mund ins Freie entleert werden. Doch weisen die Convolutidae wenigstens eine Vagina auf, die allerdings blind endet oder in eine Bursa seminalis übergeht.

Fortpflanzung

Die geschlechtsreifen Tiere suchen einander aktiv auf. Die in der Regel wechselseitige Begattung erfolgt nach lebhaftem Umherkriechen und Betasten. Der Penis wird entweder in die weibliche Geschlechtsöffnung eingeführt oder, wie bei manchen Acoela, Neorhabdocoela und Polycladida, in irgendeine Körperstelle des Partners eingestoßen, so daß die Spermien ihren Weg zu den Eiern durch das Parenchym — wohl chemotaktisch — suchen müssen.

Bei einigen Arten, die in zeitweise austrocknenden Gewässern leben, wird in günstigen Jahreszeiten für eine rasche Vergrößerung der Population gesorgt. Die Tiere erzeugen zwei, sich unterschiedlich schnell entwickelnde Eitypen.

So erzeugen die jungen *Mesostoma ehrenbergi*, noch ehe ihre Genitalien vollständig ausgebildet sind, schnell zahlreiche Subitaneier mit dünner Schale und mit nur je 40—50 Dotterzellen. Da noch kein Penis ausgebildet ist, nimmt man Selbstbefruchtung an. Die Eier entwickeln sich im Körper der Mutter, und schon nach 2—4 Wochen werden lebende Junge geboren. Die auf diese Weise entstandene Generation und deren Nachkommenschaft bringt zunächst immer wieder Subitaneier hervor. Es können auf diese Weise 4—6 Generationen folgen. Erst nach Eintritt der Geschlechtsreife und nach einer Begattung erzeugt dann jedes Tier normale, dotterreiche und hartschalige Dauereier, die sich im paarigen Uterus der Mutter ansammeln und erst nach dem bald eintretenden Tod des Muttertieres frei werden. Diese Dauereier können ungünstige Jahreszeiten (Austrocknung, Winter) überdauern.

Ungeschlechtliche Vermehrung durch Teilung, die gewöhnlich vom Herbst ab durch sexuelle Fortpflanzung abgelöst wird, treffen wir bei den Catenulida, Microstomidae und einer Anzahl Tricladida (z. B. *Dugesia*, *Crenobia*, *Polycelis*) an. Bei diesen Tieren tritt also in der Regel eine Metagenese auf.

Bei *Microstomum* wird die Teilung vorbereitet durch eine in der Körpermitte auftretende Querwand sowie durch die dort erfolgende Bildung eines neuen Pharynx und Oberschlundganglions aus Neoblasten (Abb. 223). Noch ehe diese Gebilde vollendet sind, treten inmitten der beiden Tierhälften weitere Septen auf, so daß Ketten von bis zu 16 Individuen entstehen, die schließlich auseinanderfallen. Eine solche vorbereitete Teilung (Paratomie) findet auch bei *Paratomella* (Acoela) statt. Die Ketten bestehen hier aus 2—3 Individuen von 1,5 mm Länge mit angelegten Geschlechtsorganen. — Bei den Tricladida ist Paratomie sehr selten. Hier heftet sich vielmehr meist einfach das Hinterende eines Individuums fest, während die Vorderhälfte weiterkriecht, so daß schließlich das Tier in der Mitte zerreißt. Jede Hälfte regeneriert dann den fehlenden Teil (Architomie). Auch *Bipalium* vermehrt sich in Gewächshäusern auf diese Weise. Zu unterscheiden ist davon die oft zum Absterben führende einfache oder mehrfache Autotomie, die unter ungünstigen Lebensbedingungen eintreten kann.

Eine geradezu ungeheuerliche **Regenerationsfähigkeit** besitzen besonders die Arten mit ungeschlechtlicher Vermehrung. Die Regeneration geht von totipotenten, Ribonucleinsäure-reichen Parenchymzellen aus, den sogenannten Neoblasten, die vor allem neben den ventralen Längsnerven und dem Pharynx zahlreich sind.

Entwicklung

Die entolecithalen Eier der Archoophora, insbesondere die der Polycladida, furchen sich nach dem **Spiraltypus** (normaler Quartett-Typ) in einer den Eiern der Nemertini, Polychaeta und vieler Mollusca durchaus gleichartigen Weise (Abb. 224). Das Schicksal der Blastomeren ist bei den Polycladida fast das gleiche wie bei den Annelida (s. d.), mit dem Unterschied, daß die vier Macromeren sowie die Micromeren 4a—4c bei den Polycladida nicht das Entoderm bilden, sondern zu Nährsubstanz zerfließen. Der Mitteldarm geht aus der Micromere 4d hervor, wobei diese Zelle außerdem noch (wie bei der Spiralfurchung üblich) dem gesamten Mesoderm den Ursprung gibt. Diese nicht zu übersehende Übereinstimmung der Entwicklung läßt sich nicht anders begründen als durch stammesgeschichtliche Verwandtschaft.

Dasselbe kann in vieler Hinsicht für die Organisation der Wimperlarven geltend gemacht werden. Die bei manchen Polycladida auftretende und mit acht lappigen Fortsätzen ausgerüstete **Müllersche Larve** (Abb. 225) zeigt durch ihr praeorales Wimperband sowie durch ihren Scheitel-Sinnespol Beziehungen zur Trochophora der Annelida. Die hutförmige, mit vier Wimperlappen versehene **Goettesche Larve** anderer Polycladida erinnert an die Pilidium-Larve der Nemertini (s. S. 449).

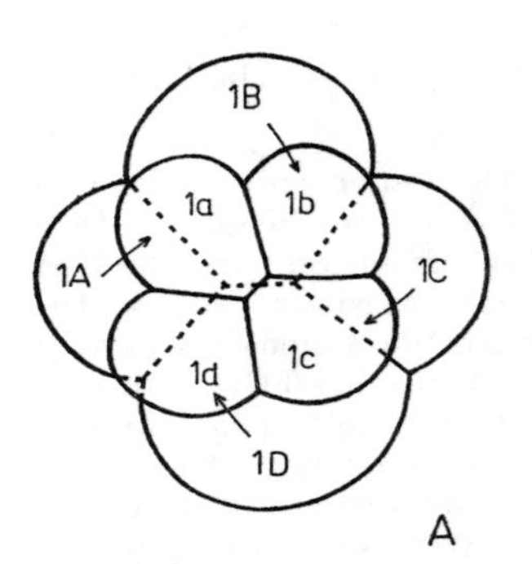

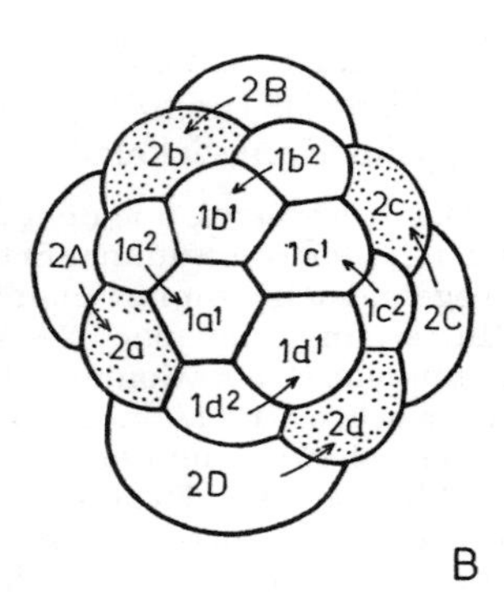

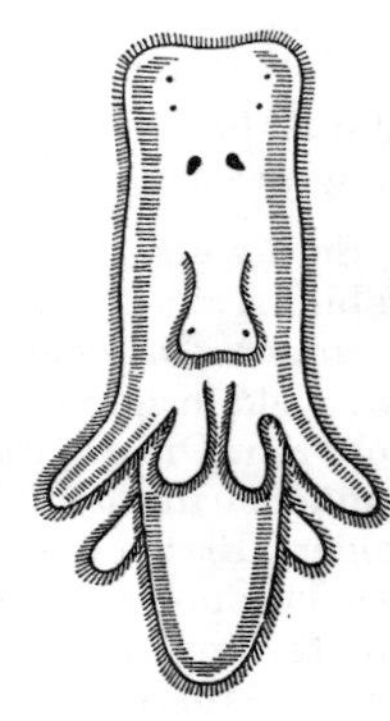

Abb. 224 **Abb. 225**

Abb. 224. Spiralfurchung bei *Discocoelis tigrina*. Die Pfeile geben die Richtung der Teilungsspindeln an. — **A.** Das 1. Micromerenquartett ist gebildet. **B.** Das 2. Micromerenquartett (punktiert) ist gebildet. Das erste hat sich in Tochterzellen zerlegt. Aus 1a sind $1a^1$ und $1a^2$ entstanden usw. Die Macromeren tragen jetzt die Bezeichnung 2A usw. — Nach LANG aus KORSCHELT & HEIDER 1936.
Abb. 225. Ältere Larve von *Yungia* mit Wimperschnüren, die die Lappenbildungen säumen. Von der Bauchseite. Länge etwa 0,15 mm. — Aus KORSCHELT & HEIDER 1936.

Eine abgeänderte Spiralfurchung (Duett-Typ) kommt bei den Acoela (z. B. *Convoluta roscoffensis*) vor. Dabei teilt sich die Zygote, wie üblich, in zwei Macromeren, die aber dann im zweiten Teilungsschritt zwei Micromeren entstehen lassen. Es treten also keine Quartette, sondern Duette auf.

Eigenartig verläuft die Entwicklung der zusammengesetzten (ectolecithalen) Eier. Sie wurde bei den Polycladida näher erforscht. Der Kokon von *Dendrocoelum lacteum* enthält 20—40 Eizellen und 80000—90000 Dotterzellen. Zunächst bildet sich eine etwa zweischichtige Dotterzellenkugel um jede einzelne Eizelle. Während sich die Blastomeren meridional teilen, ohne daß sie aneinanderhaften, verschmilzt die Dotterzellenhülle zu einem Syncytium, an das sich auch noch sehr viele benachbarte Dotterzellen anschließen. Die Dotterzellenkerne aber wandern an die Peripherie. Die etwa 20 Blastomeren liegen noch ohne jede Beziehung zueinander im Dotter. Sie bilden aber drei Gruppen, von denen zwei (a und b) lediglich der Bewältigung des Dotters dienen. Die Gruppe a wandert an dessen Peripherie und bildet um den Dotter eine zellige Embryonalhülle. Die Gruppe b dagegen schließt sich zu einem Embryonalpharynx zusammen, der sich ebenfalls an die Peripherie schiebt. Die Blastomeren der dritten Gruppe (c) hingegen, die später allein den gesamten Embryo erzeugen, legen sich einzeln innen an die Hülle an. Nun verlängert sich der Embryonalpharynx centrad in einen Embryonaldarm und fängt an, gewaltige Mengen der außerhalb der Embryonalhülle liegenden Dotterzellen zu schlucken. Die Dotterzellen treiben den Embryonaldarm kugelförmig auf, so daß dieser bald einen großen Teil des Dottersyncytiums ausfüllt. Dessen Material ist unterdessen für eine starke Vermehrung der Zellen der Gruppe c verbraucht worden. Diese leitet die Bildung des eigentlichen Embryos ein, dessen Längsachse rechtwinkelig zu der des schwindenden Embryonalpharynx verläuft und sich der Dottersyncytium-Hülle von innen her anschmiegt. An die eine Seite des Embryonalpharynx-Restes setzt sich ein Gehirnblastem, an die entgegengesetzte hintereinander ein Pharynx- und ein Hinterkörperblastem.

Die Furchung der Tricladida muß als völlig irregulär und beziehungslos zu anderen Furchungstypen erscheinen. Die Embryonalentwicklung einer ursprünglichen Gruppe der Neoophora (Proseriata, Gattung *Monocelis*) gibt jedoch interessante Einblicke, die es ermöglichen, die Frühentwicklung ectolecithaler zusammengesetzter Eier in Beziehung zur Spiralfurchung zu setzen. Gleichzeitig stellt sie einen einfacheren Typus der Einverleibung der extraembryonalen Nährstoffe dar. Das Ei enthält neben der Eizelle 600—700 Dotterzellen. An der Bildung seiner Schale ist die Schalendrüse maßgeblich beteiligt. Die Furchung verläuft bis zum Acht-Zellen-Stadium determiniert spiralig wie bei den Archoophora. Es entsteht eine Coeloblastula (Abb. 226A), die sich zu einer soliden zweischichtigen Scheibe abflacht. Dann senken sich einige wenige große Zellen zwischen deren beiden Lagen (Ecto- und Entoderm) und ergeben später das Ectomesenchym. Kurz vorher sind 24—32 kleine Blastomeren zwischen die Dotterzellen ausgewandert. Nunmehr beginnt das Entoderm Dotterzellen aufzunehmen. Daran sind in stärkstem Maße zwei seiner im Zentrum der Scheibe gelegenen Zellen, die Dotterphagocyten, beteiligt, die schließlich mit Hilfe von Plasmafortsätzen je 2—3 Dotterzellen umschließen. Bald aber schieben sich vier an der Peripherie der Entodermscheibe liegende Zellen unter starker Verdünnung über die Dotterphagocyten hinweg. Dies muß als Epibolie des Blastoporus gedeutet werden und schließt die mehrphasige Gastrulation ab. Die vier Zellen werden deshalb als Urmundzellen bezeichnet. Gleichzeitig ist aus dem Ectoderm ein Zellenpaar herausgetreten, das sich als dünne zellige Hülle um den animalen Pol der Gastrula streckt (Abb. 226B). Es ist jetzt also eine Embryonalhülle aus sechs Zellen entstanden, die erst viel später nach der Aufnahme der Hunderte von Dotterzellen durch Einschaltung von fünf Zellen erweitert wird. Sie ermöglicht einen Vergleich mit den extraembryonalen zelligen Hüllen der Cestoda (S. 392). Zunächst nehmen alle Hüllzellen eine Anzahl der sehr kleinen 24—32 ausgewanderten Blastomeren auf und scheiden sie unversehrt ins Innere des Keimes ab. Bald geschieht das nur noch durch die vier Urmundzellen, die gleichzeitig nach und nach sämtliche Dotterzellen phagocytieren und unverletzt nach innen abgeben. Die Dotterzellen werden sehr lange Zeit allein von den beiden Dotterphagocyten und erst am Ende der Embryonalentwicklung von spezifischen Darmzellen verdaut. Dieser Vorgang läßt sich ungezwungen mit der Tätigkeit des Embryonalpharynx der Tricladida in Beziehung setzen (s. o.). Er stellt wohl eine primitivere, unkompliziertere Lösung der Aufgabe dar, die extraembryonalen Nährstoffe ins Innere des Embryos zu verfrachten. Naturgemäß kann die verhältnismäßig kleine Zahl der Blastomeren nicht den vegetativen Teil des Embryos mit den Hunderten von eingelagerten Dotterzellen umwachsen. So sammeln sich die Blastomeren am animalen Pol, um zunächst die ventralen Nerven-Markstränge sowie eine schüsselförmige Ansammlung aufzubauen. In dieser entstehen, wie am Keimstreif der dotterreichen Eier der Oligochaeta und Arthropoda, die ventralen Organe des Körpers, ohne daß der dorsale und laterale Teil des Keimes nennenswerte Entwicklungsfortschritte macht. So formt sich auch in diesem Gebiet der endgültige Pharynx wie bei den Tricladida völlig unabhängig vom dotterschlukkenden Apparat. Die Region der Urmundzellen wird später zum Hinterende des Tieres.

Bei den Lecithoepitheliata kommt es zu einer teloblastischen Mesodermbildung, ohne jede Andeutung einer Coelombildung [54].

Stammesgeschichte

Die Ansichten über Prototyp und Stammesgeschichte der Turbellarimorphae sind davon abhängig, ob von einer reduktiven oder einer progressiven Evolution ausgegangen wird.

Als Urtypus der Turbellarien nimmt Karling [59] ein Tier an, das folgende Merkmale hatte: Einschichtige, vollständig bewimperte, epitheliale Epidermis mit Rhabditen, Basalmembran fehlend oder schwach entwickelt; epidermal-subepidermales Nervensystem; Augen fehlend oder epidermal; wenig differenzierte Statocysten; einfache Mundöffnung oder Pharynx simplex; sackförmiger Darm mit bewimperter Wand; keine Exkretionsorgane oder primitive, diffuse Protonephridien; weibliche Gonaden einheitlich (homocellulär), Eier entolecithal; Lage des männlichen Genitalporus variierend, innere Besamung, weibliche Geschlechtsöffnung fehlend.

Der von Ax [4, 26] konstruierte Urtypus steht (bei Nervensystem und Geschlechtsorganen) auf einer noch höheren Organisationsstufe (ausgehend von der Hypothese der regressiven Evolution der Turbellarien und ihrer Ableitung von oligomeren Coelomaten). Der Axsche Urtypus weist bereits ein Paar Protonephridien auf.

Zu einem anderen Urtypus gelangt man, wenn von der progressiven Evolution der Turbellarien ausgegangen wird, wobei meist die Acoela an die Basis rücken. Als Urmerkmale nennt dabei Ivanov [43]: Flimmerepithel ohne Basalmembran, unscharf vom Parenchym abgegrenzt; Hautmuskelschlauch aus Myofibrillen von Epithelmuskelzellen; Inneres mit verschiedenartigen Parenchymzellen ausgefüllt, darunter wandernde Phagocyten zur Verdauung; Mundöffnung am Körperhinterende, ohne Pharynx; epidermaler Nervenplexus; ein Komplex von Frontaldrüsen, eine Statocyste mit wenigen Statolithen am Vorderende,

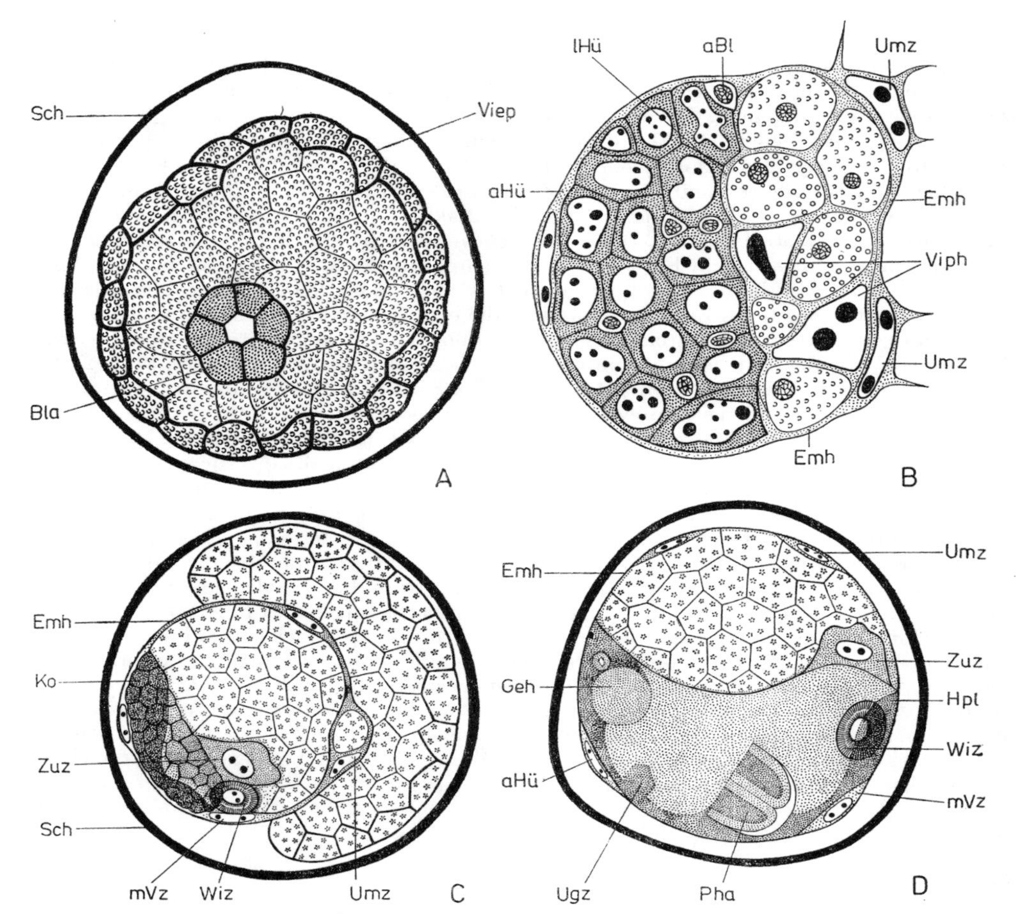

Abb. 226. Die Entwicklung von *Monoscelis fusca*. **A.** Blastula in der quergeschnittenen Eikapsel, deren Durchmesser 0,18 mm beträgt. **B.** Medianschnitt durch den Keim nach vollendeter Gastrulation durch Epibolie der Urmundzellen. Durchmesser etwa 50 μm. **C.** Laterocaudale Verlagerung der Blastomeren und Dotterzellen-Einlagerung. Medianschnitt durch die Eikapsel. Durchmesser etwa 0,18 mm. **D.** Fortschreitende Ausbreitung der zunächst ventral des Dotters angesammelten Zellen des Keimes. Alle Dotterzellen sind aufgenommen. — **aBl** abortive Blastomeren, **aHü** animale Hüllenzellen, **Bla** Blastula mit Blastocoel, **Emh** periphere Embryonalhülle, **Geh** Gehirn, **Hpl** Anlage der caudalen Haftplatte, **lHü** vegetative Isolierungshülle der Vitellocytophagen, **Ko** Kopfanlage, **mVz** mediocaudale Verbindungszelle, **Pha** Pharynx, **Sch** Schale, **Ugz** Urgeschlechtszellen, **Umz** vier ectodermale Urmundzellen, die Vitellophagen (= Dotterzellen) einlagern, **Viep** peripheres Vitellocyten-Epithel, **Viph** die beiden großen Vitellocytophagen des Entoderms, **Wiz** und **Zuz** Wimper- und Zugzellen am Hinterende. — Nach GIESA 1966.

ein Frontalorgan; keine Protonephridien; Hermaphroditismus, diffuse Verteilung der im Parenchym entstehenden Geschlechtsprodukte, keine Gonadenhüllen, Geschlechtswege, -öffnungen oder Kopulationsapparate; Abgabe der Geschlechtsprodukte durch Mundöffnung oder Körperwand, äußere Besamung; primitive, undeterminierte Spiralfurchung vom Duett- oder Quartett-Typ.

Eine Übersicht über die phylogenetischen Beziehungen der Turbellarien-Gruppen gibt Abb. 211 (S. 345). Während KARLING einen monophyletischen Ursprung der

Neoophora zugrundelegt, leitet IVANOV die Lecithoepithelia ta getrennt von den Archoophora ab, was als Möglichkeit auch bei AX eingeräumt ist. AX hält die Catenulida für älter als die Acoela, bei IVANOV ist es umgekehrt; KARLING stellt beide Varianten als Möglichkeit dar.

Vorkommen und Verbreitung

Die Tiere sind in der überwiegenden Mehrzahl freilebende Grundbewohner, die das Meer und dort vor allem das Litoral besiedeln. Nur wenige Formen dringen bis in 400 m, keine jedoch in mehr als 1000 m Tiefe vor. Viele Arten bewohnen die wassergefüllten Zwischenräume der obersten Sandschichten; sie stellen einen bedeutenden Anteil an der interstitiellen Meeresfauna.

Der Anteil der Turbellarien-Ordnungen an der Besiedlung eines bestimmten marinen Biotops (Faunenspektrum) ist in allen Erdteilen beinahe gleich. So sind im reinen Schlamm in 50 m Tiefe 70% der dort lebenden Strudelwürmer-Arten Acoela, und zwar primitive Vertreter. Nach der Oberfläche hin nimmt in den anderen Biotopen der Prozentsatz der Acoela-Species, die hier stets hoch differenzierten Gruppen angehören, sehr stark ab, und es herrschen andere Ordnungen vor. Zwischen dem Überwiegen der verschiedenen Gruppen in den einzelnen gegen die Oberfläche hin aufeinanderfolgenden Biotopen und ihrer phylogenetischen Entwicklung lassen sich überzeugende Beziehungen herstellen.

Neuerdings wurden Turbellarien auch im Sulfidsystem (schwarze Sandschicht) unter der oxydierten Schicht sandiger Meeresböden nachgewiesen [29].

Nur ganz wenige Formen sind im marinen Pelagial vertreten, und zwar — mit Ausnahme der stabförmigen *Alaurina* — ausschließlich in tropischen und subtropischen Meeren. Es handelt sich um durchsichtige, dünne, breitovale oder kreisförmige Arten, z. B. *Planocera pellucida* (10 × 6 mm) oder *Haplodiscus piger* (1,2 × 1,3 mm).

Nicht wenige Arten findet man im Brackwasser, und auch im Süßwasser sind Strudelwürmer in großer Arten- und Individuenzahl anzutreffen. Die Verteilung der Tiere auf die Gebirgs- und Tieflandabschnitte der Flußsysteme ist auf S. 366 näher beschrieben. Zur Besiedlung feuchter Landbiotope sind besonders in den Tropen eine Reihe stattlicher Tricladida übergegangen, darunter die größten bekannten Strudelwürmer überhaupt. In Mitteleuropa bewohnen vor allem sehr kleine und stabdärmige Arten wassergefüllte Bodenspalten.

Lebensweise

Während die meisten Arten freilebend sind, gibt es auch nicht wenige Polycladida, Dalyellioida und Temnocephalida, die als Kommensalen leben. Nur wenige Arten sind dagegen echte Parasiten. Die Udonellida leben nur ectoparasitisch, die Arten der (getrenntgeschlechtlichen) Gattung *Kronborgia* (Dalyellioida) sind Entoparasiten.

In dem Amphipoden *Ampelisca* lebt *Kronborgia amphipodicola*, welche als Larve frei umherschwimmt, sich dann zunächst an dem Krebs enzystiert und später dessen Cuticula chemisch löst, um in seine Leibeshöhle einzudringen. Das erwachsene Weibchen verläßt den sterbenden Wirt und baut einen röhrenförmigen Kokon von 4—6 cm Länge. Darin erwartet es Männchen, die in die vordere Öffnung hineinkriechen und das Weibchen begatten, das dann Eier ablegt. Auch in Garnelen leben Arten dieser Gattung, die sehr groß (21—39 cm lang) werden und auffällige, große, in losen Spiralen gewundene Kokons von 46—71 cm Länge anfertigen. — Die meisten Arten werden wohl nur 1—6 Monate alt.

Schutz. Außer der verborgenen Lebensweise zwischen Algen, Detritus und abgefallenen Blättern sowie unter Steinen, spielt der bei mechanischer Reizung abgeschiedene Schleim zumindest bei den Süßwasser-Tricladida eine Rolle. Zusammen mit den ausgestoßenen Rhabditen, die sofort auf vielfache Größe im Wasser aufquellen, bildet er einen gelatinösen Überzug auf dem Körper, der gegen Abschürfungen und gegen den Befall von Wunden durch Bakterien und Pilze schützt. Weiterhin ist er zumindest Fischen widerlich, so daß sie ins Maul geratene Planarien oder mit deren Schleim bestrichene Regenwürmer ausspeien. Auf Wirbellose aber wirkt der Schleim bei Berührung häufig nicht als Gift. Der Verteidigung können die bei manchen Arten stilettartigen Penes dienen, die im Gegensatz zu den Gonaden gleich nach der Geburt funktionsfähig sind (S. 362, 365).

Die **Ortsbewegung** erfolgt gewöhnlich durch Kriechen, wobei die meisten Arten ein Schleimband hervorbringen. Der Schleim ist bei vielen größeren Formen so zähe, daß sie sich daran nicht nur im Wasser, sondern auch auf dem Lande von Pflanzen zum Boden herablassen können (Abb. 227). Kleine, etwa bis 2,5 mm lange Species werden von der ventralen Bewimperung vorwärts getrieben. Die mehr als 3 mm großen Strudelwürmer aber gleiten mit Hilfe von transversalen Wellen dahin, die ständig von vorn nach hinten über ihren Körper oder nur über ihre Bauchseite wandern und deren Gipfel sich derart gegen den Boden stemmen, daß sie den Wurm vorwärtsschieben.

Diese Wellen werden vom Hautmuskelschlauch erzeugt. Bachplanarien und *Mesostoma* legen auf diese Weise 12—15 cm/min zurück. Die Wimpern haben hier keinen Einfluß auf den Vorschub, was sich zeigt, wenn man ihre Tätigkeit durch Zufügen von LiCl unterdrückt.

Daneben vermögen viele Arten gelegentlich oder häufig auch durch abwechselnde Verlängerung und Kontraktion des Körpers (Egelkriechen) vorwärtszukommen, eine Bewegungsform, die vor allem im Mesopsammon eine große Rolle spielt. In Bodenspalten lebende Turbellarien sind wie andere Besiedler des Mesopsammon (vgl. S. 370) sehr klein, ausgesprochen schlank und mit vielen Haftdrüsen bzw. Haftpapillen ausgestattet, womit sie sich blitzschnell an Sandkörnern ankleben können.

Besonders interessant ist bei hier lebenden Proseriata eine Versteifung des Vorderendes, die das Einzwängen in enge Zwischenräume des Sandes erleichtert. Sie kommt zustande durch eine Umbildung des zur Kopfspitze ziehenden keulen- oder stabförmigen Darmastes, dessen Zellen nicht mehr der Verdauung dienen, sondern viele Vakuolen ausbilden, turgescent werden und das Darmlumen verdrängen. Im Extremfall bilden sie eine einzige Reihe geldrollenartig angeordneter Zellen, die in hohem Maße an frühontogenetische Stadien der Chorda dorsalis bei Wirbeltieren erinnern (vgl. S. 365).

Schwimmen, und zwar recht gewandt, können mit Hilfe der Wimpern alle kleinen Arten, mit Hilfe dorsoventraler Undulationswellen der Körperseitenränder viele Polycladida. Doch handelt es sich dabei meist um die Überwindung kurzer Strecken. Die Zahl der Dauerschwimmer ist gering (S. 359).

Sinnesleben. Die Mehrzahl der Turbellarien sucht gerichtet die dunklen Stellen eines Beckens auf, wobei sich zeigt, daß auch augenlose Arten die Richtung des einfallenden Lichtes lokalisieren. Daß Temperaturen unterschieden werden, fällt besonders an der Verteilung der wärme- bzw. kälteholden Arten in kräftig besonnten Hochgebirgstümpeln auf, in denen sich deutliche Zonen verschiedener Wasserwärme bilden. Die Stromrichtung des Wassers nimmt *Mesostoma* mit Hilfe von vier Paaren borstentragender Sinneszellen wahr, die über die Seitenränder seines Körpers verstreut sind, wie Exstirpationsversuche zeigen. Dagegen ist unbekannt, von welchen Rezeptoren die rheotaktischen Bewegungen der Bachplanarien ausgelöst werden, die besonders auffällig bei der in schnell fließenden Hochgebirgsbächen lebenden *Crenobia alpina* hervortreten, die der Verschwemmung am meisten ausgesetzt ist. Der gezielte Fang vorbeischwimmender Daphnien verrät, daß *Mesostoma* und *Dendrocoelum* Erschütterungen des Wassers wahrnehmen und lokalisieren können. Aus Versuchen mit Kapillaren, die mit Fleischsaft gefüllt sind, geht hervor, daß auch sehr geringe Mengen ins Wasser diffundierender Nahrungsstoffe wahrgenommen und lokalisiert werden, vor allem durch das Vorderende.

Eine größere Nahrungsquelle kann aus 1—15 cm Abstand Turbellarien alarmieren und zum Kriechen ins Diffusionszentrum veranlassen. Strömungen, die von Fischleichen her-

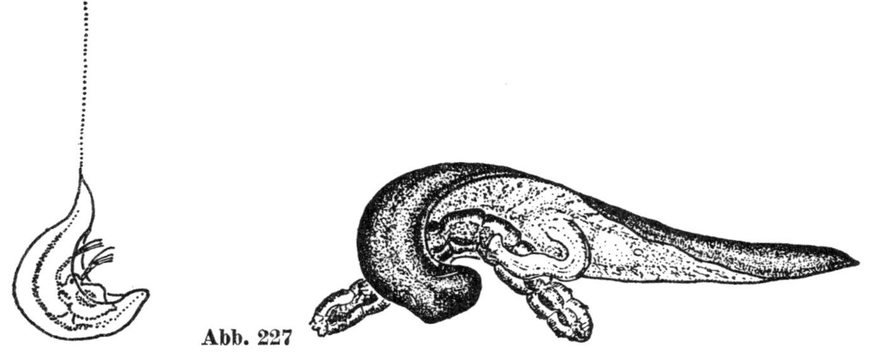

Abb. 227. *Mesostoma ehrenbergi*, an einem Schleimfaden vom Wasserspiegel herabhängend, beim Aussaugen einer *Daphnia*. Länge 10 mm. — Nach BRESSLAU 1933.
Abb. 228. *Dugesia polychroa* frißt einen *Tubifex*. Länge 1,5 cm. — Nach REISINGER.

kommen, leiten ganze Scharen von Polycladen oder Planarien zu diesen hin. An der Luft reagierten *Rhynchodemus* aus 5—8 mm Abstand auf Regenwurmstücke, von denen sie durch trockenen Untergrund getrennt waren.

Chemische Nahorientierung erfolgt bei der Berührung mit dem Kopfvorderrand und fällt aus, wenn dieser abgeschnitten wird. Auch der Pharynx besitzt chemische Sinneszellen. Stark entwickelte Thigmotaxis zeugt von dem vorhandenen Tastsinn, negative oder positive Geotaxis, die auch bei Arten ohne Statocysten auftritt, von einem Schweresinn.

Eine von *Dugesia* erlernte Reaktion auf einen Reiz versuchte man auf ein anderes, nicht dressiertes Individuum zu übertragen, indem man aus dem Versuchstier die Ribonukleinsäuren gewann und sie in den Rüssel des nicht dressierten Tieres übertrug. Dessen Reaktion auf den Reiz war dann signifikant verschieden von den Antworten unbehandelter, undressierter *Dugesia*.

Ernährung. Die Strudelwürmer sind Fleischfresser. Nur die kleinsten Arten (1,5 bis 3 mm) sind ausgesprochene Microphagen und nehmen regelmäßig auch grüne Flagellaten und Diatomeen auf.

Stenostomum vermag sowohl mit Hilfe der Wimpern des Pharynx Bakterien und Flagellaten einzustrudeln als auch große Ciliaten, Rotatorien und Jungtiere der eigenen Art hinunterzuschlingen. *Macrostomum* verschlingt mit aufgerissenem Pharynx kleine Oligochaeten oder junge Kleinkrebse. *Convoluta* weidet mit Hilfe des aus dem Mund wie ein Pseudopodium herausquellenden syncytialen Mitteldarm-Vorderendes Protozoen und Diatomeen von Steinen und Tangen ab, über die sie hinwegkriecht, kann aber auch als Wegelagerer (s. u.) z. B. kleine Krebse erbeuten.

Strudelwürmer von mehr als 5 mm Länge, die mit einfachem Pharynx ausgerüstet sind, können nur Tiere fressen, die dessen Durchmesser entsprechen, während solche mit vorstülpbarem Pharynx wesentlich größere Beute durch Zerstückeln aufnehmen und sich auch an umfangreichen Tierleichen sattfressen. Sie nähren sich von Vertretern aller Klassen der Wirbellosen und von kleinen Fischen, soweit sie fähig sind, diese zu überwältigen.

Weidegänger kriechen über Stöcke von Bryozoen und Synascidien hinweg, wie z. B. *Cycloporus papillosus*, stoßen ihren Pharynx hinein und reißen die Zooide einzeln damit heraus.

Wegelagerer kontrahieren ihren Körper und heften sein Hinterende mit Schleim fest. Wenn dann eine Daphnie oder ein kleiner Oligochaet vorbeikommt, verlängern sie blitzschnell durch Kontraktion der Ringmuskeln den Körper, so daß sie mit ihrem Mund die

Beute packen können. Viele Arten, darunter gelegentlich auch Wegelagerer, treffen beim Umherkriechen zufällig auf ihre Nahrung. In größerer Gesellschaft lebende Bachplanarien (z. B. *Polycelis*) erlangen diese außerdem häufig dadurch, daß vor allem kleine Krebse in den beim Kriechen abgeschiedenen Planarien-Schleimfäden hängenbleiben und durch Zappeln die Planarien alarmieren.

Der Überfall geschieht bei allen diesen größeren Arten blitzschnell durch Vorstoßen oder Seitwärtswenden des Vorderendes, das sich alsbald um das Opfer schlingt und es dann mundwärts schiebt (Abb. 228), wobei sich der Strudelwurm oft einfach quer oder in ganzer Länge darauflegt. Das Festhalten wird vor allem durch reichliche Abscheidung von sehr klebrigem Schleim aus Haut- oder langen Kopfdrüsen ermöglicht, der derart fängig ist, daß z. B. die Landplanarie *Rhynchodemus* sogar Fliegen (*Drosophila*) oder springende Collembolen erbeuten kann.

Als weitere Einrichtungen zur Überwältigung der Beute können genannt werden:

a. *Dendrocoelum* hat auf der Unterseite des Kopfes einen Saugnapf mit radiär verlaufenden Muskeln.

b. Bei den Eukalyptorhynchia wird ein Fangrüssel außerhalb der Mundregion gebildet, indem sich am Kopfvorderrand ein Ringgraben einsenkt. Das von ihm umschlossene Areal bildet dann einen vorstoßbaren Stempel. Seine Spitze kann sehr viele Klebdrüsen enthalten oder mit einer muskulösen Kneifzange versehen sein (Abb. 220).

c. Einige Arten können mit ihrem stilettförmigen, cuticularisierten Penis, der mit Giftdrüsen in Verbindung steht, die Beute lähmen. Bei *Gyratrix* wird er aus dem Hinterende ausgestoßen, so daß sich der Wurm krümmen muß, um die Beute zu treffen. Bei *Prorhynchus* dagegen kann er aus der Mundhöhle herausgeschnellt werden (Abb. 216).

Freßakt. Eine Bachplanarie, die sich auf einen Bachflohkrebs (*Gammarus*) gelegt hat, stülpt ihren Pharynx plicatus aus und versteift ihn. Sie schiebt ihn am Opfer entlang, bis er eine Intersegmentalhaut erreicht, die er durchbohrt (Abb. 228). Unter Drehen, Vor- und Zurückstoßen im Inneren der Beute zerstößt die Pharynxspitze Muskeln und Gewebe. Außerdem sondert ihre äußere Epidermis aus acidophilen Drüsenzellen Kathepsin ab, das sich an der Zerspaltung der *Gammarus*-Eingeweide beteiligt. Gleichzeitig wird ein so kräftiger Sog ausgeübt, daß sich manchmal die Cuticula des Krebses nach innen einbuchtet. Die abgerissenen Organstücke aber wandern durch den Pharynx schnell in den Mitteldarm, und vom *Gammarus* bleibt nur Chitin zurück. Die Polycladida sind wohl zum größten Teil ausgesprochene Schlinger. Arten mit trichterförmigem Pharynx plicatus wickeln ziemlich große Beute in diesen förmlich ein. Durch Pressen gegen den Boden quetschen sie die Beute darin aus und fördern so die Wirkung des Sogs, den der proximale Pharynxabschnitt auf das Nahrungsstück ausübt. Weiterhin leiten Fermente der Pharynxepidermis eine grobe Spaltung der Beute ein. *Thysanozoon* aber kann größere Tiere wie die Ascidie *Ciona* anbohren und binnen 12—15 Stunden völlig leer saugen.

Die **Verdauung** im Mitteldarm erfolgt bei den Acoela in temporären Vakuolen des Zentralparenchyms. Bei den übrigen Strudelwürmern tritt zunächst, wie bei den Cnidaria, eine grobe Spaltung der aufgenommenen Nahrungsteile im Lumen ein, die durch Fermenttropfen aus den Drüsenzellen des Darmepithels bewirkt wird. Anschließend werden die Muskelstücke, Erythrocyten usw. von den Nährzellen des Darmepithels durch Phagocytose aufgenommen und intracellulär verdaut. Unverdauliche Reste, bei rein intracellulär verdauenden Arten auch dafür zu große Nahrungsstücke, werden aus dem Mund entleert. Bei Tricladida sah man, wie anschließend das ganze Blindsacksystem mit Wasser durchspült wurde.

Da spezifische Atmungsorgane fehlen, erfolgt die **Atmung**, also die O_2-Aufnahme und CO_2-Abgabe, durch die Haut. Für die **Osmoregulation**, insbesondere für die Ausscheidung des in den Körper eindringenden Wassers, sorgen zumindest meist die Protonephridien. Dementsprechend sind sie oft bei marinen Arten schwach oder gar nicht ausgebildet, was deutlich beim Vergleich von Süß-, Brack- und Salzwasser-Populationen von *Gyratrix hermaphroditus* hervortritt.

Bei *Procerodes,* der in Flußmündungen mit oft wechselndem Salzgehalt lebt, gelangt allerdings das bei Aussüßung eindringende Wasser aus dem Parenchym in Vakuolen der Darmzellen. Ob es durch den Mund ausgestoßen wird ? Exkretion s. S. 351.

Symbionten treten in Gestalt von Zoochlorellen bei den Acoela, Dalyellioidea und Typhloplanoida häufig auf. Sie werden nicht mit dem Ei auf die Nachkommen übertragen, sondern mit der Nahrung von den Jungtieren aufgenommen. So siedeln sie bei manchen Arten auch in Mitteldarmzellen, bei den meisten aber gehen sie ins Parenchym über (Beziehung zum Wirt, s. S. 364). Für die Süßwasser-Arten scheinen sie nicht lebensnotwendig zu sein (Abtötung im Dunkeln), obwohl überalterte Zoochlorellen laufend verdaut werden.

Anders liegen die Verhältnisse bei Meeresbewohnern. *Convoluta roscoffensis* lebt zu Millionen an der bretonischen Küste und bleibt bei Niedrigwasser in den Prielen des Wattenmeeres als grüner Teppich zurück. Jedes Tier beherbergt etwa 25000 Grünalgen (*Platymonas convolutae*). Die Symbionten müssen vom Jungtier aufgenommen werden (dabei wird nur die eine Algenart selektiert), da später die Mundöffnung zuwächst. Der Strudelwurm ist dann ausschließlich auf die Assimilate der Alge als Nahrungsquelle angewiesen; sie produziert vor allem den Zuckeralkohol Mannit. *Platymonas* legt nach der Aufnahme in *Convoluta* die typischen Flagellaten-Merkmale (Geißeln, Augenfleck) ab; sie nutzt ihrerseits die Stoffwechselendprodukte des Strudelwurmes für den eigenen Stoffwechsel aus. — Die in *Convoluta convoluta* lebenden Zoochlorellen sind Diatomeen (*Licmophora hyalina*). Dies ist der bisher einzige bekannte Fall von endosymbiontisch in Tieren auftretenden Kieselalgen.

Ökonomische Bedeutung

Einige Tricladida können besonders in Aquarien oder Fischbrutapparaten als Laichräuber und Brutschädlinge bei Nutzfischen auftreten.

System

Insgesamt etwa 120 Familien und 630 Gattungen.

1. Ordnung Xenoturbellida

Archoophor. Körper mit zwei seitlichen Wimperfurchen am Vorderende und einer ringförmig die Körpermitte umgebenden Wimperfurche. Ventrale Mundöffnung führt ohne Pharynx in den sackförmigen Darm. Ei- und Samenzellen entwickeln sich gruppenweise im Parenchym um den Darm herum. Geschlechtswege und Kopulationsorgane fehlen. Geschlechtszellen gelangen durch Darmwand, Darm und Mund nach außen. Spermien im Bau denen der Tiergruppen mit äußerer Befruchtung ähnelnd; vermutlich äußere Besamung. Statocyste mit etwa 20 Statolithen (ähnlich wie bei manchen Holothurien; bei Turbellaria sonst gewöhnlich nur einer). Keine Protonephridien. Epidermis hoch entwickelt, der der Enteropneusta, aber auch der mancher Acoela und der der Nemertini ähnelnd.

Die Gruppe wird von manchen Forschern nicht zu den Turbellaria gerechnet, von ihnen werden vielmehr Beziehungen zu den Deuterostomia erwogen [4, 26]. Abgesehen von Integument und Statocyste, die recht hoch entwickelt sind, ist der Bauplan ungewöhnlich einfach und nicht weit von dem einer Bilaterogastraea (1. Teil, S. 67) entfernt.

Einzige Art *Xenoturbella bocki* (Abb. 213), 2—3 cm lang, im Schlammboden der Nordsee (Skandinavien).

2. Ordnung Acoela

Archoophor. Mit Pharynx simplex oder ohne Pharynx. Mitteldarm parenchymatös, meist ohne Lumen. Protonephridien und Oviduct fehlen. Mit 2 Ovarien, bisweilen verschmolzen; manchmal weibliche und männliche Gonaden gemischt. Duettfurchung. Mit Statocyste.

3—6 Paar orthogonal angeordnete Markstränge (selten nur ein subepidermales Nervennetz). Überwiegend marin. Zahlreiche Arten wurden in letzter Zeit in der Sandlückenfauna gefunden. Acoela stellen auch den größten Teil der im Sulfidsystem lebenden Strudelwürmer [29]. 1—12 mm lang. — Mit insgesamt 18 Familien.

Familie Convolutidae. — **Convoluta*, bis 9 mm lang, manche Arten mit Zoochlorellen oder Zooxanthellen (S. 363). Ernährung, S. 361. — *Haplodiscus*, 1,1 mm lang, lebt im Pelagial (S. 359). — **Oligochoerus limnophilus*, 2—2,5 mm lang, tropfenförmig. Die Gattung ist sonst nur aus dem Kaspi-See bekannt, diese Art wurde jedoch an Uferböschungen, Buhnen usw. im Main, in der Mosel, in der Donau, der Lahn und der Unterelbe gefunden [30].

Familie Paratomellidae. *Paratomella*, s. S. 355.

Familie Nemertodermatidae. Mit gemeinsamem männlichen und weiblichen Keimlager. Statocyste mit mehreren Statolithen. Eingeißelige Spermien [67]. Beziehungen zu den Xenoturbellida möglich.

3. Ordnung Catenulida

Archoophor. Mit Pharynx simplex und geradem, bewimpertem, divertikellosem Mitteldarm. Exkretionssystem mit unpaarigem Hauptstamm. Hoden und Ovar unpaarig, männliche Geschlechtsöffnung dorsal, weibliche Ausführgänge fehlend. Primitive Gattungen mit Statocyste. 4 Paar Markstränge. Sehr wenige Parenchymzellen. Süßwasser-Bewohner von geringer Größe. — Mit 4 Familien. — Sonderstellung der Ordnung s. bei [59].

Familie Stenostomidae. **Stenostomum*, bildet durch ungeschlechtliche Vermehrung Ketten von bis zu 5 m Länge. Sexuelle Fortpflanzung tritt stark zurück. Ernährung, S. 361.

4. Ordnung Macrostomida

Archoophor. Mit Pharynx simplex, geradem, divertikellosem, bewimpertem Mitteldarmrohr, paarigen Protonephridien. Oviducte vorhanden. Ovarien und Hoden paarig. Primär männliche und weibliche Geschlechtsöffnungen getrennt. Keine Statocyste. Nur 1 Paar Markstränge. — Mit 3 Familien.

Familie Macrostomidae. **Macrostomum*, 1—3 mm lang, im Süß- und Brackwasser. Ernährung, S. 361.

Familie Microstomidae. **Microstomum* (Abb. 223), im Süß- und Meerwasser, Ketten bis 1,5 cm lang. Die mit sehr erweiterungsfähigem Pharynx ausgestatteten Arten fressen und verschlingen unter anderem auch Hydren, deren Nesselkapseln die Darmwand durchbohren, von Parenchymzellen aufgenommen und als Kleptocniden zur Epidermis transportiert werden, wo sie verbleiben. Bei heftiger Berührung der Haut des Wurmes sollen sie explodieren. Ungeschlechtliche Vermehrung (S. 355) herrscht vor, geschlechtsreife Tiere werden verhältnismäßig selten angetroffen. — **Alaurina*, 2,5 mm lang, stabförmig, mit langen Schwebeborsten, im Plankton der Nord- und Ostsee (vgl. S. 359).

5. Ordnung Polycladida

Archoophor. Mit Pharynx plicatus und stark verzweigtem, bewimpertem Mitteldarm (Abb. 218). Protonephridien meist schwach entwickelt. Gonaden in viele Follikel aufgespalten. Primär männliche und weibliche Geschlechtsöffnung getrennt. Gehirn in eine besondere Bindegewebskapsel eingeschlossen, mit sehr verschiedenartigen Neuronen, von denen einige zu paarigen Globuli zusammentreten. Vom Gehirn gehen 2 Längsmarkstränge zum Hinterende und viele radiäre Stränge aus, die ventral stärker als dorsal ausgebildet und durch viele Kommissuren netzartig verbunden sind. Augen zahlreich. Typische Spiralfurchung. Mit Wimperlarven (S. 355). Große, oft bunte Formen, die besonders in warmen Meeren auf Korallenriffen in großer Arten- und Individuenzahl vorkommen. Viele leben als Kommensalen. — Mit insgesamt 24 Familien.

Familie Discocoelidae. *Discocoelis.*

Familie Stylochidae. *Stylochus,* über 3 cm lang, manche Arten dringen in Austern ein und fressen sie auf.

Familie Leptoplanidae. **Notoplana,* bis 3 cm lang. — **Leptoplana,* etwa 1,6 cm lang.

Familie Planoceridae. **Planocera,* enthält auch eine pelagische Art von etwa 1 cm Länge und 0,5 cm Breite.

Familie Pseudoceridae. *Thysanozoon,* bis 6 cm lang, mit vielen Zotten auf dem Rücken, in die sich die blinden Enden der Darmdivertikel hineinschieben. Ernährung, S. 362. — *Yungia,* im Mittelmeer durch eine prächtig rote Art von 8 cm Länge vertreten (Larve: Abb. 225).

Familie Euryleptidae. *Stylostomum,* s. S. 347. — *Cycloporus,* Ernährung, S. 361. — *Prostheceraeus* (Abb. 218).

Familie Latocestidae. *Discocelides,* s. S. 348.

6. Ordnung Lecithoepitheliata

Neoophor. Mit 1—4 Germovitellarien. Die Dotterzellen umgeben das Ei wie ein Follikel und werden zusammen mit ihm in eine Hülle eingeschlossen (Abb. 216). Penis stilettförmig. Darm gerade. Mit Pharynx variabilis. 4 Paar Markstränge. Keine Statocyste. — Mit 2 Familien.

Familie Prorhynchidae. Mit einem Germovitellarium. — **Prorhynchus* (Abb. 216).

Familie Gnosonesimidae. Mit 2 Paar Keimdotterstöcken.

7. Ordnung Prolecithophora

Neoophor. Mit diffus gemischter Gonade, mit Germovitellarien oder mit Germarien und Dotterstöcken. Mit Pharynx plicatus oder Ph. variabilis. Darm gerade, ohne Divertikel. Männliche und weibliche Geschlechtsöffnung vereint, manchmal in den Mundvorraum mündend. Keine Statocyste. — Mit 5 Familien.

Familie Plagiostomidae. **Plagiostomum,* mit einigen für diese Gruppe „riesenhaften" Arten von 1—1,5 cm Länge.

8. Ordnung Seriata

Neoophor. Mit paarigen Germarien und Vitellarien; Dotterstöcke in viele kleine Follikel aufgespalten, die längs eines Paares von Ausführgängen aufgereiht sind (Abb. 215). Hoden zahlreich. Mit Pharynx plicatus. Mitteldarm mit kurzen oder sehr vielen langen, seitwärts gerichteten Divertikeln (Abb. 215).

1. Unterordnung Proseriata

Darm einheitlich, in der hinteren Körperhälfte nicht in 2 Schenkel gespalten. Gewöhnlich 4 Paar Markstränge (Abb. 212). Bisweilen mit Statocyste. — Mit 8 Familien.

Familie Bothrioplanidae. **Bothrioplana,* bis 5 mm lang, im Süßwasser.

Familie Polystyliphoridae. **Polystyliphora,* 8 mm lang, mit chordoidem rostralem Mitteldarmdivertikel (S. 360).

Familie Otoplanidae. **Otoplana,* bis 8 mm lang.

Familie Monocelididae. *Monocelis,* s. S. 356.

2. Unterordnung Tricladida, Planarien

Darm in der hinteren Körperhälfte in 2 Schenkel gegabelt, also ⅄-förmig (Abb. 215); die beiden Schenkel umschließen den Pharynx und die männlichen Geschlechtsorgane. Germarien meist nahe dem Vorderende gelegen. Oviducte gleichzeitig als Dottergang dienend (Abb. 215). 3—4 Paar Längsmarkstränge. Neben 2 mm langen Arten viele von 1 cm und solche von 10—60 cm Länge, die im Meer, im Süßwasser und in feuchten Landbiotopen vorkommen. — Mit 9 Familien.

1. Infraordnung Maricola, Meerplanarien

Meeresbewohner von 0,2—2 cm Länge. Meist 3 Paar Nerven-Markstränge mit Kommissuren.

Familie Bdellouridae. *Bdelloura,* mit Arten, die als Kommensalen auf *Limulus* leben.

Familie Procerodidae. **Procerodes lobata,* bis 6 mm lang. Die Darmdivertikel sind in regelmäßigen Abständen angeordnet. In ihren Zwischenräumen liegen je ein Hoden und ein von einer Kommissur kommender Seitennerv (Pseudometamerie, Vorstufe der Metamerie ?).

2. Infraordnung Paludicola, Süßwasserplanarien

Bewohnen schnell und langsam fließendes sowie stehendes Süßwasser, Quellen und Seen in der gemäßigten Temperaturzone. Mit 3 Paar Marksträngen, von denen sich das ventrale samt seinen Kommissuren stark, das laterale oft sehr schwach und das dorsale gar nicht aus dem Nervenplexus herausheben. Gewöhnlich 1—2 cm lang. Schutz S. 359. Bewegung S. 360. Kokon S. 356. Entwicklung S. 356. Ernährung S. 362.

Familie Planariidae. Mit 2 Augen, braun bis schwarzgrau: **Planaria torva,* bis 1,3 cm lang. — **Dugesia gonocephala,* bis 2,4 cm lang. **D. polychroa* (Abb. 228). — **Crenobia alpina,* bis 1,6 cm lang. Mit vielen Augen entlang dem Stirnrand, dunkelbraun: **Polycelis nigra,* bis 1,2 cm lang.

Sehr interessant ist die Verbreitung der einzelnen Arten in fließenden Gewässern. *Crenobia alpina* ist als streng stenotherme Kaltwasserform (Optimum 6—8 °C) in Mittelgebirgen auf das Quellgebiet beschränkt, weiter abwärts folgen *Polycelis cornuta* und im wärmeren Unterlauf *Dugesia gonocephala,* eine eurytherme Art. Selbstverständlich ist in den Hochalpen das Gebiet von *Crenobia* viel größer, im Tiefland kann sie ganz fehlen usw. Diese Verbreitung steht in Beziehung zu physiologischen Eigenheiten der Arten. Der Verbrauch an O_2 sowie der Gesamtumsatz steigen bei der stenothermen *Crenobia alpina* (aktionsfähig von 0 °C ab) in wärmerer Umgebung so schnell an, daß die Art bei 15 °C nicht mehr lebensfähig ist. Im Gegensatz dazu wird die eurytherme *Dugesia gonocephala* (lebensfähig von 0,5—25 °C) viel weniger von der Umgebungstemperatur beeinflußt. Sie ändert ihren Gesamtumsatz erst bei starkem Temperaturanstieg und erreicht das Maximum des O_2-Verbrauchs bei 20 °C. Die Aktivität des Nervensystems verhält sich ebenso. Bei 7 °C kriechen beide Arten gleich schnell, schon bei 10 °C aber bewegt sich *Crenobia* schneller vorwärts als *Dugesia gonocephala.* Ferner ist die eurytherme Art resistenter gegen niederen O_2-Gehalt sowie gegen höhere Konzentrationen von Salzen oder Giften im Wohngewässer. Dies alles ist wohl auf eine größere Festigkeit der Plasmastruktur der eurythermen Art zurückzuführen. Bei steno- und eurythermen Fischen (Forelle-Döbel) finden sich übrigens die gleichen Gegensätze. Historisch wird die Verteilung der Bachplanarien wahrscheinlich durch das Ansteigen der Temperaturen nach der letzten Eiszeit zu erklären sein, das *Crenobia* in die kühleren Quellgebiete gedrängt hat.

Familie Dendrocoelidae. **Dendrocoelum lacteum,* bis 2,6 cm lang, milchweiß mit deutlich durchscheinenden Darmdivertikeln. Beutefang S. 362.

3. Infraordnung Terricola, Landplanarien

Leben im Humus, unter Blättern und Rinde vor allem im tropischen Regenwald, also in hoher Luftfeuchtigkeit, wo sie bis 60 cm Länge erreichen und teilweise bunt gezeichnet sind. Oft in Gewächshäuser Mitteleuropas eingeschleppt, wo sie sich auch vermehren. Das unter dem Hautmuskelschlauch liegende Nervensystem besteht aus einem engmaschigen Netz und einem zweiten Stockwerk, das nur ventral ausgebildet ist, und zwar: entweder in Form von zwei dicken Marksträngen mit zahlreichen Kommissuren — oder als dichtes Gitter zahlreicher Längsstränge (von denen ein Paar besonders dick ist) und sehr vielen Kommissuren — oder als förmliche Nervenplatte, die sich nicht einmal gegen das Gehirn absetzt und das ganze Tier ventral durchzieht (Beziehung zum Beutefang!). Beutefang und Ernährung S. 362.

Familie Rhnychodemidae. **Rhynchodemus terrestris*, bis 1,4 cm lang, spindelförmig, vom Aussehen einer Nacktschnecke, grau gefärbt.

Familie Bipaliidae. **Bipalium*, in Gewächshäusern. **B. kewense*, bis 35 cm lang, mit halbmondförmigem, den Rumpf seitwärts stark überragendem Kopf. Kosmopolit, hellbraun mit schwarzen Längsstreifen. In Gewächshäusern sich durch Teilung fortpflanzend. *B. javanum*, bis 60 cm lang.

9. Ordnung Neorhabdocoela

Neoophor. Mit 1—2 Germarien und 2 (selten 1) Dotterstöcken. Mit 2 (selten 1) Hoden. Fast immer mit Pharynx bulbosus. Mitteldarm stabförmig („rhabdocoel") und ohne Divertikel oder sackförmig. Keine ungeschlechtliche Vermehrung. Meist nur ein Paar die ganze Körperlänge durchziehende (ventrale) Markstränge. Nur selten mit Statocyste. Parenchymzellen spärlich.

1. Unterordnung Typhloplanoida

Nicht vorstülpbarer Pharynx mit zum Teil außerhalb seiner Muskulatur liegenden Drüsen (Pharynx rosulatus). Mund in der hinteren Körperhälfte. Artenreiche Gruppe mit einigen Meer- und vielen Süßwasserbewohnern sowie solchen, die in feuchte Landbiotope eingewandert sind. — Mit 6 Familien.

Familie Typhloplanidae. **Mesostoma* (Abb. 227), Ernährung S. 360, Subitan- und Dauereier S. 355. **M. ehrenbergi*, bis 1,5 cm lang, im Süßwasser.

Familie Trigonostomidae. **Proxenetes*, auch im Brackwasser (Abb. 219).

2. Unterordnung Eukalyptorhynchia

An der Körperseite befindet sich ein ausstülpbarer, vom Mund unabhängiger Rüssel, der entweder eine durch Drüsen sehr klebrige Spitze aufweist oder apikal in zwei Greifbacken gespalten ist, die bei manchen Species Haken tragen (Abb. 220). Hauptsächlich marin und vor allem im Mesopsammon lebend. Oft 3 Paar Markstränge, die ventralen am dicksten. — Mit 12 Familien.

Familie Polycystidae. **Gyratrix hermaphroditus*, 2 mm lang, im Meer, Brack- und Süßwasser sowie in feuchtem Humusboden. Überwältigung der Beute S. 362.

Familie Gnathorhynchidae. **Gnathorhynchus*, mit Zangenrüssel (Abb. 220) und unbewaffnetem Penis.

Familie Bertiliellidae. Mit spikulärem Kalkskelett (S. 348).

3. Unterordnung Dalyellioida

Mund nahe dem Vorderende. Pharynx nicht ausstülpbar, seine Drüsen im Muskelmantel liegend (Pharynx doliiformis). Viele Arten im Süßwasser und Meer, darunter Kommensalen, Ep- und Entöken und auch echte Parasiten des Darmes von Schnecken und Muscheln sowie des Darmes und des Coeloms von Seeigeln und Seesternen. — Mit 6 Familien.

Familie Dalyelliidae. **Dalyellia viridis*, bis 5 mm lang, mit zahlreichen Zoochlorellen im Parenchym, hellgrün gefärbt.

Familie Provorticidae. **Provortex*, marin.

Familie Fecampiidae. *Kronborgia*, Endoparasitismus S. 359.

10. Ordnung Temnocephalida

Neoophor. Mit 1 Germarium und 2 Dotterstöcken. Meist 2 Paar Hoden. Nur eine Geschlechtsöffnung. Integument ohne oder fast ohne Wimpern. Vorderende in 2—12 fingerförmige, bewegliche, stark innervierte Fortsätze ausgezogen, Hinterende mit Haftscheibe (Abb. 221). Mund in der vorderen Körperhälfte, ventral oder terminal. Pharynx teils wenig muskulös, teils nach dem bulbosus-Typ gebaut. Mit 3 Paar Marksträngen. Keine Statocyste. Kommensalen bzw. Epöken und Parasiten auf dem Rumpf oder in der Kiemenhöhle von Süßwasserkrebsen, seltener in der Mantelhöhle von Mollusca oder auf Süßwasserschildkröten. Die Epöken nähren sich gewöhnlich von Kleinkrebsen, Rotatorien und kleinen Oligochaeten, die sich auf ihrem Wirt angesiedelt haben. Vom Wirt abgenommen kann man sie bis zu 3 Monaten mit Oligochaeten-Fleisch halten. Die winzigen jugoslawischen Arten hingegen saugen Blut aus den Krebskiemen. Die Fortbewegung auf dem Wirt geschieht durch Spannerraupenkriechen (Saugscheibe und Tentakelbasis mit Haftdrüsen wechseln dabei als Haftstellen ab). Die Eier werden auf dem Wirt befestigt. 0,1—13 mm lang. — Mit 3 Familien. Vgl. [42].

Familie Temnocephalidae. In den Tropen und Subtropen. *Temnocephala.*

Familie Scutariellidae. Winzige Arten, auch in Jugoslawien vorkommend, und zwar fast alle in Höhlen auf Höhlenkrebsen.

11. Ordnung Udonellida

Neoophor. Mit einem Germarium und 2 Dotterstöcken. Ein Hoden. Mundöffnung subterminal, Pharynx bulbosus, Darm gerade. Epidermis syncytial, mit versenkten Kernen, von der frisch geschlüpften Jugendform bis zum Adultus unbewimpert. Am Hinterende befindet sich eine napfförmige, muskulöse Haftscheibe. Exkretionssystem kompliziert, mit Paranephrocyten. Parasiten an Copepoda oder Branchiura, die ihrerseits auf Meeresfischen schmarotzen, oder direkt an Meeresfischen (nördliche Meere, Atlantik, Mittelmeer, Pazifik). Den Pectobothrii verwandt, aber noch ohne Cercomer (vgl. S. 371). — Nur 1 Familie.

Familie Udonellidae. *Udonella caligorum* (Abb. 222), bis 6 mm lang, an Caligidae (Copepoda) auf *Hypoglossus, Gadus, Trigla* u. a., an Argulidae (Branchiura) auf *Spheroides* u. a., im Atlantik und Pazifik.

2. Klasse Gnathostomulida, Kiefermündchen

Über 80 Arten (es wird jedoch angenommen, daß über 1000 Arten existieren [65]). Zwischen 0,3 und 3,5 mm lang. Größte Art: *Pterognathia grandis,* 3,5 mm.

Diagnose

Freilebende Turbellarimorphae, deren einschichtige Epidermis aus eingeißeligen Zellen besteht und deren Pharynx ein Paar zangenartige, gegeneinander wirkende, sklеritäre Haken und eine unpaarige Basalplatte aufweist. Mit einfachem, geradem, meist blind endendem Darm. Leibeshöhle ohne oder mit sehr schwach entwickeltem Parenchym. Ein einheitliches Ovarium.

Eidonomie

Körper (Abb. 229) langgestreckt-wurmförmig, zylindrisch, Kopfregion leicht abgesetzt, mit Sinneshaaren (Tastborsten), oder schnabelartig ausgezogen (*Pterognathia*). Hinterende als Schwanzfaden spitz zulaufend, mit Tastgeißeln, oder abgerundet.

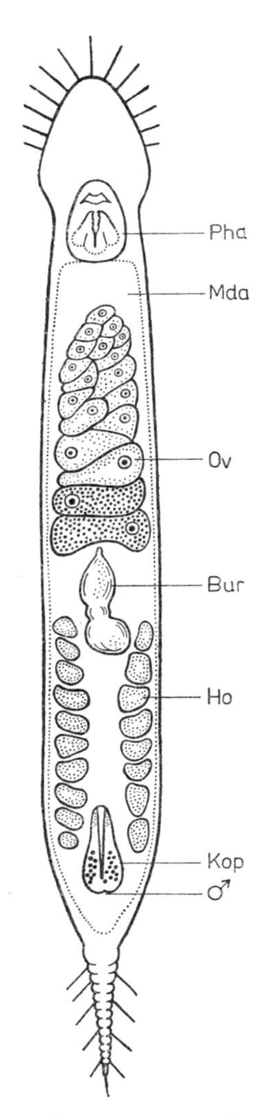

Abb. 229. Habitus von *Gnathostomula paradoxa*. Länge 0,7 mm. — **Bur** Bursa, **Ho** Hoden, **Kop** Kopulationsorgan, **Mda** Mitteldarm, **Ov** Ovar, **Pha** Pharynx, darin Kieferzange, ♂ männliche Geschlechtsöffnung. — Nach Ax 1956, verändert.

Anatomie

Integument. Jede Zelle der Epidermis trägt nur eine Geißel (Hautgeißelepithel). Ein **Skelett** fehlt. Die **Leibeshöhle** ist fast frei von Parenchym (**Pseudocoel**); nur um die Gonaden und im Rostrum ist Parenchym entwickelt. Der **Hautmuskelschlauch** besteht aus einer dünnen Ring- und einer etwas stärkeren Längsmuskelschicht. Das **Nervensystem** setzt sich aus einem zarten epidermalen Plexus zusammen, der sich am Vorderende zu einem Oberschlundganglion verdichtet. Als **Sinnesorgane** sind Sinneshaare am Vorder- und Hinterende ausgebildet. Das **Verdauungssystem** besteht aus Pharynx und Darmblindsack. In einigen Fällen wurde ein Anus nachgewiesen [47]. Der Pharynx ist stark spezialisiert, er enthält skleritäre Mundwerkzeuge und im Inneren drei große Muskelsäcke. **Blutgefäßsystem** und **Atmungsorgane** fehlen. Als **Exkretionsorgane** wurden bei zwei Gattungen Cyrtocyten nachgewiesen [39]. Die **Geschlechtsorgane** bestehen aus einem einheitlichen, vor dem Hoden gelegenen Ovarium und zwei oder mehreren, paarig angeordneten oder einem einzigen Hoden (Verschmelzung der paarigen Anlagen) sowie einem sehr einfachen oder einem muskulösen, zum Teil mit einem Stilett versehenen Kopulationsorgan, das subterminal liegt. Bei den Bursovaginoida sind eine Bursa und eine Vagina vorhanden.

Fortpflanzung und Entwicklung

Eine Kopulation wurde noch nicht beobachtet. Die Gnathostomulida sind ovipar. Die Eier gelangen durch die dorsale Körperwand nach außen. Die Furchung der entolecithalen Eier ist aequal und total und folgt dem **Spiraltypus**. Die Entwicklung verläuft ohne Metamorphose [66]. „Körperfragmentation“ (Abwerfen des Hinterkörpers) ist bei einigen Arten häufig.

Stammesgeschichte

Ursprung und Verwandtschaftsbeziehungen der Gnathostomulida sind rätselhaft. Einige Autoren betrachten sie als eigenen Tierstamm, einige als Klasse der Plathelminthes, andere nur als Ordnung der Turbellaria [4, 26, 43, 65]. Aufgrund von Untersuchungen der Feinstruktur am Integument von Gnathostomulida gewinnt die Annahme einer Zwischenstellung dieser Gruppe zwischen Plathelminthes und Nemathelminthes an Gewicht [57].

Vorkommen, Verbreitung und Lebensweise

Die Gnathostomulida sind weltweit verbreitet. Sie leben im Mesopsammon, im Lückensystem aus Pflanzendetritus und besonders im Sulfidsystem des Meeresbodens. Sie ernähren sich von Bakterien, Pilzfäden und Algen.

System

Insgesamt 7 Familien und 19 Gattungen.

1. Ordnung Filospermoida

Mit fadenförmigen Spermien. Ohne Bursa und Vagina. Kopulationsorgan schwach entwickelt, nur aus drüsenumgebener männlicher Öffnung bestehend. Körper sehr langgestreckt. Keine paarigen Sinneshaare am Rostrum. — Mit 2 Familien.

Familie Pterognathiidae. *Pterognathia grandis*, bis 3,5 mm lang.

2. Ordnung Bursovaginoida

Spermien vom „Zwerg"-Typ. Mit Bursa und Vagina bzw. Praebursa. Kopulationsorgan als drüsiger und muskulöser Penis ausgebildet. Körper langgestreckt bis plump. Mit paarigen Sinneshaaren am meist abgesetzten Rostrum. — Mit 5 Familien.

1. Unterordnung Scleroperalia

Mit sklerotisierter Bursa. Kopulationsorgan mit Stilett.

Familie Gnathostomulidae. **Gnathostomula paradoxa*, bei Helgoland, Sylt und in der Kieler Bucht.

2. Unterordnung Conophoralia

Mit Spermien vom „Conulus"-Typ. Bursa nicht sklerotisiert. Nur 1 Hoden. Kopulationsorgan ohne Stilett.

2. Überklasse Cercomeromorphae, Hakenplattwürmer

5400 Arten. Körperlänge zwischen 0,15 mm und 20 m.

Diagnose

Parasitische, als Adulti (und parasitische Larven) unbewimperte Plathelminthes mit einem mehr oder weniger deutlich abgesetzten, mit 6—16 Haken besetzten Hinterkörperabschnitt (**Cercomer**) bei der Erstlarve (zum Teil auch bei Zweitlarven oder — teils in modifizierter Form — beim Adultus). Epidermis syncytial und kernlos. Ohne oder mit (blind endendem) Darm. Mit 1 oder 2 vorderen oder hinteren Exkretionsporen. Exkretionsgefäße ohne Bindegewebsscheide. Weibliche Gonaden aus 1 Germarium und 2 Dotterstöcken bestehend. Meist mit 1 oder 2 Vaginae. Im Gegensatz zu den Trematoda fehlen primäre Beziehungen zu Mollusca als Wirten. — Mit den Klassen Pectobothrii, Gyrocotylidea, Amphilinidea und Cestoda.

Stammesgeschichte

Die Zusammengehörigkeit der Cercomeromorphae als eigener Entwicklungszweig der Plathelminthes ist auf die Homologie des Hinterendes (Cercomer) der Erst- (zum Teil auch Zweit-) Larven begründet. Das Cercomer der Larven kennzeichnet diese Überklasse. Die Form der Haken am Cercomer der Larven von Pectobothrii, Gyrocotylidea, Amphilinidea und vielen Cestoda zeigt große Ähnlichkeit.

Für die Zusammengehörigkeit der Cercomeromorphae (und gegen eine Zugehörigkeit der Pectobothrii zu den Trematoda) sprechen auch ultrastrukturelle Gemeinsamkeiten beim Exkretionssystem sowie die chemische Übereinstimmung der Cercomer-Haken (Skleroproteine mit Stabilisierung durch S-S-Bindung). Nach den Vorstellungen von BYCHOVSKIJ [69] und LLEWELLYN [13] leiten sich die Cestoda von Pectobothrii-ähnlichen Vorfahren ab (Reduktion der larvalen Hakenzahlen von 16 über 10 zu 6 und Verlust des Darmtrakts). Dabei hätten die Ur-Cercomeromorphae einen („rhabdocoelen") Darm besessen. Die umgekehrte, weniger wahrscheinliche Auffassung einer ursprünglichen Darmlosigkeit der Urformen, die gleichzeitig auch Urformen der Trematoda gewesen seien, vertritt MALMBERG [90].

Bei der Reduktion von Organen oder Organsystemen, wie hier des Darmtraktes, sind zwei verschiedene Wege zu unterscheiden: 1. Der Fortfall eines in frühen ontogenetischen Phasen noch angelegten oder vorhandenen Organs auf einem späteren Stadium. 2. Der Fortfall durch fortschreitende Retardation (Verzögerung) der Ausbildung eines Organs, das dann nur noch in späteren Stadien rudimentär auftritt und schließlich überhaupt ausfällt. Das völlige Fehlen des Darmes von frühesten Stadien an bei Gyrocotylidea, Amphilinidea und Cestoda deutet auf den Verlust dieses Organs durch Retardation hin (vgl. S. 431 über den Verlust des Darmes bei den Sporocysten durch offensichtliche Retardation).

1. Klasse Pectobothrii (syn. Monogenea), Hakensaugwürmer

2000 Arten (die Zahl der neuentdeckten Arten wird ständig größer). Körperlänge in der Regel zwischen 0,15 und 20 mm (meist zwischen 0,2 und 8 mm). Größte Arten bis 4 cm lang werdend, z. B. *Chimaericola leptogaster*.

Diagnose

Überwiegend ectoparasitische, selten endoparasitische, homoxene (mit nur einem Wirt) Cercomeromorphae mit Mund, Pharynx und (blind endendem) Darm, deren ganz oder teilweise auf das larvale Cercomer zurückgehendes Hinterende als Haftorgan (Opisthaptor) ausgebildet und mit charakteristischen Haken besetzt ist. Männliche Geschlechtsöffnung und Uterusmündung meist in einem gemeinsamen Genitalatrium median oder seitlich im mittleren oder vorderen Körperbereich auf der Ventralfläche. Penis oder skleritäre Begattungsröhre als Kopulationsorgan. Vagina (oder 2 Vaginae) seitlich getrennt vom Genitalatrium mündend, selten fehlend. Ovipar oder vivipar. Mit 2 Exkretionsporen lateral auf der Dorsalfläche des Vorderendes.

Eidonomie

Der Körper ist dorsoventral abgeplattet und meist langgestreckt. Der Körperumriß ist in der Regel spindel- oder zigarrenförmig. Das mehr oder weniger deutlich durch eine Halszone abgesetzte, im Umriß annähernd dreieckige oder halbkreisförmige Vorderende läßt meist jederseits 1—2 Lappen oder Zipfel erkennen, auf denen die Kopfdrüsen münden. Gelegentlich ist nur ein Lappen vorhanden oder das Vorderende ist mit einem mächtigen Saugnapf versehen. Fallweise können die Lappen Gruben oder Saugnäpfe tragen oder in drüsige Läppchen umgewandelt sein. Das Vorderende stellt meist ein (auch als Prohaptor bezeichnetes) Haftorgan dar. Das klebrige Sekret der Kopfdrüsen dient mit zur (vor allem temporären) Befestigung am Wirt. Das scheibenförmige Hinterende ist meist deutlich vom übrigen Körper abgesetzt und als typisches und hauptsächliches Haftorgan ausgebildet (**Opisthaptor,** oft nur als Haptor bezeichnet). Diese muskulöse Haftscheibe ist mit verschiedenartigen skleritären Gebilden ausgestattet: Rand- und Mittelhaken, Verbindungsstücke und -platten. Außerdem können Haftklappen, Muskelsepten, Sauggruben und -näpfe, verschiedenartige Fortsätze und Haftdrüsen ausgebildet sein. Bisweilen besteht die Haftscheibe aus einem mächtigen Saugnapf.

Anatomie (Abb. 230)

Das **Integument** besteht aus einer syncytialen und kernlosen Epidermis, deren Kerne in einer Zellkörperschicht unter der Basalmembran liegen. Die Epidermis ist dünner als die der Gyrocotylidea und Cestoda und ist nicht mit regelmäßig angeordneten Microvilli versehen [94]. Der Hautmuskelschlauch umfaßt drei Muskelschichten, deren eine diagonale, gekreuzt angeordnete Fasern enthält. Die **Leibeshöhle** ist völlig mit Parenchym ausgefüllt. Die eigene **Muskulatur** der Haftscheibe ist stark entwickelt; sie ist mit der Körperlängsmuskulatur netzartig verflochten. Das **Nervensystem** besteht aus

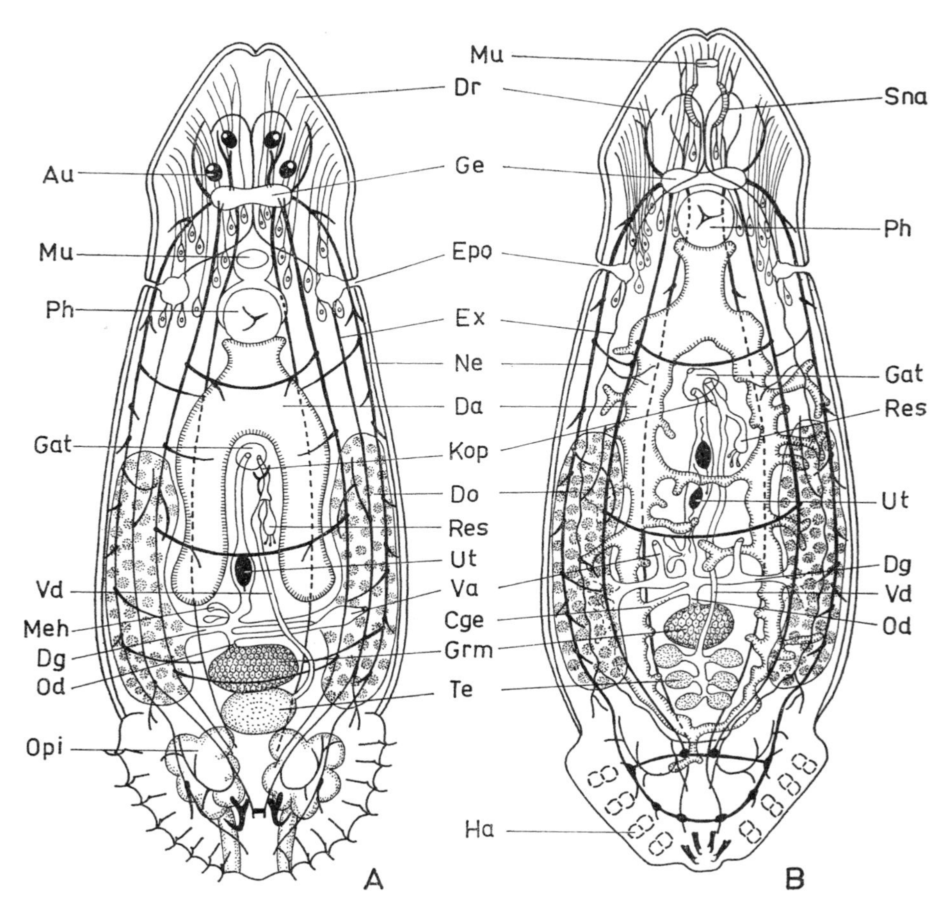

Abb. 230. Organisation der **A**. Monopisthocotylea und **B**. Polyopisthocotylea. — **Au** Augen, **Cge** Canalis genito-intestinalis, **Da** Darm, **Dg** Dottergang, **Do** Dotterstöcke, **Dr** Ausführgänge der Kopfdrüsen, **Epo** Exkretionsporus, **Ex** Exkretionssystem, **Gat** Genitalatrium, **Ge** Gehirnganglien, **Grm** Germarium, **Ha** Haftklappen, **Kop** Kopulationsorgan, **Meh** Mehlissche Drüse, **Mu** Mundöffnung, **Ne** Nervenstämme mit Kommissuren, **Od** Oviduct, **Opi** Opisthaptor-Drüsen, **Ph** Pharynx, **Res** Reservoir der prostatischen Drüsen, **Sna** Saugnäpfe in der Mundhöhle, **Te** Testes, **Ut** Uterus mit Ei(ern), **Va** Vagina, **Vd** Vas deferens. — Nach Gusev 1962.

einem paarigen suprapharyngealen Kopfganglion oder einem Ring um den Oesophagus und 3—4 von dort nach vorn und hinten ziehenden Paaren von Nervenstämmen. **Sinnesorgane.** Über oder vor dem Oesophagus liegen bei einigen Gruppen auch im adulten Zustand zwei Paar, gelegentlich nur ein Paar Augen oder Augenflecke. Sie sind wie die invertierten Augen der Turbellaria gebaut. Fast alle Gruppen haben Augen wenigstens während des Larvenstadiums. In einigen Fällen fehlen die Augen auch den Larven.

Verdauungssystem. Die Mundöffnung liegt terminal oder subterminal (ventral). Sie ist bei manchen Polyopisthocotylea von einem Mundsaugnapf umgeben. Die Mundhöhle ist in einigen Gruppen mit einem Paar Saugnäpfen bzw. Drüsen versehen. Ein muskulöser Pharynx ist stets vorhanden. Ein Oesophagus fehlt oder liegt vor. Der

Darm ist meist zweischenklig, selten einfach. Er erstreckt sich bis ins Hinterende des Körpers. Die Darmschenkel sind unverzweigt oder innen und außen verzweigt (Abb. 230, 231, 232), sie können blind enden oder sich hinten ringförmig vereinigen. Die inneren Verzweigungen anastomosieren gelegentlich. Bei einigen Polyopisthocotylea existiert ein Gang zwischen Mundhöhle und Oesophagus. Bei den Monopisthocotylea

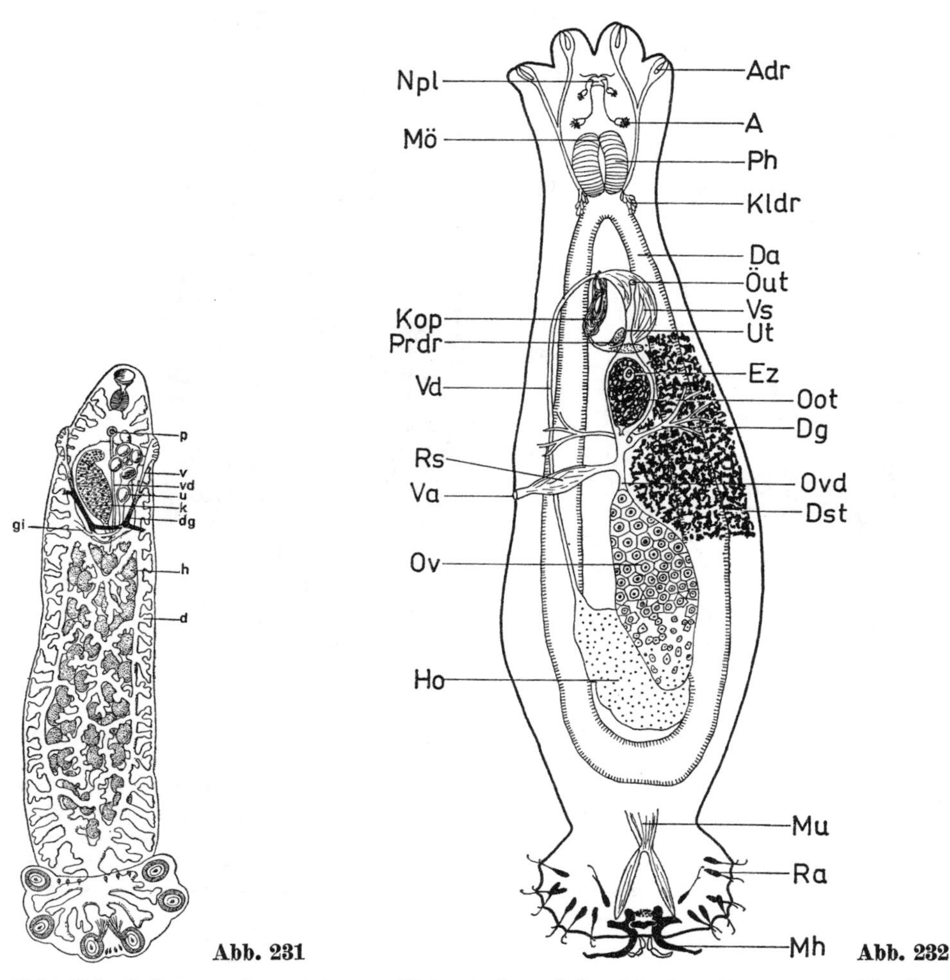

Abb. 231. *Polystoma integerrimum.* Keimstock und Geschlechtsöffnungen am Vorderende. Länge 3 mm. — **d** Darmdivertikel, die auch die Schenkel verbinden (weiß gelassen), **dg** Dottergang (dunkel), die reich verzweigten Dotterstöcke sind nicht eingezeichnet, **gi** Ductus genito-intestinalis, **h** Hoden (punktiert), **k** Keimstock, **p** Penis, **u** Uterus mit reifen Eiern, **v** Vagina, **vd** Vas deferens. — Nach FUHRMANN 1928.

Abb. 232. *Dactylogyrus vastator,* Anatomie. Länge etwa 0,75 mm. Dotterstöcke links völlig, rechts teilweise weggelassen; ebenso fehlt das Exkretionssystem. — **A** Auge, **Adr** Ausführgänge der Klebdrüsen, **Da** Darm, **Dg** Dottergang, **Dst** Dotterstock, **Ez** Eizelle, **Ho** Hoden, **Kldr** Klebdrüsen, **Kop** Kopulationsapparat, **Mh** Mittelhaken, **Mö** Mundöffnung, **Mu** Muskel, **Npl** Nervenplexus, **Oot** Ootyp, **Ov** Germarium, **Ovd** Ovidcut, **Öut** Uterusöffnung, **Ph** Pharynx, **Prdr** Prostatadrüsen, **Ra** Randhaken, **Rs** Receptaculum seminis, **Ut** Uterus, **Va** Vagina, **Vd** Vas deferens, **Vs** Vesicula seminalis. — Nach KOLLMANN 1970.

besteht das Darmepithel aus kubischen oder zylindrischen Epithelzellen, an deren Stelle bei den Polyopisthocotylea phagocytäre „Haematin-“ oder „Pigmentzellen“ entwickelt sind (in Verbindung mit dem Übergang zum Blutsaugen).

Die **Exkretionsorgane** (Protonephridien) bestehen jederseits aus einem seitlichen, etwa von der Körpermitte herkommenden Sammelgang, der dorsal (etwa in Pharynxhöhe) durch einen Exkretionsporus, oft unter vorheriger Ausbildung einer kleinen Erweiterung oder einer Exkretionsblase, ausmündet. In den Sammelgang jeder Seite münden ein vorderes und ein hinteres Hauptgefäß, das verschiedene Nebengefäße aufnimmt, in die die Kapillaren der Terminalzellen münden (Abb. 233). Das Innere der Gefäße ist oft in langen Abschnitten mit Cilien besetzt. Vordere und hintere Hauptgefäße bilden im Vorder- und Hinterende des Körpers je eine charakteristische Schlinge. Die Gefäße zeigen ultrastrukturell eine retikuläre Oberfläche und keine Bindegewebsscheide [94].

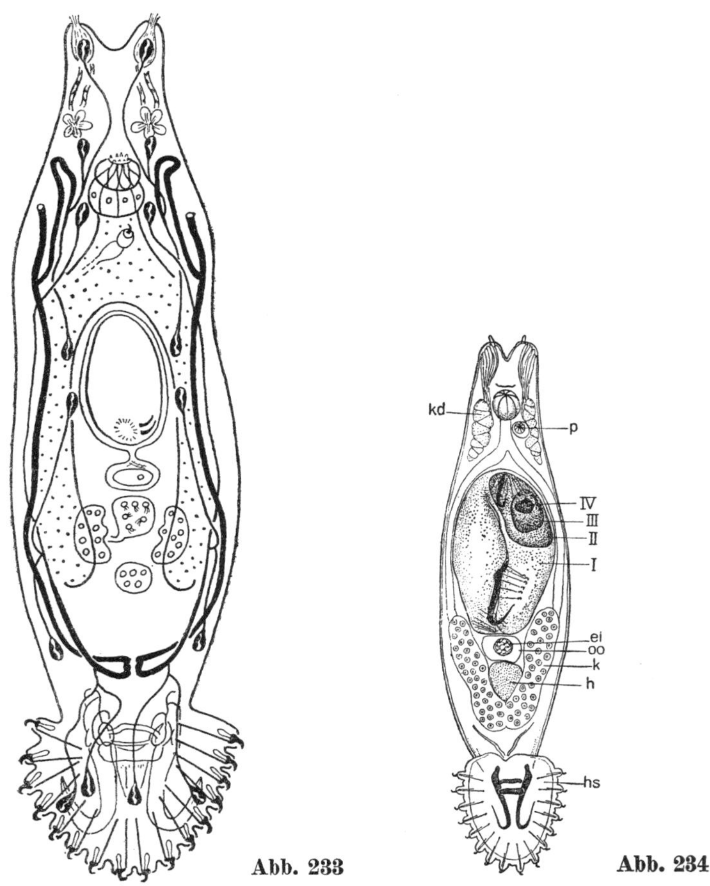

Abb. 233. *Gyrodactylus katharineri*, Exkretionssystem. Protonephridienformel: 2 [3 + (3 + 2)] = 16 Wimperflammenzellen. — Nach Malmberg 1970.

Abb. 234. *Gyrodactylus* sp. Länge 0,5 mm. Im Uterus liegen ineinander geschachtelt Kind (I), Enkel (II), Urenkel (III) und Ururenkel (IV). — **ei** Ei, **h** Hoden (punktiert), **hs** Haftscheibe mit Haken, **k** Dotterstock, **kd** Kopfdrüsen, **oo** Germarium, **p** Penis. Das Ovarium liegt nestartig in die Ootypwandung eingeschmiegt. — Nach Fuhrmann 1928.

Geschlechtsorgane. Die Pectobothrii sind Hermaphroditen. Die Grundzahl der Hoden ist 1, es kommen aber auch 2 und mehr vor. Sie liegen in der hinteren Körperhälfte. Das oft gewundene Vas deferens geht in einen Ductus ejaculatorius über, der hinten aus einer Samenblase (umgeben von prostatischen und anderen Drüsen) und vorn aus dem Kopulationsorgan (unbestachelter oder bestachelter muskulöser **Penis** oder skleritäre **Begattungsröhre** mit skleritärem Hilfsapparat) besteht. Das Germarium liegt meist vor dem oder den Testes in der hinteren Körperhälfte. Der kurze Oviduct nimmt die beiden transversalen Dottergänge, die Vagina bzw. die beiden Vaginae (sofern diese nicht in die Dottergänge münden) und gegebenenfalls den in manchen Gruppen vorhandenen **Genitointestinalgang** auf. Danach setzt sich der Oviduct in den Ootyp fort, in den die Mehlissche Drüse mündet. Der Ootyp zieht in vielen Gruppen ohne eigentliche Uterusfunktion etwa zur Körpermitte, wo er meist gemeinsam mit dem männlichen Kopulationsorgan im unbestachelten oder bestachelten Genitalatrium ausmündet (ventral, gelegentlich auch am Körperrand). In anderen Gruppen ist ein echter Uterus entwickelt. Die Vagina bzw. die Vaginae münden am Körperrand oder unweit davon auf der Dorsal- oder Ventralfläche. Einige Gruppen haben keine Vagina. Die follikulären Dotterstöcke sind meist paarig, seltener in der Ein- oder Dreizahl entwickelt. Sie erstrecken sich meist fast über die gesamte Körperlänge. Ein Receptaculum seminis kann als Anhang des Oviducts oder als Erweiterung der Vagina ausgebildet sein. Die Spermatozoen zeigen ultrastrukturell Mitochondrien und haben zwei axiale Filamentkomplexe unter einer nicht unterbrochenen peripheren Reihe von Microtubuli [1].

Fortpflanzung und Entwicklung

Die Gyrodactylidea sind vivipar, alle übrigen Pectobothrii ovipar. Bei den oviparen Formen ohne echten Uterus werden die zusammengesetzten Eier frühzeitig abgelegt, die Ausformung der Eikapseln und die Embryonalentwicklung finden außerhalb des Muttertieres am Wirt oder am Gewässerboden statt. Bei den oviparen Formen mit echtem Uterus werden die Eier im Muttertier vollständig ausgeformt. Die fertigen Eikapseln sind sehr verschiedenartig gestaltet, es gibt kugelige, ovoide, pyramidale u. a. Formen. Der eine Pol der Eikapsel ist meist gedeckelt und oft mit Fortsätzen versehen. Am gegenüberliegenden Pol sind oft ebenfalls Fortsätze und Füßchen vorhanden. Die Eier der Monopisthocotylea sind in der Grundform meist tetraedrisch, die der Polyopisthocotylea meist spindelförmig. Bei den oviparen Arten entwickelt sich in der Eikapsel eine zigarrenförmige, freischwimmende Hakenwimperlarve (**Oncomiracidium**).

Die Furchung ist total, inaequal und irregulär. Erst in fortgeschrittenerem Zustand gruppieren sich die größeren Blastomeren im Zentrum, die kleineren darum herum; es resultiert eine epibolische Gastrula. Danach verschwinden bei den oviparen Formen die Zellgrenzen, und innerhalb dieser syncytialen Masse bilden sich die Anlagen der Gewebe und Organe der Larve. Zuerst erscheinen die Augenflecke, danach die Anlagen des Pharynx und der Kopfdrüsen und später die Anlagen des Darmes. Bei den viviparen Gyrodactylidea tritt keine syncytiale Masse auf, die Organogenese geht auf dem Wege der Differenzierung zelliger Abschnitte vor sich. Dort individualisiert sich sehr frühzeitig eine große Blastomere, die später den Embryo der ersten eingeschachtelten nächsten Generation bildet. In diesem Embryo entsteht wieder sehr früh ein zweiter, in diesem ein dritter und in diesem noch ein vierter („Viererkomplex"). So entstehen schrittweise nacheinander vier ineinandergeschachtelte Jungtiere im mütterlichen Uterus (Abb. 234). Der Vorgang der Vervielfachung während der Embryogenese ist auf extreme, wahrscheinlich auf zweigeschlechtlichem Wege erfolgende Paedogenese zurückzuführen. Die Annahme einer „speziellen Polyembryonie" trifft nicht zu [68]. Bei der Generationsfolge sind zwei nebeneinander laufende Rhythmen zu unterscheiden:

Die Wiederauffüllung des leeren Uterus nach der Geburt eines „Viererkomplexes“ und die ständige paedogenetische Ergänzung der eingeschachtelten Nachkommen im frisch geborenen Tochtertier.

Eine alternativ formenzyklische Entwicklung kommt bei *Polystoma* vor. Es handelt sich dabei um einen fakultativen Wechsel zwischen einer „normalen“ zweigeschlechtlichen Generation und einer (angeblich neotenen) zweigeschlechtlichen Generation. Das ist kein Generationswechsel im Sinne von Heterogonie oder Metagenese, sondern eine formenzyklische Entwicklung (mit Generationen verschiedener Form, jedoch gleicher Fortpflanzungsart) in Alternativzyklen.

Die (hermaphroditische) Hauptform (Abb. 231) lebt adult in der Harnblase von Anuren und wird erst nach drei Jahren zusammen mit dem Wirt geschlechtsreif (Synchronisation über hormonale Beeinflussung durch den Wirtsorganismus). Die Hauptform entläßt ihre Eier, wenn ihr Wirt im Frühling zur Kopula ins Wasser geht. *Polystoma*-Eier aus sehr zeitig ins Wasser gegangenen Fröschen ergeben nach 4 Wochen Hakenwimperlarven, die sich an die äußeren Kiemen sehr junger Kaulquappen setzen, nur 1,4—3 mm Länge erreichen und nicht den Habitus der Hauptform ausbilden, aber bereits nach wenigen Wochen gegen 400 Eier erzeugen. Während sie selbst bei der Metamorphose ihres Wirtes absterben, befallen die aus ihren Eiern schlüpfenden Oncomiracidien ebenso wie diejenigen der *Polystoma,* deren Wirte später ins Wasser gegangen sind, ältere Kaulquappen und wandern bei deren Metarmorphose in die Harnblase ein, wo sie dann erst zusammen mit dem Wirt, also nach 3 Jahren, geschlechtsreif werden. Der Bau der kurzlebigen Nebenform ist stark von dem der Hauptform verschieden. Die Nebenform wird oft als neotene (larvale) Generation bezeichnet [8, 69], obwohl sie nicht eigentlich ein Entwicklungsstadium darstellt, das in der Entwicklung der Hauptform vorkommt.

Larve

Die Hakenwimperlarve, das **Oncomiracidium**, hat Kopfdrüsen, eine ventrale Mundöffnung, einen Pharynx und einen sack- oder ringförmigen Darm. Das Wimperepithel

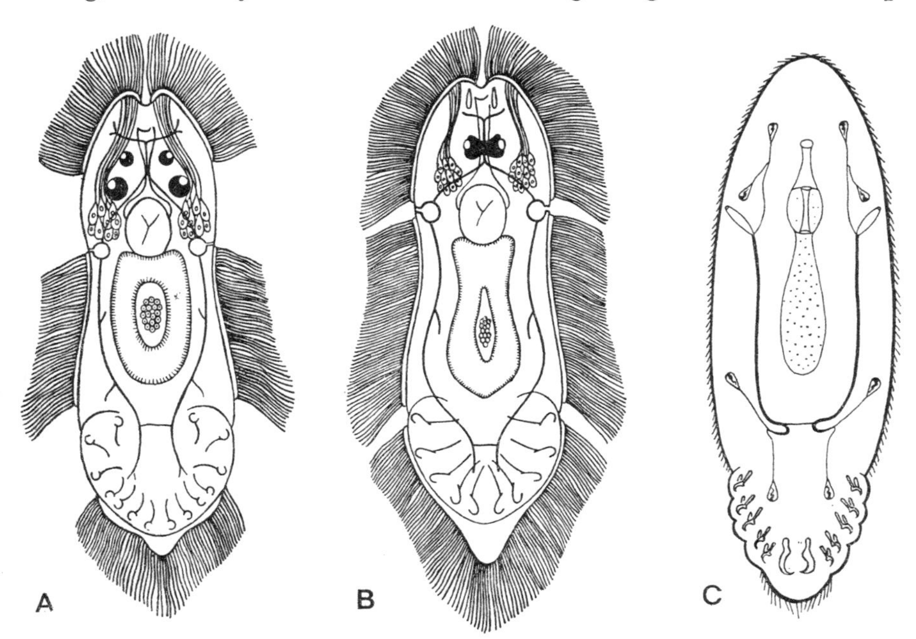

Abb. 235. Oncomiracidien, schematisch. **A.** Häufigster Typ. **B.** Bei manchen Polyopisthocotylea auftretender Typ. **C.** Exkretionssystem. — A und B nach Bychovskij 1957, C nach Malmberg 1974.

ist prinzipiell in drei Zonen angeordnet, einer vorderen, einer mittleren und einer hinteren. Selten fehlt das Wimperkleid ganz. Das Hinterende ist als scheibenförmiges Cercomer mit Haken ausgebildet. Nervensystem und Protonephridialsystem (Abb. 235 C) liegen bereits in den Grundzügen vor, ebenso die Gonadenanlage. Es sind zwei Grundtypen von Hakenwimperlarven zu unterscheiden (Abb. 235 A, B). Bei dem ersten, häufigeren Typ bedeckt das Wimperepithel den Körper nur teilweise, die Larve hat meist zwei Paar Augen und 12, 14 oder 16 Haken am Cercomer. Die Larve des zweiten Typs (einige Polyopisthocotylea) ist fast vollständig mit Wimperepithel bekleidet, sie hat gewöhnlich ein Paar meist miteinander verschmolzene Augen und 10 Haken am Cercomer.

Nach dem Aufsuchen eines geeigneten Wirtes und dem Festsetzen auf diesem wird das Wimperkleid abgeworfen. Die Entwicklung zum Adultus ist bei den einzelnen Gruppen in verschiedenem Grade mit einer Metamorphose verbunden. Besonders stark ausgeprägt ist die Metamorphose des Cercomers bei den Polyopisthocotylea.

Stammesgeschichte

Die Herausbildung der Pectobothrii als eigene Klasse wird im Silur, d. h. in der Zeit des Erscheinens der Fische angenommen. Während einige Zoologen an der klassischen Zuordnung der Pectobothrii zu den Trematoda festhalten, setzt sich immer mehr die Auffassung durch, daß sie mit diesen nicht näher verwandt sind.

Nach der modifizierten Cercomer-Theorie von Bychovskij gehen die Pectobothrii zusammen mit den Cestoda und den beiden kleineren zwischen beiden Klassen stehenden Gruppen auf gemeinsame Vorfahren (Ur-Cercomeromorphae) zurück. Nach Baer & Euzet [8] jedoch besteht weder eine nähere Beziehung der Pectobothrii zu den Trematoda noch zu den Cestoda (vgl. S. 371).

Llewellyn [84] geht von Ur-Pectobothrii aus, deren Opisthaptor gleichmäßig radiär angeordnete Randhaken aufwies. Die Microbothriidea verloren diese Randhaken wieder, da sie von der Anheftung an die Fischepidermis zum Festsitzen an den Placoidschuppen der Elasmobranchier übergingen. Die anderen Pectobothrii entwickelten zusätzlich zu den Randhaken ein Paar kräftige Mittelhaken (Hamuli). Bei den Dactylogyridea rückte das hinterste Randhakenpaar von der Peripherie in die Mitte des Opisthaptors. Von den verbleibenden 14 peripheren Randhaken gingen in manchen Gruppen die vorderen 1—2 Paare verloren. Bei den Gyrodactylidea blieben Lage und Zahl der ursprünglichen Randhaken unverändert. Ebenso war es bei den Monocotylidea, bei denen sich das larvale Cercomer in ein stark muskulöses Haftorgan umbildete und das vorderste Randhakenpaar verlorenging. Trotz dieses Verlustes bildet dort der Opisthaptor auf der Grundlage der ursprünglichen octodiametrischen Struktur Kreissektoren (Loculi) aus. Bei den Polyopisthocotylea hatte die Larve ursprünglich alle 16 Randhaken, während beim Adultus die vorderen 3—4 Randhakenpaare durch neue Haftorgane (Saugnäpfe oder Haftklappen) ersetzt werden. In einigen Gruppen gingen die beiden vordersten Paare von Randhaken, in anderen zusätzlich noch das hinterste, in wenigen Fällen noch weitere bzw. alle verloren.

Vorkommen und Verbreitung

Die weltweit verbreiteten Hakensaugwürmer sind überwiegend Ectoparasiten von wasserlebenden oder amphibischen Wirbeltieren (1450 Arten bei Meeres- und Süßwasserfischen, 30 bei Amphibien, 20 bei Reptilien, 1 Art bei Säugetieren), selten von Cephalopoden (1 Art) und von Krebsen (6 Arten), die auf der Haut oder in der Mundhöhle von Fischen parasitieren. Sie leben vorwiegend in der Kiemenhöhle (an den Kiemen) oder auf der Haut ihrer Wirte. Die wenigen endoparasitischen Formen schmarotzen meist in Körperhöhlen, die direkt oder indirekt mit der Außenwelt in Verbindung stehen (Mund-Rachen-Raum, Nasenhöhlen, Auge, Ohr, Kloake, Rektaldrüsen, Harnblase), nur selten in den Oviducten oder im Coelom (von Selachiern). Die meisten Arten sind streng wirtsspezifisch. Es sind Hauptwirte und nur vorübergehend befallene (transitäre) Nebenwirte zu unterscheiden. Ein Wirtswechsel im Laufe der Entwicklung findet nicht statt, die Tiere sind homoxene Parasiten.

Lebensweise

Hauptaufgabe des vorderen Haftapparates ist das zeitweilige Anheften des Vorderkörpers am Wirt während der Nahrungsaufnahme. Daneben hat das Vorderende eine Bewegungsfunktion; die meisten Pectobothrii bewegen sich allerdings nur wenig. Sie sind mit Hilfe des Opisthaptors fest am Wirt „verankert". Dies ist notwendig, da sie mit dem Wasserstrom leicht vom Wirt abgestreift werden könnten. Dies hätte ihren Tod zur Folge, denn getrennt vom Wirt sind sie nicht lebensfähig. Der hintere Haftapparat kann ebenfalls durch die Tätigkeit von Drüsen unterstützt werden. Die oviparen Formen gelangen durch ihre frei schwimmenden Hakenwimperlarven auf neue Wirte. Die lebendgebärenden Gyrodactylidea gehen bei näherem Kontakt ihrer Wirtsfische (vor allem während der Laichzeit) auf andere Wirte über. Die Hakensaugwürmer ernähren sich von Gewebe, Schleim und Blut ihrer Wirte.

Ökonomische Bedeutung

Eine Reihe von Pectobothrii spielt als Krankheitserreger bei Nutzfischen eine große Rolle in der Fischwirtschaft. Als Erreger von Dactylogyrosen des Karpfens (Kiemenzerstörungen) treten in der Palaearktis vor allem *Dactylogyrus vastator* (Abb. 232) und *D. extensus* auf, als Erreger von Gyrodactylosen der Karpfen *Gyrodactylus katharineri*, *G. medius* (Zerstörung der Kiemen) und *G. sprostonae* (Zerstörung der Oberhaut).

System

Die klassischen Systeme der Pectobothrii gehen von den beiden nach der Morphologie des Opisthaptors und dem Fehlen oder Vorhandensein eines Genitointestinalganges unterschiedlichen Gruppen Monopisthocotylea und Polyopisthocotylea aus.

Monopisthocotylea: Opisthaptor einheitlich, kreisförmig oder oval. Prohaptor meist in Form von Kopforganen oder eines Drüsenbereichs ausgebildet. Mund meist nicht von einem Saugnapf umgeben, zusätzliche Saugnäpfe können außerhalb des Mundes vorhanden sein. Genitointestinalgang fehlt.

Polyopisthocotylea: Opisthaptor komplex, larvale Randhaken beim Adultus zum Teil durch neue spezielle Haftorgane ersetzt (Saugnäpfe oder Haftklappen). Prohaptor gewöhnlich ohne Kopfdrüsen, Mund von einem Mundsaugnapf umgeben oder ein Paar Saugnäpfe bzw. Drüsen innerhalb der Mundhöhle entwickelt. Genitointestinalgang vorhanden.

Auf dieser Einteilung beruhen auch die neueren Systeme von Baer & Euzet [8] (9 Ordnungen, 20 Familien) und von Yamaguti [109] (13 Überfamilien, 41 Familien, 271 Gattungen). — Bei dem System von Bychovskij [69] basiert die Grundeinteilung dagegen auf der Morphologie der Larven (vgl. auch [91]):

Unterklasse Polyonchoinea (= Monopisthocotylea plus Polystomatinea): Larven mit 12, 14 oder 16 Randhaken am Cercomer, meist mit vier Augen (Abb. 235A).

Unterklasse Oligonchoinea (= Polyopisthocotylea minus Polystomatinea): Larven mit 10 (oder weniger) Randhaken am Cercomer, meist mit einem Paar verschmolzener Augen, selten mit zwei Paar Augen, oft fehlend (Abb. 235B).

Diese Einteilung ist nach der Entdeckung von 16 Randhaken beim Oncomiracidium von Chimaericolidae nicht mehr aufrechtzuerhalten. Während die Polyopisthocotylea als einheitliche Gruppe erscheinen, trifft dies für die Monopisthocotylea nicht zu [84]. Das System von Bychovskij wurde daher von anderen sowjetischen Forschern verbessert und ergänzt. Gläser (in [10] der Einführung) dagegen stellt eine von den bisherigen Systemen völlig abweichende neue Einteilung in die Unterklasse Adultigenea (= Gyrodactylidea) und die Unterklasse Ovogenea (alle übrigen Gruppen) vor. — Da die Einteilung der Pectobothrii in Unterklassen gegenwärtig noch nicht abgeklärt erscheint, wird hier aus praktischen

Gründen nur ein vereinfachtes System dargestellt (in Anlehnung an [69] und [84]). Wir unterscheiden 5 Ordnungen.

1. Ordnung Microbothriidea

Parasiten von Elasmobranchiern. Randhaken fehlend oder nur zeitweilig während der Embryonalentwicklung erscheinend. „Monopisthocotyl". Opisthaptor in Form einer schwach entwickelten, muskulösen Grube, die in Loculi untergliedert sein kann. — Mit nur 1 Familie.

Familie Microbothriidae. 9 Gattungen, 13 Arten.

2. Ordnung Dactylogyridea

Hauptsächlich Parasiten von Teleosteern und Elasmobranchiern, selten von Holocephalen. „Monopisthocotyl". Mit 14, 12 oder 10 peripheren Randhaken. 104 Gattungen, etwa 800 Arten.

Familie Dactylogyridae. 52 Gattungen, etwa 575 Arten. **Dactylogyrus*, etwa 300 Arten, davon über 50 in Mitteleuropa. **D. vastator* (Abb. 232), bis 1,3 mm lang, pathogen. **D. extensus*, bis 2 mm lang, pathogen, ursprünglich aus Nordamerika und Nordostasien bekannt, wurde erst seit den 50er Jahren zunehmend in der UdSSR und in Europa festgestellt. **D. anchoratus*, bis 0,6 mm lang, und **D. minutus*, bis 0,44 mm lang; alle an den Kiemen des Karpfens.

Familie Tetraonchidae. **Tetraonchus monenteron*, bis 2 mm lang, an den Kiemenblättchen des Hechtes.

Weitere Familien: Diplectanidae und Acanthocotylidae (hier entsteht der funktionelle Opisthaptor beim Adultus zusätzlich zum larvalen Cercomer als Pseudohaptor); Protogyrodactylidae, Calceostomatidae, Dionchidae, Capsalidae, Amphibdellatidae, Tetraonchoididae, Bothitrematidae.

3. Ordnung Gyrodactylidea

Bei Meeres- und Süßwasser-Teleosteern, ausnahmsweise bei Cephalopoden, fischparasitischen Branchiuren und bei Anuren (je eine Art). Lebendgebärend. „Monopisthocotyl". Larvaler Opisthaptor bleibt ohne größere Modifizierung erhalten (16 Randhaken). — Nur 1 Familie.

Familie Gyrodactylidae. 7 Gattungen, 133 Arten. **Gyrodactylus* (Abb. 234), etwa 120 Arten, davon 50 im europäischen Süßwasserbereich. **G. katharineri*, bis 1,2 mm lang, und **G. medius*, bis 0,5 mm lang, pathogene Arten an den Kiemen des Karpfens. **G. sprostonae*, bis 0,42 mm lang, auf der Haut des Karpfens, pathogen.

4. Ordnung Monocotylidea

Parasiten von Elasmobranchiern, ausnahmsweise von Holocephalen. Larven mit 14 Randhaken. „Monopisthocotyl". Opisthaptor beim Adultus in 8 Kreissektoren gegliedert, die in manchen Fällen weiter unterteilt oder aber verschmolzen sein können.

Familie Monocotylidae. 17 Gattungen, 42 Arten.

Familie Loimoidae. 3 Gattungen, 5 Arten.

5. Ordnung Polyopisthocotylea

Haftapparat der Adulti besteht aus Saugnäpfen oder abgewandelten Saugnäpfen mit Klammerhaken (Haftklappen) und verschiedenen sklerotisierten Haftorganen. Genitointestinalgang vorhanden. Augen fehlen beim Adultus fast immer. Hauptsächlich bei Teleosteern, auch bei Elasmobranchiern, Holocephalen, Amphibien, ausnahmsweise bei fischparasitischen Isopoden und bei Säugetieren. 128 Gattungen, etwa 490 Arten.

1. Unterordnung Chimaericolinea

Larve mit 16 Randhaken. Opisthaptor beim Adultus mit 4 Paar Haftklappen. Parasiten von Holocephalen. — Nur 1 Familie.

Familie Chimaericolidae. 2 Gattungen, 3 Arten. *Chimaericola leptogaster*, bis 40 mm lang, an den Kiemen von *Chimaera monstrosa* im Atlantik und Mittelmeer.

2. Unterordnung Diclybothriinea

Larve mit 10 oder 12 Randhaken. Opisthaptor beim Adultus mit 3 Paar haftklappen-ähnlichen Saugnäpfen. Parasiten von Störartigen und Elasmobranchiern, ausnahmsweise von Holocephalen.

Familie Diclybothriidae. **Diclybothrium armatum*, bis 23 mm lang, an den Kiemen von Stören.

Familie Hexabothriidae.

3. Unterordnung Mazocraeinea

Larve mit 10 oder 12 Randhaken (ausnahmsweise mit weniger, oder Randhaken völlig fehlend: *Diplozoon*). Opisthaptor beim Adultus mit 4 oder mehr Paar Haftklappen. Bei Meeres- und Süßwasserfischen, vor allem Perciformes und Clupeiformes, 5 Arten bei fischparasitischen Isopoden.

Familie Mazocraeidae. **Mazocraes alosae*, bis 12 mm lang, auf den Kiemen von Clupeidae.

Familie Discocotylidae. **Discocotyle sagittata*, an den Kiemen von Salmoniden in Salz- und Süßwasser. — **Diplozoon*, „Doppeltier", in Mitteleuropa mindestens 8 Arten, darunter **D. paradoxum*, auf den Kiemen des Bleis. Die 1—2 mm langen Jungtiere leben monatelang einzeln und haben etwa in der Rückenmitte einen Zapfen, darunter am Bauch einen Saugnapf. Wenn sie erwachsen sind (6,6—10 mm) kopulieren sie, wobei ein Tier mit seinem Bauchsaugnapf den Rückenzapfen des anderen umgreift. Nach Überkreuzung der Körper vollzieht sein Partner dasselbe. Dann findet die Begattung statt, der eine Verwachsung der Körper an der Kreuzungsstelle folgt sowie eine Vermehrung der Haftspangen der Haftscheibe auf 8 (Abb. 236). Die Verwachsung dient auch der sicheren Befestigung am Wirt. Die beiden Partner verdrehen ihre Hinterkörper um 90° um die Körperlängsachse gegen den Vorderkörper und umfassen dann damit ein Kiemenblättchen wie mit zwei breiten Zangenbacken. Dabei kehren sie die mit den Haftklappen versehene Fläche der Kieme zu. Jede Haftklappe besteht wie eine Klappenfalle aus zwei gelenkig miteinander verbundenen harten Bügeln, die ein Muskel unter Einklemmen von Kiemenepithel aufeinander schnappen läßt.

Weitere Familien: Anthocotylidae, Plectanocotylidae, Diclidophoridae, Microcotylidae, Protomicrocotylidae, Gastrocotylidae, Hexostomatidae.

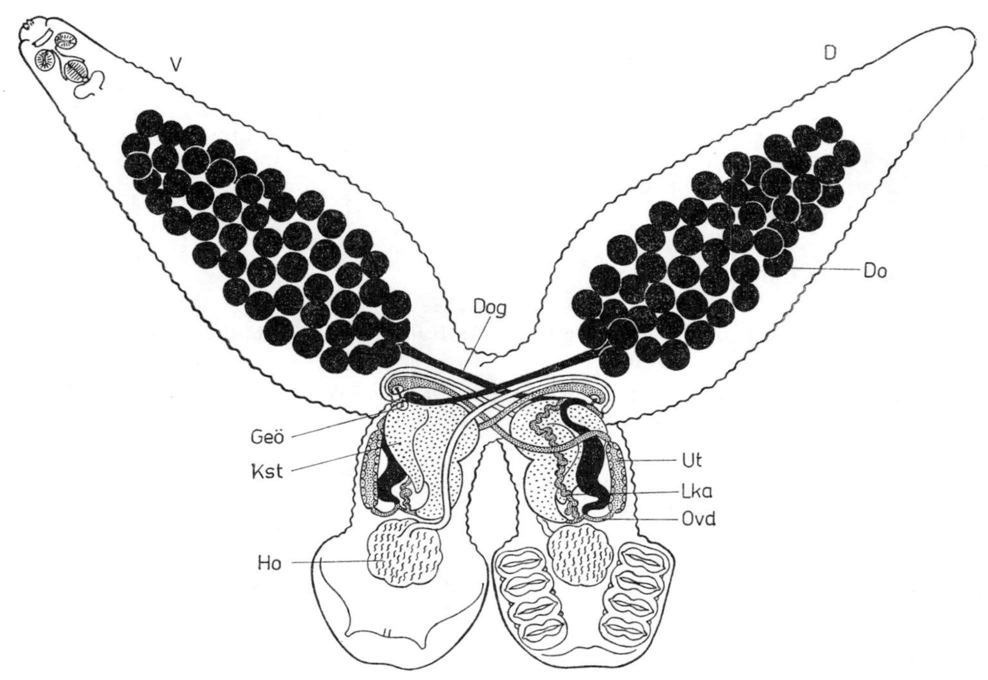

Abb. 236. *Diplozoon* sp. Das eine Tier mit der Ventralseite (**V**), das andere mit der Dorsalseite (**D**) dem Betrachter zugewendet. Länge 7 mm. Mitteldarm weggelassen. Das Sperma gelangt aus dem Hoden in den ausleitenden Kanal (weiß) und von dort in den Laurerschen Kanal, der in den Oviduct mündet. Unmittelbar dahinter mündet der Dottergang (schwarz) in den Oviduct (punktiert), der sich dann zum Uterus erweitert und in einem Bogen zur Geburtsöffnung zieht. — **Do** Dotterstock, **Dog** Dottergang, **Geö** Geburtsöffnung, **Ho** Hoden, **Lka** Laurerscher Kanal, **Kst** Keimstock, **Ovd** Oviduct, **Ut** Uterus. — Nach ZELLER 1888.

4. Unterordnung Polystomatinea

Larve mit 16 Randhaken. 1 oder 3 Paar larvale Randhaken beim Adultus durch Saugnäpfe ersetzt. Parasiten von Amphibien und Reptilien, ausnahmsweise von wasserlebenden Säugetieren (1 Art).

Familie Polystomatidae. **Polystoma integerrimum* (Abb. 231), bis 13 mm lang, in der Harnblase von Fröschen (vgl. S. 377). — *Oculotrema hippopotami*, im Augenlid von Flußpferden.

Familie Sphyranuridae. Parasiten von Urodelen. Larve unbewimpert.

2. Klasse Gyrocotylidea

10 Arten. Zwischen 2 und 5 cm lang. Größte Art: *Gyrocotyle urna*, bis 5 cm lang.

Diagnose

Endoparasitische, darmlose Cercomeromorphae, deren Vorderende eine Einsenkung („Saugnapf“) und deren Hinterende eine trichterförmige, mehr oder weniger rosettenartig gefaltete oder einfach zylindrische Erweiterung aufweist, mit der sich die Tiere an der Darmwand ihres Wirtes anheften. Die drei Geschlechtsöffnungen münden im vorderen Drittel des Körpers unabhängig voneinander (Vagina dorsal, männliche und Uterusöffnung ventral). Kein Cirrus oder Penis. Mit 2 Exkretionsporen nahe dem Vorderende. Larve (Lycophore) mit 10 nicht paarig angeordneten, gleichgroßen Haken am Hinterkörper (die auch beim Adultus noch vorhanden sind). Entwicklung vermutlich ohne Wirtswechsel.

Eidonomie

Körper blattförmig, am Rand stärker oder schwächer gekräuselt. Vorderende mit mehr oder weniger muskulösem „Saugnapf". Körperoberfläche bisweilen quergeringelt, bisweilen mit Stacheln besetzt. Hinterkörper verjüngt, eine Taille zwischen dem übrigen Körper und dem rosettenartigen bzw. grubenartigen Haftorgan am Körperende bildend.

Anatomie (Abb. 237)

Integument. Die syncytiale, kernlose Epidermis („Cuticula") ist mit Microvilli besetzt, die sich von den Microtrichen der Cestoda durch das Fehlen elektronen-undurchlässiger Spitzen unterscheiden [87]. Unter der Epidermis befinden sich Diagonal-, Dorsoventral-, Quer- und Längsmuskeln. Drüsen fehlen. Die zwischen den Diagonal- und Dorsoventralmuskeln (außen) und den Quermuskeln (innen) gelegene, den ganzen Körper durchziehende starke Lage von Längs-**Muskulatur** ermöglicht eine starke Kontraktilität des Körpers. **Nervensystem.** Hinter dem „Saugnapf" liegt eine umfängliche Kommissur, von der zwei vordere Nerven zu beiden Seiten des „Saugnapfes" ziehen und zwei hintere dickere Nervenstränge abgehen, die zahlreiche Seitenäste abgeben. Auf der Höhe des Haftorgans enden die hinteren Stränge in einem Ring, von dem aus zahlreiche Verzweigungen die Wand des Haftorgans versorgen. **Sinnesorgane**

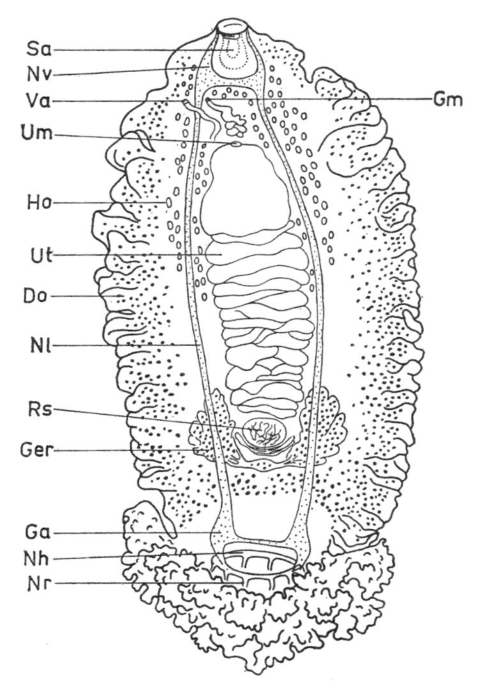

Abb. 237. *Gyrocotyle fimbriata* aus dem Darm des Fisches *Hydrolagus colliei* (Holocephalia). — **Do** Dotterstöcke, **Ga** Ganglienverdickung, **Ger** Germarium, **Gm** männliche Geschlechtsöffnung, **Ho** Hoden, **Nh** hinterer Nervenring, **Nl** Nervenstrang, **Nr** Nerven der „Rosette", **Nv** vordere Nervenkommissur, **Rs** Receptaculum seminis, **Sa** Saugnapf, **Um** Uterusmündung, **Ut** Uterus, **Va** Vaginalöffnung. — Nach Watson 1911.

und **Verdauungssystem** fehlen. Die Nahrungsaufnahme erfolgt absorptiv durch die Epidermis. **Exkretionsorgane.** Die Gefäße sind beim Adultus in ganzer Länge der Kanäle mit einem Wimperstreifen versehen, und die Kanäle sind durch ein Netzwerk sekundärer Gefäße miteinander verbunden. Die zwei Exkretionspori liegen auf der Dorsalfläche vorn in der Nähe der Geschlechtsöffnungen. **Geschlechtsorgane.** Der muskulöse, von prostatischen Zellen umgebene Ductus ejaculatorius mündet ohne Cirrusbildung auf der Ventralseite; bei einigen Arten liegt die Mündung auf einer Papille innerhalb eines männlichen Genitalatriums. Zahlreiche Hoden bilden zwei seitliche Felder in der vorderen Körperhälfte. Das Germarium liegt im Hinterkörper. Die Vagina führt in ein im Germarium-Bereich liegendes Receptaculum seminis. Vom Germarium aus erstreckt sich ein umfangreicher Uterus bis in den Vorderkörper. Die Dotterstöcke sind stark entwickelt und liegen in den Körperseiten hinter der Germarial-Region.

Fortpflanzung und Entwicklung

Es gibt ovovivipare und ovipare Formen. Die oviparen Arten legen im Darm des Wirtes gedeckelte oder ungedeckelte Eier ab. Im ersten Fall ist die Embryonalentwicklung beim Verlassen des Wirtes noch nicht abgeschlossen, im zweiten Fall enthalten die Eier bereits eine Larve. Die Larven sind bewimpert oder unbewimpert. Die bewimperten Larven schlüpfen im Meerwasser aus den Eikapseln und können frei schwimmen. Der Entwicklungszyklus ist noch nicht vollständig verfolgt worden, doch deuten die Funde von sehr kleinen „Postlarven" in Holocephalen auf einen Zyklus ohne Wirtswechsel (homoxener Parasitismus).

Die Entwicklung des Cercomers beginnt (wie bei den Cestoda) erst nach dem Befall des Wirtes. Vor den Haken der Lycophore erfolgt eine scheibenförmige Einschnürung des Hinterkörpers, auf die eine Einstülpung des abgeschnürten Cercomers folgt. Dieser Vorgang beginnt am Grunde (Schaft) des Cercomers, danach folgt die Einziehung der an der Oberfläche liegenden Scheibe. Mit Beginn der Cercomerbildung ordnen sich die Haken radiär an. Mit fortschreitender Einstülpung gelangen die Haken an die Wandung der größer werdenden Höhlung, und ihre regelmäßige Anordnung verliert sich. Nach dem Cercomer-Stadium erfolgt die Ausbildung des Haftorgans am Hinterende, das für den Adultus typisch ist (sekundärer Haptor), durch fortschreitende Einstülpung. Gleichzeitig entsteht auch der „Saugnapf" am Vorderende durch Einstülpung [90].

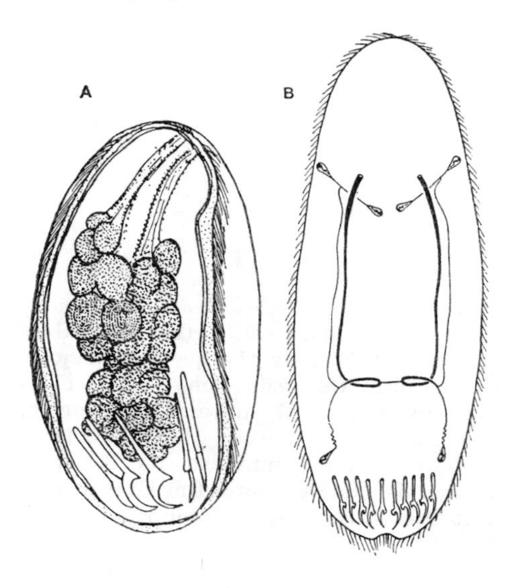

Abb. 238. *Gyrocotyle*, Lycophoren. **A.** Von *G. rugosa*, in der Eikapsel. **B.** Von *G. urna*, frei, mit Exkretionssystem. Länge etwa 0,18 mm. — A nach Fuhrmann, B nach Malmberg 1974.

Bei der **Larve**, die als **Lycophore** (Abb. 238) bezeichnet wird, münden die Ausführgänge zweier in der vorderen Körperhälfte gelegener Drüsenkomplexe am Vorderpol. Der Körper enthält zahlreiche Kalkkörperchen. Am Hinterende der Lycophore liegen 10 Haken. Die Larve verfügt über ein Protonephridial-System mit Terminalzellen (Abb. 238B). Sie hat weder Mund noch Pharynx noch Darm.

Stammesgeschichte

Die Gyrocotylidea stehen zwischen Pectobothrii und Cestoda bzw. Amphilinidea. Sie sind als eigene Entwicklungsrichtung aufzufassen und stellen eine altertümliche Gruppe dar; dies läßt sich aus ihrer geringen Artenzahl und ihrer Beschränkung auf altertümliche Fische schließen. Die Hakenzahl (10), die sie mit den Amphilinidea gemeinsam hat, deutet auf eine Mittelstellung zwischen Pectobothrii und Cestoda hin. Nähere Beziehungen zu den Amphilinidea und den Cestoda sind unter anderem wegen ihrer vermutlichen Entwicklung ohne (wirbellosen) Zwischenwirt sowie wegen des Baues und der Mündungsverhältnisse ihrer Geschlechtsausführwege nicht gegeben. Gegen eine nahe Verwandtschaft mit den Pectobothrii sprechen ihr Endoparasitismus und das Fehlen von Mund, Pharynx und Darm.

Vorkommen, Verbreitung und Lebensweise

Die Gyrocotylidea sind Parasiten im Spiraldarm von Holocephalen des Pazifiks (Südsee, USA, Neuseeland, Australien), des Atlantiks (Norwegen, Südafrika, Argentinien, Uruguay) und des Mittelmeeres.

System

Familie Gyrocotylidae. Mit 10 Arten. *Gyrocotyle urna*, bis 5 cm lang und 11 mm breit, in *Chimaera monstrans*. — *Gyrocotyloides*.

3. Klasse Amphilinidea

10 Arten. Zwischen 2 und 38 cm lang; größte Art: *Gigantolina magna*, 38 cm lang.

Diagnose

Endoparasitische, darmlose, diheteroxene (mit zwei Wirten) Cercomeromorphae, deren Vorderende eine mit Muskeln ausgestattete Grube trägt, in die viele lange, einzellige Drüsen münden. Diese Einsenkung kann als klebriger Rüssel ausgestülpt werden. Neben ihr mündet der Uterus aus, während sich Ductus ejaculatorius und Vagina bzw. Vaginae getrennt voneinander oder gemeinsam am Hinterende öffnen. Kein Cirrus. Penis nur andeutungsweise. Mit 1 Exkretionsporus am Hinterende. Larve (Lycophore) mit 5 Paar Haken am Hinterende (die auch beim Adultus noch nachweisbar sind).

Eidonomie

Körper blatt- oder bandförmig, stark abgeflacht, mit abgerundetem Vorder- und Hinterende. Vorderende mit eingestülptem drüsigem Rüssel (Proboscis, Apicalorgan). Körperoberfläche mit zahlreichen kleinen Vertiefungen oder zart quer gerippelt.

Anatomie (Abb. 239)

Das **Integument** ist als Hautmuskelschlauch ausgebildet. Es besteht aus mehreren Schichten: 1. einer syncytialen Epidermis („Cuticula"), 2. einer fibrillären Schicht, 3. einer Muskelschicht, 4. einer Drüsenschicht. Die fibrilläre Schicht enthält die feinen Fibrillen der Muskelschicht, die nach allen Richtungen hin orientiert sind, sowie die feinen Ausführgänge der einzelligen Drüsen aus der Drüsenschicht. Die 2.—4. Schicht können sich durchdringen. Das Parenchym der **Leibeshöhle** hat (lichtmikroskopisch) syncytialen Charakter. Das periphere Parenchym enthält Kalkkonkremente. Im zentralen Parenchym zwischen den Geschlechtsorganen liegen zahlreiche einzellige Drüsen, die vorn im Kleberüssel ausmünden. Während die **Muskulatur** des Hautmuskelschlauches hauptsächlich aus netzartig verflochtenen Längs- und Quermuskeln besteht, wird das gesamte Parenchym von Dorsoventralmuskeln durchzogen, die jeweils in der Muskelschicht des Integuments verankert sind und mit ihren Fibrillen bis an die „Cuticula" reichen. Das Parenchym enthält auch nicht durchgehende Längsmuskelfasern. Das **Nervensystem** besteht aus zwei großen Längsnervenstämmen, die hinter dem drüsigen Rüssel durch eine starke Kommissur verbunden sind. Ein **Verdauungssystem** fehlt in allen Entwicklungsstadien. **Exkretionsorgane.** Am Körperende mündet die längliche Exkretionsblase, in die sich das netzartig gebaute System von Exkretionsgefäßen öffnet. Dieses Netz von Gefäßen liegt korbartig im äußeren Rand des Parenchyms. Die Protonephridien haben Terminalorgane, bei denen — abweichend von allen anderen Plathelminthes — eine große Terminalzelle mit mehreren Wimperflammen-Trichtern in Verbindung steht.

Geschlechtsorgane. Der von prostatischen Zellen umgebene und mit einem muskulösen Bulbus ausgestattete Canalis ejaculatorius mündet am Körperhinterende in der Nähe des Exkretionsporus in einem besonderen männlichen Porus (*Gigantolina*, *Nesolecithus*) oder kurz vor der Mündung mit der Vagina vereinigt in einem gemeinsamen Genitalatrium (*Gephyrolina*) aus. Im ersten Fall liegen eine oder zwei Vaginae vor, und es kann ein kleiner Penis ausgebildet sein; im zweiten Fall gibt es stets nur eine Vagina. Beim Vorliegen zweier Vaginae mündet eine dorsal und eine ventral ein Stück

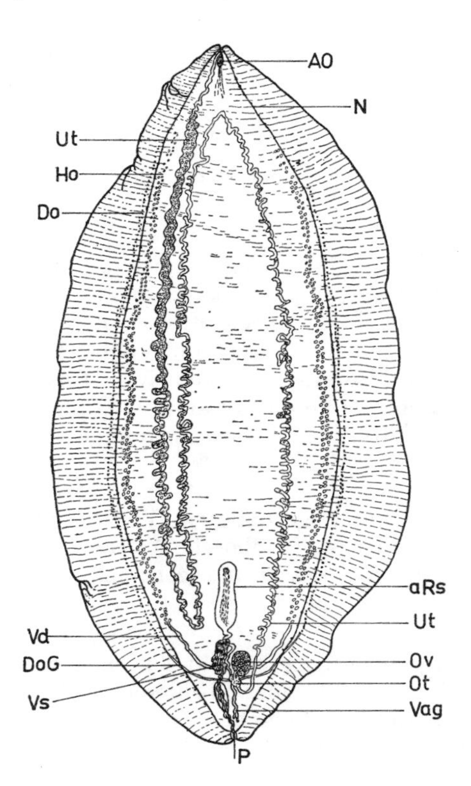

Abb. 239. *Nesolecithus africanus*, dorsal. Länge etwa 28 mm. — **AO** Apikalorgan, **aRs** akzessorisches Receptaculum seminis, **Do** Dotterstock, **DoG** Dottergang, **Ho** Hoden, **N** Längsnervenstrang, **Ot** Ootyp, **Ov** Germarium, **P** männliche Genitalpapille, **Ut** Uterus, **Vag** Vagina, **Vd** Vas deferens, **Vs** Vesicula seminalis. — Nach Dönges & Harder 1966.

vor dem männlichen Porus. Die zahlreichen Hoden sind in zwei Seitenfeldern angeordnet. Das Germarium liegt im hinteren Körperviertel. Die Dotterstöcke sind stark entwickelt, sie liegen in zwei schmalen Längsstreifen seitlich von den Hoden. Der lange Uterus zieht zunächst vom Schalendrüsen-Bereich mehr oder weniger gewunden ganz nach vorn, wo er umkehrt und wieder nach hinten zieht; von dort aus verläuft er schließlich wieder nach vorn zu seiner Ausmündungsstelle unmittelbar neben dem drüsigen Rüssel.

Fortpflanzung und Entwicklung

Die Eikapseln sind ungedeckelt. Die Embryonalentwicklung bis zur schlupfreifen Erstlarve (Lycophore) erfolgt im Uterus (Ovoviviparie). Der vollständige Entwicklungszyklus ist nur von *Amphilina foliacea* bekannt. Die Eier verlassen die Leibeshöhle der Endwirte (Störe) durch die Abdominalporen. Im Wasser schweben sie durch Abgabe eines farblosen Exkrets. Sie müssen von einem Zwischenwirt (Amphipoden) aufgenommen werden. Die Larve wird erst durch die Einwirkung der Mundwerkzeuge des Krebses frei. Im Darm des Zwischenwirts wird das Wimperkleid abgeworfen, die Larve dringt in die Leibeshöhle ein, wo sie sich zur Invasionslarve (Endlarve) entwickelt und bis auf 2—4 mm heranwächst. Dabei verschwinden die Penetrationsdrüsen der Lycophore. Die Haken werden ohne eigentliche Cercomer-Bildung durch Einstülpung in den Hinterkörper der Endlarve eingebaut und verbleiben dort später auch beim Adultus. Wird der Zwischenwirt vom Endwirt gefressen, so werden die Invasionslarven in dessen Darm frei, von wo sie durch die Darmwand in die Leibeshöhle eindringen. — Da die Tiere einen obligatorischen Wirtswechsel vornehmen müssen, wobei ein Zwischen- und ein Endwirt befallen werden, bezeichnet man sie als diheteroxene Parasiten.

Larvenformen

Die Erstlarve (**Lycophore**, Abb. 240) ist bewimpert (*Amphilina*) oder unbewimpert. Am abgerundeten Vorderende münden die Ausführgänge von 12 großen, in der hinteren Körperhälfte liegenden Penetrations-Drüsenzellen. Die hintere Körperhälfte ist bauchig erweitert. Das konische Körperhinterende ist terminal mit einer flachen Grube versehen. Es trägt die mit eigenen Muskeln ausgerüsteten Haken, von denen zwei Paare aberrant ausgebildet sein können. Die Invasionslarven im Zwischenwirt haben bereits Anlagen der Geschlechtsorgane. Sie enthalten Kalkkonkretionen. Die Haken funktionieren nach dem Prinzip einer Klemme (bei den Cestoda jedoch nach dem Prinzip eines Ankers).

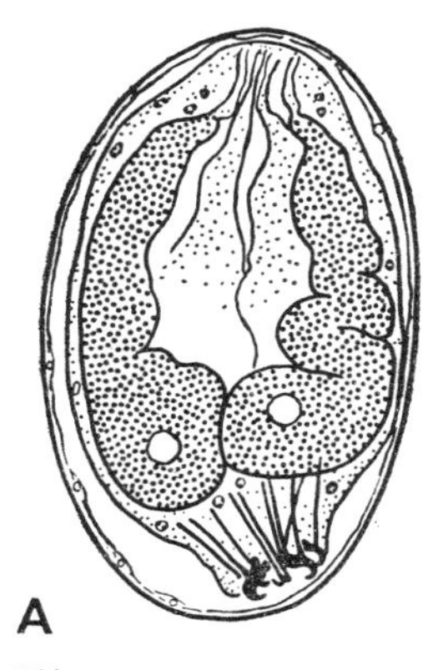

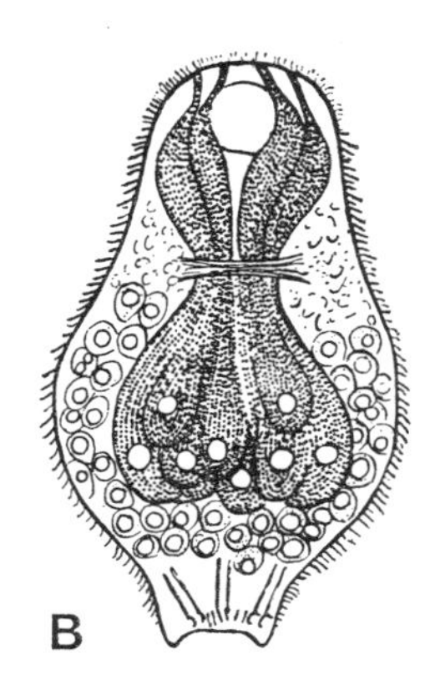

Abb. 240. Lycophore von *Nesolecithus africanus* in der Eikapsel. Länge etwa 0,15 mm. **B.** Freie Lycophore von *Amphilina foliacea.* Länge etwa 0,15 mm. — A nach Dönges & Harder 1966, B nach Janicki.

Stammesgeschichte

Die weite geographische Verbreitung, die Bindung an alte Fischgruppen als Endwirte und die geringe Artenzahl der Amphilinidea weisen diese Plathelminthen-Gruppe als altertümlich aus. Die Klasse stellt eine eigene Evolutionsrichtung dar. Sie steht zwischen Pectobothrii bzw. Gyrocotylidea und Cestoda. Sowohl bei (den meisten) Pectobothrii als auch bei Amphilinidea (und Gyrocotylidea) bleiben die larvalen Haken — im Gegensatz zu den Cestoda — auch beim Adultus erhalten, obwohl sie bei den beiden letztgenannten Gruppen dort keine funktionelle Bedeutung mehr haben. In Verbindung mit diesen Haken existiert am Hinterende wie bei den Pectobothrii eine, wenn auch schwächer entwickelte Nervenringkommissur bei Amphilinidea (und Gyrocotylidea). Diese Merkmale werden von DUBININA [72] als Stütze für die Annahme einer näheren Beziehung zu den Pectobothrii angesehen. Dem stehen allerdings der Endoparasitismus, die Diheteroxenie und das Fehlen eines Darmtraktes entgegen.

Vorkommen, Verbreitung und Lebensweise

Alle Amphilinidea leben adult in der Leibeshöhle von Stören (*Amphilina* mit 3 Arten in der Holarktis), einiger Teleosteer des Süßwassers (Siluroidei in Indien, Clupeiformes in Brasilien, Mormyriformes in Westafrika), einer Süßwasserschildkröte (in Australien) und mariner Knochenfische (Perciformes im Indo-Pazifik).

Das drüsige Organ am Vorderende von Erstlarve, Invasionslarve und Adultus dient als Penetrationsorgan. Die Lycophore durchdringt mit seiner Hilfe die Darmwand des Zwischenwirts, die Endlarve die Darmwand des Endwirts. Auch der Adultus benötigt vermutlich ein Penetrationsorgan, um zumindest in den Wirten, deren Leibeshöhle keine Abdominalporen aufweist, ein Herausbringen der Eier aus dem Wirtskörper zu ermöglichen. Die Mündung des Uterus in der Nähe des Kleberüssels unterstützt diese Annahme.

Ökonomische Bedeutung

Amphilina hat wirtschaftliche Bedeutung als Krankheitserreger bei Stören (Amphilinose).

System

Es werden 2 oder 3 Familien mit insgesamt 7 Gattungen unterschieden.

Familie Amphilinidae. **Amphilina foliacea*, in Acipenseriden.

Familie Austramphilinidae. *Austramphilina elongata*, in einer australischen Süßwasser-Schildkröte.

Familie Schizochoeridae. *Schizochoerus*. — *Gigantolina* (*G. magna*, in *Plectorhynchus crassispina*, Indischer Ozean). — *Nesolecithus* (*N. africanus*, in *Gymnarchus niloticus*, Abb. 239). — *Gephyrolina*.

4. Klasse Cestoda, Bandwürmer

3400 Arten. Körperlänge zwischen wenigen Millimetern und mehreren Metern. Größte Art: *Diphyllobothrium latum*, bis 20 m lang.

Diagnose

Endoparasitische, darmlose, in der Regel heteroxene Cercomeromorphae mit einem als Haftorgan ausgebildeten „Kopf" (Scolex) am Vorderende, mit dem sich die Tiere an der Darmwand ihres Wirtes festheften. Vagina und Cirrusbeutel münden getrennt oder in ein gemeinsames Atrium. Als typisches Kopulationsorgan dient ein Cirrus. Ein oder zwei Exkretionsporen am Hinterende. Erstlarve (Oncosphaera bzw. Coracidium) mit drei beweglichen Hakenpaaren am Hinterende. Zweitlarve (Cercoid) mit Cercomer. Das Cercomer mit den Haken wird vor Erreichen des Adultstadiums abgeworfen. Entwicklung gewöhnlich mit 1 oder 2 Zwischenwirten.

Eidonomie

Der Körper besteht aus einem mehr oder weniger deutlich abgesetzten Kopfteil (**Scolex**), einem daran anschließenden, meist als schmalere Halsregion in Erscheinung tretenden Abschnitt und dem Hinterkörper, der bei den Caryophyllidea ungegliedert, bei den Eucestoda gewöhnlich als Proglottidenkette ausgebildet ist.

Anatomie

Integument. Die Bandwürmer sind hervorragend dem Leben im Darmkanal von Wirbeltieren angepaßt. Ihre syncytiale, kernlose Epidermis („Cuticula") enthält Mitochondrien (Abb. 241); ihre Kerne sind in lange Zellsäcke versenkt, die durch den Hautmuskelschlauch bis tief ins Parenchym ragen (Abb. 241, 242). Die Außenschicht der Epidermis hat eine sehr große Oberfläche, indem sie sich in dichtstehende Microvilli (Microtrichen) mit elektronendurchlässigen Spitzen ausbuchtet (Abb. 241), die durchaus dem Stäbchensaum der Darmzellen des Wirbeltierwirtes entsprechen, also eine Absorption des umgebenden Nahrungsbreis fördern.

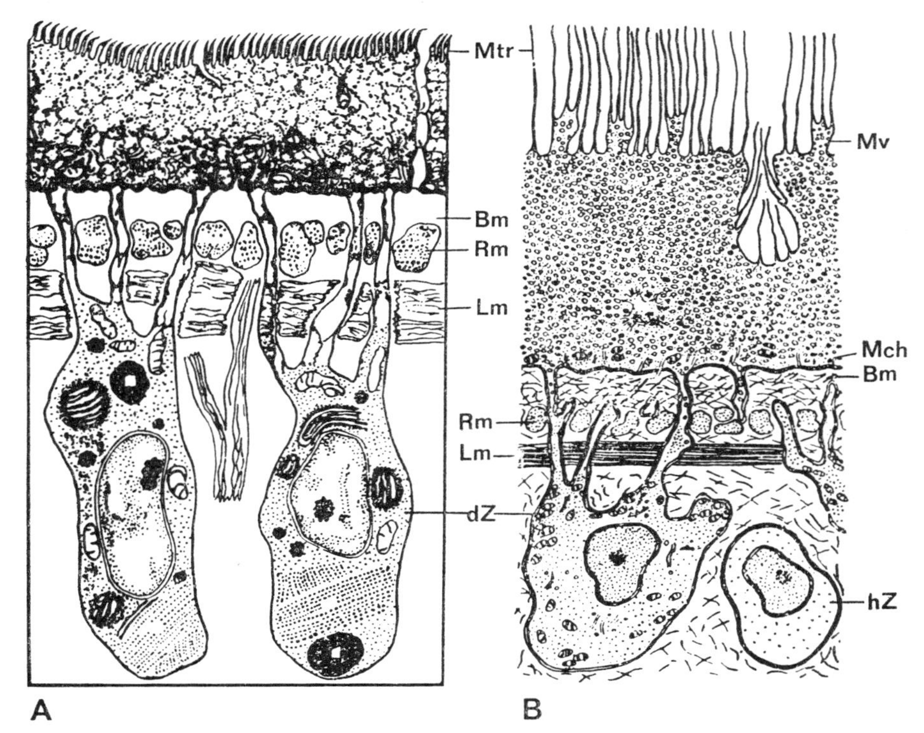

Abb. 241. Ultrastruktur des Integuments. **A.** *Dipylidium caninum.* **B.** *Schistocephalus pungitii.* — **Bm** Basalmembran, **dZ** „dunkle" Zellen, **hZ** „helle" Zellen, **Lm** Längsmuskeln, **Mch** Mitochondrien, **Mtr** Microtrichen, **Mv** Microvilli, **Rm** Ringmuskeln. — Nach Threadgold (A) und Timofeev (B) aus Šul'c & Gvozdev 1970.

Zwischen den Microvilli sind saure „nicht glykogene" Mucopolysaccharide nachweisbar, die aus dem Integument stammen. Die sauren Mucopolysaccharide sind hoch polymer. Wahrscheinlich bilden sie ein Netzwerk von Ketten. Dieses hat eine hohe Widerstandskraft gegen den Durchfluß von Macromolekülen und Partikeln, wirkt also als Filter. Wasser und kleinen Molekülen dagegen erlaubt es den Durchtritt. Ionen können selektiv akkumuliert werden. Da saure Mucopolysaccharide viele tierische Fermente hemmen, verhindern sie, daß die Darmenzyme des Wirtes das Protoplasma des Integuments verdauen. Dem entspricht es, daß dort, wo die Epidermis verletzt ist, das Bandwurmgewebe von Fermenten angegriffen wird und daß abgestorbene Cestoden im Darm aufgelöst werden.

Unter der syncytialen Epidermis liegen eine Basalmembran und eine dünne Schicht von Quer-, Längs- und Diagonalmuskeln, unter dieser die subepidermale Zellschicht (Abb. 242). Das Parenchym der **Leibeshöhle** enthält sowohl bei den sekundären Larvenformen als auch beim Adultus Kalkkonkretionen. Im Parenchym befinden sich Längs-, Quer- und Dorsoventral-**Muskeln**. Längs -und Quermuskeln bilden eine Schicht, die zwischen dem lockeren Zentral- oder Medullarparenchym und dem dichteren Rindenparenchym liegt (Abb. 243). In Scolex und Halszone ist diese Muskelschicht beträchtlich verdickt. Im Scolex tritt noch zusätzlich Muskulatur für die Haftorgane

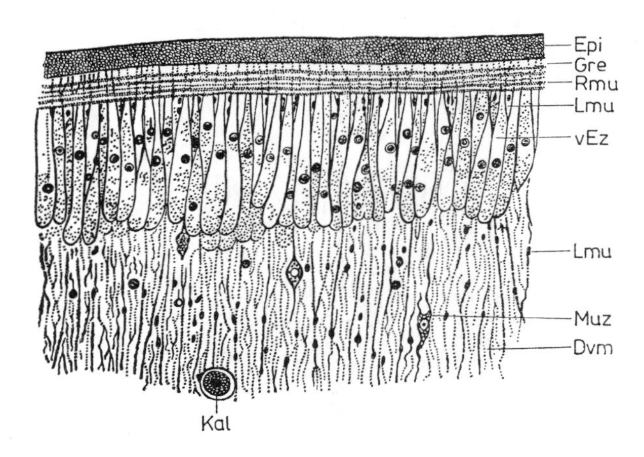

Abb. 242. Stück eines Querschnittes durch *Taeniarhynchus saginatus* mit Hautmuskelschlauch und Parenchym. — **Epi** Außenschicht der Epidermis, **Dvm** Dorsoventralmuskulatur im Parenchym, **Gre** Grenzlamelle aus Protoplasma, die den versenkten Epidermiszellen (**vEz**) zugehört, **Kal** Kalkkörper im Parenchym, **Lmu** Längsmuskulatur, **Muz** Muskelzelle, **Rmu** Ringmuskulatur. — Nach SCHNEIDER.

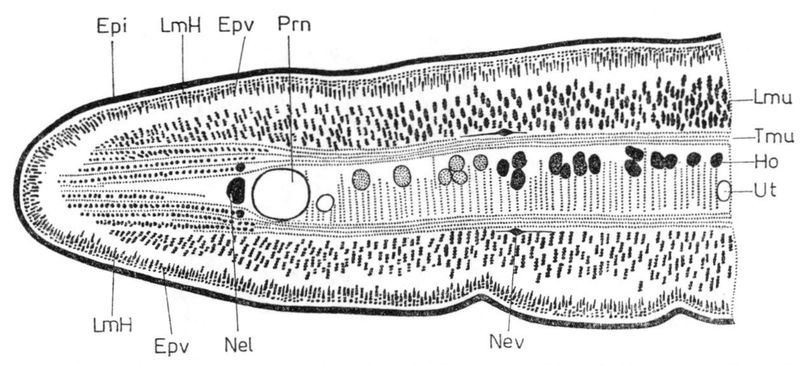

Abb. 243. Querschnitt durch die Hälfte einer Proglottis von *Hydatigera taeniaeformis*. Breite der Proglottis 5 mm. — **Epi** Epidermis, **Epv** versenkter kernhaltiger Abschnitt der Epidermiszellen, **Ho** Hoden, **Lmu** Längsmuskeln im Parenchym, **LmH** Längsmuskelfasern im Hautmuskelschlauch, **Nel**, **Nev** laterale und ventrale Längsnerven, **Prn** Protonephridialkanal, daneben der Querschnitt des parallelen Kanalschenkels, **Tmu** Transversalmuskel im Parenchym, **Ut** Uterus. — Nach BRAUN aus BRESSLAU.

auf. Das **Nervensystem** besteht aus einem Plexus, der unter dem Hautmuskelschlauch liegt und in dem sich viele Elemente zu Marksträngen konzentrieren (Abb. 243). Im Scolex liegt ein starkes Gehirn (Abb. 244), das zu den Haftorganen Längsnerven sendet, die durch Ringkommissuren miteinander in Verbindung stehen. **Sinnesorgane** fehlen. Es sind lediglich viele freie Sinnesnerven-Endigungen im Integument verankert, deren Funktion im einzelnen jedoch nicht bekannt ist. Ein **Verdauungssystem** fehlt in allen Stadien. Die Nahrungsaufnahme erfolgt durch die Epidermis. Die **Exkretionsorgane** (Protonephridien) bestehen aus Terminalzellen mit Wimperflammen-Trichtern (Cyrtocyten, Abb. 245) und einem Gefäßsystem. Der Feinbau der Cyrtocyten-Reuse entspricht dem der Trematoda (Abb. 210, S. **343**). Die Oberfläche der Gefäße ist mit Microvilli versehen; eine Bindegewebsscheide fehlt.

Geschlechtsorgane. Fast alle Arten sind Zwitter. Der Ductus ejaculatorius und die Vagina münden getrennt oder durch ein gemeinsames Atrium genitale nach außen (z. B. Abb. 246, 250). Die oft zahlreichen Hoden ergießen ihr Sperma durch Vasa efferentia in ein Vas deferens (Abb. 255). Dieses geht in einen Ductus ejaculatorius über, der vom **Cirrusbeutel** eingeschlossen wird (Abb. 246). Wenn sich die Wandmuskulatur des Cirrusbeutels zusammenzieht, krempelt sich der Ductus ejaculatorius nach außen um und schiebt sich als **Cirrus** zur Geschlechtsöffnung hinaus. Die lediglich als Begattungsgang dienende Vagina zieht von ihrer Mündung aus zum Oviduct (Abb. 250, 253, 255). In diesen Eileiter mündet das Germarium und in geringem Abstand davon auch der Dotterstock ein. Dort erweitert sich der Oviduct zum muskulösen bauchigen Ootyp, in dem das Ei, mit einer oder zahlreichen Dotterzellen vereinigt, seine Form (und wo vorhanden auch seine Schale) erhält (woran die in den Ootyp einmündenden Mehlisschen Drüsen zumindest bei manchen Gruppen beteiligt sind). Hinter dem Ootyp geht der Oviduct in den Uterus über, der nach der Besamung prall mit Eiern gefüllt wird und sich — gruppenweise verschieden — zu vielen Windungen ver-

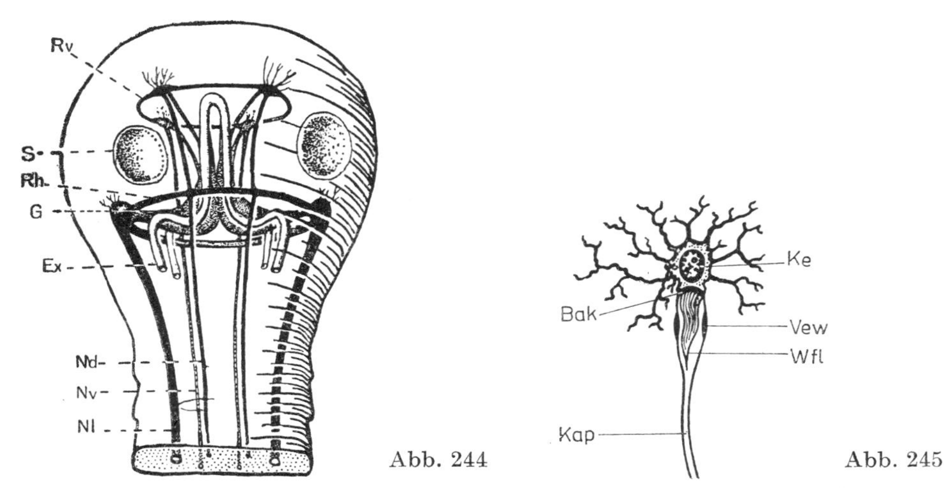

Abb. 244. Scolex von *Moniezia expansa* mit Nervensystem und Protonephridialkanälen. Durchmesser 0,8 mm. Dorsale Nerven schwarz angelegt, ventrale punktiert, Exkretionskanäle weiß. — **Ex** Exkretionskanäle beider Körperseiten, **G** Gehirnganglion (punktiert), **Nd, Nl, Nv** dorsaler, lateraler und ventraler Markstrang, **Rh** hintere, **Rv** vordere Ringkommissur, **S** Saugnapf. — Nach Tower verändert.

Abb. 245. Endzelle eines Protonephridialastes von *Taenia* sp. — **Bak** verschmolzene Basalkörper der Wimperflamme, **Kap** Kapillare, **Ke** Kern in der Endzelle. **Vew** Verstärkungswulst der Kapillare, **Wfl** Wimperflamme. — Nach Pintner aus Bresslau.

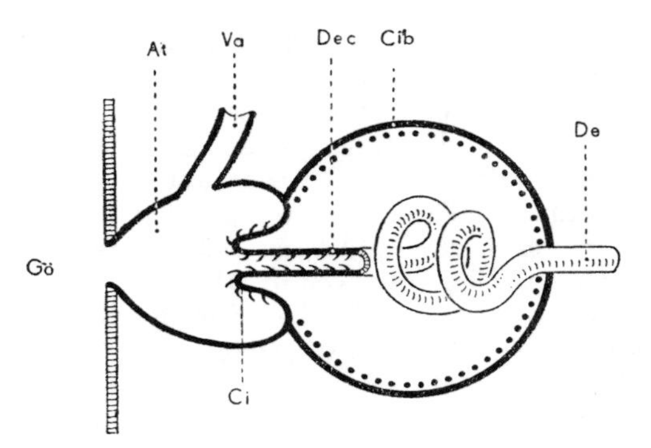

Abb. 246. Schematischer Längsschnitt durch einen Cirrusbeutel, dessen Cirrus gerade mit der Ausstülpung beginnt. — **At** Genitalatrium, **Ci** Cirrus, in der Ausstülpung begriffen, **Cib** Cirrusbeutelwandung mit quergeschnittener Ringmuskulatur, **De** Ductus ejaculatorius, **Dec** dessen distaler Abschnitt, der umgestülpt werden kann und dann den Cirrus darstellt, **Gö** Geschlechtsöffnung, **Va** Vagina.

längern oder zu Blindsäcken ausbuchten kann (Abb. 250, 253, 254, 255). Die Spermatozoen haben keine Mitochondrien; sie zeigen ultrastrukturell 1 oder 2 axiale Filamentkomplexe unter einer nicht unterbrochenen peripheren Reihe von Microtubuli [94].

Fortpflanzung und Entwicklung

In der Regel sind die Cestoda protandrische, selten protogyne Hermaphroditen. Selten treten gonochoristische Individuen oder Stämme auf. Die Begattung kann sowohl wechselseitig als auch durch Autokopulation erfolgen. Eine ungeschlechtliche Vermehrung durch Sprossung kann z. B. bei manchen Arten höherer Eucestoden-Gruppen beim cystosomatischen Cercoid eintreten.

Die Furchung ist total und inaequal. Innerhalb des zusammengesetzten Eies bilden äußere, sich vom Embryo abhebende Blastomeren eine zellige innere Hülle unter der Eihaut (Abb. 247). Diese Hülle ist bei den oviparen Eucestoda (Pseudophyllidea u. a.) bewimpert und dient nach dem Ausschlüpfen aus dem Ei zum Schwimmen (**Coracidium**, eigentlich eine zum Schwimmen befähigte Larvophore). Die freischwimmende Wimperlarve (Coracidium der Pseudophyllidea u. a.) oder das die **Oncosphaera** enthaltende Ei wird in der Regel von einem Zwischenwirt aufgenommen, in dem sich eine Zweitlarve (**Cercoid**) entwickelt, die einen Schwanzanhang mit 6 Haken (Cercomer) oder mit diesem homologe Hüllgewebe besitzt. In manchen Fällen ist ein 2. Zwischenwirt erforderlich, in dem sich eine Drittlarve (**Metacercoid**) entwickelt. Bei der Entwicklung der Zweitlarve zum Adultus oder zur Drittlarve wird das Cercomer bzw. die auf das Cercomer zurückgehende Hüllschicht abgestoßen.

Larvenformen

Übersicht:

1. Erstlarve, Primärlarve (Sechshakenlarve, Hexacanthus: Oncosphaera/Coracidium) in Eikapsel bzw. als Coracidium oder in Embryonalhüllen („beschalte Eier") im Freien.
2. Sekundärlarven („Finnen", „Metacestoden") in Zwischenwirten, parenteral (Abb. 248).

2.1. Zweitlarve (gymnosomatisches Cercoid ohne Hüllschicht: Procercoid/Cercoscolex; cystosomatisches Cercoid mit Hüllgewebe: Cysticercoid/Cysticercus) im alleinigen bzw. 1. Zwischenwirt.

2.2. Drittlarve (Metacercoid: Plerocercoid/Plerocercus) im 2. Zwischenwirt.

Stammesgeschichte

Die Cestoda gelten als eine sehr alte Tiergruppe, die wahrscheinlich schon bei Fischen des Palaeozoikums parasitierte. In den letzten beiden Jahrzehnten gewann die auf

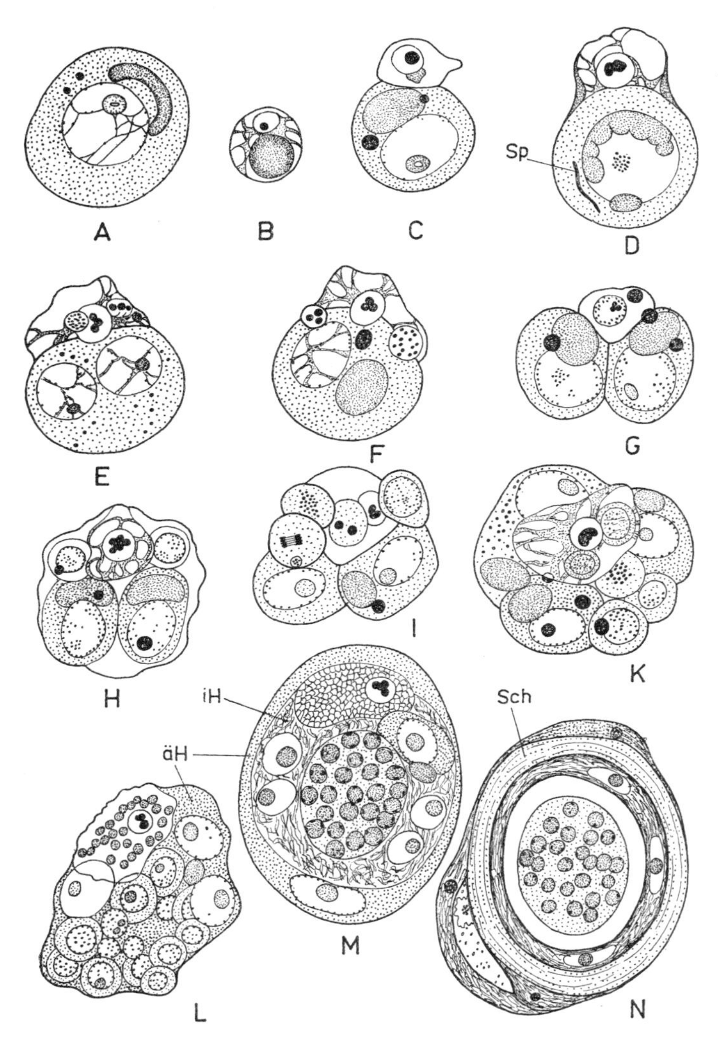

Abb. 247. Embryonalentwicklung von *Hydatigera taeniaeformis*. — **A.** Reife Oocyte im Germarium. **B.** Reife Dotterzelle im Dotterstock. **C.** Eizelle mit Dotterzelle im Ootyp. **D.** Eizelle nach Eindringen des Spermiums (**Sp**). **E.** Bildung des Polkörpers. **F.** Bildung der Zygote. **G.** 2-Zellen-Stadium. **H.** 4-Zellen-Stadium (2 Macro- und 2 Micromeren). **I.** 2 Macro- und 4 Micromeren. **K.** Bildung der 3. Macromere. **L.** Beginn der äußeren Hüllbildung (**äH**) und Teilung der Micromeren. **M.** Bildung der inneren (**iH**) und äußeren (**äH**) Embryonalhülle. Abschluß der Bildung einer festen Eischale (**Sch**). — Nach Janicki 1907.

Bychovskij (1957|) zurückgehende Vorstellung einer eindeutigen Verwandtschaft von Cestoda und Pectobothrii immer mehr an Beweiskraft (vgl. S. **371**).

Der Übergang zum Parasitismus bei den Cestoda vollzog sich allem Anschein nach im Meer. Folglich sind die ältesten und primitivsten Larventypen und Wirte im Wasser zu suchen. Die aufeinanderfolgenden sekundären Larvenstadien scheinen den sukzessiven phylogenetischen Übergang der Cestoda zum Parasitismus zu wiederholen. Dabei erscheinen die heute als Zwischenwirte dienenden aquatischen Wirbellosen

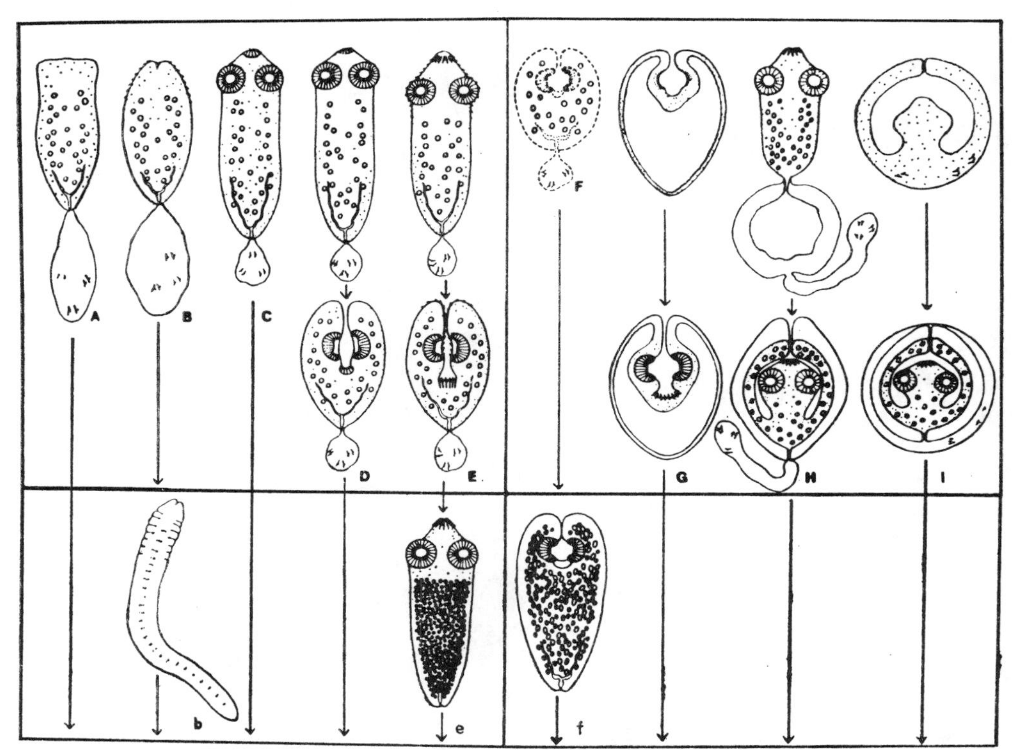

Abb. 248. Sekundärlarven (Finnen) der Cestoda. A—I Zweitlarven (Cercoide) im 1. bzw. einzigen Zwischenwirt, b—f Drittlarven (Metacercoide) im 2. Zwischenwirt. — **A.** Procercoid von *Bothriocephalus*. **B.** Procercoid und **b** Plerocercoid von *Ligula*. **C.** Cercoscolex von *Proteocephalus*. **D.** Cercoscolex von *Ophiotaenia*. **E.** Cercoscolex und **e** Plerocercus von Dilepididae. **F.** Cercoscolex und **f** Plerocercus von *Mesocestoides*. **G.** Cysticercus von Taeniidae. **H.** Geschwänztes Cysticercoid von Hymenolepididae. **I.** Ungeschwänztes Cysticercoid von Hymenolepididae. — Nach JARECKA 1975.

(Annelida, Copepoda) als die historisch ersten Wirte der Cestoda. — In diese Vorstellung passen allerdings die Gyrocotylidea als früher Abzweig der zu den Cestoda führenden Richtung nicht so recht hinein.

Über diese ersten wirbellosen Wirte, in denen die Cestoda auf der Organisationsstufe eines Cercoids (Procercoid) als Coelomparasiten lebten und geschlechtsreif wurden (wie heute noch bei einigen Caryophyllidea: *Archigetes*), gelangten die Cestoda auch in den Darm von Wirbeltieren. Sie paßten sich an dieses Milieu an, wobei durch Retardation die Ausbildung der Geschlechtsorgane in ein sich im Wirbeltierdarm neu entwickelndes Stadium verlagert wurde. Das Hinzukommen eines Wirbeltierwirtes induzierte also die Entstehung eines 3. ontogenetischen Stadiums der Cestoden, des heutigen Adultus. Gleichzeitig mit dem Retardationsvorgang der Verlagerung der Geschlechtsorgane auf das 3. Stadium erfolgte in manchen Gruppen ein Akzelerationsvorgang, in dessen Ergebnis die Scolexentwicklung in das Cercoid-Stadium vorverlagert wurde (Caryophyllidea, Proteocephalidea, Cyclophyllidea). Inwieweit diese Evolution von „monozoischen" (Caryophyllidea) und „polyzoischen" Bandwürmern (Eucestoda) gemeinsam oder unabhängig voneinander erfolgte, ist noch unsicher. Es wäre denkbar, daß die bei den Eucestoda durch die Proglottisierung erreichte Organisationsstufe auf einen früheren Generationswechsel zwischen geschlechtlichen (die heutigen Proglottiden) und ungeschlechtlichen Generationen (der heutige Scolex) zurückzuführen ist. Ebenso wäre aber auch der umgekehrte

Weg denkbar, daß nämlich die Proglottisierung eine Art Vorstufe für einen sich anbahnenden Generationswechsel darstellt. Es spricht viel dafür, daß die Proglottisierung erst nach der Einbeziehung von Wirbeltieren als Endwirte in den Eucestoden-Zyklus aufgetreten ist.

Vom primären 2-Wirte-Zyklus der ursprünglichen Eucestoda aus sind zwei Evolutionswege zu verfolgen. Beide sind mit einer Evolution der einzelnen ontogenetischen Stadien verbunden. Bei den Zweitlarven gelten die gymnosomatischen (acystischen) Cercoide (Procercoid der Pseudophyllidea, Cercoscolex der Proteocephalidea und niederer Cyclophyllidea) als ursprünglich, sie bewohnen im Fall der als phylogenetisch alt anzusehenden Ordnungen Pseudophyllidea und Proteocephalidea die niedrigsten Wasserwirbellosen (Copepoda), die als Wirte von Cercoiden der Eucestoda bekannt sind. Beide Evolutionswege beginnen als 2-Wirte-Zyklus mit zunächst ausschließlich wasserlebenden Zwischen- und Endwirten. Beide erreichen im Laufe der Evolution auch landlebende Wirbeltiere als Endwirte. Der eine Weg wird durch die Pseudophyllidea (ovipare Eucestoda) repräsentiert. Hier erfolgte die Entwicklung vom 2- zum 3-Wirte-Zyklus durch Hinzukommen eines weiteren (3.) Larvenstadiums (Plerocercoid) in Wirbeltieren als 2. Zwischenwirten, das offenbar durch Aufteilung des Praeadultus/Adultus-Stadiums entstand. Der 1. Zwischenwirt bleibt dabei stets ans Wasser gebunden, der 2. Zwischenwirt zumeist, und als Endwirt kann jede Wirbeltierklasse erreicht werden.

Der zweite Evolutionsweg, an dessen Basis die Proteocephalidea stehen, betrifft die ovoviviparen Eucestoda. Hier sind wiederum zwei Evolutionslinien erkennbar. Während auch bei Proteocephalidea und einigen Cyclophyllidea eine Evolution von der Di- zur Triheteroxenie durch Hinzutreten eines 2. Zwischenwirtes mit einem neuen (3.) Larvenstadium (Plerocercus) in analoger Weise wie bei den Pseudophyllidea stattfand, erreichte die große Mehrzahl der ovoviviparen Eucestoda (Cyclophyllidea) einen Übergang auf landlebende Endwirte und schließlich auch terrestrische Zwischenwirte auf der Basis des 2-Wirte-Zyklus. Eine wichtige Präadaptation für die Entfaltung rein terrestrischer Bandwurmgruppen war die Ovoviviparie, bei der die Umwandlung der Embryonalhüllen in widerstandsfähige Schutzhüllen eine Ausstreuung der „eiförmigen" Oncosphaeren auf dem Lande ermöglichte. Dabei wurde im allgemeinen der 2-Wirte-Zyklus beibehalten.

Bei der Mehrzahl der ovoviviparen Cestoden (Proteocephalidea, Cyclophyllidea) traten Abwandlungen der Zweitlarven auf (Abb. 249). Die Evolution der Zweitlarven betraf vor allem die später im Endwirt abgeworfenen, auf das Cercomer zurückgehenden Teile des Larvenkörpers. Das Procercoid der Pseudophyllidea ist (ebenso wie das der Caryophyllidea) als primitivstes Cercoid noch eine frei bewegliche, „aktiv parasitische" Form. Das Cercomer spielt dabei noch eine gewisse Rolle bei der Fortbewegung. Die Evolution des Cercoscolex der Proteocephalidea führte bereits zu Formen, die sich im Zwischenwirt nicht mehr frei bewegen, sondern sich festsetzen. Diese Umwandlung von „aktiv" zu „passiv parasitischen" Formen ist mit der einfachen oder sogar doppelten Einstülpung des larvalen Scolex (Ruhestellung!) und teilweise mit der Tendenz zur Umbildung des Cercomers zu einer (hier nur partiellen) Körperhülle verbunden. Bei den Cyclophyllidea führte diese Tendenz — bei ebenfalls eingestülptem oder aber eingezogenem Scolex — weiter zur Ausbildung typischer cystosomatischer Cercoide vom Typ Cysticercoid und Cysticercus, deren Hülle vollständig vom Cercomer gebildet wird oder an deren Bildung es beteiligt ist [79].

Nach einer anderen Hypothese spricht die gewöhnlich stärkere Endwirtsspezifität und oft geringe Zwischenwirtsspezifität der Cestoden gegen die (auf LEUCKART zurückgehende) Vorstellung von heutigen wirbellosen Zwischenwirten als primären Wirten. Primäre Wirte seien vielmehr Fische gewesen, die die Ur-Cestoden aufnahmen und deren Darm sie als abträgliches Milieu durch „Flucht" in die Leibeshöhle verlassen hätten [8]. In diese Vorstellung lassen sich die Gyrocotylidea und Amphilinidea als Vorstufen besser einordnen.

Vorkommen und Verbreitung

Die Cestoda sind über alle Erdteile und Meere verbreitet und treten als Darmparasiten in allen Wirbeltierklassen auf. Als Zwischenwirte fungieren Wirbellose (Annelida, Arthropoda, selten Mollusca) und Wirbeltiere aller Klassen.

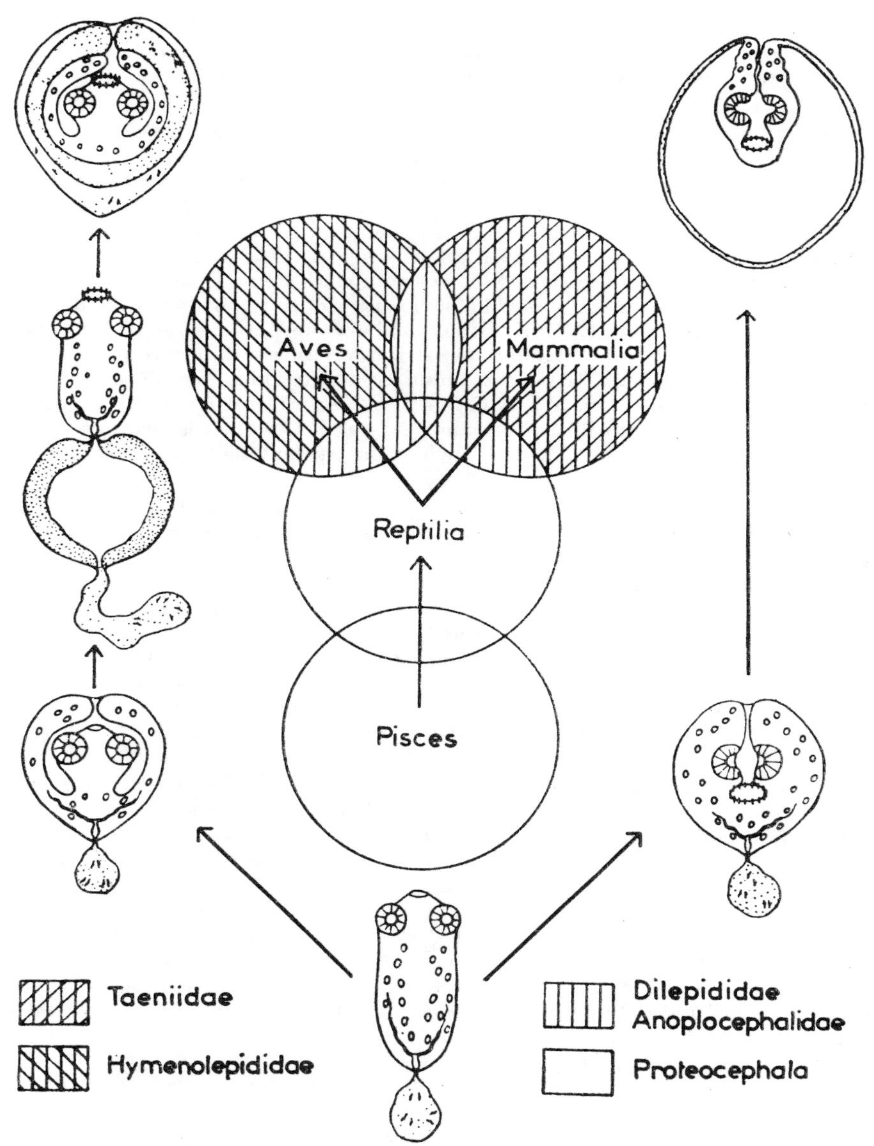

Abb. 249. Parallel-Evolution der ovoviviparen Cestoden und der Gruppen ihrer Wirbeltierwirte. — Nach JARECKA 1975.

Lebensweise

Die Bandwürmer entnehmen ihre **Nahrung** dem Chylusbrei ihres Wirtes. Sie dringt durch die Epidermis in ihr Parenchym ein (markiertes NaCl und Natriumazetat durch Diffusion, markierte Glukose aber gegen das Konzentrationsgefälle, und ebenso werden Aminosäuren aktiv resorbiert). Bei der aktiven Resorption spielt die relative Konzentration mehrerer Aminosäuren im Darm eine wichtige Rolle, weil manche den Eintritt anderer in den Bandwurm hemmen.

Wie wichtig Kohlenhydrate als Nährstoff für die Bandwürmer sind, zeigt die Tatsache, daß oft 40%, manchmal 60% ihres Trockengewichtes von Glykogen dargestellt wird, das an Proteine gebunden ist. Diese Menge ist nachweislich davon abhängig, wieviel der Wirt Kohlenhydrate aufgenommen hat und welche Mengen von Monosacchariden sich dann im Chylus befinden. Das Glykogen dient vor allem als Energielieferant für die Eiweißsynthese. Seine Spaltung erfolgt selten durch Atmungsvorgänge, da im Darm Sauerstoffarmut herrscht, so daß hauptsächlich anaerobe Spaltung durch Fermente eintritt. Diese unvollständige Ausnützung des Energiegehaltes der Nahrung genügt, da der Bandwurm ja geradezu in ihr schwimmt.

Ökonomische Bedeutung

Viele Cestoda spielen als Krankheitserreger beim Menschen sowie bei Haus- und Nutztieren eine große Rolle.

System

Die Klasse Cestoda gliedert sich in die beiden, je eine eigene Entwicklungsrichtung verkörpernden Unterklassen Caryophyllidea (die „monozoischen" Bandwürmer) und Eucestoda (die „polyzoischen" Bandwürmer). Ursprünglich hatte man die heutigen Klassen Amphilinidea und Gyrocotylidea mit den Caryophyllidea als Klasse (oder Unterklasse) Cestodaria zusammengefaßt. Man findet eine solche Vereinigung auch noch in neueren Systemen [108]. Nach einer anderen Auffassung gehören die Caryophyllidea zu den Pseudophyllidea [8] oder als eine mit diesen näher verwandte Ordnung zu den Eucestoda [73, 106]; in beiden Fällen liegt ihre Interpretation als „neotene Plerocercoide" bzw. Procercoide zugrunde. Vgl. auch [107].

1. Unterklasse Caryophyllidea, „monozoische" Bandwürmer

90 Arten. Körperlänge meist zwischen 2 und 40 mm. Größte Art: *Khawia sinensis*, bis 170 mm lang. Kleinste Art knapp 1 mm lang.

Diagnose

Längliche, ungegliederte, ovipare, überwiegend diheteroxene, selten homoxene Cestoda, deren Vorderende als Haftorgan (primitiver Scolex) meist verbreitert und oft gewürznelkenartig gefaltet ist oder eine saugnapfartige Einsenkung aufweist. Körper mit nur einem zwittrigen Satz von Geschlechtsorganen. Uterus und Vagina in einem gemeinsamen Ausführgang oder in einem Uterovaginalatrium ausmündend. Männliche und weibliche Geschlechtsöffnungen meist getrennt auf der Ventralseite. Mit 1 terminalen Exkretionsporus. Eikapseln gedeckelt.

Eidonomie

Der Kopf ist meist verbreitert, nelkenförmig gefaltet oder gefurcht, mit oder ohne Saugnäpfen oder -gruben, nur selten mit apicaler Sauggrube; stets ohne Rostellum und Haken. Der Körper ist länglich, oval im Querschnitt, selten blattförmig.

Anatomie (Abb. 250)

Exkretionsorgane. Das Protonephridialsystem besteht aus netzartig miteinander verbundenen Gefäßen. Der Exkretionsporus mündet terminal. **Geschlechtsorgane.** Die Testes liegen gewöhnlich vor dem Uterus, das Germarium im Hinterkörper. Die Dotterstöcke bestehen aus zahlreichen Follikeln, die fast über die ganze Körperlänge verteilt sind. Der Uterus ist gewunden und nimmt meist einen kleinen Teil der Körperlänge ein; er mündet durch eine Vagina ventral hinter dem männlichen Porus.

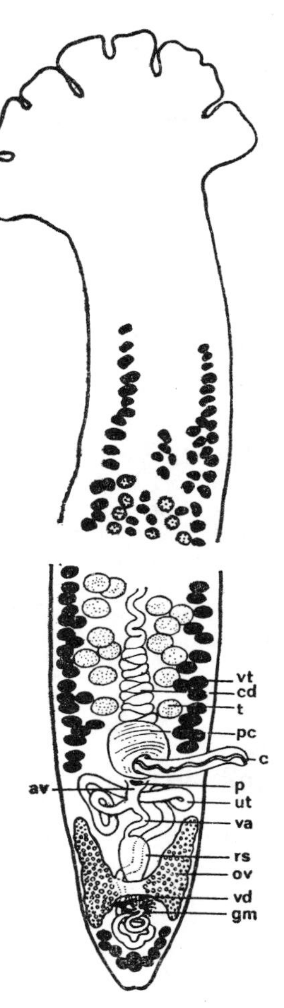

Abb. 250. *Caryophyllaeus fimbriceps* (Vorderende und *C. laticeps* Hinterende). — **av** Uterovaginalgang, **c** ausgestülpter Cirrus, **cd** Vas deferens, **gm** Mehlissche Drüse, **ov** Germarium, **p** Uterovaginalöffnung, **pc** Cirrusbeutel, **rs** Receptaculum seminis, **t** Hoden, **ut** Uterus, **va** Vagina, **vd** Dottergang, **vt** Dotterstockfollikel. — Nach JANISZEWSKA und FUHRMANN.

Fortpflanzung und Entwicklung

Die Entwicklung verläuft in der Regel in einem 2-Wirte-Zyklus. Die im Fischdarm parasitierenden hermaphroditischen Adultwürmer legen eine Eizelle und mehrere Dotterzellen enthaltende Eier ab, die nach außen gelangen. Am Gewässerboden erfolgt die Embryonalentwicklung zur Erstlarve (Oncosphaera) in der Eikapsel. Die **Oncosphaera** ist eine kugelige Larve mit drei Paar Häkchen. Die fertig entwickelten, Oncosphaeren enthaltenden Eikapseln müssen nun von aquatischen Oligochaeten (Zwischenwirt, selten einziger Wirt) aufgenommen werden, in deren Darm die Erstlarven ausschlüpfen und mit Hilfe ihrer Haken durch die Darmwand dringen und in die Leibeshöhle des Wirtes gelangen. Dort entwickeln sie sich zur Zweitlarve (Procercoid) weiter. Das **Procercoid** weist Anlagen der Geschlechtsorgane und ein längliches schwanzartiges Cercomer auf, das die drei larvalen Hakenpaare trägt. Diese Zweitlarve ist zum Befall des Endwirtes (Fisch) befähigt, in dessen Darm sie durch die Verdauung der gefressenen Oligochaeten frei wird und unter Abstoßung des Cercomers zum Adultus heranreift. Bei einigen Arten kann sich der Zyklus-Ablauf auf den Oligochaeten beschränken (fakultativ bei *Biacetabulum*, obligat oder fakultativ bei

Archigetes), wobei dann bereits das Procercoid geschlechtsreif wird (entweder als Neotenie oder als primärer Zustand gedeutet [8, 79, 88]).

Larvenformen

Übersicht:
1. Erstlarve (Oncosphaera) in der Eikapsel im Freien.
2. Zweitlarve (Procercoid) im Zwischenwirt (Tubificiden und andere Oligochaeten).

Stammesgeschichte

Die im Fischdarm lebenden adulten Caryophyllidea werden oft als „neotene Plerocercoide" aufgefaßt, und ihr 2-Wirte-Zyklus wird von einem früheren 3-Wirte-Zyklus abgeleitet. Für diese Annahmen gibt es jedoch keine schlüssigen Beweise. Mit gutem Grund kann man vielmehr in den Caryophyllidea auch die primitivste Cestoden-Gruppe sehen, bei der die Stufe der Proglottisierung noch gar nicht erreicht worden war. Unterstützt wird diese Vorstellung durch die Tatsache, daß die Zwischenwirte Annelida sind, also die ältesten Metazoa, die überhaupt als Wirte von Procercoiden bekannt sind [79].

Wenn man als Urform der Cestoda einen procercoid-ähnlichen Organismus annimmt, so erscheinen die Caryophyllidea als eine Gruppe, die sich über diese Organisationsstufe auch im adulten Zustand noch gar nicht wesentlich erhoben hat. In diesem Sinne könnte auch der 1-Wirt-Zyklus von *Archigetes* als ursprünglich gedeutet werden (obwohl hier die Neoteniefrage noch offen ist). Folglich können die Annelida durchaus die primären Wirte der Caryophyllidea gewesen sein, und der Coelomparasitismus die ursprüngliche Form des Parasitismus. Die Eier der Parasiten konnten durch Zerfall der gestorbenen Wirte, aber auch durch Gefressenwerden der Wirte durch Fische ins Freie gelangen. Allmählich führte der Weg von den Anneliden zu den Fischen zur Anpassung des Procercoids an den Darmparasitismus im Fisch und Hand in Hand damit zur Ausbildung eines eigenen Stadiums (Adultwurm) im Fisch, in das die Periode der Geschlechtsreife durch Retardation allmählich verlagert wurde. Dieser Vorgang ist offenbar noch nicht bei allen heutigen Caryophyllidea mit einer strengen Trennung der beiden Stadien abgeschlossen, wie die Fälle einer fakultativen Geschlechtsreife entweder im Anneliden oder im Fisch zeigen.

Eine direkte Ableitung der Eucestoda von Caryophyllidea läßt sich gegenwärtig nicht begründen. Es ist möglich, daß beide Gruppen sich unabhängig voneinander aus Ur-Cestoda entwickelt haben [79].

Vorkommen und Verbreitung

Die Caryophyllidea bewohnen Anneliden als Zwischenwirte (in einigen Arten als einzige Wirte). Endwirte sind Süßwasser-Teleosteer, vorwiegend Cypriniformes, aber auch Clupeiformes, Mormyriformes, Salmoniformes, Siluriformes und Perciformes. Die Tiere kommen in allen Erdteilen vor, lediglich aus der neotropischen Region fehlen noch Nachweise.

Ökonomische Bedeutung

Einige Arten haben als Krankheitserreger bei Nutzfischen große Bedeutung in der Binnenfischerei, so *Caryophyllaeus fimbriceps* (Abb. 250) bei Karpfen und Schleie, *C. laticeps* beim Blei (Caryophyllaeose) und besonders *Khawia sinensis* in der Karpfenzucht (Khawiose). Bei starkem Befall der Fische kommt es zu Darmverstopfungen, Zerstörung der Darmschleimhaut und Intoxikation des gesamten Organismus. Es können starke Verluste vor allem bei jüngeren Fischen eintreten.

System

Wir vereinigen hier alle 113 Arten in einer Familie; nach anderen Systemen werden bis zu 4 Familien unterschieden.

Familie Caryophyllaeidae, Nelkenwürmer. Insgesamt 18–45 Gattungen [88, 106, 108]. – **Caryophyllaeus fimbriceps* (Abb. 250) und **C. laticeps*. – **Khawia sinensis*, bis 17 cm lang; ursprünglich in China und dem Fernen Osten der UdSSR beheimatet, hat sich diese stark pathogene Art seit dem 2. Weltkrieg schnell in der gesamten UdSSR ausgebreitet und inzwischen auch Südost- und Mitteleuropa erreicht. – **Biacetabulum appendiculatum*, Geschlechtsreife wird in Cypriniden oder schon in Tubificiden erreicht. – *Archigetes*.

2. Unterklasse Eucestoda, „polyzoische" Bandwürmer

Über 3300 Arten. Gesamtlänge meist zwischen 2 mm und 1 m. Größte Art: *Diphyllobothrium latum*, bis 15, selten 20 m lang.

Diagnose

Bandförmige Cestoda, deren Körper in Scolex und Proglottidenkette (**Strobila**) gegliedert ist. Scolex meist deutlich abgesetzt und gewöhnlich mit verschiedenartigen Haftapparaten versehen. An seinem Hinterende eine halsartige Proliferationszone. Von dieser die Proglottidenkette ausgehend, die aus wenigen bis zahlreichen und meist ständig neu gebildeten Gliedern besteht. Jede Proglottis enthält gewöhnlich einen kompletten Satz (in manchen Fällen zwei Sätze) von Geschlechtsorganen.

Eidonomie

Der **Scolex** ist in der Grundform länglich-ellipsoid bis kugelig und gewöhnlich mit Haftgruben oder Saugnäpfen, oft auch mit Haken versehen (Abb. 251, 252). Die Wachstumszone („Hals") ist ungegliedert und meist schmal. Die einzelnen **Proglottiden** der Strobila sind blattförmig abgeflacht und in der Regel äußerlich durch Querfurchen voneinander abgegrenzt. Die frisch von der Proliferationszone erzeugten Proglottiden sind kurz und schmal, die älteren, die das Ende der Kette bilden, sind meist auf das Vielfache der Anfangsgröße herangewachsen (Abb. 257). Die Zahl der Proglottiden schwankt je nach Art zwischen 2 und etwa 4500.

Anatomie

Die **Exkretionsorgane** beginnen mit Terminalzellen, Wimperflammentrichtern und Kapillaren, die über Gefäße höherer Ordnung meist in je einen seitlichen Hauptkanal an jeder Körperseite münden. Die Hauptkanäle ziehen gewöhnlich dorsal zum Scolex,

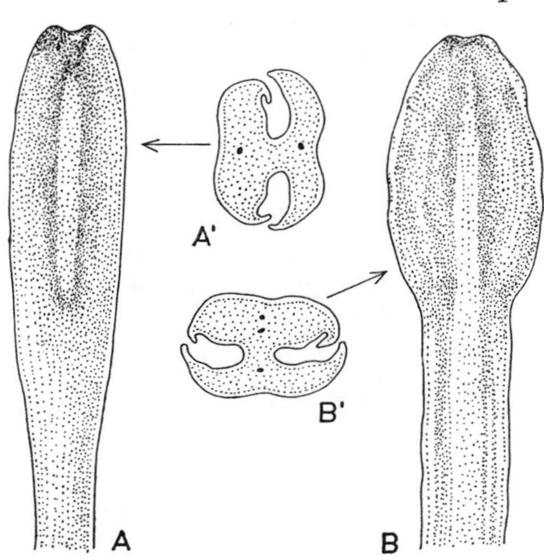

Abb. 251. Scolex von *Diphyllobothrium latum*, in der Mitte etwa 1 mm dick. – **A** dorsoventral, **B** lateral orientiert, **A'** und B' Querschnitte. – Nach MATTES aus WIGAND & MATTES 1958.

wo sie in einer Schlinge haarnadelförmig umbiegen (Abb. 244) und ventral wieder nach hinten ziehen. Aufsteigende und absteigende Hauptkanäle kommunizieren oft mit den Hauptkanälen der anderen Körperseite sowohl im Kopf als auch in jedem Glied durch Quergefäße (Abb. 253, 254). Die gemeinsame Ausmündung der Hauptkanäle liegt am Hinterende des primären letzten Gliedes (Foramen caudale). Nach Abgang dieser primären Endproglottis erfolgt die Ausmündung getrennt durch beide Ventralkanäle. Einige Tetrarhynchidea haben in jeder Proglottis eine kleine Exkretionsblase zur gemeinsamen Ausmündung. In manchen Fällen bilden die Kanäle ein Netzwerk in jeder Proglottis, das eigene laterale, dorsale oder ventrale Ausmündungen haben kann (Foramina secundaria).

Die Hauptkanäle des Exkretionssystems und ebenso die Längsstämme des **Nervensystems** durchziehen Scolex, Proliferationszone und Proglottidenkette in ganzer Länge und überbrücken dabei die Grenzen der Proglottiden (Abb. 253, 254). Die Längsnervenstämme sind in jedem Glied durch mindestens eine ringförmige Kommissur miteinander verbunden (Abb. 243).

Bei der großen Mehrzahl der Eucestoda ist jede Proglottis von den benachbarten Gliedern vorn und hinten durch membranöse Grenzwände oder zumindest durch Zonen ohne durchgehende oder mit nur sehr schwacher Längsmuskulatur getrennt. Diesen inneren Interproglottidialzonen entsprechen die äußeren Querfurchen, die die einzelnen Proglot-

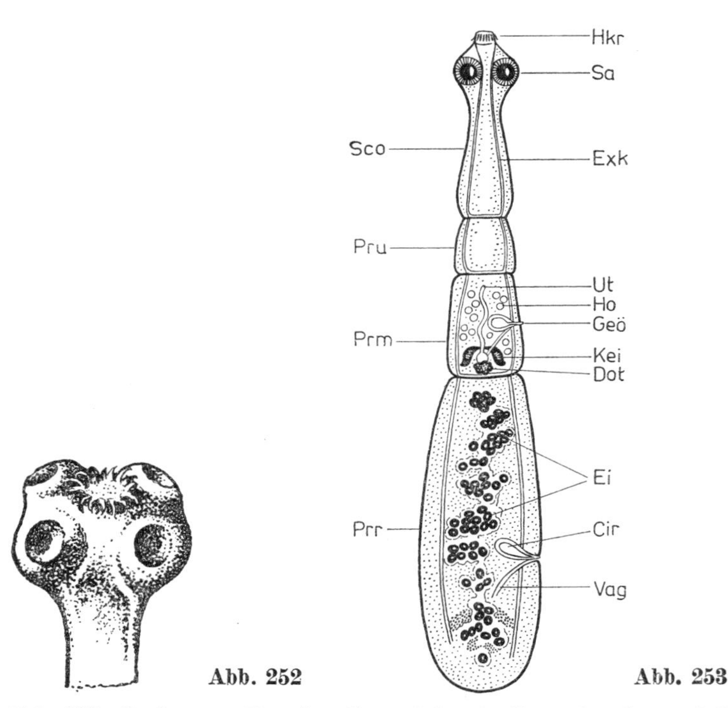

Abb. 252. Scolex von *Taenia solium* (Schweinefinnenbandwurm). Durchmesser 1—1,5 mm. — Nach PFURTSCHELLER.

Abb. 253. *Echinococcus granulosus*. Länge etwa 3 mm. — **Cir** Cirrusbeutel, **Dot** Dotterstock, **Ei** reife Eier im Uterus, **Exk** Exkretionskanal, **Geö** Geschlechtsöffnung mit vorgestrecktem Cirrus, **Hkr** Hakenkranz, **Ho** Hodenbläschen, **Kei** Keimstock, **Prm** Proglottis im Stadium männlicher Reife, **Prr** Proglottis mit reifen Eiern, **Pru** unreife Proglottis, **Sa** Saugnapf, **Sco** Scolex, **Ut** Uterus-Anlage, **Vag** Vagina. — Nach REISINGER.

tiden voneinander trennen. Bei einigen Pseudophyllidea und den Spathebothriidea ist die äußere „Segmentierung“ nur schwach ausgeprägt oder fehlt ganz. Sie stimmt dort auch nicht immer mit der inneren Gliederung nach Geschlechtskomplexen überein.

Geschlechtsorgane. In der Regel bildet jedes Glied ein vollständiges zwittriges Geschlechtssystem aus (Abb. 254, 255). Bei einigen Gruppen vor allem der Cyclophyl-

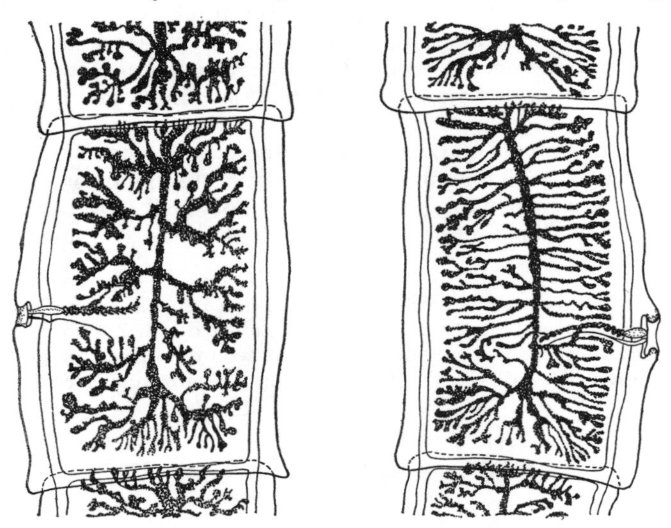

Abb. 254. Gravide Proglottiden von *Taenia solium* (links) und *Taeniarhynchus saginatus* (rechts). Mit Uterus (charakteristische Anzahl von Verästelungen), randständiger Genitalöffnung und Exkretionshauptkanälen (lateral mit transversalem Verbindungskanal am Hinterrand der Proglottis). — Nach MATTES aus WIGAND & MATTES 1958.

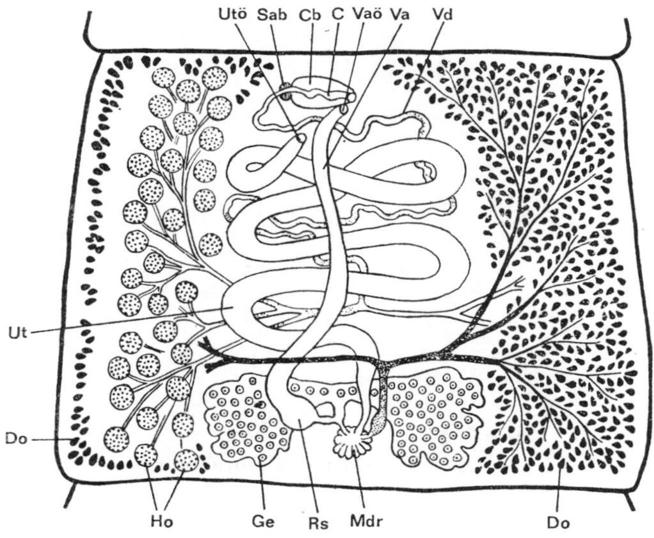

Abb. 255. Schema der Geschlechtsorgane von Pseudophyllidea. — **C** Cirrus, **Cb** Cirrusbeutel, **Do** Dotterstockfollikel, **Ge** Germarium, **Ho** Hoden, **Mdr** Mehlissche Drüse, **Rs** Receptaculum seminis, **Sab** Samenblase, **Ut** Uterus, **Utö** Uterusmündung, **Va** Vagina, **Vaö** Vaginalöffnung, **Vd** Vas deferens. — Nach FUHRMANN 1930/31.

lidea (z. B. *Dipylidium* und *Moniezia*) enthält jede Proglottis zwei zwittrige Sätze von Geschlechtskomplexen. Bei manchen Arten erstreckt sich ein einziger Genitalkomplex über mehrere „Glieder" hinweg. Einige wenige Formen sind getrenntgeschlechtlich. Männliche (Cirrus) und weibliche (Vagina) Ausführwege münden gewöhnlich gemeinsam (getrennt bei Spathebothriidea) in einem Genitalatrium, überwiegend an den Seitenrändern der Proglottiden (Abb. 253, 254), aber in manchen Gruppen auch median auf der Ventralfläche (Abb. 255) oder seltener auf der Dorsalfläche. Nur bei den Spathebothriidea münden Vagina und Uterus gemeinsam durch einen von der männlichen Öffnung getrennten Ductus uterovaginalis (ähnlich wie bei den Caryophyllidea). Bei den Pseudophyllidea mündet der Uterus bereits getrennt (Tocostoma) hinter dem Genitalatrium (Abb. 255). Bei den übrigen Ordnungen ist das Tocostoma meist sekundärer Natur, bei der Mehrzahl der Cyclophyllidea gelangen die Eier überwiegend — wie schon bei einigen anderen Ordnungen — durch Aufreißen des Uterus ins Freie; eine besondere Uterusöffnung ist oft nicht nachweisbar.

Fortpflanzung

Der Cirrus kann ins Atrium eines anderen Gliedes des in Schlingen gelegten Bandwurmes oder der Proglottis eines anderen Exemplares derselben Art eindringen und Sperma übertragen; beides wurde jedoch verhältnismäßig selten beobachtet. Sehr oft sah man dagegen den Cirrus unter starker Umbiegung im Atrium in die gliedeigene Vagina eindringen und Selbstbegattung vornehmen. Der Uterus entläßt die Eier durch einen besonderen Porus, oft jedoch durch Platzen seiner Wand sowie des Integuments (z. B. viele Cyclophyllidea). Beide Möglichkeiten können auch kombiniert sein. In vielen Fällen wird jeweils die letzte Proglottis abgestoßen, wenn sie gravid, also maximal mit reifen Eiern angefüllt ist (**Apolyse**). Nach der Apolyse werden die Eier gewöhnlich durch Zerfall der Proglottis frei. Falls jedoch besondere Uterusöffnungen vorhanden sind, können Eier auch bei apolytischen Eucestoda schon vor dem Zerfall der Proglottis nach außen gelangen; dies ist beim Rinderfinnenbandwurm des Menschen der Fall und dort von diagnostischer Bedeutung. — Bei den Pseudophyllidea werden zahlreiche Proglottiden in der hinteren Hälfte des Bandwurmes gleichzeitig gravid, und die Eier gelangen durch die Uterusöffnung kontinuierlich nach außen. Nach Erschöpfung des graviden Teils der Strobila wird dieser ganz oder in Bruchstücken abgestoßen (**Pseudapolyse**). Dies hängt wahrscheinlich mit dem Fehlen von ausgeprägten inneren Interproglottidialzonen zusammen. — Bei einigen *Spirometra*-Arten erfolgt periodisch eine Abstoßung der gesamten Proglottidenkette (**Destrobilation**).

Die Vervielfachung der Geschlechtsorgane und ihre ständige Neubildung ermöglichen eine riesige Steigerung der Ei- und Larvenzahl, die das Erreichen eines neuen Wirtes durch eine möglichst große Menge von Nachkommen sichert, zumal das Ausstreuen der Eier über einen weiten Zeitraum verteilt wird.

So erzeugt zum Beispiel *Moniezia expansa* bei 6 m Gesamtlänge in ihren 4000 Gliedern nach und nach 40—80 Millionen Eier. Jede Proglottis von *Taeniarhynchus saginatus* enthält 80000 schlüpfreife Eier, und dieser Bandwurm bildet täglich 8—9 solche Glieder!

Der Wachstumsvorgang der Eucestoda ähnelt äußerlich der Strobilation der Scyphozoa. Gegen die Auffassung des „polyzoischen" Bandwurms als Tierstock sprechen dabei folgende Merkmale:

1. Muskulatur (teilweise), Nervensystem und Hauptkanäle des Protonephridialsystems durchziehen Scolex und Strobila in ganzer Länge und überbrücken dabei die Grenzen der Proglottiden (Abb. 253, 254).
2. Manche Gattungen, wie *Ligula*, erzeugen eine lange Kette von Geschlechtssystemen, zeigen aber äußerlich keine Gliederung und zerfallen niemals in Abschnitte.
3. Meist können die Proglottiden nach ihrer Ablösung nicht weiterleben; sie sterben vielmehr nach kurzer Zeit ab.

4. Bei einigen Gattungen enthält jede Proglottis zwei vollständige Geschlechtskomplexe. Ein Geschlechtssystem entspricht also nicht immer einem Glied.
5. Bei manchen Arten erstreckt sich ein einziger Genitalkomplex über mehrere Glieder hinweg.

Andererseits deuten einige Merkmale an, daß ein „polyzoischer" Bandwurm — verglichen mit normalen Individuen anderer Tiergruppen — bemerkenswerte Besonderheiten aufweist, die die Zweifel an seiner Individualnatur gar nicht so abwegig erscheinen lassen:

1. Die Existenz der Proliferationszone mit ihrer Potenz zur ständigen Neubildung von Proglottiden.
2. Der sich daraus ergebende Dualismus zwischen Scolex und Proliferationszone einerseits sowie Strobila andererseits.
3. In einigen Fällen wächst die abgestoßene Endproglottis weiter, die Wundränder heilen, sie ist beweglich, kann einen Pseudoscolex ausbilden und eine andere Form annehmen (Euapolyse).
4. Bisweilen wird die Endproglottis abgestoßen, noch ehe sie gravid ist; die Ausbildung und Entwicklung der Eier erfolgt erst in der abgelösten Proglottis (Hyperapolyse).

Die Proglottisierung ist ein wesentliches Merkmal in der Evolution der Bandwürmer. Sie beginnt mit einer Vervielfachung der Geschlechtskomplexe. Dabei sind die integrierenden Merkmale bei den primitiven Ordnungen Spathebothriidea und Pseudophyllidea (schwache äußere Gliederung, durchgehende Längsmuskulatur, Pseudapolyse) noch stärker ausgeprägt. Vgl. auch [10].

Entwicklung

Genauere Kenntnisse über die Entwicklungsvorgänge liegen im wesentlichen nur für Pseudophyllidea, Proteocephalidea und Cyclophyllidea vor. Die Entwicklung der übrigen (meist marinen) Ordnungen ist noch wenig erforscht. Die **Embryonalentwicklung** verläuft unterschiedlich nach dem jeweils produzierten Eityp. Bei den oviparen Eucestoda (Pseudophyllidea u. a.) sind die zusammengesetzten Eier polylecithal, d. h. zahlreiche Dotterzellen umgeben die Eizelle (Abb. 257, 2). Dies ermöglicht eine Embryonalentwicklung außerhalb der Proglottis im Wasser. Als Erstlarve tritt dabei eine freischwimmende Wimperlarve (**Coracidium**) auf, die im Zwischenwirt nach Abwerfen des Wimperkleides die Hakenlarve (Oncosphaera) freigibt. Bei den ovoviviparen Eucestoda (Proteocephalidea, Cyclophyllidea, vgl. Abb. 247) sind die Eier dagegen oligolecithal und enthalten nur eine Dotterzelle. Die Embryonalentwicklung erfolgt dementsprechend innerhalb des Uterus; es wird eine von den Embryonalhüllen eingeschlossene „eiförmige" **Oncosphaera** als Erstlarve gebildet. Während die oviparen Eucestoda eine harte, aber dünnschalige Eikapsel und eine bewimperte Embryonalhülle bilden, haben die Embryonen der ovoviviparen Arten dicke und feste Hüllen (Abb. 256). Bei den Cyclophyllidea wird zu Beginn der Embryonalentwicklung eine zarte, jedoch nicht als endgültiger Schutz dienende Hülle gebildet. Erst später entsteht bei ihnen durch Umwandlung zweier zelliger Embryonalhüllen eine doppelschichtige, widerstandsfähige Embryonalschale.

Die **Larvenentwicklung** führt — über die Erstlarve — stets zur Zweitlarve (**Cercoid**), die sich in der Regel in einem Zwischenwirt entwickelt. Bei einigen Ordnungen ist noch eine Drittlarve (**Metacercoid**) eingeschoben, die sich in einem 2. Zwischenwirt entwickelt. Beim Befall des Zwischenwirts durch die Erstlarven werden deren vom Embryonalgewebe gebildete Hüllen (Wimperkleid des Coracidiums, Embryonalhüllen der „eiförmigen" Oncosphaera) abgestoßen bzw. vom Wirt verdaut. Beim Befall des nächsten Wirtes wird das Cercomer bzw. die auf das Cercomer zurückgehenden Gewebe mit den 6 Haken abgestoßen. Die Drittlarve (Plerocercoid) einiger triheteroxener Pseudophyllidea schnürt im Darm des Endwirtes ihren hinteren Larvalkörper

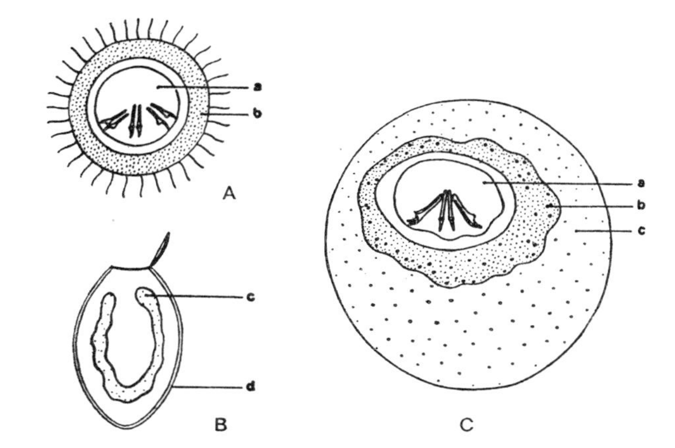

Abb. 256. Schema der Erstlarven der Cestoda. **A.** Coracidium. **B.** Gedeckelte Eikapsel nach dem Schlüpfen des Coracidiums. **C.** „Eiförmige" Oncosphaera. — **a** eigentliche Oncosphaera, **b** innere, **c** äußere Embryonalhülle, **d** Eischale. — Nach JARECKA 1975.

ab; nur Scolex und Proliferationszone bleiben erhalten und bilden dann die Proglottidenkette des Adultus. Dieser Vorgang verlagert sich bei den Ligulidae auf den 2. Zwischenwirt: In diesem entwickelt sich erst ein Plerocercoid, bei dem dann (wie sonst im Endwirt) der Larvalkörper abgeschnürt und an dessen Stelle eine postlarvale Strobila gebildet wird. Erst im Endwirt wird der Praeadultus zum Adultus. Es handelt sich hier also nicht eigentlich um Neotenie, denn es ist ja nicht mehr das Plerocercoid selbst, das geschlechtsreif wird.
Beispiele für den **Entwicklungszyklus**:

Pseudophyllidea — Erstlarve als Coracidium freischwimmend:

Bothriocephalus acheilognathi, 2-Wirte-Zyklus: Zwischenwirt Copepoda (Procercoid), Endwirt Süßwasserfische (Praeadultus/Adultus).

Diphyllobothrium latum (Abb. 257) und *Spirometra*, 3-Wirte-Zyklus mit fakultativer Erweiterungsmöglichkeit durch zusätzliche Wirte des Plerocercoids (paratenische, Warte- oder Stapelwirte): 1. Zwischenwirt Copepoda (Procercoid), 2. Zwischenwirt (Plerocercoid = Sparganum) Fische (*Diphyllobothrium*) bzw. Amphibien, Reptilien, Säugetiere, seltener Fische und Vögel (*Spirometra*), Endwirt meist bestimmte Säugetiere (Praeadultus/Adultus). — Wird hier der 2. Zwischenwirt von nicht als Endwirt geeigneten Wirbeltieren gefressen, so siedeln die Plerocercoide in den neuen Wirt um (Refixation). Sie durchdringen dabei dessen Darmwand und siedeln sich in der Leibeshöhle erneut als Plerocercoide an. Vorher wird — wie im Endwirt — der Larvalkörper abgestoßen, der nach der erneuten Festsetzung wieder gebildet wird. Dieser Vorgang kann viele Male wiederholt werden; es ist also eine Übertragung von einem paratenischen Wirt auf einen weiteren und so fort möglich.

Ligula intestinalis, 3-Wirte-Zyklus mit Verkürzungstendenz: 1. Zwischenwirt Copepoda (Procercoid), 2. Zwischenwirt Süßwasserfische (Plerocercoid/Postlarve), Endwirt Möwen und andere Wasservögel (kurzlebiger Adultus).

Cyclophyllidea — Erstlarve als „eiförmige" Oncosphaera ausgebildet, im Wasser oder auf dem Lande:

Drepanidotaenia lanceolata, aquatischer 2-Wirte-Zyklus: Zwischenwirt Copepoda (Cysticercoid), Endwirt Enten und Gänse (Praeadultus/Adultus).

Paradilepis scolecina, 3-Wirte-Zyklus im Wasserbereich: 1. Zwischenwirt Copepoda (Cercoscolex), 2. Zwischenwirt Süßwasserfische (Plerocercus), Endwirt Reiher (Praeadultus/Adultus).

Dipylidium caninum, terrestrischer 2-Wirte-Zyklus: Zwischenwirt Flohlarve/Floh (Cercoscolex), Endwirt Raubtiere, vor allem Hundeartige, auch Mensch (Praeadultus/Adultus). — Besonderheit: Die Eier werden in Kollektivkapseln vereinigt aus der abgestoßenen Proglottis frei.

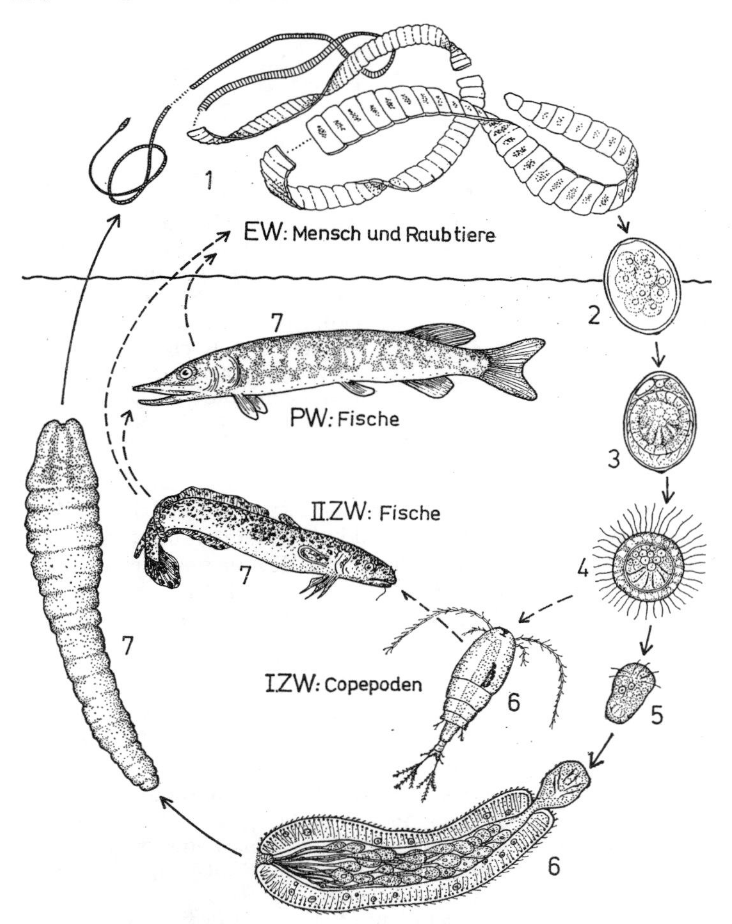

Abb. 257. Lebenszyklus von *Diphyllobothrium latum*. — **1** Adulter Bandwurm, **2** Eikapsel beim Verlassen des Endwirtes (**EW**), **3** Eikapsel mit schlüpfbereitem Coracidium, **4** freischwimmendes Coracidium, **5** Oncosphaera im 1. Zwischenwirt (**ZW**) nach Abwurf der bewimperten Larvalhülle, **6** Procercoid im 1. Zwischenwirt, **7** Plerocercoid im 2. Zwischenwirt bzw. paratenischen Wirt (**PW**). — Nach MATTES aus WIGAND & MATTES 1958.

Mesocestoides, terrestrischer 3-Wirte-Zyklus mit fakultativer Erweiterungsmöglichkeit durch Einschub paratenischer Wirte des Metacercoids: 1. Zwischenwirt vermutlich Hornmilben (Cercoscolex), 2. Zwischenwirt Amphibien, Reptilien, Vögel (Plerocercus vom Typ Tetrathyridium), Endwirt Fuchs und andere Raubtiere (Praeadultus/Adultus). Paratenische Wirte Nagetiere, Igel, Maulwürfe, Dachs und andere (Plerocercus).

Hymenolepis nana, terrestrischer 1- oder 2-Wirte-Zyklus: a) Zwischenwirt Mehlkäfer, Flohlarven (Cysticercoid), Endwirt Mensch, Ratten, Mäuse (Praeadultus/Adultus); b) Einziger Wirt Mensch, Ratten, Mäuse (Cysticercoid, Praeadultus/Adultus). — Beim alternativen Zyklus ohne Zwischenwirt entwickeln sich die Cysticercoide aus den in den Darm gelangenden Oncosphaeren in den Zotten des vorderen Dünndarmbereichs (Zwischenwirtsphase des polyvalenten Wirtes). Die fertigen Cysticercoide wandern ins Darmlumen und siedeln sich im hinteren Teil des Ileum an, wo sie sich zum geschlechtsreifen Bandwurm entwickeln (Endwirtsphase des polyvalenten Wirtes).

Taeniarhynchus saginatus und *Taenia solium*, terrestrischer 2- Wirte-Zyklus: Zwischenwirt Rind bzw. Schwein (selten Mensch oder andere) (Cysticercus), Endwirt Mensch (Praeadultus/Adultus).

Multiceps multiceps, terrestrischer 2-Wirte-Zyklus: Zwischenwirt Schaf (selten andere Huftiere und Mensch) (Coenurus), Endwirt Hundeartige (Praeadultus/Adultus).

Echinococcus granulosus, terrestrischer 2-Wirte-Zyklus: Zwischenwirt Schaf, Rind, Schwein, Mensch und andere (einkammerige Hülsenwurmblase, Echinococcus), Endwirt Hund (Praeadultus/Adultus).

Alveococcus multilocularis, terrestrischer 2-Wirte-Zyklus: Zwischenwirt Nagetiere, selten Mensch (vielkammerige Hülsenwurmblase, Alveococcus), Endwirt Fuchs, Hund (Praeadultus/Adultus).

Übersicht über **sekundäre Larvenformen** (vgl. Abb. 248):

1. Cercoid (Zweitlarve).
1.1. Gymnosomatische Cercoide (der Scolex wird nicht oder nicht vollständig vom Cercomer-Gewebe umhüllt)
1.1.1. Procercoid (Pseudophyllidea), Scolex ohne Saugnäpfe.
1.1.2. Cercoscolex (Proteocephalidea, niedere Cyclophyllidea), Scolex mit Saugnäpfen; in drei Varianten: Scolex evertiert, Scolex zurückgezogen, Scolex eingestülpt.
1.2. Cystosomatische Cercoide (das Cercomer ist ganz oder teilweise in eine Hüllschicht umgebildet, die den Scolex umgibt).
1.2.1. Cysticercoid (vor allem bei Cyclophyllidea), der Scolex ist in die Halszone zurückgezogen, das Cercomer ist cystenförmig ausgebildet, und zwar vollständig bei den ungeschwänzten Cysticercoiden, teilweise bei den geschwänzten Formen. Die geschwänzten Cysticercoide zeigen meist eine äußere (protocephale), die ungeschwänzten eine innere (epicephale) Entwicklung (Abb. 248H, I). Wirte der geschwänzten Cysticercoide sind meist Krebse (Copepoda, Ostracoda, Amphipoda, Cladocera), Wirte der ungeschwänzten meist landlebende Wirbellose. In einigen Fällen kann es zu ungeschlechtlicher Vermehrung der Cysticercoide kommen (polycephale Formen).
1.2.2. Cysticercus (Finne der Taeniidae), der Scolex ist in die Halszone eingestülpt, das Cercomer ist blasenförmig ausgebildet. Wirte sind Säugetiere. Der Cysticercus entsteht als rundliche oder ovale Blase, deren Binnenraum sich nach und nach mit Flüssigkeit füllt, in die von der Blasenwand her ein hohler Zapfen einwuchert, aus dem der Scolex samt seinen Haftorganen entsteht (Abb. 248G). Bei der Finne von *Hydatigera taeniaeformis* bildet die Halszone des Scolex bereits eine lange Strobila (die im Endwirt wieder abgestoßen wird): Strobilocercus. Bei der Finne von *Multiceps* tritt ungeschlechtliche Vermehrung auf, es entstehen zahlreiche Scolices an der Innenwand der Finnenblase: Coenurus. Eine weiter fortgeschrittene Form ungeschlechtlicher Vermehrung durch Knospungsvorgänge liegt bei den Hülsenwurmblasen von *Echinococcus* und *Alveococcus* vor. Bei der einkammerigen Hülsenwurmblase von *Echinococcus* (Abb. 258) entstehen aus Wucherungen der Blaseninnenwand Tochterblasen mit mehreren Scolexanlagen. Es können auch Enkelblasen und exogene Tochterblasen (Möglichkeit der Metastasenbildung!) gebildet werden. Aus einer einzigen Oncosphaera können damit Hunderttausende von Scolices entstehen. Bei der vielkammerigen Hülsenwurmblase von *Alveococcus* entstehen unregelmäßig gebaute Finnenkörper mit vorwiegend exogener Sprossung.
2. Metacercoid (Drittlarve).
2.1. Plerocercoid (Pseudophyllidea), Scolex mit zwei Sauggruben. Larvaler Hinterkörper wird in manchen Fällen vor (oder selten während) der Entwicklung zum Praeadultus/Adultus abgestoßen.
2.2. Plerocercus (Proteocephalidea, Cyclophyllidea u. a.), Scolex mit Saugnäpfen. Zumindest zum Teil hier auch Abstoßung des larvalen Hinterkörpers im Endwirt.

Stammesgeschichte

In der Evolution der Eucestoda spielt die Heterochronie eine bedeutende Rolle. Die Grundtendenz ist dabei die Retardation der Ausbildung der Geschlechtsorgane. Auf diese Weise entwickelte sich der 2-Wirte-Zyklus aus dem 1-Wirt-Zyklus und der 3-Wirte-Zyklus aus dem 2-Wirte-Zyklus, begleitet von der Entstehung eines jeweils neuen

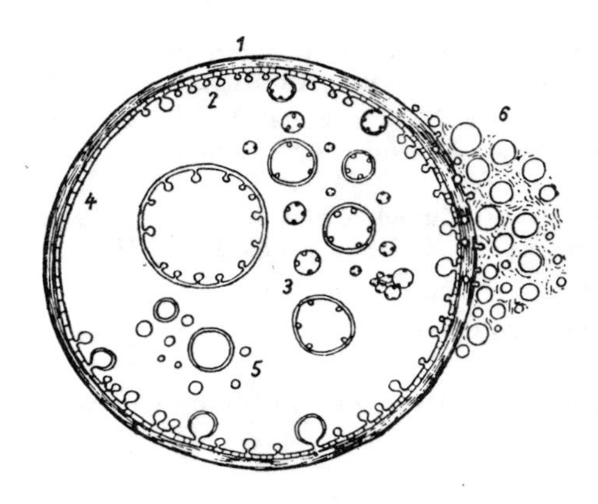

Abb. 258. Schema einer einkammerigen Hülsenwurmblase (*Echinococcus*). — **1** Endogene Proliferationszone, **2** innere Knospung der Scolices und Tochterblasen aus der Blasenwand, **3** freie Tochterblasen mit knospenden Scolices, **4** sterile germinative Schicht, **5** sterile (= scolexlose) Tochterblasen, **6** exogene proliferative Blasenwand. — Nach FAUST aus JÍROVEC 1960.

sekundären Larvenstadiums (Zweitlarve, Drittlarve). Diese Grundtendenz schlug in einigen Gruppen in eine gegenläufige Richtung um, indem sich eine Rückverlagerung der Praeadultus-Phase vom Endwirt in den vorhergehenden Zwischenwirt anbahnte. Das ist bei den Ligulidae (Pseudophyllidea) der Fall (vgl. S. 405).

Als primitive Ordnungen sind die oviparen Eucestoda, also die Spathebothriidea und die Pseudophyllidea („Polyvitellaria") und andere anzusehen. Sie dürften zwei niedere Stufen in der Evolution der Proglottisierung verkörpern. In der Evolution des Cercoids stehen sie auf der niedrigsten Stufe (Procercoid). Demgegenüber stellen die ovoviviparen Eucestoda, also die Proteocephalidea und Cyclophyllidea („Monovitellaria") eine höhere Stufe sowohl in der Evolution der Proglottisierung als auch vor allem in der Evolution des Cercoids dar. Die Evolution der Proteocephalidea und Cyclophyllidea läßt eine weitgehende Gruppenparallele zur Evolution ihrer Wirbeltierwirte erkennen (vgl. Abb. 249). Für die übrigen Ordnungen gilt, daß Parasiten, die als Endwirte ausschließlich altertümliche Wirbeltiere bewohnen, ein höheres phylogenetischen Alter besitzen als solche, die in Landwirbeltieren leben, die erst spät in der Erdgeschichte aufgetreten sind.

Vorkommen, Verbreitung und Lebensweise

Die Eucestoda kommen in allen Meeren und in allen Erdteilen vor. Sie treten adult als Darmparasiten von Wirbeltieren aller Klassen auf (in Meeres- und Süßwasserfischen etwa 846, in Amphibien 38, in Reptilien 127, in Vögeln 1574, in Säugetieren 740 Arten). Sie sind typische Dünndarmparasiten. Nur in ganz wenigen Fällen schmarotzen sie in Gallen- und Pankreasgängen oder im Rectum. Die Adultwürmer zeigen meist einen verhältnismäßig hohen Grad von Wirtsspezifität.

Ökonomische Bedeutung

Eine Reihe von Arten sind zum Teil gefährliche Krankheitserreger beim Menschen. *Taeniarhynchus saginatus*, der Rinderfinnenbandwurm, erreicht den Menschen über rohes oder ungenügend erhitztes Rindfleisch, das die Finnen enthält. Er schädigt als Finne die Rinderproduktion (Cysticercose). Da die „eiförmigen" Oncosphaeren nicht nur über zerfallende Proglottiden mit den Fäkalien bzw. Abwässern auf die Felder gelangen, sondern auch unmittelbar durch Kontakt (Hände usw.) befallener Menschen an die Rinder herangebracht werden können, stellt die Taeniarhynchose/Cysticercose in Europa wie in anderen Erdteilen nach wie vor ein großes hygienisches Problem dar. Die einzeln oder in kleinen Ketten von 2—3 Gliedern abgestoßenen Progolottiden (Abb. 254) kommen auch unabhängig vom Stuhlgang aktiv aus dem After heraus.

Der gefährlichere Schweinefinnenbandwurm, *Taenia solium*, ist in Mitteleuropa praktisch kaum noch anzutreffen. Seine Proglottiden (Abb. 254) verlassen den Menschen in kleinen Kettenstücken (meist mit bis zu 5 Gliedern) nur mit dem Stuhlgang. Da hier der Mensch auch Zwischenwirt, also Finnenträger, sein kann, besteht die

Gefahr einer Cysticercose (Augen, Gehirn, Lunge, Leber) durch Aufnahme von Eiern. — Rinder- und Schweinefinnenbandwurm vermögen adult ohne Behandlung vermutlich zeitlebens im Menschen zu verbleiben.

Besonders gefährlich sind Hunde als Bandwurmträger (*Multiceps*, *Echinococcus*, *Alveococcus*), da in allen diesen Fällen auch der Mensch Zwischenwirt sein kann (Coenurose, Larven-Echinococcose, Larven-Alveococcose). Die Finnen leben hier jahrelang, die adulten Bandwürmer im Hund jedoch nur einige Monate. Der Grubenkopf oder Breite Bandwurm, *Diphyllobothrium latum*, gelangt durch den Genuß roher plerocercoid-haltiger Fischgerichte (z. B. Quappenleber, Hechtkaviar) in den Menschen (Abb. 257). Die Lebensdauer im Endwirt scheint nur durch die Lebensdauer des Wirtes begrenzt zu sein. Eine Reihe von Arten schädigt Haussäugetiere und Hausgeflügel.

In der Fischwirtschaft entstehen ebenfalls beträchtliche Schäden durch larvale oder adulte Bandwürmer. *Bothriocephalus acheilognathi* verursacht bei Jungkarpfen und Jungfischen anderer Cypriniden eine schwere, zu hohen Verlusten führende Erkrankung (Bothriocephalose), die in völliger Zerstörung der Darmschleimhaut gipfelt. Dieser Bandwurm war ursprünglich in China und dem Fernen Osten der UdSSR heimisch und gelangte seit Ende der 50er Jahre mit der Einführung fernöstlicher pflanzenfressender Cypriniden in den europäischen Teil der UdSSR sowie in andere ost- und südosteuropäische Länder und schließlich nach Mitteleuropa.

System

Die Systematik der Eucestoda ist noch nicht völlig abgeklärt. Die meisten Systeme [8, 73, 106, 108] stimmen aber mit der hier wiedergegebenen Klassifikation überein. In einigen neueren Arbeiten [24, 107] werden allerdings auch sehr abweichende Ansichten vertreten. — Hauptmerkmal für die Einteilung in Ordnungen ist die Beschaffenheit der Haftorgane am Scolex. Vielleicht wird es einmal möglich sein, die oviparen Gruppen mit polylecithalen Eiern („Polyvitellaria") den ovoviviparen Gruppen mit oligolecithalen Eiern („Monovitalaria") gegenüberzustellen, wie dies bereits Janicki (1918) vorschlug.

1. Ordnung Spathebothriidea

Kopfende ohne echte Saugnäpfe oder -gruben. Körper innerlich gegliedert, die wenigen, Proglottiden äußerlich jedoch nicht erkennbar. Keine Apolyse. Genitalöffnungen getrennt, flächenständig. Uterus und Vagina gemeinsam mündend. Eier gedeckelt. Adult in Meeres- und Süßwasserfischen. — Hierher 3 Familien mit insgesamt 5 Gattungen und 9 Arten.

Familie Cyathocephalidae. **Cyathocephalus truncatus*, bis 52 mm lang, adult bei Salmoniden, Barschen, Hecht. Zwischenwirt: Amphipoden (Procercoid).

2. Ordnung Pseudophyllidea

Scolex mit zwei engen, länglichen, manchmal flachen Sauggruben (Bothrien) oder Lappen (Bothridien), eine dorsal, eine ventral (Abb. 251). Genitalatrium flächen- oder randständig. Uterusöffnung flächenständig (Abb. 255). Äußere Gliederung gut ausgeprägt, bisweilen schwach oder fehlend. Strobila pseudapolytisch. Wenige Millimeter bis fast 20 m lang. Eier meist gedeckelt, ein Coracidium entlassend. Procercoid in Copepoda. 2- und 3-Wirte-Zyklus. — Mit 9 Familien sowie insgesamt 44 Gattungen und 259 Arten, davon 163 adult in Meeres- und Süßwasserfischen, 4 in Amphibien, 12 in Reptilien, 20 in Vögeln und 60 in Säugetieren.

Familie Bothriocephalidae. **Bothriocephalus acheilognathi*, bis 32 cm lang, in Cypriniden (S. 405).

Familie Triaenophoridae. **Triaenophorus nodulosus* und **T. crassus*, bis 38 bzw. 48 cm lang, adult beim Hecht, als Plerocercoid in verschiedenen als 2. Zwischenwirte dienenden Fischen, darunter auch im Hecht (parenteral).

Familie Amphicotylidae. **Eubothrium crassum*, bis 6 cm lang, adult in Salmoniden, als Plerocercoid ebenfalls in Fischen, darunter auch in Salmoniden.

Familie Diphyllobothriidae. **Diphyllobothrium latum*, Breiter Bandwurm oder Grubenkopf, adult im Menschen und in verschiedenen Raubtieren, bis 15 m, selten sogar bis 20 m lang und damit einer der längsten Wirbellosen überhaupt; Plerocercoid in Fischen (vgl. S. 405, 406). — **Spirometra*, S. 405.

Familie Ligulidae. **Ligula intestinalis* und **Digramma interrupta*, Riemenwürmer, postlarval bis 1 m lang in der Leibeshöhle von Süßwasserfischen (Schädlinge!), adult in Möwen und anderen Wasservögeln. Die Riemenwürmer werden innerhalb von zwei Tagen im Endwirt geschlechtsreif. — **Schistocephalus solidus*, postlarval in der Leibeshöhle des Dreistacheligen Stichlings, adult in fischfressenden Entenvögeln, Lappentauchern und anderen Wasservögeln.

3. Ordnung Haplobothriidea

Scolex ohne Gruben, mit 4 zurückziehbaren Rüsseln, die an der Basis mit kleinen Stacheln besetzt sind. Die Proglottidenkette („Primärwurm") zerfällt oft in mehrere Stücke („Sekundärwürmer"), deren vordere Glieder sich in einen Pseudoscolex umwandeln, indem auf ihnen zwei Sauggruben auftreten (Euapolyse). Genitalöffnungen flächenständig, Uterusöffnung sekundär flächenständig. Ovipar. Eier gedeckelt, mit Coracidium. 3-Wirte-Zyklus. — Nur 1 Familie.

Familie Haplobothriidae. Einzige Art *Haplobothrium globuliforme*, adult bis 11 cm lang, in *Amia* (Altfisch), 1. Zwischenwirt Copepoda (Procercoid), 2. Zwischenwirt Fische (Plerocercus); Nordamerika.

4. Ordnung Trypanorhyncha (syn. Tetrarhynchidea)

Scolex mit 4 einziehbaren, mit vielen Haken besetzten Rüsseln, hinter denen 2 oder 4 löffelartige, flache Saugscheiben mit schwacher Muskulatur sitzen. Höchstens 10 cm lang. Strobila gewöhnlich äußerlich gut gegliedert, pseudapolytisch oder apolytisch. Genitalatrium lateral. Eier zumindest bei einigen Arten gedeckelt, mit frei schwimmendem Coracidium. Cercoid in Copepoda. Adult in Selachiern. Drittlarven in marinen Knochenfischen und Selachiern, aber auch in Meeres-Wirbellosen. — Mit 11 Familien sowie insgesamt 37 Gattungen und 267 Arten.

5. Ordnung Tetraphyllidea

Scolex mit 4 löffelartigen, flachen, muskelarmen Saugscheiben, die sitzend oder gestielt, mit Haken am Rande versehen und durch Septa geteilt sein können. Länge selten mehr als 10 cm. Genitalatrium lateral. Bei vielen Arten sieht man einzelne kleine Proglottiden frei im Darm des Wirtes lebhaft umherkriechen. Sie machen den Eindruck eingliedriger Bandwürmer, zumal ihr Vorderende oft wie ein Scolex mit Haftscheiben dicht besetzt ist. Manche Glieder lösen sich schon bei 0,46 mm Länge von der Strobila, obgleich zu dieser Zeit noch keine Geschlechtsorgane ausgebildet sind, und wachsen dann — im Darm selbständig lebend — auf mehr als 20fache Länge, also 11—12 mm heran, wobei sie die Genitalien ausbilden (Hyperapolyse). In Selachiern. Larven in marinen Knochenfischen, Cetacea, Cephalopoda, Crustacea, Ctenophora. — Mit 4 Familien sowie insgesamt 35 Gattungen und 204 Arten.

6. Ordnung Lecanicephalidea

Scolex ohne Sauggruben, durch eine horizontale Furche in einen verschiedenartig gestalteten vorderen und hinteren Teil gegliedert. Genitalöffnung flächenständig oder seitenständig (Disculicepitidae). Pseudapolytisch oder apolytisch. In Selachiern. — Mit 5 Familien, insgesamt 10 Gattungen und 43 Arten.

Familie Lecanicephalidae.

Familie Disculicipitidae.

7. Ordnung Diphyllidea

Scolex sehr lang, sein Vorderabschnitt mit 4 Haftgruben und einem Fortsatz, der lange Haken trägt, sein Hinterabschnitt mit Stachelreihen. Körper meist 0,5 cm, selten 3—4 cm lang, mit 4 bis höchstens 20 Gliedern. In Haien und Rochen. Larven in Crustacea, Meeresschnecken und Fischen. — Nur 1 Familie.

Familie Echinobothriidae. Mit einer Gattung und 11 Arten. *Echinobothrium benedeni*, adult in *Raja*, Larve in Decapoda.

8. Ordnung Nippotaeniidea

Scolex rundlich, nicht deutlich abgesetzt, mit einem einzigen terminalen Saugnapf. Strobila fast zylindrisch, mit wenigen Gliedern, apolytisch oder hyperapolytisch. Genitalatrium unregelmäßig lateral. Zahlreiche durch Transversalgefäße verbundene Exkretionsgefäße. Eier dreischalig (dünnschalig). 2-Wirte-Zyklus. Adult in Süßwasser-Teleosteern, Cercoid in Copepoda. — Nur 1 Familie.

Familie Nippotaeniidae. Mit 1—2 Gattungen und 3 Arten.

9. Ordnung Proteocephalidea (syn. Ichthyotaeniidea)

Scolex sehr beweglich, mit 4 tassenförmigen Saugnäpfen, teilweise mit einem 5. apikalen Saugnapf. Äußere Gliederung meist gut ausgeprägt. Genitalatrium lateral. Uterus mit einer oder mehreren medianen Öffnungen auf der Ventralfläche. Strobila pseudapolytisch oder apolytisch. Dotterstöcke follikulär. Ovovivipar. Eier dreischalig. Meist zwischen 3 und 7 cm lang, größte Arten nicht über 1 m lang. In Süßwasserfischen (145 Arten), Amphibien (19 Arten) und Reptilien (60 Arten). — Mit 3 Familien und insgesamt 38 Gattungen.

Familie Proteocephalidae. In Fischen. **Proteocephalus cernuae*, bis über 4 cm lang, vor allem in Kaul- und Flußbarsch.

Familie Ophiotaeniidae. In Schlangen. **Ophiotaenia europaea*, bis 35 cm lang, in *Natrix natrix*.

10. Ordnung Cyclophyllidea

Scolex im typischen Fall mit 4 schüsselförmig eingesenkten Saugnäpfen, deutlich abgesetzt. Apikales Ende gewöhnlich als Rostellum ausgebildet, mit oder ohne Haken oder Stachelkranz, einziehbar oder nicht. Strobila in der Regel äußerlich gut gegliedert, Glieder kontinuierlich reifend, apolytisch. Länge zwischen wenigen Millimetern und über 12 m. Genitalatrium meist seitenständig. Dotterstock einfach, kompakt, meist hinter dem Germarium im Medullar-Parenchym liegend. Ovovivipar. Eier dreischalig, entweder einzeln oder in von Uterusstücken oder von parenchymatösen Hüllen gebildeten Kollektivkapseln frei werdend. Meist diheteroxen, seltener triheteroxen oder (sekundär) homoxen. — Umfangreichste Ordnung der Eucestoda mit 15—18 Familien, 228—289 Gattungen und etwa 2300 Arten. In Amphibien (15 Arten), Reptilien (55 Arten), Vögeln (über 1550 Arten) und Säugetieren (680 Arten). — Einteilung in Unterordnungen nach SKRJABIN, vgl. [24].

1. Unterordnung Tetrabothriata

Saugnäpfe am Scolex mit ohrförmigen Anhängen oder fehlend. Dotterstock vor dem Germarium. Parasiten in Cetacea, Pinnipedia und Meeresvögeln. — Mit 1 Familie.

Familie Tetrabothriidae. Mit 4—5 Gattungen und 65 Arten.

2. Unterordnung Mesocestoidata

Scolex ohne Rostellum und Haken. Ein Genitalkomplex je Glied. Germarium und Dotterstöcke paarig entwickelt. Genitalatrium flächenständig (ventral). Uterus röhrenförmig in der Medianlinie. Eier in einem dickwandigen Paruterinorgan oder in einem Uterussack vereinigt. Vermutlich 3-Wirte-Zyklus. Adult bei Vögeln und Säugetieren. — Mit 1 Familie.

Familie Mesocestoididae. Mit 2 Gattungen und etwa 35 Arten. **Mesocestoides lineatus* und **M. litteratus,* bis 80 cm lang, S. 406.

3. Unterordnung Acoleata

Scolex mit hakenkranzbewehrtem Rostellum. Cirrus groß, mit Stacheln besetzt. Tendenz zur Getrenntgeschlechtlichkeit und zum Wegfall der weiblichen Geschlechtsöffnung. Teilweise mit doppeltem Satz von Geschlechtsorganen. Parasiten von Wasservögeln. — Mit 4 Familien, insgesamt 13 Gattungen und 40 Arten.

Familie Progynotaeniidae. Protogyne Formen, bei denen die weiblichen Organe zeitlich vor den männlichen ausgebildet werden.

Familie Dioecocestidae. Individuell oder regional mit völlig oder teilweise (vorderer und hinterer Teil der Proglottidenkette) getrenntgeschlechtlichen Strobilae.

4. Unterordnung Anoplocephalata

Scolex ohne Rostellum und Haken. Genitalatrium seitenständig; wenn in der Einzahl dann regelmäßig einseitig oder unregelmäßig links und rechts. Einfacher oder doppelter Satz von Geschlechtsorganen je Glied. Uterus röhren- oder sackförmig, manchmal verzweigt, oder netzartig, bisweilen in Eikollektivkapseln zerfallend, oder mit einem bis vielen Paruterinorganen. 2-Wirte-Zyklus. Zwischenwirte terrestrische Arthropoda, Endwirte Reptilien, Vögel und Säugetiere. — Mit 4 Familien, insgesamt 45 Gattungen und etwa 300 Arten.

Familie Anoplocephalidae. 25 Gattungen, etwa 165 Arten, bei Landsäugetieren und Vögeln (40 Arten). — **Moniezia expansa,* bis 10 m lang, Endwirt Schaf, Zwischenwirt Hornmilben (Oribatei).

5. Unterordnung Davaineata

Scolex mit kleinem Rostellum, das mit zahlreichen kleinen hammer- oder beilförmigen Häkchen bewehrt ist, die in 1 oder 2 Reihen angeordnet sind. Die 4 Saugnäpfe sind oft mit einigen Reihen kleiner Häkchen versehen. Gravider Uterus sackförmig, manchmal in Eikollektivkapseln zerfallend, manchmal mit Paruterinorganen. 0,5 mm bis 1,20 m lang.

2-Wirte-Zyklus. Zwischenwirte Mollusca und Arthropoda, Endwirte Vögel, selten Säugetiere. — Mit 2 Familien, insgesamt 19 Gattungen und etwa 400 Arten.

Familie Davaineidae. 13 Gattungen mit zusammen über 340 Arten. **Raillietina cesticillus*, 9—13 cm lang, adult in Hühnervögeln, als Cysticercoid in über 60 Käferarten.

6. Unterordnung Hymenolepidata

Rostellum mit einer Scheide und mit Häkchen versehen, die in einer, zwei oder mehreren Reihen angeordnet sind. Bisweilen Rostellum reduziert. Genitalatrium seitenständig. Cirrus sehr klein. Kleine und mittelgroße Formen. 2-Wirte-, selten 3-Wirte-Zyklus. Eine Art alternativ homoxen. Bei Vögeln und Säugetieren. Wirte der Zweitlarven (Cercoscolex, Cysticercoid) aquatische und terrestrische Wirbellose. — Mit 3—4 Familien, insgesamt 130—156 Gattungen und etwa 1330 Arten.

Familie Dilepididae. Mit etwa 50 Gattungen und etwa 400 Arten, überwiegend bei Vögeln. — **Paradilepis scolecina*, S. 405. **Dipylidium caninum*, Gurkenkernbandwurm, bis 45 cm lang, Kosmopolit, vgl. S. 405.

Familie Hymenolepididae. Mit 60—83 Gattungen, in Vögeln (etwa 650 Arten) und Säugetieren (etwa 170 Arten). Die vogelparasitischen Arten sind zu 76% an Wasservögel gebunden. Mit selten mehr als 3 Hoden je Glied. — **Hymenolepis nana*, Zwergbandwurm. bis 45 mm lang, kosmopolitisch verbreitet, vgl. S. 406. **H. diminuta*, Rattenbandwurm, bis 60 cm lang, in Nagetieren, selten auch im Menschen; Zwischenwirte Lepidoptera, Coleoptera, Orthoptera, Flöhe; Kosmopolit. — **Drepanidotaenia lanceolata*, bis 13 cm lang, adult in Gänsen und Enten, Zwischenwirt Copepoda vgl. S. 405.

7. Unterordnung Taeniata

Scolex gewöhnlich mit Rostellum ohne Scheide, das mit großen, meist in 2 Reihen angeordneten Haken versehen ist. Genitalatrium unregelmäßig seitenständig. Parasiten von Säugetieren, selten von Vögeln. Diheteroxen. Zweitlarven (Cysticercus und abgeleitete Formen) in Säugetieren. — Mit 1 Familie.

Familie Taeniidae. Mit 11 Gattungen und etwa 130 Arten.

Unterfamilie Taeniinae. Meist große Arten mit zahlreichen Proglottiden, Uterus als verästelter Stamm ausgebildet. — **Taenia solium*, Schweinefinnenbandwurm, bis 8 m lang, Kosmopolit, S. 402, 406. **T. hydatigena*, Gerändeter Bandwurm, bis 5 m lang, beim Hund, Finne in Wiederkäuern, vor allem im Schaf. **T. pisiformis*, Gesägter Bandwurm, bis 2 m lang, mit etwa 200 Proglottiden, beim Hund, erbsengroße Finnen im Gekröse von Hasenartigen. — **Taeniarhynchus saginatus*, Rinderfinnenbandwurm, bis 10 m lang, ohne Rostellum, Kosmopolit, S. 402, 406. — **Multiceps multiceps*, Quesenbandwurm, 40—100 cm lang, Finne (Coenurus) im Gehirn von Schafen (Drehkrankheit), selten beim Menschen, vgl. S. 407. — **Hydatigera taeniaeformis*, 15—60 cm lang, bei Katzen, gelegentlich beim Fuchs, Finne (Strobilocercus) bei Mäusen, Ratten und anderen Nagetieren.

Unterfamilie Echinococcinae. Kleine Arten mit wenigen Proglottiden, Uterus kugelförmig. — **Echinococcus granulosus*, Dreigliedriger Hülsenwurm, etwa 3,5 mm lang, vor allem holarktisch; Finne (einkammerige Hülsenwurmblase) bei Schaf, Schwein, Rind, Mensch (vgl. S. 407). — **Alveococcus multilocularis*, Viergliedriger Hülsenwurm, bis 2,1 mm lang, vgl. S. 407.

11. Ordnung Aporidea

Scolex mit Saugnäpfen oder -gruben. Rostellum mit Haken besetzt. Strobila ohne äußere Gliederung, zylindrisch. Testes und Ovarium ohne Ausführgänge. Kein Kopulationsorgan. Germarium und Dotterstock nicht getrennt. Ovarium follikulär, rund um die Hoden angeordnet. Protandrische Formen, einige ohne weibliche Organe. Kleine, höchstens 14 mm lange Arten. Ovovivipar. Eier zweischalig, in uterinen Kollektivkapseln. In Anseriformes. — Mit 1 Familie.

Familie Nematoparataeniidae. Mit 3 Gattungen und 4 Arten.

3. Überklasse Trematoda, Saugwürmer

Über 7200 Arten. Körperlänge meist zwischen 0,14 und 30 mm. Größte Art: *Nematobibothrioides histoidii,* bis 12 m lang.

Diagnose

Parasitische, als Adulti unbewimperte Plathelminthes mit (fast immer) blind endendem Darm. Als Haftorgane gewöhnlich Saugnäpfe ausgebildet, im typischen Fall Mund- und Bauchsaugnapf. Epidermis syncytial und kernlos. Mit 1 oder 2 hinteren Exkretionsporen. Exkretionsgefäße von Bindegewebsscheide umgeben. Meist mit (zum Teil blind endendem) Laurerschem Kanal. In keinem Stadium mit skleritären Haken am Hinterende. Weibliche Gonaden gewöhnlich aus einem Germarium und zwei Dotterstöcken bestehend. Primäre Bindung an Mollusca als Wirtstiere. — Mit den Klassen Aspidobothrii und Malacobothrii.

Anatomie

Integument und Subintegument sind ähnlich wie bei der anderen parasitischen Überklasse der Plathelminthes gebaut. Die Epidermis wird von einer syncytialen, kernlosen Schicht gebildet (früher als Cuticula bezeichnet); ihre Kerne liegen unterhalb des Hautmuskelschlauches in traubenartig tief ins Parenchym hinabreichenden Zellabschnitten („versenktes Epithel"). Syncytiale Außenschicht und innere kernhaltige Schicht mit den zelligen Elementen sind durch eine Basalmembran voneinander getrennt.

Eine Oberflächenvergrößerung wird oft durch zahlreiche submikroskopische Einbuchtungen (1. und 2. Ordnung) erreicht (bei Sporocysten und Redien der Malacobothrii liegen dagegen Microvilli vor). In einigen Fällen wurden pinocytotische Bläschen beschrieben. Der tiefere Teil der Epidermis ist reich an Mitochondrien, die wesentlich kleiner als die in den Parenchymzellen sind. Das endoplasmatische Reticulum ist tubulär. Das Integument hat zumindest bei einigen Arten (sowie generell bei den Sporocysten) die Fähigkeit zur Absorption (z. B. von Glucose) wie auch zur Exkretion (Abb. 259). Chemische und Elmi-Untersuchungen zeigen ganz ähnliche Verhältnisse wie bei Pectobothrii und Cestoda (vgl. S. 389), nur fehlen die (bei Cestoda vorhandenen) Microvilli. Der Hautmuskelschlauch ähnelt dem der Turbellaria.

Nervensystem. Das Gehirn besteht aus einem paarigen vorderen Cerebralganglion, das jederseits drei Nervenstränge nach vorn und drei parallele Markstränge nach hinten aussendet, von denen ein Paar ventral, eines lateral und eines dorsal verläuft. Ringförmige Kommissuren verbinden die Stränge. Als **Sinnesorgane** sind bei den Adultwürmern lediglich verstreute Sinneszellen im Integument vorhanden, die meist an den Saugnäpfen gehäuft sind. Die Larven haben zum Teil Augen.

Das **Exkretionssystem** ist als typisches Protonephridialsystem ausgebildet. Es mündet mit ein oder zwei fast immer terminalen Exkretionsporen. Die Gefäße sind nach elektronenoptischen Untersuchungen von einer Bindegewebsscheide umgeben. Sie haben eine lamellenartige Oberfläche. Die **Geschlechtsorgane** der meist hermaphroditischen Trematoda bestehen aus zwei (bzw. einem oder mehreren) Hoden, in der Regel einem Germarium und überwiegend paarigen, meist follikulären Dotterstöcken. Das

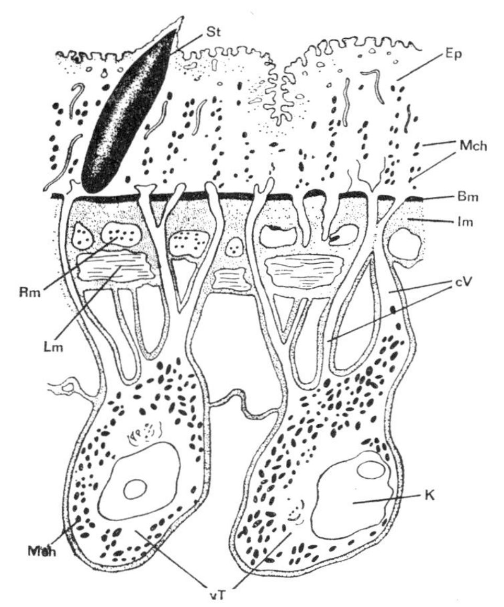

Abb. 259. Ultrastruktur des Integuments von *Fasciola hepatica*. — **Bm** Basalmembran, **cV** cytoplasmatische Verbindung zwischen äußerem und innerem Teil des Integuments, **Ep** syncytiale Epidermis, **Im** Interzellularmasse, **K** Zellkern, **Lm** Längsmuskeln, **Mch** Mitochondrien, **Rm** Ringmuskeln, **St** skleritärer Stachel, **vT** „versenkter" Teil des Integuments. — Nach THREADGOLD aus GINECINSKAJA 1968.

männliche Kopulationsorgan ist meist als „Cirrusbeutel" ausgebildet, der entweder Cirrus oder Penis enthält. Uterus und männlicher Ausführweg münden meist gemeinsam, eine Vagina fehlt, ein Laurerscher Kanal ist oft vorhanden. Die Spermatozoen zeigen ultrastrukturell Mitochondrien und auf der Oberfläche zwei axiale Filamentkomplexe, die die periphere Reihe (oder die Reihen) von Microtubuli unterbrechen [136].

Stammesgeschichte

Die Herausbildung der Trematoda begann mit dem Übergang zum Parasitismus in Mollusca (in der Hauptsache Gastropoda und Bivalvia). Einige Autoren betrachten die Dicyemida (in Cephalopoda parasitierende Mesozoa, vgl. S. **337**) als nächste Verwandte der Trematoda [23, 125]. Meist wird angenommen, daß rhabdocoele Turbellaria und Trematoda auf gemeinsame Urformen zurückgehen. Nach einer anderen Vorstellung sollen die beiden parasitischen Überklassen der Plathelminthes gemeinsam von darmlosen Urformen abstammen [90, 142].

1. Klasse Aspidobothrii

Fast 40 Arten. Körperlänge meist zwischen 0,6 und 9 mm. Größte Art: *Stichocotyle nephropis*, bis 115 mm lang.

Diagnose

Trematoda mit postero-ventraler, gut abgesetzter, mit zahlreichen in 1—4 Längsreihen angeordneten Alveolen versehener Haftscheibe oder mit einer Längsreihe von Saugnäpfen auf der Bauchfläche. Mit Mund, Pharynx und stets einfachem, sackförmigem Darm. Mundsaugnapf schwach entwickelt oder fehlend. Oviduct septiert. Homoxen, selten heteroxen. Ohne Generationswechsel, kein Polymorphismus.

Eidonomie

Körper gedrungen oder langgestreckt, teils zylindrisch, teils mehr abgeflacht. Haftscheibe meist deutlich abgesetzt (Abb. 260).

Anatomie

In der parenchymatösen **Leibeshöhle** teilt ein Septum aus Bindegewebe und Muskelfasern den ventralen vom dorsalen Körperbereich (zumindest im Vorderkörper). Das **Nervensystem** ist — verglichen mit dem der Malacobothrii — sehr komplex. Es besteht aus einer dorsalen Gehirnkommissur und mehreren vorderen und hinteren Hauptnervensträngen mit mehreren Kommissuren, die durch zahlreiche Konnektive und Querverbindungen miteinander in Verbindung stehen. Freie Nervenendigungen und verschiedenartige **Sinneskapseln** sind im Integument reich entwickelt. Das **Verdauungssystem** besteht aus Mundhöhle, Pharynx und einem unpaarigen, blind endenden Darm (Caecum). Das **Exkretionssystem** mündet mit ein oder zwei dorsoterminalen Exkretionsporen. Es kann eine kleine Exkretionsblase vor der Mündung ausgebildet sein. Die beiden Hauptkanäle ziehen nach vorn, wo sie nahe dem Vorderende schleifenförmig umbiegen (Stenostomie). Die Hauptkanäle (Ansatzstücke) nehmen jederseits drei Hauptgefäße auf, in die Nebengefäße 1. Ordnung münden. Diese nehmen wiederum Nebengefäße 2. Ordnung auf, in die die Kapillaren münden. Die Zahl der Terminalzellen ist beträchtlich (bei einer Art wurden 486 gezählt). Es können auch Cilienbüschel innerhalb der Gefäße ausgebildet sein.

Geschlechtsorgane. Uterus (mit Metraterm, einem muskulösen Endabschnitt) und meist vorhandener Cirrusbeutel münden gewöhnlich gemeinsam in einem Genitalatrium vor der Haftscheibe. Es liegen ein oder zwei Hoden vor. Die Dotterstöcke sind paarig oder unpaarig entwickelt. Der Oviduct ist im Gegensatz zu den Malacobothrii durch zahlreiche Septen in kleine Abschnitte geteilt, deren Innenwand zum Teil mit Cilien besetzt ist. Ein Laurerscher Kanal (S. **423**) ist gewöhnlich vorhanden, er endet mitunter blind.

Fortpflanzung und Entwicklung

Die Aspidobothrii sind ovipare Hermaphroditen. Die zusammengesetzten Eier werden in gedeckelten und sklerotisierten Eikapseln abgelegt. Die Furchung ist total, inaequal und unregelmäßig. Bei einigen Arten ist der Embryo von einer von besonderen Zellen gebildeten Hülle umgeben. Die Embryogenese schließt mit der Ausbildung einer frei lebenden **Larve** (bewimpert: Cotylocidium, unbewimpert: Aspidocidium) ab, die im Freien aus der Eikapsel schlüpft und einen Mollusken-Wirt befällt, indem sie zum Beispiel in die Mantelhöhle eingesogen wird. Die teils bewimperten und mit ein Paar Augen versehenen, teils unbewimperten und augenlosen, zwischen 0,1 und 0,2 mm langen freien Larven haben Mundöffnung, Praepharynx, Pharynx, Caecum und eine posteroventrale, saugnapfähnliche Haftscheibe (Abb. 261). Drüsen sind bei den einzelnen Formen verschieden angeordnet. Wirbeltiere können vermutlich von den freien Larven nicht befallen werden, jedoch ist oft eine Übertragung praeadulter oder adulter Formen aus Mollusca auf Fische oder Schildkröten möglich, wo sie (meist im Darmtrakt) weiter leben können. Eine Entwicklung oder auch nur ein Wachstum scheint dabei im Wirbeltier allerdings nicht möglich zu sein. *Stichocotyle* hat vermutlich einen 2-Wirte-Zyklus (Krebs — Fisch, mit eingekapselter Larve im Krebs). Die Aspidogasteridae erreichen in den Mollusca die Geschlechtsreife. Die Entwicklung zum Adultus verläuft vor allem im Bereich der Haftscheibe als Metamorphose. Die Gonaden entstehen aus einer Verdickung des hinteren Darmbereichs. Das Wachstum erfolgt durch Streckung und Apposition, was auf eine hintere Wachstumszone schließen läßt.

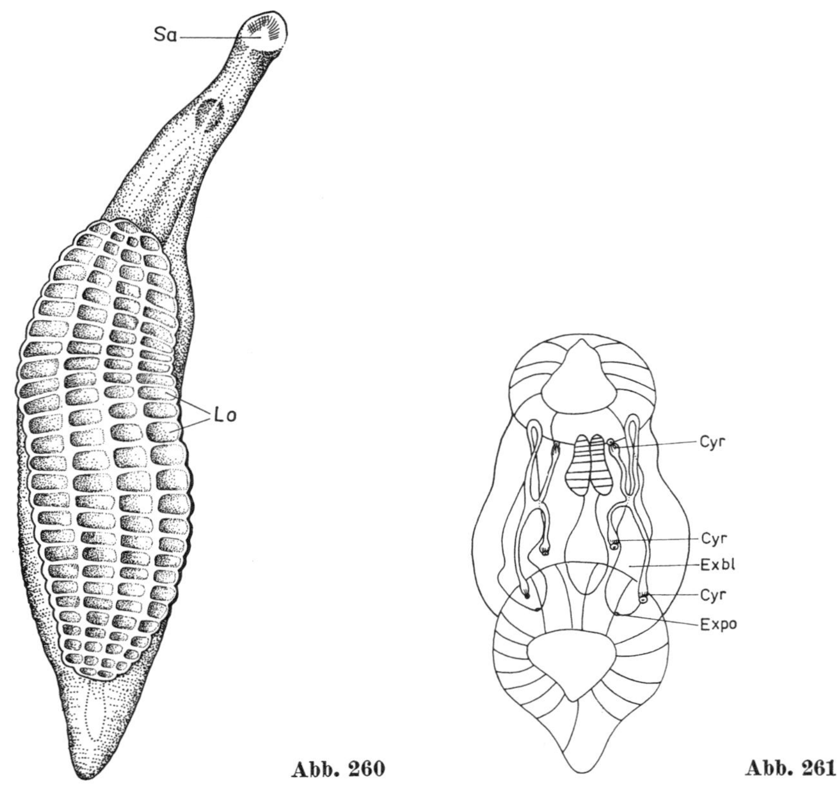

Abb. 260 Abb. 261

Abb. 260. *Aspidogaster conchicola*. Länge etwa 2,5 mm. — **Lo** Loculi der Haftscheibe, **Sa** Mundsaugnapf. — Nach STRELKOV aus DOGIEL 1975.

Abb. 261. Aspidocidium von *Aspidogaster conchicola*. Länge etwa 0,16 mm. — **Cyr** Cyrtocyten, **Exbl** Exkretionsblase, **Expo** Exkretionsporus. — Nach FAUST aus DOLLFUS **1958.**

Vorkommen, Verbreitung und Lebensweise

Die Aspidobothrii sind im Meer und Süßwasser weltweit verbreitet. Sie leben primär in Gastropoda und Bivalvia, vermutlich fast immer sekundär auch in Fischen (Haien, Rochen, Holocephala, Teleostei) und Wasserschildkröten. Die eingekapselte Larvenform einer in Fischen adult angetroffenen Art wurde in der Darmwand von marinen Crustacea (*Nephrops*, *Homarus*) gefunden. Sie leben meist endoparasitisch, seltener ectoparasitisch oder nur epök. In Mollusca parasitieren sie in der Pericardialhöhle und -drüse, im Darm und in der Mitteldarmdrüse, im Hoden, am Mantel, an den Kiemen, an oder in den Nieren und an anderen Stellen. In Wirbeltieren wird meist der Darmtrakt bewohnt, seltener Gallengänge und -blase. Die Adulti vermögen meist bis zu 3—4 Wochen im Wasser zu überleben. Die frei lebenden Larven dagegen sind kurzlebig (etwa 1 Tag), sie schwimmen oder kriechen ähnlich wie Spannerraupen auf dem Gewässerboden.

Stammesgeschichte

Die Aspidobothrii sind eine archaische Gruppe: verhältnismäßig wenige Arten, Parasitismus in Mollusca, unpaariger Darm, geringer Oligomerisationsgrad beim Nervensystem, Microtubuli der Spermatozoen und Zahl der Sinnespapillen bei der freien Larve. Sie zeigen gewisse Beziehungen zu den Malacobothrii: Saugnäpfe, Laurerscher Kanal, hinterer Exkretionsporus, ähnliche Ultrastruktur des Exkretionssystems. An den Parasitismus sind sie noch nicht besonders gut angepaßt: lange Überlebenszeit im Freien, geringe Wirts- und Organspezifität, komplexes Nervensystem, große Zahl verschiedenartiger Sinnesrezeptoren. Ihre Eigenständigkeit wird durch ihre Homomorphie und Entwicklung ohne Generationswechsel, den septierten Oviduct, die larvale hintere Ventralscheibe und den Haftapparat der Adulti unterstrichen. Es ist anzunehmen, daß die Gruppe den hypothetischen homomorphen Ur-Digenea (ohne Generationswechsel) nahesteht (vgl. S. 431) [136].

System

Die Klasse umfaßt 2 Familien, 11 Gattungen und fast 40 Arten.

Familie Aspidogasteridae. **Aspidogaster conchicola* (Abb. 260), bis 3 mm lang, Zahl der Alveoli der Haftscheibe mit dem Alter zunehmend (60—174), in Niere und Pericard von Unionidae and anderen Muscheln der Holarktis; in China auch in *Viviparus*, Süßwasserschildkröten (Darm) und Süßwasserfischen (Darm).

Familie Stichocotylidae. Einzige Art: *Stichocotyle nephropis*, gestreckt bis 11,5 cm lang, adult in Gallengängen und Leber von Rochen im Nordatlantik, Larven eingekapselt in der Darmwand von Hummern.

2. Klasse Malacobothrii (syn. Digenea), Digenetische Saugwürmer

Etwa 7200 Arten. Körperlänge meist zwischen 0,14 und 30 mm. Größte Art: *Nematobiothrioides histoidii*, bis 12 m lang.

Diagnose

Trematoda, deren Marita-Generation eine bei der Mehrzahl der Arten am Vorderende (selten auf der Bauchfläche) gelegene Mundöffnung aufweist. Mund fast immer von einem Saugnapf umgeben, dessen Haftwirkung meist durch einen bauch- oder endständigen Saugnapf ergänzt wird. Marita in der Regel mit Pharynx und meist zweischenkeligem Darm sowie mit einem gewöhnlich am Hinterende des Körpers gelegenen Exkretionsporus. Oviduct nicht septiert. Fast ausschließlich heteroxen. Entwicklungszyklus als gesetzmäßiger, mit Wirtswechsel verbundener heterogoner Generationswechsel zwischen polymorphen Generationen ablaufend, und zwar fast immer mehreren diploid-parthenogenetischen Parthenitae-Generationen (mollusken-parasitisch) und einer hermaphroditischen (oder selten sekundär getrenntgeschlechtlichen) Marita-Generation (wirbeltierparasitisch).

Eidonomie

Die **Parthenitae** treten in zwei Grundformen auf: 1. als **Sporocysten** (Keimschläuche) (Abb. 272/4, 5, 273/4) — einfache sack- oder schlauchförmige Organismen — und 2. als **Redien** (Stabammen) (Abb. 273/5, 274/5, 6) — mehr oder weniger längliche, zylindrische Formen mit Mund, zuweilen mit stummelfußartigen Fortsätzen (Apophysen) am Hinterende und/oder einem Ringwulst (Kragen) am Vorderkörper.

Die aus den Parthenitae hervorgehenden **Maritae** sind vielgestaltig, meist mehr oder weniger länglich und abgeplattet, aber auch zylindrisch. In der Mehrzahl ungegliedert, zeigen einige Gruppen jedoch einen abgesetzten Vorderkörper. Das Vorderende trägt meist einen Mundsaugnapf, zuweilen einen Kopfkragen (Abb. 262) und/oder kleine skleritäre Stacheln oder Häkchen. Der Bauchsaugnapf (Acetabulum) liegt meist in der Einzahl median auf der Ventralfläche, zuweilen am Hinterende, gelegentlich fehlt er.

Anatomie—Maritae (Abb. 263, 264)

Die syncytiale Epidermis des **Integuments** kann mit zahlreichen skleritären Stacheln oder Schüppchen versehen sein, die als interzelluläre Organellen zu betrachten sind

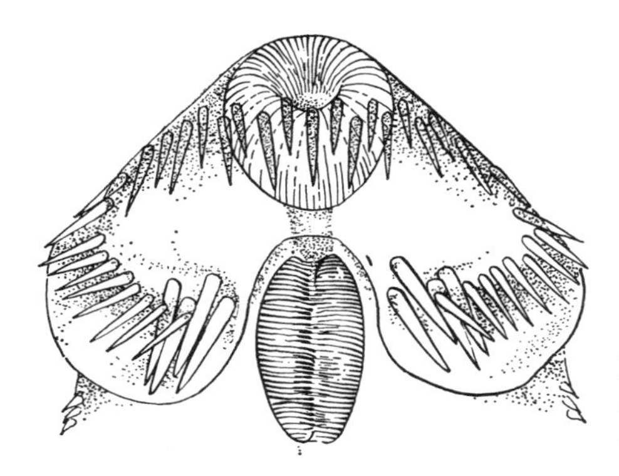

Abb. 262. Vorderende mit Kopfkragen, skleritären Stacheln, Mundsaugnapf und Pharynx von *Echinoparyphium recurvatum*. Breite etwa 0,4 mm. – Nach ODENING 1962.

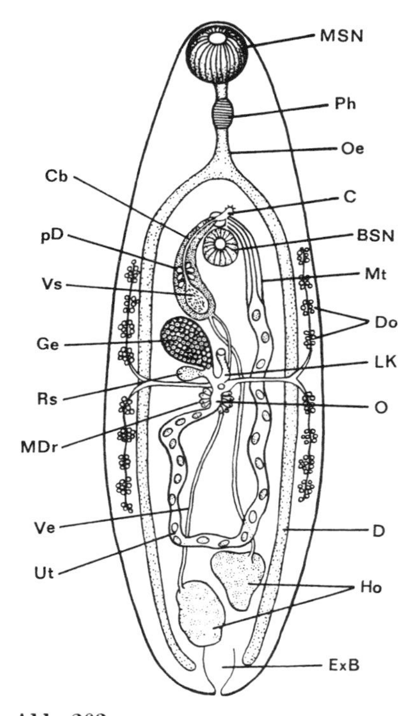

Abb. 263

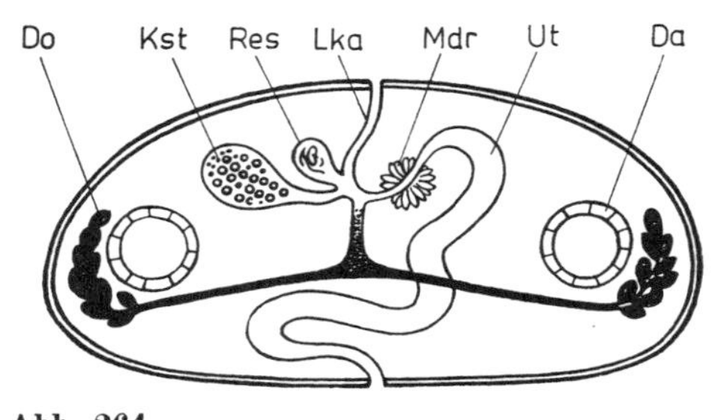

Abb. 264

Abb. 263. Schema der Anatomie eines digenetischen Trematoden. – **BSN** Bauchsaugnapf, **C** Cirrus, **Cb** Cirrusbeutel, **D** Darmschenkel, **Do** Dotterstockfollikel, **ExB** Exkretionsblase, **Ge** Germarium, **Ho** Hoden, **LK** Laurerscher Kanal, **MDr** Mehlissche Drüse, **MSN** Mundsaugnapf, **Mt** Metraterm, **O** Ootyp, **Oe** Ösophagus, **pD** Glandula prostatica, **Ph** Pharynx, **Rs** Receptaculum seminis, **Ut** Uterus, **Ve** Vas efferens, **Vs** Vesicula seminalis. – Nach CABLE 1966.

Abb. 264. Diagramm der weiblichen Geschlechtsorgane eines digenetischen Trematoden. Alle Mündungen und Gänge sind auf eine Querschnittebene projiziert. – **Da** Darm, **Do** Dotterstock, **Lka** Laurerscher Kanal, **Kst** Keimstock, **Mdr** Mehlissche Drüse, **Res** Receptaculum seminis, **Ut** Uterus. – Nach FUHRMANN 1928.

[140]. Besonders kräftige **Muskulatur** ist in den Saugnäpfen konzentriert. **Sinnesorgane.** Außer den oben (S. 414) erwähnten Sinneszellen auf der Körperoberfläche, die bei den Cercarien als oft mit Stiftchen oder Härchen versehene Papillen erkennbar sind, haben die Cercarien einiger Gruppen zwei (selten drei) Augenflecke. Das **Verdauungssystem** ist in der Regel gut entwickelt. Der Mund liegt am Vorderende (prosostom) oder dicht dahinter, selten auf der Ventralfläche (gasterostom) und wird bei den meisten Gruppen von einem Mundsaugnapf umgeben. Er führt in den häufig sehr muskulösen Pharynx, der wie eine Pumpe wirkt. Ein Oesophagus fehlt oder ist vorhanden. Der anschließende, blind endende Mitteldarm ist selten sack- oder stabförmig, sondern meist zweischenkelig und gelegentlich mit seitlichen Divertikeln versehen. Selten öffnen sich die Darmschenkel durch Ani oder nach ringförmiger Vereinigung durch einen Anus (bisweilen auch durch Vereinigung mit der Exkretionsblase durch eine Kloake) nach außen. Das Mitteldarmepithel vieler Arten hat einen Besatz dicht angeordneter Microvilli. Bei den Holostomida sind am Vorderkörper ventral proteolytische Drüsen und ein aus Lappen oder Wülsten bestehendes **tribocytisches Organ** zur extracorporalen Verdauung sowie zur Absorption gelöster Nahrung entwickelt. In einigen Fällen fehlt der Darmtrakt oder ist reduziert. Die Nahrungsaufnahme erfolgt dann durch das Integument.

In einigen Gruppen ist neben dem Exkretionssystem ein besonderes Gefäßsystem ausgebildet. Dieses **Lymphsystem** besteht entweder aus einer Reihe von unverzweigten, vermutlich einzelligen Längskanälen, oder aus zwei seitlichen, mit vielkernigen Wän-

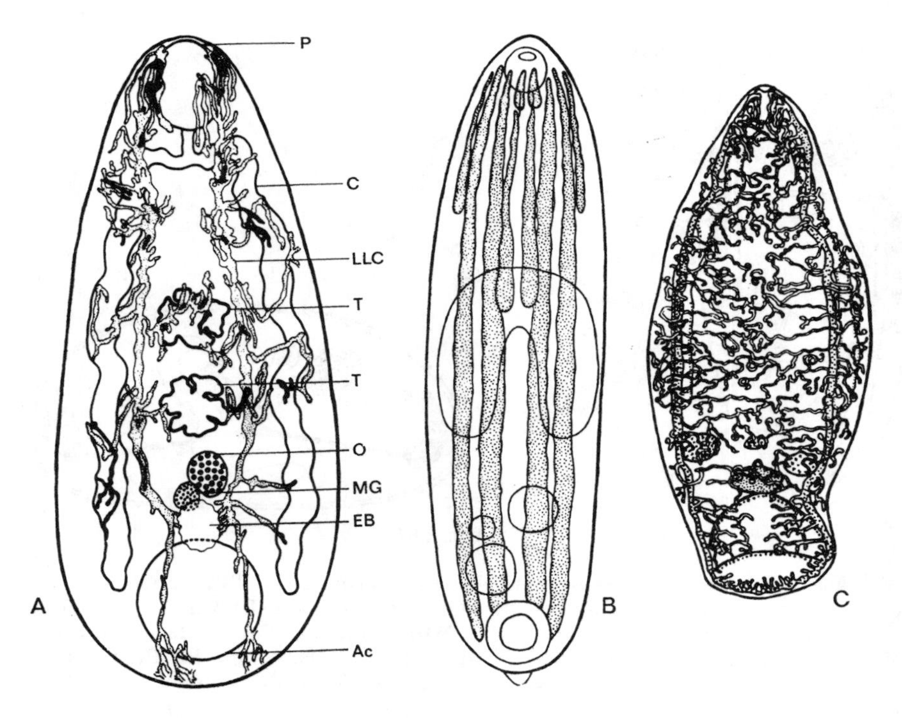

Abb. 265. Lymphsystem von Malacobothrii. **A.** *Paramphistomum streptocoelium.* — **Ac** Acetabulum, **C** Darm, **EB** Exkretionsblase, **LLC** longitudinaler Lymphkanal mit Verzweigungen, **MG** Mehlissche Drüse, **O** Germarium, **P** Pharynx, **T** Hoden. — **B.** *Gyliauchen caudatus*, unverzweigte Lymphkanäle. **C.** *Gastrothylax crumenifer*, verzweigte Lymphkanäle. — Nach CHENG (A) sowie nach OZAKI (B) und TANDOM (C) aus GINECINSKAJA 1968.

den versehenen Kanälen, die zahlreiche Verästelungen aus dem gesamten Leibeshöhlenbereich und von den Saugnäpfen aufnehmen (Abb. 265).

Außer diesen Lymphgefäßen gibt es unabhängige Lymphspalten, die sich von den Interzellularräumen des Parenchyms durch die verschiedene Zusammensetzung der enthaltenen Flüssigkeit unterscheiden. Lymphgefäße und -spalten umgeben gehäuft Pharynx und Acetabulum, ohne jedoch in deren Gewebe einzudringen. Das Lymphsystem kommuniziert nicht mit dem Exkretionssystem; Teile beider Systeme sind aber oft in engem Kontakt.

Das Lymphsystem enthält Lymphgranula, freie Zellkerne, drei andere Partikeltypen, Proteine und Glycogen (in anderem Verhältnis als in den Interzellularräumen, wo Glycogen überwiegt). Lipide und Ca-Verbindungen sind in Form von Tröpfchen bzw. Partikeln vorhanden. Einige Teile des Lymphsystems pulsieren rhythmisch. Die Bewegung der Lymphe in den Gefäßen und der enge Kontakt mit dem Darm und anderen Organen legen es nahe, die Funktion des Systems im Transport von Nahrungsstoffen zu den Geweben zu sehen [91, 99].

Bei vielen Malacobothrii ist ein **paranephridialer Plexus** („sekundäres Exkretionssystem", „Reserveblasensystem") ausgebildet, der in die Ansatzstücke des Protonephridialsystems oder in die Exkretionsblase mündet (Abb. 266). Der paranephridiale Plexus kann ein Lakunensystem ausbilden. Er liegt unter dem Hautmuskelschlauch, seine Kanäle oder Lakunen enthalten Kalkkonkremente und Fetttröpfchen. Die Gefäße bestehen aus vakuolisierten und anastomosierenden Zellen. Elmi-Untersuchungen zeigten, daß es keine Gemeinsamkeiten im Bau der Gefäße des paranephridialen Plexus und des Protonephridialsystems gibt. Es wird vermutet, daß der paranephridiale

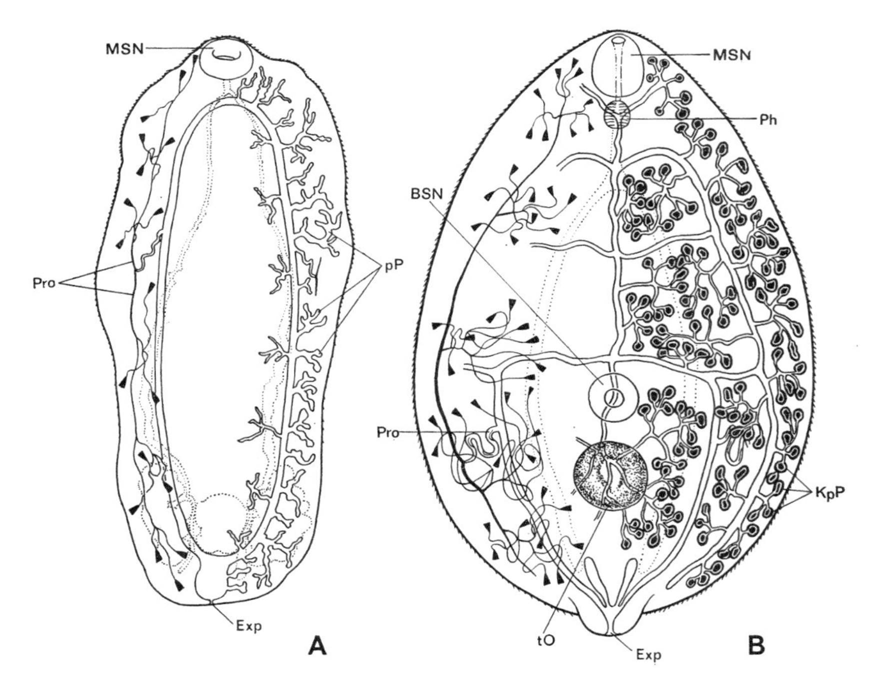

Abb. 266. Paranephridialer Plexus von Malacobothrii (rechte Körperseite im Bild; links Exkretionssystem). **A.** *Notocotylus*. **B.** *Neodiplostomum* (Metacercarie). — **BSN** Bauchsaugnapf, **Exp** Exkretionsporus, **KpP** Kalkkonkrement an den Enden der Plexusaufzweigungen, **MSN** Mundsaugnapf, **Ph** Pharynx, **pP** paranephridialer Plexus, **Pro** Exkretionssystem, **tO** tribocytisches Organ. — Nach ODENING 1965, 1966.

Plexus eine Funktion beim Umbau von Nahrungsstoffen hat (anaerobe Glykolyse), aber auch, daß er an der Exkretion beteiligt ist.

Das **Exkretionssystem** ist als typisches Protonephridialsystem mit Cyrtocyten und einer Exkretionsblase mit fast immer terminalem Porus ausgebildet. Die Gefäßwände sind vielkernige Syncytien. In den Ansatzstücken können Cilien-Büschel („Treibwimperflammen") auftreten. Die Oberfläche der Kapillaren und Gefäße ist ultrastrukturell durch Lamellen vergrößert. Die Reuse der Cyrtocyten besteht wie bei den Cestoda aus je einer inneren und äußeren Reihe von seitlich flachgedrückten und „auf Lükke" stehenden Längsstäben und feinen Verbindungsmembranen an den Berührungslinien der Innen- mit den Außenstäben [127] (vgl. S. 342).

Das Gefäßsystem wird als stenostom (Abb. 271 B) bezeichnet, wenn die Ansatzstücke der Exkretionsblase nach vorn ziehen, dort in einer Schleife wenden und erst wieder absteigend die Hauptgefäße (gewöhnlich ein vorderes und ein hinteres) aufnehmen. Das System ist mesostom (Abb. 271 A, C), wenn die Ansatzstücke nur bis zur Körpermitte ziehen und dort jeweils das vordere und hintere Hauptgefäß aufnehmen. In die Hauptgefäße münden Ne-

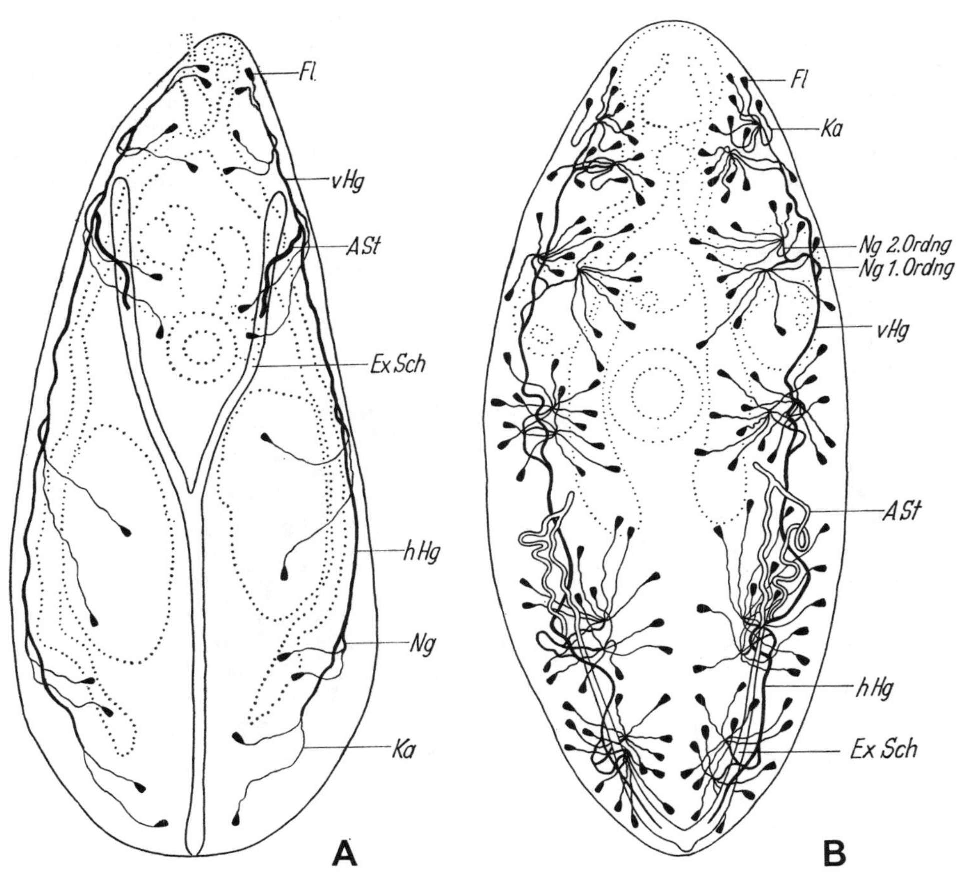

Abb. 267. Exkretionssystem von Malacobothrii. **A.** *Prosthogonimus ovatus*. Protonephridienformel: $2[(2 + 2 + 2) + (2 + 2 + 2)] = 24$ Wimperflammenzellen. **B.** Mesocercarie von *Alaria alata*. Protonephridienformel: $2[(2 \cdot 7 + 2 \cdot 7 + 2 \cdot 7) + (2 \cdot 7 + 2 \cdot 7)] = 140$ Wimperflammenzellen. — **ASt** Ansatzstück, **ExSch** Schenkel der Exkretionsblase (Y-förmig bei A, V-förmig bei B), **Fl** Cyrtocyte, **hHg** hinteres Hauptgefäß, **Ka** Kapillare, **Ng** Nebengefäß, **vHg** vorderes Hauptgefäß. — Nach ODENING 1961.

bengefäße, in die meist die Kapillaren-Gruppen einmünden (Abb. 266, 267, 271). Die Zahl der Terminalzellen kann von der Cercarie bis zum Adultus konstant bleiben, sie kann aber auch erheblich vermehrt werden. Cercarie (manchmal auch Metacercarie) und Adultus können also fortschreitend größere Terminalzell-Zahlen aufweisen. Die Zahl der Terminalzellen je Kapillaren-Gruppe und damit auch die in der „Protonephridien-Formel" ausdrückbare Gesamtzahl ist meist konstant, in manchen Fällen auch gruppenweise (Gattung, Familie oder Überfamilie). Bei Cercarien können die Gesamtzahlen von Art zu Art etwa zwischen 4 und 500 schwanken. Die Exkretionsblase wird meist „anepithelial" gebildet und ist dünnwandig. Bei einigen Gruppen wird sie durch Auflagerung von Epithelzellen dickwandig (Abb. 271 C).

Geschlechtsorgane. Die Malacobothrii sind überwiegend Hermaphroditen. Nur wenige Gruppen (zum Beispiel die Schistosomatidae) sind sekundär getrenntgeschlechtlich oder zeigen eine Tendenz zur Getrenntgeschlechtigkeit. Meist sind zwei, unter Umständen stark verästelte Hoden vorhanden, manchmal sind diese aber auch in viele (bis 200) Bläschen zerspalten, gelegentlich ist nur einer vorhanden. Sie ergießen das Sperma in Vasa efferentia, die sich zu einem Vas deferens vereinigen, das zum meist vorhandenen Genitalatrium führt. Der Endabschnitt des Vas deferens kann als Cirrus (vgl. S. 391) oder als Penis in einem Cirrusbeutel oder als männliche Genitalpapille ausgebildet sein; in einigen Gruppen ist statt eines besonderen männlichen Kopulationsorgans eine Bursa copulatrix ausgebildet. Der hintere Abschnitt des Vas deferens bildet gewöhnlich eine Vesicula seminalis, die entweder frei im Parenchym oder innerhalb des Cirrusbeutels liegt. Der Ductus ejaculatorius ist von prostatischen Drüsen umgeben. Gewöhnlich mündet der Uterus in das gleiche Atrium. Die Lage des Genitalporus ist sehr variabel (Ventralfläche, Vorderende, Hinterende, Körperrand). Ebenso wechselt die Lage von Testes, Germarium und Dotterstöcken von Gruppe zu Gruppe erheblich. Dem unpaarigen Germarium sind paarige Dotterstöcke beigegeben, deren Ausführgänge in die als Ootyp bezeichnete, von der Mehlisschen Drüse umgebene Erweiterung des Oviducts münden. In den Ootyp mündet oft ein Receptaculum seminis. Vom Ootyp aus zieht der oft stark mit Eiern gefüllte Uterus zum Genitalatrium. Bei den meisten Arten dient er nicht nur zur Eiabgabe, sondern auch als Besamungskanal. Entsprechend ist sein Endabschnitt oft als muskulöse Scheide (Metraterm) ausgebildet. Bei vielen Malacobothrii entspringt vom Ootyp der Laurersche Kanal, der auf der Rückenseite mündet oder blind endet. Vielleicht entspricht dieser Kanal der Vagina anderer Plathelminthes. Er dient jedoch nur selten als Besamungsweg, sondern befördert oft überschüssiges Sperma nach außen (Abb. 263, 264).

Anatomie — Parthenitae (Abb. 272—274)

Die Außenfläche des **Integuments** ist bei den Sporocysten und — zum Teil weniger stark ausgeprägt — bei den Redien mit Microvilli besetzt. Die **Leibeshöhle** der Parthenitae ist gänzlich (Sporocysten) oder überwiegend (Redien) hohl; sie dient zum Aufenthalt der sich entwickelnden Tochter-Parthenitae bzw. Cercarien bis zu deren Geburtsreife. Die Muttersporocysten haben nur eine sehr schwach entwickelte Muskulatur. Das **Nervensystem** ist bei den durch den Parasitismus stärker vereinfachten Sporocysten schwächer entwickelt als bei den Redien. Auch die Parthenitae verfügen über freie Nervenendigungen und **Sinnespapillen**, manchmal mit Härchen oder Stiftchen. Den Sporocysten fehlt ein **Verdauungssystem**, die Nahrung wird durch das Integument aufgenommen. Bei den Redien sind Mund, Speicheldrüsen, Pharynx und in der Regel ein unpaariger Darm vorhanden. Das **Protonephridialsystem** ist gut entwikkelt, seine Gefäßsysteme beider Körperhälften sind (wie beim Miracidium) nicht miteinander verbunden, jedes mündet seitlich in einem eigenen Exkretionsporus aus. Die Parthenitae haben oft eine besondere Geburtsöffnung nahe dem Vorderende. Die Keimzellen werden in Lagern in der Körperwand gebildet.

Fortpflanzung und Entwicklung

Die Entwicklung vollzieht sich in einem mit Wirtswechsel verbundenen Generationswechsel zwischen in der Regel zwei oder mehr fast ausschließlich mollusken-parasitischen, sich parthenogenetisch fortpflanzenden, viviparen Generationen (Parthenitae) und einer wirbeltier-parasitischen, sich zweigeschlechtlich fortpflanzenden, oviparen (bzw. teilweise ovoviviparen) Generation (Marita) (Abb. 272–274).

Die Maritae erzeugen zusammengesetzte, polylecithale, von einer meist gedeckelten und sklerotisierten Eikapsel umgebene Eier. Sie werden im Ootyp aus einer Eizelle und vielen Dotterzellen zusammengesetzt und mit der sklerotisierten Schale umgeben, deren Substanz teils aus Dotterzellen, teils aus Sekreten der „Schalendrüse" (Mehlissche Drüse) gebildet wird.

Die Mehlissche Drüse ist aus zwei Arten von Drüsenzellen zusammengesetzt [122], deren Sekret durch das Plasma des Ootyp-Epithels in dessen Lumen fließt. Das muköse Sekret bildet die primäre Eilamelle, an die sich die aus den Dotterzellen austretenden Schalensubstanz-Granula anlagern. Das Zusammenfließen der Granula wird offenbar durch das seröse Sekret begünstigt. Bei *Fasciola* ist das Sekret der einen Drüse ein Lipoproteid, das die Schalensubstanz-Granula innen und außen wie eine Membran umgibt.

Die Furchung ist total, inaequal und unregelmäßig. Im ersten Teilungsschritt entstehen eine große (Urectodermzelle) und eine kleinere Blastomere (Urgeschlechtszelle). Einer der Abkömmlinge der Urectodermzelle bildet eine provisorische Keimhülle, die Dottermembran. Die Embryonalentwicklung (Abb. 268) endet mit der Ausbildung des **Miracidium**, der Larve der ersten Parthenita-Generation.

Die Miracidien besitzen ein 1–2 Paar Terminalzellen umfassendes Protonephridialsystem, das mit zwei lateralen Exkretionsporen am Hinterende ausmündet, sowie Penetrations-Drüsenzellen im Vorderkörper, die apikal münden. Sie enthalten Keimzellen bzw. Keimballen. Meist sind sie von einer Lage bewimperter Epithelzellen (Epithelplatten) umhüllt, deren Zahl für einzelne Gruppen konstant ist (Abb. 269). Selten ist die Körperoberfläche statt mit Wimpern mit Stacheln besetzt, die dann am Vorderende größer und stärker oder überhaupt nur dort ausgebildet sind. Bei einem Teil der Gruppen schlüpft die Wimperlarve im Wasser aus, schwimmt frei umher und befällt den Mollusken-Wirt aktiv. Diese Miracidien sind meist mit Augen versehen und entwickeln sich in großen Eikapseln (meist von 70 bis 170 µm Länge). Bei einem anderen Teil der Malacobothrii schlüpft das Miracidium jedoch erst im Darm der Molluske aus (Miracidium ohne Augen, Eikapseln klein, meist zwischen 20 und 40 µm lang).

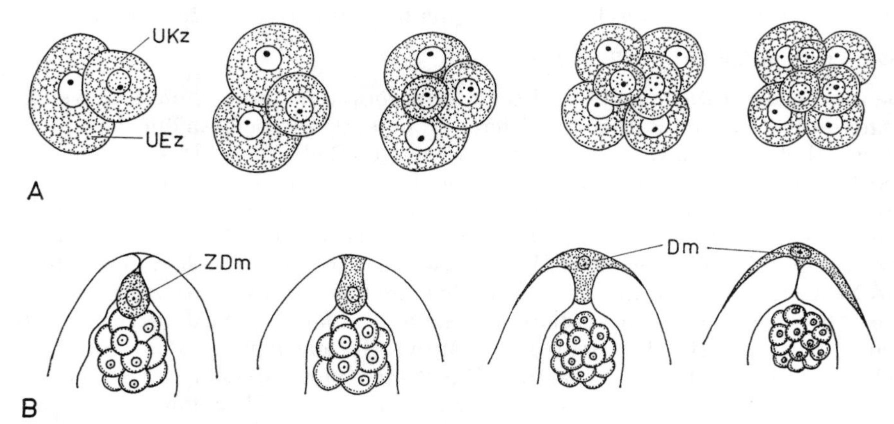

Abb. 268. Furchung des Eies der Marita von *Neodiplostomum intermedium*. **A.** Frühe Furchungsstadien. **B.** Bildung der Dottermembran. — **Dm** Dottermembran, **UEz** Urectodermzelle, **UKz** Urkeimzelle, **ZDm** Zelle der Dottermembran. — Nach PEARSON 1961.

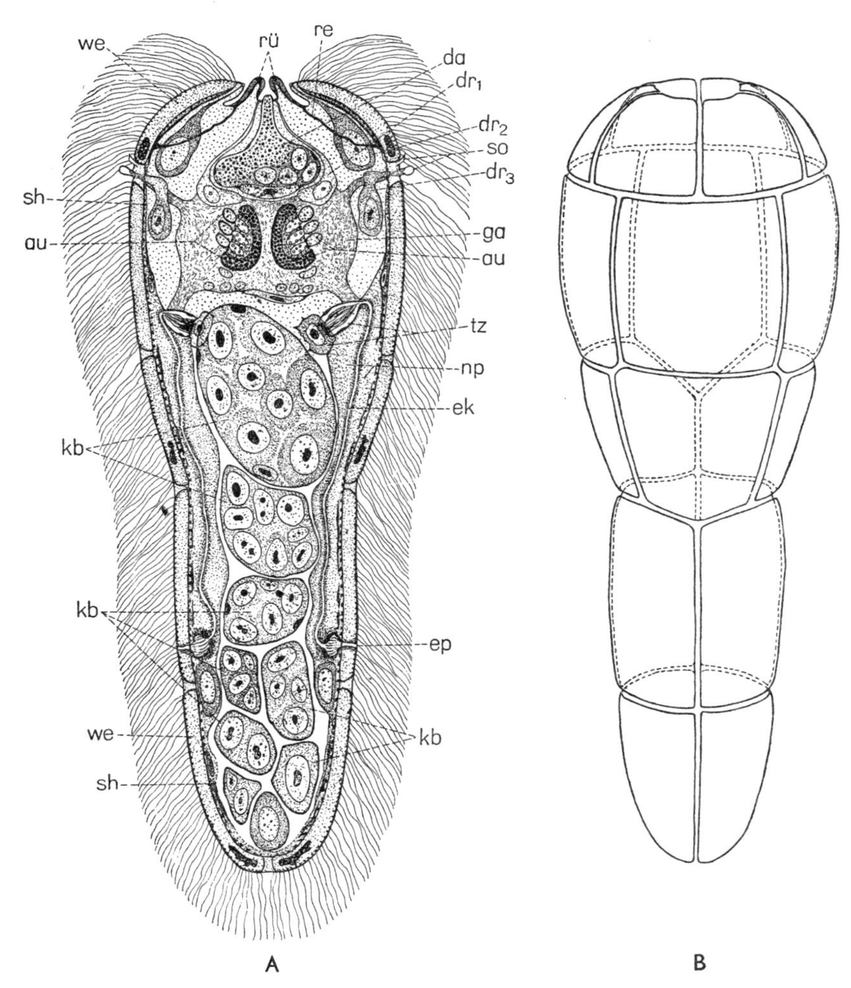

Abb. 269. Miracidium von *Fasciola hepatica*. **A**. Frontaler Längsschnitt. Länge 0,15 mm. — **au** Auge, **da** Darm, $\mathbf{dr_1}$ Pharyngealdrüse, $\mathbf{dr_2}$, $\mathbf{dr_3}$ Klebdrüsen, **ek** Protonephridium, **ep** Ausmündung desselben, **ga** Ganglion, **kb** Keimballen, **np** Plasma des Protonephridiums, **re** Retraktor des Rüssels **rü**, **sh** subepitheliale Zellschicht, **so** Seitenorgan, **tz** Terminalzelle des Protonephridiums, **we** Wimperepidermis. — **B**. Anordnung der Epidermiszellen. Länge etwa 0,13 mm. — Nach MATTES 1949.

Bei der Penetration der Mollusca wird das Wimperepithel abgestreift. Das Miracidium wandelt sich in die 1. Parthenita-Generation (**Muttersporocyste**) um, in der die 2. Parthenita-Generation gebildet wird (entweder **Tochtersporocyste** oder **Redie**). Die Redien verschiedener Arten haben die Fähigkeit zur Selbstreproduktion, die teils in gesetzmäßig festgelegter Folge, teils fakultativ oder unbegrenzt abläuft; die Folge sind weitere Redien-Generationen. In manchen Fällen sind zwei morphologische Redientypen unterscheidbar (Mutter- und Tochter-Redien), die beide (oft aber nur die Tochter-Redien) die Fähigkeit zur Selbstreproduktion haben.

In seltenen Fällen sind Mutter- und Tochter-Parthenitae morphologisch nicht unterscheidbar (Rediacolae der Azygiidae, Adultoid I und II bei *Parvatrema homoeotecnum*), oder ein neotenes Miracidium gebiert erst eine Sporocyste, in der dann Redien entstehen, oder die sich zunächst selbst in eine Redie verwandelt (*Philophthalmus* sp.).

Selten tritt nur eine Parthenita-Generation (Muttersporocyste) auf (Heronimata, zumindest einige Gasterostomida). Bei einigen Arten kann in individuellen Fällen die Marita-Generation übersprungen werden, indem die Tochtersporocysten Miracidien (statt Cercarien) erzeugen (Cyathocotylidae). Ein Überspringen der Parthenita-Generation ist noch nicht beobachtet worden. Selten sind die ursprünglichen Parthenita-Generationen durch der Marita ähnelnde parthenogenetische Generationen (Adultoide) ersetzt (*Parvatrema homoeotecnum*).

Zusätzlich zur apomiktischen Parthenogenese können bei den Parthenitae echte Polyembryonie und vegetative Vermehrung durch Teilung (Muttersporocyste) auftreten.

Die Keimzellen der Parthenitae sind nach cytochemischen Merkmalen und nach dem Charakter ihrer Embryonalentwicklung (Abb. 270) den Eizellen der Maritae homolog. Die Parthenitae pflanzen sich auf dem Weg diploider Parthenogenese fort. Bei einigen Gruppen treten Reifungserscheinungen auf, bei anderen fehlen sie. Entsprechend sind die Keimzellen der Parthenitae entweder parthenogenetische Eier oder parthenogenetische Oogonien. Die Keimzellenfurchung führt zur Ausbildung von Keimballen, in denen sich frühzeitig das Protonephridialsystem differenziert.

In Tochtersporocysten bzw. Redien werden die Erstlarven (Schwanzlarven, **Cercarien**) der Marita-Generation erzeugt und ebenso wie die Tochter-Parthenitae lebend geboren.

In der Embryonalentwicklung der Cercarie ist das Protonephridialsystem beider Körperseiten zunächst völlig voneinander getrennt; entsprechend gibt es zwei primäre (posterolaterale) Exkretionsporen (Abb. 271). Später verschmelzen in der Regel die Hauptkanäle beider Seiten in der Mitte. Die spätere Schwanz-Körper-Grenze teilt diesen verschmolzenen Bereich (mit Ausnahme der Plagiorchiida, die keine Gefäße im Schwanz haben). Da der Schwanz vor der Entwicklung zum nächsten Stadium abgeworfen wird, existiert von da an nur ein (sekundärer) Exkretionsporus.

Der Schwanz der Cercarie wird in den Gruppen mit gabelschwänzigen oder davon unmittelbar abgeleiteten Cercarien durch Streckung des Embryos gebildet, wobei die primären Exkretionsporen terminal oder lateral an den Gabelästen münden. Bei den Gruppen mit unpaarigem Schwanz entsteht dieser im Extremfall (Plagiorchiida) völlig durch Proliferation der zwischen den primären Exkretionsporen liegenden Zone, so daß die Exkretionsporen in der Furche zwischen Schwanz und Körper liegen (Abb. 271C). Bei den übrigen Gruppen mit unpaarigem Schwanz wird dieser durch eine Kombination zwischen Streckungs- und Appositionswachstum gebildet, wodurch die Exkretionsporen in den mittleren oder vorderen Schwanzbereich zu liegen kommen.

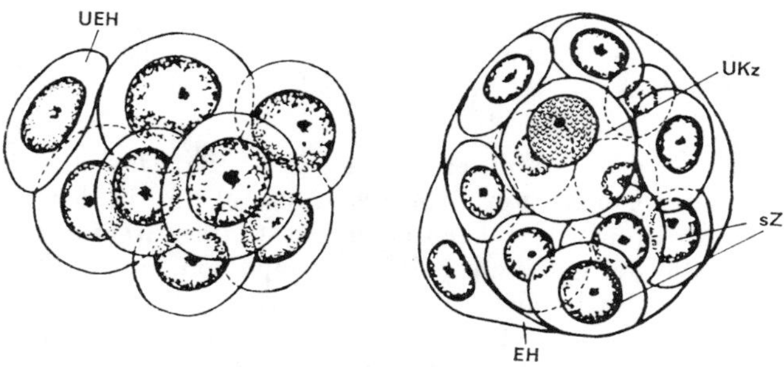

Abb. 270. Keimballenentwicklung in der Muttersporocyste von Plagiorchiata. — **EH** Embryonalhülle, **sZ** somatische Zellen, **UEH** Ursprungszelle für die künftige Umhüllung (homolog der Dottermembran des Marita-Eies), **UKz** Urgeschlechtszelle. — Nach Dobrovol'skij aus Ginecinskaja 1968.

Im häufigsten Fall entweichen die Cercarien aus dem Mollusken-Wirt und schwimmen frei umher. Ihr weiteres Schicksal ist gruppenweise verschieden.

Die Cercarie kann entweder (seltener)

1. direkt den Wirbeltier-Wirt (Endwirt) befallen (z. B. bei Schistosomatida (Abb. 272) — oder (in der Mehrzahl der Fälle)
2. sich zunächst zu einer Endlarve (Metacercarie) umwandeln, die sich meist encystiert. Dies kann geschehen entweder
   a) im Freien (am Gewässerboden, im Wasser, an Steinen oder Pflanzen, auch außen auf toten oder lebenden Tieren — Transportwirten, z. B. Mollusca) (Abb. 273) — oder
   b) innerhalb eines 2. Zwischenwirtes (Wirbellose oder Wirbeltiere) (häufigster Fall) (Abb. 274).

In allen Fällen wird der Schwanz der Cercarie bei der Encystierung im Freien oder beim Befall des nächsten Wirtes abgeworfen.

In abgeleiteten Fällen verlassen die (dann zum Teil schwanzlosen) Cercarien den Mollusken-Wirt nicht, sondern wandeln sich bereits dort zu Metacercarien um. In spezialisierten Fällen terrestrischer Zyklen schwimmen die Cercarien nicht frei umher, sie werden vielmehr in Schleimballen verpackt aus der Wirtsschnecke ausgestoßen (z. B. *Dicrocoelium dendriticum*). Selten ist ein weiteres Larvenstadium zwischen Cercarie und Metacercarie eingeschoben, die Mesocercarie, die bei *Strigea* einen obligaten 4-Wirte-Zyklus ermöglicht.

Einige Grundtypen von Zyklusabläufen seien als Beispiele angeführt (vgl. Abb. 272—274). Es gibt jedoch noch eine Vielzahl weiterer Möglichkeiten.

1. 2-Wirte-Zyklus ohne Metacercarien-Stadium
   Azygia lucii: Endwirt (Hecht und Salmoniden/Maritae) — Eikapseln am Gewässerboden — Zwischenwirt (verschiedene Süßwasser-Schnecken/Mutterparthenita — Tochterparthenitae) — „Riesencercarien" frei schwimmend, werden vom Endwirt gefressen.
   Schistosomatida: Endwirt (Maritae) — Miracidien frei schwimmend — Zwischenwirt (Muttersporocyste — Tochtersporocysten) — Schistofurcocercarien frei schwimmend, penetrieren den Endwirt (Abb. 272).
2. 2-Wirte-Zyklus mit Metacercarie
   Fasciola hepatica: Endwirt (pflanzenfressende Säugetiere, auch Mensch/Maritae) — frei schwimmende Miracidien — Zwischenwirt *Galba truncatula* u. a. (Muttersporocyste

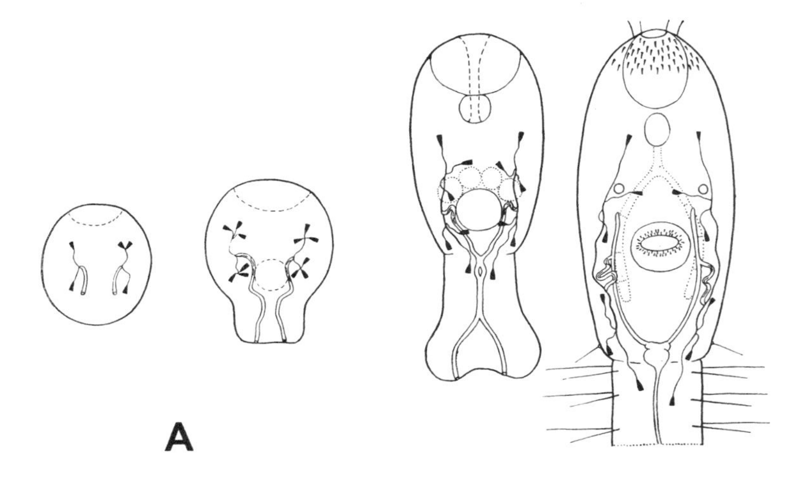

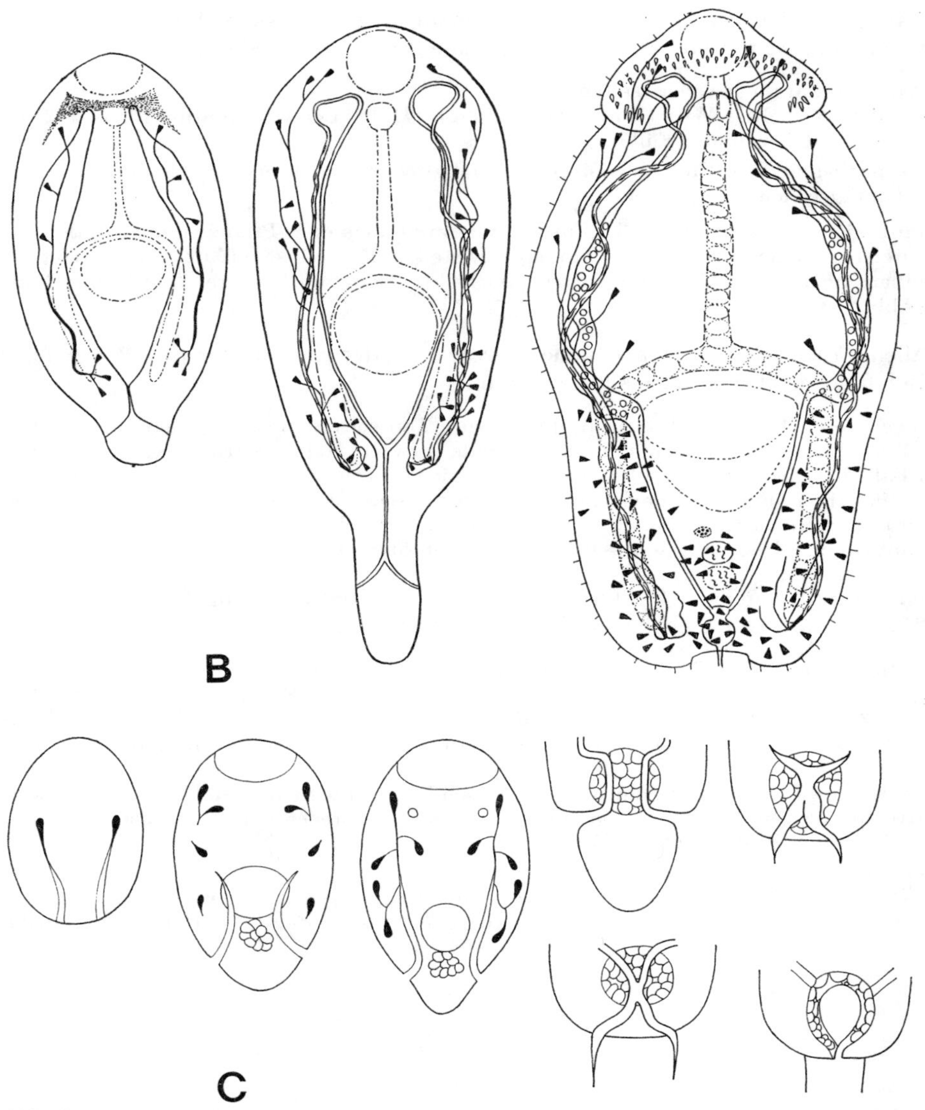

Abb. 271. Entwicklung des Exkretionssystems bei Cercarien (vgl. Text). **A.** Holostomida (bei der fertig entwickelten Form ist der Schwanz größtenteils weggelassen): mesostomes Gefäßsystem, anepitheliale Bildung der Exkretionsblase. **B.** Echinostomatida: Stenostomie, anepitheliale Blase. **C.** Allocreadiata: Mesostomie, epitheliale Bildung der Blase. — A und B nach ODENING 1965, 1962, C nach HUSSEY 1943.

— Redien) — frei schwimmende gymnocephale Cercarien — Metacercarien encystiert an Pflanzen, selten im Wasser schwimmend.

3. 3-Wirte-Zyklus, aquatisch
Opisthorchis felineus: Endwirt (Mensch u. a./Maritae) — Eikapseln am Gewässerboden — 1. Zwischenwirt (*Bithynia leachi*/Muttersporocyste — Redien) — frei schwimmende Pleurolophocercarien — 2. Zwischenwirt (Fische/encystierte Metacercarien).

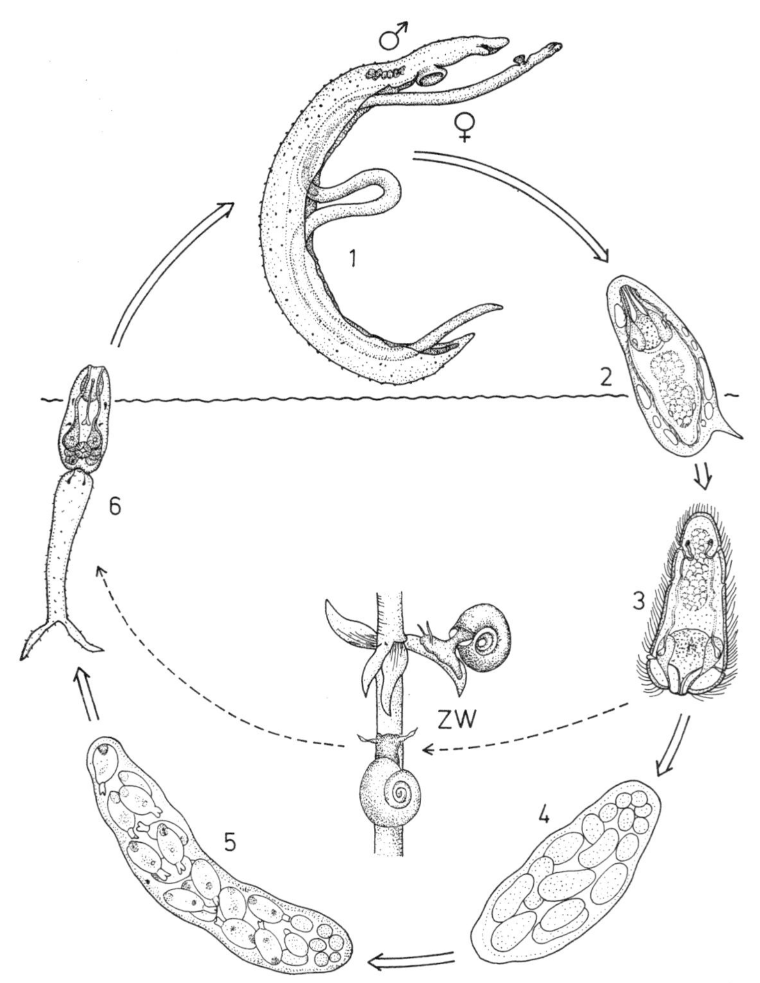

Abb. 272. Lebenszyklus von *Schistosoma mansoni*. — **1** Pärchen in Dauerkopula im Endwirt, **2** Eikapsel mit schlüpfbereitem Miracidium, **3** freischwimmende Wimperlarve (Larve von 4), **4** Muttersporocyste und **5** Tochtersporocyste im Zwischenwirt (**ZW**), **6** Furcocercarie (Larve von 1) mit Bohrdrüsen. — Nach MATTES aus WIGAND & MATTES 1958.

4. 3-Wirte-Zyklus, terrestrisch
   Dicrocoelium dendriticum: Endwirt (Schaf, Rind u. a., auch Mensch/Maritae) — Eikapseln auf dem Boden — 1. Zwischenwirt (Landgehäuseschnecken/Muttersporocyste — Tochtersporocysten) — Xiphidiocercarien in Schleimballen — 2. Zwischenwirt (Ameisen/encystierte Metacercarien).
5. 4-Wirte-Zyklus
   Strigea falconispalumbi: Endwirt (Greifvögel/Maritae) — Miracidien frei schwimmend — 1. Zwischenwirt (Planorbiden/Muttersporocyste — Tochtersporocysten) — Eufurcocercarien, frei schwimmend — 2. Zwischenwirt (Kaulquappen → Frösche/Mesocercarien) — 3. Zwischenwirt (Amphibien, Reptilien, Vögel — darunter auch die als Endwirte dienenden — oder Säugetiere/Metacercarie, encystiert).
6. Reduzierter, ehemaliger 4-Wirte-Zyklus
   Alaria alata: Endwirt (Hundeartige/Metacercarien in der Lunge, Maritae im Darm) —

Miracidien frei schwimmend — 1. Zwischenwirt (Planorbiden/Muttersporocyste — Tochtersporocysten) — 2. Zwischenwirt (Kaulquappen → Frösche/Mesocercarien). — Hier besteht noch die Besonderheit, daß die Mesocercarie die Fähigkeit zur Refixation (vgl. S. 405) in Amphibien, Reptilien, Vögeln und Säugetieren (außer in den als Endwirt dienenden Hundeartigen) besitzt. So können zwischen 2. Zwischenwirt und Endwirt beliebig viele paratenische Wirte eingeschoben werden, die immer wieder nur die Mesocercarien enthalten.

Übersicht über die Generationen und Larvenformen:

1. Zweigeschlechtlich sind fortpflanzende Generation: Marita, wirbeltier-parasitisch, ovipar.

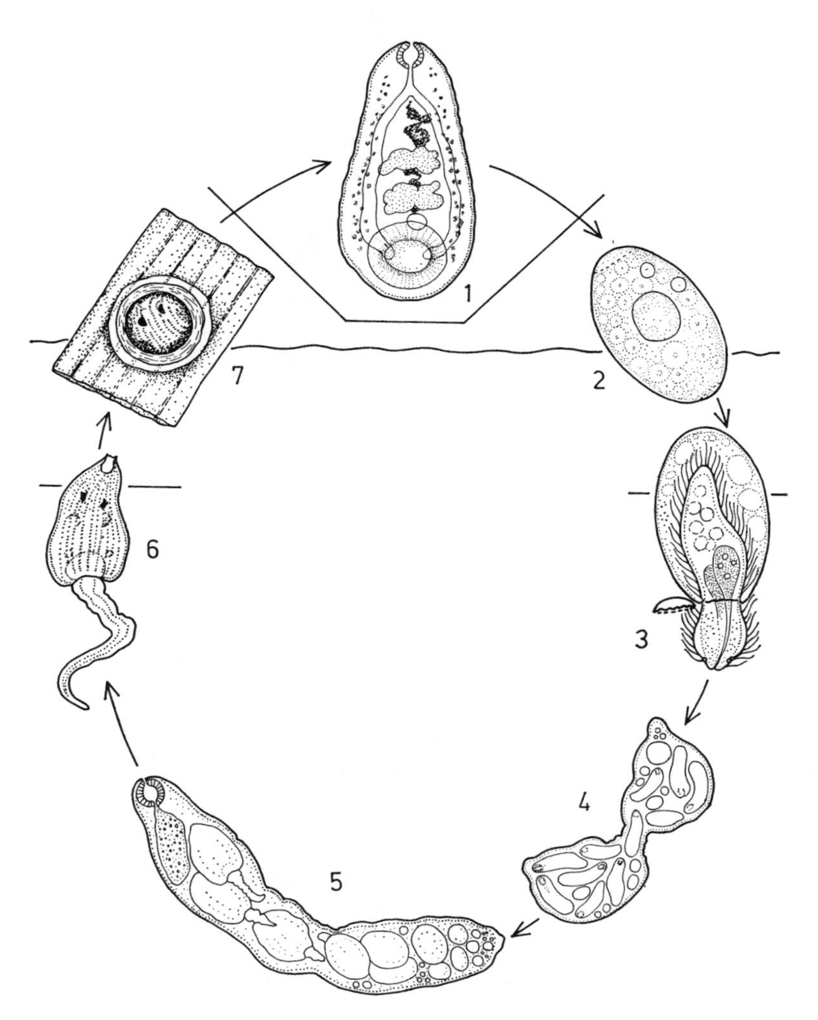

Abb. 273. Lebenszyklus von *Paramphistomum*. — **1** Marita im Pansen von Wiederkäuern, **2** Eikapsel mit Zygote, **3** aus der Eikapsel im Wasser schlüpfendes Miracidium (Larve von 4), **4** Muttersporocyste und **5** Redie im Zwischenwirt, **6** amphistome Cercarie (Erstlarve von 1) im Wasser, **7** encystierte Metacercarie (Zweitlarve von 1) an Pflanzen. — Nach Mattes aus Wigand & Mattes 1958.

Larvenformen:

a) Cercarie (Invasionslarve; bisweilen neoten)
b) Cercarie (Erstlarve) — Metacercarie (End-, Zweit-, Invasionslarve; bisweilen neoten) (weitaus häufigster Fall)
c) Cercarie (Erstlarve) — Mesocercarie (Zweitlarve) — Metacercarie (End-, Dritt-, Invasionslarve)
d) Cercarie Mesocercarie (Invasionslarve) — Metacercarie (Endlarve).

2. Parthenogenetische Generationen: Parthenitae, mollusken-parasitisch, vivipar.
   a) Muttersporocyste, 1. Parthenita-Generation. Larvenform: Miracidium (fast immer eine Wimperlarve; bisweilen neoten), frei schwimmend oder in der Eikapsel verbleibend
   b) Tochter-Parthenitae, 2. Parthenita-Generation — entweder Redien oder Sporocysten
   c) Weitere Parthenita-Generationen — Redien.

Übersicht über häufige Cercarien-Typen:

Cercariaeen: ohne Schwanz
Furcocercarien: gabelschwänzig (Abb. 271A, 272/6)
Furcocystocercarien: gabelschwänzig, Körper in Schwanzkammer liegend
Amphistome Cercarien: Bauchsaugnapf am Körperende (Abb. 273/6)
Monostome Cercarien: ohne Bauchsaugnapf
Echinostome Cercarien: mit Kopfkragen und Kragenstacheln
Gymnocephale Cercarien: distom (mit Mund- und Bauchsaugnapf), ohne Bewehrung am Vorderende, primäre Exkretionsporen im vorderen Schwanzbereich
Megalure Cercarien: Schwanzende mit Haftdrüsenzellen, keine Exkretionsgefäße im Schwanz
Cystophore Cercarien: Schwanz cystenförmig mit zwei fadenförmigen Anhängen, den Körper und einen „Entbindungsfaden“ enthaltend
Microcercarien: mit Schwanzstummel (Abb. 274/7)
Macrocercarien (Cystocercarien): mit mächtigem Schwanz, Körper in Schwanzkammer
Xiphidiocercarien: mit Stilett am Mundsaugnapf
Ophthalmoxiphidiocercarien: mit adoralem Stilett und zwei Augen
Pleurolophocercarien und Parapleurolophocercarien: mit lateralen bzw. dorsoventralen Flossensäumen am Schwanz
Cercariae setiferae: am Schwanz mit zahlreichen langen schmalen Flossen, die aus von einer Membran eingehüllten Borsten bestehen.

Stammesgeschichte

Bei Beginn der Entstehung des Lebenszyklus der Malacobothrii dürften zunächst zwei Generationen aufeinander gefolgt sein, die vermutlich den heutigen Redien und den Aspidobothrii ähnelten und von denen die eine in Mollusca, die andere im Freien lebte. — Nach anderer Auffassung hat es keine frei lebenden Formen unmittelbar vor dem Erwerb des Wirbeltier-Wirtes gegeben. Dieser sei vielmehr auf phagärem Wege in den Zyklus einbezogen worden (Rohde in [130]).

Die mollusken-parasitische Generation könnte ihre Gestalt unter anderem durch Retardation der Ausbildung des Darmtrakts in Richtung der heutigen Muttersporocyste verändert haben; die andere Generation veränderte sich vermutlich weniger stark. Auf diese Weise entstand ein Dimorphismus der Generationen. Die Viviparie bei der historisch ersten mollusken-parasitischen Generation ermöglichte später das Hinzukommen einer bzw. mehrerer weiterer Generationen noch innerhalb des Mollusken-Wirtes, die der damals frei lebenden redienförmigen Generation entsprochen haben dürften. So könnte man sich die heutigen Redien-Generationen entstanden denken. Da sie erst später zum Parasitismus übergingen, veränderten sie ihre ursprüngliche

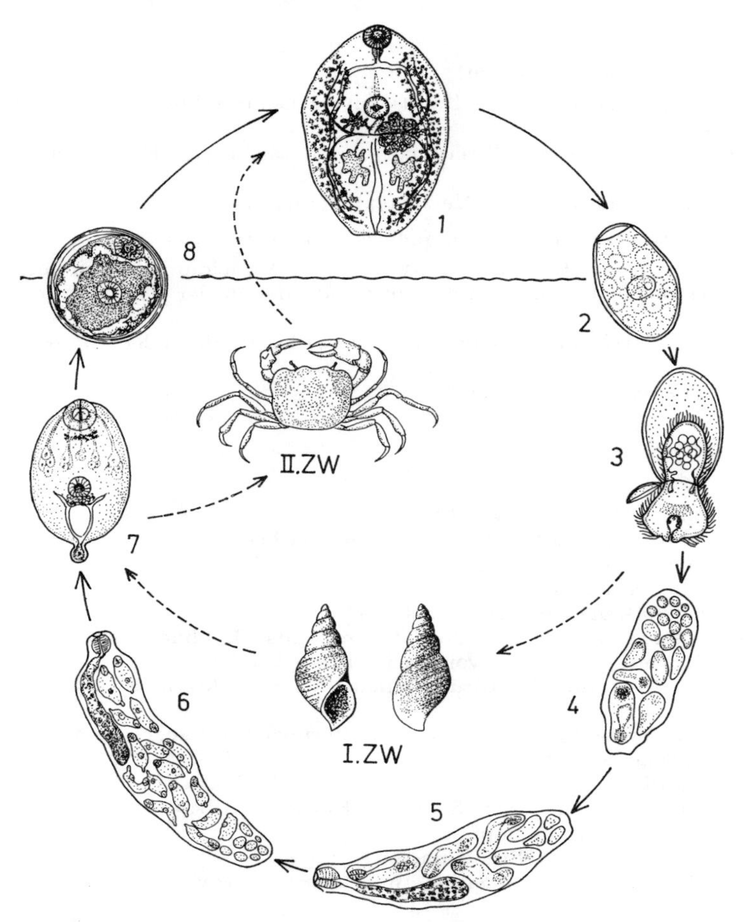

Abb. 274. Lebenszyklus von *Paragonimus westermani*. — **1** Marita in der Lunge des Endwirts, **2** Eikapsel mit Zygote, **3** aus der Eikapsel schlüpfendes freischwimmendes Miracidium (Larve von 4), **4** Muttersporocyste sowie **5** und **6** Redien im 1. Zwischenwirt (I. ZW), **7** Microcercarie (Erstlarve von 1) im Wasser, **8** encystierte Metacercarie (Zweitlarve von 1) im 2. Zwischenwirt (II. ZW). — Nach Mattes aus Wigand & Mattes 1958.

Gestalt weniger als die heutigen Muttersporocysten. Die frei lebende Generation wandelte sich jedoch durch den Übergang zum Endoparasitismus bei Wirbeltieren in ganz anderer Richtung ab. Damit entstand ein weiterer Heteromorphismus der Generationen.

Als Triebfeder für das Hinzukommen einer zweiten mollusken-parasitischen Generation kommen zwei Gesichtspunkte in Betracht: 1. die bessere Ausnutzung der günstigen Lebensverhältnisse im Mollusken-Wirt durch multiplikative Reproduktion, 2. die Notwendigkeit der Steigerung der Zahl der Verbreitungslarven. Das erste könnte auch durch stärkeres Wachstum und Verzweigung der Muttersporocyste erreicht werden; in der Tat sind die Sporocysten von *Heronimus* und Gasterostomida (in beiden Fällen liegt nur eine Parthenita-Generation vor) verzweigt. Die Erhöhung der Fortpflanzungskapazität kann sowohl durch multiplikative Reproduktion als auch durch Steigerung der Effektivität der Keimzellenvermehrung bzw. durch beides erreicht werden.

So haben die Redien der als primitiv angesehenen Amphistomida eine vergleichsweise nur geringe Produktivität (180 bis 225 Cercarien von einem Miracidium abstammend). Die Redien der Echinostomatida erzeugen jedoch zum Teil schon eine bedeutend höhere Anzahl (600 bis 100000) von Cercarien je Miracidium, wobei allerdings die Anzahl der Redien-Generationen und die diese limitierende Größe des Mollusken-Wirtes zusätzlich eine Rolle spielen. Besonders effektiv ist die Keimzellenvermehrung in den Tochtersporocysten (z. B. bei Schistosomatida, Holostomida, Plagiorchiata). Bei diesen Gruppen ist bereits die Produktivität der Muttersporocyste beträchtlich. Die Wirksamkeit der Vermehrung wird noch durch die längere Lebensdauer der Sporocysten (z. B. bei Holostomida) erhöht.

Viele Autoren leiten die Tochtersporocysten durch „regressive Evolution“ infolge Parasitismus — analog der historischen Entstehung der Muttersporocyste — von Redien ab. Dabei dürfte vor allem wieder eine Retardation der Entwicklung des Darmtrakts erfolgt sein.

Es scheint jedoch nicht sicher, ob nicht auch die Tochtersporocysten auf einem Wege hinzugekommen sind, der der Hinzufügung weiterer Redien-Generationen ähnelte. Die 2. Parthenita-Generation wäre dann bei diesen Gruppen vermutlich später als bei den Formen mit Redien hinzugekommen.

Die Evolution der Marita-Generation erfolgte divergent zu der der Parthenitae in Verbindung mit dem Parasitismus in Wirbeltieren. Der 2. Zwischenwirt ist der historisch zuletzt in den Zyklus einbezogene Wirt.

Es sind folgende Evolutionstendenzen erkennbar. 1. Auf der Ebene der Generationsfolge: Entwicklung vom ursprünglich nur eine Generation umfassenden Zyklus zum Zyklus mit zwei Generationen (heutige Muttersporocyste und Marita), zu denen später noch eine oder mehrere Generationen hinzukommen (Tochter-Parthenitae). 2. Auf der Ebene des Wirtswechsels: Entwicklung von der Homoxenie zur Diheteroxenie und von dieser zur Triheteroxenie (und von dort bis zum 4-Wirte-Zyklus) sowie entsprechende Reduktionstendenzen. 3. Auf der Ebene der Larvenstadien der Maritae: Entwicklung von der Ontogenese mit einer Larve (Cercarie) zu einer solchen mit zwei (Cercarie, Metacercarie) und schließlich drei Larven (Cercarie, Mesocercarie, Metacercarie). Dabei gelten Gruppen mit kurzer Entwicklungszeit der Metacercarie und entsprechend geringem Unterschied zwischen Cercarienkörper und Metacercarie als primitiv gegenüber solchen mit langer Entwicklungszeit der Metacercarie und entsprechend starken Unterschieden zur Cercarie. Als ursprüngliches Merkmal wird es auch angesehen, wenn die Cercarien die Parthenitae noch nicht fertig entwickelt verlassen und erst frei im Gewebe der Wirts-Mollusken ihre Entwicklung vollenden. 4. Auf der Ebene der Morphologie der Maritae gelten als ursprünglich: primär unpaariger Darm (z. B. Gasterostomida), anepithelialer Bildungsmodus der Exkretionsblase [125, 132] (Ginecinskaja in [130]).

Die Malacobothrii entwickelten sich vermutlich frühzeitig in mehreren Richtungen. Gabelschwänzige Cercarien werden als ursprünglicher Cercarientyp angesehen (auch die einstmals frei lebende Generation sei gabelschwänzig gewesen). Als eine primitive, isoliert stehende Gruppe gelten dabei die Bivesiculida, die auch gabelschwänzige Redien haben. Eine mußmaßliche Entwicklungslinie umfaßt Azygiida, Hemiurida und Didymozoida, eine andere Gasterostomida und Brachylaimida, eine weitere Schistosomatida, Clinostomida und Holostomida. Eine andere primitive, isolierte Gruppe sind die Transversotrematida. Die heutigen Gruppen ohne Furcocercarien sollen sich von Ausgangsformen mit gabelschwänzigen Cercarien durch Verlust der Schwanzgabel herleiten, was mit dem Erwerb der Fähigkeit zum Encystieren im Freien verbunden gewesen sei. Der unpaarige Cercarien-Schwanz soll sich durch fortschreitendes Appositionswachstum neu entwickelt haben. Die ursprüngliche Entwicklungslinie dieser Richtung würde die Amphistomida, Notocotylida, Cyclocoelida und Echinostomatida umfassen. Auf höherem Niveau wäre eine durch epithelialen Bildungsmodus der Exkretionsblase gekennzeichnete Linie mit Plagiorchiida und Opisthorchiida davon abzuleiten [114]. Die bei dieser Auffassung angenommene Bündelung der Gruppen ist jedoch zum Teil noch unsicher, einige könnten eigene Entwicklungslinien darstellen.

Vorkommen und Verbreitung

Die Malacobothrii sind über alle Weltmeere und Kontinente verbreitet. Sie schmarotzen als Parthenitae in der Mitteldarmdrüse (seltener in anderen Organen und Geweben) hauptsächlich von Gastropoda, seltener von Bivalvia, selten von Scaphopoda, ausnahmsweise von Polychaeta (*Aporocotyle*). Die Maritae parasitieren in Wirbeltieren aller Klassen (2800 Arten in Fischen, 400 in Amphibien, 740 in Reptilien, 2355 in Vögeln und 960 in Säugetieren). Sie leben dort oft in verschiedenen Bereichen des Darmtrakts (Mundhöhle bis Rectum, auch Blinddarm und andere Anhangsorgane des Darmes), aber auch in Gallenblase und -gängen, Pankreas, Harnblase, Nieren, Lungen, Blutgefäßen, in einigen Fällen auch in der Leibeshöhle, in den Schädel-Sinus, im Konjunktivalsack der Augen, in verschiedenen Geweben.

Lebensweise

Frei lebend sind nur die frei schwimmenden Miracidien und Cercarien, in manchen Fällen auch frei schwimmende Sporocysten und encystierte Metacercarien. Die frei beweglichen, aktiven Stadien (Miracidien und Cercarien) sind nur kurzlebig (etwa 1–2 Tage) und nehmen keine Nahrung auf.

Die darmlosen Sporocysten entnehmen Nahrung durch ihre Körperoberfläche aus der Haemolymphe des Mollusken-Wirtes. Die Redien können Nahrung sowohl durch das Integument als auch mit dem Mund aufnehmen. Sie ernähren sich von Gewebe und Körperflüssigkeit des Wirtes, in manchen Fällen auch räuberisch von anderen Parasiten, zum Beispiel von Sporocysten anderer Trematoden-Arten.

Die Maritae ernähren sich von Darmschleim, Gewebe oder Blut ihres Wirtes, die sie mit dem Mund aufnehmen. Ihre Lebensdauer variiert von wenigen Wochen oder nur Tagen bis zu vielen Jahren.

Ökonomische Bedeutung

Eine Reihe von Arten sind zum Teil gefährliche Krankheitserreger beim Menschen, vor allem in den Tropen und Subtropen. An erster Stelle stehen dabei einige in den Blutgefäßen lebende *Schistosoma*-Arten als Erreger der Schistosomatosen, unter denen etwa 200 Millionen Menschen leiden — ein erstrangiges Problem globalen Ausmaßes. Einige Arten, hauptsächlich *S. haematobium*, verursachen Urogenital-Schistosomatosen (bekannt auch als Bilharziosen); andere Arten, vor allem *S. mansoni* und *S. japonicum*, sind Erreger von Darm- bzw. Darm-Leber-Schistosomatosen. Die Cercarien (S. 427) dringen durch die bloße Haut (etwa beim Baden) in den Menschen ein (Abb. 272). Während man sich früher auf die Vernichtung der Zwischenwirte (Gastropoda) beschränken mußte, ist neuerdings eine direkte medikamentöse Bekämpfung der adulten Würmer im Menschen möglich.

In der Leber des Menschen schmarotzen auch zwei *Opisthorchis*-Arten und der verwandte *Clonorchis sinensis*. Die von ihnen hervorgerufene Opisthorchiose bzw. Clonorchiose ist vor allem in Sibirien, Ost- und Südostasien, vereinzelt auch in Europa verbreitet. Der Mensch kann sie sich durch den Genuß roher, metacercarien-haltiger Fischgerichte zuziehen (vgl. S. 428). In Europa und Sibirien sind über 1 Million Menschen von *Opisthorchis felineus* befallen, in Südostasien etwa 8 Millionen von *O. viverrini* und in Ost- und Südostasien etwa 19 Millionen von *Clonorchis sinensis*.

Über 3 Millionen Menschen leiden an Paragonimose. Der Befall mit *Paragonimus* Lungenegel) erfolgt durch Verzehr roher, metacercarien-haltiger Krebs- und Krab(bengerichte (Abb. 274). Über 10 Millionen Menschen in Südostasien sind mit dem auch im Schwein vorkommenden Riesendarmegel *Fasciolopsis buski* befallen, der in den Endwirt gelangt durch Essen, Kauen oder Aufbeißen bestimmter Wasserpflanzen oder ihrer Früchte (z. B. Wassernuß), an denen die Metacercarien encystiert sind.

Eine größere Anzahl von Arten schädigt die Tierproduktion zum Teil erheblich. Hier ist vor allem die Fasciolose zu nennen, ein immer noch großes Problem in der Rinder- und Schafzucht fast aller Länder (zum Zyklus von *Fasciola* vgl. S. 427). Auch in der Fischzucht spielen Trematodosen eine nicht unbedeutende Rolle. Sie werden vor allem durch in den Fischkörper eindringende Cercarien und die sich aus ihnen entwikkelnden Metacercarien verursacht, z. B. *Diplostomum spathaceum* als Erreger des „Wurmstars" oder *Posthodiplostomum cuticola* als Erreger einer „Schwarzfleckenkrankheit."

System

Die Klasse wird in 16 Ordnungen gegliedert, zu denen insgesamt etwa 150 Familien und 1420 Gattungen gehören.

1. Ordnung Bivesiculida

Maritae prosostom-monostom, mit Mundsaugnapf und/oder Pharynx und 2 Augenflecken bzw. deren Resten, ohne Bauchsaugnapf; Exkretionssystem stenostom, teilweise mit 2 dauernd getrennten Bereichen und 2 Exkretionsporen, Exkretionsblase V- oder U-förmig. Im Darm von Meeresfischen. Keine Metacercarien. Furcocystocercarien mit 2 Augenflekken, werden per os vom Endwirt aufgenommen; Exkretionsblase anepithelial gebildet. Redien gabelschwänzig, in Meeresschnecken (*Cerithium*). 2-Wirte-Zyklus, manchmal auch 1-Wirt-Zyklus mit geschlechtsreifen Cercarien (neoten oder ursprünglich ?) — Mit 1 Familie.

Familie Bivesiculidae. Mit 3 Gattungen und 11 Arten.

2. Ordnung Transversotrematida

Maritae mit oder ohne Mundsaugnapf, mit Bauchsaugnapf; Exkretionsblase gebogen schlauchförmig; Körper breiter als lang. Unter den Schuppen von Brack- und Süßwasserfischen. Keine Metacercarie. Cercarien ohne Penetrations- und Cystogendrüsen, kurz gabelschwänzig, mit vorderen seitlichen Anhängen am Schwanzstamm, befallen den Endwirt aktiv; Exkretionsblase anepithelial gebildet. Redien in Gastropoda. 2-Wirte-Zyklus. — Mit 1 Familie.

Familie Transversotrematidae. Mit 2 Gattungen und 6 Arten in der indo-pazifischen Region.

3. Ordnung Azygiida

Maritae prosostom-distom, mit Pharynx; Exkretionssystem stenostom, Exkretionsblase Y-förmig. Magen- und Darmparasiten von Meeres- und Süßwasserfischen. Keine Metacercarien. Furcocystocercarien ohne Penetrations- und Cystogendrüsen, werden per os vom Endwirt aufgenommen; Exkretionsblase anepithelial gebildet. Mutter- und Tochterparthenitae morphologisch gleich, mit rudimentärem Pharynx, ohne Darm (Rediacolae), in Wasserschnecken. 2-Wirte-Zyklus, zum Teil auch 1-Wirt-Zyklus mit geschlechtsreifen (neotenen) Cercarien. — Mit 2 Familien, insgesamt 5 Gattungen und etwa 36 Arten.

Familie Azygiidae. Maritae können praeadult oder adult von Fisch zu Fisch fortlaufend übertragen werden (Paradefinitiv- und Postzykluswirte). — **Azygia lucii*, bis 56 mm lang, im Magen von Hecht und Salmoniden, vgl. S. 427.

4. Ordnung Hemiurida

Maritae prosostom-distom, mit Pharynx; Exkretionssystem stenostom, Körper oft mit „Schwanzanhang". Hauptsächlich in Magen und Schwimmblase von Meeresfischen, seltener von Süßwasserfischen und Amphibien. Metacercarien mit längerer Entwicklungszeit, frei in 2. Zwischenwirten (Wirbellosen, meist Crustacea). Cercarien ohne Bohr- und Cystogendrüsen, mittelgroß, meist von cystophorem Typ, verlassen die Redien erst nach Abschluß ihrer Entwicklung; werden vom 2. Zwischenwirt gefressen; Exkretionsblase epithelial gebildet, sack-, I- oder Y-förmig mit vorn vereinigten Armen. Redien (in wenigen Fällen mit reduziertem Darm) in marinen und Süßwasser-Gastropoda, ohne Kragen und Anhänge. Eier meist klein, aber auch mittelgroß und groß, Miracidien nicht bewimpert, mit Stachelrosette am Vorderende, mit 1 Paar Protonephridien. 3-Wirte-Zyklus (sekundär auch 2-Wirte-Zyklus). — Mit 20 Familien, insgesamt 125 Gattungen und 520 Arten.

Familie Halipegidae. **Halipegus ovocaudatus*, bis 13 mm lang, unter der Zunge von Fröschen.

5. Ordnung Didymozoida

Maritae prosostom, hermaphroditisch oder rudimentär hermaphroditisch, gewöhnlich paarweise in Gewebekapseln lebend, wenigstens ein Teil des Vorderkörpers stark verschmälert, kein oder nur ein sehr schwach entwickelter Bauchsaugnapf nahe dem Vorderende, Pharynx vorhanden oder fehlend, Körper sehr muskelschwach, Verdauungsapparat mehr oder weniger reduziert; außer bei rein oder vorwiegend männlichen Individuen Germarium und Dotterstock (bzw. Dotterstöcke) lang röhrenförmig, zuweilen verästelt, Testes oder Testis in der Regel lang röhrenförmig; Integument unbewehrt; Exkretionsblase lang, schlauchförmig, in einigen Fällen sich vorn in 2 kurze Äste gabelnd. Bei Meeres-, selten bei Süßwasserfischen in den verschiedensten Geweben und Organen. Metacercarien bzw. Jugendstadien in Crustacea und Fischen. Cercarien und Parthenitae noch unbekannt. Eier klein, Miracidium mit Stachel-Rosette am Vorderende, unbeweglich. Vermutlich 3-Wirte-Zyklus. — Mit 1 Familie, 78 Gattungen und 176 Arten.

Familie Didymozoidae. *Nematobibothrioides histoidii*, bis 12 m lang, unter der Haut und in der Körpermuskulatur von *Mola mola* bei Kalifornien.

6. Ordnung Gasterostomida

Maritae mit ventral gelegener Mundöffnung in Form einer Pharynx-Öffnung (gasterostom), am Vorderende mit einem als Haftorgan dienenden Rhynchus oder mit Saugnapf, Darm sackförmig; Genitalporus ventral nahe dem Hinterende; Exkretionssystem mesostom, Exkretionsblase I-förmig. Im Darm (selten im Coelom) von Fischen, sehr selten in Amphibien. Metacercarien encystiert bei Fischen. Cercarien gasterostom, Schwanz gegabelt mit sehr langen Ästen, unpaariger Abschnitt sehr kurz und bulbös; ohne Wimperflammen, Exkretionsblase anepithelial gebildet. Sporocysten verzweigt, in Brack- und Süßwassermuscheln. Eier groß, Miracidien mit bewimperten Anhängen, frei schwimmend, mit 1 Paar Protonephridien. 3-Wirte-Zyklus. — Mit 1 Familie, 21 Gattungen und etwa 230 Arten.

Familie Bucephalidae. **Bucephalus polymorphus*, bis 2,3 mm lang, im Darm von Fischen, vorwiegend Raubfischen, besonders im Zander. Metacercarien an Flossen, Kiemen und in der Muskulatur vor allem von Cypriniden. 1. Zwischenwirt *Unio* oder *Anodonta*. Paläarktisch.

7. Ordnung Brachylaimida

Maritae prosostom-distom, mit Pharynx und mittelkräftigen bis mächtigen Saugnäpfen; Exkretionsblase I-, V-, U- oder Y-förmig, Exkretionssystem stenostom, mit paranephridialem Plexus (Brachylaimata) oder ohne (Fellodistomata). Im Darmtrakt von Vögeln und Säugetieren, selten von Amphibien (Brachylaimata) bzw. im Darm und seinen Anhangsorganen von Fischen und Vögeln (Fellodistomata). Metacercarien encystiert oder frei in Wirbellosen. Cercarien überwiegend (sekundär) schwanzlos (Cercariaeen) oder mit rudimentärem Schwanz, sehr selten gabelschwänzig (Brachylaimata); oder gabelschwänzig (Cercariae dichotomae), mit ungeteiltem Schwanz (Cercariae setiferae) oder schwanzlos (Fellodistomata); Exkretionsblase anepithelial gebildet, keine Wimperflammen im Schwanz. Sporocysten verzweigt, in Süßwasser- oder Landschnecken (Brachylaimata) bzw. unverzweigt, überwiegend in marinen Muscheln (Fellodistomata). Eier klein, selten mittelgroß bis groß. Miracidien mit bewimperten Anhängen.

1. Unterordnung Fellodistomata

Mit 6 Familien, insgesamt 45 Gattungen und über 170 Arten.

Familie Gymnophallidae. *Gymnophallus choledochus*, bis 1,4 mm lang, in der Gallenblase von Laro-Limicolae und Anatiden, 1. Zwischenwirt *Cerastoderma edule*, 2. Zwischenwirt marine Polychaeta; in einer alternativen Zyklusvariante entwickeln sich die Cercarien bereits in der Herzmuschel zu Metacercarien, die dann zugleich 1. und 2. Zwischenwirt ist. — **Parvatrema homoeotecnum*, bis 0,3 mm lang, im Darm des Austernfischers, Zwischenwirt *Littorina*, vgl. S. 425.

2. Unterordnung Brachylaimata

Mit 5 Familien, insgesamt 17 Gattungen und etwa 170 Arten.

Familie Brachylaimidae. **Leucochloridiomorpha lutea*, bis 2 mm lang, in der Bursa fabricii von Entenvögeln, 1. und 2. Zwischenwirt *Viviparus*. Im 1. Zwischenwirt entstehen gabelschwänzige Cercarien, die aus der Sumpfdeckelschnecke entweichen und eine andere, unter Umständen auch dieselbe (aber nur männliche) penetrieren, wo sie sich in den Hoden zu Metacercarien entwickeln.

Familie Leucochloridiidae. **Leucochloridium* und **Urogonimus*. Die Arten dieser Gattungen bilden in Bernsteinschnecken weitverzweigte, umfangreiche Sporocysten, die mit fortschreitendem Wachstum tagsüber in die Fühler der Schnecken gezwängt werden. In den Sporocysten entwickeln sich die Cercarien zu Metacercarien. Die Schneckenfühler werden stark ausgedehnt, ihr Gewebe wird durchsichtig, und die Färbung der Sporocysten wird in Form grüner, brauner oder orangeroter Ringe sichtbar. Außerdem pulsieren die Sporocysten 40—70mal in der Minute. Dadurch werden für die Endwirtsvögel Futterobjekte imitiert (Peckhamsche Mimikry), und die Fühler werden abgepickt. — **Urogonimus macrostomus*, bis 1,9 mm lang, in der Kloake vor allem von Singvögeln.

8. Ordnung Schistosomatida

Maritae prosostom, mit gegabeltem Darm (der sich nach der Gabelung wieder zu einem unpaarigen Abschnitt vereinigen kann), Saugnäpfe fehlend oder nur schwach entwickelt, ohne Pharynx; hermaphroditisch (Sanguinicolidae, Spirorchiidae) oder getrenntgeschlechtlich und sexual-dimorph (die meisten Schistosomatidae), Lage des Genitalporus stark variierend; Exkretionssystem mesostom, Exkretionsblase V- oder Y-förmig. Im Blutgefäßsystem von Fischen (Sanguinicolidae), Reptilien (Spirorchiidae), Vögeln (Ornithobilharziidae) und Säugetieren (Schistosomatidae). Keine Metacercarie. Cercarien mit Bohrdrüsen, gabelschwänzig mit vorderem unpaarigem Schwanzabschnitt (Schwanzstamm), mit kurzen Ästen, ohne Pharynx (Schistofurcocercarien), Exkretionsblase anepithelial gebildet, mit oder ohne Wimperflammen im Schwanz. Sporocysten fadenförmig, in Gastropoda oder Bivalvia. Eier groß, verschiedenartig gestaltet, nach der Ablage noch bedeutend an

Größe zunehmend. Miracidien frei schwimmend, allseitig bewimpert, mit 1 Paar Ocellen und 2 Paar Protonephridien. 2-Wirte-Zyklus. — Mit 4 Familien, insgesamt 42 Gattungen und 220 Arten.

Familie Sanguinicolidae. **Sanguinicola inermis*, bis 1 mm lang, in Cypriniden. — *Aporocotyle*, in Meeresfischen, Sporocysten in Polychaeta.

Familie Schistosomatidae. *Schistosoma* (syn. *Bilharzia*), Pärchenegel, 10—20 mm lang, zylindrisches Weibchen vom rohrartig gefalteten Männchen eingeschlossen. *S. mansoni* (Abb. 272), in den Eingeweidevenen des Menschen in Afrika, Vorderasien und Südamerika (dort eingeschleppt). *S. haematobium*, in den Blasenvenen des Menschen in Nordafrika und Vorderasien. *S. japonicum*, in den Eingeweidevenen von Mensch, Hund, Katze, Schwein und Rindern in Ostasien. Vgl. S. 427.

9. Ordnung Clinostomida

Maritae prosostom-distom, mit Pharynx oder Oesophagealbulbus; Exkretionsblase V- oder Y-förmig, Exkretionssystem bei der Cercarie mesostom, später stark modifiziert, mit paranephridialem Plexus. In Mundhöhle und Oesophagus von Reptilien (4 Arten) und Vögeln (durch Zufall auch in Säugetieren). Metacercarien encystiert oder frei in Fischen oder Amphibien. Cercarien mit Bohrdrüsen, gabelschwänzig mit kurzen Ästen, mit oder ohne Pharynx, anstelle des Mundsaugnapfes mit vorstreckbarem Penetrationsorgan, Bauchsaugnapf nur als Anlage ausgebildet, mit 1 Paar pigmentierter Ocellen; Exkretionsblase anepithelial gebildet, Wimperflammen im Schwanz. Redien ohne Ringwulst und Anhänge, in Süßwasser-Gastropoda. Eier groß, Miracidien allseitig bewimpert, frei schwimmend, mit apikalem Stilett und 2 Paar Protonephridien. 3-Wirte-Zyklus. — Mit 1 Familie, 9 Gattungen und 69 Arten.

10. Ordnung Holostomida

Maritae prosostom, mit einfach gegabeltem Darm, primär mit Pharynx, meist distom, selten sekundär monostom (mit reduziertem Bauchsaugnapf), mit tribocytischem Organ (Organon Brandesi) hinter dem Bauchsaugnapf, Genitalsinus terminal; Exkretionssystem mesostom, mit parenephridialem Plexus, Exkretionsblase V- oder Y-förmig; Vorder- und Hinterkörper oft deutlich voneinander abgesetzt. Im Darmtrakt von Amniota. Metacercarien encystiert oder frei in Wirbeltieren (primär in Fischen und Amphibien), seltener in Wirbellosen. Selten zwischen Cercarie und Metacercarie ein weiteres obligates Stadium (Mesocercarie) eingeschoben (*Alaria* und *Strigea*). Cercarien mit Bohrdrüsen, gabelschwänzig mit vorderem unpaarigem Schwanzabschnitt (Schwanzstamm) und langen Ästen, mit Pharynx (Eufurcocercarien), Schwanz mit Wimperflammen, Exkretionsblase anepithelial gebildet. Sporocysten fadenförmig, in Gastropoda. Eier groß, gedeckelt. Miracidien allseitig bewimpert, frei schwimmend, mit 1 Paar Ocellen und 2 Paar Protonephridien. 3-Wirte-Zyklus (nur bei *Strigea* obligater 4-Wirte-Zyklus), zum Teil durch Einschub paratenischer Wirte erweiterungsfähig. — Mit 5 Familien, insgesamt 86 Gattungen und etwa 570 Arten.

Familie Cyathocotylidae. Mit 5 Gattungen.

Familie Diplostomidae. Mit 34 Gattungen. — **Diplostomum spathaceum*, bis 4,5 mm lang, im Dünndarm von Möwen, 1. Zwischenwirt Lymnaeidae, 2. Zwischenwirt Fische, vgl. S. 435. — **Alaria alata*, bis 4,3 mm lang, im Dünndarm von Hundeartigen, vgl. S. 429. — **Neodiplostomum spathoides*, bis 3,3 mm lang im Dünndarm von Weihen und Habicht, 1. Zwischenwirt Planorbidae, 2. Zwischenwirt Frösche (Metacercarie), paratenische Wirte Frösche, Reptilien, Vögel (außer den Endwirten) und Säugetiere (Metacercarien). — **Posthodiplostomum cuticola*, bis 2,2 mm lang, im Dünndarm von Reihern, 1. Zwischenwirt *Planorbis*, 2. Zwischenwirt Fische (Metacercarien von schwarzen Pigmentmantelkapseln umgeben).

Familie Strigeidae. Mit 13 Gattungen. — **Strigea falconispalumbi*, bis 5,5 mm lang, vgl. S. 429. **S. strigis*, im Dünndarm von Eulen. **S. sphaerula*, im Dünndarm von Corviden.

11. Ordnung Amphistomida

Maritae prosostom-amphistom (oder von Amphistomie abgeleitete Monostomie: hinterer Saugnapf fehlt), mit meist konischem, drehrundem oder verdicktem Körper; anstelle des Mundsaugnapfes meist ein kräftiger Pharynx; Acetabulum sehr kräftig entwickelt, reduziert oder selten fehlend; mit Lymphsystem, teilweise zusätzlich mit paranephridialem Plexus; Exkretionsblase mit einem sackförmigen Endteil und einem von diesem mit 2 Wurzeln entspringenden, bis in das Vorderende reichenden kanal- oder netzförmigen Teil; Exkretionssystem stenostom. Im Darmtrakt oder damit in Verbindung stehenden Organen von Fischen, Amphibien, Reptilien, Vögeln und Säugetieren. Metacercarien mit kurzer Entwicklungszeit, meist im Freien encystiert. Cercarien ziemlich groß, amphistom, mit ungeteiltem Schwanz, ohne Bohrdrüsen, mit stark pigmentiertem Körper und zahlreichen Cystogendrüsen, mit 2 pigmentierten Ocellen und gut entwickeltem Protonephridialsystem; primäre Exkretionsporen unweit der Schwanzspitze mündend, Exkretionsblase anepithelial gebildet. Cercarien verlassen die Redien vor Abschluß ihrer Entwicklung. Redien ohne Kragen und teilweise mit Apophysen. Parthenitae in marinen und Süßwasser-Gastropoda. Eier groß und dünnschalig, gedeckelt. Miracidien mit 1 Paar Protonephridien. 2-Wirte-Zyklus (Abb. 273). — Mit 8 Familien, insgesamt 75—99 Gattungen und etwa 335 Arten (davon 150 in Säugetieren).

Familie Gyliauchenidae. *Gyliauchen,* in Fischen.

Familie Gastrothylacidae. *Gastrothylax,* in Wiederkäuern.

Familie Paramphistomidae. **Paramphistomum,* Pansenegel. **P. cervi* und **P. ichikawai,* bis 13 mm lang, im Pansen von Wiederkäuern, Zwischenwirt Planorbidae.

Familie Diplodiscidae. **Diplodiscus subclavatus,* bis 3 mm lang, im Rectum von Fröschen Zwischenwirt Planorbidae.

Hierher als Anhang:

Unterordnung Heronimata

Exkretionsporus bei der Marita vorn auf der Dorsalseite; mit Lymphsystem, ohne Bauchsaugnapf. Metacercarien-Stadium fehlt. Cercarien amphistom, mit Schwanz, Protonephridien im Vorderteil des Schwanzes, verlassen die Wirtsschnecke nicht. Redien fehlen, die Cercarien werden bereits von der mit seitlichen Auswüchsen versehenen Muttersporocyste gebildet. Eier groß, ungedeckelt. Miracidien schlüpfen im Uterus. — Mit 1 Familie.

Familie Heronimidae. Einzige Art *Heronimus chelydrae,* bis 18 mm lang, in Trachea und Lungen von Süßwasser-Schildkröten in Mittel- und Nordamerika, Zwischenwirt *Physa.*

12. Ordnung Notocotylida

Maritae prosostom-monostom, mit meist flachem Körper, gewöhnlich ohne Pharynx; meist mit paranephridialem Plexus; Exkretionsblase mit sackförmigem Endteil und einem von diesem mit 2 Wurzeln entspringenden, bis ins Vorderende reichenden und sich oft dort vereinigenden Kanalteil; Exkretionssystem sekundär mesostom. In Darm oder Harnblase bei Fischen, Reptilien, Vögeln und Säugetieren. Metacercarien mit kurzer Entwicklungszeit, meist im Freien encystiert. Cercarien monostom, mit ungeteiltem Schwanz, ohne Bohrdrüsen, mit stark pigmentiertem Körper und zahlreichen Cystogendrüsen, fast immer mit 2 oder 3 pigmentierten Ocellen und verhältnismäßig einfachem Protonephridialsystem. Cercarien verlassen die Redien vor Abschluß ihrer Entwicklung; primäre Exkretionsporen seitlich etwa in der Schwanzmitte mündend; Exkretionsblase anepithelial gebildet. Redien ohne Kragen und meist ohne Apophysen, in marinen und Süßwasser-Gastropoda. Eier groß oder klein und dann mit bipolaren Filamenten. Miracidien mit 1 Paar Protonephridien. 2-Wirte-Zyklus. — Mit 6 Familien, 48 Gattungen und an die 200 Arten (davon etwa 80 in Vögeln).

Familie Notocotylidae. **Notocotylus*, mit 3 Längsreihen von Ventraldrüsen. **N. triserialis*, bis 5,4 mm lang, in den Blinddärmen von Anatidae, Zwischenwirt Lymnaeidae. **N. ephemera*, bis 2,5 mm lang, in den Blinddärmen von Enten und Haushuhn, Zwischenwirt *Planorbarius corneus.*

13. Ordnung Echinostomatida

Maritae prosostom-distom, mit meist flachem Körper, in der Regel mit Pharynx und mit paranephridialem Plexus; Exkretionsblase mit sackförmigem Endteil und einem von diesem mit 2 Wurzeln entspringenden, bis ins Vorderende reichenden Kanalteil; Exkretionssystem stenostom. In Darmtrakt und Gallengängen, Kloake, Bursa fabricii oder Konjunktivalsack bei Fischen, Reptilien, Vögeln und Säugetieren. Metacercarien mit kürzerer oder längerer Entwicklungszeit, im Freien, an Transportwirten oder in 2. Zwischenwirten encystiert. Cercarien mit ungeteiltem Schwanz, ohne oder mit Bohrdrüsen, distom und gymnocephal, megalur oder echinostom, meist mit zahlreichen Cystogendrüsen, mit mehr oder weniger stark entwickeltem Protonephridialsystem, die Redien erst nach Abschluß ihrer Entwicklung verlassend; primäre Exkretionsporen seitlich in der vorderen Schwanzhälfte (meist zwischen Schwanzansatz und Schwanzmitte) ausmündend, Exkretionsblase anepithelial gebildet. Redien mit Kragen und Apophysen, in marinen und Süßwasser-Gastropoda (Prosobranchia und Pulmonata). Eier groß und dünnschalig, gedeckelt. Miracidien mit 1 Paar Protonephridien. (Primärer) 2-Wirte-Zyklus oder 3-Wirte-Zyklus, auch sekundärer 2-Wirte-Zyklus (1. und 2. Zwischenwirt zusammenfallend). — Mit 18 Familien, 123 Gattungen und etwa 830 Arten (davon 521 in Vögeln).

Familie Fasciolidae. **Fasciola hepatica*, Großer Leberegel, bis 51 mm lang, in den Gallengängen von Rind, Schaf u. a., gelegentlich auch beim Menschen; Kosmopolit; vgl. S. 427, 435. *F. gigantica*, Riesenleberegel, bis 76 mm lang, in den Gallengängen von Rindern und Schafen Afrikas und Asiens. — *Fasciolopsis buski*, Riesendarmegel, bis 75 mm lang, vgl. S. 434.

Familie Echinostomatidae. Mit Kopfkragen und Kragenstacheln (Abb. 262). — **Echinostoma revolutum*, bis 24 mm lang, mit 37 Kragenstacheln, Kosmopolit, im Darm von Vögeln hauptsächlich Wasservögeln, auch in Säugetieren, gelegentlich im Menschen; 1. Zwischenwirt bestimmte Lymnaeidae und Planorbidae, 2. Zwischenwirt zahlreiche Wasserschnekken. — **Echinoparyphium recurvatum*, bis 7,3 mm lang, mit 45 Kragenstacheln (Abb. 262), Kosmopolit, im Darm von Enten und anderen Vögeln, gelegentlich in Säugetieren; 1. Zwischenwirt Lymnaeidae, 2. Zwischenwirt verschiedene Wasserschnecken und Kaulquappen → Frösche. — **Isthimiophora melis*, bis 11,2 mm lang, mit 27 Kragenstacheln, im Darm von Mustelidae, anderen Raubtieren, auch in Ratte und Schwein; 1. Zwischenwirt *Lymnaea*, 2. Zwischenwirt Anuren, holarktisch.

4. Ordnung Cyclocoelida

Maritae prosostom, mit Pharynx, Mundsaugnapf rudimentär, Bauchsaugnapf meist fehlend, Exkretionsblase sack-, V- oder Y-förmig, mit paranephridialem Plexus, Darmschenkel hinten vereinigt, Körper flach. In Leibeshöhle, Luftsäcken, Nasenhöhle, Trachea, Infraorbitalsinus, selten Darm von Vögeln. Metacercarien encystiert innerhalb oder außerhalb der Redien, also im (einzigen) Zwischenwirt. Cercarien schwanzlos oder mit winzigem zweilappigem Stummelschwanz, monostom oder distom, Exkretionsblase anepithelial gebildet. Redien teils mit schwachem Wulst, teils mit hinteren Anhängen, in Süßwasser- oder Land-Gastropoda. Eier groß, Miracidien allseitig bewimpert, eine Mutterredie enthaltend, mit 1 Paar Ocellen und 1 Paar Protonephridien. (Sekundärer) 2-Wirte-Zyklus (1. und 2. Zwischenwirt zusammenfallend). — Mit 1 Familie, 22 Gattungen und etwa 120 Arten; nach einer neueren Monographie [124] 2 Familien mit 13 Gattungen und nur 22 Arten.

Familie Cyclocoelidae. **Tracheophilus sisowi*, bis 11,5 mm lang, in Luftröhre und Bronchien von Enten; in Anpassung an diesen Sitz ist auf der Ventralfläche eine reibeisenähnliche Haftplatte ausgebildet; Zwischenwirt Planorbidae.

15. Ordnung Opisthorchiida

Maritae prosostom-distom, mit Pharynx, Saugnäpfe schwach bis mittelkräftig; Exkretionsblase sack-, I-, V- oder Y-förmig; Exkretionssystem mesostom oder stenostom. In Darm, Gallengängen oder -blase von Fischen, Amphibien, Reptilien, Vögeln und Säugetieren. Metacercarien encystiert in Fischen, selten in Amphibien, mit längerer Entwicklungszeit. Cercarien mit einfachem Schwanz, meist pleurolophocerc oder parapleurolophocerc, mit vorstreckbarem Mundsaugnapf und gewöhnlich noch nicht voll ausgebildetem Bauchsaugnapf; Exkretionsblase epithelial gebildet, primäre Exkretionsporen an den Rändern des Schwanzes unweit der Körper-Schwanz-Grenze. Redien in Süßwasser- und marinen Prosobranchia. Eier klein, gedeckelt, Miracidien allseitig bewimpert, nicht frei schwimmend, mit 1 Paar Protonephridien. 3-Wirte-Zyklus (sekundär selten auch 2-Wirte-Zyklus). — Mit 8 Familien, 124 Gattungen und 540 Arten (davon 215 in Vögeln, 145 in Säugetieren).

Familie Opisthorchiidae. **Opisthorchis felinus*, Katzenleberegel, bis 18 mm lang, in der Leber von Raubtieren und Mensch, vgl. S. 428, 434, und *O. viverrini*, Hinterindischer Leberegel, vgl. S. 434. — *Clonorchis sinensis*, Chinesischer Leberegel, bis 20 mm lang, außer im Menschen auch in Hund, Fuchs, Mardern, Ratte, Schwein u. a., vgl. S. 434.

Familie Heterophyidae. **Apophallus muehlingi*, bis 2 mm lang, im Dünndarm von Möwen und anderen Wasservögeln sowie von bestimmten Säugetieren wie Hund und Katze, 1. Zwischenwirt *Lithoglyphus naticoides*, 2. Zwischenwirt Süßwasser-Cyprinidae; Metacercarien oft von schwarzen Pigmentkapseln umgeben.

16. Ordnung Plagiorchiida

Maritae distom-prosostom, gewöhnlich mit Pharynx und (primär) gegabeltem Darm. Metacercarien mit längerer Entwicklungszeit. Cercarien ohne Exkretionssystem im Schwanz, Exkretionsblase epithelial gebildet, häufig mit Stilett am Mundsaugnapf. Miracidium allseitig bewimpert, mit 1 Paar Protonephridien. — Es werden 4 Unterordnungen unterschieden; das System ist noch nicht abgeklärt.

1. Unterordnung Plagiorchiata

Exkretionssystem mesostom, Exkretionsblase I-, V-, U- oder Y-förmig. Im Darm und anderen Organen von Wirbeltieren (jedoch seltener in Fischen). Metacercarien in Wirbellosen oder Wasser-Wirbeltieren. Xiphidiocercarien oder von solchen abgeleitete bzw. zu solchen führende Cercarien-Typen. Sporocysten in Gastropoda. Eier klein, Miracidium nicht frei schwimmend. Primär 3-Wirte-Zyklus (selten sekundärer 2-Wirte-Zyklus). — Mit 26 Familien, 255 Gattungen und etwa 1700 Arten (davon 45 in Fischen, 264 in Amphibien, 394 in Reptilien, 571 in Vögeln, 395 in Säugetieren).

Familie Dicrocoeliidae. **Dicrocoelium dendriticum*, Kleiner Leberegel oder Lanzettegel, bis 15 mm lang, in den Gallengängen von Schafen u. a., vgl. S. 429, Kosmopolit.

Familie Prosthogonimidae. **Prosthogonimus ovatus*, Eileiteregel, bis 9 mm lang, in Kloake, Bursa fabricii und Eileiter von Vögeln, die Libellen oder deren Larven (2. Zwischenwirt) fressen, auch beim Huhn; 1. Zwischenwirt *Bithynia tentaculata*.

Hierher als Anhang:

Überfamilie Troglotrematoidea. Exkretionssystem mesostom, Exkretionsblase I-, Y- oder V-förmig. In Lungen, Nieren, Schädel-Sinus, Gewebe oder Darmtrakt von Säugetieren. Metacercarien in Wirbellosen. Microcercarien mit Stilett. Redien in Gastropoda. Eier groß bis mittelgroß, Miracidien frei schwimmend. 3-Wirte-Zyklus (Abb. 274). — Mit 3 Familien, 11 Gattungen und 45 Arten.

Familie Paragonimidae. *Paragonimus westermani* (Abb. 274), Ostasiatischer Lungenegel, bis 16 mm lang, hauptsächlich in Japan, Korea, China einschließlich Taiwan, Indien, den Philippinen und Indochina. *P. africanus*, Afrikanischer Lungenegel, in Mittel-

und Westafrika. *P. kellicotti*, Amerikanischer Lungenegel, in Nord- und Südamerika. Bei den aufgeführten Arten ist der Mensch (vgl. S. 434) Nebenwirt, Hauptendwirte sind verschiedene Raubtiere, 1. Zwischenwirt bestimmte Prosobranchia, 2. Zwischenwirt Süßwasserkrabben, Wollhandkrabben oder Flußkrebse.

2. Unterordnung Eucotylata

Exkretionssystem stenostom, Exkretionsblase I-förmig. In den Nieren von Vögeln. Metacercarien encystiert im Mollusken-Wirt. Cercariaeen oder Microcercarien ohne Stilett. Sporocysten in Gastropoda. Eier klein, Miracidium nicht frei schwimmend. — Mit 1 Familie und 50 Arten.

Familie Eucotylidae. **Eucotyle cohni*, bis 7,8 mm lang, in Tauchern und Entenvögeln. — **Tanaisia zarudnyi*, bis 4,4 mm lang, in Singvögeln.

3. Unterordnung Opecoelata

Überfamilie Opecoeloidea. Exkretionssystem mesostom, Exkretionsblase I- oder Y-förmig. Im Darm von Meeres- und Süßwasserfischen. Metacercarien encystiert in Wirbellosen, selten in Fischen. Microcercarien mit Stilett. Sporocysten in Gastropoda. Eier mittelgroß bis groß. 3-Wirte-Zyklus. — Mit insgesamt 444 Arten.

Überfamilie Gorgoderoidea. Exkretionssystem stenostom oder mesostom. Exkretionsblase I-förmig. In Harnorganen oder Leibeshöhle von Fischen, Amphibien und (2 Arten) Reptilien. Metacercarien frei in Wirbellosen, Wirbeltieren oder innerhalb der Sporocysten. Macrocercarien mit Stilett, Cercarien mit Stummelschwanz oder Cercariaeen. Eier klein bis mittelgroß, im Laufe der Entwicklung an Größe zunehmend, ungedeckelt. Miracidien frei schwimmend. Sporocysten meist in Bivalvia. 3-Wirte-Zyklus und (sekundär) 2-Wirte-Zyklus (dieser manchmal mit frei schwimmenden, Metacercarien-enthaltenden Sporocysten). — Hierher nur 1 Familie mit 13 Gattungen und 200 Arten.

Familie Gorgoderidae. **Gorgodera cygnoides*, bis 10 mm lang, in der Harnblase von Fröschen.

Überfamilie Zoogonoidea. Exkretionsblase sack- oder I-förmig. Im Darm von Meeres- und Süßwasserfischen. Metacercarien in Wirbellosen. Cercariaeen mit Stilett. Eier klein, mittelgroß oder groß, Miracidien frei schwimmend. Sporocysten in Gastropoda. 3-Wirte- und 2-Wirte-Zyklus. — Mit etwa 80 Arten.

4. Unterordnung Allocreadiata

Exkretionsblase sack- oder I-förmig, Exkretionssystem meso- oder stenostom. Im Darm von Meeres- und Süßwasserfischen. Metacercarien in Wirbellosen. Ophthalmoxiphidiocercarien (Allocreadioidea), Cercarien ohne Stilett (Lepocreadioidea), Cercariaeen mit Stilett (Monorchiidae) und andere Cercarien-Typen. Eier mittelgroß bis groß oder klein. Redien in Bivalvia (Allocreadioidea) oder Gastropoda. 3-Wirte-Zyklus (selten auch 2-Wirte-Zyklus). — Es werden 2 Überfamilien und dazu einige weitere Familien unterschieden. Mit insgesamt etwa 510 Arten.

Familie Allocreadiidae. **Allocreadium isoporum*, bis 4 mm lang, in Cyprinidae. — **Crepidostomum*.

8. Stamm Nemertini (syn. Rhynchocoela), Schnurwürmer

850 Arten. Meist wenige Millimeter bis etwa 20 cm lang. Größte Art: *Lineus longissimus*, ausgestreckt bis 30 m lang bei 9 mm Durchmesser.

Diagnose

Bewimperte, bilateral-symmetrische, ungegliederte Spiralia mit parenchymatischer Leibeshöhle, durchgehendem, mit einem Anus ausmündendem Darm, Blutgefäßsystem und einem meist körperlangen, dorsalen, einziehbaren Rüssel. Geschlechtsorgane sehr einfach. Mit Spiralfurchung und mit Wimperlarven vom Trochophora-Typ.

Eidonomie

Die meisten Nemertini sind fadenförmig-rund oder dorsoventral abgeplattet, viele ungewöhnlich dünn im Verhältnis zur Körperlänge (bei 10—70 cm Länge haben manche nur 0,1 mm Durchmesser). Der Körper ist meist einförmig rot, orange, braun, rosa, gelb, grün oder grau gefärbt; seltener sind verschiedenfarbige Muster.

Anatomie

Integument. Die bewimperte einschichtige Epidermis enthält sehr viele Drüsenzellen und ist meist von einer dicken Parenchym-Unterhaut (Dermis) sowie einem mächtigen Hautmuskelschlauch aus glatten Ring-, Längs- und oft auch Diagonalmuskeln unterlagert. Zwischen den Cilien der Epidermis liegen Microvilli. Ein **Skelett** fehlt. Die **Leibeshöhle** ist vollständig mit Parenchym erfüllt. Das Bindegewebe insgesamt ist komplexer gestaltet als bei den Plathelminthes. Als Bindegewebselemente erscheinen eine Grundsubstanz, Filamente und verschiedene Typen freier Zellen. Die **Muskulatur** ist im Hautmuskelschlauch und im Rüsselapparat konzentriert. Zahl und Anordnung der Muskelschichten im Hautmuskelschlauch sind bei den einzelnen systematischen Gruppen unterschiedlich. Das Parenchym der Leibeshöhle wird von Dorsoventralmuskelfasern durchzogen, die oft mit den Darmdivertikeln alternieren und auf diese Weise eine pseudometamere Anordnung zeigen.

Das zentrale **Nervensystem** umgibt nicht den Vorderdarm, sondern die Rüsselscheide und besteht aus einem Paar dorsaler und ventraler Ganglienknoten, deren Partner durch je eine Kommissur über und unter der Rüsselscheide miteinander verbunden sind (Abb. 275). Diese großen Loben stellen nicht nur Sinneszentren dar, sondern ihre Entfernung führt zur völligen Lähmung des Wurmes. Von den ventralen Knoten gehen ein Paar laterale Markstränge aus, die den Körper in ganzer Länge durchziehen und viele Seitennerven aussenden (Abb. 275). Außerdem ist oft ein unpaariger dorsaler Mediannerv vorhanden, der meist von der dorsalen Kommissur seinen Ursprung nimmt. Alle drei Längsstränge werden in mehr oder weniger regelmäßigen Abständen durch ringförmige Kommissuren miteinander verbunden. Während bei vielen Palaeonemertini die Seitenstränge an der Basis der Epidermis liegen, sind sie bei anderen

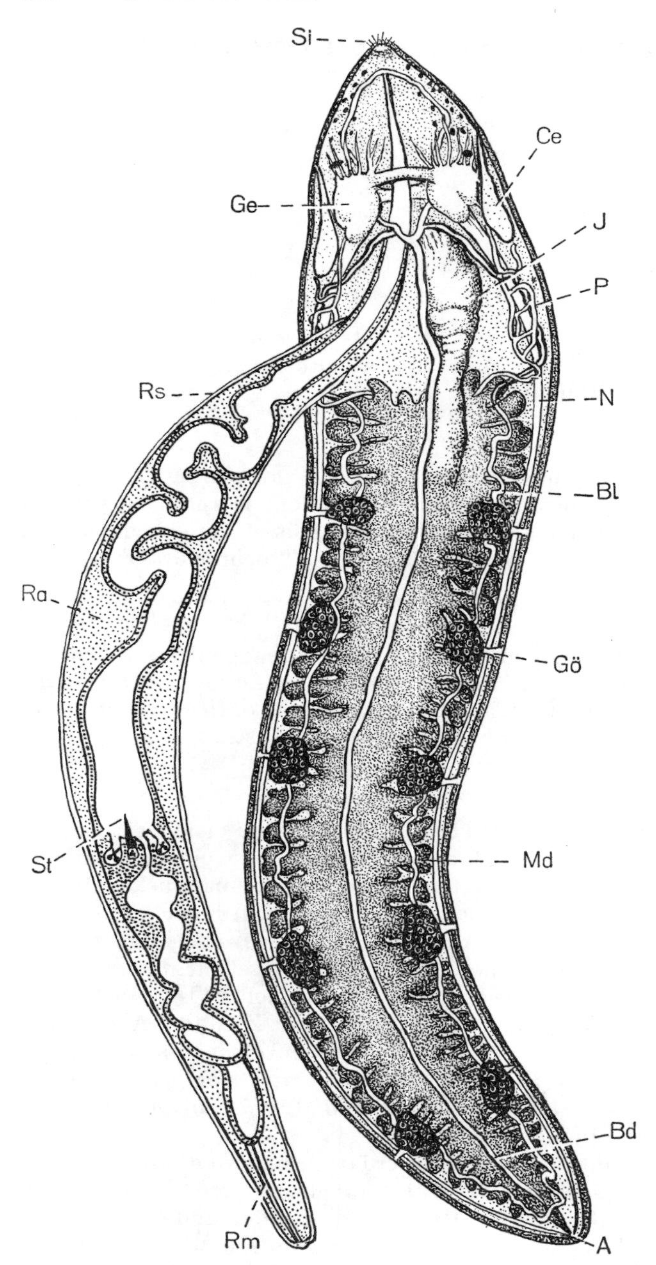

Abb. 275. *Amphiporus pulcher.* Weibchen von dorsal, Rüsselscheide seitlich herausgelegt. Länge 5 cm. — **A** After, **Bd** dorsales Blutgefäß, **Bl** laterales Blutgefäß, **Ce** Cerebralorgan, **Ge** Gehirn, **Gö** Geschlechtsöffnung, daneben das kugelförmige Ovar, **J** Darmkanal, in den (dunkel punktierten) Mitteldarm einmündend, der sich als Blindsack ein Stück über die Mündung nach vorn verlängert, **Md** Mitteldarmaussackung, **N** Seitennerv, **P** Protonephridialkanalnetz, **Ra** Rhynchocoel (schwach punktiert), **Rm** Rückziehmuskel des Rüssels, **Rs** Rüsselscheide mit darin liegendem Rüssel im optischen Längsschnitt, **Si** frontales Sinnesorgan, **St** Stilett. — Nach Bürger 1895, verändert.

Gruppen stufenweise tiefer in den Körper versenkt, also zwischen die Fasern des Hautmuskelschlauches oder sogar bis an dessen Innenwand. Bei vielen Arten sind die Nerven am lebenden Tier rot oder gelblich gefärbt.

Sinnesorgane. Sinneszellen und Tastborsten sind über den ganzen Körper verstreut und am Vorderende gehäuft. Hier befinden sich außerdem Einsenkungen der Epidermis in Gestalt von Längs- oder Querfurchen sowie Gruben, die den chemischen Fernsinnesorganen der Turbellaria (S. **360**) entsprechen und sich bei chemischer Reizung lebhaft öffnen und schließen. Als eine Fortbildung solcher Furchen ist wohl das paarige **Cerebralorgan** aufzufassen. Es besteht aus je einem eingestülpten, bewimperten Epidermisschlauch, dessen blindes Ende von Drüsen- und Ganglienzellen umkleidet wird und meist bis an die Rinde des Dorsalganglions vordringt (Abb. 275). Bei einigen Arten treten **Statocysten** auf. Häufig sind Pigmentbecherocellen vorhanden, die meist in der Nähe des Oberschlundganglions subepithelial liegen. Ihre Zahl schwankt zwischen 2 und 200. In letzterem Falle bilden sie eine lange Reihe längs der Seitennerven.

Verdauungssystem. Der Mund liegt ventral am Vorderende des Körpers und führt in einen durchgehenden Darm, dessen mittlerer Abschnitt bei zahlreichen Arten rechtwinkelig abstehende, seitliche Divertikel entwickelt, die denen mancher Turbellaria ähneln (Abb. 275, 277). Der After liegt am Körperende. Das Mitteldarm-Epithel besteht aus dünnen, mit langen Cilien und Microvilli versehenen Zellen, zwischen denen birnenförmige acidophile Drüsenzellen liegen. Für den Beutefang ist, ähnlich wie bei den Eukalyptorhynchia (S. **367**), ein dorsal gelegener **Rüssel** entwickelt, der primär völlig unabhängig von der Mundöffnung ist und durch ein kurzes Rohr, das **Rhynchodaeum**, nach außen mündet (Abb. 276A).

Er entsteht am Kopf als blind endende schlauchförmige Einstülpung des Ectoderms, die oft bis gegen das Körperende vordringt und dicht mit Parenchymzellen umhüllt ist. In der Parenchymhülle tritt bald eine Spalte auf, die ihr Material in zwei Schichten sondert. Die dem Rüssel anliegende Schicht entwickelt sich zur Rüsselmuskulatur, die ihm abgewandte dagegen wird zur Muskulatur der Rüsselscheide (Abb. 276A). An der dem Spaltraum zugewandten Fläche beider Muskelschichten aber bildet das Parenchym ein zartes mesodermales Epithel, das als Coelothel aufgefaßt werden könnte. Der damit austapezierte Spaltraum, das **Rhynchocoel**, vergrößert sich und füllt sich mit einer Flüssigkeit an (Abb. **275, 276A**).

Wenn sich die Muskeln der Rüsselscheide kontrahieren, wird der Rüssel durch den erhöhten Druck der Flüssigkeit aus dem Rhynchocoel ausgestülpt, wobei er sich wie ein Handschuhfinger umkrempelt. Dabei gelangt seine Epidermis auf die Außenseite, während seine Muskulatur samt seinem mesodermalen Epithel in den Binnenraum hineingezogen wird (Abb. 276B). Ein Retraktor, der zwischen der Rüsselspitze und der Wand der Rüsselscheide ausgespannt ist, kann das Organ wieder in den Körper zurückziehen (Abb. 275). Der ausgestülpte Rüssel übertrifft den Körper oft an Länge. Mit Hilfe seiner reich ausgebildeten Muskulatur kann er sich um die Beute wickeln (Abb. 278). Selten trägt der Rüssel laterale, dichotom verzweigte Anhänge.

Bei den Hoplonemertini ist die Mundöffnung oft unterdrückt, und der Vorderdarm mündet dann ins Rhynchodaeum und mit dem Rüssel gemeinsam nach außen. Außerdem ist der Rüssel hier stets zu einer Giftwaffe umgebildet. Sein hinteres Drittel wird durch einen dikken Ringwulst der Wandung bis auf einen kleinen Kanal verschlossen und sezerniert Gift. Auf der rostralen Wand dieses Wulstes aber wird ein Giftstachel erzeugt (Abb. 275). Dieser bildet beim Ausstülpen des Rüssels dessen Spitze und wird in die Beute eingestoßen, worauf Gift in die Wunde gespritzt wird. Bricht der Stachel beim Kampf ab, so wird er schon nach einigen Stunden durch ein Reservestilett wieder ersetzt (Abb. 275).

Das **Blutgefäßsystem** entsteht aus Parenchymsträngen, in denen ein Spaltraum auftritt, hat also eigene Wände und ist geschlossen gegen die übrige primäre Leibeshöhle.

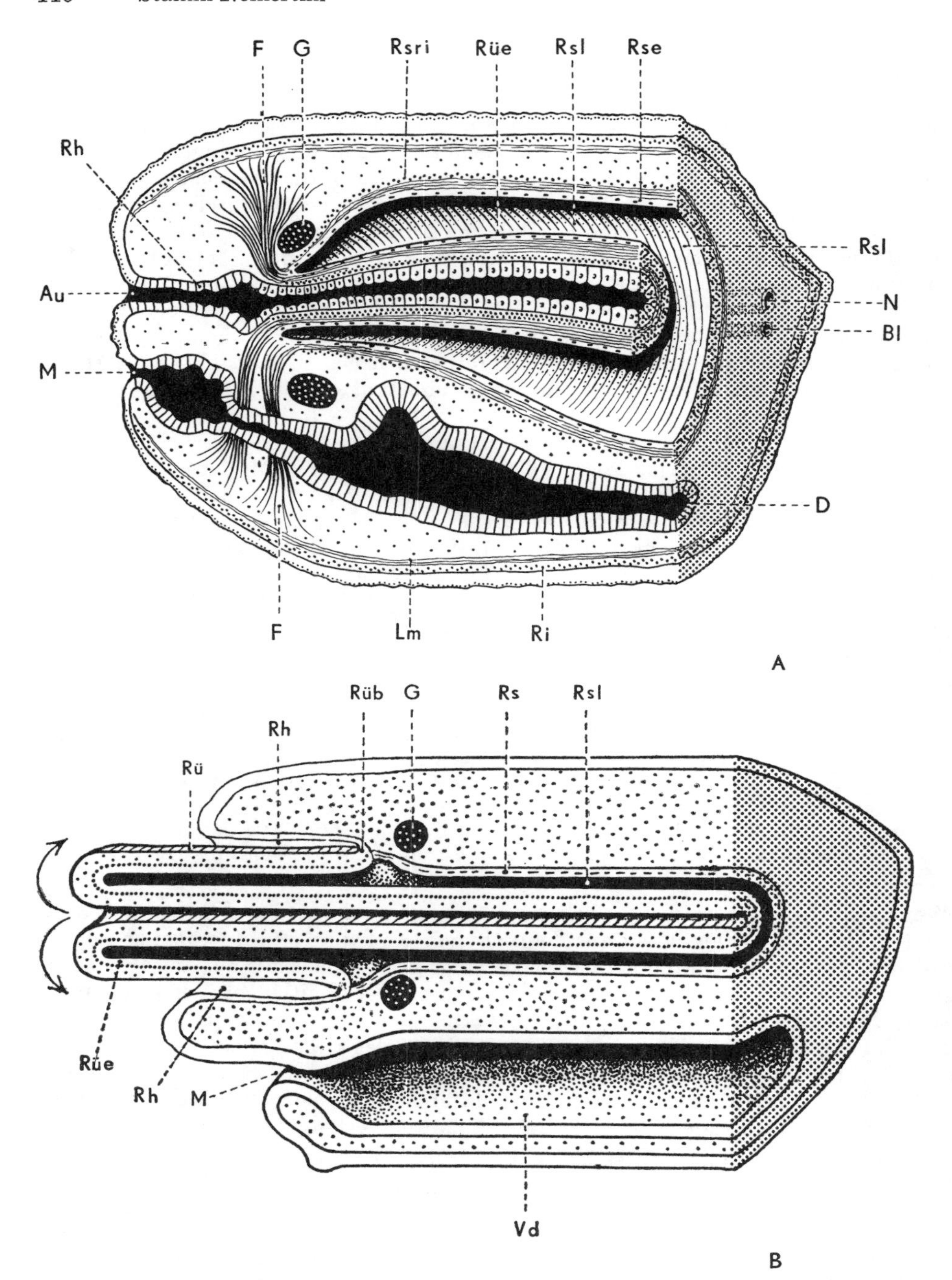

Abb. 276. Längsschnitte durch das Vorderende von Nemertinen mit ein- und ausgestülptem Rüssel. **A.** *Pelagonemertes.* Rüssel in Ruhelage. Höhe des Präparates etwa 2 mm. **B.** Schema des Beginns der Rüssel-Ausstülpung. Die Rüsselpapillen wurden nicht dargestellt. — **Au** Ausmündung des Rhynchodaeum, **Bl** laterales Blutgefäß, **D** Darm, **F** Fixatoren der Rüsselbasis, **G** Gehirn, darunter (in gleicher Manier gezeichnet) seine ventrale Kommissur,

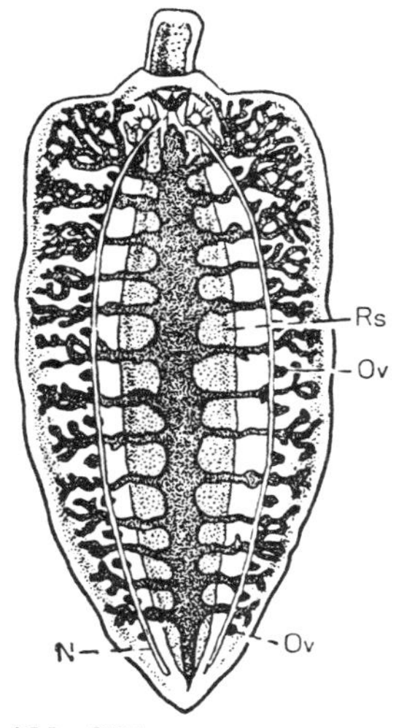

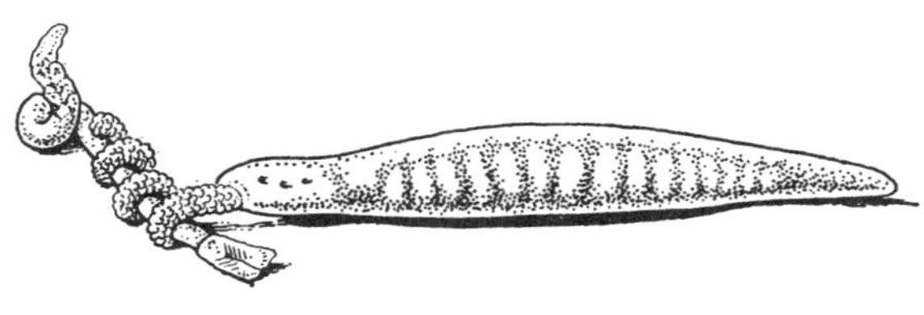

Abb. 277 **Abb. 278**

Abb. 277. *Pelagonemertes rollestoni*, beim Beginn der Rüsselausstülpung, von ventral. Länge 4 cm, Dicke etwa 3 mm. Die Divertikel des Mitteldarmes wechseln mit 13 Paar kleinen, kugelförmigen Ovarien (**Ov**) ab (Pseudometamerie). Die breite, dorsal liegende Rüsselscheide (**Rs**) sowie die Seitennerven (**N**) sind sichtbar. — Nach MOSELEY aus COE 1926.

Abb. 278. *Prostoma graecense*, eine etwa 1 cm lange Süßwasser-Nemertine mit ausgestülptem Rüssel, beim Fang von *Chaetogaster* (Oligochaeta). — Nach REISINGER 1926.

Im einfachsten Falle (manche Palaeonemertini) besteht es aus zwei seitlichen Gefäßstämmen, deren Endothel mit Muskeln bekleidet ist und die am Vorder- und Hinterende des Körpers durch transversale Gefäße miteinander verbunden sind. Bei anderen Gruppen tritt ein Dorsalgefäß auf, das zumeist durch ringförmige Verbindungsgefäße, die oft in gleichmäßigen Abständen voneinander verlaufen, mit den Seitengefäßen verbunden ist (Abb. 275). Auch zum Vorderdarm und zum Rhynchocoel können Gefäße ziehen. Manche Arten besitzen rot oder grün gefärbte Blutkörper. **Atmungsorgane** sind nicht ausgebildet.

Als **Exkretionsorgane** dienen meist ein Paar verzweigter **Protonephridien**, die auf die Region des Vorderdarmes beschränkt sind, und deren Verzweigung äußerst verschieden ist (Abb. 275). Oft zerfällt der Hauptkanal. So weist *Geonemertes* jederseits 35000 getrennte Protonephridialkanäle mit je 6—10 Endzellen auf. Merkwürdigerweise schmiegen sich bei vielen marinen Arten die Endzellen den großen Blutgefäßen eng an.

Bei manchen Palaeonemertini schwindet außerdem die Wand des Blutgefäßes dort, wo ihr die Endzelle des Protonephridiums anliegt, so daß diese direkt mit der Blutflüssigkeit in Berührung kommt. Bei anderen Palaeonemertini können langgestreckte Gruppen von

◀ Abbildungsunterschrift für Abb. 276

Lm Längsmuskulatur des Hautmuskelschlauches, **M** Mund, **N** lateraler Nervenstrang, **Rh** Rhynchodaeum, **Ri** Ringmuskelfasern des Hautmuskelschlauches, **Rs** Rüsselscheide, **Rse** Rüsselscheiden-Epithel (mesodermal), **Rsl** Rüsselscheiden-Lumen, **Rsri** Ringmuskelschicht der Rüsselscheide, daran angeschmiegt die Längsmuskellage, **Rü** Rüssel, **Rüb** Rüsselbasis = Übergang des Rüssel- in das Rhynchodaeum-Epithel, **Rüe** mesodermale Bekleidung des Rüssels, **Vd** Vorderdarm. — A nach COE 1926, leicht verändert.

Terminalorganen sogar die Wimperflammen verlieren. Die zur gleichen Ordnung gehörige Gattung *Cephalothrix* aber hat — freilich nur im weiblichen Geschlecht — die Protonephridien so umgebildet, daß sie an Metanephridien erinnern. Der intrazellulare Kanal wird hier nämlich nicht von einer Endzelle verschlossen, sondern von 10—20 Endzellen trichterförmig umrandet, und die Wimpern ragen nicht in den Kanal hinein, sondern umsäumen seine Mündung ebenso wie die Wimpern des Trichters eines echten Metanephridiums (Abb. 279). Doch schließt eine Membran den Hohlraum des Trichters von der Umgebung ab. Handgreiflich zeigt sich hier, wie sich aus einem Protonephridium die Form des Metanephridiums bilden kann, obwohl die Funktion des Gebildes durchaus noch der eines Protonephridiums entspricht, indem es nach außen abgeschlossen ist. Nicht weniger als 300 solcher Wimpertrichter mit Ausführgängen sind bei 1 m langen Weibchen von *Cephalothrix major* jederseits in einer Reihe angeordnet.

Die **Geschlechter** sind bei den meisten Gattungen getrennt. Die Gonaden bilden auf jeder Körperseite eine Längsreihe einfacher kleiner Säckchen, die erst bei Geschlechtsreife einzeln direkt nach außen münden (Abb. 275). Wenn Darmtaschen vorhanden sind, können die Gonaden mit ihnen abwechseln, so daß Pseudometamerie vorliegt (Abb. 277). Einige Arten sind Hermaphroditen, wie z. B. *Prostoma*.

Fortpflanzung

1. Geschlechtliche Fortpflanzung. Die Besamung der Eier erfolgt gewöhnlich äußerlich, nicht selten aber trotz Fehlens von Kopulationsorganen innerlich. Die Geschlechter liegen dann eng beisammen, manchmal in gemeinsamer Schleimröhre. In eine solche oft verstärkte Röhre werden zumeist auch die Eier wie in einen Kokon abgelegt, den die Mutter bald verläßt. Einige wenige Arten gebären lebendige Junge (Viviparie).

2. Ungeschlechtliche Vermehrung durch gleichzeitige 10—30fache Querteilung des Körpers ist von manchen *Lineus*-Arten bekannt. Bei der großen Regenerationsfähigkeit der Tiere wächst jedes Teilstück zu einer vollständigen Nemertine aus. Ungeschlechtliche und geschlechtliche Fortpflanzung können miteinander abwechseln.

Entwicklung und Larven

Die Furchung verläuft nach dem **Spiraltypus**. Die größenmäßig wenig verschiedenen Blastomeren sind determiniert, wie Experimente zeigen. Ento- und Mesoderm bilden sich bei den einzelnen Gruppen sehr verschieden, doch treten niemals reguläre Meso-

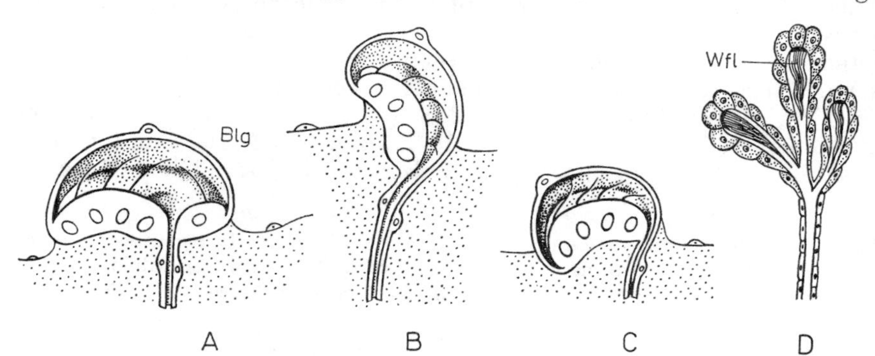

Abb. 279. Exkretionssystem. **A.** Terminalorgan des Exkretionskanals von *Procephalothrix spiralis*, das sich in ein Blutgefäß vorwölbt. Parenchym punktiert. **B** und **C.** Zwei Vorstufen des trichterförmigen Terminalorgans von *Cephalothrix*. Der wimperntragende Zellwulst hat den Kanal noch nicht ringförmig umwachsen. In C hat das Organ bereits die gleiche Lage wie in **A. D.** Das Terminalorgan von *Drepanophorus* besteht ebenfalls aus mehreren Zellen. — **Blg** Lumen des Blutgefäßes, **Wfl** Wimperflamme. — A—C noch Coe 1930, verändert; D nach Bürger 1895.

dermstreifen auf, sondern von Anfang an Parenchym. Die weitere Entwicklung kann entweder über eine Larvenform erfolgen oder auf direktem Wege unter Streckung der bewimperten Gastrula zur Wurmgestalt führen, und zwar im Kokon, im Freien oder — bei Lebendgebärenden — im Ovar (vgl. System). Wir unterscheiden planktotrophe Larven von solchen, die ihre Entwicklung innerhalb des Kokons durchlaufen und so das gefährdete Planktonstadium, vielleicht auch in Rücksicht auf die Bedingungen in der Gezeitenzone, vermeiden. Die bewimperten Kokonlarven ernähren sich entweder nur vom eigenen Dotter (**Desorsche Larve** mancher *Lineus*) oder von ihren frühzeitig in der Entwicklung gehemmten Geschwistern (**Schmidtsche Larve** mancher *Lineus*). Alle drei Larventypen aber wandeln sich durch eine komplizierte Metamorphose, bei der Imaginalscheiben auftreten, in den Wurm um.

Die planktotrophe Larve, das **Pilidium** (Abb. 280), schwimmt gewöhnlich 2—4 Wochen umher und nährt sich von winzigen Planktern. Das Schwimmen ist erleichtert durch eine Verringerung des spezifischen Gewichtes, indem zwischen die Parenchymzellen viel den Körper aufblähende leichte Gallerte eingelagert wird. Außerdem wird die praeorale Wimperschnur stark verlängert durch ein Paar rechts und links des Mundes wie Ohrenklappen einer Mütze senkrecht ventrad auswachsende Lappen, deren Saum sie begleitet. Wie bei der Trochophora sind eine mit Cilien und Nervenzellen versehene Scheitelplatte, Parenchym- und Muskelzellen vorhanden. Doch endigt der Darm blind, und es fehlen Protonephridien.

Die Metamorphose setzt mit dem Auftreten von mehreren breiten, hohlen Ectoderm-Einstülpungen ein. Diese schieben sich gegen den Darm und drängen das Parenchym vor sich her bis an dessen Wandung. Dann verschmelzen ihre dem Darm zugekehrten Wände miteinander und umwachsen so gemeinsam Parenchym und Darmkanal, wobei sie die Epi-

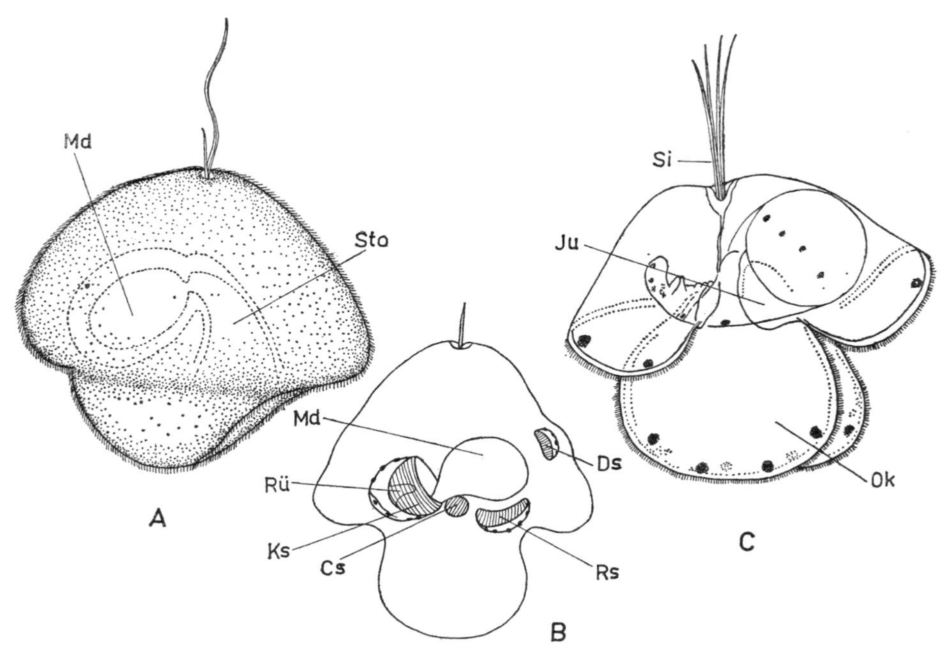

Abb. 280. Larvalentwicklung von *Cerebratulus*. **A.** Frühe Pilidium-Larve. **B.** Schematische Darstellung der Embryonalscheiben, die durch Verschmelzung den Jungwurm zusammensetzen. **C.** Spätes Pilidium mit Jungwurm im Inneren. — **Cs** Scheibe für das Cerebralganglion, **Ds** Dorsalscheibe, **Ju** Jungwurm, **Ks** „Kopf“scheibe, **Md** Mitteldarm, **Ok** „Ohrenklappen“, **Rs** Rumpfscheibe, **Rü** Rüssel-Invagination, **Si** apikales Sinnesorgan, **Sto** Stomodaeum. — A nach Coe 1899, B nach Salensky 1912, C nach Verrill 1892, aus Hyman 1951.

dermis des Jungwurmes bilden. Schließlich schnüren sich die Einstülpungen vom Larven-Ectoderm ab, und der innerhalb des Pilidiums rings um den Larvendarm entstandene Jungwurm durchbricht den Larvenkörper. Manche Arten werden mehrere Jahre alt.

Stammesgeschichte

Durch Übereinstimmungen in Epidermis, Parenchym, Nervensystem, Sinnesorganen und Protonephridien sind die phyletischen Beziehungen zwischen Nemertini und Plathelminthes (Turbellaria) offensichtlich. Die Weiterentwicklung des Parenchyms, das Hohlraumsystemen wie Rhynchocoel und Blutgefäßen den Ursprung gibt, hebt die Schnurwürmer aber auf eine höhere Organisationsstufe, die als eine konvergente Vorstufe zu den viel komplizierteren Mesodermbildungen der Annelida aufgefaßt werden könnte. Auch die Umbildung der Protonephridien bei *Cephalothrix* gehört wahrscheinlich in diesen Zusammenhang. Sie sind durch Übergangsformen mit gewöhnlichen Protonephridien verbunden, und es besteht kein Grund, sie als Rudimente von Organen anneliden-ähnlicher Vorfahren zu betrachten. Da die Nemertini keinerlei Tendenz zu der komplizierten Entwicklung der Geschlechtsorgane zeigen, die die Plathelminthes auszeichnet, dürften sie sich zeitig von deren Ahnen getrennt haben. Die Nemertini haben die höchste „acoelomate" Organisationsstufe erreicht. — Einige Forscher [22] leiten übrigens die Deuterostomia von den Nemertini oder wenigstens von ähnlich konstruierten Vorläufern ab, die damit als Vorfahren der Wirbeltiere zu gelten hätten (Hoplonemertinen-Hypothese als Alternative zur Protochordaten-Hypothese). Wir schließen uns diesen Vorstellungen nicht an.

Vorkommen, Verbreitung und Lebensweise

Die meisten Schnurwürmer bewohnen den Boden, und zwar hauptsächlich die Küstengebiete der gemäßigt-warmen und kühlen Meere. Nur wenige steigen bis etwa 1500 m in die Tiefe hinab. Doch leben rund 70 Arten bathypelagisch in 200 m bis 3000 m Tiefe. Einige Arten, wie z. B. *Prostoma*, sind ins Süßwasser eingewandert, und in den Tropen finden wir manche sogar auf dem Lande in feuchten Biotopen, z. B. *Geonemertes*. Wenige Gattungen leben als Kommensalen vor allem in den Strömungen der Wimperfelder von Strudlern, z. B. in Muscheln und Ascidien.

Die Küstenbewohner — sämtlich photonegativ reagierend und thigmotaktisch — trifft man zwischen Pflanzen, unter Steinen und im Sand an, häufig in Schleimröhren, die von ihren Hautdrüsen abgeschieden worden sind. Die Land-Nemertinen leben an den gleichen Orten wie die Land-Turbellarien (S. 359), die Süßwasser-*Prostoma* in sauerstoffreichen Gewässern, im Schlamm, überrieseltem Moos und unter Steinen. Während die unter Steinen und im Sand hausenden Arten häufig dunkelbraun oder fahl gefärbt sind, findet man in *Ulva*-Massen vor allem grün und grün-blau gefärbte, auf roten Corallinen (Rhodophyta) prächtig rote, zwischen Wurzelstöcken von *Posidonia* aber rotbraune Species, die man oft erst bemerkt, wenn sie sich bewegen. Ihre Pigmentkörner liegen vorwiegend in den Zellen der Epidermis, manchmal auch des Parenchyms.

Die **Fortbewegung** der kleineren Arten ist ein ganz gleichmäßiges Gleiten mittels der Wimpern innerhalb eines Schleimtunnels, der ständig von den Hautdrüsen abgesondert wird. Bei großen Arten sind wohl, ähnlich wie bei den Strudelwürmern, Kontraktionswellen des Hautmuskelschlauches an der Lokomotion beteiligt (S. 360). Spannerkriechen von *Malacobdella* s. S. 454. Beim Durchkriechen von Tangmassen und Sand kommt den Schnurwürmern die erstaunliche Kontraktions- und Dehnungsfähigkeit ihres Körpers zugute, kann sich doch eine soeben ausgestreckte Nemertine sogleich auf ein Sechstel oder gar nur ein Zwölftel zusammenziehen. Manche Arten, insbesondere von *Cerebratulus*, aber auch von *Prostoma*, können nach Abplattung des Körpers mit Hilfe schlängelnder Bewegungen gewandt schwimmen. Die bathypelagischen Schnurwürmer schwimmen zeitlebens.

Ihr meist bis 6 cm, selten 20 cm langer Körper ist in Übereinstimmung mit der Lebensweise nicht drehrund, sondern sehr verbreitert und flach, häufig durch gallertiges Parenchym quallenartig erleichtert (Abb. 277). Manche Arten haben auch seitliche Flossensäume, die in eine Art Afterflosse auslaufen können. Lebend aus der Tiefe heraufgezogene *Nectonemertes* schwammen im Aquarium unter heftiger Undulation des ganzen Körpers und kräftigen Schlägen der Afterflosse sehr geschwind nach allen Richtungen.

Vom **Sinnesleben** ist wenig bekannt. Taktile und optische Reize werden wahrgenommen, ebenso chemische.

Als in ein Becken getrocknete Daphnien eingebracht wurden, kamen im Verlaufe von zwei Stunden gegen 300 Süßwasser-Nemertinen aus dem Sande herausgekrochen und suchten die Leichen auf. Legte man 17 cm entfernt von einem in der Schleimröhre ruhenden *Prostoma* ein 1,5 mm langes Stück von *Tubifex* nieder, so setzte sich die Nemertine 90 Sekunden später in Bewegung. Dabei traten stoßweise, von Pausen unterbrochen, oft auch links und rechts abwechselnd, starke Kreiswirbel an der Mündung ihrer Cerebralorgane auf, die Wasser von vorn her ansogen. Der Wurm gelangte, dauernd so „schnüffelnd", binnen 15 Minuten zum Nahrungsstück. Zieht man kurz vor einer auf einem nassen Felsen kriechenden 10 cm langen *Paranemertes peregrina* einen langen Polychaeten schräg etwa 6 cm weit über den Grund, so stößt der Schnurwurm, sobald er diese Spur berührt, seinen Rüssel aus, der dann der Spur folgt, den Polychaeten erreicht und umschlingt.

Ernährung. Kleine, ungemein dünne Arten sind Microphagen oder saugen Schnekken und Würmer aus. Größere Nemertinen hingegen sind Räuber, und zwar Schlinger, die Mollusken, Anneliden, kleinere Krebse und Fische überfallen. Natürlich können sie auch frisches Aas aufnehmen.

a) Anopla. *Lineus ruber* legt sich beim Fang einer *Nereis* schnell mit Hilfe der Hautdrüsen am Untergrund fest und stößt explosionsartig rasch seinen Rüssel aus, der sich sogleich in mehreren Windungen um das Opfer schlingt, dessen Haut tief einschnürt und durch seine Sekrete fest daran haftet. Dann hebt *Lineus* seine Körperspitze, hinter der das unterständige Maul liegt, und verschlingt die Beute. Er kann Würmer hinunterwürgen, deren Durchmesser doppelt so groß wie sein eigener ist, und kriecht dann mit weit aufgerissenem Maul förmlich über sein Opfer hinweg, unter gewaltiger Anschwellung. Natürlich läßt vorher der Rüssel, der auf einer *Nereis* nur wie ein dünner Faden erscheint, die Beute fahren und zieht sich ins Rhynchocoel zurück. Der Freßakt dauert bei Nahrungsstücken von der Hälfte der eigenen Körperlänge etwa 30 min, bei kleineren Beutestücken 15 min. Die Abtötung erfolgt erst im Vorderdarm, wohl durch dessen saure Sekrete. Der Rüssel ist auch fähig, fliehender Beute in Röhren des Untergrundes hinein zu folgen, sie darin zu packen und herauszuziehen.

b) Enopla. Die Süßwasser-Nemertine *Prostoma* stülpt ihren Rüssel nahe der Beute, einem langsam kriechenden Wurm, verhältnismäßig bedächtig soweit aus, daß seine Spitze vom Stilett gebildet wird. Sobald der Rüssel ans Opfer anstößt, klebt er fest; um lange, dünne Würmer schlingt er sich in vielen Windungen (Abb. 278). Dann sticht das Stilett ein, und das Endstück des Rüssels preßt bei leichtem Rückzug des Stachels Gift aus. Das Beutetier zuckt krampfhaft zusammen und wird, falls es sich noch weiter heftig windet, mehrmals gestochen, wobei jedesmal vorher der Rüssel wieder zu einem Drittel eingestülpt wird. Nachher wird das nun fast bewegungslose Opfer verschlungen.

Anders verhält sich *Prostoma* gegenüber schwimmenden Daphnien. Es stößt seinen Rüssel blitzschnell wie einen Pfeil aus und durchbohrt den Carapax der Beute, die am Rüssel hängen bleibt. In gleicher Weise fängt *Amphiporus* Amphipoden, die ebenfalls nicht umschlungen werden. Beide Schnurwürmer würgen die Krebse nicht hinunter. Sie legen vielmehr den Mund an die Bauchseite des gelähmten Opfers und saugen dessen Eingeweide aus, nur die leere Cuticula zurücklassend. Wahrscheinlich werden dabei Fermente aus dem Mitteldarm in die Krebsleiche eingepumpt.

Die **Verdauung** ist bei *Lineus* genauer untersucht worden. Der ganze Darmkanal ist bewimpert, aber ohne oder fast ohne Muskulatur, so daß beim Schlingakt der starke, an die Darmwand grenzende Hautmuskelschlauch tätig ist. Die Beute gleitet in wenigen Minuten durch den Vorderdarm, dessen einzellige Drüsen Schleim und eine Carbo-Anhydrase abscheiden. Damit wird das Opfer abgetötet, schlüpfrig gemacht und ein saures Medium hergestellt. Im Mitteldarmlumen erfolgt dann sehr schnell eine extrazelluläre proteolytische Zersetzung durch Kathepsin C (bei p_H 5 bis 5,5), das aus den Drüsenzellen des dimorphen Mitteldarmepithels stammt. Bereits 15 Minuten nach dem Verschlingen ist ein Oligochaete dem Zerfall nahe. Seine Bruchstücke werden von den Wimpern in die Darmdivertikel gestrudelt, deren Epithel dem des Mitteldarmkanals gleicht. Es verschmelzen nun die Wimpern der Nährzellen zu schmalen Pseudopodien, die sich in den Nahrungsbrei strecken und seine Teile durch Phagocytose aufnehmen (Beweis: Stärkekörner gelangen unverletzt als Ganzes in die Nährzellen). An der intrazellulären Verdauung in basischem Medium sind beteiligt eine Exopeptidase, Lipase, Carbohydratase. Reservestoffe werden als Fett vor allem im Parenchym, weniger in den Nährzellen des Darmes gelagert.

System

Klasse Nemertini

Der Stamm Nemertini bildet gleichzeitig eine einzige Klasse, die in zwei Unterklassen gegliedert wird. Eine von manchen Autoren vorgenommene höhere Bewertung dieser Unterklassen (als selbständige Klassen) scheint nicht angemessen.

1. Unterklasse Anopla

Rüssel ohne Giftstachel, nicht in Abschnitte gegliedert, manchmal aber mit dichotomen Verzweigungen. Seitennerven im oder distal vom Hautmuskelschlauch liegend. Mund hinter dem Gehirn. — Insgesamt 46 Gattungen.

1. Ordnung Palaeonemertini

Muskelschlauch entweder aus zwei Schichten (äußere Ring- und innere Längsmuskelschicht) oder aus drei Schichten (äußere Ring-, mittlere Längs- und innere Ringmuskelschicht) bestehend. Dermis gelatinös oder fehlend. Seitennerven in der inneren Längsmuskelschicht oder direkt unter der Epidermis liegend. Rückengefäße und Kommissur-Gefäßbögen fehlen meist, ebenso Cerebralorgane und Augen. Primitive Gruppe. — Mit 4 Familien.

Familie Tubulanidae. **Tubulanus*, kann bis 50 cm Länge erreichen.

Familie Cephalothricidae. **Cephalothrix*, von 5 mm bis (in Nordamerika) 1 m Länge; Protonephridien S. 448, Seitennerven an der Basis der Epidermis, direkte Entwicklung S. 449. — *Procephalothrix.*

2. Ordnung Heteronemertini

Muskelschlauch aus drei Schichten bestehend (äußere Längs-, mittlere Ring- und innere Längsmuskelschicht), manchmal mit zusätzlicher dünner innerer Ring- und äußerer Diagonalmuskelschicht. Dermis gut entwickelt und fibrös. Seitennerven immer in der mittleren Ringmuskelschicht des Hautmuskelschlauches. Rückengefäß stets, Kommissurgefäße meist vorhanden, ebenso Cerebralorgane und Augen. Gonaden oft regelmäßig mit Darmdivertikeln abwechselnd. Entwicklung über eine Pilidium-, Desorsche oder Schmidtsche Larve. — Mit 5 Familien.

Familie Lineidae. **Lineus*, bis 30 m Länge erreichend; ungeschlechtliche Vermehrung S. 448. **L. ruber*, 10—20 cm lang, 3—4 mm Durchmesser, purpurn, braun oder grün, häufig im Schlamm der Küsten gemäßigter Meere, auch nahe der Wassergrenze. Zeichnet sich durch hohe Regenerationsfähigkeit aus; Schmidtsche Larve, Beutefang S. 451, Verdauung S. 451. — *Cerebratulus*, gräbt im Sand, kann mit seinem abgeplatteten Körper auch vortrefflich schwimmen. Die meisten Arten sind 15—60 cm lang, doch kommen in Nordamerika auch solche von über 10 m Länge vor.

2. Unterklasse Enopla

Rüssel in Abschnitte gegliedert, fast immer mit einem Giftstachel, der mit einem oder mehreren nadelförmigen Stiletten versehen ist (ausgenommen die Ordnung Bdellomorpha). Der Vorderdarm mündet häufig ins Rhynchodaeum und durch dieses nach außen. Mund vor oder hinter dem Gehirn. Seitennerven im Parenchym an der Innenseite des Hautmuskelschlauches, der aus zwei Schichten besteht (äußere Ring- und innere Längsmuskelschicht). — Insgesamt etwa 100 Gattungen.

1. Ordnung Hoplonemertini

Rüssel mit Giftstachel, der mit einem oder mehreren Stiletten versehen ist. Darm gerade, mit paarigen seitlichen Divertikeln. Entwicklung, soweit bekannt, direkt.

1. Unterordnung Polystilifera

Stilettbasis sichelförmig und mit mehreren kurzen Stiletten besetzt. Mund und Rhynchodaeum-Öffnung häufig getrennt.

1. Infraordnung Reptantia

Körper an Kriechen und Graben angepaßt. Rhynchocoel mit Ausbuchtungen. Cerebralorgane und Protonephridialsystem vorhanden. — Mit 3 Familien.

Familie Drepanophoridae. *Drepanophorus*, bis 50 cm lang, Grundbewohner mit abgeflachtem Körper, kann schnell schwimmen.

2. Infraordnung Pelagica

Bathypelagisch. Körper an freies Schwimmen oder Schweben in tiefem Wasser angepaßt. Rhynchocoel ohne Aussackungen. Ohne Cerebralorgane und Protonephridien. — Mit 10 Familien.

Familie Pelagonemertidae. *Pelagonemertes*, bis 4 cm lang (Abb. 276, 277).

Familie Nectonemertidae. *Nectonemertes*, bis 6 cm lang.

2. Unterordnung Monostilifera

Auf der Stilettbasis sitzt nur ein Stilett. Der Vorderdarm mündet fast immer durch das Rhynchodaeum aus. — Mit 6 Familien.

Familie Carcinonemertidae. *Carcinonemertes carcinophila*, 2—6 cm lang, lebt in seiner Röhre auf Krabben, z. B. *Carcinus maenas*, zunächst auf den Kiemen, wenn die Krabbe Eier abgelegt hat, auf diesen. Ihre aus dem Ei kriechende Larve sieht ähnlich wie ein Pilidium aus, heftet sich aber sogleich an die Kiemen einer Krabbe.

Familie Emplectonematidae. *Paranemertes,* — **Amphiporus* (Abb. 275), 4—20 cm lang. — **Oerstedia.* — *Geonemertes,* bis 7 cm lang, ist zum Landleben übergegangen und an feuchten Stellen tropischer und subtropischer Wälder zu finden, verschleppt gelegentlich auch in europäischen Gewächshäusern (S. 450).

Familie Tetrastemmatidae. **Prostoma,* mit 2—4 cm langen Arten am Strande. Hierzu gehört auch die oft als *Stichostemma* bezeichnete Süßwasser-Nemertine **P. graecense* (Abb. 278), bis 1,2 cm lang, 3,4 mm breit. Zwitter, Besamung in der Gonade, direkte Entwicklung binnen 8—10 Tagen innerhalb eines Kokons. Vorkommen S. 450. Beutefang S. 451.

2. Ordnung Bdellomorpha (syn. Bdellonemertea)

Rüssel ohne Stilett, mündet zusammen mit dem Vorderdarm in ein sehr weites Atrium. Mitteldarm ohne Divertikel. Augen und Cerebralorgane fehlen. Hinterende des Körpers in Übereinstimmung mit der Lebensweise mit einem drüsigen Saugnapf ausgestattet (Abb. 281). Direkte Entwicklung. — Mit nur 1 Familie.

Familie Malacobdellidae. **Malacobdella grossa.* 3—5 cm lang, 1—1,5 cm breit, als Kommensale in Muscheln (*Arctica, Mya, Cardium*) lebend, von denen oft ein hoher Prozentsatz damit besiedelt ist. Bewegt sich ähnlich wie ein Blutegel durch Spannerkriechen fort und saugt das von der Muschel eingestrudelte Plankton auf.

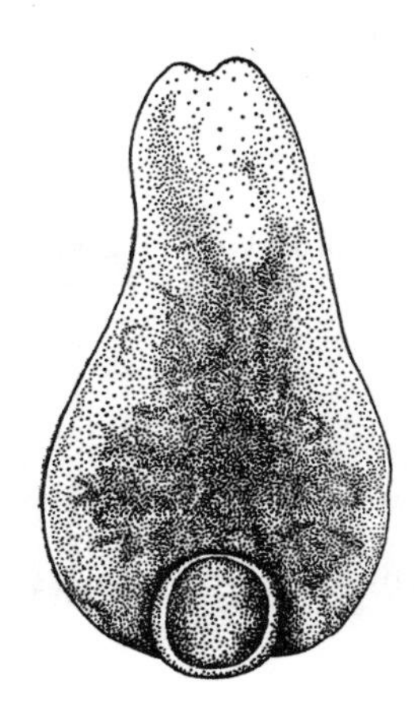

Abb. 281. *Malacobdella grossa,* ventral. Länge 2,2 cm. Lebt als Kommensale in der Mantelhöhle von Meeresmuscheln. Die inneren Organe schimmern leicht durch. Beachte die Konvergenz zu den Hirudinea! — Nach einem Photo von G. HARTWICH.

9. Stamm Entoprocta (syn. Kamptozoa), Kelchwürmer

Etwa 100 Arten. Einzeltiere 0,2—5,8 mm lang. Größte Art: *Barentsia gracilis.*

Diagnose

Sessile, oft koloniebildende, fast ausschließlich marine Spiralia. Körper in einen Stiel und einen die inneren Organe enthaltenden kelchförmigen Rumpf gegliedert. Ein endständiger Tentakelkranz umgibt die apikale (ventrale) Fläche des Kelches und umschließt Mund, After, Nephroporen und Gonadenöffnung. Leibeshöhle mit Parenchym ausgefüllt. Neben geschlechtlicher (meist wohl zwittriger) auch ungeschlechtliche Vermehrung durch Knospung. Mit Spiralfurchung und Larven vom Trochophora-Typ.

Eidonomie

Das Einzeltier der stets festsitzenden und vielfach koloniebildenden Entoprocta besteht aus einem sehr unterschiedlich langen Stiel und einem meist weinglasförmigen Rumpf (= Kelch), der die vegetativen und generativen Organe enthält (Abb. 282). Der zur Anheftung am Substrat dienende **Stiel** geht teils allmählich in den Kelch über, teils ist er von ihm durch eine Ringfurche abgegrenzt. Er hat manchmal eine basale Fußplatte und kann durch regelmäßige Einschnürungen oder knotenartige Verdickungen gegliedert sein (Abb. 286). Der **Kelch** oder Calyx ist an seiner schüsselförmig eingesenkten Endfläche, die der Ventralseite des Tieres entspricht, von einem Kranz aus 6—30 nach innen einschlagbaren, an ihrer verbreiterten Innenseite bewimperten Tentakeln umgeben. Die Tentakel umschließen somit ein Atrium, dessen Boden von der Endfläche des Kelches gebildet wird (Abb. 283). Der Atriumboden weist an der Tentakelbasis jederseits eine halbkreisförmige, zum Mund führende Wimperrinne auf. Innerhalb des Tentakelkranzes liegen auf ihm auch alle Körperöffnungen, also Mund, Nephroporen, Gonadenöffnung und After, in einer Reihe hintereinander.

Mit diesem Habitus weichen die Entoprocta sehr stark von der Wurmgestalt der Plathelminthes und Nemertini ab, obwohl sie wegen ihres zwischen den inneren Organen völlig von Parenchym erfüllten Leibeshohlraumes durchaus als typische Parenchymtiere angesehen werden können. Ihr Körper gleicht äußerlich einem Hydroidpolypen in so hohem Maße, daß man zunächst nur durch die kennzeichnende heftige Nickbewegung, die alle Kelchwürmer bei Störungen ausführen, zur richtigen Klassifizierung befähigt wird. Die Herausbildung dieses Habitus erklärt sich aus der Lebensweise: Die Entoprocta sind sessile Strudler.

Auch bei anderen primär wurmförmigen Tieren kommt es beim Seßhaftwerden häufig zu einer strudelnden Ernährungsweise, verbunden mit einer Vergrößerung und Komplizierung des apikalen Körperabschnitts. Man vergleiche beispielsweise die strudelnden Polychaeta, die weit extremer umgebildeten Pterobranchia (Hemichordata) und auch die Peritricha unter den Ciliata. Das Übergewicht des Vorderkörpers nimmt bei diesen For-

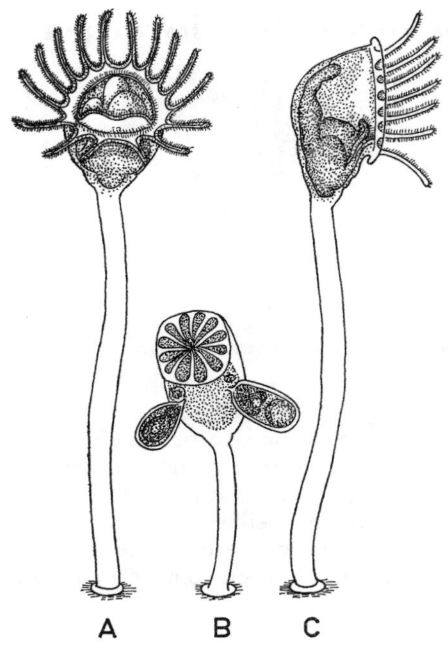

Abb. 282

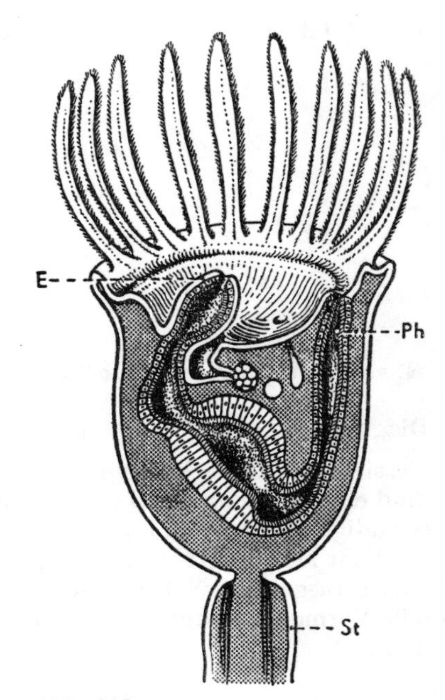

Abb. 283

Abb. 282. *Loxosomella phascolosomata*, ein solitär lebender Kelchwurm. **A.** Ansicht von der ventralen (= oralen) Seite. **B.** Jüngeres Exemplar mit eingeschlagenen Tentakeln und mit zwei Brutknospen am Kelch. **C.** Seitenansicht. Höhe 1,8 mm. — Nach CORI 1930.

Abb. 283. Schematischer Längsschnitt durch eine Entoprocte. Parenchym dicht punktiert. — **E** Enddarm, **Ph** Pharynx, **St** Stiel (mit Längsmuskeln). — Zwischen Pharynx und Enddarm folgen aufeinander: das auf dem trichterartig eingesenkten Atriumboden mündende paarige Protonephridium, das Ganglion sowie die Gonaden mit gemeinsamem Ausführgang zum Atrium. Von den Tentakeln führen Wimperbahnen zur Mundöffnung. Kelch ohne Tentakel 0,4 mm lang. — Nach REMANE 1950, verändert.

men in der angeführten Reihenfolge in steigendem Maße zu, und gleichzeitig vereinfacht sich der Hinterkörper im Extrem zu einem Stiel, wie dies auch bei den Entoprocta der Fall ist.

Anatomie

Das **Integument** besteht aus einem einschichtigen Epithel, das an der Seitenwand des Kelches und am Stiel von einer Cuticula bekleidet ist. Die Endfläche des Kelches dagegen wird lediglich von dem stellenweise bewimperten drüsenreichen Epithel bedeckt. Die gesamte **Leibeshöhle** wird von einem lockeren Parenchym durchzogen, dessen Spalträume mit einer Haemolymphe gefüllt sind, ähnlich dem Schizocoel der Plathelminthes. Die **Muskulatur** ist im Kelch und in den Tentakeln nur schwach in Form von einzelnen Längsmuskeln sowie eines Ringmuskels an der Tentakelbasis ausgebildet, im Stiel dagegen als Längsmuskelschlauch.

Das **Nervensystem** besteht aus einem ventral des Darmes in Magennähe gelegenen Ganglion (Abb.283), von dem aus drei Paar Nerven die Tentakel sowie je ein Paar den Kelch, insbesondere Sinneszellen und einfache **Sinnesorgane** an dessen Seitenwand, die inneren Organe und den Stiel innervieren. Außerdem ist ein peripherer Nervenplexus vorhanden, besonders ausgeprägt an der Basis von Kelch und Stiel.

Der **Darmkanal** beschreibt von der zwischen zwei Lippen eingesenkten Mundöffnung aus eine U-förmige Biegung bis zu dem auf der entgegengesetzten Seite des Atriumbodens auf einer erhabenen Papille innerhalb des Tentakelkranzes (Gegensatz zu den Ectoprocta!) ausmündenden After (Abb. 283). Der Mittelteil des Darmes ist zu einem Magen mit hohen Zellen erweitert. Innerhalb des Darmbogens liegen die übrigen inneren Organe, nämlich außer dem Ganglion die Protonephridien und ein Paar bläschenförmige Gonaden.

Alle marinen Entoprocta haben nur zwei einfache **Protonephridien**, die zwischen Vorderdarm und Ganglion liegen und teils getrennt, teils gemeinsam nahe der Mundöffnung ausmünden. Ihr Terminalorgan ähnelt im Feinbau als Reusengeißelzelle (Cyrtocyte) dem der Plathelminthes (vgl. S. 342). Bei der im Süßwasser lebenden *Urnatella gracilis* ist das Protonephridialsystem viel komplizierter gebaut. Hier sind im Kelch durchschnittlich 28 Terminalorgane vorhanden, deren Kanäle sämtlich in die beiden Schenkel eines Y-förmigen Ausführganges münden, der sich zusammen mit Enddarm und Gonaden in eine Atrialtasche öffnet. Auch in jedem Stielglied sind bei dieser limnischen Form bis zu zehn Protonephridien entwickelt, die einzeln im lateralen Bereich des Gliedes ausmünden.

Stroboskopische Messungen der Wimperflammentätigkeit zeigten eine klare Abhängigkeit der Schlagfrequenz vom osmotischen Druck der Kulturflüssigkeit. Bei Erhöhung des Salzgehaltes in ihr wird die Schlagfrequenz herabgesetzt und damit der Wasserausstoß aus dem Organismus stark verringert: Osmolarität des Wassers 0,005 → Frequenz der Wimperflammen durchschnittlich 16,4/s; Osmolarität 0,05 → Frequenz 6,6/s. Die Steigerung der Zahl der Terminalzellen gegenüber marinen Arten erklärt sich also zwanglos aus dem Leben im Süßwasser [10].

Die Protonephridien dienen lediglich der Osmoregulation, während Exkretstoffe von den Zellen eines bestimmten Magenbezirks ausgeschieden werden.

Bei den meisten koloniebildenden Arten befindet sich im Körperhohlraum zwischen Kelch und Stiel ein pfropfartiger Komplex aus 5—18 tellerartig übereinanderliegenden flachen Muskelzellen, von denen die oberen in Ruhelage kelchwärts gewölbt sind. Dieser Zellkomplex führt in regelmäßigen Abständen rhythmische Kontraktionen aus (bei *Barentsia* alle 3—4 s, bei *Urnatella* alle 30 s) und preßt dadurch nährstoffreiche Gewebeflüssigkeit aus dem Kelch in den Stiel; er kann also als ein einfaches **Kreislauforgan** angesehen werden [11]. — **Atmungsorgane** fehlen; der Gasaustausch erfolgt durch die Epidermis.

Die paarigen **Gonaden** der nach derzeitiger Kenntnis teils getrenntgeschlechtlichen, teils zwittrigen Entoprocta münden jeweils in einen kurzen Ovi- bzw. Spermiduct, die sich zu einem unpaarigen Ausführgang (Gonoduct) vereinigen; dessen Öffnung liegt zwischen Nephroporen und After. Bei den durchweg protandrischen Zwittern ist jede Gonade in einen Hoden und ein Ovar geteilt. Möglicherweise sind alle Entoprocta Zwitter, denn es ist durchaus denkbar, daß bei den einzelnen Individuen der als diözisch beschriebenen Arten bisher jeweils nur ein Typ der nacheinander heranreifenden Gonaden beobachtet worden ist [21].

Fortpflanzung und Entwicklung

Bei **geschlechtlicher Fortpflanzung** findet wohl stets Fremdbefruchtung statt, jedenfalls konnte eine Selbstbefruchtung nie sicher nachgewiesen werden. Die Spermien werden durch kräftige Kontraktionen des Kelches ins Wasser ausgestoßen und gelangen durch die Geschlechtsöffnung in die Oviducte von Nachbarindividuen. Zur Zeit der Eiablage schwellen an der Grenze zwischen Oviducten und Gonoduct eingelagerte Drüsenzellen stark an und umgeben jedes vorbeigleitende und bereits vorher befruchtete Ei mit einem Sekretüberzug. Dieser wird in einen Stiel ausgezogen, mit dem sich das Ei nahe der Gonadenöffnung in einer Vertiefung des Atriumbodens festheftet. Hier entwickelt es sich dann bis zur Schwimmlarve.

In jedem Ovar der limnischen *Urnatella gracilis* reift — vermutlich auf beiden Körperseiten alternierend — nur ein einziges Ei. Es macht seine Embryonalentwicklung bis zur Ausbildung einer Larve von etwa 0,15 mm Durchmesser im Ovar durch, wobei das einer *Pedicellina*-Larve ähnliche Endstadium den Kelch des Muttertieres ausbuchtet und den Darm verdrängt. Diese Brutpflege im Ovar stellt sicherlich eine Anpassung an das Leben im Süßwasser dar.

Das Ei von *Pedicellina* furcht sich nach dem Spiraltypus, wobei fünf Micromeren-Quartette entstehen, von denen die ersten drei das Ectoderm, die übrigen mit den (kleineren!) Macromeren das Entoderm bilden. Die Zelle 4d erzeugt zwei dreizellige Mesodermstreifen, aus denen das Parenchym hervorgeht. So entsteht bald eine der Trochophora anderer Spiralia sehr ähnliche Larve (Abb. 284A) mit einem gewölbten Vorderkörper (Episphaere) und einem abgeflachten Hinterkörper (Hyposphaere), auf dessen Ventralfläche eine dicht bewimperte Kriechsohle ausgebildet ist. Vor dem Mund befindet sich der Prototroch, dahinter der Metatroch. Im Gegensatz zur typischen Trochophora ist bei der Entoprocten-Larve außer dem Scheitel- oder Apikalorgan ein zweites Sinnes- und Nervenzellager vorhanden in Gestalt des Praeoral- oder Frontalorgans, das sonst lediglich bei einigen Larven der Ectoprocta (Bryozoa) aufgefunden worden ist. Von der Ventralseite aus wird außerdem noch ein Unterschlundganglion gebildet. Im Parenchym, das das Körperinnere ausfüllt, liegen einige Muskelfasern, ein U-förmig gebogener Darm, dessen Konkavität vom Scheitelpol abgewandt ist, und ein Paar Protonephridien.

Die Larve bleibt lange am Atriumboden des Muttertieres angeheftet und nimmt, nachdem die Eimembran über ihrer Hyposphaere geplatzt ist, Partikel aus dem Tentakelstrudel der Mutter auf. Weiterhin fand man in ihrem Magen nährstoffreiche Zellen, die sich während der Brutperiode von der mütterlichen Epidermis nahe der Gonadenöffnung ablösen. Schließlich trennt sich die Larve vom Eistiel, schwimmt wenige Stunden nahe am Boden dahin, geht dann zum Kriechen über und setzt sich schließlich an geeigneter Stelle mit dem Rande ihres Prototrochs, bei manchen Loxosomatidae mit der Region des Praeoralorgans fest. Dann erfolgt eine zumeist tiefgreifende Metamorphose zum adulten Tier.

Bei *Pedicellina* krempelt sich zunächst der praeorale Wimperkranz mediad um und bildet eine Duplikatur, deren ringförmiger freier Rand zentripetal nach innen wächst und schließlich die konkave Hyposphaere völlig von der Umwelt abschließt (Abb. 284B). Dann setzt eine eigenartige Umorganisation ein, die dazu führt, daß die beim Festsetzen dem Substrat zugekehrte Ventralseite innerhalb der Episphaere um 180° gedreht wird, so daß sie an das freie Apikalende des Tieres gelangt (Abb. 284C). Starkes Wachstum der praeoralen Gegend bewirkt zunächst eine Verschiebung von Mund, Ventralseite und After an die Seitenwand und schließlich eine völlige Drehung, die auch der Darm mitmacht. Eine solche Drehung ist für die Entwicklung aller Entoprocta typisch; bei denjenigen Loxosomatidae, die sich mit der Region des Praeoralorgans festsetzen, erfolgt sie aber nur um etwa 90°. Die einzelnen Stadien dieses Vorganges erwecken fast den Eindruck hypothetischer Rekonstruktionen eines „kühnen“ Phylogenetikers, so gewaltsam und unnatürlich erscheint die Verdrehung des Körperinneren. Am Rand der Ventralfläche knospen dabei schlauchförmige Tentakel, zwischen denen zuletzt der nach außen gewandte Epithelabschnitt resorbiert wird, so daß die Bauchfläche nun wieder direkt mit der Umwelt in Verbindung tritt. Im Verlaufe der Metamorphose wird das Scheitelorgan völlig zurückgebildet. Dementsprechend fehlt dem Adultus das Oberschlundganglion. Das Praeoralorgan dagegen bleibt bei den Loxosomatidae als ein Paar einfache bewimperte Rezeptoren erhalten. Diese liegen hier seitlich an der Kelchwand, die ebenso wie der Stiel als Dorsalseite aufgefaßt werden muß.

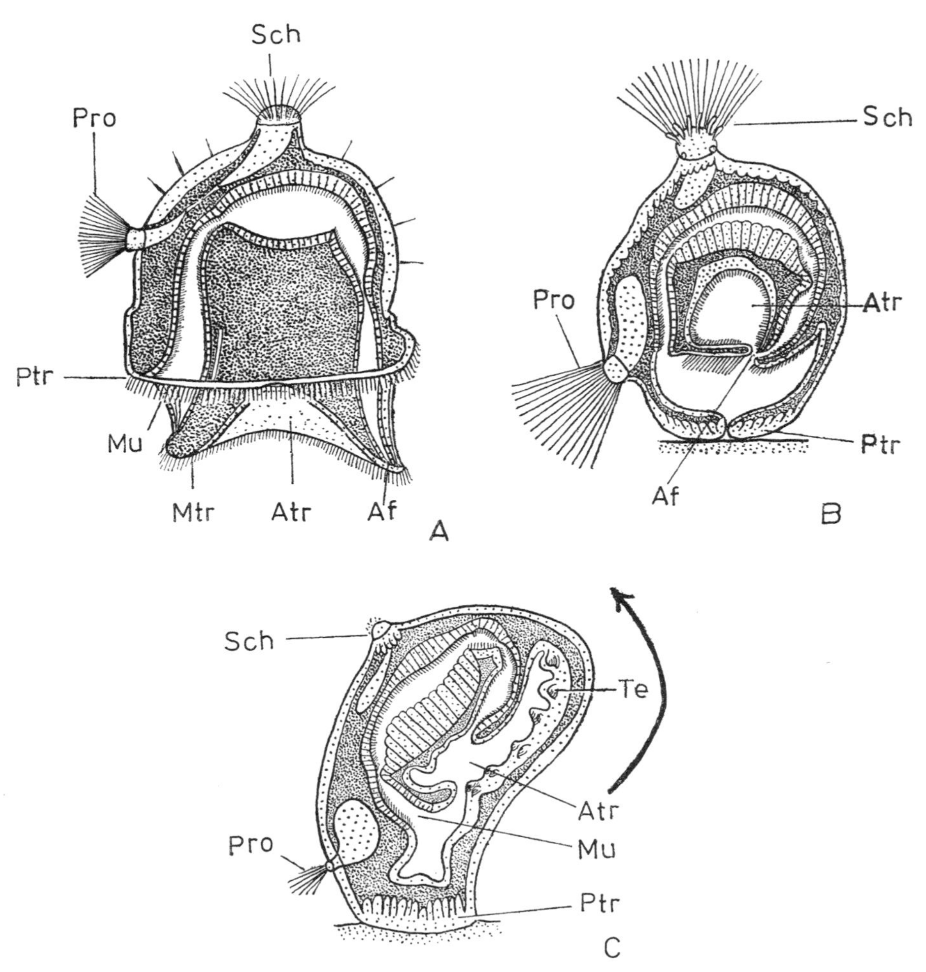

Abb. 284. Postembryonale Entwicklung von *Pedicellina*. Sagittalschnitte. **A.** Schwimmlarve. Die beiden Wimperkränze sind in Aufsicht über den Sagittalschnitt gezeichnet. Rechts neben dem Pharynx ein Protonephridialkanal. Durchmesser 0,25 mm. **B.** Soeben festgesetzte Larve. **C.** Beginn der Stielbildung und Drehung des Darmkomplexes in Pfeilrichtung. — **Af** After, **Atr** eingesenkte ventrale Grube der Hyposphaere, die nach der Drehung zum Atrium wird, **Mtr** Metatroch, **Mu** Mund, **Pro** Praeoralorgan, **Ptr** Prototroch, der zur Haftscheibe wird, **Sch** Scheitelorgan, **Te** knospende Tentakel. — Nach Cori 1930.

Eine große Bedeutung hat auch die **ungeschlechtliche Vermehrung.** Sie erfolgt vor allem durch Bildung von zunächst beulenförmigen ectodermalen **Brutknospen.**

Bei den solitär lebenden Arten entstehen diese Knospen stets an der Oralseite der Kelchwand (Abb. 282B) und lösen sich nach einiger Zeit regelmäßig vom Muttertier ab. Alle anderen Formen hingegen bilden die Knospen entweder am Stiel (z. B. *Urnatella*) (Abb. 286) oder an der Basis des Stieles aus. Bei der Knospung an der Stielbasis streckt sich die Verbindung zwischen dem Muttertier und der sich entwickelnden Knospe zu einem der Unterlage anhaftenden Stolo (z. B. *Pedicellina*) (Abb. 285); außerdem kann dann noch eine entsprechende stoloniale Knospenbildung am Stiel stattfinden. In allen diesen Fällen bleiben die Tochterindividuen zeitlebens mit dem Muttertier verbunden, so daß je nach Knospungstyp flächige oder bäumchen- bis buschartig verzweigte Kolonien entstehen. Es ist nicht eindeutig geklärt, ob die einzelnen Individuen auch physiologisch miteinander in Verbindung bleiben und einen echten Tierstock bilden.

Einige Arten der Gattung *Barentsia* bilden außer Brutknospen an ihren Stolonen noch gekammerte **Brutkörper** aus, die nach Abtrennung von der Mutterkolonie zu einer neuen Kolonie auskeimen. Bei *Urnatella* können einzelne, sich von der Kolonie abtrennende Stielglieder als eine Art Brutkörper dienen.

Bestimmte Loxosomatidae vermögen sich auch auf dem Larvenstadium durch Knospung zu vermehren. Die Larven erzeugen ein oder zwei kleine lebensfähige Imagines und sterben dann ab, ohne selbst zur Metamorphose überzugehen.

Alle Entoprocta zeichnen sich durch eine hohe **Regenerationsfähigkeit** aus. Bei koloniebildenden Arten werden die Kelche abgeworfen, wenn sie ein bestimmtes Alter erreicht haben oder ungünstige Lebensbedingungen eintreten, und später an derselben Stelle nachgebildet.

Stammesgeschichte

Furchung und Larve lassen keinen Zweifel daran, daß die Entoprocta in den Verwandtschaftskreis der Spiralia gehören. Die erwachsenen Tiere zeigen aufgrund ihrer Anatomie, vor allem der parenchymatischen Leibeshöhle gewisse Beziehungen zu den Plathelminthes und wohl auch zu den Mollusca. Dabei muß aber berücksichtigt werden, daß der Entoprocten-Körper mit größter Wahrscheinlichkeit sekundär vereinfacht ist.

Es ist sogar die Vermutung ausgesprochen worden, daß der ursprünglich vagile Adultus der Entoprocten-Vorfahren gar nicht mehr existiert, sondern daß die sich festsetzende Larve im Laufe der Phylogenese neotenisch einen sekundären Adultus ausgebildet hat. Dieser sekundäre Adultus wurde infolge der Sessilität so stark abgewandelt, daß er offenbar kaum noch gemeinsame Züge mit dem primären Adultus hat. Der primäre Adultus hatte höchstwahrscheinlich eine ventrale, aus dem Neurotroch der Larve hervorgegangene Kriechsohle, die als ancestrales Adultmerkmal auch noch bei den rezenten Larven auftritt. Beim rezenten Adultus ist von dieser Kriechsohle keine Spur mehr zu erkennen.

Die Larve der Entoprocta zeigt in ihrem Bauplan, vor allem im Besitz des Praeoralorgans, gewisse Übereinstimmungen mit den Larven einiger mariner Ectoprocta (Bryozoa). Auch manche Gemeinsamkeiten hinsichtlich des Lebenszyklus und des Knospungsvorganges einschließlich der Ausbildung von Brutkörpern lassen es einigen Autoren [z. B. 21] gerechtfertigt erscheinen, die Entoprocta und die Ectoprocta wieder in einem Stamm Bryozoa zu vereinigen, wie dies bereits früher geschehen war. Diese Gemeinsamkeiten müssen aber doch wohl vor allem als Analogien gewertet werden, die durch die ähnliche Lebensweise beider Tiergruppen zustandegekommen sind.

Auf der anderen Seite weichen nämlich die Organisationsverhältnisse beider Gruppen recht beträchtlich voneinander ab:

Entoprocta	Ectoprocta
Der Adultus beharrt auf der parenchymatischen Organisation der Larve.	Der Adultus erwirbt im Gegensatz zur Larve ein Coelom.
Der Tentakelkranz umsäumt die gesamte Ventralseite, der After liegt innerhalb des Tentakelkranzes (entoproct).	Der Tentakelkranz umsäumt das Vorderende, der After liegt außerhalb des Tentakelkranzes (ectoproct).
Die Darmkonkavität ist der Ventralfläche zugekehrt.	Die Darmkonkavität ist der Dorsalfläche zugekehrt.
Bei der Metamorphose bleiben Darm, Unterschlundganglion und Protonephridien erhalten.	Bei der Metamorphose werden sämtliche inneren Organe durch Knospung neu gebildet.

Dieser und der entwicklungsgeschichtlichen Unterschiede wegen führen wir die Entoprocta als selbständigen Tierstamm innerhalb der Spiralia, während die Ectoprocta dem Stamm Tentaculata eingegliedert werden.

Innerhalb der Entoprocta müssen die solitären Formen als ursprünglich, die mit einer Reihe abgeleiteter Merkmale ausgestatteten Koloniebildner dagegen als höher evoluiert gelten [12].

Vorkommen und Lebensweise

Mit Ausnahme der limnischen *Urnatella* sind alle Entoprocta Bewohner des Meeresbodens, den sie von der Niedrigwassergrenze bis in etwa 300 m Tiefe besiedeln. Sie leben vorwiegend festsitzend auf hartem Substrat oder auf Algen, nicht selten aber auch als Epizoen auf sessilen oder langsam sich bewegenden wirbellosen Tieren, wie Porifera, Cnidaria, Polychaeta, Muscheln oder Krebsen. Bestimmte epizoische Arten der solitären Loxosomatidae können jedoch auf dem Wirt spannerraupenartig kriechen, ähnlich wie *Hydra* (Abb. 97 A). Ansonsten beschränkt sich die **Beweglichkeit** der Entoprocta hauptsächlich auf ihr bereits als charakteristisches „Nicken" erwähntes starkes Einkrümmen, mit dem äußere Reize oder Störungen beantwortet werden. Es wird durch einseitige Kontraktion der Stielmuskulatur bewirkt, während das Wiederaufrichten offensichtlich durch die antagonistische Wirkung der ziemlich starren Cuticula im Zusammenwirken mit zentral im Stiel liegenden dickwandigen spindelförmigen Zellen erfolgt. Außerdem schlagen alle Kelchwürmer bei mechanischer Reizung ihre Tentakel über dem Atrium zusammen und ziehen mit Hilfe des Ringmuskels den zu einer Duplikatur ausgebuchteten oberen Kelchrand über die Tentakelbasis hinweg. Die **Ernährung** erfolgt durch Ausseihen von Plankton mit Hilfe der Tentakel.

Diese tragen an der dem Inneren der Tentakelkrone zugewandten (= frontalen) Fläche jederseits eine Reihe aus langen und in der Mitte ein Band aus kurzen Wimpern (Abb. 283). Indem die lateralen Cilien gegen die Mitte des von den Tentakeln umschlossenen Raumes schlagen, treiben sie von außen her Wasser in den Raum hinein und nach oben wieder hinaus. Während das Wasser beim Eintritt in die Tentakelkrone den engen Tentakelzaun durchquert, wird das mitgeführte Geschwebe von den seitlichen Wimpern erfaßt und der medianen Wimperbahn des Tentakels zugetrieben. Diese transportiert die erbeuteten Diatomeen, Protozoen, Detritusteilchen usw. über die tiefe, auf dem Atriumboden an der Basis der Tentakel sich hinziehende Wimperrinne zur Mundöffnung. Wimpern und Muskulatur des Vorderdarmes bringen dann die Nahrungsteilchen zum Magen, wo sie von einem Schleimband aufgenommen werden, das durch Cilien in fortwährender Rotation gehalten wird (vgl. Muscheln). An ihm angeklebt, unterliegen sie einer extracellulären Verdauung. Die gelösten Stoffe werden vom Magenepithel aufgenommen, die ungelösten gelangen durch den After nach außen.

System

Innerhalb der Entoprocta wurden bisher lediglich drei sehr ungleichwertige Familien unterschieden. Ein Vorschlag von Emschermann [12], dem hier gefolgt wird, sieht dagegen eine Gliederung des Stammes in vier Familien vor, die sich auf zwei Ordnungen verteilen.

1. Ordnung Solitaria

Stets solitär lebende Formen. Kelch unter allmählicher Verjüngung in den oft mit einer Fußplatte versehenen Stiel übergehend. Knospenbildung an der oralen Kelchwand. — Nur eine Familie.

Familie Loxosomatidae. Fast ausschließlich epizoisch auf anderen Wirbellosen lebend und dort oft zu Vielen dicht nebeneinander sitzend. — **Loxosomella*, mit zahlreichen, bis 3 mm langen Arten. **L. phascolosomata* (Abb. 282), im Nordatlantik und in der Nordsee auf Sipunculida (*Golfingia*).

2. Ordnung Coloniales

Mittels Stolonen, durch Verzweigung oder durch Vereinigung mehrerer Individuen auf einer gemeinsamen Fußplatte mehr oder weniger ausgedehnte Kolonien bildende Formen. Kelch zumeist durch eine Verengung oder eine irisblendenartig einschneidende Cuticularfurche scharf gegen den Stiel abgesetzt. Stiel teils ungegliedert, teils aus mehreren, oft unterschiedlich dicken Abschnitten zusammengesetzt. Knospenbildung am Stiel oder an der Fußplatte. Besiedeln vorwiegend unbelebtes Substrat oder Algen und Seegras, manche Arten leben auch epizoisch. — Mit 2 Unterordnungen.

1. Unterordnung Stolonata

Koloniebildung mittels Stolonen oder durch Verzweigung. Kelch und Stiel voneinander abgesetzt. — Mit 2 Familien.

Familie Pedicellinidae. Stiel ungegliedert. Flächige Kolonien bildend. — **Pedicellina*, mit glockenförmigem Kelch. **P. cernua*, Stiel bis 2,0 mm, Kelch bis 0,66 mm lang (Abb. 285); in den nördlichen Meeren auf Steinen, Algen, Schwämmen, Hydrozoen, Bryozoen, Polychaeten, Krebsen und Muscheln.

Familie Barentsiidae. Stiel gegliedert. Entweder flächige oder aufrechte, nicht selten verzweigte Kolonien bildend. — **Barentsia*, Stiel aus abwechselnd dickeren und dünneren Abschnitten bestehend. **B. gracilis*, Stiel bis 1,5 mm, Kelch bis 0,35 mm lang; weit verbreitet auf Steinen, Algen und den verschiedensten marinen Wirbellosen. — **Urnatella* (früher einer eigenen Familie Urnatellidae zugerechnet), Stiel perlschnurartig in gleichmäßig dicke Abschnitte gegliedert. Nur eine sichere Art bekannt: **U. gracilis*, der einzige Süßwasserbewohner, Einzelzooid bis 3 mm lang, die Kolonie bis 9 mm hoch (Abb. 286). Die Kelche sterben im Winter ab; aus den Stielen können im Frühjahr neue Kelche knospen. Bisher aus Amerika, Afrika sowie West-, Süd- und Osteuropa bekannt; auch in der Unterhavel bei Berlin auf Dreikantmuscheln (*Dreissena*) gefunden.

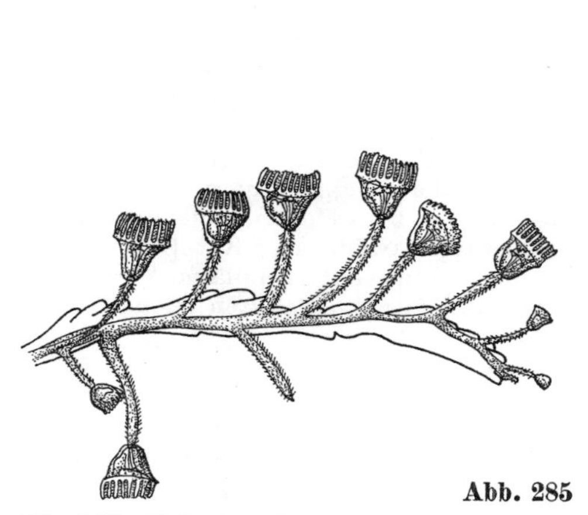

Abb. 285

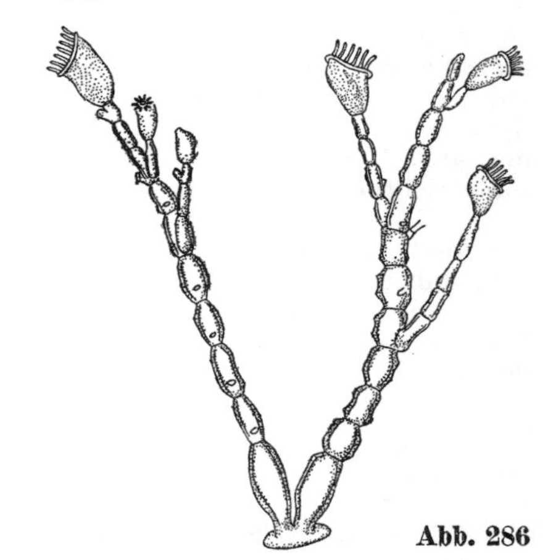

Abb. 286

Abb. 285. Teil einer Kolonie von *Pedicellina cernua* mit unterschiedlich weit entwickelten Einzelindividuen. Größtes Individuum knapp 5 mm lang. — Nach Cori 1930.
Abb. 286. Ältere Kolonie von *Urnatella gracilis*. Einige Seitenzweige und die meisten Kelche sind bereits abgeworfen. Höhe etwa 9 mm. — Nach Cori 1930.

2. Unterordnung Astolonata

Kolonie aus 2—5 Zooiden bestehend, die einer gemeinsamen Fußplatte aufsitzen. Keine Trennfurche zwischen Kelch und Stiel. — Nur eine Familie.

Familie Loxokalypodidae. Nur *Loxokalypus*, mit einer 0,3—0,5 mm großen Art aus dem Nordpazifik, die epizoisch auf Polychaeta lebt.

10. Stamm Nemathelminthes (syn. Aschelminthes), Schlauchwürmer

Wenigstens 23000 Arten (vgl. aber unter Nematoda, S. 485). Körperlänge von 0,05 mm bis über 8 m, im allgemeinen zwischen 1 mm und 20 cm. Größte Art: *Placentonema gigantissima* (Länge 8,4 m, Durchmesser 2,5 cm).

Diagnose

Ungegliederte, bilateralsymmetrische, in der Regel wurmförmige Tiere, die frei im Wasser oder auf dem Lande leben oder Parasiten von Tieren oder Pflanzen sind. Integument aus der von einer Cuticula überzogenen Epidermis bestehend, der vielfach innen ein einschichtiger Muskelschlauch eng anliegt. Gehirn als Ganglienmasse nahe dem Vorderende gelegen oder den Schlund ringförmig umgebend und zumeist mehrere Längsstämme in den Körper entsendend. Darmkanal durchgehend (bei den Acanthocephala fehlend) und mit terminal oder subterminal am Vorderende liegender Mundöffnung, auf die ein muskulöser, oft hoch spezialisierter Schlund folgt. Enddarm manchmal die Ausführgänge des Exkretionssystems oder der Gonaden aufnehmend und dann eine Kloake darstellend. Parenchymales Füllgewebe nur schwach entwickelt (Ausnahme Nematomorpha), so daß zwischen Körperdecke und Darm ein flüssigkeitserfüllter Hohlraum vorhanden ist, der lediglich von vereinzelten dünnen, unregelmäßigen Bindegewebsnetzen oder -membranen durchzogen wird, also definitionsgemäß ein Pseudocoel darstellt (1. Teil, S. 88). Blutgefäßsystem und Atmungsorgane fehlen. Die nicht immer vorhandenen Exkretionsorgane sind teils in Form von echten Protonephridien, teils als Hautkanäle ohne besondere hydromotorische Einrichtungen, seltener auch nur als einzellige Drüsen ausgebildet. Zumeist getrenntgeschlechtliche Arten, manche sind Zwitter oder pflanzen sich auf parthenogenetischem Wege fort. Gonaden einfach gebaut, oft schlauchförmig, beim Weibchen nur selten in keim- und dotterbereitenden Abschnitt gesondert. Entwicklung in der Regel direkt, ohne Metamorphose (Ausnahme Nematomorpha und Acanthocephala), jedoch können mehrere durch Häutungen getrennte „Larven"-Stadien auftreten, die den Erwachsenen bereits ähneln. Alle Larven müssen wohl als Sekundär-Larven gelten.

Stammesgeschichte

Die verwandtschaftlichen Beziehungen der in diesem Stamm vereinigten Klassen sind sehr umstritten, sind es doch bei der Einfachheit der Organisation nur wenige Eigenschaften, in denen sie übereinstimmen können. Überdies erweisen sich diese Merkmale vielfach als zu allgemein oder zeigen zu große Abweichungen, als daß sie geeignet wären, den Stamm zu einer monophyletischen Einheit zusammenzufassen. Auch die Entwicklungsgeschichte vermag hierüber noch keine eindeutigen Aufschlüsse zu geben. Deshalb werden die Klassen zur Zeit hauptsächlich aufgrund von Unterschieden gegenüber anderen Stämmen, also durch negative Kennzeichen miteinander vereinigt. Doch sind auch positive Merkmale vorhanden, wie eine Neigung zur Bildung von Syncytien sowie zur Wenigzelligkeit und Zellkonstanz, die sonst im Tierreich selten sind. Auch die Differenzierung von Muskelelementen innerhalb des Schlundepithels ist ein mehreren Klassen gemeinsamer Zug. Eine nähere Verwandtschaft scheint zumindest zwischen den Gastrotricha und den Nematoda zu bestehen. Aber auch die mit einem einstülpbaren Vorderleib versehenen Kinorhyncha und Acanthocephala sowie die von einigen Forschern ebenfalls den Nemathelminthes zugerechneten Priapulida lassen gewisse, allerdings nicht völlig einheitliche Beziehungen zueinander erkennen. Die Rotatoria stehen dagegen ziemlich isoliert, wenn sie auch in einigen wenigen Merkmalen den Gastrotricha und in anderen den Acanthocephala zuneigen. Recht unklar ist schließlich die Stellung der Nematomorpha innerhalb dieses Stammes; morphologisch stimmen sie noch am besten mit den Nematoda, hinsichtlich ihrer eigentümlichen Larvenform aber mehr mit den Kinorhyncha und auch mit den Priapulida überein.

Die zwischen einigen Nemathelminthen-Gruppen offensichtlich bestehenden Gemeinsamkeiten lassen es nicht zweckmäßig erscheinen, alle sechs Klassen als eigenständige Stämme zu führen, wie verschiedentlich in jüngerer Zeit vorgeschlagen worden ist. Sie deuten vielmehr auf die Notwendigkeit hin, die Klassifikation der Nemathelminthes unter Einschluß der Priapulida neu zu formulieren. Ansatzpunkte hierfür bietet ein Vorschlag von Malachow [7a], der die Aufteilung dieser Pseudocoelomata in die vier Stämme Nemathelminthes (mit den Klassen Nematoda und Gastrotricha), Rotifera (mit der Klasse Rotatoria), Acanthocephala (mit der Klasse Acanthocephala) und Cephalorhyncha (mit den Klassen Priapulida, Kinorhyncha und Gordiacea) vorsieht. Im folgenden wird aber noch die bisherige Anordnung der Nemathelminthen-Klassen beibehalten, obwohl sie sicher nicht deren phylogenetischer Verwandtschaft entspricht.

Wenn schon die monophyletische Abstammung der Nemathelminthes außerordentlich fraglich erscheint, so ist es umso weniger möglich, konkrete Aussagen über die Herkunft dieses „Stammes" zu machen. Die Gastrotricha weisen einige usrprüngliche Züge auf, zum Beispiel in der Art und Weise ihrer Bewimperung, die an die Gnathostomulida (S. 368) und über diese an die Turbellaria erinnern. Auch die bei verschiedenen Klassen zu beobachtende Neigung zur Bildung mehrerer Hauptlängsnervenstämme läßt an das Orthogon der Turbellaria (S. 348) denken.

Einige Forscher dagegen halten den Stamm für eine reduzierte Gruppe echter Coelomata. Diese Annahme findet vielleicht eine Stütze darin, daß neuerdings bei Gastrotricha (Ordnung Macrodasyida) elektronenoptisch eine mehr oder weniger vollständige Umkleidung der lateralen Leibeshohlräume (sie enthalten die Gonaden und manchmal chordaähnliche Stützelemente) mit einem parietalen und einem visceralen Muskelblatt, teilweise außerdem mit zusätzlichen Wandzellen nachgewiesen worden ist. Solchermaßen gestaltete Leibeshöhlen könnten durchaus reduzierte Coelomräume darstellen [27a]. Einen weiteren Hinweis in dieser Richtung scheinen auch Befunde an einigen Nematoda zu liefern, nach denen hier die inneren Organe (Darm, Gonaden) und die Innenfläche der Hautmuskulatur von einem feinen zelligen Epithel bedeckt sind [66a], welche Konfiguration an ein echtes Coelom erinnert. Gesicherte Grundlagen, die insbesondere von einer besseren Kenntnis der Ontogenese zu erwarten wären, stehen aber für alle erwähnten Ansichten noch aus.

Wir gliedern die Nemathelminthes in 6 Klassen; die Priapulida werden als eigener Stamm geführt.

1. Klasse Gastrotricha, Bauchhärlinge, Flaschentierchen

Etwa 350 Arten. Körperlänge 0,07—1,5 mm. Längste Art: *Urodasys mirabilis*.

Diagnose

Mikroskopisch kleine, zumeist den Grund bewohnende marine oder limnische Wassertiere. Vorderende und Ventralseite wenigstens stellenweise bewimpert. Körperdecke oft mit Cuticulargebilden besetzt. Haftröhrchen fast stets vorhanden. Darmkanal einfach, in Pharynx und Magendarm gegliedert. Leibeshöhle gering entwickelt. Exkretionsorgane als typische Protonephridien ausgebildet. Zwitter oder parthenogenetisch sich fortpflanzende Weibchen. Entwicklung direkt, ohne Häutungen.

Eidonomie

Die Gastrotricha haben eine gedrungen wurmförmige Gestalt (Abb. 288) oder weisen mehr eine Flaschenform auf, indem das Vorderende durch eine schmale Halspartie mit dem voluminöseren hinteren Körperabschnitt verbunden ist (Abb. 289). Das abgerundete, manchmal auch durch Einkerbungen in 3 oder 5 Lappen aufgespaltene Vorderende trägt terminal oder ein wenig ventral verschoben die rundliche Mundöffnung. Das Hinterende ist teils abgerundet, teils in zwei lappen- bis pfriemenförmige Fortsätze (Zehen) oder selten in nur einen geißelartigen Schwanzanhang ausgezogen. Die abgeflachte Ventralseite weist stets eine Bewimperung auf, die vielfach in Form von Längs- oder Querbändern angeordnet ist; sie geht auch auf die Dorsalseite des Vorderendes über und bildet hier zumeist büschelförmige Gruppen. Die Körperdecke ist bei der Mehrzahl der Arten mit Cuticulargebilden in Form von Schuppen, Platten, Schienen, Stacheln oder mehrzinkigen Haken besetzt, die manchmal zu einem bizarren Panzer zusammentreten. Über die Körperoberfläche erheben sich ferner cuticuläre Haftröhrchen, in denen epidermale Klebdrüsen ausmünden; sie finden sich bei den Chaetonotida stets nur am Ende der Zehen in geringer Anzahl vor, während bei den Macrodasyida bis zu 400 Stück am Vorder- und Hinterende und an den Körperseiten in Reihen angeordnet sind.

Anatomie

Das **Integument** wird von einer einschichtigen, nach elektronenoptischen Untersuchungen im allgemeinen zelligen und nur selten syncytialen Epidermis gebildet, die an jeder Seite zu einem Längswulst verdickt sein kann. An den bewimperten Körperbezirken trägt jede Epidermiszelle wenigstens eine, oftmals aber mehrere (bis über 40) Cilien. Über der Epidermis liegt eine feine Cuticula, die — als Ausnahme im Tierreich — mit ihrer äußeren Schicht auch die Cilien überzieht und der die bereits erwähnten Hartgebilde aufsitzen.

Die **Muskulatur** des Rumpfes besteht nicht aus einem einheitlichen Hautmuskelschlauch, sondern aus gesonderten Längs- und vielfach auch Ringmuskelzügen, die

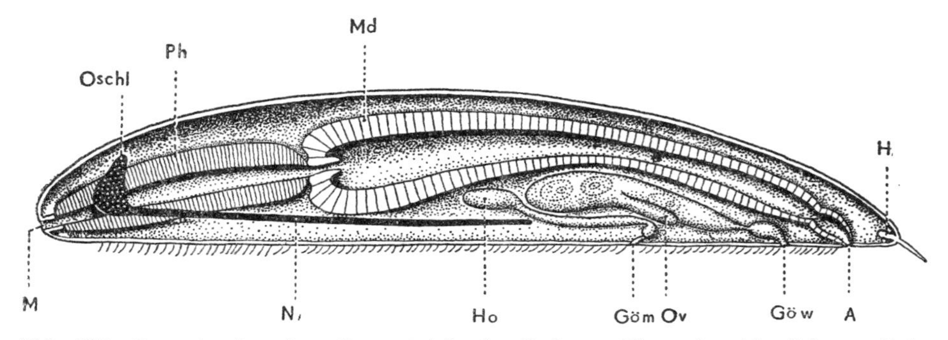

Abb. 287. Organisation einer Gastrotriche der Ordnung Macrodasyida. Schematischer optischer Längsschnitt. — **A** After, **Göm** und **Göw** unpaarige männliche bzw. weibliche Geschlechtsöffnung, **H** Haftdrüse mit Haftröhrchen, **Ho** Hoden (meist paarig), **M** Mund, **Md** Mitteldarm, **N** paariger Nervenstrang, **Oschl** Oberschlundganglion, **Ov** Ovarium (manchmal paarig), **Ph** Pharynx mit radiärer Muskulatur. — Nach REMANE 1935, verändert.

aber bei den Macrodasyida in der Gonadenregion zu mehr oder weniger geschlossenen parietalen und visceralen Muskelblättern zusammentreten (vgl. Leibeshöhle). Außerdem liegen ringförmige Muskelfasern unter der Haut, die wohl Teile der Epidermiszellen darstellen und dazu dienen, sowohl bestimmte Stacheln als auch die Haftröhrchen zu bewegen.

Bei der Gattung *Chordodasys* wurde im Hinterende in Verlängerung des Darmes ein sogenanntes **chordoides Organ** gefunden. Es besteht aus geldrollenartig hintereinander liegenden scheibenförmigen Zellen, die transversal von Muskelfibrillen durchzogen sind und vielleicht modifizierte Ringmuskelzellen darstellen. Diese „Chorda" wird seitlich von starken Muskelfasern begleitet, denen sie wahrscheinlich beim Einkrümmen und Strecken der mit den hinteren Haftröhrchen festsitzenden Tiere als Widerlager dient. Ein ganz entsprechendes „Y-Organ" zieht sich bei *Turbanella* an beiden Seiten als einreihiger Zellstrang durch den Körper. Mit der Chorda dorsalis der Chorda-Tiere sind diese Strukturen selbstverständlich nicht homolog.

Die **Leibeshöhle** wird fast vollständig von den inneren Organen ausgefüllt und bildet deshalb lediglich geringfügige Spalten. Bei den Macrodasyida ist sie in zwei laterale Längsräume geteilt, die die Gonaden und — soweit vorhanden — das Y-Organ der betreffenden Seite umschließen. Die Weibchen haben oft einen über dem Darm gelegenen zusätzlichen Raum, der das Eilager enthält und die Aussackung eines lateralen Raumes darstellt. Diese Räume werden, allerdings zumeist nur unvollständig, von den parietalen und visceralen Muskelblättern begrenzt; die lateralen sind außerdem wenigstens stellenweise mit besonderen Wandzellen ausgekleidet. Vielleicht stellen die in dieser Weise umkleideten Leibeshöhlenabschnitte reduzierte Coelomräume dar [27a].

Das **Nervensystem** besteht in der Hauptsache aus einem zweilappigen Oberschlundganglion, dessen Hälften an den Seiten des Pharynx liegen, und einem Paar ventrolateralen Marksträngen. **Sinnesorgane** sind in Form von über den Körper verstreuten Tasthaaren und -borsten sowie von Wimperbüscheln und einem Paar lateralen Sinnesgruben am Vorderende entwickelt; anstelle der Sinnesgruben haben manche Macrodasyida zwei kurze sensorische Tentakel. Wenige Arten haben auch ein oder zwei Paar rote Augenflecke an den Kopfseiten.

Das **Verdauungssystem** ist gerade gestreckt und beginnt mit einem Pharynx, der bis zu $^1/_3$ der Körperlänge einnehmen kann. Dieser hat ein dreikantiges Lumen und besteht aus einer einzigen Zellschicht, die sowohl radiäre Muskelfasern und einen äußeren Muskelring als auch Drüsen ausbildet. Bei den Macrodasyida steht das Lumen des Pharynx an seinem Hinterende seitlich durch zwei feine Kanäle, die Pharyngealporen, mit der Außenwelt in Verbindung. Der anschließende schlauchartige Magendarm hat ebenfalls eine einschichtige Wand. Während bisher angenommen wurde, daß die Darmzellen keine Cilien tragen, konnte neuerdings bei *Chordodasys* eine Bewimperung der gesamten Darminnenfläche von der Region hinter den Pharyngealporen bis zum After festgestellt werden. Der After liegt ventral oder seltener terminal am Rumpfende. Als **Exkretionssystem** fungiert bei den Chaetonotida ein Paar Protonephridien, das lateral hinter dem Pharynxende liegt. Sie beginnen mit einem Wimperkolben, der im prinzipiellen Bau der Reusengeißelzelle (Cyrtocyte) am Protonephridium der Plathelminthes (S. **342**) entspricht, und haben lange, aufgeknäuelte Ausführgänge, die getrennt weit vor dem Hinterende ventral ausmünden. Den meisten Macrodasyida fehlen dagegen Protonephridien. Deren Funktion haben offenbar ein oder mehrere Paare von der Ventralseite her tief in den Rumpf eingesenkte und stark vergrößerte Hautdrüsen übernommen. Bei wenigen Arten sind jedoch in der Magendarmregion vier oder sechs hintereinander angeordnete Protonephridien-Paare mit jeweils mehreren Terminalzellen gefunden worden.

Die **Geschlechtsorgane** sind primär zwittrig, jedoch ist dieser Zustand nur bei den Macrodasyida erhalten geblieben, während viele Chaetonotida, vor allem die meisten der im Süßwasser lebenden, infolge Reduktion der Hoden zu parthenogenetisch sich vermehrenden Weibchen geworden sind. Die im Mittel- oder Hinterkörper liegenden Gonaden sind mit wenigen Ausnahmen paarig angelegt und werden ebenso wie ihre sich vereinigenden Ausführgänge nur von einer feinen Membran oder bei den Macrodasyida direkt von den Muskelblättern und manchmal noch von besonderen Wandzellen der betreffenden Leibeshöhlenkammer umhüllt. Die Ovarien bestehen aus einem Konglomerat von höchstens 20—25 Oocyten. Diese bilden sich schon im jugendlichen Tier und machen im Adultus keine Teilung mehr durch, sondern reifen lediglich nacheinander in einem Eilager (Uterus) heran, wo sie auch mit einer Eihülle umgeben werden. Die Hoden der zwittrigen Arten stellen längliche, mit Spermien gefüllte Säckchen dar. Bei den Zwittern reifen die Geschlechtsprodukte teils gleichzeitig, teils nacheinander heran, wobei artlich verschieden sowohl die Spermien als auch die Eier zuerst gebildet werden können. Der weibliche Genitalporus befindet sich ventral vor dem Anus oder fällt mit diesem zusammen, der männliche liegt stets vor dem weiblichen (Abb. 287). Der weibliche Ausführgang dient oft nicht als Eileiter, sondern bei vielen zwittrigen Arten lediglich als Begattungsgang. Dann werden die reifen Eier durch Zerreißen der Körperwand frei und bleiben, wie auch die normal abgelegten, mittels einer Sekrethülle am Substrat kleben.

Fortpflanzung und Entwicklung

Zur Begattung legen sich zwei Individuen der zwittrigen Arten in der Regel so aneinander, daß die Spermien des einen Partners direkt in den Begattungsgang des anderen übertragen werden können. Bei einigen Arten von *Macrodasys* erfolgt die Begattung jedoch indirekt, indem das Sperma zunächst in ein drüsiges „Caudalorgan" aufgenommen wird, das als sekundäres Kopulationsorgan dient. Selten kommt es auch zur Bildung von Spermatophoren, die dem Partner in der Nähe des weiblichen Genitalporus angeheftet werden.

Normalerweise sind die Gastrotricha ovipar. Lediglich bei *Urodasys viviparus* wurde beobachtet, daß sie mehrere Jungwürmer durch Zerreißen der Körperwand am Rücken gebiert. Manche Süßwasserarten können zwei Eitypen, Subitan- und Dauereier, ausbilden. Die mit einer dünnen Eihülle versehenen Subitaneier beginnen sogleich nach der Ablage mit der Furchung, während die von zwei Hüllen umschlossenen Dauereier offenbar erst nach einer Periode der Austrocknung oder des Einfrierens zur Entwicklung gelangen.

Die Embryonalentwicklung verläuft bei beiden Ordnungen der Gastrotricha im Prinzip gleich. Am besten ist sie von *Turbanella cornuta* bekannt, bei der auch erstmalig das Auftreten des mittleren Keimblattes nachgewiesen wurde [27]. Die Eier furchen sich stets total und adaequal mit aequatorialer erster Teilungsebene. Über eine Coeloblastula entsteht durch Invagination von zwei Urentodermzellen und des Mesoderms eine Gastrula, in der das Blastocoel von zwei lateralen Mesodermstreifen vollständig verdrängt wird. Die spaltenförmige Leibeshöhle entsteht erst während der Organogenese, wenn sich das mesodermale Zellmaterial zur Bildung der Längsmuskulatur und des Y-Organs auflockert, stellt also ontogenetisch ein Schizocoel dar. Über ein Kaulquappen-ähnliches Stadium, das dem der Nematoda fast völlig entspricht, führt die weitere Entwicklung zum schlüpfreifen Jungtier. Dieses hat bereits das Aussehen des adulten Wurmes und wächst nach Verlassen der Eihülle ohne Häutungen und unter nur geringen Veränderungen in Größe und Habitus zur Geschlechtsreife heran.

Stammesgeschichte

Die Gastrotricha zeigen innerhalb der Nemathelminthes anatomisch wie ontogenetisch die engsten Beziehungen zu den Nematoda, indem folgende wesentliche Übereinstimmungen bestehen: Integument oft mit cuticulären Bildungen besetzt, Längsmuskeln als alleinige Komponente für die Fortbewegung, offenbar homologe laterale Sinnesorgane am Vorderende. Pharynx mit dreikantigem Lumen und muskelfaserhaltiger Wand, erste Teilungsebene des Eies aequatorial, gleicher Modus der Keimblätterbildung, Auftreten eines Kaulquappen-Stadiums in der Ontogenese. Gewisse Eigenheiten haben die Gastrotricha auch mit den Rotatoria gemeinsam, jedoch kann daraus wegen des unterschiedlichen Entwicklungsmodus nicht auf eine nähere Verwandtschaft beider Klassen geschlossen werden.

Innerhalb der Klasse müssen die Chaetonotida, die infolge des Überganges zum Leben im Süßwasser sekundär parthenogenetisch geworden sind, gegenüber den zwittrigen marinen Macrodasyida als abgeleitet gelten.

Verbreitung und Lebensweise

Alle Gastrotricha sind Wasserbewohner. Die Macrodasyida leben im Meer, vorwiegend in den sauerstoffreichen Sandgebieten des Flachwassers, während die meisten Chaetonotida das Süßwasser besiedeln und hier deutlich die schwächer durchlüfteten Regionen bevorzugen. Beide Ordnungen sind praktisch weltweit verbreitet; unter den limnischen Chaetonotida gibt es eine Reihe kosmopolitischer Arten. In der Regel bewohnen die Gastrotricha den Grund der Gewässer, nur sehr wenige leben planktonisch, so die Gattung *Neogossea*, die lange, abspreizbare Schwebefortsätze am Hinterende, dafür aber keine Haftröhrchen besitzt. Die Süßwasserarten kriechen mittels ihrer Bewimperung auf dem Schlamm oder auf Pflanzen, wenn sie nicht kurze Strecken schwimmen. Die meisten marinen Species halten sich in den von Wasser erfüllten kapillaren Zwischenräumen der obersten Sandschichten auf und haben, wie viele andere Tiergruppen dieses speziellen Biotops, die Fähigkeit, sich blitzschnell an ein Sandkorn anzuheften. Sie benutzen dazu die Haftröhrchen, mit denen sie sich auch spannerraupenartig fortbewegen können, indem sie unter Streckung und Kontraktion des Körpers abwechselnd die vorderen und hinteren Röhrchen am Substrat festheften. Beim Kriechen können Gastrotricha innerhalb von 10 Sekunden das Zwei- bis über Zehnfache ihrer Körperlänge zurücklegen. Die Nahrung wird durch eine von vorn nach hinten über den Pharynx laufende Kontraktionswelle eingesaugt und besteht aus Bakterien, Protozoen, Diatomeen, Foraminiferen und Flagellaten. Manche Chaetonotida können die Beute auch durch das Spiel der ventralen und kopfständigen Wimpern herbeistrudeln. In Gefangenschaft wurden Gastrotricha nur 1–2 Wochen alt.

System

Nach Anzahl und Stellung der Haftröhrchen werden zwei Ordnungen unterschieden. Die bisher beschriebenen Arten stellen sicher nur einen Bruchteil der wirklich existierenden dar.

1. Ordnung Macrodasyida

Mit zahlreichen vorderen, lateralen und hinteren Haftröhrchen. Genitalapparat zwittrig Rein marin. — Mit 6 Familien.

Familie Macrodasyidae. — **Macrodasys* lebt im Feinsand der nordatlantischen Küsten. — **Urodasys* mit geißelartigem Schwanzanhang. *U. viviparus* lebendgebärend, im Mittelmeer.

Familie Turbanellidae. — **Turbanella* (Abb. 288) weit verbreitet; *Chordodasys* an der nordamerikanischen Pazifikküste, beide mit chordoidem Organ.

2. Ordnung Chaetonotida

Lediglich am Hinterende mit zwei oder vier Haftröhrchen. Meist nur der weibliche Geschlechtsapparat vorhanden. Hauptsächlich im Süßwasser, eine Reihe von Arten aber auch im Meer. — Mit 5 Familien.

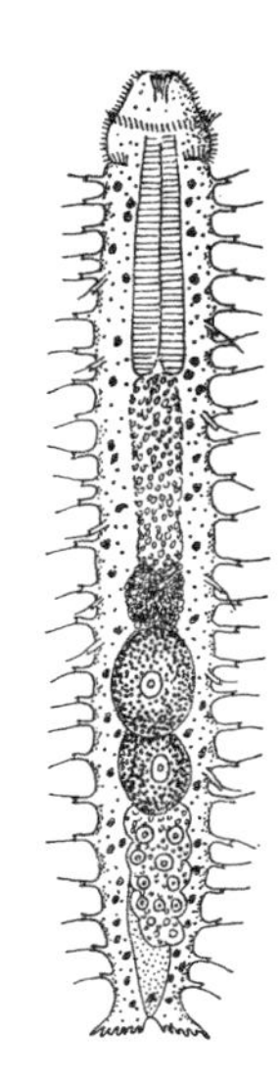

Abb. 288. *Turbanella hyalina.* Dorsalansicht. Jedes der seitlichen Haftröhrchen wird von einer eng anliegenden Tastwimper überragt. Länge bis 0,57 mm. — Nach SCHULTZE 1853.

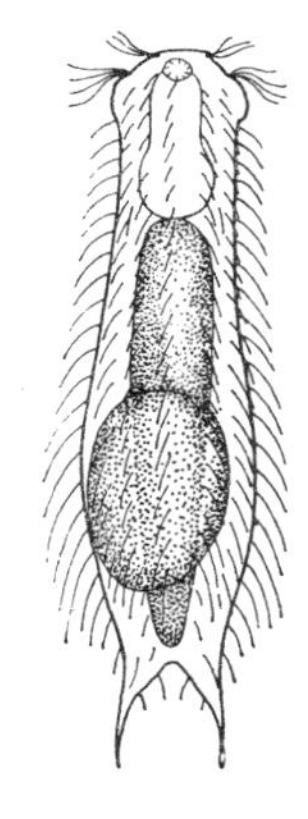

Abb. 289. *Chaetonotus rotundus* mit legereifem Ei im Hinterkörper. Dorsalansicht. Länge 0,27 mm. — Nach GREUTER 1917.

Familie Chaetonotidae. — **Chaetonotus* (Abb. 289), zahlreiche Arten mit zwei Haftröhrchen, weit verbreitet.

Familie Neogosseidae. — **Neogossea*, Plankter im Süßwasser.

2. Klasse Rotatoria, Rädertiere

Etwa 1500 Arten. Körperlänge 0,04—2,5 mm, im allgemeinen 0,2—1,0 mm. Größte Art: *Seison nebaliae.*

Diagnose

Mikroskopisch kleine, teils frei, teils festsitzend im Wasser oder in feuchten Biotopen lebende Nemathelminthes, deren Vorderende einen Wimperapparat als Lokomotions- und Ernährungsorgan trägt. Darmkanal durchgehend, bei den Männchen aber zumeist fehlend, mit einem Kaumagen, der bewegliche Hartteile enthält. Muskulatur aus einzelnen Muskelzügen bestehend, keinen Hautmuskelschlauch bildend. Leibeshöhle umfangreich. Mit einem Paar Protonephridien, die ebenso wie die einfachen paarigen oder unpaarigen Sackgonaden in den als Kloake fungierenden Enddarm münden. Getrenntgeschlechtlich; Fortpflanzung teils rein parthenogenetisch, teils mit heterogonem Generationswechsel, selten rein bisexuell. Entwicklung ohne Metamorphose. Adulte Tiere weitgehend zellkonstant.

Eidonomie

Am Körper der meisten Rotatoria sind drei Zonen zu unterscheiden: der Kopfabschnitt, der Rumpf und der verschmälerte „Fuß" (Abb. 290). Neben wurmförmigen Arten (Boden- und Pflanzenbewohner) treten sack-, ja wappenförmige Plankter auf, so daß die einzelnen Körperteile sehr verschiedene Proportionen haben (Abb. 291, 299 C). Alle Bdelloida und wenige Arten aus anderen Ordnungen sind durch Querfaltung der Haut äußerlich in zumeist 15—18 Scheinsegmente gegliedert, die teleskopartig ineinander eingezogen werden können (Abb. 291). Bei den übrigen Rotatoria weist nur der Fuß oft eine Gliederung in 2—4 Scheinsegmente auf; dann werden bei der Körperkontraktion Kopf und Fuß in den Rumpf eingezogen.

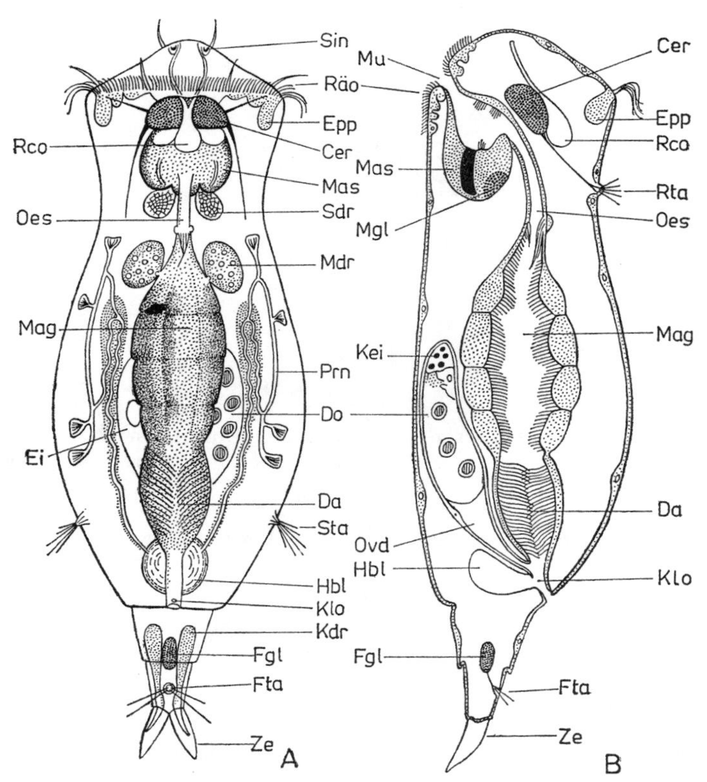

Abb. 290. Organisationsschema eines Rotatorien-Weibchens (Monogononta). Länge etwa 0,5 mm. **A.** Dorsalansicht. **B.** Sagittalschnitt. — **Cer** Cerebralganglion, **Da** Darm, **Do** dotterbereitender Abschnitt des Ovars, **Ei** Ei, **Epp** Epidermispolster des Räderorgans, **Fgl** Fußganglion, **Fta** Fußtaster, **Hbl** Harnblase, **Kdr** Klebdrüsen, **Kei** keimerzeugender Abschnitt des Ovars, **Klo** Kloake, **Mag** Magen, **Mas** Mastax (Kaumagen), **Mdr** Magendrüsen, **Mgl** Mastaxganglion, **Mu** Mund, **Oes** Oesophagus, **Ovd** Oviduct, **Prn** Protonephridium, **Räo** Räderorgan, **Rco** Retrocerebralorgan, **Rta** Rückentaster, **Sdr** Speicheldrüsen, **Sin** apikale Sinnesorgane, **Sta** Seitentaster, **Ze** „Zehe". — Nach Remane 1929, verändert.

Der nicht immer scharf vom Rumpf abgesetzte Kopfabschnitt trägt stets einen der Fortbewegung und vielfach auch dem Nahrungserwerb dienenden Wimperapparat, das **Räderorgan** (Corona). Ursprünglich sind zwei Wimperzonen vorhanden, die verdickten Epidermisfeldern aufsitzen: ein ventrales flächiges Buccalfeld, das den etwas ventral liegenden Mund umgibt, und ein ringförmiges Circumapicalband, das das Vorderende quer umsäumt. Durch verschieden starke Entwicklung beider Wimperareale entsteht eine große Mannigfaltigkeit sehr unterschiedlicher Räderorgane. So findet man bei vielen schwimmenden Rotatoria zwei hintereinanderliegende Wimperkränze (einen praeoralen Trochus und ein postorales Cingulum) (Abb. 293, 299C), die in zwei doppelte seitliche Kränze aufgeteilt sein können (Abb. 299B), während das Räderorgan bei festsitzenden Arten oft lappenartige Fortsätze umsäumt (Abb. 299I) oder zu einem aus derben Cirren bestehenden Fangapparat umgebildet ist (Abb. 292, 299H).

Das Spiel der rädernden Wimperkränze bietet einen überaus anmutigen und fesselnden Anblick. Man hat tatsächlich den Eindruck, daß sich an der Spitze des Tieres ein Rad mit seinen Speichen dreht. Natürlich handelt es sich dabei um eine optische Täuschung, die folgendermaßen zustandekommt: In einem gegebenen Augenblick stehen mehrere Wimpern des Kreises senkrecht in der Streckphase und erscheinen dem Auge als Radspeichen (Abb. 294). Alle anderen Wimpern sind zur gleichen Zeit mehr oder weniger gekrümmt, also niedriger, und treten für das Auge nicht hervor. Im nächsten Moment schlagen die gestreckten Wimpern ihre Spitzen rasch körperwärts, werden also kürzer, während gleichzeitig ihre linken Nachbarn die völlige Streckung erreichen und nunmehr besonders auffallen. Das Auge hat dabei den Eindruck, als rücke jede gestreckte Wimper (= Radspeiche) ein Stück nach links. Im folgenden Augenblick beugt sich jede dieser Wimpern, und ihr Nachbar streckt sich. Dem Auge erscheint das wiederum als ein Weiterdrehen der Speiche usw. Die an Vertretern mehrerer Familien ermittelte Schlagfrequenz beträgt 1000—1200 pro min bei 25 °C. Die Synchronie des Wimperschlages wird offenbar von Querverbindungen der einzelnen Cilien durch Ausläufer ihrer Basalkörper gewährleistet, wie sie bis vor kurzem nur von Wirbeltieren bekannt waren.

Am Vorderende des Kopfes läßt das Räderorgan eine unbewimperte Fläche (Apicalfeld) frei, auf deren manchmal zu einem kurzen Rüssel verlängerten Spitze ein drüsiges sogenanntes Retrocerebralorgan von umstrittener Funktion ausmündet. Außerdem befinden sich auf dem Apicalfeld noch Taster und andere Sinnesorgane, und zwischen Kopf und Rumpf erhebt sich oft ein stielartiger Nackentaster.

Am Rumpf vieler planktonischer Monogononta verdickt sich das Integument zu einem starren Panzer (Lorica), der neben verschiedenartigsten Ornamenten und Stachelbildungen nicht selten Schwebefortsätze aufweist (Abb. 299C). Manche ungepanzerten Plankter haben aktiv bewegliche und oft befiederte Anhänge, die als Flossen oder Ruder wirken (Abb. 293).

Der Fuß dient den Rotatoria hauptsächlich zum Anheften an Pflanzen, Steine oder andere Gegenstände; dazu enthält er Klebdrüsen, die auf zehenartigen Fortsätzen ausmünden (Abb. 290). Bei den ständig festsitzenden Arten ist er nicht selten sehr lang, damit sich ihre Corona möglichst weit über den Untergrund erheben kann. Manche pelagischen Arten benutzen den Fuß auch als Steuerorgan; er ist dann oft ventralwärts verlagert.

Viele sessile Rädertiere scheiden um Fuß und Rumpf aus besonderen Drüsen ein mehr oder weniger erhärtendes Gallertgehäuse ab, das ihnen als Wohntonne Schutz gegen Feinde und von außen einwirkende Schädigungen bietet (Abb. 292). Nicht wenige dieser Arten verfestigen ihre Tonne noch durch außen aufgesetzte Pillen aus Detritusteilchen oder dem eigenen Kot (z. B. *Floscularia*, Abb. 299I), andere bauen aus dem Drüsensekret sogar geringelte Röhren. Auch einige freilebende Formen stellen sich ähnliche Wohngehäuse her. Bei manchen Arten kommt es zur Koloniebildung (S. 478).

Anatomie

Trotz ihrer geringen Körpergröße, die an die Maße der Protozoa erinnert, setzen sich die Rotatoria aus erstaunlich vielen Zellen zusammen. So zählte man bei der nur 0,4 mm langen *Epiphanes senta* 959 Zellkerne. Die meisten Gewebe bestehen aus Syncytien. Zahl sowie Lage der Zellkerne in diesen wie auch in den zelligen Partien ist bei allen Individuen der bisher daraufhin untersuchten Arten in sämtlichen oder zumindest den meisten Organen konstant; nicht zellkonstant sind zum Beispiel bei *Asplanchna* die Blindsäcke des Magendarmes und die Dotterstöcke. *Epiphanes senta* hat unter anderen stets 183 Gehirnzellen, 91 Kerne im epithelialen sowie 42 im muskulösen Gewebe des Kaumagens und insgesamt 28 Protonephridialkerne. Da die volle Zellenzahl bereits im Embryo angelegt wird, finden nach dem Ausschlüpfen des Jungtieres aus der Eihülle keine Mitosen mehr statt. Das gesamte postembryonale Wachstum ist deshalb ein reines Streckungswachstum. Dementsprechend haben die Rädertiere auch kein Regenerationsvermögen.

Der Körper ist von einem **Integument** bedeckt, das im Bereich des Kopfes aus einer einschichtigen cellulären Epidermis, am Rumpf- und Fußabschnitt dagegen aus einer syncytialen Hypodermis mit darüberliegender dünner Cuticula besteht. Im Gegensatz zu anderen Nemathelminthes stellt aber die Cuticula nicht das Außenskelett dar, sondern diese Funktion wird von einer verdichteten lamellösen Schicht erfüllt, die im Cytoplasma der Hypodermis unter deren äußerer Grenzmembran liegt. Durch Verdickung dieser Schicht entsteht bei den gepanzerten Arten die Lorica. In der Hypodermis befinden sich zahlreiche kolbenförmige Einsenkungen der äußeren Grenzmembran, durch die vermutlich die extracelluläre, aus Proteinen mit einem Anteil saurer Polysaccharide bestehende Cuticula abgeschieden wird. Einigen — vor allem gepanzerten Arten — fehlt die Cuticula.

Die geräumige, flüssigkeitserfüllte primäre **Leibeshöhle** ist gegen die Hypodermis nur durch deren Basalmembran abgegrenzt und hat keinerlei epitheliale Auskleidung. Sie wird von einem feinen, lockeren Netzwerk aus amoeboid beweglichen, vermutlich parenchymalen Zellen durchzogen, die zur Phagocytose befähigt sind. Die **Muskulatur** bildet keinen gleichmäßigen Hautmuskelschlauch, sondern ein Gewirr differenzierter Faserzüge, die teils parallel zur Körperdecke, teils von ihr zu den Eingeweiden, teils auf den inneren Organen selbst verlaufen. Viele der glatten oder quergestreiften Fasern sind kernlos, stellen also Organelle von Epithelzellen benachbarter Organe dar.

Am **Nervensystem** fällt ein großes zweilappiges Cerebralganglion auf, das zumeist in Höhe des Kaumagens über dem Vorderdarm liegt. Es gibt eine Anzahl Nerven ab, von denen zwei besonders stark entwickelte ventrolaterale Markstränge bis in den Fuß reichen und hier ein Fußganglion bilden. **Sinnesorgane** sind hauptsächlich in Form von einzelnen borstentragenden Sinneszellen und von Wimpergrübchen vorhanden, die gehäuft im Bereich der Wimperkränze sowie der Rücken-, Seiten- und Fußtaster auftreten. Über ihre Funktion haben wir noch keine genaue Kenntnis. Daneben kommen manchmal noch Augen vor, teils als oft unpaariges Nackenauge in Gehirnnähe, teils als paarige Lateralaugen seitlich am Kopf oder als zumeist ebenfalls paarige Stirnaugen.

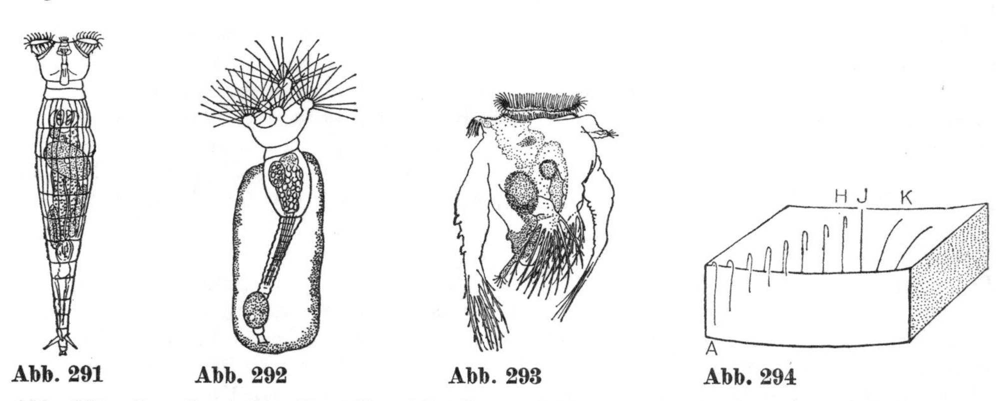

Abb. 291 **Abb. 292** **Abb. 293** **Abb. 294**

Abb. 291. *Rotaria citrina.* Dorsalansicht. Länge bis 1,1 mm. — Nach WEBER 1898.

Abb. 292. *Collotheca ornata.* Lateralansicht. Länge 0,6 mm. — Nach WEBER 1898.

Abb. 293. *Hexarthra mira.* Lateralansicht. Länge 0,4 mm. — Nach HAUER 1941.

Abb. 294. Schema zur Erklärung der scheinbaren Radbewegung. Ausschnitt aus einem Räderorgan, dessen Wimpern schlagartig stillgelegt worden sind. Die Cilien A bis H befinden sich in steigend fortschreitender Aufrichtungsphase. J ist völlig gestreckt, ragt über die anderen hinaus und erscheint als Radspeiche. K beginnt mit dem Niederschlag. Im nächsten Augenblick schlägt J nach unten, während sich H streckt und nunmehr dem Auge als Speiche erscheint. Man hat dadurch den Eindruck, es habe sich die Speiche von J nach H gedreht. Gestalt und Haltung, die die Wimpern bei der Arbeit annehmen, sind unbekannt. Schlagfrequenz bei 25 °C etwa 17—20mal je Sekunde.

Diese Augen sollen nach herkömmlicher Ansicht aus einer einzigen Sinneszelle bestehen, die neben rezeptorischen Elementen ein — meist rotes — Pigment und einen kugeligen Zelleinschluß als Linse ausbildet. Ultrastruktur-Untersuchungen am Nackenauge von *Asplanchna* haben jedoch dessen Aufbau aus zwei Zellen erwiesen. Es ist ein typischer invertierter Pigmentbecher-Ocellus vom Turbellarien-Typ mit einer Pigmentbecherzelle, in die eine Sehzelle hineinragt, deren photorezeptorisches Ende aus parallel zum Pigmentbecher angeordneten Platten besteht. Phototaxis ist bei planktonischen Rotatoria häufig, auch bei augenlosen.

Das **Verdauungssystem** ist bei allen Weibchen voll funktionsfähig, bei den meisten Männchen dagegen stark zurückgebildet (Abb. 295). Der Mund führt in einen erweiterten ectodermalen Pharynx, dessen Wandung ein kompliziertes Gerüst aus versteiften Hartgebilden (Trophi) in Form von Stäben, Platten und zum Teil Haken sowie dazwischen gelegenen zarten, gelenkhautartigen Abschnitten bildet. Das Ganze stellt einen sehr wirksamen, bei Räubern oft mit ausstreckbaren Greifzangen (Abb. 297) versehenen Zerkleinerungsapparat dar, den Kaumagen (Mastax), dessen Spiel sich durch die durchsichtige Körperwand gut verfolgen läßt.

Das Auftreten eines so vollkommenen Zertrümmerungsmechanismus ist auf der einfachen Organisationsstufe und bei der geringen Körpergröße der Rädertiere überaus auffällig. Finden wir doch eine vergleichbar vollkommene Zerkleinerung der Nahrung unter den Wirbellosen sonst nur noch bei hochorganisierten Gruppen wie Mollusca und Arthropoda, wobei im letzteren Falle meist nicht nur die Cuticula des Vorderdarmes, sondern vor allem die Gliedmaßen wirksam sind.

Vom Kaumagen wird der Speisebrei über einen schlanken Oesophagus dem meist bewimperten resorbierenden Magen-Darm-Abschnitt zugeleitet, dessen Vorderende vielfach einige Blindsäcke sowie zwei Magendrüsen anhängen. Der Magendarm führt in einen unbewimperten Enddarm, der als Kloake ausgebildet ist, weil in ihn die Gonaden und die Protonephridien einmünden. Sein Inhalt wird durch den dorsal am Rumpfende gelegenen After entleert. Manchmal sind Enddarm und After rückgebildet, zum Beispiel bei *Asplanchna*.

Die Verdauung der zerkauten Nahrung geschieht bei *Epiphanes senta* so schnell, daß bereits nach 20 min Nahrungstropfen in den Magenzellen erscheinen. Extracelluläre Verdauung soll die Regel sein, doch ist bei manchen Saugern, wie den Gastropodidae, intracelluläre Verdauung eingetreten.

Die bei den Männchen noch vorhandenen Reste des Verdauungstraktes dienen offenbar als Speicher für Nährstoffe, von denen sie während ihres kurzen Lebens zehren. So findet man zum Beispiel bei *Asplanchna*-Männchen bläschenförmige Darmrudimente (Abb. 295), die Polysaccharide enthalten und deren Volumen sich mit zunehmendem Alter der Tiere stark verringert, was für ihre Funktion als Energieträger spricht [39].

Blutgefäßsystem und **Atmungsorgane** fehlen. Ihren Sauerstoffbedarf decken die Rotatoria vermutlich aus dem Wasser, das mit dem Munde aufgeschluckt und durch die Magenwände der Leibeshöhlenflüssigkeit zugeleitet wird.

Als **Exkretionsorgane** haben alle Rädertiere ein Paar Protonephridien, die ventrolateral in der Leibeshöhle liegen und nach elektronenmikroskopischen Untersuchungen nicht — wie bisher angenommen — aus einem Syncytium, sondern aus vier vielkernigen Zellen bestehen. Jedes Protonephridium beginnt mit einem Sammelkanälchen, dem normalerweise 3—7, bei größeren Arten, vor allem der Gattung *Asplanchna*, aber bis über 50 Terminalorgane vom Typ der Reusengeißelzellen (s. S. 342) ansitzen. Das Sammelkanälchen leitet die der Leibeshöhle von den Terminalorganen entzogene überschüssige Flüssigkeit in den intracellulären, meist in Schleifen gelegten Protonephridialkanal, dessen Wand aus dem primären Harn Wasser, NaCl und andere gelöste Stoffe zurückresorbiert.

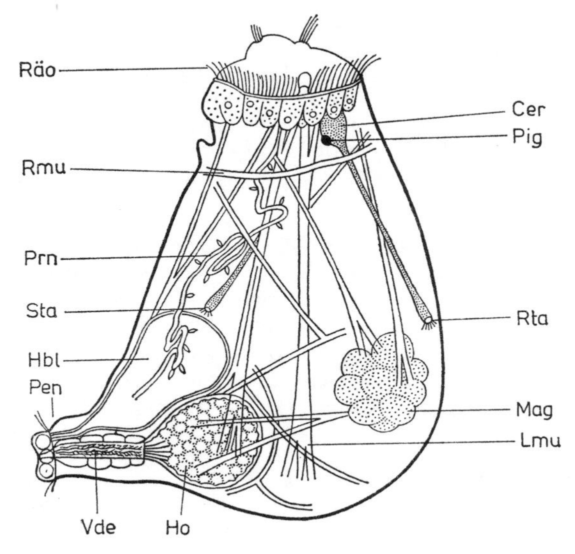

Abb. 295. *Asplanchna girodi.* Männchen von lateral. Länge 0,3 mm. — **Cer** Cerebralganglion, **Hbl** Harnblase, **Ho** Hoden, **Lmu** Längsmuskel, **Mag** Rudiment des Magen-Darm-Traktes, **Pen** Penis, **Pig** Pigmentfleck, **Prn** Protonephridium, **Räo** Räderorgan, **Rmu** Ringmuskel, **Rta** Rückentaster, **Sta** Seitentaster, **Vde** Vas deferens mit anliegenden Drüsen. — Nach WANICZEK 1930, verändert.

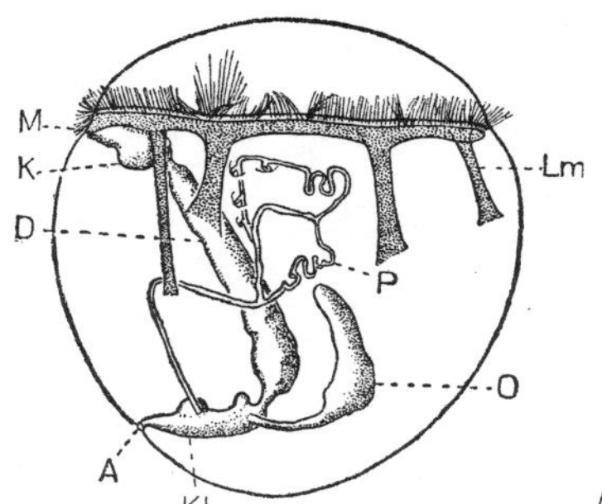

Abb. 296

Abb. 297

Abb. 296. *Trochosphaera solstitialis.* Weibchen von der Seite gesehen. Durchmesser 0,35 mm. — **A** After, **D** Darm, **K** Kaumagen, **Kl** Kloake, **Lm** Längsmuskel, **M** Mundfeld, **O** Ovarium, **P** Protonephridium. — Nach VALKANOV 1936, verändert.

Abb. 297. Vorderende von *Dicranophorus.* Das Räderorgan ist eingezogen, die Haken des Kaumagens sind als Greifzange weit aus der Mundöffnung herausgestreckt. Der gezeichnete Körperabschnitt ist 0,01 mm lang. — Nach LUCKS 1912.

Die Körperflüssigkeit ist hypertonisch gegenüber dem umgebenden Wasser, der Urin aber hypotonisch zur Körperflüssigkeit, mit geringerem Gehalt an NaCl. Bringt man beispielsweise *Asplanchna* in destilliertes Wasser, dann erfolgt sofort eine leichte Verdünnung der Körperflüssigkeit, worauf die Protonephridien mit verstärkter Wasserausscheidung, aber verringerter Abgabe von NaCl und anderen Substanzen reagieren.

Der Inhalt der Kanäle beider Protonephridien ergießt sich in die Kloake, und zwar über eine kontraktile Sammelblase, die entweder gemeinsam von den Endabschnitten der Kanäle oder vom Enddarm gebildet wird. Die Entleerung der Harnblase erfolgt — auch bei marinen Rotatoria — je nach Art und Größe in Abständen von $^1/_4$—3 min. *Brachionus* scheidet so in 20 min soviel Wasser aus, wie sein Körpervolumen beträgt.

Das von den Protonephridien aus dem Körper entfernte Wasser dringt nicht durch die Körperwand ein, sondern wird ausschließlich über den Darmkanal aufgenommen. Verschließt man Exemplaren von *Rotaria* den Mund, indem man sie betäubt oder ihnen den

„Kopf“ abbindet, so füllen sie ihre Blase nicht mehr und entleeren sie auch nicht, ein Beweis dafür, daß das Wasser nicht durch das Integument in den Körper eintritt. Wird dagegen die Blase vom Vorderkörper abgeschnürt, so schwillt dieser samt dem Magendarm stark an, weil das aufgenommene Wasser nicht durch die Haut ausgeschieden werden kann.

Die Rotatoria sind getrenntgeschlechtlich, wobei sich jedoch alle Digononta rein parthenogenetisch vermehren. Die sehr einfach gebauten **Geschlechtsorgane** bestehen lediglich aus ein oder zwei sackförmigen Gonaden sowie deren Ausführgängen. Diese münden in die Kloake bzw. bei den darmlosen Männchen auf der Spitze des konisch ausgezogenen Hinterendes oder eines ausstülpbaren Penis direkt nach außen. Außer bei den Pararotatoria sind innerhalb des Ovars Keim- und Nährbezirk getrennt, ohne aber gesonderte Organe zu bilden. Der syncytiale Nährbezirk leitet Dottermaterial — nicht Dotterzellen — ins Innere des reifenden Eies hinein. Nur bei den wenigen Arten der Pararotatoria gleichen die Männchen den Weibchen. Bei den Männchen der Monogononta dagegen ist außer dem vielfach völlig rückgebildeten Darm auch das Räderorgan in unterschiedlichem Maße vereinfacht und die Körpergröße stets stark herabgesetzt. Sinnesorgane und Gehirn leiten diese Zwergmännchen zu den Weibchen, die sie durch Einstechen des Hinterendes oder des Penis in eine beliebige Stelle der Leibeshöhle begatten.

Bei etwa 40% der Tiere einer Zucht von *Trochosphaera solstitialis* wurde beobachtet daß sich ein Zwergmännchen in der Leibeshöhle des Weibchens aufhielt und auch freie Spermien in der Leibeshöhlenflüssigkeit schwammen; offenbar verläßt hier das Männchen den mütterlichen Organismus gar nicht, sondern entwickelt sich bis zur Geschlechtsreife im Weibchen, dessen Eier von den in die Leibeshöhle entlassenen Spermien befruchtet werden.

Fortpflanzung

Nur die wenigen Pararotatoria pflanzen sich rein zweigeschlechtlich fort. Alle anderen Rädertiere vermehren sich entweder ständig parthenogenetisch (mit einzelnen Ausnahmen alle Digononta sowie einige limnische Monogononta), oder es tritt Heterogonie auf, also ein Wechsel von Parthenogenese und Zweigeschlechtigkeit. Bei den heterogonen Arten folgen vor Eintritt einer Sexualperiode eine ganze Anzahl parthenogenetische Generationen aufeinander, ja parthenogenetische Weibchen stellen meist zu allen Zeiten den Hauptanteil der Population.

Diese kann unter optimalen Bedingungen sehr schnell wachsen, wie Studien an *Brachionus*-Kulturen zeigten, in denen die Jungen bereits 24 Stunden nach dem Ausschlüpfen aus der Eihülle legereif wurden und 2—3 Wochen lang täglich 2—3 Eier parthenogenetisch hervorbrachten. Die Population vergrößerte sich dann innerhalb von 10 Tagen auf mehr als das Hundertfache.

Die rein **parthenogenetische Generation** besteht aus amiktischen Weibchen, von denen dünnschalige diploide Eier abgelegt werden, die sich alle auf gleiche Weise zu einem Weibchen entwickeln. Die Eier geben bei der Reifung nur einen Richtungskörper ab, machen also keine Reduktionsteilung durch.

Die **Sexualperiode** wird eingeleitet durch Weibchen, die haploide, fakultativ parthenogenetische Eier erzeugen. Solche miktischen Weibchen gleichen äußerlich den amiktischen, bei der Gametogenese ihrer Eier findet jedoch eine Meiose statt. Diese Weibchen treten in der Regel bei starkem Anwachsen der Population auf; in derselben Richtung wirken sich aber auch Temperaturveränderungen, reichliches bzw. qualitativ besseres Nahrungsangebot oder Verlängerung der Belichtungsdauer aus. Diese Faktoren bedingen offensichtlich beim Muttertier eine reversible Veränderung des Stoffwechselgeschehens, die das heranreifende Ei während einer kurzen Labilitätsperiode dahingehend determinieren, daß aus ihm ein miktisches Tochterindividuum entsteht. Die ersten von den miktischen Weibchen abgelegten Eier bleiben natürlich unbesamt und entwickeln sich zu haploiden Männchen, von denen erst die miktischen Weibchen begattet werden. Dabei werden die haploiden Eier besamt, und sie entwikkeln sich zu dickschaligen diploiden Dauereiern, aus denen ausschließlich amiktische Weibchen schlüpfen.

Die miktischen Weibchen vieler Arten können ihr Leben lang nur eine Eisorte hervorbringen, entweder kleine Männcheneier oder große Dauereier. Mit der frühzeitigen Begattung oder ihrem Ausbleiben ist bei ihnen ein irreversibler Determinationsprozeß verbunden, der nur eine Eisorte zuläßt (manche *Brachionus*, *Keratella* usw.). Andere Arten, wie etwa *Asplanchna sieboldi*, können zweierlei Eier erzeugen, doch ist die bipotente Phase auf wenige (bei dieser Art kaum vier) Stunden nach ihrer Geburt beschränkt; danach tritt eine Befruchtungssperre für sämtliche Oocyten ein. Wenn das Weibchen vorher begattet wird, dann werden aber nicht immer sämtliche Oocyten besamt, so daß ein Teil von ihnen haploid bleibt und sich zu Männchen entwickelt, während die übrigen Dauereier ergeben. Bei solchen Arten, die nur eine Eisorte produzieren, gehen wahrscheinlich bei begatteten Weibchen alle unbefruchteten Oocyten zugrunde.

Die **Dauereier** können je nach Art und Lebensumständen nach vier Tagen, mehreren Wochen, Monaten oder erst nach Jahren schlüpfen. Da sie Kälte und Trockenliegen vertragen, ermöglichen sie der Population das Überstehen ungünstiger Außenbedingungen, zum Beispiel das Austrocknen eines temporären Gewässers, das der Population den Untergang bringen würde. Bei manchen Arten kommen die Dauereier schubweise in regelmäßigen Abständen zum Schlüpfen, was zur Entstehung mehrerer zeitlich verschieden nebeneinander herlaufender Sexualzyklen innerhalb einer Population führt.

Daß der Grad der Neigung zur Bisexualität erblich ist, beweisen Beobachtungen an Zuchten parthenogenetischer Linien von *Brachionus* (aus amiktischen Eiern des gleichen Weibchens). Untersuchungen im Freien zeigen, daß in Populationen von geringer Vitalität amiktische Weibchen enthalten sind (Kennzeichen geringer Vitalität: leerer Darm, langsame Fortbewegung und geringe Eiproduktion). Dagegen findet man in vitalen Populationen, die sich gerade stark über das Wohngewässer ausbreiten, eine große Anzahl miktischer Weibchen, also sexuelle Vermehrung. Diese Erfahrungen wurden in Zuchtexperimenten unter anderem mit *Brachionus* und *Keratella* bestätigt. Tiere in Einzelzucht und solche in überaltertem oder übervölkertem Milieu waren überwiegend amiktisch. Sie gingen in eine Sexualperiode über, wenn eine günstige Bevölkerungsdichte hergestellt, das Kulturmedium gewechselt wurde usw. Immer waren es unspezifische Außenbedingungen, die eine zweigeschlechtliche Vermehrung auslösten. Je nach der Milieusituation wirkte der eine oder der andere Außenfaktor, wie ja im gleichen Teich manchmal mehrere Arten gleichzeitig bisexuell werden, zu anderer Zeit aber lediglich eine einzige, während die übrigen nur aus amiktischen Weibchen bestehen.

Im Laufe eines Jahres können art- und milieuweise bedingt eine, zwei oder mehrere Sexualperioden auftreten, nach denen sich die Population gewöhnlich stark verkleinert. Wenn die Milieubedingungen ständig annähernd konstant bleiben, etwa in der Tiefenregion eines großen Sees, kann die sexuelle Phase für unbeschränkte Zeit unterdrückt sein, ohne daß die Vitalität der Population beeinträchtigt wird. Eine Notwendigkeit zur Bildung von Dauereiern besteht ja dann nicht. Andererseits machen manche Rotatoria in Gewässern mit extremen Lebensbedingungen einen stark verkürzten Generationszyklus durch, der mit einer enormen Produktion von Dauereiern und einer anschließenden langen Ruheperiode endet. In diesem Falle werden die Dauereier ohne Mitwirkung von Männchen auf parthenogenetischem Wege erzeugt.

Entwicklung

Die meisten Rädertiere legen Eier ab, die an Steinen und Pflanzen, bei Bewohnern des Pelagials oft auch am Mutterkörper oder an anderen Planktern festkleben. Bei den wenigen lebendgebärenden Arten verbleiben die Eier dagegen so lange in dem zu einem Uterus umgestalteten Endabschnitt des Eileiters, bis das Jungtier schlüpft.

Die Embryonalentwicklung war bisher nur unvollständig bekannt. Sie konnte erst vor einigen Jahren hauptsächlich an *Asplanchna girodi* unter Einschaltung strahlenanalytischer Experimente zufriedenstellend geklärt werden (Abb. 298). Die Eier sind früh determiniert, denn schon vor der Reifeteilung können zum Beispiel Entodermschäden durch Bestrahlung des animalen Cytoplasmas, Mesodermschäden durch Bestrahlen des vegetativen hervorgerufen werden. Die ersten beiden Furchungsschritte erinnern an die Spiralfurchung, indem drei kleine Blastomeren (A, B, C) und eine auffällig größere (D) entstehen. Anschließend setzt eine Bildung von Zellquartetten ein, wobei die Abkömmlinge der Blastomeren aber säulenartig übereinander zu liegen kommen, so daß der Keim abweichend von der Spiralfurchung eine annähernde Radiärsymmetrie zeigt. Der am vegetativen Pol liegende Abkömmling der D-Zelle bleibt groß und stellt die Urgeschlechts-Mutterzelle (Keimbahnzelle) dar.

Die anschließende Gastrulation verläuft zweiphasig. Zunächst überwachsen die Nachkommen von A, B und C epibolisch die große Keimbahnzelle, die sich im Inneren des Embryos sogleich in die Urkeim- und die Urdotterzelle teilt. Von diesen beiden Zellen werden kleine Blastomeren abgeschnürt, die später degenerieren, ein Vorgang, der vielleicht als Andeutung einer Mesodermbildung zu werten ist. Ebenfalls am vegetativen Pol findet dann die Einwanderung von Blastodermzellen ins Innere statt, also die Entstehung eines Blastoporus und einer zweischichtigen Magenanlage. Der Blastoporus rückt jetzt auf die Ventralseite des Embryos zu, und nun stülpt sich Ectoderm ein, um den Pharynx zu bilden, während sich der Blastoporus zur späteren Mundbucht weiterentwickelt. Beide Organe verschieben sich immer mehr auf die Ventralseite, während am ehemaligen vegetativen Pol das Cerebralganglion einsinkt. Sehr bald nach diesem Stadium wird das Cerebralganglion vom Ectoderm überwachsen, und die Organe rücken auseinander, wobei erst die weite primäre Leibeshöhle entsteht. Eindeutig ectodermaler Herkunft sind nach den experimentellen Befunden: Integument, Muskulatur, Cerebralganglion, Nervensystem, Kaumagen und Pharynx, Uterus sowie Protonephridien. Entodermal sind der Magen und seine Anhangsdrüsen [48].

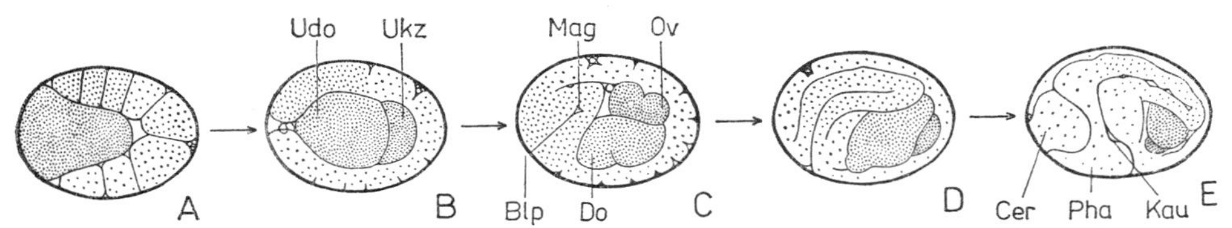

Abb. 298. Entwicklung von *Asplanchna girodi*. Schemata. Der große Durchmesser der Embryonen schwankt zwischen 0,1 und 0,11 mm. **A.** Umwachsung der Keimbahnzelle. **B.** Vor der Gastrulation. **C.** Gastrulation. **D.** Einstülpung des Pharynx. **E.** Einsenkung des Cerebralganglions. — **Blp** Blastoporus nach der Einstülpung des Entoderms, das die Magen-Anlage bildet, **Cer** Anlage des Cerebralganglions am vegetativen Pol, **Do** Dotterstock-Anlage (geht aus Udo hervor), **Kau** Kaugerüst, **Mag** Magen-Anlage, **Ov** Anlage des Ovariums (geht aus Ukz hervor), **Pha** Pharynx-Anlage, **Udo** Urdotterzelle, **Ukz** Urkeimzelle. In Figur E liegt das Magenlumen über der Dotterstock-Anlage. Man beachte das Fehlen jeglicher Leibeshöhle in diesen Stadien. — Nach LECHNER 1966.

Stammesgeschichte

Die Rotatoria stellen eine in vieler Hinsicht hochspezialisierte Gruppe dar, die sich deshalb kaum in eine engere Beziehung zu irgendeiner anderen Klasse der Nemathelminthes bringen läßt. In manchen Eigenschaften (z. B. Bewimperung) zeigen sie Anklänge an die Gastrotricha, in anderen, vor allem der Integumentstruktur und der Furchung, aber auch an die Acanthocephala.

Die immer wieder diskutierte Ähnlichkeit der Rädertiere, insbesondere der Gattung *Trochosphaera*, mit der Trochophora-Larve kann nicht als Hinweis darauf gelten, daß sie mit den Annelida auf gemeinsame Vorfahren zurückgehen. *Trochosphaera* ist zwar äußerlich einer Trochophora-Larve sehr ähnlich. Wie aber das Vorhandensein des Kaumagens, die Mündung der Protonephridien in eine Kloake und vor allem der völlig rotatorienhafte Habitus ihrer Männchen zeigt, beruht die Ähnlichkeit lediglich auf ihrer kugeligen Aufblähung, die genau wie bei der Trochophora in direkter Beziehung zur planktonischen Lebensweise steht. Dagegen ist eine Ableitung der Rotatoria von bewimperten Bodenformen mit kriechender Fortbewegung, die sich über eine Trochophora entwickelt haben, durch Foetalisation oder Neotenie nicht ganz undenkbar.

Vorkommen und Lebensweise

Die Mehrzahl der Rädertiere aus der Überordnung Monogononta und ein Teil der Digononta lebt im stehenden oder seltener im fließenden Süßwasser, doch sind auch im Meer gegen 200 Arten zu finden, von denen allerdings etwa 150 Süßwassertiere sind, die den Salzgehalt des Litorals vertragen, während nur rund 50 Arten rein marine Formen sind. In der Regel halten sich diese Rotatoria am Grunde oder zwischen der Vegetation ihrer Wohngewässer auf, nicht wenige gehören aber auch zeitweise oder ständig zum Plankton. Eine ganze Reihe von Digononta bewohnt dagegen feuchte oder auch zeitweilig austrocknende Landbiotope, wie Moosrasen, Flechtenlager, Laub- und Nadelstreu, humöse Böden, Baumhöhlen und sogar Dachrinnen. Viele Arten sind Kosmopoliten.

Die **Fortbewegung** stellt bei den Arten, an deren Räderorgan hauptsächlich das Buccalfeld entwickelt ist (z. B. bei den Notommatidae), ein Wimperkriechen auf der Unterlage dar, wie bei den Planarien. Die normalerweise schwimmenden Bdelloida können egelartig kriechen, indem sie den Körper wie ein ausgezogenes Fernrohr strekken, sich mit dem Sekret des am Kopf vorragenden Retrocerebralorgans festheften, dann den Körper stark zusammenziehen und anschließend den Fuß in der Nähe des Kopfes anheften.

Den schwimmenden Arten dient der Räderapparat als Fortbewegungsorgan. Der schnelle Wimperschlag der Corona erzeugt einen Ringwirbel vor dem Körper, der oft die dreifache Körperlänge hat und bewirkt, daß das Tier in spiraliger Drehung vorwärts gezogen wird. Die Steuerung beim Schwimmen erfolgt durch das Wimperrad oder den Fuß. Dauerschwimmer, die sich niemals festsetzen, also ausgesprochene Plankter sind, haben nicht selten den Fuß zurückgebildet und Schwebevorrichtungen in Gestalt von langen Fortsätzen des Panzers (viele Brachionidae, Abb. 299C), beweglichen Ruderanhängen (*Polyarthra, Hexarthra,* Abb. 293) oder einer Aufblähung des Körpers durch Flüssigkeit (*Trochosphaera*, Abb. 296) entwickelt.

Die beim Schwimmen erreichte Geschwindigkeit ist sehr unterschiedlich. Sie beträgt bei der sackförmigen *Asplanchna* eine Körperlänge in der Sekunde, bei der grazileren *Synchaeta* die siebenfache Körperlänge, während *Polyarthra* bei sprungartigen Bewegungen, die sie mittels ihrer Flossenanhänge ausführt, bis zum 128fachen der Körperlänge (das sind knapp 2 cm) in der Sekunde zurücklegen kann.

Außer den reinen Planktern setzen sich alle Rädertiere wenigstens zeitweise fest, wobei sie sich mit dem Fuß an eine Unterlage ankleben. Manche Arten sind halbsessil, andere, wie die Weibchen der Flosculariidae und Collothecidae, sitzen zeitlebens fest. Dabei siedeln sich einige stets auf derselben Pflanzenart an. Bestimmte Formen treten zu Kolonien zusammen, die von einer gemeinsamen Gallerthülle umgeben sind; die einzelnen Individuen der Kolonie bleiben aber stets morphologisch und physiologisch getrennt.

Viele Rotatoria vertragen große Verunreinigungen des Wassers, wie z. B. *Epiphanes senta*, die oft massenhaft in stark mit Jauche versetzten Dorfteichen vorkommt, und die Bewohner von Moorgewässern. Biologisch besonders interessant sind solche Arten, die ganz extreme Lebensräume bewohnen, wie vor allem viele Bdelloida. Einige treten in blutroten Massenansammlungen auf Steinen und dem Eis der Arktis auf, wo sie nur aktiv sind, wenn die Sonne die Oberflächenschicht auftaut. (Auch die im gleichen Biotop lebenden Algen produzieren rote Farbstoffe.) Andere bewohnen heiße Quellen von 34—50 °C. Manche Bdelloida besiedeln die winzigen temporären Wasseransammlungen in Flechten- und Moospolstern und überstehen darin z. B. auf den der Sonne ausgesetzten Strohdächern von Bauernhäusern monatelang sommerliche Trokkenperioden.

Das wird ihnen dadurch ermöglicht, daß sie in den Zustand der **Trockenstarre** übergehen. Hierbei geben sie den größten Teil ihrer Körperflüssigkeit ab, bis sie nur noch 15—20% Wasser enthalten, und verkleinern gleichzeitig ihre Körperoberfläche, indem sie sich zu einem Tönnchen zusammenziehen, dessen Volumen schließlich nur noch 8% des aktiven Tieres einnimmt. Solche lufttrockenen Tiere nehmen nach einem Regen Wasser auf und werden wieder aktiv. Im trockenstarren Zustand aber können sie ähnlich wie Pflanzensamen monatelang trocken liegen, ohne Schaden zu erleiden, und im Gegensatz zu aktiven Artgenossen extreme Temperaturen ertragen. *Philodina*, die vorher dauernd in Wasser kultiviert waren, wurden wieder aktiv, nachdem man sie drei Monate lang bei —10 bis —15 °C an Luft aufbewahrt hatte, und hielten lufttrocken ohne nachweisbare Schädigung einen 5 min dauernden Aufenthalt in 70 °C Wärme aus. Wildfänge sollen trocken sogar in erheblichem Prozentsatz eine 8 Stunden wirkende Abkühlung auf —270 °C (in flüssigem Helium) vertragen (vgl. Nematoda, S. 498, und Tardigrada).

Eine Anzahl Rädertiere lebt epizoisch auf anderen wirbellosen Wassertieren, so alle Pararotatoria an den Kiemen des Krebses *Nebalia* (Leptostraca) und manche Bdelloida ebenfalls auf Krebsen sowie auf Insektenlarven, Mollusken und Anneliden. Einige Gattungen enthalten echte Parasiten. *Proales*-Arten schmarotzen zum Beispiel in den Theken von Hydroidpolypen und im Schneckenlaich bzw. in *Vaucheria*-Algen und *Volvox*-Kugeln, und *Albertia* kommt im Darm von Oligochaeten und Schnecken vor.

Die Form der **Ernährung** ist recht unterschiedlich. Je nach dem Bau des Räderorgans und des Kaumagens betätigen sich die Rotatoria als Strudler, Weideschwimmer, Greifer, Sauger oder Reusenfänger. Manche können auch mehrere Arten des Nahrungserwerbs anwenden.

Strudler sind die halbsessilen Digononta sowie *Keratella*, *Hexarthra* und andere planktonische Monogononta. Sie erregen mit Hilfe ihres stark entwickelten Räderapparates einen Wasserstrom, der zu ihrem Vorderkörper zieht und aus dem sie ihre Nahrung wählen. Manche Arten nehmen nur eine spezielle Nahrung auf, z. B. Flagellata einer bestimmten Familie, und verschmähen jegliche andere; die meisten ernähren sich jedoch polyphag. Von ihnen wird vor allem Geschwebe unter 10 µm Durchmesser erbeutet, auch Bakterien, und der Kaumagen dient lediglich zur Zerkleinerung der schon aufgenommenen Nahrung. *Euchlanis* verschluckt ganze Kolonien der Flagellaten *Pandorina* und *Synura*, die sie nach Anheftung mit dem Fuß herbeistrudelt. Sie weidet aber im Umherschwimmen auch Diatomeen-Rasen ab, wobei sie mit Hilfe der „Kiefer" jede Kieselalge einzeln von der Unterlage löst. *Epiphanes* und *Brachionus* können sowohl strudeln als auch unter Vorstrecken der Kiefer aus dem Munde größere Beute ergreifen. Ausgesprochene Greifer sind unter anderen *Asplanchna*, *Dicranophorus* (Abb. 297), *Trichocera*, *Synchaeta* und viele *Notommata*, die mit den vorgestreckten Kiefern ganze Rotatorien und anderes Kleingetier pakken und unter Saugwirkung des Vorderdarmes in den Kaumagen hinabwürgen. Die Gastropodidae hingegen bohren gepanzerte Dinoflagellata an und saugen sie dann mittels ihres muskulösen Pharynx aus. Reusenfänger sind vor allem die festsitzenden Collothecacea. *Collotheca* leitet mit ihren langen Wimpern, die in fünf Büscheln trichterartig den Mundraum umstehen (Abb. 292), Flagellaten dem Munde zu. Sobald die Beute den Sinnesorganen der konkaven Mundscheibe nahekommt, kontrahiert sich diese, die Reusencilien schlagen über dem Opfer konisch zusammen, und eine magenwärts wandernde Kontraktionswelle des Mundsaumes drückt das Opfer in den Schlund. *Stephanoceros* dagegen erwirbt seine Nahrung durch den Schlag kräftiger Wimpern, die fünf Tentakel dicht bedecken (Abb. 299 H). Die Wimpern schließen die Arme zu einer Reuse zusammen, in die sie die Beutetiere hineintreiben und dann dem Munde zuführen.

Manche, vor allem pelagische Arten der Rotatoria zeichnen sich durch eine starke **Variabilität** ihres Habitus aus. Solange man sich lediglich mit der Auswertung von Freilandfängen begnügte, glaubte man, daß sich die aufeinanderfolgenden Generationen solcher Arten vom Frühling bis zum Herbst in einer Richtung immer stärker abändern und dann im Frühjahr wieder das ursprüngliche Aussehen haben. Sehr eingehende Freilanduntersuchungen und Experimente haben aber bewiesen, daß eine durch zyklische Innenfaktoren gesteuerte Cyclomorphose (= Temporalvariation) nicht vorhanden ist. *Brachionus calyciflorus* zum Beispiel zeigte sie weder in Zuchten von 20—40 noch in einer Zucht von 200 Generationen, wenn die Milieufaktoren nicht geändert wurden. Doch haben die einzelnen reinen (parthenogenetischen) Linien eine endogene, verschieden starke Neigung zum Variieren, eine endogene, verschieden große Variationsbreite und eine endogene Neigung, entweder innerhalb derselben bestimmte Varianten bevorzugt oder alle in gleichmäßiger Anzahl hervorzubringen. Wahrscheinlich handelt es sich dabei um erbliche Eigenschaften. Das Zusammenspiel dieser Eigenheiten und einiger Außenfaktoren bestimmt dann das Erscheinungsbild der Population.

Wie die Zuchtexperimente an *Brachionus calyciflorus* ergaben, wirken bei dieser Art als äußere Faktoren — und zwar unspezifisch — Temperaturhöhe und Futtermenge. Senkte man die Temperatur auf 17 °C und niedriger oder verringerte man die Futtermenge auf ein Zehntel, so gebaren die Weibchen von drei reinen Linien nach einiger Zeit überwiegend Junge mit längeren Hinterdornen. Erhöhte man später die Temperatur auf 23 °C und mehr, so wurden bei den meisten Nachkommen die Hinterdornen kürzer. (Ursache davon ist wohl eine Verlangsamung bzw. Beschleunigung der Entwicklung.) Hingegen hatten Änderungen weder der Turbulenz noch der Viskosität oder des p_H-Wertes des Wassers, der Beleuchtung oder der Qualität des Futters Einfluß auf die Variation. Zwei reine Linien derselben Art blieben auch von der Temperaturerhöhung unbeeinflußt. Im Gegensatz hierzu hatte bei *Asplanchna* die Verbesserung der Futterqualität eine Änderung der Körperform durch Ausbildung lateraler Fortsätze bei gleichzeitiger Steigerung der Körperlänge zur Folge.

Genaue Freilandbeobachtungen an *Keratella* und *Brachionus* bewiesen ferner, daß deren Variation keineswegs in allen bewohnten Teichen einer Gegend gleichzeitig, gleich schnell und völlig gleichartig eintrat, eine Tatsache, die mit einer endogenen Periodizität unvereinbar ist.

Ob die bei den Milieuänderungen entstehenden Habitus-Varianten eine biologische Bedeutung haben, vielleicht auch in Zusammenhang mit der Vitalität oder Fortpflanzungsweise stehen, ist noch weitgehend unbekannt. Mit Sicherheit konnte bisher lediglich nachgewiesen werden, daß die Variabilität bei einer Reihe planktonischer Arten Einfluß auf die Räuber-Beute-Beziehungen ausübt. Und zwar insofern, als zum Beispiel lang bedornte Formen in wesentlich geringerem Maße räuberischen Rotatorien zum Opfer fallen als kurz bedornte Tiere der gleichen Art. Dabei hängt die Ausbildung längerer Dornen offensichtlich von der Anwesenheit der Räuber ab.

So brachten Individuen der Normalform von *Brachionus calyciflorus*, deren Panzer zwei Paar kurze vordere und ein Paar stummelförmige hintere Dornen aufweist, Nachkommen mit bedeutend längeren Dornen und einem zusätzlichen, auffallend langen hinteren Dornenpaar hervor, wenn sie in einem Medium aufwuchsen, in dem vorher eine räuberische *Asplanchna*-Art gehalten worden war. Zur maximalen Ausbildung der Dornen reichte es dabei schon aus, wenn in 1 cm³ Kulturmedium eine ausgewachsene *Asplanchna* 30 min lang gelebt hatte. Die Vergrößerung und Vermehrung der Dornen bei *Brachionus* wird durch eine von *Asplanchna* abgegebene wasserlösliche Substanz stimuliert, die über den mütterlichen Organismus auf die noch ungefurchten Eier einwirkt [43].

Ebenfalls von lebenserhaltender Bedeutung ist bei mehreren *Asplanchna*-Arten ein auffälliger **Polymorphismus**. Neben normalen sackförmigen amiktischen Weibchen treten hier fast doppelt so lange glockenförmige amiktische Riesentypen auf, die große Beuteorganismen, darunter in beträchtlicher Anzahl auch ihre kleineren Artgenossen verschlingen. Unter bestimmten, noch nicht näher bekannten Bedingungen produzieren die sackförmigen Weibchen auf parthenogenetischem Wege Weibchen, die seitliche Auswüchse, eine Vorwölbung auf der Rückenseite und ein verlängertes, spitz zulaufendes Hinterende haben. Ein Teil dieser sogenannten cruciformen Weibchen ist miktisch und erzeugt ähnlich gestaltete, wenn auch kleinere Männchen. Wegen ihrer durch die außergewöhnliche Körperform stark vergrößerten räumlichen Ausdehnung werden die cruciformen Weibchen und Männchen in weit geringerem Maße von der Riesenform gefressen als normale amiktische Weibchen, sind also besser vor dem Kannibalismus geschützt. Dieser Schutz dürfte als Sicherung der miktischen Vermehrung und damit der für die Arterhaltung wichtigen Dauereibildung zu deuten sein [44].

System

Die Klasse der Rotatoria wird in zwei Unterklassen gegliedert.

1. Unterklasse Pararotatoria (syn. Seisona)

Die Männchen gleichen den Weibchen oder sind nur unwesentlich kleiner. Gonaden paarig; Ovarien nicht in Keim- und Nährbezirk geteilt. Rein marin. — Nur 1 Ordnung mit 1 Familie.

1. Ordnung Seisonida

Familie Seisonidae. Lediglich die Gattung **Seison* mit 2 Arten. Bis 2,5 mm lang, wurmförmig, ohne ausgeprägtes Räderorgan (Abb. 299A). Leben epizoisch auf Krebsen der Gattung *Nebalia* (Leptostraca) und kriechen egelartig. Detritusfresser, die auch an den Eiern der Wirtskrebse saugen.

2. Unterklasse Eurotatoria

Männchen stets deutlich kleiner als die Weibchen, bei den Digononta bisher niemals beobachtet. Ovarien paarig oder unpaarig, mit abgegrenztem Nährbezirk, Hoden in der Regel unpaarig. — Mit 2 Überordnungen.

1. Überordnung Digononta

Männchen unbekannt, wahrscheinlich alle Arten parthenogenetisch. Körper in ausgestrecktem Zustand spindel- bis wurmförmig, äußerlich in etwa 16 teleskopartig ineinander einziehbare Scheinsegmente gegliedert. Räderorgan meist durch eine Sagittalfurche in zwei Scheiben geteilt. Ovarien paarig. Reine Strudler, die zwischen Pflanzen umherschwimmen oder egelartig kriechen; viele leben in Moospolstern oder anderen feuchten Landbiotopen, manche sind Epizoen. Nur wenige Arten im Meer. Extrembiotope und Überstehen von Trockenperioden, s. S. 479. Nur mit 1 Ordnung, die 4 Familien enthält.

1. Ordnung Bdelloida

Familie Philodinidae. Der voluminöse Magen wird von einem engen, röhrenförmigen Lumen durchzogen. Hauptsächlich zwischen Wasserpflanzen und im Moos. — **Philodina* mit zahlreichen, 0,1—0,8 mm langen Arten. **P. roseola*, bis 0,55 mm lang, kosmopolitisch verbreitet, auch in Brackwasser, Thermalgewässern und Schwefelquellen. — **Rotaria* (syn. *Rotifer*), 0,2—1,6 mm lange, vivipare Arten (Abb. 291).

Familie Habrotrochidae. Der Magen bildet eine protoplasmatische Masse ohne Lumen, durch welche die zu Pillen geformte Nahrung hindurchwandert. Bewohner vornehmlich trockener Biotope. — **Habrotrocha* (syn. *Callidina*, part.), 0,05—0,4 mm lange Arten, die oft in Moos, Laub- und Nadelstreu sowie Humusböden angetroffen werden. Leben häufig in selbstverfertigten oder fremden Gehäusen. **H. annulata* benutzt Gehäuse von Rhizopoden (Abb. 299B).

2. Überordnung Monogononta

Männchen vorhanden, durchweg kleiner als die Weibchen, oft zwerghaft und mit reduziertem Darm (Abb. 295). Lebenszyklus zumeist mit Heterogonie (S. 475). Körper in der Regel nicht in Scheinsegmente gegliedert, höchstens der Fuß 2—4 Ringe aufweisend. Räderorgan sehr unterschiedlich gestaltet. Ovarium unpaarig. Hauptsächlich Wasserbewohner, auch im Meer; schwimmend, halbsessil oder sessil.

An Stelle der herkömmlichen, hier noch beibehaltenen Unterteilung der Monogononta in 3 Ordnungen, die hauptsächlich nach der Anzahl der Zehen und Fußdrüsen erfolgt, wird neuerdings eine Gliederung in nur 2 Ordnungen entsprechend der Ableitung des praeoralen Wimperkranzes am Räderorgan vorgeschlagen [30]:

1. Pseudotrocha. Der (nicht immer vorhandene) praeorale Wimperkranz leitet sich aus dem vorderen Teil des Mundfeldes ab (sogenannter Pseudotrochus). Umfaßt die bisherigen Ploima.
2. Gnesiotrocha. Der (bei festsitzenden Formen zum Teil nur im Jugendstadium vorhandene) praeorale Wimperkranz entspricht dem vorderen Rand des Circumapicalbandes (echter Trochus). Vereinigt die Flosculariacea und Collothecacea.

1. Ordnung Ploima

Fuß, wenn vorhanden, mit zwei Zehen und zwei Klebdrüsen, zu denen zwei Nebendrüsen treten können. Nie ständig festsitzend. Einige Arten leben parasitisch. — Etwa 15 Familien, die nur vom Spezialisten nach den Baueigentümlichkeiten des Kaumagens und des Räderorgans unterschieden werden können.

Familie Brachionidae. Plankter, deren Rumpf von einem oft dorsoventral abgeflachten, sehr formvariablen Panzer umkleidet ist. Zumeist Strudler. — **Brachionus*, mit zahlreichen selten über 0,4 mm langen Arten, deren Fuß gut entwickelt ist (Abb. 299C). Variabilität S. 480. **B. calyciflorus*, ♀ bis 0,57 mm lang. Sehr häufig in kleinen Süßgewässern, auch im Brackwasser. — **Keratella* (syn. *Anuraea*), der vorigen Gattung ähnlich, aber ohne Fuß. Variabilität S. 480. **K. cochlearis*, ♀ bis 0,32 mm lang, mit kelchförmigem Panzer. Oft in großer Individuenzahl in den verschiedensten Süßgewässern, auch im Brackwasser und im Meer. — **Euchlanis*, mit gewölbter Rücken- und flacher Bauchplatte und mit Fuß. Vornehmlich im Pflanzenwuchs und zwischen Algen. Nahrungsaufnahme S. 479. — **Notholca*, mit beiderseits abgeplattetem Panzer. Verträgt starke Schwankungen der Salzkonzentration. Einige Arten nur im Meeresplankton und in salzhaltigen Binnenseen vorkommend; die Süßwasserarten erreichen ihre höchste Populationsdichte in der kalten Jahreszeit.

Familie Epiphanidae. Ungepanzerte Plankter mit Fuß. — **Epiphanes* (syn. *Hydatina*). Strudler. **E. senta*, ♀ 0,4—0,5 mm lang, umgekehrt kegelförmig. Zuweilen massenhaft in Teichen und Tümpeln. Kernzahl S. 471.

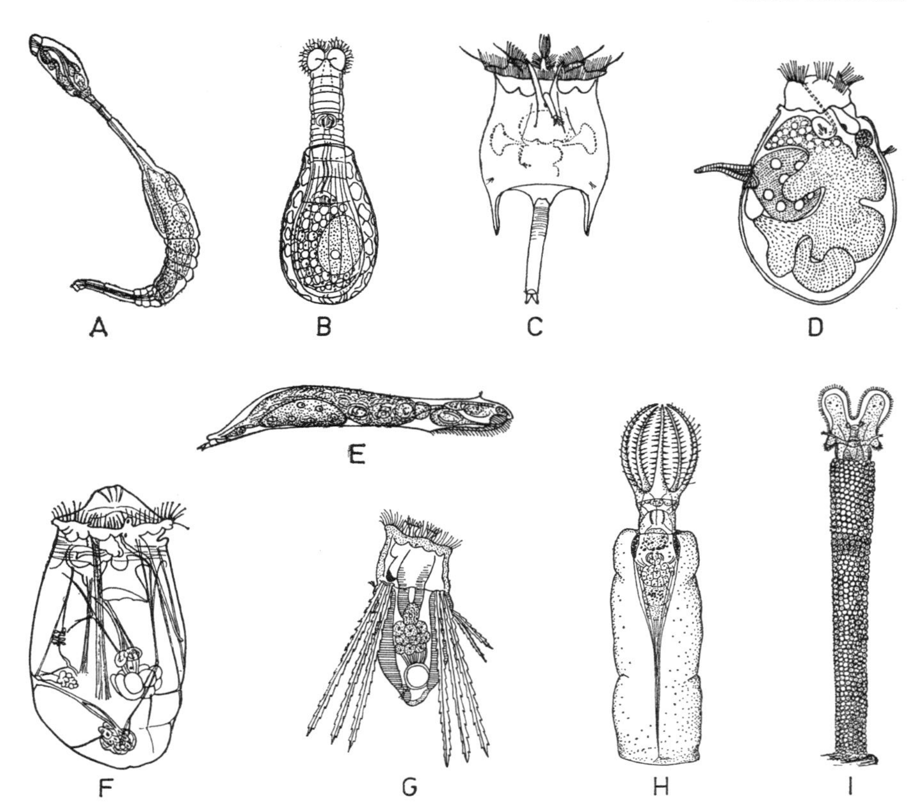

Abb. 299. Rotatoria. **A.** *Seison annulatus* (Seisonidae). Länge bis 1,1 mm. **B.** *Habrotrocha annulata* (Habrotrochidae) im Gehäuse einer Rhizopode. Länge 0,25 mm. **C.** *Brachionus quadridentatus* (Brachionidae). Länge 0,15 mm. **D.** *Gastropus stylifer* (Gastropidae). Länge 0,17 mm. **E.** *Notommata contorta* (Notommatidae). Länge 0,25 mm. **F.** *Asplanchna priodonta* (Asplanchnidae). Länge bis 1,5 mm. **G.** *Polyarthra dolichoptera* (Synchaetidae). Länge 0,07 mm. **H.** *Stephanoceros fimbriatus* (Collothecidae). Länge bis 1,5 mm. **I.** *Floscularia ringens* (Flosculariidae). Länge bis 2 mm. – Nach verschiedenen Autoren.

Familie Proalidae. Weichhäutige, wurmförmige Bewohner des Pflanzenbewuchses von Süßgewässern; auch im Brackwasser und im Meer. – **Proales*, ♀ 0,1–0,5 mm lang. Oft epizoisch lebende Strudler oder Parasiten (S. 479). **P. wernecki* schmarotzt in Schlauchalgen (*Vaucheria*), die nach dem Befall durch zunächst freischwimmende Jungtiere Gallen bilden. **P. daphnicola* ist ein Aufwohner von Wasserflöhen.

Familie Notommatidae. Weichhäutige oder nur schwach gepanzerte Arten mit oft geringeltem Rumpf, an deren Wimperapparat das Buccalfeld auffällig groß ist. Hauptsächlich im Süßwasser, auch in Mooren, alkalischen Gewässern und Thermen. – **Notommata*, ♀ 0,2–1,0 mm lang (Abb. 299E). Lebt zwischen Wasserpflanzen und am Boden. Kriechen, s. S. 478.

Familie Trichocercidae (syn. Rattulidae). Schwach gepanzerte, oft kommaförmig gekrümmte Arten mit borstenförmigen Zehen am Fuß. In der Vegetation, im Ufersand oder im Pelagial der verschiedensten Süßgewässer, auch im Meeresplankton. – **Trichocerca*, ♀ 0,1–0,3 mm lang, oft mit einer kurzen und einer fast körperlangen Zehe. Greifer und Sauger.

Familie Gastropodidae. Sackförmige oder abgeflacht ovale Plankter, deren dünner Panzer den ganzen Körper umhüllt bis auf kleine Öffnungen für den Kopf und den nur bei einem

Teil der Arten vorhandenen und dann bauchwärts verlagerten Fuß. In Süßgewässern aller Art, selten im Meer. Nahrungsaufnahme S. 479. — **Gastropus*, ♀ 0,1—0,25 mm lang, mit Fuß (Abb. 299D). Im Süßwasserplankton. Sauger. — **Ascomorpha*, ohne Fuß. **A. minima*, zählt mit nur 0,043—0,051 mm Körperlänge zu den kleinsten Vielzellern. Plankter in Moorgewässern.

Familie Dicranophoridae. Zumeist weichhäutige, langgestreckte Süßwasser- und Meeresbewohner. Hartteile des Mastax zu einem zangenartigen Greifwerkzeug umgebildet (Abb. 297). Nahrungsaufnahme S. 479. — **Dicranophorus*, ♀ 0,13—0,5 mm lang. Lebt räuberisch im Pflanzenbewuchs oder im Ufersand von Süßgewässern. — **Albertia*. Parasiten von Oligochaeta und Gastropoda. **A. naidis*, ♀ bis 0,15 mm lang, schmarotzt im Darm und in der Leibeshöhle von Süßwasser-Oligochaeta (*Nais, Stylaria*).

Familie Asplanchnidae. Sack- oder birnenförmige, meist fußlose Plankter des Süß- und Brackwassers. Greifer. — **Asplanchna*, ♀ bis 2 mm lang, ohne Fuß. Enddarm und After völlig reduziert (Abb. 299F). **A. sieboldi*. Bipotente Phase S. 476. **A. girodi*. Embryonalentwicklung S. 477. Beide Arten im Sommerplankton von Teichen.

Familie Synchaetidae. Sack-, glocken- oder kegelförmige Plankter, die entweder seitliche Wimperohren am Räderorgan haben oder dorsal und ventral je zwei Gruppen von langen, blatt- oder schwertförmigen beweglichen Anhängen tragen. Ernährung greifend-saugend. Schwimmen oft unter sprungartigen Bewegungen. In Süßgewässern und im Meer. — **Synchaeta*, ♀ 0,12—0,5 mm lang, mit Wimperohren am Räderorgan und mit Fuß. Gleichermaßen im Süßwasser- und Meeresplankton. — **Polyarthra*, ♀ 0,07—0,22 mm lang, fußlos, mit Flossenanhängen. Aus den Dauereiern schlüpfende erste Generation ohne Flossen. **P. dolichoptera* hat schwertförmige, gezähnelte Anhänge, die den Körper nach hinten überragen (Abb. 299G). Während der kälteren Jahreszeit häufig im Plankton von Seen.

2. Ordnung Flosculariacea

Fuß ohne Zehen, bei manchen planktonischen Formen fehlend. Fußdrüsen zahlreich. Das Räderorgan bildet einen doppelten Wimperkranz, der das Vorderende umgibt oder den Rand von lappenartigen Fortsätzen umsäumt. Freischwimmende oder festsitzende Arten. Strudler. — Mit 6 Familien.

Familie Testudinellidae. Schwimmende Arten mit rundlichem, dorsoventral abgeflachtem Panzer. Fuß vorhanden, mit einem Wimperbüschel an der Spitze. — **Testudinella*, ♀ 0,1—0,26 mm lang. In der Vegetationszone von Süßgewässern, auch im Meer.

Familie Hexarthridae (syn. Filiniidae). Ungepanzerte, sack- oder glockenförmige Plankter ohne Fuß. Rumpf mit sechs armartigen Fortsätzen, an deren Enden fächerförmig gestellte, fein bestachelte pfriemenartige Dornen sitzen. — **Hexarthra* (syn. *Pedalia*), ♀ 0,1—0,4 mm lang, kann sich mit Hilfe der beweglichen Rumpfarme sprungartig fortbewegen. **H. mira* (Abb. 293) ist im Plankton von Seen, Teichen und Mooren verbreitet, auch im Brackwasser.

Familie Trochosphaeridae. Kugelige, weichhäutige Plankter ohne abgesetzten Kopf und Fuß, deren Räderorgan den Körper vor oder in der Äquatorlinie kranzartig umgibt. Männchen kegelförmig. — Nur die Gattung *Trochosphaera*. *T. solstitialis* (Abb. 296). ♀ 0,4 bis 0,6 mm im Durchmesser. Lebt in kleinen Süßgewässern, auch in Sümpfen und auf überfluteten Reisfeldern, in Ostasien, Nordamerika, Afrika, Bulgarien und Rumänien.

Familie Flosculariidae. Erwachsene Weibchen fast aller Arten auf Wasserpflanzen einzeln festsitzend oder zu Kolonien vereinigt, mit lappenartigen Fortsätzen am Vorderende, deren Rand vom Räderorgan umsäumt wird. Männchen und Jungtiere freischwimmend. Im Süß- und Brackwasser. — **Floscularia*, ♀ 0,07—2,0 mm lang, mit vierlappiger Krone. Einzeln oder in verzweigten Kolonien festsitzend. **F. melicerta* steht in Gallertgehäusen, an deren Außenwand oft Fremdkörper kleben, **F. ringens* in einer aus kleinen braunen Detritus-Pillen hergestellten Röhre (Abb. 299I). — **Lacinularia*, ♀ 0,8—2,0 mm lang, mit zweilappiger, herzförmiger Krone. Lebt in Gallertgehäusen, die zu manchmal schwimmenden Kolonien zusammenfließen, in denen die Tiere radial angeordnet sind.

3. Ordnung Collothecacea

Fuß ohne Zehen, aber mit vielen Fußdrüsen. Weibchen meist festsitzend, mit trichterartig eingesenktem Vorderende, das von beborsteten zipfel- oder tentakelartigen Fortsätzen der Radepidermis in Form einer Fangreuse umgeben ist. Scheiden oft ein Gallertgehäuse aus. Männchen und Jungtiere freischwimmend, mit normalem Räderorgan. Im Süßwasser, gelegentlich auch im Brackwasser. — Umfaßt neben einer fraglichen Familie mit wenigen aberranten Arten nur die

Familie Collothecidae. — **Collotheca* (syn. *Floscularia* auct.), ♀ 0,12 bis über 2 mm lang, mit zipfelartigen Fortsätzen des Trichterrandes, die am freien Ende lange, starre Wimperborsten tragen (Abb. 292). **C. campanulata*, häufige Art an Wasserpflanzen oder auf Moostier-Kolonien (Bryozoa). — **Stephanoceros*, ♀ 0,8—1,5 mm lang, hat am Trichterrand fünf schlanke Tentakel, die mit Querreihen kurzer Wimperborsten besetzt sind. **S. fimbriatus* (Abb. 299H), verbreitet auf Wasserpflanzen in stehenden und fließenden Süßgewässern. Nahrungserwerb der Collothecidae S. 479.

3. Klasse Nematoda, Rundwürmer, Fadenwürmer

Etwa 20000 Arten (es werden jedoch jährlich so viele neue Species beschrieben, daß mit einer Gesamtartenzahl von wenigstens 100000 gerechnet werden kann). Körperlänge 0,5 mm bis über 8 m, im allgemeinen zwischen 1 mm und 20 cm. Größte Art: *Placentonema gigantissima* (Länge 8,4 m, Durchmesser 2,5 cm).

Diagnose

Freilebende oder parasitische, spindel- bis fadenförmige, unbewimperte Nemathelminthes. Körper ungegliedert, vollständig von einer Epidermis mit darüberliegender mehrschichtiger Cuticula bedeckt, unter der sich ein ausschließlich von Längsmuskeln gebildeter Muskelschlauch erstreckt. Darmkanal durchgehend, mit als Saugorgan funktionierendem Oesophagus. Leibeshöhle umfangreich. Exkretionssystem vielfach nur aus einer Zelle bestehend, oft mit lateralem Kanalsystem, aber stets ohne bewimperte Treibapparate. Getrenntgeschlechtlich, selten zwittrig. Gonaden in beiden Geschlechtern schlauchförmig. Männchen mit einer Kloake, in die Darm und Hodenausführgang einmünden. Entwicklung direkt, über vier durch Häutungen getrennte Juvenilstadien verlaufend. Lebenszyklus bei parasitischen Arten oft sehr kompliziert.

Eidonomie

Trotz größter Vielfalt der Lebensweise bleiben in dieser Tierklasse merkwürdigerweise der Habitus und die Grundzüge der Organisation bei allen Arten starr gewahrt. Der Körper ist zylindrisch, nach dem Vorder- und Hinterende zu mehr oder weniger verjüngt, und zeigt damit je nach Länge der Art eine gedrungene Spindel- bis gestreckte Fadenform; lediglich trächtige Weibchen schwellen in wenigen Fällen kugelartig an (Abb. 318). Die freilebenden Rundwürmer sind ausgesprochene Kleintiere, die nur im Meer über 1 cm lang werden und hier 5 cm Größe erreichen können. Auch die Mehrzahl der parasitischen Formen ist klein, doch treten bei den Tierparasiten Ausnahmen auf, indem mehrere dieser Arten 1 m und länger werden, allerdings immer bei geringem Körperdurchmesser (*Dracunculus* S. 519, *Dioctophyma* S. 510, *Placentonema* S. 521). Die Männchen sind durchweg, manchmal sogar auffällig kleiner als die Weibchen. Beide Geschlechter sind fast farblos, sofern nicht Darminhalt, insbesondere aufgenommenes Blut, durch ihre Haut schimmert.

Als ventral ist bei den Nematoda die Seite definiert, in deren Mittellinie Exkretionsporus und Afteröffnung sowie beim Weibchen die Vulva liegen (in Abb. 300 und 301 jeweils links).

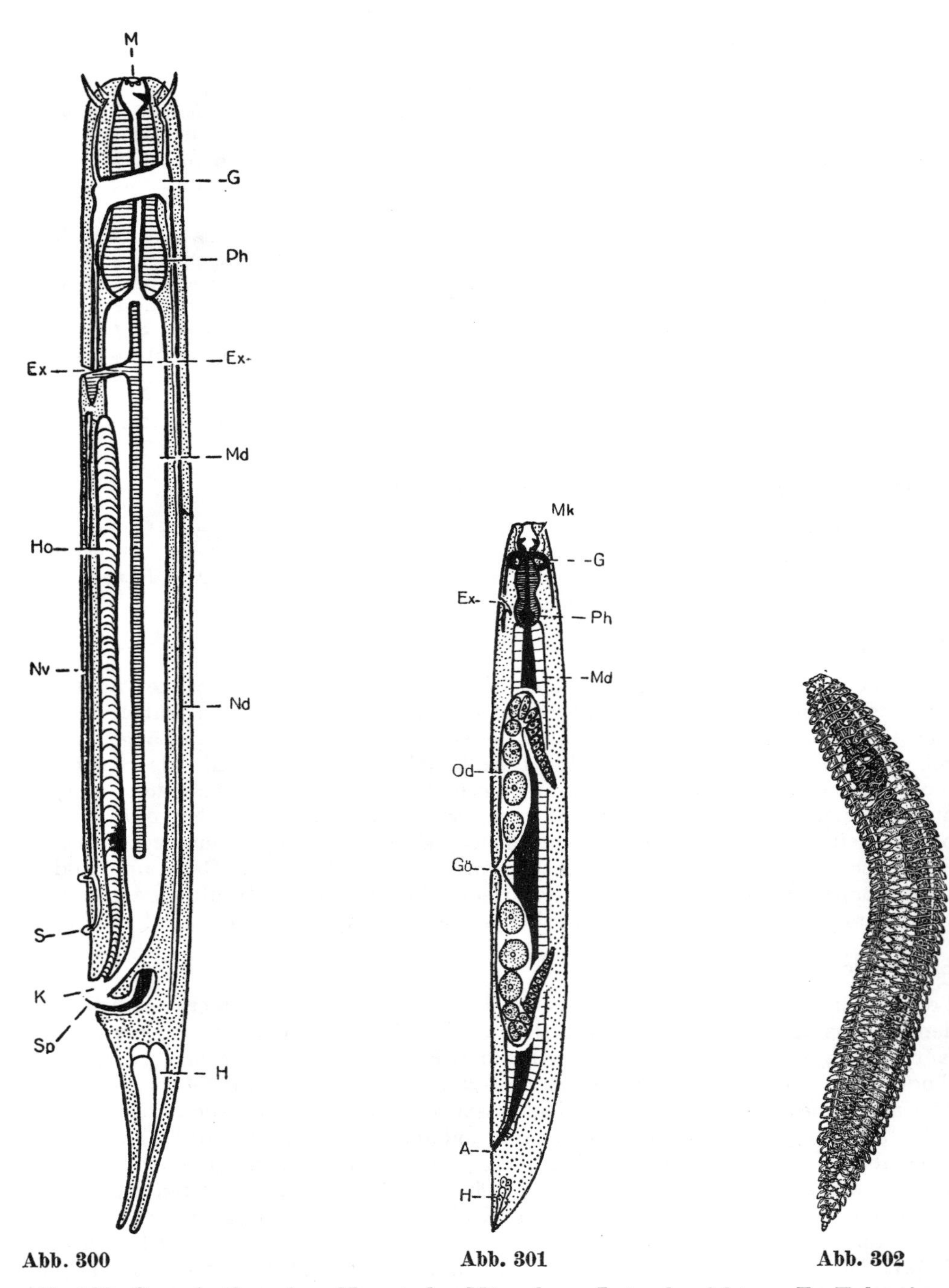

Abb. 300 **Abb. 301** **Abb. 302**

Abb. 300. Organisation eines Nematoden-Männchens. Lateralansicht. — **Ex** Exkretionskanal (schraffiert) und Exkretionsporus, **G** Gehirn (Schlundring), **H** Haftdrüsen, **Ho** Hoden, **K** Kloake, **M** Mund, **Md** Mitteldarm, **Nd** und **Nv** dorsaler bzw. ventraler Längsnerv, **Ph** Pharynx (= Oesophagus), **S** Sinnespapille, **Sp** Spiculum. — Nach REMANE 1950.

Die Körperoberfläche ist nur selten ganz glatt, sondern weist in der Regel eine auf die Cuticula beschränkte Querringelung auf; bei manchen, vor allem freilebenden Arten ist sie noch mit Borsten, Stacheln, Warzen oder Schuppen in ringförmiger Anordnung bedeckt (Abb. 302). Am Vorderende liegt die Mundöffnung, die oft von 2, 3 oder 6 Lippen umgeben ist (Abb. 307, 317 A); außerdem trägt es fast immer 2 oder 3 konzentrische Kreise von Sinnesborsten oder -papillen (Abb. 306). Am Vorderkörper können cuticuläre Bildungen in Form von lateralen Halsflügeln, fransenförmigen Anhängen, bestachelten ballonförmigen Auftreibungen usw. entwickelt sein (Abb. 321, 325). Während der zugespitzte oder abgerundete Schwanz der Weibchen keinerlei Besonderheiten zeigt, finden sich am Hinterende der Männchen vieler Secernentea Verbreiterungen der Cuticula vor, die entweder laterale Schwanzflügel (z. B. Rhabditidae, Abb. 317 B) oder eine häutige, von hypodermalen Gewebestrahlen gestützte Bursa copulatrix (alle Strongylida, Abb. 322 B) bilden. Beim Männchen sitzen der Ventralseite des Hinterendes vielfach Sinnespapillen und manchmal noch zusätzlich Haftwarzen oder ein muskulöser Saugnapf auf (Abb. 321 B).

Anatomie

Die Körperwand der Nematoda setzt sich aus dem Integument und einer innen eng an dieses anschließenden einschichtigen Lage von Längsmuskeln zusammen. Das **Integument** besteht aus einer Epidermis, über der sich eine von ihr abgeschiedene feste, aber biegsame und dehnbare Cuticula erstreckt. Die **Cuticula** überzieht die gesamte Körperoberfläche und kleidet außerdem die Mundhöhle sowie das Lumen des Oesophagus, den Enddarm, die Vagina und vielfach den Ausführgang des Exkretionssystems aus. Sie ist keine homogene Struktur, sondern weist eine Schichtung in wenigstens drei Lagen auf: eine äußere derbe Rindenschicht (Cortex), eine mittlere homogene Schicht (Matrix) und eine innere Basal- oder Faserschicht.

Zu diesen Schichten treten noch ein äußerst feines Oberflächenhäutchen über dem Cortex und eine Basalmembran an der Grenze zur Epidermis. Die homogene Schicht wird oft von dicht nebeneinander radial zur Körperlängsachse stehenden dünnen Säulen durchzogen, die zum Teil als feine, bis zur Oberfläche reichende Kanälchen gedeutet werden. In der Faserschicht sind nicht selten zwei oder drei Lagen aus jeweils parallel verlaufenden Fibrillen so übereinander angeordnet, daß die Fasern einer Lage in einem bestimmten Winkel zu denen der anderen verlaufen. Bei größeren Nematoda sind auch Cortex und Matrix in zwei oder drei Lagen unterteilt und manchmal noch ein oder zwei weitere Schichten eingeschoben, so daß sich zum Beispiel an der Cuticula von *Ascaris lumbricoides* insgesamt zehn Lagen unterscheiden lassen.

Einige Ergebnisse elektronenoptischer Untersuchungen — unter anderem an *Parascaris equorum* — machen es sehr wahrscheinlich, daß die Cuticula kein unbelebtes Abscheidungsprodukt darstellt, sondern ein intracellulärer Bestandteil der Epidermis ist [78]. Damit würde sich die Integumentstruktur der Nematoda den bei Rotatoria und Acanthocephala vorliegenden Verhältnissen stark annähern.

Während der postembryonalen Entwicklung wird die Cuticula viermal gehäutet, bei manchen Arten zum Teil bereits in der Eischale. Jede Häutung beginnt damit, daß die Epidermis unter der alten Cuticula eine neue, zunächst dünnere abscheidet. Gleichzei-

◀ Abbildungsunterschrift für Abb. 301 302

Abb. 301. Organisation des Weibchens einer freilebenden Nematoden-Art. Lateralansicht. — **A** After, **Ex** Ausmündung der Ventraldrüse, **G** Gehirn (Schlundring), **Gö** Geschlechtsöffnung, **H** Haftdrüsen, **Md** Mitteldarm, **Mk** Mundkapsel, **Od** Oviduct (= Uterus), an der Spitze jeder Schlauchgonade liegt das dunkler gezeichnete Ovar, **Ph** Pharynx mit Klappen im Endbulbus. — Nach Reisinger 1928, verändert.

Abb. 302. *Criconema squamosum*, eine erdbewohnende Nematode mit schuppenartig verdickter Cuticula und aus der Mundöffnung ausstreckbarem kräftigem Stilett. Länge bis 0,8 mm. — Nach Cobb 1915.

tig lösen sich die inneren Lagen der alten Cuticula unter der Wirkung eines Enzyms auf; dessen Bildung wird von Hormonen neurosekretorischer Zellen angeregt, die in den Ganglien des Nervenringes liegen. Nach der Häutung nimmt die neue Cuticula durch Stoffeinlagerung allmählich an Dicke zu. In bestimmten Fällen wird die Exuvie nicht abgestreift, sondern bleibt als eine das folgende (meist 3.) Juvenilstadium schützend umschließende Hülle erhalten.

Chemisch besteht die Cuticula neben sauren Mucopolysacchariden vorwiegend aus kollagenähnlichen sulfurierten Proteinen, die oft — besonders in der Cortex-Schicht — einer Polyphenol-Chinon-Gerbung unterworfen sind. Da Polyphenole offensichtlich eine Rolle als unspezifische Enzymhemmer spielen, kann die Cuticula von den zum Beispiel im Wirtsdarm auf parasitische Arten einwirkenden Enzymen nicht aufgelöst werden.

Die **Epidermis** (= Hypodermis oder Subcuticula) stellt eine dünne Plasmalage dar, die bei kleinen Arten von einem einschichtigen Epithel gebildet wird, dessen Zellen in zumeist acht Längsreihen angeordnet sind. Bei größeren Nematoda verschwinden oft die Zellgrenzen zwischen den Epidermiszellen, so daß diese zu einem Syncytium zusammenfließen. In beiden Fällen konzentrieren sich die Zellkerne in Längswülsten der Epidermis (Epidermisleisten), von denen im allgemeinen zwei stärkere laterale sowie je ein schwächerer dorsaler und ventraler vorhanden sind (Abb. 303). Den lateralen Epidermiswülsten schmiegen sich bei freilebenden Rundwürmern oft zahlreiche einzellige Hautdrüsen an, die einzeln durch feine Poren, in wenigen Fällen (z. B. bei den Epsilonematidae) auch am Ende hohler Haftborsten nach außen münden. Besonders groß sind drei Drüsenzellen im Hinterende vieler wasserlebender, insbesondere mariner Arten, mit deren Hilfe sich die Tiere am Substrat festheften (Abb. 300, H). Amphiden und Phasmiden, s. unter Sinnesorganen.

Die **Hautmuskulatur** besteht aus einer einzigen Schicht von Längsmuskelzellen, die von den Epidermiswülsten in vier (durch Einschub von vier submedianen Wülsten selten auch in acht) Längsfelder geteilt wird (Abb. 303, 304). Die Muskelzellen sind in Reihen hintereinander angeordnet, wobei die Anzahl dieser Reihen je Feld teils nur 2—5 beträgt, vielfach aber wesentlich größer ist. Da sich die Hautmuskelzellen nach Abschluß der Embryonalentwicklung nicht mehr teilen, ist ihre Gesamtzahl bei jeder Art konstant (bei *Oxyuris equi* = 65). Während der Wachstumsperiode strecken sie sich auf das Vielfache ihrer ursprünglichen Länge und können bei großen Arten bis über 30 mm lang werden. In ihnen ist eine Zone aus plattenartig nebeneinander angeordneten Fibrillen, die der Epidermis und nicht selten noch den basalen Teilen der benachbarten Muskelzellen zugekehrt ist, geschieden von einer den Zellkern enthaltenden Plasmazone. (Ähnlich gebaute Längsmuskelzellen kommen auch bei Nematomorpha, manchen Oligochaeta und bestimmten Familien der Polychaeta vor [87].) Die Plasmazone jeder Muskelzelle entsendet einen Fortsatz zu der benachbarten dorsalen oder ventralen Epidermiswulst und tritt direkt mit einer Faser des dort verlaufenden Längsnervs in Verbindung. Bei *Ascaris* spalten sich die Muskelfortsätze nahe dem Längsnerv bäumchenartig auf und berühren mit ihren Endverzweigungen mehrere Nervenfasern, so daß ein Axon hier immer Kontakt mit vielen Muskelzellen hat.

An *Toxascaris leonina* und einigen weiteren Ascaridoidea ließ sich sogar nachweisen, daß eine einzelne Muskelzelle zwei Fortsätze haben kann, von denen einer sie mit dem dorsalen oder ventralen und der andere mit einem sublateralen Längsnerv verbindet. Ferner fand man bei diesen Arten cytoplasmatische Brücken zwischen mehreren Muskelzellen, die wahrscheinlich der Weiterleitung motorischer Impulse dienen [103].

Das **Nervensystem** liegt zum größten Teil in der Epidermis. Die Anzahl seiner peripheren Fasern ist gering, und zwar hauptsächlich deshalb, weil sich die Hautmuskelzellen direkt durch ihre Fortsätze mit den Längssträngen in Verbindung setzen; aber auch in den Nervenzentren ist das Neuropilem grob und wenig verzweigt. Das Gehirn

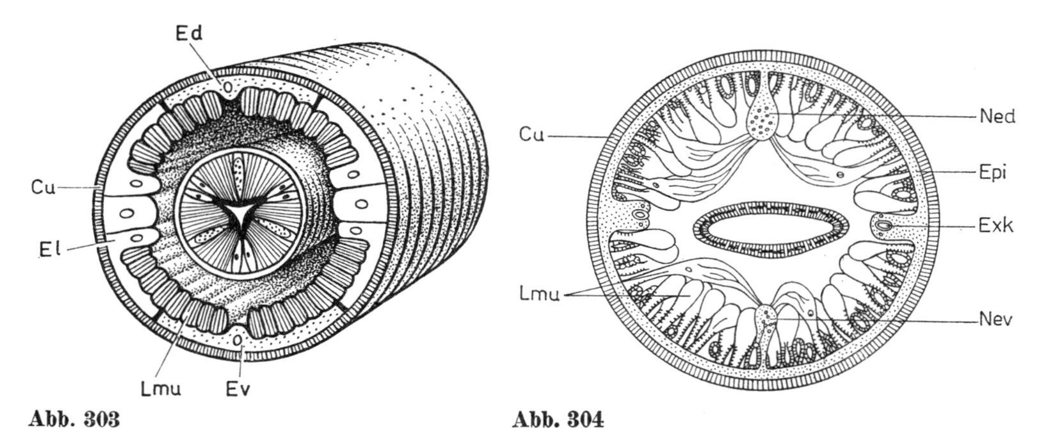

Abb. 303 **Abb. 304**

Abb. 303. Schematischer Querschnitt durch den Vorderkörper einer Nematode, der die Gebiete der Epidermiszellen wiedergibt. Stark vergrößert. — **Cu** Cuticula, **Ed, El, Ev** dorsale, laterale und ventrale Epidermisleiste, dorsale und ventrale Zelle punktiert, **Lmu** Längsmuskeln. In der Mitte Oesophagus-Querschnitt mit radiären Muskelfasern und je einer Drüsenzelle (punktiert) in der Mitte der drei Sektoren. — Kombiniert und verändert nach Filipjev 1912 und Looss 1905.

Abb. 304. Querschnitt durch das vordere Körperdrittel von *Ascaris*. Durchmesser 3,1 mm. — **Cu** Cuticula, **Epi** Epidermis, **Exk** Exkretionskanal in der lateralen Epidermisleiste, **Lmu** Längsmuskeln, die durch Fortsätze mit den dorsalen oder ventralen Nerven in Verbindung stehen, **Ned, Nev** dorsaler und ventraler Nervenstrang in der dorsalen bzw. ventralen Epidermisleiste. In der Mitte der Darm mit einschichtiger Wand. — Nach Braun 1903.

besteht aus einem Faserring (Schlundring), der den Oesophagus umschlingt und als Kommissur für zwei oder mehr ihm dicht anliegende Paare von Ganglienknoten dient (Abb. 300, 305). Von diesem Nervenring aus zieht als Hauptnerv mit sowohl sensorischer als auch motorischer Funktion ein anfangs gegabelter, dann unpaariger ventraler Markstrang bis zum Hinterende. Er enthält Nervenzellen, die in mehreren ganglиösen Zentren angehäuft sind, und bildet in der Enddarmregion ein manchmal paariges Analganglion. Außerdem entsendet der Nervenring noch einen dorsalen und auf jeder Seite einen lateralen Nervenstrang nach hinten in den Körper. Die lateralen Nervenstränge werden oft von einem Paar feineren, vorwiegend motorischen sublateralen Längsnerven begleitet, und manchmal erstrecken sich entsprechende Submediannerven auch neben dem dorsalen und ventralen Markstrang. Nahe dem Analganglion treten in jedem lateralen Hauptstrang mehrere Nervenzellen zu einem Lumbalganglion zusammen. Alle Längsnerven verlaufen in den entsprechenden Epidermisleisten und sind — insbesondere der dorsale mit dem ventralen Hauptnerv — in unregelmäßigen Abständen durch halbseitige Kommissuren miteinander verbunden (Abb. 305).

Bei den bisher daraufhin untersuchten Nematoda ist zumindest die Anzahl der zum Komplex des Schlundringes gehörenden Ganglienzellkerne artkonstant; sie beträgt zum Beispiel bei der großen *Ascaris* ebenso wie bei der nur 2 mm langen *Rhabditis anomala* 162, beim Essigälchen *Turbatrix aceti* dagegen 187.

Sinnesorgane kommen bei den Nematoda hauptsächlich als taktile Papillen oder Sinnesborsten vor. Sie treten gehäuft am Vorderende auf und waren hier ursprünglich wohl in zwei inneren, hintereinander liegenden Kreisen zu je sechs Lippensensillen und einem äußeren Kreis aus vier hinter der Lippenregion stehenden Kopfsensillen angeordnet (Abb. 306). Bei rezenten Formen tritt jedoch der äußere Kreis der

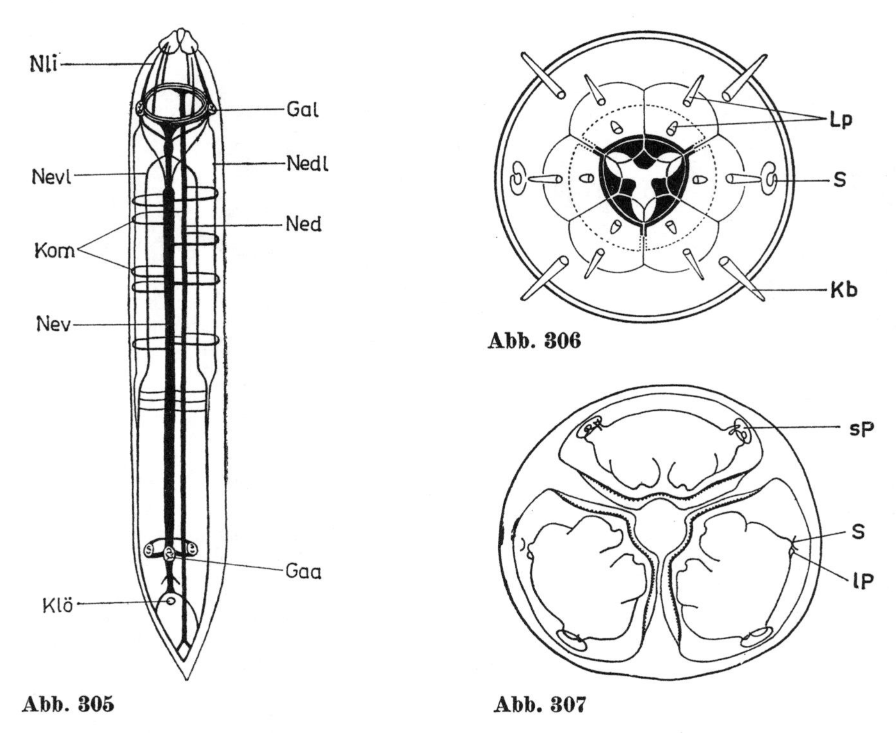

Abb. 305. Schema des Nervensystems des Männchens von *Ascaris*, von der Ventralseite. Die lateralen Hauptnerven sind weggelassen, ebenso die zu den Rumpfpapillen führenden Fasern. Man beachte die halbseitigen Kommissuren. — **Gaa** Analganglion, **Gal** Lateralganglion des Schlundringes, **Klö** Kloakenöffnung, **Kom** Kommissuren, **Ned** dorsaler Mediannerv, **Nedl** dorsaler Submediannerv, **Nev** ventraler Mediannerv, **Nevl** ventraler Sublateralnerv, **Nli** Nerv der Lippenpapillen. — Nach BRANDES 1899.

Abb. 306. Anordnung der Sinnesorgane auf dem Vorderende einer hypothetischen Ur-Nematode in Apikalansicht. — **Kb** Kopfborste, **Lp** innere und äußere Lippenpapille oder — borste, **S** Seitenorgan (Amphide). — Nach DE CONINCK 1942.

Abb. 307. Kopf von *Ascaris lumbricoides* mit den drei Lippen. Apikalansicht. — **lP** einfache laterale Papille, **sP** doppelte submediane Papille, **S** Seitenorgan (Amphide). — Nach MÖNNIG 1947.

Lippensensillen mit den vier Kopfsensillen zu einem Kreis aus zehn Elementen zusammen, oder ein Lippensensillenkreis fehlt; außerdem können bei abgeleiteten Gruppen einzelne Elemente ausfallen oder miteinander verschmelzen (Abb. 307). Versorgt werden diese Kopfsinnesorgane von sechs Nerven, die vom Nervenring aus in das Vorderende ziehen. Außer den Sensillen des Vorderendes weisen viele Arten vor allem der Secernentea ungefähr in Höhe des Nervenringes ein Paar laterale, papillen- oder borstenförmige Sinnesorgane auf, die als Deiriden bezeichnet werden; wahrscheinlich handelt es sich bei ihnen um nach hinten gerückte laterale Elemente des Kopfsensillenkreises, der dann — entsprechend den beiden Kreisen der Lippensensillen — ursprünglich aus sechs Elementen bestanden haben müßte [100a]. Oft trägt auch das Hinterende der Männchen Sinnesorgane in Form von höckerartigen Papillen, die auf der Ventralseite vor und hinter der Kloakenöffnung im allgemeinen zwei Längsreihen bilden (Abb. 321B).

Alle diese taktilen Sinnesorgane sind im Prinzip gleich gebaut. Sie haben einen zumeist mit der Außenwelt durch einen feinen Porus verbundenen Hohlraum, in den als sensorische Elemente modifizierte Cilien in Ein- oder Mehrzahl hineinziehen. Die Cilien stehen mit Fortsätzen einer tief im Körperinneren, vielfach im Nervenring liegenden Sinneszelle in Verbindung.

Zusätzlich treten bei vielen — vor allem freilebenden — Arten über den ganzen Körper verstreute winzige Papillen oder Borsten auf. Nach Befunden an der marinen *Thoracostoma* sind diese somatischen Sinnesorgane miteinander und mit den zentralen Teilen des Nervensystems durch ein Netzwerk aus feinsten Nervenfasern verbunden, das sich an der äußeren Peripherie der Epidermis erstreckt [71a].

Außer den Kopfpapillen oder -borsten befindet sich am Vorderende aller Nematoda noch ein Paar vorwiegend chemorezeptorischer Sinnesorgane. Diese Seitenorgane (Amphiden) sind laterale Einsenkungen der Cuticula, deren Hohlraum stets mehrere sensorische Cilien und oft gleichzeitig die Mündung einer großen Drüsenzelle enthält. Besonders deutlich sind sie bei vielen freilebenden Arten entwickelt und bilden dann nicht selten auffällige becherförmige oder spiralige Strukturen (Abb. 308). Bei den Secernentea liegt ein weiteres Paar wohl ebenfalls als Chemorezeptoren wirkender Drüsenzellen (Phasmiden) mit nur ein oder zwei Cilien im Ausführgang und porenförmiger postanaler Öffnung seitlich in der Nähe des Hinterendes (Abb. 321B). Einige marine und Süßwasser-Arten weisen am Vorderende ein Paar Augen auf. Diese sind vor dem Nervenring der Wand des Oesophagus angelagert und haben die Gestalt von Pigmentbecher-Ocellen, über denen die Cuticula eine kleine Linse bilden kann.

Als Strecksinnesorgane werden subcuticulär im Bereich der lateralen Epidermisleisten zahlreicher Enoplida hintereinander angeordnete, längs oder leicht schräg gerichtete fadenförmige Strukturen, sogenannte Metaneme, gedeutet [82a]. Jedes dieser Organe, von denen je nach Art 6—115 in einer Epidermisleiste liegen, besteht aus einem 5—15 µm langen, mit einer Zelle (Sinneszelle?) gekoppelten Röhrchen, das sich nach vorn und oft auch nach hinten in ein knapp doppelt bis über 20mal so langes Filament fortsetzt.

Das **Verdauungssystem** durchzieht den Körper gestreckt von vorn nach hinten. Die terminal am Vorderende gelegene, sehr selten ein wenig nach dorsal oder ventral verlagerte Mundöffnung führt in eine cuticularisierte Mundhöhle, die nicht selten zu einer dickwandigen Mundkapsel von kugeliger, schüsselförmiger oder zylindrischer Gestalt erweitert ist (Abb. 322). Bei manchen Arten setzt sie sich aus mehreren ringförmigen Hartteilen zusammen oder bildet einige (zumeist drei) Zähne aus (Abb. 309, 323). Viele Pflanzenparasiten und ein Teil der räuberisch lebenden Formen haben ein aus der Mundöffnung ausstoßbares, oft hohles Stilett, das entweder von der Mundhöhlenwand gebildet wird oder durch Auswachsen aus einer an der Mundhöhlenbasis liegenden Zelle entsteht (Abb. 310).

Auf die Mundhöhle folgt ein als Saugpumpe wirkender Oesophagus (= Pharynx), der ebenfalls mit Cuticula ausgekleidet ist. Er stellt bei den meisten Nematoda ein kompaktes Organ mit dreistrahligem Lumen dar (Abb. 303). Seine aus einem dorsalen und zwei subventralen Längssektoren bestehende Wandung wird von einem Syncytium gebildet, in dessen bindegewebiger Grundsubstanz viele radiär verlaufende Muskelfasern sowie drei oder manchmal fünf und mehr große, teils ein-, teils vielkernige „Speicheldrüsen" liegen. Elektronenoptisch konnte allerdings am Oesophagus einiger kleiner Arten seine zellige Struktur und der Aufbau aus Muskel-, Stütz-, Drüsen- und Nervenzellen nachgewiesen werden, und auch bei *Ascaris* ließ sich erkennen, daß in der lichtmikroskopisch syncytial erscheinenden Oesophaguswand cytoplasmatische Areale mit Myofibrillen gegen solche mit Sekretgranula durch Membranen abgegrenzt sind. Oft ist der hintere Oesophagusabschnitt zu einem besonders muskelstarken Bul-

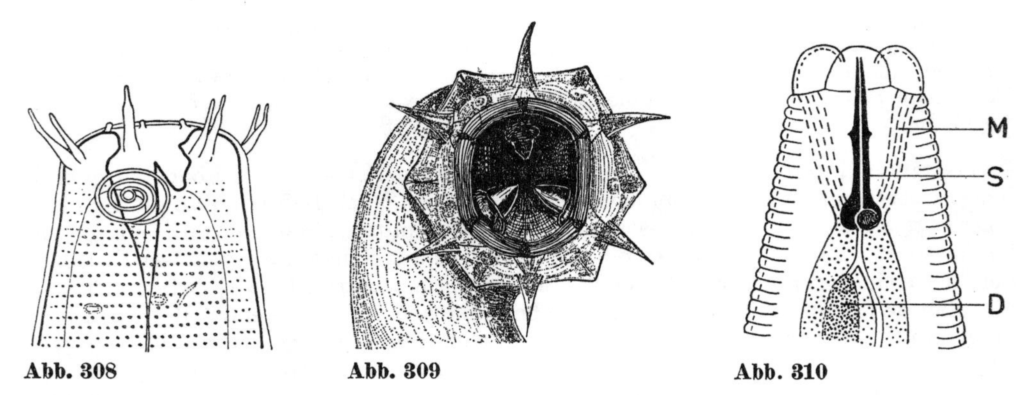

Abb. 308 Abb. 309 Abb. 310

Abb. 308. Vorderende einer marinen Desmodoride mit spiraligem Seitenorgan. Etwa 500 ×. — Nach COBB 1920.

Abb. 309. Vorderende von *Adoncholaimus*. In der geöffneten Mundhöhle sind die drei starken Zähne sichtbar. Durchmesser etwa 70 µm. — Nach KREIS 1934.

Abb. 310. Kopfende von *Ditylenchus* mit hohlem Stilett (**S**), das durch Kontraktion von Muskeln (**M**) vorgestoßen werden kann. Dabei wird gleichzeitig proteolytisches Sekret aus der dorsalen Oesophagusdrüse (**D**) in die Beute oder eine Pflanzenzelle injiziert. Etwa 1500 ×.

bus erweitert, der einen dreiteiligen Klappenverschluß gegen den Mitteldarm enthält (Abb. 321 A). Bei den durchweg tierparasitischen Trichuroidea und Mermithoidea ist nur ein kurzer vorderer Teil des Oesophagus muskulös. Der hintere bildet dagegen ein langes kapilläres Rohr, dem zahlreiche Drüsenzellen (Stichocyten) in ein oder zwei Reihen geldrollenförmig als sogenanntes Stichosom angelagert sind (Abb. 315). Jede dieser Zellen mündet einzeln in das Kapillarrohr ein.

Der Mitteldarm verläuft immer gerade und weist nur selten Divertikel auf. Seine Wand besteht aus einer einzigen Lage von gleichzeitig verdauenden und resorbierenden Zellen, die gegen das Pseudocoel durch eine Basalmembran abgegrenzt ist. Nach dem Lumen zu sitzt den Darmzellen eine Schicht aus dicht nebeneinanderstehenden Stäbchen an. Die Einzelelemente dieses Stäbchensaumes sollen nach bisheriger Auffassung modifizierte Cilien darstellen. Elektronenmikroskopische Untersuchungen haben jedoch gezeigt, daß die Stäbchen typische Microvilli sind, also von der Zellmembran umhüllte zylindrische Fortsätze, die im Gegensatz zu Cilien an ihrem Ursprung keinen Basalkörper aufweisen. Der Enddarm ist cuticularisiert und bei den Männchen als Kloake ausgebildet, indem er den Hodenausführgang aufnimmt. Nur bei wenigen Parasiten, vor allem bei den Mermithoidea, ist der Darm zurückgebildet.

Die **Leibeshöhle** stellt ein weites, flüssigkeitserfülltes Pseudocoel dar, das sich zwischen der Hautmuskelschicht und dem Darmkanal ausdehnt. Sie enthält lange Ausläufer zumeist nur einer dorsal in der Oesophagusregion liegenden parenchymalen Zelle, die besonders im Vorderkörper unregelmäßig verzweigte Gerüste oder den Darm und die Hautmuskulatur überziehende durchbrochene Membranen bildet. Außer diesen Netzmembranen sind neuerdings bei einigen Arten aus den Ordnungen Dorylaimida und Tylenchida elektronenoptisch feine geschlossene Membranen aus flachen kernhaltigen Zellen nachgeweisen worden, die in Form eines durchgehenden Epithels den Darm, die Gonaden und auch die Innenfläche der Hautmuskulatur bedecken; das Vorhandensein dieser Membranen wird dahingehend gedeutet, daß die Leibeshöhle der Nematoda ein echtes Ceolom ist [66a]. Die Leibeshöhlenflüssigkeit steht unter einem hohen Turgor (bis über 125 mm Hg), mit dem zusammen das Integument als hydrostatisches Skelett wirkt. Von diesem hängt nicht nur die Körperform ab, vielmehr hat es auch eine wichtige Funktion bei der Fortbewegung (s. Lebensweise).

Vor allem bei parasitischen Arten fallen im vorderen Körperteil 2, 4 oder 6 meist ungemein stark verästelte Riesen- (= Nassonovsche) Zellen auf, die den seitlichen Epidermiswülsten anliegen und beim Spulwurm 5 mm Länge erreichen. Sie enthalten keine Exkrete, nehmen keine in das Pseudocoel injizierten suspendierten Farbstoffe auf und phagocytieren nicht. Ihre Funktion ist noch ungeklärt.

Sehr eigenartig ist das **Exkretionssystem** gebaut. Es enthält niemals Treibapparate in Form von Geißeln oder Wimpern und erinnert auch sonst in keiner Weise an die bei anderen Nemathelminthes vorkommenden Protonephridien. Bei vielen marinen Arten, vor allem solchen, die als ursprünglich gelten, besteht das Exkretionsorgan aus einer einzigen, sehr selten paarigen großen Zelle von vielleicht epidermaler Herkunft, die als sogenannte Ventraldrüse im Gebiet des hinteren Oesophagus-Abschnittes im Pseudocoel liegt und weiter vorn nach außen mündet (Abb. 311 A). Die meisten Nematoda besitzen aber einen ganz anderen Exkretionsapparat in Gestalt einer riesigen, im typischen Falle H-förmigen Zelle, deren Kern am mittleren Querbalken liegt, während die Schenkel in die lateralen Längswülste der Epidermis eingebettet sind und einen röhrenförmigen intracellulären Hohlraum enthalten (Abb. 300, Ex; 311 C). Vom kernhaltigen Abschnitt aus zieht ein kurzer Ausführgang zur Ventralseite. Durch Reduktion der vorderen Äste des H-förmigen Systems erhält der Exkretionsapparat manchmal die Gestalt eines umgekehrten U, und bei einem Teil der Ascaridoidea sowie allen Tylenchida fehlt auf einer Seite das Längsgefäß sogar völlig. Nicht selten sind die beiden Längsgefäße mit einer in diesem Falle paarigen Ventraldrüse kombiniert, die dann zusammen ein einheitliches Organ bilden, wie es viele Rhabditida und Strongylida zeigen (Abb. 311 B). Das Vorkommen einer solchen Kombination spricht für die entwicklungsgeschichtlich noch nicht untermauerte Annahme, daß Ventraldrüse und H-förmiges Röhrensystem nur verschiedene Entwicklungsformen ein und desselben Organs darstellen.

Hierauf deutet auch hin, daß die Ventraldrüse als einfache Zelle bei den Jugendformen mancher parasitischer Arten auftritt, die als Erwachsene H-förmige Röhren besitzen. Bei *Enterobius* ist sogar beobachtet worden, wie die Drüse im Laufe der postembryonalen Entwicklung zwei hintere Fortsätze trieb. Außerdem gibt es die verschiedensten Zwischenstufen zwischen Ventraldrüse und H-förmigem System.

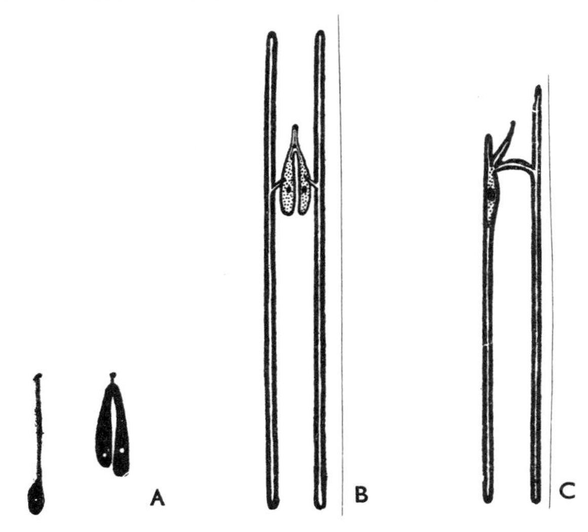

Abb. 311. Schema der Exkretionsorgane der Nematoda. **A.** Ventraldrüsen. **B.** Kombination von paariger Ventraldrüse mit lateralen Längsgefäßen. **C.** H-förmiges System. — Kombiniert und verändert nach Chitwood 1930 und Chitwood & Chitwood 1937.

Über die Funktion des Exkretionsorgans liegen nur vereinzelte Beobachtungen vor. Wahrscheinlich kommen ihm lediglich bestimmte Teilaufgaben der Gesamtexkretion zu, wobei kein Filtrationsprozeß, sondern ein aktiver Stofftransport stattfindet. Mit einiger Sicherheit konnte bisher nachgewiesen werden, daß es bei *Ascaris* die Ionenkonzentration in der Leibeshöhle reguliert, also das Verhältnis der Ionen, vor allem von Na^+ und K^+, zueinander konstant hält. Dagegen scheint es nur eine untergeordnete Rolle bei der Abscheidung von Stoffwechselendprodukten zu spielen, die im wesentlichen durch die Haut und über den Darm erfolgen dürfte. Unklar ist auch noch die Beteiligung des Exkretionsorgans an der zumindest bei den parasitischen Formen gut entwickelten Turgorregulierung. So ist die Leibeshöhlenflüssigkeit von *Ascaris* keineswegs isotonisch mit dem Darminhalt ihres Wirtes. Die Spulwürmer vermögen dies leicht zu ertragen und sowohl in hypo- als auch in hypertonischem Medium zu leben, obwohl ihre Cuticula wasserdurchlässig ist; dies zeigt sich darin, daß sie in hypertonischem Medium an Gewicht abnehmen, im hypotonischen dagegen zunehmen, auch wenn Mund und After abgebunden worden sind. Die freilebende *Rhabditis terrestris* schwillt in destilliertem Wasser an und reguliert den Überdruck durch Abgabe von Wasser aus dem Anus.

Neuerdings konnte eine Beteiligung zumindest des röhrenförmigen Exkretionssystems am Häutungsvorgang wahrscheinlich gemacht werden. So produziert die Exkretionszelle nach Feststellungen an den Larven des Robben-Spulwurmes *Phocanema decipiens* zur Zeit der Häutung neurohormonal gesteuert ein Enzym (Leucin-Aminopeptidase), das die inneren Lagen der alten Cuticula aufzulösen vermag. Dieses Enzym wird in das Röhrensystem sezerniert und soll über den Exkretionsporus in den Spalt zwischen alter und neuer Cuticula gelangen [73].

Die **Atmung** erfolgt durch die Haut. Sie ist auch bei vielen parasitischen Rundwürmern nicht behindert, indem diese in reich durchbluteten Geweben, in Blut oder Lymphe bzw. im Intercellularsystem von Pflanzen leben. Alle diese Würmer veratmen O_2. Eine Ausnahme machen nur Parasiten, die im Lumen des Wirtsdarmes innerhalb des Nahrungsbreies leben, wie etwa *Ascaris*. Sie können zwar O_2 regelrecht veratmen, er steht ihnen aber normalerweise im erwachsenen Zustand nicht zur Verfügung. Bei ihnen erfolgt dann anaerobe Spaltung der Nahrung, bei der nur ein Teil jener Energiemenge gewonnen wird, welche die O_2-Atmung liefern würde.

Von 100 g *Ascaris* werden in 24 Stunden aufgenommen: 1,39 g Glykogen sowie 0,18 g Protein; und es werden erzeugt: 0,71 g CO_2, 0,22 g Valeriansäure und 0,02 g Milchsäure neben 0,02 g löslichen Stickstoffverbindungen.

Die Mehrzahl der Arten ist getrenntgeschlechtlich; lediglich einige Süßwasser- und Landbewohner sowie wenige Parasiten (und diese zum Teil nur in einer besonderen Generation) sind Zwitter oder pflanzen sich parthenogenetisch fort. Die **Geschlechtsorgane** haben in beiden Geschlechtern die Form von Schläuchen, die den Körper längs durchziehen. Bei den Weibchen sind zumeist zwei solcher Schlauchgonaden vorhanden, die teils parallel zueinander verlaufen, teils von der Geschlechtsöffnung aus in entgegengesetzte Richtungen ziehen und nicht selten eine oder mehrere Schlingen bilden (Abb. 301). Ihr blindes Ende wird vom Ovar eingenommen, in dem die Oogonien an einer begrenzten Germinalzone der Wand gebildet werden und dann in eine anschließende Wachstumszone gelangen. In dieser reifen die hier oft einem zentralen Plasmastrang (Rhachis) angelagerten Eier heran und wandern gleichzeitig einem kurzen Oviduct zu, der bei vielen Arten als Spermatheca zur Aufbewahrung der Spermien nach der Begattung dient. Dem Oviduct schließt sich ein langer Uterus an, in dem die Eier nach der Besamung ihre Schale erhalten, an deren Bildung das Ei und sekretorische Zellen der Uteruswand gleichermaßen beteiligt sind. Die beiden Uteri vereinigen sich zu einer muskulösen Vagina, die vielfach etwa in der Körpermitte, manchmal aber auch nahe dem Vorder- oder Hinterende ventral in einer quer schlitzförmigen Vulva nach außen mündet. Der in der Regel unpaarige, ebenfalls in eine Germinal- und eine Wachstumszone gegliederte Hoden (Abb. 300) mündet dagegen über eine Samenblase, einen Samenleiter und einen muskulösen Ductus ejaculatorius stets nahe dem Hinterende in die vom Enddarm gebildete Kloake ein. Die Kloake weist eine oft paarige, nach vorn gerichtete röhrenförmige Ausstülpung auf, die zwei Spicula oder seltener nur ein Spiculum enthält. Das sind zumeist pfriemenförmige und säbelartig gekrümmte, manchmal aber auch komplizierter gebaute Cuticularspangen mit zugespitztem distalem Ende (Abb. 312). Sie werden während der Kopulation aus der Kloakenöffnung herausgestreckt und dabei nicht selten von einem der Kloakendecke ansitzenden schiffchenförmigen Hartgebilde, dem Gubernaculum, geführt.

Bei den Zwittern entstehen in jeder Schlauchgonade zunächst Spermien, die die später von demselben Organ produzierten Eier besamen; es kommt bei den Zwittern also zur Selbstbefruchtung.

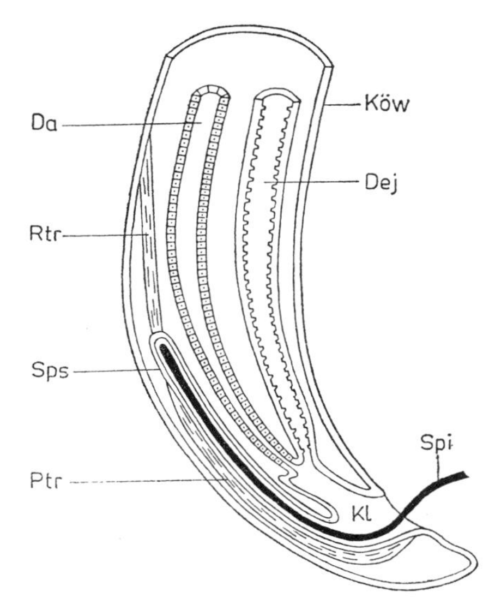

Abb. 312. Schematischer Längsschnitt durch das Hinterende eines Nematoden-Männchen (*Ascaris*) mit der Geschlechtsöffnung. — **Da** Darm, **Dej** Ductus ejaculatorius, **Kl** Kloake, **Köw** Körperwand, **Ptr, Rtr** Protraktor- und Retraktormuskel des Spiculum, **Spi** Spiculum (ohne Spitze), **Sps** Spiculumscheide. — Nach Boas 1894, verändert.

Fortpflanzung und Entwicklung

Zur Kopulation umschlingt das Männchen die Vulvaregion des Weibchens mit seinem Hinterende, wobei das Festhalten vielfach noch durch das Vorhandensein eines Saugnapfes, von Caudalflügeln oder einer Bursa copulatrix erleichtert wird. Anschließend stößt das Männchen die Spicula in die Vagina ein, diese so stark erweiternd. Erst dann werden die zumeist nicht begeißelten, dafür aber amoeboid beweglichen Spermien in die weibliche Geschlechtsöffnung eingespritzt.

Die meisten Nematoda legen Eier; nur wenige sind lebendgebärend, so ein Teil der Filarioidea. Freilebende Arten erzeugen keine sehr hohe Anzahl von Nachkommen. Der räuberische *Mononchus*, der etwa $4^1/_2$ Monate alt wird, bringt beispielsweise gegen 40 Eier hervor, *Cephalobus dubius* mit einer Lebenszeit von 8 Wochen etwa 400, *Caenorhabditis elegans*, die nur 12 Tage lebt, erzeugt etwa 240. Viel höher ist die Eizahl bei Tierparasiten, deren Eier oder Larven zur Weiterentwicklung in einen Wirt gelangen müssen. So erzeugt ein *Ascaris*-Weibchen etwa 27 Millionen Eier, wobei es täglich zwischen 70000 und 240000 ablegt, und sogar der kleine Madenwurm *Enterobius vermicularis* enthält 6000—17000 Eier, die auf einmal abgesetzt werden.

Die Furchung ist streng determinativ, das Schicksal jeder Zelle ist also genau festgelegt. Bei *Parascaris equorum*, deren Furchungsverlauf am genauesten bekannt ist, aber auch bei den meisten anderen daraufhin untersuchten Arten, wird das Ei durch die 1. Furchungsteilung transversal in die Somazelle S_1 und die gleich große Propagationszelle P_1 zerlegt. Die Somazelle teilt sich später in die Zellen A und B, deren Schicksal etwa dem der Zelle 1d der Spiralia entspricht (vgl. Annelida). Sie liefern das Ectoderm des vorderen und mittleren Körperabschnittes, also Epidermis, Nervensystem und wohl auch das Exkretionsorgan. Die Zelle P_1 dagegen ähnelt in ihren Potenzen der Zelle 1D der reinen Spiralfurchung. Sie erzeugt in fünf Teilschritten die Zellen S_2 bis S_5 und die Urgeschlechtszelle P_5. Aus S_2 bis S_5 gehen hervor: das Ectoderm des Hinterkörpers, der Vorderdarm, das Meso- und das Entoderm.

Bereits nach dem 3. Teilungsschritt weist der Embryo eine deutliche Bilateralsymmetrie auf; es kann also bei den Nematoda nicht von einer Spiralfurchung gesprochen werden. Nach der Gastrulation, bei der nacheinander Meso- und Entoderm sowie die Urkeimzellen in das Blastocoel einsinken und das Stomodaeum durch eine Art Invagination gebildet wird, erreicht der Embryo zunächst ein sogenanntes Kaulquappen-Stadium. In diesem Zustand, der auch während der Embryogenese der Gastrotricha auftritt, ist die vordere Hälfte des Keimes deutlich verdickt und die dünnere hintere Hälfte oft ventralwärts eingeschlagen. Anschließend streckt sich der Embryo, so daß schließlich eine Larve entsteht, die dem erwachsenen Wurm bis auf die geringere Größe und das Fehlen der Geschlechtsorgane schon weitgehend ähnelt. Diese schlüpft bald darauf aus, manchmal aber erst nach Eintritt günstiger Umweltbedingungen. Bei bestimmten pflanzenparasitischen Arten wird der Schlüpfvorgang durch chemische Reize ausgelöst, die von der Wirtspflanze ausgehen, und die Larven einer Reihe von Tierparasiten verlassen die Eischale erst, wenn die Eier mit dem Futter in den Darm eines Wirtes gelangt sind.

Während der postembryonalen Entwicklung machen alle Nematoda vier Häutungen durch, die vier Larvenstadien voneinander und vom adulten Stadium trennen. Zwischen den Häutungen nehmen die Larven allmählich an Größe zu, von einem Genitalprimordium aus entwickeln sich die Genitalorgane, und die sekundären Geschlechtsmerkmale werden angelegt. Dabei treten Larvalcharaktere höchstens bei manchen Arten in Form von Bohrstacheln, einem anders gestalteten Exkretionsorgan usw. auf, jedoch niemals in solchem Maße, daß man von indirekter Entwicklung sprechen könnte. Bei den Nematoda kommen also niemals ausgesprochene Larvenstadien vor, die sich in Gestalt und Bauplan grundsätzlich von den Erwachsenen unterscheiden und die für viele parasitische Plathelminthes so typisch sind. Ihre Jugendstadien werden aber trotzdem herkömmlicherweise als Larven bezeichnet.

Dauerlarven. Eine ganze Reihe saprobionter und zum Parasitismus neigender Arten der Secernentea bildet das 3. Larvenstadium regelmäßig oder zumindest bei Eintritt ungünstiger Lebensbedingungen zu einer resistenten Dauerlarve aus. Diese nimmt oft keine Nahrung auf, weil ihr Mund verschlossen bleibt, und häufig ist sie noch von der nicht abgestreiften Haut des 2. Larvenstadiums umhüllt. Solche „bescheideten" Larven stellen zum Beispiel bei den durchweg in Wirbeltieren schmarotzenden Strongylida das infektiöse Stadium dar, wie überhaupt die Drittlarve vieler Parasiten die Infektion vollzieht. Den Saprobionten dienen ihre Dauerlarven dagegen nicht selten zur Artausbreitung, indem sie — etwa an Tiere angeheftet — einen längeren Transport von einem Biotop in das andere ungeschädigt überstehen.

Zellkonstanz. Bei vielen Arten findet nach Abschluß der Embryonalentwicklung in den meisten Organen keine Zellteilung mehr statt. Ausnahmen bilden lediglich der keimbereitende Abschnitt der Gonaden sowie besonders bei großen Arten der Mitteldarm und die Epidermis. Das Wachstum der anderen Organe und Gewebe geschieht dagegen allein durch Zellvergrößerung, so daß die Rundwürmer in diesen Teilen zellkonstant sind. Nicht selten geht dann die Zellvergrößerung mit amitotischen Kernteilungen oder Vergrößerung der Kerne durch hirschgeweihförmige Auswüchse einher.

Stammesgeschichte

Die phylogenetische Herkunft der Nematoda ist durchaus rätselhaft. Das Fehlen jeglicher Bewimperung, auch in allen Organsystemen mit Ausnahme der Sinnesorgane, das merkwürdige Exkretionsorgan, das starre Festhalten am wurmförmigen Habitus und die weitgehende Zellkonstanz bedingen zwar eine unkomplizierte Organisation, deuten aber keineswegs auf Primitivität. Trotzdem lassen sich manche Übereinstimmungen des Baues und zum Teil auch der Entwicklung mit anderen Nemathelminthes finden. Besonders enge Beziehungen sind zu den Gastrotricha erkennbar durch die Cuticular-Strukturen, das Vorkommen von Hypodermiswülsten und lateralen Kopfsinnesorganen, das Fehlen der Ringmuskeln in der Hautmuskulatur, den allgemeinen Aufbau des Nervensystems und die Struktur des Oesophagus sowie die sehr ähnliche Embryogenese. In einigen dieser Charaktere und ferner hinsichtlich der Tendenz zur Kloakenbildung sowie der auffälligen Zellkonstanz zeigen die Nematoda aber auch gewisse Anklänge an die Rotatoria; der unterschiedliche Entwicklungsmodus macht aber eine engere Verwandtschaft dieser beiden Klassen sehr unwahrscheinlich.

Manches deutet darauf hin, daß der küstennahe Bereich des Meeres das Entstehungszentrum der Nematoda gewesen ist. Dort finden wir heute noch deren ursprünglichste Vertreter, die den Chromadoria angehören. Von den Vorfahren dieser Überordnung dürften sich in einer Linie die vorwiegend terrestrischen oder pflanzen- und tierparasitischen Secernentea und in einer anderen die hauptsächlich im Wasser und in feuchtem Erdreich oder selten als Parasiten von Pflanzen und Tieren lebenden Enoplia abgezweigt haben.

Das stammesgeschichtliche Alter der in Wirbeltieren schmarotzenden Nematoda entspricht — wie auch bei anderen Parasiten, etwa den Eucestoda (S. 408) — vielfach der phylogenetischen Stellung ihrer Wirte. In diesen Fällen treten innerhalb einer bestimmten Überfamilie oder Ordnung der Rundwürmer ursprüngliche Schmarotzer in phylogenetisch alten Wirten, abgeleitete dagegen in phylogenetisch jüngeren Wirten auf. So parasitieren zum Beispiel die altertümlichsten Ascaridoidea in Knorpelfischen und die am höchsten evoluierten in Vögeln und Säugetieren. Oft wird dieses Prinzip jedoch gekreuzt vom Übergang einzelner Gattungen oder gar Familien auf eine andere Wirtstiergruppe infolge veränderter Infektionsmöglichkeiten.

Vorkommen und Verbreitung

Die Nematoda besiedeln erstaunlich viele und höchst verschiedenartige **Lebensräume** in allen Teilen der Erde, ohne daß sich ihre Organisation wesentlich verändert. Sie bewohnen die Tiefen der Ozeane (bis in 6600 m) ebenso wie deren Küstenregion, stehende und fließende Süßgewässer jeder Art, den Boden von Wäldern, Feldern und Wiesen, Exkremente, Baumfluß, Gänge von Borkenkäfern und zu einem nicht geringen Teil sogar das Innere von Pflanzen und Tieren. Dabei treten parasitische und erdbewohnende Arten oft in sehr großer Individuenzahl auf.

In einem kleinen Blatt der chinesischen Primel fand man beispielsweise 50000 parasitierende *Ditylenchus dipsaci* und im Magen-Darmkanal eines wurmkranken Rindes mehr als 400000 Trichostrongylidae, die 15 Arten angehörten. Im 1—2 cm dicken Rohhumus des Buchenwaldes konnten je Quadratmeter über $1^1/_2$ Millionen und in der obersten, 5 cm dicken Bodenschicht eines Eichenwaldes sogar 10 Millionen Rundwürmer je Quadratmeter festgestellt werden. In feuchtem Wiesenboden ist ihre Populationsdichte nicht selten noch um das Doppelte höher. Immer beträgt aber die von den freilebenden Arten gelieferte Biomasse in Lebendgewicht nur etwa 2 g je 1 Million Individuen.

Manche Nematoda vermögen ganz **extreme Biotope** zu bewohnen, wie heiße Quellen (bis 53 °C) und Moose arktischer Regionen. Sie halten demgemäß ungewöhnliche Außenbedingungen aus.

So überstand zum Beispiel ein moosbewohnender *Plectus*, der unter Wasserabgabe in Anabiose fallen kann, in ausgetrocknetem Zustand einen 125 Stunden währenden Aufenthalt in flüssiger Luft (−190 °C) und eine $7^3/_4$ stündige Einwirkung von flüssigem Helium (−272 °C). Andere Moosbewohner, die 4 $^1/_2$ Jahre lang in einem Herbar mit ihrer Wirtspflanze aufbewahrt worden waren, lebten wieder auf, als die Pflanze in Wasser aufgeweicht wurde. Die Larven einiger Pflanzenparasiten können bei kühler Lagerung der sie enthaltenden Pflanzenteile sogar noch weitaus länger in Anabiose verharren, wie etwa die von *Ditylenchus dipsaci* und *Anguina tritici*, die sich noch nach 23 bzw. 32 Jahren aktivieren ließen. Das Essigälchen *Turbatrix aceti* wiederum, ein in gärenden Flüssigkeiten lebender Bakterienfresser, erträgt p_H-Konzentrationen zwischen 2,5 und 11,5 und bleibt noch in 13,5%iger Essigsäure lebendig, obgleich sein Optimum bei 6%iger Lösung liegt.

Die **Ausbreitung** der Rundwürmer erfolgt nur in geringem Maße vermittels ihrer Eigenbewegung, sondern vornehmlich durch Verwehung der Eier mit dem Wind, deren Verschwemmung mit der Wasserströmung sowie Haften und Verschleppen unter anderem an Tierhufen, Pelzen oder Pflanzenwurzeln. Erwachsene und Larven werden verbreitet mit Pflanzenteilen, kotfressenden Käfern, Fliegen usw., an denen sie sich durch die Adhäsionswirkung einer Flüssigkeit förmlich ankleben. Manche Aas oder Kot bewohnenden Larven kriechen auf die Oberfläche des Substrats oder auf Pflanzen und führen winkende Bewegungen mit dem Vorderkörper aus, durch die sie mit vorüberkommenden Insekten, Schnecken, Säugern und anderen Tieren in Berührung kommen, die ihnen dann als Träger oder Wirt dienen.

Auf welch kompliziertem Wege einige tierparasitische Arten ihren Wirt erreichen, sei am Beispiel des in Rindern schmarotzenden Lungenwurmes *Dictyocaulus viviparus* gezeigt. Seine Larven gelangen mit dem Rinderkot auf die Weide. Da die Rinder beim Grasen ihre Faeces meiden, haben die nach einer Woche infektiösen Larven nur wenig Gelegenheit, unmittelbar ins Maul eines Wirtes zu gelangen. Viele kriechen deshalb bei Tageslicht im Kothaufen aufwärts und erklimmen die Sporangienträger des dort wachsenden Schimmelpilzes *Pilobolus*, auf denen man manchmal 50 von ihnen versammelt findet. Wenn der Sporangienträger dann platzt, werden die Larven samt den Sporen bis 2 m weit in das von den Rindern beweidete Gras weggeschleudert.

Lebensweise

Die **Lokomotion** der meisten Nematoda besteht in einem schlängelnden Gleiten, bei dem der Körper mit einer Lateralseite — nicht mit der Ventralseite — dem Untergrund aufliegt. Die in horizontaler Richtung verlaufenden Schlängelbewegungen werden von abwechselnden Kontraktionen der ventralen und dorsalen Muskelzellen des Muskelschlauches hervorgerufen, die zumeist von vorn nach hinten fortschreiten, bei manchen kleinen Arten aber nur eine stehende Welle erzeugen. Als Antagonisten wirken dabei die elastische Cuticula und der Turgor der Leibeshöhlenflüssigkeit. Viele aquatile Formen und ebenso die Bewohner kleinster Wasseransammlungen können auf diese Weise auch ziemlich schnell und richtungssicher kürzere Strecken schwimmen. Manche Arten sowie die Larven bestimmter Tierparasiten erklimmen an regnerischen Tagen in dem sich bildenden Wasserfilm mittels der gleichen Bewegung sogar Pflanzen. Bei den Bodenbewohnern führt das Schlängeln unter Ausnutzung der Erdpartikel oder Sandkörnchen als Widerlager zu einer Art Stemmklettern. Einige Gattungen, so etwa *Criconema*, vermögen ähnlich den Regenwürmern fortzukriechen, indem sie den Vorderkörper mit nach hinten gerichteten Schuppen ihrer Cuticula im Boden verankern und dann durch Kontraktion den übrigen Leib nachziehen. Wenige bewegen sich egelartig fort, wobei sie abwechselnd ihren Mittelkörper, manchmal auch das Vorderende, mit dem Sekret von stelzenartigen Haftborsten und das Hinterende mittels der Schwanzdrüsen am Substrat festheften, wie die Epsilonematidae (Abb. 313). *Desmoscolex* läuft zeitweilig auf seinen Borsten, die durch wellenartige Muskelkontraktionen bewegt werden.

Abb. 313. Weibchen von *Prochaetosoma*, das sich mittels seiner ventralen Haftborsten und der Schwanzdrüsen spannerraupenartig fortbewegt. Länge 0,5 mm. — Nach STAUFFER 1924.

Über das **Sinnesleben** ist wenig bekannt. Pflanzenparasiten können ihre Nährpflanze aus weiter Entfernung aufspüren. So wanderten *Heterodera* innerhalb von 8—9 Tagen 2,4 m weit zu ihrer Nährpflanze, andere kamen in 2 Wochen aus 1 m Tiefe aufwärts zu ausgepflanzten Rüben. Auch wird das Auskriechen des 2. Larvenstadiums aus den Cysten von *Heterodera schachtii* wesentlich beschleunigt, wenn diese Cysten in Wurzelwasser von Rüben gelegt werden. Hingegen scheinen die räuberischen Nematoda eine lebende unverletzte Beute nicht aus Abstand, sondern erst bei Berührung mit den Lippen chemotaktisch zu erkennen. Die Parasiten dürften ihren Sitz in einem bestimmten Organ des Wirtstieres wohl aufgrund chemischer Sinnesempfindungen aufsuchen.

Bei der **Nahrungsaufnahme** spielt neben der Mundhöhle mit ihren oft zahn- oder stilettartigen Bildungen der Oesophagus eine wichtige Rolle. Er wirkt stets als Saugpumpe, indem sich sein Lumen von vorn nach hinten peristaltisch erweitert und wieder verengt, wodurch die Nahrung in Richtung auf den Darm gepreßt wird. Die Pumpfrequenz ist dabei je nach Art sehr unterschiedlich und beträgt im allgemeinen zwischen 80 und 200 Pumpbewegungen in der Minute, jedoch kommen auch Frequenzen von weit über 1000 pro Minute vor, die dann aber nur wenige Minuten andauern.

Die Saprophagen (z. B. Erd-, Fallaub- und Mistbewohner) saugen in dieser Weise verflüssigte Zerfallsprodukte von Pflanzen und Tieren auf, wobei wahrscheinlich die darin befindlichen Mikroorganismen den wesentlichsten Nahrungsanteil bilden. Ähnlich ernähren sich wohl auch die freilebenden Jugendstadien mancher Parasiten. Algenfresser, die nicht selten das Epistrat förmlich abweiden, verschlucken im Meer besonders Diatomeen, im Süßwasser vor allem Blau- und Grünalgen. Phytophage und pflanzenparasitische Nematoda stechen mit ihrem Stilett die Zellen von Pilzen, Flechten, Moosen sowie Samenpflanzen an und saugen sie aus. Dabei wird nach dem Anstechen oft ein verdauendes Sekret der dorsalen Oesophagusdrüse in die Zelle injiziert, das neben proteolytischen Enzymen unter anderem auch Cellulase, Pectinase und Amylase enthält. Ein Teil dieser vor allem bei den Tylenchida vorkommenden Enzyme ist imstande, die der Einstichstelle benachbarten Zellgrenzen aufzulösen, so daß während des anschließenden Saugaktes gleich der angedaute Inhalt mehrerer Zellen aufgesogen werden kann.

Die räuberischen Arten erbeuten je nach ihrer Größe Rotatorien, Tardigraden, Milben, kleine Anneliden und Rundwürmer. Manche verschlingen die Beute ganz, während andere die Haut des Opfers mit Zähnen oder einem Stilett durchbohren und es dann aussaugen. Räuber mit hohlem Stilett benutzen dabei dieses als Saugrohr. So preßt zum Beispiel *Aphelenchoides* nach dem Einstich das Sekret der dorsalen Oesophagusdrüse durch den Stiletthohlraum in das Opfer hinein. Das Sekret hat neben einer giftigen auch kräftige proteolytische Wirkung. Die Befreiung des Opfers gleich nach dem Einstich zeigt, daß es bewegungslos geworden ist und sich seine Eingeweide auflösen. Viele Räuber sind sehr gefräßig; *Mononchus* etwa vertilgte an einem Tage 83 Larven von *Heterodera*.

Die Nahrungsaufnahme der erwachsenen Tierparasiten erfolgt mit wenigen Ausnahmen durch den Mund. Die Darmbewohner fressen zum Teil einfach den Darminhalt, was sich bei *Ascaris lumbricoides* durch Fütterung des Wirtes mit bariumhaltigem Kontrastbrei zeigen läßt. *Ascaris* nimmt also Chylus aus dem Dünndarm auf. *Enterobius* schluckt Kot samt Bakterien. Andere Darmparasiten schneiden oder stechen die Darmwand an und saugen Blut (*Ancylostoma*) oder fressen das Epithel (*Strongylus*). Die Lungenwürmer ernähren sich von Exsudat, und Filarien trinken Lymphe oder Blut. Außer bestimmten, in Insekten schmarotzenden Tylenchida (z. B. *Parasitylenchus*) scheinen nur Larven durch die Haut Nahrung aufnehmen zu können (z. B. *Mermis*).

Die **Lebensdauer** der freilebenden Arten ist auf einige Tage bis wenige Monate, die der Pflanzenparasiten auf höchstens eine Vegetationsperiode beschränkt. Tierparasiten leben zum Teil wesentlich länger, beispielsweise *Ascaris lumbricoides* etwa 1 Jahr, *Ancylostoma*-Arten bis 3 Jahre und *Wuchereria bancrofti* sogar über 15 Jahre.

Parasitismus

Bisher sind über 7000 parasitische Nematoden-Arten bekannt geworden, davon etwa 1400 Pflanzenparasiten. Sie unterscheiden sich äußerlich oft kaum von den freilebenden Formen. Die Tierparasiten werden allerdings in der Regel wesentlich größer. Da in manchen Ordnungen Parasiten und freilebende Arten nebeneinander vorkommen, ist der Übergang zur parasitischen Lebensweise bei den Nematoda zweifellos mehrfach unabhängig voneinander, also polyphyletisch erfolgt.

Das Überwechseln zum **Parasitismus in Pflanzen** hat dabei nur geringe Umstellungen erfordert. So existieren morphologisch kaum Unterschiede zwischen Polyphagen, die gelegentlich auch Pflanzenzellen aussaugen, und den ectoparasitisch an Wurzeln lebenden Arten. Und selbst die in Wurzeln, Stengeln oder Blättern schmarotzenden Endoparasiten zeigen nur selten auffällige Veränderungen, wie etwa die zitronenförmig anschwellenden *Heterodera*-Weibchen. Bei den Endoparasiten hat aber oft eine ökologische Anpassung an den Vegetationszyklus ihrer Wirtspflanzen stattgefunden, vor allem durch die Ausbildung widerstandsfähiger Stadien (Dauerlarven, larvenhaltige Cysten), die das Überdauern des Winters und die Infektion neuer Pflanzen in der nächsten Vegetationsperiode gewährleisten.

Durch ihre Lebenstätigkeit schädigen nicht wenige Phytoparasiten die befallenen Pflanzen, indem sie unter anderem Nekrosen und Mißbildungen an den verschiedensten Pflanzenteilen hervorrufen oder die Bildung von Gallen verursachen. Diese Veränderungen können zu Wachstumshemmungen oder gar zum Verkümmern der Pflanzen führen, was sich in landwirtschaftlichen Kulturen oft sehr ertragsmindernd auswirkt. Wichtige Schädlinge der Nutzpflanzen finden sich zum Beispiel in den Gattungen *Anguina*, *Aphelenchoides*, *Ditylenchus*, *Heterodera*, *Meloidogyne* und *Pratylenchus* (alle Tylenchida) sowie *Xiphinema* (Dorylaimida). Der Lebensgang einiger ihrer Vertreter ist im System dargestellt.

Der Übergang zum **Parasitismus in Tieren** ist den Nematoda insofern erleichtert, als nicht wenige erdbewohnende Secernentea Lebensbedingungen vertragen, die den Verhältnissen im Darm oder im Gewebe eines Wirtes nahekommen, ja manchmal noch extremer sind. Es handelt sich um Besiedler von saproben Substraten (z. B. Kot, Aas, Kompost), die darin teilweise im stärksten Stadium der Zersetzung bei Temperaturen von manchmal +50 °C, großen Schwankungen des osmotischen Druckes, niedrigen p_H-Werten (Essigälchen!), stark erniedrigtem O_2-Partialdruck und inmitten von Eiweißabbauprodukten sowie von Bakterien stammenden Fermenten leben. Solche Arten erscheinen für ein parasitisches Leben förmlich prädestiniert. Auch die Tatsache, daß das 3. Larvenstadium bei vielen dieser Arten eine resistente Dauerlarve (S. 496) bildet, kommt dem Überwechseln zur parasitischen Lebensweise sehr entgegen.

Hierbei lassen sich mehrere, durch alle möglichen Zwischenformen verbundene Übergangs- und Ausprägungsstufen erkennen, die aber keinesfalls eine phylogenetische Reihe repräsentieren:

1. Stufe. Die 1—2,5 mm langen *Rhabditis*-Arten leben größtenteils rein saprozoisch. Bei Verschlechterung der Ernährungsverhältnisse können sich aber einige Species in bestimmten Wirbellosen ansiedeln. Dann wandert ihr 3. Larvenstadium etwa durch das Atemloch

in Schnecken oder durch die Nephridialporen in Regenwürmer ein und verharrt als Dauerlarve im Wirt, ohne Nahrung aufzunehmen (z. B. *Rhabditis pellio*).

2. Stufe. Gegenüber *Rhabditis* ist unter anderem bei der bis 2,5 mm langen, ebenfalls saprozoischen *Alloionema appendiculata* bereits eine stärkere Bindung an den Parasitismus erfolgt, indem ihre Dauerlarven vollständig auf das Schmarotzerleben angewiesen sind. Die von dieser Art bei mangelnder Ernährung gebildeten Dauerlarven können sich nur dann weiterentwickeln, wenn sie in eine Schnecke (meist *Arion*) gelangen (Infektionsweg unbekannt). Sie besitzen weder Mund noch After und nehmen durch die Haut so viel Nahrung im Wirtstier auf, daß ihr Körper prall mit Reservestoffen gefüllt ist. Später bohren sie sich aus dem Fuß der Schnecke heraus und erzeugen im Freien neue Generationen, die saprozoisch leben, unter ungünstigen Bedingungen aber wiederum Dauerlarven bilden können.

3. Stufe. Bestimmte Arten zeichnen sich dadurch aus, daß sie neben freilebenden getrenntgeschlechtlichen Generationen regelmäßig oder bei Eintritt ungünstiger Existenzbedingungen eine zumeist zwittrige oder parthenogenetische parasitische Generation ausbilden, die auch mehrmals direkt hintereinander auftreten kann. Zu diesen Formen mit Heterogonie gehören unter den Wirbeltierschmarotzern alle Rhabdiasoidea (z. B. *Rhabdias, Strongyloides*).

4. Stufe. Andere Nematoda sind entweder als Jugendform oder als Adulte ganz auf die schmarotzende Lebensweise angewiesen, die übrige Zeit aber bringt das Tier in der Außenwelt zu. So leben manche Bewohner der Gänge rindenbrütender Borkenkäfer zunächst frei, dringen aber als befruchtete Weibchen durch den Hinterdarm in die Leibeshöhle der Käfer ein und schmarotzen hier (z. B. *Parasitylenchus*). Im Gegensatz dazu lebt *Mermis* im Jugendzustand in Insekten, als geschlechtsreifes Tier frei.

5. Stufe. Der Rundwurm bringt den größten Teil seines Lebens schmarotzend zu, doch ist sein Ei mit dem sich entwickelnden Embryo und oft auch ein Teil seiner Larvenstadien noch nicht an das Parasitenleben angepaßt, sondern auf die Bedingungen der Außenwelt (vor allem O_2, bei Larven auch Nahrung) angewiesen. Diesen Zustand haben sehr viele wirbeltierparasitische Nematoda erreicht, wie z. B. *Ascaris, Enterobius, Strongylus, Ancylostoma.*

6. Stufe. Nur bei relativ wenigen Arten ist auch noch der Embryo fähig, sich im Wirtsorganismus zu entwickeln, so daß der Parasit in keinem Stadium mehr in der Außenwelt lebt und direkt von einem Wirt in den anderen übertragen wird. Diese höchste Stufe des Parasitismus zeigen unter anderen *Trichinella* und *Wuchereria.*

Bei allen Secernentea führt weder das erste noch das zweite Larvenstadium ein Leben im Lumen des Wirbeltierdarmes. Hier befällt stets erst die Drittlarve den Endwirt. Das wird dadurch erreicht, daß

— entweder die ersten Stadien saprobiontisch leben,
— oder die erste Häutung bereits im Ei stattfindet, so daß das 2. Stadium schlüpft, das aber sofort nach dem Freiwerden eine Häutung durchmacht oder in die Darmwand eindringt,
— oder die ersten beiden Stadien teils im Ei, teils in der Leibeshöhle bzw. stark durchbluteten Organen eines Zwischen- oder des Endwirtes durchlaufen werden.

Im letzten Falle liegt die Bedeutung des Aufenthaltes im Blutgefäßsystem oder in der blutdurchströmten Leibeshöhle wohl darin, daß dem winzigen 1. und 2. Larvenstadium im Blut die zum Wachstum notwendige Nahrung zur Verfügung steht. Gleichzeitig findet es hier genügend O_2 zur vollkommenen Spaltung der Nährstoffe und der damit verbundenen vollständigen Ausnutzung des Energiegehaltes vor. Dagegen ist im Darm nur anaerobe Spaltung möglich.

Man beachte, daß sich auch die Parthenitae vieler Trematoda und die Larven der Eucestoda nie im Darm, sondern in der Leibeshöhle oder in reichlich durchbluteten Organen entwickeln, und daß erst nach der Übertragung in den Endwirt ein heranwachsendes Adultstadium den Darm als Wohnsitz nimmt.

Aus den erwähnten Besonderheiten resultiert ein Fülle zum Teil komplizierter Lebenswege, die durch eine rein begriffliche allgemeine Darstellung nicht erschöpfend vor

Augen geführt werden kann. Deshalb muß auf die im systematischen Abschnitt gegebene Einzelschilderung von Lebenszyklen verwiesen werden. Einen Überblick über die häufigsten Infektions- und Larvenwanderwege der in Wirbeltieren schmarotzenden Nematoda gibt die folgende Zusammenstellung (Viertlarve im Endwirt unberücksichtigt).

I. Gleichwirtige (homoxene) Arten, die zur Vollendung des Lebenszyklus nur den Wirbeltierwirt benötigen.

A. Larven freilebend.

1. Infektion des Wirtes durch die Drittlarve mit der Nahrung.
   a. Keine Körperwanderung im Wirt — erwachsen im Darm (*Trichostrongylus*).
   b. Mit Körperwanderung im Wirt
   entweder vom Darm in arterielle Blutgefäße und zurück zum Darm — erwachsen im Darm (*Strongylus vulgaris*),
   oder vom Darm über Blutstrom zur Lunge — erwachsen in den Bronchien (*Dictyocaulus*).
2. Drittlarve dringt durch die Haut in den Wirt ein — Körperwanderung über Blutstrom, Lunge, Luftröhre, Rachen, Speiseröhre zum Darm — erwachsen im Darm (*Ancylostoma*).

B. Larven bleiben bis zur stets oralen Infektion des Wirtes im Ei.

1. Infektion durch Ei mit Erstlarve — keine Körperwanderung — erwachsen im Blind- und Dickdarm (*Trichuris*).
2. Infektion durch Ei mit Zweitlarve.
   a. Sofortige Häutung zur Drittlarve — keine Körperwanderung — erwachsen im Hinterdarm (*Enterobius, Heterakis*).
   b. Sofortiges Eindringen in die Darmwand — Körperwanderung über Blutgefäßsystem (bzw. Leibeshöhle), Leber, Lunge, Luftröhre, Rachen, Speiseröhre und zurück zum Darm — erwachsen im Darm (*Ascaris*). Dieser eigenartige „Umweg“ wird allgemein als historische Reminiszenz gedeutet: Die Entwicklung ist früher offenbar über einen Zwischenwirt gelaufen (vgl. II. A. 4.).
3. Infektion durch Ei mit Drittlarve — Körperwanderung über Blutstrom, Lunge zur Luftröhre — erwachsen in der Luftröhre (*Syngamus*). Die Infektion kann auch durch Aufnahme eines Transportwirtes (Regenwurm, Insekt) geschehen, in dem sich die aus gefressenen Eiern schlüpfenden Drittlarven ansammeln.

II. Verschiedenwirtige (heteroxene) Arten, die zur Vollendung des Lebenszyklus neben dem Endwirt wenigstens noch einen Zwischenwirt benötigen.

A. Erst- oder Zweitlarve freilebend.

1. Erstlarve schlüpft am Boden oder im Wasser, wird vom wirbellosen Zwischenwirt verschluckt — Zweit- und Drittlarve im Zwischenwirt.
   a. Drittlarve wandert aus Zwischenwirt aus, wird vom Endwirt verschluckt — keine Körperwanderung — erwachsen im Magen (*Habronema*).
   b. Drittlarve wird mit dem Zwischenwirt vom Endwirt verschluckt — Körperwanderung durch innere Organe — erwachsen im Magen (*Gnathostoma*). Die Infektion kann auch durch Vermittlung eines Transportwirtes (Fisch, Frosch, Schlange) erfolgen, in dessen Leibeshöhle die aus einem gefressenen Zwischenwirt stammenden Drittlarven eingekapselt werden.
2. Erstlarve schlüpft im Wirtsdarm, gelangt mit Kot ins Freie, dringt aktiv in wirbellosen Zwischenwirt ein — Zweit- und Drittlarve im Zwischenwirt — Drittlarve wird mit dem Zwischenwirt vom Endwirt verschluckt — Körperwanderung über Lymphsystem, Blutstrom zur Lunge — erwachsen in den Bronchien (*Protostrongylus*).
3. Erstlarve wird vom viviparen Weibchen in Wasser abgesetzt und vom wirbellosen Zwischenwirt verschluckt — Zweit- und Drittlarve im Zwischenwirt — Drittlarve wird mit dem Zwischenwirt vom Endwirt verschluckt — Körper-

wanderung über Lymphsystem zum Bindegewebe — erwachsen im Unterhautbindegewebe (*Dracunculus*).

4. Zweitlarve schlüpft im Wasser, wird vom 1. Zwischenwirt (Wirbelloser) verschluckt — Zweitlarve verbleibt ohne Häutung im 1. Zwischenwirt, wird mit diesem vom 2. Zwischenwirt (Fisch) verschluckt — Drittlarve im 2. Zwischenwirt wird vom Endwirt aufgenommen — keine Körperwanderung — erwachsen im Magen und Darm (*Contracaecum*).

B. Erstlarve bleibt bis zur (oralen) Infektion des wirbellosen Zwischenwirtes im Ei.

1. Zweit- und Drittlarve in den Blutgefäßen des Zwischenwirtes — Drittlarve wird mit dem Zwischenwirt vom Endwirt verschluckt — Körperwanderung über Lymphgefäße, Blutstrom zur Lunge — erwachsen in Luftröhre und Bronchien (*Metastrongylus*).
2. Zweit- und Drittlarve in der Leibeshöhle des Zwischenwirtes — Drittlarve wird mit dem Zwischenwirt vom Endwirt verschluckt — Rückwanderung vom Magen in die Speiseröhre — erwachsen in der Speiseröhre (*Gongylonema*).
3. Zweitlarve im 1. Zwischenwirt (Oligochaet), wird mit diesem vom 2. Zwischenwirt (Fisch) verschluckt — Dritt- und Viertlarve im 2. Zwischenwirt — eingekapselte Viertlarve wird mit 2. Zwischenwirt vom Endwirt aufgenommen — Wanderung zur Niere — erwachsen in der Niere (*Dioctophyma*).

C. Kein Stadium in der Außenwelt.
Erstlarve (Microfilarie) kreist im Blut des Endwirtes, wird vom Zwischenwirt (blutsaugendes Insekt) aufgenommen — Zweit- und Drittlarve in Muskulatur oder Fettgewebe, infektive Drittlarve in den Stechwerkzeugen des Zwischenwirtes — Drittlarve dringt beim Stich in den Endwirt ein — Einwanderung in die Lymphräume (*Wuchereria*) oder das Bindegewebe (*Loa*).

III. Direkte Übertragung von Wirt zu Wirt (autoheteroxene Arten). Nur *Trichinella*: Erwachsen im Darm eines fleischfressenden Wirtes (Darmtrichine) — vom Weibchen abgesetzte Erstlarve wandert in Muskulatur ein, wird abgekapselt (Muskeltrichine) — Muskeltrichine wird mit dem Fleisch von einem anderen Wirtsindividuum gefressen — 2.—4. Larvenstadium in dessen Darmwand — adult im Darm.

Außenparasitismus, wie er bei den Pectobothrii (Monogenea) unter den Plathelminthes weit verbreitet ist, kommt bei den Nematoda nicht vor (der bloße Transport durch Insekten — also Phoresie — ist kein echter Parasitismus).

Die tierparasitischen Nematoda schädigen ihre Wirte durch mechanische Einflüsse (z. B. Verstopfung der Lymphgefäße durch *Wuchereria*), Verletzung von Organen und Geweben (z. B. der Lunge durch wandernde Larven von *Ascaris*), Entzug von Nährstoffen oder Körpersubstanz und nicht selten auch durch die Giftwirkung ihrer Stoffwechselendprodukte. Zumeist wirken mehrere dieser Faktoren gemeinsam. Dabei ist der Grad der Schädigung sehr unterschiedlich. Gut an ihre Wirte angepaßte Arten rufen oft keine oder erst bei sehr starkem Befall erkennbare Krankheitserscheinungen hervor. Andererseits kann aber schon ein einziger Menschenspulwurm, der in den Gallengang eindringt, schwere Gallenkoliken verursachen. Einige Arten vermögen mit ihren Eiern oder Larven microbielle Krankheitserreger von einem Wirt auf den anderen zu übertragen.

Ökonomische Bedeutung

Die freilebenden Arten haben kaum eine wirtschaftliche Bedeutung. Selbst die so massenhaft vorkommenden Mist- und Erdbewohner sind keine eigentlichen Humusbereiter. Sie sind nur indirekt an der Humusentstehung beteiligt, indem sie vielen Milben (Parasitidae) und Insektenlarven (besonders Diptera) als Nahrung dienen, die ihrerseits durch Graben von Gängen usw. den Boden und die Exkremente für echte Humusbereiter zugänglich und zuträglich machen.

Die an Kulturpflanzen sowie bei Nutztieren und beim Menschen schmarotzenden Arten verursachen dagegen durch Rückgang des Ertrages an pflanzlichen und tierischen Produkten sowie durch Arbeitsausfall ökonomische Verluste, die sich im Weltmaßstab nicht annähernd beziffern lassen. Der durch Nematoda bedingte Ernteausfall wurde in den USA für die Jahre zwischen 1957 und 1964 auf etwa 10% geschätzt, was einem Wert von etwa 250 bis 500 Millionen Dollar entspricht. In der tierischen Produktion rufen die Nematoda noch weitaus höhere Schäden hervor, die ungefähr 15–20% der von organischen und Infektionskrankheiten sowie von Parasiten bedingten Gesamtverluste ausmachen.

System

Die Großsystematik der Nematoda ist keineswegs abgeklärt, wie auch Stellung und Umfang vieler niederer Kategorien dieser Klasse noch mancher Präzision bedürfen. Zwar hat sich während der letzten Jahrzehnte eine Gliederung in zwei Unterklassen, die Adenophorea (früher Aphasmidia) und die Secernentea (früher Phasmidia), durchgesetzt, jedoch zeigen neuere Erkenntnisse [64, 82b], daß die Adenophorea möglicherweise keine monophyletische Einheit darstellen. Bei diesen zeichnet sich aufgrund der Baueigentümlichkeiten ihrer Seitenorgane (Amphiden) und nach einigen weiteren Merkmalen eine Aufspaltung zumindest in zwei eigenständige Unterklassen ab, die mit gewissen Veränderungen den unten als Überordnungen Chromadoria und Enoplia charakterisierten Gruppen (von Andrássy [64] Torquentia und Penetrantia genannt) entsprächen. Besonderheiten während der frühen Embryogenese sollen es sogar rechtfertigen, die Chromadoria mit den Secernentea zu einer Unterklasse (dann Chromadoria genannt) zu vereinigen und sie den Enoplia als zweiter Unterklasse gegenüberzustellen [74a].

Der folgenden Übersicht liegt im wesentlichen noch das im „Traité de Zoologie“ [70] benutzte herkömmliche System zugrunde. Es sei jedoch darauf hingewiesen, daß Lorenzen [82b] unter konsequenter Anwendung der Prinzipien der phylogenetischen Systematik auf die freilebenden Nematoda zu einer teilweise recht abweichenden Ansicht über Abgrenzung und Anordnung der Taxa besonders innerhalb der Adenophorea gelangt ist.

1. Unterklasse Adenophorea

Größtenteils freilebend (vorwiegend im Meer), seltener Parasiten an Pflanzen oder in Wirbellosen und Wirbeltieren. Mit zumeist hochentwickelten Seitenorganen, die hinter der Lippenregion liegen. Kopfsinnesorgane als Borsten oder Papillen, oft aber in beiden Formen ausgebildet und dann wenigstens der äußere Kreis aus Borsten bestehend. Exkretionsorgan — wenn überhaupt vorhanden — ist die Ventraldrüse. Hinterende in beiden Geschlechtern gleich oder ähnlich gestaltet, zumeist mit drei terminal ausmündenden Schwanzdrüsen und größtenteils ohne Phasmiden. — Mit 2 Überordnungen.

1. Überordnung Chromadoria

Durchweg freilebende Arten, deren Seitenorgane eine spiralige, ringartige oder stab- bis hakenförmige Gestalt haben. Wenigstens der äußere Kreis der Kopfsinnesorgane immer borstenförmig. Oesophagus stets drei Drüsen enthaltend und zumeist mit einem hinteren Bulbus versehen. — Es werden 5 Ordnungen unterschieden. Ein neuerer Vorschlag, der andere Merkmalskombinationen (vor allem Lage und Form der Gonaden) zugrundelegt, sieht jedoch eine Gliederung dieser Überordnung in nur 2 Verwandtschaftsgruppen vor [82b].

1. Ordnung Monhysterida

Seitenorgane ringförmig oder andeutungsweise spiralig. Kopfsinnesorgane in zwei oder seltener drei Kreisen angeordnet, von denen ein oder zwei äußere aus Borsten bestehen.

Körper zum Teil mit 4 oder 8 Längsreihen von Borsten besetzt. 0,2 bis 5 mm lange Bewohner des Meeres, des Süßwassers und in wenigen Fällen auch des Erdreichs. Hauptsächlich Detritus- und Epistratfresser. — Mit 3 Überfamilien und insgesamt 4 Familien.

Familie Monhysteridae. — **Monhystera*, mit zahlreichen, höchstens 2 mm langen Arten, weit verbreitet in allen Gewässertypen und im Erdreich.

2. Ordnung Desmoscolecida

Seitenorgane bläschenförmig oder spiralig. Als Kopfsinnesorgane sind neben Papillen nur vier kräftige Borsten vorhanden. Körper mit langen, stachelartigen Borsten und auf der Dorsalseite zusätzlich mit Haftborsten besetzt, außerdem zumeist von dicken Ringen aus angeklebten Fremdkörpern umgeben, die mit nackten Zonen abwechseln. Höchstens 0,7 mm lange Arten, die fast ausnahmslos im Meer leben. Vorwiegend Detritusfresser. — Mit 3 artenarmen Familien.

Familie Desmoscolecidae. Mit spärlich beborstetem und von Ringen aus Fremdkörpern umgebenem Körper. Viele Arten bewegen sich mittels der dorsalen Haftborsten fort, wobei ihre Rückenseite dem Substrat zugewendet ist. — **Desmoscolex aquaedulcis* (Abb. 314) lebt als einzige Süßwasserart der Ordnung in Tropfwassertümpeln von Höhlen in Slowenien.

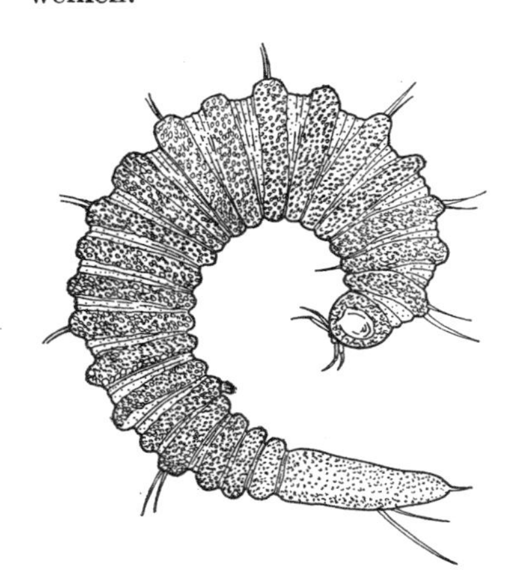

Abb. 314. Weibchen von *Desmoscolex aquaedulcis* mit dicken Ringen aus angeklebten Detritusteilchen. Länge 0,27 mm. — Nach STAMMER 1935.

3. Ordnung Araeolaimida

Seitenorgane einfach spiralig, zum Teil auch stab- oder hakenförmig. Kopfsinnesorgane gewöhnlich in drei Kreisen angeordnet, von denen der äußere aus Borsten besteht. Manchmal sind sehr lange Körperborsten vorhanden. 0,3—5 mm lange Arten, die vorwiegend das Meer, seltener Süßgewässer oder feuchte terrestrische Biotope bewohnen. Detritus- und Algenfresser. — 2 Unterordnungen mit 6 Überfamilien und insgesamt 10 Familien.

Familie Plectidae. Reine Süßwasser- und Landbewohner. — **Plectus*, weit verbreitet — auch in der Arktis und Antarktis — in Süßgewässern, zwischen Moosen und Mulm.

4. Ordnung Chromadorida

Seitenorgane ein- oder mehrfach spiralig, manchmal auch nierenförmig. Kopfsinnesorgane in drei oder seltener in zwei Kreisen angeordnet, von denen zumeist nur der äußere wenigstens teilweise aus Borsten besteht. Cuticula mit ringförmig angeordneter Ornamentierung in Form von Punkturen, Knöpfen oder Stäbchen. Körper oft fein beborstet. 0,2—6 mm lange Bewohner vorwiegend des Meeres. Hauptsächlich Epistratfresser, manche Arten leben auch räuberisch. — 2 Unterordnungen mit 3 Überfamilien und zusammen 5 Familien.

Familie Chromadoridae, von der einige Arten in Solquellen und Thermalgewässern vorkommen.

5. Ordnung Desmodorida

Seitenorgane ein- oder mehrfach spiralig, (Abb. 308) selten auch hakenförmig. Kopfsinnesorgane in drei Kreisen angeordnet, von denen ein oder zwei äußere aus Borsten bestehen. Körper vielfach beborstet, zum Teil auf der Ventralseite des Hinterkörpers noch mit 2—4 Längsreihen von langen Haftborsten besetzt. 0,5—4 mm lange Arten, die fast durchweg das Meer und brackige Gewässer besiedeln. Vornehmlich Detritus- und Epistratfresser. — 2 Unterordnungen mit 3 Überfamilien und insgesamt 9 Familien.

Familie Epsilonematidae. Mit ventralen Haftborsten, die den Tieren eine egelartige Fortbewegung ermöglichen (vgl. S. 498). — **Prochaetosoma* (Abb. 313).

2. Überordnung Enoplia

Teils frei, teils parasitisch an Pflanzen oder in Wirbellosen und Wirbeltieren lebende Arten mit taschen- oder röhrenförmigen Seitenorganen. Kopfsinnesorgane vielfach nur als Papillen ausgebildet. Oesophagus ohne hinteren Bulbus, zumeist mit fünf inneren Drüsen oder mit zahlreichen äußeren Drüsenzellen in Form eines Stichosom (S. 492). — Mit 4 Ordnungen, von denen jedoch die ausschließlich Tierparasiten enthaltenden Trichosyringida und Dioctophymatida dieser Überordnung nur provisorisch angegliedert sind (vgl. S. 507). Neuere Erkenntnisse sprechen für eine Aufteilung der freilebenden Enoplia in drei statt bisher zwei Ordnungen [82b].

1. Ordnung Enoplida

Seitenorgane taschenförmig eingesenkt, mit quer- oder längsgestellter schlitzförmiger Öffnung. Kopfsinnesorgane in zwei oder drei Kreisen angeordnet, die teils aus Papillen, teils aus Borsten bestehen. Mundhöhle kapselartig, oft ein oder drei spitze Zähne enthaltend. Oesophagus mit fünf Drüsen, von denen in jedem Oesophagussektor wenigstens eine vor der Region des Nervenringes, manchmal auch an der Spitze der Zähne ausmündet. Schwanzdrüsen zumeist vorhanden. Metaneme, s. S. 491. Frei im Meer, seltener auch im Süßwasser oder in feuchtem Erdreich lebende Arten. Ernähren sich hauptsächlich räuberisch. — 2 Unterordnungen mit 3 Überfamilien und zusammen 10 Familien. Hierher gehören unter anderen die folgenden artenreichen, aber biologisch noch wenig erforschten Familien:

Familie Enoplidae. Mundkapsel vom Gewebe des Oesophagus umgeben, drei bewegliche hakenförmige Zähne enthaltend. — **Enoplus*, 4—11 mm lang.

Familie Oncholaimidae. Mundkapsel nicht oder nur basal vom Oesophagusgewebe umgeben, mit ein oder drei unbeweglichen konischen Zähnen. — **Oncholaimus* und **Adoncholaimus* (Abb. 309), beide enthalten 2,5—7 mm lange räuberische Meeresbewohner.

2. Ordnung Dorylaimida

Seitenorgane taschenförmig eingesenkt, mit schlitz- oder porenförmiger Öffnung. Kopfsinnesorgane fast durchweg als Papillen ausgebildet. Mundhöhle manchmal kapselartig, stets mit Zähnen oder einem Stilett bewaffnet. Oesophagus mit fünf Drüsen, die alle hinter dem Nervenring ausmünden. Schwanzdrüsen oft fehlend. Mit Ausnahme weniger mariner Vertreter Bewohner des Süßwassers und des Erdreichs. Vorwiegend Räuber, die ihre Beute aussaugen; einige Arten saugen an Pflanzenwurzeln. — 2 Unterordnungen mit 12 Familien. Zu erwähnen sind:

Familie Dorylaimidae. Mundhöhle nicht kapselartig, mit einem zum Teil sehr langen Stilett bewaffnet. — **Dorylaimus*, zahlreiche 1—8 mm lange räuberische Arten. — **Xiphinema*, bis 12 mm lange Pflanzenparasiten. **X. diversicaudatum* saugt an den Wurzeln unter anderen von Rosen, Erdbeeren und Himbeeren, verursacht Wachstumshemmungen und kann Viruserkrankungen der Pflanzen übertragen.

Familie Mononchidae. Mit großer Mundkapsel, die ein oder drei Zähne bzw. Zahnreihen enthält. — **Mononchus*, 1,5—7 mm lange Räuber.

3. Ordnung Trichosyringida (syn. Trichocephalida)

Seitenorgane reduziert, taschen- oder röhrenförmig, mit porenförmiger Öffnung. Kopfsinnesorgane nur in Form von vier, sechs, acht oder zehn Papillen vorhanden. Der Oesophagus besteht aus einem kurzen muskulösen Abschnitt und einem anschließenden kapillären Rohr, dem außen zahlreiche, in ein oder zwei Reihen geldrollenartig hintereinander angeordnete Drüsenzellen ansitzen. Schwanzdrüsen fehlen. Parasiten von Wirbellosen oder Wirbeltieren. — Mit 2 Überfamilien.

In Anlehnung an GOODEY [76] werden hier unter dem 1917 von H. B. WARD eingeführten Namen Trichosyringida alle Rundwürmer zusammengefaßt, bei denen die Drüsen des Oesophagus diesem Organ in Form eines Stichosom (S. 492) außen anliegen, ohne daß damit allerdings eine natürliche Verwandtschaft der hierher zu stellenden, in anderen Merkmalen und auch biologisch voneinander abweichenden Mermithoidea und Trichuroidea ausgedrückt werden soll. Diese beiden Überfamilien und ebenso die folgende Ordnung der Dioctophymatida werden allgemein den Adenophorea und hier wiederum den Enoplia zugerechnet, weil bei ihnen bisher keine Phasmiden bekannt waren und sie zumindest im 1. Larvenstadium ein den Dorylaimidae ähnliches Mundhöhlen-Stilett besitzen. Der Nachweis von phasmidenähnlichen Organen bei einigen Mermithidae sowie die Feststellung, daß das Stilett der Trichosyringida und der Dioctophymatida offenbar nicht mit dem der Dorylaimidae homolog ist, machen jedoch eher eine Zugehörigkeit dieser beiden ausschließlich zooparasitischen Ordnungen zu den Secernentea wahrscheinlich.

Überfamilie Mermithoidea. Ausgesprochen dünne, fadenförmige Rundwürmer, deren Länge zwischen 5 mm und 20 cm schwankt, manchmal aber 50 cm erreicht. Alle Arten parasitieren als Larven in der Leibeshöhle von Wirbellosen der Land- und Süßwasserfauna, vor allem Insekten, leben jedoch erwachsen nach Verlassen des Wirtes frei am Grunde der Gewässer oder im Boden. Sie dringen als junge Larve mit Hilfe eines Mundstiletts in ein Insekt oder zumeist in dessen Larve ein, seltener werden die noch in der Eihülle liegenden Larven vom Wirt gefressen. Nur die parasitierenden Larven nehmen Nahrung auf, und zwar durch die Haut. Dementsprechend kommuniziert das Lumen ihres Oesophagus, wie später auch bei den Adulten, nicht mit dem Mitteldarm, dessen sehr große Zellen keinen Kanal zwischen sich frei lassen und mit Nahrungsstoffen angefüllt werden, von denen das freilebende geschlechtsreife Stadium während seines ganzen Lebens zehrt. Auch das Rectum ist vom Darm getrennt. — Mit 2 Familien. Erwähnenswert ist nur die

Familie Mermithidae. — **Mermis nigrescens* bewohnt Bodenhöhlen bis zu einer Tiefe von 60 cm. An regnerischen Sommermorgen kommt sie zur Oberfläche und erklimmt Gräser, an denen sie ihre Eier anheftet. Die Eier werden samt dem Grase von Heuschrecken-Nymphen gefressen. In deren Darm schlüpft dann die *Mermis*-Larve, durchbohrt ihn mit ihrem Stilett und gelangt in die Leibeshöhle. Hier wächst sie 4—10 Wochen lang außerordentlich schnell heran. Dann bohrt sie sich aus der Heuschrecke heraus und überwintert in der Erde, wo sie geschlechtsreif wird und 12,5 cm Länge bei nur 0,5 mm Durchmesser erreicht.

Überfamilie Trichuroidea. Mikroskopisch kleine bis mittelgroße, teils haarartig dünne, teils peitschenförmig gestaltete Parasiten des Verdauungstraktes und anderer Organe von Wirbeltieren. Männchen mit einem langen Spiculum, das bei der Kopulation samt der oft bestachelten Spiculumscheide aus der Spitze des Hinterendes ausgestreckt wird (Ausnahme: Trichinellidae ohne Spiculum). Ovipar, mit zitronenförmigen Eiern, aber die Trichinellidae vivipar. — Mit 5 zum Teil sehr artenarmen Familien.

Familie Trichuridae. Körper peitschenförmig, im hinteren Drittel wurstartig verdickt und in den vorderen zwei Dritteln fadenförmig dünn. Parasiten im hinteren Darmabschnitt von Säugetieren. — **Trichuris* (syn. *Trichocephalus*). **T. trichiura*, Peitschenwurm, 3—5 cm lang, lebt im Blind- und Dickdarm des Menschen, wo sie sich mit dem dünnen Vorderkörper in die Schleimhaut einbohrt (Abb. 315). Saugt Blut, die Schädigung des Wirtes ist aber meistens gering. Die Eier entwickeln sich in feuchter Erde oder an Pflanzenteilen haftend. Die Infektion, zu der kein Zwischenwirt erforderlich ist, erfolgt durch Aufnahme larvenhaltiger Eier mit Erde oder ungereinigtem Gemüse. — Die sehr ähnliche **T. suis* kommt beim Schwein und die bis 8 cm lange **T. ovis* bei Schafen, Ziegen und anderen Wiederkäuern vor.

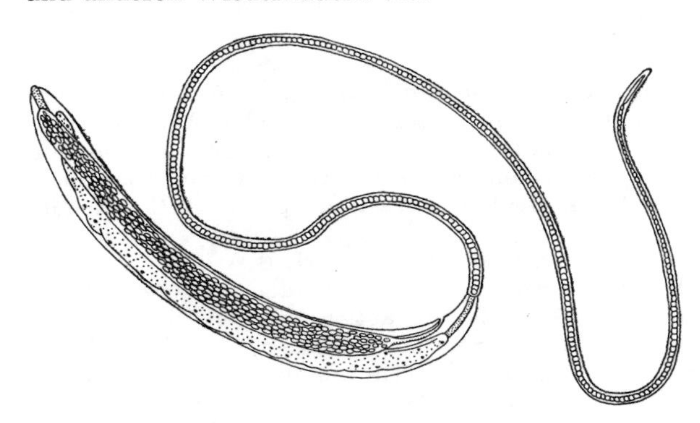

Abb. 315. Weibchen von *Trichuris trichiura*. Der verjüngte Vorderkörper enthält nur den kapillären Oesophagus mit außen anliegenden einzelnen Drüsenzellen. Länge 5 cm. — Nach GUIART 1910.

Familie Capillariidae. Körper durchweg haarförmig dünn. Zahlreiche, zum Teil weit verbreitete Arten im Verdauungstrakt, den Luftwegen, der Leber und der Harnblase von Wirbeltieren. — **Capillaria aerophila*, bis 4 cm lang, lebt in der Luftröhre und den Bronchien von Hunden, Katzen und anderen Carnivoren. Erzeugt Husten und Lungenentzündung. — **C. hepatica*, bis 10 cm lang, schmarotzt in der Leber von Nagetieren, Insectivoren, Carnivoren, Affen und gelegentlich auch des Menschen.

Familie Trichinellidae. Kaum 5 mm lange, schlanke Parasiten von carnivoren und omnivoren Säugetieren. — Nur die Gattung **Trichinella* mit 4 Arten, die aber vielleicht nur geographische, an unterschiedliche Wirte adaptierte Rassen einer einzigen Art darstellen. **T. spiralis*, die Trichine, ist einer der gefährlichsten Parasiten des Menschen in den gemäßigten Breiten (Abb. 316). Die erwachsenen Würmer (♂ 1,6 mm, ♀ 2,5—4 mm lang) leben im Dünndarm von Mensch, Schwein, Hund, Katze, Ratte und vielen Pelztieren. Nach der Kopula bohren sich die Weibchen oft bis zur Submucosa in die Darmwand ein. Jedes gebiert hier, mit dem 5.—7. Tage nach der Infektion beginnend, innerhalb einiger Wochen schubweise insgesamt 200—1500 Larven von 0,1 mm Länge, die sich auf einem frühen 1. Stadium befinden. Diese Larven dringen mit Hilfe eines Mundstachels entweder in die Blutbahn ein, wo sie mit dem Blutstrom durch den ganzen Wirtskörper verschleppt werden, oder wandern durch die Körperhöhlen und das Bindegewebe zur Muskulatur. In beiden Fällen setzen sie sich vorwiegend in stark arbeitenden und deshalb reich durchbluteten quergestreiften Muskeln fest (Zwerchfell, Zunge, Rippenmuskeln), durchdringen das Sarcolemm der Muskelfasern und siedeln sich in der Fasersubstanz an, die sie zersetzen und verzehren. Dabei wachsen sie unter weitgehender Differenzierung der Organe so schnell heran, daß sie sich einrollen müssen, um Platz zu finden (Abb. 316, 5). Innerhalb von knapp 3 Wochen erreichen die Larven 1 mm Länge. Der Wirt beginnt nun, die noch auf dem 1. Larvenstadium befindlichen Muskeltrichinen durch eine Bindegewebskapsel zu isolieren, in die nach $^1/_2$ Jahr allmählich Kalk abgelagert wird (Abb. 316, 6 u. 7). Im Schwein fand man eingekapselte Larven noch nach 11 Jahren und im Menschen nach über 30 Jahren lebensfähig. Der die Darmtrichinen beherbergende Endwirt stellt gleichzeitig den Zwischenwirt für die Muskeltrichinen dar. Wird er getötet und sein trichinöses Fleisch von einem Säugetier oder

Menschen verzehrt, so lösen sich die Kapseln in dessen Magen auf, und die schlüpfenden Trichinen werden zu Darmbewohnern. Sie dringen zunächst in die Darmwand ein, durchlaufen hier innerhalb von 2 Tagen drei Larvenstadien und kehren als Adulti in das Lumen zurück, wo etwa 40 Stunden später die Kopulation stattfindet. Übersicht S. 503.

Während der Darmparasitismus der Adulti beim Menschen nur Darmkatarrh hervorruft, bewirkt der Angriff der Larven auf die Muskulatur beim Menschen infolge der dabei auftretenden Zerfallsgifte sowie der Lähmung lebenswichtiger Muskeln, wie Zwerchfell, Zwischenrippenmuskeln usw., wochenlange sehr schwere Krankheitserscheinungen (u. a. heftige Muskelschmerzen, Muskelsteife, Fieber, Blutarmut, Kräfteverfall). Starke Infektion führt unter Atemstörungen oft zum Tode. Gerade sie ist häufig, da der Hauptüberträger, das Schwein, sogar sehr schwere Trichinellose meist gut übersteht, so daß im Extrem in 1 kg Schweinefleisch 12500 eingekapselte Trichinen enthalten sein können. Eine Unterdrückung der Krankheit mit Medikamenten ist bisher nicht gelungen. Dagegen sind Vorbeugungsmaßnahmen außerordentlich wirksam. So tritt seit Einführung der obligatorischen Trichinenbeschau (in Teilen Deutschlands bereits 1877) die Krankheit nur selten auf, am meisten nach Genuß des Fleisches von Wildtieren, in denen der Laie keine Trichinen vermutet (z. B. Fuchs). Gründliches Kochen oder Durchbraten (62–72 °C letale Temperatur) ist in allen Fällen ein wirksamer Schutz. Ferner müssen Tierkadaver unschädlich gemacht werden, damit sich Ratten, Hunde, Katzen und Füchse nicht mit ihnen infizieren können. Trichinöse Ratten stellen die Hauptinfektionsquelle für Schweine dar.

Eine zweite „Art", *T. pseudospiralis*, kommt zum Beispiel beim Meerschweinchen und auch bei Vögeln vor, wurde bisher aber nicht beim Menschen gefunden. Sie ist nur halb so groß wie *T. spiralis* (♂ bis 0,9 mm, ♀ bis 2 mm lang), und ihre Muskeltrichinen werden vom Wirt nicht eingekapselt.

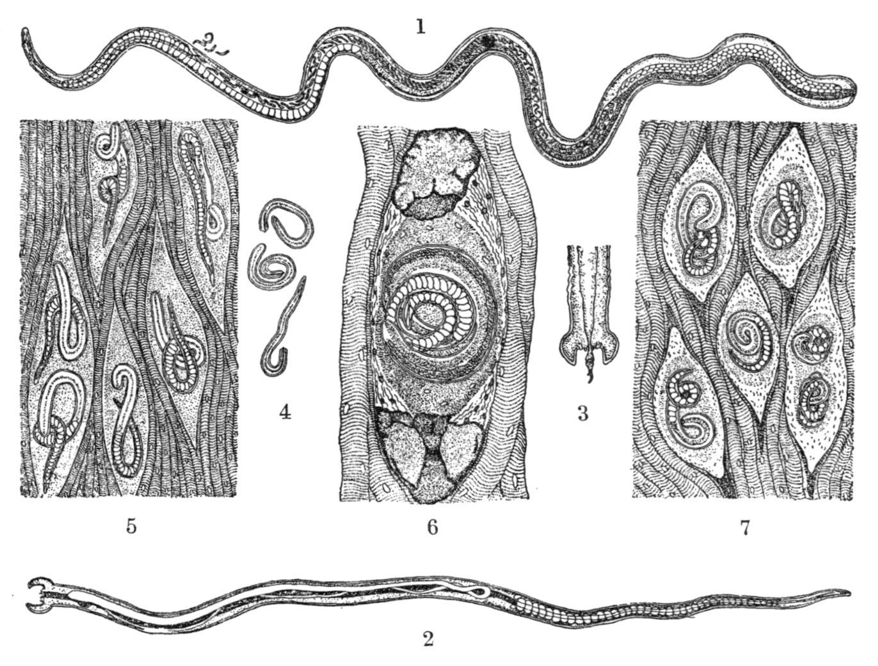

Abb. 316. *Trichinella spiralis.* — **1** Darmtrichine, Weibchen, 3–4 mm lang. **2** Darmtrichine, Männchen, 1,6 mm lang. **3** Hinterende des Männchens. **4** Larven, 0,1 mm lang. **5** Muskeltrichinen = Larven vor der Einkapselung. **6** Muskeltrichine, eingekapselt. 5–6 Wochen nach der Infektion. **7** Beginnende Verkalkung der Muskeltrichinen, Länge der Kapseln 0,4–0,6 mm. — Nach Csokor aus Fiebiger 1912.

4. Ordnung Dioctophymatida

Seitenorgane stark reduziert. Kopfsinnesorgane in ein bis drei Kreisen zu je sechs Papillen angeordnet. Oesophagus sehr lang, mit drei in seinem Gewebe stark verzweigten Drüsen, die vor dem Nervenring ausmünden. Schwanzdrüsen fehlen. Männchen am Hinterende mit terminaler becherförmiger Bursa copulatrix, aus der ein Spiculum heraustritt. Ovipar. Parasiten im Magen-Darmtrakt von Warmblütern oder in den Nieren von Säugetieren. — Nur 2 artenarme Familien. Einige wichtige Schmarotzer enthält die

Familie Dicotophymatidae. — **Dioctophyma* mit der einzigen Art **D. renale,* dem Riesenpalisadenwurm, ♂ bis 45 cm, ♀ bis 1 m lang bei 12 mm Durchmesser, lebt in den Nieren von Säugetieren, hauptsächlich Hunden und anderen Carnivoren, gelegentlich auch des Menschen. Die Eier gelangen mit dem Urin ins Wasser. Als 1. Zwischenwirt dienen Branchiobdellidae, kleine, auf Flußkrebsen lebende Oligochaeta. In deren Darm schlüpfen die Junglarven aus den aufgenommenen Eiern und wandern anschließend in das Coelom ein, wo sie sich nach einer Häutung einkapseln. Die Weiterentwicklung erfolgt in einem Fisch als 2. Zwischenwirt, von dem der Oligochaet gefressen wird. Die *Dioctophyma*-Larve durchbricht die Darmwand des Fisches und siedelt sich in dessen Mesenterien an, wo sie unter zwei weiteren Häutungen auf 4,5 mm Länge heranwächst und sich wieder einkapselt. Wird ein solcher Fisch beispielsweise von einem Hund gefressen, so sucht der Wurm durch die Darmwand hindurch das Nierenbecken zumeist der rechten Niere auf, wo er geschlechtsreif wird. Der ganze Zyklus dauert etwa 2 Jahre. Übersicht S. 503. Der Parasit zerstört das gesamte Nierengewebe, so daß er schließlich aufgeknäuelt in der leeren Nierenkapsel liegt. — **Hy-. strichis,* bis 4 cm lange Parasiten von Wasservögeln mit stark bestacheltem Vorderende **H. tricolor* erzeugt im Drüsenmagen von Enten Geschwülste, in denen die Würmer oft zu mehreren eingeschlossen sind.

2. Unterklasse Secernentea

Teils frei — vorwiegend in terrestrischen Biotopen —, teils als Parasiten an oder in Pflanzen und Tieren lebende Rundwürmer, bei denen die porenförmige Mündung der nur schwach entwickelten Seitenorgane stets in der Lippenregion des Vorderendes liegt. Kopfsinnesorgane papillenförmig. Oesophagus mit oder ohne hinteren Bulbus und immer mit drei Drüsen. Exkretionsorgan röhrenförmig, manchmal mit einer Ventraldrüse gekoppelt. Hinterende des Männchens oft durch das Vorhandensein von Caudalflügeln oder einer Bursa copulatrix von dem des Weibchens verschieden, in beiden Geschlechtern ohne Schwanzdrüsen, aber stets mit einem Paar postanalen Phasmiden. — Mit 5 Ordnungen, von denen 3 ausschließlich Tierparasiten enthalten.

1. Ordnung Rhabditida

Kleine, überwiegend frei oder seltener parasitisch in Insekten, Oligochaeta, Mollusca und Wirbeltieren lebende Arten, deren Mundhöhle kein Stilett enthält. — 3 Überfamilien mit zusammen etwa 15 Familien.

Überfamilie Rhabditoidea. Mundöffnung von sechs oder seltener drei kleinen Lippen umgeben. Oesophagus zumeist geteilt in einen breiten vorderen, einen schmalen mittleren und einen bulbusförmigen hinteren Abschnitt. Freilebend oder Insektenparasiten. Kein Generationswechsel.

Familie Rhabditidae. Viele Arten leben als Saprobionten in Kot, verwesenden organischen Substanzen usw. und lassen sich oft von Fliegen, Käfern und anderen Insekten zu ähnlichen Lebensräumen transportieren (S. 498). — **Rhabditis,* mit zahlreichen, 0,3—3,5 mm langen freilebenden Arten weit verbreitet. **R. pellio* (Abb. 317) lebt als Dauerlarve oft im Coelom von Regenwürmern, gelangt erst beim Verfaulen des Wirtes zur Geschlechts-

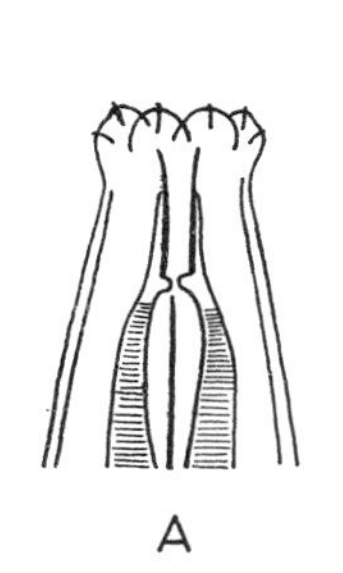

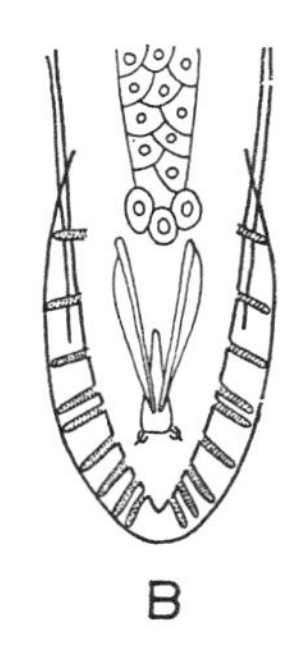

Abb. 317. *Rhabditis pellio*. **A**. Vorderende. **B**. Hinterende des Männchens mit Schwanzflügeln, von ventral gesehen. Etwa 200 ×. — Nach REITER 1928.

reife und bildet in den verwesenden Resten mehrere Generationen aus, bis nach Verschlechterung der Lebensbedingungen Dauerlarven in neue Wirte eindringen. — Sehr ähnlich ist **Caenorhabditis,* von der einige zwittrige Arten mit Selbstbefruchtung, zum Beispiel **C. elegans,* wegen ihrer raschen Generationsfolge von knapp einer Woche beliebte Objekte für physiologische und genetische Experimente sind.

Familie Cephalobidae. Biologisch den Rhabditidae sehr ähnlich. Einige Arten bewohnen ganz spezielle Biotope oder sind Parasiten von Mollusca. — **Turbatrix aceti,* das Essigälchen, 0,8—2,4 mm lang, lebt in gärendem Essig oder Kleister und ernährt sich hier von Bakterien. Lebensdauer bis 10 Monate. Gebiert ovovivipar bis 45 Junge. Verwandte Arten wohnen in gärenden Baumflüssen. — **Cephalobus,* 0,4 — 1,5 mm lang, hält sich in der Nähe verfaulender Pflanzenwurzeln auf. — **Alloionema* mit der einzigen Art **A. appendiculata,* deren Dauerlarven in Schnecken (*Arion*) parasitieren (S. 501).

Überfamilie Rhabdiasoidea. Eine oder mehrere freilebende getrenntgeschlechtliche Generationen wechseln mit einer oder mehreren zwittrigen, manchmal auch parthenogenetischen Generationen ab, die in Wirbeltieren (außer Fischen) schmarotzen. Freilebende Generation ähnlich den Rhabditoidea, bei der parasitischen ist der Oesophagus ungeteilt und hat keinen Endbulbus. — Mit 2 Familien.

Familie Rhabdiasidae. Die parasitische Generation schmarotzt in den Lungen von Amphibien und Reptilien. — Bei **Rhabdias bufonis* lebt die getrenntgeschlechtliche Generation in der Erde. Nach der Paarung schlüpfen noch in den 1,2 mm langen Weibchen wenige Larven aus den Eiern, die ihr Muttertier aufzehren und dann mit dem Futter oder durch Einbohren in die Haut ins Leibesinnere von Fröschen und Kröten gelangen. Über die Lymph- und Blutbahn erreichen sie die Lunge und entwickeln sich hier zu bis 14 mm langen Würmern einer zwittrigen parasitischen Generation. Diese haben das Aussehen von Weibchen, bilden aber zunächst Sperma, das in einem Receptaculum gespeichert wird und die später hervorgebrachten Eier befruchtet. Die abgelegten Eier werden vom Trachealepithel in die Mundhöhle gewimpert und verschluckt. Im Darm schlüpfen aus ihnen Larven, die mit dem Kot ins Freie abgeschieden werden, wo sie in feuchter Umgebung zur getrenntgeschlechtlichen Generation heranwachsen.

Familie Strongyloididae. Die parasitische Generation lebt im Darm von Säugetieren, Vögeln, Reptilien und Amphibien. — **Strongyloides stercoralis,* der Zwergfadenwurm, kommt in feuchten Regionen der Tropen und Subtropen vor, kann aber auch in den Bergwerken Mitteleuropas existieren. Die in der Dünndarmschleimhaut des Menschen und gelegentlich von Affen lebenden, bis 2,7 mm langen eingeschlechtlichen Individuen seiner parasitischen Generation erzeugen ihre Eier sehr wahrscheinlich auf parthenogenetischem Wege. Aus den abgelegten Eiern schlüpfen noch im menschlichen Darm die Larven, die mit dem Kot nach außen gelangen. Hier können die Larven in feuchtem Erdreich oder Schlamm zwei Entwicklungswege einschlagen: 1. Es entstehen aus ihnen direkt infektionsfähige Larven, die aktiv durch die Haut in den Menschen einwandern, manchmal aber auch mit Nahrungsmitteln oder Trinkwasser verschluckt werden. In beiden Fällen bohren sie sich ins Blutgefäßsystem ein, lassen sich in die Lunge tragen, wandern dort in die Alveolen aus und durch Luftröhre, Speiseröhre und Magen in den Dünndarm ein. Oder 2. die Larven entwickeln sich zu saprozoischen Männchen (0,8 mm lang) und Weibchen (1,2 mm lang) einer freilebenden Generation. Die aus deren Eiern schlüpfenden Larven werden in der Regel für den Menschen infektiös, können aber unter bestimmten Bedingungen erst noch eine oder mehrere weitere getrenntgeschlechtliche Generationen hervorbringen. Starker Befall erzeugt unstillbaren Durchfall, Blutarmut und Entkräftung, die nicht selten zum Tode führen.

2. Ordnung Tylenchida

Fast durchweg sehr kleine Nematoda, deren Mundhöhlenwand ein vorstoßbares Stilett ausbildet. Das röhrenförmige Exkretionssystem ist nur auf einer Seite vorhanden. Neben Erdbewohnern enthält die Ordnung wirtschaftlich wichtige Pflanzenparasiten sowie Insektenparasiten. — Mit 2 Überfamilien und insgesamt 10 Familien.

Überfamilie Tylenchoidea. Die dorsale Oesophagusdrüse mündet nahe der Basis des Stiletts aus.

Familie Tylenchidae. Freilebende oder in Pflanzen und Insekten schmarotzende Arten. — **Anguina tritici*, das Weizenälchen, ♀ 3—5 mm lang, verursacht die Gicht der Weizenähren, d. h. das Auftreten kleiner Körner mit verdickter harter Schale, die statt mit Stärke mit 8000 bis 17000 Nematoden-Larven gefüllt sind, die auch im trocken gelagerten Korn über 10 Jahre am Leben bleiben können. Fällt bei der Aussaat ein Gichtkorn in den Boden, so fault seine Hülle, die Larven (2. Stadium) kriechen heraus und wandern zwischen die Blattachseln der benachbarten Sämlinge, wo sie zum Teil überwintern. Sobald von der heranwachsenden Wirtspflanze die Ähren ausgebildet werden, dringen die Larven in Blütenanlagen und Fruchtknoten ein. Sie fressen das sich bildende Korn aus, werden geschlechtsreif, kopulieren und sterben dann ab, nachdem jedes Weibchen mehrere Hundert bis 2500 Eier abgelegt hat. Aus den Eiern schlüpfen bald die Larven, die bis zur Aussaat in einem anabiotischen Zustand verharren. — **Ditylenchus dipsaci*, das Stengel- oder Stockälchen, 1—1,6 mm lang, befällt die verschiedensten Pflanzen, darunter zahlreiche Kulturpflanzen, und geht auch auf das Getreide über, weshalb es zu den gefährlichsten Phytonematoden zählt. Die Älchen dringen durch die Spaltöffnungen in die Stengel und Blätter ein, wo sie umherwandern und sich manchmal über mehrere Generationen hinweg vermehren. Sie verlassen schließlich die verwelkende oder absterbende Wirtspflanze, um bald darauf oder nach Überwinterung im Erdboden eine neue zu befallen. Am Roggen verursacht der Parasit die Stockkrankheit (starke Bestockung bei gehemmtem Längenwachstum). — In Pflanzenwurzeln schmarotzt aus dieser Familie unter anderen **Pratylenchus penetrans*, nur 0,7 mm lang, schädigt oft Rosengewächse, vor allem junge Obstbäume.

Familie Heteroderidae. Durchweg Pflanzenparasiten, deren gravide Weibchen cystenartig anschwellen. — **Heterodera* mit etwa 40 Arten, die unter anderem als Schädlinge am Getreide (**H. avenae*), an Kartoffeln (**H. rostochiensis*) und Rüben (**H. schachtii*) auftreten. — **H. schachtii*, das Rübencystenälchen, ♂ 1,4—1,6 mm lang, gravides ♀ 0,6—0,8 mm lang und bis 0,5 mm breit, kann den Anbau von Zuckerrüben in manchen Gegenden fast zum Erliegen bringen. Seine Larven (2. Stadium) bohren sich mit Hilfe ihres Stiletts und lösender Fermente in etwa 1 mm dicke Würzelchen ein, stechen die Zellen an, saugen sie aus und buchten die Epidermis der Wurzel vor. Die reifen Weibchen schwellen schließlich zitronenförmig an (Abb. 318) und treten mit dem Hinterende aus der Wurzel heraus. Sie werden von den wurmförmig gebliebenen Männchen begattet, worauf ihre etwa 150—400 Eier nach und nach derart heranwachsen, daß der Darm und die Muskeln der Mutter völlig zusammengedrückt werden und degenerieren. Bei Beginn der Eiablage scheidet das Weibchen aus der Geschlechtsöffnung eine gelatinöse Masse ab, die für die zuerst produzierten Eier als Kokon dient. Die später ausgebildeten Eier aber verbleiben im absterbenden Mutterkörper, der sich in eine Cyste verwandelt. Diese Cysten fallen von den Wurzeln ab, bleiben im Rübenacker und können in der nächsten oder übernächsten Vegetationsperiode Larven entlassen, die wiederum Wurzeln befallen. Der Parasit verursacht schweren Nährstoffmangel der Rübe, die Blätter vertrocknen und der Rübenkörper bleibt klein. Ähnlich leben auch die anderen Arten dieser Gattung. — **Meloidogyne* erzeugt bis zu mehrere Zentimeter große Gallen an den Hauptwurzeln befallener Pflanzen (z. B. von Kartoffeln, Rüben, Möhren, Tomaten) und ruft Wachstums- und Entwicklungshemmungen hervor.

Familie Allantonematidae. Enthält nur Insektenparasiten. — **Parasitylenchus* mit zahlreichen in Käfern schmarotzenden viviparen Arten. Das begattete, knapp 1 mm lange Weibchen wandert durch den Hinterdarm in die Leibeshöhle des Wirtes ein, wächst hier unter Nahrungsaufnahme durch die Haut auf etwa die doppelte Länge heran und gebiert schließlich seine Nachkommenschaft. Erst das 3. Larvenstadium verläßt den Wirt, um sich im Freien nach zwei Häutungen zu einem Männchen oder Weibchen zu entwickeln.

Familie Criconematidae. Freilebende terrestrische Arten, die aber oft Wurzelzellen anstechen und aussaugen. — **Criconema,* 0,3—0,8 mm lang, ist in der Nähe von Pflanzen weit verbreitet.

Überfamilie Aphelenchoidea. Die dorsale Drüse des Oesophagus mündet in dessen Mitte zumeist in einer bulbusförmigen Erweiterung aus.

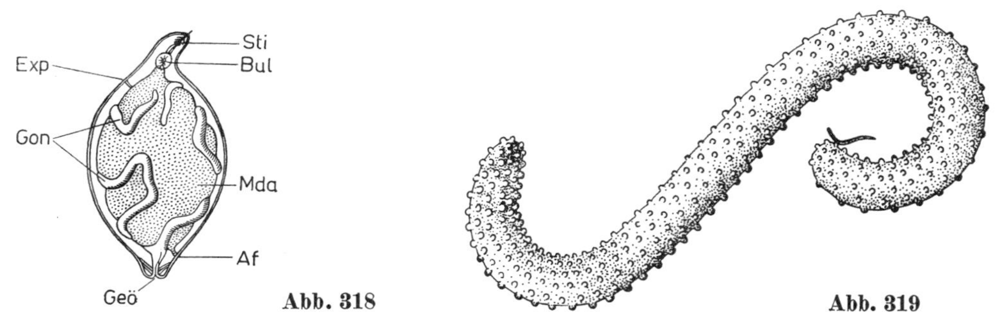

Abb. 318 **Abb. 319**

Abb. 318. Reifes Weibchen von *Heterodera schachtii.* Durchmesser 1 mm. — **Af** After, **Bul** Bulbus des Oesophagus, **Exp** Exkretionsporus, **Geö** Geschlechtsöffnung, **Gon** Gonadenschlauch, **Mda** Mitteldarm, **Sti** Stilett Nach STRUBELL 1888.

Abb. 319. *Sphaerularia bombi.* Am linken unteren Ende des 2 cm langen, ausgestülpten Uterus sitzt der Körper des Weibchens als dünner Anhang. — Nach LEUCKART 1887.

Familie Aphelenchidae. Neben freilebenden Arten gehören hierher einige Pflanzenparasiten sowie Kommensalen und Parasiten von Insekten. — **Aphelenchoides fragariae,* das Erdbeerblattälchen, knapp 1 mm lang, lebt in den Blattachseln, Knospen und Blütenköpfchen von Erdbeeren, saugt hier angestochene Zellen aus und verursacht dadurch Mißbildungen.

Familie Sphaerulariidae. Wenige, in Diptera und Hymenoptera schmarotzende Arten. — Das 1 mm lange Weibchen des Hummelälchens **Sphaerularia bombi* lebt in der Leibeshöhle von Hummeln (*Bombus*) und erzeugt so viele Eier, daß der damit gefüllte Uterus keinen Platz mehr findet und sich aus der Geschlechtsöffnung ausstülpt, um innerhalb weniger Wochen auf 2 cm heranzuwachsen. Das Weibchen selbst erscheint nur noch als ein Anhängsel am Uterus, der durch seine ganze Oberfläche Nahrung aufnimmt (Abb. 319). Die noch im Uterus ausschlüpfenden Larven verlassen das Wirtstier über dessen Darm und infizieren neue Hummeln.

3. Ordnung Ascaridida

Mundöffnung von drei, seltener von sechs manchmal ziemlich stark reduzierten Lippen umgeben. Oesophagus zylindrisch, an seinem Hinterende oft mit einem muskulösen oder drüsigen Bulbus versehen. Schwanz des Männchens zum Teil mit lateralen Caudalflügeln. Darmparasiten von Wirbeltieren oder Arthropoden. — Mit 6 Überfamilien, von denen 3 wichtige Parasiten enthalten.

Überfamilie Ascaridoidea. Mittelgroße bis sehr große Arten mit drei gut entwickelten Lippen. Männchen ohne Caudalflügel, stets mit zwei Spicula. Parasiten im Dünndarm oder seltener im Magen von Wirbeltieren. — 5 Familien, davon 2 mit größerer Bedeutung.

Familie Ascarididae. Oesophagus ohne oder mit einem muskulösen Endbulbus. Parasiten von Landsäugetieren, Vögeln, Reptilien oder Amphibien. — **Ascaris* kommt bei Primaten, Huftieren und Nagern vor. **A. lumbricoides*, der Menschen-Spulwurm, ♂ bis 25 cm, ♀ bis 40 cm lang, lebt ungefähr 1 Jahr lang im Dünndarm des Menschen sowie von Affen und Schweinen (die in den letzteren schmarotzende Form wird manchmal als eigene Art **A. suum* aufgefaßt) und frißt Chylus. Sein Weibchen erzeugt täglich bis zu 240000 winzige Eier (70 × 50 µm). Diese entwickeln sich nur in Gegenwart von O_2, also wenn sie mit dem Kot ins Freie gelangt sind. In Kompost brauchen sie bei etwa 15 °C einen Monat zur Entwicklung der Zweitlarve, bei 35 °C — etwa unter dem Fingernagel haftend — dagegen nur 12 Tage. Dann sind sie infektionsfähig. Die dicke Eischale schützt die Larven in solchem Maße, daß sie in einem feuchten Zimmer 2 Jahre lang lebensfähig bleiben und selbst das Benetzen mit 5% Formalin, ja 9% H_2SO_4 vertragen. Mit dem Dung gelangen die Eier auf Salat, Erdbeeren, Fallobst usw., mit den Fingern oder durch Fliegen verschleppt auch auf andere Nahrungsmittel. Werden sie mit der Nahrung verschluckt, so lösen sich ihre Hüllen im Dünndarm auf. Die geschlüpften Larven (2. Stadium) bleiben aber nicht im Darmlumen, sondern bohren sich sofort in die Darmwand ein. Wenn sie dabei auf ein Lymph- oder Blutgefäß treffen, lassen sie sich mit dem Blutstrom zunächst in die Leber und dann in die Lunge transportieren. Im anderen Falle brechen sie — wie Infektionsversuche an Mäusen gezeigt haben — in die Leibeshöhle durch und wandern entweder zur Leber oder durch das Zwerchfell direkt in die Lunge ein. Die Larven erreichen die Lunge frühestens am 6. Tage nach der Infektion, wo sie sich etwa 1 Woche lang aufhalten. Während dieser Zeit dringen sie aus den Lungenkapillaren in die Alveolen ein, machen zwei Häutungen durch und wachsen dabei auf die zehnfache Länge (etwa 2 mm) heran. Anschließend wandern die jetzt auf dem 4. Stadium befindlichen Jungwürmer vom Flimmerepithel unterstützt die Luftwege hinauf in den Rachen, werden abgeschluckt und gelangen über Speiseröhre und Magen zurück in den Dünndarm, den sie am 12. bis 18. Tage nach der Infektion erreichen. Hier häuten sie sich zum 4. Male und sind einen Monat später oft schon 8 cm lang. Bis sie geschlechtsreif sind, vergehen von der Infektion an 2—2½ Monate. Die Weibchen legen dann etwa 9 Monate lang Eier und sterben schließlich ab. Die Körperwanderung des Spulwurmes im Wirt muß wohl als Reminiszenz eines von seinen Vorfahren durchlaufenen Lebenszyklus mit Zwischenwirt (wie er noch heute bei vielen anderen Ascaridoidea stattfindet) betrachtet werden, indem die Larvenwanderung im Endwirt funktionell der Entwicklungsphase im Zwischenwirt entspricht. Übersicht S. 502.

In Mitteleuropa sind 1—3% der Bevölkerung vom Spulwurm befallen, Kinder häufiger als Erwachsene. Der Mensch leidet unter der Darmperforation durch die eben geschlüpften Junglarven nur wenig, lediglich bei sehr starker Infektion treten dabei diffuse Darmschmerzen auf. Der Durchbruch in die Lungenalveolen äußert sich bei starkem Befall (etwa 2000 Larven) wie eine Lungenentzündung durch Kurzatmigkeit, Mattigkeit und Kopfschmerzen. Das Blut reagiert gleichzeitig durch Vermehrung der eosinophilen Blutkörperchen von 5% auf 74%. Während des Darmlebens wirken die Spulwürmer auf manche Menschen gar nicht, auf andere sehr stark ein. Massenbefall — man hat bis 70, in einigen Fällen sogar mehrere Hundert Stück in einem Menschen gefunden — kann Darmverschluß herbeiführen. Sehr unangenehm machen sich oft die giftigen Stoffwechselendprodukte bemerkbar, die die Würmer abscheiden. Sie werden vom Darmepithel resorbiert und bewirken heftige Leibschmerzen, Durchfall, Kopfschmerzen, ja Schwindel und Herzanfälle. Sogar beim Sezieren frisch getöteter Spulwürmer zeigen manche Personen Vergiftungserscheinungen (Allergie).

**Parascaris* kommt nur bei Pferdeartigen vor. **P. equorum* (syn. *Ascaris megalocephala*), der Pferde-Spulwurm, ♂ bis 28 cm, ♀ bis 38 cm lang, erzeugt besonders bei Fohlen chronischen Darmkatarrh mit Koliken. — **Toxascaris* und **Toxocara* schmarotzen vornehmlich in Landraubtieren. **Toxocara canis*, ♂ bis 12,5 cm, ♀ bis 19 cm lang, weit verbreitet bei Hunden und anderen Caniden. Die Entwicklung erfolgt in der Regel wie bei *Ascaris*, jedoch können die Larven ihre Wanderung auch in Mäusen, Ratten und einigen anderen Säugetieren beginnen, werden aber von diesen noch auf dem 2. Stadium abgekapselt. Wird ein solcher Transportwirt von einem Caniden gefressen, dann wachsen die Larven meistens ohne Körperwanderung direkt in dessen Darm zur Geschlechtsreife heran.

Familie Anisakidae. Oesophagus stets mit drüsigem Endbulbus, der oft in einen länglichen Appendix ausläuft. Parasiten von Fischen sowie wasserlebenden Säugetieren, Vögeln und Reptilien. — **Anisakis*, bis 20 mm lang, im Magen von Robben und Walen, und **Contracaecum*, bis 7 cm lang, im Magen und Darm fischfressender Vögel, haben einen Lebenszyklus mit zwei Zwischenwirten. Erster Zwischenwirt ist ein Kleinkrebs (Amphipoda oder Copepoda), der die im Wasser geschlüpfte Zweitlarve aufnimmt, der zweite ein Fisch, in dessen Gewebe sich die mit dem Krebs gefressene Larve zum infektiösen 3. Stadium entwickelt. Dieses wird im Darm des fischfressenden Endwirtes ohne Körperwanderung geschlechtsreif. Wenn die Drittlarven mit rohem Fischfleisch vom Menschen verzehrt werden, können sie in die Magen- und Darmwand eindringen und Geschwülste hervorrufen. Übersicht S. 503. — **Phocanema*, 7—9 cm lang, in Robben. Entwicklung wie bei den vorigen Gattungen. Werden aber die infektiösen Larven mit dem Zwischenwirtsfisch nicht von einer Robbe, sondern von einem Raubfisch gefressen, dann wandern die Larven aus dessen Darm wieder in die Gewebe ein und warten weiter darauf, daß sie in einen Endwirt gelangen.

Überfamilie Oxyuroidea. Kleine Arten mit reduzierten Lippen. Oesophagus mit muskulösem Endbulbus, der drei Klappen enthält. Männchen höchstens mit sehr schmalen Caudalflügeln und mit einem Spiculum oder ganz ohne Spicula. Parasiten im Darm von Wirbeltieren und Land-Arthropoden. — Von manchen Autoren wird diese Überfamilie als eigene Ordnung Oxyurida geführt, der dann manchmal noch die Heterakoidea und weitere Überfamilien zugerechnet werden. — Parasiten von Wirbeltieren enthält nur die

Familie Oxyuridae. In Säugetieren, Reptilien und Amphibien. — **Enterobius* kommt mit wenigen Arten bei Primaten und hörnchenartigen Nagetieren vor. **E. vermicularis* (syn.

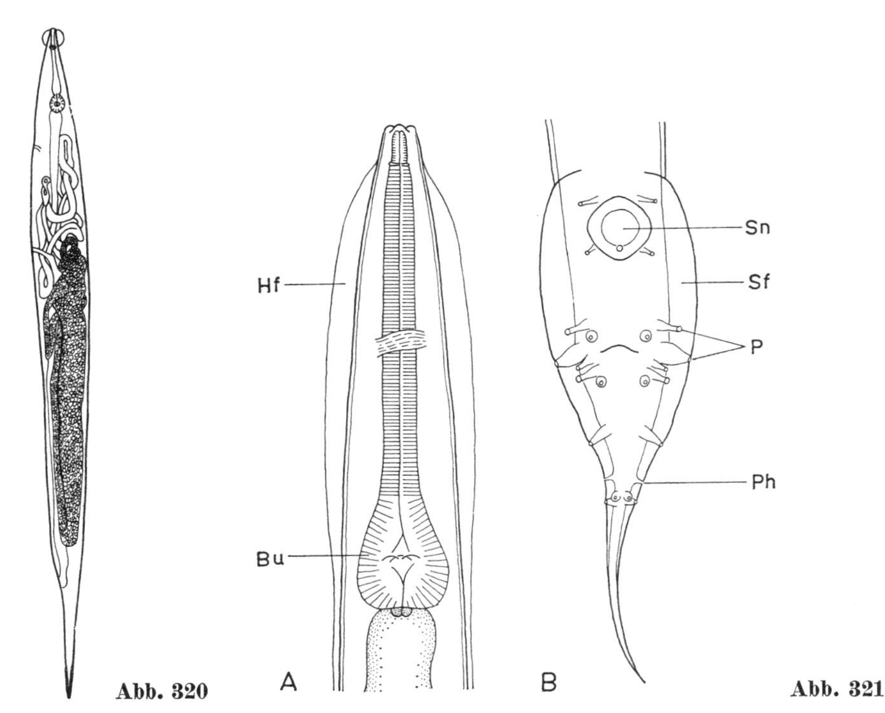

Abb. 320. Weibchen von *Enterobius vermicularis*. Kennzeichnend ist die blasenartige Auftreibung der Cuticula am Vorderende. Länge bis 13 mm. — Nach SKRJABIN & SCHULZ 1928.

Abb. 321. *Heterakis gallinarum*. **A**. Vorderende, Dorsalansicht; 70 ×. **B**. Hinterende des Männchens, Ventralansicht; 90 ×. — **Bu** Bulbus des Oesophagus mit drei Klappen, **Hf** Halsflügel, **P** Papillen, **Ph** Öffnung der Phasmide, **Sf** Schwanzflügel, **Sn** Saugnapf. — Nach HARTWICH 1975.

Oxyuris vermicularis), der Madenwurm, ♂ 2—6 mm, ♀ 8—13 mm lang, ist einer der verbreitetsten Parasiten des Menschen, aber verhältnismäßig harmlos (Abb. 320). Er lebt im Dickdarm, Blinddarm und Wurmfortsatz, wo er wohl Bakterien und Kot frißt. Die je etwa 13000 Eier enthaltenden Weibchen kriechen nachts aus dem After und legen in dessen Nähe ihre Eier ab, worauf sie sterben. Die in der Aftergegend umherkriechenden Weibchen erzeugen einen Juckreiz, durch den die Nachtruhe oft empfindlich gestört wird, was bei den besonders häufig und stark befallenen Kindern vielfach zu einer Verschlechterung des Allgemeinbefindens und der Lernleistung führt. Durch Kratzen geraten die Eier, die bereits nach 4—6 Stunden ein infektiöses 2. Larvenstadium enthalten, unter die Fingernägel und von diesen oder durch Ausschütteln der Betten, Zugluft usw. auf Speisen, mit denen sie in den Magen gelangen. Hier werden die Eihüllen aufgelockert, die Larven schlüpfen im Duodenum aus, wobei die 2. Häutung erfolgt, und wandern den Dünndarm hinab in den Dickdarm ein. Etwa 1—2 Monate nach der Infektion schreiten die Würmer zur Eiablage. Übersicht S. 502. Bekämpfung vor allem durch hygienische Maßnahmen: Reinigung der Fingernägel, Auskochen der Bett- und Leibwäsche, feuchtes Aufwischen des Staubes usw. — **Oxyuris equi*, ♂ bis 2 cm, ♀ bis 19 cm lang, lebt in den hinteren Darmabschnitten von pferdeartigen Huftieren. Entwicklung ähnlich der von *Enterobius*.

Die Familien **Thelastomatidae** und **Rhigonematidae** treten ausschließlich im Enddarm von Land-Arthropoden als Verzehrer des Darminhaltes auf. Die meisten ihrer zahlreichen 2—5 mm langen Arten leben in Diplopoda, Schaben, Grillen und Käfern, und zwar vorwiegend in Detritusfressern. Diese infizieren sich durch Aufnahme der Eier, die das 2. Larvenstadium enthalten, mit der Nahrung.

Überfamilie Heterakoidea. Höchstens mittelgroße Rundwürmer mit kleinen, aber deutlich ausgeprägten Lippen. Oesophagus zumeist mit muskulösem Endbulbus, der drei Klappen enthält. Männchen mit breiten Caudalflügeln und stets mit zwei Spicula; oft liegt ein Saugnapf ventral vor der Kloakenöffnung. Darmparasiten von Wirbeltieren außer Fischen. — Mit 2 Familien.

Familie Heterakidae. Oesophagus mit Endbulbus. In Landsäugetieren und -vögeln, Reptilien und Amphibien. — **Heterakis* mit zahlreichen vogelparasitischen Arten. **H. gallinarum*, 10—13 mm lang, lebt weltweit verbreitet in den Darmblindsäcken von Hühnervögeln (Abb. 321). Die Hühner infizieren sich durch die Aufnahme der Eier, die mit dem Kot abgesetzt werden und das 2. Larvenstadium enthalten. Die Übertragung kann auch durch Regenwürmer erfolgen, in denen sich die aus gefressenen Eiern stammenden Zweitlarven ansammeln.

Familie Ascaridiidae. Oesophagus ohne Endbulbus. — Enthält nur die in Vögeln schmarotzende Gattung **Ascaridia*. **A. galli*, bis 12 cm lang, ist ein häufiger Parasit im Dünndarm des Haushuhnes und anderer Hühnervögel. Kann in Geflügelzuchten eine gefährliche, mit Darmkatarrh und Blutarmut einhergehende seuchenartige Erkrankung hervorrufen. Ansteckung durch infektionsreife Eier.

4. Ordnung Strongylida

Mundöffnung teils klein, ohne oder mit sechs undeutlichen Lippen, teils groß, in eine weite Mundkapsel führend und dann oft von einem Kranz aus lanzettförmigen Cuticularblättchen umgeben. Oesophagus zylindrisch, ungeteilt und ohne Endbulbus. Schwanz des Männchens mit einer Bursa copulatrix, die aus einem dorsalen und zwei lateralen häutigen Lappen besteht. Parasiten im Darm oder anderen inneren Organen von Wirbeltieren. — Mit 5 Überfamilien, von denen 4 eine große wirtschaftliche oder hygienische Bedeutung haben.

Überfamilie Strongyloidea. Mit großer Mundkapsel, deren Öffnung entweder von einem Blätterkranz umgeben ist oder eine deutlich sechseckige Gestalt hat. — Mit 2 Familien.

Familie Strongylidae. Öffnung der Mundkapsel mit Blätterkranz. Darmparasiten hauptsächlich von Säugetieren. — **Strongylus* (syn. *Delafondia*) *vulgaris*, der Pferde-Palisadenwurm, ♂ bis 1,9 cm, ♀ bis 2,5 cm lang, lebt im Blind- und Dickdarm von Pferd, Esel, Maultier und Zebra (Abb. 322). Die Eier gelangen mit dem Kot ins Freie, wo sich das infektionsfähige 3. Larvenstadium entwickelt. Dieses wird mit dem Futter aufgenommen und dringt in die Submucosa von Caecum und Colon ein. Nach einer Häutung bohren sich die Larven in die Darmarterien ein und wandern zu den Gekrösearterien und ihren Zweigen. Bei Massenbefall entstehen hier Gefäßerweiterungen, Blutgerinnsel usw. Die jungen adulten Würmer wandern in den Darm zurück, wo sie zwar Blut saugen, aber zumindest nur leichte Entzündungen hervorrufen. Übersicht S. 502. — Die bis 2,5 cm langen Arten von **Oesophagostomum* schmarotzen im Dickdarm von Rind, Schaf, Schwein und anderen Paarhufern. Ihre Larven erzeugen Knötchen in der Darmwand der Wirtstiere.

Familie Syngamidae. Mit großer Mundkapsel, deren Öffnung sechseckig ist, aber keinen ausgeprägten Blätterkranz trägt. Im Darm oder in den Luftwegen, der Gallenblase oder den Nieren von Säugetieren und Vögeln. — **Syngamus trachea*, der Luftröhrenwurm, saugt Blut an den Wänden der Trachea von Hühner- und Singvögeln und hat eine rote Körperfarbe. Das höchstens 8 mm lange Männchen ist in Dauerkopula dem bis 40 mm langen Weibchen angeheftet. Die Eier werden vom Wirt aufgehustet, verschluckt und mit dem Kot ausgeschieden. Die Vögel infizieren sich zumeist direkt durch Aufnahme von Eiern, die das 3. Larvenstadium enthalten. Oft leben die Drittlarven aber auch in Regenwürmern, Schnekken sowie Maden und Imagines von Fliegen, mit denen sie zusammen vom Geflügel gefressen werden. Im Wirtsdarm werden die Larven frei und wandern über Darmkapillaren und Blutgefäßsystem zur Lunge, wo sie sich in die Lungenbläschen ausbohren und von dort in die Trachea gelangen. Etwa 3 Wochen nach der Infektion haben sie die endgültige Größe erreicht. Übersicht S. 502. Junge Vögel ersticken bei Massenbefall.

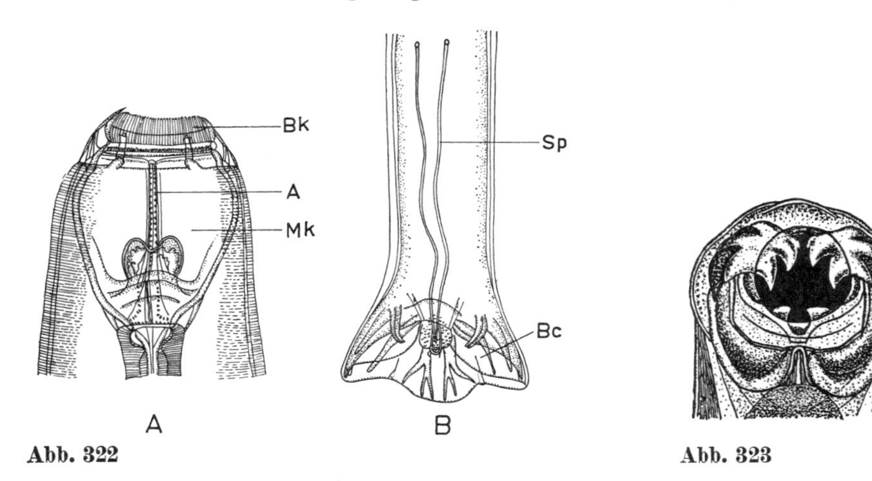

Abb. 322 **Abb. 323**

Abb. 322. *Strongylus vulgaris*. **A**. Vorderende; etwa 50 ×. **B**. Hinterende des Männchens; etwa 30 ×. Beide von ventral gesehen. — **A** Ausführgang der dorsalen Oesophagusdrüse, **Bc** dreilappige Bursa copulatrix, **Bk** Blätterkrone, **Mk** Mundkapsel, **Sp** Spiculum. — Nach SKRJABIN & KUTASS 1931.

Abb. 323. Kopfende von *Ancylostoma duodenale*, von der Dorsalseite gesehen. In der geöffneten Mundhöhle die Zähne, neben diesen (dunkel punktiert) die zu den Seitenorganen gehörenden Kopfdrüsen. Etwa 120 ×. — Nach LOOSS 1905, verändert.

Überfamilie Ancylostomatoidea. Mit großer Mundkapsel, deren runde Öffnung keinen Blätterkranz, aber am Innenrand oft hakenartige Zähne oder Schneideplatten trägt. Darmparasiten von Säugetieren. — Nur die

Familie Ancylostomatidae. — **Ancylostoma* mit ventralen Hakenzähnen am Innenrand der Mundkapsel (Abb. 323). **A. duodenale*, der Haken- oder Grubenwurm, ♂ bis 11 mm, ♀ bis 18 mm lang, lebt etwa 5 Jahre im Dünndarm des Menschen und kommt auch bei Affen vor. Mit seiner bezahnten Mundkapsel umfaßt er Darmzotten, die er abbeißt und verschlingt, nachdem er sie in der Mundhöhle mit Fermenten der Oesophagusdrüsen angedaut hat. Außerdem saugt er Blut. Da die Würmer oft die Bißstelle wechseln, entstehen viele kleine, lange blutende Wunden, was zu starker Blutarmut und Kräfteverfall, ja zum Tode führt, wenn sich etwa 6000 Würmer im Darm befinden. Die mit dem Kot ins Freie gelangenden Eier des in den Tropen und Subtropen sehr häufigen Parasiten entwickeln sich nur bei höheren Temperaturen (20 °C und mehr), die in Europa lediglich in tiefen Bergwerksschächten, Tunneln usw. ständig erreicht werden. Die in Wasser oder feuchter Erde herangewachsenen Drittlarven bohren sich in die menschliche Haut ein. Der Blutstrom führt sie zur Lunge, von wo aus sie dann über Luftröhre, Rachen und Speiseröhre in den Darm gelangen. Übersicht S. 502. — Mehrere ähnliche Arten schmarotzen bei Landraubtieren und können, wie zum Beispiel die bis 20 mm lange **A. caninum*, bei Hunden und Katzen gefährliche Krankheiten hervorrufen.

Überfamilie Trichostrongyloidea. Mundöffnung klein, ohne oder mit stark reduzierten Lippen. Mundkapsel wenig ausgeprägt oder zumeist ganz fehlend. An der Bursa copulatrix des Männchens ist der dorsale Lappen oft auffällig klein, während die zwei lateralen Lappen stets gut entwickelt sind. Parasiten von Säugetieren und Vögeln, seltener von Reptilien oder Amphibien. — Mit 6 Familien.

Familie Trichostrongylidae. Im Darmkanal von Wirbeltieren (außer Fischen) schmarotzende Arten, die sich direkt, also ohne Zwischenwirt und ohne Larvenwanderung im Wirtskörper entwickeln. — **Trichostrongylus* mit zahlreichen bei Säugetieren weit verbreiteten Arten. **T. axei*, bis 8 mm lang, lebt oft massenhaft im Dünndarm von Rind, Schaf, Ziege und vielen anderen Wiederkäuern. Aus seinen Eiern, die mit dem Wirtskot abgesetzt werden, schlüpfen Larven des 1. Stadiums. Diese ernähren sich im Kot von Bakterien und anderen Microorganismen und entwickeln sich zu infektiösen Drittlarven, die noch von der 2. Larvenhaut umgeben sind. Die Infektionslarven wandern aus dem Kot aus und erklimmen Gräser und andere Futterpflanzen, mit denen sie gefressen werden. Im Wirtsdarm erfolgt eine letzte Häutung zu den adulten Würmern, die bereits 3 Wochen nach der Infektion mit der Eiablage beginnen. Übersicht S. 502. Der Parasit kann bei Kälbern eine schwere durchfallartige Erkrankung hervorrufen. — **Haemonchus contortus*, bis 3 cm lang, kommt häufig im Labmagen von Wiederkäuern vor, saugt Blut und erzeugt dadurch Anämie.

Familie Amidostomidae. Hauptsächlich Magen- und Darmparasiten von Vögeln, ebenfalls mit direkter Entwicklung. — **Amidostomum anseris*, ♀ bis 24 mm lang, lebt unter der Hornhaut des Magens von Enten und Gänsen. Die sich im Wasser entwickelnden infektionsfähigen Larven werden von den Wasservögeln mit der Nahrung aufgenommen und wandern unter die Magenhaut, wo sie das adulte Stadium erreichen. Die Art löst das Magengewebe auf und saugt Blut, wodurch die Vögel schwer geschädigt werden.

Familie Dictyocaulidae. Durchweg in den Luftwegen von Wiederkäuern lebende Arten, die zur Entwicklung keinen Zwischenwirt benötigen, aber im Endwirt eine Körperwanderung vollziehen. — Einzige Gattung: **Dictyocaulus*. **D. viviparus*, ♂ bis 5 cm, ♀ bis 8 cm lang, lebt in der Trachea und den Bronchien von Rindern, Rotwild und anderen großen Ruminantia, bei denen er Lungenentzündung hervorrufen kann. Aus seinen Eiern, die aufgehustet und dann abgeschluckt werden, schlüpfen teils schon in der Luftröhre, teils erst im Darm des Wirtes die Erstlarven und gelangen mit dem Kot auf die Weide. Die sich hier entwickelnden infektiösen Drittlarven werden vom Regen auf die Vegetation gespült und mit dem Futter aufgenommen (Verbreitung durch *Pilobolus* S. 498). Die Larven dringen in die Darmblutgefäße ein und lassen sich vom Blutstrom in die Lunge transportieren, wo sie die Alveolen durchbrechen und in die Bronchien einwandern. Übersicht S. 502.

Überfamilie Metastrongyloidea. Sehr ähnlich der vorigen Überfamilie, aber alle drei Lappen der Bursa copulatrix des Männchens stark zurückgebildet. Parasiten im Respirations- oder Zirkulationssystem von Säugetieren. — Nur die

Familie Metastrongylidae, deren 5 Unterfamilien manchmal auch als Familien gewertet werden. Lebenszyklus stets mit einem Zwischenwirt (Regenwurm oder Schnecke). — **Metastrongylus* schmarotzt in schweineartigen Huftieren. **M. apri*, ♂ bis 26 mm, ♀ bis 60 mm lang, kommt weit verbreitet in den Luftwegen von Haus- und Wildschweinen vor. Die Eier werden vom Wirt aufgehustet, verschluckt und mit dem Kot abgesetzt. Erst im Darm eines Regenwurmes schlüpfen die Larven aus und entwickeln sich in dessen Blutgefäßen zum infektionsfähigen 3. Stadium. Wird der Regenwurm von einem Schwein gefressen, wandern die Larven über das Lymph- und Blutgefäßsystem in die Lungen ein und erreichen nach etwa 4 Wochen die Geschlechtsreife. Übersicht S. 503. Der Parasit erzeugt Lungenentzündung und kann das Virus der Schweine-Influenza übertragen, das sich auch in den Wurmeiern vorfindet, auf die Larven übergeht und in diesen infektiös bleibt. — **Protostrongylus* schmarotzt mit mehreren Arten in den Bronchien und Bronchiolen von kleinen Wiederkäuern und Hasenartigen. Zwischenwirte sind Landschnecken, in die die mit dem Wirtskot ausgeschiedenen Erstlarven aktiv eindringen. — Ebenfalls Schnecken als Zwischenwirte hat **Angiostrongylus*, der in der Lungenarterie von hundeartigen Raubtieren und Ratten lebt. Die Larven des in Südostasien sowie auf den Inseln des Pazifischen und Indischen Ozeans verbreiteten, bis 3 cm langen Rattenparasiten *A. cantonensis* können ihre Körperwanderung auch im Menschen beginnen. In diesem Falle beenden sie aber ihre Entwicklung nicht, sondern sammeln sich im Gehirn an und rufen hierdurch eine oft tödliche Hirnhautentzündung hervor.

5. Ordnung Spirurida

Mundöffnung von zwei oder vier Lippen umgeben, oder Lippen fehlen. Oesophagus in einen vorderen muskulösen und einen zumeist wesentlich längeren drüsigen Abschnitt geteilt, stets ohne Endbulbus. Männchen vielfach mit breiten Schwanzflügeln. Parasiten in den vorderen Teilen des Darmkanals, im Gewebe oder in inneren Organen von Wirbeltieren. Lebenszyklus stets mit einem Zwischenwirt (fast immer ein Gliederfüßer). — Mit 2 Unterordnungen.

1. Unterordnung Camallanina

Mundöffnung ohne Lippen, oft in eine rundliche Mundhöhle führend. Oesophagusdrüsen einkernig. Vorwiegend in Fischen und anderen aquatilen Wirbeltieren. — Mit 2 Überfamilien.

Überfamilie Camallanoidea. Die große, rundliche oder schlitzförmige Mundöffnung führt in eine zumeist geräumige Mundhöhle, deren Wände zum Teil zwei muschelschalenähnliche Klappen bilden. Darmparasiten von Fischen, Amphibien oder Reptilien. — Mit 3 Familien, darunter die

Familie Camallanidae mit der artenreichen Gattung **Camallanus*, bei der die Mundhöhlenwand aus zwei durch cuticuläre Längsrippen verstärkten Klappen besteht (Abb. 324). **C. lacustris*, ♂ bis 6 mm, ♀ bis 16 mm lang, lebt im Dünndarm von barschartigen Fischen.

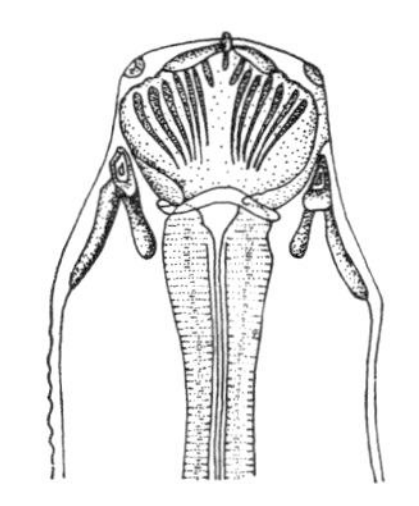

Abb. 324. Kopfende von *Camallanus* in Seitenansicht mit Blick auf eine Klappe der Mundhöhlenwand. — Nach CABALLERO 1943.

Überfamilie Dracunculoidea. Mundöffnung eng, die anschließende Mundhöhle sehr klein. Im Körpergewebe oder in der Leibeshöhle von Fischen, Reptilien oder Säugetieren schmarotzende Arten. — Mit 2 Familien. Von Bedeutung ist die

Familie Dracunculidae, zu deren Gattung *Dracunculus* neben Parasiten von Reptilien und Beuteltieren der in den Tropen und Subtropen beim Menschen vorkommende Medina- oder Guineawurm *D. medinensis* gehört. Das befruchtete Weibchen wird über 25mal so lang wie das Männchen und erreicht etwa 1 m Länge bei 1—1,5 mm Durchmesser, wenn es nach monatelangen Wanderungen im menschlichen Körper schließlich unter der Haut vor allem des Unterschenkels oder Fußes erscheint. Sein Kopfende verursacht dort durch Abscheidungen ein taubeneigroßes Geschwür. Wird diese Stelle — beispielsweise beim Durchwaten eines Baches — mit Wasser benetzt, so reißt die dünne Haut im Zentrum des Geschwürs auf. Gleichzeitig platzt die Cuticula des Wurmvorderendes, die dicht darunterliegt, und es wird ein erster Schub von Larven aus dem hervortretenden und ebenfalls zerreißenden Uterus ins Wasser entleert, der sich anschließend wieder ins Geschwür zurückzieht. Bei erneuten Benetzungen wiederholt sich dieser Vorgang so lange, bis alle Larven ausgestoßen sind und der Wurm abstirbt. Die 0,6 mm langen Larven führen Krümmungsbewegungen aus und sinken dadurch langsamer ab, so daß Cyclopiden (Copepoda) Gelegenheit haben, sie zu verschlingen. Durch die Darmwand der Krebse bohren sich die Larven in die Leibeshöhle ein und wachsen darin in 3 Wochen zum infektionsreifen 3. Stadium heran, das der Mensch zusammen mit dem Zwischenwirt beim Trinken des von *Cyclops* bewohnten Wassers aufnimmt. Das Weibchen braucht 1 Jahr, um seine volle Länge zu erreichen. Auf welchem Wege es im Menschen vom Darmkanal aus zur Haut wandert, ist noch unbekannt; wahrscheinlich folgt es den Lymphbahnen. Übersicht S. 502. Neben dem Menschen befällt der Medinawurm auch andere Säugetiere, besonders Carnivoren.

2. Unterordnung Spirurina

Vorderende mit zwei oder vier Lippen, die aber bei Gewebeschmarotzern oft stark zurückgebildet sind oder fehlen. Mundhöhle, wenn vorhanden, zylindrisch. Oesophagusdrüsen vielkernig. Darm-, Organ- oder Gewebeparasiten von Wirbeltieren. — Das System dieser Unterordnung ist noch nicht abgeklärt. Man unterscheidet bis zu 10 Überfamilien, von denen hier nur die wichtigsten genannt werden.

Überfamilie Spiruroidea. Mundöffnung von zwei meist großen, vielfach dreigelappten lateralen Lippen flankiert. Mundhöhle kurz. Im Verdauungstrakt von Säugetieren und Vögeln. — Mit 4 Familien, darunter die

Familie Gongylonematidae mit der einzigen Gattung **Gongylonema*, deren Vorderkörper mit warzenförmigen Cuticularverdickungen bedeckt ist. Schmarotzt in der Speiseröhre von Säugetieren und Vögeln. **G. pulchrum*, ♂ bis 6 cm, ♀ bis 14 cm lang, kommt bei den verschiedensten Huftieren (Rind, Schwein, Pferd) sowie bei Bären und gelegentlich beim Menschen vor. Die mit dem Wirtskot abgesetzten Eier werden von koprophagen Käfern (z. B. Scarabaeidae) gefressen. Im Käferdarm schlüpft das 1. Larvenstadium aus, dringt in die Leibeshöhle ein und entwickelt sich zur Drittlarve, die — vom Zwischenwirt eingekapselt — längere Zeit für den Endwirt infektiös bleibt. Die im Wirtsmagen frei werdende Larve wandert zurück in die Speiseröhre. Übersicht S. 503.

Überfamilie Gnathostomatoidea. Mundöffnung von zwei dreilappigen lateralen Lippen flankiert. Der Lippenregion schließt sich oft eine ballonförmige, mit Haken besetzte Auftreibung der Cuticula an (Abb. 325). Mundhöhle kurz. Magen- und Darmparasiten von Wirbeltieren. — Umfaßt nur die

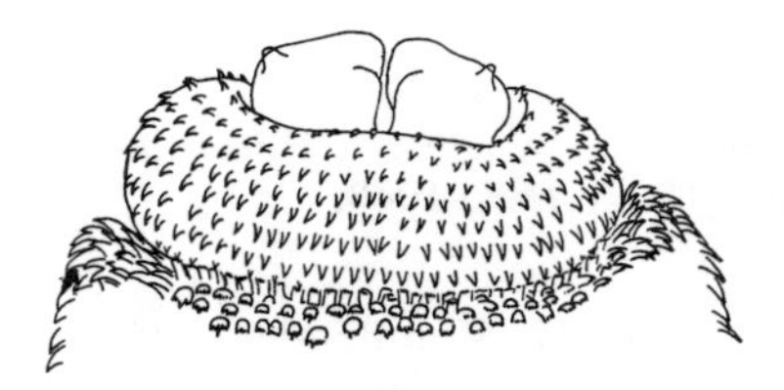

Abb. 325. Kopfende von *Gnathostoma*. Die zwei großen lateralen Lippen sind von einer ballonförmigen Auftreibung der Cuticula umgeben, die ebenso wie die beiden vorderen Körperdrittel bestachelt ist. Etwa 50 ×. — Nach Baylis & Lane 1920.

Familie Gnathostomatidae. — In Säugetieren lebt die Gattung **Gnathostoma*. **G. hispidum*, ♂ bis 25 mm, ♀ bis 45 mm lang, besiedelt die Magenwand von Schweinen und verursacht Geschwülste. Als Zwischenwirte dienen Copepoda der Familie Cyclopidae, die die im Wasser schlüpfenden Erstlarven verschlucken. Im Magen des Schweines werden die samt ihrem Zwischenwirt mit dem Trinkwasser aufgenommenen Infektionslarven frei, siedeln sich aber nicht sogleich in der Magenhaut an, sondern erst, wenn sie eine Zeitlang in der Leber oder anderen Organen umhergewandert sind. Bei dieser Art kann ein Fisch, Frosch oder eine Schlange als Transportwirt in den Lebenszyklus eintreten. In ihm werden die mit dem Zwischenwirt verschluckten und aus dem Darm in die Leibeshöhle eingedrungenen Larven eingekapselt und entwickeln sich erst weiter, wenn der Transportwirt vom Schwein gefressen worden ist. Übersicht S. 502.

Überfamilie Habronematoidea. Die vielfach schlitzförmige Mundöffnung wird von zwei lateralen und zwei oft rudimentären medianen Lippen flankiert. Mundhöhle zylindrisch, manchmal stark verlängert. Im Verdauungstrakt von Wirbeltieren aller Klassen oder in den Geweben von Fischen und Meeressäugetieren. — 4 Familien.

Familie Habronematidae. Alle Arten schmarotzen in der Magenwand von Säugetieren oder Vögeln. — **Habronema muscae*, ♂ bis 14 mm, ♀ bis 22 mm lang, lebt im Magen von pferdeartigen Huftieren und ruft bei starkem Befall chronische Magenentzündung hervor. Die im abgesetzten Kot, manchmal aber auch schon im Wirtsdarm schlüpfenden Larven werden von Fliegenmaden (vor allem *Musca*) aufgenommen. Sie dringen in deren Leibeshöhle und Fettkörper ein und erreichen hier das infektiöse 3. Stadium, wenn die adulte Fliege die Puppenhülle verläßt. Danach wandern sie in die Mundwerkzeuge der Fliege ein und brechen nach außen durch, wenn sich der Zwischenwirt auf die Mund- oder Nasenpartie eines Pferdes setzt. Beim Belecken geraten die Larven auf die Zunge und werden in den Magen abgeschluckt, wo sie nach 2 Monaten die Geschlechtsreife erlangen. Übersicht S. 502.

Familie Tetrameridae. Neben Magenparasiten von Vögeln gehört hierher eine Reihe Gewebeschmarotzer von Meeressäugetieren, darunter *Placentonema* mit der bisher bekannten größten Rundwurmart *P. gigantissima*, bei der das Männchen bis 3,75 m und das Weibchen bis 8,4 m lang ist bei einem Durchmesser von 2,5 cm. Sie wurde in der Placenta des Pottwales entdeckt.

Überfamilie Filarioidea. Vorderende ohne Lippen. Mundhöhle klein. Die Vulva der vielfach lebendgebärenden Weibchen liegt kurz hinter dem Vorderende, manchmal dicht neben der Mundöffnung. Parasiten im Bindegewebe, in der Leibeshöhle oder im Blutgefäßsystem von Säugetieren. — 2 Familien. Wichtige Schmarotzer enthält die

Familie Onchocercidae (syn. Dipetalonematidae). Lebendgebärende Arten, deren Erstlarven (Microfilarien) im Wirtsblut kreisen und von blutsaugenden Insekten auf neue Wirte übertragen werden. — *Wuchereria bancrofti*, die Bancroft-Filarie, lebt in heißen Ländern in der Lymphe des Menschen und ernährt sich von ihr. Die Männchen sind 4 cm lang, die Weibchen erreichen 10 cm Länge bei nur 0,3 mm Durchmesser. Die 0,3 mm langen Microfilarien gehen in die Blutbahn über, wo sie aktiv zu den Hautkapillaren schwimmen. Sie halten sich aber in allen Ländern, wo ihre Überträger (z. B. *Culex fatigans*) nur nachts stechen, auch nur zu dieser Zeit in den Hautkapillaren auf, während sie sich tagsüber in die sauerstoffreicheren Lungenkapillaren zurückziehen. Dagegen sind sie in Gegenden mit mehreren Überträgern, von denen einer auch tagsüber sticht (z. B. *Aedes* (*Stegomyia*) *scutellaris*), dauernd in Hautkapillaren zu finden. Die Microfilarien werden von den blutsaugenden Mücken aufgenommen und gelangen in deren Magen. Durch die Magenwand bohren sie sich in die Leibeshöhle ein und wandern zur Flugmuskulatur, wo sie in zwei Häutungen das infektiöse Stadium von 1,5 mm Länge erreichen. Etwa 2 Wochen nach dem Saugakt dringen sie in den Stechrüssel, und zwar in das die Stechborstenscheide bildende Labium ein. Da die Larven von Wärme angezogen werden, bohren sie sich, wenn die Mücke einen Menschen sticht, durch das Chitin der Labellen des Labiums nach außen und dringen dann durch den Stichkanal in die Haut ein. Auf noch unbekanntem Wege, vielleicht über die Lymph- oder Blutbahnen, erreichen die Larven bestimmte Lymphabschnitte, sammeln sich hier an und werden im Laufe von 1—2 Jahren erwachsen. Übersicht S. 503. Durch neue Infektionen kann die Anzahl der Würmer so groß werden, daß sie die Lymphgefäße verstopfen. Dadurch kommen oft Stauungen zustande, die nach 8—20 Jahren ungemein starke Vergrößerungen der Lymphräume und zugehöriger Körperteile (Hand, Fuß, Scrotum, Brüste), die sogenannte Elephantiasis, hervorrufen (Abb. 326). Ein Scrotum kann 40 kg schwer werden.

Loa loa, die im tropischen Afrika verbreitete Wanderfilarie, ♂ bis 3,5 cm, ♀ bis 7 cm lang, wandert ständig im Unterhautbindegewebe des Menschen umher und sucht häufig die Bindehaut des Auges auf. Die von der Bremsengattung *Chrysops* übertragenen Larven brauchen im Menschen wenigstens 1 Jahr zur Entwicklung. Der Wurm soll 15 und mehr

Abb. 326. Elephantiasis, verursacht durch *Wuchereria bancrofti.* — Nach MARTINI 1923.

Jahre alt werden können. — Überträger der ebenfalls in Afrika beheimateten, mit Sklaventransporten aber auch in Mittel- und Südamerika eingeschleppten Knäuelfilarie *Onchocerca volvulus* sind Kriebelmücken (*Simulium*). Die Würmer verursachen die Bildung bis zu 6 cm großer Knoten im Unterhautbindegewebe des Menschen, in denen meistens mehrere der bis 4 cm langen Männchen und bis 50 cm langen Weibchen aufgeknäuelt zusammenliegen. In die Augen eindringende Larven rufen oft starke Schädigungen bis zur völligen Erblindung hervor. — Andere Arten dieser Gattung kommen bei den verschiedensten Huftieren vor, z. B. **O. cervicalis*, deren Weibchen ebenfalls bis 50 cm lang wird, im Nackenband von Pferden. — Ausgesprochene Bewohner des Blutgefäßsystems finden sich in der Gattung **Dirofilaria*. **D. immitis*, ♂ bis 20 cm, ♀ bis 31 cm lang, lebt in der rechten Herzkammer und der Lungenarterie von hunde- und katzenartigen Raubtieren, die schwer erkranken und sterben können, wenn sie mehr als 50 Würmer beherbergen. Als Zwischenwirte dienen Stechmücken.

4. Klasse Nematomorpha (syn. Gordiacea), Saitenwürmer

Etwa 250 Arten. Durchschnittliche Körperlänge 10—50 cm. Größte Art: *Gordius fulgur* (♀ bis 1,6 m lang).

Diagnose

Extrem dünne, saitenförmige, wimperlose Nemathelminthes, die als Erwachsene frei im Wasser, während des Jugendstadiums dagegen parasitisch in Arthropoda leben. Muskelschlauch der Körperdecke aus Längsmuskelzellen bestehend. Leibeshöhle in der Regel mit Parenchym gefüllt, das mehrere längsgerichtete Hohlräume frei läßt. Darmkanal stark zurückgebildet und funktionsunfähig. Enddarm in beiden Geschlechtern die Gonadenausführgänge aufnehmend. Exkretionsorgane fehlen. Getrenntgeschlechtlich. Entwicklung über eine Sekundärlarve.

Eidonomie

Die Nematomorpha sind ausgesprochen langgestreckte, fadenförmige Tiere, die 4 cm bis 1,6 m lang werden und nur einen Durchmesser von höchstens 3 mm erreichen (Abb. 327). Die Männchen bleiben im allgemeinen kleiner als die Weibchen. Der Körper ist in allen Übergängen von hell zitronengelb über braunrot bis schwarzbraun gefärbt, weist aber an dem stets abgerundeten Vorderende oft eine hellere Tönung auf, die nach hinten durch einen dunklen Ring abgesetzt wird (Abb. 328 A). Bei den Weibchen ist auch das Hinterende abgerundet und trägt terminal die Kloakenöffnung. Im männlichen Geschlecht liegt diese auf der Ventralseite des Hinterendes, das oft durch einen medianen Einschnitt in zwei laterale Lappen gegabelt ist (Abb. 328 B). Die Körperoberfläche ist glatt oder fein gerunzelt und weist bei den Gordiida höchstens mikroskopisch feine härchenförmige Fortsätze der Cuticula sowie unregelmäßig verstreute Sinnespapillen auf, während bei den Nectonematida zwei mediane Doppelreihen von längeren Cuticular-Haaren vorhanden sind.

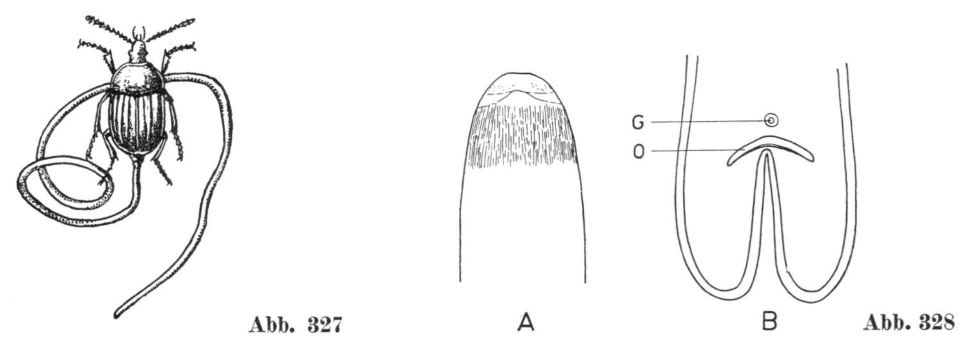

Abb. 327 **Abb. 328**

Abb. 327. *Gordionus silphae,* beim Verlassen seines Wirtes, des Silphiden *Phosphuga atrata.* Länge 10 cm, Durchmesser 0,7 mm. — Nach HEINZE 1941.

Abb. 328. *Gordius aquaticus.* **A.** Vorderende eines Weibchens; etwa 40 ×. **B.** Hinterende eines Männchens, von ventral gesehen; etwa 25 ×. — **G** Gonoporus, **O** Hautornament. — Nach HEINZE 1941.

Anatomie

Das **Integument** ist ähnlich dem der Nematoda aufgebaut. Außen liegt eine dicke Cuticula, die aus wenigstens vier Schichten — Epicuticula, homogene Schicht, Faserschicht aus zahlreichen spiralig verlaufenden Kollagenfibrillen sowie Basalmembran — besteht. Unter ihr erstreckt sich die einschichtige zellige Epidermis, die in der ventralen, manchmal auch in der dorsalen Mittellinie verdickt ist und eine in die Leibeshöhle vorspringende Leiste bildet. An die Epidermis schließt sich innen eng ein **Muskelschlauch** aus kurzen Längsmuskelzellen an, der die Leibeshöhle nach außen abgrenzt. Die **Leibeshöhle** ist bei den meisten Arten mit einem Lager von Parenchymzellen gefüllt, in dem Hohlräume frei bleiben, die durch mesenterienähnliche Parenchymstränge voneinander getrennt sind: zwei laterale und ein ventraler, zu denen bei manchen Weibchen noch ein reduzierter dorsaler tritt (Abb. 329). Nur bei den Nectonematida ist eine einheitliche Leibeshöhle vorhanden, die vom Parenchym nach Art eines Epithels ausgekleidet wird. Das **Nervensystem** wird dargestellt durch ein vorderes, manchmal den Schlund ringförmig umgebendes Nervenzellpolster sowie einen ventralen Markstrang. Dieser verläuft im Parenchym, ist aber mit der Epidermis durch eine Lamelle verbunden. Über die ganze Epidermis sind Sinneszellen verstreut; über das Sinnesleben ist wenig bekannt. Das **Verdauungssystem** liegt im ventralen Parenchymhohlraum. Der Darm ist aber stark zurückgebildet, eng und nicht zur Nahrungsverarbeitung fähig, der Vorderdarm in den meisten Fällen solid, obwohl eine Mundöffnung terminal am Vorderende vorhanden sein kann. Dementsprechend geht der Stoffaustausch insbesondere der schmarotzenden Jugendstadien nicht über den Darm, sondern allein durch das Integument vonstatten, wie Versuche mit radioaktiven Phosphatlösungen gezeigt haben. Besondere **Exkretionsorgane** fehlen, ebenso ein **Blutgefäßsystem**, dessen Aufgaben von der Leibeshöhlenflüssigkeit übernommen werden.

Alle Saitenwürmer sind getrenntgeschlechtlich und haben sehr einfache **Geschlechtsorgane**. Ihre Gonaden liegen in den lateralen Hohlräumen des Parenchyms. Die Hoden bilden ein Paar sehr lange zylindrische Schläuche, von deren gesamter Wand die Spermien erzeugt werden. Die ebenfalls paarigen Ovarien haben eine ähnliche Gestalt. Ihr Keimepithel bildet aber zahlreiche (bis 4000) einzelne Ovarialknospen aus, die im Laufe der Eiproduktion aus jedem Ovariallängsgang in ebensoviele ihm seitlich ansitzende, nur vom Parenchym umschlossene Bläschen hineinwuchern (Abb. 329). Bei beiden Geschlechtern werden die Gonadenausführgänge vom Enddarm aufgenommen, der damit eine Kloake darstellt. Wegen der Funktionslosigkeit des Darmes dient der After aber nur als Gonoporus.

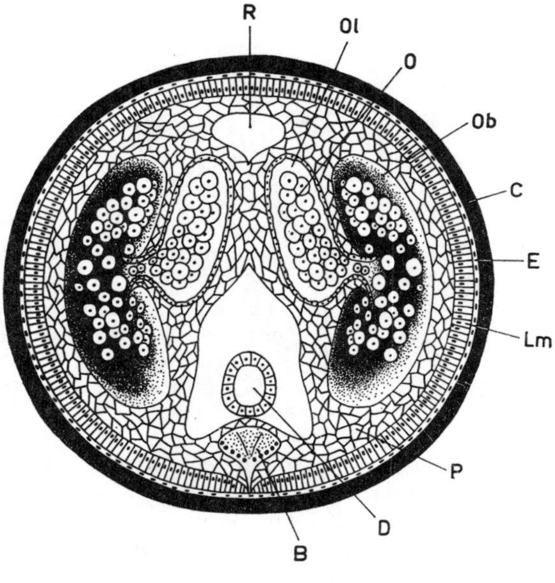

Abb. 329. Querschnitt durch ein Weibchen von *Parachordodes tolosanus*. Durchmesser knapp 1 mm. — **B** Bauchmarkstrang, **C** Cuticula, **D** rudimentärer Darm im ventralen Hohlraum, **E** Epidermis, **Lm** Längsmuskelschlauch, **O** Ovarialknospe, die aus dem Ovariallängsgang (**Ol**) in eine Ovarialblase (**Ob**) hineinwuchert, **P** Parenchym, **R** Rücken-Hohlraum. — Nach RAUTHER 1930, leicht verändert.

Fortpflanzung und Entwicklung

Die Männchen spüren die Weibchen aus einiger Entfernung auf und entleeren ihr Sperma in Gestalt eines zähen Tropfens auf oder neben die weibliche Genitalöffnung. Die Spermatozoen wandern im Laufe von etwa 2 Tagen in die weiblichen Geschlechtsgänge ein. Bei der Eiablage werden die Eier durch Gallerte zu Schnüren verbunden, die bei 15 cm Länge etwa $^1/_2$ Million Eier enthalten können. Da sich die Eiablage über eine oder mehrere Wochen hinweg fortsetzt, kann *Gordius aquaticus* ungefähr 4 Millionen Eier erzeugen.

Die Furchung ist bei dieser Art total, verläuft aber sehr unregelmäßig und nicht determiniert. Trotzdem resultiert daraus eine klassische Coeloblastula. Bereits auf diesem Stadium wandern Parenchymzellen in das Blastocoel ein, und erst anschließend findet durch eine typische Invagination die Differenzierung des Entoderms statt. Der Rest des Blastoporus wird zum After (!), während sich der Vorderdarm am entgegengesetzten Pol einsenkt.

In den Eiern entwickeln sich unter mitteleuropäischen Temperaturverhältnissen innerhalb von etwa 4 Wochen winzige Larven von 125—145 μm Länge. Nach dem Schlüpfen bewegen sich die Larven eine Zeitlang aktiv umher, wozu sie fortwährend einen mit drei Stiletten bewaffneten Rüssel aus- und einstülpen, an dessen Basis außerdem noch ein dreifacher Kranz starker Haken sitzt (Abb. 330). In diesen Bohrapparat münden auch die Gänge einer Drüse, die sich vom Entoderm abgeschnürt hat. Sie wird oft als Giftdrüse bezeichnet, produziert aber möglicherweise ein proteolytisches Sekret. Die Larven gelangen schließlich in die Leibeshöhle von Arthropoda. Dies geschieht offenbar auf verschiedenen Wegen.

Einige Beobachter sahen, daß die Larven sich mit Hilfe der schnellen Bewegungen ihres Rüssels in Beine von zarthäutigen Ephemeriden-Larven, in Kaulquappen usw. einbohrten. Andere beobachteten, daß die Larven von *Gordius aquaticus* sich etwa 24 Stunden nach dem Schlüpfen in einer Schleimhülle an Grashalmen usw. encystieren. Sie müßten dann, wenn der Graben ausgetrocknet ist, samt dem Halm von einem Insekt verspeist werden und den Wirtsdarm durchbrechen. Auf diese Weise wäre verständlich, daß Saitenwürmer sehr

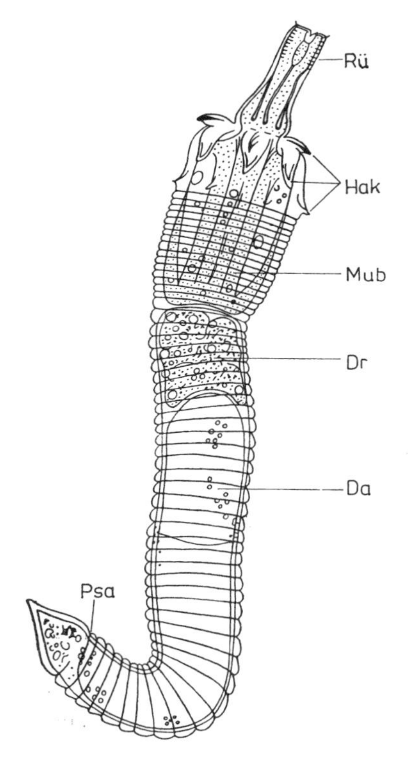

Abb. 330. Larve von *Gordius aquaticus*. Leicht schematisiert. Länge etwa 0,15 mm. — **Da** Darm, **Dr** Drüse, **Hak** die drei Hakenkränze des Bohrapparates, **Mub** Muskeln des Bohrapparates, **Psa** Pseudoanus, **Rü** Rüssel. — Nach Dorier 1930.

oft auch in Landinsekten gelangen und in ihnen parasitieren. Manche Arten können auch Transportwirte benutzen, um ihren echten Wirt zu erreichen. Beispielsweise encystieren sich Larven von *Gordius*, die in Kaulquappen gelangt sind, und entwickeln sich weiter, wenn sie mit diesen von *Dytiscus* gefressen werden.

Jedenfalls findet man die Larven schließlich stets in der Leibeshöhle von Arthropoda oder ihren Jugendstadien, und zwar die der Gordiida sowohl in Süßwasser- als auch in Landinsekten (z. B. Trichoptera, Schaben, Heuschrecken, Käfern) sowie in Tausendfüßern, die der Nectonematida hingegen in marinen decapoden Krebsen. Sie entwickeln sich zu langen, bleichen Würmern, die durch die Haut Nahrung aufnehmen und zu einer im Verhältnis zur Wirtsgröße erstaunlichen Länge heranwachsen. Der funktionslos gewordene Bohrapparat verkümmert dabei und geht später ganz verloren. *Gordius* braucht zur Entwicklung im Wirt 3—5 Monate. Sobald die Jungwürmer ihre endgültige Größe erreicht haben, verlassen sie den Wirt. Manche Insekten sterben hierauf ab. Man hofft deshalb, bestimmte Saitenwürmer zur biologischen Bekämpfung zum Beispiel einer schädlichen Heuschreckenart benutzen zu können. Merkwürdigerweise begeben sich befallene Landinsekten, in denen ein Saitenwurm herangereift ist, regelmäßig zum Wasser, so daß der auswandernde Wurm in sein Lebenselement gelangt. Welche Einwirkung des Parasiten dies verursacht, ist unbekannt.

Stammesgeschichte

Innerhalb der Schlauchwürmer nehmen die Nematomorpha eine ziemlich isolierte Stellung ein. Zwar ähneln sie sowohl im Aussehen als auch in der Lebensweise bestimmten in Insekten schmarotzenden Rundwürmern, speziell den Mermithoidea (S. 507), und haben auch im Aufbau des Integuments mit seinen medianen Epidermisleisten und in der ausschließlich von Längsmuskeln gebildeten Hautmuskulatur einige Züge mit den Nematoda gemeinsam. Doch sind noch gewichtigere Unterschiede gegenüber dieser Klasse vorhanden, die eine nähere Verwandtschaft beider Gruppen so gut wie ausschließen: laterale Epidermisleisten fehlen, das Nervensystem besitzt nur einen medioventralen Längsstrang, Exkretionsorgane fehlen, die weiblichen Gonaden sind anders ausgebildet, und vor allem tritt ein ganz anders gestaltetes Larvenstadium auf.

Gerade dieses typische Larvenstadium läßt auch an eine lockere Verwandtschaft mit den Kinorhyncha, vielleicht sogar mit den Priapulida denken, an deren Larven es in mancher Hinsicht erinnert. Dabei muß aber bedacht werden, daß es sich bei allen diesen Larvenformen um Sekundärlarven handelt, die durchaus unabhängig voneinander entstanden sein können. Man kann sich vorstellen, daß die Nematomorpha ursprünglich einen wahrscheinlich vollständig parasitischen, direkten Lebenszyklus hatten. Im Verlaufe der Phylogenese sind die Adulten dann zu einem Leben im Freien übergegangen; der Darm blieb dabei aber reduziert, so daß sie keine Nahrung mehr aufnehmen können. Wegen der jetzt unterschiedlichen Lebensweise von Larve und Adultus kommt es zu einer sekundären, aber nicht sehr tiefgreifenden Metamorphose, bei der vor allem der larvale Bohrapparat abgeworfen wird. Im Grunde genommen handelt es sich bei den Larven der Nematomorpha lediglich um von den Adulten nur wenig unterschiedene, jedoch ursprüngliche Merkmale bewahrende Jugendstadien. Die Primärlarve der Vorfahren der rezenten Nematomorpha ist unbekannt. Über diesen Weg ist also die Verwandtschaft der Klasse nicht zu ergründen, ebensowenig wie über die eigenartige Embryonalentwicklung mit ihren teils sehr ursprünglichen, teils aber ganz abgeleiteten Zügen.

Vorkommen und Lebensweise

Die Nematomorpha sind in den gemäßigten und warmen Zonen der Erde weit verbreitet. Erwachsene Würmer aus der Ordnung Gordiida findet man im Süßwasser, vorzugsweise in Gräben, in denen sie sich oft zu Dutzenden, ja Hunderten ansammeln. Während der hier stattfindenden Kopulation bilden Männchen und Weibchen ein unentwirrbares Knäuel, das einem gordischen Knoten gleicht (daher der Gattungsname

Gordius). Die Nectonematida leben dagegen als Erwachsene frei im Meer. Über die Wirte der parasitischen Jugendstadien vgl. S. 526.

System

Es werden 2 Ordnungen unterschieden.

1. Ordnung Gordiida

Nur eine ventrale Epidermisleiste vorhanden. Leibeshöhle durch Parenchym stark eingeengt. Alle Arten leben erwachsen im Süßwasser. — Mit 2 Familien und zusammen 17 Gattungen.

Familie Gordiidae. Cuticula glatt. Schwanzende des Männchens hinter der Kloakenöffnung stets ein halbmondförmiges Ornament aufweisend, dessen Spitzen nach hinten zeigen. — **Gordius aquaticus*, bis 45 cm lang, kommt in Nordeuropa häufig vor (Abb. 328). Das Jugendstadium lebt in Wasserkäfern der Gattung *Dytiscus*.

Familie Chordodidae. Cuticula fein gerunzelt. Schwanzende des Männchens ohne Ornamentation hinter der Kloakenöffnung. — **Parachordodes tolosanus*, bis 25 cm lang und 0,8 mm breit, ist in Südeuropa bis nördlich zu den Mittelgebirgen verbreitet, wo er vorwiegend in schnell fließenden Bergbächen angetroffen wird. Wirte des Jugendstadiums sind Laufkäfer (Carabidae). — **Gordionus* ist in mehreren 8—45 cm langen Arten in Europa vertreten. Ihr Jugendstadium lebt in Käfern (Sylphidae und Carabidae) (Abb. 327).

2. Ordnung Nectonematida

Außer der ventralen ist auch eine dorsale Epidermisleiste vorhanden. Die Leibeshöhle ist nicht vom Parenchym eingeengt. Die geschlechtsreifen Individuen leben pelagisch in der Küstenregion des Meeres, nachdem sie ihre Jugend in der Leibeshöhle von decapoden Krebsen zugebracht haben. — Nur die

Familie Nectonematidae mit der einzigen Gattung *Nectonema*, deren bisher bekannte 4 Arten dorso- und ventromedian je eine Doppelreihe von Schwebeborsten tragen. — *N. agile*, bis 20 cm lang, kommt an der Ostküste von Nordamerika vor (Abb. 331).

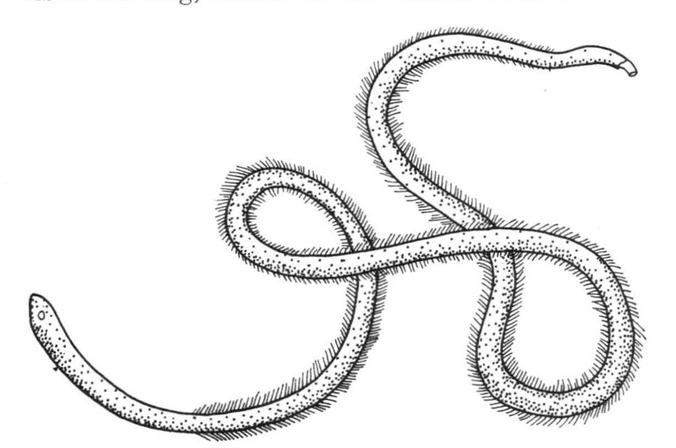

Abb. 331. *Nectonema agile.* Natürl. Größe. — Nach FEWKES 1783.

5. Klasse Kinorhyncha (syn. Echinodera)

Knapp 100 Arten. Länge etwa 0,2—1,0 mm. Größte Art: *Centroderes spinosus*.

Diagnose

Mikroskopisch kleine Bewohner des Meeresgrundes. Körper unbewimpert, äußerlich eine Gliederung in meist 13 ringförmige Abschnitte aufweisend, die sich auch auf Teile der Muskulatur und den Längsnervenstrang erstreckt. Erster Abschnitt von Hakenkränzen umgeben, ein- und ausstülpbar. Cuticula mit bestachelten Platten besetzt. Am Vorderrumpf ventral ein Paar Haftröhren. Darmkanal gerade. Leibeshöhle geräumig. Mit ein Paar Protonephridien. Getrenntgeschlechtlich. Entwicklung direkt, mit mehreren durch Häutungen getrennten Jugendstadien.

Eidonomie

Der gedrungene, fast zylindrische, aber oft ventral abgeflachte Körper ist äußerlich in 13, bei einer Art in 14 Abschnitte (Zonite) gegliedert. Der 1. Zonit bildet einen ein- und ausstülpbaren „Kopf" (Introvert), der am Vorderende den Mund trägt und von 5—7 Kreisen aus je 10—20 rückwärts gerichteten Stacheln (Skaliden) umgeben ist. Der Introvert kann entweder in den 2. Zoniten oder zusammen mit diesem in den 3. Zoniten eingezogen werden; der 2. bzw. 3. Zonit bildet dann einen aus zwei oder mehreren Cuticularplatten (Plakiden) bestehenden Verschluß (Abb. 334, 335). Alle folgenden Zonite sind jeweils mit einer breiten dorsalen und zwei oder drei schmalen ventralen Platten besetzt. Der dorsalen Platte sitzen stets median und lateral Stacheln an, die oft beweglich sind; besonders lange Stacheln und manchmal noch ein unpaariger pfriemenförmiger Endstachel befinden sich am letzten Zoniten (Abb. 334). Der 4. Zonit trägt auf der Ventralseite ein Paar Haftröhrchen, durch die eine große, gelappte Klebdrüse ausmündet. Einen etwas abweichenden Bauplan zeigt die Gattung *Cateria* durch die Vereinigung der ersten zwei Zonite zu einem einheitlichen Introvert, eine borstenartige Verlängerung der Skaliden, das Fehlen von Verschlußplatten am 3. Zoniten und eine nur geringfügige Panzerung der Cuticula.

Anatomie

Das **Integument** besteht aus einer dünnen Epidermis, der die über den Zoniten zu Platten verdickte Cuticula aufliegt. Die nach elektronenoptischen Befunden nicht syncytiale, sondern zellige Epidermis weist mehrere (bis sieben) nach innen vorspringende Längswülste auf. Sie grenzt direkt an die geräumige, nicht epithelial ausgekleidete

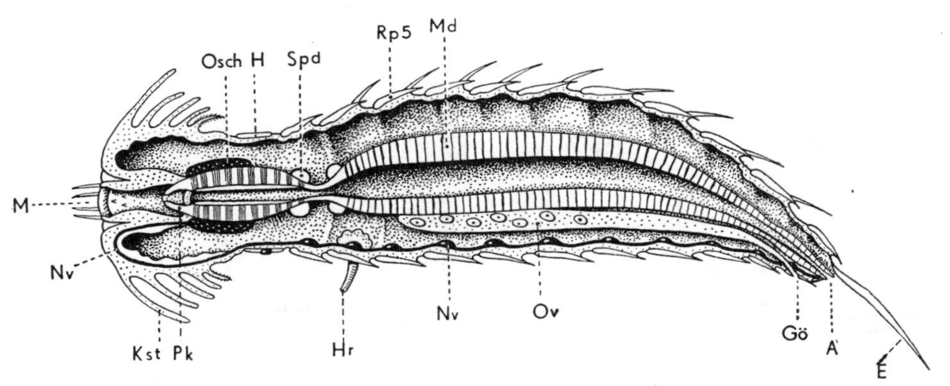

Abb. 332. Kinorhyncha. Organisationsschema eines Weibchens. Optischer Längsschnitt. — **A** After, **E** Endstachel, **Gö** Geschlechtsöffnung, **H** „Hals" = 2. Zonit, dessen Cuticularplatten sich über dem eingezogenen Kopf zusammenschließen können, **Hr** Haftröhre mit Drüsenzelle an der Basis, **Kst** Kopfstacheln (Skaliden), **M** Mund mit Stachelkranz, **Md** Mitteldarm, **Nv** ventromedianer Nervenstrang, **Osch** Oberschlundganglion, **Ov** Ovarium, **Pk** „Pharynxkrone" = in die Mundöffnung hineinragendes Vorderende des Pharynx, **Rp 5** Rückenplatte des 5. Zoniten, **Spd** sogenannte Speicheldrüsen. — Nach REMANE 1928, leicht verändert.

Leibeshöhle, deren Flüssigkeit Amoebocyten enthält. Die **Muskulatur** bildet keinen Hautmuskelschlauch, sondern Einzelstränge, die an der Cuticula inserieren. In den vorderen beiden Rumpfzoniten sind neben den überall vorhandenen Längssträngen auch Ringmuskeln vorhanden, deren Kontraktion den Binnendruck erhöht und den von Retraktormuskeln eingezogenen Introvert nach außen preßt. In den übrigen Zoniten sind an ihrer Stelle Dorsoventralmuskeln ausgebildet. Das **Nervensystem** besteht aus einem Gehirn, das den Pharynx als zumeist vollständiger Ring umgibt, und einem unpaarigen ventralen Längsnervenstrang. Dieser liegt in der Epidermis und zeigt in den Zoniten 3—13 je eine Anhäufung von Ganglienzellen, während sich dazwischen nur Nervenfasern erstrecken. An **Sinnesorganen** sind lediglich einfache paarige Augenflekke und sieben Längsreihen von Tastborsten vorhanden. Das **Verdauungssystem** ist reich gegliedert. Die mit einem Kranz feiner, spitzer Stacheln umgebene Mundöffnung führt über eine Mundhöhle in den tonnenförmigen Pharynx, dessen cuticularisierter Vorderrand kronenartig in die Mundhöhle hineinragt. Der Pharynx hat ein cuticulär ausgekleidetes, oft dreikantiges Lumen und besitzt radiäre Erweiterungsmuskeln, die als selbständige Elemente seinem syncytialen Gewebe aufsitzen. Ihm folgt über einen kurzen Oesophagus mit außen anliegenden sogenannten Speicheldrüsen der röhrenförmige Mitteldarm, der unbewimpert und mit zarten Muskelfasern umkleidet ist. Ein kurzer Enddarm mündet terminal am letzten Zoniten aus. Als **Exkretionsorgane** dienen zwei einfache Protonephridien, die mit je einem Terminalorgan beginnen und ventral im 11. Zoniten getrennt münden. Die **Geschlechtsorgane** der stets getrenntgeschlechtlichen Kinorhyncha sind paarige Schlauchgonaden mit einfachen Ausführgängen, deren Mündungen nahe dem Hinterende liegen. Im Ovar finden sich zwischen den Eizellen auch unregelmäßig verteilte Nährzellen vor. Die Eier werden mittels eines Sekretes an Sandkörner oder Detritusteilchen angeklebt oder haften am Hinterende des Weibchens fest.

Entwicklung

Die Embryonalentwicklung ist direkt, aber im übrigen noch weitgehend unbekannt. Wir wissen lediglich, daß sie bei *Echinoderes* zunächst zu einem unsegmentierten wurmförmigen Stadium führt, an dem sich bis zum Schlüpfen der Introvert und 11 Zonite ausbilden. Nach Verlassen der Eihülle lebt das Jugendstadium im Schlamm und macht hier unter Vermehrung der Zonite eine allmähliche Verwandlung zum adulten Tier durch, wobei es sich mehrmals häutet. In entsprechender Weise entwickeln sich offensichtlich auch die Jugendstadien aus anderen Gattungen, die zum Teil schon auf einem Stadium von 3, 8 oder 9 Zoniten freilebend aufgefunden worden sein sollen. Bei allen juvenilen Kinorhyncha ist die Cuticula über den Zoniten zunächst noch nicht zu Platten verdickt, so daß sie einheitlich bestachelte Ringe bildet (Abb. 333), die erst im Laufe der postembryonalen Entwicklung ihre endgültige Ausgestaltung erfahren.

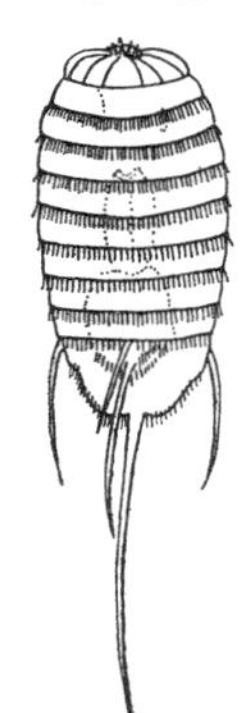

Abb. 333. Jugendstadium einer Cyclorhagide, vermutlich *Echinoderes*. Länge 0,2 mm — Nach ZELINKA 1928.

Stammesgeschichte

Innerhalb der Nemathelminthes stellen die Kinorhyncha eine recht isolierte Klasse dar. In manchen Baueigentümlichkeiten nähern sie sich den Nematoda und Gastrotricha (Pharynx, Längswülste der Epidermis), durch den einstülpbaren Vorderleib auch den Acanthocephala an. Andererseits lassen sie Beziehungen zu den Priapulida erkennen (Introvert, neben Längs- auch Ringmuskulatur vorhanden, Panzerung der Cuticula bei Jungtieren bzw. Adulten). Wegen des Fehlens jeglicher Kenntnis über die Embryonalentwicklung der Kinorhyncha ist es jedoch derzeit nicht möglich, sie einer dieser Gruppen enger anzuschließen.

Die Übereinstimmung der Ringe der Cuticula mit der Verteilung der Muskulatur und Ganglienknoten berechtigt auch keineswegs zu der Annahme, daß ihr eine echte Segmentierung zugrunde liegt. Wir finden ähnliche Verhältnisse zum Beispiel bei den Schlangensternen, wo an Coelommetamerie in den Armen ja nicht gedacht werden kann. Theoretisch ist freilich eine Ableitung der Kinorhyncha von den Annelida durch Reduktion des Coeloms und des Blutgefäßsystems denk- und nicht widerlegbar, ruht aber doch auf ganz unsicherem Grunde.

Verbreitung und Lebensweise

Alle Kinorhyncha sind Bodenbewohner des Meeres. Hier besiedeln sie in weltweiter Verbreitung vornehmlich den Schlammgrund und die Algenrasen von der Strandregion bis hinab in Tiefen von über 400 m. Sie können nicht schwimmen, sondern kriechen lediglich, indem sie durch Kontraktion der Ringmuskeln der beiden vorderen Ringe den hakenbesetzten Introvert vortreiben und ihn durch Ausklappen seiner Haken am Boden verankern. Dann verkürzen sie mit Hilfe der Längsmuskeln den Rumpf und ziehen außerdem mit den Retraktoren der beiden vorderen Ringe den Introvert in deren Höhlung zurück, wodurch sie ein Stück vorwärtsrücken. Nun wird der Körper unter Kontraktion der Dorsalventralmuskulatur sehr lang gestreckt und damit sein Vorderende um etwa ein Drittel der Körperlänge in der Kriechrichtung vorgeschoben, worauf der Introvert als Beginn des nächsten Schrittes erneut ausgestoßen wird.

Die Nahrung wird durch den Pharynx angesaugt und besteht bei Algenbewohnern aus Diatomeen, bei Schlammbewohnern dagegen aus fein verteiltem Detritus und Schlamm. Im Gegensatz zu den Gastrotricha, die in Gefangenschaft nur 1–2 Wochen alt werden, lebten Kinorhyncha über 1 Jahr.

System

Das System der Kinorhyncha ist noch nicht abgeklärt. Wir folgen einer neueren Klassifikation, nach der die derzeit unterschiedenen 8 Familien auf 2 Ordnungen verteilt werden [114].

1. Ordnung Cyclorhagida

Der Verschlußapparat für den eingezogenen Kopf wird von 14–16 kranzförmig angeordneten Platten des zweiten oder von zwei seitlichen Platten des dritten Zoniten gebildet, oder ein Verschluß fehlt. Beide Geschlechter mit Haftröhren. — Mit 3 Unterordnungen und insgesamt 6 Familien, zum Beispiel

Familie Echinoderidae. — **Echinoderes* mit zahlreichen Arten weit verbreitet auf Algenrasen, auch in der Nord- und Ostsee häufig.

Familie Centroderidae. — *Centroderes* in der Schlammregion wärmerer Meere (Abb. 334).

Familie Cateriidae. — *Cateria,* 0,5 mm lange, stark abweichend gebaute Form (S 528), im Lückensystem des Sandstrandes der Atlantikküste von Südamerika und Afrika.

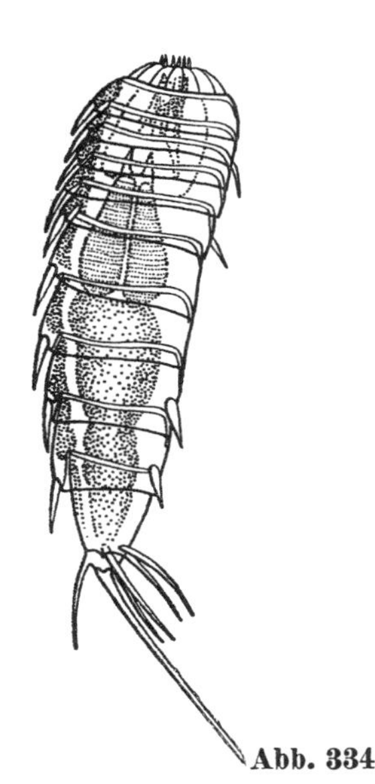

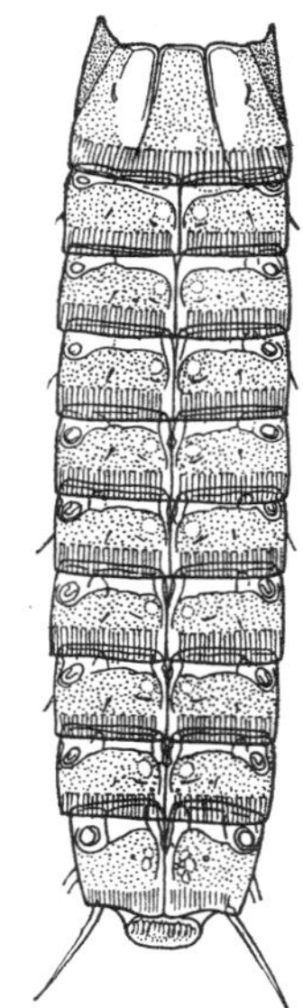

Abb. 334. *Centroderes eisigi.* Seitenansicht. Der Introvert ist eingezogen und von 14 Platten des 2. Zoniten überdeckt. Länge 0,3 mm. — Nach ZELINKA 1928.

Abb. 335. *Pycnophyes communis.* Ventralansicht. Introvert und 2. Zonit sind eingezogen; den Verschluß bilden eine breite dorsale Platte (nur die beiden dunkler punktierten seitlichen Kanten sichtbar) und drei schmale Platten des **3.** Zoniten. Länge etwa 0,65 mm. — Nach ZELINKA 1928, leicht verändert.

2. Ordnung Homalorhagida

Der Verschlußapparat besteht aus einer dorsalen und drei ventralen Platten von Zonit 2. Nur die Männchen mit Haftröhren. — Mit 2 Familien, zum Beispiel

Familie Pycnophyidae. — **Pycnophyes* mit mehreren Arten im Schlammgrund der europäischen Meeresküsten (Abb. 335).

6. Klasse Acanthocephala, Kratzer

Etwa 1000 Arten. Körperlänge bei den meisten Arten zwischen 2 mm und 4 cm. Größte Art: *Nephridiacanthus longissimus*, Weibchen bis 95 cm lang.

Diagnose

Im Darm von Wirbeltieren lebende Parasiten, denen der Verdauungstrakt völlig fehlt. Körper wurmförmig, am Vorderende mit einem hakentragenden, einstülpbaren Rüssel. Integument syncytial, von einem Lakunensystem durchzogen. Hautmuskulatur einen Schlauch aus Ring- und Längsmuskeln bildend. Leibeshöhle nicht epithelial ausgekleidet, längs von einem Ligamentstrang mit ein oder zwei anhängenden Ligamentsäcken durchzogen. Exkretionsorgane in Form von Protonephridien nur selten vorhanden und dann stets in die Geschlechtsausführgänge einmündend. Getrenntgeschlechtlich. Weibchen mit eigentümlicher Uterusglocke am Beginn des unpaarigen Eileiters und mit frühzeitig in viele Ovarialballen zerfallenden Ovarien. Entwicklung indirekt und mit Wirtswechsel. Weitgehend zellkonstante Tiere.

Eidonomie

Der farblose oder durch in die Haut eingelagerte gefärbte Fette gelbliche bis orangerote Körper der Acanthocephala besteht aus dem sackfömigen bis zylindrischen Rumpf (Metasoma) und einem deutlich von diesem abgesetzten vorderen Abschnitt (Praesoma), der sich in einen mit Haken versehenen Rüssel (Proboscis) und einen meist sehr kurzen Halsteil gliedert. Der handschuhfingerartig einstülpbare Rüssel hat meist die Form eines kürzeren oder längeren Zylinders, seltener die einer Kugel, und ist bei großen Arten im Verhältnis zum Rumpf oft winzig klein (Abb. 343). Seine Haken sind entweder in alternierenden radiären Längsreihen (sozusagen schachbrettartig), in Kreisen oder in Spiralen angeordnet; bei ausgestülptem Rüssel zeigen ihre Spitzen nach hinten. Manchmal trägt der Rüssel hinter den Haken noch Dornen, die im Gegensatz zu den Haken keinen zur Verankerung in der Haut dienenden Fußteil haben. Der im Leben oft etwas abgeplattete Rumpf kann, besonders in der vorderen Hälfte, bestachelt sein (Abb. 342). An seinem Hinterende liegt bei beiden Geschlechtern terminal die Genitalöffnung. Die Männchen sind oft bedeutend kleiner als die Weibchen.

In ihrem äußeren Habitus, insbesondere hinsichtlich der Proboscisbehakung, zeigen die Kratzer eine annähernd radiäre, in der inneren Organisation dagegen eine bilaterale Symmetrie. Da nun bei diesen darmlosen Tieren Mund und After fehlen und auch die Embryogenese keinen Aufschluß gibt, kann nicht mit Sicherheit festgestellt werden, was ihre Dorsal- und was die Ventralseite ist. Einer eingebürgerten Konvention zufolge wird deshalb als ventral die Seite bezeichnet, auf der in der Rüsselscheide das Gehirn liegt.

Anatomie

Das Integument wird von einem Syncytium gebildet, das aus vier Schichten von unterschiedlicher Struktur besteht. Die äußere Schicht ist eine dünne Cuticula, die oft noch von einer zarten Epicuticula überzogen wird. Sie weist zahlreiche Poren auf, von denen aus feine, dünnwandige Kanälchen in die tieferen Lagen des Syncytiums hineinziehen. Die Kanälchen durchbrechen eine homogene Schicht, die hierdurch im optischen Schnitt gestreift aussieht (Streifenschicht), und enden in einer unregelmäßig von vielen Fasern durchzogenen sogenannten Filzfaserschicht, wo sie sich verzweigen oder sackartig erweitern. Die innere, mächtigste Schicht ist durch Einlagerung radiär gerichteter Fasern gekennzeichnet (Radiärfaserschicht). Letztere enthält die relativ wenigen, aber auffällig großen oder manchmal auch in zahlreiche kleine Fragmente zerfallenen Zellkerne des Hautsyncytiums. Außerdem ist im Plasma dieser Schicht ein geschlossenes **Lakunensystem** ausgespart, das in der Rumpfregion zumeist zwei Längskanäle aufweist, die durch Ringlakunen, seltener ein Lakunennetz, miteinander verbunden sind. Die beiden inneren Schichten des Integuments entsprechen einer Hypodermis. Diese bildet unter hauptsächlicher Beteiligung der Radiärfaserschicht am Ende der Halsregion zwei — selten sechs — längliche Zapfen, die **Lemnisken**, die weit in die Leibeshöhle hineinragen und mit dem Lakunensystem der Haut in Verbindung stehende Spalträume enthalten (Abb. 336, 337). Da allen Acanthocephala das Verdauungssystem fehlt, spielen Integument und Lemnisken eine wichtige Rolle bei der Nahrungsaufnahme und -verarbeitung (siehe unter Lebensweise).

Im Bereich des Rumpfes bildet die **Muskulatur** unter dem Integument — von diesem durch eine feine Basalmembran abgegrenzt — einen aus äußeren Ring- und inneren Längsmuskelfasern zusammengesetzten dünnen Muskelschlauch, der die Kratzer nur zu schwachen Rumpfkrümmungen befähigt. Außerdem erstrecken sich einzelne Muskelzüge von der Innenseite der Rüsselspitze zur Rumpfwand, die als Retraktoren zum

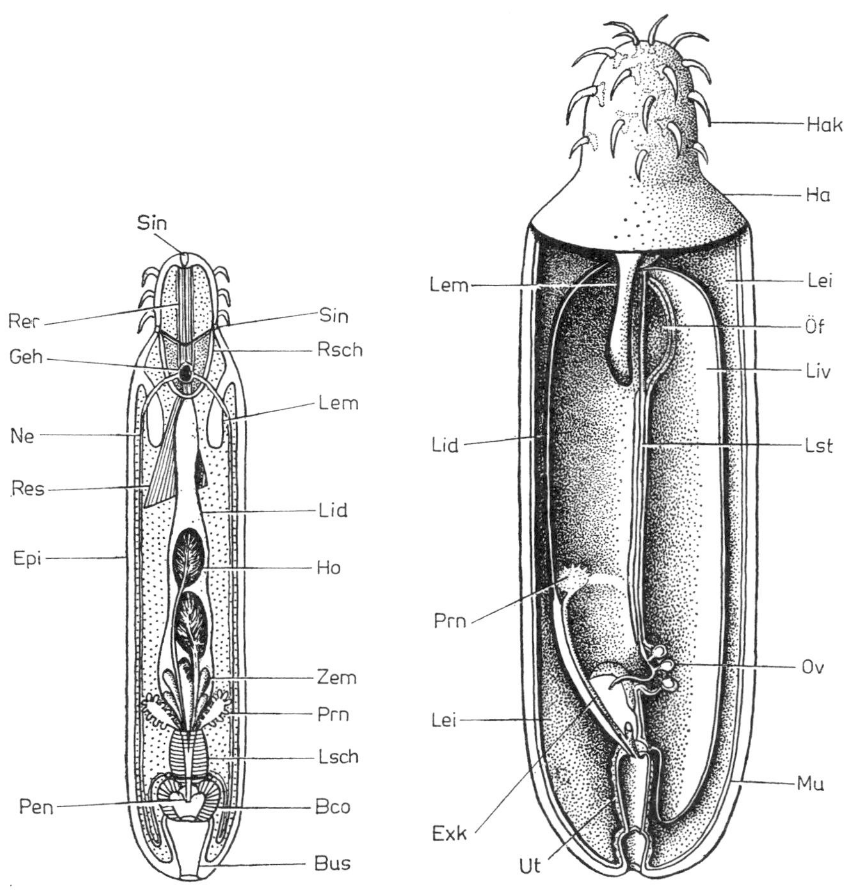

Abb. 336 **Abb. 337**

Abb. 336. Schema der Organisation eines Acanthocephalen-Männchens. Körperhohlraum punktiert. — **Bco** Bursa copulatrix, **Bus** umstülpbarer Bursalschlauch mit äußerer Geschlechtsöffnung, **Epi** Epidermis, **Geh** Gehirn, **Ho** Hoden (dunkel angelegt) im dorsalen Ligamentsack, **Lem** Lemniske, **Lid** dorsaler Ligamentsack, unter dem der im Bild nicht sichtbare Ligamentstrang liegt, **Lsch** Leitungsschlauch für Vas deferens, Exkretionskanal und Zementdrüsengänge, **Ne** Seitennerv, **Prn** Protonephridium, **Pen** penisartig vorspringende Mündung des Urogenitalkanals, **Rer** Retraktor des Rüssels, der sich in den Retraktor der Rüsselscheide **Res** fortsetzt, **Rsch** Rüsselscheide, deren Hohlraum dunkler punktiert ist als die Leibeshöhle, **Sin** apikale und laterale Sinnespapille samt Nerven, **Zem** Zementdrüsen im Ligamentsack. — Nach Remane 1950, verändert.

Abb. 337. Schema der Organisation eines jungen Acanthocephalen-Weibchens. Sagittalschnitt durch den Rumpf. — **Exk** Exkretionskanal in der Dorsalwand der Uterusglocke, **Ha** Hals, **Hak** Haken des Rüssels, **Lei** Leibeshöhle, **Lem** Lemniske, **Lid**, **Liv** dorsaler und ventraler Ligamentsack, **Lst** Ligamentstrang, der zwischen beiden Säcken verläuft, **Mu** Muskelschlauch, **Öf** vordere Öffnung, durch die beide Ligamentsäcke miteinander in Verbindung stehen, **Ov** junges Ovar am Ligamentstrang, durch die hintere Kommunikationsöffnung von Uterusglocke und ventralem Ligamentsack in den ventralen Sack vorgestülpt, **Prn** Protonephridium, an der Grenze von dorsalem Ligamentsack und Uterusglocke, **Ut** Uterus. — Entworfen von A. Kaestner im Anschluß an Zeichnungen und Angaben von von Haffner.

Einziehen des Rüssels dienen. Dabei wird der Rüssel handschuhfingerartig in eine Rüsselscheide, das Proboscisreceptaculum, eingestülpt, ein sackartiges Gebilde, das ringsum an der Rüsselbasis ansetzt und einen von der Leibeshöhle isolierten, flüssigkeitserfüllten Hohlraum enthält. In die Wand der Rüsselscheide sind Ringmuskelfasern eingelagert, deren Kontraktion den Binnendruck derart steigern kann, daß der Rüssel — mit seiner Basis beginnend — wieder ausgestülpt wird.

Das **Nervensystem** besteht im wesentlichen aus einem Gehirn und zwei lateralen Längsnervensträngen (Abb. 336). Das Gehirn ist ein großer, ventral im Proboscisreceptaculum liegender Ganglienknoten, der sich im Gegensatz zu den meisten anderen Organen der Kratzer aus relativ vielen, beim Riesenkratzer beispielsweise aus 86 Zellen zusammensetzt. Die beiden Längsnervenstränge ziehen in der Längsmuskelschicht der Körperwand bis zum Rumpfende, wobei sie die Hautmuskulatur durch Seitenäste innervieren. Beim Männchen treten die Längsnerven am Ende der Samenleiter zur Bildung eines paarigen Genitalganglions zusammen. Außer den Längsnerven entsendet das Gehirn noch einige feine Nerven in das Praesoma hinein. Dem parasitischen Leben entsprechend fehlen **Sinnesorgane** fast völlig. Es ist lediglich eine geringe Zahl von Papillen vorhanden, unter denen sich eine oder wenige spindelförmig verdickte Nervenendigungen befinden. Oft liegt eine Papille an der Spitze und ein weiteres Papillenpaar an der Seite des Rüssels; beim Männchen sitzen Papillen auch am Penis und auf der Genitalbursa.

Allen Acanthocephala fehlt der **Darmkanal**. Die Nahrung wird deshalb wie bei den Bandwürmern und den Nematomorpha durch die Haut aufgenommen (siehe unter Lebensweise).

Die **Leibeshöhle** wird direkt vom Hautmuskelschlauch begrenzt, ist also nicht epithelial ausgekleidet und stellt somit ein Pseudocoel dar. An Stelle des Darmes befinden sich in ihr hintereinander angeordnet: die Rüsselscheide, ein Ligamentstrang und die Endabschnitte der Geschlechtsausführgänge. Der bandartige, kernhaltige **Ligamentstrang**, an dem beim Männchen die Hoden angeheftet sind (Abb. 336), ähnelt nicht nur durch seine Lage einem Darmkanal, sondern stellt wahrscheinlich ein Rudiment desselben dar, was ein Vergleich mit den Rädertier-Männchen erhellt, bei denen der rudimentäre Darm teilweise zum Hoden-Aufhängeband geworden ist.

Große, flüssigkeitserfüllte **Ligamentsäcke** (Abb. 336, 337) nehmen einen erheblichen Teil der Leibeshöhle ein und stehen in engster Beziehung zum axialen Komplex des Urogenitalsystems. Die Wand dieser Säcke besteht aus einer kernlosen Membran, in die Fasern eingelagert sind. Ihre wahrscheinlich ursprünglichste Anordnung zeigen die Weibchen vieler Archiacanthocephala. Hier sind zeitlebens ein dorsaler und ein ventraler Ligamentsack vorhanden, deren Wandungen sich längs des Ligamentstranges berühren. Beide beginnen am Hinterende der Rüsselscheide und stehen im vorderen Abschnitt durch eine breite Öffnung miteinander in Verbindung. Der ventrale Sack endet blind im hinteren Teil des Rumpfes, der dorsale verengt sich dagegen hinten trichterförmig und geht in eine muskulöse sogenannte Uterusglocke über, die den Anfang des weiblichen Ausführganges bildet. Bei den Weibchen der übrigen Kratzer sind Ligamentsäcke lediglich in der Jugend vorhanden, wobei der dorsale nicht selten fehlt, und zerreißen während der Entwicklung zum adulten Wurm. Alle Männchen haben dagegen nur einen Ligamentsack.

Spezifische **Exkretionsorgane** haben nur die Oligacanthorhynchidae (Archiacanthocephala) in Gestalt von einem Paar Protonephridien, die den ausführenden Abschnitten der Genitalorgane ansitzen. Jedes Protonephridium weist so viele (über 300) nahe beieinanderliegende Terminalorgane auf, daß sein Anfangsteil blumenkohlartig aussieht (Abb. 336, 337). Beide Protonephridien münden getrennt in den Geschlechtsausführgang ein, der deshalb einen Urogenitalkanal darstellt.

Bei dem zu einer anderen Familie der Archiacanthocephala gehörenden *Moniliformis dubius*, der im erwachsenen Zustand keine Exkretionsorgane besitzt, tritt während der Ontogenese im Acanthella-Stadium neben dem Genitalprimordium eine Kerngruppe auf, die als eine sich später zurückbildende Anlage von Protonephridien gedeutet wird [131]. Da auch an der Uterusglocke erwachsener Weibchen aus der verwandten Gattung *Gigantorhynchus* eine als Rudiment des Protonephridialsystems aufzufassende „Exkretzelle" vorkommt, kann angenommen werden, daß ursprünglich alle Acanthocephala eng mit den Genitalorganen verbundene Protonephridien besessen haben. Deshalb ist es durchaus berechtigt, bei dieser Klasse von einem Urogenitalsystem zu sprechen.

Die **Geschlechtsorgane** der stets getrenntgeschlechtlichen Kratzer entwickeln sich am Ligamentstrang. Allerdings sind die Ovarien (Abb. 337) bisher nur bei wenigen Arten an dessen hinterem Abschnitt aufgefunden worden. Sie lösen sich nämlich frühzeitig auf, indem ihre Oocyten zu Ballen vereinigt in den Ligamentsack fallen. Noch in den Ovarialballen erfolgt die Befruchtung der Eier, die dann einzeln abgestoßen werden und sich im Ligamentsack bzw. in der Leibeshöhle weiterentwickeln. Sie schwimmen in der Flüssigkeit, mit der sie durch die peristaltischen Bewegungen der Uterusglocke angesaugt, aufgeschluckt und in eine eigenartige Sortiervorrichtung gepreßt werden (Abb. 338). Der Sortierapparat besteht aus vier Paar Zellen, welche die Spitze der etwa tütenförmigen Uterusglocke derart einengen, daß die weichen unreifen Eier durch eine ventrale Öffnung in den ventralen Ligamentsack oder in die Leibeshöhle gedrückt werden, also im Körper verbleiben. Die hartschaligen, länglichen, reifen Eier dagegen werden in den Kanal einer der am Grunde der Glocke liegenden paarigen „Oviductzellen" gepreßt, gelangen auf diese Weise in den kurzen Uterus und dann durch die Vagina nach außen.

Die stets paarigen Hoden (Abb. 336) sind an den Ligamentstrang angeheftet, ergießen aber ihr Sperma nicht in den sie umgebenden Ligamentsack, sondern in je einen Samenleiter. Die beiden Samenleiter vereinigen sich und münden in den Urogenitalgang

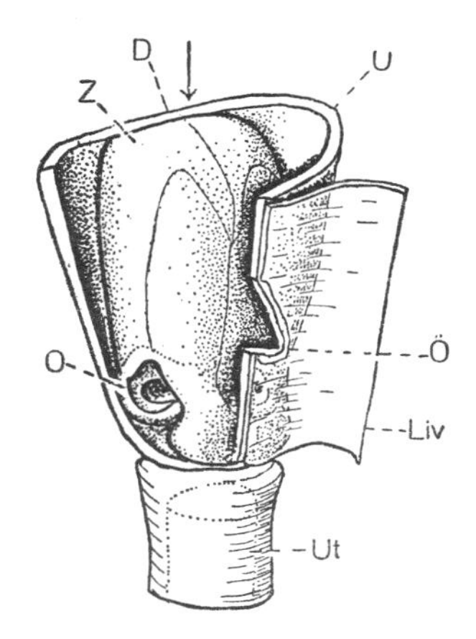

Abb. 338. Oligacanthorhynchidae. Schema des Ausleseapparates am Grunde der Uterusglocke, von ventrolateral gesehen. Die Hälfte der Ventralwand ist zur Seite geklappt, der Ligamentstrang weggelassen worden. Länge 1,5 mm. — **D** Dorsalwand der Uterusglocke, **Liv** Wand des ventralen Ligamentsackes, **O** rechte Oviductzelle, in deren offenen Gang die reifen Eier gepreßt und zum Uterus weitergeleitet werden, **Ö** Öffnung in der Ventralwand der Uterusglocke, durch die unreife Eier in den ventralen Ligamentsack gelangen, **U** Laterale Wand der Uterusglocke, **Ut** Uterus, **Z** Zellen, die den Grund der Uterusglocke einengen und so den Ausleseapparat für die Eier bilden. Der Pfeil gibt die Richtung an, in der die Eier vom dorsalen Ligamentsack her eintreten. — Von A. Kaestner im Anschluß an Schnittbilder und Angaben von von Haffner entworfen.

ein, der am Grunde einer häutigen Erweiterung, der Bursa copulatrix, auf einer konischen Penispapille nach außen führt. In den Urogenitalgang gelangt auch das Sekret von 2—8 einzelligen, aber zum Teil mehrkernigen Genital- (= Zement-) drüsen oder einer einzigen syncytialen Drüse, die durch Verschmelzung mehrerer Zellen entstanden ist. Zur Kopulation umfaßt das Männchen das Hinterende des Weibchens mit der nach außen umgestülpten Bursa und klebt diese mit Hilfe des Genitaldrüsensekrets dicht abschließend daran an. Bei begatteten Weibchen findet man oft noch ringförmige Reste dieses Sekretes vor.

Wie die Rotatoria, Nematoda und ein Teil der Gastrotricha gehören innerhalb der Nemathelminthes auch die Acanthocephala zu den zellkonstanten Tieren. Sehr ausgeprägt äußert sich diese **Zellkonstanz** vor allem bei den ursprünglichen Formen, die eine völlige artspezifische Übereinstimmung in Zahl und Anordnung der ihre Gewebe und Organe aufbauenden Zellen zeigen. Nicht selten ist sogar die Zell- bzw. in Syncytien die Kernzahl bestimmter Organe innerhalb einer Familie oder selbst einer Ordnung weitgehend konstant (z. B. in den Zementdrüsen der Männchen). Andererseits kommt es bei manchen höher evoluierten Arten besonders im Bereich des Hautsyncytiums zu einer Verwischung der Konstanzverhältnisse, indem sich dessen relativ großen Kerne amitotisch oder durch Fragmentation in zahlreiche kleine Kerne zerteilen.

Fortpflanzung und Entwicklung

Einzelheiten über Entwicklungsgeschichte und Lebenszyklen der Kratzer sind erst von wenigen Arten bekannt. Nach der Befruchtung entwickeln sich die Eier in den Ligamentsäcken oder in der Leibeshöhle der Weibchen bis zu einem beschalten ersten Larvenstadium. Die Entwicklung beginnt mit einer vermutlich infolge der ellipsoiden Eigestalt stark abgewandelten Spiralfurchung. Diese führt bei *Macracanthorhynchus hirudinaceus* zur Bildung eines 34-Zellen-Stadiums, dessen Macromeren — in der Längsachse des Eies gesehen — zwischen den Abkömmlingen des 3. Micromeren-Quartetts sowie zwei zusätzlichen Micromeren einerseits und denen der beiden ersten Quartette anderseits liegen. Bei *Polymorphus minutus* dagegen sind auf dem 36-Zellen-Stadium die Macromeren auf einer Seite und die Micromeren auf der anderen Seite des Embryos in Längsrichtung angeordnet. Der Nachweis der für die Spiralfurchung so typischen Urmesodermzelle gelang bisher bei den Acanthocephala nicht. Nach diesem Stadium, bei anderen Kratzern aber zum Teil schon früher, wird der Keim durch Auflösung der Zellgrenzen syncytial. Nun beginnt ein für alle Acanthocephala typischer Prozeß, indem sich die Kernteilung fortsetzt und die Mehrzahl der Kerne im Zentrum des Embryos dicht zusammenrückt, während nur wenige, auffällig größere Kerne in der äußeren Plasmaschicht verbleiben. Am Vorderende des Keimes erscheinen zumeist drei oder mehr Paar Haken und in seinem Inneren Muskelfibrillen, die den Vorderkörper etwas einziehen und dadurch die Haken indirekt bewegen können. Gleichzeitig entsteht unter der Eimembran eine zweiteilige, aus drei oder vier Hüllen bestehende Embryonalschale, die den fertig ausgebildeten Keim als schützende Eikapsel umschließt (Abb. 339).

In diesem Zustand werden die Eier, die jetzt besser als Embryophoren zu bezeichnen sind, abgelegt und gelangen mit dem Wirtskot ins Freie. Ihre Anzahl ist sehr hoch, besonders gewaltig bei großen Arten, etwa beim Riesenkratzer, der 8—10 Monate lang täglich durchschnittlich 82000 Eier abgibt, wobei während einer Periode der höchsten Eiproduktion täglich sogar bis $^1/_4$ Million gezählt worden sind. Je nachdem, ob sich die weitere Entwicklung in wasser- oder landlebenden Tieren abspielt, haben die Embryophoren eine ausgesprochen längliche, manchmal sogar schlank schiffchenartige Form oder sind lediglich ellipsoidal gestaltet. Außerdem haben die ersteren eine dünne, die letzteren dagegen eine auffallend dicke Schale.

Im Freien entwickelt sich die in der Eikapsel liegende, als **Acanthor** bezeichnete Hakenlarve nicht weiter, sondern stellt ein Wartestadium dar (Abb. 340). Erst wenn die Kapsel von einem Wirbellosen verzehrt wird, schlüpft sie im Darm dieses Zwischenwirtes aus. Als Zwischenwirte dienen den Kratzern hauptsächlich Krebse (vor allem Amphipoda und Isopoda) oder Larven, seltener auch Imagines von Insekten. Der Acanthor durchbohrt mit seinen Haken unter Schlängelbewegungen den Darm des Zwischenwirtes und bleibt in dessen Leibeshöhle liegen. Hier durchläuft die Larve, jetzt **Acanthella** genannt, unter ständiger Nahrungsaufnahme durch die Haut ein Stadium der Organogenese. Zunächst bilden sich die Haken des Acanthors und ihre Muskulatur zurück. Dann differenzieren sich die Kerne der zentralen Kernmasse und bilden, abgesehen von den großen Epithelkernen, fünf hintereinanderliegende Gruppen als die ersten Anlagen von Rüssel, Ganglion, Muskulatur, Ligament und Urogenitalsystem. Diese Anlagen wandeln sich bald in die betreffenden Organe um, die Lemnisken buchten sich in die Leibeshöhle vor, und im Integument entsteht das Lakunensystem. Hierdurch wird der Wurm einem kleinen Kratzer immer ähnlicher. Er verlängert sich ständig, zieht Rüssel und Hals tief in den Rumpf ein und erreicht damit nach 5—12 Wochen das für den Endwirt infektiöse Stadium der **Postlarve**. Diese ist oft cystenartig von einer Hülle umgeben, die im Laufe des Acanthella-Stadiums entsteht, und wird deshalb auch **Cystacantha** genannt.

Nach oraler Aufnahme des Zwischenwirtes durch ein als Endwirt geeignetes Wirbeltier löst sich in dessen Dünndarm die Cystenhülle auf, die Postlarve setzt sich nach Wanderung zu einer für die Ernährung optimalen Stelle an der Darmwand fest und wächst zum adulten Kratzer heran. Die Dauer der Entwicklung im Endwirt schwankt im allgemeinen zwischen 4 und 10 Wochen, beim Riesenkratzer beträgt sie etwa 8 Wochen.

Übersicht: Ei (= Embryophore) mit Acanthor (im Freien) — Acanthella und Postlarve (in der Leibeshöhle des wirbellosen Zwischenwirtes) — Kratzer (im Darm des vertebraten Endwirtes).

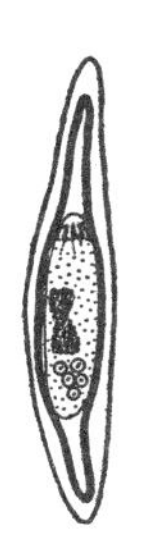

A

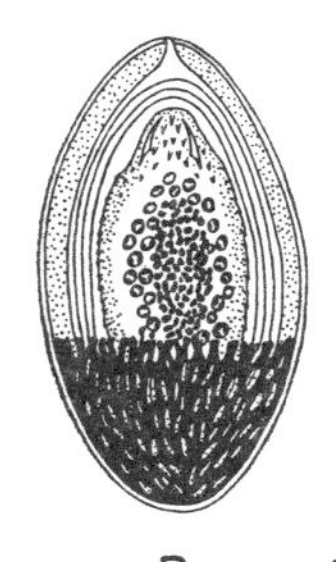

B

Abb. 339

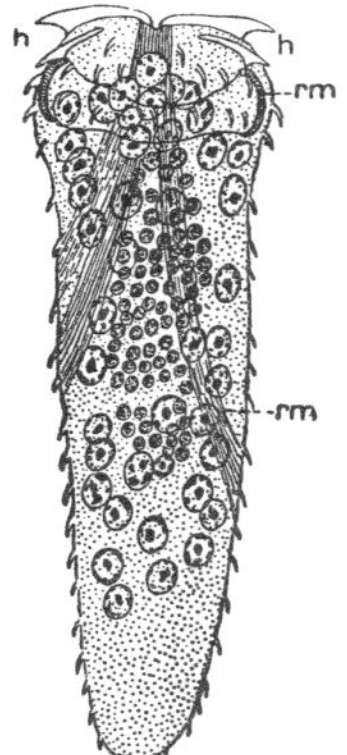

Abb. 340

Abb. 339. Eier im optischen Längsschnitt. **A.** Von *Echinorhynchus*. Mittlere Eihülle schwarz. Länge 0,08 mm. **B.** Von *Macracanthorhynchus*. In der unteren Hälfte ist die netzartige Strukturierung der äußeren Eihülle dargestellt. Länge 0,09 mm. — A nach HAMANN 1891, B nach KATES 1944.

Abb. 340. Acanthor-Larve des Riesenkratzers, *Macracanthorhynchus hirudinaceus*, mit vielen Embryonalkernen im Körpersyncytium, vor dem Eindringen in die Leibeshöhle eines Engerlings. Länge 0,11 mm. — **h** Haken, **rm** deren Retraktoren und Ringmuskeln (hinter den Haken). — Nach MEYER 1933.

In vielen Fällen gelangen die Jungwürmer aber nicht sogleich in den Endwirt sondern zunächst in einen vielfach durchaus entbehrlichen sogenannten Warte- oder Stapelwirt (hauptsächlich Fische, Frösche, Eidechsen oder Schlangen), in dem sie wiederum den Darm durchbohren und dann ohne Veränderung in einem Gewebe eingekapselt bleiben, bis sie endlich vom Endwirt aufgenommen werden. Der Wartewirt ist meist eine Wirbeltierart, die öfter Gelegenheit hat, den 1. Zwischenwirt zu fressen als der Endwirt, und selbst zur Nahrung des Endwirtes gehört.

Stammesgeschichte

Die phylogenetische Herkunft der Acanthocephala liegt noch weitgehend im Dunkeln. Es kann lediglich mit großer Wahrscheinlichkeit angenommen werden, daß sie von kleinen freilebenden Sand- oder Schlickbewohnern abstammen. Dementsprechend ist auch die Stellung der Kratzer im System seit langem heftig umstritten. Teils werden sie als Klasse den Nemathelminthes zugeordnet, teils als selbständiger Tierstamm betrachtet, der einigen Forschern zufolge den Plathelminthes, nach anderen den Priapulida nahestehen soll.

Der Grund hierfür liegt in den eigenartigen Merkmalen dieser isolierten Tiergruppe, die sich nur zum Teil auf die parasitische Lebensweise zurückführen lassen. Lediglich Mund- und Darmlosigkeit sowie die Hautlakunen samt den Lemnisken sind auf diese Weise abzuleiten. Als ursprüngliche Eigentümlichkeiten, die für Darmschmarotzer keineswegs obligatorisch sind, müssen gelten: der Rüssel, den wir in ähnlicher Gestalt ja auch bei den freilebenden Kinorhyncha und Priapulida finden, sowie die Zell- bzw. Kernkonstanz der meisten Organe und die Syncytienbildung, die ebenfalls von freilebenden Schlauchwürmern (besonders Rotatoria und Nematoda) bekannt sind. Zu diesen Übereinstimmungen mit manchen Nemathelminthes kommen noch weitere wie: das Vorhandensein einer weiten Leibeshöhle, die Beschaffenheit des Integuments (sehr ähnlich dem der Rotatoria), die Getrenntgeschlechtlichkeit, die entolecithalen Eier und die Bildung eines Urogenitalsystems bei manchen Archiacanthocephala (ähnlich den Rotatoria, aber auch den Priapulida). Außerdem läßt sich wahrscheinlich der Ligamentstrang mit dem Hodenligament mancher Rotatorien-Männchen vergleichen, das vom zurückgebildeten Darmkanal dargestellt wird. Darüber hinaus konnte neuerdings nachgewiesen werden, daß die Spermien von Acanthocephala, Rotatoria und bestimmten Nematoda in ihrer Ultrastruktur weitgehend übereinstimmen [139]. Demgegenüber erscheinen die Übereinstimmungen mit den Plattwürmern, insbesondere Bandwürmern (u. a. Hakenlarve, Besitz von Ringmuskeln, die doch auch in einigen Zoniten der Kinorhyncha und bei Priapulida vorhanden sind) weniger bedeutsam, die Unterschiede aber, die vor allem im Fehlen des Parenchyms, in der ganz anderen Feinstruktur der Haut und der Spermien sowie im Aufbau der niemals zwittrigen Genitalorgane begründet sind, recht auffällig. Auch zu den Priapulida bestehen trotz mancher Ähnlichkeit eine Reihe wesentlicher Differenzen (Art der Rüsselbehakung, Nervensystem, Ontogenese und Aufbau des Urogenitalsystems sowie vielleicht ganz andere Verhältnisse der Leibeshöhle). Die Eingliederung der Acanthocephala in die Nemathelminthes dürfte deshalb vorläufig gerechtfertigt sein.

Innerhalb der Acanthocephala können die kleinen fischparasitischen Eoacanthocephala als ursprünglichste Gruppe gelten. Von diesen dürften sich die Palae- und die Archiacanthocephala schon frühzeitig getrennt und unter Anpassung an andere Zwischen- und Endwirte in zwei unterschiedlichen Entwicklungsrichtungen eine höhere Organisationsstufe erreicht haben.

Vorkommen und Lebensweise

Die erwachsenen Acanthocephala leben parasitisch im Darm von marinen, Süßwasser- und Landwirbeltieren aller Klassen, bei Warmblütern vornehmlich im Dünndarm. Zum **Anheften** an die Darmwand des Wirtes sowie für gelegentliche **Ortsveränderungen** zum Aufsuchen von Darmbezirken mit optimalen Ernährungsbedingungen dient ihnen der Hakenrüssel, der periodisch ein- und ausgestülpt wird, wenn die Würmer nicht festgeheftet sind. Beim Ausstülpen des Rüssels (S. 534) gelangt zunächst seine Basis nach außen, und die Spitzen der Haken beschreiben einen Bogen von vorn-innen nach hinten-außen, wodurch sie sich in die Darmzotten der Umgebung einhaken. Durch das ständige Ein- und Ausstülpen des Rüssels vermögen sich die Kratzer im Wirtsdarm vorwärts zu ziehen. Wenn sie aber den Rüssel bis in die Submucosa des Darmes eintreiben, können sie sich mittels seiner Widerhaken so vor Anker legen, daß sie nicht von der Peristatik aus dem Wirtskörper entfernt werden. Manchmal durchdringen sie sogar den Darm, so daß ihre Proboscis in einem außen an der Darmwand sichtbaren Knötchen zu liegen kommt (Abb. 341).

Vor den verdauenden Wirtsfermenten sind die Kratzer durch ihre hauptsächlich saure Mucopolysaccharide enthaltende Epicuticula und die cuticuläre Außenschicht ihres Integuments geschützt, die aus keratinisierten oder mit Phenolen und Chinonen gegerbten Proteinen besteht.

Die **Ernährung** der Acanthocephala erfolgt wegen des fehlenden Darmkanals durch die Haut, wobei die äußerst zarte Wand der vielen von den Poren der Cuticula aus in sie hineinziehenden Kanälchen als absorptive Oberfläche dient. Die Nährstoffe werden dem von den Wirtsfermenten aufgespaltenen Chylus entzogen, nicht aber der Darmwand der Wirtstiere.

Dies konnte durch Experimente an Ratten bewiesen werden, die mit *Moniliformis moniliformis* infiziert waren. Verfütterte man an die Ratten markiertes Natriumphosphat, so wurden große Dosen von P^{32} sowohl in deren Darmschleimhaut als auch im Gewebe der Kratzer absorbiert. Wurde aber die markierte Verbindung intraperitoneal injiziert, dann war P^{32} zwar in der Darmschleimhaut der Ratten, jedoch kaum im Parasitengewebe nachweisbar.

Entgegen früheren Ansichten erfolgt die Nahrungsaufnahme auch nicht über die Praesomawand und die Lemnisken, sondern fast ausschließlich durch die Wand des Rumpfabschnittes.

So ließ sich zeigen, daß an mit *Acanthocephalus ranae* infizierte Frösche verfüttertes markiertes oder gefärbtes Fett zunächst in der Rumpfwand der Kratzer, und zwar hauptsächlich in deren Radiärfaserschicht, erscheint. Erst von dort aus gelangt es offensichtlich über das Lakunensystem der Haut zum Praesoma und in die Lemnisken. In den letzteren wird es gespeichert, vielleicht zum Teil auch aus Vorstufen synthetisiert, die dem Chylus entstammen. Kohlehydrate, die — wie auch Aminosäuren — ebenfalls durch die Rumpfwand aufgenommen werden, fand man dagegen in Form von Glykogenschollen in der Hypodermis eingelagert. Der gesamte Stoffwechsel ist anaerob.

Ökonomische Bedeutung

Die Kratzer schädigen ihre Wirtstiere durch Nahrungsentzug, toxische Wirkung und gelegentlich mechanisch durch Behinderung der Darmpassage oder Verletzung des Darmes. Jedoch ist die Schadwirkung zumeist unbedeutend und führt nur bei Massenbefall zu Krankheitserscheinungen. So können bei Enten 300—600 Kratzer der Gattung *Polymorphus* und bei Jungschweinen 50 Riesenkratzer tödlich wirken; größere wirtschaftliche Verluste treten hierdurch aber nur selten ein. Der Mensch stellt normalerweise keinen Endwirt für irgendeine Acanthocephalen-Art dar; eine Infektion mit dem Riesenkratzer ist zwar möglich, wurde bisher jedoch nur in sehr wenigen Fällen beobachtet.

System

Das der folgenden Übersicht zugrunde liegende, seit langem gebräuchliche System der Acanthocephala basiert auf den morphologischen Merkmalen der adulten Tiere.

Daneben ziehen neuerdings einige Autoren noch bestimmte Eigentümlichkeiten der Eier und Acanthor-Larven als Grundlage für eine gewisse Umgruppierung der Kratzer sowie zur Charakterisierung der drei in dieser Klasse unterschiedenen Ordnungen heran und belegen diese gleichzeitig mit älteren, bisher kaum benutzten Namen [137, 140]:

1. Neoechinorhynchidea: Eier in jedem Pol mit einer Ausbuchtung der mittleren Eihülle oder ohne solche Bildungen. Acanthor ohne Embryonalhaken und ohne Rumpfbestachelung. Entspricht den Eoacanthocephala.
2. Echinorhynchidea: Eier mit polaren Ausbuchtungen (Abb. 339A). Acanthor mit Embryonalhaken, aber ohne Rumpfbestachelung. Entspricht mit Ausnahme eines zur folgenden Ordnung gestellten Teiles der Polymorphidae im wesentlichen den Palaeacanthocephala.
3. Gigantorhynchidea: Eier ohne polare Ausbuchtungen (Abb. 339B). Acanthor mit Embryonalhaken und Rumpfbestachelung. Entspricht den Archiacanthocephala einschließlich eines Teiles der Polymorphidae.

Nun stellt aber die Ausbildung von polaren Ausbuchtungen in der Eischale offensichtlich eine Adaptation an den aquatilen Lebenszyklus der betreffenden Formen dar, die mehrmals unabhängig voneinander stattgefunden haben und bei sekundärem Übergang zu einem Landzyklus auch wieder verlorengegangen sein kann. Außerdem ist inzwischen nachgewiesen worden, daß die Acanthor-Larven innerhalb jeder der drei Ordnungen in unterschiedlicher Weise behakt und bestachelt sind. Deshalb kann diesen Ei- und Larvalmerkmalen keine so hohe Bedeutung beigemessen werden, die eine Veränderung des derzeitigen Acanthocephalen-Systems rechtfertigen würde.

1. Ordnung Eoacanthocephala

Kleine, in Fischen und ausnahmsweise in Schildkröten parasitierende Arten mit radiärsymmetrisch oder spiralig auf dem Rüssel angeordneten Haken. Längsstämme des Hautlakunensystems dorsal und ventral liegend. Haut mit wenigen großen, ovalen Kernen. Keine Protonephridien vorhanden. Die Ligamentsäcke der Weibchen bleiben zeitlebens erhalten. Eier dünnschalig. Männchen mit einer syncytialen Zementdrüse. — 2 Unterordnungen mit zusammen 5 Familien und 130 Arten.

1. Unterordnung Gyracanthocephala

Rumpf vollständig oder wenigstens teilweise bestachelt.

Familie Quadrigyridae. Wenig bekannte, bis 25 mm lange, in Südamerika, Afrika sowie Süd- und Südostasien vorkommende Parasiten von Süßwasserfischen.

2. Unterordnung Neoacanthocephala

Rumpf immer unbestachelt.

Familie Neoechinorhynchidae. Rüssel annähernd kugelig, mit höchstens 30 Haken. — **Neoechinorhynchus*. Der in Eurasien als Parasit von zahlreichen Süßwasserfischen weit verbreitete, nur 5—8 mm lange **N. rutili* hat eine gewisse Bedeutung als Krankheitserreger bei Forellen. Larven in Muschelkrebsen (Ostracoda).

2. Ordnung Palaeacanthocephala

Kleine bis mittelgroße Parasiten von Fischen, Amphibien, Vögeln und Meeressäugetieren mit radiärsymmetrisch auf dem Rüssel angeordneten Haken. Längsstämme des Hautlakunensystems in der Regel lateral liegend. Kerne der Haut stark gelappt oder in viele kleine Kerne zerfallen. Keine Protonephridien vorhanden. Die Ligamentsäcke der Weibchen zerreißen in früher Lebenszeit. Eier dünnschalig. Männchen meist mit 6, selten mit 2, 4 oder 8 jeweils vielkernigen Zementdrüsen. — Etwa 15 Familien mit insgesamt rund 470 Arten.

Familie Echinorhynchidae. Rumpf unbestachelt. Rüssel keulenförmig bis zylindrisch, vorn mit Haken, hinten mit Dornen besetzt. Parasiten von Fischen und Amphibien. — **Echinorhynchus*. Vorwiegend in marinen Fischen. **E. gadi*, bis 4 cm lang, bei den Fischen der nördlichen Meere weit verbreitet. Larven in Flohkrebsen (Amphipoda). — **Acanthocephalus* kommt bei marinen und Süßwasserfischen sowie Amphibien vor. **A. ranae*, bis 35 (manchmal bis 60) mm lang, lebt im Darm von Frosch- und Schwanzlurchen. Zwischenwirte sind Wasserasseln (Isopoda).

Familie Polymorphidae. Rumpf meistens bestachelt. Rüssel nur mit Haken. Im Dünndarm von Vögeln und Meeressäugetieren. — **Polymorphus*. Zahlreiche Arten hauptsächlich in Wasservögeln. **P. minutus*, bis 14 mm lang, weit verbreitet besonders bei Enten, Gänsen, Möwen und Watvögeln; in Entenzuchten als Krankheitserreger auftretend. Zwischenwirte sind Flohkrebse (Amphipoda), als Wartewirte können Fische in den Lebenszyklus eingeschaltet sein. — **Filicollis* mit beim Weibchen ballonförmig aufgetriebenem Rüssel, der — durch einen langen Hals mit dem Rumpf verbunden — an der Außenfläche des Wirtsdarmes in einem Knötchen liegt (Abb. 341). **F. anatis*, bis 26 mm lang, vorwiegend in Europa bei vielen Wasservögeln vorkommend. Kann bei Enten heftigen Darmkatarrh hervorrufen. Larven in Wasserasseln (Isopoda). — **Corynosoma*. Im Darm von Meeressäugetieren und fischfressenden Vögeln schmarotzende, selten mehr als 1 cm lange Arten, deren bestachelter Vorderrumpf auffällig verdickt ist (Abb. 342).

Familie Pomphorhynchidae. Parasiten hauptsächlich von Süßwasserfischen. Mit auffällig langem Hals, der bei den bis 3 cm langen Arten von **Pomphorhynchus* direkt hinter dem Rüssel kugelartig aufgetrieben ist. Zwischenwirte sind Flohkrebse (Amphipoda), als Wartewirte dienen manchmal kleine karpfenartige Fische.

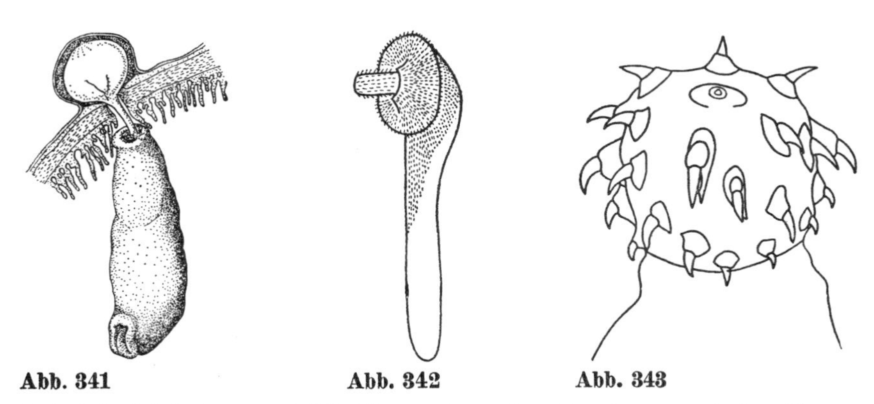

Abb. 341 **Abb. 342** **Abb. 343**

Abb. 341. Weibchen von *Filicollis anatis*, an der Dünndarmwand einer Ente verankert. Der ballonförmige Rüssel buchtet die Serosa knötchenartig vor. Länge etwa 2 cm. — Nach BITTNER 1926.

Abb. 342. Weibchen von *Corynosoma strumosum*, einem Dünndarmparasiten von Robben mit verdicktem und dicht bestacheltem Vorderkörper. Länge 9 mm. — Nach LÜHE 1911.

Abb. 343. Rüssel von *Macracanthorhynchus hirudinaceus* (Riesenkratzer). Die Haken sind in sechs spiraligen Reihen angeordnet. Durchmesser etwa 0,5 mm. — Nach TRAVASSOS 1917.

3. Ordnung Archiacanthocephala

Mittelgroße bis sehr große Dünndarmparasiten von warmblütigen Landwirbeltieren. Haken auf dem Rüssel in spiraligen Reihen angeordnet. Längsstämme des Hautlakunensystems dorsal und ventral liegend. Haut mit wenigen, manchmal gelappten oder langgestreckten Riesenkernen. Protonephridien bei einer Familie vorhanden. Die Ligamentsäcke der Weibchen bleiben zeitlebens erhalten. Eier dickschalig. Männchen immer mit acht einkernigen Zementdrüsen. — Etwa 150 Arten in 6 Familien.

Familie Oligacanthorhynchidae. Der im Verhältnis zum Rumpf auffällig kleine, kugelige oder eiförmige Rüssel trägt nur wenige Haken. Protonephridien vorhanden. In Säugetieren. — **Macracanthorhynchus* mit sechs spiraligen Reihen zu je sechs Haken auf dem Rüssel (Abb. 343). **M. hirudinaceus* (syn. *Echinorhynchus gigas*), der Riesenkratzer, bis 50 (selten bis 65) cm lang, hauptsächlich im Haus- und Wildschwein, gelegentlich auch bei Nagern, Raubtieren und beim Menschen vorkommend. Kann bei Jungschweinen eine mit Durchfällen und Abmagerung einhergehende Erkrankung mit manchmal tödlichem Ausgang hervorrufen. Als Zwischenwirte dienen die Larven des Maikäfers, des Rosenkäfers (*Cetonia aurata*) und die anderer Käfer. — *Nephridiacanthus longissimus,* Weibchen bis 95 cm lang, in äthiopischen Erdferkeln.

Familie Moniliformidae. Rüssel annähernd zylindrisch, mit zahlreichen Haken. Rumpf äußerlich in größeren Abständen tief quergeringelt. In Säugetieren. — Einzige Gattung: **Moniliformis.* * *M. moniliformis,* bis 27 cm lang, in eurasischen Nagetieren; *M. dubius,* bis 30 cm lang, in Ratten von Nordamerika und Südostasien. Larven in Schaben und Käfern.

Familie Gigantorhynchidae. Rüssel vorn mit Haken, hinten mit Dornen besetzt. — *Gigantorhynchus.* Wenige, bis 24 cm lange Arten in südamerikanischen Ameisenfressern und Beuteltieren. — Die artenreiche Gattung **Mediorhynchus* weit verbreitet bei Landvögeln, bis 8 cm lang.

11. Stamm Priapulida

15 Arten. Körperlänge durchschnittlich 3 mm bis 10 cm. Größte Art: *Priapulus caudatus*, selten bis 20 cm lang.

Diagnose

Wurmförmige, unsegmentierte Bewohner des Meeresbodens, deren bilaterale Symmetrie äußerlich von einer Radiärsymmetrie überlagert ist. Körper in einen einstülpbaren, mit Haken besetzten Vorderkörper, einen walzenförmigen Rumpf und einen nur bei wenigen Arten fehlenden Schwanzanhang gegliedert. Darm gerade; Mundöffnung terminal am Vorderende, After am Rumpfende liegend. Zahlreiche Protonephridien-Terminalorgane münden mit den in Divertikel aufgespaltenen Gonaden jederseits in einen gemeinsamen Urogenitalgang. Leibeshöhle umfangreich, mit einer Membran ausgekleidet und mit Flüssigkeit gefüllt. Blutgefäßsystem und Atmungsorgane fehlen. Getrenntgeschlechtliche Tiere mit äußerer Befruchtung.

Eidonomie

Der Körper besteht aus einem starken, mit Haken besetzten vorderen Abschnitt und dem zumeist über doppelt so langen, annähernd zylindrischen Rumpf (= Abdomen). Der Vorderkörper kann als Introvert völlig in den Rumpf eingestülpt werden; da er nicht nur den Pharynx, sondern auch das Oberschlundganglion enthält, stellt er einen echten Körperabschnitt dar und kann deshalb nicht als Anhang (Rüssel) bezeichnet werden. An den Rumpf schließt sich oft ein mehr oder weniger langer, sehr dehnbarer, bei einer Art paariger Schwanzanhang an, der traubig angeordnete bläschenförmige Ausstülpungen und auch Haken tragen kann. Die Körperdecke ist im Gebiet des Introvert mit 20 oder 25 Längsreihen bzw. mehreren Kreisen nach rückwärts gerichteter kräftiger Cuticularhaken (Skaliden) versehen; bei den Maccabeidae besteht der 1. Skaliden-Kreis aus gefiederten Doppelborsten (Abb. 348). Auf dem Rumpf erscheint die Haut vielfach äußerlich geringelt und weist außerdem papillenartige Erhebungen oder eine feine Beborstung, am Hinterende manchmal auch Borstenkränze auf. Bei den Tubiluchidae und allen Larven sind röhrenförmige Hautfortsätze, durch die eine Drüse ausmündet, in unterschiedlicher Zahl und Anordnung auf dem Rumpf verteilt; diese Tubuli haben offenbar Haftfunktion (Abb. 347). Die Arten der Priapulidae haben eine gelb- bis rotbraune Färbung, während die durchweg sehr kleinen Tubiluchidae und Maccabeidae ungefärbt und durchscheinend sind.

Anatomie

Das **Integument** wird von einem Hautmuskelschlauch aus äußeren Ring- und inneren Längsmuskelbündeln gebildet, über dem eine zellige Epidermis liegt, die die zweischichtige, aus Proteinen und Chitin bestehende derbe Cuticula abscheidet. Die Cuticula wird des öfteren samt der Auskleidung von Vorder- und Hinterdarm binnen kurzer Zeit (bei *Priapulus* innerhalb 1 min) abgestreift, nachdem sich unter ihr bereits eine neue Cuticula gebildet hat. Bei einem juvenilen *Priapulopsis* aus der Adria fand man in warzenförmigen Erhebungen der Haut nicht explodierte Nesselkapseln, die wohl von gefressenen Hexakorallen stammten und wie die Kleptocniden mancher Turbellaria vom Darm aus in die Haut transportiert worden sind.

Gegen die **Leibeshöhle** wird der Hautmuskelschlauch durch eine dünne Membran abgegrenzt, die Kerne enthalten und somit zelliger Natur sein soll [18]. Dieses „Epithel“ bedeckt auch den Darmkanal, die den Körper schräg durchziehenden Retraktormuskeln des Introvert und die Urogenitalorgane. Die hierdurch vollständig abgeschlossene Leibeshöhle ist mit einer Flüssigkeit gefüllt, die 30–40% des Körpervolumens ausmacht und in der amoeboid bewegliche, zur Phagocytose befähigte Leucocyten sowie kernhaltige Erythrocyten schwimmen. Letztere enthalten Haemerythrin, das wohl einen Sauerstoffspeicher für die im Schlamm lebenden Tiere darstellt. Bei Arten mit Schwanzanhang setzt sich die Leibeshöhle in dessen Binnenraum fort. Wird bei *Priapulus* Leibeshöhlenflüssigkeit aus dem Rumpf in den Schwanzanhang gepreßt, so entfaltet er sich stark und kann dann weit über Rumpflänge erreichen; Eigenmuskulatur vermag ihn wieder zu verkürzen. Wahrscheinlich hat der Anhang vorwiegend eine Aufgabe bei der Verankerung des Tieres im Substrat.

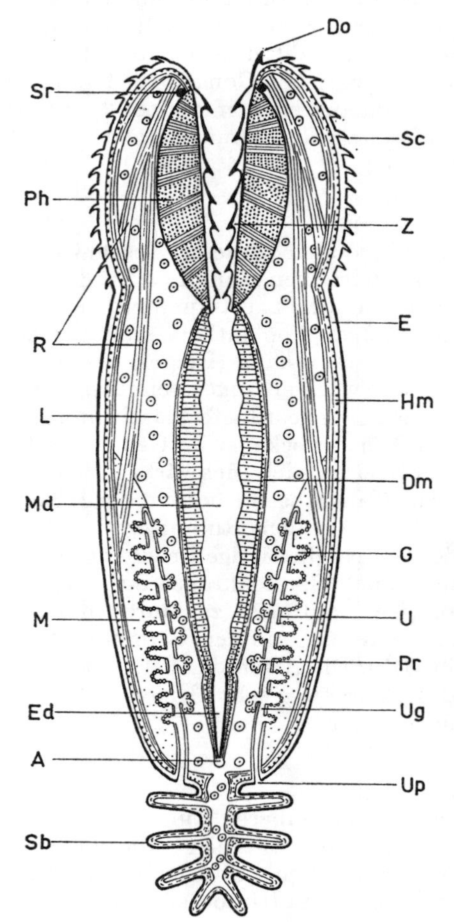

Abb. 344. Priapulida. Organisationsschema. Ventralansicht. — **A** Anus, dorsal gelegen, **Dm** Darmmuskelschicht, **Do** Dorn des Mundfeldes, **E** Epidermis mit außen anliegender Cuticula, **Ed** Enddarm, **G** Gonadendivertikel, **Hm** Hautmuskelschicht, **L** Leibeshöhle mit Coelomocyten, **M** „Mesenterium“ des Urogenitalorgans, **Md** Mitteldarm, **Ph** Pharynx mit Radiär- und Ringmuskeln, **Pr** Protonephridium, **R** Retraktoren zum Einziehen des Introvert, **Sb** Bläschen des Schwanzanhanges, **Sc** Skalid (Introverthaken), **Sr** Schlundring (der von ihm ventral entspringende Nervenstamm ist nicht dargestellt), **U** Urogenitalorgan, **Ug** Urogenitalgang, **Up** Urogenitalporus, **Z** Zahn der Pharynx-Innenwand. — Kombiniert nach verschiedenen Autoren.

Bisher galt der Anhang als **Atmungsorgan.** Dem widersprechen folgende Tatsachen: Nach Entfernung des Anhanges bei *Priapulus* blieb die Sauerstoff-Konsumption nicht nur gleich, sondern erhöhte sich deutlich. Ferner ist weder eine zu dem Anhang führende Wasserströmung noch eine starke Reduktion von Methylenblau in ihm nachweisbar. Außerdem überlebte *Priapulus* seine Resektion ohne sichtliche Schädigung, und zwei Arten fehlt ein Anhang überhaupt. Es ist jedoch möglich, daß sich der Anhang bei den großen, derbhäutigen Priapulidae an der Respiration beteiligt, wenn die O_2-Konzentration sehr gering ist. Dafür spricht, daß er ausgestreckt und kräftig rhythmisch kontrahiert wird, wenn man *Priapulus* aus mit N_2 angereichertem Wasser in sauerstoffreiches bringt. Normalerweise erfolgt die Atmung aber wohl durch die Haut.

Als Zentrale im **Nervensystem** fungiert ein paariges Oberschlundganglion, das fast gänzlich mit einem dicht hinter der Mundöffnung liegenden Schlundring verschmolzen ist. Der Ring entsendet im ganzen Verlauf Nerven zum Mund, zur Wand von Introvert und Rumpf sowie zum Darm. Ventromediad schließt sich an den Ring ein der Epidermis innen angelagerter, bis zum Hinterende reichender Nervenstrang an, der in regelmäßigen Abständen Ganglien enthält und von diesen aus Seitenzweige entsendet.

Die Priapulida sind deutlich positiv geotaktisch und reagieren auf mechanische sowie optische Reize, wobei als Rezeptoren über den ganzen Körper verstreute Sinnespapillen dienen, die stets mehrere **Sinneszellen** mit haarförmigen Reizempfängern enthalten. Als Chemorezeptoren werden bei *Tubiluchus* besonders auf der vorderen Rumpfpartie vorgefundene rosettenartige Sinnesorgane gedeutet.

Der **Darmkanal** durchzieht den Körper in gerader Richtung. Das an der Spitze des Introvert gelegene Mundfeld trägt mehrere Kreise kräftiger zahnartiger Dornen, die bei den Maccabeidae auf dem 1. Kreis in gefiederte Borsten auslaufen. Die Dornen setzen sich auf die cuticuläre Bekleidung eines an die Mundöffnung anschließenden Pharynx als rückwärts gerichtete, manchmal kammartig aufgespaltene Zähne fort (Abb. 344). Der Pharynx kann mit Hilfe starker Radial- und Ringmuskeln einen kräftigen Sog ausüben. Er geht in den weitlumigen Mitteldarm mit hohen Epithelzellen über, der von einer Schicht aus inneren Ring- und äußeren Längsmuskeln umkleidet ist. Der kurze, cuticularisierte Enddarm mündet am Rumpfende aus; wenn ein Schwanzanhang vorhanden ist, liegt der Anus ventral vor dessen Basis.

Zu jeder Seite des Darmes liegt bei den stets getrenntgeschlechtlichen Priapulida ein eigentümliches **Urogenitalsystem** (Abb. 344), das durch einen mesenterialen Fortsatz der Leibeshöhlenauskleidung mit der Körperwand verbunden ist. Es besteht aus einem Urogenitalgang, der auf einer Seite ein oder mehrere verzweigte Büschel von einigen Tausend Terminalorganen trägt, deren jedes von einer Anzahl Endzellen vom Typ der Cyrtocyten gebildet wird, auf der anderen Seite aber blinde Seitengänge aufweist, an deren Wandungen Geschlechtszellen entstehen. Die reifen Geschlechtszellen fallen in das Lumen der Urogenitalgänge und gelangen durch die jederseits des Afters gelegenen Poren in das umgebende Wasser.

Die Funktion eines **Blutgefäßsystems** wird von der Leibeshöhlenflüssigkeit übernommen.

Fortpflanzung und Entwicklung

Bei *Priapulus* und wohl allen Priapulida erfolgt die Besamung der Eier im freien Wasser. Die Männchen stoßen ihr Sperma aus, woraufhin in der Nähe befindliche Weibchen die Eier entleeren. Die Eier furchen sich total und radiär (also nicht spiralig); es entsteht eine Coeloblastula, die sich in eine Invaginationsgastrula verwandelt. Vom Urmundrand wachsen dann zwei Zellstränge in das Blastocoel, von denen sich Zellen ablösen, die schließlich als Mesoderm die ganze primäre Leibeshöhle ausfüllen. Die ausschlüpfende wimperlose Larve besteht aus einer ectodermalen Umhüllung und einer inneren syncytialen Zellmasse. Sie war nicht über 2 Tage am Leben zu erhalten, weshalb die Organbildung unbekannt ist. Wohl aber hat man im Schlamm ältere *Priapu-*

lus-Larven gefunden. Sie zeichnen sich aus durch einen cuticulären Panzer (Lorica), der in der Hauptsache aus einer dorsalen, einer ventralen und jederseits drei schmaleren Platten besteht (Abb. 345). Der durch eine Halspartie mit dem Larvenrumpf verbundene Introvert ragt in ausgestülptem Zustand in ganzer Länge über den Panzer hinaus, und die innere Organisation ähnelt der der Erwachsenen. Die Larven kriechen mit Hilfe des Introvert auf der Schmalseite des Panzers und brauchen 2 Jahre zur Umwandlung in den Jungwurm. Bei den anderen Priapulida sind die Larven bis auf Unterschiede in Anzahl und Form der Lorica-Platten ähnlich gebaut. Alle Larven häuten sich mehrmals, ebenso während der Metamorphose zum subadulten Tier, wobei dann auch der Larvenpanzer abgestoßen wird.

Abb. 345. Larve von ***Priapulus caudatus*** mit zwei Tubuli, von der Seite gesehen. Länge **1,3 mm.** — Nach LANG **1949.**

Die Larven der Priapulida zeigen keine Ankläge an eine ursprüngliche Primärlarve. Es handelt sich ganz offensichtlich um Sekundärlarven. Die Vorfahren der heutigen Priapulida hatten vermutlich einen direkten (holobenthonischen) Lebenszyklus, aus dem sich sekundär ein indirekter Zyklus mit sekundärer Larve und sekundärer Metamorphose herausgebildet hat.

Stammesgeschichte

Die in jüngerer Zeit vorherrschende Ansicht, daß die Priapulida systematisch in die Nähe der Nemathelminthes zu stellen oder ihnen gar einzugliedern seien, hat durch den Nachweis von Kernen in der Leibeshöhlenauskleidung von *Priapulus caudatus* eine Einschränkung erfahren. Dieser anatomische Befund macht es zweifelhaft, ob die Leibeshöhle, wie bisher angenommen, auf das Blastocoel zurückgeführt werden kann und damit als Pseudocoel zu betrachten ist. Er bildet allein aber auch keinen Beweis dafür, daß es sich bei dieser kernhaltigen Membran um das Coelothel einer echten Leibeshöhle handelt, zumal nicht auszuschließen ist, daß die beobachteten Kerne lediglich zu Amoebocyten gehören, die der Oberfläche der Muskeln und inneren Organe dicht ansitzen [14]. Gegen das Vorhandensein einer echten Leibeshöhle spricht auch noch, daß sowohl die Exkretionsorgane als auch die Gonaden nicht in offener Verbindung mit dem Leibeshöhlenraum stehen. Da außerdem gewisse Übereinstimmungen mit den Kinorhyncha und Acanthocephala bestehen (vgl. S. 530, 538), deren phylogenetischer Wert allerdings umstritten ist, werden die Priapulida in diesem Lehrbuch noch den pseudocoelomaten Gruppen angegliedert, bis wir mehr über den organbildenden Abschnitt der Priapuliden-Ontogenese wissen, der vielleicht Überraschungen birgt. Bisher geben jedenfalls auch Furchung und Larven keinen Aufschluß über die Stammesgeschichte dieser Tiergruppe.

Verbreitung und Lebensweise

Die Priapulida leben im Sand- und Schlammgrund vorwiegend der kälteren Meere, und zwar von der Uferzone bis in 2000 m, eine Art sogar bis in 8000 m Tiefe. Darin kriecht *Priapulus* mit heftigen Introvertbewegungen umher, wie Versuche in durchsichtigem

Schlamm aus Agar-Agar beweisen. Der prall ausgedehnte Introvert legt gewissermaßen das Tier vor Anker, und dieses zieht dann sein Hinterende durch Verkürzung der Längsmuskeln vorwärts. Schon während dieses Vorganges wird eine mit dem Mundsaum beginnende Einstülpung des Introvert eingeleitet. Einem Zurückgleiten wirkt das Tier dabei entgegen, indem es sein Hinterende in das nachsinkende Substrat einstemmt und von hinten nach vorn fortschreitend den Rumpf verdickt. Sobald der Introvert eingestülpt ist, werden gleichzeitig die Längs- und Ringmuskeln kontrahiert; dabei steigt der Flüssigkeitsdruck in der Leibeshöhle plötzlich auf das 15- bis 25fache an. Der jetzt zugespitzte Introvert wird durch den Druck in den Boden getrieben, schwillt danach wieder an und verankert das Tier weiter vorn. Mit einem solchen ungefähr 10—25 s dauernden „Schritt" kann der Körper um oft mehr als ein Viertel seiner Länge vorwärts bewegt werden. Tiere, die reichlich gefressen haben, nehmen oft eine Ruhestellung senkrecht im Schlamm ein, wobei sie die weit geöffnete Mundöffnung in oder über dessen Oberfläche halten, ohne daß sie dabei eine Strömung erzeugen. — Im Gegensatz zu den übrigen Priapulida graben sich die Maccabeidae mit ihrem anhanglosen Hinterende voran unter peristaltischen Bewegungen in den Boden ein, wobei ein Kranz nach vorn gerichteter Borsten am Hinterende als Verankerung dient. Den so geschaffenen Gang kleiden sie mit einem Körpersekret aus.

Priapulus ist ein Räuber, der langsam kriechende Beute unzerkleinert verschlingt, indem er sein Mundfeld nach innen einstülpt, wobei dessen Haken sich in das Opfer eindrücken. *Priapulus* von 7 cm Länge können gleich große Artgenossen in 1 $^1/_2$ min aufnehmen, fressen aber auch langsame Polychaeta, Schlangensterne (z. B. *Amphiura*) und Holothurien. Im Schlund von *Halicryptus* fand man Annelidenreste, so daß auch diese Gattung als räuberisch gelten muß.

Über die Ernährung der kleinen Arten ist kaum etwas bekannt. Die Tubiluchidae sind vielleicht Detritusfresser oder weiden den Bewuchs von Sandkörnern ab, während die Maccabeidae ihren gefiederten Borstenkranz als Fangreuse benutzen.

System

Die Entdeckung kleiner, abweichender Vertreter in den letzten Jahren hat zu einer Komplizierung des Systems der Priapulida geführt. Während bisher alle bekannten Gattungen in der Familie Priapulidae vereinigt werden konnten, wird nunmehr vorgeschlagen, die Priapulida in die beiden Ordnungen Priapulimorpha (mit den Priapulidae im herkömmlichen Sinne und den Tubiluchidae) und Seticoronaria (nur die Maccabeidae) aufzuteilen [17]. Da dieses System noch nicht allgemein anerkannt ist, werden hier lediglich die 3 derzeit unterschiedenen Familien aufgeführt.

Familie Priapulidae. Skaliden in 25 Längsreihen auf dem Introvert angeordnet. Rumpf quergeringelt. Schwanzanhang meist vorhanden, mit bläschenartigen Ausstülpungen oder mit Haken besetzt. Vorwiegend Bewohner kälterer Meere. 7 Arten. — **Priapulus*, mit unpaarigem Schwanzanhang. **P. caudatus*, bis 8 cm, selten bis 20 cm lang (Abb. 346), in nördlichen Meeren; *P. tuberculatospinosus*, sehr ähnlich, in subantarktischen Meeren und weniger häufig in der tropischen Tiefsee. — *Priapulopsis*, bis 10 cm lang, mit paarigem Schwanzanhang, ebenfalls vorwiegend bipolar verbreitet. — **Halicryptus*, ohne Schwanzanhang; die einzige, bis 5 cm lange Art **H. spinulosus* kommt hauptsächlich im Brackwasser vor.

Familie Tubiluchidae. Skaliden in 20 Längsreihen auf dem Introvert angeordnet. Rumpf nicht quergeringelt, mit Längsreihen feiner Warzen bedeckt und unregelmäßig angeordnete Tubuli tragend. Schwanzanhang lang und glatt. — *Tubiluchus*, mit 5 höchstens 6 mm langen Arten, die im Korallensand und im feinen Sediment an den Küsten wärmerer Meere leben. *T. corallicola* (Abb. 347), an westatlantischen und karibischen Inseln; *T. remanei*, im Roten Meer.

Familie Maccabeidae (syn. Chaetostephanidae). Vorderende des Introvert mit einer Krone aus 25 gefiederten Doppelborsten, dahinter mehrere Skaliden-Kreise. Rumpf fein quergeringelt, ohne Schwanzanhang. Halbsessil, in beiderseits offenen, dünnwandigen Sekretröhren. 3 Arten; bisher nur Weibchen gefunden, möglicherweise parthenogenetisch. — *Maccabeus tentaculatus* (Abb. 348), bis 3 mm lang, am Grunde pflanzenreicher Küstenabschnitte des Mittelmeeres. — *Chaetostephanus*, bis 3,6 mm lang, mit je einer Art im Mittelmeer und im Indischen Ozean.

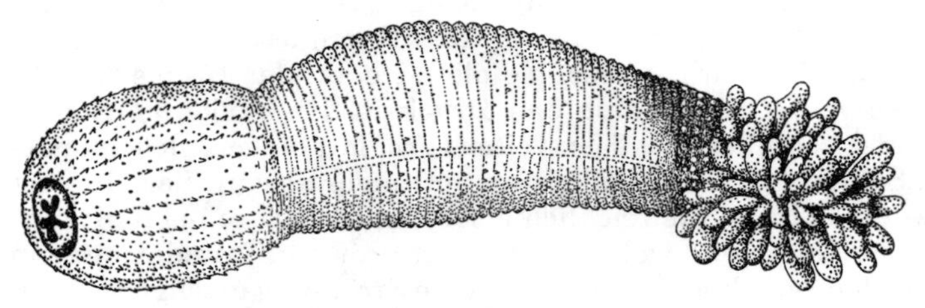

Abb. 346. *Priapulus caudatus*, schräg von ventral gesehen, so daß der hell durchschimmernde Nervenlängsstamm erkennbar ist. Länge etwa 8 cm. — Nach EHLERS 1861.

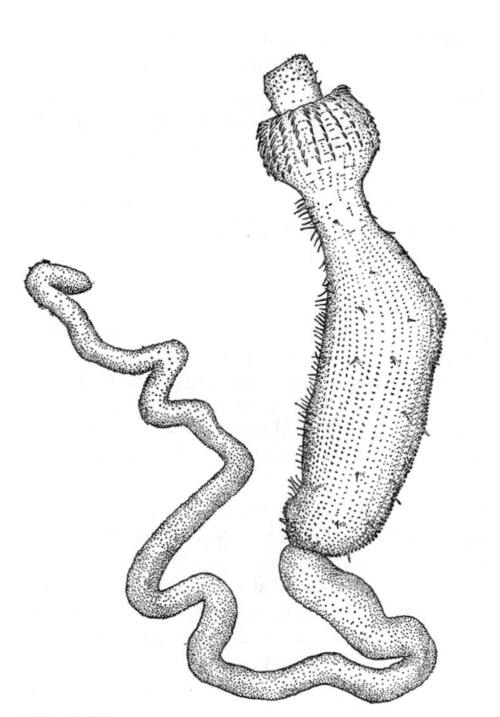

Abb. 347

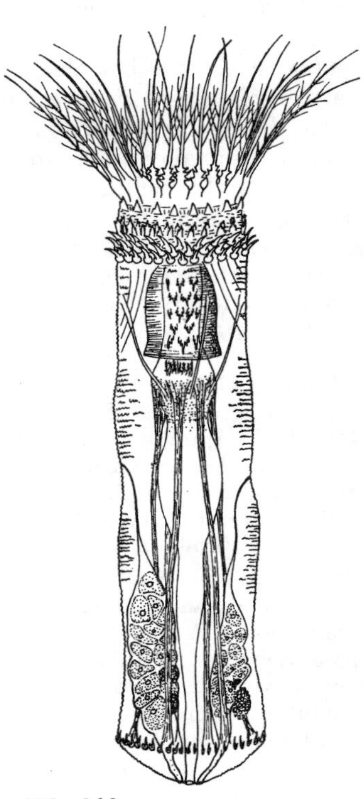

Abb. 348

Abb. 347. Männchen von *Tubiluchus corallicola*, das im Gegensatz zum Weibchen auf der Ventralseite Borsten trägt. Etwa 3 mm lang — Nach VAN DER LAND 1970.

Abb. 348. Weibchen von *Maccabeus tentaculatus*. Knapp 3 mm lang. — Nach POR 1973, etwas vereinfacht.

Literatur

4. Stamm Cnidaria

Zeitschriften

Coral Reefs. J. intern. Soc. Reef Studies. Berlin-Heidelberg-New York. **1** 1982.

Sammelwerke, Monographien, Faunen (zum Teil die Ctenophora betreffend)

1. BOARDMAN, R. S., CHEETHAM, A. H., & OLIVER, W. A. Jr. (edit.): Animal Colonies. Development and Function through Time. Dowden, Hutchison and Ross, Stroudsburgh 1973.
2. CROWELL, S. (edit.): Behavioral Physiology of Coelenterates. Amer. Zool. **5** (1965).
3. DAHL, F. (edit.): Die Tierwelt Deutschlands **4** (1928). BROCH, Hj.: Hydrozoa (95 bis 160), KRUMBACH, T.: Scyphozoa (161–188), PAX, F.: Anthozoa (189–240).
4. GIESE, A. C., & PEARSE, J. S. (edit.): Reproduction of Marine Invertebrates **1** (Acoelomate and Pseudocoelomate Metazoans). Academic Press, New York etc. 1974.
5. GRIMPE, G., & WAGLER, E. (edit.): Die Tierwelt der Nord- und Ostsee **III**. BROCH, Hj.: Hydrozoa (b 1–100, c 1–8; 1928), KRUMBACH, T.: Scyphozoa (d 1–88; 1930), PAX, F.: Anthozoa (e 1–317; 1934, 1936).
6. HAND, C.: On the Origin and Phylogeny of Coelenterates. Syst. Zool. 8 (1959): 191 bis 202.
7. HYMAN, L. H.: The Invertebrates **1** (Protozoa through Ctenophora). McGraw-Hill, New York etc. 1940.
8. KRAMP, P. L.: Polypdyr I, II. Danmarks Fauna **41**, **43** (1935, 1937).
9. — Synposis of the Medusae of the World. J. mar. biol. Ass. U. K. **40** (1961): 1–469.
10. KÜKENTHAL, W., & KRUMBACH, T. (edit.): Handbuch der Zoologie **1**. BROCH, Hj., & MOSER, F.: Hydrozoa (419–521; 1924), KRUMBACH, T.: Scyphozoa (522–686; 1925), KÜKENTHAL, W., & PAX, F.: Anthozoa (687–901; 1925).
11. LARWOOD, G., & ROSEN, B. R. (edit.): Biology and Systematics of Colonial Organisms. Syst. Ass., Spec. Vol. **11** (1979). Academic Press, London etc.
12. LELOUP, E.: Coelentérés. Faune de Belgique (1952): 1–283.
13. LENHOFF, H. M., & LOOMIS, W. F. (edit.): The Biology of Hydra and of some other Coelenterates. Univ. Miami Press, Coral Gables 1961.
14. — MUSCATINE, L., & DAVIS, L. V. (edit.): Experimental Coelenterate Biology. Univ. Hawaii Press, Honolulu 1971.
15. MACKIE, G. O. (edit.): Coelenterate Ecology and Behaviour. Plenum Press, New York, London 1976.
16. MAYER, A. G.: Medusae of the World. 3 vols. Publ.Carnegie Inst. Washington **109** (1910).
17. MILLER, R., & WYTTENBACH, R. C. (edit.): The Developmental Biology of the Cnidaria. Amer. Zool. **14** (1974).
18. MUSCATINE, L., & LENHOFF, H. M. (edit.): Coelenterate Biology. Reviews and New Perspectives. Academic Press, New York etc, 1974.
19. NAUMOV, D. V.: Hydroiden und Hydromedusen der Meeres-, Brack- und Süßwasser-Bassins der UdSSR. Bestimmungstab. Fauna USSR **70** (1960): 1–585 (in russ.; engl. Übers. Jerusalem 1969).
20. — Scyphozoa der Meere der UdSSR. Bestimmungstab. Fauna USSR **75** (1961): 1–98 (in russ.).

21. Proceedings of the Second International Coral Reef Symposium. 2 vols. Great Barrier Reef Committee, Brisbane 1974.
22. Proceedings of the Third International Coral Reef Symposium. Univ. of Miami 1977.
23. REES, W. J., (edit.): The Cnidaria and their Evolution. Symp. zool. Soc. London **16** (1966).
24. REVERBERI, G. (edit.): Experimental Embryology of Marine and Freshwater Invertebrates. North-Holland Publish. Co., Amsterdam 1971.
25. RUSSELL, F. S.: Fich. Ident. Zooplancton. Cons. intern. Explor. Mer. Hydromedusae: **2** (1939), **28**, **29** (1950), **30**, **31** (1952), **51** (1953), **54** (1955), **99**—**102** (1963), **128** (1970), **154** (1977); Scyphomedusae: **158** (1978).
26. — The Medusae of the British Isles. 2 vols. Univ. Press, Cambridge 1955, 1970.
27. SCHUHMACHER, H.: Korallenriffe. Ihre Verbreitung, Tierwelt und Ökologie. BLV Verlagsges., München etc. 1976.
28. STEPHENSON, T. A.: The British Sea Anemones. 2 vols. Ray Soc., London 1928, 1935.
29. STODDART, D. R., & YONGE, C. M. (edit.): Regional Variation in Indian Ocean Coral Reefs. Symp. zool. Soc. London **28** (1971).
30. TARDENT, P.: Coelenterata, Cnidaria, in: SEIDEL, F. (edit.): Morphogenese der Tiere, Reihe I, Lief. 1, 69—415. Fischer, Jena 1978.
31. — & TARDENT, R. (edit.): Developmental and Cellular Biology of Coelenterates. Elsevier, North-Holland 1980.
32. TOKIOKA, T., & NISHIMURA, S. (edit.): Recent Trends in Research in Coelenterate Biology. Publ. Seto mar. biol. Lab. **20** (1973).
33. USHERWOOD, P. N. R., & NEWTH, D. R. (edit.): „Simple" Nervous Systems. Arnold, London 1975.
34. VERVOORT, W.: Hydrozoa. A. Hydropolypen. Fauna van Nederland **14** (1946): 1—336.

Allgemeines

35. BODO, F., & BOUILLON, J.: Cah. Biol. mar. **9** (1968): 69—104 (Planula, Histologie).
36. BOUILLON, J.: Cah. Biol. mar. **7** (1966): 157—205 (Drüsenzellen, Histologie).
37. — & COPPIS, G.: Cah. Biol. mar. **18** (1977): 339—368 (Mesogloea, Histologie).
38. — & LEVI, C.: Ann. Sci. nat. (Zool.) **9** (1967): 425—456 (Nesselzelle, Ultrastruktur).
39. BURNETT, A. L., & DIEHL, N. A.: J. exp. Zool. **157** (1964): 217—226 (*Hydra*, Nervensystem).
40. CAMPBELL, R. D.: Nature **238** (1972): 49—51 (*Corymorpha*, „Statolithen" in den Wurzelfilamenten).
41. CARRÉ, D.: Ann. Embryol. Morphogen. **7** (1974): 205—218, 221—232, 233—242 (Bildung, Reifung und Wanderung der Nesselzellen).
42. — & CARRÉ, C.: Mar. Behav. Physiol. **7** (1980): 109—117 (Entladung der Nesselkapsel).
43. CHAPMAN, D. M.: Tiss. & Cell **1** (1969): 619—632 (Desmocyten, Bildung u. Ultrastruktur).
44. — in Nr. 18 (1974): 1—92 (Histologie, Kenntnisstand).
45. CHAPMAN, G.: Symp. zool. Soc. London **16** (1966): 147—168 (Mesogloea, Struktur u. Funktion).
46. CLAUSEN, C.: Smithson. Contr. Zool. **76** (1971): 1—8 (Cnidaria der Sandlückenfauna).
47. CONCLIN, E. J., BIGGER, C. H., & MARISCAL, R. N.: Biol. Bull. **152** (1977): 159—168 (Nesselkapseln v. Aktinien, Bildung u. Morphol.).
48. CORMIER, S. M., & HESSINGER, D. A.: J. ultrastruct. Res. **72** (1980): 13—19 (Nesselzelle, Sinnesfunkt. d. Cnidocils).
49. DAVIS, L. E.: J. Cell Sci. **5** (1969): 699—726 (*Hydra*, neurosensorische Zellen).
50. — Cell Tiss. Res. **171** (1976): 499—511 (*Hydra*, Zellinventar).
51. GÜNZL, H.: Z. Zellforsch. **89** (1968): 509—518 (Nesselkapsel, Reifung).
52. — Helgoländer wiss. Meeresunters. **25** (1973): 85—92 (Nesselkapsel, Entstehung des Schlauches).

53. Halstead, B. W.: Poisonous and Venomous Marine Animals of the World. Darwin Press, Princetown, N. J., 1978.
54. Hart, R. C., & Cormier, M. J.: Photochem. Photobiol. **29** (1979): 209—215 (Biolumineszenz, Chemie u. Mechanismen).
55. Hertwig, O. & Hertwig, R.: Das Nervensystem und die Sinnesorgane der Medusen. Vogel, Leipzig 1878.
56. Holstein, T.: J. ultrastruct. Res. **75** (1981): 276—290 (Nesselzelle u. Kapselbildung, Ultrastruktur).
57. Horridge, G. A.: Tiss. & Cell **1** (1969): 341—353 (Sinnesorgane d. Medusen, Evolution).
58. Hündgen, M.: Mar. Biol. **45** (1978): 79—92 (*Eirene*, Morphol. u. Ultrastruktur).
59. Iha, R. H., & Mackie, G. O.: J. Morphol. **123** (1967): 43—62 (Hydrozoa, Nervenzellen).
60. Josephson, R. K.: J. exp. Biol. **38** (1961): 11—27 (Hydroidpolypen, Reaktion auf Erschütterungsreize).
61. — in Nr. 18 (1974): 245—280 (Neurobiol., Kenntnisstand).
62. Korn, H.: Z. Morphol. Ökol. Tiere **57** (1966): 1—118 (Nervensystem, Ontogenie, Histologie).
63. Lenhoff, H. M.: Experimental Methods in Hydra Research. Plenum Press, New York 1977.
64. Lerner, J. u. a.: J. exp. Biol. **55** (1971): 177—184 (Scyphomedusen, nervöse Koordination des Schwimmens).
65. Lindstedt, K. J.: Comp. Biochem. Physiol. (A) **39** (1971): 553—581 (Nahrungsaufnahme, chem. Auslösung).
66. Mackie, G. O.: Quart. Rev. Biol. **45** (1970): 319—332 (neuroide Leitung).
67. — Acta Salmant. Cienc. **36** (1971): 269—280 (*Coryne*, Nervensystem der Meduse).
68. — in Nr. 1 (1973): 95—106 (Hydrozoen-Stöcke, koordiniertes Verhalten).
69. — & Mackie, G. V.: Natn. Mus. Canada, Zool. Bull. **109** (1963): 63—84 (Hydroid-Medusen, Verbreitung, Nesselkapseln, Systematik).
70. — Passano, L. M., & Pavans de Ceccatty, M.: C. R. Acad. Sci. Paris **264** (D) (**1967**): 466—469 (neuroide Leitung).
71. Mariscal, R. N.: in Nr. 18 (1974): 129—178 (Nesselzellen, Klassifikation, Funktion, Giftwirkung, Kenntnisstand).
72. — & al.: Cell Tiss. Res. **168** (1976): 465—474; **169** (1976): 313—321; **178** (1977): 427—433 (Spirocyste).
73. McFarlane, I. D.: Publ. Seto mar. biol. Lab. **20** (1973): 513—523 (Anthozoa, multiple Leitungsbahnen).
74. — Mar. Behav. Physiol. **2** (1973): 97—113 (*Calliactis*, Nervensystem, spontane Aktivitäten).
75. Pantin, C. F. A.: J. exp. Biol. **12** (1935): 119—138, 139—155, 156—164, 389—396 (Anthozoa, Neurophysiol.).
76. — J. exp. Biol. **19** (1942): 294—310 (Nesselkapselentladung).
77. Passano, L. M.: Publ. Seto mar. biol. Lab. **20** (1973): 615—643 (Scypho- u. Hydroid-Medusen, Neurophysiol.).
78. — Mackie, G. O., & Pavans De Ceccatty, M.: C. R. Acad. Sci. Paris **264** (D) (1967): 614—617 (*Coryne*, Schrittmachersysteme, spontane Aktivitäten).
79. Passano, K. N., & Passano, L. M.: J. Morphol. **133** (1971): 105—124 (entodermales Nervennetz).
80. Picken, L. E. R., & Skaer, R. J.: Symp. zool. Soc. London **16** (1966): 19—50 (Nesselzellen, Kenntnisstand).
81. Rees, W. J.: Proc. Malac. Soc. London **37** (1967): 213—231 (Assoziationen und Symbiosen mit Mollusken).
82. Reisinger, E.: Zool. Anz. **175** (1965): 1—19 (Polymorphismus).
83. Robson, E. A.: in Nr. **33** (1975): 169—209 (Nervensysteme, Kenntnisstand).
84. Schmidt, H.: Helgoländer wiss. Meeresunters. **19** (1969): 284—317 (Actiniaria, Nesselkapseln).

85. — Helgoländer wiss. Meeresunters. **23** (1972): 422—458 (Hexacorallia, Nesselkapseln, Klassifizierung, Bedeutung für Systematik u. Evolution).
86. — Helgoländer wiss. Meeresunters. **35** (1981): 463—484 (Octocorallia, Cnidogenese).
87. — & Moraw, B.: Helgoländer wiss. Meeresunters. **36** (1982): 97—118 (Octocorallia, Cnidogenese).
88. Singla, C. L.: Cell Tiss. Res. **158** (1975): 391—407 (Hydroidmedusen, Statocysten-Struktur).
89. Slautterback, D. B.: Z. Zellforsch. **79** (1967): 296—318 (*Hydra*, Nesselzelle u. Verbindung mit Epithelmuskelzelle, Ultrastruktur).
90. Smith, D., Muscatine, L., & Lewis, D.: Biol. Rev. **44** (1969): 17—90 (Symbiosen mit Algen, C-Lieferung für Wirte).
91. Stössel, F., & Tardent, P.: Rev. Suisse Zool. **78** (1971): 689—697 (Hydroidpolypen, Reaktion auf mechan. Reize).
92. Tardent, P., & Schmid, V.: Exp. Cell Res. **72** (1972): 265—275 (*Coryne*, Ultrastruktur d. Mechanorezeptoren).
93. — & Stössel, F.: Rev. Suisse Zool. **78** (1971): 265—275 (Feinstruktur d. Mechanorezeptoren).
94. Weill, R.: Trav. Stat. zool. Wimereux **10/11** (1934): 1—701 (Nesselzellen, Klassifikation d. Nesselkapseln, Bedeutung f. Systematik u. Evolution; grundlegendes Werk).
95. Werner, B.: Kieler Meeresforsch. **18** (1962): 55—66 (kausale Tiergeographie, Temperaturabhängigkeit d. jahreszeitl. Auftretens u. d. Verbreitung v. Hydrozoa).
96. — Helgoländer wiss. Meeresunters. **12** (1965): 1—39 (Nesselkapseln, Klassifizierung, Bedeutung f. Systematik u. Evolution).
97. — Acta Salmant. Cienc. **36** (1971): 223—244 (Evolution).
98. — Publ. Seto mar. biol. Lab. **20** (1973): 35—61 (Systematik u. Evolution).
99. — Syst. Ass., Spec. Vol. **11** (1979): 81—103 (kolonialer Habitus, Evolution).
100. — in Nr. **31** (1980): 3—10 (Lebenszyklen, allg. und spez. Aspekte).
101. Westfall, J. A.: Amer. Zool. **13** (1973): 237—246 (neuromuskuläre Systeme).
102. — & Kinnamon, J C.: J. Neurocytol. **7** (1978): 365—379 (Sinneszelle, Ultrastruktur).
103. Widersten, B.: Zool. Bidr. Uppsala **37** (1968): 139—182 (Larventypen, Morphol., Entwickl.).
104. Wilfert, M., & Peters, W.: Z. Morphol. Tiere **64** (1969): 77—84 (Vorkommen v. Chitin).

Klasse Scyphozoa

105. Berrill, M.: Canad. J. Zool. **40** (1962): 1249—1262; **41** (1963): 471—552 (Stauromedusida, Morphol., Systematik).
106. Bischoff, G. O. C.: Senckenbergiana lethaea **59** (1978): 257—372 (Conulata, Gehäuse-Strukturen, Evolution).
107. Blanquet, R. S.: Biol. Bull. **142** (1972): 1—10 (*Dactylometra*, Podocysten-Bildung).
108. — & Wetzel, B.: Biol. Bull. **148** (1975): 181—192 (*Dactylometra*, Epi- u. Gastrodermis, Oberflächen-Ultrastruktur).
109. Bozler, E.: Z. vergl. Physiol. **4** (1926): 37—80, 797—817 (Scyphomedusen, Sinnes- u. Nervenphysiol.).
110. Brewer, R. H.: Biol. Bull. **150** (1976): 183—199 (*Cyanea*, Anheftung der Planula).
111. Burnett, J. W., & Sutton, J. S.: J. exp. Zool. **172** (1969): 335—348 (*Dactylometra*, Histol. d. Tentakel).
112. Calder, D. R.: Mar. Biol. **20** (1973): 109—114 (*Rhopilema*, Entwicklungsgesch.).
113. — Biol. Bull. **146** (1974): 326—334 (*Dactylometra*, Entwicklungsgesch.).
114. — Biol. Bull. **162** (1982): 149—162 (*Stomolophus*, Entwicklungsgesch., tabell. Vergleich der Polypen d. Rhizostomea).
115. Cargo, D. G., & Rabenalt, G. E.: Estuaries **3** (1980): 20—27 (*Dactylometra*, Scyphistoma, asexuelle Vermehrung, Verhalten).
116. Chapman, D. M.: Amer. Zool. **5** (1965): 455—464 (*Aurelia*, Scyphistoma, Neurophysiol.).
117. — J. mar. biol. Ass. U. K. **48** (1968): 187—208 (*Aurelia*, Scyphistoma, Periderm-Strukturen u. Podocysten-Bildung).

118. — Canad. J. Zool. **48** (1970): 931—943 (*Aurelia*, Scyphistoma, Tentakel, Struktur u. Muskeltätigkeit).
119. — & WERNER, B.: Helgoländer wiss. Meeresunters. **23** (1972): 293—321 (*Stephanoscyphus*, Histol.).
120. CORBIN, P. G.: J. mar. biol. Ass. U. K. **58** (1978): 285—290 (Stauromedusida, Systematik).
121. CRAWFORD, M., & WEBB, K. L.: J. exp. Zool. **182** (1974): 251—255 (*Dactylometra*, Strobila, Ultrastruktur u. Neurosekretion).
122. DREW, E. A.: J. exp. mar. Biol. Ecol. **9** (1972): 65—69 (*Cassiopea*, Meduse, C-Produktion d. Zooxanthellen).
123. GLADFELTER, W. B.: Mar. Biol. **14** (1972): 150—160 (*Cyanea*, Meduse, Muskelsystem, Schwimmbewegung).
124. GUTMANN, W.: Natur u. Mus. **95** (1965): 455—462 (*Rhizostoma*, Meduse, Schwimmbewegung).
125. HAND, C.: Pacific Sci. **9** (1955): 332—348 (*Tetraplatia*, Morphol., Verbreitung, Systematik).
126. HARBISON, G. R., BIGGS, D. C., & MADIN, L. P.: Deep-Sea Res. **24** (1977): 465—488 (Hyperiidea als Parasiten).
127. HENSCHEL, J.: Wiss. Meeresunters., Abt. Kiel, N. F., **22** (1935): 25—42 (Scyphomedusen, chem. Sinn).
128. HENTSCHEL, J., & HÜNDGEN, M.: Zool. Jahrb. Anat. **104** (1980): 295—316 (*Aurelia*, Scyphistoma, Morphol. u. Ultrastruktur).
129. HERIC, M.: Arb. zool. Inst. Wien **17** (1909): 95—108 (*Chrysaora*, Histol. d. Strobila).
130. HOFMANN, D. K., NEUMANN, R., & HENNE, K.: Mar. Biol. **47** (1978): 161—176 (*Cassiopea*, Scyphistoma, Morphogenese u. Strobilation).
131. HORRIDGE, G. A.: J. exp. Biol. **31** (1954): 594—600 (*Aurelia*, Nervensystem).
132. — Quart. J. microsc. Sci. **97** (1956): 59—74 (*Aurelia*, Ephyra, Nervensystem).
133. — J. exp. Biol. **33** (1956): 366—383 (doppeltes Nervensystem).
134. KAWAGUTI, S., & YOSHIMOTO, F.: Biol. J. Okayama Univ. **16** (1973): 47—66 (*Stephanoscyphus*, Ultrastruktur).
135. KOMAI, T.: Mem. Coll. Sci. Kyoto Imp. Univ. (B) **10** (1935): 289—339; **11** (1936): 175—183 (*Stephanoscyphus*, Morphol., Systematik).
136. — Japanese J. Zool. **8** (1939): 231—250 (*Tetraplatia*, Morphol., Histol., Systematik).
137. — & TOKUOKA, Y.: Mem. Coll. Sci. Kyoto Imp. Univ. (B) **15** (1939): 127—133 (*Stephanoscyphus*, Entwicklung).
138. KRAMP, P. L.: Galathea Rep. **1** (1959): 173—185 (*Stephanoscyphus*, Verbreitung, Systematik).
139. KRASINSKA, S. V.: Z. wiss. Zool. **109** (1914): 255—348 (Medusen, Histol.).
140. LARSON, R. J.: Bull. mar. Sci. **30** (1980): 102—107 (*Kishinouyea*, Stauromedusida, Morphol., erste trop. Art).
141. LELOUP, E.: Mém. Mus. Roy. Hist. nat. Belg. (2) **12** (1937): 1—37 (*Stephanoscyphus*, Morphol., Verbreitung, Systematik).
142. LOEB, M. J.: J. exp. Zool. **180** (1972): 275—292 (*Dactylometra*, Wachstum u. Strobilation).
143. — & BLANQUET, R. S.: Biol. Bull. **145** (1973): 150—158 (*Dactylometra*, Scyphistoma, Nahrungserwerb, Reaktion auf Aminosäuren).
144. LUDWIG, F.-D.: Zool. Jahrb. Anat. **86** (1969): 238—277 (*Cassiopea*, Bedeutung d. Zooxanthellen für d. Strobilation).
145. MÖLLER, H.: Kieler Meeresforsch. **28** (1980): 61—68, 91—100 (Medusen, Verbreitung und jahreszeitl. Auftreten in Nord- u. Ostsee, Ernährung u. ökol. Bedeutung).
146. — Mar. Biol. **60** (1980): 123—128 (*Aurelia*, Meduse, Populationsdynamik, Ostsee).
147. NEUMANN, R.: Wilhelm Roux' Arch. **183** (1977): 79—83 (*Cassiopea*, Scyphistoma, Entwicklungsphysiol.).
148. — Mar. Ecol., Progr. Ser. **1** (1979): 21—28 (*Cassiopea*, Morphogenese, Einfluß von Bakterien auf d. Anheftung d. Planula).
149. POLLMANN, D., & HÜNDGEN, M.: Zool. Jahrb. Anat. **105** (1981): 508—525 (*Aurelia*, Ultrastruktur d. Rhopalien).

150. Rahat, M., & Adar, O.: Biol. Bull. **159** (1980): 394—401 (*Cassiopea*, Scyphistoma, Bedeutung v. Temperatur u. Zooxanthellen).
151. Ralph, P. M.: Proc. Roy. Soc. London (B) **152** (1960): 263—281 (*Tetraplatia*, Morphol., Histol., Systematik).
152. Repelin, R.: Cah. ORSTOM, Sér. Océanogr. **5** (1967): 23—28 (*Stygiomedusa*, Verbreitung, Systematik).
153. Rees, W. J., & White, E.: J. Fac. Sci. Hokkaido Univ. (Zool.) **13** (1957): 101—104 (*Tetraplatia*, Morphol., Verbreitung, Systematik).
154. Russell, F. S., & Rees, W. J.: J. mar. biol. Ass. U. K. **39** (1960): 303—317 (*Stygiomedusa*, Morphol., Fortpflanzung, Systematik).
155. Schwab, W. E.: Biol. Bull. **152** (1977): 233—262 (*Aurelia*, Verhalten, Neurophysiol. v. Scyphistoma, Strobila u. Ephyra).
156. Steinberg, N. S.: Biol. Bull. **124** (1963): 337—343 (*Aurelia*, Regeneration d. Scyphistoma aus Ectoderm-Fragmenten).
157. Thiel, Hj.: Kieler Meeresforsch. **18** (1962): 198—230 (*Aurelia*, Strobilation, Ökol.).
158. — Symp. zool. Soc. London **16** (1966): 77—116 (Evolution).
159. Thiel, M. E.: Scyphomedusae, in: Bronns Klassen und Ordnungen des Tierreichs, 2. Bd., 2. Abt., 2. Buch (1936—1977).
160. — Mitt. Hamburg, zool. Mus. Inst. **61** (1964): 247—269 (*Rhizostoma*, Nahrungserwerb, Verdauung).
161. — Abh. Verh. naturwiss. Ver. Hamburg **14** (1970): 145—168 (*Rhizostoma*, Evolution, Systematik).
162. — Ber. dtsch. wiss. Komm. Meeresforsch. **21** (1970): 444—473 (*Rhizostoma*, Assoziationen mit Fischen).
163. — Mitt. Hamburg. zool. Mus. Inst. **73** (1976): 1—16 (Rhizostomea, Cassiopeidae, Evolution, Systematik).
164. — Helgoländer wiss. Meeresunters. **28** (1976): 417—446 (Kommensalen, Symbionten, Parasiten, Feinde).
165. — Mitt. Hamburg, zool. Mus. Inst. **75** (1978): 19—47 (*S*emaeostomea, Assoziationen mit Fischen).
166. — Z. zool. Syst. Evolut.-forsch. **16** (1978): 267—289 (Rhizostomea, Medusen, Entwicklung d. Gastrovascularsystems).
167. Uchida, T.: J. Fac. Sci. Imp. Univ. Tokyo (IV) **1** (1926): 45—95 (*Mastigias*, Lebensgesch. u. Evolution).
168. — J. Fac. Sci. Hokkaido Univ. (Zool.) **12** (1954): 209—219 (Scyphomedusen, Verbreitung um Japan).
169. — Bull. mar. biol. Stat. Asamushi, Tohoku Univ., **13** (1969): 247—250 (Scyphozoa, Systematik).
170. — Publ. Seto mar. biol. Lab. **20** (1973): 133—139 (Stauromedusida, Verbreitung, Systematik, Evolution).
171. — & Hanaoka, K.: J. Fac. Sci. Hokkaido Univ. (Zool.) **2** (1933): 136—153 (Stauromedusida, Systematik).
172. Ulrich, W.: Sitz.-Ber. Ges. naturforsch. Freunde Berlin, N. F., **12** (1972): 48—60 (*Stygiomedusa*, Morphol., Verbreitung).
173. Werner, B.: Helgoländer wiss. Meeresunters. **13** (1966): 317—347 (*Stephanoscyphus*, Morphol., Evolution).
174. — Zool. Anz., suppl. **30** (1967): 297—319 (*Stephanoscyphus*, Morphol., Systematik, Evolution).
175. — Helgoländer wiss. Meeresunters. **22** (1971): 120—140 (*Stephanoscyphus planulophorus*, Lebensgesch., apogame Vermehrung).
176. — Publ. Seto mar. biol. Lab. **20** (1973): 35—61 (Scyphozoa, Cnidaria, Evolution).
177. — Helgoländer wiss. Meeresunters. **26** (1974): 434—463 (*Stephanoscyphus eumedusoides*, Lebensgesch., Systematik).
178. Widersten, B.: Zool. Bidr. Uppsala **37** (1965): 45—58 (Scyphomedusen, Fortpflanzungsorgane u. Befruchtung).
179. — Arkiv Zool. (2) **18** (1966): 567—574 (*Cyanea*, Scyphistoma, Entwicklung u. Anatomie).

Klasse Cubozoa

180. Arneson, A. C., & Cutress, C. E.: in Nr. 15 (1976): 227—236 (*Carybdea*, Polyp u. Lebensgesch.).
181. Barnes, J. H.: in Nr. 23 (1966): 307—332 (Medusen, Systematik, Verbreitung, Nesselwirkung).
182. Berger, E. W.: Mem. biol. Lab. John Hopkins Univ. **4** (1900): 1—81 (Medusen, Morphol., Histol., Neurophysiol.).
183. Calder, D. R., & Peters, E. C.: Helgoländer wiss. Meeresunters. **27** (1975): 364—369 (*Chiropsalmus*, Cnidom).
184. Chapman, D. M.: Helgoländer wiss. Meeresunters. **31** (1978): 128—168 (*Tripedalia*, Histol., Ultrastruktur d. Polypen).
185. Claus, C.: Arb. zool. Inst. Wien **2** (1878): 221—276 (*Carybdea*, Morphol., Histol.).
186. Conant, F. S.: Mem. biol. Lab. John Hopkins Univ. **4** (1898): 1—61 (Medusen, Lebensgesch., Systematik).
187. Endean, R., & Rifkin, J.: Toxicon **13** (1975): 375—376 (*Chironex*, Cnidom).
188. Haacke, W.: Zool. Anz. **9** (1886): 554—555 (Medusen, Ontogen.).
189. Hartwick, R., Callanan, V., & Williamson, J.: Med. J. Austr. **1** (1980): 15—20 (*Chironex*, Wirkung u. Behandlung d. Nesselgiftes).
190. Ishida, J.: Annot. zool. japon. **15** (1936): 449—452 (*Carybdea*, Verdauung).
191. Kramp, P. L.: J. mar. biol. Ass. U. K. **40** (1961): 304—310 (Medusen, Systematik).
192. Larson, R. J.: in Nr. 15 (1976): 237—245 (*Carybdea*, Nahrungserwerb).
193. Laska, G., & Hündgen, M.: Zool. Jahrb. Anat. **108** (1982): 107—123 (*Tripedalia*, Sinnesorgan, Ultrastruktur).
194. Leonard, J. L.: Nature **284** (1980): 377 (Stellung im System).
195. Okada, Y. K.: Bull. biol. Fr. Belg. **61** (1927): 241—249 (*Carybdea*, Ontogen.).
196. Phillips, P. S., & Burke, D.: Bull. mar. Sci. **20** (1970): 853—859 (Medusen, Verbreitung).
197. Satterlie, R. A.: J. comp. Physiol. **133** (1979): 357—367 (*Carybdea*, Neurophysiol.).
198. — & Spencer, A. N.: Nature **281** (1978): 141—142 (*Carybdea*, Neurophysiol.).
199. Southcott, R. V.: Austral. J. mar. freshw. Res. **7** (1956): 254—280 (austral. Arten).
200. — Austral. J. Zool. **15** (1967): 651—671 (Carybdeidae, Systematik).
201. Uchida, T.: Japan. J. Zool. **2** (1929): 103—193 (japan. Medusen, Morphol., Systematik, Verbreitung).
202. — Publ. Seto mar. biol. Lab. **17** (1970): 289—297 (japan. Arten).
203. Werner, B.: Publ. Seto mar. biol. Lab. **20** (1973): 35—61 (*Tripedalia*, Lebenszyklus, Begründung d. Klasse Cubozoa).
204. — Mar. Biol. **18** (1973): 212—217 (*Tripedalia*, Fortpflanzung).
205. — Helgoländer wiss. Meeresunters. **27** (1975): 461—504 (*Tripedalia*, Lebensgesch., Begründung d. Klasse Cubozoa).
206. — Umschau **76** (1976): 80—81 (*Tripedalia*, Fortpflanzung, Paarungsbiol.).
207. — Chapman, D. M., & Cutress, C. E.: Experientia **32** (1976): 1047—1048 (Cubopolyp, Nerven- u. Muskelsystem).
208. — Cutress, C. E., & Studebaker, J. P.: Nature **232** (1971): 582—583 (*Tripedalia*, Lebensgesch.).
209. Williamson, J. A., Callanan, V., & Hartwick, R. F.: Med. J. Austral. **1** (1980): 13—15 (*Chironex*, Wirkung u. Behandlung d. Nesselgiftes).
210. Yamagushi, M. & Hartwick, R.: in Nr. 31 (1980): 11—16 (*Chironex*, Polyp u. Lebensgesch.).
211. Yatsu, N.: J. Coll. Sci. Tokyo **40** (1917): 1—12 (*Carybdea*, Physiol.).
212. Yoshida, M., & Yamasu, T.: Cell Tiss Res. **170** (1976): 325—339 (*Tamoya*, Meduse, Ultrastruktur d. Ocelli).

Klasse Hydrozoa

213. Alvariño, A.: J. mar. biol. Ass. India **14** (1972): 713—722 (Siphonophora, Verbreitung u. Bedeutung für Tiergeographie).
214. Arai, M. N., & Brinckmann-Voss, A.: Canad. Bull. Fish. Aquat. Sci. **204** (1980): 1—192 (Hydromedusen N-Pazifik, Verbreitung, Systematik).

215. Ball, E. E.: Biol. Bull. **145** (1973): 223—242 (*Corymorpha*, Verhalten u. Neurophysiol.).
216. — & Case, F. J.: Biol. Bull. **145** (1973): 243—264 (*Corymorpha*, Verhalten u. Neurophysiol.).
217. Bauer, V.: Z. vergl. Physiol. **5** (1927): 37—69 (Medusen, Schwimmbewegungen).
218. Berrill, N. J.: Quart. Rev. Biol. **25** (1950): 292—316 (Bildung u. Entwickl. d. Medusen).
219. Biggs, D. C.: Mar. Behav. Physiol. **4** (1977): 261—274 (Siphonophora, Nahrungserwerb, Verdauung).
220. — & Harbison, G. R.: Bull. mar. Sci. **26** (1976): 14—18 (*Bathyphysa*, Lebensgesch., Verbreitung).
221. Bode, H. R., Flick, M., & Smith, G. S.: J. Cell Sci. **20** (1976): 29—46 (*Hydra*, Regulation der Zahl d. I-Zellen).
222. Boero, F.: Mar. Biol. **59** (1980): 133—136 (*Hebella*, ein thecater Polyp mit athecater Meduse).
223. — Mem. Biol. mar. Oceanogr., suppl. **10** (1980): 141—147 (Hydroida, Erschwerung der Systematik durch verschiedene Evolution von Polyp und Meduse).
224. Boschma, H.: Zool. Mededel. **37** (1960): 49—60 (*Allopora*, Morphol., Verbreitung. — Autor zahlreicher Arbeiten über Stylasteridae u. Milleporidae).
225. Bouillon, J.: Ann. Soc. Roy. Zool. Belg. **87** (1957): 252—500 (*Limnocnida*, Lebensgesch., Morphol., Verbreitung).
226. — & Deroux, G.: Cah. Biol. mar. **8** (1967): 253—276 (*Microhydrula*, Morphol., Histol., Nesselzellen).
227. — & Werner, B.: Helgoländer wiss. Meeresunters. **12** (1965): 137—148 (*Rathkea*, Histol. d. Medusen-Knospung).
228. Braverman, M. H.: Exp. Cell Res. **27** (1962): 301—306 (*Podocoryne*, Kultur u. Fortpflanzung).
229. — J. Embryol. exp. Morphol. **11** (1963): 239—253 (*Podocoryne*, Stockwachstum u. Fortpflanzung).
230. Brien, P.: Biol. Rev. **28** (1953): 308—349 (Hydrozoa, somatische Unsterblichkeit).
231. — Mém. Acad. Roy. Belg. Sci. **36** (1965): 1—113 (*Hydra*, Ontogen. u. Lebensgesch.).
232. — & Reniers-Decoen, M.: Ann. Soc. Roy Belg. **81** (1950): 33—110 (*Hydra*, Keimzellenbildung, Furchung).
233. Brinckmann, A.: Canad. J. Zool. **42** (1964): 693—705 (*Staurocladia*, Lebensgesch., Systematik).
234. Brinckmann-Voss, A.: Vidensk, Medd. Dansk naturh. Foren. **126** (1964): 327—336 (*Velella*, Meduse).
235. — Canad. J. Zool. **43** (1965): 941—952 (*Rhysia*, Lebensgesch. Geschlechtsdimorph.).
236. — Fauna e Flora del Golfo di Napoli **39** (1970): 1—96 (Anthomedusae-Athecatae, Mittelmeer).
237. — Canad. J. Zool. **55** (1977): 93—96 (*Polyorchis*, Polyp).
238. — & Vannucci, M.: Pubbl. Staz. zool. Napoli **34** (1965): 357—365 (*Proboscidactyla*, Lebenszyklus).
239. Brock, M. A., Strehler, B. L., & Brandes, D.: J. ultrastruct. Res. **21** (1968): 281—312 (*Campanularia*, Lebenszyklus u. Ultrastruktur).
240. Burnett, A. L. (edit.): Biology of Hydra. Academic Press, London etc. 1973.
241. Carré, C.: Ann. Inst. Océanogr. **55** (1979): 27—48 (*Sulculeolaria*, Morphol., Biol. u. Verbreitung).
242. Carré, D.: Cah. Biol. mar. **8** (1967): 233—251 (Siphonophora, Entwicklung).
243. — Cah. Biol. mar. **10** (1969): 325—341 (*Nanomia*, Histol.).
244. — Cah. Biol. mar. **12** (1971): 77—93 (*Halistemma*, Entwickl.).
245. Chain, D. H.: J. exp. Biol. **88** (1980): 175—193 (*Cordylophora*, Elektrophysiol.).
246. — Bone, Q., & Anderson, P. A.: J. comp. Physiol. **143** (A) (1981): 329—338 (Siphonophora, Elektrophysiol.).
247. Chun, C.: Verh. dtsch. zool. Ges. **1897**: 48—111 (Siphonophora, Morphol., Systematik, Evolution).
248. — Ergebn. Plankton-Exp. Humboldt-Stift. **2** (1896): 1—126 (Siphonophora, Systematik, Verbreitung).

249. COPELAND, D. E.: Biol. Bull. **135** (1968): 486—500 (*Physalia*, Ultrastruktur, Histol. d. Gasdrüse).
250. CORNELIUS, P. F. S.: Bull. Brit. Mus. nat. Hist. (Zool.) **28** (1975): 249—293 (*Obelia*, Campanulariidae, Systematik).
251. — Bull. Brit. Mus. nat. Hist. (Zool.) **28** (1975): 375—426 (Lafoeidae, Haleciidae, Verbreitung, Systematik).
252. DEJDAR, E.: Z. Morphol. Ökol. Tiere **28** (1934): 595—691 (*Craspedacusta*, Lebensgesch., Systematik, Verbreitung).
253. DELSMAN, H. C.: Treubia **3** (1923): 243—266 (*Porpita*, Ontogen.).
254. EDWARDS, C.: in BARNES, H. (edit.): Some Contemporary Studies in Marine Science. Allen & Unwin, London 1966: 283—296 (*Velella*, Verbreitung im Atlantik, Systematik).
255. — J. mar. biol. Ass. U. K. **53** (1973): 87—92 (*Trichydra*, Lebensgesch., Systematik).
256. — Publ. Seto mar. biol. Lab. **20** (1973): 11—22 (Medusen, Morphol., Ökol., Systematik).
257. — J. mar. biol. Ass. U. K. **58** (1978): 291—311 (*Coryne*, Lebensgesch., Systematik).
258. FAURE, C.: Cah. Biol. mar. **1** (1960): 185—204 (*Aglaophenia*, Morphol., Fortpflanzung).
259. FENNHOFF, F.-J.: Zool. Jahrb. Anat. **100** (1978): 433—455 (*Tubularia*, Bildung d. Gonophoren, Embryonalentw.).
260. FIORONI, P.: Verh. naturf. Ges. Basel **17** (1977): 193—206 (*Corydendrium*, Bau d. Gonophoren).
261. FRASER, C. M.: Hydroids of the Pacific Coast of Canada and the United States. Univ. Toronto Press, Toronto 1937.
262. — Hydroids of the Atlantic Coast of North America. Univ. Toronto Press, Toronto 1944.
263. — Distribution and Relationships in American Hydroids. Univ. Toronto Press, Toronto 1946.
264. FREEMAN, G.: Wilhelm Roux' Arch. **190** (1981): 123—125, 168—184 (Furchung u. Entstehung d. Polarität des Embryos von Hydroida).
265. GARSTANG, W.: Quart. J. microsc. Sci. **87** (1946): 103—195 (Siphonophora, Morphol., Evolution).
266. GERMER, T., & HÜNDGEN, M.: Mar. Biol. **50** (1978): 81—85 (*Eirene*, Morphol. u. Ultrastruktur der Meduse).
267. GLADFELTER, W. B.: Helgoländer wiss. Meeresunters. **23** (1972): 38—79; **25** (1973): 228—272 (Medusen, Schwimmbewegung u. Bewegungsapparat).
268. GLÄTZER, K. H.: Helgoländer wiss. Meeresunters. **22** (1971): 213—280 (*Corydendrium*, Ei- u. Embryonalentw.).
269. GOY, J.: Rés. Sci. Campagn. „Calypso" **11** (1979): 263—296 (Medusen, Verbreitung).
270. GRAYSON, R. F.: Arch. Hydrobiol. **68** (1971): 436—449 (*Hydra*, moderne Systematik).
271. GREEFF, R.: Z. wiss. Zool. **20** (1869): 37—45 (*Protohydra*, Morphol.).
272. GÜNZL, H.: Zool. Jahrb. Anat. **81** (1964): 491—528 (Polypen, Auslösung der Medusen-Knospung).
273. HADŽI, J.: Arb. zool. Inst. Wien **17** (1909): 225—268 (*Hydra*, Nervensystem).
274. — Slov. Acad. Znanosti in Umetnosti Rasprave **5** (1959): 47—103 (Systematik; dtsch. Zusammenf.).
275. HAECKEL, E.: Jena. Z. Med. Naturwiss. **22** (1888): 1—46 (Siphonophora, Systematik, Evolution).
276. — Rep. sci. Res. Voyage Challenger 1883—1886, Zool., **28** (1888): 1—303 (Siphonophora, Morphol., Verbreitung, Systematik).
277. HAHN, W. E., & COPELAND, D. E.: Comp. Biochem. Physiol. **18** (1966): 201—207 (*Physalia*, CO-Gehalt des Pneumatophors).
278. HANISCH, J.: Zool. Jahrb. Anat, **87** (1970): 1—62 (*Eudendrium*, Spermatogenese, Wanderung d. Keimzellen in die Gonophoren).
279. HAUENSCHILD, C.: Z. Naturf. **11** b (1956): 132—138 (*Hydractinia*, Vererbung d. Gewebe-Verträglichkeit).
280. HESTERHAGEN, I. M.: Norweg. J. Zool. **19** (1971): 1—19 (*Tesserogastria*, Biol.).

281. HIROHITO, Kaiser von Japan: Biol. Lab. Imp. Household **2** (1967): 1—14 (Clathrozoonidae, Morphol., Systematik).
282. — Biol. Lab. Imp. Household **9** (1971): 1—5 (*Clathrozoon*, Meduse, Systematik).
283. — Biol. Lab. Imp. Household **11** (1977): 1—26 (Hydroida, Verbreitung).
284. HORRIDGE, G. A.: J. exp. Biol. **32** (1955): 555—568, 642—648 (Medusen, Nervensystem).
285. HUGHES, R. L.: J. mar. biol. Ass. U. K. **55** (1975): 275—294; **57** (1977): 641—657 (*Nemertesia*, Lebensgesch., Aufwuchs).
286. JACOBS, W.: Z. vergl. Physiol. **24** (1937): 583—601 (Siphonophora, Schweben).
287. JARMS, G.: Hannov. Wendland 7 (1979): 19—23 (*Craspedacusta*, Verbreitung).
288. JOSEPHSON, R. K.: J. exp. Biol. **38** (1961): 17—27, 559—577, 579—593 (Hydroida, Neurophysiol.).
289. — & MACKIE, G. O.: J. exp. Biol. **43** (1965): 293—332 (*Tubularia*, Neurophysiol.).
290. KARBE, J.: Mar. Biol. **12** (1972): 316—328 (marine Hydroida als Testobjekte für Giftstoffe).
291. KINNE, O.: Z. Morphol. Ökol. Tiere **45** (1956): 217—249 (Hydroidpolypen, Ökol.).
292. — Zool. Jahrb. Physiol. **66** (1956): 565—638 (Einfluß v. Temperatur u. Salzgehalt).
293. KISHINOUYE, K.: J. Coll. Sci. Imp. Univ. Tokyo **27** (9) (1910): 1—35 (japan. Medusen, Systematik).
294. KUBOTA, S.: Annot. zool. jap. **51** (1978): 125—145; **52** (1979): 225—234 (Hydroida als Kommensalen im Mantelraum von Muscheln).
295. — J. Fac. Sci. Hokkaido Univ. (Zool.) **22** (1981): 379—399 (*Obelia*, Lebensgesch. u Systematik d. japan. Arten).
296. KÜHN, A.: Zool. Jahrb. Anat. **28** (1909): 387—476; **30** (1910): 43—174 (Hydroida, Wachstum, Knospung, Gonophoren-Bildung).
297. — Ergebn. Fortschr. Zool. **4** (1913): 1—284 (Hydroida, Entwicklungsgesch., Systematik, Evolution).
298. KUHL, G.: Abh. Senckenberg. naturf. Ges. **473** (1947): 1—72 (*Craspedacusta*, Polyp, Zeitrafferfilm-Untersuchungen).
299. LARSON, R. J.: J. Plankton Res. **2** (1980): 183—186 (*Velella*, Meduse).
300. LELOUP, E.: Arch. Biol. **39** (1929): 397—483 (*Velella*, Ontogen.).
301. LENHOFF, H. M., & SCHNEIDERMANN, H. A.: Biol. Bull. **116** (1959): 452—460 (*Physalia*, chem. Steuerung d. Freßaktes).
302. LENTZ, T. L.: The Cell Biology of Hydra. North Holland Publ. Co., Amsterdam 1966.
303. — & BARRNETT, R. J.: Amer. Zool. **5** (1965): 341—356 (*Hydra*, Ultrastruktur d. Nervensystems).
304. LEONARD, J.: J. comp. Physiol. **136** (1980): 219—255 (*Coryne*, Schwimmaktivität d. Meduse).
305. LOOMIS, W. F.: Ann. New York Acad. Sci. **62** (1955): 209—228 (*Hydra*, Auslösung d. Freßaktes durch Glutathion).
306. LUDWIG, F.: Mikrokosmos 1966: 324—330 (Siphonophora, Schweben, Histol. d. Pneumatophors).
307. LUDWIG, H. W.: Z. Naturf. (C) **32** (1977): 219—255 (*Coryne*, Schwimmaktivität d. Meduse).
308. MACKIE, G. O.: Trans. Roy. Soc. Canada (3) **53** (1959): 5—20 (Velellina, Verhalten, Evolution).
309. — Quart. J. microsc. Sci. **101** (1960): 119—131 (*Velella*, Nervensystem).
310. — Discovery Rep. **30** (1960): 369—408 (*Physalia*, Histol. u. Verhalten; vgl. Nr. 387).
311. — Intern. Rev. ges. Hydrobiol. **47** (1962): 26—32 (*Velella*, Verdriftung, Verbreitung).
312. — Proc. Roy. Soc. London (B) **159** (1964): 366—391 (Siphonophora, Analyse d. Schwimmbewegungen).
313. — in Nr. 2 (1965): 439—453 (Siphonophora, neuroide Leitung).
314. — Mar. Behav. Physiol. **5** (1978): 325—346 (Siphonophora, Aktivitäten u. Neurophysiol.).
315. — Canad. J. Fish. aquat. Sci. **37** (1980): 1550—1556 (*Aglantha*, Schwimm- u. Fangverhalten, Neurophysiol.).

316. — & Boag, D. A.: Pubbl. Staz. zool. Napoli **33** (1966): 178—196 (Siphonophora, Nahrungserwerb u. Verdauung).
317. —, & Mackie, G. V.: Vie et Milieu (A) **18** (1967): 47—71 (*Hippopodius*, Ultrastruktur d. Mesogloea).
318. Martin, R., & Brinckmann, A.: Publ. Staz. zool. Napoli **33** (1963): 206—223 (*Phylliroe*, Parasitismus an der Meduse *Zanclea*).
319. — & Thomas, M. B.: Biol. Bull. **153** (1977): 198—218 (Ultrastruktur v. Furchungsstad. u. Planula).
320. Maxwell, T. R. A.: Arch. Hydrobiol. **69** (1972): 547—556 (*Hydra*, Systematik; vgl. Nr. 270).
321. Mergner, H.: Zool. Jahrb. Anat. **76** (1957): 63—164 (*Eudendrium*, Ei- u. Gonophoren-Bildung).
322. Metschnikoff, E.: Z. wiss. Zool. **24** (1884): 15—80 (Medusen u. Siphonophoren, Entwicklung).
323. — Embryologische Studien an Medusen. Ein Beitrag zur Genealogie der Primitivorgane. Hölder, Wien 1886.
324. — & Metschnikoff, M. L.: Izv. Obshch. Ljuv. Estestv. 8 (1871): 295—370 (Medusen u. Siphonophoren, Morphol., Systematik; russ.).
325. Meurer, M., & Hündgen, M.: Zool. Jahrb. Anat. **100** (1978): 485—508 (*Craspedacusta*, Ultrastruktur d. Meduse).
326. Millard, N. H. A.: Ann. S. African Mus. **44** (1958, 1959): 165—226, 297—313 (Hydrozoa, Südafrika, Verbreitung, Systematik).
327. — Ann. S. African Mus. **68** (1975): 1—513 (Hydrozoa, Südafrika, Verbreitung).
328. Miller, R. W.: J. exp. Zool. **160** (1966): 23—44 (*Campanularia*, Chemotaxis d. Spermien).
329. — Mar. Biol. **53** (1979): 99—114, 115—124 (Chemotaxis d. Spermien).
330. Moreira, G. S., Leite, R. L., & Nipper, M. G.: Biol. Fisiol. Animal. Univ. S. Paulo 2 (1978): 159—164 (*Dipurena*, asexuelle Vermehrung durch neue Art v. Schizosporen-Bildung).
331. Müller, W. A.: Zool. Jahrb. Physiol. **69** (1961): 317—324 (*Hydractinia*, Polymorphismus u. Differenzierung d. Zooide).
332. — Wilhelm Roux' Arch. **155** (1964): 181—268 (*Hydractinia*, Stockentwickl. u. Polypen-Differenzierung).
333. — Zool. Jahrb. Anat. **86** (1969): 84—95 (*Hydractinia*, Metamorphose d. Planula, Einfluß v. Bakterien).
334. — Encyclop. Cinemat. F **2079** (1974): 3—11 (*Hydractinia*, Organisation u. Nahrungsaufnahme).
335. Muus, K.: Ophelia **3** (1966): 141—150 (*Protohydra*, Biol.).
336. Nishihira, M.: Publ. Seto mar. biol. Lab. **20** (1973): 401—418 (Hydroidpolypen als Epiphyten).
337. Nyholm, K. G.: Ark. Zool. **2** (1951): 529—530 (*Protohydra*, Fortpflanzung).
338. Okada, Y. K.: Mem. Coll. Sci. Kyoto Imp. Univ. (B) 8 (1931): 1—26; **10** (1935): 407—410 (*Physalia*, Entwicklung).
339. Ostarello, G. L.: Biol. Bull. **145** (1973): 548—564 (*Allopora*, Lebensgesch., Unterwasser-Beobachtungen).
340. Pardy, P. L.: in Nr. 15 (1974): 583—588 (*Hydra*, Physiol. d. Symbiose mit Zoochlorellen).
341. — & Muscatine, L.: Biol. Bull. **145** (1973): 565—579 (*Hydra*, „Erkennung" u. Aufnahme von Zoochlorellen durch symbiontenfreie Polypen).
342. — & White, B. N.: Biol. Bull. **153** (1977): 228—236 (*Hydra*, Stoffaustausch mit symbiontischen Algen).
343. Petersen, K. W.: Syst. Ass., Spec. Vol. **11** (1979): 105—139 (Hydroida, Stockbildung, Systematik).
344. Pickwell, G. V.: Naval Undersea Warfare Center Rep. 8 (1967): 1—75 (Siphonophora, Gasbildung).
345. — Barham, E. G., & Wilton, J. W.: Science **144** (1964): 860—862 (Siphonophora, CO-Erzeugung im Pneumatophor).

346. Pilgrim, R. L. C.: Proc. Roy. Soc. London (B) **168** (1967): **439**—**488** (*Pelagohydra*, Morphol., Verhalten).
347. — J. exp. Biol. **46** (1967): 491—497 (*Pelagohydra*, Reaktion auf Licht).
348. Purcell, J. E.: Mar. Biol. **63** (1981): 283—294 (Siphonophora, Nahrungserwerb u. Stoffumsatz).
349. Raikova, E. V.: Publ. Seto mar. biol. Lab. **20** (1973): 165—169 (*Polypodium*, Lebenszyklus).
350. — Cell Tiss. Res. **206** (1980): 487—500 (*Polypodium*, Morphol., Entwicklung, Ultrastruktur).
351. Rees, W. J.: J. mar. biol. Ass. U. K. **23** (1938): 1—42; **25** (1941): 129—141 (Hydroida, Morphol. u. Lebensgesch.).
352. — Proc. Roy. Soc. Edinburgh (B) **61** (1941): 55—58 (*Cosmetira*, Polypen-Generation).
353. — Bull. Brit. Mus. nat. Hist. (Zool.) **4** (1957): 455—534 (Hydroida Capitata, Systematik, Evolution).
354. — Proc. zool. Soc. London **130** (1958): 537—545 (*Moerisia*, Systematik).
355. — Symp. zool. Soc. London **16** (1966): 199—222 (Evolution).
356. — & Ralph, P. M.: J. Zool. London **162** (1970): 11—18 (*Pelagohydra*, Morphol., Histol., Evolution).
357. Reisinger, E.: Z. Morphol. Ökol. Tiere **45** (1957): 656—698 (*Craspedacusta*, Medusenbildung, Entwicklungsphysiol.).
358. Remane, A.: Z. Morphol. Ökol. Tiere **7** (1927): 643—677 (*Halammohydra*, Morphol., Systematik).
359. Riedl, R.: Pubbl. Staz. zool. Napoli, suppl. **30** (1958): 591—755 (Hydroida in submar. Höhlen).
360. Roberts, A., & Mackie, G. O.: J. exp. Biol. **84** (1980): 303—318 (*Aglantha*, Neurophysiol.).
361. Rose, P. G., & Burnett, A. L.: Wilhelm Roux' Arch. **161** (1968): 281—297 (*Hydra*, Histol. u. Ultrastruktur d. Drüsenzellen).
362. Roosen-Runge, E. C.: Science **156** (1967): 74—76 (Hydroidmedusen, Zirkulation im Gastrovascularsystem).
363. Russell, F. S.: J. mar. biol. Ass. U. K. **22** (1938): 145—165; **23** (1939): 347—359; **24** (1940): 515—523 (Nesselkapseln d. Medusen).
364. Schaller, H. C., & Bodenmiller, H.: Naturwiss. **68** (1981): 252—272 (*Hydra*, morphogene Substanzen).
365. Schmid, V.: Amer. Zool. **14** (1974): 773—782 (Medusen. Regeneration).
366. Schulze, P.: Arch. Biontol. **4** (1917): 29—119 (*Hydra*, Lebensgesch., Systematik).
367. Semal-van Gansen, P.: Bull. Acad. Roy. Belg., Cl. Sci., (5) **38** (1952): 642—651, 718—735 (*Hydra*, Muskel- u. Nervensystem).
368. Sentz-Braconnot, E., & Carré, C.: Cah. Biol. mar. **7** (1966): 31—38 (*Cephalopyge*, Nudibranchia, als Parasit v. *Nanomia*).
369. Shimomura, O., Johnson, F. H., & Saiga, Y.: J. cell. comp. Physiol. **59** (1962): 223—240 (*Aequorea*, Leuchtsubstanz Aequorin).
370. Shostak, S., Patel, N. G., & Burnett, A. L.: Developm. Biol. **12** (1965): 434—450 (*Hydra*, Bedeutung d. Mesogloea für Zellbewegung).
371. Spencer, W. B.: Trans. Roy. Soc. Victoria **2** (1891): 121—140 (*Clathrozoon*, Morphol., Systematik).
372. Stebbing, A. R. D.: J. mar. biol. Ass. U. K. **61** (1981): 35—63 (*Campanularia*, Stockwachstum, Einfluß v. Schadstoffen).
373. Stiven, A. E.: Oecologia Berlin **6** (1971): 118—132 (*Hydramoeba*, Parasitismus).
374. Svoboda, A.: in Nr. 15 (1976): 41—48 (*Aglaophenia*, Orientierung in Abhängigkeit von Wasserströmungen).
375. — Zool. Verh. Leiden **167** (1979): 1—114 (*Aglaophenia*, Verbreitung, Ökol., Systematik d. Mittelmeer-Arten).
376. Swedmark, B., & Teissier, G.: Bull. Soc. zool. France **82** (1957): 38—49 (*Halammohydra*, Morphol., Systematik).
377. — — C. R. Acad. Sci. Paris **247** (1958): 133—135 (*Armorhydra*, Morphol., Systematik)

378. — — Symp. zool. Soc. London **16** (1966): 119—133 (Halammohydrina, Systematik, Evolution).
379. Tamasige, M., & Yamaguchi, M.: Zool. Mag. Tokyo **76** (1967): 35—36 (*Polyorchis*, Meduse, Bedeutung d. Ocelli für Lage-Orientierung u. als Pulsationszentren).
380. Tardent, P.: Wilhelm Roux' Arch. **146** (1954): 593—649 (I-Zellen, polare Verteilung, Bedeutung für Regeneration).
381. — Biol. Rev. **38** (1963): 293—333 (Regeneration, strukt. u. physiol. Aspekte, biol. Bedeutung).
382. — Rev. Suisse Zool. **73** (1966): 357—381 (*Hydra*, Sexualbiol.)
383. — Honegger, T., & Baenninger, R.: in Nr. 31 (1980): 331—336 (Nesselkapseln, Funktion).
384. Teissier, G.: Ann. Sci. nat. (10) **14** (1931): 5—60 (Entwicklungsgesch., Entstehung d. Polarität).
385. Thede, H., Scholz, N., & Fischer, H.: Mar. Ecol., Progr. Ser. **1** (1979): 13—19 (*Laomedea*, Giftwirkung v. Cadmium).
386. Totton, A. K.: Discovery Rep. **27** (1954): 1—162 (Siphonophora, Morphol., Systematik).
387. — Discovery Rep. **30** (1960): 301—367 (*Physalia*, Morphol., Lebensgesch.; vgl. Nr. 310).
388. — A Synopsis of the Siphonophora. Trust. Brit. Mus. nat. Hist., London 1965.
389. Uchida, T., & Nagao, Z.: J. Fac. Sci. Hokkaido Univ (6) **14** (1959): 265—281 (*Ostroumovia*, Lebensgesch.).
390. — & Okuda, S.: J. Fac. Sci. Hokkaido Univ. (6) 7 (1941): 431—440 (*Proboscidactyla*, Polyp u. Meduse).
391. — & Sugiura, Y.: J. Fac. Sci. Hokkaido Univ. (6) **20** (1976): 600—604 (*Scolionema*, Medusen-Knospung).
392. Vervoort, W.: Bull. mar. Sci. Gulf Caribb. **12** (1962): 508—542 (*Solanderia*, Morphol., Systematik).
393. — Zool. Mededel. **39** (1964): 125—146 (*Garveia, Cordylophora*, Verbreitung, Systematik).
394. — Symp. zool. Soc. London **16** (1966): 372—396 (Solanderiidae, Skelettstruktur, Systematik).
395. — & Zibrowius, H.: Zool. Verh. Leiden **181** (1981): 1—40 (Milleporidae, Stylasteridae, Systematik).
396. Wasserthal, W.: Helgoländer wiss. Meeresunters. **25** (1973): 93—125 (*Eudendrium*, Ei- u. Embryonalentw., Ultrastruktur).
397. Weber, C.: J. Morphol. **167** (1981): 313—331 (*Cladonema*, Ocellus, Entwicklung, Ultrastruktur, Regeneration).
398. Weiler-Stolt, B.: Wilhelm Roux' Arch. **152** (1960): 398—455 (I-Zellen, Bedeutung für Entwicklung u. Fortpflanzung).
399. Weismann, A.: Die Entstehung der Sexualzellen bei den Hydromedusen. Fischer, Jena 1883.
400. Werner, B.: Zool. Jahrb. Syst. 78 (1950): 471—505 (*Gonionemus*, Meduse).
401. — Zool. Anz., suppl. **14** (1950): 138—151 (*Gonionemus*, Polyp).
402. — Zool. Anz., suppl. **18** (1955): 124—133 (*Margelopsis*, Lebenszyklus, Ökol.).
403. — Zool. Anz. **156** (1956): 159—177 (*Rathkea*, Fortpflanzung).
404. — Naturwiss. **43** (1956): 541—542 (*Margelopsis*, Parthenogen., Cytologie).
405. — Naturwiss. **46** (1959): 238—240 (marine Hydroida, Dauerstadien).
406. — Zool. Anz., suppl. **28** (1965): 163—178 (*Halammohydra*, Medusennatur).
407. — & Aurich, H.: Helgoländer wiss. Meeresunters. **5** (1955): 234—250 (*Ectopleura*, Polyp, Entwicklung).
408. West, D. L.: Tiss. Cell **10** (1978): 629—646 (Epithelmuskelzellen, Ultrastruktur).
409. Winera, J. S.: Zool. Publ. Victoria Univ. **43** (1968): 1—12 (*Solanderia*, Histol.).
410. Wittenberg, J. B.: J. exp. Biol. **37** (1960): 698—705 (Siphonophora, Gasbildung).
411. Wood, J. C., & Lentz, T. L.: Nature **201** (1964): 88—90 (Nervensystem, Einfluß auf Nesselkapsel-Entladung).

412. WOODCOCK, A. H.: Limnol. Oceanogr. **16** (1971): 551—552 (*Physalia*, Verhalten, Wasserbenetzung als Schutz gegen Austrocknung).
413. WOLTERECK, R.: Verh. dtsch. zool. Ges. **15** (1905): 106—122 (*Velella*, Ontogen., Evolution).
414. WYTTENBACH, C. R.: J. exp. Zool. **186** (1973): 79—90 (Hydroidpolypen, Stolonenwachstum).
415. — Amer. Zool. **14** (1974): 699—718 (Zellbewegungen an der Spitze wachsender Stolonen).
416. YAROSS, M. C., & BODE, H. R.: J. Cell Sci. **34** (1978): 1—26, 39—52 (I-Zellen, Physiol. ihrer Bildung).
417. ZIHLER, J.: Wilhelm Roux' Arch. **169** (1972): 239—267 (*Hydra*, Keimzellbildung, Befruchtungsbiol.).

Klasse Anthozoa

418. ABEL, E. F.: Oecologia Berlin **4** (1970): 133—142 (*Corallium*, Form u. Funktion d. Tentakel).
419. ANDERSON, P. A. V.: J. exp. Biol. **78** (1979): 299—302 (*Polyorchis*, Neurophysiol., Aktionspotentiale).
420. ANSELL, A. D., & TRUEMAN, E. R.: J. exp. mar. Biol. Ecol. **2** (1968): 124—134 (*Peachia*, Mechanik d. Eingrabens).
421. ARAI, N. M.: Pacific Sci. **19** (1965): 205—218 (Ceriantharia, Systematik, Glossar d. Fachausdrücke bei Anthozoa).
422. AX, P., & SCHILKE, K.: Kieler Meeresforsch. **20** (1964): 192—197 (*Edwardsia*, Kieler Bucht, Anatomie, Systematik).
423. BARNES, D. J., & CROSSLAND, C. J.: Comp. Biochem. Physiol. (A) **59** (1978): 133—138 (*Acropora*, Ca-Aufnahme im Tagesverlauf).
424. BATHAM, E. J., & PANTIN, C. F. A.: J. exp. Biol. **27** (1950): 264—289 (*Metridium*, hydrostat. Skelett durch Muskeltätigkeit u. Flüssigkeitsfüllung).
425. — — Quart. J. microsc. Sci. **92** (1951): 27—53 (*Metridium*, Anatomie d. Muskelsystems).
426. — — J. exp. Biol. **31** (1954): 84—103 (*Metridium*, spontane Aktivitäten u. Kontraktionen).
427. BAYER, F. M., & MUZIK, K. M.: Proc. biol. Soc. Washington **90** (1977): 975—984 (*Lithotelesto*, Zuordnung zu Helioporida).
428. BEST, M. B.: Bijdr. Dierk. **38** (1968): 17—21 (*Caryophyllia*, Skelett, Cnidom, Systematik).
429. BIGGER, C. H.: Biol. Bull. **159** (1980): 117—134 (Actiniaria, interspez. u. intraspez. Abwehr durch d. Acrorhagi).
430. BISCHOFF, G. C. O.: Senckenbergiana lethaea **59** (1978): 229—273 (*Septodaeum*, Vertreter einer neuen foss. Unterklasse d. Anthozoa).
431. BLACK, R., & JOHNSON, M. S.: Mar. Biol. **53** (1979): 27—31 (*Actinia*, asexuelle Vermehrung, Populationsgenetik).
432. BOUILLON, J., & HOUVENAGHEL-CREVECOEUR, N.: Ann. Mus. Roy. Afr. centr. (Sci. Zool.) **178** (1970): 1—83 (*Heliopora*, Monographie).
433. BOURNE, G. C.: Quart. J. microsc. Sci. **41** (1899): 499—547 (Madreporaria, Struktur u. Bildung d. Skeletts).
434. BRAFIELD, A. E.: J. Zool. London **158** (1969): 317—325 (*Pteroeides*, Wasserzirkulation).
435. BRANHAM, J. M., BAILEY, J. H., & CAPERON, J.: Science **172** (1971): 1155—1157 (*Acanthaster* als Feind v. Riffkorallen in Hawaii).
436. BUISSON, B.: Z. Morphol. Tiere **68** (1970): 1—36 (Pennatularia, anat. u. histol. Grundlagen des integrierten Verhaltens).
437. — Cah. Biol. mar. **12** (1971): 11—48 (*Veretillum*, Aktivitätsrhythmen).
438. — C. R. Acad. Sci. Paris **277** (1973): 1541—1544; **288** (1979): 891—894 (*Veretillum*, Aktivitätsrhythmen d. isolierten Einzelpolypen).
439. — Zool. Anz. **192** (1974): 165—174 (*Veretillum*, Neurophysiol. d. Verhaltens).

440. — Zool. Anz. **205** (1980): 20—26 (*Veretillum*, ontogen. Entstehung d. Aktivitätsrhythmen).
441. Carpine, C., & Grasshoff, M.: Bull. Inst. océanogr. **71** (1975): 1—140 (Gorgonaria, Mittelmeer).
442. Chesher, R. H.: Science **165** (1969): 280—283 (pazif. Riffkorallen, Gefährdung durch *Acanthaster*).
443. Chia. F.-S.: in Nr. 15 (1976): 261—270 (Actiniaria, Fortpflanzung).
444. — & Crawford, B.: J. Morphol. **151** (1977): 131—158 (*Ptilosarcus*, Ultrastruktur von Planula u. Primärpolyp).
445. Coles, S. L., & Jokiel, P. L.: Mar. Biol. **43** (1977): 209—216 (Riffkorallen, Temperaturadaptation von Photosynthese u. Respiration).
446. Crossland, C. J., Barnes, D. J., & Borowitzka, M. A.: Mar. Biol. **60** (1980): 81—90 (*Acropora*, ^{14}C-Tagesverlauf der Lipid-u. Schleimproduktion).
447. Dickinson, P.: Mar. Behav. Physiol. **5** (1978): 163—183)*Ptilosarcus*, Neurophysiol. von Ausstrecken u. Kontraktion).
448. Dinamani, P.: Nytt Mag. Zool. **12** (1964): 30—34 (*Umbellula*, Verbreitung im Arabischen Meer, Systematik).
449. Doumenc, D., & Levi, P.: C. R. Acad. Sci. Paris **281** (1975): 1983—1986 (*Cereus*, Bildung d. Mesenterien, Symmetrie-Verhältnisse).
450. Duerden, J. E.: Carnegie Inst. Washington, Publ. **20** (1904): 1—120 (*Siderastraea*, postlarv. Entwicklung).
451. Dunn, D. F., & Bakus, G. J.: Astarte **10** (1977): 77—85 (*Liponema*, frei auf Sedimentböden lebende Aktinie, Verbreitung, Ökol.).
452. — & Hamner, W. M.: Micronesia **16** (1980): 29—36 (*Amplexidiscus*, Morphol., Histol., Cnidom, Systematik).
453. Ellis, V. L., Ross, D. M., & Sutton, L.: Canad. J. Zool. **47** (1969): 333—342 (*Stomphia*, Formveränd. u. Histol. d. Haftscheibe).
454. Falkowski, P. G., & Dubinsky, Z.: Nature **289** (1981): 172—174 (*Stylophora*, Hell- u. Dunkeladaptation).
455. Fitt, W. K., & Pardy, R. L.: Mar. Biol. **61** (1981): 199—205 (*Anthopleura*, Energieumsatz).
456. Flügel, H. W.: Paläontol. Z. **49** (1975): 407—431 (Rugosa, Skelettentwickl., Ontogen., Funktionsmorphol.).
457. Foster, A. B.: Bull. mar. Sci. **30** (1980): 678—709 (Madreporaria, Skelettmodifik.).
458. Franzisket, L.: Intern. Rev. ges. Hydrobiol. **55** (1970): 1—12 (hermatyp. Riffkorallen, Abhängigkeit vom Licht).
459. Gashout, S. E., & Ormond, R. F. G.: J. mar. biol. Ass. U. K. **59** (1979): 975—987 (*Actinia*, Parthenogen.).
460. Gladfelter, E. H., Monahan, R. K., & Gladfelter, W. B.: Bull. mar. Sci. **28** (1978): 728—734 (Madreporaria, artspez. Anhängigkeit d. Wachstums von Außenbedingungen).
461. Glynn, P. W., Wellington, G. M., & Birkeland, C.: Science **203** (1979): 47—48 (Seeigel als Feinde d. Riffkorallen).
462. Goldberg, W. M.: Mar. Biol. **49** (1978): 203—210 (Gorgonaria, Antipatharia, Skelett, Chitin-, Brom- u. Jodgehalt).
463. Goreau, T. F.: Biol. Bull. **116** (1959): 59—75 (Madreporaria, Physiol. d. Skelettbildung).
464. — & Goreau, N.: Biol. Bull. **117** (1959): 239—250; **118** (1960): 419—429; **119** (1960): 416—427 (Madreporaria, Physiol. d. Skelettbildung).
465. — — & Yonge, C. M.: Biol. Bull. **141** (1971): 247—260 (Riffkorallen, Nahrungserwerb, Übersicht).
466. Grasshoff, M.: „Meteor" Forsch. Ergebn. (D) **12** (1972): 1—11 (*Umbellula*, Verbreitung, Systematik).
467. — „Meteor" Forsch. Ergebn. (D) **10** (1972): 73—87; **13** (1973): 1—10; **27** (1977): 5 bis 76 (Gorgonaria, östl. Atlantik u. Mittelmeer).
468. — Senckenberg. marit. **11** (1979): 15—137 (*Paragorgia*, Verbreitung).
469. — Senckenberg. biol. **60** (1980): 427—435 (*Paragorgia*, Morphol., Systematik).
470. — Natur u. Mus. **111** (1981): 29—45 (Octocorallia, Baupläne).

471. — Natur u. Mus. **111** (1981): 134—150 (Hexacorallia, Morphol. u. Lebensgesch.).
472. GRIGG, R. W.: Pacific Sci. **19** (1965): 244—260 (*Antipathes*, Ökol.).
473. GUTMANN, W. F.: Abh. Senckenberg. naturf. Ges. **510** (1966): 1—106 (Actiniaria, Funktionsmorphol., Phylogen.).
474. — Natur u. Mus. **97** (1967): 56—72 (Körperform u. Muskelsysteme, hydrostat. Skelett).
475. HAMNER, W. M., & DUNN, D. F.: Micronesia **16** (1980): 37—41 (trop. Coralliomorpharia, Nahrungserwerb).
476. HAND, C.: Wasmann J. Biol. **12** (1955): 345—375 (Coralliomorpharia, Actiniaria, Anat., Cnidom, Verbreitung, Systematik).
477. HARRIS, L. G., & HOWE, N. R.: Biol. Bull. **157** (1979): 138—152 (*Anthopleura*, Defensivmittel gegen Nacktschnecken).
478. HARTNOLL, A. G.: in KEEGAN, B. F. u. a. (edit.): Biology of Benthic Organisms. Pergamon Press, Oxford 1977: 321—328 (*Alcyonium*, Fortpflanzung, Parthenogen.).
479. HARTOG, J. C. DEN: Zool. Mededel. **51** (1977): 211—242 (Ceriantharia, System, Cnidom).
480. — in Nr. 22 (1977): 463—469 (Abwehrtentakel bei Coralliomorpharia u. Madreporaria, Cnidom).
481. — Zool. Verh. Leiden **176** (1980): 1—83 (Coralliomorpharia, Karibisches Meer, Anat. Systematik, Cnidom).
482. HIROHITO, Kaiser von Japan, & EGUCHI, M.: The Hydrocorals and Scleractinian Corals of Sagami Bay, Maruzen Co., Tokyo 1968.
483. IMAFUKU, M.: Publ. Seto mar. biol. Lab. **25** (1980): 119—130 (*Cavernularia*, Aktivitätszyklen).
484. JOHANNES, R. E., COLES, S. L., & KUENZEL, N. T.: Limnol. Oceanogr. **15** (1970): 579—586 (Madreporaria, Zooplankton als Nahrung).
485. JOHNSTON, J. S.: Intern. Rec. Cytol. **67** (1980): 171—214 (Madreporaria, Skelettbildung, Ultrastruktur).
486. JOKIEL, P. L., & COLES, S. L.: Mar. Biol. **43** (1977): 201—208 (Riffkorallen, Temperatur-Toleranz).
487. — & GUINTHER, E. B.: Bull. mar. Sci. **28** (1978): 786—792 (*Pocillopora*, Fortpflanzung, Temperaturabhängigkeit).
488. JONES, O. A., & ENDEAN, R. (edit.): Biology and Geology of Coral Reefs **2, 3** (Biol. 1, 2). Academic Press, New York etc. 1973, 1976.
489. KÜHLMANN, D. H. H.: Intern. Rev. ges. Hydrobiol. **55** (1970): 729—756; **56** (1971): 145—199 (Korallenriffe Cubas, Entstehung, Ökol.).
490. LARKMAN, A. U., & CARTER, M. A.: J. mar. biol. Ass. U. K. **60** (1980): 193—204 (*Actinia*, Ultrastruktur d. Spermien).
491. LAWN, I. D.: J. exp. Biol. **83** (1980): 45—52 (*Stomphia*, Neurophysiol., Leitung durch d. Mesogloea hindurch).
492. LEHMAN, J. T., & PORTER, J. W.: Biol. Bull. **145** (1973): 140—149 (chem. Auslöser d. Nahrungsaufnahme).
493. LENHOFF, H. M.: in FLORKIN, M., & SCHEER, B. T. (edits.): Chemical Zoology **2** (1968): 157—221 (Nahrungserwerb, chem. Auslöser, Verdauung).
494. LEWIS, J. B.: J. Zool. London **186** (1978): 393—396 (Antipatharia, Nahrungserwerb).
495. — in LONGHURST, A. R. (edit.): Analysis of Marine Ecosystems. Academic Press, London etc. 1981: 127—158 (Ökosysteme d. Korallenriffe).
496. — & PRICE, W. S.: J. Zool. London **178** (1976): 77—89 (Madreporaria, Geißelströmungen).
497. McFARLANE, I. D.: J. exp. Biol. **51** (1969): 377—385 (*Calliactis*, Neurophysiol., zwei „langsame" Leitungssysteme).
498. — Proc. Roy. Soc. London (B) **200** (1978): 193—216 (*Meandrina*, Neurophysiol., Nachweis von drei Leitungssystemen, Verhalten).
499. MERGNER, H.: Symp. zool. Soc. London **28** (1971): 141—161 (Korallenriffe, Rotes Meer, Morphol., Zonierung, Ökol.).
500. — & SVOBODA, A.: Helgoländer wiss. Meeresunters. **30** (1977): 383—399 (Produktion u. Ökol. v. Korallenriffen).

501. MINASIAN, L. L. jr., & MARISCAL, R. N.: Biol. Bull. **157** (1979): 478—493 (*Haliplanella*, asexuelle Vermehrung durch Längsteilung).
502. MÖLLER, H.: Zool. Anz. **200** (1978): 369—373 (*Anemonia*, Nahrung).
503. MORIN, J. G., & HASTINGS, J. W.: J. cell. Physiol. **77** (1971): 305—311, 313—318 (Lumineszenz, Biochemie, Energieübertragung).
504. MUSCATINE, L., & PORTER, J. W.: BioScience **27** (1977): 454—460 (Riffkorallen, Nahrungserwerb u. Stoffwechselbilanz).
505. MUZIK, K.: Bull. mar. Sci. **28** (1978): 735—741 (Gorgonaria, Biolumineszenz).
506. — & WAINWRIGHT, S.: Bull. mar. Sci. **27** (1977): 308—337 (Gorgonaria, Scleraxonia, Morphol., Orientierung zu Strömung).
507. NYHOLM, K.-G.: Zool. Bidr. Uppsala **22** (1943): 87—248 (Ceriantharia u. Actiniaria, Keimzellbild., Embryonalentw., Lebensgesch.).
508. — Zool. Bidr. Uppsala **27** (1949): 467—505 (Aktinien, Entwicklung u. Verbreitung; *Halcampa*, Fortpflanzung).
509. O'BRIEN, T. L.: J. exp. Zool. **211** (1980): 343—456 (*Anthopleura*, Symbiose mit Zoochlorellen).
510. OLIVER, W. A. jr.: Paleobiol. **6** (1980): 146—160 (verwandtsch. Beziehungen d. Madreporaria zu den foss. Rugosa).
511. OTTAWAY, J. R.: Austral. J. mar. freshw. Res. **31** (1980): 385—395 (*Actinia*, Populationsökol., Wachstum u. Lebensdauer).
512. PATTON, J. S., ABRAHAM, S., & BENSON, A. A.: Mar. Biol. **44** (1977): 235—247 (*Pocillopora*, symbiontischer Stoffaustausch).
513. PEARSON, R. G.: Mar. Ecol., Progr. Ser. **4** (1981): 105—122 (Korallenriffe, Reorganisation nach destruktiven Veränderungen).
514. PETEYA, D. J.: Z. Zellforsch. **141** (1973): 301—317 (Ceriantharia, Nervensystem).
515. PROUHO, H.: Arch. Zool. exp. gén. (2) **9** (1891): 247—254 (*Gonactinia*, Fortpflanzung).
516. PURCELL, J. E.: Biol. Bull. **153** (1977): 355—368 (*Metridium*, Abwehrtentakel).
517. RENZI, M. DE: Publ. Inst. Biol. apl. Barcelona **41** (1966): 89—101 (Stammesgesch.).
518. RIEMANN-ZÜRNECK, K.: Veröff. Inst. Meeresforsch. Bremerhaven **11** (1968): 37—46 (*Cerianthus*, Larven in d. Wesermündung).
519. — Veröff. Inst. Meeresforsch. Bremerhaven **12** (1969): 169—230 (*Sagartia*, Biol. u. Morphol.).
520. — Zoomorphol. **93** (1979): 227—243 (Corallimorpharia, Actiniaria, Tiefseeformen).
521. RINKEVICH, B., & LOYA, Y.: Mar. Ecol. Progr. Ser. **1** (1979): 133—144, 145—152 (*Stylophora*, Fortpflanzung).
522. ROBERTSON, R.: Pacific Sci. **24** (1970): 43—54 (Riffkorallen, Feinde u. Parasiten).
523. — Pacific Sci. **34** (1980): 1—17 (Prosobranchia auf *Palythoa*).
524. ROBSON, E. A.: in Nr. 15 (1976): 479—490 (Actiniaria, Anheften u. Ablösen bei d. Bewegung).
525. ROSS, D. M.: Oceanogr. mar. Biol., Ann. Rev. **5** (1967): 291—316 (Actiniaria, Verhalten, Assoziationen mit Krebsen).
526. — Publ. Seto mar. biol. Lab. **20** (1973): 501—512 (Aktinien, Schwimmen, Substratwahl, Assoziationen mit Krebsen).
527. ROSSI, L.: Pubbl. Staz. zool. Napoli, suppl. **39** (1975): 462—470 (*Cereus*, Sexualrassen, Parthenogen.).
528. ROSTRON, M. A., & ROSTRON. J.: J. exp. mar. Biol. Ecol. **33** (1978): 251—259 (*Actinia*, Fortpflanzung).
529. SATTERLIE, R. A., ANDERSON, P. A. V., & CASE, J. F.: Mar. Behav. Physiol. **7** (1980): 25—46 (Pennatularia, Neurophysiol., Koordin. in Stöcken).
530. — & CASE, J. F.: Cell Tiss. Res. **187** (1978): 379—396 (Gorgonaria, Nervensystem, Ultrastruktur).
531. — — Biol. Bull. **157** (1979): 506—523 (*Renilla*, Ontogen., Biolumineszenz).
532. — — J. exp. Biol. **79** (1979): 191—204 (Gorgonaria, Neurophysiol.).
533. — — J. exp. Zool. **212** (1980): 87—99 (*Clavularia*, Neurobiol., Verhalten, Ultrastruktur d. Sinneszellen).
534. SCHÄFER, W.: Helgoländer wiss. Meeresunters. **34** (1981): 451—461 (*Cereus*, *Actinia*, Fortpflanzung u. Sexualität, Parthenogen.).
535. SCHEER, G.: Senckenberg. biol. **45** (1964): 613—620 (Riffkorallen, Rotes Meer).

536. — Zool. Jahrb. Syst. **91** (1964): 451—466 (Madreporaria, Verbreitung, Systematik).
537. Schindewolf, O. H.: Paläontol. Z. **12** (1930): 214—263 (Madreporaria u. foss. Vorfahren, Symmetrie-Verhältnisse).
538. Schlichter, D.: Naturwiss. **54** (1967): 569 (Assoziationen von Riesenanemonen u. Korallenfischen).
538a. — Marine Biol. **45** (1978): 97—104 (*Anemonia*, Aufnahme von Aminosäuren, Bedeutung für Stoffwechsel).
539. Schmidt, H.: Mar. Biol. **5** (1970): 245—255 (*Anthopleura*, asexuelle Vermehrung durch Querteilung).
540. — Z. zool. Syst. Evolut.-forsch. **9** (1971): 161—169 (*Actinia*, Verbreitung, Systematik, Variabilität).
541. — Zoologica Stuttgart **121** (1972): 1—146 (Aktinien, Mittelmeer).
542. — in Nr. 21 (1974): 533—560 (Stammesgeschichte).
543. Sebens, K. B., & Riemer, K. De: Mar. Biol. **43** (1977): 247—256 (Riffkorallen, Aktivitätsrhythmen).
544. Shapeero, W.: Pacific Sci. **23** (1969): 261—263 (*Leioptilus*, Chitin).
545. Shick, M., & Brown, W. I.: J. exp. Zool. **201** (1977): 149—155 (*Anthopleura*, symbiontische Algen).
546. — Hoffman, R. J., & Lamb, A. N.: Amer. Zool. **19** (1979): 699—713 (Aktinien, asexuelle Vermehrung).
547. Smith, S. V., & Kinsey, D. W.: Science **194** (1976): 937—939 (Madreporaria, Skelettwachstum u. Kalkproduktion).
548. Sorauf, J. E.: Forschungsber. Akad. Wiss. Literat. Mainz 1970: 1—16 (Madreporaria, Skelettbild., Mikrostruktur).
549. Spaulding, J. G.: Biol. Bull. **143** (1972): 440—453 (*Peachia*, Entwicklung, Parasitismus d. Larven).
550. Stimson, J. S.: Mar. Biol. **48** (1978): 173—184 (hermatyp. Madreporaria, Fortpflanzung).
551. Stoddart, D. R.: Biol. Rev. **44** (1969): 433—498 (Korallenriffe, Morphol. u. Ökol.).
552. —, & Johannes, R. E. (edits.): Coral Reefs. Research Methods. UNESCO, Paris 1978.
553. Stotz, W. B.: Mar. Biol. **50** (1979): 181—188 (Actiniaria des Litorals, Funktionsmorphol., Vertikalverteilung).
554. Tiffon, Y., & Hugon, J. S.: J. exp. mar. Biol. Ecol. **29** (1977): 151—159 (*Pachyceri-anthus*, Ultrastruktur d. Tentakel-Epidermis).
555. Titschack, H.: Zool. Anz. suppl. **29** (1966): 120—131 (Pennatularia, Lumineszenz).
556. — Z. Zellforsch. **90** (1968): 347—381 (*Veretillum*, Nervensystem).
557. Trench, R. K.: Helgoländer wiss. Meeresunters. **26** (1974): 174—216 (*Zoanthus* Nahrungserwerb).
558. Utinomi, H.: Rec. Austral. Mus. 28 (1971): 78—110 (Alcyonaria, Verbreitung, Systematik).
559. Vader, W., & Lönning, S.: Sarsia **58** (1975): 79—88 (*Bolocera*, Ultrastruktur d. Mesenterialfilaments).
560. Van-Praet, M.: C. R. Acad. Sci. Paris **285** (1977): 45—48 (*Actinia*, Ultrastruktur d. Mesenterialfilaments).
561. Vaughan, T. W., & Wells, J. W.: Spec. Pap. geol. Soc. Amer. **44** (1943): 1—363 (Madreporaria, Begründung d. modernen Systems).
562. Velimirov, B., & King, J.: Mar. Biol. **50** (1979): 349—358 (Ca-Stoffwechsel).
563. Verseveldt, J.: Zool. Mededel. **46** (1973): 209—216 (*Alycyonium*, Morphol. u. Systematik).
564. — Israel J. Zool .**23** (1974): 1—37 (Alcyonaria, Rotes Meer).
565. Wainwright, S. A.: Quart. J. microsc. Sci. **104** (1963): 169—183 (*Pocillopora*, Aufbau u. Wachstum d. Skeletts).
566. — Exp. Cell Res. **34** (1964): 213—230 (Madreporaria, Struktur u. Aufbau d. Skeletts aus d. Aragonit-Kristallen).
567. Ward, W. W., & Cormier, M. J.: J. Biol. Chem. **254** (1979): 781—788 (*Renilla*, Biochem. d. Lumineszenz).

568. Webb, K. L., & Wiebe, W. J.: Mar. Biol. **47** (1978): 21—27 (*Acropora*, *Fungia*, Aufnahme von Nitrat aus d. Zooxanthellen).
569. Weinberg, S.: Beaufortia **24** (1976): 63—104 (Gorgonaria, Mittelmeer).
570. — Beaufortia **25** (1977): 131—166 (Alcyonaria, Mittelmeer, Morphol., Revision d. Systematik).
571. — Mar. Biol. **49** (1978): 41—57 (Octocorallia, Lebensgemeinschaften im Mittelmeer, Ökol.).
572. — & Weinberg, F.: Bijdr. Dierk. **48** (1979): 127—140 (*Eunicella*. Lebensgesch., Alter, Wachstum).
573. Wellington, G. M.: Oecologia Berlin **47** (1980): 340—343 (Riffkorallen. Abwehrreaktionen).
574. Widersten, B.: Zool. Bidr. Uppsala **37** (1968): 139—182 (Larven d. Cnidaria, Morphol., Entwicklung).
575. Wilson, E. B.: Phil. Trans. Roy. Soc. London **174** (1884): 723—815 (*Renilla*, Entwicklung).
576. Wijsman-Best. M.: Zool. Mededel. **55** (1980): 235—262 (indopazif. Korallen, Systematik, Verbreitung).
577. Yonge, C. M.: Endeavour **10** (1951): 136—144 (Form von Korallenriffen).
578. Young, S. T.: Comp. Biochem. Physiol. (B) **40** (1971): 113—120 (Madreporaria, organische Grundsubstanz d. Skelette).
579. Zibrowius, H.: Pubbl. Staz. zool. Napoli **40** (1978): 516—545 (Madreporaria in submar. Höhlen, Mittelmeer u. NO-Atlantik, Verbreitung, Systematik).
580. — Mém. Inst. océanogr. Monaco **11** (1980): 1—284 (Madreporaria, Mittelmeer u. NO-Atlantik; Monogr. mit 107 Taf.).

5. Stamm Ctenophora

1. Alvariño, A.: Pacific Sci. **21** (1967): 474—485 (Vertikalverteilung).
2. Bargmann, W.: Z. Zellforsch. **123** (1972): 66—81 (*Pleurobrachia*, Struktur u. Architektur der Mesogloea).
3. — Jakob, K., & Rast, A.: Z. Zellforsch. **123** (1972): 121—152 (*Pleurobrachia*, Cytologie, Ultrastruktur d. Klebzelle).
4. Benwitz, G.: Zoomorphol. **89** (1978): 257—278 (*Pleurobrachia*, Differenzierung u. Ultrastruktur d. Klebzelle).
5. Carré, C., & Carré, D.: Cah. Biol. mar. **21** (1980): 221—226 (*Euchlora*, Fremdherkunft d. Nesselkapseln).
6. Ceccaldi, H. J.: Tethys **4** (1972): 707—710 (*Cestum*, Biol.).
7. Chun, C.: Die Ctenophoren des Golfes von Neapel. Fauna u. Flora Golf Neapel **1** (1880): 1—313.
8. Franc, J.-M.: Cah. Biol. mar. **11** (1970): 57—76 (*Beroe*, Regeneration d. Mundlippen, Histol. u. Ultrastruktur).
9. Fraser, J. H.: J. Cons. int. Explor. Mer. **33** (1970): 149—168 (*Pleurobrachia*, Ökol., Verbreitung).
10. Freeman, G.: Developm. Biol. **49** (1976): 143—177; **51** (1976): 332—337 (Furchung, Cytologie u. Bedeutung für Differenzier.).
11. — J. Embryol. exp. Morphol. **42** (1977): 237—260 (Entstehung d. Hauptkörperachse).
12. Fricke, H.-W.: Mar. Biol. **5** (1970): 225—238 (*Coeloplana*, Morphol., Biol., Verbreitung, Systematik).
13. — & Plante, R.: Cah. Biol. mar. **12** (1971): 57—75 (Platyctenida, Morphol., Verhalten, Verbreitung, Systematik).
14. Grewe, W.: Helgoländer wiss. Meeresunters. **22** (1971): 303—325 (*Pleurobrachia*, Ökol.).
15. — Fich. Ident. Zooplancton **146** (1975): 1—6 (Verbreitung, Bestimm.merkmale).
16. — Publ. wiss. Film Göttingen **9** (1976): 53—62 (Arten d. südl. Nordsee).
17. — Kieler Meeresforsch., Sonderh. **5** (1981): 211—217 (*Beroe*, Einfluß auf Plankton-Bestände).

18. Hamner, W. M. u. a.: Limnol. Oceanogr. **20** (1975): 907—917 (Unterwasser-Beob., Ernährung, Verhalten).
19. Harbison, G. R., Madin, L. P., & Swanberg, N. R.: Deep-Sea Res. **25** (1978): 233—256 (ozean. Arten, Lebensgesch., Verbreitung).
20. Hirota, J.: Fish. Bull. **72** (1974): 295—335 (*Pleurobrachia*, Lebensgesch., Ökol., Vertikal- u. Horizontalverteilung).
21. Horridge, G. A.: Quart. J. microsc. Sci. **105** (1964): 311—137 (*Pleurobrachia*, Sinnesorgan, photorez. Zellen).
22. — Proc. Roy. Soc. London (B) **162** (1965): 333—351 (*Leucothea*, Mechanorept., Nerven- u. Muskelsystem).
23. — Proc. Roy. Soc. London (B) **162** (1965): 351—364 (*Beroe*, Ultrastruktur d. Macrocilien).
24. — in Muscatine, L. & Lenhoff, H. M. (edit.): Coelenterate Biology. Reviews and New Perspectives. Academic Press, New York etc. 1974: 439—468 (Neurophysiol., Kenntnisstand).
25. — & Mackay, B.: Quart. J. microsc. Sci. **105** (1964): 163—174 (*Pleurobrachia*, Ultrastruktur u. Innervierung d. Wimperplatten).
26. Komai, T.: Studies on two aberrant Ctenophores, *Coeloplana* and *Gastrodes*. Kyoto 1922, 1—102.
27. — in Dougherty, E. C. (edit.): The Lower Metazoa. Comparative Biology and Phylogeny. Univ. California Press, Berkeley 1963: 181—188 (Phylogen.).
28. — & Tokioka, T.: Annot. zool. japon. **19** (1940): 43—46 (*Kiyohimea*, Morphol., Verbreitung).
29. — — Annot. zool. japon. **21** (1942): 144—151 (japan. Arten).
30. Korn, H.: Zool. Anz. **163** (1959): 351—359 (*Pleurobrachia*, Nervensystem).
31. Kremer, P.: Estuaries **2** (1979): 97—105 (*Mnemiopsis*, Ernährung, Populationsdynamik, Einfluß auf Plankton-Bestände).
32. Krumbach, T.: Ctenophora, in Kükenthal, W., & Krumbach, T. (edit.): Handbuch der Zoologie **1**: 902—995. De Gruyter, Berlin 1925.
33. — Ctenophora, in Grimpe, G., & Wagler, E. (edit.): Die Tierwelt der Nord- und Ostsee **III** (1926): f 1—50.
34. — Ctenophora, in Dahl, F. (edit.): Die Tierwelt Deutschlands **4** (1928): 241—262.
35. Labas, Y. A.: Citologija **19** (1978): 1160—1170 (Elektrophysiol. d. Wimperschlages; russ, engl. Zusammenf.).
36. Madin, L. P., & Harbison, G. R.: Bull. mar. Sci. **28** (1978): 680—687 (*Thalassocalyce*, Morphol., Verhalten, Verbreitung).
37. — — J. mar. biol. Ass. U. K. **58** (1978): 559—564 (*Bathycyroe*, Morphol., Verbreitung).
38. Mayer, A. G.: Ctenophora. Carnegie Inst. Washington, Publ. **162** (1912): 1—58.
39. Mortensen, T.: Danish Ingolf-Exp. **5** (2) (1912): 1—96 (*Tjalfiella*, Morphol., Systematik; nordatlant. Ctenophora).
40. Mountfort, K.: Estuar. coast. mar. Sci. **10** (1980): 393—402 (*Mnemiopsis*, Ernährung, Populationsdynamik).
41. Pavans De Cecatty, M., & Hernandez, M.-L.: Amer. Zool. **5** (1965): 537—543 (Symmetrieverh. d. Ctenophora; *Beroe*, Schwimmverhalten).
42. — — & Thiney, Y.: C. R. Acad. Sci. Paris **254** (1962): 3241—3243 (*Beroe*, Nerven- u. Muskelsystem).
43. Pfitzner, I.: Zool. Jahrb. Physiol. **69** (1962): 577—598 (*Cestum*, Bewegung, Filmanalyse).
44. Reeve, M. R.: J. Plankton Res. **2** (1980): 381—393 (Ernährung, Stoffwechselbilanz).
45. — & Walter, M. A.: Adv. mar. Biol. **15** (1978): 249—287 (Ernährungsphysiol., Verhalten, Ökol.).
46. — — & Ikeda, T.: Limnol. Oceanogr. **23** (1978): 740—751 (Nahrung).
47. Remane, A.: Kieler Meeresforsch. **12** (1956): 72—75 (*Pleurobrachia*, Fortpflanzung im Jugendstadium).
48. — in Dougherty, E. C. (edit.): The Lower Metazoa. Comparative Biology and Phylogeny. Univ. California Press, Berkeley 1963: 78—90 (Evolution).

49. REVERBERI, G.: Année Biol. 5 (1966): 375—390 (experiment. Untersuchungen zur Entwicklungsgesch.).
50. — & ORTOLANI, G.: Acta Embryol. Morphol. exp. 6 (1963): 175—190 (Entwicklungsgesch., Wimperplatten, Mesogloea).
51. SIEWING, R.: Z. zool. Syst. Evolut.-forsch. 15 (1977): 1—8 (Mesogloea — kein Mesoderm).
52. STANLAW, K. A., REEVE, M. R., & WALTER, M. A.: Limnol. Oceanogr. 26 (1981): 224—234 (*Mnemiopsis*, frühe Larvenstad., Wachstum u. Nahrung).
53. STORCH, V., & LEHNERT-MORITZ, K.: Mar. Biol. 28 (1974): 215—219 (*Pleurobrachia*, Differenz. d. Klebzelle).
54. SWANBERG, N. R.: Mar. Biol. 24 (1974): 69—74 (*Beroe*, Nahrungserwerb, Verhalten).
55. TAMM, S. L.: J. Cell Biol. 83 (1979): 174 (Umkehr d. Wimperschlages, Zell- u. Neurophysiol.).
56. THIEL, Hj.: „Meteor" Forsch. Ergebn. (D) 3 (1968): 1—13 (*Coeloplana*, Morphol., Systematik).
57. UTINOMI, H.: Japan. J. Zool. 14 (1963): 15—19 (*Coeloplana*, Morphol., Systematik).

6. Stamm Mesozoa

1. CAULLERY, M.: Classe des Orthonectides, in GRASSÉ: P.-P. (edit.): Traité de Zool. 4 (1), 695—706 Masson, Paris 1961.
2. CZIHAK, G.: Fortschr. Zool. 11 (1958): 1—15 (Morphol. und Entwicklungsgesch.).
3. GRASSÉ, P.-P.: Classe des Dicyémides, in GRASSÉ, P.-P. (edit.): Traité de Zool. 4 (1), 707—729. Masson, Paris 1961.
4. LANG, K.: Ark. Zool. 6 (1954): 603—610 (Orthonectida).

5a. LAPAN, E. A., & MOROWITZ, H.-J.: J. exp. Zool. 193 (1975): 147—159 (Dicyemida, Morphogenese).

5b. MCCONNAUGHEY, B. H.: The Mesozoa, in DOUGHERTY, E. C. (edit.): The Lower Metazoa. 151—165. Univ. California Press, Berkeley-Los Angeles 1963.

6. MATSUBARA, J. A., & DUDLEY, P. L.: J. Parasitol. 62 (1976): 377—409 (Elmi-Unters. *Dicyemmenea californica*).
7. NOUVEL, H.: Arch. Biol. Paris 58 (1947): 59—223; 59 (1948): 147—221 (Monogr. Dicyemida).
8. RIDLEY, R. K.: J. Parasitol. 55 (1969): 779—793 (Elmi-Unters. Dicyemida).
9. SHORT, R. B., & DAMIAN, R. T.: J. Parasitol. 52 (1966): 746—751 (infusiforme Larve, *Dicyema aegiro*).
10. SHORT, R. B., & HOCHBERG, F. G.: J. Parasitol. 56 (1970): 517—522 (*Dicyemmenea antarcticensis*).
11. STUNKARD, H. W.: Syst. Zool. 21 (1972): 210—214 (Taxonomie Mesozoa).

7. Stamm Plathelminthes

Zeitschriften

Helminthological Abstracts. St. Albans. 1 1932.
Index-Catalogue of Medical and Veterinary Zoology. Washington. 1 1902.
Dazu alle parasitologischen und helminthologischen Zeitschriften.

Allgemeines

1. BACCETTI, B. (edit.): Comparative Spermatology. Academic Press, London etc. 1970.
2. BYCHOVSKAJA-PAVLOVSKAJA, I. E., & al.: [Bestimmungsbuch der Parasiten der Süßwasserfische der UdSSR.] Izd. Akad. Nauk SSR, Moskva-Leningrad 1962 (russ.; engl. Jerusalem 1964).

3. Cable, R. M.: Amer. Zoologist **11** (1971): 267—272 (Parthenogenese parasit. Plathelm.).
4. Dougherty, E. C. (edit.): The Lower Metazoa. Comparative Biology and Phylogeny. Univ. California Press, Berkeley-Los Angeles 1963.
5. Erasmus, D. A.: Adv. Parasitol. **15** (1977): 201—242 (Feinstruktur, Histochem., Darm, Integument).
6. Freeman, W. H., & Bracegirdle, B.: An Atlas of Invertebrate Structure. Heinemann Educational Books, London 1971.
7. Ginecinskaja, T. A., & al.: Parazitologija 5 (1971): 147—154 (Speicherung v. Reservestoffen in Dotterstöcken).
8. Grassé, P.-P. (edit.): Traité de Zoologie 4 (1). Masson, Paris 1961.
9. Hyman, L. H.: The Invertebrates 2. McGraw-Hill, New York etc. 1951.
10. Ivanov, A. V. (edit.): [Evolutionsmorphologie der Wirbellosen Tiere.] Nauka, Leningrad 1979 (russ.).
11. Kükenthal, W., & Krumbach, T. (edit.): Handbuch der Zoologie 2 (1. Hälfte), Vermes Amera: 1—320. De Gruyter, Berlin 1928—1933.
12. Lee, D. L.: Adv. Parasitol. **4** (1966): 187—254; **10** (1972): 347—379 (Ultrastrukt. u. Funktion Integument).
13. Llewellyn, J., in: Evolution of Parasites, 3rd Symp. brit. Soc. Parasit.: 47—87. Blackwell Sci. Publ., Oxford 1965 (Evolut. parasit. Plathelm.).
14. Lyons, K. M.: Adv. Parasitol. **11** (1973): 193—232 (Ultrastrukt. Epidermis u. Sinnesorg. Turbellaria, Pectobothrii, Aspidobothrii).
15. Odening, K.: Zool. Anz. **192** (1974): 43—55 (Lebenszykl. Helminthen).
16. — Adv. Parasitol. **14** (1976): 1—93 (Lebenszykl. Helminthen).
17. Price, C. E.: Riv. Parassitol. **28** (1967): 249—260 (Syst., Phylogen.).
18. Reisinger, E.: Fortschr. Zool. **13** (1961): 42—82 (Morphol. u. Ontogen. Plathelm.).
19. — Z. zool. Syst. Evolut.forsch. **8** (1970): 81—109 (Evolut.).
20. — Z. zool. Syst. Evolut.forsch. **10** (1972): 1—43 (Evolut. Orthogon).
21. — Z. zool. Syst. Evolut.forsch. **14** (1976): 241—253 (Evolut. stomatogastr. Nervensyst.).
22. Schäperclaus, W. (edit.): Fischkrankheiten. 4. Aufl. Akademie-Verlag, Berlin 1979 (Helminthen d. Fische).
23. Stunkard, H.: Syst. Zool. **24** (1975): 378—385 (Lebenszykl. u. Syst. parasit. Plathelm.).
24. Šul'c, R. S., & Gvozdev, E. V.: [Grundlagen der allgemeinen Helminthologie]. Vol. 1 u. 2. Nauka, Moskva 1970, 1972 (russ.).
25. Wessing, A., & Polenz, A.: Cell Tiss. Res. **156** (1974): 21—33 (Ultrastrukt. u. Ontogen. Protonephridium).

Überklasse Turbellarimorphae

26. Ax, P.: Ergebn. Biol. **24** (1961): 1—68 (Evolut. Turbellarimorphae).
27. Baguñá, J.: Zool. Anz. **193** (1974): 240—244 (gastroderm. Nervenplexus Planarien).
28. Bedini, C., & Lanfranchi, A.: Z. Morphol. Tiere **77** (1974): 175—186 (Ultrastrukt. Photorezept. Proseriata).
29. Grezée, M.: Intern. Rev. ges. Hydrobiol. **61** (1976): 105—129 (Sulfidsystem, Acoela).
30. Dörjes, J.: Z. zool. Syst. Evolut.forsch. **6** (1968): 56—452 (Syst. Acoela).
31. Ehlers, B., & Ehlers, U.: Zoomorphology **87** (1977): 65—72 (Feinstrukt. ciliärer Lamellarkörp., Proseriata).
32. — — Zoomorphology **88** (1977): 163—174 (Ultrastrukt. pericerebraler Cilienaggregate, Proseriata).
33. — — Zoomorphology **95** (1980): 159—167 (Strukt. Ontogen. Stilettapp., Proseriata).
34. Ehlers, U.: Mikrofauna des Meeresbodens (Wiesbaden) **19** (1973): 1—105 (Populationsstrukt. interstitieller Typhloplanoida u. Dalyellioida).
35. — Zool. Scripta 8 (1979): 19—24 (Dalyellioida mar. Sandlückensyst.).
36. — Cah. Biol .mar. **21** (1980): 155—167 (Typhloplanoida mar. Sandlückensyst.).
37. — Hydrobiologia **84** (1981): 287—300 (Feinstrukt. Spermien, Prolecithophora).
38. — & Ehlers, B.: Mikrofauna des Meeresbodens (Wiesbaden) **83** (1981): 1—35 (interstitielle Typhloplanoida, Galapagos).

39. GRAEBNER, I.: Mikroskopie 23 (1968): 277–292 (Ultrastrukt. Cyrtocyten, Gnathostomulida).
40. GRASSO, M.: Boll Zool. 41 (1974): 379–393 (Sexualität u. Agamie, Planarien).
41. HEITKAMP, U.: Z. Morphol. Tiere 71 (1972): 203–289 (Subitan- u. Dauereier, *Mesostoma*).
42. IOFFEE, B. I.: Zool. Zhurn. 60 (1981): 661–672 (Strukt. u. Evolut. Temnocephalida).
43. IVANOV, A. V., & MAMKAEV, J. V.: [Turbellaria. Ihre Abstammung und Evolution. Phylogenetische Skizzen]. Nauka, Leningrad 1973 (russ.).
44. JENNINGS, J. B.: Adv. Parasitol. 9 (1971): 1–32 (Parasit., Kommensal., Turbellaria).
45. KARLING, T. G., & MEINANDER, M. (edit.): The Alex. Luther Centennial Symposium on Turbellaria. Acta zool. fenn. 154 (1977).
46. KENK, R., in HART, C. W., & FULLER, S. L. H. (edit.): Pollution Ecology of Freshwater Invertebrates. Academic Press, New York etc. 1974 (Tricladida).
47. KNAUSS, E. B. Zool. Scripta 8 (1979): 181–186 (Nachweis Analöffn., Gnathostomulida).
48. LUTHER, A.: Acta zool. fenn. 87 (1955): 1–337 (Monogr. Dalyelliidae).
49. MCKANNA, J. A.: Z. Zellforsch. mikrosk. Anat. 92 (1968): 509–535 (Ultrastrukt. Exkretionssyst., Planarien).
50. MORACZEWSKI, J., & al.: Ann. Med. Sect. polon. Acad. Sci. 20 (1975): 101–103 (Ultrastrukt. Gehirn u. neurosekr. Zellen, Catenulida).
51. MÜLLER, U., & AX, P.: Mikrofauna des Meeresbodens (Wiesbaden) 9 (1971): 1–41 (Lebensweise u. Ontogen., *Gnathostomula*).
52. PETER, R.: Z. zool. Syst. Evolut.forsch. 9 (1971): 263–318 (Disk-Elektrophorese zur Artcharakt., Paludicola).
53. REISINGER, E.: Z. zool. Syst. Evolut.forsch. 13 (1975): 184–206 (Verlust Kopulationsapp. u. obligate Selbstbefrucht., Prorhynchidae).
54. — & al.: Z. zool. Syst. Evolut.forsch. 12 (1974): 161–195 (Furchung, Dotterverarbeitung u. Embryogen.).
55. RIEDL, R., & RIEGER, R. M.: Z. Morphol. Tiere 72 (1972): 131–172 (Strukt. Hartelemente, Gnathostomulida).
56. RIEGER, R. M.: Zool. Jahrb. Syst. 98 (1971): 236–314, 596–703 (Monogr. Dolichomacrostomidae).
57. — & MAINITZ, M.: Z. zool. Syst. Evolut.forsch. 15 (1977): 9–35 (Ultrastrukt. Integument, Gnathostomulida).
58. — & STERRER, W.: Z. zool. Syst. Evolut.forsch. 13 (1975): 207–320 (spiculäre Skelette).
59. RISER, N. W., & MORSE, M. P. (edit.): Biology of the Turbellaria. Mc Graw-Hill, New York 1974.
60. SCHAEFER, C. W.: Z. zool. Syst. Evolut.forsch. 9 (1971): 139–143 (Wirte, Verbreitung, Ursprungsgebiet Temnocephalida).
61. SCHOCKAERT, E. R., & BALL, I. R. (edit.): The Biology of the Turbellaria (Developments in Hydrobiology 6). W. Junk, The Hague 1981.
62. SOPOTT, B.: Mikrofauna des Meeresbodens (Wiesbaden) 13 (1972): 165–236 (Syst. u. Ökol. Proseriata).
63. — Mikrofauna des Meeresbodens (Wiesbaden) 15 (1973): 1–106 (Lebenszykl. Proseriata).
64. SOPOTT-EHLERS, B.: Hydrobiologia 84 (1981): 253–257 (Schlauchdrüsen = Paracniden, Proseriata).
65. STERRER, W.: Syst. Zool. 21 (1972): 151–173 (Syst. Gnathostomulida).
66. — in GIESE, A. C., & PEARSE, J. S. (edit.): Reproduction of Marine Invertebrates 1: 345–357. Academic Press, New York etc. 1974.
67. TYLER, S., & RIEGER, R. M.: Science 188 (1975): 730–732 (eingeißelige Spermien *Nemertoderma*, Acoela).

Überklasse Cercomeromorphae

68. BRAUN, F.: Z. Parasitenkd. 28 (1966): 142–174 (Anat. u. Ontogen. *Gyrodactylus*).
69. BYCHOVSKIJ, B. E.: [Monogenetische Saugwürmer. Ihr System und ihre Phylogenie]. Izd. Akad. Nauk SSSR, Moskva-Leningrad 1957 (russ.; engl.: Amer. Inst. biol. Sci., Washington 1961).

70. Dönges, J., & Harder, W.: Z. Parasitenkd. **28** (1966): 125—141 (Morphol. u. Syst. Amphilinidea).
71. Dubinina, M. N.: [Cestoda: Ligulidae. Fauna SSSR]. Nauka, Moskva-Leningrad 1966.
72. — Parazit. Sborn., Zool. Inst. Akad. Nauk SSSR **26** (1974): 9—38 (Ontogen. u. Phylogen. *Amphilina*).
73. — Parazitologija **8** (1974): 281—292 (Syst. Cestoda).
74. Freeman, R. S.: Adv. Parasitol. **11** (1973): 481—557 (Ontogen. u. Phylogen. Cestoda).
75. Gläser, H.-J.: Z. Parasitenkd. **25** (1965): 459—484 (Syst. *Dactylogyrus*).
76. — Zool. Anz. **192** (1974): 56—76, 271—278 (Syst. *Gyrodactylus*).
77. — & Gläser, B.: Z. Parasitenkd. **25** (1964): 164—192 (Syst. *Diplozoon*).
78. Gussev, A. V.: Indian J. Helminthol. **25/26** [1973/1974] (1976): 1—241 (Syst. u. Evolut. Pectobothrii).
79. Jarecka, L.: Acta parasit. polon. **23** (1975): 93—114 (Ontogen. u. Evolut. Cestoda).
80. Kollmann, A.: Z. Fischerei, N. F., **18** (1970): 129—150, 259—288 (Monogr. *Dactylogyrus vastator*).
81. — Z. wiss. Zool. **185** (1972): 1—54 (Monogr. *Dactylogyrus vastator*).
82. Kuperman, B. J.: [Die Bandwürmer der Gattung *Triaenophorus*; Parasiten von Fischen]. Nauka, Leningrad **1973** (russ.; engl.: New. Delhi 1981).
83. Llewellyn, J.: Adv. Parasitology **1** (1963): 287—326; **6** (1968): 373—383 (Ontogen. u. Larven Pectobothrii).
84. — J. Parasitology **56, II** (1970): 493—504 (Evolut. Pectobothrii).
85. Löser, E.: Z. Parasitenkd. **25** (1965): 413—458, 556—596 (Eibildung, Histol. u. Entwickl. Oogenotyp Cestoda).
86. Lyons, K.: Parasitology **56** (1966): 63—100 (Hakenchemie Pectobothrii).
87. — Z. Parasitenkd. **33** (1969): 95—109 (Ultrastrukt. Integum. *Gyrocotyle*).
88. Mackiewicz, H. S.: Exp. Parasit. **31** (1972): 417—512 (Monogr. Caryophyllidea).
89. Malmberg, G.: Ark. Zool. (2) **23** (1970): 1—235 (Exkretionssyst. u. Syst. *Gyrodactylus*).
90. — Zool. Scripta **3** (1974): 65—81 (Exkretionssyst. Larve *Gyrocotyle*, Evolut. Cercomeromorphae).
91. Mamaev, Ju. L., & Lebedev, B. I.: Zool. Scripta **8** (1979): 13—18 (Syst. Pectobothrii).
92. Mattheis, T., & Gläser, H.-J.: Dtsch. Fischerei-Ztg. **17** (1970): 256—264 (Morphol. u. Pathol. *Gyrodactylus sprostonae*).
93. Movsesjan, S. O.: [Cestoden der Fauna der UdSSR und der angrenzenden Territorien (Davaineata)]. Izd. Nauka, Moskva 1977 (russ.).
94. Rohde, K.: Adv. Parasitol. **13** (1975): 1—33 (Ultrastrukt. Pectobothrii).
95. — & Ebrahimzadeh, A.: Z. Parasitenkd. **33** (1969): 110—134 (weibl. Geschlechtssyst. Pectobothrii).
96. Rybicka, K.: Adv. Parasitol. **4** (1966): 107—186 (Embryogen. Cestoda).
97. Schmidt, G.: How to know the Tapeworms. Brown Co. Publ., Dubuque 1970.
98. Skrjabin, K. I. (edit.): [Grundlagen der Cestodologie]. Vol. 1—10. Izd. Akad. Nauk SSSR, Moskva 1951—1981 (russ.).
99. Šlais, J.: Adv. Parasitol. **11** (1973): 395—480 (funktion. Morphol. Larven Cestoda).
100. Smith, J. D.: Adv. Parasitol. **2** (1964): 169—219; **7** (1969): 327—347 (Morphol. u. Physiol. *Echinococcus*).
101. — The Physiology of Cestodes. Oliver & Boyd, Edinburgh 1969.
102. Spasskaja, L. P.: [Die Cestoden der Vögel der UdSSR, Hymenolepididae]. Nauka, Moskva 1966 (russ.).
103. — & Spasskij, A. A.: [Cestoden der Vögel der UdSSR, Dilepididae der Landvögel]. Nauka, Leningrad 1977 (russ.).
104. Tenora, F.: Acta Sci. nat. Acad. Sci. bohemoslov. Brno, N. S., **10** (1976): 3—37 (Syst. u. Evolut. Anoplocephalidae).
105. Voge, M.: Adv. Parasitol. **5** (1967): 247—297; **11** (1973): 707—730 (Larvalentw. Cestoda).

106. Wardle, R. A., & McLeod, J. A.: The Zoology of Tapeworms. Univ. Minnesota Press, Minneapolis 1952.
107. — — & Radinovsky, S.: Advances in the Zoology of Tapeworms, 1950—1970. Univ. Minnesota Press, Minneapolis 1974, u. Oxford Univ. Press, London-Delhi 1974.
108. Yamaguti, S.: Systema Helminthum. II. The Cestodes of Vertebrates. Interscience Publ., New York-London 1959.
109. — Systema Helminthum. IV. Monogenea and Aspidocotylea. Interscience Publ., New York-London 1963.

Überklasse Trematoda

110. Azimov, D. A.: [Die Schistosomatiden der Tiere und des Menschen]. Fan, Taschkent 1975 (russ.).
111. Beverley-Burton, M., & Logan, V. H.: J. Parasitol. **62** (1976): 148—151 (Ultrastrukt. Ventraldrüsen Notocotylida).
112. Bychovskaja-Pavlovskaja, I. E.: [Die Trematoden der Vögel der Fauna der UdSSR]. Izd. Akad. Nauk SSSR, Moskva-Leningrad 1962 (russ.).
113. — & Ginecinskaja, T. A.: Parazitologija **9** (1975): 3—16 (Erforschungsstand Malacobothrii).
114. Cable, R. M., in Vernberg, W. B. (edit.): Symbiosis in the Sea (173—193). Univ. South California Press, Columbia 1974 (Phylogen. u. Syst. Trematoda).
115. Cheng, Y. L.: Z. Parasitenkd. **27** (1966): 169—204 (Lymphsyst. Amphistomida).
116. Combes, C. (edit.): Atlas mondial des Cercaires. I. Mém. Mus. natn. Hist. nat. Paris, (A), **115** (1980): 1—235 (geplant 5 Bd.).
117. Dawes, B.: The Trematoda. 2nd. edit. Univ. Press, Cambridge 1956.
118. Deblock, S.: Bull. Mus. natn. Hist. nat. Paris, (3), no. 7 (Zool. 7) (1971): 353—468 (Syst. u. Evolut. Microphallidae, Malacobothrii).
119. Dollfus, R. P.: Ann. Parasit. hum. comp. **33** (1958): 305—395 (Monogr. Aspidobothrii).
120. Dönges, G.: Intern. J. Parasit. **1** (1971): 51—59 (potent. Zahl Redien-Generationen Echinostomatidae).
121. Dubois, G.: Mém. Soc. neuchâtel. Sci. nat. **6** (1938): 1—535; **8** (1953): 1—141; **10** (1968, 1970): 1—727 (Monogr. Holostomida).
122. Ebrahimzadeh, A.: Z. Parasitenkd. **27** (1966): 127—168 (Histol. Oogenotyp Malacobothrii).
123. Erasmus, D. A.: The Biology of Trematodes. Crane, Russak & Co., New York 1973.
124. Fejzullaev, N. A.: [Die Trematoden der Überfamilie Cyclocoeloidea]. Izd. Ėlm, Baku 1980 (russ.; Morphol., Bion., Phylogen., Syst.).
125. Ginecinskaja, T. A.: [Trematoda. Ihre Lebenszyklen, Biologie und Evolution]. Nauka, Leningrad 1968 (russ.).
126. Hockley, D. J.: Adv. Parasitol. **11** (1973): 233—305 (Ultrastrukt. Integument *Schistosoma*).
127. Kümmel, G., in: Funktionelle und morphologische Organisation der Zelle. Sekretion und Exkretion. Springer, Berlin etc. 1965 (Ultrastrukt. Cyrtocyten *Fasciola*-Miracidium).
128. Lim, H.-K., & Heyneman, D.: Adv. Parasitol. **10** (1972): 172—268 (Trematoden-Antagonismus in Mollusca).
129. Odening, K.: Der Große Leberegel und seine Verwandten. Neue Brehm-Bücherei 444. Wittenberg 1971.
130. — (edit.), Perspektiven der Cercarienforschung. Parasit. Schr.-Reihe **21** (1971).
131. — Zool. Jahrb. Syst. **101** (1974): 345—396 (Syst. u. Ontogen. Trematoda).
132. Pearson, J. C.: Adv. Parasitol. **10** (1972): 153—189 (Evolut. Lebenszykl. Malacobothrii).
133. Pojmańska, T.: Acta parasit. polon. **20** (1972): 249—257 (Syst. Brachylaimida).
134. Reisinger, E.: Zool. Anz. **172** (1964): 16—22 (Ultrastrukt. paranephrid. Plexus Strigeidae).
135. Richard, J.: Mém. Mus. natn. Hist. nat. Paris, (A), **67** (1971): 1—179 (Chaetotaxie Cercarien).

136. ROHDE, K.: Adv. Parasitol. **10** (1972): 78—151 (Aspidobothrii: Morphol., Ontogen., Lebensw., Phylogen.).
137. — Parasitology **66** (1973): 63—83 (Anat. u. Ontogen. Aspidobothrii).
138. SCHELL, S. C.: How to know the Trematodes. Brown Co. Publ., Dubuque 1970.
139. SKRJABIN, K. I.: [Die Trematoden der Tiere und des Menschen. Grundlagen der Trematodologie]. Vol. 1—26. Izd. Akad. Nauk SSSR, Moskva 1947—1978 (russ.).
140. SMYTH, J. D.: The Physiology of Trematodes. Oliver & Boyd, Edinburgh-London 1966.
141. TIMOFEEVA, T. A.: Parazitologija **9** (1975): 105—111 (Phylogen. Aspidobothrii).
142. WRIGHT, C. A.: Flukes and Snails. Sci. Biol. Ser., no. 4. Allen & Unwin, London 1971.
143. YAMAGUTI, S.: Synopsis of Digenetic Trematodes of Vertebrates. I, II. Keigaku Publ. Co., Tokyo 1971.
144. — A Synoptical Review of Life Histories of Digenetic Trematodes of Vertebrates. Keigaku Publ. Co., Tokyo 1975.

8. Stamm Nemertini

1. BÖHMIG, L.: Nemertini, in KÜKENTHAL, W., & KRUMBACH, T. (edit.): Handbuch der Zoologie, Bd. 2, 1. Hälfte, Teil 3, S. 1—110. De Gruyter, Berlin 1929.
2. BÜRGER, O.: Nemertini (Schnurwürmer), in Bronns Klassen u. Ordn. Tierreich 4, Suppl.: 1—542. Akad. Verlagsges., Leipzig 1897—1907.
3. CANTELL, C.-E.: Sarsia **58** (1975): 89—121 (skandinav. Heteronemertini).
4. FRIEDRICH, H.: Veröff. Überseemus. Bremen **3** (1965): 204—244; **4** (1969): 9—16 (Gesamtverz. Liter. Nemertini).
5. — Nemertini, in SEIDEL, F. (edit.): Morphogenese der Tiere. Reihe I. Lief. 3: 1—136. Fischer, Jena 1979.
6. GIBSON, R.: Nemerteans. Hutchinson Univ. Library, London 1972.
7. — Bolm. Zool. Biol. mar., n. s., São Paulo, **29** (1972): 55—64 (Blutgefäßsyst., Verdauungsphysiol.).
8. — Zool. Anz. **192** (1974): 255—270 (Heteronemert. Rotes Meer).
9. — Bull. mar. Sci. **27** (1977): 552—571 (Anopla mit verzweigtem Rüssel).
10. GONTCHAROFF, M.: Némertiens, in GRASSÉ, P.-P. (edit.): Traité de Zoologie 4 (1), 783—886. Masson, Paris 1961.
11. HYMAN, L. H.: The Invertebrates 2. McGraw-Hill, New York etc. 1951.
12. KIRSTEUER, E.: Zool. Scripta **3** (1973): 153—166 (Taxon. Hoplonemert. Monostilifera).
13. KORN, H.: Zool. Jahrb. Anat. **92** (1974): 425—444 (Strukt. u. Funkt. Cerebralorgan).
14. KOROTKEVIČ, V. S.: [Pelagische Nemertinen der fernöstlichen Meere der UdSSR]. Izd. Akad. Nauk SSSR, Moskva 1955 (russ.).
15. — Issled. Fauny Morej. Biol. Rep. Soviet Antarct. Exp. (1955—58) **2** (1964): 132—172 (Bestimmungsschl. pelag. Nemert. antarkt. u. gemäßigte südl. Meere) (russ.).
16. — in: [Die Biologie des Schelfs. Vortragsthesen der Allunions Konf.: 85—86]. Vladivostok 1975 (Verbreitung Nemert. auf d. Schelf d. Nordhalbkugel) (russ.).
17. MCDERMOTT, J. J.: Biol. Bull. **150** (1976): 57—68 (Ernähr. Hoplonemertini).
18. RISER, N. W.: Nemertinea, in GIESE, A. C., & PEARSE, J. S. (edit.): Reproduction of Marine Invertebrates 1: 359—389. Academic Press, New York etc. 1974.
19. ROE, P.: Biol. Bull. **150** (1976): 80—106 (Lebenszykl. *Paranemertes*).
20. SERVETTAZ, F., & GONTCHAROFF, M.: C. R. Acad. Sci. Paris (D) **282** (1976): 369—372 (endokrine Funkt. Cerebralorg. Lineidae).
21. WILFERT, M., & GIBSON, R.: Z. Morphol. Tiere **79** (1974): 87—112 (hermaphrodit. Süßwasser-Heteronemert.).
22. WILLMER, E. N.: Biol. Rev. **49** (1974): 321—363 (Nemertini als Vorfahren der Wirbeltiere).
23. YOUNG, J. O., & GIBSON, R.: Verh. intern. Ver. theoret. angew. Limnol. **19** (1975): 2803—2810 (Populationsökol. *Prostoma*).

9. Stamm Entoprocta

1. Atkins, D.: Quart. J. micr. Sci. **75** (1932): 393—423 (Nahrungserwerb).
2. Becker, G.: Z. Morphol. Ökol. Tiere **33** (1937): 72—127 (Darmbau, Verdauung).
3. Brandenburg, J.: Zool. Beitr. **12** (1966): 345—417 (Cyrtocytenbau *Pedicellina*).
4. Brien, P.: Ann. Soc. roy. zool. Belge 87 (1957): 27—43 (Knospung *Pedicellina*).
5. — Classe des Endoproctes ou Kamptozoaires, in Grassé, P.-P. (edit.): Traité de Zoologie 5 (1), 927—1007. Masson, Paris 1959.
6. — Bull. Acad. roy. Belg., Cl. Sci., **56** (1970): 565—597 (Phylogen., Unterschiede zu Ectoprocta).
7. Cori, C. J.: Kamptozoa, in Bronns Klassen u. Ordn. Tierreich, Bd. 4, Abt. 2, Buch 4, 1—119. Akad. Verlagsges., Leipzig 1936.
8. Emschermann, P.: Zool. Jahrb. Physiol. **69** (1961): 333—338 (Brutkörper *Barentsia*).
9. — Z. Morphol. Ökol. Tiere **55** (1965): 100—114 (sexuelle Fortpfl. u. Larve *Urnatella*).
10. — Z. Morphol. Ökol. Tiere **55** (1965): 859—914 (Protonephr. *Urnatella*).
11. — Z. Zellforsch. mikr. Anat. **97** (1969): 576—607 (Kreislauforgan).
12. — Marine Biol. **12** (1972): 237—254 (System, Evolution).
13. Hyman, L. H.: The Invertebrates **3**. McGraw-Hill, New York etc. 1951.
14. Jägersten, G.: Zool. Bidr. Uppsala **36** (1964): 295—314 (ungeschlechtl. Vermehrung im Larvenstadium).
15. Kümmel, G.: Z. Zellforsch. mikr. Anat. **57** (1962): 172—201 (Terminalorg. d. Protonephr. *Urnatella*).
16. Lüdemann, D., & Kayser, H.: Sitz.ber. Ges. naturf. Freunde Berlin, N. F., **1** (1961): 102—108 (*Urnatella* im Raum Berlin).
17. Marcus, E.: Zoologia, Univ. São Paulo, **3** (1939): 111—353 (Entwickl. *Pedicellina*).
18. Mariscal, R. N.: J. Morphol. **116** (1965): 311—338 (Morphol. u. Biol. *Barentsia*).
19. — Entoprocta, in Giese, A. C., & Pearse, J. S. (edit.): Reproduction of Marine Invertebrates 2, 1—41. Academic Press, New York etc. 1975.
20. Nielsen, C.: Ophelia, Helsingör, **1** (1964): 1—76 (Syst., Biol.).
21. — Ophelia, Helsingör, **9** (1971): 209—341 (Lebenszykl., Phylogen.).

10. Stamm Nemathelminthes

Zeitschriften

Helminthological Abstracts. St. Albans **1** 1932.
Index-Catalogue of Medical and Veterinary Zoology. Washington **1** 1902.
Journal of Nematology. Lawrence, Kansas, **1** 1969.
Nematologica. Leiden **1** 1956.
Dazu alle parasitologischen und helminthologischen Zeitschriften.

Allgemeines

1. Baer, J. G.: Ecology of Animal Parasites. Univ. Illinois Press, Urbana 1952.
2. Cheng, T. C.: The Biology of Animal Parasites. Saunders Co., Philadelphia, London 1964.
3. Giese, A. C., & Pearse, J. S. (edit.): Reproduction of Marine Invertebrates. Vol. 1. Academic Press, New York etc. 1974.
4. Hyman, L. H.: The Invertebrates. Vol. 3. McGraw-Hill, New York etc. 1951.
5. Immelmann, K.: Vjschr. naturf. Ges. Zürich **104** (1959): 300—306 (Zellkonstanz).
6. Kükenthal, W., & Krumbach, T. (edit.): Handbuch der Zoologie, Bd. 2, Teil 3 u. 4. De Gruyter, Berlin 1929—1930.
7. Lee, D. L.: Adv. Parasitol. **4** (1966): 187—254 (Strukt. u. Zusammensetz. d. Cuticula).

7a. Malachov, V. V.: Zool. Zhurn. **59** (1980): 485—499 (Klassifikation).

8. Noble, E. R., & Noble, G. A.: Parasitology. The Biology of Animal Parasites. Lea & Febiger, Philadelphia 1964.
9. Remane, A.: Zool. Anz., suppl. **21** (1958): 179—196 (Stammesgesch.).
10. — in Dougherty, E. C. (edit.): The Lower Metazoa. Univ. California Press, Berkeley-Los Angeles 1963 (247—255: Stammesgesch.).
11. Šul'c, R. S., & Gvozdev, E. V.: [Grundlagen der allgemeinen Helminthologie]. Vol. 1 u. 2. Nauka, Moskva 1970, 1972 (russ.).
12. Wilson, R. A., & Webster, L. A.: Biol. Rev. **49** (1974): 127—160 (Strukt. u. Funktion Protonephr.).

Klasse Gastrotricha

13. Beauchamp, P. de: Classe des Gastrotriches, in Grassé, P.-P. (edit.): Traité de Zoologie **4** (3), 1381—1406. Masson & Cie, Paris 1965.
14. Brandenburg, J.: Z. Zellforsch. **57** (1962): 136—144 (Terminalapp. d. Protonephr.).
15. Brunson, R. B.: Trans. Amer. micr. Soc. **68** (1949): 1—20 (Biologie).
16. — in Dougherty, E. C. (edit.): The Lower Metazoa. Univ. California Press, Berkeley-Los Angeles 1963 (473—478: Biol., Eitypen).
17. D'Hondt, J. L.: Gastrotricha, in: Barnes, H. (edit.): Oceanogr. and Marine Biol., Ann. Rev. **9** (1971): 141—191 (marine Arten).
18. Pennak, R. W.: In Dougherty, E. C. (edit.): The Lower Metazoa. Univ. California Press, Berkeley, Los Angeles 1963 (435—451: Stammesgesch.).
19. Remane, A.: Gastrostricha. In: Bronns Klassen u. Ordn. Tierreich, Bd. 4, II. Abt., 1. Buch, 2. Teil. Akad. Verlagsges., Leipzig 1935—1936.
20. Rieger, R. M.: Z. zool. Syst. Evolut.forsch. **14** (1976): 198—226 (Ultrastrukt. Epidermis).
21. — Ruppert, E., & al.: Zool. Scripta **3** (1974): 219—237 (Ultrastrukt. *Chordodasys*).
22. Sacks, A.: J. Morphol. **96** (1955): 473—495 (Embryol. *Lepidodermella*).
23. Schmidt, P., & Teuchert, G.: Marine Biol. **4** (1969): 4-23 (Ökol.).
24. Schöpfer-Sterrer, C.: Cah. Biol. mar. **10** (1969): 391—404 (chordoides Organ *Chordodasys*).
25. Steinböck, O.: Zool. Anz., suppl. **21** (1958): 128- 169 (Stammesgesch.).
26. Teuchert, G.: Marine Biol. **1** (1967): 110—112 (Protonephr. Macrodasyida).
27. — Z. Morphol. Ökol. Tiere **63** (1968): 343—418 (Entwickl., Y-Organ *Turbanella*).
27a. — & Lappe, A.: Zool. Jahrb. Anat. **103** (1980): 424—438 (Leibeshöhle, Muskulatur).
28. Voigt, M.: Gastrotricha. In: Tierwelt Mitteleuropas 1, Lief. 4a. Quelle & Meyer, Leipzig 1958.
29. Wilke, U.: Zool. Jahrb. Syst. **82** (1954): 497—550 (Anat., Biol.).

Klasse Rotatoria

30. Beauchamp, P. de: Classe des Rotifères, in: Grassé, P.-P. (edit.): Traité de Zoologie 4 (3), 1225—1379. Masson & Cie, Paris 1965.
31. Bogoslovskij, A. S.: Bjull. Mosk. Obšč. Ispyt. Prirody, Otd. biol., N. S., **74** (3) (1969): 60—79 (Dauereier, Sexualzykl.).
32. Braun, G., Kümmel, G., & Mangos, J. A.: Pflügers Arch. ges. Physiol. **289** (1966): 141—154 (Ultrastrukt. u. Funktion Protonephr.).
33. Buchner, H.: Zool. Jahrb. Physiol. **60** (1941): 253—278, 279—344 (Generationswechsel).
34. — Naturwiss. Rdsch. **24** (1971): 191—199 (Sexualität der heterogonen Arten).
35. — Kiechle, H., & Tiefenbacher, L.: Zool. Jahrb. Physiol. **74** (1969): 329—426 (heterogone Fortpflanzung).
36. — & Mulzer, F.: Z. Morphol. Ökol. Tiere **50** (1961): 330—374 (Variabilität).
37. — — & Rauh, F.: Biol. Zbl. **76** (1957): 289—315 (Variabilität).
38. — Mutschler, C., & Kiechle, H.: Biol. Zbl. **86** (1967): 599—621 (Determination d. Eier *Asplanchna*).
39. — Tiefenbacher, L., & al.: Z. vergl. Physiol. **67** (1970): 453—454 (Darmrudiment bei ♂, physiol. Bedeutung).

40. Clément, P.: Vie et Milieu **20** (1969): 461—480 (Feinbau Integument).
41. Donner, J.: Ordnung Bdelloidea, in Bestimm.bücher Bodenfauna Europas. Lief. 6. Akademie-Verlag, Berlin 1965.
42. Eakin, R. M., & Westfall, J. A.: J. ultrastruct. Res. **12** (1965): 46—62 (Feinbau Augen *Asplanchna*)
43. Gilbert, J. J.: Arch. Hydrobiol. **64** (1967): 1—62 (Variabilität u. Räuber-Beute-Bezieh.).
44. — Oecologia **13** (1973): 135—146 (Polymorph. *Asplanchna*).
45. Gossler, O.: Österr. zool. Z. **2** (1950): 568—584 (Funktion Räderorgan).
46. Halbach, U.: Oecologia **4** (1970): 262—318 (Ursachen d. Variabilität *Brachionus*).
47. Kutikova, L. A.: [Rotatorien der Fauna der UdSSR, Unterklasse Eurotatoria]. In: Bestimm.bücher zur Fauna der UdSSR **104**. Nauka, Leningrad 1970 (russ.).
48. Lechner, M.: Roux Arch. Entw.-mech. Organ. **157** (1966): 117—173 (Embryonalentw. *Asplanchna*).
49. Lindau, G.: Z. Morphol. Ökol. Tiere **47** (1958): 489—528 (Trocken- und Kälteresistenz).
50. Lucks, R.: Rotatoria, in Schulze, P. (edit.): Biologie der Tiere Deutschlands. Lief. 28, Teil 10. Borntraeger, Berlin 1929.
51. Lürmann, B.: Zool. Jahrb. Physiol. **63** (1952): 367—402 (Wasserhaushalt).
51a. McCullough, J. D., & Lee, R. D.: Hydrobiologia **71** (1980): 7—18 (Ökol. u. Männchen *Trochosphaera*).
52. Rauh, F.: Z. Morphol. Ökol. Tiere **53** (1963): 61—106 (Variabilität *Brachionus*).
53. Remane, A.: Rotatoria, in Bronns Klassen u. Ordn. Tierreich, Bd. **4**, II. Abt., II Buch. Akad. Verlagsges., Leipzig 1929—1933.
54. — Zool. Anz., Erg.bd. **145** (1950): 805—812 (Ableitung Räderorgan Bdelloida).
55. Ruttner-Kolisko, A.: in Dougherty, E. C. (edit.): The Lower Metazoa. Univ. California Press, Berkeley-Los Angeles 1963 (intraspez. Beziehungen, Phylogen.).
56. Scholtysek, E., & Danneel, R.: Protoplasma **56** (1963): 99—108 (Ultrastrukt. Wimperapp.).
57. Storch, V., & Welsch, U.: Z. Zellforsch. mikr. Anat. **95** (1969): 405—414 (Ultrastrukt. Integument).
58. Valkanov, A.: Trav. Soc. Bulgar. Sci. nat. **17** (1936): 177—195 (Anat., Morphol. *Trochosphaera*).
59. Viaud, G.: Bull. biol. France-Belg. **74** (1940): 249—308; **77** (1943): 68—93, 224—242 (Phototropismus, Wimpernschlag).
60. Voigt, M.: Rotatoria: Die Rädertiere Mitteleuropas. 1 Text- u. 1 Tafelbd. Borntraeger, Berlin 1956, 1957. — 2. Aufl. (Überordn. Monogononta), bearb. von W. Koste, Borntraeger, Stuttgart 1978.
61. Warner, F. D.: J. ultrastruct. Res. **29** (1969): 499—524 (Feinbau der Protonephr.).
62. Zenkevič, L. A., & Konstantinova, M. L.: Zool. Zhurn. **35** (1956): 345—364 (Räderapp. u. Lokomotion).

Klasse Nematoda

63. Ali Khan, A.: J. Parasitol. **52** (1966): 248—295 (Entwicklung *Trichinella*).
64. Andrássy, I.: Evolution as a Basis for the Systematization of Nematodes. Akadémiai Kiadó, Budapest 1976.
65. Anya, A. O.: Parasitology **56** (1966): 179—198 (Struktur u. Chemie d. Cuticula).
66. Bird, A. F.: The Structure of Nematodes. Academic Press, New York-London 1971.
66a. Bleve Zacheo, Th., & al.: Nematol. Mediterr. (Bari) **3** (1975): 109—112 (Leibeshöhle).
67. Bogojavlenskij, J. A.: [Struktur und Funktion der Deckgewebe parasitischer Nematoden]. Nauka, Moskva 1973 (russ.).
68. Chabaud, A. G.: Ann. Parasitol. hum. comp. **30** (1955): 83—126 (Phylogen. u. Entwicklungszykl. tierparasit. Arten).
69. Chitwood, B. G., & Chitwood, M. B.: An Introduction to Nematology. Univ. Park Press, Baltimore-London 1974.

70. CONINCK, L. DE, & al.: Classe des Nématodes, in GRASSÉ, P.-P. (edit.): Traité de Zoologie 4 (2, 3), 3—1200. Masson, Paris 1965.
71. CROLL, N. A. (edit.): The Organization of Nematodes. Academic Press, London-New York-San Francisco 1976.
71a. — & MAGGENTI, A. R.: Proc. helminth. Soc. Washington **35** (1968): 108—115 (peripheres Nervensyst. *Thoracostoma*).
71b. — & MATTHEWS, B. E.: Biology of Nematodes. Blackie, Glasgow-London 1977.
72. DAVEY, K. G.: Amer. Zoologist **6** (1966): 243—249 (Neurosekretion bei d. Häutung).
73. — & KAN, S. P.: Canad. J. Zool. **46** (1968): 893—898 (Rolle d. Exkretionssyst. bei d. Häutung).
74. DECKER, H.: Phytonematologie. Deutscher Landwirtschaftsverlag, Berlin 1969.
74a. DROZDOVSKIJ, É. M.: Arch. Anat. Gistol. Embriol. **73** (9) (1977): 88—94 (Embryogenese, Systematik).
75. GERLACH, S.: Mitt. biol. Bundesanst. Land- u. Forstwirtsch. Berlin-Dahlem, Heft 118 (1966): 25—39 (Stammesgesch.).
76. GOODEY, T.: Soil and Freshwater Nematodes. 2nd edit. Methuen, London 1963.
77. HARTWICH, G.: Parasitische Rundwürmer von Wirbeltieren. I. Rhabditida und Ascaridida. In: Tierwelt Deutschlands, 62. Teil. Fischer, Jena 1975.
78. HINZ, E.: Protoplasma **56** (1963): 202—241 (Feinbau *Parascaris*).
78a. KIR'JANOVA, E. S., & KRALL', É. L.: [Parasitische Nematoden der Pflanzen und ihre Bekämpfung]. Vol. 1 u. 2. Nauka, Leningrad 1969 u. 1971 (russ.).
79. KÜMMEL, G., DANKWARTH, L., & al.: Z. vergl. Physiol. **64** (1969): 118—134 (Funktion Exkretionssyst. *Ascaris*).
80. LEE, D. L.: The Physiology of Nematodes. Oliver & Boyd, Edinburgh 1965.
81. LEIBERSPERGER, E.: Die Oxyuroidea der europäischen Arthropoden. Parasitol. Schriftenreihe, Heft 11. Fischer, Jena 1962.
82. LEVINE, N. D.: Nematode Parasites of Domestic Animals and of Man. Burgess Publ. Co., Minneapolis 1968.
82a. LORENZEN, S.: Zool. Scripta 7 (1978): 175—178 (Metaneme).
82b. — Veröff. Inst. Meeresforsch. Bremerhaven, suppl. 7 (1981): 1—472 (phylogen. Syst. d. freilebenden Nematoda).
83. McLAREN, D.: Parasitology **65** (1972): 507—524 (Ultrastrukt. Sinnesorgane).
84. MENGERT, H.: Z. Morphol. Ökol. Tiere **41** (1953): 311—349 (Parasiten von Schnecken, *Rhabditis*, *Alloionema*).
85. MEYL, A.: Freilebende Nematoden. In: Tierwelt Mitteleuropas 1, Lief. 5a. Quelle & Meyer. Leipzig 1960.
86. NICHOLAS, W. L.: The Biology of Free-living Nematodes. Clarendon Press, Oxford 1975.
87. ORRHAGE, L.: Zool. Bidr. Uppsala **35** (1962): 321—327 (Muskeln vom Nematoden-Typ bei anderen Wirbellosen).
88. OSCHE, G.: Mitt. biol. Bundesanst. Land- u. Forstwirtsch. Berlin-Dahlem, Heft 118 (1966): 6—24 (Parasitismus).
89. PARAMONOV, A. A.: [Grundlagen der Phytohelminthologie]. Vol. 1 u. 2. Izd. Akad. Nauk SSSR, Moskva 1962, 1964 (russ.).
90. REGER, J. F.: Z. Zellforsch. mikr. Anat. **67** (1965): 196—210 (Muskel-Nerv-Verbindung *Ascaris*).
91. ROBINSON, J.: Nature **193** (1962): 353—354 (Larvenausbreitung von *Dictyocaulus* durch *Pilobolus*).
92. ROSENBLUTH, J.: J. Cell Biol. **26** (1965): 579—591 (Muskel-Nerv-Verbindung *Ascaris*).
93. RÜHM, W.: Die Nematoden der Ipiden. Parasitol. Schriftenr., Heft 6. Fischer, Jena 1956.
94. SACHS, H.: Zool. Jahrb. Syst. **79** (1950): 209—272 (Kotbewohner, Phoresie).
95. SCHUURMANS STEKHOVEN, J. H.: Nematodes, in Bronns Klassen u. Ordn. Tierreich, Bd. 4, II. Abt., 3. Buch. Akad. Verlagsges., Leipzig 1936—1959 (unvollendet).
96. SKRJABIN, K. I. (edit.): [Grundlagen der Nematodologie]. Bisher Vols. 1—29. Izd. Akad. Nauk SSSR, Moskva 1949—1979 (russ.).

97. SPREHN, C.: Parasitische Nematoden, in Tierwelt Mitteleuropas 1, Lief. 5b. Quelle & Meyer, Leipzig 1961.
98. STAMMER, H. J.: Deutsche entomol. Z. **9** (1963): 441—460 (Insekten-Parasiten).
99. STRASSEN, O. ZUR: Zoologica, Stuttgart, **38** (1959): 1—142 (Entwicklungsmechanik).
100. WALLACE, H. R.: The Biology of Plant Parasitic Nematodes. E. Arnold, London 1963.
100a. WARD, S., & al.: J. comp. Neurol. **160** (1975): 313—338 (Neuroanat. d. Vorderendes *Caenorhabditis*).
101. WESSING, A.: Zool. Jahrb. Anat. **73** (1953): 28—38 (Zellkonstanz *Rhabditis*).
102. WIESER, W.: Ark. Zool. (2) **4** (1953): 439—484 (Ernährung u. Ökologie mariner Arten).
103. WRIGHT, K. A.: Canadian J. Zool. **44** (1966): 329—340 (Muskelzell-Verbindungen).
104. YAMAGUTI, S.: Systema Helminthum. Vol. III. The Nematodes of Vertebrates. Interscience Publ., New York-London 1961.
104a. ZUCKERMAN, B. M., & al. (edit.): Plant Parasitic Nematodes. Vols. 1—3. Academic Press, New York-London 1971, 1981.

Klasse Nematomorpha

105. DORIER, A.: Classe des Gordiacés, in GRASSÉ, P.-P. (edit.): Traité de Zoologie 4 (3), 1201—1222. Masson, Paris 1965.
106. EAKIN, R. M., & BRANDENBURGER, J. L.: J. ultrastruct. Res. **46** (1974): 351—374 (Feinbau Integument).
107. HEINZE, K.: Saitenwürmer oder Gordioidea. In: Tierwelt Deutschlands, 39. Teil. Fischer, Jena 1941.
108. INOUE, I.: Japanese J. Zool. **12** (1958): 203—218 (Entwickl. *Chordodes*).
109. — Annot. zool. japon. **32** (1959): 209—213 (Stoffaustausch).
110. NIELSEN, S.-O.: Sarsia **38** (1969): 91—110 (Biol. *Nectonema*).
111. ZAPOTOSKY, J. E.: Proc. helminth. Soc. Washington **38** (1971): 228—236 (Feinbau Cuticula).

Klasse Kinorhyncha

112. BEAUCHAMP, P. DE: Classe des Kinorhynques, in GRASSÉ, P.-P. (edit.): Traité de Zoologie 4 (3): 1407—1419. Masson, Paris 1965.
113. GERLACH, S. A.: Kieler Meeresforsch. **12** (1965): 120—124 (*Cateria*).
114. HIGGINS, R. P.: Trans. American micr. Soc. 87 (1968): 21—29 (Anat., Entwickl., System).
115. KOZLOFF, E. N.: Trans. American micr. Soc. **91** (1972): 119—130 (Entwickl.).
116. LANG, K.: In DOUGHERTY, E. C. (edit.): The Lower Metazoa. Univ. California Press, Berkeley-Los Angeles 1963 (256—262: phylogenet. Beziehungen).
117. MERRIMAN, J. A., & CORWIN, H. O.: Z. Morphol. Tiere **76** (1973): 227—242 (Feinbau *Echinoderes*).
118. REMANE, A.: Kinorhyncha, in Bronns Klassen u. Ordn. Tierreich, Bd. 4, II. Abt., 1. Buch, 2. Teil. Akad. Verlagsges., Leipzig 1936.
119. ZELINKA, C.: Monographie der Echinodera. W. Engelmann, Leipzig 1928.

Klasse Acanthocephala

120. BAER, J. G.: Embranchement des Acanthocéphales, in GRASSÉ, P.-P. (edit.): Traité de Zoologie 4 (1): 733—782. Masson, Paris 1961.
121. BARABAŠOVA, V. N.: Parazitologija **5** (1971): 446—454 (Strukt. u. Funktion Integument).
122. CROMPTON, D. W. T.: An Ecological Approach to Acanthocephalan Physiology. Univ. Press, Cambridge 1970.
123. — & WHITFIELD, P. J.: Parasitology **69** (1974): 429—443 (Ovarialballen).
124. EDMONDS, S. J.: Parasitology **55** (1965): 337—344 (Nährstoffaufnahme).
125. GOLVAN, Y.-J.: Ann. Parasitol. hum. comp. **33** (1958): 538—602; **34** (1959): 5—52; **35** (1960): 138—165, 350—386, 575—593, 713—723; **36** (1961): 76—91, 612—647, 717—736; **37** (1962): 1—72 (Systemübersicht, Stammesgesch.).

126. Haffner, K. von: Z. Morphol. Ökol. Tiere **38** (1942): 251–333 (Urogenitalsyst., Exkretzelle *Gigantorhynchus*).
127. – Zool. Anz., Erg.-bd. **145** (1950): 243–274 (Anat., Stammesgesch.).
128. Hammond, R. A.: J. exp. Biol. **45** (1966): 203–213 (Ortsveränderung u. Festheften).
129. – Parasitology **57** (1967): 475–486 (Feinbau Integument u. Lemnisken).
130. – J. exp. Biol. **48** (1968): 217–225 (Nährstoffaufnahme).
131. King, D., & Robinson, E. S.: J. Parasitol. **53** (1966): 142–149 (Entwickl. *Moniliformis*).
132. Lackie, J. M., & Rotheram, S.: Parasitology **65** (1972): 303–308 (Bildung Cystacantha-Hülle).
133. Meyer, A.: Acanthocephala, in Bronns Klassen u. Ordn. Tierreich, Bd. 4, II. Abt., 2. Buch. Akad. Verlagsges., Leipzig 1932–1933.
134. – Zool. Jahrb. Anat. **62** (1936): 111–172; **63** (1937): 1–36; **64** (1938): 131–242 (Entwickl. Riesenkratzer).
134a. Morris, S. C., & Crompton, D. W. T.: Biol. Rev. Cambridge **57** (1982): 85–115 (Ursprung, Stammesgesch.).
135. Nicholas, W. L.: Adv. Parasitol. **5** (1967): 205–246; **11** (1973): 671–706 (Biol.).
136. – & Hynes, H. B. N.: In Dougherty, E. C. (edit.): The Lower Metazoa. Univ. California Press, Berkeley-Los Angeles 1963 (Entwickl., Stammesgesch.).
137. Petročenko, V. I.: [Die Acanthocephalen der Haus- und Wildtiere]. Vols. 1 u. 2. Izd. Akad. Nauk SSSR, Moskva 1956, 1958 (russ.).
138. Whitfield, P. J.: Parasitology **61** (1970): 111–126 (Funktion Uterusglocke).
139. – Parasitology **63** (1971): 49–58 (Feinbau Spermien, Stammesgesch.).
140. Yamaguti, S.: Systema Helminthum. Vol. V. Acanthocephala. Interscience Publ. New York-London 1963.

11. Stamm Priapulida

1. Baltzer, F.: Priapulida, in Kükenthal, W., & Krumbach, T. (edit.): Handbuch der Zoologie. 2. Bd., 2. Hälfte, Teil 9. De Gruyter, Berlin 1931.
2. Dawydoff, C.: Classe des Priapuliens, in Grassé, P.-P. (edit.): Traité de Zoologie 5 (1): 908–926. Masson, Paris 1959.
3. Fänge, R., & Mattisson, A.: Nature, London, **190** (1961): 1216–1217 (Funktion Anhänge *Priapulus*).
4. Elder, H. Y., & Hunter, R. D.: J. Zool., London, **191** (1980): 333–351 (Lokomotion *Priapulus*).
4a. Hammond, R. A.: J. Zool., London, **162** (1970): 469–480 (Lokomotion *Priapulus*).
5. Hyman, L. H.: The Invertebrates 3. Mc Graw-Hill, New York etc. 1951.
6. Kirsteuer, E., & Van Der Land, J.: Marine Biol. 7 (1970): 230–238 (Anat. *Tubiluchus*).
7. Kümmel, G.: Z. Zellforsch. mikr. Anat. **62** (1964): 468–484 (Ultrastrukt. Protonephr.).
8. Lang, K.: Ark. Zool. **41** A (5) (1948): 1–12 (Nahrung, Atmung, Häutung *Priapulis*).
9. – Ark. Zool. **41** A (9) (1949): 1–8 (Larvenmorphol. *Priapulus*).
10. – Ark. Zool. (2) **5** (1953): 321–348 (Eientwickl. *Priapulus*; syst. Stellung Priapulida).
11. Lüling, K. H.: Z. wiss. Zool. **153** (1940): 136–180 (Anat. u. Entwickl. Urogenitalsyst.).
12. Nørrevang, A.: Vidensk. Medd. danske naturhist. Foren. **128** (1965): 1–75 (Oogenese *Priapulus*).
13. Nyholm, K.-G., & Bornö, C.: Zool. Bidr. Uppsala **38** (1969): 262–264 (Atmung *Priapulus*).
14. Por, F. D., & Bromley, H. J.: J. Zool., London, **173** (1974): 173–197 (Anat. u. Entwickl. *Maccabeus*).
15. Purasjoki, K. L.: Ann. zool. Soc. zool.-bot. Fenn. **9** (6) (1944): 1–14 (Larvenentwickl. *Halicryptus*).

16. SALVINI-PLAWEN, L. VON: Marine Biol. **20** (1973): 165–169 (Kleptocniden *Priapulopsis*).
17. — Z. zool. Syst. Evolut.forsch. **12** (1974): 31–54 (*Chaetostephanus*; Syst. Priapulida).
18. SHAPEERO, W. L.: Science **133** (1961): 879–880 (Coelomepithel; Phylogen.).
19. VAN DER LAND, J.: Zool. Verh. Leiden **112** (1970): 1–118 (Monographie).
20. — Priapulida, in GIESE, A. C., & PEARSE, J. S. (edit.): Reproduction of Marine Invertebrates 2, 55–65. Academic Press, New York etc. 1975.

Register der Tiernamen

Autoren und Herausgeber haben viel Zeit und Mühe aufgewendet, um die Gattungen und Arten in nomenklatorisch korrekter Weise zu zitieren. Trotzdem war es nicht in allen Fällen möglich, Autor oder Jahr der Veröffentlichung zweifelsfrei festzustellen. Wir wären daher allen Fachkollegen dankbar, wenn sie uns für künftige Auflagen dieses Lehrbuches ihre kritischen Anmerkungen, Ergänzungen oder Korrekturen mitteilen würden.
Bei den Artnamen sind Autor und Jahr der Veröffentlichung in Klammern gesetzt, wenn die betreffende Art später in eine andere Gattung versetzt wurde. Synonyme wurden nur für die bekanntesten Arten, Gattungen usw. aufgenommen; sie sind vollständig in Klammern eingeschlossen. Larvenformen sind im Sachregister aufgeführt.
Halbfett gedruckte Seitenzahlen weisen auf eine Kapitelüberschrift oder auf die Erwähnung im Abschnitt „System" des Kapitels hin. Ein * hinter der Seitenzahl zeigt an, daß sich dort eine Abbildung des betreffenden Tieres befindet.

Collothecacea: 479, 482, 485

---

[1]) Beschreibung erfolgt an anderer Stelle

[1]) Beschreibung erfolgt an anderer Stelle

Sachregister

In Halbfett gesetzte Seitenzahlen verweisen auf eine ausführliche Erläuterung des betreffenden Begriffes. Ein * hinter der Seitenzahl zeigt an, daß sich dort eine Abbildung befindet.

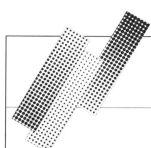